यावदंकमितोयंभुजः

का १

या

यावदंकमितः

यावदंकमितोऽयं

का १

या १ अत्राव

क १८ रू १ या १

१३

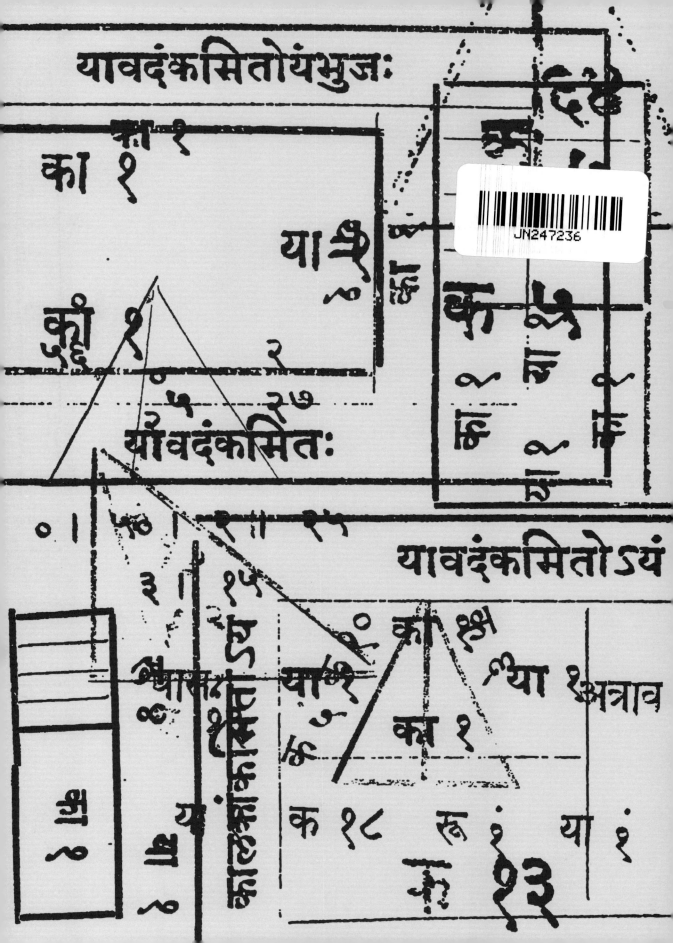

インド代数学研究

『ビージャガニタ』+『ビージャパッラヴァ』全訳と注

林　隆夫　著

恒星社厚生閣

A Study of Indian Algebra

Japanese Translations with Notes
of
the Bījagaṇita and Bījapallava

by

Takao Hayashi

David Pingree 先生の想い出に捧ぐ

はじめに

インドを代表する数学・天文学者の一人，バースカラが生まれてから今年で901年になる．昨年の9月と11月には，ムンバイに近いターネーとプネーで生誕900年にちなんだ学会が開かれた．その記念すべき年に遅れること1年で彼の代数書『ビージャガニタ』とそれに対するクリシュナの注釈書『ビージャパッラヴァ』の全訳を完成できたことは光栄である．

私がバースカラの研究を始めたのは京都大学大学院で学んでいたときだった．そのときの研究成果である『リーラーヴァティー』の全訳と注は最初雑誌『エピステーメー』に連載していただいたが，あとでまとめて『インド天文学・数学集』（矢野道雄編,「科学の名著」シリーズ第1巻，朝日出版社1980）に入れるときに，バースカラの人と著作に関する「序説」を書いた．その一部として『ビージャガニタ』の解説も書いたのだが,『リーラーヴァティー』の序説としてはやや長すぎたので，その部分は少し書き直して『中世の数学』（伊東俊太郎編,「数学の歴史」シリーズ第2巻，共立出版1987）に入れていただいた．その間にブラウン大学大学院数学史科で3年学び，そのあとインドでサンスクリット数学写本の調査に1年を費やしたが，京都に落ち着いてからはいくつかの定期的な研究会に参加させていただくことになった．その一つに上野健爾先生が主宰する数学史京都セミナーがある．これは，最初京都大学で，途中から同志社大学で，月1回の例会という形で行われてきており，昨年1月には100回を越えた．例会では，日本，中国，インド，西洋の数学書の原典を会読してきたが，インドに関しては『ビージャパッラヴァ』をとりあげ，セミナーの第25回から11回にわたり，その前半6章を読んだ．2005–06年のことである．その際，上野先生や小川束先生を始めとするセミナーのメンバーから貴重なご意見・ご助言をいただいた．また，楠葉隆徳氏には一部を担当していただいた.『ビージャパッラヴァ』を伴う『ビージャガニタ』の全訳と訳注を計画したのはそのときだったが，それから10年近くが過ぎた．この間，クリシュナの数学，特に負数を含むその数概念に興味を持たれた足立恒雄先生からは，全訳の完成に向けて再三にわたり励ましのお言葉をいただいた．ようやくここに曲がりなりにも『ビージャガニタ』と『ビージャパッラヴァ』の全訳と訳注を完成できたのも，数学史京都セミナーの皆さんのご支援と足立先生からいただいた力強い激励に背中を押されてのことである．心より謝意を表すとともに，この拙い和訳と注がインドの数学史・文化史の理解に少しでも貢献できれば幸いである．

2015年10月

嵯峨　　　　林　隆夫

目次

はじめに v
略号 viii
第I部　序説
　第1章　バースカラ：人と著作 3
　第2章　クリシュナ：人と著作 13
　第3章　『ビージャガニタ』 17
　第4章　『ビージャパッラヴァ』 19
　第5章　和訳の基本方針 23
第II部　『ビージャガニタ』＋『ビージャパッラヴァ』
　第1章　正数負数に関する六種 (BG 1-4, E1-4) 31
　第2章　ゼロに関する六種 (BG 5-6, E5) 61
　第3章　未知数に関する六種 (BG 7-12, E6-10)
　　第1節　一つの未知数に関する六種 (BG 7-12, E6-8) 79
　　第2節　多色に関する六種 (BG E9-10) 103
　第4章　カラニーに関する六種 (BG 13-25, E11-20) 109
　第5章　クッタカ (BG 26-39, E21-27) 163
　第6章　平方始原 (BG 40-55, E28-35)
　　第1節　平方始原 (BG 40-46ab, E28) 235
　　第2節　円環法 (BG 46cd-55, E29-35) 247
　第7章　一色等式 (BG 56-58, E36-60) 275
　第8章　一色等式における中項除去 (BG 59-64, E61-76) 333
　第9章　多色等式 (BG 65-69, E77-88) 381
　第10章　多色等式における中項除去 (BG 70-90, E89-105) 435
　第11章　バーヴィタ (BG 91-94, E106-110) 489
　第12章　結語 (BG 95-102) 509
第III部　付録
　A:『ビージャガニタ』の詩節 517
　B:『ビージャガニタ』の問題 534
　C:『ビージャパッラヴァ』中の引用 543
　D:『ビージャパッラヴァ』公刊本の図 553
　E: 詩節番号対照表 567
　F: 文献 579
　G: 索引
　　1. 事項索引 586
　　2. 固有名詞索引 595
　　3. サンスクリット語彙索引 598
　H: Contents（英文目次） 607
謝辞（後書きに代えて） 608

略号

— 書名・著者名 —

K	Kṛṣṇa, the author of the BP
GA	*Golādhyāya* by Bhāskara
GG	*Grahagaṇitādhyāya* by Bhāskara
GM	*Gaṇitamañjarī* by Gaṇeśa
GSS	*Gaṇitasārasaṃgraha* by Mahāvīra
C	Colebrooke's English translation of the BG
JPU	*Jātakapaddhatyudāharaṇa* by Kṛṣṇa
TU	*Taittirīyopaniṣad*
TS	*Tarkasaṃgraha* by Annambhaṭṭa
NLA	*Nāmaliṅgānuśāsana* (alias *Amarakośa*) by Amarasiṃha
NSK	*Nirṇayasindhu* by Kamalākalabhaṭṭa
NSG	*Nyāyasūtra* by Gautama
NSN	*Nāradasaṃhitā* ascribed to the sage Nārada
PSM	*Pāṭīsāra* by Munīśvara
PSV	*Pañcasiddhāntikā* by Varāhamihira
BA	*Bījādhyāya* (alias *Bījagaṇitādhyāya*) by Jñānarāja
BG	*Bījagaṇita* by Bhāskara
BP	*Bījapallava* (alias *Navāṅkura*) by Kṛṣṇa
BV	*Buddhivilāsinī* by Gaṇeśa
BS	*Bṛhatsaṃhitā* by Varāhamihira
BSS	*Brāhmasphuṭasiddhānta* by Brahmagupta
L	*Līlāvatī* by Bhāskara
SK	*Sāṃkhyakārikā* by Īśvarakṛṣṇa
SŚi	*Siddhāntaśiromaṇi* by Bhāskara
SŚe	*Siddhāntaśekhara* by Śrīpati

— 章名等 —

kā	kāla
go	golapraśaṃsā
gr	grahānayana
che	chedyaka
tr	tripraśna
dṛk	dṛkkarma
pr	praśna
ma	madhyama
spa	spaṣṭa

— 文法—

abl.	ablative
acc.	acusative
dat.	dative
du.	dual
f.	feminine
gen.	genitive
honor.	honorific
instr.	instrumental
loc.	locative
m.	masculine
n.	neuter
nom.	nominative
pl.	plural
sg.	singular
voc.	vocative

第Ⅰ部

序説

第1章　バースカラ：人と著作

1.1　人

バースカラはシャカ暦1036年（AD 1113/14）に生まれ，36歳の時すなわちシャカ暦1072年（AD 1149/50）に4部作『シッダーンタシローマニ』を完成した．このことは第4部『ゴーラアディヤーヤ』の末尾に明記されている．

> ‘味・原質・充満・大地’ (1036)[1]に等しいシャカ王の年に，私の誕生があった．‘味・原質’ (36)〈歳〉の私によって『シッダーンタシローマニ』は著された．(GA, pr 58)[2]

この数詩節あとで彼は，ヴィッジャダヴィダという町で博学な父マヘーシュヴァラから教育を受けたことに触れている (cf. BG 95).

> かつて，〈リグ・サーマ・ヤジュルの〉三ヴェーダに精通した人々やさまざまな良き人々が住む，サヒヤ大山脈に位置する町ヴィッジャダヴィダに，シャーンディルヤ仙の血を引く二生者（バラモン）がいた．天啓聖典と伝承聖典の検討の本質に精通し，あらゆる学問の器であり，サードゥ（聖者）たちの極みにして天命知者たちの頭頂に君臨する宝石のごとき成功者，マヘーシュヴァラがその人だった．// 彼から生まれ，彼の蓮のような御足のもとで恩寵を得て賢者となった[3]詩人バースカラは，愚鈍なものたちにはその目を開かせ，練達の計算士たちには満足を与え，明解にして，明瞭で正しい言葉と道理（論理的根拠）に満ち，知者たちには簡単に理解でき，間違った理解は払拭するこのシッダーンタの著作を行った．(GA, pr 61-62)[4]

---

[1]「味=6」のような連想式数表現については，林 1993, 23-26 参照．

[2]GA, pr 58:
rasaguṇapūrṇamahīsamaśakanṛpasamaye ’bhavan mamotpattiḥ/
rasaguṇavarṣeṇa mayā siddhāntaśiromaṇī racitaḥ//58//

[3]GA の底本とした Varanasi 版では sudhī と次の数語で複合語を作り，sudhīmugdhodbodhakaraṃ（「賢いものたちや愚鈍なものたちにはその目を開かせ」）と読むが，ここでは Dvivedī [1986, 36] にならい，r を補って (sudhī⟨r⟩mugdho-)，詩節 62 最後の bhāskaraḥ と同格の主格に読んだ．

[4]GA, pr 61-62:
āsīt sahyakulācalāśritapure traividyavidvajjane
nānāsajjanadhāmni vijjaḍaviḍe śāṇḍilyagotro dvijaḥ/
śrautasmārtavicārasāracaturo niḥśeṣavidyānidhiḥ
sādhūnām avadhir maheśvarakṛtī daivajñacūḍāmaṇiḥ//61//

ここで言及されている彼らの居住地「サヒヤ山脈に位置する町ヴィッジャダヴィダ」(Vijjaḍaviḍa) の在処に関しては諸説あり，まだ最終決着を見ていない.

インド天文学史研究が始まって間もない19世紀中頃に『ゴーラアディヤーヤ』を英訳したWilkinson [1861] は，vijjaḍaviḍa を地名ではなく詩節61aにある語pura（「町」）の修飾語と考えて，'thickly inhabited by learned and dull persons' と訳した．確かに vijjaḍaviḍa という語は，「賢者 (vid) と愚者 (jaḍa) が密集する (viḍa=biḍa=nibiḍa)」と解釈することも可能だが，今ではバースカラの著作の注釈者たちにならってこれを地名とみなすのが普通である．ただし彼らの多くは vij を切り離して jaḍaviḍa のみを地名とする．例えばガネーシャは『リーラーヴァティー』の注釈『ブッディヴィラーシニー』(AD 1545) で[1]，またクリシュナは『ビージャガニタ』の注釈『ビージャパッラヴァ』で[2]，ともにマヘーシュヴァラを「Jaḍaviḍa という町の住人 (jaḍaviḍa-nagara-nivāsī)」と紹介する．この解釈で jaḍaviḍa から切り離された vij は，maheśvarakṛtī（「成功者マヘーシュヴァラ」）と同格の主格（vij < vid「賢者」）あるいはその修飾語（「賢い」）とみなされたらしい.[3]

ヌリシンハは『ゴーラアディヤーヤ』の注釈『ヴァーサナーヴァールッティカ』(AD 1621) でその地名を Jaḍaviḍa としつつ，その在所にも言及する.

> サヒヤ大山脈はマハーラーシュトラ地方にある．ヴィダルバを別名とする Varāḍa 地方からも近いところに確かに存在し，ゴーダーヴァリー川からもそう遠くない地域にある Jaḍaviḍa という村に〈マヘーシュヴァラは住んでいたという意味である〉．今でも Viḍa というその町の名前がある.[4]

一方，ムニーシュヴァラは『ゴーラアディヤーヤ』の注釈『マリーチ』でその地名を Vijjaḍabiḍa とする．またその位置に関しては，ヌリシンハとよく似た表現を用いながら，さらに敷衍する.

> 「Vijjaḍabiḍa に」(詩節61)．Vijjaḍabiḍa という名前の〈町〉に．今は，Biḍa という〈その〉名前の一部によってよく知られてい

tajjas taccaraṇāravindayugalaprāptaprasādaḥ sudhī⟨r⟩
mugdhodbodhakaraṃ vidagdhagaṇakaprītipradaṃ prasphuṭam/
etad vyaktasaduktiyuktibahulaṃ helāvagamyaṃ vidāṃ
siddhāntagrathanaṃ kubuddhimathanaṃ cakre kavir bhāskaraḥ//62//

[1]Gaṇeśa on L 1 (intro): atha śāṇḍilyagotramuniśreṣṭhavaṃśodbhava*jaḍaviḍanagaranivāsī*sakalāgamācāryavaryamaheśvaropādhyāyasutasakalagaṇakavidyācaturānanaḥ śrībhāskarācāryo .../

[2]Kṛṣṇa on BG 1 (intro): atha śāṇḍilyagotramunivaravaṃśāvataṃsa*jaḍaviḍanagaranivāsī*kumbhodbhavabhūṣaṇadigbhūṣaṇasakalāgamācāryavaryaśrīmaheśvaropādhyāyatanayanikhilavidyāvācaspatigaṇitavidyācaturānanadharaṇitaraśrībhāskācāryaḥ .../

[3]Cf. Dvivedī [1986, 37]: atra kecana prathamaśloke vijjaḍaviḍe ity atra vit-jaḍaviḍe iti padacchedaṃ kṛtvā vitpadaṃ maheśvarakṛtino viśeṣaṇam iti vyākhyāya jaḍaviḍa iti bhāskaragrāmanāma vadanti/

[4]Nṛsiṃha on GA, pr 61-62: sahyakulācalo mahārāṣṭradeśe 'sti/ vidarbhāparaparyāyavarāḍadeśād api nikaṭa eva varīvartti godāvaryā api nātidūre pradeśe/ *jaḍaviḍe* grāme/ adhunāpi viḍam iti tannagaranāmāsti/

る.「それはどこか」というので，その周知のことをその修飾語によって述べる,「サヒヤ大山脈に位置する町」と．サヒヤという名前の大山脈の中にある地域の一カ所に存在する町である．マハーラーシュトラ地方のヴィダルバを別名とするVirāḍa地方[1]からも近いところ，ゴーダーヴァリー川からもそう遠くないところである．そこから五クローシャ離れたところに,「その無垢な美しさは青蓮のごときガネーシャ神に帰命する」(L 9cd) という言葉にある有名なガネーシャ神の青色像がある.[2]

ここでムニーシュヴァラが，Vijjaḍabiḍaから5クローシャ(20km弱)[3]のところにガネーシャの有名な青色像がある，とかなり具体的な情報を付け加えているのは興味深い．

ヴィダルバはナーガプラとアマラーヴァティーを中心とする地域である．その西にはJalgaonがある．かつて一時期カーンデーシュと呼ばれたその地域には，後述するようにバースカラの孫チャンガデーヴァが13世紀の初めに学校を建てた村Pāṭnāがある．その南，デカン高原の北端には，西ガーツ山脈に連なる尾根の一つでサヒヤードリ山(Sahyadri-parvata)と呼ばれる山がある.[4] しかし，Biḍa（あるいはViḍa）の在所は不明である．

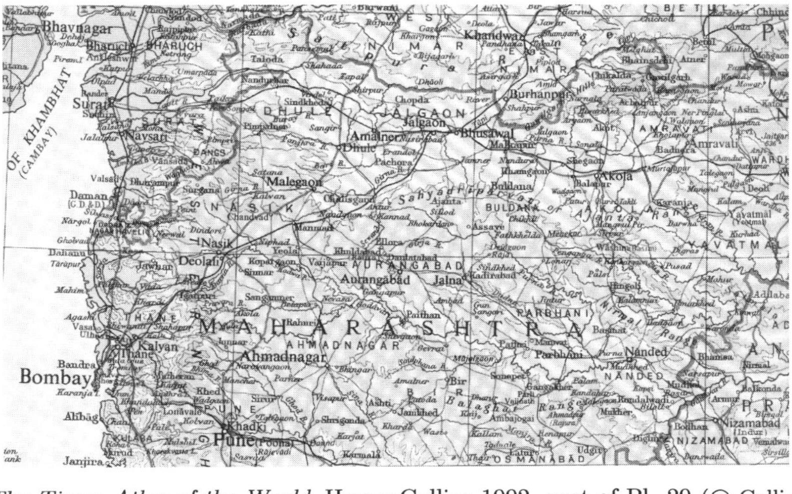

The Times Atlas of the World, HarperCollins 1992, part of Pl. 29 (© Collins Bartholomew Ltd 1992, reproduced with kind permission of HarperCollins Publishers)

[1]前掲ヌリシンハからの引用ではVarāḍa.

[2]Munīśvara on GA, pr 61: *vijjaḍabiḍe*/ vijjaḍabiḍanāmake/ idānīṃ biḍeti nāmaika-deśena prasiddhe/ tatkutreti tatprasiddhiṃ tadviśeṣeṇāha/ sahyakulācalāśritapure iti/ sahyanāmakakulaparvatāntargatabhūpradeśaikadeśe 'vasthitanagare/ mahārāṣṭradeśā-ntargate vidarbhāparaparyāyavirāḍadeśād api nikaṭe godāvaryā api nātidūre/ yasmāt pañcakrośāntare gaṇeśāya namo nīlakamalāmalakāntaye ity ukter gaṇeśanīlavarṇaprati-mā prasiddhāsti/

[3]L 6によれば4 krośas = 1 yojanaであり，BG 3cdに対するクリシュナ注から1ヨージャナを推定すると約15kmだから，5 krośas ≈ 19kmである．

[4]プラーナ等の古代中世の文献に出る「サヒヤ山」は現在の西ガーツ山脈全体とされる．Cf. Sircar 1971, 60 & 339.

バースカラの居住地についてやや詳しい考察をしたDikshit [1981, 118] は，まずヌリシンハおよびムニーシュヴァラと同様その地名の最後の2音節 (viḍa あるいは biḍa) に注目し，それが現在のBīḍを示唆するとしながらも，Bīḍは Ahmadanagar から東へ 80 マイル (約 128km) の町であり，サヒヤ山脈（西ガーツ山脈のことか？）から遠い上，現在その町にバースカラの子孫が誰も住んでいないことが調査からわかっている，として否定的である．Bīḍは現在のローマ字表記の地図ではムンバイから真東へ300kmほどのところにある Bir, Beed などと表記される町 (18;59N, 75;50E) らしい.[1]

次にDikshitは,『リーラーヴァティー』のペルシャ語訳者Abū al-Fayḍ Fayḍī (AD 1587頃) がバースカラの生地として言及するデカン地方のBidar (17;50N, 77;35E) を取り上げるが，これもサヒヤ山脈から遠い上，近く（65km程東）にチャールキヤ王朝の都Kalyāṇīがあったにもかかわらず，バースカラとその王朝との関係に言及する資料がないから，Bidar はバースカラの居住地ではない，とする．

最後にDikshitは，バースカラの孫チャンガデーヴァがバースカラの著作を世に広めるために学校 (maṭha) を建てた土地Pāṭnā（またはその近辺）に注目する．それはJalgaon地域のChalisgaon (20;29N, 75;10E) から南西へ約15kmの所にある荒廃した村である．Dikshitは，同所で発見された碑文（後述）に「この者（バースカラの息子ラクシュミーダラ）はあらゆる学問に精通している，と考えて，ジャイトラパーラ王は彼をこの町から招聘して，賢者たちの頭とした」とあること，Pāṭnāはヤーダヴァ朝の都Devagiri（現在のDaulatabad, 19;57N, 75;18E）に非常に近く，またそれはサヒヤ山脈の支脈であるCandwand丘陵にも近いので,「サヒヤ山脈に守られた (sheltered)」というにふさわしいこと，などから，バースカラの居住地は「疑いなく」Pāṭnāそのものまたはその近くにあったに違いない，とする．

Chauhan [1974] は，マラーティー文献を援用して，Bid（すなわちDikshitが否定したBīḍ）こそVijjadavidaであったと主張する．

Patwardhan等 [2001, xvi-xix] の議論もDikshitのそれとよく似ているが，ヌリシンハとムニーシュヴァラの注釈を引用している点が異なる.[2]

---

[1] ここではḍaを慣用に従い「ダ」とカタカナ表記したが，実際は日本語の「ラ」に近い音である．

[2] ただし，これらの出典にはやや疑問がある．まずヌリシンハの文章を彼らは 'Nṛsiṃha in his commentary "*Vāsanāvārttika*" on *Līlāvatī* writes ...' といって引用するが，*Vāsanāvārttika* は『ガニタアディヤーヤ』と『ゴーラアディヤーヤ』の注釈であり,『リーラーヴァティー』の注釈を含まないだけでなく，彼が『リーラーヴァティー』の注釈を書いたことさえ知られていない．CESS A3, 204a-206a; A4, 162b-163a; A5, 202b-203a 参照．その上ヌリシンハは，上で引用したように,『ゴーラアディヤーヤ』の末尾の注釈では地名をjaḍaviḍaとしながら，ここではvijjalaviḍaとしていることも腑に落ちない．また，ここでムニーシュヴァラの注釈として引用されている *Marīcikā* が通常 *Marīci* と呼ばれる注釈と同じものなら,『ガニタアディヤーヤ』と『ゴーラアディヤーヤ』の注釈であるが，上で引用した『マリーチ』の文章と少し異なる．Patwardhan等は詳しい典拠を示さないが，これとほとんど同じ文章（godāvaryāṃではなくgodāvaryāとする点が違うだけ）をChauhan [1974, 44] がPhadkeによる『リーラーヴァティー』のマラーティー語訳のIntroduction (p. 17) から引用する（筆者未見）．Chauhanによれば Phadke の典拠はムニーシュヴァラの『リーラーヴァティー』注（シャカ暦1530年＝AD 1608）である．確かにムニーシュヴァラは『リーラーヴァティー』の注釈として『ニスリ

> ヌリシンハの注釈:
> Vijjalaviḍa の住人，ダンダカの森を清めたお方，マハーラーシュトラ人たちの拠り所，マヘーシュヴァラの息子である尊敬すべきバースカラ先生.[1]
>
> ムニーシュヴァラの注釈:
> サヒヤ大山脈の中にある地域，マハーラーシュトラ地方のヴィダルバを別名とする Virāṭa 地方[2]からも近いところ，ゴーダーヴァリー川から[3]そう遠くなく，五クローシャ離れて Vijjaḍaviḍa はある.[4]

上で引用した『マリーチ』の証言と異なり，この引用文によれば，ゴーダーヴァリー川から 20km 弱のところに Vijjaḍaviḍa があったことになる．いずれにしても，これらの引用には混乱があるようだ.

Srinivasiengar [1967, 79] のように，Vijjaḍaviḍa は現在のカルナータカ州の Bijapur (16;47N, 75;48E) であるとする説もある．しかしこれもサヒヤ山脈からはかなり遠い上，Bijapur という現在の語形は Vijayapura からの転訛と考えられる.

Bag [1979, 27] は「バースカラがシッダーンタシローマニを書いた AD 1150 には，Biḍa の町は西チャールキヤ王朝の王 Tailapa II の家臣 Bijjala の支配下にあった．だからそれは Bijjala-Biḍa と呼ばれた」と指摘する．また Pingree [CESS A4, 299b] も，「おそらく Kalacuri 朝の Vijjaḷa II (1156-75) がまだチャールキヤ朝の王 Jagadekamalla (1138-50) と Taila III (1150-56) の執政官 (daṇḍanāyaka) だったころの都（居住地）だった」とする．ともにその位置は特定していないが，Vijjaḍaviḍa という地名が Kalacuri の君主 Vijjala II に由来するという説は興味深い.

確かに Vijjala II はチャールキヤ朝が落ち目になったのを見て時の王 Taila III を倒して政権をとり，それまで住んでいた町，現在の Maṅgala-veḍhā からチャールキヤ朝の都だった Kalyāṇī に施政の中心地を移したと云われる．Vijjala II の在位期間は AD 1162-67 とされるから，バースカラがシッダーンタシローマニを書いた AD 1150 にはまだその町，現在の Maṅgala-veḍhā にいたはずである.[5] とすると，その Maṅgala-veḍhā こそが Vijjaḍaviḍa（執政官ビッジャラの町）だったということになる．ただ，Maṅgala-veḍhā (17;31N, 75;28E) はムンバイから南東に約 310km，Solapur から南西に約 40km の所

シュタアルタドゥーティー』を書いたが，彼の生年は AD 1603 だから，「シャカ暦 1530 年」が正しいとすると，彼はそれを 5 歳で書いたことになる.

[1]'Nṛsiṃha's *Vāsanāvārttika* on L': vijjalaviḍanivāsī pavitritadaṇḍakāraṇyaḥ (sic) mahārāṣṭrānām (sic) āśrayo maheśvaranandanaḥ śrībhāskarācāryaḥ/

[2]前掲ムニーシュヴァラからの引用では Virāḍa.

[3]godāvaryāṃを godāvaryā (< -ryāḥ) と読む.

[4]'Munīśvara's *Marīcikā*': sahyakulaparvatāntargatabhūpradeśe mahārāṣṭradeśāntargatavidarbhāparaparyāyavirāṭadeśād api nikaṭe godāvaryāṃ nātidūre paṃcakrośāntare vijjaḍaviḍam/

[5]Vijjala II については，Gopal 1998, 166-82 参照.

にあって，サヒヤ山脈（西ガーツ山脈）まで150kmくらいあり，地理的にそれに「位置している」と見るのは難しいかもしれない．

Thosar [1984, 194-95] は，viḍa（あるいはvilaまたはbiḍa）は首都あるいは軍の基地を意味するから，Marathwadaの地方司令本部があったBeed（すなわちDikshitが否定したBiḍ）こそがそれにふさわしいとする．そして前分のVijjaḍa（またはVijjala）のほうは，KalacuriのVijjala IIではなく，ラーシュトラ朝の7世紀頃の碑文（複数）に出るVajraṭa（あるいはVajjaḍa）に由来する可能性が大きいとする．その理由は，(1) 人名が地名に付けられるには時間がかかるが，Vijjala IIはバースカラと同時代人である，(2) Vijjala IIが住んでいたのはBeedから距離のあるManglvedha（すなわちMaṅgala-veḍhā）である，という2点である．

このように，バースカラとその父マヘーシュヴァラの住所Vijjaḍaviḍaに関しては，主として3つの説，すなわち，Chalisgaon近郊説（Pāṭnāまたはその近辺），Bir（またはBiḍ, Bid, Beed）説, Bijapur（カルナータカ州）説があるが，未だ最終的な決着は見ていない．

バースカラの没年は特定できないが，彼の簡易天文（暦法）計算書『カラナクトゥーハラ』が採用する暦元はAD 1183年2月23日に対応する．したがって少なくともこの頃までは生存していたと考えられる．

次にバースカラの家系を2つの碑文に基づいて紹介しよう．一つはカーンデーシュのChalisgaon (20;29N, 75;10E) から南西へ約15kmの所にあった今は荒廃した村Pāṭnāで発見された碑文，もう一つもChalisgaon近郊の村Bahal (20;36N, 75;09E) で発見された碑文である．

Pāṭnā碑文 [Kielhorn 1892] は，ヤーダヴァ朝シンガナ王のお抱え占星術師だったバースカラの孫チャンガデーヴァが，バースカラの教えを普及させるために学校 (maṭha) を建てたこと，そしてAD 1207，シンガナ王の臣下ソイデーヴァ等がそれに対して財政的な援助を与えたこと，などとともに，バースカラ，シンガナ王，ソイデーヴァ等のそれぞれの家系が記録されている．それによれば，バースカラの家系はTrivikrama–Bhāskarabhaṭṭa–Govinda–Prabhākara–Manoratha–Maheśvara–Bhāskara–Lakṣmīdhara–Caṅgadevaと続く．

一方Bahal碑文 [Kielhorn 1894] は，やはりシンガナ王の占星術師だったアナンタデーヴァがAD 1222/23にDvārajā女神 (= Bhavānī) の神社を建立したことの記録であるが，そこに述べられた彼の家系はManoratha–Maheśvara–Śrīpati–Gaṇapati–Anantadevaとなっている．彼の曾祖父マヘーシュヴァラとその父マノーラタはバースカラの父と祖父らしい．とするとアナンタデーヴァの祖父シュリーパティはバースカラの兄弟ということになる．したがって，両碑文の情報を合わせると，次のような家系図が描ける．

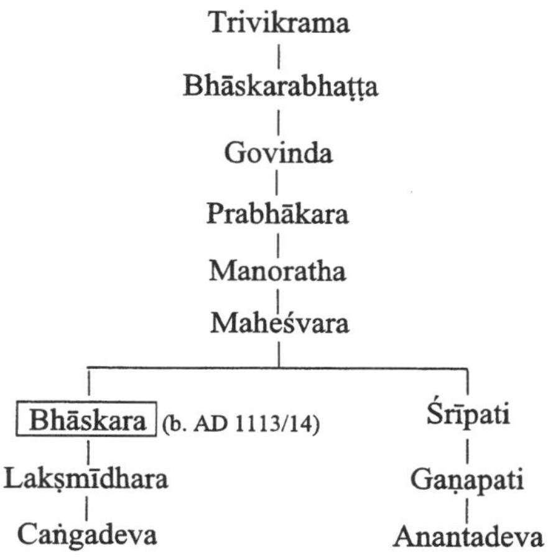

ここで，上から2人目のバースカラバッタはPāṭnā碑文で「ボージャ王」からVidyāpati（学問の長）の称号を与えられたとされており，この「ボージャ王」は学問好きの王Paramāra Bhojarāja（在位AD 1018-55頃）に比定されている．したがって最初のトリヴィクラマはAD 1000年前後になる．

Bahal碑文はアナンタデーヴァが『ブリハッジャータカ』と「韻律集積図表」（『ブラーフマスプタシッダーンタ』の第20章）に対して注釈を書いたことに触れているが，ともに現存しない．マヘーシュヴァラには占い関係の著作『ヴリッタシャタカ』『ラグジャータカ注』が現存するが，Bahal碑文はそれらに加えて，今は現存しない『カラナシェーカラ』『プラティシュターヴィディディーパカ』に言及している [CESS A1, 41ab; A4, 397b-399a].

1.2　著作

バースカラの著作としては次の4書が知られている．1と3は韻文，2と4は散文のサンスクリットで書かれている．

1. 『シッダーンタシローマニ』（AD 1149/50完成）
2. 『ミタークシャラ』：『シッダーンタシローマニ』後半2部の注釈
3. 『カラナクトゥーハラ』（AD 1183頃）
4. 『ヴィヴァラナ』：ラッラ著『シシュヤディーヴリッディダタントラ』の注釈

「カラナ」(karaṇa),「シッダーンタ」(siddhānta),「タントラ」(tantra)は，それぞれ天文書のジャンルであり，比較的近いところに暦元をとって惑星の位置計算などを教える実用的簡易天文暦法書が「カラナ（方法あるいは計算）」，カルパという非常に長い天文学的サイクル（通常は4,320.000,000年）の中で平均惑星などの天文学的実体が整数回転するという仮定と周転円理論とに基づいて天球上での惑星の運動を理論的に論ずる天文書が「シッダーンタ（達成の究極=最終的に確立されたもの=決定版）」である．カラナと同様，理論より計算に重点をおきながらも暦元をカリユガの初め（BC 3102年2月18日）に置くのが「タントラ（教義）」である．

『カラナクトゥーハラ』（カラナの不思議）は暦元をAD 1183年2月23日に置くカラナの書である．ラッラ（AD 800頃）の『シシュヤディーヴリッディダタントラ』（生徒たちの理知を増大させるタントラ）は「タントラ」という名前にもかかわらず内容は理論的であり,「グラハガニタ（惑星計算）」と「ゴーラ（天球）」というその二部構成がバースカラの『シッダーンタシローマニ』にも影響を与えた．

その『シッダーンタシローマニ』（シッダーンタの頭頂の宝石）がバースカラの主著であり，次の4部から成る．

1．リーラーヴァティー
2．ビージャガニタ（種子数学）
3．グラハガニタアディヤーヤ（惑星計算の章）
4．ゴーラアディヤーヤ（天球の章）

リーラーヴァティーとビージャガニタの本体は，韻文で書かれた規則と例題からなるが，それぞれ，例題の解を主とする散文の自注（特に名はない）を加えたものが独立した書物として伝えられた.[1] グラハガニタアディヤーヤとゴーラアディヤーヤの2部分は，計算規則とその原理，また計算例などを散文で詳しく解説した『ミタークシャラ』という自注が書かれたので,『ミタークシャラを伴うシッダーンタシローマニ』というタイトルのもとで一緒に扱われることもある．しかし，写本伝承過程ではそれぞれ独立の写本で伝えられることが多かった．そこで以下では，4部それぞれ独立の書として扱う．

『リーラーヴァティー』は12世紀以降のインドでもっとも普及した算術の教科書であり，北から南まで全インドで多くの写本が今日に伝えられている．その数は，CESSにリストされているものだけで600を超える．30以上の注釈（中にはカンナダ語も含む）が書かれたのは，それだけ需要があったからだろう．また，カンナダ語，ペルシャ語，英語，日本語，中国語にも訳されている.[2]

『ビージャガニタ』は,『リーラーヴァティー』ほどではないが，代数学を扱う書としてはインドでもっともよく読まれた．このことはCESSにリストされた100以上の写本と9つの注釈が物語っている.[3]

---

[1]『シッダーンタシローマニ』第2部の「ビージャガニタ」とそれとは独立に流布した『ビージャガニタ』の関係を示唆するバースカラの言葉がBG 73p3に，クリシュナの言葉がBG 32の注釈（T107, 10の段落）にある．それぞれに対するNote参照.

[2]CESS A4, 299a-308a; A5, 254b-257a 参照．日本語訳は林・矢野 1980，中国語訳は徐 2008 参照.

[3]CESS A4, 308a-311b; A5, 257a-258a 参照．内容の梗概は林 1987 参照．最近の6種の公刊本に基づく暫定編集テキストは Hayashi 2009 参照.

現在知られる最も古い注釈は天文学者ジュニャーナラージャの息子スールヤダーサが 31 歳のときに著した『スールヤプラカーシャ』(シャカ暦 1460 = AD 1538) である.[1] 規則に対しては基本的内容説明と比較的簡単な「正起次第」(I.4 参照), 例題に対しては解の手順を与える. やや遅れてクリシュナが著した『ビージャパッラヴァ』(AD 1601 以前) はより包括的な注釈である (I.4 参照). 量的にも『ビージャパッラヴァ』は『スールヤプラカーシャ』のおよそ 1.4 倍である.[2]

『スールヤプラカーシャ』は 16 世紀前半,『ビージャパッラヴァ』はおそらく 16 世紀後半に書かれたものだが, 17 世紀にはラージャギリのバースカラ (Bhāskara, AD 1652) とアマラーヴァティーのラーマクリシュナ (Rāmakṛṣṇa, 1687 頃), 18 世紀末にはアーメダバードのクリパーラーマ (Kṛpārāma, 1792 頃), 19 世紀後半にはジーヴァナータ・ジャー (Jīvanātha Jhā) が注釈を書いた. このほか, 年代ははっきりしないが, ダルメーシュヴァラ (Dharmeśvara, 1600 頃?), ニジャーナンダ (Nijānanda), ハリダーサ (Haridāsa) の注釈も知られている.[3]

狭義の『シッダーンタシローマニ』は前述のように『グラハガニタアディヤーヤ』と『ゴーラアディヤーヤ』から成るが, その内容が包括的なことで際だっている. 主として『グラハガニタアディヤーヤ』が計算を,『ゴーラアディヤーヤ』がその理論的裏付けとなる幾何学的構造をテーマとする. この関係は,『リーラーヴァティー』に典型的に見られるようなアルゴリズムをテーマとするパーティーガニタと, その理論的根拠すなわちアルゴリズムの導出法すなわち「正起次第」を与えるビージャガニタの関係に似ている. 第 1 章 BG 2 に対するクリシュナの注釈参照.

---

[1] *Sūryaprakāśa* 跋 6 (Ms: PPM, Wai 9777/11-2/551, fol. 99b):
ṣaṣṭiśakragaṇite śake kṛtaṃ bhāṣyam induguṇavatsare nije/
pañcaviṃśatiśatāny anuṣṭubhāṃ granthasammitir ihāsti kevalam//6//
(六十・シャクラ (1460) だけのシャカ ⟨ の年 ⟩ に, 自身は月・原質 (31) の年に,
⟨ この ⟩ 注釈が作られた. ここには, アヌシュトゥブで二十五の百
(すなわち 2500) だけのグランタ数 (書物量) がある.)

[2] 前注で引用した跋 6 によれば,『スールヤプラカーシャ』は 2500 アヌシュトゥブから成る. 一方『ビージャパッラヴァ』は, P 本巻末 (P205, 24) 注記によれば, グランタ数 4500 である (I.4 末参照). この数は『ビージャガニタ』の原典 (mūla) も含むらしいので (第 1, 4, 5, 6 章末 P 本コメント参照), その量 1000 アヌシュトゥブ (BG 97ab 参照) を引いて, $(4500 - 1000)/2500 = 1.4$. グランタ数については和訳第 1 章末参照. ‘P 本’ については I.5.1 参照.

[3] 以上は, CESS A2-A5 による.

第2章　クリシュナ：人と著作

2.1　人

クリシュナ（Kṛṣṇa, しばしば Kṛṣṇa-daivajña, 生没年不詳，AD 1600 頃活躍）はヴァーラーナシー（カーシーとも呼ばれる）の著名なジュヨーティシー（jyotiṣī, 星学者＝天文占星学者）の一家に生まれ，ムガール朝第 3 代皇帝アクバル（在位 1556-1605）の要人だったラヒーム（‘Abd al-Raḥīm Khān-i Khānān, AD 1556-1627）と第 4 代皇帝ジャハーンギール（Jahāngīr, 在位 1605-27）の庇護を受けた．彼はアクバルの翻訳局でウルグ・ベクの天文表をサンスクリットに翻訳することを任されたチームのメンバーだった.[1] クリシュナは『ジャータカパッダティ』の注釈の中でラヒームのケースを例にとってホロスコープの作り方を教えている.[2] ボストンのファインアーツミュージアムが所蔵するムガール細密画のなかに，サリーム（王位を継承する前のジャハーンギールの名前）の誕生を題材にしたものがあるが，そこにホロスコープを描く占星術師の姿が描かれている．S. R. Sarma [2008, 100-07] は，そのモデルがクリシュナであった可能性を指摘している．

クリシュナの家系については，彼自身の『ビージャパッラヴァ』(AD 1601 以前）の跋[3]，弟ランガナータが書いた『スールヤシッダーンタ』の注釈『グーダアルタプラカーシャ』(AD 1603) の序跋[4]，それにランガナータの息子ムニーシュヴァラ (AD 1603 年生）が書いた『シッダーンタシローマニ』の注釈『マリーチ』(AD 1638 以前）の跋[5]によって知ることができる．それらによると，パヨーシュニー川のほとりのダディグラーマにクリシュナから 4 代前の先祖チンターマニが住んでいた．その息子ラーマには 2 人の息子トリマッラとゴーピラージャが生まれたが，そのトリマッラの息子バッラーラはヴァーラーナシーに移住した．彼は妻ゴージとの間にラーマ，クリシュナ，ゴーヴィンダ，ランガナータ，マハーデーヴァという 5 人の息子を順にもうけた．さらに，ゴーヴィンダ以下の 3 人にはそれぞれナーラーヤナ，ムニーシュヴァラ，ガダーダラという息子が生まれた．以上を図示すると次のようになる．

---

[1] Sarma 2008, 206.
[2] JPU, p. 4ff.
[3] 和訳第 12 章 ‘K 跋’ 参照．Cf. CESS A2, 54b-55a.
[4] Cf. CESS A5, 389ab.
[5] Cf. CESS A4, 438ab.

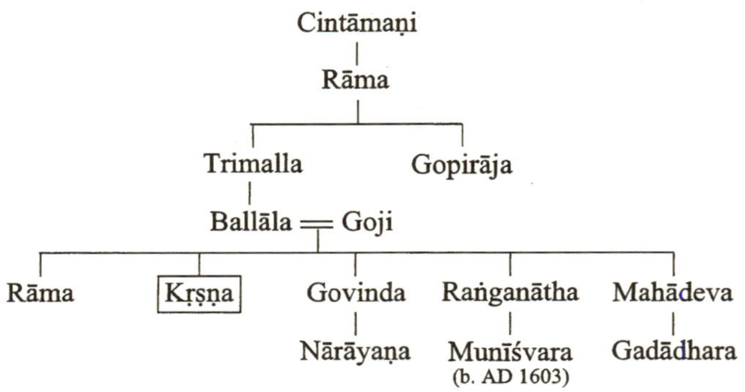

ランガナータは AD 1603 年，上でも触れた『スールヤシッダーンタ』の注釈『グーダアルタプラカーシャ（隠された意味を照らすもの）』を書いた.[1] ちょうど同じ年に生まれた彼の息子ムニーシュヴァラは『シッダーンタシローマニ』の注釈『マリーチ（光）』の他に,『リーラーヴァティー』の注釈『ニスリシュタアルタドゥーティー（目的を委託された女性使者）』，自身の算術書『パーティーサーラ（アルゴリズ数学の精髄）』[2]など，数学を含む星学分野で少なくとも 7 つの著作を残している.[3] また，ナーラーヤナ[4]とガダーダラ[5]にも星学分野の著作があった.

クリシュナの学問的系譜は『ビージャパッラヴァ』の序[6]と『マリーチ』の序[7]から知られる．それらによれば，クリシュナの師はヴィシュヌ，ヴィシュヌの師はヌリシンハであり，そのヌリシンハは伯父に当たるナンディグラーマの天才天文学者ガネーシャの教えを受けた.

ガネーシャの父ケーシャヴァには『グラハカウトゥカ』(AD 1496) などの星学関係の書が少なくとも 5 つあり[8]，兄弟の一人アナンタには『ラグジャータカ』の注釈がある.[9] ガネーシャ自身は 13 歳のときに天文書『グラハラーガヴァ』を著した．これは北インドで大きな影響力を持ち，現存写本の数は 500 を超える．また 20 世紀前半のものまで含めると 10 におよぶ注釈が書かれた．そのほかに,『リーラーヴァティー』の注釈『ブッディヴィラーシニー』など少なくとも 10 書が彼の著作として知られている.[10]

ガネーシャの甥ヌリシンハ（b. AD 1548）にも『ケータムクターヴァリー』(AD 1566) など少なくとも 7 書が知られている.[11] もちろんこのヌリシンハは『シッダーンタシローマニ』の注釈『ヴァーサナーヴァールッティカ』を書

---

[1]Cf. CESS A5, 388b-389b; Pingree 1981, 126.
[2]公刊本はないが，英訳は Singh & Singh 2004-05.
[3]Cf. CESS A4, 436b-441a, A5, 314ab; Pingree 1981, 126.
[4]Cf. CESS A3, 165b-166a, A4, 139ab, A5, 180b; Pingree 1981, 126.
[5]Cf. CESS A2, 115a; Pingree 1981, 126.
[6]和訳第 1 章 ‘K 序’ 参照. Cf. CESS A2, 54b.
[7]Cf. CESS A4, 438a.
[8]Cf. CESS A2, 65b-74a, A3, 24a, A4, 64a-66a, A5, 56a-59b; Pingree 1981, 126.
[9]Cf. CESS A1, 40b; Pingree 1981, 126.
[10]Cf. CESS A2, 94a-106b, A3, 27b-28aA4, 72a-75b, A5, 69b-74a; Pingree 1981, 126.
[11]Cf. CESS A3, 202b-204a, A4, 162b, A5, 202ab; Pingree 1981, 126.

いたヌリシンハ（b. AD 1586）とは別人である．後者はスールヤ派天文学の簡易計算書（カラナ）『スールヤパクシャシャラナ（スールヤ派の擁護）』(暦元 AD 1608 年3月7日) を書いたヴィシュヌの甥にあたる.[1] このヴィシュヌの父はディヴァーカラといい，彼もまたガネーシャの教えを受けた．そしてそのヴィシュヌこそクリシュナの師ヴィシュヌと同一人物らしい.[2]

クリシュナの師ヴィシュヌの数学書は知られていないが，クリシュナは『ビージャパッラヴァ』で方程式に関する彼の2つの規則を引用している．BG 68 と E88 の注参照．また，付録 C の Viṣṇu's unknown work 参照.

以上をまとめると，クリシュナの学問的系譜は次のようになる（実線が親子関係，点線が師弟関係; 兄弟は網羅しない）.

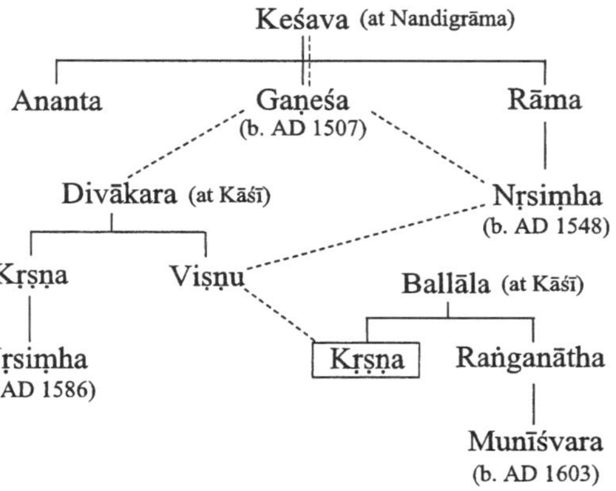

2.2　著作

現在知られているクリシュナの著作は次の四つである.

1．バースカラの『リーラーヴァティー』の注釈

2．バースカラの『ビージャガニタ』の注釈『ビージャパッラヴァ（種子〈数学〉の新芽)』

3．シュリーパティの占星術書『ジャータカパッダティ（誕生占いコース)』の注釈『ジャータカパッダティウダーハラナ（誕生占いコース例説)』

4.『チャーダカ（またはチャーディカ）ニルナヤ（隠すものの検討)』蝕に関する書.

Pingree [CESS A2, 55b] は,『リーラーヴァティー』の注釈 (ṭīkā) をクリシュナの3つ目の著作としてあげ，その写本とされるもの2つをリストしつつ,「おそらく『ビージャアンクラ』(すなわち『ビージャパッラヴァ』) との混同である」とする.

---

[1] Cf. CESS A3, 204a-206a, A4, 162b-163a, A5, 202b-203a; Pingree 1981, 125.

[2] Cf. CESS A5, 703a-704a; Pingree 1981, 37 & 125.

確かにムニーシュバラも『シッダーンタシローマニ』の注釈『マリーチ』の跋で，クリシュナは『ビージャクリヤー（種子計算）』の注釈 (vivṛti)『カルパラター』（すなわち『ビージャガニタ』の注釈『ビージャパッラヴァ』）と『ジャニパッダティ（誕生〈占い〉コース）』（すなわち『ジャータカパッダティ』）の注釈 (vṛtti) を書いた，というだけで，『リーラーヴァティー』の注釈には言及しない.[1] ランガナータも『スールヤシッダーンタ』の注釈『グーダアルタプラカーシャ』の跋で「バースカラの『ビージャ〈ガニタ〉』が彼（クリシュナ）によって解説された (vivṛtam).『シュリーパティパッダティ』（すなわちシュリーパティの『ジャータカパッダティ』）もそうである」というが，『リーラーヴァティー』の注釈には言及しない.[2]

しかし，クリシュナ自身が『ビージャパッラヴァ』の中で自分の『リーラーヴァティー』注を一度は vyākhyā，もう一度は vivṛti と呼んで二度言及しているから，その注釈が存在したことは間違いない (BG E11 および E48 の注参照). CESS があげる 2 つの写本はいずれも「個人所有」（一人は Varanasi，もう一人は Mirzapur 在住）となっているので，閲覧可能かどうかわからないが，今後の研究が期待される.

『ビージャパッラヴァ』が AD 1601 以前に書かれたことは，日付があるその写本の中で最古のものがシャカ暦 1523 = AD 1601 であることから推定される.[3]

『ビージャパッラヴァ』の著作の経緯については，Dvivedī [1986, 64-65] が，昔の星学者たちのうわさ (janaśruti) として，次のような話を伝えている. ナンディグラーマのガネーシャはバースカラの四部作すべてに注釈を書く計画を立てた. そして実際，『リーラーヴァティー』『グラハガニタ』『ゴーラアディヤーヤ』には予定通り書くことができた. しかし，回避しがたい仕事に追われ，『ビージャガニタ』の注釈は書くことができなかった. そこで臨終の時，自分の甥でもあり弟子でもあるヌリシンハにそれを託して云った.「ヌリシンハよ，おまえがバースカラの『ビージャガニタ』を解説し，私の望みを叶えてくれ.」しかし，ヌリシンハも時間に縛られてそれができなかったので，やはり自分の弟子ヴィシュヌにそれを託した. ところがヴィシュヌもまた時間がなかったので，自分の弟子クリシュナにそれを命じた. クリシュナは彼の期待に応えて注釈『ナヴァアンクラ（新芽）』を著した. このような話であるが，Dvivedīは典拠を示さず，またガネーシャが『グラハガニタ』と『ゴーラアディヤーヤ』の注釈を書いたことも確認できないので[4]，やはり「うわさ」程度の話と思われるが，『ビージャガニタ』の難解さが生み出したうわさかもしれない.

---

[1] Cf. CESS A4, 438b.

[2] Cf. CESS A5, 389a.

[3] Cf. CESS A4, 308b. また後述「使用テキスト」(I.5.1) 参照.

[4] 同じ名前の彼の曾孫がそれらの注釈を書いているので，混同された可能性がある. Cf. CESS A2, 106b-107a.

第3章　『ビージャガニタ』

バースカラは『ビージャガニタ』の第2詩節で,『リーラーヴァティー』と『ビージャガニタ』の関係を次のように述べる.

> 前に述べた顕現するもの (vyakta) は，未顕現なもの (avyakta) を種子 (bīja) とする．未顕現なものの道理 (yukti) なくしては，問題 (praśna) は，〈賢い人たちにとってさえ〉ほとんど，愚鈍な人たちにはまったく，知る（解く）ことができない．だから，種子計算 (bīja-kriyā) を私は述べる．(BG 2)

「前に述べた顕現するもの」とは,『リーラーヴァティー』で扱われた既知数学 (vyakta-gaṇita)，すなわち既知数 (vyakta-saṃkhyā) のみを対象とする数学 (gaṇita) である．それはパーティーガニタ（アルゴリズム数学）とも呼ばれる．また「未顕現なもの」とは『ビージャガニタ』で扱われようとしている未知数学 (avyakta-gaṇita)，すなわち未知数 (avyakta-saṃkhyā) を対象とする数学である．方程式を用いて問題を解き，その解を，連続する一連の演算として言葉で表現してアルゴリズム化すれば，既知数学（アルゴリズム数学）の規則が得られる．すなわち，未知数学は既知数学を生み出す種子となる．したがってそれはビージャガニタ（種子数学）とも呼ばれる．詩節2の「種子計算」は種子数学と同義である.「種子数学」にはまた，後述の4つの種子をツールとする数学という意味もある.

バースカラの『ビージャガニタ』は次の12章からなる.

第1章 正数負数に関する六種
第2章 ゼロに関する六種
第3章 未知数に関する六種

　第1節 一つの未知数に関する六種
　第2節 多色に関する六種

第4章 カラニーに関する六種
第5章 クッタカ
第6章 平方始原

　第1節 平方始原
　第2節 円環法

第7章 一色等式

第 8 章 一色等式における中項除去
第 9 章 多色等式
第 10 章 多色等式における中項除去
第 11 章 バーヴィタ
第 12 章 結語

これら各章の詳しい梗概については，林 1987 参照.

バースカラは第 6 章の最後の詩節で，

> 種子に役立つ計算がここにまとめて述べられた．これから，計算士の喜びをもたらす種子を述べよう．(BG 55)

という．すなわち，前半 6 章はいわば導入部であり，正数・負数，ゼロ，未知数，カラニー（karaṇī, 平方根がとられるべき数）のそれぞれの基本演算 6 種（四則と平方・平方根），それに後半の「種子計算」すなわち方程式論で多用されるクッタカと平方始原を扱う．クッタカ (kuṭṭaka) は，$y = (ax + c)/b$ のタイプの一次不定方程式およびその解法を指す．また平方始原 (varga-prakṛti) は，$Px^2 + t = y^2$ のタイプの二次不定方程式およびその解法である.

「結語」を除く後半 5 章，すなわち第 7 章～第 11 章が『ビージャガニタ』の主体であり,「四種子」(bīja-catuṣṭaya) を中心とする方程式論を扱う.「四種子」とは，未知数 (avyakta-saṃkhyā) を含む量的関係を等式 (samī-karaṇa) すなわち方程式として表し，それを解くことで問題 (praśna) を解決 (siddhi) するための 4 つの基本ツールであり，次のものを指す.

- 一色等式 (ekavarṇa-samīkaraṇa)：一つの未知数を含む方程式．および，それを用いる解法.
- 中項除去 (madhyama-āharaṇa)：二次式の完全平方化とその後の開平．この操作により，中項（一次の項）が消えるのでこの名がある．また，それを用いる解法.
- 多色等式 (anekavarṇa-samīkaraṇa)：複数の未知数を含む方程式．および，それを用いる解法.
- バーヴィタ (bhāvita)：異なる未知数の積（バーヴィタ）を含む方程式．および，それを用いる解法.

種子の分類に関しては，第 7 章冒頭のクリシュナ注参照.

第4章　『ビージャパッラヴァ』

クリシュナ著『ビージャパッラヴァ』は『ビージャガニタ』に対する包括的な注釈書である.『ビージャガニタ』は韻文で書かれた規則と例題，それに短い散文の自注からなるが，クリシュナは，各詩節の導入文でその内容と韻律名を指摘し，規則に対しては，重要なあるいは問題のありそうな語句や表現を同義語や文法で解説し，韻文の構造が複雑な場合は語句の正しい結びつけ方（統語法）を説明し，異読があればそれらに言及すると同時に吟味して正しい読みを選び，正しい読みがなければそれを自ら提案する．そのうえで，規則の数学的内容を説明・敷衍し，最後に規則の理論的根拠ともいえる「正起次第」を与える．例題に対しては，規則に与えられたアルゴリズムにしたがって解を与える．その多くは，既にバースカラが自注で与えている解の再確認であるが，アルゴリズムを少し変えている場合もある．

文法的説明は，T3, 11, T103, 21, T164, 12 (Pāṇini の文法書 *Aṣṭādhyāyī* とそれに対する *Vārttika* からの引用を含む), T165, 7 (*Yājñavalkya* 法典に対する Vijñāneśvara の注釈 *Mitākṣarā* への言及を含む), T183, 1, T192, 1, T217, 13, T225, 4, T231, 1 などに見られる．‘T’ については I.5.1 参照.

異読の注記，テキスト吟味・評価，正しい読みの提案は，T37, 7 以下，T76, 20, T81, 23, T83, 3, T108, 10, T123, 13, T179, 7, T206, 16 以下，T225, 4, T229, 14, T236, 13^1, T242, 10, T252, 19 末などにある．

数学的内容の説明・敷衍はしばしば問答の形で行われる．多くはクリシュナが考えた架空の想定問答と思われるが，なかには実在の論争に基づくと思われるものもある (T29, 3 以下).

「正起次第」と訳した語 upapatti は，動詞 upa-$\sqrt{}$pad に由来する名詞である．upa-$\sqrt{}$pad は「近くに行く/落ちる」を源義とし，近づく，手に入る，生ずる，起こる，成立する，可能である，ふさわしいなどの意味を持つ．本書ではこれらのニュアンスを込めて「正起する」と訳すことにする．その否定形 nopapadyate は「正起しない」．また，この動詞から派生する語を次のように訳す．upapanna「正起した」，upapādita「正起させられた」，upapatti「正起」，anupapatti「不正起」，anyathānupapatti「別様に不正起」．そして，upapatti が規則の理論的根拠，すなわちある種の証明あるいはアルゴリズム導出を意味するときは「正起次第」と訳すことにする．証明あるいはアルゴリズム導出は，多くの場合「これに関する正起次第」(atropapattiḥ) に始まり，「(以上）正起した」(ityupapannam) に終わる．

以下では，章ごとにクリシュナ注の主な要点をあげる．

第 1 章 正数負数に関する六種

BG 1（帰命頌）の注では，その帰命の対象が 3 通り，すなわちサーンキヤ哲学の原性（プラクリティ），ヴェーダーンタ哲学の自在神（イーシュヴァラ），そして数学の一分野である未知数学，に解釈されることを詳述 (T3, 11 以下)．BG 2 の注では，既知数学と未知数学の関係を詳述 (T6, 20 以下)．そのあと，それぞれの規則に対して正起次第を詳述．負数が 3 通り（場所的，時間的，物質的）に意味づけ可能であることを指摘 (T13, 4 以下)．引き算の規則の正起次第を，3 つの町（カーシー，パッタナ，プラヤーガ）を例にとって「場所的に」与えるが，それら 3 つの町を詩的に形容 (T13, 18) するのは散文の数学書では珍しい．

第 2 章 ゼロに関する六種

10 進法位取り表記法とゼロの意味づけ (T21, 21 以下), ゼロを含む計算規則の正起次第 (T25, 9 以下),「ゼロ分母」($\frac{a}{0}$) なる量に関する考察 (T29, 9 以下)．クリシュナによれば，ゼロは数ではなく「非存在」を意味する (T21, 21 以下)．

第 3 章 未知数に関する六種

未知数の名称と種について (T31, 12 以下)，色（未知数）とルーパ（単位またはその集合）の積が色になることの正起次第 (T39, 3 以下)，同じ色の積が色の平方になることの正起次第 (T40, 19 以下)，異なる色の積がバーヴィタになることの正起次第 (T41, 4 以下)．記号（略号）について (T41, 8)．一色多項式の開平の正起次第 (T45, 12 以下).

第 4 章 カラニーに関する六種

カラニーの定義 (T50, 2)．カラニーの諸規則 (BG 13-25) の正起次第 (T53, 8 以下)．アルゴリズムの改良 (T68, 15 以下)．規則 (BG 21) の妥当性に対する疑問とそれに対する答え (T 72, 24 以下)．近似根の使い方 (T74, 4 以下).

第 5 章 クッタカ

クッタカの諸規則 (BG 26-36ab) の正起次第 (T90, 8 以下)，BG 自注で簡潔に与えられた例題 (E21 etc.) の解の敷衍 (T111, 3 以下).

第 6 章 平方始原

平方始原の「生成」を初めとする諸規則 (BG 41-43, etc.) の正起次第 (T132, 7 以下).「円環法」(BG 46cd-50ab) の正起次第 (T140, 12 以下)．クリシュナは正起次第での数式表現に「指標」すなわち略号 (ā, dvi, ka, jye, pra, etc.)

を多用する.

第 7 章 一色等式

種子 (bīja) の分類に関する詳しい解説 (T155, 2 以下). 例題 (E41) の状況設定の詳しい解説 (T164, 12). 自注 (E42p2) で与えられた, 色を用いない解のアルゴリズムの詳しい解説 (T166, 5 以下). 自注 (E50p) で与えられた, 色を用いない解に対して, 色を用いる 2 つの別解を与え (T171, 3 以下), 当該例題の場合は色を用いない方が計算が楽であることを示す. 自注 (E51p) の解を敷衍しつつ, 計算の細部, 特にカラニーの処理, を詳説し (T174, 7 以下), さらに, 同じ問題を既知数学で解く方法を述べる (T177, 12 以下). 例題 (E55) の別解 (T180, 21 以下). 自注 (E60p3) で与えられたアルゴリズムの正起次第 (T184, 2).

第 8 章 一色等式における中項除去

中項除去の規則の正起次第 (T185, 12 以下). 2 次方程式から 2 根が得られても, 一方が不適当な場合があることを, 後出の例題 (E69) と天文学の例題 (GG, tr 100) によって説明 (T187, 13 以下). シュリーダラの規則 (Q3) の正起次第 (T188, 22 以下). 連立バーヴィタの例題 (E71-72) に関して自注 (E72p1) で述べられた規則の, 略号 (mū, va, etc.) を用いた正起次第 (T195, 2). 三平方の定理の正起次第 2 種 (T196, 10 以下) とそこで用いられる恒等式 (BG 62) の正起次第 2 種 (T199, 12 以下). 2 つの恒等式 (BG 63, 64) の, 記号 (yā, kā, etc.) を用いた正起次第 (T202, 7 以下).

第 9 章 多色等式

規則 (BG 68) の正しい読みの確定のための検討 (T206, 16 以下) および例題 (E80) を用いた解説 (T207, 18 以下). 主要規則 (BG 65-68) の正起次第と道理 (T210, 6 以下). E39 のタイプの問題に対するヴィシュヌのアルゴリズムの紹介 (T216, 7). E78-79 のタイプ（百ドランマで百羽）の問題に対して等式の立て方を詳述 (T217, 16 以下).「納得のため」すなわちより良い理解のため, E84 の条件の一部を変えて解を与える (T221, 10 以下). 章末の例題 (E88) と自注に与えられた解の詳細な検討 (T226, 2 以下) および同種の問題に対するヴィシュヌの規則 (T231, 1). クリシュナ自身の例題 2 つとその一つに対する解のアルゴリズム (T231, 9 以下).

第 10 章 多色等式における中項除去

諸規則の正起次第, 特に平方クッタカの規則 (BG 88-90) に対しては異なる条件下に分けて詳述 (T250, 18 以下). 陳述と解の関係の検討 (T245, 12 以下). 規則 (BG 76-77ab) の拡張 (T236, 13).

第 11 章 バーヴィタ

バーヴィタの第 2 規則 (BG 92-93) に対しては，バースカラ自身が 2 種の正起次第を与えているが (BG 93p3-p5)，クリシュナはその一部が「写字生の誤りと教えの断絶」のために不適切になったと指摘しつつ (T258, 8)，より詳細な正起次第を与える (T258, 10 以下).

第 12 章 結語

バースカラがあげる例題の目的 4 種 (BG 97cd-98ab) に対して，クリシュナは『ビージャガニタ』の中からそれらの具体例を示す (T267, 3).

P 本の各章末には，その章の長さを表す指標であるグランタ数とその積算数が与えられている．次の表はその一覧である．( ) 内は欠けている数．グランタ数については，和訳第 1 章末参照.

章	グランタ数	積算数	章	グランタ数	積算数
1	310	310	7	490	(3070)
2	175	(485)	8	325	3395
3	320	(805)	9	473	3868
4	595	1400	10	450	4318
5	800	(1605)	11	140	4458
6	380	2580	12	(42)	4500

第5章　和訳の基本方針

一般に科学は言語・文化・歴史などの違いを超えて成立する世界観である．その第一の理由は，科学が数学を言葉とするからである．しかし，その数学でさえも，それぞれの言語・文化・歴史などの中で生まれ，育ってきた．したがって，数学（複数）の歴史は，それらの数学を生み出し育んだ言語・文化・歴史などから切り離して考えることはできない．インドの数学文献資料はインドの文化・歴史の中でサンスクリットを初めとするインドの言語で書かれてきたものである．ここに訳出する『ビージャガニタ』と『ビージャパッラヴァ』もそうである．したがって『ビージャガニタ』と『ビージャパッラヴァ』をインドの文化と歴史の中で正しく理解するためには，それらの原典を読むにしくはないが，次善の策として翻訳（ここでは和訳）がある．翻訳がそのような目的に応えるためには，いわゆる「こなれた」訳である必要はない．いやむしろ，そうであってはならない．「こなれた」和訳によって原典は日本語・日本文化のなかに埋没してしまい，それらが本来インドの文化と歴史の中で持っている意味や関係性を失ってしまうからである．この和訳が目指すのは，インド文化の一部としての数学を日本文化の中に移すことでも写すことでもない．インドの言語・文化・歴史の文脈でそれを理解するための資料を日本語で提供することである．

一般に文献資料は細部に至るまでそのすべての部分に存在理由がある．この和訳は，文章の細部に至るまで可能な限り原文に忠実な直訳を目指した．その際必要なら一般的な日本語の慣用やリズムは犠牲にした．数学的内容に関しては，和訳の途中に適宜挿入したNoteで現代的表記による解釈を補った．

しかし，古典テキストの翻訳には「次善の策」以上の存在理由がある．古典テキストの翻訳は，当該テキストに関してさまざまな視点から行われる総合的研究の成果である．それは全体としてそのテキストの一つの解釈であり一つの理解の仕方である．その意味でこの和訳は『ビージャガニタ』と『ビージャパッラヴァ』に関する総合的研究の成果であり，一つの理解の仕方である．

5.1　使用テキスト

『ビージャパッラヴァ』(*Bīja-pallava*, 以下 BP) は次の 3 つの公刊本 (略号 P, T, J_m) に含まれる．

P: Poona edition, Ānandāśrama Sanskrit Series 99, 1930. これは次の6写本に基づく（同公刊本 pp. [7]-[8] 及び 206-07 参照）. (1) India Office 写本 (Saṃvat 1761 = AD 1704), (2) Bhandarakar Oriental Research Institute 写本 (Śaka 1747 Māgha śukla 1 Tuesday = 7 February 1826), (3) Ānandāśrama 写本 (Śaka 1767 Pauṣa śukla 2 Tuesday = 30 December 1845), (4) Ānandāśrama 写本 (Śaka 1812 Mārgaśīrṣa śukla 14 Thursday = 25 December 1890), (5) Benares Sanskrit College 写本（現在知られている3つのBenares 写本はすべて19世紀）, (6) Dr. Narahara Gopāla Saradesāī 所蔵写本（年代など詳細は不明）. しかし，P本に異読の注記はない.

T: Tanjore edition, Tanjore Saraswathi Mahal Series 78, 1959. これはTanjore 写本 (Śaka 1523 Caitra kṛṣṇa 4 Saturday = 11 April 1601 Julian) のみに基づく. 写本の読みに関する注記は pp. 2, 3, 8 にあるだけである. 冒頭に置かれた5ページわたる正誤表 (śuddhāśuddhapatrikā) の中には写本の読みの訂正も含まれている可能性がある（その場合は，訂正前が写本の読みということになる）.

J_m: Jammu edition, Śrī Raṇavīra Kendrīya Saṃskṛta Vidyāpīṭha, 1982. これは上記Pの翻刻. 全240ページ中最初の55ページにだけ合計12回の異読注記があるが，典拠不明. 冒頭に6ページ半にわたる正誤表があるが，その正誤表にも各ページ10個くらいの誤記があり，場所を特定できない訂正項目もある.

T本が基づく写本は一つだけだが，BPの現存写本中，年代決定可能なものとしては最も古く，クリシュナの生存期間中 (I.2.1 参照) に書写されたものなので，T本を和訳の底本とし，P本に異同がある場合は注記する. ただしT本の読みよりP本の読みが自筆原稿 (autograph) に近いと推察される場合はPを採用する. そのようなケースも少なくない. J_m 本は上述のようにP本の翻刻であり，出所不明の写本の読みへの言及も若干あるが重要なものは含まれないので，この和訳には使用しない.

T本とP本にはKが引用する部分を除いてBGの散文部分が含まれないので，その部分に関しては，次のA本を底本とし，G本とM本を参照する.

A: Benares edition, by Acyutānanda Jhā, 1949.

G: Lakṣmaṇapura edition, by Girijāprasāda Dvivedī, 1941.

M: Benares edition, by Muralīdhara Jhā, 1927.

A本は Jīvanātha Jhā の注釈 *Subodhinī* (Benares 1885) に Acyutānanda が自分のサンスクリット注とヒンディー注を付けて出版したものだが，用いたBGの写本は不明である. M本に極めて近く，しばしばM本と同じ誤記あるいはミスプリントが見られる. A本がM本のミスプリントを訂正している場合もあるが，新たなミスプリントを追加している場合もある. 印刷はA本のほうが劣化している. またA本は第9章末尾の例題の自注 (BG E88p1-p3) を欠く．M 本は Sudhākara Dvivedī が脚注を付けて出版したテキスト (Benares 1888) に Muralīdhara が更に脚注を加えたものである．彼らの脚注のほとんどは数学的内容に関するものである．テキストの読みに関する脚注もわずかながらあるが，すべてより良い読みの提案であり，写本への言及はない．G 本は Girijāprasāda が父親 Durgāprasāda の著したサンスクリット注 *Vilāsi* とヒンディー注 *Mitākṣara* を編集出版したものだが，いくつかの脚注で複数の「原本 (mūla-pustaka)」の異読に言及する．それらは写本と見られるが，特定することはできない．G 本は A 本 M 本と比べてサンスクリットの連声規則により忠実である．

これら AGM3 本は，ゼロによる割り算を含む方程式を扱う詩節 E64 を除けば、若干の語句の異同はあるものの、散文部分も含めて内容的な差はほとんどない．

Bījagaṇita の最新の編集としては，

J: Vadodara edition, by Pushpa Kumari Jain, 2001.

F: Genève edition, by François Patte, 2004.

がある．これらはいずれも BG の詩節部分とスールヤダーサ (Sūryadāsa) の注釈 (AD 1538) から成り，どちらも前半の途中（クッタカ）までで終わっている．J 本は 12 写本に基づくが，BG の本文（ここでは詩節のみ）を省略なしに含むのはそのうちの 3 つ，J(H), J(L), J(S)，だけである（後掲「比較資料の略号」参照）．F 本は 6 写本に基づくが，BG の本文（ここでも詩節のみ）を含むのはそのうちの 2 つだけであり，それら 2 つは J 本に用いられた J(H) と J(S) に等しい．

このように，本和訳に使用した公刊本は，BG の詩節部分，BG の散文部分，K の注釈 (BP) で異なる．それらは次の通りである．アンダーラインが定本を示す．T(K), P(K) は T 本，P 本で注釈者 K に引用された部分である．

BG の詩節部分：<u>T</u>, P, A, M, G, J（5 章まで）．
BG の散文部分：<u>A</u>, M, G, T(K), P(K).
K の注釈 (BP)：<u>T</u>. P.

BG の詩節部分と散文部分をこれらの出版本に基づいて新たに編集し直し，規則と例題の解釈，用語集，単語索引などを付して出版したのが，

Hayashi 2009,

である．その詩節部分を本書の付録 A としたが，異読注記は省略した．詳しくは同書参照．

BG の現代語訳としては，Colebrooke による英訳，

C: Colebrooke 2005（初版 1817），

がある．200 年近く前の出版であるがその正確さには定評があり，これまでに何度か重版されている．同書の脚注は BP の断片的部分訳（英訳）も含む．

BP の数学的内容に関しては近年 Sita Sundar Ram による研究，

Sita 2012,

が出版された．一部の数学史研究者の間に見られるインド文化（特にヴェーダ）至上主義の影響を受けず，純粋に BP の数学的内容を解き明かすことを目指した良書である．

なお，K の注釈の名称として採用した *Bīja-pallava* は T 本による．P 本は *Navāṅkura* とする．前者は K の導入詩節 'K 序 10' で，後者は K の奥書詩節 'K 跋 7' で用いられている．pallava も nava-aṅkura も「新芽」を意味するので，意味上は「種子（数学）の」を付けるかどうかの違いでしかない．また，各章の奥書では本書を「種子計算の解説書，如意蔓の化身」*Bīja-kriyā-vivṛti-kalpalatā-avatāra* と呼んでいる（'K 跋 5' には「化身」がない表現も見られる）．「如意蔓」(kalpa-latā) は，どんな望みもかなえてくれるつるである．

比較資料の略号

A	Acyutānanda Jhā's edition of the BG
C	Colebrooke's English translation of the BG
F	François Patte's edition of the BG (up to kuṭṭaka)
G	Girijāprasāda Dvivedī's edition of the BG
J	Pushpa Kumari Jain's edition of the BG (up to kuṭṭaka)
J(H)	British Museum manuscript 447 used for the J
J(L)	Akhila Bhāratīya Saṃskṛta Pariṣad (Lucknow) manuscript, 4514, used for the J (BG verses available up to BG 20)
J(S)	British Museum manuscript 448 used for the J
M	Muralīdhara Jhā's edition of the BG
P	Pune edition of the BP
T	Tanjore edition of the BP
T(cor)	corrigenda (śuddhāśuddhapatrikā) of the T
T(Ms)	Tanjore Manuscript D 11523 used for the T

5.2　詩節番号

T 本 G 本は規則の詩節と例題の詩節を別々に，書物全体に通し番号を付す．P 本は規則の詩節と例題の詩節を区別せず全体に通し番号を付す．したがって規則の詩節の前半と後半の間に例題の詩節が挟まれる場合，それら前半と後半に異なる番号を付す．さらに詩節だけでなく K が引用する BG の散文部分の一部にも番号を付けている．最終章「結語」の詩節には新たな番号を付す．A本は規則の詩節と例題の詩節を別にし，規則に関しては，「正数負数の六種」から「カラニーの六種」まで，それに「クッタカ」以降の各章と「平方始原」の中の「円環法」のすべてで新たな詩節番号を用いる．例題に関しては，「カラニーの六種」までは通し番号であるが，「クッタカ」以降は章ごとに新たな番号を付す．M本も規則に関しては同様であるが，例題に関しては，各章内のトピックごとに新たな番号を付す．A本M本は最終章「結語」の詩節に番号を付さない．J本は規則の詩節と例題の詩節を区別せず，韻律を無視して，2行（4パーダ）ごとに通し番号をつける，したがって，一つの番号を持つ詩節の前半が規則，後半が例題を与えたり，前半と後半で韻律が異なっていたりする．編者によれば (Jain 2001, Chap. 1, p. 84)，この番号付けは，Jīvānanda Vidyāsāgara (ed.), *Bījagaṇita: A treatise on algebra by Bhāskarācārya* (Calcutta 1878) に従う．F本は規則の詩節と例題の詩節を区別せず，全体（クッタカまで）に通し番号を振る．したがって，P本と同様，規則の詩節の前半と後半の間に例題の詩節が挟まれる場合，それら前半と後半に異なる番号を付す．

写本では詩節番号を振ることは少ないが，振る場合は詩節の末尾に置かれる．出版本でも通常は詩節の末尾に置かれる．一つの詩節の前半 (ab) と後半 (cd) が注釈で分断される場合は後半の末尾のみに詩節番号が置かれる．この番号の付け方は，AMGT本のように詩節単位で規則の詩節と例題の詩節を別々に番号づける場合は混乱を生じやすい．

この和訳では，原則としてT本に従って詩節番号を付ける．ただし，同書の番号はときどき乱れているので，次の原則に従って訂正する．

(1) 同一韻律で規則と例題に跨らない2行（4パーダ）を1単位とする．

(2) 同一韻律で2行（4パーダ）を構成することが不可能な場合は，1行（2パーダ）または3行（6パーダ）を1単位とする．

(3) 区別しやすいように，例題の詩節番号にはEを付す．

付録Eとして和訳とA, G, M, T, P, J, F本および英訳Cの詩節番号の対照表を付す．

5.3　凡例

・BG n: BGの例題を除く第n詩節．1詩節を構成する4パーダをa, b, c, dで表す．例えば，BG 3cdはBGの規則の第3詩節の第3・第4パーダを指す．

・BG En: BGの例題の第n詩節．

・BG np: 詩節nに続く散文 (prose)．BG npがいくつかの段落に分かれ，Kの注釈 (BP) も明瞭にそれらの段落に対応している場合は，その第m段落をBG npmで表す．例えばBG 18p1, BG 18p2, BG 18p3はそれぞれ「BG

の規則の第 18 詩節の後に付け加えられた散文の第 1 段落」「同第 2 段落」「同第 3 段落」を意味する．G npm の総和が BG np になる．

・BG の詩節と散文はゴチック体にする．

・詩節および K によるまとまったセンテンスの引用はインデントする．インデントしない場合は適宜引用符を加える．

・前述 (I.4) のように，クリシュナはしばしば詩節中の語句 (a) を別の語句 (b) で説明する．和訳ではそれをコロンを用いて ‘「A」: B’ と表すことにする（A, B はそれぞれ a, b の和訳）．b が単なる同義語の並置の場合は ‘「A」(a: b)’ とする．

・(　) は直前の語句の説明を，⟨　⟩ はテキストを補う語句を囲む．

・原文の数詞は漢数字で，数字はインド=アラビア数字で表す．

・「星宿=27」(BG E11) のような連想式数表現 (bhūta-saṃkhyā, 物数) については林 1993, 23-26 参照．

・T, P も含めて G 以外の公刊本は，数や式をむき出しのままか，通常の文と同様，行の最後にダンダを付して表示するが，サンスクリット数学写本では上に開いた箱 |　| または閉じた箱 □ に入れるのが普通である．2 行以上にわたる数や式の場合は特にそうである．この和訳でもそれに倣い，上に開いた箱に入れる．

・マージンに T 本（BP の和訳に対して）および A 本（BG の和訳に対して）におけるページの開始と和訳のパラグラフの開始に対応する T 本および A 本のページと行番号を記す．

・比較資料 (apparatus criticus) における異読は，x T] y P; x P] y T; x] y TP; x] y T, z P; x] ∅ T, y P, のように表す．いずれも，この和訳では最初の x という読みを採用したことを意味する．∅ は「欠く」の意味．

・異読の注記にあたり，外連声の相違 (例えば dvayostataḥ と dvayoḥ tataḥ)，文末での ṃ と m の違い，子音重複の有無 (例えば śudhyati と śuddhyati) などの音韻上の違いや終止符ダンダ (/) の有無は，意味上の違いを生じない限り，注記しない．

・BG および K 注に対して，その数学的内容の説明のために，適宜 Note を付ける．その際，式と計算はできるだけ原文に忠実に表現するが，数学的内容を的確かつ簡潔に表現するために，現代的演算記号とカッコ，( ), { }, [ ]，を適宜用いる．テキストが用いる記号・略号については，BG 7; BG 68p1; BG E1p; BG E44p; T41, 8; T132, 7 以下; T184, 2; T195, 2 以下; T197, 13; T243, 7 以下参照．

・『ビージャガニタ』の規則および例題と他のサンスクリット数学書の規則および例題との対応関係については，林 1987 と Hayashi 2004（特にそれらの脚注）参照．

第II部

『ビージャガニタ』
＋
『ビージャパッラヴァ』

第1章　正数負数に関する六種

『ビージャパッラヴァ』 T1, 1

慈悲の権化は勝利する[1]

「正数負数に関する六種」の解説[2]

⟨K 序⟩

シヴァ神夫妻の信仰の厚さから ⟨ 生まれた ⟩[3] 息子が戯れに装う T1, 4
象の顔を持つ者（ガネーシャ神）の形をとる，かの，絶え間なき歓喜から成る，なにものにも勝る偉大な光 (mahas) が，私の内なる闇を取り払わんことを．/K 序 1/

その蓮のような御足を念ずる人にあらゆる成功が意のままに生ずる，かの，成就者たちの女神 (Siddheśī，シヴァの妃ウマー) を私は崇拝する．/K 序 2/

太陽 (mihira) のようなヴァラーハミヒラ (Varāhamihira) に私は礼拝する．有情たちの迷いを打破する者，星輪 (獣帯すなわち黄道十二宮の帯) という概念の原因，世界の唯一にして小さからざる眼である彼の者に．/K 序 3/

詩人賢人の頭上に煌めき，詩人賢人が絶えずその脇に仕えるに値し，計算の熟練度 (gaṇita-nipuṇatā) を向上させてくれるバースカラ（Bhāskara, 太陽）に礼拝すべし，望みの目的を達成するために．/K 序 4/

決して道を逸れることなく大地の円盤上にあって，未曾有の道によりつつ，未曾有の太陽（バースカラ）は勝利する．/K 序 5/

かつて，限りなき徳という宝を貯蔵する水瓶にして，水瓶生者（ア T2.1
ガスティ仙）を飾りとし方角という女性（すなわち世界）を飾るお方[4]，子供時代から獲得してきた[5]特別な技芸 (kalā) を守り伝える，尊きケーシャヴァ(Keśava) がおられた，良き数学の伝統的教

[1] これら 2 行は T 本による．P 本では「ビージャガニタ/解説書ナヴァ・アンクラを伴う」(bījagaṇitam/ navāṅkuravyākhyāsahitam/) である.「慈悲の権化 (varada-mūrti)」はガネーシャ神を指すと思われる．類似の例として，Ḍhuṇḍhirāja の息子 Gaṇeśa が 16 世紀後半に著した算術書 *Gaṇitamañjarī* の一写本 (India Office Library, Eggeling 2881) の冒頭には śrīvaradamūrtaye gajānanāya namaḥ（「尊き象の顔持つ慈悲の権化に礼拝する」）という祈祷文がある．Cf. *Gaṇitamañjarī of Gaṇeśa*, p. 17. [2] ṣaḍvidhavivaraṇam T] ṣaḍvidham P. [3] gauravādyat... tat P] gauravodyat... tat T. [4] lalāmaḥ P] lalāma T. [5] āśaiśavārjita P] āśaiśavārdhita T.

義 (su-gaṇita-āgama) における転輪王として．/K 序 6/
彼から慈悲深きガネーシャ(Gaṇeśa) が生まれた．彼は世界を飾る存在の権化にして幸運に恵まれ，計りがたい徳の厚さでその名声が世に謳われ，星を知る者 (jyotirvid) たちの伝統的教義の師にして〈先立つ〉師たちの伝承 (saṃpradāya) を有し[1]，学問 (śāstra) の神髄を熟知するお方であった．/K 序 7/
彼の兄弟 (Rāma) の息子で意味どおりの名前を持つヌリシンハ (Nṛsiṃha, 人獅子) は，驚くほど容姿端麗だった．彼は，有情たちの望む歓喜を増大させた，神々の奇跡を行って．/K 序 8/
彼の弟子にヴィシュヌ (Viṣṇu) という名のお方がいた．彼は勝利する，大地の見張り人に指名されて[2]．彼は，尊敬される方々の中でも筆頭に数えられるお方，正しく語られた数学の伝統的知 (āmnāya-vidyā) の拠り所であった．彼の口から次々と解き放たれる真珠のように汚れのない言葉の波からしたたる様々な[3]シッダーンタのかけらは，無知な世間にさえ，全知者の誇りを付与する．/K 序 9/
その師（ヴィシュヌ）からクリシュナ (Kṛṣṇa) こと天命知者 (daiva-vid) のなかの最上の者は，三つの幹[4]から成る星学 (jyotiṣa) を規定どおりに学び，〈ここに〉『ビージャパッラヴァ』（種子〈数学〉の新芽）を著す．/K 序 10/
未顕現なるがゆえにこれは，〈数学という〉学問の著者たちによってビージャ（種子）と呼ばれる．それを顕現させることは，師の御加護なしには不可能である．/K 序 11/

T3, 1 さて，シャーンディルヤ家最高の聖者，血統を飾る花輪，ジャダヴィダ (Jaḍa-viḍa)[5]の町の住人，水瓶から生まれた者（アガスティ仙）を飾りとし諸方（世界）を飾る者[6]，あらゆる伝統的教義に関する最上の教師であった[7]マヘーシュヴァラ先生の息子，あらゆる知 (vidyā) にとってのヴァーチャスパティ神（教師），数学にとってのブラフマー神（創造主），大地にとっての太陽[8]，バースカラ先生は，惑星計算 (khaga-gaṇita)[9]から成る『シッダーンタシローマニ』を著さんと欲し，それに役立つというので，その一つの章 (adhyāya) としての既知数学 (vyakta-gaṇita) を〈『リーラーヴァティー』で〉述べたあと，同じような（惑星計算に役立つ）未知数学 (avyakta-gaṇita) を企て，障壁の大軍を放逐するため，また賢者の振る舞いを遵守するために祝祷 (maṅgala) を行わんとし，生徒の学習のためにそれをウパジャーティカー詩節で纏める．

---

[1] saṃpradāyaḥ prajñāta P] saṃpradāyaprajñāta T. [2] jagatījāgarūkaḥ pradiṣṭaḥ P] jagatījāgarūkapratiṣṭhaḥ T, jagatijāgarūkapratiṣṭhaḥ T(Ms). [3] galantaścitrāḥ P] galantordvitrāḥ T. [4] 天文学を含む数学 (gaṇita)，ホロスコープ占い (horā)，一般吉凶占い (saṃhitā) を指す．BS, p. 20（矢野・杉田 1995, 2(2)）参照． [5] jaḍaviḍa T] jabiḍa P. [6] digbhūṣaṇa P] ādikabhūṣaṇa T. [7] sakalāgamācāryavarya P] sakalāgamacāāryavarya T(sic). [8] dharaṇitaraṇiḥ P] dharaṇitara T. [9] khagagaṇita TP] svagaṇita T(Ms).

(A) プルシャ（puruṣa，純粋精神）によって司られた（監督され 1
た）ときブッディ（buddhi，統覚）を生じさせるとサーンキヤの
人たちが云う，その，顕現するもの (vyakta) 一切にとって唯一
の種子 (bīja) である 未顕現なもの (avyakta)（原性 prakṛti）
を私は礼拝する.
(B) 良き（弁別知などを持つ）人によって司られた（熱心に観察
された）ときブッディ（真理の知識）を生じさせるとサーンキヤ
の人たち（アートマンを知る人たち）が云う，その，顕現するも
の一切にとって唯一の種子である 自在神 (īśa) を私は礼拝する.
(C) 良き人（ふさわしい人）によって司られた（学ばれた）とき
ブッディ（問題の答えや意味に関する知識）を生じさせるとサー
ンキヤの人たち（数学者たち）が云う，その，顕現するもの（既知
数学）一切にとって唯一の種子である 未顕現な数学（未知数学）
を私は礼拝する. /1/

···Note···

以下のクリシュナ注に従い，BG 1 が持つ三重の意味を (A), (B), (C) とした.

···

ここには，次のような〈言葉の〉関係（すなわち構文）がある.「その，未 T3, 11
顕現なものと自在神と数学とを私は礼拝する.」〈このように，動詞「礼拝す
る」の目的語は三つあるが〉，自在神の場合は，〈男性名詞なので，関係代名
詞〉yad... tad の文法的性が変わり[1]，yad の代わりに yam，tad の代わりに
tam であると理解すべきである.

「未顕現なもの」とは第一原因 (pradhāna) である．サーンキヤ哲学では， T3, 13
世界 (jagat) の原因 (kāraṇa)（質料因）としてよく知られている.「自在神」と
は，存在・意識・歓喜からなるもの（ブラフマン）であり，ヴェーダーンタ
哲学で知られている.「数学」は他ならぬこの未顕現なもの（未知数学）であ
る．というのは,「未顕現な」という語を繰り返す（二度に読む）ことにより,
「未顕現な〈数に関する〉数学（すなわち未知数学)」というようにそれを修
飾することが意図されているから．そして，それを礼拝することにより，そ
れを司る神格が礼拝されたことになる．シャーラグラーマの石（ヴィシュヌ
を象徴する石）などにおいて，そのように観察されるから.

そこで，〈「礼拝する」対象が〉第一原因の場合には，何がその「未顕現な T3, 16
もの」か〈というと〉，サーンキヤの人たちが，ブッディ（統覚）を生じさせ
るものと云っているものである.「ブッディ」は，〈サーンキヤ哲学の云う 25
の〉タットヴァ（原理）の一つであり,「大」(mahat) と呼ばれるものである.
〈「生じさせる」(utpādaka) と云っているが〉，発生 (utpatti) は，ここでは
顕現 (abhivyakti) のことである．というのは，彼らは有果論者[2]であるから.

（問い）「意識を持たない存在 (acetana) である第一原因がどうして結果 T3, 19

---

[1] pariṇāmena T] [vi]pariṇāmena P ('vi' supplied by the editor).　[2] sat-kārya-vādin. 原因の中にすでに結果が内在すると説く人たち.

を生じさせるのか.」

だから述べられた,「プルシャによって司られたとき」と. ちょうど陶工などの意識を持つ存在 (cetana) により司られた土器 (kapāla) などが瓶 (ghaṭa) などを生じさせるように, という意味である. ここで「サーンキヤの人たち」というのは, 聖者パタンジャリ (śrībhagavat Patañjali)[1]の思想に従う有神論者 (seśvara) たちであると知るべきである. というのは, 〈同じ「サーンキヤの人たち」といっても〉賢者カピラ (Kapilamuni)[2]の思想に従う無神論者 (nirīśvara) たちは, プルシャとは無関係に, 第一原因が生じさせるものである, と云うから. それは, イーシュヴァラ・クリシュナ (Īśvara Kṛṣṇa) によって『七十頌』[3]に述べられている.

> T4, 1 子牛の成長のために, 意識を持たない (ajña) ミルクが活動 (流出) するように, プルシャの解脱のために, 〈意識を持たない〉第一原因が活動 (展開) する. /SK 57/

(問い)「そのような第一原因 (pradhāna)〈を「未顕現なもの」であるとすること〉にどんな根拠 (pramāṇa) があるのか.」

だから云う,「一切の顕現するものにとって唯一の種子」と. 〈それは〉すべての 顕現する[4]結果というもの (kārya-jāta) にとっての唯一の種子, すなわち質料因 (upādāna) である.「空 (そら) などの結果たるものは質料因を持つ. 〈それはまさしく〉結果であるから. 瓶のように」という簡潔さを伴う推論 (anumāna) がその場合の根拠であるということである.

また, 自在神 (īśvara)〈を認めること〉によって, 〈未顕現なものが質料因
T4, 6 であるという命題の〉意味が変わることはない[5]. その, 〈本性上〉変化を欠
くもの (自在神) は, 転変 (pariṇāma) しないので, 質料因ではないから. 仮
に〈自在神が〉転変するとしても, どうして意識のないもの〈まで含めた一
切〉が意識あるもの (自在神) の転変[6]であり得るだろうか.[7]

T4, 7 「唯一の」〈という表現〉は, プルシャを除外するものである. 彼ら (サーンキヤの人たち) の考えでは, プルシャは質料因ではないから. というのは, 彼らは,「プルシャは青ハスの花びらのように汚れがない」と云うから. また, ヴェーダーンタの人たちの考えでは, 幻影 (māyā) とブラフマン (brahman) の二つがともに現象世界の質料因であるが, それとは異なる[8], という意味である.

T4, 11 次に, 〈「礼拝する」の目的語が〉自在神 (īśa) の場合. 「サーンキヤの人たち」: アートマンがそれによって正しく (samyak) 知られる (khyāyate: jñāyate) もの, それ (手段) がサンキヤー[9], すなわちアートマンの姿をした内的器官の働きであり, それを持つ人たちが,「サーンキヤの人たち」である. すなわ

---

[1] śrī T] śrīmat P. [2] kapilamuni T] kapila P. [3] saptatyām P] saptaśatyām T. [4] vyaktasya P] vyaktāvyaktasya T. [5] na ceśvareṇārthāntaratā P] navā īśvareṇārthāntaratā T. [6] cetanapariṇāmaḥ T] cetanapariṇāmam P. [7] この段落の解釈といくつかの訳語に関して貴重な助言をいただいた茂木秀淳氏に感謝します. [8] na tadvad T] tadvad P. [9] saṃkhyā P] sāṅkhyā T.

ち，アートマンを知る人たちである.「良き人により」: 弁別知 (viveka) など四つの達成手段を十分に持っている人により.「司られたとき」: 熱意と連続性[1]をもって耳などの〈感覚器官の〉対象とされ（観察され）たとき[2].「ブッディを」: 真理の知識を,「生じさせるもの」と彼らは「云う」.

（問い）「それ（自在神）は生み出すもの (janaka) ではないから，ブッディ T4, 14
を生じさせるということに関して根拠はない.」

だから云う,「一切の」「顕現する」結果たるものにとって,「唯一の」: 特別な,「種子」: 質料因である，という意味である.

> それからこれらの存在 (bhūta) が生じる．/TU 3.1.1/
> それを創出してから，そこに入った．/TU 2.6.1/
> それゆえに，このアートマンから空間が生じた．/TU 2.1.1/

などというシュルティ[3]〈の言葉〉が，それ（自在神）が質料因であることの根拠である，ということである.

（問い）「変化を欠くものは転変しないのに[4]，どうして〈自在神が〉質料 T4, 20
因たる性質[5]を持つことがあろうか.」

というなら，確かに〈一見するとそうかもしれない．しかし〉，質料因には二種ある．転変するもの (pariṇamamāna) と仮現するもの (vivartamāna) である．そこで，転変するものは変化を持つ (vikriyā-vat)．瓶 (ghaṭa) などにとっての土 (mṛd) などのように．仮現するものは変化を欠く (vikriyā-śūnya)．銀 (rajata) などにとっての貝殻 (śukti) などのように．そこで，たとえ変化を欠く自在神が転変するものの質料因であることが正起しなくても (nopapadyate)[6]，〈自在神が〉仮現するものの質料因であることに関してはいかなる不正起も
ない[7]，ということは敷衍するまでもない．幻影 (māyā) が質料因であるとす T5, 1
る側（ヴェーダーンタ説）でも[8]，〈自在神は〉仮現するものの質料因であることがここでは意図されているので「唯一の」と述べられたのである.

次に[9]〈「礼拝する」の目的語が〉数学 (gaṇita) の場合.「サーンキヤの人 T5, 3
たちが」: 数を知る人 (saṃkhyā-vid) たちが，すなわち数学者 (gaṇaka) たちが,「良き人により」: 本性上ふさわしい人 (svarūpa-yogya) により,「司られたとき」: 学ばれたとき (abhyasta),「ブッディを」:『〈シッダーンタ〉シローマニ』で述べられる問題の答えや意味などに関する知識を,「生じさせるもの」と「云う」.

（問い）「問題の答えや意味などに関する知識を生じさせるのは他ならぬ T5, 5
既知〈数学〉である．〈例えば〉,

> 〈原数の〉平方根に乗数を掛けたもので減加された原数が顕現し

---

[1] nairantarya P] nairāntarya T.　[2] santaṃ yaṃ T] santaṃ P.　[3] śruti. 通常「天啓聖典」と訳される．天の啓示として詩人たちが聞いたとされるヴェーダ聖典を指す.　[4] nirvikārasyāpariṇāmitayā T] nirvikārasyopādānatve pariṇāmitayā P.　[5] upādānatvam P] utpādānatvam T.　[6] この語については，I.4 参照.　[7] upādānatve na kāpyanupapattir P] upādānatvena kāpyanupapattir T.　[8] māyopādānatvapakṣe 'pi T] māyāyā upādānatvapakṣe 'pi P.　[9] atha P] atra T.

> ているとき，それ（顕現数）に乗数の半分の平方を[1]加えて平方根をとり，乗数の半分で減加して平方すれば，質問者の望む原数である．/L 65/

云々，⟨ あるいは ⟩，

> 大地の正弦を引いた「その除数」で[2] 大地の正弦を割り，クリタ・シャクラ (144) を掛け[3]，結果の平方根をとると，それはパラバー（春秋分時の正午の影）である．/GG, tr 93ab/

⟨ あるいは ⟩，

> 日の正弦（太陽の日周運動円の半径）と ⟨ 太陽の ⟩ 赤緯 ⟨ の正弦 ⟩ と太陽 ⟨ 黄経 ⟩ の腕弦の和をティティ(15) で割り，海 (4) を掛けたものを「初数」とする．和の平方に双子 (2) を掛け，七・神々(337) で割ったもので象・山・ヴェーダ補助学・方角・数字 (910678) を減じ，その根をとり，それで初数を減ずると，半径が八・原質・海・火 (3438) の場合の赤緯の正弦に関する太陽（すなわち，太陽の赤緯の正弦）になるだろう．/GG, tr 101/[4]

T6, 1　云々という言葉（アルゴリズム）に従い[5]，ヤーヴァッターヴァット (yāvattāvat) などの色（文字）を想定すること (kalpanā) に頼らず，掛け算・割り算などの方法で行われる数学が，顕現するもの（既知数）⟨ の数学 ⟩ と呼ばれる．それなのに，どうして，問題の答えや意味に関する知識からなるブッディを生じさせるものが未顕現なもの（未知数）⟨ の数学 ⟩ なのか．」

だから云う，「顕現するものの」と．「顕現するもの（既知数）の」，すなわちヤーヴァッターヴァットなどの色（文字）を想定することに頼らない，「⟨ 原数の ⟩ 平方根に乗数を掛けたもので減加された原数が」云々(L 65) という計算，あるいはまた「日の正弦と ⟨ 太陽の ⟩ 赤緯 ⟨ の正弦 ⟩ と太陽 ⟨ 黄経 ⟩ の腕弦の和をティティ(15) で割り，海 (4) を掛ける」云々(GG, tr 101) という[6]計算にとっての「唯一の種子」：根本 (mūla)，ということになる．「日の正弦と ⟨ 太陽の ⟩ 赤緯 ⟨ の正弦 ⟩ と」云々という[7]計算方法は，色（文字）の想定を根本とするからということである．

···Note···

ここで想定された反論者は，「問題の答えや意味などに関する知識を生じさせるのはほかならぬ既知数学である」ことの例証として次の 3 つの計算式を挙げる．

(1) L 65: $x \mp a\sqrt{x} = b$ のとき，

$$x = \left\{ \sqrt{b + \left(\frac{a}{2}\right)^2} \pm \frac{a}{2} \right\}^2 .$$

---

[1] guṇārdhakṛtyā P] guṇārdhaṃ kṛtvā T.　[2] taddhṛti P ŚSi] tadrati T.　[3] nighnī P ŚSi] nighno T.　[4] tithyu 15 ddhṛtābdhyā 4 hatā ŚSi] tithyu 25 ddhatābdhyā 4 hatā T, tithyuddhṛtā dvyāhatā P; saptāmarā 337 ptonitāḥ ŚSi] saptāmarā 337 ptonitā T, saptāmarāptyonitāḥ P; vyāsārdhe 'ṣṭa T ŚSi] vyāsārdheṣṭa P.　[5] ityādivākyato P] ityādi vā/ yato T.　[6] tithyuddhṛtābdyāhatetyādyasya] tithyuddhatābdyāhatetyādyasya T, tithyuddhṛtā dyāhatetyādyasya P.　[7] dyujyāpakrametyādi P] dyudhyāpakrametyādi T.

(2) GG, tr 93ab:

$$c_m = \sqrt{\frac{k}{d-k}} \times 144.$$

これは次の問題の解の一部である．

> 大地の正弦 (k) が矢・成就者 (245) に等しく，「その除数」(d) が原理・大地・ラーマ (3125) という数であるとき，緯度の影（春秋分時の正午の影 c_m）と太陽〈黄経〉を云いなさい，計算士よ，もし緯度から生ずる図形に精通しているなら．(GG, tr 92) [1]

(3) GG, tr 101:

$$x = f - \sqrt{910678 - \frac{2p^2}{337}}, \quad \text{ただし} \quad f = \frac{p}{15} \times 4.$$

これは，同 100 で与えられる問題（本書第 8 章，T188, 2 の段落参照）に対する解のヒントである．

これに対して，K は (1) と (3) の計算式が未知数学によって得られたものであることを指摘する．(3) に関しては，第 8 章，T188, 2 の段落に対する Note 参照．(2) に関して K が無言なのは，この計算式が既知数学によって得られるから．実際，バースカラは自注でこの計算式を 2 つの三量法により求めている．すなわち，δ を太陽の赤緯として，$c_m : 12 = k : R\sin\delta$ および $c_m : 12 = R\sin\delta : (d-k)$ から $R\sin\delta$ を消去する．なお，ここでの「緯度から生ずる図形」(akṣaja-kṣetra) は，次の図形に多く含まれる緯度 (φ) を一つの角として持つ直角三辺形である．

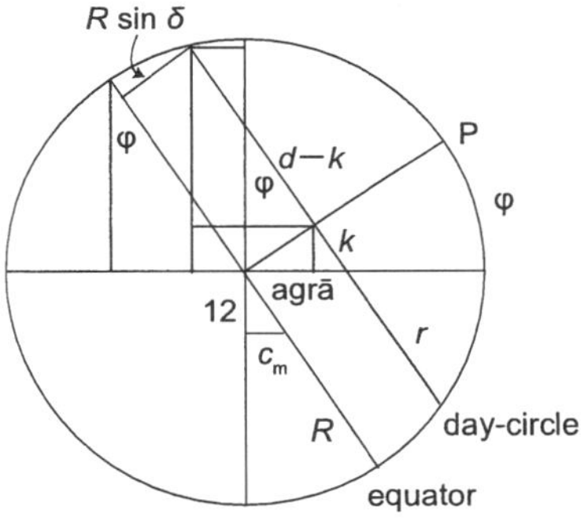

……………………………………………………………………

徳の高い行いは多くの障壁を伴うと云われているから，〈それを払うための〉三度の礼拝はもちろんふさわしい．〈しかし〉，祝祷が〈著作の〉完成をもたらすこと，あるいは障壁の消滅をもたらすことは，本題に結びつかないし紙幅が増えすぎる恐れがあるので，また，『チューダーマニ』など[2] に詳述されているので，ここでは説明しない．それは直接そこを参照されたし．

T6, 6　T6, 9

自在神がすべての結果 (kārya) を生じさせると語りつつ，〈著者バースカラ先生は〉，彼（自在神）を礼拝することには[3]著作の完成や発展などからなる

[1] yatra kṣitijyā śarasiddhatulyā 245 syāttaddhṛtistattvakurāmasaṃkhyā 3125/ tatrākṣabhārkau gaṇaka pracakṣva cedakṣajakṣetravicakṣaṇo 'si//GG, tr 92//　[2] bhayāccūḍāmaṇyādau P] bhayācca maṇyādau T.　[3] praṇāmasya T] pramaṇāmasya P.

果実 (phala) があることを,「いわんやおやの理」(kaimutika-nyāya) によって暗示している．というのは，何か望ましいことや望しくないことを行うことができる人は，自分を尊敬してくれる人にはその望ましいことを，自分を嫌う人にはその望ましくないことを行う．一方，自在神は，なんでも行うことができるが[1]，自分を尊敬してくれる人に，あらゆる望ましいことを行う．いわんや著作の完成や発展などからなること[2]（果実）においておや (kim-uta)，ということである．

T6, 13 ここでは，サーンキヤやヴェーダーンタの人たちの考えの説明は，紙幅が増えすぎる恐れがあるので〈これ以上は〉行わない．それは直接彼らから知られたし[3]．

T6, 15 今度は，思慮深い人々の行動の根拠となる論題など四つのもの[4]と首尾一貫性 (saṃgati) とを[5]，シャーリニー詩節で示す．

2 **前に（『リーラーヴァティー』で）述べた顕現するもの（既知数学）は，未顕現なもの（未知数学）を種子とする．未顕現なもの（未知数学）の道理 (yukti) なくしては，問題 (praśna) は，〈賢い人たちにとってさえ〉ほとんど，愚鈍な人たちにはまったく，知る（解く）ことができない．だから，種子計算 (bīja-kriyā) を私は述べる．/2/**

T6, 20 これの意味．「だから」：それ故に,「種子の」：ヤーヴァッターヴァットなどの色（文字）を想定することにより行われる数学の,「計算を」：為すべき

[1] samarthaḥ P] śaktaḥ T. [2] pracayādirūpaṃ T] pracayarūpaṃ P. [3] tattata evāvagantavyam P] tattatraivāvagantavyam T. [4] 学問 (śāstra) の四要素．論題 (viṣaya)，繋がり (saṃbandha)，目的 (prayojana)，〈聞き手＝継承者としての〉資格所有者 (adhikārin)．ウトパラ（10 世紀）はヴァラーハミヒラ著『ブリハットサンヒター』(〈占術〉大集成) に対する注釈書の冒頭で次のように云う．「この学問 (śāstra)（すなわち星学）の繋がり，論題 (abhidheya)，目的は何か，というので云われる．話されるもの (vācya) と話すもの (vācaka) を徴とするのが繋がりである．話されるものとは意味 (artha) であり，話すものとは言葉 (śabda) である．あるいは，手段 (upāya) と企図 (upeya) を徴とするのが繋がりである．手段とはこの学問であり，企図とは知識 (jñāna) である．あるいはまた，〈星学は〉ブラフマー神等に発するヴェーダの支分であるというのが繋がりである．またこの学問では，惑星や星宿に起因して天・中空・大地に生ずる吉凶の出来事の果実に関する知識が論題である．世界の吉凶を語ることが目的である．正しい知識から解脱を得るということも目的である．これらを語ると何になるのか，という点に関して云われる.『繋がり・論題・目的を語ることから，聞き手たちには〈当該〉学問に対する信頼が生ずる.』その意味で次のようにも云われる.『聞き手等の目的成就は繋がりを語ることからである．だからあらゆる学問において繋がりが最初に述べられる．ここでの論題は一体何ですか，と問う者もいる．もし彼に答えてやらなければ，その（学問の）果実は無に帰すだろう．どんな学問でも，あるいは一般の行為であっても場合によっては，目的が述べられないうちは誰がそれ（果実）を手に入れるだろうか.』(韻文) だから，繋がり・論題・目的が述べられるべきである．誰にこの学問の〈聞き手としての〉資格があるか，というので云われる．二生者のみである．というのは，彼らによって六支分からなるヴェーダ（知識）が学ばれるべきであり知られるべきであるから．六支分とは何か，というので云われる.『音韻学，祭事学，文法学，語源学，星の動き，韻律の定義，以上が六支分からなるヴェーダと呼ばれる.』賢者たちには学問〈の講述〉を開始するとき自分の守護神に敬礼するという慣行があるので，このアヴァンティ出身のマガダの二生者，太陽から最上の恩恵を受けた星学の集大成者であるヴァラーハミヒラ先生もまた，〈星学の三幹のうち〉数学幹とホロスコープ幹を集大成したあと，集成幹を集大成することを望んで，障壁を余すところなく滅するために，かの第一原因たる神聖な太陽にまず最初に礼拝した.」(Utpala's comm. on BS, pp. 1-2) [5] catuṣṭayaṃ saṃgatiṃ ca P] catuṣṭayasaṃgatiṃ ca T.

ことを,「私は述べる」. なぜなら,「顕現するもの（既知数学）は[1]」: 色（文字）の想定に依存しない数学は,「前に述べた」. 次は何？というので, 云う,「未顕現なもの（未知数学）を種子とする」と. 未顕現なものとは種子数学 (bīja-gaṇita) であり, 種子 (bīja) を根本 (mūla) とするものである. かくして, 前に述べられた顕現するもの（既知数学）も, 種子の計算が与えられない内は, 正しく理解されない.

（問い）「それでは, 顕現するもの（既知数学）のためにだけ, これ（未知数学）が企てられるのか.」

否, という. 何となれば, 賢い人たちであっても[2], 未顕現なもの（未知数学）の道理なしには, 問題をほとんど知る（解く）ことができない. ましては, 愚鈍な人たちにはまったく知る（解く）ことができない, という意味である. T7, 1

ここで「問題」というのは,『シッダーンタシローマニ』の〈『惑星計算』の〉「三種の問題」の章で述べられる T7, 2

> 影の耳が空・原質 (30) アングラのとき, 友よ, 南の腕が三アングラであり,〈別の (影の耳) が十五アングラのとき, 北の腕が一アングラである, と観測された場合, 緯度の影（春秋分時の正午の影）を云いなさい. あるいは, ...〉/GG, tr 75ab/

などや,〈『天球』の〉「問題の章」で述べられる他のものや, 質問者の望みに応じた[3]別のものなどであると知るべきである[4].

···Note···

バースカラは, 引用された問題 (GG, tr 75ab) に答えるための計算式を直後の詩節で与える.

> 影二つの腕 (a_i) に互いの耳 (r_i) を掛け, 同じ向きのときは差を, 異なる向きのときは和をとり,〈影の〉耳の差で割ると, パラバー (c_m) になる. /GG, tr 76/[5]

$$c_m = \frac{a_1 r_2 - a_2 r_1}{r_1 - r_2}$$

(北向きの a_i はマイナス). そしてその自注で, 未知数（ヤーヴァッターヴァット）を用いてこの計算式を導く. 未知数を表す 'yā 1' をここでは仮に s で表すことにすると, $c_m = s$ とおくことにより, これを用いて太陽の出没偏角の正弦 (agrā) を二通りに表すことができる.

$$\text{agrā} = \frac{R(s + a_1)}{r_1}, \quad \text{agrā} = \frac{R(s + a_2)}{r_2}.$$

そこで, 一色等式により（第 7 章参照）,

$$s = \frac{a_1 r_2 - a_2 r_1}{r_1 - r_2}.$$

---

1 yasmādvyaktaṃ P] yasmādavyaktaṃ T. 2 sudhībhirapyavyaktayuktyā P] sudhībhirathavā 'vyaktayuktyā T. 3 pṛcchakecchāvaśād T] pṛcchakavaśād P. 4 jñātavyāḥ T] te jñeyāḥ P. 5 bhādvayasya bhujayoḥ samāśayorvyastakarṇahatayoryadantaram/ aikyamanyakakubhoḥ palabhā jāyate śrutiviyogabhājitam//GG, tr 76//

ただしバースカラは R を 'tri' (trijyā の頭文字) で表し，a_i, r_i には具体的数値を用いる ($a_1 = 3$, $a_2 = -1$, $r_1 = 30$, $r_2 = 15$).

…………………………………………………………………………

T7, 5 あるいは，⟨ 次のようにも解釈できる ⟩．「だから」「顕現するもの（既知数学）は」「前に述べた」，今度は「種子の計算を私は述べる」．「なぜなら」，「未顕現なもの（未知数学）の道理なくしては」「問題は」「多くは」(prāyaḥ: bahudhā)「知る（解く）ことができない」からである．したがって，次のように理解される，顕現するもの（既知数学）の道理によって知る（解く）ことができる問題もある，と．⟨ 実際バースカラ先生自身『天球』の ⟩「問題の章」で ⟨ 次のように ⟩ 述べる，

> パーティー（アルゴリズム）により[1]，ビージャ（種子）により，クッタカ（粉砕術）により，ヴァルガ・プラクリティ（平方始原）により，ゴーラ（天球）により，ヤントラ（機器）により，⟨ 問題とそれらの ⟩ 答えがすでに語られている．それらのいくつかを，初心者の教育のために私は ⟨ ここで ⟩ 述べる．/GA, pr 2/

T7, 13 すなわち，問題の答えや意味に関する知識を得る手段には，顕現するもの（既知数学）もあり未顕現なもの（未知数学）もある[2]．だから，⟨ 私は ⟩ 顕現するもの（既知数学）を前に述べた，今度は種子の計算も[3]述べる，という意味である．

T7, 15 （問い）「問題の答えと意味に関する知識を得る手段は ⟨ 既知数学と未知数学の ⟩ 二つともであるが，尊重されるのは未顕現なもの（未知数学）のほうである．それなのに，どうして顕現するもの（既知数学）が先に述べられたのか[4]．」

だから云う，「⟨ 顕現するもの（既知数学）は ⟩ 未顕現なもの（未知数学）の種子である」と[5]．未顕現なもの（未知数学）の種子，すなわち根本である．すなわち，既知数学で述べられた分数の基本演算八種や三量法などが知られない限り，未顕現なもの（未知数学）⟨ の学習 ⟩ に入ることはない，というので，顕現するもの（既知数学）が先に述べられた，ということである．だから，このように，顕現するもの（既知数学）に依存するものとして顕現するもの（既知数学すなわち『リーラーヴァティー』）の後に，惑星計算に役立つものとして『惑星計算』の前に，未顕現なもの（未知数学すなわち『ビージャガニタ』）を企てることはふさわしい，という首尾一貫性 (saṃgati) が示された．というのは，首尾一貫性のないおしゃべりは，思慮深い方々に与えるべき言葉ではないから．

T8, 1 「種子の計算を述べる」と云って ⟨ 著者バースカラは ⟩ 一色等式，多色等式[6]，

---

[1] pāṭyā P SŚi] pādyā T. [2] sādhanaṃ vyaktamavyaktaṃ ca T] sādhanamavyaktaṃ ca P. [3] bījakriyāṃ ca T] bījakriyāṃ P. [4] abhyarhitaṃ tvavyaktameva tatkathaṃ vyaktaṃ pūrvaṃ proktam T] atastarhi tvayoktametatkathaṃ vyaktaṃ pūrvaproktam P. [5] K はここでは avyaktabījam (BG 2) を属格タットプルシャ(gen. tatpuruṣa) に解する．

中項除去，バーヴィタ（所産）からなる四種に分かれた数学が論題 (viṣaya) であることを示し，それらに役立つので，正数負数に関する六種，ゼロに関する六種，色（文字）に関する六種[1]，カラニーに関する六種，クッタカ（粉砕術），平方始原，円環法もまた論題として示した．論題と学問 (śāstra) とが持つ説明されるもの (pratipādya) と説明するもの (pratipādaka) との関係もまた,「種子の計算を述べる」というこれによって示された．

あるいはまた，論題も目的も[2]知ったとしても，これはヴェーダの伝統から外れた根拠のない[3]現代人たちによって考えられたものなのか，それとも〈ヴェーダから〉伝承 (pāramparya) によりもたらされたものなのか，と迷ったり，あるいはまた，この学問は最近の人たちによって考えられたものであると誤解したりすれば，思慮深い方々は尊敬される者 (śiṣṭa) にならないだろう．そのため，伝承の徴となる繋がりを語ることが不可欠である．そしてそれを先生は〈BG 2 で〉，種子数学は問題を知る（解く）手段である，と云うことによって行ったのである．すなわち，未知数学は，問題についての知識 (praśna-jñāna) を得る（すなわち解く）手段 (sādhana) だから星学 (jyotiṣa) であり，星学だからヴェーダ・アンガ（ヴェーダを支える一分野）であり[4]，ヴェーダ・アンガだからブラフマー神のもとからヴァシシュタ仙たちを通して伝承によりもたらされたのである，と述べられたことになる． T8, 5

ナーラダ仙によっても〈次のように〉述べられている， T8, 11

> この学問の繋がりはヴェーダ・アンガである．だから創造主（ブラフマー神）からである．/NSN 1.5ab/[5]

〈バースカラ〉先生もまた『天球』の真惑星計算[6]の証明 (vāsanā) で〈次のように〉お話しになるだろう．

> 天の知識は超感覚的なものである．それはブラフマー神に由来し，ヴァシシュタ仙を始めとする聖仙たちによって代々受け継がれて秘密裏に地上にもたらされた．だからこれは，敵意を持つ者，恩知らずな者，悪意のある者，行いの悪い者，遠くに住む者に明かすべきではない．聖者が作ったこの境界線を破棄する者の寿命は完全に消滅するだろう．/GA, che 9/

一方，目的は，問題の答えと意味に関する知識，もう一つは天球の知識，そして伝承に基づく[7]世界の吉凶果の予言 (ādeśa) である[8]．というのは,『天球』で〈先生は次のように〉お話しになるだろう． T8, 18

---

[6] ekavarṇasamīkaraṇānekavarṇsamīkaraṇa T] ekavarṇānekavarṇsamīkaraṇa P.
[1] khaṣaḍvidhavarṇaṣaḍvidha T] ∅ P. [2] viṣaye prayojane ca P] viṣaye ca T.
[3] vedabāhyairahetukair P] vedabāhyaiḥrhaitukair T, vedabodhyaiḥrhaitukair T(Ms).
[4] jyotiṣatvādvedaṅgatvād P] jyautiṣam/ jyautiṣatvādvedāṅgatvād T. [5] asya śāstrasya saṃbandho vedāṅgamiti dhātṛtaḥ//NSN 1.5ab// (asya T NSN] asti P; dhātṛtaḥ TP] kathyate NSN) [6] spaṣṭīkṛti T] spaṣṭīkṛta P. [7] cāparaṃ praramparayā P] ca/ paramparayā T. [8] phalādeśaśca T] phalādeśca P.

> 星学書の果 (phala) は予言である，と往昔の計算士たちは云う．それ（予言）は実に〈真惑星と上昇宮の〉接触の力 (lagna-bala) に依存し，それ（接触の力）は真惑星に依存する．それら（真惑星）
> T9, 1 は天球に依存し，数学なくしては天球もわからない．だから数学を知らない者がどうして天球等を知りえようか．/GA, go 6/

ナーラダ仙もまた，

> 目的は，世界の吉凶果を述べることである．/NSN 1.5cd/[1]

というが[2]，彼のいう目的は〈この〉学問の主目的に過ぎない．〈この学問を究めることによって，人生の四大目的も達成されるのである．〉

> 星学を知る人は，正しく正義・実利・愛[3]それに名声を得る．/GG, ma, kā 12cd/

T9, 8 一方，ここでの〈聞き手＝継承者として〉資格を有する人は，問題等を知りたい（解決したい）と望み，顕現するもの（既知数学）を読んだ者である．そしてそれは二生者のみである．というのは『シッダーンタシローマニ』で〈先生は次のように〉お話しになるから．

> だから，神聖な秘密の究極の真理は二生者たちによって必ずや[4]学ばれるべきである．/GG, ma, kā 12ab/

ここで，eva という字音を，読む順序に (adhyayanīyam「学ばれるべきである」と) 結合する場合は，星学の[5]「必ず」(avaśyam) 学ばれるべきことが認識される．dvijair-eva（二生者「だけ」によって）というように (dvijair と) 結合する場合は，二生者以外の人々によって学ばれるべきではないことが認識される．両方ともここでは理がある，ということである．

T9, 15 （問い）「『あるいは』(T7, 5)〈云々〉という解説の中で[6]，avyakta-bījam (BG 2) というこれ（複合語）を，〈『未顕現なもの（未知数学）の種子である』というように属格〉タットプルシャ複合語〈と解釈したが，そ〉の場合，vyaktasya kṛtsnasya tad ekabījam（『その，顕現するもの一切にとって唯一の種子である〈未顕現なもの〉』，すなわち，未知数学が既知数学すべての種子である）という前の[7]詩節 (BG 1) と矛盾する．『未知数学のある部分は既知数学の種子であり，既知数学のある部分は未知数学の種子であるから，矛盾はない』というなら，否．『一切』(kṛtsna) という語が述べられているから．ま

---

[1] prayojanaṃ tu jagataḥ śubhāśubhanirūpaṇam//NSN 1.5cd// (prayojanaṃ tu TP] abhidheyaṃ ca NSN; śubhāśubha P NSN] śabhāśubha T) 異読にあるように,『ナーラダサンヒター』の出版本ではこの詩節で言及されている「世界の吉凶果を述べること」は「論題」(abhidheya) であり,「目的」は次の詩節で述べられる．yajñādhyayanasaṃkrāntigrahaṣoḍaśakarmaṇām/ prayojanaṃ ca vijñeyaṃ tattatkālavinirṇayāt//NSN 1.6//「目的は，供儀，〈ヴェーダの〉学習，移宮，惑星〈の出没?〉，〈人生の〉十六浄化儀礼のそれぞれの時間を決定することであると知るべきである.」(vinirṇayāt を vinirṇayaḥ と読む)　[2] tu T] ca P.　[3] kāmāṁl P SŚi] mokṣāṁl (解脱) T.　[4] eva T] etat P.　[5] jyautiṣasya T] jyotiṣasya P.　[6] T7, 15 の問いに対する答え参照.　[7] pūrva T] sarva P.

た,『vyaktasya kṛtsnasya tad ekabījam (BG 1) の bīja（種子）は顕現するもの（既知数学）を根本とする，としても矛盾はない[1]』と云うべきではない．既知数学がわかれば未知数学がわかり，未知数学がわかれば既知数学がわかる，という相互依存 (parasparāśraya) はもっと悪いから．」 T10, 1

そう〈考えるべき〉ではない． T10, 1

> ガンガー，ガンガーと唱える人は，〈ガンガーから〉百ヨージャナ〈離れて〉でも，すべての罪から解放される/典拠未詳/[2]

云々における「すべて」(sarva) という言葉のように，本件の場合の「一切」(kṛtsna) という言葉は，〈完全さではなく〉多さ (bahutva) を意図しているから．そうでなければ，既知数学のあとで未知数学を企てることは不正起（すなわち不適切）だから．だからこそ，既知数学のある部分は未知数学の根本であり，未知数学のある部分は既知数学の根本である，といって矛盾を払拭することには当然理がある．「一切」という単語には，〈意味の〉縮約 (saṃkoca) が必然的に認められるから．実際，既知数学で述べられた和や差などに関しても未知数学が根本である，と認める[3]人はいない．〈未知数学が根本であると云えるのは〉「平方根に乗数を掛けたもので減〈加された...〉」(L 65)[4] 等に関してだけである．さらに,「一切」という単語に〈意味の〉縮約がなくても（すなわち，字義通りに受け取っても），いかなる過失もない．なぜなら,「平方根に乗数を掛けたもので減〈加された...〉」(L 65) 等の既知数学が未知数学を根本とするとしても，〈既知数学としての〉自分本来の形 (svarūpa) を達成するためにそれ（未知数学）を必要とするのではなく，ただ正起次第に関してのみ〈必要とするの〉である．そのように〈考えれば〉，一切 (akhila) の既知数学が未知数学を根本とするとしても，いったい何が原因で[5]相互依存になるのか．というわけで，敷衍はもう十分である．

未知数の演算 (avyakta-kriyā) はまず未知数の六種〈の基本演算〉に依存し，それ（未知数の六種）はまた正数負数 (dhana-ṛṇa) の六種に依存する．だから最初にそれがここで与えられるべきである．そのなかでも引き算 (vyavakalana) などは足し算 (saṃkalana) を先行者とするから，正数負数の足し算をまずウパジャーティカー詩節の前半で語る． T10, 12

···Note···

語彙:「未知数」と訳した avyakta の通常の意味は「見えない」．動詞 $\sqrt{}$vyañj（「明らかにする」）の過去分詞 vyakta（「明らかにされた」「目に見える」）の否定形．vyakta は「既知数」の意味で用いられる．「演算」と訳した kriyā の基本的な意味は「行為」．動詞 $\sqrt{}$kṛ（「作る」「する」）の名詞形．「正数」と訳した dhana の基本的な意味は「財産」．動詞 $\sqrt{}$dhan（木などが「実を付ける」）の名詞形．このほか，sva も「正数」の意味で用いられる．これは「自分の」という形容詞に由来する名詞で，通常の意味は

---

[1] aviruddham P] aviruddhatvam T.　[2] gaṅgā gaṅgeti yo brūyād yojanānāṃ śatair api/ mucyate sarvapāpebhyaḥ ...//　[3] ūrī T] urarī P.　[4] T5, 5 の問い参照.　[5] kutastyaḥ P] kutaḥ sa T.

やはり「所有物」「財産」.「負数」と訳したṛṇa の基本的な意味は「負債」. 動詞 √ṛ（「傷つける」「そこなう」）の過去分詞に由来. このほか, kṣaya も「負数」の意味で用いられる. これは動詞 √kṣi（「衰える」「消耗する」）の名詞形. これらは「正の」「負の」という形容詞ではなく,「正数（または正量）」「負数（または負量）」を表す名詞であることに注意. 形容詞に相当するのは, dhana-gata（「正数の状態にある」）ṛṇa-gata（「負数の状態にある」）または dhanātmaka（「正数を本性とする」）ṛṇātmaka（「負数を本性とする」）. またその性質を表すのは, dhana-tā/dhana-tva（「正数性」）ṛṇa-tā/ṛṇa-tva（「負数性」）.

…………………………………………………………………………

A9, 1 **正数負数の足し算に関する術則, 半詩節. /3abp0/**

3ab **負数二つの, あるいは正数二つの和においては和があるべし. 正数負数の和は差に他ならない. /3ab/**

T10, 17 「負数二つの」(kṣayayoḥ: ṛṇayoḥ),「あるいは正数二つの」(svayoḥ: dhanayoḥ),「和」が作られるべきときは「和があるべし」. 次のことが述べられている. 二つのものの和が作られるべきとき, それら二つがルーパ (rūpa) からなる量 (rāśi) であるにせよ, 色（文字）[1]からなる量であるにせよ[2], あるいはカラニー (karaṇī)[3]からなる量であるにせよ, もし両方とも負であったり両方とも正であったりした場合は, それら二つの量に対して[4],

順にあるいは逆順に, 数字の和が作られるべきである/L 12/

という既知数学 (vyakta-gaṇita) で述べられた和 (yoga) が[5]実行されるべきである. それこそがここでの和になる. ただし, 二つのカラニーの和または差は,

二つのカラニーの和を大と想定し[6] /BG 12/

云々と後で述べられる方法で実行されるべきである, と理解すべきである. 多数の〈項の和〉についても同様である. このように[7], 同種のもの (sajātīya) の和が述べられた. 一方, 一つの量が正数でもう一つが負数の場合, それらの和が作られるべきときに何を為すべきか, ということを述べる,「正数負数の和は差に他ならない」と. 既知数の方法 (vyakta-rīti) で生ずる差こそが正数負数の和である, という意味である.〈差をとった〉残りの正数性負数性に応じて[8], 和の正数性負数性も知るべきである.

…Note…………………………………………………………………

規則 (BG 3ab)：正数負数の足し算. 以下, 特にことわらなければ, $a > 0, b > 0$ とする. また, 負数は数字の上に点を付けて表す. 下の E1p 参照.

$$a+b=a+b,\ \dot{a}+\dot{b}=\overset{\bullet}{\widehat{a+b}},\ a+\dot{b}=\begin{cases} a-b & (b<a) \\ \overset{\bullet}{\widehat{b-a}} & (a<b) \end{cases},\ \dot{a}+b=\begin{cases} \overset{\bullet}{\widehat{a-b}} & (b<a) \\ b-a & (a<b) \end{cases}$$

---

[1] 未知数を表す. [2] varṇātmakau T] ∅ P. [3] 平方根を求めるべき数. [4] tayo rāśyoḥ] tayoḥ rāśyoḥ T] tayo rāśyoryogaḥ P. [5] vyaktagaṇitokto yogo T] vyaktagaṇitoktayogo P. [6] mahatīṃ prakalpya P] mahatī prakalpyā T (T も詩節本来の位置では P に同じ). [7] evaṃ T] ∅ P. [8] dhanarṇatvavaśād T] dhanarṇavaśād P.

語彙：「ルーパ」(rūpa) の通常の意味は「色・形」「視覚の対象」. rūpaka（コイン）とも関係するか？ rūpa の単数形が「単位」，複数形が「整数」を意味することもある. カラニー（平方根をとられるべき数）に対する通常の数（整数）や，未知数 (avyakta) に対する既知数 (vyakta)（分数も含む）も rūpa と呼ばれる．整数は bhinna（「分数」）の否定形 abhinna（「非分数」），あるいは ahāra-rāśi（「分母を持たない量」）で表されるが，分数との加減においては整数の分母を 1 (rūpa) とみなす．Cf. L 37. なお，分数 $\frac{b}{a}$ は，横棒なしに $\begin{matrix} b \\ a \end{matrix}$ と表された.

…………………………………………………………………

さて，〈規則の〉意味が述べられたので，生徒の理解のために，例題四つを T11, 1
ウパジャーティカー詩節で語る.

例題．/E1p0/ A10, 1

ルーパ三とルーパ四，負数または正数，を加えたものをすぐに云いなさい．〈すなわち二数が〉正数と負数，負数，正数の場合を，それぞれ〈云いなさい〉，もし正数と負数の足し算を理解しているなら．/E1/ E1

ここで，ルーパ (rūpa) と未知数 (avyakta) の最初の文字 (ādya-akṣara) が指標 (upalakṣaṇa) のために書かれるべき (lekhya) である．同様に，負数の状態にあるもの (ṛṇa-gata) は上に点を持つ (ūrdhva-bindu)．書置：rū $\dot{3}$ rū $\dot{4}$．和において生じるのは rū $\dot{7}$．書置：rū 3 rū 4．和において生じるのは rū 7．書置：rū 3 rū $\dot{4}$．和において生じるのは rū $\dot{1}$．書置：rū $\dot{3}$ rū 4．和において生じるのは rū 1．分数においても同様である．/E1p/

…Note……………………………………………………………

例題 (BG E1): 1. $\dot{3}+\dot{4}=\dot{7}$.　2. $3+4=7$.　3. $3+\dot{4}=\dot{1}$.　4. $\dot{3}+4=1$.

語彙：「指標」と訳した語 upalakṣaṇa は，全体を表すために言及された一部分を意味する．その意味でそれは「一例」「目安」「略号」などを意味する場合もあるが，この和訳ではそれらの意味を込めてすべて「指標」と訳す.

…………………………………………………………………

「ルーパ三とルーパ四」という．二つとも負数というのが一つ，二つとも T11, 6
正数というのが二番目，最初が正数でもう一つが負数というのが三番目，最初が負数で他方が正数というのが四番目．このように四つの例題である．「正数と負数の」(dhanarṇayoḥ) という．〈この双数形は次のように理解される．〉正数二つ，負数二つ，そして正数負数二つである．〈この「正数負数二つ」は次のように理解される．〉正数一つと負数一つで正数負数一つであり，正数負数一つと正数負数一つで正数負数二つである．その「正数と負数の」，すなわち正数二つの，負数二つの，そして正数負数二つの，という意味である．四番目の問題 (praśna) は三番目に内在する (antarbhūta) ので，〈E1 では〉三つのケース (pakṣa) のみが提示された.

（問い）「これは正数[1]である，これは負数である，とか，あるいは，これ T11, 12

[1] dhanam P] dhaṇam T.

は既知数である，これは未知数である，などということはどのようにしてわかるのか.」

だから，述べる.

> ここで，ルーパと未知数の最初の文字が指標[1]のために書かれるべきである[2]. 同様に，負数の状態にあるもの[3]は上に点を持つ(ūrdhva-bindu). /BG E1p 部分/

この意味は明らかである. たとえ負数性などは[4]陳述 (ālāpa) からわかるとしても，陳述がたくさんある場合は負数性などに関して誤謬や疑念が生じ，想起 (upasthiti) が容易ではないだろう. だから,「上に点」などを書くことが[5]，よりふさわしいのである. 正数負数性については引き算の正起次第で説明しよう[6].

T11, 18 ここで，最初の例題の書置：$\dot{3}$, $\dot{4}$. 和で生じるのは $\dot{7}$. 第二〈の例題〉の書置：3, 4. 和で生じるのは 7. 第三〈の例題〉の書置：3, $\dot{4}$. 「正数負数の和は差に他ならない」というので，生じるのは $\dot{1}$. 第四〈の例題〉の書置：$\dot{3}$, 4.[7]「和は差に他ならない」というので，生じるのは 1.

T11, 21 これに関する正起次第は世間 (loka) で確立されている (siddha). すなわち，デーヴァダッタには三コイン (mudrā) の負債 (ṛṇa) が一つと，四コインの負債がもう一つあるというとき，七コインの負債がある，という理解 (pratīti) が，牛飼いや羊飼いたちに至るまで (āgopālāvipālebhyaḥ)，慣行 (vyavahāra)
T12, 1 により確立されている. 同様に，デーヴァダッタには三コインの財産 (dhana) が一つと[8]，もう一つ，四コインの財産がある，というとき，彼には七コインの財産がある，という一般的な慣行は明白である (vilasati). だから,「負数二つの，あるいは正数二つの和においては和があるべし」(BG 3ab) と述べられたのである.

T12, 4 さて，デーヴァダッタには三コインの財産があり，また四コインの負債もある，というとき，彼には財産はなく，債権者 (uttamarṇa) に三コインを支払えば[9]，一コインが彼の負債である，という全ての人に共通の慣行が確かにある (varīvarti). また，デーヴァダッタには三コインの負債と四コインの財産がある，というとき，彼には負債はなく，一コインの財産がある，という全世間が同意する慣行がある[10]. だから,「正数負数の和は差に他ならない」(BG 3ab) と述べられたのである.

T12, 10 (問い)「既知〈数学〉においては，分数 (bhinna) と非分数 (abhinna) の足し算引き算などがそれぞれ個別に述べられた. 一方，ここでは，分数の足し算や引き算などは[11]個別に述べられていない. それはどうすべきなのか.」

---

[1] upalakṣaṇa T] upalaṇa P. [2] lekhyāni AP] ālekhyāni T. [3] ṛṇagatāni T] ūṇagatāni P. [4] yadyapyṛṇatvādikam P] yadyṛṇatvādikam T. [5] lekhanaṃ T] likhanaṃ P. [6] vivariṣyāmaḥ T] vicārayiṣyāmaḥ P. [7] $\dot{3}$, 4 P] 4, $\dot{3}$ T. [8] dhanamekam P] dhanam T. [9] datta ekaiva P] datte ekaiva T. [10] evaṃ devattasya mudrātrayamṛṇaṃ mudrācatuṣṭayaṃ dhanamapyastītyabhihite nāstyasyarṇaṃ kiṃ tu mudraikā dhanam-astītyasti sakalalokasaṃpratipanno vyavahāraḥ T] ∅ P (つまり P は第四のケースを欠く).
[11] saṃkalanaṃ vyavakalanādyaṃ ca T] saṃkalanavyavakalanādyaṃ ca P.

だから，それを語る．

> 分数においても同様である．/BG E1p 部分/

次の[1]意味である．分母 (cheda) を伴う[2]ルーパ (pl.) または色（文字）の和のために，正数負数性に応じて和または差がとられることになったとき，　T12, 12

> 同じ分母を持つ分子の和または差がとられる．/L 37/

云々により，和または差が実行されるべきである，ということである．同様に，分数の引き算などにおいても知るべきである．

[3]引き算などは足し算に依存するもの (upajīvaka) だから，その前に足し算を述べることはふさわしいが，それと同じように掛け算の前に引き算を述べることは[4]ふさわしいとはいえない．なぜなら，〈引き算と掛け算の間には〉依存されるものと依存するものという関係 (upajīvya-upajīvaka-bhāva) が存在しないから．しかしながら，正数負数性の逆転 (dhanarṇatā-vyatyāsa) のみを特徴とする引き算は，掛け算と比べれば，足し算の中の一構成要素 (aṅga) であるから，また部分乗法のうち[5]，　T12, 15

> 任意数を減加した[6]乗数を〈被乗数に〉掛け，〈その任意数を掛けた被乗数で加減してもよい〉/L 16/

というこの乗法でも[7]，それ（引き算）が依存されるものであるから，掛け算の前にそれを述べるのがふさわしい，というのでウパジャーティカー詩節の後半でそれを語る．

正数負数の引き算に関する術則，半詩節．/3cdp0/　A12, 16

> **引かれつつある正数は負数に，負数は正数になる．それらの和が前のように〈実行される〉．/3cd/**　3cd

引かれる (saṃśodhyate: apanīyate) もの，それが「引かれつつある」ものである．〈「引かれつつある」という語は，それが修飾する〉ルーパ（中性名詞），色（男性名詞），カラニー（女性名詞）という〈三つの語の〉三つの文法的性に共通する[8]中性形をとる．それがもし正数なら，負数になる．もし負数なら，正数になる．そのあとで，述べられた如くに和をとる．　T12, 23　T13, 1

次のことが述べられている．二つのものの差（引き算）が実行されるべきとき，それらのうちの引かれつつあるものの正数負数性の逆転[9]を行ってから，「和においては和があるべし」云々(BG 3ab) により，それら二つの和が作られるべきである．それこそが引き算の結果である[10]，という意味である．

---

[1] ayam P] athāyam T.　[2] sacchedānāmapi P] sachechedānāmapi T.　[3] yathā T] yadyapi P. T はここに欠字を示すらしい '//........//' がある．　[4] vyavakalananirūpaṇaṃ T] vyavakalane nirūpaṇaṃ P.　[5] khaṇḍaguṇana P] khaṇḍaguṇa T.　[6] iṣṭonayuktena P] iṣṭena yuktena T.　[7] 整数和分割部分乗法：$xy = x(y \mp a) \pm xa$.　[8] rūpaṃ varṇaḥ karaṇī ceti triliṅgasāmānyaṃ P] rūpavarṇāḥ karaṇī veti triliṅgasāmānyān T.　[9] vyatyāsaṃ P] vatpāsaṃ T.　[10] vyavakalanaphalaṃ T] vyavakalanaṃ phalaṃ P.

···Note ··
規則 (BG 3cd)：正数負数の引き算．

$$a - b = a + \dot{b}, \quad \dot{a} - \dot{b} = \dot{a} + b, \quad a - \dot{b} = a + b, \quad \dot{a} - b = \dot{a} + \dot{b}$$

として足し算の規則 (BG 3ab) を適用する．
··

T13, 4 これに関する正起次第．ここでまず，負数性には三種ある．場所的に (deśataḥ)，時間的に (kālataḥ)，そして物質的に (vastutaḥ) である．そしてそれは逆性 (vaiparītya) に他ならない．というのは，先生（バースカラ）が『リーラーヴァティー』の「図形の手順」の中の「両腕が十，十七」というこの例題 (L 168) で，

> … 負数の状態にある (ṛṇagatā) 射影線である．向きの逆性 (dig-vaiparītya) による，という意味である/L 168 自注/[1]

と述べているからである．そこでは，一つの線が置かれ，第二の〈線の〉向きは逆向き (viparītā dik) である，と云われる．
···Note ··
三角形の地を a，両腕を b_1, b_2 とすると，射影線 x_1, x_2 は，L 165-66 により，

$$x_i = \left(a \mp \frac{(b_1 + b_2)|b_1 - b_2|}{a} \right) \div 2.$$

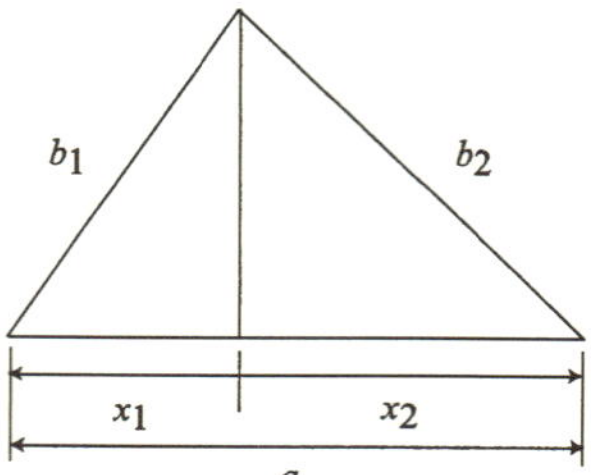

L 168 の例題では，$a = 9, b_1 = 10, b_2 = 17$ だから，

$$x_i = \left(9 \mp \frac{27 \times 7}{9} \right) \div 2 = (9 \mp 21) \div 2 = -6, \quad 15.$$

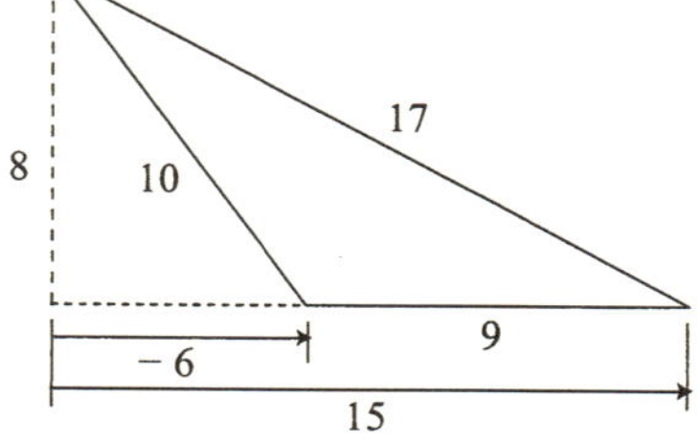

L 168 自注からの引用「負数の状態にある射影線」は，この −6 を指す．
··

T13, 8 ちょうど東向きと逆に[1]西向きがある，あるいは北向きと逆に[2]南向きがある，などというのと同様に，東西の場所のうち一方が正数性を持つと考えれば，それに対して他方は負数性を持つ．⟨ それはまた，惑星の ⟩ 東向き日運動 (gati) が正数性を持つと考えれば，惑星 (graha) が西向き日運動を持つとき，その惑星には日運動に等しい負数の分 (kalā)[3]がある，あるいはまた[4]，西向きの回転が正数性を持つとき，惑星が東に運動した量だけ西向きの回転に対して負数となる，というのと同じである．南北の場所などに関しても全く同様に負数性を知るべきである．同様に，前後の時間が互いに ⟨ 他方に対して ⟩ 負数性を持つことは，曜日の進行 (vāra-pravṛtti) などに関してよく知られている．同様に，ある物 (vastu) に関してある人が所有物 (sva) と所有者 (svāmin) の関係[5]を持つとき，それが彼の財産 (dhana) と云われる．一方，それ (物) に関する逆性 (vaiparītya) とは，他者が ⟨ その物に関して ⟩ 所有物と所有者の関係[6]を持つことである．したがって，デーヴァダッタを所有者とするある量の財産 (dhana) に対して[7]ヤジュニャダッタが所有権 (svāmikatva) を持つとき，それだけの量がデーヴァダッタの負債 (ṛṇa) と云われる．

そこで，東の場所が正数性を持ち，西の場所が負数性を持つと想定して，正 T13, 18
起次第 (upapatti) が述べられる．それは次の通りである．一切の支配者たるシャンブ神（シヴァ神）のアーナンダ・カーナナ (歓喜の森)[8]からプランダラ神（インドラ神）の方角（東）に十五ヨージャナのところに，天の川（ガンガー川）の岸辺で美しく輝く[9]一つの町パッタナ[10]が存在する．またヴァルナ神の方角（西）には，八ヨージャナのところに[11]，青蓮の花びらのように青黒い者（ヴィシュヌ神）と太陽との娘（ヤムナー川）の波と接吻をする，秋の月光のように白い，神の川（ガンガー川）の激動する波によって，ハリハラ[12]の像が想起される，聖地の王，プラヤーガ[13]が，歓喜の波を味わいながら，目を覚ます．それら両者の間隔 (antara) が二十三ヨージャナからなるということは，上下様々なすべての人々の慣行により確立されている．そしてそ
れは，和なしには正起しない (nopapadyate)．だから，異種のもの (vijātīya) T14, 1
どうしの間隔（差）が求められるべきときは，和が作られるべきである．ただし[14]その和は西または東である．そこで，パッタナからプラヤーガはどちらの方角にあるか，と考察するとき，まず，アーナンダ・カーナナ (カーシー) からプラヤーガまで，八ヨージャナからなる場所 (deśa) が西にあるが，同様に ⟨ その場所は ⟩ パッタナからも西にある．しかし，アーナンダ・カーナナ

---

[1] ṛṇagatābādhā P] ṛṇagatā ābādhā T.　[1] pūrvaviparītā T] pūrvadigviparītā P.　[2] yathā vottaradigviparītā] yathāvottaradigviparītā T, yathā cottaradigviparītā P.　[3] 弧の単位. 60 vikalās（秒）= 1 kalā（分）, 60 kalās = 1 bhāga/aṃśa (度), 30 bhāgas = 1 rāśi（宮）, 12 rāśis = 1 bhagaṇa (黄道=円周).　[4] yathā vā T] athavā P.　[5] svasvāmibhāvasaṃbandhas P] svasvāmibhāvaḥ saṃbandhas T.　[6] svasvāmibhāvasaṃbandhaḥ P] svasvāmibhāvaḥ saṃbandhaḥ T.　[7] dhane yāvati T] dhane yāvad P.　[8] ānandakānana/ānandavana. Kāśī の別名. Vārāṇasī (Benares) とも云う.　[9] vilāsi P] vilāsī T.　[10] pattana. 一般に町を意味する普通名詞だが，ここではかつて花の都 (kusuma-pura) と唱われた町の中の町 Pātaliputra，現在の Patna を指す.　[11] cāṣṭayojaneṣv P] vā aṣṭasu yojaneṣv T.　[12] harihara. ハリ（ヴィシュヌ神）とハラ（シヴァ神）の合体した神.　[13] prayāga. 現在の Allāhābād.　[14] paraṃ tu P] paraṃ T.

からパッタナまでの十五ヨージャナからなる東の場所は，パッタナからは西に他ならない．このように，パッタナからプラヤーガまでの場所を考察するとき，アーナンダ・カーナナまでが[1]十五ヨージャナからなる一つの部分であり，そこからプラヤーガまでが第二〈の部分〉であり，八ヨージャナからなる．両部分は西にあるから[2]，二十三ヨージャナからなる西の場所が生ずる．同様に，プラヤーガからパッタナまではどちらの方角か，と考察するときは，プラヤーガからアーナンダ・カーナナまでの場所の部分は逆向きである[3]．このように，あるところからの間隔（差）[4]が求められるとき，そこまでの部分は逆向きである[5]，というので，

> 引かれつつある正数は負数に，負数は正数になる．それらの和が
> 前のように〈実行される〉．/BG 3cd/

と述べられたのである．このように，正数負数の差に関して説明された．

···Note·····································

カーシーを基点として，パッタナまでは東へ 15 ヨージャナ，プラヤーガまでは西へ 8 ヨージャナである．

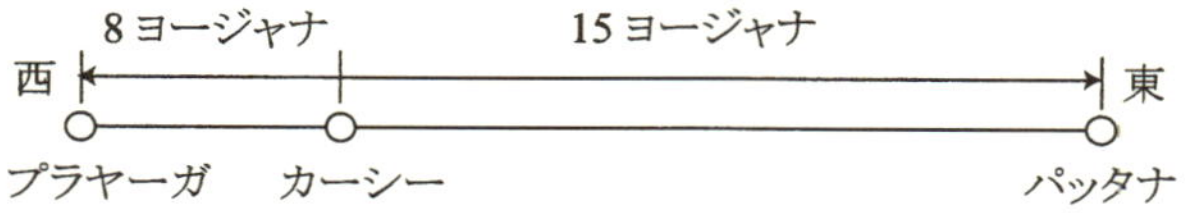

西 8 ヨージャナ（プラヤーガ）から東 15 ヨージャナ（パッタナ）までの間隔（差）

= 東 15 ヨ − 西 8 ヨ = 東 15 ヨ + 東 8 ヨ = 東 23 ヨ．

東 15 ヨージャナ（パッタナ）から西 8 ヨージャナ（プラヤーガ）までの間隔（差）

= 西 8 ヨ − 東 15 ヨ = 西 8 ヨ + 西 15 ヨ = 西 23 ヨ．

ちなみにこれによると，カーシーからプラヤーガまでとパッタナまでの距離の比は，8 yojanas : 15 yojanas = 1: 1.875 である．現代の地図（例えば *The Times Atlas of the World*, 1992）によれば，それぞれの直線距離は約 120 km と 222 km だから，比は 1 : 1.85 である．また，ヨージャナの値に関しては様々な推定が行われているが，K 注では，1 yojana ≈ 15 km ということになる．

···

T14, 11 二つの正数の場合も同様である．すなわち，一つ〈の地点〉はカーシーから東向きの部分で十ヨージャナにあり，もう一つも同じその部分で[6]七ヨージャナにあるとすると，両者の間隔が三ヨージャナであることはあらゆる人々に知られている[7]．そしてそれ（間隔）は，十ヨージャナにある〈地点〉から西であり，七ヨージャナにある〈地点〉から東である．これはまた，最初まで

---

[1] pañcadaśayojanātmako yaḥ pūrvadeśaḥ sa bhavati pattanātpaścima eva/ evaṃ pattanātprayāgaparyantaṃ deśavicāre ānandavanaparyantaṃ T (read paryantadeśavicāra instead of paryantaṃ deśavicāre)] ∅ P (haplology). すなわち P は，3 行上の「十五ヨージャナ」からここまでを欠く． [2] paścimasthatvāj P] paścimatvāj T. [3] viparītadikkaṃ P] viparītadiktvaṃ T. [4] antaraṃ P] anantaraṃ T. [5] viparītadikkaṃ P] viparītadiktvaṃ T. [6] bhāge T] ∅ P. [7] prasiddham P] siddham T.

の部分を逆転して，「正数負数の和は差に他ならない」(BG 3ab) というので和をとれば得られる．

···Note ··

東 7 ヨージャナから東 10 ヨージャナまでの間隔（差）

$$= 東 10 ヨ - 東 7 ヨ = 東 10 ヨ + 西 7 ヨ = 東 3 ヨ.$$

東 10 ヨージャナから東 7 ヨージャナまでの間隔（差）

$$= 東 7 ヨ - 東 10 ヨ = 東 7 ヨ + 西 10 ヨ = 西 3 ヨ.$$

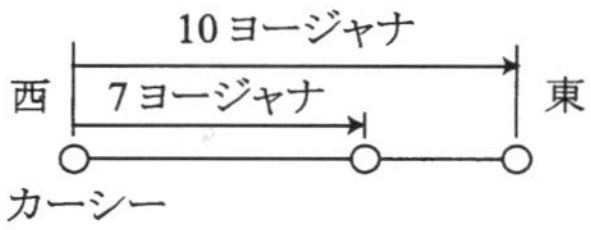

··

二つの負数の場合も同様に知られる．したがって，　T14, 15

> 引かれつつある正数は負数に，負数は正数になる．それらの和が前のように〈実行される〉．/BG 3cd/

が正起した (upapanna)．もう一つ〈のケース〉も賢い者は理解すべきである．

これに関する例題四つをウパジャーティカー詩節の前半で語る．　T14, 18

例題．/E2abp0/　A14, 1

> **三から二を，正数から正数，負数から負数，そしてその逆の場合に，引いて残りをすぐに云いなさい．/E2ab/**　E2ab

書置：rū 3 rū 2．差において生ずるのは rū 1．書置：rū $\dot{3}$ rū $\dot{2}$．差において生ずるのは rū $\dot{1}$．書置：rū 3 rū $\dot{2}$．差において生ずるのは rū 5．書置：rū $\dot{3}$ rū 2．差において生ずるのは rū $\dot{5}$．/E2abp1/
以上が正数と負数の足し算と引き算である．/E2abp2/

···Note ··

例題 (BG E2ab): 1. $3 - 2 = 1$.　2. $\dot{3} - \dot{2} = \dot{1}$.　3. $3 - \dot{2} = 5$.　4. $\dot{3} - 2 = \dot{5}$.

··

正数三から正数二を[1]，というのが一つ，負数三から負数二を，というのが二番目[2]，というので，例題二つ．逆にした場合，正数三から負数二を，というのが一つ．負数三から正数二を，というのが二番目．このように，四つの例題がある．　T14, 22

そのうち，最初に関する書置： 3, 2．「引かれつつある」2 という「正数は負数になる」(BG 3cd) というので，3, $\dot{2}$ が生ずる．これら二つの和は述べられた如くに〈実行される，すなわち〉「正数と負数の和は差に他ならない」(BG 3ab) というので，1 が生ずる．二番目に関する書置：$\dot{3}$, $\dot{2}$．述べられた　T14, 24 / T15, 1

[1] svāttrayātsvaṃ dvayam P] svāttryāddvayaṃ svam T.　[2] ṛṇāttrayādṛṇaṃ dvayamiti dvitīyam P] ṛṇāttryādṛṇaṃ dvayam T.

ように，差 $\dot{1}$が生ずる．三番目に関する書置：3, $\dot{2}$．「引かれつつある正数は負数になる」云々(BG 3cd) により，5 が生ずる．四番目に関する書置：$\dot{3}$, 2.「引かれつつある正数は負数になる」云々(BG 3cd) により，$\dot{5}$ が生ずる．

T15, 3 これは，納得するために，東西の場所性と結びつけられる．東 3 東 2．引かれつつある東の場所は西の場所になる，というので，東 3 西 2 が生ずる．これら「正数と負数の和は差に他ならない」(BG 3ab) というので，差，東 1，が ⟨引き算の⟩ 残りである．ここで，一つの境界 (avadhi) から東に二ヨージャナと三ヨージャナのところに二人の人が立っている．そこで，二ヨージャナの所にいる人から[1]，三ヨージャナのところにいる者は，一ヨージャナだけ東に立っている，という意味である．

これらの例題では，二を引かれるものとして述べているから[2]，二ヨージャナのところにいる人からの間隔（差 antara）が知られるべきである．

次に二番目に関して，西 3 西 2．述べられた如くに，差において生ずるのは，西 1．西に三ヨージャナのところにいる者は，西に二ヨージャナのところにいる者から一ヨージャナだけ西にいる，という意味である．

三番目に関する書置：東 3 西 2．述べられた如くに，差において生ずるのは，東 5．西に二ヨージャナのところにいる人から[3]，東に三ヨージャナのところにいる者は，東 5,[4] 五ヨージャナだけ東にいる，という意味である．

四番目に関する書置：西 3 東 2．述べられた如くに生ずる差は，西 5．東に二ヨージャナのところにいる者から，西に三ヨージャナのところにいる者は五ヨージャナだけ西にいる，という意味である．

···Note ·································

例題 1: 東 2 ヨージャナから東 3 ヨージャナまでの間隔（差）

$$= 東 3 ヨ - 東 2 ヨ = 東 3 ヨ + 西 2 ヨ = 東 1 ヨ.$$

例題 2, 3, 4 も同様．

·································

T15, 14 次に，割り算などは掛け算に依存するものだから[5]，ブフジャンガプラヤータ詩節の前半によって掛け算を述べる．

A15, 29 **掛け算に関する術則，半詩節[6]．/4abp0/**

4ab **正数二つの，あるいは負数二つの積は正数．正数と負数の積においては負数．/4ab/[7]**

T15, 16 「正数二つの」，あるいは「負数二つの」「積は」(vadha: guṇana) — 畢竟，一方の，他方に等しいだけの繰り返しということになるが — 正数である．一方,「正数と負数の積においては負数」(BG 4ab) になる．次のことが述べられている．被乗数および乗数の二つとも正数または負数のとき，それ

---

[1] puṃso P] ∅ T. [2] ukter P] ukteḥr T. [3] puṃsaḥ P] saḥ T. [4] pū 5 T] ∅ P. [5] guṇanopajīvakatvād P] guṇatopajīvakatvād T. [6] 厳密には，第一パーダ (4a) と第二パーダ (4b) の最初の二音節 (kṣayaḥ). [7] 最後の「負数」(kṣayaḥ) は第二パーダ (4b) の最初の語．AMJF は kṣayaḥに続く第二パーダの残りもここに掲載．

らから生ずる掛け算の結果は正数になるが，一方が正数で他方が負数のときは，それらから生ずる掛け算の結果は負数になる，と[1]．ここでは，掛け算の結果の正数負数性のみが与えられた．数字的には (aṅkataḥ)，既知〈数学〉で述べられた〈正数の〉乗法をどれでも参照すべきである[2]．

···Note ··

規則 (BG 4ab)：正数負数の掛け算．

$$a \times b = ab, \quad \dot{a} \times \dot{b} = ab, \quad a \times \dot{b} = \dot{\widehat{ab}}, \quad \dot{a} \times b = \dot{\widehat{ab}}.$$

··

次に，掛け算の例題三つをウパジャーティカー詩節の後半で述べる．　T15, 21

例題．/E2cdp0/　A17, 26

> **二に三を，正数に正数，負数に負数，また正数に負数の場合，掛けたものは何だろうか．/E2cd/**　E2cd

書置： rū 2, rū 3．正数に正数を掛けると正数になるだろう，というので，生ずるのは，rū 6．書置：rū $\dot{2}$, rū $\dot{3}$．負数に負数を掛けると正数になるだろう，というので，生ずるのは，rū 6．書置：rū 2, rū $\dot{3}$．正数に負数を掛けると負数になるだろう，というので，生ずるのは，rū $\dot{6}$．書置：rū $\dot{2}$, rū 3．負数に正数を掛けると負数になるだろう，というので，生ずるのは，rū $\dot{6}$．/E2cdp1/

以上が正数と負数の掛け算である．/E2cdp2/

···Note ··

例題 (BG E2cd): 1. $2 \times 3 = 6$.　2. $\dot{2} \times \dot{3} = 6$.　3. $2 \times \dot{3} = \dot{6}$.　4. $\dot{2} \times 3 = \dot{6}$.

··

意味は明白である[3]．負数に正数を，という第四の例題も考慮すべきである．ここで，乗数 3，被乗数 2．　T15, 24

さて，一番目に関する書置：2, 3．述べられた如くに生ずる掛け算の結果は，正数 6．二番目に関する書置：$\dot{2}$, $\dot{3}$．「負数二つの積は正数」(BG 4ab) というので，生ずるのは 6．三番目に関する書置：2, $\dot{3}$.[4]「正数と負数の積においては負数」(BG 4ab) というので，生ずるのは $\dot{6}$．四番目に関する書置：$\dot{2}$, 3.[5]「正数と負数の積においては負数」(BG 4ab) というので，$\dot{6}$.「被乗数を乗数に[6]掛けた場合もそれと同じである」というチュールニカー (注釈?) により[7]，被乗数であることと乗数であることの任意性が示されている．　T16, 1

(問い)「正数二つの積は正数でよいだろう[8]．というのは，同種であるから，また既知のことだから[9]．しかし，負数二つの積はどうして正数というこ　T16, 5

---

[1] dhanaṃ bhavati/ yadā tvekataro dhanamṛṇamitarastadā taduttham guṇanaphalamṛṇaṃ bhavatīti P] dhanaṃ bhavatīti T (haplology).　[2] L 14-16 参照.　[3] spaṣṭo 'rthaḥ T] ∅ P.　[4] 2/ $\dot{3}$ T] $\dot{2}$/ 3 P.　[5] $\dot{2}$/ 3 T] 2/ $\dot{3}$ P.　[6] guṇe T] guṇake P.　[7] cūrṇikayā P] karṇikayā T. 出典未詳.　[8] svaṃ bhavatu nāma T] svaṃ bhavitumarhati P.　[9] samajātīyatvāddṛṣṭacaratvācca/ param P] samajātīyatvādṛṣṭacaratvāccāparam T.

とになるのか[1]．〈というのは，そうすると結果が〉異種であるから．また，正数と負数の積の場合も，どうして負数になるのか．異種であるからと云うべきではない．〈仮に異種を認めるとしても，〉逆もまた云いうるのだから，どうして正数にならないのか，二者択一 (vinigamanā) ではないのだから.」

これについて述べられる．まず，被乗数の乗数に等しいだけの繰り返し (āvṛtti) が掛け算の結果である，ということは良く知られている．その場合，乗数には正数負数の二種がある．そこで，正数乗数の場合，正数または負数である被乗数の繰り返しが行われるとき，掛け算の結果は順に正数または負数になるだろう．だから,「正数二つの」「積は」「正数」であり，乗数が正数性を持ち被乗数が負数性を持つとき，〈掛け算の結果は〉負数である，ということは確立された (siddha).

T16, 13 次は，負数乗数の場合を検討する．その場合，負数性とは逆性であるということは，前に説明された[2]．すなわち負数乗数というのは逆乗数である．被乗数の逆繰り返しを行う，ということになる．そうすると，被乗数が正数のときは掛け算の結果は負数であり，被乗数が負数のときは，掛け算の結果は正数である，ということが確立される．この最後のケースで,「負数二つの積は正数」(BG 4ab) であることが正起した．中の二つのケースでは[3]，すなわち被乗数と乗数のうち一つが正数性を持ち，もう一つが負数性を持つ場合，結果として負数が生ずる，というので,「正数と負数の積においては負数」(BG 4ab) と述べられた.

···Note··

問い：負数×負数がなぜ正数なのか，また，正数×負数がなぜ負数なのか.（質問の背景に，演算の前後における量が同種か異種かという問題意識がある）

K の答え 1：掛け算の積は，被乗数を乗数だけ繰り返し (āvṛtti) たものである．したがって，乗数が正数なら，積は被乗数の種類（符号）と同じになる．一方，乗数が負数のときは，負数性 (ṛṇatva) は逆性 (vaiparītya) だから，被乗数を逆に繰り返すことになる．すなわち，被乗数が正数なら積は負数になり，被乗数が負数なら積は正数になる.

··

T16, 18 あるいは，計算 (gaṇita) による正起次第が示される．まず正数の掛け算の場合は議論の余地はない．しかし，負数の掛け算の場合は検討が行われる．まず，次のことは大変よく知られている．被乗数に乗数の二部分 (khaṇḍa) を[4]別々に掛け，合わせた (sahita) ものは掛け算の結果である，と.

T16, 21 例えば，被乗数 135，乗数 12．これの部分二つ，4, 8．〈これら二部分のうち〉一つは任意数 (iṣṭa)，もう一つは〈その〉任意数を引いた〈元の〉量 (rāśi) である〈と考える〉．二部分を別々に被乗数に掛けると，540, 1080．和をとれば，掛け算の結果 1620 が生ずる．まったく同様に[5]，任意数4が想定される[6].

---

[1] dhanaṃ bhavitumarhati P] dhanaṃ bhavatu T. [2] T13, 4 参照. [3] madhyapakṣayos T] madhyamapakṣayos P. [4] guṇyo guṇakakhaṇḍābhyāṃ] guṇyaguṇakakhaṇḍābhyāṃ P, guṇyo guṇako khaṇḍābhyāṃ T. [5] evameva T] ekameva P. [6] kalpitam P] kalipatam T.

これを引いた量 12 が[1]第二の部分[2] 16．ここでも部分二つを別々に被乗数に掛けて合わせれば，掛け算の結果が[3]生ずるはずである．そこで，二つの部分，$\dot{4}$, 16，を別々に被乗数に掛けたものを 540, 2160 [4] とし，これらの和をとる場合，掛け算の結果 (2640) は正起しない，というので，掛け算の結果が〈正負二者択一で〉「別様に不正起」(anyathā-anupapatti) だから，「正数と負数の積においては負数」(BG 4ab) であると理解される (avagamyate)．なぜなら，そうすれば[5]，$\dot{5}40$, 2160.「正数負数の和は差に他ならない」(BG 3ab) というので，掛け算の結果 1620 は正起する．だから，「正数と負数の積においては負数」(BG 4ab) と[6]述べられた．　T17, 1

同様に，被乗数の部分一つ一つに乗数の部分を掛け，合わせると掛け算の結果になる．それは次の通りである．被乗数 135．これの部分二つ，130, 5．乗数 12 にも[7]部分二つ，4, 8．乗数の部分二つを一つ一つ被乗数の前の部分 130 に掛けて生ずるのは，520, 1040．全く同様に，一つ一つを第二の部分 5 に掛けるて生ずるのは，20, 40．すべての和をとれば，生ずるのは掛け算の結果 1620 である．　T17, 4

まったく同様に，被乗数の任意の二部分を[8] 140, $\dot{5}$，乗数も 16, $\dot{4}$〈としよう〉．ここでも乗数の部分を一つ一つ前の部分 140 に掛けて生ずるのは，2240, $\dot{5}60$．この二つの和は $\dot{1}680$．まったく同様に，二番目 $\dot{5}$ も[9]乗数の部分二つを別々に掛けると，$\dot{8}0$, $\dot{2}0$ [10]．ここで，負数を掛けた負数は同種であるから負数に他ならないとすると，掛け算の結果 1580 [11]は正起しない，というので，掛け算の結果が別様に不正起だから，負数に負数を掛けたら正数になると理解される．なぜなら，そうすれば，$\dot{8}0$, 20 であり，掛け算の結果 1620 が正起するから．だから，「負数二つの積は正数」(BG 4ab) と述べられた．同様に，賢い者はもう一つ〈のケース〉も理解すべきである．　T17, 9

···Note···

K の答え 2：計算による正起次第．$135 \times 12 = 1620$ であるが，これは，$135 \times (\dot{4} + 16)$ としても同じ結果が得られるはずである．ここで，$135 \times \dot{4}$ の結果の数値は 540 であり，種類は正または負のいずれかである．そこで仮に $135 \times \dot{4} = 540$ とすると，$135 \times (\dot{4} + 16) = 540 + 2160 = 2640$ となり，誤りである．したがって，「別様に不正起」だから結果の種類は負数のはずである．実際，$135 \times \dot{4} = \dot{5}40$ とすれば，$135 \times (\dot{4} + 16) = \dot{5}40 + 2160 = 1620$ で正しい．これにより，正数×負数＝負数が正起した．

$135 = 140 + \dot{5}$ と分解すると，$135 \times 12 = (140 + \dot{5}) \times (16 + \dot{4}) = (140 \times 16 + 140 \times \dot{4}) + (\dot{5} \times 16 + \dot{5} \times \dot{4})$．ここで，正数×負数＝負数は上で正起している．そこで，仮に，負数×負数＝負数とすると，$(2240 + \dot{5}60) + (\dot{8}0 + \dot{2}0) = 1580$ となり，誤りである．したがって，「別様に不正起」だから結果の種類は正数のはずである．実際，

---

[1] rāśiḥ 12 P] rāśi 12 T.　[2] dvitīyakhaṇḍam T] dvitīyaṃ khaṇḍaṃ P.　[3] guṇanaphalena] guṇanaphalena ca P, guṇanaphale T.　[4] 540/ 2160 T] $\dot{5}40$/ 2160 P.　[5] tathā kṛte T] tathā kṛto P.　[6] iti P] ∅ T.　[7] guṇaka 12 syāpi T] guṇakasyāpi P.　[8] abhīṣṭkhaṇḍadvayaṃ T] abhīṣṭaaṃ khaṇḍadvayaṃ P.　[9] dvitīyamapi $\dot{5}$ P] dvitīyamapi T.　[10] $\dot{2}0$ T] 20 P.　[11] 1580 T] ∅ P.

$\dot{5} \times \dot{4} = 20$ とすれば，$(2240 + \dot{5}60) + (\dot{8}0 + 20) = 1620$ で正しい．したがって，負数×負数＝正数が正起した．

「もう一つ〈のケース〉」は，負数×正数＝負数を指すか？ しかし，これはすでに，負数×負数＝正数の正起次第で用いられている．

……………………………………………………………………

T17, 16 （問い）「平方は，等しい二つの〈数の〉積という形をしているので掛け算の中にある支分 (antar-aṅga) であるから，また，割り算とは無関係であるから，〈割り算より〉先に述べるのがふさわしい．また,「乗数が割られてきれいになる」云々(L 15) という掛け算の方法（整数積分割部分乗法）で平方を計算する場合，割り算が依存されるものであるから，それ（割り算）をこそ〈平方より〉先に述べるのがふさわしい，と云うべきではない．〈もしそれを認めるなら〉掛け算よりも前にそれを述べるということになってしまうから.」

というなら，否．平方を計算する諸方法は極めて多様なので，平方は掛け算[1]に対して外にある支分 (bahir-aṅga) であるから，またその一方で，平方に対して根がそうであるように，掛け算に対して割り算は中にある支分であり，また平方に対して依存されるものであるから[2]，先にそれ（割り算）を述べることこそが必然であるから．ある種の掛け算の方法が割り算に依存するものであっても，〈あるいは逆に〉割り算とは無関係であっても，掛け算〈そのもの〉は確立されるから，一方，割り算はあらゆる点で[3]掛け算に依存するものであるから，掛け算の直後にそれを述べることはふさわしい，というので，ブフジャンガプラヤータ詩節の前半の残りの部分でこれを語る[4]．

…Note……………………………………………………………………

問い：叙述の順序として，平方計算を掛け算と割り算の間に置くべきである．その根拠は，(1) 平方計算は掛け算に含まれる，また，(2) 平方計算は割り算と無関係である.「平方計算は掛け算に含まれるが，掛け算には割り算を用いて行う方法（L 15 で述べられる整数積分割部分乗法：$xy = x \times a \times y/a$）もあるから，割り算を平方計算より先にすべきである」とはいえない．なぜなら，もしそうすると，割り算を掛け算より先にすべきことになってしまうから．

K の反論：掛け算の直後で平方の前に割り算を述べるべきである．理由は，(1) 平方計算は掛け算とは別の独自性を持つ，(2) 割り算は掛け算に含まれ，また依存する，(3) 平方計算は割り算に依存する．

……………………………………………………………………

T18, 1

4b **割り算においても同様に言明される．　/4b/**[5]

A18, 15

T18, 2 割り算においても，掛け算とまったく同じように〈規則が〉言明される，という意味である．次のことが述べられている．被除数と除数の両方とも正数性を持つとき，あるいは負数性を持つとき，商 (labdhi) は正数に他ならな

[1] guṇanaṃ P] gaṇanaṃ T.　[2] upajīvyatvācca P] upajīvyatvāt T.　[3] sarvathāpi T] sarvathā P.　[4] pūrvārdhasya śeṣaśakalenaitadāha T] pūrvārdhaśeṣaśakalena tadāha P.
[5] 第二パーダ (4b) の最初の 2 音節 (kṣayo) は 4a とともに既出.

い．しかし，いずれか一方が正数性を持ち，他方が負数性を持つときは，商 (labdha) は負数に他ならない．ここでも，数字的には (aṅkataḥ)，既知〈数学〉で述べられた〈正数の〉割り算の方法を学ぶべきである[1]．

···Note···

規則 (BG 4b)：正数負数の割り算．

$$a \div b = a/b, \quad \dot{a} \div \dot{b} = a/b, \quad a \div \dot{b} = \overset{\bullet}{\widehat{a/b}}, \quad \dot{a} \div b = \overset{\bullet}{\widehat{a/b}}.$$

···

これに関する例題四つをウパジャーティカー詩節で語る．　T18, 5

例題．/E3p0/　A19, 6

> **ルーパ八をルーパ四により，正数を正数により，負数を負数により，**　E3
> **負数を正数により，正数を負数により，割ったものは何だろうか．**
> **すぐに云いなさい，もしこれ（割り算）を知っているなら．/E3/**

書置：rū 8 rū 4．正数を正数で割ったものは正数である，というので生ずるのは rū 2．書置：rū $\dot{8}$ rū $\dot{4}$ 負数を負数で割ったものは正数である，というので生ずるのは rū 2．書置：rū $\dot{8}$ rū 4 負数を正数で割ったものは負数である，というので生ずるのは rū $\dot{2}$．書置：rū 8 rū $\dot{4}$ 正数を負数で割ったものは負数である，というので生ずるのは rū $\dot{2}$．/E3p1/

以上が正数と負数の割り算である．/E3p2/

···Note···

例題 (BG E3): 1. $8 \div 4 = 2$.　2. $\dot{8} \div \dot{4} = 2$.　3. $\dot{8} \div 4 = \dot{2}$.　4. $8 \div \dot{4} = \dot{2}$.

···

意味は明白である．一番目に関する書置：$\begin{matrix} 8 \\ 4 \end{matrix}$ 正数二つの割り算〈の結果〉は正数である，というので生ずる商は正数 2．二番目に関する書置：$\begin{matrix} \dot{8} \\ \dot{4} \end{matrix}$ 負数二つの割り算〈の結果〉は正数である，というので生ずる商は正数 2．三番目に関する書置：$\begin{matrix} \dot{8} \\ 4 \end{matrix}$ 正数と負数の割り算〈の結果〉は負数である，というので生ずる商は負数 $\dot{2}$．四番目に関する書置：$\begin{matrix} 8 \\ \dot{4} \end{matrix}$ 正数と負数の割り算〈の結果〉は負数である，というので生ずる商は負数 $\dot{2}$．　T18, 10

これに関する正起次第．　T18, 14

> 最後の被除数 (bhājya) から（すなわち，被除数の最高位から），除数 (hara) にあるもの（数）を掛けたものが[2]清算される (śudhyati) とき，それ（数）は実に割り算における商 (phala) である．/L 18ab/

---

[1] L 18 参照．　[2] yadguṇaḥ P] yadguṇāḥ T.

と述べられているから，ある数字に除数を掛けたものが被除数から引かれた (apanīta) とき，清算がある (śuddhir bhavati) 場合，それ（数字）が商 (labdhi) である．

T18, 15 そこで，一番目の $\frac{8}{4}$ では，正数二を除数 4 に掛けた 8 が被除数であるこの 8 から[1]引かれるとき清算がある，というので，正数二が商である，2.[2] 二番目の $\frac{\dot{8}}{\dot{4}}$ でも，正数二をこの除数 $\dot{4}$ に掛けた $\dot{8}$ が被除数であるこの $\dot{8}$ から引かれつつあるとき,「引かれつつある負数は正数になる」(BG 3cd) と「正数負数の和は差に他ならない」(BG 3ab) とが行われて (kṛte) 清算があるというので，正数二こそが商である，2.[3] このように，正数二つあるいは負数二つの割り算では〈結果は〉正数であることが確立した (siddha).

T19, 1 三番目の $\frac{\dot{8}}{4}$ では，正数二を除数 4 に掛けた 8 が被除数であるこの $\dot{8}$ から[4]引かれとき,「引かれつつある正数は負数になる」(BG 3cd) というので，負数二つの和をとると，$\dot{1}\dot{6}$ であり，清算はないだろう．負数〈二〉を除数に掛けると $\dot{8}$ であり，清算がある，というので，負数二が[5]商である，$\dot{2}$. 同様に，四番目の $\frac{8}{\dot{4}}$ においても，負数を掛けたときだけ除数が清算される，というので，負数こそが商である．ということで，正数と負数の割り算では〈結果は〉負数であるということが確立した．だから,「割り算に置いても同様に言明される」(BG 4b) と云われたのである．

このように，平方に用いられるものをすべて述べてから，平方とその根とをブフジャンガプラヤータ詩節の後半で述べる．

A20, 4 **平方数 (varga)[6] と根 (mūla) に関する術則，半詩節．/4cdp0/**

4cd **正数と負数の平方数は正数．正数の二根は正数と負数．負数には根はない，それは非平方数性 (avargatva) を持つから．/4cd/**

T19, 9 正数の，あるいは負数の平方数は正数である．数字的には，既知〈数学〉で述べられた〈正数の〉平方数の〈計算〉方法が，どれでも参照されるべきである[7].

T19, 11 次に，根を述べる,「正数の二根は正数と負数」と．正数には (svasya: dhanasya) 二つの根があり，正数と負数である．正数に限られる平方数には〈根があり，それには〉負数の根もある，という意味である．次にここでの特別規則 (viśeṣa) を述べる,「負数には根はない」と．その理由 (hetu) を述べる,「それは非平方数性を持つから」と．実際，平方数には根が得られるが，負数を数字とする平方数はない (ṛṇāṅkas tu na vargaḥ). だから，どうしてその根が得られようか．

---

[1] bhājyā 8 dasmād T] bhājyāt 8 P. [2] dvayaṃ labdhiḥ 2 T] dvayaṃ 2 labdhiḥ P. [3] 2 P] 1 T. [4] bhājyā $\dot{8}$ dasmād T] bhājyādasmāt 8 P. [5] ṛṇaṃ dvayaṃ T] ṛṇadvayaṃ P. [6] varga. 元は「列」を意味する． [7] L 19-20 参照.

···Note ···

規則 (BG 4cd)：正数負数の平方と根.

$$a^2 = a^2, \qquad (\dot{a})^2 = a^2, \qquad a\text{の根} = \sqrt{a}\ \text{と}\ \dot{\sqrt{a}}, \qquad \text{負数に根はない.}$$

···

（問い）「負数を数字とするものはなぜ平方数にならないのか．実際，〈そのような〉王の勅命[1]はない[2]．またもし〈そもそも負数を数字とする〉平方数がないのなら，その[3]（負数の）平方数性を否定することも不適当である (anucita)，〈平方数性が〉付着しない (aprasakti) のであるから.」 T19, 15

確かに〈王の勅命はない〉.〈しかし〉，負数を数字とする平方数を語るあなたは，それが何の平方数だと云うつもりなのか．まず，正数を数字とするものの〈平方数〉ではない．実際，同じもの二つの積が[4]平方数であるが[5]，その場合，正数を数字とするものを正数を数字とするものに掛けたときに生ずる平方数は正数に他ならない.「正数二つの積は正数」(BG 4ab) と述べられたから．また，負数を数字とするものの〈平方数〉でもない．その場合も，同じもの二つの積のために，負数を数字とするものを負数を数字とするものに掛けると，他ならぬ正数である平方数が生ずるだろう,「負数二つの積は正数」(BG 4ab) と述べられたから．このような具合だから，我々は，その平方数が負数 (kṣaya) になるようないかなる数字 (aṅka) も[6]見ることはない．また，〈平方数性が〉付着しないということはない．数字が同じであること (aṅka-sādṛśya) から，誤謬 (bhrānti) により，平方数性が付着する〈こともある〉から[7]. T19, 16

平方の道理 (yukti) は掛け算の道理に他ならない．しかし，根に関しては，逆算法 (vyasta-vidhi) こそが正起次第である． T20, 1

次に平方数の例題二つをウパジャーティカー詩節の前半で語る．

平方数の例題．/E4abp0/ A21, 1

正数と負数であるルーパ三の平方数をすぐ私に云いなさい，友よ．/E4ab/ E4ab

書置：rū 3, rū $\dot{3}$．生ずるのは，平方数 rū 9, rū 9．/E4abp/

···Note ···

例題 (BG E4ab): 1. $3^2 = 9$.　2. $\left(\dot{3}\right)^2 = 9$.

···

意味は明白である．一番目に関する書置：3．生ずるのは，平方数 9，正数．二番目に関する書置：$\dot{3}$．生ずるのは，平方数 9，正数に他ならない,「正数と負数の平方数は正数」(BG 4cd) と述べられたから． T20, 5

---

[1] rājanideśaḥ P] rājanirdeśaḥ T.　[2] T29, 3 参照.　[3] tasya T] ∅ P.　[4] samadvighāto P] samādvighāto T.　[5] samadvighāto hi vargaḥ. T はこの文に引用符を付けるが，出典は未詳. samadvighātaḥ kṛtirucyate (L 19) に近いが直接の引用ではない.　[6] kamapi tamaṅkaṃ P] kathamapi tamaṅkaṃ T.　[7] vargatvasya prasakteḥ T] vargatvaprasakteḥ P.

次に〈ウパジャーティカー詩節の〉後半で平方根の例題二つを語る.

A21, 13 **平方根の例題. /E4cdp0/**

E4cd **正数性と負数性を持つ九の根をそれぞれすぐに述べなさい. /E4cd/**

書置：rū 9. 根 rū 3 または rū $\dot{3}$. 書置：rū $\dot{9}$. これは非平方数性を持つから, 根はない. /E4cdp1/
以上が, 平方数と根である. /E4cdp2/
以上が, 正数負数に関する六種である. (1 章奥書) /E4cdp3/

···Note···

例題 (BG E4cd): 1. 9 の平方根 = 3 と $\dot{3}$.　2. $\dot{9}$ は平方根を持たない.

···

T20, 10 意味は明白である[1]. 書置：9. 生ずるのは, 根 3 または $\dot{3}$.「正数の二根は正数と負数」(BG 4cd) と述べられたから. 二番目に関する書置：$\dot{9}$. これは非平方数性を持つから, 根はない.

T20, 11 立方数または立方根に関しては, 正数性・負数性がもたらす特殊性はまったくない. 同種性のみがある, というのでここにはその説明がない, と考えられたし.

> 優れた占術師たちの集団がたえずその脇に仕えるバッラーラなる
> 計算士の息子が作ったこの種子計算の解説書『如意蔓の化身』に
> おいて, 正数負数に起因する六種〈の演算〉がこのように生まれ
> た. /BP 1/[2]

以上, すべての計算士たちの王, 占術師バッラーラの息子, 計算士クリシュナの作った種子計算の解説書『如意蔓の化身』における「正数負数に関する[3]六種」の注釈.[4]

ここで, 原本の詩文 (mūla-śloka) を含めて, グランタ数[5]は十大きい三百.[6]

---

[1] atirohitārtham P] atirohitārthe T. [2] 『ビージャパッラヴァ』第 1 章の韻文奥書. 各章末の韻文奥書は, 章名以外ほとんど同じ. 番号は, 出版本 P では第 6 章と第 7 章のみ, T では第 4 章以降, 章番号と同じ番号が付されている. この和訳では便宜上それらすべてに「BP + 章番号」を付す. [3] dhanarṇa T] dhanarṇe P. [4] 『ビージャパッラヴァ』第 1 章の散文奥書. 各章末に章名以外はこれとほとんど同じ散文奥書がある. [5] grantha-saṃkhyā. 32 文字 (音節文字) を 1 単位として文章の長さや著作物のサイズを表す単位. シュローカ数 (śloka-saṃkhyā) とも云う. 写本の筆写料金の計算などに用いられた. 通常は, 文字を一つづつ数えるのではなく, 1 行の文字数の平均 × 1 頁の行数 (の平均) × 頁数 ÷32, として概算する. 32 は, シュローカ (アヌシュトゥブ) 韻律の 1 詩節を構成する音節数. BG 97ab 参照. [6] (atra mūlaṃ mūlaślokaiḥ saha granthasaṃkhyā daśādhikaśatatrayam) P] ∅ T. この「ここで (atra)」以下の文は T になく, P ではカッコに入れられている. これは写本になく編者が補ったことを示すか. あるいは写本にあるが著者 K の文ではないことを編者が示したものか. いずれにしても, 第 4, 5, 6 章末の類似の文章から推して, atra の直後の 'mūla' は不要と思われるので省く.

第2章　ゼロに関する六種

さて，ルーパ[1]，色等の六種〈の基本演算〉に用いられることから，「正数負数に関する六種」を最初に説明することが適切であったように，「ゼロ (kha) に関する六種」のそれも適切である．そしてそれは，たとえ既知〈数学〉で述べられた「ゼロに関する八種の基本演算」(L 45-47) とここの[2]「正数負数に関する六種」（本書第1章）とによって意義を失うので企てられるべきではない〈という意見がある〉としても，もしここで企てなければ，生徒たちは既知〈数学〉で述べられた「ゼロに関する〈八種の〉基本演算」の方法でのみゼロの計算 (śūnya-gaṇita) を行い，〈既知数学では負数を扱わなかったので〉，正数負数性に起因する[3]特殊〈計算〉は，不注意から，あるいは誤解から，〈行わ〉ないことになるだろう，というので，それを排除するために，ここで企てることは適切である． T21, 2

···Note ··

「正数負数性に起因する特殊」な計算は，BG 5 で与えられている規則の中で負数を含むものを指すと思われる：$\dot{a}+0=0+\dot{a}=\dot{a}$, $\dot{a}-0=\dot{a}$, $0-a=\dot{a}$, $0-\dot{a}=a$.

··

（問い）「〈ゼロを意味する〉kha（虚空）とは śūnya（空虚）のことであり，つまるところ非存在 (abhāva) である．それ（非存在）の，〈数との〉足し算等の六種はあり得ない，足し算等の結果は[4]数 (saṃkhyā) の性質 (dharma) を持つ〈が，非存在に数を足しても数の性質を持たない〉から．また，数の，ゼロとの足し算等が行われるべきとき，ゼロに足し算等の結果が生ずるのではなく，数にこそそれがあるのである，と云うべきではない．〈また仮に〉そうであっても，ゼロの四種のみが生じうるのであって六種ではない，〈ゼロの〉平方と根〈の計算〉にはそれ（数）が生じないから．しかし実際は，二番目の数の非存在ゆえに足し算等はあり得ない，それらは二つの数によって成立するものだから．」 T21, 7

これに関して述べられる．ゼロにも足し算等が生ずることはある．二番目の数がないからそれは生じない，と云うべきではない．ゼロの足し算等においても，二番目の数が存在するから．たとえば，五大きい百 105 の，二十 20 との和を作るべきとき，それ（足し算）は，位 (sthāna) ごとに行われる．そこで，一方の数では十の位にゼロ，一の位に五があり，他方〈の数〉では十の位に二，一の位にゼロがある，というので，確かにこのゼロの足し算にお T21, 13

[1] rūpa T] svarūpa P.　[2] atratya T] atra P.　[3] dhanarṇatākṛto T] dhanarṇakṛto P.
[4] phalasya P] phalaṃ T.

いても二つの数がある．引き算等においても同様に[1]知るべきである．また[2]，「置かれるべきである，最後の平方」(L 19b) 云々によって平方を計算するときと，「置かれるべきである，最後の立方，それから最後の平方 ⟨ に最初と三を掛けたもの ⟩」(L 24b) 云々によって立方を計算するときに，ゼロの平方と立方も生ずることを見るべきである．

T21, 21　（問い）「ゼロ (śūnya) は数の中にある (saṃkhyā-antar-gata) のか，それとも非存在 (abhāva) なのか，先生は ⟨ 数の ⟩ 由来をご説明ください[3].」

あなたは知りたいという欲求を持っている．だから，この詳しい数の由来を聞きなさい[4]．すなわち次の通りである．実にこの世のあらゆる動くもの・動かざるものをお造りになった尊者，この上なく慈悲深きお方，スヴァヤンブー（ブラフマー神）は，それぞれの順序に特定された[5]音色 (varṇa)（すな
T22, 1 わち音素）からなる学問 (śāstra) を創出なさった後，憶えのよくない者たちには[6]その維持のために，憶えのよい者たちにはその維持をより容易にするために，また，忘れた場合に他人に頼らずそれを思い出すために[7]，また，聞いたことのない，誰かが作った作品 (grantha) の理解のために，音色を表す (jñāpaka) 文字 (lipi) を創出なさったが，ちょうどそれと同じように，⟨ 自ら創出なさった ⟩ 数 (saṃkhyā) の維持を容易にするために，それを表す数字 (aṅka) も創出なさった．そちら（前者）で，音色ごとに文字の創出をする場合[8]，音色には数の限り (iyattā) があるから，それらを表す文字にもそれ（数の限り）があるというので，文字に関する約束ごと[9]を把握するのは容易である．一方，こちら（後者）では，数ごとに数字の創出をする場合，数は無限 (ānantya) だから，それを表す数字に関する約束ごとを把握するのはたとえ百年でも不可能である[10]．というのは，ここでは，クシャ草の先端のような（するどい）頭脳を持つ者が毎日なんとかして百個まで約束ごとを把握するとしても，それに心を集中して百年間繰り返し学ぶことにより，三十六ラクシャ($3,600,000 = 100 \times 360 \times 100$) に至るまでの約束ごとを，憶えのよい者は把握するが，それより大きい数を表す数字に関しては ⟨ 把握し ⟩ ない，ということである．だから，この上なく慈悲深くまた賢い尊者（スヴァヤンブー）は，1, 2, 3, 4, 5, 6, 7, 8, 9 という九個だけの数字を創出なさった．そして次に，任意の位置 (sthāna) から左向き順 (vāma-krama) に二番目三番目等の位置を次々と十倍の数たちの名前である十 (daśa) 百 (śata) 等によって約定した (asaṅketayat)．そして一番目の位置は[11]一倍した数の位置だから一 (eka) という名前によって ⟨ 約定した ⟩．そうすれば，たった九個の数字 (aṅka) がその位置 (sthāna) と結合すること (saṃbandha) から，あるいは位置 (pl.) が

---

[1] evaṃ P] ∅ T.　[2] evaṃ P] ∅ T.　[3] vyutpādayantvāryāḥ T] vyutpādayantyāryāḥ P.　[4] asti te jijñāsā tacchrūyatāṃ saviśeṣamidaṃ saṅkhyāvyutpādanam T] asti te jijñāsā yadi tacchrūyatām/ saviśeṣamidaṃ saṅkhyāvyutpādanam P.　[5] tattatkramaviśiṣṭa T] tatkramaviśeṣaviśiṣṭa P.　[6] sṛṣṭvā'thālpamedhasāṃ P] sṛṣṭvā yathā alpamedhasāṃ T.　[7] 'nyanirapekṣaṃ tatsmaraṇāya P] 'nyanirapekṣatatsmaraṇāya T.　[8] prativarṇaṃ lipisarge P] prativarṇe lipisarge T.　[9] saṃketa P] saṅkhketa T.　[10] ānantyāt tajjñāpakāṅkeṣu varṣaśatenāpyaśakyaḥ saṃketagrahaḥ P] ānantyān na jñāpakāṅkeṣu varṣaśatenāthaśakyaḥ saṅketagrahaḥ T.　[11] prathamasthānaṃ P] prathamaṃ sthānaṃ T.

それぞれの数字と結合することから，意のままの最後〈の位〉を持つ（いくらでも大きい）数を[1]表すことができる，というので，すべての数の知識が得やすい，ということである．

例えば，望みの位置に置かれた (niveśita) この数字 3 は，一を掛けた三と T22, 15
いう数を表すものとなる．そこから左に二番目の位置に置かれると，自分の数だけの「十からなるもの」(daśaka) を表すものとなる．例えば二つの十を表すものはこの 20 である[2]．同様に[3]，左に三番目，四番目，五番目等の位置に置かれた数字は，次々と[4]十倍された百千万等をそれぞれ表すものになる．その場合，望みの数の一十百等が存在しないかもしれないが，そのときは，その位置を満たす (pūraṇa) ために，非存在を明示する (dyotaka)，ゼロ (śūnya) という名前の一種の文字 (lipi), 0, が置かれる[5]．例えば，百あまり八 (aṣṭottaraśata) という数には[6]「十からなるもの」が存在しないから，二番目の位置にゼロを置く，108．また，例えば千あまり八 (aṣṭottarasahasra) という数の場合,「十からなるもの」と「百からなるもの」(śataka) が存在しないから，二番目と三番目の位置にそれがある，1008．そうではなく[7]，例示された二つの数で，それぞれ八 (aṣṭaka) と百 (śataka)，八 (aṣṭaka) と千 (sahasraka) だけを置けば 18 であり，二番目の位置に置かれたものは十を表すから，望まれた数ではなく，十八であると認識されるだろう．だからこそ，ここに万，ラクシャ等が存在しなくても，その位置にゼロは置かない[8]．それがなくても，望みの数を表す位置を満たしているから．だから〈一般的に云えば〉，望みの数において上の端にある数字の位置より左の位置にはゼロを置かない．それ T23, 1
がなくても，望みの数を表す位置を満たしているから.[9] だから[10]，望みの数において上の端にある数字の位置より右の (dakṣiṇa) 位置 (pl.) は満たすものだから，そこに，述べられた方法でゼロを置くことは必要不可欠である．一方，左の (vāma) 位置 (pl.) は，満たすものではないから[11]，また無限 (ānantya) だから，それはそうではない（ゼロは置かない）．

（問い）「文字 (lipi) に見られる左からの順 (savya-krama) は[12]，卓越した T23, 4
人たちに認められたものであり，めでたいので尊重されるべきものでもある．それなのにどうしてそれを放棄して，右からの順 (apasavya-krama) が尊重されたのか.」

というなら，否．〈左からの順を放棄したわけではない．〉百，千，アユタ，

---

[1] yathāsvāntāntāṃ saṃkhyāṃ P] yathā saṃkhyā T.　[2] 20 T] 23 P.　[3] evaṃ P] ekaṃ T.　[4] 'ṅka uttarottaraṃ P] 'ṅkaḥ uttarottaraṃ T.　[5] tatrābhīṣṭasaṅkyhāyā yathāsaṃbhavamekadaśaśatādyabhāve tatsthānapūraṇārthamabhāvadyotakaḥ śūnyasaṃjñako lipiviśeṣo 0 niveśyate T] tatrābhīṣṭasaṃkyhāyā yathāsaṃbhavamekadaśaśatādyabhāve tatsthānapūraṇārthamabhāvadyotakāṅkaḥ śūnyasaṃjñako lipiviśeṣo niveśyate P. P によれば,「非存在を明示する数字である，ゼロという名前の一種の文字が置かれる」となる．　[6] saṃkhyāyā P] saṃkhyā, T.　[7] anyathā T] anayor P.　[8] na ... niveśyate T] ... niveśyate P. P によれば「ゼロが置かれる」となる．　[9] ato 'bhīṣṭasaṃkhyāyām-uttarāvadhibhūtāṅka⟨sthānādvāma⟩sthāne na śūnyaṃ niveśyate/ tena vināpyabhīṣṭa-saṃkhyājñāpakasthānapūraṇāt/ T] ∅ P.　[10] ato P] āto T.　[11] apūrakatvād P] apūrakād T.　[12] lipiṣu savyakramaḥ P] lipipuṣṭasavyakramaḥ (文字によって育成された左順は) T.

ラクシャなどを伴う（すなわち，数詞で表された）数は[1]，上のものほど尊重されるので，それらの左からの順 (savya-krama) はふさわしいから，〈しかし，位の順番としては〉この順序（右からの順）が正しいから．また，尊重される数からの左順 (savya-krama) のために，上限から右向きの順 (pradakṣiṇa-krama) にこそ二番目等の位置の名称があるべきである，というべきではない．上限は存在しないから．個々の数にはそれ（上限）はあるが，それはいつも定まっているわけではないから．一方，第一限界は定まっているから，その位置から始まる位置の名称がよりふさわしいのである．以上，敷衍はもう十分である．

···Note···

想定対論者の問いの趣旨：一般に演算は，数が数の作用を受けて変化することを意味する．例えば $a+b=c$ という演算では，a という数が b という数の作用を受けてその本性を保ったまま表面上（属性のみが）c に変化する．(演算のこの捉え方はサンスクリットの文章表現に起因する．この足し算の例では，a と c が nom. case，b は instr. case で表される)．一方，ゼロは数ではなく非存在を意味する．だから，ここでもし a が数ではなくゼロなら，演算結果も数ではないことになる．$a+0=a$ なら結果も数だから成立する，というべきではない．なぜなら，足し算等の演算は２つの数に対して成立するものだから．仮にその，$a+0=a$ なら結果も数だから成立する，という理屈を認めるとしても，それは四則演算の場合だけであり，ゼロの平方と平方根の計算には通用しない．

これに対して K は，ゼロは数ではなく非存在を意味する，ということは否定せず，２つの数による四則演算でも，1 つの数に対する平方と平方根の演算でも，それらの数を表現する位取り表現にゼロは生じ得るから，そこでゼロの演算は生ずる，と主張する．

この議論の中で K は，1 から 9 までの数字 (aṅka) と空位を満たす (pūraṇa) ための一種の文字 (lipi) であるゼロを用いる十進法位取り表記の発明を，伝統に従って創造神ブラフマーに帰す．位取り表記で左から大きい順に単位を並べるのは，文字 (lipi) を用いる通常の文章でも左から書くので，左からの順序，すなわち大きな単位（＝重要なもの）を先に書く順序こそが卓越した人たち (śiṣṭa) に認められており，めでたいもの (māṅgalika)，尊重すべきものだからである．それに対して，位の順番を表す一番目，二番目などの言葉が逆に右からの順序になっているのは，数の最大の位は固定されていないため，もし左から順に一番目，二番目などとすると，それらの大きさがわからないから，とする．

ゼロは遅くとも 6 世紀のヴァラーハミヒラ以降，演算の対象として扱われており (PSV 3.17, etc.)，7 世紀前半のブラフマグプタはゼロの六則を体系的に与えている (BSS 18.3-35)．また，9 世紀のマハーヴィーラは，ゼロを「数」(saṃkhyā) の仲間と考えていたらしい (GSS saṃjñā 53-62)．しかし一般的には，虚数がそうであったように，演算対象に含めると便利であると認める一方で「数」と認めることには抵抗が

[1] lakṣādiyutasaṃkhyāyā T] lakṣādisaṃkhyāyā（...，ラクシャなどの数は） P.

あったようだ.

…………………………………………………………………………

だから，このように，ゼロ (śūnya) が非存在 (abhāva) であるとしても，確 T23, 10
かに[1]，足し算などが二つの数によって成立するという性質を損なうことはない．というのは，第二の，あるいは両方の数の，十など〈の単位〉の非存在 (abhāva) だけによって，まったくそれ（数）が存在しないということにはならないから．

しかし〈それだけではなく，〉実際は，〈一つの〉数の十など〈の単位〉が T23, 13
存在しない場合，あるいは〈数が〉まったく存在しない場合，という非存在一般についての六種〈の演算〉，それがゼロの六種 (khaṣaḍvidha) と云われる[2]．そうでなければ，無限であるゼロ分母量やゼロの根〈という概念〉は生じ得ないから．

（問い）「第二の数が[3]まったく存在しないとき，どうして足し算などが可 T23, 15
能[4]なのか.『それは二つの数によって成立するものだから』(T21, 12-13) と述べたではないか.」

と云うなら，否．ゼロの足し算などはそういうものではないから．ある二つのものの数の足し算などによって，ある（第三の）ものの数が生ずるとき[5]，それら二つのものの一方，あるいは両方が存在しない場合，その（存在する）数，あるいは数の非存在が，ゼロの足し算などの結果であるから．例えば，〈惑星または星の〉矢（黄緯）と赤緯の二つの数を，場合に応じて足したり引いたりすることによって，〈その惑星または星の〉真の赤緯数が生ずる，というので，それらの一方，あるいは両方が存在しない場合[6]，真の赤緯である〈存在する方の〉数，あるいはその（数の）非存在が，場合に応じて，ゼロの足し算または引き算の結果である．ゼロの掛け算などにおいても同様に知るべきである．また,「実際は〈数としての〉ゼロの六種がないとすると，この（ゼロの）メタ規則 (paribhāṣā) は何になるのか」と云うべきではない．このメタ規則には大きな用途がある．すなわち，もし〈ゼロの〉メタ規則が定められなければ[7]，(1) 赤緯と矢が存在するとき，それらが同一方向か別方向かに応じて，それらの[8]数の足し算または引き算から，真の赤緯数が生ずる；(2) 一方だけが[9]存在するとき，真の赤緯数はその数に等しくなる；(3) 両方存在しないとき，真の赤緯は存在しない，と云うべきである，というように，ケースごとに，達成させる数 (sādhaka-saṃkhyā) が存在しない場合，達成されるべき数 (sādhya-saṃkhyā) を達成するために[10]，別々の言葉 (vacana) を必要
とするので，冗長になってしまうだろう．一方，ゼロの六種のメタ規則があ T24, 1
れば，同一あるいは別の方向の赤緯と矢の数の足し算または引き算によって，真の[11]赤緯数が生ずる，とだけ云えばよいことになる．同様に，ケースに応

---

[1] tattvaṃ T] tat P.　[2] vidhamityucyate T] vidhamucyate P.　[3] saṃkhyāyāḥ P] saṃkhyāyā T.　[4] saṃkalanādeḥ saṃbhavas P] saṃkalanādisaṃbhavas T.　[5] saṃbhavati P] bhavati T.　[6] ubhayorvā'bhāve T] ubhayorvā bhāve P.　[7] na vidhīyeta P] na vidhīyate T.　[8] diktve tat P] dikkaitat T.　[9] ekatarasyaiva T] ekasyaiva P.　[10] sādhanārthe T] sādhanārthaṃ P.　[11] sphuṭa P] sphūṭa T.

じてそうすれば，書物の簡潔さと計算の識別 (gaṇita-pariccheda) があるだろう．以上は〈考え方の〉方向である．

···Note···

下図で P, P′ をそれぞれ赤道極，黄道極とし，$\beta = \widehat{\mathrm{SC}} =$ 惑星または星 S の黄緯 (śara「矢」)，$\delta = \widehat{\mathrm{CD}} =$ S の黄経に等しい黄道上の点 C の赤緯 (krānti「歩み」)，とするとき，

$$\text{S の真の赤緯} = \widehat{\mathrm{SA}} = \widehat{\mathrm{BD}} = \widehat{\mathrm{BC}} + \widehat{\mathrm{CD}} \approx \beta + \delta.$$

S が黄道上にあるとき $\beta = 0$, C が分点のとき $\delta = 0$.

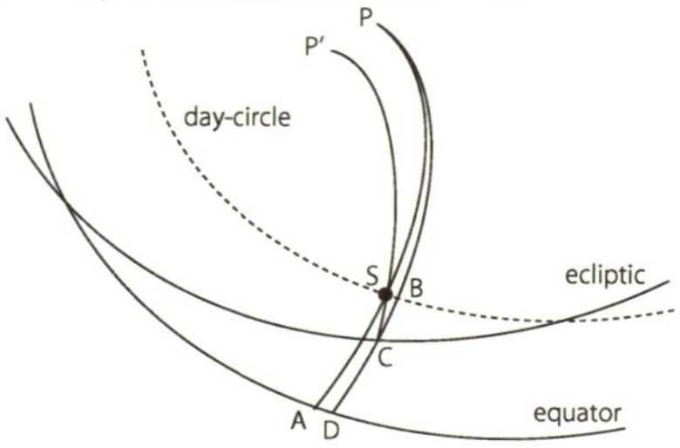

バースカラは GA, dṛk 10 で，「矢」(β) そのものではなく，それから「修正された矢」(sphuṭa-śara) として $\widehat{\mathrm{BC}}$ の近似値を求め，それを用いるように勧めている．なお，黄緯を表す一般的な言葉は vikṣepa（逸れ）であるが，ラッラやバースカラは śara（矢）という語も用いている．

K の結論は，ゼロは数ではなく数の非存在を意味するが，ゼロと数とのあいだの演算に関するメタ規則 (paribhāṣā) を決めておけば，様々な計算規則が簡潔に表現できるので，「ゼロの六種」には「大きな用途がある」(asti mahat prayojanam)，ということ．

···

T24, 4 だから，このように，ゼロの六種は不可欠だから，ブフジャンガプラヤータ詩節によってそれを述べる．そこで，前半によって，足し算と引き算を述べる．

A21, 33 **ゼロの足し算と引き算に関する術則，半詩節．/5abp0/**

5ab **正数・負数は，ゼロの和および差ではそのままである．ゼロから引かれると，逆になる．/5ab/**

···Note···

規則 (BG 5ab)：ゼロの足し算と引き算．$a + 0 = 0 + a = a$, $\dot{a} + 0 = 0 + \dot{a} = \dot{a}$, $a - 0 = a$, $\dot{a} - 0 = \dot{a}$, $0 - a = \dot{a}$, $0 - \dot{a} = a$.

···

T24, 8 これの意味．ルーパ，ヤーヴァッターヴァット等の色，あるいはカラニーの，ゼロによる和あるいは差が作られるべきとき，正数または負数であるルーパ等はそのままである．いかなる違いも和と差によって作られない，という意味である[1].

[1] ityarthaḥ P] śtyarthaḥ T.

ここで，「ゼロの和」は二種ある．ゼロによるルーパ等の和，という「ゼロの和」が一つ，ゼロのルーパ等による和，という「ゼロの和」が二番目である．同様に,「差」もまた二種ある．ゼロによる差が一つ，ゼロからの差が二番目である．そのうち，ゼロの和の二種共[1]と初めのゼロの差の場合，正数または負数であるルーパ等はそのままである．ゼロからの差の場合の違いを述べる,「ゼロから引かれると」と．正数または負数であるルーパ等は，ゼロから引かれると，逆 (viparyāsa: vaiparītya) になる．正数ならゼロから引かれると負数になり，負数なら正数になる，という意味である． T24, 11

これに関する例題をインドラヴァジュラー詩節の前半で述べる．/E5abp0/ T24, 17

例題．/E5abp0/ A23, 13

> **正数および負数であるルーパ三，それにゼロは，ゼロと足されると何だろうか．云いなさい．またゼロから引かれた場合も[2]．/E5ab/** E5ab

書置：rū 3, rū $\dot{3}$, rū 0．これらがゼロと足されると不変である．書置：rū 3, rū $\dot{3}$, rū 0．これらがゼロから引かれると，rū $\dot{3}$, rū 3, 0．/E5abp1/
以上が，ゼロの足し算と引き算である．/E5abp2/

···Note ···

例題 (BG E5ab): 1. $3+0=0+3=3$.　2. $\dot{3}+0=0+\dot{3}=\dot{3}$.　3. $0+0=0$.　4. $0-3=\dot{3}$.　5. $0-\dot{3}=3$.　6. $0-0=0$.

···

[3]正数であるルーパ三，負数であるルーパ三，およびゼロ．これら三つとも，それぞれに,「ゼロと足される」と「何になるだろうか」，それを「云いなさい」．ゼロによって (khena, instr.) 足されるという「ゼロと足される」とゼロに (khe, loc.) 足されるという「ゼロと足される」，という二つの例題が理解されるべきである．同様に,「ゼロと引かれた (khacyuta)」というここでも，第三格タットプルシャ(instr. tatpuruṣa)（「ゼロによって引かれた」）と第五格タットプルシャ(abl. tatpuruṣa)（「ゼロから引かれた」）により，二つの例題が理解されるべきである．ここで，ゼロが正数であっても負数であっても何ら違いはない，というので，その正数負数性は〈例題文中に〉示されなかった． T24, 20

書置：3, $\dot{3}$, 0．これらが，ゼロによって足されたもの，ゼロに足されたもの， T24, 24
の，ゼロによって引かれたもの，は不変である，3, $\dot{3}$, 0．次に，ゼロから引く T25, 1
ための書置：3, $\dot{3}$, 0．これらがゼロから引かれると，逆にされた (viparyasta)

---

[1] dvaidhe 'pi P] dvividhe 'pi T.　[2] khāccyutaṃ AM] khacyutaṃ GTPJ.　G の編者は，khāccyutaṃ と読む写本が多いと認めつつ，その読みは誤りであり，khacyutaṃが正しいとする．その理由は，このように複合語にすれば,「ゼロを引く」場合と「ゼロから引く」場合の両ケースを含意できるという点にある．注釈者 K も khacyutaṃと読んでいる．ただし P 本では K 注の冒頭に khāccyutaṃという異読への言及がある．バースカラの自注では後者しか扱っていないので，バースカラ自身の意図は khāccyutaṃであった可能性が大きい．　[3] P のみここに 'khāccyutamiti pāṭhaḥ'（「ゼロから引かれた，という読み（異読）がある」）という文がある．

もの，$\dot{3}$, 3, 0，が生ずる．ゼロの逆には何らの違いもない，というので，それ（逆）は作られない．

T25, 4 実際，ゼロに正数負数性はない，非存在だから．また，「ちょうど，数にある加数性 (yojakatva)・被加数性 (yojyatva) などが，それを持たないゼロに準用される (upacaryate) と同じように[1]，正数負数性も準用されるべきである」と云うべきではない．加数・被加数・減数・被減数・乗数・被乗数・除数・被除数などの性質は，⟨ 演算の ⟩ 結果に違いを見るから，その準用 (upacāra) には必然性がある．しかし，数が存在しない場合 (saṃkhyā-abhāve)，正数負数性は結果に違いを見ないので，その準用は意味がないから．以上は ⟨ 考え方の ⟩ 方向である．

T25, 9 次に，ゼロの足し算と引き算に関する正起次第．ここで，被加数と加数の両方または一方に，ある量の増加 (upacaya) または減少 (apacaya) があると，同じだけ ⟨ の増加または減少 ⟩ がその足し算の結果に[2]もある，ということは常識である．例えば[3]，被加数[4] 3，加数 4，足し算の結果 7．また，加数 3，足し算の結果 6．また，加数 2，足し算の結果 5．また，加数 1，結果 4．同様に，加数 0，結果[5] 3．ここで，加数に，ある量の減少があると，同じだけ ⟨ の減少 ⟩ が足し算の結果にも認められる，というので，加数の減少が加数に等しいとき，足し算の結果にも加数に等しい減少が生ずるはずである．そうすれば，足し算の結果は被加数に等しくなるだろう，というので，ゼロによる和の場合，量（被加数）は不変である．同様に，被加数の減少によっても足し算の結果の減少があるから[6]，被加数の減少が被加数に等しいとき，足し算の結果にもちょうどそれだけの減少が生ずるはずである．したがって，足し算の結果は加数に等しくなるので，⟨ いずれにしても ⟩ ゼロの和の場合，量は不変である．同様に，両方の減少によって，二つのゼロの足し算の結果はゼロになる[7]．

···Note ··

$a+0=a$ の正起次第．$a+b=c$ のとき，加数を 1 づつ減少させると，足し算の結果も 1 づつ減少する．すなわち，$a+(b-1)=c-1, a+(b-2)=c-2, a+(b-3)=c-3$, ... であり，一般に，$a+(b-n)=c-n$，特に，$a+(b-b)=c-b$．ここで，$b-b=0$, $c-b=a$ だから，$a+0=a$．まったく同様に，$0+b=b$ および $0+0=0$ も証明されるという．後者はおそらく次のような議論と思われる．$a+a=2a$ を考えると，一般に，$(a-n)+(a-n)=2a-2n$，特に，$(a-a)+(a-a)=2a-2a$．ここで，$a-a=0, 2a-2a=0$ だから，$0+0=0$.

···

さて，被減数に，減数に等しい減少があるとき，引き算の結果がある[8]．そ
T25, 19 こで，減数にある量の減少が[9]あるとき，ちょうど同じだけの増加が引き算の

[1] yathā tadabhāve śūnye upacaryate tadvad P] tadabhāve śūnye upacaryate tad T. [2] saṃkalanaphale T] saṃkalane P. [3] yathā P] atha T. [4] yojyaḥ P] yojya T. [5] phalaṃ T] yojyaḥ P. [6] saṃkalanaphalāpacayād P] saṃkalanaphalāpacayo T. [7] śūnyaṃ bhavati T] śūnyamiti draṣṭavyam P. [8] atha viyojyasaṃkhyāyāṃ viyojakasaṃkhyātulye 'pacaye vyavakalanaphalaṃ bhavati/ P] ∅ T.

結果に生ずる，ということが理解されるべきである[1]．さて，減数に，減数に等しい減少があるとき[2]，引き算の結果に，減数に等しい増加が生ずるはずである，というので，引き算の結果は被減数に等しくなるだろう．だから，ゼロによる差の場合，量（被減数）は不変である．

···Note ·····························

$a-0=a$ の正起次第．$a-b=c$ のとき，一般に，$a-(b-n)=c+n$，特に，$a-(b-b)=c+b$．ここで，$b-b=0, c+b=a$ だから，$a-0=a$．

·····································

次に，被減数に減少があれば，引き算の結果にも同じように[3]それがある， T26, 1
ということは常識である．例えば，被減数 5，減数 3，引き算の結果 2．また，被減数 4，引き算の結果 1．被減数 3，引き算の結果 0．また，被減数 2，引き算の結果は一少ないはずである．そうすれば，引き算の結果 $\dot{1}$．また，被減数 1，述べられたように，引き算の結果 $\dot{2}$．また[4]，被減数 0，述べられたように，引き算の結果 $\dot{3}$が生ずるはずである，というので，「ゼロから引かれると，逆になる」が正起した．

···Note ·····························

$0-b=-b$ の正起次第．$5-3=2, 4-3=1, 3-3=0, 2-3=-1, 1-3=-2, 0-3=-3$．すなわち，$a-b=c$ のとき，一般に，$(a-n)-b=c-n$，特に，$(a-a)-b=c-a$．ここで，$a-a=0, c-a=-b$ だから，$0-b=-b$．

·····································

このように，被加数と加数，被減数と減数が正数であると想定して，道理 T26, 6
(yukti) が述べられたが，それら二つづつが負数であると想定した場合も，まったく同じようにして〈道理が〉理解されるべきである．しかし[5]，一方が正数，他方が負数であるという想定の場合は，増加と減少を入れ替えることによって，正起次第が見られるべきである．以上，敷衍はもう十分である．

次に〈ブフジャンガプラヤータ詩節の〉後半でゼロの掛け算などの四つを T26, 10
述べる．

ゼロの掛け算等に関する術則，半詩節．/5cdp0/ T24, 9

> **ゼロの積等ではゼロである．ゼロによる積ではゼロである．ゼロで割られた量はゼロ分母になるだろう．/5cd/** 5cd

···Note ·····························

規則 (BG 5cd)：ゼロの掛け算等．a を正数または負数とする．$0\times a=a\times 0=0$,　$0\div a=0$,　$a\div 0=\frac{a}{0}$（「ゼロ分母」），　$0^2=0$,　$\sqrt{0}=0$.

·····································

[9] yāvānapacayas P] yāvānāpacayas T. [1] bhavatīti draṣṭavyam] bhavatīti viyojakamiti draṣṭavyam T, bhavatīti P. [2] atha viyojakasaṃkhyāyāṃ viyojakasaṃkhyātulye 'pacaye sati T] viyojakatulye viyojakāpacaye sati P. [3] yathā ... tathā T] yathā yathā ... tathā tathā P. [4] atha P] ∅ T. [5] kalpane tūpacayāpacayayor P] kalpane upacayāpacayayor T.

T26, 13 前に，ゼロの和および差には二種あると述べられたが，それと同じように，ゼロの掛け算と割り算にも二種ある，ゼロの，と，ゼロによる，と．一方，平方等においては，ゼロの〈平方等〉，という一つの方法だけが可能である，平方等では，第二の数を予期しないから．そのうちの，ゼロの，という方法に関して云う[1]，「ゼロの積等ではゼロである[2]」と．「ゼロの」(khasya: śūnyasya)，「積等では」：掛け算・割り算・平方・その根等においては[3]，「ゼロである」だろう．掛け算等の結果はゼロになるだろう，という意味である．「ゼロによる」という掛け算法による[4]結果を述べる，「ゼロによる積ではゼロである」と．「ゼロによる」(khena: śūnyena)「積では」：何らかの数字の掛け算においては，掛け算の結果はゼロになるだろう．

T26, 19 ここで，「〈ゼロとの積は〉，残りの演算においてはゼロ乗数とみなすべきである」云々(L 45) という[5]パーティーにある特別則を見るべきである．でなければ，「三宮正弦と六時圏ノーモンとの積を」云々(GG, tr 33)[6] によってヤシュティ(yaṣṭi) を計算することにより[7]，球の接合部では，ヤシュティが存在しないことになってしまうだろう[8]．以上は〈考え方の〉方向である．

···Note ···

$R =$ 天球の半径（tribhajyā，「三宮正弦」），$r =$ 太陽の日周運動円の半径，$s_u =$ 六時圏ノーモン (unmaṇḍala-śaṅku，「上昇円の杭」)，$k =$ クシティ正弦 (kṣitijyā，「大地の正弦」)，$j_c =$ 上昇差の正弦 (carajyā，「動くものの正弦」)，$y =$ ヤシュティ (yaṣṭi，「柱」) とするとき，下図の相似三角形から，

$$y = \frac{s_u \cdot r}{k} = \frac{s_u \cdot R}{j_c}.$$

太陽が天球の赤道上（「球の接合部」）にあるとき，$s_u = k = j_c = 0$ であるが，$s_u = k \sin \bar{\varphi}$ だから ($\bar{\varphi}$ は観測地の緯度 φ の余角)，L 45 の規則を用いて，

$$y = \frac{k \sin \bar{\varphi} \cdot R}{j_c} = \frac{0 \cdot R \sin \bar{\varphi}}{0} = R \sin \bar{\varphi}$$

だから，$y \ (\neq 0)$ は存在する．

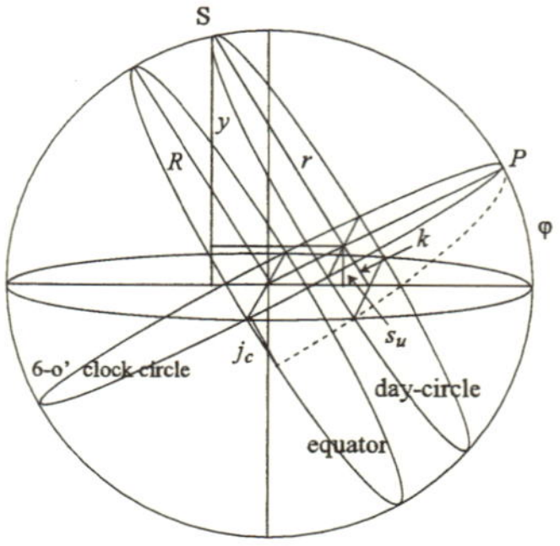

[1] prakāra āha] prakāreṇāha T, prakāreṣvāha P. [2] vadhādau viyatkhasya T] vadhādau viyat — khasya P. [3] tanmūlādiṣu T] tanmūlādiṣu kartavyeṣu P. [4] prakāreṇa P] prakāre T. [5] ityādiḥ T] ityādi P. [6] 「三宮正弦と六時圏ノーモンとの積を上昇差の正弦で割って得られるものは，ヤシュティ（柱）と呼ばれる.」ヤシュティ＋六時圏ノーモン＝大杭（太陽高度の正弦）. [7] yaṣṭyānayane P] iṣṭānayane T. [8] yaṣṭyabhāvāpatter P] iṣṭābhāvāpatter T.

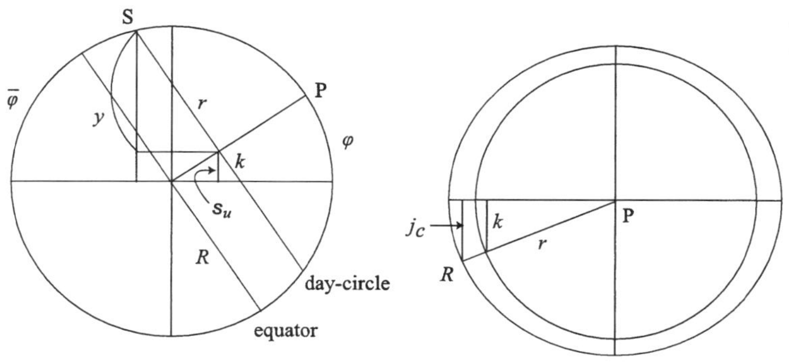

「ゼロで」というので，割り算法の結果を述べる，「ゼロで割られた量はゼロ分母になるだろう」と.「ゼロで割られた量は」「ゼロ分母になるだろう」. ゼロがその分母であるもの，それが「ゼロ分母」である[1]. 無限 (ananta) であるという意味である. 例題の機会に〈バースカラ先生は〉云うだろう,「これは無限な量であり，ゼロ分母と呼ばれる」(BG E5cdp1) と. T26, 21

これに関する正起次第. 被乗数[2]の減少によって掛け算の結果の減少がある，ということはまず常識である. 例えば，乗数 12，被乗数 4，掛け算の結果 48. また，被乗数 3，掛け算の結果 36. また，被乗数 2，掛け算の結果 24. また，被乗数 1，掛け算の結果 12. また，被乗数 $\frac{1}{2}$，掛け算の結果 6. また，被乗数 $\frac{1}{4}$，掛け算の結果 3. また，被乗数 $\frac{1}{12}$，掛け算の結果 1. まさにこの道理 (yukti) によって，被乗数に究極の減少 (parama-apacaya) があるとき，掛け算の結果にも究極の減少があるはずである. そして，ゼロ性 (śūnyatā) こそが究極の減少に帰結する，というので，被乗数がゼロのとき，掛け算の結果はゼロに他ならない，ということが成立する. T26, 24 T27, 1

···Note·································

$0 \times b = 0$ の正起次第 (1). $a \times b = c$ のとき，被乗数 (a) が減少するとき積 (c) も減少する. 例えば，$4 \times 12 = 48$, $3 \times 12 = 36$, $2 \times 12 = 24$, $1 \times 12 = 12$, $\frac{1}{2} \times 12 = 6$, $\frac{1}{4} \times 12 = 3$, $\frac{1}{12} \times 12 = 1$. 以下同様であり，$a$ に「究極の減少」(parama-apacaya) があるとき，c にも「究極の減少」があるはずである.「そして，ゼロ性こそが究極の減少に帰結する」(paramāpacaye ca śūnyataiva paryavasyati). すなわち，

$$a \to \text{減少} \to 0\ (\text{究極の減少}) \quad \text{のとき} \quad c \to \text{減少} \to 0\ (\text{究極の減少}).$$

したがって，$0 \times b = 0$.

「究極の」(parama) の用例：parama-aṇu,「究極の粒子」すなわち「原子」, parama-ātman,「究極のアートマン」(Supreme Spirit, Brahman).

···

あるいは，〈被乗数が〉一づつ減少するとき，掛け算の結果には乗数に等しい減少がある. 例えば，乗数 8，被乗数 4，掛け算の結果 32. 一小さい被乗数 3，掛け算の結果 24. さらに一小さい被乗数 2，掛け算の結果 16. さらに T27, 6

[1] kha-hāra が bahuvrīhi compound であることの説明.　[2] guṇyasya P] guṇasya T.

一小さい被乗数 1，掛け算の結果 8．さらに一小さい被乗数 0．ここでも，掛け算の結果に，乗数に等しい減少が生ずるはずである．そうすれば，掛け算の結果に他ならぬゼロ性が[1]成立する．

···Note

$0 \times b = 0$ の正起次第 (2)．$a \times b = c$ のとき，a を 1 づつ減らすと c は b づつ減少する．一般に，$(a-n) \times b = c - nb$，特に，$(a-a) \times b = c - ab$．ここで，$a - a = 0$，$c - ab = 0$ だから，$0 \times b = 0$．

T27, 10 同様に，乗数の減少によっても，掛け算の結果に減少があるから，乗数がゼロのときも，掛け算の結果は[2]ゼロである，ということが成立する．

···Note

$a \times 0 = 0$ も同様に成立する．

T27, 12 （問い）「乗数の相違によって，被乗数が同一であっても，掛け算の結果には多様性がある．なのにどうして，被乗数がゼロのとき，乗数が相違しても掛け算の結果はゼロだけなのか．」

というなら，否．〈遍充関係の〉無効性 (aprayojakatva) の故に．そうでなければ，一を越える数の平方・平方根・立方・立方根などが持つ〈元の数との〉相違性の遍充関係 (vyāpti) から，一という数のそれら（平方等）にも〈元の数一との〉相違性があることになってしまうから．

T27, 16 しかし実際には，乗数は繰り返させるものである．被乗数があるとき，被乗数を乗数に等しく繰り返すことから掛け算の結果が生ずる，というので，乗数が多様であるとき，掛け算結果の多様性がある．ところが，ここでは，繰り返されるべき被乗数が存在しないのだから，乗数が千であろうとも，いったい何を繰り返せばいいのか，というので，掛け算結果も非存在ということである．

···Note

問い：一般に，被乗数が同じでも乗数が異なれば掛け算の結果は異なる．被乗数がゼロのときはどうして結果は常にゼロなのか．

K の答え：ゼロに対しては，その遍充関係（論理的包摂関係）は無効である．遍充関係が無効になる例は他にもある．例えば，「数の平方・平方根・立方・立方根などは〈元の数と〉異なる」がそうである．これは 1 という数に対しては無効である．

掛け算は繰り返し (āvartana) であり，乗数は繰り返させるもの (āvartaka) である．$a \times b = c$ では，a を b 回繰り返した結果が c である．一般に a が同一でも繰り返す回数 b が異なれば結果 c は異なるが，a が 0（非存在）のときは何回繰り返しても結果は 0（非存在）である．

T27, 19 同様に，被除数の減少によって，割り算結果の減少がある，というので，被

[1] guṇanaphale śūnyataiva P] guṇanaphalaśūnyataiva T. [2] guṇanaphalaṃ śūnyam P] guṇanaphalaśūnyam T.

除数がゼロのとき，割り算結果はゼロである，ということが，前と同じ道理によって成立する．平方等も，第二の数を予期せず，被平方数等が非存在なので，非存在であるということは明らかである．だから，このように，「ゼロの積等ではゼロである．ゼロによる積ではゼロである」が正起した．ゼロ分母の正起次第は，例題 (BG E5) の機会に[1]述べられるだろう．

···Note·····

$0 \div b = 0$ も「前と同じ道理 (yukti) によって成立する」．$0^2 = 0$ と $\sqrt{0} = 0$ は，平方される「被平方数」(vargya) や根をとられる数（ここでは「被平方数等」に含まれる）が「非存在」(0) であり，それ以外の作用素はないから，結果は「非存在」(0) である．

·····

これに関する例題を，インドラヴァジュラー詩節の後半で述べる． T27, 22

例題．/E5cdp0/ A25, 25

二倍の，また三で割られた，ゼロ，ゼロで割られた三，ゼロの平方および根を私に云いなさい．/E5cd/ T28, 1 E5cd

書置：被乗数 rū 0，乗数 rū 2．掛けられて生ずるのは，rū 0．書置：被除数 rū 0，除数 rū 3．割られて生ずるのは，rū 0．書置：被除数 rū 3，除数 rū 0．割られて生ずるのは，rū $\begin{matrix}3\\0\end{matrix}$．これ，$\begin{matrix}3\\0\end{matrix}$，は無限な量 (ananto rāśiḥ) であり，ゼロ分母と呼ばれる．/E5cdp1/

···Note·····

例題 (BG E5cd): 1. $0 \times 2 = 0$.　2. $0 \div 3 = 0$.　3. $3 \div 0 = \frac{3}{0}$ (zero-divisor). 4. $0^2 = 0$.　5. $\sqrt{0} = 0$. 平方と平方根に関する自注は BG 6 の後に置かれている．

·····

ここで，二によって殺される (dvābhyāṃ hanyate) もの，それが[2]「二倍」(dvighna) であるという〈instr. tatpuruṣa としての〉語義解釈によって，ゼロが被乗数のとき，また，二を殺す (dvau hanti)〈ものが dvighna である〉という〈acc. tatpuruṣa としての〉語義解釈によって，ゼロが[3]乗数のとき，というそれぞれの例題が理解されるべきである．あとは明瞭である．最初の〈例題の〉書置：乗数 2，被乗数 0．掛け算結果は，「ゼロの積等ではゼロである」(BG 5c) というので，0 が生ずる．第二の〈例題の〉書置：乗数 0，被乗数 2.[4]「ゼロによる積ではゼロである」(BG 5c) というので，0 が生ずる．次に，割り算の第一例題の書置：除数 3，被除数 0.「ゼロの積等ではゼロである」(BG 5c) というので，割り算の結果 0 が生ずる．第二の〈例題の〉書置：除数 0，被除数 3.「ゼロで割られた量はゼロ分母になるだろう」(BG 5d) というので，ゼロ分母 3 が生ずる． T28, 3

（問い）「ある量がある量によって割られるとき，それ（前者）はそれ（後者）を分母（除数）とするものになるから，量をゼロによって割る場合，ゼ T28, 9

[1] udāharaṇāvasare T] udāharaṇe P.　[2] tad P] ta T.　[3] śūnye T] ∅ P.　[4] 2 P] 0 T.

ロを分母とするもの（ゼロ分母）が生ずるのは当たり前である．だが，ゼロで量が割られるとき，商は何か[1]，という問いに対する答えは何か.」

だから云う,「これは無限な量であり，ゼロ分母と呼ばれる」(E5cdp1) と[2]. 商は無限である (labdhir anantā)，というのが答えである，ということになる．その（ゼロ分母の）無限性について，次の[3]正起次第がある．除数が減少 (apacaya) すればするだけ，それだけ商の増加 (upacaya) がある．そうすると[4]，除数が[5]究極的に (parama) 減少した場合，商には究極の増加があるはずである．もし商の上限 (iyattā) が語られるなら[6]，そのときは究極性 (paramatva) はないだろう，それよりもさらに大きいこと (ādhikya) が可能だから．だから，商に上限がない場合にこそ，究極性がある．だから，このように，ゼロ分母という量が無限であることが正起した.

···Note ···

$\frac{a}{0}=\infty$ の正起次第. $\frac{a}{b}=c$ のとき，除数 (b) が減少すれば商 (c) は増加する．b に「究極の減少」(parama-apacaya) があるとき，c には「究極の増加」(parama-upacaya) があるはずである．b に「究極の減少」を見るのは，それがゼロのときである．そのとき，もし c に見られる「究極の増加」として「上限 (iyattā) が語られるなら」，それには「究極性」(paramatva) はない．語られた「上限」より大きい数が存在するから．だから,「商 (c) に上限がない場合にこそ，究極性がある.」すなわち,

$$b \to \text{減少} \to 0\ (\text{究極の減少}) \quad \text{のとき} \quad c \to \text{増加} \to \infty\ (\text{究極の増加}).$$

したがって，$\frac{a}{0}=\infty$.

「究極性」について，$0 \times b = 0$ の正起次第 (1)（T26, 24 の段落とそれに対する Note）参照.

···

T28, 16　さて，「無限」(ananta) という語によってバガヴァット（ヴィシュヌ神）を思い出した最高のバガヴァット信者であるバースカラ先生は，ついでとはいえ，賛美されたハリ（ヴィシュヌ神）は目的の成就をもたらしてくれるだろう，と確信して，ゼロ分母量の不変性の喩例にかこつけて[7]，聖バガヴァット，アナンタを賛美する.

6　**このゼロ分母なる量には，多くが入っても出ても，変化はないだろう．ちょうど世界の壊滅と創出のとき，どんなに多くの被造物が，アナンタ（無限）・アチュユタ（不滅）（どちらもヴィシュヌ神の別名）に入ったり出たりしても変化がないように．/6/**

···Note ···

バースカラはここでゼロ分母 ($\frac{a}{0}$) なる量の無限性と不変性をヴィシュヌ神に喩える．これはヒンドゥー教神話の宇宙創造説に基づく．*Mahābhārata*, Poona ed., 6.30.17-19 & 6.31.7-8 参照．上村勝彦訳『バガヴァッド・ギーター』（岩波文庫）の対応部分（「私」＝聖バガヴァット）：

[1] kā labdhir P] kālāddvir T.　[2] ityucyata iti P] ucyata iti T.　[3] hyeṣā P] ∅ T.
[4] tathā sati T] tathā sāta P.　[5] bhājake T] bhājakāṅke P.　[6] ucyeta P] ucyete T.
[7] avikāratādṛṣṭāntaprasaṅgena P] avikāritā dṛṣṭāntaprasaṅgena T.

「梵天の昼は一千世期（ユガ）で終わり，夜は一千世期で終わる．それを知る人々は，昼夜を知る人々である．昼が来る時，非顕現のもの（根本原質）から，すべての顕現（個物）が生ずる．夜が来る時，それらはまさにその非顕現と呼ばれるものの中に帰滅する．この万物の群は繰り返し生成し，夜が来ると否応なしに帰滅する．昼が来ると再び生ずる.」(8.17-19)
「劫末において，万物は私のプラクリティ（根本原質）に赴く．劫の始めにおいて，私は再びそれらを出現させる．自らのプラクリティに依存して，プラクリティの力により，この無力なる一切の万物の群を繰り返し出現させる.」(9.7-8)

………………………………………………………………

これはウパジャーティカー詩節である．これの意味．世界の壊滅のとき，聖バガヴァット・アナンタ・アチュユタには，「多くの被造物が」「入っても」：飲み込まれても，あるいは，⟨ 創出のとき ⟩，「出ても」：身体等を持つものとして，バガヴァット・アナンタから分離しても，変化はない．というのは，それらが入っても大きくはならないし，出ても小さくはならないから．ちょうどそのように，このゼロ分母なる量の場合も，多くの量が入っても出ても，変化はない，ということである． T28, 23 T29, 1

（問い）「どうして変化がないのか．実際，⟨ そのような ⟩ 主の勅命はない[1]．和や差における変化は遍充関係 (vyāpti) によって確立しているから[2].」 T29, 3

確かに．⟨ だが，次のように考えれば変化がないことがわかる．⟩ どこでも，和または差は[3]，同じ分母を持つときに存在する．本題の場合も，同分母性を与えてから（通分してから），和または差がとられるべきである．そして同分母性は，「⟨ 二つの量の ⟩ 分母分子が互いの分母によって掛けられる」(L 30a) というこれによる．すなわち，ゼロ分母という量の分母であるゼロによって，他方の量が掛けられると，他ならぬゼロが生ずるだろう．ゼロの和と差が不変であることは前に述べられた．

…Note………………………………………………………………

問い：和や差においては変化が生ずるという遍充関係がある．

Kの答え：分数の計算規則により $\frac{a}{0} \pm b = \frac{a}{0} \pm \frac{b\times 0}{1\times 0} = \frac{a}{0} \pm \frac{0}{0} = \frac{a}{0}$ だから不変.

………………………………………………………………

（問い）「たとえ，整数量による[4]和と差は不変であるとしても，分数量による和と差の場合には[5]，あなたの云われたやり方によって，変化が生ずるだろう．例えば，$\frac{3}{0}$，$\frac{1}{3}$．『⟨ 二つの量の ⟩ 分母分子が互いの分母によって掛けられる』(L 30a) というので生ずるのは，等しい分母を持つ二つ，$\frac{9}{0}$，$\frac{0}{0}$．この二つの和をとれば，$\frac{9}{0}$ が生ずる． T29, 9

また，もし，『一方の分母あるいは何であれある数字によって他方の分母分子に掛けるだけで等分母性が生ずる場合，その後の努力は意味を失う．本題 T29, 13

[1] T19, 15 参照.　[2] na hīśanideśaḥ/ yoge viyoge vā vikārasya vyāptisiddhatvāt] na hīśanirdeśaḥ/ yoge viyoge vā vikārasya vyāptisiddhatvāt T, na hīśanideśaḥ/ yoge viyoge vā'vikārasya vyāptisiddhiḥ syāt P.　[3] yogo 'ntaraṃ P] yogāntaraṃ T.　[4] yadyapyabhinnarāśinā P] yadyatha bhinnarāśinā T.　[5] yoge 'ntare ca P] yogetare ca T.

の場合も，ゼロ分母量の分母であるゼロによって，他方の量，$\frac{1}{3}$，の分母分子に掛けるだけで等分母性が[1]生ずるから，和と差においては変化はない』と云うなら，そのときは，ゼロ分母のゼロ分母による和と差の場合，変化が生ずるだろう．例えば，二つの量[2]，$\frac{3}{0}$，$\frac{5}{0}$．この二つは等分母だから，和をとると，$\frac{8}{0}$ が生ずる[3]．それなのにどうして変化がない〈と云える〉のか.」

というなら，そう〈考えるべき〉ではない．その場合でも，結果的に (phalataḥ)，変化は存在しないから．実際，ゼロで割られたものが三の場合，一つの結果であり，八の場合，他である（すなわち，結果に相違がある），ということはなく，両方の場合とも，無限性 (anantatva) は逸脱しない (na vyabhicarati)．ちょうど[4]，現在のこの時と過去と未来〈の三時〉において過ぎ去ったカルパの数が[5]少なくても多くても，〈時間の〉無限性が逸脱しないように．

···Note ···

問い：通分によって分子が変化する．すなわち，分数の和差の規則により，$\frac{a}{0} \pm \frac{c}{b} = \frac{a\times b}{0\times b} \pm \frac{c\times 0}{b\times 0} = \frac{ab}{0} \pm \frac{0}{0} = \frac{ab}{0}$．だから，変化するのではないか．

これに対して想定される反論：通分のためには,「ゼロ分母」の分母 0 を他方の分子分母に掛けるだけでよい．$\frac{a}{0} \pm \frac{c}{b} = \frac{a}{0} \pm \frac{c\times 0}{b\times 0} = \frac{a}{0} \pm \frac{0}{0} = \frac{a\pm 0}{0} = \frac{a}{0}$．だから，不変である．

想定反論に対する再反論：「ゼロ分母」どうしの場合，$\frac{a}{0} \pm \frac{b}{0} = \frac{a\pm b}{0}$ だから，変化するのではないか．

K の答え：「結果的には」(phalataḥ)，$\frac{3}{0}$ も $\frac{8}{0}$ もすべて同じ「無限」(ananta) であり,「無限性は逸脱しない」(anantatvaṃ na vyabhicarati).

実際に,「通分によって分子が変化するのでゼロ分母は変化する」と主張し,「ゼロ分母なる量には，多くが入っても出ても，変化はない」というバースカラの主張に異議を唱える人もいた．ジュニャーナラージャ は『ビージャアディヤーヤ』(ca. C.E. 1503) の詩節 3-4 とそれらに対する自注で次のように述べる (Hayashi 2012, 53).

Bījādhyāya 3-4

例題.

> 二と三という二つの数がともに正数，あるいはともに負数のとき，和をとると〈結果は〉何か．負数と正数のときは何か．また同様に差をとると何か．また掛け算，割り算，平方，平方根をとると〈結果は〉何か．〈二と三に〉ゼロを加えると何か．ゼロを引くと何か．ゼロを掛けると何か．ゼロで割ると何か．私に云いなさい，未顕現なもの（未知数学）を知る者よ．/BA 3/

和の場合の書置：2, 3. 和をとると生ずるのは 5. ...（中略）... 次にゼロの六種である．2, 3. ゼロを足すと，2, 3. ゼロを引くと，2, 3. ゼロから引かれると，$\dot{2}$, $\dot{3}$. 以下同様である．ゼロを掛けると，0, 0. ゼロで割ると，$\frac{2}{0}$，$\frac{3}{0}$ であると知るべきである．/BA 3 自注/

ところで，バースカラの既知数学と未知数学で，ゼロ分母なる量には変化はないと述べられたが，それは分数 (bhinna) の数字 (aṅka) に関しては逸脱する．

> このゼロ分母なる量には変化がある，分数の数字を持つルーパが足されたり引かれたりするときは．というのは，等しい分母を持つ分子に対して和と差があるが，それは無限とゼロに関しても同じだから．/BA 4/

これに関する例題．ここで，二なる正数がゼロで割られるとゼロ分母になる，$\frac{2}{0}$．これに，半分を伴う三が加えられなければならないことになったとき，等分母（通分）規則により和がとられる．$\frac{2}{0}$，$\frac{7}{2}$．これら二つを等分母にして，$\frac{4}{0}$，$\frac{0}{0}$，和をとると，$\frac{4}{0}$．というわけで，

---

[1] tulyaharatvasya T] tulyaharasya P. [2] rāśī P] rāśi T. [3] jātaṃ P] jāte T. [4] anantatvaṃ na vyabhicarati/ yathā ... T] anantatve na vyabhicāra iti/ yathodayakāle nyūnādhikaparimāṇayorapi śaṅkvośchāyānantyaṃ na vyabhicarati tathā ... P. すなわち P は次の文章をここに挿入する.「日の出の時，短いシャンクと長いシャンクの影の無限性が逸脱しないように，そのように」これを挿入した場合，本文最後の「ように」は不要． [5] saṃkhyāyā T] saṃkhyā P.

ゼロ分母に変化が見られる．不変というのは整数 (abhinna) に関して云われるべきである．以上が，ゼロの六種である．/BA 4 自注/

同様の議論はガネーシャも受け継ぐ．Cf. GM 48-49.

....

更に，「シャンクが仰角の部分（度数）の正弦を本性とするとき，もし視 T29, 22
正弦 (dṛgjyā) が腕なら，シャンクが任意の，十二アングラ等からなるとき，何〈が腕〉か」という三量法によって，影が得られる．その場合，日の出の時には仰角は存在しない．また，視正弦は三〈宮〉正弦（半径），120，の大
きさである．そこで，二，三，四アングラなどのシャンクに対して，述べら T30, 1
れた三量法によって[1]影を求めると，240, 360, 480．これらを始めとするものは，ゼロを分母として得られる影であるが，これらの間に，結果的に相違はない．なぜなら，その時にも，大小長さの異なるシャンクに対して，影の無限性は逸脱しないからである．

更に，同じく日の出のとき，これらの三〈宮〉正弦，3438, 120, 100, 90 T30, 4
から，前のように比例 (anupāta) によって，十二アングラのシャンクの影は，$\frac{41256}{0}, \frac{1440}{0}, \frac{1200}{0}, \frac{1080}{0}$ になるが，これらの間に相違はない．というのは，三〈宮〉正弦の違いに起因する影の違いはなく，様々な三〈宮〉正弦から比例によって得られる影はまったく等しいということは，すべての計算士 (gaṇaka) たちの一致するところであるから．

···Note···

$R =$ 三宮正弦（天球の半径），$\theta =$ 太陽の仰角，$s =$ シャンク，$c =$ 影とすると，仰角の正弦（高度）$= R\sin\theta$, 視正弦 (dṛgjyā) $= R\cos\theta$ である．

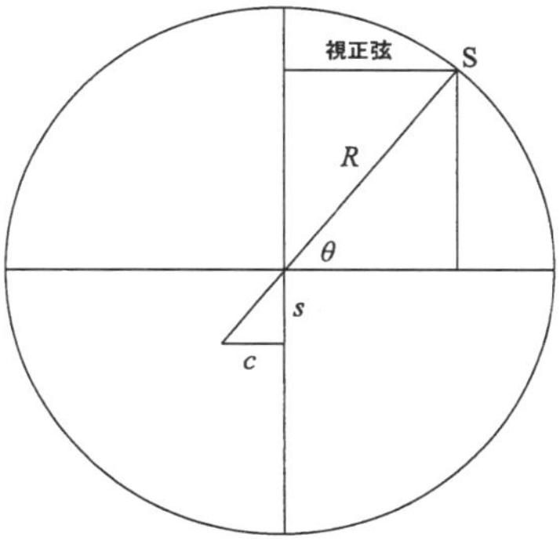

そこで，三量法

$$R\sin\theta : R\cos\theta = s : c,$$

により，

$$c = \frac{s \cdot R\cos\theta}{R\sin\theta}.$$

日の出（$\theta = 0$）のとき，

$$c = \frac{s \cdot R}{0}.$$

そこで，$R = 120$ を固定すると，$s = 2$ のとき $c = \frac{240}{0}$, $s = 3$ のとき $c = \frac{360}{0}$, $s = 4$ のとき $c = \frac{480}{0}$, etc.（単位はアングラ）である．しかし，日の出時の影 (c) は，シャ

[1] śaṅkūnāmuktatrairāśikena P] śaṅkunā muktastrairāśikena T.

ンクの長さ (s) によらず，すべて等しく無限のはずである．また，$s = 12$ アングラを固定すると，$R = 3438$ のとき $c = \frac{41256}{0}$, $R = 120$ のとき $c = \frac{1440}{0}$, $R = 100$ のとき $c = \frac{1200}{0}$, $R = 90$ のとき $c = \frac{1080}{0}$ である．しかし，影 (c) は R に依存しないはずだから，これらはすべて等しい．

ちなみに，$R = 3438$ はアールヤバタ等が，また $R = 120$ はヴァラーハミヒラ等が実際に天文学書で用いている．前者 (3438) は $360 \cdot 60/(2 \times \frac{62832}{20000}) = 3437\frac{967}{1309}$ から得られる．$\frac{62832}{20000}$ ($= 3.1416$) はアールヤバタが与える円周と直径の比である．後者 ($R = 120$) は，$R = 60$ とするギリシャの弦の表に由来すると考えられている．楠葉・林・矢野 1997, 404-05 参照．これにはまた，ヴァラーハミヒラが直径を 4 度と仮定したことに由来する，という説もある（Gupta 1978, 134; Sastry 1993, 76 参照）．すなわち，$R = 4°/2 = 120'$．この説は，『パンチャシッダーンティカー』4.1 を

> 三百六十〈部分 (=度)〉から成る円周の平方の十分の一の根は直径である．それ（直径）をここでは四部分と想定して，ラーシ (30°) の八分の一 (3;45°)〈ごと〉の正弦〈表が作られる〉．/PSV 4.1/
> ṣaṣṭiśatatrayaparidher vargadaśāṃśāt padaṃ sa viṣkambhaḥ/
> tad ihāṃśacatuṣkaṃ saṃprakalpya rāśyaṣṭabhāgajyā//PSV 4.1//

と読むことに根拠を置くが，直径を意味する語は vyāsa にしても viṣkambha にしても男性名詞だから，三人称代名詞の中性形 tad で受けることはできない．この tad は円を意味する vṛtta または maṇḍala（どちらも中性名詞）を指すと考えるのが自然である．従って，tad ... saṃprakalpya は「それ（円）をここでは四部分から成るものと想定して」（すなわち，円を四分円に分割して）ということになるので，$R = 120$ の根拠をこの詩節に見ることはできない．

バースカラ はこれらの半径を二つとも用いる（3438 を GG, spa 3-9 の正弦表で，120 を GG, spa 13 の簡易計算用正弦表で）．$R = 100$ と $R = 90$ を用いた天文学書はまだ知られていない．Gupta 1978 参照．

………………………………………………………………

T30, 8 というわけで，すべて明晰である．理知ある者たちは，他のことも同様に推して知るべし．

A26, 24 **書置：rū 0．これの平方は rū 0，根は rū 0．/E5cdp2/**
ゼロの立方等も同様である．/E5cdp3/
以上がゼロの六種である．(2 章奥書) /E5cdp4/

T30, 8 ゼロの平方は 0，平方根は 0．同様に，立方等においても，他ならぬゼロ性 (śūnyatā) がある．

> 優れた占術師たちの集団がたえずその脇に仕えるバッラーラなる計算士の息子が作ったこの種子計算の解説書『如意蔓の化身』において，ゼロの六種〈の演算〉が順に顕現した．/BP 2/

以上，すべての計算士たちの王，占術師バッラーラの息子，計算士[1]クリシュナの作った種子計算の解説書『如意蔓の化身』における「ゼロの六種」の注釈.[2]

---

1 gaṇaka T] daivajña P.　2 P ではこの後に，「ここでのグランタ数は，四半分を引いた二百,175」(atra granthasaṃkhyā pādonaśatadvayam 175) という文章が括弧に入れられている．編者が補ったものか．

第3章　未知数に関する六種

さて，たとえカラニーに関する六種は，〈カラニーが〉既知数であるから[1]， T31, 2
既述の六種の中の一構成要素である，というのでまずそれを説明し，その後で外の部分である未知数に関する六種を説明すべきである，ということはもっともだとしても，カラニーに関する六種は非常に難しいのでそれを説明するのはやっかいであるが，未知数に関する六種を説明するのは簡単なので，針と鍋の理[2]により，未知数に関する六種をまず説明する．

···Note···

BG 自体の散文部分の結語 (12p3, E10p7) に従い，この章を第 1 節「一つの未知数に関する六種」と第 2 節「多色に関する六種」に分けるが，この章の全規則 (BG 7-12) は第 1 節で与えられ，第 2 節は多色の場合の例題 (BG E9-10) のみから成ることに注意．なお K は結語でこの章を「色に関する六種」(varṇa-ṣaḍvidha) と呼んでいるが，この導入部では「未知数に関する六種」(avyakta-ṣaḍvidha) と呼ぶ．

···

3.1　一つの未知数に関する六種

そこで，二個・三個等の量が未知数性を持つとき，呼び方の違いがなければ， T31, 6
それらの混同が生じるだろう．だから，それを避けるために，未知数の呼び方をシャーリニー詩節で述べる．

さて，未知数の〈名称の〉設定．/7p0/ A28, 15

ヤーヴァッターヴァット (～だけそれだけ～)，カーラカ (黒)，ニー 7
ラカ (青)，その他の色 (varṇa)，ピータ (黄)，ローヒタ (赤茶)．これらを始めとするものが，未知数 (avyakta) の値 (māna) の名称 (saṃjñā) として設定された，それら (未知数) の計算をするために，優れた先生たちにより．/7/

···Note···

規則 (BG 7)：未知数の名称．関係副詞 yāvat ... tāvat ... および色の名 kālaka, nīlaka, pīta, lohita などが未知数を表すために用いられることを述べる．BG 68p1 でバース

[1] vyaktatvād T] nirūpaṇīyamityuktatvād P.　[2]「針と鍋の理」(sūcī-kaṭāha-nyāya) は，針と鍋を作らなければならないときはまず簡単な針を先に作るべきである，という譬え．

カラはこれら 5 個の名称に加えて他の 10 個の色名に言及し，さらに，色名以外にも，ka から始まる子音を用いても良い，とする．また BG E44p で彼は，色の名前を未知数に用いるというのは単なる指標 (upalakṣaṇa)（すなわち一例）であって，個々の問題で量が問われている品物の名称（の頭文字）を用いても良い，とする．

以下の Note では，個々の問題で問われている未知数を x, y, z などで表し，解で用いられている yāvattāvat, kālaka, nīlaka などの代わりに s_1, s_2, s_3 などを用いる．問われている未知数が一つのときはそれを x で，解の yāvattāvat を s で表す．

··

T31, 12　ヤーヴァッターヴァットというのが一つの名前．カーラカ，２．ニーラカ，３．ピータカ[1]，４．ローヒタ，５．「これらを始めとするものが」：ハリタ (harita 緑)，シュヴェータカ (śvetaka 白)，チトラカ (citraka 斑) などの，多色等式[2]で読まれる (paṭhita) 色が，「未知数の」(avyaktānāṃ: ajñātarāśīnāṃ)「値の名称として[3]」「優れた先生たち[4]により」「設定された」．名前を設定する目的を述べる，「それらの計算をするために」と．「それらの」：未知数の，「計算を」(saṅkhyānaṃ: gaṇanāṃ)「するために」(kartum)：「成就するために」(sādhayitum)．畢竟，〈 未知数の値を 〉「知るために」(jñātum) ということになる．

T31, 17　このように未知数の名称を述べてから，それらの足し算と引き算をウパジャーティカー詩節の前半で語る．

A29, 1　**未知数の足し算と引き算に関する術則，半詩節．/8abp0/**

8ab　**それらのうち，同種の二つには和と差がある〈 べきである 〉．また，異種の二つには別置こそがある〈 べきである 〉．/8ab/**

···Note···

規則 (BG 8ab)：未知数の足し算と引き算．同種，すなわち同じ色名あるいはルーパどうしでは数字の和と差をとり，異種のものは別々に置く，ということ．

··

T31, 20　「それらのうち」：色のうち．その中には，〈 便宜的に 〉ルーパも含まれるとみなされる．「同種の二つには」：同じ一つの種を持つ二つのもの，その属格 (gen.) である「同種の二つには」，前に述べられた「和と差が」あるべきである．ここに，「あるべきである」(syāt) という，〈 詩節の 〉後半 (BG 8cd)〈 の冒頭 〉にある単語が，玄関ランプの理[5]によって結びつく．〈BG 8b の最後には 〉「別置があるべきである」(pṛthak-sthitiḥ syāt) という読み（異読）もある[6]．〈 この読みをとれば，BG 8cd の冒頭の syāt ではなく，この syāt を前の文に結びつけることもできる．〉

T31, 23　「同種の二つには」という〈 双数表現 〉は指標 (upalakṣaṇa) である．「同

[1] pītakaḥ T] pītaḥ P.　[2] anekavarṇa-samīkaraṇa 第 9 章で扱われるトピック．多元方程式を指す．　[3] mānasaṃjñāḥ P] nāmasaṃjñāḥ T.　[4] ācārya P] ācarya T.　[5] dehalī-dīpa-nyāya. 玄関に置かれたランプは内と外の両方を照らすことから，二重目的を持つものの喩え．　[6] iti vā pāṭhaḥ P] iti pāṭhaḥ T.

種の多数（三つ以上）には」という〈複数〉も[1]理解すべきである．あるいは，多数のものの和においても，一度にすべてのものの和をとることは不可能であり，〈その中で〉二つのものの和こそが主体 (mukhya) であるから，双数 (dvivacana) が用いられている〈と解釈することもできる〉. T32, 1

「種」(jāti) というのは，ここでは，ルーパ，ヤーヴァッターヴァット，カーラカ，ニーラカ，ヤーヴァッターヴァットの平方，ヤーヴァッターヴァットの[2]立方，ヤーヴァッターヴァットの[3]平方平方，ヤーヴァッターヴァットと[4]カーラカのバーヴィタ[5]などであるが，〈これらは〉被加数 (yojya) と加数 (yojaka) に存在する全ての種によって満たされるべきである．〈種は〉被加数と加数に存在するものではあるが，数字 (aṅka) でも色 (varṇa) でもない．数字性を云えば，区別することが無意味になってしまう．というのは，排除されるべきものが存在しないから[6]．色性を云えば，色を設定することが無意味になってしまう．というのは，混同しないために〈異なる〉色を設定するのだが，色という種に関して同種性が[7]意図された場合，他ならぬその混同が生じるだろう．したがって，上述したような種に関してのみ同種性が意図されている．あるいは,「同」(samāna) という語は「等しい」(tulya) という意味を持つから，被加数と加数のそれぞれに〈等しく，すなわち共通に〉存在する全ての種に関して同種性が意図されている． T32, 2

···Note ···

「数字」はここでも「数」の意味で用いられていると思われる．数を種とすると，すべての既知数と未知数がその中に含まれ,「排除されるべきものが存在しな」くなる．

···

「また，異種の二つには」：「また」(ca) は「一方」(tu) の意味である．異なる種を持つ二つのものの和または差が[8]作られるとき,「別置こそがある」(pṛthak-sthitiś ca).「こそ」(ca) は限定 (avadhāraṇa) の意味である．〈つまり〉,「別置こそがあるべきである」という意味である． T32, 9

次のことが述べられている．ルーパのルーパによる，ヤーヴァッターヴァットのヤーヴァッターヴァットによる，カーラカのカーラカによる，カーラカの平方のカーラカの平方による，カーラカの立方のカーラカの立方による，カーラカとニーラカのバーヴィタのそれらのバーヴィタによる，このように，同種の二つの和または差が作られるべきとき，述べられたごとくに和[9]または差がとられる．ルーパのヤーヴァッターヴァットまたはカーラカなどによる，ヤーヴァッターヴァットのカーラカなどによる，ヤーヴァッターヴァットの[10]ヤーヴァットの平方による，ヤーヴァットの立方のヤーヴァットあるいはその平方による[11]，あるいはバーヴィタなどによる，このように，異種の二つの和ま T32, 10

[1] ... upalakṣaṇaṃ samānajātīnāmityapi P] ... upalakṣaṇamasamānajātīnāmapi T. [2] yāvattāvad P] yāvad T. [3] yāvattāvad P] yāvad T. [4] yāvattāvat P] yāvat T. [5] bhāvita は異なる未知数の積．BG 8cd-9 参照. [6] vyāvartyābhāvāt P] vyāvartyabhāvāt T. [7] sājātye P] sājātyeva T. [8] vibhinnā jātir yayos tayor yoge 'ntare vā] vibhinnā jātiryayostayorvā yoge 'ntare vā P, vibhinnajātiryayostayoryoge 'ntare vā T. [9] yogo P] yoge T. [10] yāvattāvato P] yāvato T. [11] yāvatā tadvargeṇa vā P] yāvattāvadvargeṇa vā T.

たは差が作られるべきとき，他ならぬ別置がある．ここで（別置の場合），一列 (eka-paṅkti) に〈置かれる〉，ということを知るべきである．そうでなければ，和と差を知らしめるものがないから，ということである．

T32, 18　これに関する正起次第は，既知数学では大変よく知られている[1]．そうでなければ，通分[2]を伴う和や差を述べること[3]はないだろう[4]．さらに，異種の二つの和はどのようなものか．例えば，二ラーシと五度[5]というこれら異種の二つにも，もし仮に和が作られるなら[6]，七になるだろう．その七はラーシでも度でもない．実際,「惑星によって〈天球上の弧の〉二ラーシと五度が通過された」と云われたとき，七ラーシあるいは七度が通過された，と理解する者はいないし，正起もしない．しかし,「惑星によって〈天球上の弧の〉どれだけが通過されたのか」という質問に対する「二ラーシと五度が通過された」という答えは，すべて〈の人〉によって同意される (sarva-sampratipanna) と同時に道理もある (yukta) から，〈異種の二つには〉別置こそがふさわしい．同じここでも，同種性があれば[7]和が生ずる．すなわち，二ラーシには 60 度がある．五度 5 を[8]加えると六十五度が生ずる[9]，65.「惑星によって二ラーシと
T33, 1 五度が通過された」と云われたとき，六十五度が[10]通過された，という理解が存在して，すべて〈の人〉が同意する，等々ということを[11]，賢い者たちは推して知るべきである．

T33, 3　（問い）「同様に，色に関しても，同種性を与えれば和があるはずである.」というなら，否．何故なら，色の値 (māna) は未知なので，同種性を与えることは不可能だから．だからこそ，その値を〈具体的数値で〉揚立[12]したあとで，同種性により和が生ずる．

T33, 5　差に関する正起次第も，まったく同様に理解されるべきである．

これに関する例題をブフジャンガプラヤータ詩節で述べる．

A30, 3　**例題．/E6p0/**

E6　**友よ，正数の未知数一つと一ルーパ，および八ルーパを欠く正数の未知数一対がある．これら二翼 (pakṣa) の和をとると何か．また，正数・負数を逆にして和をとると何が生ずるか．すぐに云いなさい．/E6/**

書置：yā 1 rū 1, yā 2 rū $\dot{8}$．この二つの和をとると，生ずるのは yā 3 rū $\dot{7}$．最初の翼の正数負数を逆にした場合の書置：yā $\dot{1}$ rū $\dot{1}$, yā 2 rū $\dot{8}$．この

---

[1] prasiddhaiva P] prasiddhe vā T.　[2] samacchedavidhāna 等分母化．[3] yogāntarakathana P] yoge 'ntarakathana T.　[4] 分数は，分母を等しくすること（通分）によって同種の数になるとみなされる．　[5] 円周を 12 等分した弧が 1 ラーシ (rāśi), 1 ラーシを 30 等分した弧が 1「部分」（K は aṃśa と lava を用いるが，一般にそれらの同義語 bhāga も用いられる）．ここでは慣用に従い「度」と訳す．弧の単位に関しては，T13, 8 に出る語「分 (kalā)」の脚注参照．　[6] yogaḥ kriyeta P] yogaḥ kriyate T.　[7] sājātye P] sajātye T.　[8] 5 P] ∅ T.　[9] jātāḥ pañcaṣaṣṭirlavāḥ P] jātaḥ pañcaṣaṣṭirlavataḥ T.　[10] pañcaṣaṣṭirlavā P] pañcaṣaṣṭilavā T.　[11] sarvasaṃpratipannetyādi T] sarvasaṃmatetyādi P.　[12] utthāpana 上げること，立たせること，生かすこと．数学では,「A を B で揚立する」は「A に B を代入する」を意味する．バースカラの定義が BG 68p4 にある．

二つの和をとると，生ずるのは yā 1 rū $\dot{9}$. 第二〈の翼の正数負数〉を逆にした場合の書置：yā 1 rū 1, yā $\dot{2}$ rū 8. 和をとると，生ずるのは yā $\dot{1}$ rū 9. 両方とも逆にした場合の書置：yā $\dot{1}$ rū $\dot{1}$, yā $\dot{2}$ rū 8. 和をとると，生ずるのは yā $\dot{3}$ rū 7. /E6p/

···Note···

例題 (BG E6): 1. $(x+1)+(2x-8)=3s-7$.　2. $(-x-1)+(2x-8)=s-9$.　3. $(x+1)+(-2x+8)=-s+9$.　4. $(-x-1)+(-2x+8)=-3s+7$.

···

一ルーパを伴う[1]一つの正数未知数，というのが一つの翼である[2]. 八ルーパを欠く正数未知数一対，というのが二番目〈の翼〉である.「これら二翼の和をとると」結果は「何」になるか. また，二翼の「正数・負数を逆にして和をとると」結果は何になるか，ということである. ここで，前翼のみの逆，後翼のみの逆，両翼の逆から問題三つ，逆なしで〈問題〉一つ，というので，例題四つがある.「正数・負数」というここには，〈「逆にして」という進行中の〉動作を主とする陳述 (bhāva-pradhāno nirdeśaḥ) がある. あるいは,「未知数とルーパ[3]」〈という言葉〉を〈「正数・負数」の同格語として〉補って，構文 (yojanā) を理解すべきである. T33, 11

一つの未知数はこの yā 1,[4] 一つのルーパはこの rū 1.[5] これら二つの和をとるとき，異種であるから二とはならず，一列に別置されるだけである，というので生ずる一つの翼は，yā 1 rū 1. 同様に,「正数の未知数一対」は，yā 2. これから八ルーパが引かれるとき,「引かれつつある正数は負数になる」(BG 3cd) というので生ずるのは，負数である八ルーパ，rū $\dot{8}$. これら「正数負数の和は差に他ならない」(BG 3ab) というので負数の状態にある (ṛṇa-gata) 六，rū $\dot{6}$，が生ずることはなく[6]，一列に[7]別置されるだけである. そのようにして生ずる第二翼は，yā 2 rū $\dot{8}$. 和のための両者の書置：
yā 1 rū 1
yā 2 rū $\dot{8}$
両者の和が作られるべきとき，同種の二つにのみ和がある，というので，未知数は未知数によって，ルーパはルーパによって加えられる. そのようにして生ずるのは，yā 3 rū $\dot{7}$. T33, 16

最初の翼における正数負数性を逆にして，書置：
yā $\dot{1}$ rū $\dot{1}$
yā 2 rū $\dot{8}$
述べられたように両者の和をとれば，生ずるのは，yā 1 rū $\dot{9}$. T34, 1

二番目の翼〈における正数負数性〉を逆にして，書置：
yā 1 rū 1
yā $\dot{2}$ rū 8
和をとれば，生ずるのは，yā $\dot{1}$ rū 9.

両翼の正数・負数を逆にして，書置：[8]
yā $\dot{1}$ rū $\dot{1}$
yā $\dot{2}$ rū 8
和をとれば，生ずる

---

[1] ekarūpasahitam T] ekasya rūpasahitam P.　[2] ekaḥ pakṣaḥ T] ekaḥ P.　[3] avyaktarūpe ity] avyaktarūpa ity T, avyakte rūpe ity P.　[4] ekam avyaktam idaṃ yā 1 T] ekam avyaktam idaṃ 1 yā 1 P.　[5] ekaṃ rūpam idam rū 1 P] ekaṃ rū 1 T.　[6] ṛṇagatāḥ ṣaṭ $\dot{6}$ na bhavanti P] ṛṇagatā ṣaṭ $\dot{6}$ na bhavati T.　[7] kiṃ tvekapaṅktau T] kiṃ caikapaṅktau P.　[8] yā $\dot{1}$ rū $\dot{1}$ / yā $\dot{2}$ rū 8 P] yā $\dot{1}$ rū $\dot{1}$/ yā $\dot{2}$ rū 8 T.

のは，yā $\dot{3}$ rū 7.

このように，二つのものが異種であるときの例題が述べられた．

次に，三つのものが異種であるときの例題をブフジャンガプラヤータ詩節の前半で述べる．

A31, 17 **もう一つの例題．/E7abp0/**

E7ab **正数未知数の平方三つに三ルーパを加え，さらに負数未知数一対を加えると何になるか．/E7ab/**

書置：yāva 3 rū 3，yā $\dot{2}$．和をとると，生ずるのは yāva 3 yā $\dot{2}$ rū 3．/E7abp/

···Note···

例題 (BG E7ab): $(3x^2+3)+(-2x)=3s^2-2s+3$.

·········

T34, 7 三ルーパを加えた「正数未知数の平方三つ」に「負数未知数一対を加えると何になるか」．それを「すぐに云いなさい」と，前〈の例題の言葉〉が結びつく．ここで，述べられた如くに生ずるのは，「正数未知数の平方三つに[1]三ルーパを加え」，yāva 3 rū 3，この翼が，「負数未知数一対」すなわちこれ，yā $\dot{2}$，によって加えられるべきである．この未知数一対 (yā $\dot{2}$) は，平方 (yāva 3) によってもルーパ (rū 3) によっても加えられない，異種であるから．だから，一列に別置されるだけである．しかしそこには〈一般的に〉順序 (krama) がある．最初に平方の立方，〈次に平方と立方の積〉[2]，次に平方の平方，次に立方，次に平方，次に未知数，次にルーパ，などである．そのように置いたとき生ずるのは，yāva 3 yā $\dot{2}$ rū 3.

T34, 13 同様に，カーラカなど〈の他の未知数〉に関しても知るべきである．

次に[3]，〈ブフジャンガプラヤータ詩節の〉後半で引き算の例題を述べる．

A32, 9 **もう一つの例題．/E7cdp0/**

E7cd **正数未知数一対から，八ルーパを伴う負数未知数六つを引いて，残りをすぐに云いなさい．/E7cd/**

書置：yā 2，yā $\dot{6}$ rū 8．引かれて生ずるのは，yā 8 rū $\dot{8}$．/E7cdp1/

以上が，未知数の足し算と引き算である．/E7cdp2/

···Note···

例題 (BG E7cd): $2x-(-6x+8)=8s-8$.

·········

T34, 17 意味は明白である．さて，書置は，〈まず〉yā 2.[4] 「八ルーパを伴う負数

---

[1] avyaktavargatrayaṃ kṣayāvyaktayugmena yuktaṃ kiṃ syāttaccāśu vadeti pūrveṇānvayaḥ/ atroktavajjātaṃ dhanāvyaktavargatrayaṃ satrirūpam/ T] avyaktavargatrayaṃ satrirūpam/ P. P は，最初の trayaṃの後，次の trayaṃまで（約 37 文字）を欠く (haplography). [2] tato vargaghanaghātasya] ∅ TP. [3] atha P] atra T.

未知数六つ」〈というので〉述べられた通りに生ずるのは，yā $\dot{6}$ rū 8．これが「正数未知数一対から」すなわちこの yā 2 から引かれるべきである．そこで,「引かれつつある正数は負数になる」(BG 3cd) 云々により生ずる引かれる翼は，yā 6 rū $\dot{8}$.[1] この中の未知数 (yā 6) のみが同種であるから未知数 (yā 2) に加えられるべきである．ルーパは，別置するのみ，ということである．そのようにして生ずるのは[2]，yā 8 rū $\dot{8}$.

このように足し算と引き算を述べてから，ウパジャーティカー詩節の後半と〈もう一つの〉ウパジャーティカー詩節とにより，色の掛け算を述べる．

未知数等の掛け算に関する術則，二詩節半．/8cdp0/ A32, 26

ルーパと色の積においては色があるだろう．二つ，三つなどの同種のもの（色）の積においてはその平方，立方などがあるだろう．異種のもの（色）の//積においてはそれらのバーヴィタ（生み出されたもの）がある．割り算などの残り〈の演算〉は，ルーパとまったく同様であり，既知数学で述べられたことがここで〈も知られるべきである〉．/8cd-9/ T35, 1 8cd-9

···Note···

規則 (BG 8cd-9)：未知数の掛け算等．ルーパと色の積は色，同じ色二つ・三つなどの積はその色の平方・立方など，異なる色の積はバーヴィタとする．割り算などは既知数の場合と同じに行う．多項式の掛け算と割り算については，それぞれ BG 10, 11 参照．

···

これの意味〈は次の通り〉．色の掛け算は，三通り生じうる．ルーパによるもの，同種の色によるもの，または異種の色によるものである．そのうち，ルーパによる掛け算の場合,「ルーパと色の積においては色があるだろう」と〈術則に〉いうので，ルーパと色の積においては[3]色があるだろう．次の意味である．ルーパによって色が掛けられるべきとき，あるいは色によってルーパが掛けられるべきとき，数字的には (aṅkataḥ)〈数字（係数）の〉掛け算の結果が生ずるが，名前 (nāman) は同じ色のものである． T35, 7

次に，同種の色による掛け算の場合，「同種の」[4]「二つ，三つなどの」色の「積においてはその平方，立方などがあるだろう」．次のことが述べられている．ヤーヴァッターヴァットによりヤーヴァッターヴァットが掛けられるとき，同種の二つのものの積であるから，ヤーヴァッターヴァットの平方があるだろう．それがもしさらにヤーヴァッターヴァットにより掛けられるなら，そのときは[5]，同じ三つのものの積であるから，ヤーヴァッターヴァットの立方があるだろう．これもまたもしそれにより掛けられるなら，そのときは，同 T35, 10

---

[4] yā 2 T] ∅ P.　[1] rū $\dot{8}$ T] rū 8 P.　[2] tathā kṛte P] tathā/ kṛte T.　[3] varṇābhihatau P] varṇabhihatau T.　[4] samajātikānāṃ P] samajātikāyāṃ T.　[5] guṇyate tadā sama P] guṇye tattadāsama T.

じ四つのものの積であるから，ヤーヴァットの平方の平方になるだろう．これもまたそれにより掛けられるなら，五つのものの積であるから，ヤーヴァットの平方[1]と立方の積である．同様に，六つのものの積の場合，ヤーヴァットの平方の立方，あるいはヤーヴァットの立方の平方になるだろう．以下同様である．カーラカなどに関しても，同じ二つ，三つなどの積の場合，カーラカなどの平方，立方などが知られるべきである．

T35, 19 次に，異種の色による掛け算の場合，「異種のものの積においてはそれらのバーヴィタがある」だろう，ということである．異種の二色の積の場合，それら二色のバーヴィタがあるだろう．例えば，ヤーヴァットによりカーラカが掛けられと，ヤーヴァットとカーラカのバーヴィタになる．カーラカによりニーラカが掛けられると，カーラカとニーラカのバーヴィタになる．以下同様である．ヤーヴァットとカーラカのバーヴィタがもしカーラカにより掛けられるなら，そのときは，ヤーヴァットとカーラカの平方のバーヴィタになる．これもまたもしヤーヴァットにより掛けられるなら，そのときは，ヤーヴァットの平方とカーラカの平方のバーヴィタになる．以下同様に，賢い者たちは推して知るべきである．

T36, 1 このように，掛け算における〈結果の〉違いを述べてから，割り算等を述べる.「残り」の「割り算など」: 割り算，平方，根, 立方，立方根など[2],「既知数学で述べられたことが」「ここで」[3]「ルーパと同様」に知られるべきである.「〈最後の〉被除数から，除数にあるもの（数）を掛けたものが清算されるとき」(L 18a) 云々により，割り算の結果を知るべきである.「同じ二つの〈数の〉積が平方と呼ばれる」(L 19a) 云々により，平方数を知るべきである．以下同様である．割り算を始めとするものは[4]掛け算を前提とするから，また，掛け算の〈結果の〉名称 (saṃjñā) の違いは述べたから，もはや話すべきいかなる違いもないということである．

T36, 7 これは指標 (upalakṣaṇa) である．ここでは，混同を起こさないための掛け算の結果の名称のみが述べられた[5]．一方，数字に関しては，既知数学で[6]述べられた掛け算等がここで知られるべきである，ということも理解すべきである．

T36, 9 このように，ここでは「被乗数の最後の数字に乗数を掛けるべきである」(L 14a) 云々により掛け算の結果を得るが[7]，生徒たちの便宜のために,「被乗数を下へ下へと乗数の部分に等しく」(L 14c) 云々と既知数学で述べられた部分乗法を，ヴァサンタティラカー詩節で明らかにする．

10 **被乗数が，別々に，乗数の部分と同じだけ置かれ (niveśya)，それらの部分によって順に掛けられ，〈規則の〉言葉通りに足され**

[1] yāvadvarga P] yāvadvavarga T. [2] bhāgavargamūlaghanaghanamūlādi P] bhāgavargavargamūlādi T. [3] tadatra P] ∅ T. [4] bhāgādīnāṃ T] bhāgādikānāṃ P. [5] atrāsaṃkarārthaguṇanaphalasaṃjñāmātramuktam] atrāsaṃkarārthaṃ guṇanaphalasaṃjñāmātramuktam P, atra saṃkarārthaguṇanaphalaṃ saṃjñāmātramuktam T. [6] vyakte gaṇite P] vyakte guṇite T. [7] guṇanaphalasiddhāvapi P] guṇanaphale siddhāvapi T.

る．このように，ここ（未知数学）では，未知数，平方，カラニーの掛け算において，既知数学で述べた部分乗法の規則が考慮されるべきである．/10/

···Note···

規則 (BG 10)：未知数の多項式の掛け算．これは L 14cd で述べられた整数分割乗法の一つに等しい．分配則を利用．同じ乗法は，未知数の多項式の平方やカラニーの掛け算と平方でも用いられる．

···

乗数にいくつかの部分があるとき，同じ数だけの位置に[1]，「別々に」，「被乗数が」「置かれる」．ここで，「部分」は名称の違いによって理解されるべきである．例えば，乗数，yā 3 rū 2〈とすると〉，ここには二つの名称があるから，乗数には二部分がある．あるいは，乗数，yāva 2 yā 3 kā 5〈とすると〉，ここには三つの名称があるから，乗数には三部分がある．以下同様である[2]． T36, 16

次に，別々に置かれた被乗数は，「それらの」：乗数の，「部分によって」：第一の位置では第一部分によって，第二の位置では第二〈部分〉によって，第三の位置では第三〈部分〉のよって，というように，「順に」，「ルーパと色の積においては色があるだろう」(BG 8c) 云々に従って，掛けられ，「言葉通りに」：既述の方法で，すなわち，「それらのうち，同種の二つには和と差がある」(BG 8a) 云々に従い，また，「負数二つの，あるいは正数二つの和においては和があるべし」(BG 3a) 云々に従い，「足される」． T36, 19

「ここでは」：未知数学では[3]，「未知数，平方，カラニーの掛け算において」，すなわち，未知数の掛け算[4]，平方のための掛け算，カラニーの掛け算において，「既知数学で述べた部分乗法の規則が」，「このように」，「考慮されるべきである」． T36, 23 T37, 1

同様に，他の乗法[5]も参照されるべきである． T37, 2

これに関する例題をシャーリニー詩節で述べる．

例題．/E8p0/ A35, 27

五ヤーヴァットターヴァット引く一ルーパを三ヤーヴァットターヴァット足す二ルーパによって掛け，すぐに，〈結果を〉云いなさい．また，正数・負数である被乗数または乗数を逆に設定して〈掛け算の結果を云いなさい〉，賢い者よ．/E8/ E8

書置：被乗数 yā 5 rū $\dot{1}$，乗数 yā 3 rū 2．掛け算から生ずる結果は，yāva 15 yā 7 rū $\dot{2}$．被乗数の正数負数性を逆にした場合の書置：被乗数 yā $\dot{5}$ rū

---

[1] tāvatsu sthāneṣu P] tāvat susthāneṣu T. [2] khaṇḍadvayam/ yathā vā guṇako yāva 2 yā 3 kā 5/ atra saṃjñātrayād guṇakasya khaṇḍatrayam ityādi/ P] khaṇḍadvayam ityādi/ T. T は dvayam の後 trayam まで（約 27 文字）を欠く (haplography).
[3] atrāvyaktagaṇite P] atrāvyaktaguṇite T. [4] yathā'vyaktaguṇanāsu T] yathā tathā vyaktaguṇanāsu P. [5] guṇanāprakārā P] guṇanaprakārā T.

1, 乗数 yā 3 rū 2. 掛け算から生ずるのは, yāva $\dot{15}$ yā $\dot{7}$ rū 2. 乗数の正数負数性を逆にした場合の書置：被乗数 yā 5 rū $\dot{1}$, 乗数 yā $\dot{3}$ rū $\dot{2}$. 掛け算から生ずるのは, yāva $\dot{15}$ yā $\dot{7}$ rū 2. 両方の正数負数性を逆にした場合の書置：被乗数 yā $\dot{5}$ rū 1, 乗数 yā $\dot{3}$ rū $\dot{2}$. 掛け算から生ずるのは, yāva 15 yā 7 rū $\dot{2}$. /E8p/

···Note ··

例題 (BG E8): 1. $(5s-1)\times(3s+2) = 15s^2+7s-2$. 2. $(-5s+1)\times(3s+2) = -15s^2-7s+2$. 3. $(5s-1)\times(-3s-2) = -15s^2-7s+2$. 4. $(-5s+1)\times(-3s-2) = 15s^2+7s-2$.

··

T37, 7　〈「被乗数または乗数を」の代わりに〉「被乗数または乗数における」, および〈「正数・負数である ... 逆に」の代わりに〉「正数・負数を逆に」[1]という読み (pāṭha) の違いによって[2], 三つの読みが良く知られている (prasiddha). そのうち, 最初に書かれた (likhita) 読みに関してまず次の説明がある. 正数・負数である[3]被乗数, または正数・負数である乗数を[4]逆に設定して, と.「被乗数または乗数における」という読みの場合, 被乗数にある正数・負数を, すなわち, 場合に応じて正数または負数であるヤーヴァット, カーラカ, ルーパなどを逆〈の性質を持つもの〉に設定して, ということである. 乗数に関しても同様である. 次に,「正数・負数を逆に」という読みの場合, 被乗数または乗数を, 正数・負数を逆にしたものを持つと設定して. 逆にした正数・負数, 場合に応じて正数または負数であるヤーヴァットなど, がそこにあるように設定して, という意味である.

···Note ··

K が伝える三つの読み. (1) guṇyaṃ guṇaṃ vā vyastaṃ svarṇaṃ kalpayitvā ca/ (また, 正数・負数である被乗数または乗数を逆に設定して) (2) *guṇye guṇe* vā vyastaṃ svarṇaṃ kalpayitvā ca/ (また, 被乗数または乗数における正数・負数を逆に設定して) (3) guṇyaṃ guṇaṃ vā *vyastasvarṇaṃ* kalpayitvā ca/ (また, 被乗数または乗数を, 正数・負数を逆に設定して)

··

T37, 15　ここ (第一の読み) では, 「どこでも, 限定するもの (修飾語) を伴う規則と禁止 (肯定的規則と否定的規則) は, 限定されるもの (被修飾語) に阻害する (規則の効力を無効にする) ものがあるとき, 限定するものに向かう」[5]という理により, 正数負数性のみに関して逆にすると知るべきである. あとは明瞭である.

---

[1] vyastasvarṇam P] vyastaṃ svarṇam T. [2] pāṭhabhedāt P] pāṭhe bhedāt T. [3] svarṇaṃ P] svarṇe T. [4] svarṇaṃ guṇakaṃ P] svarṇe guṇaṃ T. [5] sarvatra saviśeṣaṇau hi vidhiniṣedhau viśeṣaṇam upasaṃkrāmato viśeṣye bādhake sati. 典拠未詳. saviśeṣaṇau P] saviśeṣaṇe T.

···Note···

限定するもの＝正数・負数，限定されるもの＝乗数・被乗数．文章構造から云えば本来「逆にする」対象は乗数・被乗数であるが，この場合はそうしても無意味だから，正数・負数を逆にするということ．

···

ここで，⟨ 問題文に ⟩ あるがままの被乗数と乗数に関して[1]一つの例題がある．被乗数のみを逆にして，二番目，乗数のみを逆にして，三番目，「また」(ca) という字音 (kāra) があるので，両方とも逆にして，四番目，ということで，四つの例題がある． T37, 17

ここで，一ルーパを引いた五ヤーヴァッターヴァットが被乗数である．yā 5 rū $\dot{1}$．二ルーパを加えた三ヤーヴァッターヴァットが乗数である．yā 3 rū 2．「被乗数が，別々に，乗数の部分と同じだけ置かれ」(BG 10) 云々により，掛け算のために書置する． T37, 19

yā 3 | yā 5 rū $\dot{1}$
rū 2 | yā 5 rū $\dot{1}$

ここで，三ヤーヴァッターヴァットによって[2]五ヤーヴァッターヴァットが掛けられると，⟨ 結果は ⟩，数字的には (aṅkataḥ)，十五，15．一方，文字的には (akṣarataḥ),「二つ，三つなどの同種のもの（色）の積においては[3]その平方，立方などがあるだろう」(BG 8d-9a) 云々により，ヤーヴァッターヴァットの平方 (pl.) が生ずる．そこで，ヤーヴァッターヴァットと平方 (varga) ⟨ という言葉 ⟩ の頭文字 (ādya-akṣara) が「指標」(upalakṣaṇa)（すなわち目印）として先行するように ⟨ 数字を ⟩ 書けば，yāva 15 となる．さて，三ヤーヴァットによって負数である一ルーパが掛けられると,「正数と負数の積においては負数」(BG 4b) というので，数字的には，$\dot{3}$．一方，文字的には,「ルーパと色の積においては色があるだろう」(BG 8c) というので，生ずるのは色のみである，yā $\dot{3}$．このようにして，第一の列 (paṅkti) に生ずるのは，yāva 15 yā $\dot{3}$．次に第二の位置では，第二の乗数部分 rū 2 により五ヤーヴァットが掛けられると，数字的には，十，10．一方，文字的には,「ルーパと色の積においては色[4]」(BG 8c) というので，色が生ずる, yā 10．二ルーパによって負数である一ルーパが掛けられると,「正数と負数の積においては負数」(BG 4b) というので，⟨ 数字的には ⟩ $\dot{2}$ が生ずる．ここで，文字の名称は, 未知数に関して良く知られているだけである[5]．実際，既知数に関しては，二つ，三つなどの ⟨ 数の ⟩ 積において，名称の区別はない．だが，ルーパは既知数に他ならない．したがって，ルーパにルーパを掛けると，文字的にはルーパに他ならない．かくして生ずるのは，rū $\dot{2}$．このようにして生ずる第二列の掛け算の結果は，yā 10 rū $\dot{2}$．かくして，両方の列の書置． T38, 1

---

[1] guṇyaguṇakayor P] guṇyaguṇayor T.　[2] yāvattāvattrayeṇa T] yāvattrayeṇa P.　[3] tu P] ∅ T.　[4] varṇa P] varṇā T.　[5] atrākṣarasaṃjñāvyakte prasiddhaiva] atrākṣarasaṃjñā vyakte prasiddhaiva P, atrākṣarasaṃjñavyakte prasiddheva T.

yāva	15	yā	$\dot{3}$
yā	10	rū	$\dot{2}$

ここで,「言葉通りに足される」(BG 10b) というのは,「それらのうち，同種の二つには和と差がある」(BG 8a) 云々による．そこで，第一列に負数三ヤーヴァット，第二列に正数十ヤーヴァットがある．この二つは，同種であるから，和をとると[1],「正数負数の和は差に他ならない」(BG 3b) というので，yā 7 が生ずる．他の二つは，異種であるから，別置するだけである．そのようにして生ずる掛け算の結果は，yāva 15 yā 7 rū $\dot{2}$.

T38, 16 次に，被乗数における[2]正数・負数を逆にして，第二例題における書置．

yā 3 | yā $\dot{5}$ rū 1 [3]
rū 2 | yā $\dot{5}$ rū 1

乗数の二つの部分を掛けると，生ずるのは,

yāva	$\dot{15}$	yā	3
yā	$\dot{10}$	rū	2

「言葉通りに」和をとると，掛け算の結果，yāva $\dot{15}$ yā $\dot{7}$ rū 2 が生ずる．

T38, 19 次に，乗数における正数・負数を[4]逆にして，第三例題における書置．

yā $\dot{3}$ | yā 5 rū $\dot{1}$ [5]
rū $\dot{2}$ | yā 5 rū $\dot{1}$

掛けると，生ずるのは,

yāva	$\dot{15}$	yā	3
yā	$\dot{10}$	rū	2

述べられた通りに和をとると，掛け算の結果，yāva $\dot{15}$ yā $\dot{7}$ rū 2，が生ずる．

T39, 1 次に，両方とも逆にして，第四例題における書置．

yā $\dot{3}$ | yā $\dot{5}$ rū 1
rū $\dot{2}$ | yā $\dot{5}$ rū 1

掛けると，生ずるのは,

yāva	15	yā	$\dot{3}$
yā	10	rū	$\dot{2}$

述べられた通りに和をとると，掛け算の結果，yāva 15 yā 7 rū $\dot{2}$，が生ずる．

T39, 3 これに関する正起次第．ルーパ (rūpa, pl.) によりルーパ (pl.) が掛けられた場合，ルーパ (pl.) になる，ということはよく知られている．ルーパ (sg.)

---

[1] yoge P] yogoḥ T. [2] guṇye T] guṇyena P. [3] rū 2 P] yā 2 T. [4] dhanarṇa T] dhanarṇatā P. [5] yā $\dot{3}$ | yā 5 rū $\dot{1}$ / rū $\dot{2}$ | yā 5 rū $\dot{1}$ P] yā $\dot{3}$/ rū $\dot{2}$/ yā 5 rū $\dot{1}$ T.

により色 (varṇa, sg.) が掛けられた場合，ルーパ (sg.) かもしれないし，また色 (sg.) かもしれない．二者択一の確定を欠くときに，どうして色に他ならないと 〈BG 8c で〉述べられたのか．〈その理由は次のように〉述べられる．未知量 (ajñāta-rāśi) の基準値 (māna) はまず四通りに生じうる．ルーパ（単位）の集合 (rūpa-samūha)，その一部分 (avayava)[1]，ルーパ (rūpa, sg.)，またはルーパの一部分 (bhāga) である．

···Note···

「ルーパ×ルーパ＝ルーパ」は「よく知られている」ので正起次第なし．「色×ルーパ＝色」の正起次第を，色（未知数）の基準値すなわち色1個の値が (1) ルーパ（単位）の集合（2以上の整数）のとき，(2) ルーパの集合（2以上の整数）の一部分のとき，(3) ルーパ（単位）のとき，(4) ルーパ（単位）の一部分のとき，の四つの場合に分けて行う．正起次第の順序は，(1)-(2)-(4)-(3).

···

そこで〈まず〉，未知量がルーパの集合であるとみなして，道理 (yukti) が述べられる．いくらかの籾 (dhānya) が，七アーダカを基準値 (māna) として一基準値[2]，1，ある（すなわち，「アーダカ」をルーパとして，基準値はルーパの集合）としよう．これに七を掛けると，生ずるのは，7．この掛け算の結果は[3]，ルーパから成るのか集合から成るのか，検討されなければならない．そこでそれがルーパから成る場合，これは七アーダカの籾である，ということになる．そしてそれはふさわしくない．掛け算の前に既に七アーダカの籾が[4]存在するから．一方，掛け算の後には，一少ない五十アーダカが生ずるはずである．だから，集合から成る，と云わねばならない．そうすれば，七アーダカの籾の集合が七つある，というので，「ルーパと色の積においては色があるだろう」(BG 8c) ということが正起した． T39, 6

···Note···

(1) 色（未知数）の値がルーパ（単位）の集合（2以上の整数）のとき．容量アーダカ＝ルーパ（単位），1色＝7アーダカ（ルーパの「集合」）とする．このとき，「1色×7ルーパ」の結果は数字的 (aṅkataḥ) には7であるが，文字的 (akṣarataḥ) にはルーパか色（ルーパの集合）か．前者とすると，1色 × 7ルーパ＝7ルーパ＝7アーダカ，となり，これは，1色の量だから不適当．実際は，1色 × 7ルーパ＝7アーダカ × 7 = 49アーダカ．一方，後者とすると，1色 × 7ルーパ＝7色＝7 × 7アーダカ＝49アーダカ，だからふさわしい．ゆえに，「色 × ルーパ＝色」である．なお，容積単位アーダカ (āḍhaka) に関しては次の関係がある (L 8)．4 kuḍavas = 1 prastha, 4 prasthas = 1 *āḍhaka*, 4 *āḍhakas* = 1 droṇa, 16 droṇas = 1 khārī. Srinivasan 1979, 71, によれば，1 kuḍava ≈ 330 cc だから，1 āḍhaka ≈ 5,280 cc.

···

次に，未知量がルーパの集合の一部分であるとみなして，道理が述べられ T39, 13

[1] tadavayavo P] tadavayavo vā T. [2] ekamānaṃ T] ekaṃ mānaṃ P. [3] etasya guṇanaphalasya P] tasya guṇanaphala T. [4] saptāḍhakadhānyasya T] saptāḍhakasya dhānyasya P.

る．七アーダカの基準値の三分の一だけの[1]基準値があるとしよう．この基準値によって，籾の量 (miti) 1 がある[2]．これに三を掛けると，3．これがルーパから成る場合，三アーダカのみがあるだろう．そしてそれはふさわしくない．というのは，七アーダカの三分の一を三倍すれば，七アーダカが生ずるはずだから．だからこれは[3]集合の一部分から成る．そうすれば，七アーダカの三分の一が三つと[4]いうことになるだろう．このようにしてまた,「ルーパと色の積においては色が[5]あるだろう[6]」(BG 8c) ということが正起した．

···Note···

(2) 色（未知数）の値がルーパの集合（2 以上の整数）の一部分のとき．容量アーダカ＝ルーパ（単位），1 色＝ $\frac{7\text{アーダカ}}{3}$ （ルーパの「集合の一部分」）とする．このとき,「1 色 × 3 ルーパ」の結果は数字的には 3 であるが，文字的にはルーパか色（ルーパの集合の一部分）か．前者とすると，1 色 × 3 ルーパ＝ 3 ルーパ＝ 3 アーダカ，であるが，実際は，1 色 × 3 ルーパ＝ $\frac{7\text{アーダカ}}{3} \times 3 = 7$ アーダカ，だから不適当．一方，後者とすると，1 色 × 3 ルーパ＝ 3 色＝ $\frac{7\text{アーダカ}}{3} \times 3 = 7$ アーダカ，だからふさわしい．ゆえに,「色 × ルーパ＝色」である．

···

T39, 19 次に，未知量はルーパの一部分であるとみなして，〈道理が〉述べられる．アーダカの四分の一だけの基準値があるとしよう．これで量られた籾は，1 プラスタの量になる[7]．これに三を掛けると，3．これはルーパから成るものではない．〈というのは〉，これがルーパから成る場合，三アーダカになるだろ
T40, 1 う．そしてそれはふさわしくない．したがって，それはルーパの一部分から成る，と云うべきである．そうすれば，アーダカの四分の一が三つ，ということで，三プラスタになる．このようにしてまた,「ルーパと色の積においては色」(BG 8c) ということが正起した．

···Note···

(4) 色（未知数）の値がルーパの一部分のとき．容量アーダカ＝ルーパ（単位），1 色＝ $\frac{\text{アーダカ}}{4}$ ＝ 1 プラスタ（「ルーパの一部分」）とする．このとき,「1 色 × 3 ルーパ」の結果は数字的には 3 であるが，文字的にはルーパか色（ルーパの一部分）か．前者とすると，1 色 × 3 ルーパ＝ 3 ルーパ＝ 3 アーダカ，であるが，実際は，1 色 × 3 ルーパ＝ 1 プラスタ × 3 ＝ 3 プラスタ，だから不適当．一方，後者とすると，1 色 × 3 ルーパ＝ 3 色＝ $\frac{\text{アーダカ}}{4} \times 3 = 3$ プラスタ，だからふさわしい．ゆえに,「色 × ルーパ＝色」である．

···

T40, 3 次に，未知量が〈1〉ルーパである場合，色とルーパの〈数字的〉区別がないから，掛け算の結果には色色性[8]もふさわしい（ないとは云えない）．しかし,「掛け算の結果にはルーパ性こそがあるはずだ，それもまたふさわしいから」

---

[1] tryaṃśamitaṃ P] trayaṃśamitaṃ T. [2] dhānyamitiḥ 1] dhānyamitiḥ 2 T, dhānyamiti 1 P. [3] ata etasya T] ata eva tasya P. [4] traya āḍhakasaptakatryaṃśā P] tryāḍhakasaptakatryaṃśa T. [5] varṇa P] varṇā T. [6] syād P] ∅ T. [7] prasthamitaṃ 1 bhavati P] prasthamitaṃ bhavati //1// T. [8] varṇavarṇatā T] varṇatā (色性) P.

と云うべきではない．未知量をルーパとして理解することはないから[1]．というのは，⟨ 未知 ⟩ 量のルーパ性が断定されるなら，掛け算の結果にはルーパ性もふさわしいが，ここでは，量が未知なので，ルーパ性を断定できないから．

しかし，「同様に（もしそうなら），掛け算の結果に，色性もまたどうしてあるだろうか，⟨ 上の第一，第二，第四のケースと異なり，この第三のケースは ⟩ ルーパの集合などとして ⟨ 未知 ⟩ 量を理解しないのだから」と云うべきではない．実際，ルーパと色の掛け算の結果が色であることに関して，ルーパの集合などとしても理解することは，⟨ 未知 ⟩ 量にとって必然ではなく，それ（結果）は四つのものに共通なので，四つのもののいずれかとしてのみ，⟨ 未知 ⟩ 量の理解が期待される．そしてそれ（四つのもののいずれかとしての理解）は確かに存在する．四つのもの以外の ⟨ 未知 ⟩ 量は不可能だから．だからこそ[2]，簡便さから，他ならぬ色性を先にして，元の掛け算の結果が色であると，先生によって述べられたのである．というので，「ルーパと色の積においては色があるだろう」(BG 8c) ということが正起した． T40, 7

···Note······

(3) 色（未知数）の値がちょうど 1 ルーパのとき．容量アーダカ＝ルーパ（単位），1 色＝ 1 アーダカ（＝ 1 ルーパ）とする．このとき，例えば，「1 色× 3 ルーパ」の結果は数字的には 3 であるが，文字的にはルーパか色か，という問いを立てても，色とルーパに数字的な区別がないので，前の 3 ケースのような議論はできない．それどころか，理屈上は，結果が「色色」である可能性も否定できない．つまり，掛け算の結果の文字は，ルーパ，色，色色の 3 通りが考えられる．このあとの K の論旨は明瞭ではないが，未知数（色）は 4 ケース（ルーパの集合，ルーパの集合の一部分，ルーパ，ルーパの一部分）しかなく，結果は 4 ケースに共通のはずだから，どれか 1 ケースで説明できればよい，ということか．

············

さらに，ルーパは既知数である．それによる[3]掛け算の場合は，数字的にのみ掛け算があり，文字的にはない．また，「ルーパと既知数に違いがないとき，数を知らしめる数字を書くことのみがあるべきであり，ルーパの頭文字を書いて何になるのか」と云うべきではない．数字を区別するものがないとき，色と数字を一緒に置くことにより，場合によっては混同が生じるだろう．というので混同をなくすために[4]，ルーパの ⟨ 頭 ⟩ 文字を書く[5]．だから，線 (rekhā) などの区別するものがあれば，文字を書くことの妥当性は存在しないが，それ（頭文字）は迅速な想起 (upasthiti) のためになる．同様に，ヤーヴァットの平方なども，ルーパとの掛け算においては，文字的には不変である．以下同様に，他も，賢い者たちは推して知るべきである． T40, 12

---

[1] ajñātarāśe rūpatvenāvagamābhāvāt T] ajñātarāśe rūpatve varṇarūpatvenāvagamābhāvāt (未知量がルーパである場合，色ルーパとして理解することはないから) P. [2] ata eva P] atha eva T. [3] vyaktasaṃkhyā/ tayā P] vyaktasaṃkhyātayā T. [4] asaṃkarārthe T] asaṃkarārthaṃ P. [5] likhanā T] likhanāt P.

···Note ···

色の平方などにルーパを掛けた場合，変化があるのは数字だけであり，文字は変わらない，ということ．また，ルーパ (rūpa) の数字に rū という頭文字を付けるのは，他の数字との混同を避けるためであり，もし線 (rekhā) などを使うことにより，その心配がない状況であれば必ずしも使う必要はないが，そのような状況でも rū があれば即座にルーパであることがわかる，ということ．例えば，yā 3 5 では紛らわしいので yā 3 rū 5 と書いた方がいいが，yā 3 | 5，あるいは ⌊ yā 3 | 5 ⌋ というように，ルーパの数字が他の数字と区別できるなら，必ずしも rū を使う必要はない．しかし，そのような場合でも，yā 3 | rū 5 とあれば 5 がルーパであることが即座に理解できる．

···

T40, 19 次に，同種の色の掛け算の場合．その場合，色がルーパの集合である[1]とみなして，道理が述べられる．例えば，七アーダカの集合一つ，1，がある〈としよう〉．これが，同じこれによって掛けられ生ずるのは，1．これが，七アーダカを定義とする[2]集合から成る場合，一を掛けた集合と，集合を掛けた集合との区別がないことになってしまう．そしてここには望まれたことが起きているのではない[3]．一が被乗数のとき，乗数の違いによって掛け算の結果が違うのは必然的だから．したがって，掛け算の結果は集合の平方から成ると云わねばならない．そうすれば，一少ない五十アーダカになるだろう．そしてそれはふさわしい．だから，同種の二つの色の積においては，その平方になる，ということが正起した．

T41, 1 同様に，集合の一部分等であるとも[4]みなして，道理が理解されるべきである．同様に，三つなどの同種のものの積においては，立方などである[5]，ということも推して知るべきである．だから，このように，「二つ，三つなどの同種のもの（色）の積においては[6]その平方，立方などがあるだろう」(BG 8d-9a) が正起した．

···Note ···

「同じ色の積＝色の平方」の正起次第．1 色＝ 7 アーダカとするとき，「1 色 × 1 色」の結果は，数字的には 1 である．一方，文字的には色（＝ 7 アーダカ）とすると，この結果は「1 色 × 1 ルーパ」の結果と同じだから，1 を掛けた結果と集合（7 アーダカ）を掛けた結果が同じという誤謬に陥る．だから，文字的には色の平方とすべきである．そうすれば，1 色 × 1 色＝ 1 色の平方＝ 49 アーダカとなる．三つの同種のものの積も同じである．という趣旨．

···

T41, 4 次に，異種の積の場合．七アーダカから成る集合一つ[7]，1，と，五アーダカから成る[8]もう一つ〈の集合〉，1，がある〈としよう〉．この二つを掛けて生ずるのは，1．これは，七アーダカから成る集合〈一つ〉ではない，それに

---

[1] rūpasamūhatvam P] rūpasya samūhatvam T. [2] āḍhakasaptakalakṣaṇa T] āḍhakasaptalakṣaṇa P. [3] na cātreṣṭāpattiḥ P] ∅ T. [4] avayavatvādikamapy P] avayavatvādikam T. [5] ghanāditvam T] dhanāditvam P. [6] vadhe tu P] vadheṣutu T. [7] saptakātmaka ekaḥ samūhaḥ T] sapttakātmakaḥ samūhaḥ P. [8] pañcakātmako T] pañcātmako P.

一を掛けたものと，集合を掛けたもの[1]との違いが無いことになってしまうから．集合の平方でもない[2]，集合の，自分自身による掛け算の場合と，別の集合による掛け算の場合とで，掛け算の結果に違いが無いことになってしまうから．したがって，これは，二つの集合の一つの積である．そうすれば，三十五アーダカになるだろう．そしてそれはふさわしい．

したがって，異種の積の場合，文字的にはその二つのものの積 (ghāta) と T41, 8
「なること」(bhavitum) が[3]ふさわしい．そこで，先人たちは，〈文字の〉積に対して「バーヴィタ」(bhāvita) という名称を作った．vadha（掛け算）という言葉の頭文字 (va) を書くと，ヤーヴァットなどの「平方」(varga) と混同するだろう．ghāta（積）という言葉の頭文字 (ghā) を書くと，場合によっては,「立方」(ghana)[4]と混同することもあるだろう．guṇana（掛け算）の頭文字 (gu) を書くと，不恰好さ (aślīlatā) が生じるだろう．hati（積）という言葉の頭文字 (ha) を書くと，場合によっては「緑」(haritaka)[5]という色との混同が生じることもあるだろう，ということである．もし他に何らかの言葉があって，その[6]頭文字を書くとき，混同などの過失が生じないとすれば，それを書いても何ら[7]差し支えはない．しかし先生は，先人たちに従って[8]，バーヴィタという名称をお作り（お使い）になったのである．というので,「異種のもの（色）の積においてはそれらのバーヴィタがある」(BG 9b) が正起した．

···Note ···

「異なる色の積＝バーヴィタ」の正起次第．1色$_1$ = 7アーダカ，1色$_2$ = 5アーダカとするとき,「1色$_1$ × 1色$_2$」の結果は，数字的には1である．一方，文字的には色$_1$でも色$_2$でも，はたまた色$_1$の平方でも色$_2$の平方でもなく，色$_1$と色$_2$の積，すなわち35アーダカである．

結果が「色の積」であることは「生み出された」という意味の語 bhāvita の頭文字 bhā で表す．積を意味する vadha, ghāta, guṇana, hati などの語もその候補にはなるが，それらの頭文字，va, ghā, gu, ha にはそれぞれ欠点があるので，bhā がもっともふさわしい．

···

部分乗法の正起次第は明らかである． T41, 16

さて，「〈最後の〉被除数から，除数〈にあるもの（数）を掛けたもの〉が T41, 16
清算されるとき」云々(L 18a) により割り算の結果が得られるが，色の名称に注意を促すためと，鈍い者を目覚めさせる（教化する）ために，〈その方法を〉もう一度シャーリニー詩節で述べる．

割り算に関する術則，一詩節．/11p0/ A38, 23

被除数から，それぞれの色およびルーパによって掛けられた除数 11

---

[1] samūhaguṇitasya P] samūhāguṇitasya T.　[2] nāpi T] nāyaṃ P.　[3] bhavituṃ P] bhavatuṃ T.　[4] ghana P] dhana (正数) T.　[5] kadāciddharītaka T] kadācidgharītaka P.　[6] yat T] tat P.　[7] kācit T] kadācit P.　[8] ādyānurodhād T] ādyākṣarānurodhād P.

が，それぞれの位置で順に落ちてきれいになる（引かれて清算される）とき，それら（色とルーパ）がここでは割り算の商 (labdhi) であろう．/11/

···Note ·····························

規則 (BG 11)：未知数の多項式の割り算．L 18cd で述べられた整数の割り算と同じ方法で多項式の割り算を行う，ということ．

·····································

A39, 8 前 (E8) の掛け算の結果を第一翼とし，その乗数を除数とする割り算のための書置：被除数 yāva 15 yā 7 rū $\dot{2}$，除数 yā 3 rū 2．割り算からの商は〈前の〉被乗数 yā 5 rū $\dot{1}$．第二の書置：被除数 yāva $\dot{15}$ yā $\dot{7}$ rū 2，除数 yā 3 rū 2．割り算による商は被乗数 yā $\dot{5}$ rū 1．第三の書置：被除数 yāva $\dot{15}$ yā $\dot{7}$ rū 2，除数 yā $\dot{3}$ rū $\dot{2}$．割り算からの商は被乗数 yā 5 rū $\dot{1}$．第四の書置：被除数 yāva 15 yā 7 rū $\dot{2}$，除数 yā $\dot{3}$ rū $\dot{2}$．割られた場合の商は被乗数 yā $\dot{5}$ rū 1．/11p1/

以上が，未知数の掛け算と割り算である．/11p2/

···Note ·····························

例題 (BG 11p1): これは BG E8 の掛け算の例題の逆．1. $(15s^2+7s-2)\div(3s+2)=(5s-1)$.　2. $(-15s^2-7s+2)\div(3s+2)=(-5s+1)$.　3. $(-15s^2-7s+2)\div(-3s-2)=(5s-1)$.　4. $(15s^2+7s-2)\div(-3s-2)=(-5s+1)$.

·····································

T41, 23 除数 (cheda: hara)，それが「いくつかの色とルーパによって掛けられて」，「被除数から」，「それぞれの位置で」：それぞれ同種のものに関して[1]，「落ちて」，「きれいになる」：〈何も〉残らない〈とき〉，「それらがここでは」「商で
T42, 1 あろう」．それらの色とそれらのルーパが商であろう，という意味である．ここで，あるもの (pl.) を掛けられた除数が被除数から清算されるとき，それらのうち〈もっとも〉大きいものが[2]商になると理解すべきである．そうでなければ，小さいものによって掛けられた除数も清算されるから，小さいものも商になるだろう．あるいは，被除数も清算されると知るべきである．

T42, 4 「それらが」(tāḥ)「商」(labdhayaḥ) である，ということで，tad という言葉（関係代名詞）が述語 (vidhīyamāna) の文法的性を持つということは，「冷たさ (śaitya, n.) というもの (yad, n.)，それ (sā, f.) が水の本性 (prakṛti, f) である」[3]などにおいて，良く知られている．「神々の千ユガ二つが (yugasahasre dve, n.) ブラフマー神の〈一日〉であり，その二つは (tau, m.) 人間たちの二カルパ (kalpau, m.) である」[4]というこれ（詩節）を注釈する際に，クシーラスヴァーミンが述べている，「代名詞が述語と先行詞 (anūdyamāna) のどち

---

[1] samānajātiṣu P] samā jātiṣu T.　[2] adhiko P] adhikā T.　[3] śaityaṃ hi yatsā prakṛtirjalasya/ インドラヴァジュラー詩節の四半分．典拠未詳．　[4] NLA 1.3.21cd（次注参照）．前半 (21ab) の訳：「〈人間たちの〉一月で祖霊たちの，〈人間たちの〉一年で神々の，一日であろう．」

らの文法的性を取るかは随意的である」[1] と．

ここで，例題のために[2]，前 (BG E8) の掛け算の結果を，その乗数を除数として書置する．そこで，被除数 yāva 15 yā 7 rū $\dot{2}$，除数 yā 3 rū 2．この被除数には，最初にヤーヴァットの平方 (pl.) がある．それらからは，ヤーヴァットの平方こそが引くのにふさわしい，同種であるから．一方，この除数には，最初にヤーヴァット三つがある．それをルーパ (sg.) によって掛けると，「ルーパと色の積においては色があるだろう」(BG 8c) というので，色はあるがその平方はないだろう．ヤーヴァット (sg.) を掛ける場合も，同種のものの積だから，ヤーヴァットの平方が生ずるだろうが，数字的には三でしかない，というので，それを引いても，被除数の[3]ヤーヴァットの平方の清算はない．だから，ヤーヴァット五つによって除数が掛けられると，ヤーヴァットの平方十五が生ずるだろう．そうすれば，清算があるだろう，というので，ヤーヴァット五つ，yā 5，によって，この除数[4]，yā 3 rū 2，が掛けられると，yāva 15 yā 10．これが，被除数であるこの yāva 15 yā 7 rū $\dot{2}$ から，位置に応じて引かれると，生ずるのは，yā $\dot{3}$ rū $\dot{2}$．ヤーヴァット五つが掛けられた除数が清算される[5]，というので，ヤーヴァット五つが商である，yā 5．さて，被除数の残りにヤーヴァッターヴァット三つがある．だから，除数がルーパ (sg.) によって掛けられて，それ（被除数の残り）から引かれると，その清算があるだろう．しかし，正数であるルーパ (sg.) による掛け算の場合，「引かれつつある正数は負数になる」(BG 3c) というので，両者は負数であるから[6]，和があるだろう，というので，清算はない．だから，負数であるルーパ (sg.) による掛け算の場合[7]，清算があるだろう，というので，負数であるルーパ，rū $\dot{1}$，によって，この除数，yā 3 rū 2，が掛けられると，yā $\dot{3}$ rū $\dot{2}$．被除数の残りであるこの yā $\dot{3}$ rū $\dot{2}$ から「落ちて」（引かれて），「きれいになる」（清算される），というので，商は，負数ルーパである[8]，rū $\dot{1}$．かくして生ずる[9]商は，yā 5 rū $\dot{1}$．これは前の被乗数[10]である． T42, 8

···Note···

割り算の例 (11p1 の第一例題)．被除数： yāva 15 yā 7 rū $\dot{2}$．除数： yā 3 rū 2．除数 × yā 5： yāva 15 yā 10．これを被除数から引くと，被除数：yā $\dot{3}$ rū $\dot{2}$．そこで，除数 × rū $\dot{1}$： yā $\dot{3}$ rū $\dot{2}$．これを除数（の残り）から引くと清算されるから，商： yā 5 rū $\dot{1}$.

···

次に，第二の例題では，被除数 yāva $\dot{15}$ yā $\dot{7}$ rū 2，除数 yā 3 rū 2．述べられたごとくに〈計算して〉生ずる商は，yā $\dot{5}$ rū 1．次に，第三の例題では， T42, 24

---

[1] Kṣīrasvāmin on NLA 1.3.21:「... 一月で：人間たちの，が〈補うべき〉残りである．... 二つの神々の千ユガ，その二つが人間たちの二カルパである．—(引用部分)—．一つ〈のカルパ〉は〈世界の〉存続 (sthiti) をもたらし (kalpayati)，二番目〈のカルパ〉は〈世界の〉破滅 (kṣaya) をもたらす．[だから，カルパ (kalpa) と呼ばれる.]」 [2] atrodāharaṇārthaṃ P] atrodoharaṇārthaṃ T. [3] bhājya T] bhājyena P. [4] chedo P] chedyo T. [5] śudhyati T] śuddha P. [6] dvayorrṇatvād P] dvayo ṛṇatvād T. [7] guṇane T] guṇite tasmācchodhitasya P. [8] rūpamṛṇaṃ labdhī P] labdhi rūpamṛṇaṃ T. [9] jātā P] bhāvā T. [10] guṇyo P] guṇo T.

T43, 1 被除数 yāva $\dot{15}$ yā $\dot{7}$ rū 2,[1] 除数 yā $\dot{3}$ rū $\dot{2}$.[2] 述べられたごとくに〈計算して生ずる〉商は，yā 5 rū $\dot{1}$. 次に，第四の例題では，被除数 yāva 15 yā 7 rū $\dot{2}$, 除数 yā $\dot{3}$ rū $\dot{2}$. 述べられたごとくに〈計算して生ずる〉商は，yā $\dot{5}$ rū 1.

T43, 4 これに関する正起次第．まず，被除数の量は，何らかの被乗数と乗数の掛け算の結果である．一方，除数は被乗数と乗数のうちの一方であり，他方が商である，という決まり (sthiti) がある．そこで，これが掛け算の結果であり，これが乗数であるとき，何が被乗数か，あるいは，これが被乗数であるとき，何が乗数か，というので，〈得られる〉商が問題の意図である．その場合，乗数が何かによって掛けられて掛け算の結果に等しくなるとき，それが被乗数であり，また，被乗数が何かによって掛けられて掛け算の結果に等しくなるとき，それが乗数である，という道理 (yukti) は明らかである.[3]

···Note ··

$a \times b = c$ のとき，c を被除数，a を除数とすれば，b が商であり，b を除数とすれば，a が商である．

···

T43, 9 （問い）「そうであっても，云うべきことは，『あるものを掛けられた除数が被除数と同じとき』というこれだけであって『落ちてきれいになる（引かれて清算される）』ではない[4]，〈その表現は〉重いから．」

確かに〈表現は重いかもしれない〉．〈しかし，「同じ」という表現の場合〉，同じでないとき同じであるという誤謬に基づいて，商がないときに[5]商があるという誤謬が[6]生じるだろう，というので，それを払拭するために「落ちてきれいになる（引かれて清算される）」と述べられたのである．でなければ，被除数がこの yāva 15 yā 7 rū $\dot{2}$, 除数がこの yā 3 rū 2〈であるとき，除数が〉，この yā $\dot{5}$ rū 1 [7] によって掛けられると，yāva $\dot{15}$ yā $\dot{7}$ rū 2〈が生じ，その結果，正負の違いはあるが数字的には〉被除数と同じであるという誤謬により，商はこの yā $\dot{5}$ rū 1，という誤謬が生ずるだろう．一方，「清算」(śodhana)〈という表現〉の場合は，〈yāva 15 yā 7 rū $\dot{2}$ から yāva $\dot{15}$ yā $\dot{7}$ rū 2 を引くと〉

[1] yāva $\dot{15}$ yā $\dot{7}$ rū 2 P] yāva 15 yā $\dot{7}$ rū $\dot{2}$ T. [2] yā $\dot{3}$ rū $\dot{2}$ P] yā 3 rū $\dot{2}$ T. [3] bhājakas tu *guṇyaguṇakayor anyataras taditaro labdhiś ceti sthitir asti/ tatrāsmin guṇanaphale 'smiṃś ca guṇake sati ko guṇya iti vāsmin* guṇye sati ko guṇaka iti vā labdhiḥ praśnārthaḥ/ tatra guṇako yena guṇitaḥ san guṇanaphalasamo bhavet sa guṇyaḥ/ guṇyo vā yena guṇitaḥ san guṇanaphalasamaḥ syāt sa guṇaka iti spaṣṭaiva yuktiḥ/] bhājakastu guṇye sati ko guṇaka iti vā labdhipraśnārthaḥ tatra guṇako yena guṇitaḥ sa guṇanaphalasamo bhavetsa guṇyaḥ guṇyo vā yena guṇitaḥ san guṇanaphalasamaḥ syātsa guṇaka iti spaṣṭaiva *guṇakayoranyataraḥ taditaro labdhiśceti sthitirasti/ tatrāsmin guṇanaphale asmiṃśca guṇake sati ko guṇya iti vāsmin* yuktiḥ/ T, bhājakastu *guṇyaguṇakayor-anyataraḥ/ taditaro labdhiśceti sthitirasti/ tatrāsmin guṇanaphale 'smiṃśca guṇake sati ko guṇya ityasmin* guṇye sati ko *vā* guṇaka iti labdhiḥ praśnārthaḥ/ tatra guṇako yena guṇitaḥ sa guṇanaphalasamo bhavetsa guṇyaḥ guṇyo vā yena guṇitaḥ san guṇanaphalasamaḥ syātsa guṇaka iti spaṣṭaiva yuktiḥ/ P.「一方，除数は」(bhājakastu) 以下の文章に関して，T には乱れがある．すなわち，'guṇyaguṇakayor... ko guṇya iti vāsmin' の部分（イタリックで示す，ただし T は最初の guṇya を欠く）が，誤って最後の 'spaṣṭaiva' と 'yuktiḥ' の間に挿入されている．P は正しい順序を保存するが，vā の用法では T が優れている． [4] na tu P] nanu T. [5] -nibandhano 'labdhau P] -nibandhano labdhau T. [6] labdhitvabhramaḥ T] labdhibhramaḥ P. [7] yā $\dot{5}$ rū 1 T] yā 5 rū 1 P.

「引かれつつある正数は負数に〈負数は正数に〉なる」(BG 3cd) というので，両方のヤーヴァットの平方 (pl.) とヤーヴァット (pl.) は正数であり，ルーパ二つは負数だから，和においては二倍になり，清算はないだろう，というので，⟨yā $\dot{5}$ rū 1 が⟩ 商であるという誤謬はないだろう．

（問い）「違いを見ないことが誤謬の原因である．本題の場合，正数負数 T43, 17
性を特徴とする違いを見ないことから，〈積が〉被除数と同じであるという誤謬があるのと同様に，清算 (śodhana)〈という表現を用いた場合〉にも違いを見ないということがあるから，どうして誤謬がない〈といえる〉だろうか.」

というなら，そう〈考えるべき〉ではない[1]．その（「同じ」という表現の）場合，正数負数性を特徴とする違いを見ることも，見ないこともあり得る．一方,「清算」の場合,「引かれつつある正数は負数に〈負数は正数に〉なる」(BG 3cd) という正数負数性への言及があるから，違いを見ないことはあり得ない．

さらに，〈「同じ」という表現の場合〉，除数に掛けたら被除数と「同じ」に T43, 21
なるようなもの（数）をすみやかに（一挙に）想起すること (upasthiti) はない．一方,「清算」の場合，この被除数には最初にヤーヴァットの平方十五があり，除数にはヤーヴァット三つがある．それがもしヤーヴァット五つによって掛けられると，ヤーヴァットの平方十五が生ずるだろう．そうすれば，ヤーヴァットの平方の清算があるだろう，というので，すみやかな想起がある．被除数の残りの清算も同様である．敷衍はもう十分である．

···Note···

問い：あるものを掛けた除数が被除数から引かれて清算される，という表現は重い．被除数と「同じになる」でいいのではないか.

K の答え：それだと正負を勘違いして「同じになる」と誤解するかもしれないし，何を掛けたら「同じになる」のかすぐにはわからないだろう．だから，商を構成する項を順に予想して除数に掛け，被除数から清算して行く方が良い.

···

次に，たとえ平方数の規則なしにその例題を述べることはふさわしくない T44, 1
としても，平方数は同じ二つのものの積の形をもつから，他ならぬ掛け算の規則によってそれを得るので，また「未知数，平方，カラニーの掛け算において，〈部分乗法が〉考慮されるべきである」(BG 10cd) という，〈平方を〉特定する言葉が〈既出の規則に〉あるので，それはまったくふさわしい，というので，シャーリニー詩節の半分でそれを語る．

平方の例題．/E8efp0/ A41, 25

六ルーパ (pl.) を欠く未知数四つの平方を私に云いなさい，友よ．/E8ef/ E8ef

書置：yā 4 rū $\dot{6}$．生ずる平方は，yāva 16 yā $\dot{48}$ rū 36．/E8efp/

[1] maivam P] naivam T.

···Note ··

例題 (BG E8ef): $(4s-6)^2 = 16s^2 - 48s + 36$.

··

T44, 6 意味は明らかである．ルーパ六つだけ少ない未知数四つはこれ，yā 4 rū $\dot{6}$. 平方のために，これは被乗数でもあり乗数でもある，というので，書置：

yā 4 | yā 4 rū $\dot{6}$
rū $\dot{6}$ | yā 4 rū $\dot{6}$

二つの場所とも掛けると，生ずるのは，

| yāva 16 yā $\dot{24}$ |
| yā $\dot{24}$ rū 36 |[1]

和をとると，生ずるのは平方，yāva 16 yā $\dot{48}$ rū 36.

T44, 10 次に，平方数が見えて（わかって）いるとき，これは何の平方か，というので，根の数字 (mūla-aṅka) を知るための方法 (upāya) をウパジャーティカー詩節で述べる．

A42, 13 **平方根に関する術則，一詩節．**

12 **平方数 (pl.) から根 (pl.) をとり，それらの二つづつの積の二倍を残りから除去すべきである．もしルーパ (pl.) があれば，ルーパの根 (sg.) を取ってから，あとは全く同様である．/12/**

···Note ··

規則 (BG 12): 未知数の多項式の開平．$a^2s^2 + 2abs + b^2 \quad \rightarrow \quad as + b$, etc.

··

A43, 14 **前 (BG E8ef) に得られた平方の根のための書置：yāva 16 yā $\dot{48}$ rū 36. 得られる根は，yā 4 rū $\dot{6}$. /12p1/**

以上が，未知数の平方と根である．/12p2/

以上が，未知数の六種である．(3.1 節奥書) /12p3/

···Note ··

例題 (BG 12p1):これは E8ef の平方の例題の逆．$(16s^2 - 48s + 36)$ の平方根 $= 4s - 6$. バースカラ自身の答えはもう一つの根 $(-4s + 6)$ を含まないことに注意．もちろんバースカラは 2 根の存在を知っていたが (cf. BG 4c, 21, E14cd)，ここでの意図は，前に得られた平方の平方根を求めることだったと考えられる．12p1 冒頭の文「前 (BG E8ef) に得られた平方の根のための書置」(pūrvasiddhavargasya mūlārthaṃ nyāsaḥ) 参照．同様の例が E10p5 にある．ここで,「前に得られた平方の」を「根」ではなく「書置」にかけて読むことも可能であるが，もしそうなら 2 根を与えるはずである．K はそのように解釈しているらしい．T44, 21 の段落参照．

··

1 yāva 16 yā $\dot{24}$ / yā $\dot{24}$ rū 36 P] yāva 16 yā $\dot{24}$ yā $\dot{24}$ rū 36 T.

「それらの」[1]：平方量にある未知数の，中の,「平方数 (pl.) から根 (pl.) を T44, 16
とり」,「それらの」: 根の，相互に「二つづつの積の二倍を」「残りから」引くべきである．もし清算があれば，それらがその平方数の根であろう，ということが事実上述べられている．平方数二つ (du.) の場合もまた〈「平方数 (pl.) から根 (pl.) をとり」に含まれると〉知るべきである．また，もし平方量に「ルーパ (pl.) があれば」,「ルーパの根 (sg.) を取ってから」,「あとは全く同様である」: 二つづつの積の二倍を残りから除去すべきである，ということである．ルーパ (pl.) があるとき，もしルーパの根 (sg.) が得られないなら，それ（与えられた量）は平方量ではない[2]，と事実上述べられている．

これに関する例題．前 (BG E8ef) に得られた平方数の根のための書置：yāva T44, 21
16 yā $\dot{48}$ rū 36．この平方量には[3]，ヤーヴァットの平方[4]十六と三十六ルー
パ[5]という，平方数二つがある．これから得られる二根は，yā 4 rū 6．これら T45, 1
二つのものの「積」，yā 24,「の二倍」，yā 48,「を残りから除去すべきである」という.「引かれつつある正数は負数になる」(BG 3c) というので，負数二つの和をとると清算はないだろう．そこで二つのものの一方に負数性が設定される (kalpyate)．そうすれば，二つのものの積の二倍は，yā $\dot{48}$．引かれつつある負数は正数になる[6] (cf. BG 3d)，というので，正数性があるとき，「正数負数の和は差に他ならない」(BG 3b) というので，清算があるだろう．だからこの yā 4 rū $\dot{6}$，またはこの yā $\dot{4}$ rū 6，の平方は，この yāva 16 yā $\dot{48}$ rū 36，である．

（問い）「六ルーパ加えたヤーヴァット三つ，yā 3 rū 6，の平方は，この T45, 7
yāva 9 yā 36 rū 36，である．ここで,『平方数から根をとり』云々(BG 12) により，すべて〈の平方数〉から根をとると残りがないのに，二つづつの積の二倍をどこから引けばいいのか[7].」

というなら，否．ヤーヴァット，yā 36，の根は存在しないから．実際，ヤーヴァットから成るものが，いったいどのような根の平方であり得るのか．以上，すべて明晰である．

···Note···

問いは,「根をとる」対象を平方数すべてと考えて，yā 36 の 36 も根をとった場合の疑問.

···

これに関する正起次第．同じ二つのものの積が平方である[8]．また，あるも T45, 12
のの平方が作られるとき，それは被乗数でもあり乗数でもある．そこで，一部分から成る平方においては，何の，これは「同じ二つのものの積」なのか，と,「同じ二つのものの積」を探せば，根は容易に知られる．

---

[1] K は BG 12 の「それらの」(teṣāṃ) を二度読む．　[2] sa vargarāśirna P] savargarāśirna T.　[3] vargarāśau P] vargāṃśau T.　[4] yāvadvargāḥ P] yāvadvargaḥ T.　[5] ṣaṭtriṃśad P] ṣaḍtriṃśad T.　[6] saṃśodhyamānamṛṇaṃ dhanaṃ bhavati T] saṃśodhyamānaṃ svamṛṇatvameti P.　[7] abhihatir dvinighnī kutaḥ śodhyeti cet] abhihatidvinighnī kutaḥ śodhyediti cet T, abhihatiṃ dvinighnīṃ kutaḥ śodhyeti cet P.　[8] Cf. L 19a: samad-vighātaḥ kṛtir ucyate（同じ二つのものの積が平方と呼ばれる）.

T45, 15 次に，二つの部分を持つものの平方のための書置：

yā 4	yā 4 rū 6
rū 6	yā 4 rū 6

ここで，第一列には，一つの部分の平方[1]と二つの部分の積とがある[2]．第二列にも[3]，二つの部分の積と[4]第二部分の平方とがある．ここで，二つの列とも部分の積があるので，和をとると，二倍の積があるだろう．だから，二つの部分を持つものの平方には，三つの部分が生ずる，部分の平方二つと二部分の積の二倍とである．yāva 16 yā 48 rū 36.

T45, 20 次に，三つの部分を持つものの平方の場合：

yā 3	yā 3 kā 4 nī 5
kā 4	yā 3 kā 4 nī 5
nī 5	yā 3 kā 4 nī 5

T46, 1 ここで，第一列には，第一部分の平方，第一第二部分の積，第一第三部分の積がある．第二列には，第二部分の平方，第一第二部分の積，第二第三部分の積がある．第三列には，第三部分の平方，第一第三部分の積，第二第三部分の積がある．四つなどの部分を持つものの平方においても同様である．このように，平方が作られるとき，諸部分の平方と，二つづつの〈部分の〉積の二倍とがあるだろう．したがって，「平方数から〈根を〉とり」云々(BG 12) と正しく述べられたのである．

···Note···

根の計算法の正起次第．$(a+b)^2 = a^2+b^2+2ab$, $(a+b+c)^2 = a^2+b^2+c^2+2ab+2bc+2ca$, etc. だから．

···

T46, 7 （問い）「平方量には必然的に諸部分の平方が存在するので,『平方数から根をとり』というこれにより目的が達成されているから,『二つづつの』云々というのは無意味である.」

というなら，否．そうすれば，ある量に，yāva 9 yā 8 rū 9 があるとき，それにも，根，yā 3 rū 3 があるだろう．そしてそれはふさわしくない．なぜなら，その平方は，これ，yāva 9 yā 18 rū 9 だから．したがって，もし，根 (pl.) がとられたあと，二つづつの積の二倍が残っているなら，そのときだけ，それは平方数である，という決まり (niyama) のために,「二つづつの積の二倍を[5]残りから除去すべきである」と述べられたのである．

···Note···

問いは，平方根の問題では提示された数が平方数であることが前提となっているので，$2ab$ など引く必要はない，というもの．K の答えは，出題された数が平方数ではない場合の問題チェックも必要だからそれは必要，という．

···

[1] ekasya khaṇḍasya vargaḥ P] ekasya khaṇḍavargaḥ T. [2] khaṇḍadvayasyābhihatiśca P] khaṇḍadvayasya yā 'bhihatiśca T. [3] dvitīyapaṅktāvapi P] dvitīya/ rū 6/ yā 4 rū 6 paṅktāvapi T. [4] khaṇḍadvayābhihatir P] khaṇḍadvayasyābhihatir T. [5] cābhihatiṃ dvinighnīṃ P] cābhihatirdvinighnī T.

3.2　多色に関する六種

このように一色六種の例題を述べてから，多色六種の例題を示す．そこで，アールヤー詩節により，多色の足し算と引き算に関する例題を述べる． T46, 13

次は，多色の六種である．/E9p$\dot{1}$/ A44, 13

そのうち，足し算と引き算の例題．/E9p0/

> **ヤーヴァッターヴァット，カーラカ，ニーラカという色が正数で三，五，七個ある．負数の状態にあるそれら，二，三，一個によって加えられたり，引かれたりすると何になるだろうか．/E9/** E9

書置：yā 3 kā 5 nī 7，yā $\dot{2}$ kā $\dot{3}$ nī $\dot{1}$．和をとると，生ずるのは，yā 1 kā 2 nī 6．差をとると，生ずるのは，yā 5 kā 8 nī 8．/E9p1/
以上が，多色の足し算と引き算である．/E9p2/

···Note···

例題 (BG E9): 1. $(3s_1 + 5s_2 + 7s_3) + (-2s_1 - 3s_2 - s_3) = s_1 + 2s_2 + 6s_3$. 2. $(3s_1 + 5s_2 + 7s_3) - (-2s_1 - 3s_2 - s_3) = 5s_1 + 8s_2 + 8s_3$.

···

「正数」である「三，五，七個」の「ヤーヴァッターヴァット[1]，カーラカ，ニーラカという色」が[2]，「負数の状態にある」「二，三，一個」の「それら[3]」：ヤーヴァッターヴァット，カーラカ，ニーラカという色，によって「加えられ」ると「何になるだろうか」，また「引かれ」ると「何になるだろうか」，というように二つの例題がある．ここで，ヤーヴァッターヴァット[4]，カーラカ，ニーラカという色は異種であるから，別置するだけである．yā 3 kā 5 nī 7．これらが[5]，負数の状態にある二，三，一個のこれら，yā $\dot{2}$ kā $\dot{3}$ nī $\dot{1}$ によって加えられると，「正数負数の和は差に他ならない」(BG 3b)，また「それらのうち，同種の二つには和と差がある」(BG 8a) というので，生ずるのは，yā 1 kā 2 nī 6．また引かれるときは，引かれつつある[6]負数は正数になる (cf. BG 3cd) というので，正数性が生じ，同種であるから和をとると，生ずるのは，yā 5 kā 8 nī 8． T46, 17

次に，多色の掛け算などの四つ〈の演算〉の例題を，マンダークラーンター詩節で述べる． T47, 1

掛け算等に関する例題．/E10p0/ A45, 12

> **負数であるヤーヴァッターヴァット三つ，負数であるカーラカ二つ，正数であるニーラカ一つにルーパ一つを加えたものが，それらの二倍で掛けられると何だろうか．また，それらの掛け算から** E10

---

[1] yāvattāvat P] yāvat T.　[2] varṇāḥ P] varṇa T.　[3] tais P] ∅ T.　[4] yāvattāvat P] yāvat T.　[5] ete T] etaiḥ P.　[6] saṃśodhyamānam P] saṃśīdhyamānam T.

生じた結果を被乗数で割ったものは何だろうか．また，被乗数の平方およびその平方の根を云いなさい．/E10/

書置：被乗数 yā $\dot{3}$ kā $\dot{2}$ nī 1 rū 1，乗数 yā $\dot{6}$ kā $\dot{4}$ nī 2 rū 2．掛けられて生ずるのは，yāva 18 kāva 8 nīva 2 yākābhā 24 yānībhā $\dot{12}$ kānībhā $\dot{8}$ yā $\dot{12}$ kā $\dot{8}$ nī 4 rū 2．/E10p1/

他ならぬこの掛け算の結果から，この被乗数 yā $\dot{3}$ kā $\dot{2}$ nī 1 rū 1 で割って得られるのは，乗数 yā $\dot{6}$ kā $\dot{4}$ nī 2 rū 2 である．/E10p2/

以上が，多色の掛け算と割り算である．/E10p3/

前の被乗数の平方のための書置：yā $\dot{3}$ kā $\dot{2}$ nī 1 rū 1．生ずる平方は，yāva 9 kāva 4 nīva 1 yākābhā 12 yānībhā $\dot{6}$ kānībhā $\dot{4}$ yā $\dot{6}$ kā $\dot{4}$ nī 2 rū 1．/E10p4/

この平方からの根は，yā $\dot{3}$ kā $\dot{2}$ nī 1 rū 1．/E10p5/[1]

以上が，多色の平方と平方根である．/E10p6/

以上が，多色の六種である．(3.2 節奥書) /E10p7/

···Note···

例題 (BG E10): 1. $(-3s_1-2s_2+1s_3+1)\times(-6s_1-4s_2+2s_3+2) = 18s_1^2+8s_2^2+2s_3^2+24s_1s_2-12s_1s_3-8s_2s_3-12s_1-8s_2+4s_3+2$.　2. (1 の逆) $(18s_1^2+8s_2^2+2s_3^2+24s_1s_2-12s_1s_3-8s_2s_3-12s_1-8s_2+4s_3+2)\div(-3s_1-2s_2+1s_3+1) = -6s_1-4s_2+2s_3+2$. 3. $(-3s_1-2s_2+1s_3+1)^2 = 9s_1^2+4s_2^2+1s_3^2+12s_1s_2-6s_1s_3-4s_2s_3-6s_1-4s_2+2s_3+1$.　4. (3 の逆) $(9s_1^2+4s_2^2+s_3^2+12s_1s_2-6s_1s_3-4s_2s_3-6s_1-4s_2+2s_3+1)$ の平方根 $= -3s_1-2s_2+1s_3+1$. この根を与える理由については，BG 12 の Note 参照.

···

T47, 6　意味は明らかである．「負数である」「ヤーヴァッターヴァット三つ」yā $\dot{3}$，「負数であるカーラカ二つ」kā $\dot{2}$,「正数であるニーラカ一つ」nī 1，これらに「ルーパ一つを加え」て生ずるのは，yā $\dot{3}$ kā $\dot{2}$ nī 1 rū 1．同じこれらが二倍されて乗数 yā $\dot{6}$ kā $\dot{4}$ nī 2 rū 2 が生ずる．これ（次の表）が掛け算のための書置．

yā $\dot{6}$	yā $\dot{3}$ kā $\dot{2}$ nī 1 rū 1
kā $\dot{4}$	yā $\dot{3}$ kā $\dot{2}$ nī 1 rū 1
nī 2	yā $\dot{3}$ kā $\dot{2}$ nī 1 rū 1
rū 2	yā $\dot{3}$ kā $\dot{2}$ nī 1 rū 1

「ルーパと色の積においては色があるだろう」(BG 8c) 云々によって掛け算をすると，四つの列に，掛け算の結果が文字的 (akṣarataḥ) および数字的 (aṅkataḥ) に生ずる.[2]

[1] 一つの根しか与えられていないことについては，12p1 参照.　[2] P はこの表を次の段落の「カーラカの平方からも」の後に置く.

yāva	18	yākābhā	12	yānībhā	$\dot{6}$	yā	$\dot{6}$
yākābhā	12	kāva	8	kānībhā	$\dot{4}$	kā	$\dot{4}$
yānībhā	$\dot{6}$	kānībhā	$\dot{4}$	nīva	2	nī	2
yā	$\dot{6}$	kā	$\dot{4}$	nī	2	rū	2

ここで，ヤーヴァットの平方 (yāva) から横にあるものと下にあるものとは[1]順に同種だから和をとり，カーラカの平方 (kāva) からも[2]横と下にある kānībhā $\dot{4}$ と[3] kā $\dot{4}$ は順に同種だから和をとり，ニーラカの平方 (nīva) からも横と下にある nī 2 は同種だから和をとり，他は別置すると，掛け算の結果が生ずる，yāva 18 yākābhā 24 yānībhā $\dot{12}$ yā $\dot{12}$ kāva 8 kānībhā $\dot{8}$ kā $\dot{8}$ nīva 2 nī 4 rū 2. T47, 14

···Note ···

K は，同じ未知数から成る多項式どうしを整数分割部分乗法 (BG 10) を用いて計算すると，対角線上に各未知数の平方が現れ，それを対称軸として右横と下に同種の項（同類項）が生ずることを指摘する．

···

次に，これが被乗数で割られると何だろうか，というので，割り算のために，被乗数を除数として掛け算の結果を[4]書置する．〈被除数〉：yāva 18 yākābhā 24 yānībhā $\dot{12}$ yā $\dot{12}$ kāva 8 kānībhā $\dot{8}$ kā $\dot{8}$ nīva 2 nī 4 rū 2.〈除数〉：yā $\dot{3}$ kā $\dot{2}$ nī 1 rū 1.[5] ここで，「被除数から，... 除数が，... 落ちてきれいになる」云々(BG 11) により商が得られるべきである．この被除数には，最初にヤーヴァットの平方 18 個がある．除数にはヤーヴァット三個[6]，yā $\dot{3}$，がある．これが，ヤーヴァット六個によって掛けられると，負数であるヤーヴァットの平方十八個になる．これらがもし[7]引かれると正数になるだろうというので，同種だから和であり，その清算は[8]ないだろう．負数であるヤーヴァット六個によって除数の掛け算をすると，清算があるだろう．だからこの yā $\dot{6}$ によって除数が掛けられると，yāva 18 yākābhā 12 yānībhā $\dot{6}$ yā $\dot{6}$ が生ずる．これが位置に応じて被除数から引かれると，残りは[9]，yākābhā 12 yānībhā $\dot{6}$ yā $\dot{6}$ kāva 8 kānībhā $\dot{8}$ kā $\dot{8}$ nīva 2 nī 4 rū 2. [10] 商は，yā $\dot{6}$. T48, 1

さて，被除数〈の残り〉にはヤーヴァットとカーラカのバーヴィタがある．負数であるカーラカ，kā $\dot{4}$ によって除数の掛け算をすると，それの清算があるだろう，というので，商は，kā $\dot{4}$. これが掛けられた除数は，yākābhā 12 kāva 8 kānībhā $\dot{4}$ kā $\dot{4}$ になる．これが被除数から引かれると，残りは，yānībhā $\dot{6}$ yā $\dot{6}$ kānībhā $\dot{4}$ kā $\dot{4}$ nīva 2 nī 4 rū 2. この被除数にはヤーヴァットとニーラカのバーヴィタがある．ニーラカ二つ (nī 2) によって除数，yā $\dot{3}$ kā $\dot{2}$ nī 1 rū 1,[11] が掛けられ，それ（被除数）から引かれると[12]，清算がある T48, 10

[1] yāvadvargāttiryaksthitānām adhaḥsthitānāṃ ca T] yāvadvargādhastiryaksthitānāṃ ca P. [2] kālakavargādapi P] kālakargādapi T. [3] kānībhā $\dot{4}$ T] kālakanīlaka bhā $\dot{4}$ P. [4] guṇanaphalasya T] guṇanaphalasyaḥ P. [5] yā $\dot{3}$ kā $\dot{2}$ nī 1 rū 1] ∅ T. [6] yāvattrayaṃ P] yāvatrayaṃ T. [7] yadi T] yadā P. [8] tacchuddhiḥ T] śuddhiḥ P. [9] śeṣaṃ T] śeṣaṃ labdhiśca P. [10] P では「rū 2」と「商は」の間に誤って ‘yā $\dot{3}$ kā $\dot{2}$ nī 1 rū 1’ が挿入されている． [11] yā $\dot{3}$ kā $\dot{2}$ nī 1 rū 1 T] ∅ P. [12] apanīte sati T] apanīte P.

だろう，というので，商は，nī 2. これによって掛けられた除数は，yānībhā $\dot{6}$ kānībhā $\dot{4}$ nīva 2 nī 2. これが被除数から引かれると，残りは，yā $\dot{6}$ kā $\dot{4}$ nī 2 rū 2. 次に，被除数にはヤーヴァット六つがある．除数が二ルーパ (rū 2) によって掛けられると，それの清算がある，というので，商は，rū 2. 二ルーパによって掛けられた除数は，yā $\dot{6}$ kā $\dot{4}$ nī 2 rū 2. これが被除数から引かれると，すべての清算がある，というので生ずる完全な (saṃpūrṇa) 商は，yā $\dot{6}$ kā $\dot{4}$ nī 2 rū 2.

···Note···

K が実行する割り算の手順．被除数：yāva 18 yākābhā 24 yānībhā $\dot{12}$ yā $\dot{12}$ kāva 8 kānībhā $\dot{8}$ kā $\dot{8}$ nīva 2 nī 4 rū 2. 除数：yā $\dot{3}$ kā $\dot{2}$ nī 1 rū 1. 除数 × yā $\dot{6}$: yāva 18 yākābhā 12 yānībhā $\dot{6}$ yā $\dot{6}$. これを被除数から引くと，残りは yākābhā 12 yānībhā $\dot{6}$ yā $\dot{6}$ kāva 8 kānībhā $\dot{8}$ kā $\dot{8}$ nīva 2 nī 4 rū 2. 除数 × kā $\dot{4}$: yākābhā 12 kāva 8 kānībhā $\dot{4}$ kā $\dot{4}$. これを被除数（の残り）から引くと，残りは yānībhā $\dot{6}$ yā $\dot{6}$ kānībhā $\dot{4}$ kā $\dot{4}$ nīva 2 nī 4 rū 2. 除数 × nī 2: yānībhā $\dot{6}$ kānībhā $\dot{4}$ nīva 2 nī 2. これを被除数（の残り）から引くと，残りは yā $\dot{6}$ kā $\dot{4}$ nī 2 rū 2. 除数 × rū 2: yā $\dot{6}$ kā $\dot{4}$ nī 2 rū 2. これを被除数（の残り）から引くと，すべて清算される．従って，除数に掛けた数の和 yā $\dot{6}$ kā $\dot{4}$ nī 2 rū 2, が商である．

······

T48, 21 次に，「被乗数の平方[1] ... を云いなさい」というので，被乗数を自分自身によって掛けるための書置：

yā $\dot{3}$	yā $\dot{3}$ kā $\dot{2}$ nī 1 rū 1
kā $\dot{2}$	yā $\dot{3}$ kā $\dot{2}$ nī 1 rū 1
nī 1	yā $\dot{3}$ kā $\dot{2}$ nī 1 rū 1
rū 1	yā $\dot{3}$ kā $\dot{2}$ nī 1 rū 1

T49, 1 述べられたとおりに掛け算をして和をとると，生ずる平方は yāva 9 yākābhā 12 yānībhā $\dot{6}$ yā $\dot{6}$ kāva 4 kānībhā $\dot{4}$ kā $\dot{4}$ nīva 1 nī 2 rū 1.

···Note···

ここでは具体的計算手順は省略されているが，平方は同じ未知数から成る多項式の掛け算だから，K は T47, 6 – T47, 14 の段落と同じように計算したはずである．

······

T49, 2 次に，「この平方の」「根を」云いなさい，という根の例題である．ここで，「平方数から根をとり[2]」(BG 12) というので，根 (pl.) が求められる，yā 3 kā 2 nī 1 rū 1. ここで，二つづつの積の二倍は[3]，順に，yākābhā 12 yānībhā 6 yā 6 ⟨kānībhā 4 kā 4 nī 2⟩. これが平方の残りから引かれるべきである，というので[4]，「引かれつつある正数は負数になる」(BG 3cd) から，たとえヤー

[1] guṇyasya kṛtiṃ T] guṇyasya P. [2] kṛtibhya ādāya padāni P] kṛtibhyaḥ padānyādāya T. [3] abhihatirdvinighnī T] abhihatiṃ dvinighnīṃ P. [4] vargaśeṣācchodhyeti P] vargaśeṣā śodhyeti T.

ヴァットとカーラカのバーヴィタが負数であり,「正数負数の和は差に他ならない」(BG 3b) というので清算があるとしても, ⟨ 平方の残りにある ⟩ ヤーヴァットとニーラカのバーヴィタおよびヤーヴァットが負数のときは, 同種であるから, 和をとると二倍になり, 清算はないだろう. だから, 負数であるヤーヴァッターヴァット[1]三個が根として設定される (kalpyate),「正数の二根は正数と負数」(BG 4c) と述べられているから. そうすれば, 二つづつの積の二倍は, yākābhā $\dot{12}$ yānībhā $\dot{6}$ yā $\dot{6}$ ⟨kānībhā 4 kā 4 nī 2⟩. ここで, たとえ「引かれつつある正数は負数になる」(BG 3cd) 云々によりヤーヴァットとニーラカのバーヴィタおよびヤーヴァットの清算があるとしても, ヤーヴァットとカーラカのバーヴィタは二倍になり, 清算はない. したがって, 前の積において, ヤーヴァットとニーラカのバーヴィタおよびヤーヴァット ⟨ の正数負数性 ⟩ を逆にするために, ニーラカとルーパの負数性が設定される. あるいは, その積において, ヤーヴァットとカーラカのバーヴィタ ⟨ の正数負数性 ⟩ を逆にするために, カーラカの負数性が設定される, というので, 二通りの行き方 (gati) がある. そうすれば, 根はこれら yā 3 kā 2 nī $\dot{1}$ rū $\dot{1}$, またはこれら yā $\dot{3}$ kā $\dot{2}$ nī 1 rū 1, である[2]. 両方とも, 互いに二つづつの積の二倍はまったく等しい, yākābhā 12 yānībhā $\dot{6}$ yā $\dot{6}$ kānībhā $\dot{4}$ kā $\dot{4}$ nī 2.[3] これを引くと[4]すべての清算がある, というので, 二つとも根であることが確立された (siddha).

···Note·····

K が実行する平方根計算（開平）の手順. 開平の対象：yāva 9 yākābhā 12 yānībhā $\dot{6}$ yā $\dot{6}$ kāva 4 kānībhā $\dot{4}$ kā $\dot{4}$ nīva 1 nī 2 rū 1. まず, この中の平方数 yāva 9, kāva 4, nīva 1, rū 1 からそれぞれの根を求めると yā 3, kā 2, nī 1, rū 1. しかしこのままでは, 二つづつの積の 2 倍を引いたとき清算されない項が残るので, yā $\dot{3}$にしてみる（これは BG 4c によって保証される）と, yānībhā $\dot{6}$ yā $\dot{6}$は清算されるが yākābhā 24 が残ってしまう. そこで,（とりあえず yākābhā 12 が清算されるように yā 3 は正数のまま）nī $\dot{1}$ rū $\dot{1}$と設定するとすべて清算される. あるいは yā $\dot{3}$にしたときは, 同時に kā $\dot{2}$とすればすべて清算される. 従って平方根は, yā 3 kā 2 nī $\dot{1}$ rū $\dot{1}$, および yā $\dot{3}$ kā $\dot{2}$ nī 1 rū 1.

··········

> 優れた占術師たちの集団がたえずその脇に仕えるバッラーラなる T49, 19
> 計算士の息子が作ったこの種子計算の解説書『如意蔓の化身』において, 色に起因する六種 ⟨ の演算 ⟩ がこのように生まれた. /BP 3/

以上, すべての計算士たちの王, 占術師バッラーラの息子, 計算士クリシュナの作った種子計算[5]の解説書『如意蔓の化身』における「色に関する六種」

[1] yāvattāvat P] yāvat T.　[2] etāni/ yā 3 kā 2 nī $\dot{1}$ rū $\dot{1}$/ etāni vā/ yā $\dot{3}$ kā $\dot{2}$ nī 1 rū 1/ T] etāni/ yā $\dot{3}$ kā $\dot{2}$ nī 1 rū 1/ etāni vā/ yā 3 kā 2 nī $\dot{1}$ rū $\dot{1}$/ P.　[3] kānībhā $\dot{4}$ kā $\dot{4}$ nī 2 P] kānībhā 4 kā 4 nī 2 T.　[4] śodhane T] śodhanena P.　[5] bījakriyā T] bīja P.

の注釈は完結した[1].

（ここでのグランタ数は，三百二十，320）[2]

[1] samāptam P] ∅ T. [2] (atra granthasaṃkhyā viṃśatyadhikaśatatrayam 320)/ P] ∅ T. この文が P のみにありしかも括弧に入れられているのは，P の編者が補ったからか.

第4章　カラニーに関する六種

次はカラニーに関する六種である． /13p$\dot{1}$/ A56, 1

さて，カラニー (karaṇī) に関する六種が解説される．ここで，次のことが理解されなければならない．二つの根量 (mūlarāśi) の，平方を介した (vargadvārā) 六種〈の演算〉，それがカラニーに関する六種である，と．この六種は平方性を前面に出すことによってのみ展開するからである．だからこそ，この六種においては，根を与える (mūlada) 量（平方数）にもカラニーとしての処理手順 (vyavahāra) がある．カラニー性を前面に出せば，計算の展開において，それ（平方数をカラニーとして扱うこと）はないだろう．「カラニーに関する六種」という名称は，カラニーにはこの計算が必然的であるから，と知るべきである．その場合，ある量 (rāśi) の根 (mūla) が期待されている (apekṣita) のに，余りのない (niragra) 根が生じ得ない (na saṃbhavati) とき，それ（量）がカラニーであって，単なる「根を与えない (amūlada) 量」（非平方数）ではない．〈なぜなら，もし〉そうだとすれば，二，三，五，六などには，常にカラニーとしての手順があるだろう〈が，それは不適当である〉．「そうあるべきだ」と云うなら，否．〈なぜなら，もし〉そうすれば，〈常に〉それから生ずる行為（カラニー計算）があるだろう，例えば，八が二によって加えられると十八になる，というように． T50, 2

···Note ··························

カラニーの定義はここで K が与える通りであり，$\sqrt{a}$ の a を指す．この語 (karaṇī) の由来と用法については Hayashi 1995, 60-64 参照．平方根に関する六種の演算を平方次元で行うのが「カラニーに関する六種」である．カラニー計算を行うとき，カラニーと通常の数（ルーパ）を区別するために，それぞれの前にその頭文字 ka と rū を置く．

$8 + 2 = 10$　ルーパとしての計算

ka 8 + ka 2 = ka 18　カラニーとしての計算

··························

（問い）「これは単なるメタ規則 (paribhāṣā) に過ぎないとしても，〈これから〉この，カラニーに関する六種を述べる苦労がいったい何になるのか．実際，世間 (loka) ではカラニーによる問題処理 (vyavahāra) はない．その近似根 (āsanna-mūla) によるのみである．そしてその六種は，他ならぬルーパの六種によって，意義を失う．また，カラニーの計算がなされても，最終的に T50, 11

は[1]その近似根による処理手順がある．だから，先にこそそれを考慮したほうがよい．」

そう〈考えるべき〉ではない．先に粗な (sthūla) 根を得た場合，その掛け算などにおいて，極めて粗になるだろう．密な (sūkṣma) カラニー計算がなされた場合も[2]，後でその近似根を得る場合，いくらかの誤差 (antara) はあるが，大きくはないだろう，というので，〈近似根を先にとるか後でとるかで〉大きな違いがある．というわけでカラニーに関する六種は，当然企てられるべきである．それ（カラニーに関する六種）は，たとえ既知数に関する六種の構成要素であるから色に関する六種より前に企てることこそふさわしいとしても，それを説明したり理解したりする際の苦労が大きいので，「針と鍋の理」[3]によって，色に関する六種の直後に企てることもふさわしい．

T50, 19　そこで，まず，インドラヴァジュラー詩節とウパジャーティカー詩節によって，二つの方法によるカラニーの足し算と引き算，それに掛け算と割り算の〈カラニーのための〉特別則 (viśeṣa) を説明する．

A56, 2　**その内，足し算と引き算に関する術則，二詩節．/13p0/**

13　**カラニー二つの和を「大」，積の根の二倍を「小」と想定すれば，**
T51, 1　**ルーパのように，それらの和と差がある．平方によって平方を掛**
14　**けるべきである．また割るべきである．// あるいは，小〈カラ**
ニー〉によって割られた大〈カラニー〉の根が一で加減され，自乗され，小〈カラニー〉によって掛けられると，順に，それら二つの和と差である．もし〈積と商の〉根が存在しなければ，別置する．/13-14/

···Note···

規則 (BG 13-14): ka $c=$ ka $a\pm$ ka b $(a>b)$ で 積 ab が平方数のとき，

$$L(\text{大})=a+b, \qquad S(\text{小})=2\sqrt{ab},$$

とすると，

$$c=L\pm S.$$

あるいは，

$$c=\left(\sqrt{\frac{a}{b}}\pm 1\right)^2\times b.$$

また，ka $c=$ ka $a\times$ rū b, ka $c=$ rū $a\times$ ka b, ka $c=$ ka $a\div$ rū b, ka $c=$ rū $a\div$ ka b のときは，それぞれ，

$$c=ab^2, \quad c=a^2b, \quad c=a\div b^2, \quad c=a^2\div b.$$

···

T51, 7　二つのカラニーの和または差が作られるべきとき，ルーパのように作られたカラニーの和が大カラニーであると想定すべきであり，〈同じ〉二つのカラニーの「積の根の二倍」が小カラニーであると想定すべきである．それら二

[1] antatas P] tatas T.　[2] kṛte 'pi T] kṛte tu P.　[3] 第3章冒頭参照．

つの，小・大と想定されたカラニーの,「ルーパのように」作られた「和と差」は，最初の二つのカラニーの「和と差」である．

次に，「未知数，平方，カラニーの掛け算において，〈既知数学で述べた部分乗法の規則が〉考慮されるべきである」(BG 10c) 云々により，また「〈最後の〉被除数から，除数〈にあるものを掛けたもの〉が引かれる」(L 18a) 云々 により，カラニーの掛け算と割り算は達成されるが，その場合の特別則を述べる,「平方によって平方を掛けるべきである．また割るべきである」と．次のことが云われている．カラニーの掛け算が行われるべきとき，もしルーパ (pl.) が被乗数または乗数であるなら，あるいは，カラニーの割り算がなされるべきとき，もしルーパ (pl.) が被除数または除数であるなら，そのときは，ルーパ (pl.) の平方を作ってから，掛け算・割り算が行われるべきである．カラニーは平方の形 (varga-rūpa) を持つから，ということである． T51, 11

平方もまた同じ二つのものの積であって，掛け算の一種であるから，述べられたように（部分乗法で）達成される．あるいは,「最後の〈項の〉平方が置かれるべきである．最後の〈項の〉二倍を掛けた」(L 19b) 云々[1] という既知数学で述べられた方法により，カラニーの平方も達成されるが,「平方によって平方を掛けるべきである．また割るべきである[2]」(BG 13d) と述べられているので,「最後の〈項の〉二倍を掛けた」というこれは,「最後の〈項の〉四倍を掛けた」と見るべきである[3]．根を知るための規則はあとで (BG 19-20)〈バースカラ先生が〉述べるだろう． T51, 15

···Note·····································

平方に関しては，T68, 13 の後の Note 参照.

···

次に，別の方法による和と差を,「小〈カラニー〉によって」云々(BG 14) により示す.「小」カラニーによって「割られた」[4]「大」カラニーの「根が」，一カ所では一が加えられ，別の場所では一が引かれ，両方とも平方され,「小」カラニーによって掛けられると，順に，二つのカラニーの「和と差である」．ここで，小で大を割るとき，もし分数であって根が得られない場合，根のために，可能なら共約すると知るべきである．この道理によれば，大で割られた小の根でルーパ (sg.) を加減し，平方し，大を掛けると，和と差である，と知るべきである． T51, 20 / T52, 1

···Note·····································

例えば，ka 18 + ka 8 に第二の計算法，

$$c = \left(\sqrt{\frac{a}{b}} \pm 1\right)^2 \times b,$$

を適用するとき，$\frac{18}{8}$ は,「共約」(apavartana) して $\frac{9}{4}$ としてから根をとる．段落の最

[1]「同じ二つのものの積が平方と呼ばれる．また，最後の〈項の〉平方が置かれるべきである．最後の〈項の〉二倍を掛けた他の数字もまたそれぞれの上に〈置かれるべきである〉．最後〈の項〉を除去し，〈残りの〉量を移動してから，〈同じ演算を〉繰り返す.」(L 19)　[2] guṇayedbhajecca P] guṇayet T.　[3] Cf. BG E14abp1.　[4] hṛtāyā P] hṛtayā T.

後の文章は，上と同じ設定で第三の計算法を与える．

$$c=\left(1\pm\sqrt{\frac{b}{a}}\right)^2\times a.$$

これら第二・第三の計算法をまとめて一つの文章（アルゴリズム）で与える工夫が次の段落で為される．

T52, 1 ここでは，二つのカラニーのうち数字的に小さい方が「小」，数字的に大きい方が「大」であると知るべきであって，前の規則（第一の方法）の言葉によって[1]，二つのカラニーの和が「大」，積の根の二倍が「小」ということではない[2]．ここで，〈厳密には〉「小によって (laghvyā)」は「非大によって (amahatyā)」と[3]云わねばならない．また，「大の (mahatyā)」は「非小の」と[4]云わねばならない．でなければ，二つのカラニーが同じとき，この規則によって和と差を得ることはないだろう，ということである．ここで，〈同じ規則の表現としては〉「二つのうちの一方で割られた他方のカラニーの根の，ルーパ (sg.) との和と差の平方が[5]，除数のカラニーによって掛けられると[6]，和と差である」と述べるほうがより良い．

T52, 8 （問い）「前の規則 (BG 13) では『積の根』というここで，根をとることが述べられた．第二の規則 (BG 14) では『小によって割られた大の根』というここで，それが述べられた．そこでもし根が得られないときは和と差はどのように作られるべきか.」

というので云う，「もし〈積と商の〉根が存在しなければ，別置する」と．意味は明らかである．

T52, 11 これに関する例題を，ウパジャーティカー詩節で述べる．

例題．/E11p0/

E11 **二と八を値とする，また三と星宿 (27) を数とする，二つのカラニーの和と差をそれぞれ云いなさい．また，三と七を値とする二つ〈のカラニー〉についても，すぐに，よく考えてから〈云いなさい〉，友よ，もしカラニーの六種を知っているなら．/E11/**

A59, 18 **書置：ka 2 ka 8．和で生ずるのは ka 18．差では ka 2．二番目の例題における書置：ka 3 ka 27．和で生ずるのは ka 48．差では ka 12．三番目の例題における書置：ka 3 ka 7．これら両者を掛けると根がないから，別置するだけである．和で生ずるのは ka 3 ka 7．差では ka $\dot{3}$ ka 7．/E11p1/**

以上が，カラニーの和と差である．/E11p2/

[1] sūtroktyā T] sūtroktā P. [2] na tu T] nanu P. [3] laghvyāmahatyeti] laghvyā amahatyeti TP. [4] mahatyā alaghvyā iti] mahatyā laghvyā iti TP. [5] vargau P] vargo T. [6] ghnau P] ghno T.

···Note···

例題 (BG E11): 1a. ka 2 + ka 8 = ka 18. 1b. ka 8 − ka 2 = ka 2. 2a. ka 3 + ka 27 = ka 48. 2b. ka 27 − ka 3 = ka 12. 3a. ka 3 + ka 7 = ka 3 ka 7 (別置). 3b. ka 7 − ka 3 = ka $\dot{3}$ ka 7 (別置). ここで，ka $\dot{3}$は現代表記では $\sqrt{-3}$ ではなく $-\sqrt{3}$ に対応することに注意. T57, 15 の段落末尾参照.

···

意味は明らかである. 第一例題の書置：ka 2 ka 8. この二つの和が[1]大〈カ T52, 16
ラニー〉ka 10. 二つのカラニーの積，16，の根，4，の二倍，8，が小〈カラ
ニー〉. 順に，小と大の書置：la ka 8, ma ka 10.[2] この二つの和と差が,「ルー
パのように」作られると，18, 2.「二と八を値とする」「二つのカラニーの」
和は十八，18，差は二，2. 二と八の[3]根の和，それがまさに十八の根である.
また，二と八の根の差，それがまさに二の根である，という意味である.

さてここで，第二規則による和と差. 小，2，によって割られた大，8，の T52. 20
商は 4. これの根，⟨2⟩，が，一で加減されると，3, 1. 二つとも，平方する
と，9, 1. 小，2，で掛けられると，18, 2. 順に，それら（第一規則で得られ
た結果）と同じ[4]和と差が生ずる.

次に，第二例題の書置：ka 3 ka 27. この二つの和が，大 ka 30. 積，81， T53, 1
の根，9，の二倍，18，が小. この二つの和と差は，48, 12. 次に，第二の方
法により，小によって割られた大の商は，9. これの根，3，が一で加減される
と，4, 2. 自乗すると，16, 4. 小で掛けられると[5]，48, 12. 生じたのは，そ
れら（第一規則で得られた結果）と同じ[6]和と差である.

次に，第三例題の書置：ka 3 ka 7. この二つの和が，大 10. 二つのカラ T53, 6
ニーの積は 21. これの根は存在しないから,「もし〈積と商の〉根が存在しな
ければ，別置する」というので，別置が生ずる.〈すなわち〉，和をとると，
ka 3 ka 7. 差をとると，ka $\dot{3}$ ka 7.[7]

···Note···

K の手順. 1. ka 2 ± ka 8. 第 1 規則によれば，$L = 2 + 8 = 10$, $S = 2\sqrt{2 \times 8} = 8$; $c = 10 \pm 8 = 18,\ 2$. 第 2 規則によれば，$c = (\sqrt{8/2} \pm 1)^2 \times 2 = 18,\ 2$. いずれにしても，和 ka 18, 差 ka 2. 2. ka 3 ± ka 27. 第 1 規則によれば，$S = 30$, $S = 18$; $c = 30 \pm 18 = 48,\ 12$. 第 2 規則によ s れば，$c = (\sqrt{27/3} \pm 1)^2 \times 3 = 48,\ 12$. いずれにしても，和 ka 48, 差 ka 12. 3. ka 3 ± ka 7. $3 \times 7 = 21$ の根は存在しないので，別置する. 和 ka 3 ka 7, 差 ka $\dot{3}$ ka 7.

···

これに関する正起次第. 二つのカラニーの根の和を根として持つもの，そ T53, 8
れがカラニーの和である. 一方，それは，根の和の平方に他ならない. でなけ
れば，どうしてそれの根が根の和になろうか. 同様に，二つのカラニーの根
の差を根として持つもの，それがカラニーの差である. 一方，それは，根の

[1] yogo P] yoge T. [2] la ka 8 ma ka 10 T] la ∘ ka ∘ 8 ma ∘ ka ∘ 10 P. [3] dvikāṣṭayor T] dvikāṣṭakayor P. [4] te eva P] ta eva T. [5] laghuguṇaṃ T] laghu 3 guṇaṃ P. [6] te eva P] ta eva T. [7] ka $\dot{3}$ T] ka 3 P.

差の平方に他ならない．でなければ，どうしてそれの根が根の差になろうか．その場合，二つのカラニーは，根の平方である．だから，二つのカラニーの根をとってから，それら（二つの根）の和の平方が作られるべきである．それこそが，カラニーの和になるだろう．同様に，カラニーの根の差の平方がカラニーの差になるだろう．だが[1]，カラニーの根は得られない．だから，他の方法でやらなければならない．ここでは[2]和の平方または差の平方が得られるべきであるが，それは，平方の和がわかれば[3]簡単である．そして，平方の和はカラニーの和に他ならない．両カラニーは平方の形 (varga-rūpa) を持つから．

T53, 17 （問い）「平方の和はわかるとしても，どうして和の平方または差の平方が簡単なのか，その二つは別のものなのに.」

というなら〈次のように〉云われる．平方の和が，積の二倍だけ[4]増やされると，和の平方になる．例えば，二つの量，3, 5．この二つの平方の和は，34．積の二倍であるこれ，30，が加えられると，64．〈すなわち〉，和，8，の平方が[5]生ずる．あるいは，二つの量，3, 7．この二つの平方の和は，58．積の二倍，42，が加えられると，100．〈すなわち〉，和，10，の平方が[6]生ずる．どこでも同様である．

T53, 21 また，平方の和が，積の二倍だけ減らされると[7]，差の平方になる．例えば，二つの量，4, 2．この二つの平方の和は，20．積の二倍，16，が引かれると，生ずるのは，4．〈これは〉，差，2，の平方，4，である．あるいは，二つの量，3, 8．この二つの平方の和は，73．積の二倍，48，が引かれると，生ずるのは，25．〈これは〉，差，5，の平方である．どこでも同様である．

T54, 1 従って，平方の和が，積の二倍を加えられると，和の平方になり，積の二倍を引かれると，差の平方になる，ということが確立された (siddha)．ここで，二つの根の平方の和は，〈二つの〉カラニーの和に他ならない．これが，和の平方のために二つのカラニーの根の積の二倍を加えられ，差の平方のために〈同じものを〉引かれる．その場合，二つのカラニーの根の積というのは，カラニーの積の根に他ならない．だから，正しく述べられたのである，

> カラニー二つの和を「大」，積の根の二倍を「小」と想定すれば，
> ルーパのように，それらの和と差がある[8]．(BG 13abc)

と．

···Note···

第一計算法の正起次第の概略．「カラニー a とカラニー b の和（差）はカラニー c である」，すなわち，

$$\text{ka}\ c = \text{ka}\ a \pm \text{ka}\ b,$$

となるような c を求める．「a の根と b の根の和（差）は c の根である」，すなわち，

$$\sqrt{c} = \sqrt{a} \pm \sqrt{b},$$

---

[1] paraṃ tu T] paraṃ P. [2] atra P] ataḥ T. [3] vargayogopalambhe P] vargayogopālambhe T. [4] dviguṇitena ghātena T] dviguṇitaghātena P. [5] yuti/8/vargaḥ T] yutivargaḥ P. [6] yuti 10 vargaḥ P] yutiḥ/10/ vargaḥ T. [7] hīno P] hī no T. [8] etayoḥ staḥ] etayostaḥ T, etayoste P.

であるから,「a の根と b の根の和（差）の平方は c である」，すなわち,

$$c=\left(\sqrt{a}\pm\sqrt{b}\right)^2,$$

である．a, b はカラニーであるから，$\sqrt{a}, \sqrt{b}$ は得られないが,

$$c=\left(\sqrt{a}\pm\sqrt{b}\right)^2=\left(\sqrt{a}\right)^2+\left(\sqrt{b}\right)^2\pm 2\sqrt{a}\cdot\sqrt{b}=(a+b)\pm 2\sqrt{ab},$$

であるから，$\sqrt{ab}$ が「得られる」(labhyate) なら，c が存在する．そうでなければ，別置する.

………………………………………………………………………………

（問い）「正起次第なしに，平方の和が積の二倍で加減されると和の平方，または差の平方になる，というこれはいったいどうしてか[1]．散見[2]は無効 (aprayojaka) である．でなければ，量の積の四倍は和の平方になる，というのも正言 (suvaca) である．それもまた，場合によってはそのように見るから．すなわち，二つの量，2, 2．この二つの積，4，の四倍は 16．ここに生じたのは，和，4，の平方[3]，16，である．あるいは，二つの量，3, 3．この二つの積，9，の四倍は 36．これは，和，6，の平方，36，である．あるいは，二つの量，4, 4．この二つの積，16，の四倍は 64．これは，和，8，の平方，64，である．以下同様である．したがって，散見は無効である，場合によっては逸脱も生じうるから．だから，平方の和が積の二倍で加減されると，和の平方または差の平方になる，というこの点に関する道理 (yukti) が述べられなければならない.」 T54, 8

確かに〈その通りである〉.〈しかし〉，その正起次第は，一色中項除去の最後で,「ある量二つの平方の和と和の平方との差は，積の二倍に等しいだろう」(BG 63abc)，というこれと,「二つの量の差の平方により，積の二倍が伴われると，それは[4]平方の和に等しくなるだろう」(BG 62abc) [5]というこの原典 (ākara) で明らかになるし[6]，我々もそこで解説することになるので，ここでは検討しない.

…Note………………………………………………………………………

問いの意図は，上の正起次第で用いられた恒等式，$(p\pm q)^2=p^2+q^2\pm 2pq$，はいくつかの具体例で確認されただけで，まだ正起次第が与えられていないということ．そのことを,「散見は無効である」(kvaciddarśanam aprayojakam) と表現．その例として，一般には成り立たない「量の積の四倍は和の平方になる」($4pq=(p+q)^2$) も $p=q$ のときは成立することを（p と q の具体例で）指摘．これに対し，K は，BG 62-63 とその注で正起次第が与えられることを予告．そこで扱われる恒等式は,

$$\text{BG 62}: (p-q)^2+2pq=p^2+q^2,\quad \text{BG 63}: (p+q)^2-(p^2+q^2)=2pq.$$

………………………………………………………………………………

次に，二つの平方の根の積，それは積の根にほかならない，というこの点 T54, 19

[1] kathaṃ T] kathaṃ[citaṃ] P.　[2] kvaciddarśana「場合によっては見ることもある」ということ.　[3] yuti 4 vargaḥ P] yutiḥ 4 vargaḥ T.　[4] sa syād P] syād T.　[5] BG 62a では「二つの量の」(rāśyor) ではなく「腕と際の」(doḥkoṭy-)．K はここで，同じ内容を持つ L 138 の表現と混同しているらしい．*doḥkoṭy*antaravargeṇa dvighno ghātaḥ samanvitaḥ/ vargayogasamaḥ sa syād...//BG 62//　*rāśyor*antaravargeṇa dvighne ghāte yute tayoḥ/ vargayogo bhaved...//L 138//　[6] sphuṭībhaviṣyati P] sphurībhaviṣyati T.

についての道理が述べられる．平方の積は，四つのものの積である，平方は，同じ二つのものの積という形をしているから．すなわち，一組の二つの同じ量と，別の一組の同じ量との積，というので，四つのものの積である．例えば，二つの量，3, 5．この二つの平方の積のために，あるいは積の平方のために，四つの量が生ずる，3, 3, 5, 5．ここで，二つの積は，このように，9, 25，あるいは，このように，15, 15，二つの量の積が二つ，あるいは，量の平方が二つである．ここで，二つの平方，9, 25，の積をとれば，225，また，二つの同じ積，15, 15，の積をとれば，225，となり，最初の四つのものの積[1]である．だから，平方の積と[2]積の平方に差はないから，積の平方の根は平方の積の〈根〉でもある．そこで，積の平方の根は積に他ならない，というので，平方の積の根も積に他ならない．だから，〈二つの平方（あるいはカラニー）の〉根の積は積の根である，ということが正起した．

···Note···

前の正起次第で用いられた関係，$\sqrt{a} \cdot \sqrt{b} = \sqrt{ab}$，の正起次第．一般に，

$$p^2q^2 = (p \cdot p) \cdot (q \cdot q) = pq \cdot pq = (pq)^2,$$

だから，$\sqrt{p^2q^2} = pq$．したがって，p^2, q^2 をそれぞれ ka a, ka b とすれば，$\sqrt{ab} = \sqrt{a} \cdot \sqrt{b}$.

···

T55, 5 次に，第二の規則の正起次第．ここでも二つのカラニーの根の和の平方または根の差の平方が求められるべきものである．しかし，両カラニーの根は得られない．だから，二つのカラニーは，根が得られるように共約されなければならない．さらに，そのように根を得たとしても，その二つの和の平方または差の平方はカラニーの共約数によって共約されているだろう．なぜなら，共約された〈一方の〉カラニーの根は共約する数字の[3]根によって共約されているだろうから．第二のカラニーも同様である．それら二つの根の和も共約数の根によって共約されているだろう．一方，和の平方は共約数の[4]根の平方によって共約されているだろう．ところが，共約数の根の平方は共約数に他ならない．だから，和の平方または差の平方は共約数によって掛けられるべきである，という道理がある．

T55, 12 次に，共約数が検討されなければならない．カラニーを何で共約すれば[5]根を得るだろうか，と．その場合，他ならぬ（同じ）カラニー数字によってカラニーを共約すれば，ルーパ (sg.) が生じるだろう．そして，もちろんその根を得る．その場合，もし大きい方のカラニーで共約が[6]行われるなら，小さい方のカラニーの共約はないだろう，だからこそ[7]，先生（バースカラ）は，小さい方のカラニーで共約を[8]したのである．そうすれば，小さい方の位置に[9]ルーパ (sg.) が生ずる．大きい方も[10]，小さい方で共約してから根が得ら

[1] pūrvacatuṣkaghāto T] pūrvacatuṣkasya ghāto P. [2] vargaghātasya P] vargaghātasya 4 T. [3] apavartāṅka- P] apavartoṅka- T. [4] yutervargastvapavarta P] yutervargastu anapavarta T. [5] kenāpavartane T] kenāpavartena P. [6] mahatyā karaṇyāpavartaḥ T] mahatyāḥ karaṇyā apavartaḥ P. [7] ata eva T] ataḥ P. [8] laghvyā karaṇyāpavartaḥ] laghvyā karaṇyā apavartaḥ T, laghvyāḥ karaṇyā apavartaḥ P. [9] laghusthāne P] laghusthale T. [10] mahatyā api] mahatyapi TP.

れるべきである．だから云われたのである,「小によって割られた大の根」と．これが，共約された大きい方の根である．一方，共約された小さい方の根はルーパ (sg.) に他ならない．この二つの和または差が作られるべきときは，〈小さい方で割られた〉大きい方の根が[1]一で加減される，第二の根はルーパ (sg.) だから．だから云われたのである,「一で加減され」と．このようにして，根の和および根の差が生ずる．次に，この二つ（和・差）の平方が作られるべきである．だから云われたのである,「自乗され」と．このようにして，和の平方および差の平方が生ずる．しかし，〈それらは〉共約されている．だから，共約数である小さい方のカラニーによってこれら二つ（和・差）が掛けられるべきである．だから云われたのである,「小によって掛けられる」と．これは指標である[2]．あるもの（数）で共約すれば二つのカラニーの根が得られるとき，それで共約してから[3]根が得られるべきである．それらの和の平方または差の平方が共約数によって掛けられるとき，カラニーの和あるいは差が[4]生ずるだろう，などということは賢い者たちは推して知るべし．

···Note···

第二計算法の正起次第．$a=m^2p,\ b=n^2p$ のとき，

$$c=\left(\sqrt{a}\pm\sqrt{b}\right)^2=\left(\sqrt{\frac{a}{p}}\pm\sqrt{\frac{b}{p}}\right)^2\times p=(m\pm n)^2\times p.$$

ここで，p は apavarta または apavartāṅka（動詞 apa-$\sqrt{}$vṛt「帰る，帰す」に由来）と呼ばれる.「共約数」と訳す．$p=b$ とすると，第二計算法が得られるが，これはもちろん指標すなわち一例であり，他の p でもよい．

···

次に，「平方によって平方を掛けるべきである」というこれに関する正起次第．ここでは実に，カラニーに関する六種によってその二つの根の六種が達成される．例えば，二と八を値とする二つのカラニーの和は〈ルーパとして足せば〉十であるけれど，根の和のためならそれは十八であると説明されている，というようなことである．それと同様に，ここ（掛け算）でも，カラニーの二倍性等は[5]，その根が二倍等[6]になるようにもたらされるべきである (sampādanīya)．その場合，ただ二等を[7]カラニーに掛けると，その根は二倍等に[8]ならないが，二等の[9]平方をそれに掛けると，〈二倍等になる〉．例えば，量 4．これの二倍性が望まれるとき，もしこれの平方，16，が二倍されると 32.[10] そのときこれの根は[11]，〈与えられた〉量の二倍にならない．ところが，量 4 の平方[12]，16，が二の平方，4，で掛けられると，64．その根，8，は，〈与えられた〉量の二倍になる．三倍性等に関しても，同様に見るべきである．だから,「平方によって平方を掛けるべきである」が正起した． T56, 1

[1] mahatyāḥ padaṃ T] mahatīpadaṃ P. [2] upalakṣaṇam P] upalakṣaṇaṃ yena T. [3] tenāpavartya P] tenāpavarta T. [4] yogo 'ntaraṃ vā T] yogāntaraṃ ca P. [5] dvyādiguṇatvaṃ P] dvayādiguṇatvaṃ T. [6] dvyādiguṇaṃ P] dvayādiguṇaṃ T. [7] dvyādibhir P] dvayādibhir T. [8] dvyādiguṇaṃ P] dvayādiguṇaṃ T. [9] dvyādi P] dvayādi T. [10] dviguṇaḥ kriyate 32 T] dviguṇaḥ 32 kriyate P. [11] tarhyasya padaṃ P] padaṃ T. [12] rāśi 4 varge P] rāśivarge T.

···Note·····································

「ka $c=$ ka $a\times$ rū b のとき，$c=a\times b^2$」の正起次第．$\sqrt{c}=\sqrt{a}\times b$ だから．

···

T56, 9 割り算に関する正起次第も，同様に見るべきである，また，先生（バースカラ）によりパーティーで，

> 〈分数の〉平方においては分母分子双方の平方が，立方計算においては〈それらの〉立方が，また根を得るためには〈それらの〉根が，計算されるべきである．/L 43/

と述べられたし，我々によりその解説 (vyākhyā) に際して正起させられた (upapādita).

···Note·····································

「同様に」は次のことを意味すると思われる．「ka $c=$ ka $a/$rū b のとき，$c=a/b^2$」の正起次第は $\sqrt{c}=\sqrt{a}/b$ から．「ka $c=$ rū $a/$ka b のとき，$c=a^2/b$」の正起次第は $\sqrt{c}=a/\sqrt{b}$ から．

L 43 からの引用の後の言葉は，L に対する K の注釈書の存在を暗示して興味深い．BG E48 に対する K 注参照．ある個人所有写本リストに，L に対する K の注釈書とされるものがリストされていることは知られていたが，これまでそれは，BG の注釈書と混同されているのではないか，と考えられてきた．Cf. CESS A2, 55b (‘A ṭīkā on the *Līlāvatī* of Bhāskara II (b. 1114) is ascribed to Kṛṣṇa, but it is probably a confusion with the Bījāṅkura.’).

···

T56, 11 さて，掛け算の例題二つを，ウパジャーティカー詩節で述べる．

A61, 22 **掛け算の例題．/E12p0/**

E12 **乗数は二，三，八を数とするカラニー (pl.)，被乗数は三を数とし五ルーパを伴う．積をすぐに云いなさい．また，乗数が三と太陽 (12) を値とする二つのカラニー (du.) で五ルーパ引かれているとき．/E12/**

書置：乗数 ka 2 ka 3 ka 8，被乗数 ka 3 rū 5．ここで，被乗数または乗数，被除数または除数で，もし可能なら，簡潔さのために，複数のカラニー (pl.) または二つのカラニー (du.) の和をとってから，掛け算と割り算をすべきである．そのようにして生ずる乗数は，ka 18 ka 3．被乗数は，ka 25 ka 3．掛けて生ずるのは，rū 3 ka 450 ka 75 ka 54./E12p1/

···Note·····································

例題 (BG E12): 1. (ka 3 rū 5) × (ka 2 ka 3 ka 8) = rū 3 ka 450 ka 75 ka 54. 2. (ka 3 rū 5) × (ka 3 ka 12 rū $\dot{5}$). 後者は次の規則 (BG 15) の後で解かれる．

···

T56, 16 ここで，五ルーパを伴い，三を数とするカラニーが被乗数であり[1]，一方，

乗数は二，三，八を数とするカラニー[1]，あるいは五ルーパ引かれている，三と太陽 (12) を値とする二つのカラニーである．ここで，二つの乗数があるから，例題は二つであると知るべきである．

さて，最初の例題の書置：乗数 ka 2 ka 3 ka 8，被乗数 rū 5 ka 3.「平方によって平方を掛けるべきである」(BG 13d) というので，カラニーは[2]平方の形を持つから，ルーパも平方にして，生ずる被乗数は，ka 25 ka 3．ちょうど被乗数が ⟨ 乗数の ⟩ 部分によって別々に掛けられ，足されると，掛け算の結果になるように，⟨ 逆に ⟩ 部分の和によって掛けられたものも同じになる，ということはよく知られている．だから，乗数にある二と八を値とする二つのカラニーの和をとると，乗数，ka 18 ka 3，が生ずる.「被乗数が，別々に，乗数の[3]部分と同じく置かれ」(BG 10a) という掛け算（部分乗法）のための[4]書置： T56, 18

T57, 1

ka 18	ka 25 ka 3
ka 3	ka 25 ka 3

掛けて[5]生ずるのは ka 450 ka 54 ka 75 ka 9．カラニー九の根は得られるというので根をとると，掛け算果 rū 3 ka 450 ka 54 ka 75 が生ずる．

次に，二番目の例題の書置：乗数 rū $\dot{5}$ ka 3 ka 12，被乗数 ka 25 ka 3．この乗数にある三と太陽 (12) を値とする二つのカラニーの和をとると，ka 27 が生ずる.「平方によって平方を掛けるべきである」(BG 13d) というので，ルーパの平方が作られるべきとき,「正数と負数の平方数は正数」(BG 4c) というので二十五というカラニーが正数性を持ってしまうとき，特別則をウパジャーティカー詩節で述べる． T57, 3

特別規則，一詩節．/15p0/ A63, 2

負数であるルーパの平方は負数とすべきである，もしそれがカラニー性のために得られるなら．また負数を本性とするカラニーの根は負数とすべきである，ルーパを作るためなら．/15/ 15

···Note···

$a > 0$ として，rū $\dot{a}$ = ka $\dot{a}^2$．これは，現代表記の $-a = -\sqrt{a^2}$ に対応する．

············

二番目の例題の書置：乗数 ka $\dot{25}$ ka 3 ka 12，被乗数 ka 25 ka 3．この乗数の二つのカラニーの和をとると，乗数 ka $\dot{25}$ ka 27．掛けて生ずるのは，ka $\dot{625}$ ka 675 ka $\dot{75}$ ka 81．これらのうち，この ka $\dot{625}$と ka 81 の二つの根は，rū $\dot{25}$ rū 9．これらの和をとると，生ずるのは rū $\dot{16}$．これら ka 675 と ka $\dot{75}$ 両者の差をとれば和になるというので[6]，生ずる和は，ka 300．順に書置：rū $\dot{16}$ ka 300．/E12p2/ A63, 5

[1] guṇyaḥ T] guṇyā P.　[1] karaṇyaḥ T] karaṇyāḥ P.　[2] karaṇyā P] karaṇyor T.
[3] guṇaka P] guṇa T.　[4] guṇanārthe T] guṇanārthaṃ P.　[5] guṇane T] guṇanena P.
[6] BG 3b 参照.

以上が，カラニーの掛け算である．/12p3/

···Note ···

E12 の第 2 例題．被乗数 = ka 25 ka 3, 乗数 = ka $\dot{25}$ ka 3 ka 12 = ka $\dot{25}$ ka 27; (ka 25 ka 3) × (ka $\dot{25}$ ka 27) = ka $\dot{625}$ ka 675 ka $\dot{75}$ ka 81; ka $\dot{625}$ + ka 81 = rū $\dot{25}$ + rū 9 = rū $\dot{16}$; ka 675 + ka $\dot{75}$ = ka 300. したがって，積 rū $\dot{16}$ ka 300.

···

T57, 12 「負数であるルーパの平方は」，そのときは,「負数とすべきである」,「もし」「それが」: 負数であるルーパの平方が,「カラニー性」のために「得られるなら」.「負数には根はないだろう」(BG 4d) というこれ（規則）の例外則 (apavāda) を述べる,「負数を本性とする...」と.「負数を本性とするカラニーの根は」，そのときは,「負数とすべきである」，もし根が「ルーパを作る」ために得られるなら．

T57, 15 これに関する正起次第．ここでは実際，ルーパの平方はカラニーの掛け算のために作られる．それ（平方）がたとえ正数であっても，その根は負数に他ならない〈こともある〉,「正数の二根は正数と負数」(BG 4c) と述べられているから．カラニーの和によって，根の和の平方が得られる．その場合もし負数ルーパの平方であるカラニーに正数性が想定されるなら，そのときは，もう一つの，正数であるカラニーとの和があるだろう．そしてその根は，根の和に他ならない[1]〈ことになってしまう〉．しかし〈実際は〉根の差が生ずるはずである,「正数負数の和は差に他ならない」(BG 3b) と述べられているから．したがって，カラニーに対する負数という呼称 (saṃjñā) は，根の負数性を教えるためにこそ作られたのである．

T57, 21 初心者の啓蒙のために，これ（次のこと）が例示される．rū $\dot{3}$ rū 7．これら二つの和 4 の平方は[2]まずこの 16 である．そしてそれは，〈負数ルーパからの〉カラニーに対して正数性が想定されている場合は得られない．すなわち〈その場合〉，例示された二つのルーパのカラニーは[3]，ka 9 ka 49.「カラニー二つの和を『大』,〈積の根の二倍を『小』〉と想定すれば」云々(BG 13) によって，和 ka 100 が生ずる．しかしこれは，〈元のルーパの〉和の平方 (16) ではない．したがって，〈負数ルーパの平方に〉負数性が想定される．〈すな
T58, 1 わち，ka $\dot{9}$ ka 49.〉したがって，もしカラニーの和等が〈正しく〉得られないなら，そのときは負数ルーパの平方は正数〈としたから〉に他ならない．ここで，カラニーというのは指標である．〈上の例のように，ルーパの〉平方の和から，カラニーの和のように，〈ルーパの〉和の平方等が得られる場合，そのときは，負数ルーパの平方は負数であると想定すべきである，と考えるべきである．敷衍はもう十分である．本題に戻ろう．

···Note ···

rū $\dot{3}$ + rū 7 = rū 4．これのカラニーは ka 16．一方，最初からカラニーの和として求めるとき，もし，rū $\dot{3}$ + rū 7 = ka 9 + ka 49 とすると，BG 13 により ka 100 となっ

[1] eva P] eva ca T. [2] rū $\dot{3}$ rū 7/ anayoryuti 4 vargas T] rū 3 rū $\dot{7}$/ anayoryuti $\dot{4}$ vargas P. [3] karaṇyau T] karaṇyoḥ P.

てしまうので，rū $\dot{3}$ + rū 7 = ka $\dot{9}$ + ka 49 とすべきである．そうすれば，BG 13 により $L = 49 + 9 = 58$, $S = 2\sqrt{49 \cdot 9} = 42$, $L - S = 16$ だから，結果は ka 16 になる，ということ．

…………………………………………………………………………

乗数 rū $\dot{5}$ ka 3 ka 12．カラニーの和は ka 27．ルーパの平方は，負数で ka $\dot{25}$.[1] このようにして生ずる乗数は，ka $\dot{25}$ ka 27．被乗数 ka 25 ka 3．掛け算のための書置： T58, 4

ka $\dot{25}$	ka 25 ka 3
ka 27	ka 25 ka 3

掛け算によって生ずるのは ka $\dot{625}$ ka $\dot{75}$ ka 675 ka 81．一番目と四番目のカラニーの根は rū $\dot{25}$ rū 9．これら二つの和は，rū $\dot{16}$.[2] 他の二つのカラニーの差は ka 300．このようにして生ずる掛け算果は rū $\dot{16}$ ka 300.

前 (BG E12) の掛け算果の，自らの乗数を除数とする割り算のための書置：被除数 ka 9 ka 450 ka 75 ka 54，除数 ka 2 ka 3 ka 8．ここで，ka 2 ka 8 という二つのカラニーの和をとると，ka 18 ka 3 が生ずる．「被除数から… 除数が… 引かれてきれいになる（清算される）」云々(BG 11) という術により，〈前の例題の〉被乗数 rū 5 ka 3 が〈商として〉得られる．/E12p4/ A65, 7

…Note…………………………………………………………………

BG 11 は未知数を含む多項式の割り算の規則．それをカラニーの割り算にも応用するということ．具体的手順は，次の Note 参照．

…………………………………………………………………………

次に，割り算の例題．前の掛け算果の，自らの乗数を除数とする書置： T58, 10

ka 9 ka 450 ka 75 ka 54
ka 2 ka 3 ka 8

[3]

除数にある二と八を値とする二つのカラニーの和をとると，生ずる除数は，ka 3 ka 18.「被除数から… 除数が… きれいになる（清算される）」云々(BG 11) によって，商が得られるべきである．この被除数には最初にカラニー九がある．除数が三を値とするカラニーによって掛けられると[4]それは清算される，というので，除数が ka 3 によって掛けられて[5]，ka 9 ka 54．これを引くと，被除数の第一・第四カラニーの清算がある．だから，商 ka 3．さて，被除数の残りは[6] ka 450 ka 75．再び，除数が二十五を値とするカラニーによって掛けられると[7]，ka 75 ka 450．被除数の残りから可能な限り除去すると清

---

[1] ka $\dot{25}$ T] ka 25 P.　[2] rū $\dot{16}$ T] rū 16 P.　[3] ka 9 ka 450 ka 75 ka 54 / ka 2 ka 3 ka 8 P] ka 9 ka 450 ka 75 / ka 2 ka 3 ka 8 ka 54 T.　[4] trimitakaraṇyā guṇite T] triguṇite P.　[5] ka 3/ guṇitaḥ T] tribhirguṇitaḥ P.　[6] śeṣaḥ T] śeṣam P.　[7] pañcaviṃśatimityā karaṇyā guṇite] pañcaviṃśatimityā karaṇinā guṇite T, pañcaviṃśatiguṇe P.　T に見られる語形 karaṇi は BAB でも何度か用いられているが，それは俗語の影響と思われる．

算がある，というので商 ka 25 が生ずる．これから根が得られる，というのでとられた根は rū 5．このように生じた全商は[1]，rū 5 ka 3．

···Note ··

E12 の第 1 例題の逆（割り算）．K による手順（自注と同じく，BG 11 による）．被除数 = ka 9 ka 450 ka 75 ka 54, 除数 = ka 2 ka 3 ka 8 = ka 3 ka 18; 除数 × ka 3 = ka 9 ka 54; これを被除数から引くと，残りは，ka 450 ka 75; 除数 × ka 25 = ka 75 ka 450; これを被除数の残りから引くと清算されるから，商 ka 3 ka 25 = ka 3 rū 5.

··

A65, 13 **第二の例題の書置：被除数 ka $\dot{256}$ ka 300，除数 ka $\dot{25}$ ka 3 ka 12．二つのカラニーの和をとると，ka $\dot{25}$ ka 27 が生ずる．ここでまず，三を掛けて，二つの正数および二つの負数の和をとってから，そのあとで二十五を掛けて，引けば，商は rū 5 ka 3 である．ここでも前と同様，被乗数 rū 5 ka 3 が得られる．/E12p5/**

T58, 20 次に，第二の例題では，被除数 ka $\dot{256}$ ka 300，除数 ka $\dot{25}$ ka 3 ka 12．二つのカラニーの和をとると，除数は ka $\dot{25}$ ka 27 になる．ここでは前の被乗数であるこの ka 3 ka 25 が商として生ずるはずである．だから三を値とするカラニーを掛けられた[2]除数は，「引かれつつある正数は負数になる」(BG 3c)
T59, 1 というので，ka 75 ka $\dot{81}$ になる．ここで，被除数と除数にある正数負数二つのカラニーのあいだに差はない（引き算はできない），根が存在しないから[3]．だから，被除数と除数の正数カラニー二つ ka 300 ka 75 および負数カラニー二つ ka $\dot{256}$ ka $\dot{81}$ の和をとると，被除数の残り ka 675 ka $\dot{625}$ が生ずる．これから，二十五を値とするカラニーを掛けられた[4]除数 ka $\dot{625}$ ka 675 が除去されると清算があるというので，商 ka 3 ka 25 が生ずる．根をとれば，五ルーパを伴う三を数とするカラニー，rū 5 ka 3，という商が生ずる．

···Note ··

E12 の第 2 例題の逆（割り算）．K は上の自注 (E12p5) の手順をより詳しく解説．被除数 = ka $\dot{256}$ ka 300, 除数 = ka $\dot{25}$ ka 3 ka 12 = ka $\dot{25}$ ka 27; 被除数 − 除数 × ka 3 = (ka $\dot{256}$ ka 300) − (ka $\dot{75}$ ka 81) = ka $\dot{256}$ ka 300 ka 75 ka $\dot{81}$．ここで，正数と負数の組み合わせでは積が根を持たないから，正数どうし，負数どうしを組み合わせて和をとると，ka 300 + ka 75 = ka 675, ka $\dot{256}$ + ka $\dot{81}$ = ka $\dot{625}$．したがって，被除数の残りは ka 675 ka $\dot{625}$．さらに，除数 × ka 25 = ka $\dot{625}$ ka 675．これを被除数の残りから引くと清算されるから，商 ka 25 ka 2 = rū 5 ka 3．

··

T59, 7 この二番目の例題で，除数に何を掛けたら「被除数から除数が清算される[5]」

[1] sakalalabdhiḥ T] labdhiḥ P. [2] trimitakaraṇīguṇo T] triguṇo P. [3] カラニーの足し算・引き算のためには，積と商が平方根を持たなければならない．BG 13-14 参照．
[4] pañcaviṃśatimitakaraṇīguṇe T] pañcaviṃśatiguṇe P. [5] bhājyācchedaḥ śudhyati．これは逐語的引用ではないが，L の割り算規則の冒頭，bhājyāddharaḥ śudhyati (L 18)，を念頭に置いている．

のか，ということは分かりにくい[1]．だから，この上なく慈悲深い尊敬すべき先生 (pl.) は，生徒たちに教示するために別の方法 (upāya) をウパジャーティカー詩節二つによって説明する．

あるいはまた，別様に述べられる．/16p0/ A67, 13

繰り返し，除数の中で任意のカラニーの正数負数性を逆にしてから，そのような除数を被除数と除数に掛けるべきである，除数のカラニーが一つだけになるまで．/16/ 16

それ（除数に残ったカラニー）によって被除数にあるカラニー (pl.) が割られると，商のカラニーである．もし，和から生じたもの（カラニー，pl.）があれば，質問者が望むものになるように，分離規則 (BG 18) によって別々にするべきである．/17/ 17

···Note···

規則 (BG 16-17): これは，被除数と除数に同じものを掛けることにより除数を一つの項に帰してから，割り算を行う方法である.「分母の有理化」に相当するが，最後に残る一つの項はカラニーのままにしておいて，それで割り算をする．なぜなら「平方によって平方を掛けるべきである．また割るべきである」(BG 13) から．

···

「除数の中で」「任意の」一つの「カラニーの」「正数負数性を逆に」「してから」，そのような除数を，あるがままの「被除数と除数に」掛けるべきである．このようにしたとき，カラニーの和を〈可能なら，規則の〉言葉通りにとれば，被除数と除数である．次に，その除数にも[2]，もし二つ等の[3]カラニー部分があれば，また一つのカラニーの正数負数性を逆にしてから，そのような除数を前の掛け算で生じた被除数と除数に掛けるべきである．そこでも可能ならカラニーの和をとれば，被除数と除数である．除数のカラニーがただ一つになるまで，このように繰り返し行うべきである．次に，得られた除数のカラニー (sg.) によって，得られた被除数のカラニー (pl.) がルーパのように割られるべきである[4]．得られるもの (sg.) が商のカラニー (pl.) である．また，もし得られたカラニーが和から生じたものであって，質問者の望むものではない場合，これから述べられる分離規則 (BG 18) によって，質問者 (praṣṭṛ) の望むものとなるように，別々にするべきである． T59, 17 / T60, 1

二番目の例題の被除数 ka $\dot{256}$ ka 300，除数 ka $\dot{25}$ ka 27．ここで，二十五カラニーの負数性を逆にして生ずる除数は ka 25 ka 27．この除数をあるがままの被除数と除数に掛けるべきである，というので，掛け算のための書置： T60, 3

ka 25 | ka $\dot{256}$ ka 300　　ka 25 | ka $\dot{25}$ ka 27
ka 27 | ka $\dot{256}$ ka 300　　ka 27 | ka $\dot{25}$ ka 27

---

[1] duravabodham T] duḥkhabodham P.　[2] bhājake P] bhājako T.　[3] dvyādi P] dvayādi T.　[4] bhājyāḥ/ yal] bhājyā yal T, bhājyā/ yal P.

被除数が掛けられると，ka $\dot{6400}$ ka 7500 ka $\dot{6912}$ ka 8100 が生ずる．最初と四番目，二番目と三番目を，前のように「小によって割られた大の〈根が〉」(BG 14) というので[1]加えると，被除数に二つのカラニー，ka 100 ka 12 が生ずる．除数が掛けられると，ka $\dot{625}$ ka 675 ka $\dot{675}$ ka 729 が生ずる．ここでも，最初と四番目，二番目と三番目を加えると，ka 4 ka 0 が生ずる．このように，除数にはカラニーが一つだけ生ずる，ka 4．これによって被除数の二つのカラニー ka 100 ka 12 が割られると，商は ka 25 ka 3 である．

···Note ··

E12 の第 2 例題の逆（割り算）．被除数 = ka $\dot{256}$ ka 300, 除数 = ka $\dot{25}$ ka 27. 除数の負数を正数にして，ka 25 ka 27. これを被除数と除数に掛ける．被除数 × (ka 25 ka 27) = ka $\dot{6400}$ ka 7500 ka $\dot{6912}$ ka 8100 = (ka $\dot{6400}$ + ka 8100) + (ka 7500 + ka $\dot{6912}$) = ka 100 ka 12, 除数 × (ka 25 ka 27) = ka $\dot{625}$ ka 675 ka $\dot{675}$ ka 729 = (ka $\dot{625}$ + ka 729) + (ka 675 + ka $\dot{675}$) = ka 4 ka 0 = ka 4. これで被除数のカラニーをそれぞれ割ると，ka 25 ka 3. この例題は自注 18p2 で説明される．

··

T60, 14 同様に，前の例題についても書置：被除数 ka 9 ka 450 ka 75 ka 54，除数 ka 18 ka 3．この除数にある三を値とするカラニーに負数性を想定して，そのような除数であるこの ka 18 ka $\dot{3}$ を被除数と除数に掛けるための書置：

ka 9 ka 450 ka 75 ka 54 | ka 18
ka 9 ka 450 ka 75 ka 54 | ka $\dot{3}$ [2]

ka 18 ka 3 | ka 18
ka 18 ka 3 | ka $\dot{3}$ [3]

被除数が掛けられると，ka 162 ka 8100 ka 1350 ka 972 ka $\dot{27}$ ka $\dot{1350}$ ka $\dot{225}$ ka $\dot{162}$ が生ずる．ここで，等しい正数負数二つのカラニーの和により清算があるので，残りはカラニー四つである．ka 8100 ka $\dot{225}$ ka 972 ka $\dot{27}$．ここで，一番目と二番目，三番目と四番目の和をとると，被除数にカラニー二つが生ずる，ka 5625 ka 675．同様に，除数が掛けられると，ka 324 ka 54 ka $\dot{54}$ ka $\dot{9}$ が生ずる．ここで，これら二つ，ka 54 ka $\dot{54}$,[4] の和をとると清算が
T61, 1 生ずる．他の二つ，ka 324 ka $\dot{9}$,[5] の和をとると，ka 225 が生ずる[6]．このように，除数のカラニーが一つだけになる，ka 225．これにより被除数の二つのカラニーが割られる[7]．商は ka 25 ka 3.

···Note ··

E12 の第 1 例題の逆（割り算）．これは自注 18p1 で説明される．

··

T61, 2 このように得られたカラニーがもし和から生じたものであるなら，分離規則 (BG 18) によって別々にされるべきである．その例題．被除数 ka 9 ka 450 ka

---

[1] pūrvavat laghvyā hṛtāyā⟨stu padaṃ⟩ mahatyā iti T] ∅ P.
[2] ka 9 ka 450 ka 75 ka 54 | ka 18 | / ka 9 ka 450 ka 75 ka 54 | ka $\dot{3}$ | P] ka 9 ka 450 ka 75 ka 54 | ka 28 | / ka $\dot{3}$ | T.
[3] ka 18 ka 3 | ka 18 | / ka 18 ka 3 | ka $\dot{3}$ | P] ka 18 ka 3 | ka 18 | / ka $\dot{3}$ | T.
[4] ka 54 ka $\dot{54}$ T] ka $\dot{54}$ ka 54 P.
[5] ka 324 ka $\dot{9}$ T] 324/ $\dot{9}$ P.
[6] jātā ka 225 T] jātā karaṇī 225 P.
[7] anayā bhājyakaraṇyau hṛte T] anayā bhājakakaraṇyā hṛte P.

75 ka 54，除数 ka 25 ka 3．この除数にある三を値とするカラニーに負数性を想定して，そのような除数による被除数と除数の掛け算をするための[1]書置：

ka 25 | ka 9 ka 450 ka 75 ka 54 [2]　　ka 25 | ka 25 ka 3
ka $\dot{3}$ | ka 9 ka 450 ka 75 ka 54　　ka $\dot{3}$ | ka 25 ka 3

被除数が掛けられると，

| ka 225 ka 11250 ka 1875 ka 1350 |[3]
| ka $\dot{27}$ ka $\dot{1350}$ ka $\dot{225}$ ka $\dot{162}$ |

ここで，正数負数のカラニー〈二組〉が等しいことから消滅して，残りのカラニーは ka $\dot{27}$ ka 1875 ka 11250 ka $\dot{162}$．これらのうち，この二つ ka $\dot{27}$ ka 1875 とこの二つ ka 11250 ka $\dot{162}$ の和をとると[4]，被除数にはカラニー二つが生ずる，ka 1452 ka 8712．同様に，除数が掛けられると，ka 625 ka 75 ka $\dot{75}$ ka $\dot{9}$ が生ずる．ここでも等しい正数負数のカラニー二つが消えて，他の二つ，ka 625 ka $\dot{9}$，の和をとると，除数のカラニー[5]が一つだけ生ずる，ka 484．これで，被除数のカラニー二つを割って生ずる商は，ka 3 ka 18．ここで〈掛け算の例題として〉,「乗数は二，三，八を数とするカラニー (pl.)[6]，被乗数は三を数とし五ルーパを伴う[7]」(BG E12) といわれ，〈今，割り算の例題としては〉これら二つの積が被除数として例示された．それら二つのうちの一方でそれ（被除数）を割ったとき，他方が[8]商となるはずである．本件の場合,「五ルーパを伴う[9]」,「三を数とする」〈カラニー〉によって割られる．だから，二，三，八カラニーが結果として生ずるはずである．一方，述べられた方法によれば，これが商である，ka 18 ka 3．これらのうち，この ka 3 は望まれたものである．他のカラニー二つが期待される．だから，この和のカラニー ka 18 が〈要素に〉分離されなければならない．だから，分離術 (pṛthak-karaṇa) をヴァサンタティラカー詩節で説明する．

···Note···

E12 の第 1 例題の逆．K は，分離規則 (BG 18) が必要となる場面まで計算し，分離規則を導入する．この例題は自注 18p3 で説明される．

···

そしてその分離規則，一詩節．/18p0/　A67, 18

---

[1] guṇanārthe　T] guṇanārthaṃ　P.　[2] ka 25 | ka 9 ka 450 ka 75 ka 54 | / ka $\dot{3}$ | ka 9 ka 450 ka 75 ka 54 | P] ka $\frac{25}{\text{ka}\dot{3}}$ $\frac{|\text{ ka } 9}{|\text{ ka } 9}$ ka $\frac{450}{\text{ka}450}$ ka $\frac{75}{\text{ka}75}$ ka $\frac{54}{\text{ka}54}$ T.　[3] ka 225 ka 11250 ka 1875 ka 1350 / ka $\dot{27}$ ka $\dot{1350}$ ka $\dot{225}$ ka $\dot{162}$] ka $\frac{225}{\text{ka}\dot{27}}$ ka $\frac{11250}{\text{ka}\dot{1350}}$ ka $\frac{1875}{\text{ka}\dot{225}}$ ka $\frac{1350}{\text{ka}\dot{162}}$ T, ka 225 ka 11250 ka 1875 ka 1350 ka $\dot{27}$ ka $\dot{1350}$ ka $\dot{225}$ ka $\dot{162}$ P.　[4] śeṣakaraṇyaḥ ka $\dot{27}$ ka 1875 ka 11250 ka $\dot{162}$/ āsvanayoḥ ka $\dot{27}$ ka 1875 anayośca ka 11250 ka $\dot{162}$ yoge P] śeṣakaraṇyaḥ ka 11250 ka $\dot{162}$ ka 1875 ka $\dot{27}$/ yoge T.　[5] bhājakakaraṇī P] bhājyakaraṇī T.　[6] saṃkhyā guṇakaḥ karaṇyo] saṃkhyāguṇakaḥ karaṇyor TP.　[7] sapañcarūpā P] sa paṃcarūpā T.　[8] anyataro P] anyatarā T.　[9] sapañcarūpā P] sa pañcarūpā T.

18 **和のカラニーが平方数で割られてきれいになるとしよう．その（平方数の）平方根の部分 (pl.) を任意に作り（平方根を和に分解し），それらの平方に前の（割り算の）商を掛けると，それらは別々のカラニーになる．/18/**

···Note ···

規則 (BG 18)：カラニーの分離規則．

もし $c = a^2b$，$a = a_1 + a_2$ なら，ka c = ka a_1^2b + ka a_2^2b.

···

A70, 1 **書置：被除数 ka 9 ka 450 ka 75 ka 54，除数 ka 18 ka 3．この除数の三を値とするカラニーに負数性を想定して，ka 18 ka $\dot{3}$．これによって被除数が掛けられ，和がとられると，生ずるのは ka 5625 ka 675．また，除数は ka 225．これによって被除数が割られると，商は ka 25 ka 3．/18p1/**

A70, 6 **二番目の例題の書置：被除数 ka $\dot{256}$ ka 300，除数 ka $\dot{25}$ ka 27．この除数の二十五カラニーに正数性を想定して，ka 25 ka 27．被除数が掛けられ，正数と負数のカラニーの差がとられると，生ずるのは ka 100 ka 12．また，除数は ka 4．これによって被除数が割られると，商は ka 25 ka 3．/18p2/**

A70, 12 **今度は，前の例題の被乗数を除数とした場合の書置：被除数 ka 9 ka 450 ka 75 ka 54，除数 ka 25 ka 3．ここでも，三を値とするカラニーに負数性を想定して，被除数が掛けられ，和がとられると，生ずるのは ka 8712 ka 1452．また，除数は ka 484．これによって被除数が割られると，〈前の例題の〉乗数 ka 18 ka 3 が生ずる．〈しかし〉，前は乗数に三つの部分があった，というので，和のカラニーであるこの ka 18 が分離（分割）されるべきである．そこで，「和のカラニーが平方数で割られてきれいなるとしよう」(BG 18) というので，九からなる平方数 9 によって割られるときれいになる，というので，商は 2．九の根は 3．これの二部分，1, 2．これら二つの平方，1, 4．前の商 2 を掛けると，2, 8．かくして〈前の例題の〉乗数 ka 2 ka 3 ka 8 が生ずる．/18p3/**

···Note ···

例 1 (18p1): E12p4 と同じ被除数と除数．被除数 = ka 9 ka 450 ka 75 ka 54, 除数 = ka 18 ka 3. 被除数 × (ka 18 ka$\dot{3}$) = ka 5625 ka 675, 除数 × (ka 18 ka$\dot{3}$) = ka 225. したがって，(ka 5625 ka 675) ÷ (ka 25 ka 3) = (ka 5625 ka 675) ÷ ka 225 = ka 5625/225 ka 675/225 = ka 25 ka 3.

例 2 (18p2): E12p5 と同じ被除数と除数．被除数 = ka $\dot{256}$ ka 300, 除数 = ka $\dot{25}$ ka 27. 被除数 × (ka 25 ka 27) = ka 100 ka 12, 除数 × (ka 25 ka 27) =ka 4. したがって，(ka 100 ka 12) ÷ ka 4 = ka 100/4 ka 12/4 = ka 25 ka 3.

例 3 (18p3): E12 第 1 例題の逆．被除数 = ka 9 ka 450 ka 75 ka 54, 除数 = ka 25 ka 3. 被除数 × (ka 25 ka $\dot{3}$) = ka 8712 ka 1452, 除数 × (ka 25 ka $\dot{3}$) = ka 484. したがって，(ka 8712 ka 1452) ÷ ka 484 = ka 18 ka 3. これが商であるが，前の問題では乗数にカラニーが 3 個あったので，(ka 3 は分離できないから)，ka 18 を分離する．

$18 = 3^2 \times 2$, $3 = 1 + 2$ だから，ka 18 = ka $(1^2 \times 2)$ ka $(2^2 \times 2)$ = ka 2 ka 8. したがって，商 ka 2 ka 3 ka 8.

……………………………………………………………………

「和のカラニーが」，ある「平方数で割られてきれいになる」とき,「その平方根の」「任意」の「部分を」「作り」,「それらの平方[1]」に「前の商を掛けると」,「別々のカラニーになる」. 〈あるいは,「それらの (それらに由来する) 平方」(tadīya-kṛtayaḥ, pl.) という複合語は〉,「それ」(sā) であると同時に「平方」(kṛti) である，というカルマダーラヤ（同格限定複合語）〈の複数形〉と見るべきである（「それら平方」）. 次のことが云われている. 和のカラニーがある平方数で割られたとき余りがないとしよう. その平方の根がとられるべきである. それの部分を，質問者が望む数だけ作ってから，それらの部分の平方を作るべきである. それらの平方数が前の商で掛けられる. 和のカラニーが平方数で割られたとき[2]の商が「前の商」である. それによってそれらの平方数が掛けられると，別々のカラニーになる，ということである. T62, 1

元の例題で，和のカラニーは ka 18. これが，この平方数 9 で割られると，きれいになる. 商は 2. 平方数 9 の根は 3. これの二部分は 1, 2. これら二つの平方は 1, 4. 前の商 2 を掛けると 2, 8. 二つのカラニー部分 (du.)，ka 2 ka 8，が生ずる. このように，前のカラニー ka 3 と合わせて，二，三，八を数とする商のカラニー (pl.) が生ずる. 同様に，もし質問者が三つの部分を望むなら，平方根であるこの 3 には三つの部分，1, 1, 1, がある. これらから前のようにカラニー部分 (pl.) ka 2 ka 2 ka 2 が[3]生ずる. これらのカラニーも，和をとると，その同じカラニー ka 18 になる. このように，質問者の望みに応じて他の部分も作るべきである. 他のところでも同じように考えるべきである. T62, 8

…Note……………………………………………………………

ka 18 を 3 つのカラニーに分離することもできる，ということを指摘. $18 = 3^2 \times 2$, $3 = 1 + 1 + 1$ だから，ka 18 = ka $(1^2 \times 2)$ ka $(1^2 \times 2)$ ka $(1^2 \times 2)$ = ka 2 ka 2 ka 2.

……………………………………………………………………

次に,「任意の〈カラニーの〉正数負数性を逆に」(BG 16) というこの点に関する道理. 被除数と除数が等しい数字によって共約されたとき，あるいは掛けられたとき，結果に相違はない，ということはまず常識である. そこで，除数のカラニーが一つになるように，被除数と除数が〈同一の数で〉掛けられるか共約されるべきである. そうすると，割り算が容易になる. そのうち，共約する場合は，検討に難しさが[4]ある. すなわち，除数の二つの〈あるいはそれ以上の〉カラニーを何で共約すれば[5]一つのカラニーだけになるのか，と検討しなければならないし，さらにその同じ数字で被除数のカラニー T62, 16

[1] tadīyakṛtayaḥ P] tadīyakṛtakṛtayaḥ T. [2] hṛtāyāṃ T] vihṛtāyāṃ P. [3] ka 2 ka 2 ka 2 T] 2/ 2/ 2/ P. [4] vicāre gauravam T] vicāragauravam P. [5] kṛta ekaiva P] kṛte ekaiva T.

を共約することができるのかどうか検討しなければならない．だから，何かで被除数と除数が掛けられるべきである．そこで，除数に等しい乗数が作られる．そうすると，除数に掛けたとき，平方であるから，部分の平方二つと部分の積二つとが生ずる．その場合，平方の形をしたカラニーの部分二つは根を得るので，必然的に[1]，それら二つの和をとると，[2] カラニー一つだけになる．しかし，部分の積二つは残るだろう．だから，先生は，乗数の一つのカラニーの[3]正数負数性の逆転を述べられたのである．そうすると，部分の積二
T63, 1 つのうちの一つは[4]正数であり，他方は負数である，というので，それら二つの和をとると消滅 (nāśa) するだろう．このように，除数にはカラニー一つだけとなる[5]．除数が掛けられたのだから，被除数に掛けることは当然である．以上，「正数負数性を逆に」云々(BG 16-17) は正起した．〈除数に〉三つ等の部分（カラニー）がある場合も，推して知るべし．その場合，部分が多いからそれらが一度に消滅することはない，というので，「繰り返し」と述べられたのである．

···Note···

BG 16-17 の割り算規則の道理（考え方）．被除数と除数に同じ数を掛けても，あるいは同じ数で割っても，割り算の結果に相違はないから，どちらかの方法で除数を一つのカラニーに帰せば，割り算は容易になる．しかし，割るのは被除数と除数の共約数を見つけるのが大変だから，掛けてみる．例えば，除数を (ka a ka b) として，これに同じものを掛けると，(ka a ka b) × (ka a ka b) = ka a^2 ka ab ka ba ka b^2 = ka $(a+b)^2$ ka ab ka ba. そこでこの (ka ab ka ba) が消えるように，除数のカラニーの一つを負数にして掛けると，(ka a ka b) × (ka a ka $\dot{b}$) = ka a^2 ka $\dot{ab}$ ka ba ka $(\dot{b}^2)$ = ka $(a-b)^2$ だから，除数は一つのカラニーになる．除数のカラニーが 3 つ以上のときは同じ操作を繰り返す．

···

T63, 5 次に，分離規則の正起次第．それは，カラニーの和の第二規則 (BG 14) の逆による．すなわち，双数のカラニーあるいは複数のカラニーを[6]何かで共約し，それら（結果）の根の和の平方に共約数を掛けると和のカラニーとなる．すなわち，何であれ，和のカラニーは，〈根の〉和の平方と共約数の積である．だから，それが平方数で割られるときれいになる（割り切れる）．そして，商は共約数に他ならない．〈和のカラニーが〉ある平方数で割られてきれいになるとき，それ（平方数）は和の平方であり，その根は根の和[7]である．和の諸部分は，共約されたカラニーの根である．それらの平方 (pl.) は[8]，共約されたカラニーである．それらに共約数を掛けるとあるがままの（元の）カラニー (pl.) であり，共約数が前の〈割り算の〉商に他ならない．だから正しく述べられたのである，「和のカラニーが平方数で割られてきれいになる」云々

[1] avaśyaṃ P] avaśya T. [2] yoga ekaiva] yoge ekaiva TP. [3] kakaraṇyā dhana T] kakaraṇyāḥ dhana P. [4] madhya ekasya P] madhye ekasya T. [5] hare tvekaiva P] hareṇa ekaiva T. [6] karaṇyo vā P] karaṇyorvā T. [7] mūlayutiḥ P] mūlaṃ yutiḥ T. [8] vargā apavartita P] vargāḥ apavartita T.

(BG 18) と．

···Note······································

「分離規則」の正起次第．ka c が与えられたとき，ka $c =$ ka $a_1 +$ ka $a_2 + \cdots +$ ka a_n となる a_i を求める．$a_i = m_i^2 p$ のとき，カラニーの和の第二規則 (BG 14) の正起次第と同様，

$$c = (m_1 + m_2 + \cdots + m_n)^2 \times p$$

(T55, 5 以下に対する Note 参照)．したがって逆に，c が平方数 q^2 で割り切れるなら，

$$p = \frac{c}{q^2},$$

その q を和に分解して，

$$q = m_1 + m_2 + \cdots + m_n,$$

とすれば，

$$a_i = m_i^2 p,$$

によって和のカラニー c が分離（分解）される．

···

平方は掛け算の規則で述べられたから[1]，その例題を，ウパジャーティカー　T63, 14
の一詩節半で述べる．

カラニーの平方等の例題．/E13p0/　A75, 8

> **二・三・五を数値とするカラニー (pl.) がある．それらと，二・三**　E13
> **を数とするもの，また六・五・二・三を数値とするものの平方を**
> **別々に，すぐに私に云いなさい，賢い者よ．// また，十八・八・二**　E14ab
> **を数値とするものの〈平方〉，および平方にされたものの根 (pl.)**
> **を〈云いなさい〉，友よ．/E13-14ab/**

書置：一番目 ka 2 ka 3 ka 5．二番目 ka 3 ka 2．三番目 ka 6 ka 5 ka 3 ka 2．四番目 ka 18 ka 8 ka 2．「最後の〈項の〉平方が置かれるべきである．最後の〈項の〉四倍を掛けた」[2]というこれによって，あるいは，「被乗数が，別々に，乗数の部分と同じく」(BG 10) というこれ（部分乗法）によって，順番に平方が生ずる．一番目 rū 10 ka 24 ka 40 ka 60．二番目 rū 5 ka 24．三番目 rū 16 ka 120 ka 72 ka 60 ka 48 ka 40 ka 24．ここ（四番目）でも，可能ならカラニーの和を作ってから，平方と平方根がとられるべきである．それは次の通りである．ka 18 ka 8 ka 2．これらの和は，ka 72．これの平方は，ka 5148．これの根は，rū 72．/E14abp1/

以上が，カラニーの平方である．/E14abp2/

···Note······································

例題 (BG E13-14ab): 1. (ka 2 ka 3 ka 5)^2 = rū 10 ka 24 ka 40 ka 60.　2. (ka 3 ka 2)^2 = rū 5 ka 24.　3. (ka 6 ka 5 ka 3 ka 2)^2 = rū 16 ka 120 ka 72 ka 60 ka 48 ka 40 ka 24.　4. (ka 18 ka 8 ka 2)^2 = (ka 72)^2 = ka 5184.　5. ka 5184 の根 =

---

[1] Cf. T51, 15.　[2] sthāpyo 'ntyavargaśca caturguṇāntyanighnāḥ/ これは直接の引用ではなく，位取りでの平方計算のための規則 (L 19) の中の言葉「二倍」(dviguṇa) を「四倍」(caturguṇa) とバースカラ自身がカラニーの平方のために読み変えたもの．Cf. T51, 15; T64, 4.

rū 72. バースカラは自注で，2通りの平方計算法に言及する．一つは位取りでの平方計算アルゴリズム (L 19) をカラニー用に読み替えたものであり，もう一つは部分乗法 (BG 10) である．三つのカラニー部分からなる数を例にとると，カラニー用平方計算アルゴリズム：$(\mathrm{ka}\ a\ \mathrm{ka}\ b\ \mathrm{ka}\ c)^2 = \mathrm{ka}\ a^2\ \mathrm{ka}\ 4ab\ \mathrm{ka}\ 4ac\ \mathrm{ka}\ b^2\ \mathrm{ka}\ 4bc\ \mathrm{ka}\ c^2$. 部分乗法: $\begin{array}{r|l} \mathrm{ka}\ a & \mathrm{ka}\ a\ \mathrm{ka}\ b\ \mathrm{ka}\ c \\ \mathrm{ka}\ b & \mathrm{ka}\ a\ \mathrm{ka}\ b\ \mathrm{ka}\ c \\ \mathrm{ka}\ c & \mathrm{ka}\ a\ \mathrm{ka}\ b\ \mathrm{ka}\ c \end{array}$ 掛けて生ずるのは，$\begin{array}{|l|} \mathrm{ka}\ a^2\ \mathrm{ka}\ ab\ \mathrm{ka}\ ac \\ \mathrm{ka}\ ba\ \mathrm{ka}\ b^2\ \mathrm{ka}\ bc \\ \mathrm{ka}\ ca\ \mathrm{ka}\ cb\ \mathrm{ka}\ c^2 \end{array}$

なお，第 4 例は，もし可能なら与えられたカラニーの和をとってから平方する，という例である．

……………………………………………………………………

T63, 21 意味は明瞭である．前（第一）の例題のカラニー：ka 2 ka 3 ka 5．平方は同じ二つのものの積の形をしているから，これが被乗数でもあり乗数でもある，というので，掛け算のための書置：

$$\begin{array}{r|l} \mathrm{ka}\ 2 & \mathrm{ka}\ 2\ \mathrm{ka}\ 3\ \mathrm{ka}\ 5 \\ \mathrm{ka}\ 3 & \mathrm{ka}\ 2\ \mathrm{ka}\ 3\ \mathrm{ka}\ 5 \\ \mathrm{ka}\ 5 & \mathrm{ka}\ 2\ \mathrm{ka}\ 3\ \mathrm{ka}\ 5 \end{array}$$

掛けて生ずるのは，

$$\begin{array}{|rrr|} \mathrm{ka}\ 4 & \mathrm{ka}\ 6 & \mathrm{ka}\ 10 \\ \mathrm{ka}\ 6 & \mathrm{ka}\ 9 & \mathrm{ka}\ 15 \\ \mathrm{ka}\ 10 & \mathrm{ka}\ 15 & \mathrm{ka}\ 25 \end{array}$$

T64, 1 ここで，これら，ka 4 ka 9 ka 25，の根は，2, 3, 5．これらの和は，10．他のカラニーのうちで二つづつ等しいものの和をとると，カラニーの四倍が生ずる，ka 24 ka 40 ka 60．かくして生ずる平方は，rū 10 ka 24 ka 40 ka 60．

…Note………………………………………………………………

第 1 例．部分乗法による解．

……………………………………………………………………

T64, 4 あるいは，「最後の〈項の〉平方が置かれるべきである．最後の〈項の〉二倍を掛けた」(L 19b) 云々によって平方が作られるべきである．ただし，カラニーの平方の場合は，「最後の〈項の〉四倍を掛けた」であると知るべきである，「平方によって平方を掛けるべきである」(BG 13d) と述べられているから[1]．書置：ka 2 ka 3 ka 5.「最後の〈項の〉平方が置かれるべきである.」(L 19b) 云々によって生ずる平方の部分は，ka 4 ka 24 ka 40 ka 9 ka 60 ka 25．ここで，平方数の根をとると，2, 3, 5．和をとると，生ずる平方は，rū 10 ka 24 ka 40 ka 60．

…Note………………………………………………………………

第 1 例．カラニー用平方計算アルゴリズムによる解．

……………………………………………………………………

T64, 10 次に，二番目の例題では，ka 2 ka 3.「最後の〈項の〉平方が置かれるべきである.」(L 19b) 云々によって，ka 4 ka 24 ka 9．平方数二つの根の和をとると，生ずる平方は，rū 5 ka 24．

…Note………………………………………………………………

第 2 例．カラニー用平方計算アルゴリズムによる解．

[1] Cf. T51, 15.

··

次に，三番目の例題の書置：ka 6 ka 5 ka 2 ka 3．述べられた如くに生ず T64, 13
る平方の部分は，ka 36 ka 120 ka 48 ka 72 ka 25 ka 40 ka 60 ka 4 ka 24 ka 9．これらのうち，平方の形をした[1]カラニーから根をとり，和をとると，生ずる平方は，rū 16 ka 120 ka 48 ka 72 ka 40 ka 60 ka 24．

···Note·································

第 3 例．カラニー用平方計算アルゴリズムによる解．

··

次に，四番目の例題の書置：ka 18 ka 8 ka 2．述べられた如くに生ずる平 T64, 18
方の部分は，ka 324 ka 576 ka 144 ka 64 ka 64 ka 4．すべてが平方の形をしているので，生ずる根は，18, 24, 12, 8, 8, 2．これらの和をとると，生ずる平方は，rū 72．あるいはまた，最初に，簡単のために，カラニーの和を作り，後で平方が作られるべきである．すなわち，ka 18 ka 8 ka 2．二と八を数値とするものの和は，ka 18．さらに，この ka 18 と前のカラニー ka 18 との和をとると，生ずるカラニーは，ka 72．これの平方で生ずるカラニーは，ka
5148．これの根として生ずる平方は，rū 72． T65, 1

···Note·································

第 4 例．カラニー用平方計算アルゴリズムによる解．別解は，最初に和をとる．

··

同様に，〈第二〜第四例題に関しても〉例示されたカラニーの部分を掛ける T65, 1
こと[2]によってもまた平方が求められるべきである．このように，〈部分乗法と〉「二つの部分の積」云々[3]というもの（平方計算アルゴリズム）と，二つの方法とも用いて〈カラニーの多項式の〉平方が求められるべきである．

さて，平方数が知られているとき，「これは何の平方か」というので，根を T65, 3
知るための方法 (upāya) をウパジャーティカー詩節二つで述べる．

カラニーの根に関する規則，二詩節． A77, 30

平方数の中の一つのカラニー，あるいは二つのカラニー，はたま 19
た多く（三つ以上）の〈カラニー〉に等しいルーパをルーパの平
方から引くべきである．残りの根でルーパを減加する，// 別々 20
に．それらを半分にすれば，根のカラニー二つになるだろう．ま
た，二つの内の大きいカラニーがルーパである〈と想定して〉，そ
れからまた更に同じようにする，もし平方数にカラニーが残って
いれば．/19-20/

···Note·································

規則 (BG 19-20)：複数のカラニー（とルーパ）から成る数の開平．rū r_0 + ka k_1 + ka $k_2 + \cdots +$ ka k_n を平方数とする．1) あるいくつかの k_j に対して $r_0^2 - \sum_j k_j = p_1^2$

---

[1] vargarūpābhyaḥ P] vargarūpebhyaḥ T.　[2] khaṇḍa-guṇana. 部分乗法.
[3] khaṇḍadvayasyābhihatirityādi. Cf. T45, 15.

となるような p_1 を見つけ，$\ell_1 = (r_0 + p_1)/2$ と $r_1 = (r_0 - p_1)/2$ を計算する．2) もし k_i が残っていたら，同様にして r_1 (ルーパと名づける) と残りの k_i から p_2 を見つけ，$\ell_2 = (r_1 + p_2)/2$ と $r_2 = (r_1 - p_2)/2$ を計算する．3) 与えられたカラニー k_i が尽きるまで同様に繰り返す．最後のペアを ℓ_m と r_m とすると，ka ℓ_1+ka ℓ_2+$\cdots$+ka ℓ_m+ka r_m が求める平方根である．

T65, 13　平方数の中の一つのカラニーに等しい，あるいは二つのカラニーに等しい，あるいは多く（三つ以上）のカラニーに等しいルーパ (pl.) を，⟨ 平方数の中の ⟩ ルーパの平方から引くべきである．ここ（規則中）で「ルーパ」⟨ という語 ⟩ を採用するのは，⟨ カラニーとしての ⟩ 和と差に関する[1]「カラニー二つの和を大，⟨ 積の根の二倍を小 ⟩ と想定すれば」(BG 13) 云々という方法 ⟨ のここでの使用 ⟩ を取り消すためである．残りの根でルーパを別々に加減してから，それらの半分が作られるべきである[2]．それが，根におけるカラニー二つになる．さらにもし平方数に残りのカラニーがあるときは，それら二つの根のカラニーのうちで小さい方を根のカラニー，大きい方をルーパ，と想定して，そのルーパからさらにまた同様に，カラニーに「等しい」「ルーパを」「ルーパの平方から引くべきである」云々によって，また根のカラニー二つが[3] 生ずるだろう．さらにまた，もしカラニーが残っているなら，そのときもまったく同様にすべきである．ここで，大きい方がルーパ，というのは指標である．場合によっては，大きい方が根のカラニー，小さい方がルーパということも[4] あると見るべきである．先生（バースカラ）も，「四十，八十」という例題 (BG E20) に際して述べるだろう，「また，大きい方がルーパである，というのは指標である．したがって，場合によっては小さい方も ⟨ ルーパの可能性が ⟩ ある」と[5]．

A80, 1　**例題．最初の平方の，根のための書置：rū 10 ka 24 ka 40 ka 60．ルーパの平方 100 から，二十四と四十という二つのカラニーに等しいルーパを除去すると，残りは 36．これの根は 6．これによって減加されたルーパの半分は 2, 8 になる．そのうち，この 2 は根のカラニーである．二番目 (8) をルーパと想定して，さらに，残りのカラニーによって，その同じ演算 (vidhi) が行われるべきである．そこで，これがルーパの平方である，64．これから，六十ルーパを除去すると，残りは 4．これの根は 2．これによって減加されたルーパの半分は 3, 5．生ずる根のカラニー二つは，ka 3 ka 5．根のカラニーの順番通りの書置：ka 2 ka 3 ka 5．/20p1/**

---

1 yogaviyogayoḥ P] yogaviyoga T.　2 tadardhe P] tadvat T.　3 dvayaṃ P] dvitayaṃ T.　4 alpā tu rūpāṇītyapi P] alpānurūpāṇītyapi T.　5 T69, 22 の段落の冒頭でも引用されているが，ともに AMG が伝える BG E20 の実際の導入部とは少し表現が違う：「また」は atha ca ではなく atha,「したがって」(tena) ではなく「というのは」(yataḥ).

···Note···

例題 (BG E14b, cf. E14abp1): rū 10 ka 24 ka 40 ka 60 の平方根. $10^2-(24+40)=36=6^2$, $(10\pm6)/2=8,\ 2$. 2 を根カラニー，8 をルーパと想定して，$8^2-60=4=2^2$, $(8\pm2)/2=5,\ 3$. したがって，根 ka 2 ka 3 ka 5.

さて，前に得られた平方の根のための書置：rū 10 ka 24 ka 40 ka 60. ここで，ルーパの平方 100 から，一つのカラニーに等しいルーパを引く場合，残りの根が存在しない．一方，カラニー三つに等しい[1]ルーパは引けない[2]．だから，カラニー二つに等しいルーパが引かれるべきである．カラニー二つは任意である．この，ka 24 ka 40 でもいいし，この，ka 24 ka 60 でもいいし，この，ka 40 ka 60 でもいい．そこで，最初のカラニー二つを[3]引いて，根が求められる．ルーパの平方 100 から[4]，カラニー二つ，24, 40，に等しいルーパを引くと，残りは 36．これの根は 6．これでルーパ (pl.) 10 を加減すると，16, 4．半分は 8, 2．平方数には[5]，もう一つのカラニー，ka 60，がある．だから，大きい方の根のカラニー 8 はルーパである〈とみなす〉．これの平方は 64．これから，残りのカラニーに等しいルーパ 60 を引き，残り 4 の根 2 でルーパ 8 を加減すると，10, 6．半分にすると，5, 3．かくして生ずる[6]根のカラニーは，ka 2 ka 3 ka 5．同様に，第二・第三のカラニー二つづつを最初に引くことによっても[7]，同じそれらの根のカラニーが生ずる． T66, 1

···Note···

10^2 から引くカラニーが 1 個だと残りが平方数にならず，3 個だと引けない（結果が負になる）．2 個ならどの組み合わせでも OK，ということを指摘．

二番目の平方の書置：rū 5 ka 24．ルーパの平方 25 から，カラニーに等しいルーパ 24 を除去すると，残りは 1．これの根 1 によって減加されたルーパの半分は，根の二つのカラニー，ka 2 ka 3，になる．/20p2/ A80, 29

···Note···

例題 (BG E14b, cf. BG E14abp1): rū 5 ka 24 の平方根．$5^2-24=1=1^2$, $(5\pm1)/2=3,\ 2$. したがって，根 ka 2 ka 3.

次に，二番目の例題の書置：rū 5 ka 24．ルーパの平方 25 から，カラニーに等しいルーパ 24 を引き，残り 1 の根 1 でルーパ 5 を加減すると，6, 4．これらの半分は，3, 2．生ずる根のカラニーは，ka 2 ka 3.[8] T66, 14

三番目の平方の書置：rū 16 ka 120 ka 72 ka 60 ka 48 ka 40 ka 24．ルーパの平方 256 から，このカラニー三つ，ka 48 ka 40 ka 24，に等しいルーパを除去すると，述べられた如くに，二つの部分，2, 14 が生ずる．大 A81, 9

---

[1] tritayatulya T] tritayasya tulya P. [2] na śudhyanti P] na śudhyati T. [3] prathamaṃ karaṇīdvayaṃ T] prathakaraṇīdvayaṃ P. [4] rūpakṛteḥ P] rūpakṛte T. [5] varge P] ∅ T. [6] jātā P] jāta T. [7] prathamaṃ śodhanenāpy T] prathamaśodhanenāpy P. [8] ka 2 ka 3 P] ka 3 ka 2 T.

きい方がルーパである，というので，この 14 の平方は，196．これから，このカラニー二つ，ka 72 ka 120，に等しいルーパを除去すると，述べられた如くに，二つの部分，6, 8 が生ずる．さらに，ルーパ ⟨ と想定される 8⟩ の平方 64 から，六十ルーパを除去すると，述べられた如くに，二つの部分，3, 5 が生ずる．かくして，根のカラニーの順番通りの書置：ka 6 ka 5 ka 3 ka 2．/20p3/

···Note ··

例題 (BG E14b, cf. BG E14abp1)：rū 16 ka 120 ka 72 ka 60 ka 48 ka 40 ka 24 の平方根．$16^2 - (48 + 40 + 24) = 144 = 12^2$, $(16 \pm 12)/2 = 14, 2$．2 を根カラニー，14 をルーパと想定して，$14^2 - (72 + 120) = 4 = 2^2$, $(14 \pm 2)/2 = 8, 6$．6 を根カラニー，8 をルーパと想定して，$8^2 - 60 = 4 = 2^2$, $(8 \pm 2)/2 = 5, 3$．したがって，根 ka 6 ka 5 ka 3 ka 2．

··

T66, 18 次に，三番目の例題の書置：rū 16 ka 120 ka 72 ka 60 ka 48 ka 40 ka 24．ルーパの平方 256 から，このカラニー三つ，120, 72, 48，に等しいルーパを引き，残りのこの 16 の根 4 でルーパ 16 を加減すると，20, 12．これらの半分は，10, 6．これら二つの内，小さい方は根のカラニー，ka 6，大きい方はルーパである，10．これの平方 100 から，カラニー二つ，60, 24，を除去し，残り 16 の根 4 でルーパ 10 を加減すると，14, 6．これらの半分は，7, 3．これら二つの内，小さい方 3 は[1]根のカラニー，大きい方 7 はルーパである．これの平方 49 から，カラニー 40 に等しいルーパを除去し，残り 9 の根
T67, 1 3 で[2]ルーパ 7 を加減すると，10, 4．これらの半分は，5, 2．生ずる根のカラニー二つは，ka 5 ka 2．かくして生じたすべての根のカラニーは，ka 6 ka 3 ka 5 ka 2．

···Note ··

K の手順は上の自注と異なる．$16^2 - (120 + 72 + 48) = 16 = 4^2$, $(16 \pm 4)/2 = 10, 6$．6 を根カラニー，10 をルーパと想定して，$10^2 - (60 + 24) = 16 = 4^2$, $(10 \pm 4)/2 = 7, 3$．3 を根カラニー，7 をルーパと想定して，$7^2 - 40 = 9 = 3^2$, $(7 \pm 3)/2 = 5, 2$．したがって，根 ka 6 ka 3 ka 5 ka 2．

··

A81, 17 **四番目の書置：rū 72 ka 0．同じこれ（数字 72）が根のカラニーとして得られる，ka 72．前は三つの部分があった[3]，というので，「和のカラニーが平方数で割られてきれいになるとしよう」(BG 18) という ⟨ 分離規則を用いる ⟩．三十六で割られてきれいになるので，三十六の根は，6．これの部分，1, 2, 3，の平方，1, 4, 9，に前の商であるこの 2 を掛けると，2, 8, 18．かくして，別々のカラニー，ka 2 ka 8 ka 18，が生ずる．/20p4/**

[1] alpā 3 P] alpā ka 3 T.　[2] padena P] pade T.　[3] Cf. BG E14a.

···Note·····

例題 (BG E14b, cf. BG E14abp1): rū 72 ka 0 の平方根は ka 72. しかしこの rū 72 は 3 個のカラニーから成る数の平方として得られたものだから，出題者に納得してもらうために，分離規則 (BG 18) を用いて分離する．$72 = 6^2 \times 2$, $6 = 1 + 2 + 3$ だから，ka 72 = ka $(1^2 \times 2)$ ka $(2^2 \times 2)$ ka $(3^2 \times 2)$ = ka 2 ka 8 ka 18.

··········

次に，四番目の例題の書置：rū 72 ka 0. ルーパの平方 5184 からカラニー 0 を引き[1]，残り 5184 の根 72 でルーパ 72 を加減すると，144, 0. これらの半分は，72, 0. かくして生ずる根のカラニーは，ka 72. T67, 3

···Note·····

K は rū 72 の根を，開平のアルゴリズム (BG 19-20) に従って，次のように求める．$72^2 - 0 = 5184 = 72^2$, $(72 \pm 72)/2 = 72,\ 0$. したがって，根 ka 72.

··········

（問い）「この平方，rū 72，は，十八，八，二を数値とするカラニーのそれである．それなのにどうしてそれの根が七十二カラニー (pl.) なのか.」 T67, 5

というなら〈次のように〉述べられる．これは，他ならぬそれらの和のカラニー ka 72 である．だから，納得 (pratīti) のために，分離規則によって別々にされる．すなわち，この和のカラニー ka 72 を平方数であるこの 36 で割ると，商は 2. 平方根は 6. 前は三つの部分があった[2]，というので，三部分が作られる，3, 2, 1. これらの平方は，9, 4, 1. 前の商 2 を掛けると，別々のカラニー，ka 18 ka 8 ka 2,[3]が生ずる．

これに関する正起次第．まず，カラニーの平方はこの（次の）ようになる．「最後の〈項の〉平方が置かれるべきである．最後の〈項の〉四倍を掛けた」[4]云々による．その場合，最初の位置には最初のカラニーの平方がある．それから，最初のカラニーと二番目等のカラニー〈それぞれと〉の積の四倍があり，それから，二番目のカラニーの平方がある．それから，二番目のカラニーと三番目等のカラニー〈それぞれと〉の積の四倍がある．その先も同様に，三番目のカラニーの平方等がある．このように，カラニーの部分があるだけ，必然的にそれだけの平方数があるだろう．平方数であるから，それらから必然的に根を得る．そして，それらの根はカラニーに等しい．すなわち，平方量にあるルーパの集まり (rūpa-gaṇa) は，根のカラニーの和に他ならない．ただし，〈その「和」は〉ルーパのやり方 (rīti) によるのであってカラニーのやり方によるのではない．もしカラニーのやり方によってカラニーの和が生ずるとすれば，そのときは[5]「和のカラニーが平方数で割られてきれいになるとしよう」云々 (BG 18) によって分離することは容易である（すなわち，平方量にあるルーパを和に分割してカラニーとするだけで根が得られる）．しかし，本件の場合は，ルーパのやり方によるカラニーの和，ということなので， T67, 16

[1] kṛteḥ 5184 karaṇīṃ 0 viśodhya P] kṛte 5184 karaṇīviśodhya T.　[2] Cf. BG E14a.　[3] ka 18/ ka 8/ ka 2 T] 18/ 8/ 2 P.　[4] Cf. BG E14abp1.　[5] tadā P] tattadā T.

別様に努力しなければならない.

T67, 21 そこで，次のことは良く知られている,「〈二量の〉積の四倍と和の平方との差は量の差の平方に等しい」(BG 64) と．このことは，一色中項除去（第 8 章）の韻文原典で[1]明らかになるだろう．また我々も[2]そこで説明するだろう．ここ（平方量）でルーパであるもの，それは〈根の〉カラニーの〈ルーパとしての〉和である．だから，ルーパの平方はカラニーの〈ルーパとしての〉和の平方である．平方量にあるいくつかのカラニーは，最初のカラニーと二番目等のカラニーの積の四倍である[3]．それらの〈ルーパとしての〉和をとると，最初のカラニーと残りのカラニーの和との積の四倍が生ずるだろう．和の平方もまた，最初のカラニーと残りのカラニーの和の量との〈それ〉(和の平方）である〈とみなすことができる〉．だから，両者の差をとると，最初のカラニーと残りのカラニーの和との差の平方が生ずるだろう．だから，云われたのである,「平方数の中の一つのカラニー，あるいは二つのカラニー，はたまた多く（三つ以上）の〈カラニー〉に等しいルーパをルーパの平方から引くべきである」(BG 19) と．このようにして，差の平方が生ずる[4]．それの根は，最初のカラニーと残りのカラニーの和との差である．一方，ルーパは同じ両者の和である．和と差が知られているとき[5],「和が差によって減加され，半分にされる」(L 56) という[6]合併算の規則[7]によって両者を知ることは容易である．だからこう云われた,「残りの根でルーパを別々に減加する．それらを半分にすれば,〈根の〉カラニー二つになるだろう」[8](BG 19c-20b) と．かくして，最初のカラニーと残りのカラニーの和とが生ずる．ここで，根の二つのカラニーが得られるが，そのうち，どちらが最初のカラニーであり，どちらが残りのカラニーの和か．そこで,〈多くの場合〉，カラニーの和が大きく，一つのカラニーが小さいことがふさわしいから，小さい方のカラニーが最初であり，大きい方が残りのカラニーの和である．

T68, 13 次に，二番目等のカラニーの和と二番目のカラニーと三番目等のカラニーの積の四倍とから，述べられた如くに，二番目のカラニーを分離すべきである．だから云われたのである,「二つの内の大きいカラニーが[9]ルーパである」(BG 20bc) と[10]．同様にして，三番目等のカラニーも分離する．

···Note···

根の計算法の正起次第．前（E13-14ab に対する Note 参照）と同様，例として三つのカラニー部分からなる数の平方を考える．

$$(\text{ka } a \text{ ka } b \text{ ka } c)^2 = \text{ka } a^2 \text{ ka } 4ab \text{ ka } 4ac \text{ ka } b^2 \text{ ka } 4bc \text{ ka } c^2$$
$$= \text{rū } (a+b+c) \text{ ka } 4ab \text{ ka } 4ac \text{ ka } 4bc.$$

BG 64 により，

$$(a+b+c)^2 - (4ab+4ac) = \{a+(b+c)\}^2 - 4a(b+c) = \{a-(b+c)\}^2.$$

[1] idamekavarṇamadhyamāharaṇe mūla eva P] idameva karaṇīmadhyamāharaṇe mūlaparve T. [2] cāsmābhis P] vāsmābhis T. [3] caturguṇāḥ P] caturguṇaḥ T. [4] jāto T] jñāto P. [5] yoge 'ntare ca jñāte] yoge 'ntare ca jāte T, yogāntare ca jñāte P. [6] ... 'rdhita iti] '...rddhitaḥ' iti P, ...rdvita iti T. [7] saṃkramaṇa-sūtra. saṃkramaṇa は「出会い」を意味する． [8] この引用では「別々に」(pṛthak) が自然な位置に変えられている． [9] yā] yāni TP. [10] tānīti P] tāni te T.

$$\frac{\{a+(b+c)\}+\{a-(b+c)\}}{2}=a,\quad \frac{\{a+(b+c)\}-\{a-(b+c)\}}{2}=b+c.$$

これにより先ず ka a が分離されるので，次に $b+c$ をルーパとみなして同じ操作を繰り返す．バースカラは $b+c$ を「大きい方」と呼ぶが，実際には必ずしもそうでないことが次で検討される．

……………………………………………………………………………………

ここで，こう心すべきである.「根の〈カラニー二つになるだろう〉. また[1]二 T68, 15
つの内の大きいカラニーが[2]ルーパである」(BG 20bc) というここで[3]，場合によっては小さい方のカラニーがルーパである，小さいカラニーもまた残りのカラニーの和であり得るから．というのは，一つのカラニーが大きく，他のカラニー部分 (pl.) が非常に小さい[4]場合，残りのカラニーの和が前のカラニーより小さくなることもあるから．例えば，ka 10 ka 3 ka 2．この場合，他のカラニーの和 $(3+2)$ は前のカラニー (10) より小さい．

ここで，納得のための例題．ka 13 ka 7 ka 3 ka 2.「最後の〈項の〉平方 T68, 20
が[5]置かれるべきである．最後の〈項の〉四倍を掛けた」[6] 云々により生ずる平方は，ka 169 ka 364 ka 156 ka 104 ka 49 ka 84 ka 56 ka 9 ka 24 ka 4．平方の形をしたものの根は，13, 7, 3, 2．これらの和は，25．かくして生ずる平方は，rū 25 ka 364 ka 156 ka 104 ka 84 ka 56 ka 24．ここではこれがルーパの平方である，625．ここ（残りのカラニー）には,「最後の〈項の〉四倍を掛
けた」云々により，最初のカラニーの四倍が掛けられたカラニーが三つある， T69, 1
というので，積の四倍であるから，それらこそが引かれるべきである．だから，ルーパの平方 625 から，このカラニー三つ，364, 156, 104，を除去し，残り 1 の根 1 でルーパを加減すると，26, 24．半分にすると，13, 12．ここで，小さい方が最初のカラニーである，というのはふさわしくない，例示されたカラニー (pl.) の中にそれはないから．また，大きい方がルーパ，でもない，それは，残りのカラニーの和とはならないから．だからここでは，小さい方こそがルーパ 12 である．これの平方 144 から[7]，述べられた如くに，四との積の形をしたカラニー二つ，84, 56，を除去し，残り 4 の根 2 でルーパを加減すれば，14, 10．半分にすると，7, 5.[8] ここでも前のように，大きい方が根のカラニーであり，7，小さい方 5 がルーパである[9]．これの平方 25 からカラニー 24 を除去し，残りの根 1 でルーパを加減すると，6, 4．半分にすると，3, 2．かくして生ずるすべての根のカラニーは，ka 13 ka 7 ka 3 ka 2.

…Note……………………………………………………………………………

「大きいカラニーがルーパ」(BG 20) とできない K の例題．$(\text{ka } 13 \text{ ka } 7 \text{ ka } 3 \text{ ka } 2)^2=$ rū 25 ka 364 ka 156 ka 104 ka 84 ka 56 ka 24．まず，$25^2-(364+156+104)=1=1^2$, $(25\pm1)/2=13, 12$．ここで規則 (BG 20) のいうように，大きい方 (13) をルーパとすることはできない．なぜなら，それは残りの根のカラニーの和でなければならないから．そこで小さい方 (12) をルーパとして，$12^2-(84+56)=4=2^2$, $(12\pm2)/2=7, 5$.

---

[1] 'tha T] ∅ P.　[2] yā] yāni TP.　[3] tānītyatra T] tāni tvanyatra P.　[4] cātilaghūni P] ca laghūni T.　[5] 'ntyavargaś T] 'ntavargaś P.　[6] Cf. BG E14abp1.　[7] kṛteḥ] kṛte T, kṛtiḥ P.　[8] 7/ 5/ T] 5/ 7/ P.　[9] laghvī 5 rūpāṇi T] laghvī 5 rūpāṇi 5 P.

ここでも小さい方 (5) をルーパとして，$5^2 - 24 = 1 = 1^2$, $(5 \pm 1)/2 = 3, 2$. したがって，得られた根のカラニーは ka 7 ka 3 ka 2.

T69, 11 したがって，大きい方がルーパである，という決まり (niyama) はない．大きい方がルーパである，と〈BG 20 で〉述べられたのは，多くのものの和をとると[1]数が大きくなるのが通例 (utsarga) だからである．しかし実際は，〈ある〉カラニーが最初であるということは恣意的 (kālpanika) である，というので，分離できるようなカラニーこそが作られるべきである．その場合，小さいカラニーの部分 (pl.) を引くことによって小さいものが分離され，大きいカラニーの部分を引くことによって大きいものが分離される．その場合，たとえ大きい部分を引くことによって[2]大きいものが分離されるとしても，得られた根のカラニー二つのうちでそれが大きいという決まりはない[3]．他のカラニーの和の形をした二番目の根のカラニーも大きい可能性があるから．一方，小さい部分を引く場合，小さいものが分離され，得られたカラニー二つのうちでもそれが[4]小さいという決まりがある．他のカラニーの和の形をした二番目の根のカラニーが小さい可能性はないから．だから，小さい部分の[5]引き算をして根をとる場合，小さい方が根のカラニーであり，大きい方がルーパである，という決まりがある，と知るべきである．一方，大きい部分の引き算をして根をとる場合，決まりはない．

···Note···

前と同様，三つのカラニー部分からなる数の平方を例にとる．

$$(\text{ka } a \text{ ka } b \text{ ka } c)^2 = \text{rū } (a+b+c) \text{ ka } 4ab \text{ ka } 4ac \text{ ka } 4bc,$$

$a < b < c$ とすると $ab < ac < bc$ であり，また逆もいえる．したがって，平方にあるカラニーのうち「小さい方」の二つ ($4ab$, $4ac$) をルーパの平方から引くことによって求めた二根 (a, $b+c$) の大小関係は常に $a < b+c$ だから,「大きい方」が次のステップでルーパになる．しかし，平方にあるカラニーのうち「大きい方」の二つ ($4ac$, $4bc$) をルーパの平方から引くことによって求めた二根 ($a+b$, c) の大小関係は，$a+b > c$ のこともあれば，$a+b < c$ のこともあるということ．

T69, 22 「また，大きい方がルーパである，というのは指標である．したがって，場合によっては小さい方も〈ルーパの可能性が〉ある」という[6]導入部 (prastuti)[7]とともに例示された[8]「四十，八十，二百に等しい[9]カラニー (pl.) が十七ルーパを伴うなら」(BG E20) という平方数においても,「小さい部分の引き算をして根をとる場合，小さい方が根のカラニーであり，大きい方がルーパである」(前段落末) という決まりを破ることはない．すなわち，〈次の通りである〉．
T70, 1 例示された平方の書置：rū 17 ka 40 ka 80 ka 200．ここで，ルーパの

[1] aikye P] aikyena T. [2] bṛhatkhaṇḍaśodhanena T] bṛhatkhaṇḍānāṃ śodhanena P. [3] 'syā na mahattvaniyamaḥ P] sthānamahattvaniyamaḥ T. [4] tasyā P] tasyāḥ T. [5] laghukhaṇḍa T] laghukhaṇḍaka P. [6] alpāpīti P] anyāpīti T. [7] T65, 13 の段落の末尾でも引用されている．実際の導入部 (E20p0) との表現の違いについては，同段落同箇所脚注参照. [8] prastutyodāhṛte T] prastutyodāhriyate P. [9] -tulyāḥ P] -tulyā T.

平方289から小さいカラニー二つ，40, 80，を除去し，残り169の根13でルーパ17を加減すると，30, 4．半分にすると，15, 2．ここで，小さい方が根のカラニー2,[1]，大きい方がルーパ15である．これの平方225からカラニー200を除去し，残り25の根5でルーパ15を加減すると，20, 10．半分にすると，10, 5．かくして生ずる根のカラニーは，それら（BG E20で得られる結果）と同じ，ka 10 ka 5 ka 2.

だから，生徒たちの計算が容易になるように，小さい部分を引いて根がとられるべきである，という決まりを述べることはふさわしい．でなければ，根のカラニーは小さい方か大きい方か，という心配があるだろう，ということである．引かれるべきカラニーに関する決まりは，先で〈バースカラ先生が〉述べるだろう,「一を始めとするサンカリタを数値とするカラニー部分が」云々(BG 22-25) によって． T70, 6

···Note ···

小さいほうのカラニーから順に引くという決まりにすれば開平のアルゴリズムが容易になる，という指摘はKのオリジナルである．

···

さて，平方量に負数カラニーがある場合，根をとるときの特別則を，ウパジャーティカー詩節で述べる． T70, 9

さて，平方数にある負数カラニーによって[2]根を求めるための規則，一詩節．/21p0/ A84, 14

> **もし平方数に負数からなるカラニー (sg.) があるなら，それを正数からなるものと想定して，根のカラニー二つが得られるべきである．両者のうちの任意の一方は負数からなると，理知ある者は理解すべきである．/21/** 21

もし平方数にある「カラニー (sg.) が」「負数からなる」なら,「それを」「正数からなるもの」と「想定して」,「根のカラニー二つが」「得られるべきである」.「両者のうちの」: 根のカラニー二つのうちで,「任意の一方」のカラニーを「理知ある者は」「負数からなるもの」と知るべきである．ここで「理知ある者は」と述べられたのには理由がある．だから，平方数にもし負数カラニーが一つだけある場合，そのときだけ，一つの根のカラニーに負数性がある．もし二つ等〈の負数カラニー〉がある場合，そのときは，一つ[3]または二つまたは多数の根のカラニーに対して，道理 (yukti) によって可能なだけ負数性が想定されるべきである[4]．平方数のすべて〈のカラニー〉が正数カラニーであっても，場合によってはすべての根のカラニーに対して負数性が理解されるべきである，ということである． T70, 15

これに関する正起次第．負数カラニーの平方は正数カラニーの平方と同じ T70, 22

[1] laghurmūlakaraṇī 2 P] laghukaraṇī ka 2 T.　[2] vargagatarṇakaraṇyā. すなわち，平方数に負数カラニーがあるとき．　[3] tadaikasyā P] tadaikasyāḥ T.　[4] kalpyam P] kalpyā T.

である．しかし，負数カラニー〈を含む数〉の平方にある負数からなるカラニー (sg.) は，他方では正数からなる，ということだけが相違する．そうすると，平方にあるカラニー (sg.) が負数からなるにせよ正数からなるにせよ，
T71, 1 根は，数字的には等しいというのが正しい[1]．述べられた規則 (vidhi) によって，ルーパの平方から負数カラニーを引く場合はしかし，「引かれつつある負数は正数になる」[2] というので，和があるだろう．ルーパの平方から正数カラニーを引く場合は，「引かれつつある正数は負数になる」[3]というので，差があるだろう．そして差の場合に，根の数字の獲得が述べられた．だから，「それを正数からなるものと想定して」と述べられたのである．ただし，そうすると，あたかも正数の平方に対してのような根が生ずるだろう．だから，「一方」は「負数からなる」と述べられたのである．

···Note···

BG 21 の正起次第．

(ka $\dot{a})^2 =$ (ka $a)^2 =$ ka a^2 であるが，

$$(\text{ka } a \text{ ka } b)^2 = \text{rū } (a+b) \text{ ka } 4ab,$$

と

$$(\text{ka } a \text{ ka } \dot{b})^2 = \text{rū } (a+b) \text{ ka } \dot{4ab},$$

を比較すると，カラニーの正数負数性だけが異なり，数値的には等しい．また，

$$(a+b)^2 - (\dot{4ab}) = (a+b)^2 + 4ab,$$

だから「差」$(a-b)$ が得られない．そこで，負数カラニー $(\dot{4ab})$ を正数カラニーとみなしてから，前と同様に，

$$(a+b)^2 - 4ab = (a-b)^2,$$

によって「差」を求め，これとルーパ $(a+b)$ から合併算によって a と b を求め，一方を負数とする，ということ．

···

T71, 7 これに関する例題を，ウパジャーティカーの一詩節半 (E14cd-15) で述べる．

A85, 26 **例題．/E14cdp0/**

E14cd **三と七を数値とする二つのカラニーの差の平方と，平方からの根を私に云いなさい．/E14cd/**

書置：ka $\dot{3}$ ka 7．あるいは，ka 3 ka $\dot{7}$．これら二つの平方は等しく，rū 10 ka $\dot{84}$．この平方数の負数カラニーを正数であると想定して，前の如くに得られるカラニー二つのうちの任意の一つは負数状態にあるだろう，というので生ずるのは，ka $\dot{3}$ ka 7 または ka 3 ka $\dot{7}$．/E14cdp/

---

[1] samamevocitam P] samevocitam T.　[2] saṃśodhyamānamṛṇaṃ dhanaṃ syāt/ 逐語的引用ではないが，BG 3cd に言及．　[3] saṃśodhyamānaṃ svamṛṇaṃ syāt/ 逐語的引用ではないが，BG 3cd に言及．

···Note···

例題 (BG E14cd): (ka $\dot{3}$ ka 7)^2 = rū 10 ka $\dot{84}$, (ka 3 ka $\dot{7}$)^2 = rū 10 ka $\dot{84}$. この平方数にこのまま BG 19 の規則を適用すると，$10^2 - \dot{84} = 184$. これには根がないので，不適当．そこで，BG 21 により，負のカラニーを正にして，rū 10 ka 84 の根を求める．$10^2 - 84 = 16 = 4^2$,$(10\pm4)/2 = 7$, 3. そこで BG 21 の規則により，一方を負にする．根 ka 7 ka $\dot{3}$，または ka $\dot{7}$ ka 3.

···

例題.　/E15p0/　A86, 27

> **二・三・五を数値とし，正数・正数・負数の，あるいは正数負数が逆になった，カラニーがある．それらの平方と，平方からの根を述べなさい，友よ，もしカラニーの六種を知っているなら．/E15/**　E15

書置：ka 2 ka 3 ka $\dot{5}$．あるいは，ka $\dot{2}$ ka $\dot{3}$ ka 5．これらの平方は等しくて，生ずるのは，rū 10 ka 24 ka $\dot{40}$ ka $\dot{60}$．ここで，負数カラニー二つに等しい正数ルーパ 100 をルーパの平方 100 から除去すると，残りの根は 0．これによって減加されたルーパの半分は，ka 5, ka 5．ここで一方は負数〈カラニー〉であり，ka $\dot{5}$，他方はルーパである，ということである．書置：rū 5 ka 24．前の如くに生ずる二つのカラニーは，正数で，ka 3 ka 2．　A87, 1
順序通りの書置：ka 2 ka 3 ka $\dot{5}$．/E15p1/

あるいは，これら二つ，ka 24 ka $\dot{60}$，に等しい正数ルーパ 84 をルーパの　A87, 3
平方 100 から除去し，述べられた如くに生ずる根のカラニー二つは，ka 7 ka 3．これら二つの内，大きい方が負数である，ka $\dot{7}$．他ならぬそれをルーパと想定すると，rū $\dot{7}$ ka 40．これから，前の如くに二つのカラニー，ka 5 ka 2，〈が得られる〉．ここでも二つの内の大きい方が負数である，ということで，順序通りの書置：ka 3 ka 2 ka $\dot{5}$．/E15p2/

次に，二番目の例題 (ka $\dot{2}$ ka $\dot{3}$ ka 5) で，前の如く，第一のケース (40+60　A87, 7
を引く場合）では，根のカラニー二つ，ka 5 ka 5．これら二つの内，一つは負数，ka $\dot{5}$．他ならぬそれがルーパである，というので，負数から生ずるカラニー部分二つは負数に他ならない，ということで，順序通りの書置：ka $\dot{3}$ ka $\dot{2}$ ka 5．第二のケース (24+60 を引く場合）によってもまた，述べられた通り，根のカラニーは，ka $\dot{2}$ ka $\dot{3}$ ka 5．このように，理知ある者は，述べられていないことも知る，ということである．/E15p3/

···Note···

例題 (BG E15)：1.　(ka 2 ka 3 ka $\dot{5}$)^2 = rū 10 ka 24 ka $\dot{40}$ ka $\dot{60}$．根の計算 (1) $10^2 - (40+60) = 0 = 0^2$, $(10\pm0)/2 = 5$, 5. ここで，ka $\dot{5}$を根のカラニー，5 をルーパと想定して，$5^2 - 24 = 1 = 1^2$, $(5\pm1)/2 = 3$, 2. したがって，根 ka 2 ka 3 ka $\dot{5}$ (以上 E15p1) 根の計算 (2) $10^2 - (24+60) = 16 = 4^2$, $(10\pm4)/2 = 7$, 3. ここで，ka 3 を根のカラニー，$\dot{7}$をルーパと想定して，$(\dot{7})^2 - 40 = 9 = 3^2$, $(\dot{7}\pm3)/2 = \dot{2}$, $\dot{5}$. しかし，これらをともに負とすると，平方にある ka $\dot{40}$が得られないので，ka 2 は正

にして，根 ka 2 ka 3 ka $\dot{5}$．（以上 E15p2）

2. (ka $\dot{2}$ ka $\dot{3}$ ka 5)^2 = rū 10 ka 24 ka $\dot{40}$ ka $\dot{60}$. 根の計算 (1) $10^2-(40+60)=0=0^2$, $(10\pm0)/2=5$, 5．ここで，ka 5 を根のカラニー，$\dot{5}$をルーパと想定して，$(\dot{5})^2-24=1=1^2$, $(\dot{5}\pm1)/2=\dot{2}$, $\dot{3}$. したがって，根 ka $\dot{2}$ ka $\dot{3}$ ka 5. 根の計算 (2) $10^2-(24+60)=16=4^2$, $(10\pm4)/2=7$, 3．ここで，ka $\dot{3}$を根のカラニー，7 をルーパと想定して，$7^2-40=9=3^2$, $(7\pm3)/2=5$, 2. 平方のカラニーの正負を得るために，ka 2 を負に変えて，根 ka $\dot{2}$ ka $\dot{3}$ ka 5．（以上 E15p3）

E15p3 末尾の文「理知ある者は,...」は，正負の選択をアルゴリズム化できなかったので，その都度調整する必要があることを意味する．

··········

T71, 14 [1]ここでは根をとることに関する特別則を述べているから，たとえ既に得られた平方に関する根の問題こそがふさわしいとしても，もし誰かが「平方数には負数カラニーは生じ得ない」と云うなら，彼に対して「三と七を数値とする二つのカラニーの差の平方」を云うべきである (BG E14cd) 云々という平方の問題を[2]見せるべきである．あとは明瞭である．

T71, 17 書置：ka $\dot{3}$ ka 7．あるいは書置：ka $\dot{7}$ ka 3．両者の平方は等しくて，rū 10 ka $\dot{84}$．この平方の負数カラニーがそのままでは[3]，述べられたような〈演算による〉平方根は存在しない．すなわち，ルーパの平方 100 から，カラニー $\dot{84}$を除去すると，残りは 184．これには根がないから，述べられたような根の獲得はない．だから，負数カラニーを[4]正数からなるものと想定して，根が求められるべきである．そうすれば，ルーパの平方 100 から[5]カラニーを除去すると，残りは 16．これの根 4 でルーパ 10 を加減すると，14, 6．半分にすると，7, 3．生ずる根カラニー二つは，ka 7 ka 3.「両者のうちの任意の一方を負数からなるものと」(BG 21) というので，生ずる根カラニー二つは，ka 7 ka $\dot{3}$，または，ka $\dot{7}$ ka 3．

···Note···

E14cd に対する Note 参照.

··········

T72, 1 次に，二番目の例題の書置：ka 2 ka 3 ka $\dot{5}$．正数負数を逆にして，三番目の例題の書置：ka $\dot{2}$ ka $\dot{3}$ ka 5．両方のケースとも，生ずる平方は等しくて，rū 10 ka 24 ka $\dot{40}$ ka $\dot{60}$．ここでも，負数性がそのままだと[6]，述べられたようには根は存在しない．したがって,「もし平方数に負数からなるカラニー (sg.) があるなら，それを正数からなるものと想定して，〈根のカラニー二つが〉得られるべきである」(BG 21) を[7]実行して，二つのカラニー，ka 40 ka 60，に等しいルーパ 100 をルーパの平方 100 から除去すると，残りは 0．これの根 0 でルーパを加減すると，10, 10．半分にすると，5, 5．これら二つの

[1] K は自注 (E14cdp と E15p1-p3) を省き，E14cd と E15 を一緒にして注を付す． [2] brūyād ityādir vargapraśno P] brūyād ityādivargapraśno T. [3] yathāsthitatve P] yathāsthitatvena T. [4] kṣayakaraṇīṃ P] karaṇī T. [5] 100 P] ∅ T. [6] yathāsthita uktavan P] yathāsthite uktavan T. [7] parikalpya sādhye iti P] parikalpyeti T.

内の一方に，必ず負数性が想定されるべきである．でなければ，平方に負数カラニーが生じないだろう，ということである．

そこでまず，根カラニーに負数性，他方に正数性を想定した例が書かれる． T72, 8
ka $\dot{5}$.[1] これが根カラニーであり，残りのカラニーであるこの ka 5 がルーパである，5.[2] これの平方 25 から，カラニー 24 を除去し，残り 1 の根でルーパ 5 を加減すると，6, 4. 半分にすると，根のカラニー二つ，ka 3 ka 2,[3] が生ずる．ここでは，両方とも正数性こそがふさわしい．一方が負数の場合[4]，平方では，残りのカラニー ka 24 に正数性が生じないだろう，それ (ka 24) はそれら二つの積の四倍からなるから[5]．両方とも負数の場合，たとえ残りのカラニー (ka 24) が正数になり得ても，前の二つのカラニー (40, 60) に負数性は生じないだろう．前の根カラニー[6]ka $\dot{5}$の四倍 ka $\dot{20}$をこれら二つの根カラニー ka 3 ka 2 に掛けると，⟨ これらは ⟩ 正数だから ka $\dot{40}$ ka $\dot{60}$.[7] かくして生ずる根は ka $\dot{5}$ ka 3 ka 2.

次に，根カラニーに正数性を想定した例．根カラニーは ka 5．残りの$\dot{5}$ が T72, 17
ルーパ[8]．ルーパの平方 25 から[9]残りのカラニー 24 を除去して，前のように生ずる根カラニー二つは ka 3 ka 2．ここでは，両方ともに負数性こそがふさわしい．一方だけが負数の場合[10]，既述の道理によって，残りのカラニー ka 24 に正数性が生じないだろう．両方とも正数の場合は[11]，既述の道理によって，前のカラニー二つ ka $\dot{40}$ ka $\dot{60}$に負数性が生じないだろう．かくしてかわりに生ずる[12]根は，ka 5 ka $\dot{3}$ ka $\dot{2}$. だから云われたのである，「理知ある者は」(BG 21) と．同様に，これら二つ，ka 24 ka $\dot{40}$, あるいはこれら二つ，ka 24 ka $\dot{60}$, を最初に引くことによっても，二根を見るべきである.[13]

···Note···

例題 (BG E15): (ka 2 ka 3 ka $\dot{5}$)^2 = rū 10 ka 24 ka $\dot{40}$ ka $\dot{60}$, (ka $\dot{2}$ ka $\dot{3}$ ka 5)^2 = rū 10 ka 24 ka $\dot{40}$ ka $\dot{60}$. 平方根の計算．BG 21 を用いて平方数にある負のカラニーを正に変え，rū 10 ka 24 ka 40 ka 60, これに BG 19 の規則を適用する．$10^2 - (40+60) = 0 = 0^2$, $(10 \pm 0)/2 = 5,\ 5$. このうち一方を根カラニー，他方をルーパと想定して計算を繰り返すが，BG 21 に従ってどちらかを負数にする．根カラニーを負数 ka $\dot{5}$，他方の 5 をルーパとした場合，$5^2 - 24 = 1 = 1^2$, $(5 \pm 1)/2 = 3,\ 2$. したがって，根 ka 2 ka 3 ka $\dot{5}$. また，ルーパを負数$\dot{5}$，根カラニーを正数 ka 5 とした場合，$(\dot{5})^2 - 24 = 1 = 1^2$, $(\dot{5} \pm 1)/2 = \dot{2},\ \dot{3}$. したがって，根 ka $\dot{2}$ ka $\dot{3}$ ka 5.

別解．$10^2 - (24+40) = 36 = 6^2$, あるいは $10^2 - (24+60) = 16 = 4^2$ からも同様にして根が得られる．

···

[1] ka $\dot{5}$ P] ka 5 T. [2] śeṣakaraṇīyaṃ ka 5 rūpāṇi 5] śeṣakaraṇīyaṃ rūpāṇi T, śeṣakaraṇīrūpāṇi 5 P. [3] ka 3 ka 2 P] ka 3 ka 5 T. [4] ekasyā ṛṇatve P] ekasyāḥ ṛṇatve T. [5] tayoścaturguṇaghātātmakatvādasyāḥ T] tayoścaturguṇaghātātmakatvāt/ asyāḥ P. [6] mūlakaraṇyā P] karaṇyā T. [7] dhanatvāt ka $\dot{40}$ ka $\dot{60}$] dhanatvāt ka 40 ka 60 P, tattvāt ka $\dot{40}$ ka $\dot{60}$ T. [8] śeṣā $\dot{5}$ rūpāṇi] śeṣā 5 rūpāṇi P, śeṣa $\dot{5}$ rūpāṇi T. [9] kṛteḥ P] kṛte T. [10] kṣayatva ukta P] kṣayatve ukta T. [11] dhanatva ukta P] dhanatve ukta T. [12] evaṃ vā jātaṃ P] evaṃ jātaṃ T. [13] この段落のすべての $\dot{2}, \dot{3}, \dot{40}, \dot{60}$ T] 2, 3, 40, 60 P.

T72, 24 （問い）「負数カラニーを正数と想定しなくても，根の獲得はある．例えば，ka 2 ka 3 ka $\dot{5}$，あるいは ka $\dot{2}$ ka $\dot{3}$ ka 5〈の場合，いずれも〉『最後の〈
T73, 1 項の〉平方が置かれるべきである』[1]云々によって生ずる平方は，ka 4 ka 24 ka $\dot{40}$ ka 9 ka $\dot{60}$ ka 25.『正数の二根は正数と負数』(BG 4c) というので，平方数であるカラニーの根は，〈負数の平方からの根は負数なので〉，rū 2 rū 3 rū $\dot{5}$，あるいは rū $\dot{2}$ rū $\dot{3}$ rū 5．両方とも，和は等しくて，rū 0．かくして生ずる平方は，rū 0 ka 24 ka $\dot{40}$ ka $\dot{60}$．ここで，ルーパの平方 0 から[2]，カラニー二つ，ka 24 ka $\dot{40}$，を除去し，残り 16 の根 4 でルーパを加減すると，4, $\dot{4}$．半分にすると，2. $\dot{2}$．一方は根のカラニーである，ka 2．他方，$\dot{2}$，はルーパである．これの平方 4 から残りのカラニー，ka $\dot{60}$，を除去し，残り 64 の根 8 でルーパ $\dot{2}$ を加減すると，6, $\dot{10}$．半分にすると，3, $\dot{5}$．生ずる根カラニーは，ka 2 ka 3 ka $\dot{5}$.[3]

T73, 8 「あるいは，もし後者が根カラニー ka $\dot{2}$，前者 ka 2 がルーパのときは，これの[4]平方 4 から，残りのカラニー$\dot{60}$を除去し，残り 64 の根 8 でルーパ 2 を加減すると， 10, $\dot{6}$．半分にすると，5, $\dot{3}$．かくして生ずる根のカラニーは，ka $\dot{2}$ ka $\dot{3}$ ka 5.[5]

T73, 12 「あるいは，ルーパの平方 0 から[6]，カラニー二つ，ka $\dot{40}$ ka $\dot{60}$，を除去し，残り 100 の根 10 でルーパ 0 を加減すると，10, $\dot{10}$．半分にすると，5, $\dot{5}$．この二つの内，前者が根カラニー ka 5，後者$\dot{5}$がルーパである．これの平方 25 から，残りのカラニー 24 を除去し，残り 1 の根 1 でルーパ$\dot{5}$を加減すると，$\dot{4}$, $\dot{6}$.[7] 半分にすると，$\dot{2}$, $\dot{3}$.[8] かくして生ずる根のカラニーは，ka 5 ka $\dot{2}$ ka $\dot{3}$.[9]

T73, 16 「あるいは，もし後者が根カラニー ka $\dot{5}$，前者 ka 5 がルーパのときは[10]，これの[11]平方 25 から，残りのカラニー ka 24 を除去し，残り 1 の根 1 でルーパ 5 を加減すると，6, 4. 半分にすると，3, 2. かくして生ずる根のカラニーは，ka $\dot{5}$ ka 3 ka 2.[12]

T73, 20 「同様にして，これら二つ，ka 24 ka $\dot{60}$，を〈最初のルーパ 0 から〉引く場合も，二根を見るべきである．このように，平方数のカラニーを正数と想定しなくても，根の獲得があるのに，自ら正しくない平方数を作り，それには述べられたような根が得られない[13]というので，『もし平方数に負数からなるカラニーがあるなら，それを正数からなるものと想定して，〈根のカラニー二つが〉得られるべきである』(BG 21ab) という[14]特別則を作り，さらに，根カラニー (pl.) の中で負数性を設定する場合の手順 (anugama) がないので『理知ある者は』云々(BG 21d) と述べられたが，それは，違いの分かる尊敬されるべき先生 (honor. pl.) にふさわしくない．」

---

[1] Cf. BG E14abp1. [2] rūpakṛteḥ 0 P] rūpakṛte $\dot{0}$ T. [3] この段落の後半（「根 4 でルーパを加減すると」以下）の $\dot{2}, \dot{4}, \dot{5}, \dot{10}$ T] 2, 4, 5, 10 P. [4] etat P] tattat T. [5] この段落のすべての $\dot{2}, \dot{3}, \dot{6}$ T] 2, 3, 6 P. [6] 0 P] ∅ T. [7] $\dot{4}/\dot{6}$ T] 6/ 4 P. [8] $\dot{2}/\dot{3}$ T] 3/ 2 P. [9] この段落のすべての $\dot{2}, \dot{3}, \dot{4}, \dot{5}, \dot{6}, \dot{10}$ T] 2, 3, 4, 5, 6, 10 P. [10] rūpāṇi/ T] rūpāṇi 1 P. [11] etat P] tattat T. [12] この段落の 2 つの $\dot{5}$ T] 5 P. [13] nāyāti P] na yāti T. [14] parikalpya sādhye iti] parikalpya sādhyā iti P, parikalpyeti T.

というなら，〈次のように〉云われる．糖蜜 (guḍa) の味を忘れ，ピッタ〈の過剰〉によって舌が損なわれた人は，糖蜜を食べて苦みを体験しながら[1]，〈先入観によって〉「この糖蜜は甘い」という．あるがままの事実を語る全知者においてさえ誤謬 (bhrāntatva) が確実なことがあるが，ちょうどそれと同じで，あなたの先生にもそれ（誤謬が確実なこと）が当てはまるのである． T74, 1

…Note……

T72, 24 から始まる問いのポイントは，BG E15 の問題に対してバースカラが求めた平方，rū 10 ka 24 ka $\dot{40}$ ka $\dot{60}$, は誤りであり，正解は rū 0 ka 24 ka $\dot{40}$ ka $\dot{60}$ である．これから根を求めるとき，ルーパの平方から引く数が負数でも，それを正数にする必要がないから，BG 21 は不要である，というもの．

平方の計算．$(\text{ka } 2 \text{ ka } 3 \text{ ka } \dot{5})^2 = \text{ka } 4 \text{ ka } 24 \text{ ka } \dot{40} \text{ ka } 9 \text{ ka } \dot{60} \text{ ka } 25$. ここで，平方数 4, 9, 25 の根 2, 3, 5 は一般的には正数と負数の可能性があるが，負数$\dot{5}$の平方 25 の根は$\dot{5}$だから，$\text{ka } 4 + \text{ka } 9 + \text{ka } 25 = \text{rū } 2 + \text{rū } 3 + \text{rū } \dot{5} = \text{rū } 0$. したがって，平方は rū 0 ka 24 ka $\dot{40}$ ka $\dot{60}$.

根の計算 (1) $0^2 - (24 + \dot{40}) = 16 = 4^2$, $(0 \pm 4)/2 = 2, \dot{2}$. ここで 2 を根カラニー，$\dot{2}$をルーパとすると，$(\dot{2})^2 - \dot{60} = 64 = 8^2$, $(\dot{2} \pm 8)/2 = 3, \dot{5}$. したがって，根 ka 2 ka 3 ka $\dot{5}$. もし，$\dot{2}$を根カラニー，2 をルーパとすれば，$2^2 - \dot{60} = 64 = 8^2$, $(2 \pm 8)/2 = 5, \dot{3}$. したがって，根 ka $\dot{2}$ ka $\dot{3}$ ka 5.

根の計算 (2) $0^2 - (\dot{40} + \dot{60}) = 100 = 10^2$, $(0 \pm 10)/2 = 5, \dot{5}$. ここで，5 を根カラニー，$\dot{5}$をルーパとすると，$(\dot{5})^2 - 24 = 1 = 1^2$, $(\dot{5} \pm 1)/2 = \dot{2}, \dot{3}$. したがって，根 ka $\dot{2}$ ka $\dot{3}$ ka 5. もし，$\dot{5}$を根カラニー，5 をルーパとすると，$5^2 - 24 = 1 = 1^2$, $(5 \pm 1)/2 = 3, 2$. したがって，根 ka 2 ka 3 ka $\dot{5}$.

根の計算 (3) 同様に，$0^2 - (24 + \dot{60}) = 36 = 6^2$, $(0 \pm 6)/2 = 3, \dot{3}$ からも根が得られる．

このように，BG 21 の規則は不要である，というもの．この批判に対して K は以下の段落で答える．K の糖蜜の喩え (T74, 1) の典拠は未詳．ピッタ (pitta) はインド医学の基本概念の一つ tridoṣa（三悪質）の構成要素（他は vāta と kapha）．主成分は火．tridoṣa がバランスを保っている状態が健康とされる．

……

（問い）「それはどう理解したらいいのか.」 T74, 4

では聴きなさい．根のカラニーはこれら，ka 2 ka 3 ka $\dot{5}$，あるいはこれら，ka $\dot{2}$ ka $\dot{3}$ ka 5．これらの近似根 (āsanna-mūla) を求めてから，それらの和をとり，平方した場合と，はたまた最初にカラニーを[2]平方し，そのあと〈平方数に生じたカラニーの〉近似根を求めて和をとった場合とでは，まったく等しくなるはずである．なぜなら，カラニーの六種は，自分の根の六種のために展開するから．でなければ，「カラニー二つの和を」云々(BG 13) によって行われるカラニーの和〈という演算〉は正起しないだろう[3]．その場合，近似

[1] tiktarasamanubhavato T] tiktaṃ rasamanubhavato devadattasya (苦みを体験しているデーヴァダッタが) P.　[2] 'tha ca karaṇīnām T] vargakaraṇīnām P.　[3] nopapadyeta P] nopapadyate T.

根は，$\genfrac{}{}{0pt}{}{1}{25}$，$\genfrac{}{}{0pt}{}{1}{44}$，$\genfrac{}{}{0pt}{}{\dot{2}}{14}$，あるいは $\genfrac{}{}{0pt}{}{\dot{1}}{25}$，$\genfrac{}{}{0pt}{}{\dot{1}}{44}$，$\genfrac{}{}{0pt}{}{2}{14}$．これらの和は，正数の 0 | 55，または負数の 0 | 55．両者の平方は等しくて，正数の 0 | 50 である.[1]

T74, 11 次に，尊敬されるべき先生が初めに作ったカラニーの平方であるこの rū 10 ka 24 ka $\dot{40}$ ka $\dot{60}$ のなかのカラニーの近似根，$\genfrac{}{}{0pt}{}{4}{54}$，$\genfrac{}{}{0pt}{}{\dot{6}}{19}$，$\genfrac{}{}{0pt}{}{\dot{7}}{45}$，[2] をルーパ 10 に加えると，生ずる平方はそれと同じ，0 | 50 である．

T74, 14 またもし，あなたが作った平方，rū 0 ka 24 ka $\dot{40}$ ka $\dot{60}$，の〈なかのカラニーの〉近似根である同じそれらの和がとられると，〈平方の近似値は〉この $\dot{9}$; $\dot{10}$に[3]なるだろう．この平方は〈数値的に〉正しくない (aśuddha)．負数であることからも，正しくない[4]．平方数が負数になり得ないということは「負数に根はない，それは非平方数性を持つから」(BG 4d) というここで説明されている．

···Note···

T72, 24 から始まる問いに対して，K は，平方の近似値を計算して，バースカラの求めた平方が正しいことを確認する．まず，与えられた数の近似値を求めてから平方する場合，60 進法表記で，$\sqrt{2} \approx 1; 25$, $\sqrt{3} \approx 1; 44$, $\sqrt{5} \approx 2; 14$, だから，$(\sqrt{2}+\sqrt{3}-\sqrt{5})^2 \approx 0; 55^2 = 0; 50, 25 \approx 0; 50$. 次に，$\sqrt{24} \approx 4; 54$, $\sqrt{40} \approx 6; 19$, $\sqrt{60} \approx 7; 45$, だから，バースカラの得た平方は，$10 + \sqrt{24} - \sqrt{40} - \sqrt{60} \approx 0; 50$. 一方，反論者の得た平方は，$0 + \sqrt{24} - \sqrt{40} - \sqrt{60} \approx -9; 10$. よってバースカラの平方が正しい，という議論．

これらの近似値はシュリーダラ等の教える方法 (cf. Hayashi 2006, 205) により次のように求められた可能性が大きい．一般に，$\sqrt{a} = \sqrt{ap^2}/p \approx [\sqrt{ap^2}$の整数部分$]/p$ だから，$p = 60^2$ とすると，

$$\sqrt{2} = \sqrt{2 \times 60^4}/60^2 = \sqrt{5091^2 + 1719}/60^2 \approx 5091/60^2 = 1; 24, 51 \approx 1; 25.$$

同様に，$\sqrt{3} \approx 1; 43, 55 \approx 1; 44$, $\sqrt{5} \approx 2; 14, 9 \approx 2; 14$, $\sqrt{24} \approx 4; 53, 56 \approx 4; 54$, $\sqrt{40} \approx 6; 19, 28 \approx 6; 19$, $\sqrt{60} \approx 7; 44, 45 \approx 7; 45$. なお，60 進法表記は，T, P とも上に見るように $\genfrac{}{}{0pt}{}{a}{b}$ のタイプと $a \mid b$ のタイプ（どちらも $a + \frac{b}{60}$ を意味する）を混用する．$a \mid b$ のタイプでは，負数であることを表すために，a と b の両方に「点」(bindu) が付されていることに注意（T 本）．

反論者が誤った平方，rū 0 ka 24 ka $\dot{40}$ ka $\dot{60}$，を得たのは，BG 15 の規則を誤用したからと思われる．次の段落参照．

···

T74, 18 またもし，根が部分を持つ (sāvayava) ために，この平方に関してあなたに明瞭な納得がないのなら，そのときは，この例がある．rū 3 rū $\dot{7}$．これらの和 rū $\dot{4}$ の平方は，この rū 16 になるはずである．ところがここでもしあなたが述べた方法によってカラニーの平方が作られるなら，そのときは，これだ
T75, 1 けのものは生じない．すなわち，ka 9 ka $\dot{49}$．ここで，「最後の〈項の〉平方

[1] T 本編者の脚注：「ここで，根がバーガ，ラヴァと作られるとき，六十ラヴァが一バーガである.」 bhāga, lava はともに「部分」を意味し，区別なく用いられることもあるが，T 本編者は区別している．注釈者 K は 60 進法との関連ではこれらの語を用いていない． [2] $\genfrac{}{}{0pt}{}{4}{54}$，$\genfrac{}{}{0pt}{}{\dot{6}}{19}$，$\genfrac{}{}{0pt}{}{\dot{7}}{45}$ P] 4 | 54, $\dot{6}$ | $\dot{19}$, $\dot{7}$ | $\dot{45}$ T. [3] $\dot{9}$/ $\dot{10}$ T] $\dot{9}$/ P. [4] ṛṇatvādapyaśuddhaḥ] ṛṇatvādatyaśuddhaḥ T, ṛṇatvādapyaśuddhiḥ P.

が置かれるべきである」云々によって生ずる平方は，ka 81 ka $\dot{1764}$ ka 2401. ここで，先生によって述べられた道 (mārga) による根は，rū 9 rū $\dot{42}$ rū 49. これらの和をとると，平方はそれと同じ rū 16 になる．あなたの述べた道によって根をとると〈負数の平方からの根は負数なので〉，生ずる根は rū 9 rū $\dot{42}$ rū $\dot{49}$. これらの和は rū $\dot{82}$. これは，平方ではあり得ない．

…Note…

(rū 3 rū $\dot{7}$)^2 = (rū $\dot{4}$)^2 = rū 16 だから，(rū 3 rū $\dot{7}$)^2 = (ka 9 ka $\dot{49}$)^2 =

$$\text{ka } 81 \text{ ka } \dot{1764} \text{ ka } 2401 = \text{rū } 9 \text{ rū } \dot{42} \text{ rū } 49 = \text{rū } 16$$

が正しいのに，反論者の算法では，負数の平方からの根は負数なので，

$$\text{ka } 81 \text{ ka } \dot{1764} \text{ ka } 2401 = \text{rū } 9 \text{ rū } \dot{42} \ \underline{\text{rū } \dot{49}} = \text{rū } \dot{82}$$

になってしまうという議論．

……

（問い）「それなら，『正数の二根は正数と負数』(BG 4c) というこれには T75, 6
どんなあり方（存在理由）があるのか．」

では聴きなさい．根をとる場合に限って「正数の二根は正数と負数」と述べられたのである．一方，本件の場合は根カラニーの平方に[1]あるカラニー (pl.) をルーパ種 (rūpa-jāti) として立てる (sthāpana)（すなわち，置く）のであって，根がとられるのではない (na tu mūlaṃ gṛhyate). だからこそ，ルーパが作られる場合でも，カラニーの平方という手順 (vyavahāra) があるだけであり，カラニーの平方の根という〈手順〉はない．同様に，ルーパをカラニー種 (karaṇī-jāti) として置く場合，平方演算 (varga-vidhāna) はない．だからこそ，負数ルーパをカラニーとして置く場合，負数カラニーが置かれるのである．平方演算によって[2]どうして負数性が生じるだろうか．したがって，ルーパとカラニーの異種性 (bhinna-jātitva) に起因する数の相違 (saṃkhyā-bheda) であって，実質的なもの (vāstava) ではない．ちょうど，〈同一の金額が〉，ヴァラータカ種〈のコイン〉では二十，20，カーキニー種では一，1，パナ種では四分の一，$\frac{1}{4}$，[3] ドランマ種では六十四分の一[4] $\frac{1}{64}$，[5] と置かれるように[6]．実際，これらの数 (pl.) には結果的に (phalataḥ) 相違はない．だからこそ，ルーパ三とカラニー九の平方は[7]どちらもルーパ九に他ならない．ルーパとカラニーが結果的に相違する場合，どうして等しい平方が生ずるだろうか．したがって，正しく述べられたのである，「もし平方数に負数からなるカラニーがあるなら」云々(BG 21) と．

---

[1] mūlakaraṇīvarge P] karaṇīvarge T.　[2] vargavidhānena T] vargavidhāne P.　[3] paṇajātyā caturthāṃśo $\frac{1}{4}$ P] parājātyā caturtho śo 4 T.　[4] catuṣṣaṣṭyaṃśaḥ P] catuṣṣaṣṭāṃśaḥ T.　[5] $\frac{1}{64}$ P] 64 T.　[6] L 2 で定義されている貨幣単位．　[7] vargo P] vargau T.

···Note···

$$\text{rū } 3 = \text{ka } 9 \xrightarrow{\text{平方}} \text{ka } 81 = \text{rū } 9, \quad \text{rū } \dot{7} = \text{ka } \dot{49} \xrightarrow{\text{平方}} \text{ka } 2401 = \text{rū } 49$$

T75, 19 （問い）「根カラニーに負数性を想定する場合〈の規則〉はどう把握されるか.」

聴きなさい.「平方にカラニー三つがあればカラニー二つに等しいルーパを」(BG 22cd) 云々と後で述べられる方法に従って引かれるべきカラニーに関する決まりにおいて，それらを正数と想定して，根のカラニー二つが得られるべきである．その（二つの）うち，根カラニーである方を正数または負数と想定し，それの四倍で，あるがままの（元の）正数負数性を持つ引かれたカラニーが割られるべきである．割り算で得られるままのカラニー (pl.) が，正数にせよ負数にせよ，残りのカラニーであると知るべきである，等々，理知ある者たちは他のことも推して知るべきである．敷衍はもう十分である.

···Note···

次の BG 22-27 参照.

T76, 1 次に，「平方数の中の一つのカラニー，あるいは二つのカラニー」云々(BG 19) というように言葉が不確定な場合[1]，〈ルーパの平方から〉平方のカラニーを引くとき[2]，根は不正確 (aśuddhi) だろう，というので，カラニーの数に関する決まりを伴う引かれるべきカラニーに関する決まりを，ギーティ詩節二つとアールヤー詩節二つで説明する.

A89, 21 **先人たちはこのこと（カラニーの根を計算するときの条件）を詳しく述べなかったが，私は初心者の啓蒙のために述べる．/22p0/**

22 **一を初項とするサンカリタ（自然数列の和）の数だけのカラニー部分が平方量にあるだろう．平方にカラニー三つがあればカラニー**
23 **二つに等しいルーパを，// カラニー六つがあれば三つに，十あれば四つに，またティティ(15) あれば五つに〈等しいルーパを〉ルーパの平方から引き，根が得られるべきである．そうでなけれ**
24 **ば，いかなる場合も正しくない．// このようにして生ずることになる〈二数のうち〉小さい方である根のカラニーの四倍で共約され**
25 **るものが，ルーパの平方から引かれるべきものである．// また共約の商は根のカラニーとなる．残りの演算でもしそれらが〈根のカラニーとして〉生じなければ，その根は正しくない．/22-25/**

···Note···

規則 (BG 22-25): カラニーから成る数の平方根を計算するときの諸条件．これらはバースカラが初めて与える.

1. BG 22-23（引かれるカラニーの個数に関する条件）: A を合成カラニー（複数のカラニーから成る数）の中のカラニーの個数，B をその平方中にあるカラニーの個

[1] aniyame T] aniyamena P. [2] vargakaraṇīśodhane T] karaṇīśodhane P.

数，C を平方根計算でルーパの平方から引くべきカラニーの個数とすると，

A	2	3	4	5	6	...	n	...
B	1	3	6	10	15	...	$\frac{n(n-1)}{2}$	...
C	$\langle 1 \rangle$	2	3	4	5	...	$(n-1)$	...

B は平方根にある n 個のカラニーから 2 個選ぶ組み合わせの数であるが，それは自然数列の最初の $(n-1)$ 項の和 (saṃkalita) に等しい．B と C が適合しなければ，正しい根は得られない．

バースカラ自身の自然数列の和の規則は L 117ab にある．T77, 11 参照．バースカラ自身の組み合わせの数の計算法：

> 逆順に置かれた一を初項および増分とする数字が正順に置かれたものによって割られるべきである．順次，後が前によって掛けられるべきである．// 一，二，三等の種類〈の数〉が生ずるだろう．これは一般的〈方法〉として伝えられる．それは韻律学においては韻律集積図表に関して，それを知る人たちの用に供せられる．// また，工学においては小窓の通風の種類などや部分メールに関して，また医学においては味の種類に関して，〈それを知る人たちの用に供せられる．〉それは，〈話が〉広がりすぎることを恐れて〈ここでは〉述べない．/L 112-14/

すなわち，

$$\begin{matrix} n & n-1 & n-2 & \cdots & 2 & 1 \\ 1 & 2 & 3 & \cdots & n-1 & n \end{matrix}$$

と上下に数字を並べてから，左から順に r 項分，上を下で割り，前を後に掛けてゆく．

$$\frac{n}{1} \times \frac{n-1}{2} \times \cdots \times \frac{n-r+1}{r}$$

2. BG 24（共約条件）：（前の，三つのカラニー部分からなる数の平方の例でいうと）ルーパの平方から引かれるべき $4ab$ と $4ac$ は，根のカラニーとして得られることになる二つのうちの a（これをバースカラは「小さい方」と呼ぶ）の四倍 $4a$ で共約できるということ．

3. BG 25（共約の商に関する条件）：その共約の商である b と c はともに根のカラニーであるということ．これらの性質は，得られた根の正しさの判定に用いることができるということ．

....

この二番目のギーティ詩節 (BG 23) で[1]，「ティティ(15) あれば五つに」と多く〈の人〉が読むが,「また (ca) ティティ(15) あれば五つに」と〈ca を入れて〉読むべきである．でなければ韻律を損なうから． T76, 20

この「一を初項とするサンカリタの数だけのカラニー部分が平方量にあるだろう」(BG 22ab) というこれによって，一つのカラニーの平方には一つのカラニー[2]，二つのカラニーの平方にはカラニー三つが生ずる，等々が定められた〈かに見える〉が，これは直接知覚 (pratyakṣa) に反する．だから，〈バースカラ先生は〉自らその意味を解説する． T76, 21

カラニーを平方した量にはルーパが必然的に生ずる．一つのカラニーの平方にはルーパだけがある．二つの〈カラニーの平方〉にはルーパと一つのカ A89, 30; T77, 1

[1] dvitīyagītau P] dvitīye gītau T.　[2] ekakaraṇyā varga ekā karaṇī P] ekakaraṇīvarge ekā karaṇī T.

ラニー，三つのには三つ，四つのには六つ，五つのには十，六つのには十五等々〈のカラニーと一つのルーパ〉がある[1]．だから，二つを始めとする[2]カラニーの平方には，一を初項とするサンカリタの数だけのカラニーの部分と
A90, 1 **ルーパが[3]，順に生ずるだろう．またもし例題にそれだけのものがないなら，〈いくつかを〉結合するか〈逆に〉和のカラニーを分離して，それだけのものを作ってから，根が得られるべきである，という意味である．「平方にカラニー三つがあればカラニー二つに等しいルーパを」というのは意味明瞭である．/25p/[4]**

T77, 7 この（冒頭の）「カラニーを平方した量には[5]ルーパが必然的に生ずる．一つのカラニーの平方にはルーパだけがある．二つの〈カラニーの平方〉にはルーパと一つの」をアールヤー詩節とみなして，規則 (sūtra) の中に読む人たちもいるが，それは正しくない．〈この部分の直後に置かれた〉「カラニー」〈という語〉は[6]，〈その部分の最後の「一つの」と結びつくのであり，〉「三つのには三つ」云々という後続の文章 (grantha) との繋がり (anvaya) がないから．実際，一つの文章 (vākya) を詩文 (śloka) と解説散文 (cūrṇikā)〈の両方〉で構成するというやりかたはありえない．また，前半では韻律が壊れていることも〈その解釈が正しくない〉理由である．[7]

T77, 11 「サンカリタ」は，

> 一を伴う項数を項数に掛けたものの半分は，一を始めとする数字の和であり，サンカリタと呼ばれる．/L 117ab/

とパーティー〈の書〉に述べられている[8]．したがって，根にもしこれら（次）の数等のカラニー部分があるとき，

$$2, 3, 4, 5, 6, 7, 8, 9, 10, 11, 12, 13, 14, 15,$$

そのとき，平方量にはこれら（次）の数[9]等のカラニー部分がある，

$$1, 3, 6, 10, 15, 21, 28, 36, 45, 55, 66, 78, 91, 105.$$[10]

T77, 16 残りについて私が少し解説する．「生ずることになる」(BG 24) というここで「小さい方である」というのは指標（目安）である[11]．〈逆に〉，大きい方が根のカラニー，小さい方がルーパである場合は，大きい方の「四倍で共約されるものが」「引かれるべきものである」．しかし，〈バースカラ〉先生

---

[1] pañcadaśa ityādi H] pañcadaśa P(K)T(K). [2] dvyādīnāṃ P] dravyādīnāṃ T. [3] karaṇīnāṃ khaṇḍāni rūpāṇi ca H] karaṇīkhaṇḍāni P(K)T(K). [4] この BG 25p は注釈者 K がそっくりそのまま引用する (T77, 1-7; P52, 26 – 53, 3). [5] karaṇīvargarāśau T] karaṇīvarge rāśau P. [6] karaṇīti T] karaṇī P. [7] 問題の部分を karaṇīvargarāśau rūpair avaśyaṃ bhavitavyam/ ekakaraṇyā varge rūpāṇy eva dvayoḥ sarūpaikā// と 2 行に書くと，後半は確かにアールヤー調になるが，K の指摘通り，前半は異なるから，これを規則の一部とするのは無理. [8] pāṭyām P] pādyam T. [9] rāśāvetāvat T] rāśau tāvat P. [10] P 本では，この数列は上の数列と上下に対応する一つの表にまとめられ，「そのとき」の前に置かれている. [11] upalakṣaṇam/ P] upalakṣaṇayā T. 同じ文章が BG E17p（後出）にある.

の考えでは，「小さい」というのは定義に起因するもの (pāribhāṣika) である．というのは，この規則の例題で，「〈二つの根のカラニーのうち〉それをルーパとみなしたとき他のカラニー部分二つが得られる[1]方の根のカラニー[2]が『大』と想定されるべきであるという意味である[3]」(BG E17p) と〈バースカラ先生自身が〉明らかにするから．

さらに，もう一つの決まりを述べる，「また共約の」(BG 25) と．小さい方の， T77, 21
あるいは場合によっては大きい方の，四倍で共約したとき得られるカラニー (pl.) こそが根のカラニーになる，というのは変わらぬ事実である．また「もし」「残りの演算で」:「二つのうちの大きいカラニーが」云々(BG 20bcd) によって，「それらが[4]生じなければ」「その根は正しくない」ということである．

「ここで『小さい方である』というのは指標（目安）である」〈したがって，
そうでないケースもある〉，と〈上で〉注記したが，それ（そうでないケー T77, 25
ス）は，大きい〈カラニー〉部分を引いて根をとる場合であって，小さい〈カ T78, 1
ラニー〉部分を引いて根をとる場合は「小さい方である」に他ならない．

これ (BG 22-25) に関する正起次第．カラニーが一つだけの場合，「最後の〈 T78, 2
項の〉平方が置かれるべきである」というので[5]，平方だけがあるだろう．そしてその根を得ることにより，ルーパのみがあるだろう．カラニー二つがある場合，「最後の〈項の〉平方が置かれるべきである」というので，一つのカラニーの平方があり，その後に，「最後の〈項の〉四倍を掛けた」というので，残りの〈カラニー〉一つだけ[6]に最後の〈項の〉四倍を掛けたものがある．同様に，カラニー三つがある場合，「最後の〈項の〉平方が置かれるべきである」というので，一つのカラニーの平方があり，その後に，「最後の〈項の〉四倍を掛けた[7]」というので，残りのカラニー二つに最後の〈項の〉四倍を掛けたものが〈カラニーとして〉ある．それから，「最後〈の項〉を除去し」というので，残りはカラニー二つである．そこでも，「最後の〈項の〉平方が置かれるべきである」というので，二番目のカラニーの平方があり，また「最後の〈項の〉四倍を掛けた」他方が〈カラニーとして〉ある．

同様に，カラニー六つがある場合，「最後の〈項の〉平方が置かれるべきで T78, 8
ある」というので，最初のカラニーの平方がある．そこで，残りのカラニー五つに「最後の〈項の〉四倍を掛けた」というので[8]，カラニー部分が五つある．さらに，最後〈の項〉を除去し，二番目のカラニーの平方があり，残りの四つ〈のカラニー〉に[9]「最後の〈項の〉四倍を掛けた」というので[10]，〈カラニー〉部分が四つある．さらに，最後〈の項〉を除去し，三番目のカラニーの平方があり，残りの三つ〈のカラニー〉に「最後の〈項の〉四倍を掛けた」というのでけた」というので[11]，〈カラニー〉部分が三つある．さらに，最後〈の項〉を除去し，四番目のカラニーの平方があり，それから残りのカ

---

[1] sādhyete P] sādhyate T, sādhye H(E17p). [2] mūlakaraṇīṃ P] mūlakaraṇī T. [3] mahatī prakalpyety arthaḥ H(E17p)] mahatītyarthaḥ TP. [4] tā na T] vā na P. [5] L 19 をカラニーの平方のために変形した規則については，T51, 15 参照. [6] śeṣam ekaiva P] ekaiva T. [7] nighnāḥ P] nighnī T. [8] nighnya iti P] nighnā iti T. [9] śeṣāścatasraś P] śeṣacatasraś T. [10] nighnya iti P] nighnā iti T. [11] nighnya iti P] nighna iti T.

ラニー二つに「最後の〈項の〉四倍を掛けた」というので，〈カラニー〉部分が二つある．さらに，最後〈の項〉を除去し，五番目のカラニーの平方があり，残りのカラニー一つに「最後の〈項の〉四倍を掛けた」というので，〈カラニー〉部分が一つある．さらに,「最後〈の項〉を除去し」，六番目〈のカラニー〉の平方がある．このように，平方には六つのカラニーの平方 (pl.) が生ずる．それらの根 (pl.) は，根のカラニーに等しいルーパであろう．だから，それら（根のカラニー）の和は，カラニーの平方におけるルーパである．一方，カラニー部分は，最初に五つ，それから四つ，それから三つ，それから二つ，それから一つ，というように，逆向きに，一を初項，一を公差として生ずる．したがって，一少ない項数のサンカリタの数だけのカラニー部分が生ずる．最初の部分は，〈手順の最後で〉平方として置くだけだから．だから「二つを始めとする〈カラニーの〉平方には，一を初項とするサンカリタの数だけの[1]カラニーの部分〈とルーパ〉が」(BG 25p) と述べられたのである[2].

T78, 19 これと同じ道理によって，「平方にカラニー三つがあれば」云々(BG 22cd-23) も理解すべきである．というのは，ルーパはカラニーの和であり，それの平方は和の平方であるから．そこで最初のカラニーを分離する場合，最初のカラニーと残りのカラニー五つ[3]との積の四倍が，差の平方のために〈ルーパの平方から〉引かれるべきである．これに関する道理は既に述べた．だから，六つのカラニーの平方において最初のカラニーを分離する場合，最初のカラニーと残りの五つのカラニーの積の四倍が差の平方のために[4]，和の平方から引かれるべきである[5]，というので，カラニー六つの平方においては，ちょう
T79, 1 ど五つのカラニーが引かれるべきである．ゆえにこの「ティティ(15) あれば五つに」(BG 23) が述べられたのである．というのは，カラニー六つの平方には，ちょうど十五のカラニー部分が生ずるから．同様に，カラニー五つの平方において最初のカラニーを分離する場合，最初のカラニーと残りのカラニー四つの積の四倍が引かれるべきである，というので，ちょうど四つのカラニーが引かれるべきである．だからこの「十あれば四つに」(BG 23) が述べられたのである．同様に,「カラニー六つがあれば三つに」(BG 23),「平方にカラニー三つがあればカラニー二つに等しいルーパを」(BG 22cd) なども理解すべきである[6].

T79, 6 かくの如くではあるが，もし誰か鈍い人により[7]，〈先人たちによって〉述べられた決まりを前提とし，根が得られるようにルーパとカラニー (pl.) とを想定して，もし質問されたら，そのときは，その例題は不毛 (khila) か実り

---

[1] mita P] miti T. [2] T 本ではこの段落の最後の部分,「生ずる．最初の部分は，… カラニーの部分〈とルーパ〉が」」(bhavanti/ prathamakhaṇḍasya vargatvenaiva sthāpanāt/ ato dvyādīnāṃ varga ekādisaṃkalitamitakaraṇīkhaṇḍāni) が誤って次の段落の「そこで最初のカラニーを」の「そこで」の後に挿入されている．その部分の前後には '(3?)' という記号が置かれているが，'3' は，本来の位置とは別の所に書いてしまった部分を示すために写本の筆記者が付けた記号（の類似物）であり，'?' はその記号の意味を T 本の編者が理解できなかったことを示す．T 本にはないが，T 本が基づく写本ではおそらく同部分を挿入すべき正しい位置が何らかの記号で指示されていたと思われる．類似の記号に関して，T140, 12 参照．P 本にこの乱れはない．
[3] pañcaka P] ∅ T. [4] vargārthaṃ P] vargārtha T. [5] yutivargācchodhyo] yutivargaḥ śodhyo TP. [6] bodhyam P] bodhyate T. [7] kenaciddhṛṣṭena P] kenacitpṛṣṭena T.

ある (akhila) かを知るために,「小さい方」の「四倍で」「共約されるものが」(BG 24) と述べられたのである．ここで「小さい方」というので最初のカラニーが意図されている．というのは，最初のカラニーと残りのカラニーとの積の四倍が引かれるから，引かれるものは最初の〈カラニーの〉四倍で共約できるはずである．もし共約できなければ，そのときは例題の不毛性は明らかである．

またもしもっと鈍い人によって[1]，最初に引かれるべきカラニー (pl.) として他ならぬそれら，または他の同じものが置かれ，後でいくつかのものが道理に従って置かれたとき，そのとき，その例題は不毛か実りあるかを知るために,「共約の商は」云々(BG 25) と述べられたのである．というのは,「最後の〈項の〉四倍を掛けた」というのでここには四倍の最初のカラニーと残りのカラニーとの[2]積があり，それを四倍の最初のカラニーで共約すれば，他ならぬ根のカラニーが得られるというので，根のカラニー (pl.) が共約から生ずるから[3]．もし残りの演算によってそれらが生じなければ，残りのカラニー (pl.) が間違っているから，それらから生ずる根も間違っている，というので〈BG 22-25 は〉正起した． T79, 12

···Note ···

BG 22-25 の正起次第.

$$(\text{ka } a_1 \text{ ka } a_2 \ \cdots \ \text{ka } a_n)^2 = \text{rū} \sum_{i=1}^{n} a_i + \sum_{i=1}^{n} \sum_{j=i+1}^{n} (\text{ka } 4a_ia_j)$$

ここで，$i=1$ に対して $(n-1)$ 個のカラニー，$i=2$ に対して $(n-2)$ 個のカラニー，等々が生ずるから，平方に生ずる全カラニーの個数は，$(n-1)+(n-2)+\cdots+2+1=n(n-1)/2$，すなわち「一少ない項数のサンカリタの数」である．その平方根の計算では，平方にあるルーパを r_0 とすると，$r_0=\sum_{i=1}^{n} a_i$ であり，

$$r_0^2 - \sum_{i=2}^{n}(4a_1a_i) = \left(a_1 + \sum_{i=2}^{n} a_i\right)^2 - 4a_1\sum_{i=2}^{n} a_i = \left(a_1 - \sum_{i=2}^{n} a_i\right)^2$$

だから，$p_1 = a_1 - \sum_{i=2}^{n} a_i$ とすると，

$$\frac{r_0+p_1}{2} = a_1, \qquad \frac{r_0-p_1}{2} = \sum_{i=2}^{n} a_i \ (= r_1)$$

によって a_1 がルーパ r_0 から「分離」される．さらにこの $r_1\ (= r_0 - a_1)$ をルーパとして，残っているカラニーから同じ操作を繰り返してすべての根カラニーを「分離」する．このように，n 個のカラニーから成る数の平方には，$n(n-1)/2$ 個のカラニーと，元の n 個のカラニーの和であるルーパとがあり，それから 1 個の根カラニーを「分離」するためにルーパの平方から引かれるべきカラニーの個数は $(n-1)$ 個 $(i=2,\cdots,n)$ である．そして，それらの引かれるカラニー，$4a_1a_i\ (i=2,\cdots,n)$，はすべて $4a_1$ で割り切れる．また，その割り算の商 a_i は，後続の計算で「分離」されることになる根

---

[1] dhṛṣṭatareṇa P] dṛṣṭatareṇa T.　[2] prathamakaraṇīśeṣakaraṇī T] prathamakaraṇī-śeṣaṃ karaṇī P.　[3] jātāḥ T] jñātāḥ P.

カラニーである.

・・

T79, 19 　　次に, 「平方にカラニー三つがあれば」云々(BG 22cd) という決まりなし
に根を得た場合, 根は正しくない, という点に関する例題をアールヤー詩節
一つで述べる.

A94, 7 　　**例題, /E16p0/**

16 　　　**平方に, 歯 (32), 成就者 (24), 象 (8) を数値とするカラニーが,
　　　賢い者よ, 十ルーパを伴ってあるとき, その根は何だろうか. 云
　　　いなさい. /E16/**

　　　書置：rū 10 ka 32 ka 24 ka 8. ここで「平方にカラニー三つがあればカ
ラニー二つ」(BG 22cd) だけに等しいルーパを最初にルーパの平方から除
去して根を求め, さらに〈残りのカラニー〉一つに〈等しいルーパを引いて〉
同様に計算するとこの場合は根がない, というので, それにはカラニーの状
態にある根[1]は存在しない. /E16p1/

　　　また, 〈ルーパの平方から引かれるべきカラニーの個数に関する〉決まり
がなければ, 全カラニーに等しいルーパを除去し, 根が導かれる. その場合,
この ka 2 ka 8 が得られる. これは正しくない. なぜなら, その平方はこの
rū 18 だから. /E16p2/

　　　あるいは, 歯 (32) と象 (8) を数値とするものの和を作り, rū 10 ka 72
ka 24, 〈根が〉導かれる. だがこれも正しくない, rū 2 ka 6. /E16p3/

・・・Note・・

例題 (BG E16): 引かれるカラニーの個数に関する条件 (BG 22-23) を満たさない例.
rū 10 ka 32 ka 24 ka 8 の平方根. ここにはカラニーが 3 個あるから, BG 22cd によ
れば, 2 個のカラニーを 10^2 から引いた残りが平方数でなければならないが, そのよ
うな組み合わせはないから, カラニーから成る根は存在しない. もしその規則を無視
すると, $10^2 - (32 + 24 + 8) = 36 = 6^2, (10 \pm 6)/2 = 8, 2$. したがって, 根 ka 2 ka 8
が得られるが, この平方は rū 18 だから正しくない. また, rū 10 ka 32 ka 24 ka 8 =
rū 10 ka 72 ka 24 として同様にすると, $10^2 - (72 + 24) = 4 = 2^2, (10 \pm 2)/2 = 6, 4$.
したがって, 根 ka 6 ka 4 = rū 2 ka 6 が得られるが, この平方は rū 10 ka 96 だか
ら, これも正しくない. BG E19 参照.

・・

T80, 1 　　意味は明瞭である. 書置：rū 10 ka 32 ka 24 ka 8. ここで, 他ならぬ「平
方数の中の一つのカラニー」云々(BG 19) によって[2]根を得る場合, カラニー
三つを引くことなしには, 残りの根が存在しないから[3], ルーパの平方 100 か
ら, カラニー三つに等しいルーパを引き, 残り 36 の根 6 でルーパ 10 を加減
すると, 16, 4. これらを半分にして生ずる根のカラニー二つは ka 8 ka 2. だ

---

[1] karaṇī-gata-mūla. すなわち, カラニー (の和) で表現される根. 　　[2] ityādinaiva P]
ityādineva T. 　　[3] padābhāvāt P] sapadābhāvāt T.

が，この根は正しくない．なぜなら，その平方はこの rū 10 ka 64 だから．だから述べられたのである,「平方にカラニー三つがあればカラニー二つに等しいルーパを」云々(BG 22cd-23) と．このように（この条件を満たすように）その和がルーパの平方から引かれたとき，残りの根が得られるような，そういうカラニー部分を想定して，例題を見るべきである．

次に，「平方にカラニー三つがあれば」云々(BG 22cd-23) の決まりによって根を得ても，先の[1]（後続の）決まりがないと根が間違う，という点に関する例題をアールヤー詩節一つで述べる． T80, 9

例題．/E17p0/ A95, 27

> **平方に，ティティ(15)，全神 (13)，火 (3) の四倍に等しいカラニーと十ルーパがある．その根は何だろうか，云いなさい．/E17/** E17

書置：rū 10 ka 60 ka 52 ka 12．ここでは，平方にカラニー三つがある，というので，そのカラニー二つ，五十二と十二を数値とするもの ka 52 ka 12 に等しいルーパを ⟨10 の平方から⟩ 除去すると，根のカラニー二つ，ka 8 ka 2，が生ずるが，そのうち小さい方であるこの 2 の四倍 8 によって五十二と十二を数値とするものを共約できない．だから，その二つは引かれるべきではない．なぜなら,「このようにして生ずることになる」云々(BG 24) と述べられているから．ここで，「小さい方である」(BG 24) というのは指標である．だから，場合によっては大きい方である ⟨根のカラニー⟩ もまた ⟨用いられる⟩．そのときは，⟨二つの根のカラニーのうち⟩ それをルーパとみなしたときに他のカラニー部分二つが得られる方の根のカラニーが「大」と想定されるべきである，という意味である．そうすれば，⟨この例題の⟩ 根は ⟨得られて⟩ ka 2 ka 3 ka 5．これもまた正しくない．なぜならその平方はこの rū 10 ka 24 ka 40 ka 60 だから．/E17p/ A96, 1

···Note···

例題 (BG E17): 共約条件 (BG 24) を満たさない例．rū 10 ka 60 ka 52 ka 12 の平方根．ここにはカラニーが 3 個あるから，BG 22cd の規則により，$10^2-(52+12)=36=6^2$, $(10\pm 6)/2=8,\ 2$．しかし，$2\times 4(=8)$ も $8\times 4(=32)$ も 52 と 12 を共約しないから，BG 24 の規則により，根としてふさわしくない．実際，8 をルーパと想定して計算すると，$8^2-60=4=2^2$, $(8\pm 2)/2=5,\ 3$．したがって，ka 2 ka 3 ka 5 が得られるが，これを平方すると rū 10 ka 24 ka 40 ka 60 だから正しくない．

···

意味は明瞭である．書置：rū 10 ka 60 ka 52 ka 12．ルーパの平方 100 から，述べられた決まりにより，カラニー二つ，52, 12，を除去し，残り 36 の根 6 でルーパ 10 を加減すると，16, 4．半分にすると，8, 2．これら二つの内，小さい方が根のカラニー 2，大きい方がルーパ 8．その平方 64 から[2]，カ T80, 15

[1] grahaṇe 'grima P] grahaṇo 'grima T.　[2] tatkṛteḥ 64 P] tatkṛte 64 T.

ラニー 60 を除去し，残り 4 の根 2 でルーパ 8 を加減すると[1]，10, 6．半分にすると[2]，5, 3．かくして生ずる根は ka 2 ka 3 ka 5．だが，これは正しくない．なぜなら，その平方はこの rū 10 ka 24 ka 40 ka 60 だから．だから云われたのである,「小さい方」の「四倍で共約されたものが」(BG 24) と．ここでは，小さい方 2 の四倍 8 で，引かれた二つのカラニー 52, 12 を共約することはできない，というので，根は正しくない．

T81, 1 このようにして根を得ても，先の（後続の）決まりがなければ根は正しくない，ということに関する例題をアールヤー詩節一つで述べる．

A97, 9 **例題．/E18p0/**

E18 **八，五十六，六十，というカラニー三つが平方に十ルーパを伴ってある．その根は何になるだろうか，云いなさい．/E18/**

書置：rū 10 ka 8 ka 56 ka 60．ここで，最初の部分二つ，ka 8 ka 56，が引かれた場合，生ずる小さい方〈の根のカラニー〉の四倍 8 でそれら二つの部分を共約して得られる部分は，1, 7．しかし，残りの演算によって，〈これら〉二つの根のカラニーは生じない．だから，それらの二部分は引かれるべきではない．だが，別様に引き算をしても，根は得られない．だから，それは正しくない．/E18p/

···Note·····································

例題 (BG E18): 共約の商に関する条件 (BG 25) を満たさない例．rū 10 ka 8 ka 56 ka 60 の平方根．$10^2-(8+56)=36=6^2$, $(10\pm 6)/2=8,\ 2$．この $2\times 4(=8)$ で 8 と 56 を共約できるが，その商 1 と 7 は，後続の演算で得られる根のカラニーではないから，8 と 56 は 10^2 から引かれるべき数ではない．(実際，8 をルーパと想定して計算を続けると，$8^2-60=4=2^2$, $(8\pm 2)/2=5,\ 3$.) 引かれる 2 個のカラニーの組み合わせは他にないから，この出題は誤りである．

···

T81, 6 ここで，「カラニー三つが平方に，友よ」[3]と〈友よ (sakhe) という語を加えて〉読む人たちもいるが，それは正しくない，マートラー数[4]が増えて[5]韻律を損なうから．

T81, 7 意味は明瞭である．書置：rū 10 ka 8 ka 56 ka 60．ここで「カラニー三つがあればカラニー二つに」(BG 22) という決まりから，カラニー二つ，ka 8 ka 56,[6] を引くことによって生ずる根のカラニー二つは，ka 8 ka 2.[7] ここで小さい方 2 の四倍 8 で，引かれた二つのカラニー，ka 8 ka 56,[8] を共約することが可能である，というので，小さい方が根のカラニー ka 2，大きい方がルーパ 8 である[9]．さらに，これ（ルーパ）から述べられた如くに生ずるカラニー二つは ka 5 ka 3.[10] ここでも小さい方 3 の四倍 12 で，引かれたカラニー

[1] rūpāṇi 8 yutonitāni P] yutonitāni rūpāṇi T. [2] ardhe T] tadardhe P. [3] karaṇītritayaṃ kṛtau sakhe yatra/ [4] mātrā. 短音節を 1 マートラー，長音節を 2 マートラーと数える音長の単位. [5] mātrādhikyena P] mātrādhikena T. [6] ka 8/ ka 56 T] 8/ 56 P. [7] ka 8/ ka 2 T] 8/ 2 P. [8] ka 8/ ka 56 T] 8/ 56 P. [9] 8 P] ∅ T. [10] ka 5/ ka 3 T] 5/ 3 P.

60 を共約することが可能である，というので，生ずる根は ka 2 ka 3 ka 5．だが，これも正しくない．というのは，その平方はこの rū 10 ka 24 ka 40 ka 60 だから．だから述べられたのである，「共約の商は」云々(BG 25) と．ここで小さい方 2 の四倍 8 で，引かれた二つのカラニー，ka 8 ka 56,[1] を共約することにより得られるのは 1, 7．一方，残りの演算によれば，根のカラニーは別である，5, 3.

さて，平方に六つを始めとするカラニー部分があるときもまったく同じである，という遍充 (vyāpti)（すなわち，規則の一般性）を示すために，ウパジャーティカーの一詩節で例題を述べる． T81, 17

例題．/E19p0/ A98, 15

太陽 (12)，ティティ(15)，矢 (5)，ルドラ神群 (11)，蛇 (8)，季節 (6) の四倍というカラニーが平方に全神 (13) というルーパを伴ってある．その根を云いなさい，もしあなたに，種子〈数学〉に精通しているという誇りがあるなら．/E19/ E19

書置：rū 13 ka 48 ka 60 ka 20 ka 44 ka 32 ka 24．ここで,「カラニー六つがあれば三つ」(BG 23a) のカラニーに等しいルーパをまずルーパの平方から除去して根が得られるべきである．その後二つに，それから一つに〈等しいルーパを引いて根が求められるべきである〉．このようにすると，ここでは根が存在しない．また別様に，まず初めのカラニーに[2]等しいルーパを除去し，その後二番目と三番目に，それから残りに〈等しいルーパを〉ルーパの平方から引くべきである，とすると，その根は ka 1 ka 2 ka 5 ka 5．だがこれも正しくない．というのは，その平方はこの rū 13 ka 8 ka 80 ka 160 だから．これは，この根計算の決まり (niyama) を作らなかった人たちに対する論難 (dūṣaṇa) である．このような平方においては，カラニー (pl.) の近似根を計算することにより根 (pl.) を導いてルーパに加え，根が述べられるべきである．/E19p/

···Note ···

例題 (BG E19): E16 と同様，引かれるカラニーの個数に関する条件 (BG 22-23) を満たさない例．rū 13 ka 48 ka 60 ka 20 ka 44 ka 32 ka 24 の平方根．ここにはカラニー 6 個があるので，BG 23a にしたがえば 13^2 から 3 個のカラニーが引かれるべきだが，残りが平方数になる組み合わせはない．したがってカラニーから成る根はない．一方，その決まりを無視すれば正しくない結果が得られる．例えば，$13^2 - 48 = 121 = 11^2$, $(13 \pm 11)/2 = 12, 1$．この 12 をルーパと想定して，$12^2 - (60 + 20) = 64 = 8^2$, $(12 \pm 8)/2 = 10, 2$．この 10 をルーパと想定して，$10^2 - (44 + 32 + 24) = 0 = 0^2$, $(10 \pm 0)/2 = 5, 5$．したがって，根 ka 1 ka 2 ka 5 ka 5 が生ずるが，この平方は rū 23 ka 8 ka 80 ka 160 であり，正しくない．

[1] ka 8/ ka 56 T] 8/ 56 P.　[2] Hayashi 2009, 10 の karaṇyos を karaṇyās に訂正し，脚注 95 に，‘karaṇyās G] karaṇyos AM’ を追加．

以上，BG E16-19 の例題で見てきたように，BG 22-25 の条件を満たさないで得られた根は正しくない．このように，カラニーから成る平方根が存在しないのに平方根が求められたら，与えられたカラニーの近似根を計算して和をとるべきである，という趣旨．近似根に関しては，T74, 4–14 に対する Note 参照．

T81, 23 ここで，rudrāḥ（ルドラ神群）という〈格語尾を付けた〉読みの場合，〈そこで一度複合語を切ることになるので，そのあとの〉「蛇・季節」(nāgartavaḥ) が四倍されるということが認識されない．だから，rudranāgartavaḥ という〈一つの複合語とする〉読みが優れている．

T81, 24 意味は明瞭である．書置：rū 13 ka 48 ka 60 ka 20 ka 44 ka 32 ka 24.[1] こ
T82, 1 こで「カラニー六つがあれば三つに」(BG 23a) という決まりの下では根が得られないから，これは平方ではない．もし決まりを無視して根を求めれば，〈結果は得られるが〉正しくない．すなわち，ルーパの平方 169 からカラニー 48 を除去し，述べられた如くに生ずる根のカラニー二つは 12, 1．さらに，大きい方がルーパである，というので，その平方 144 から，ka 60 ka 20 を除去し，述べられた如くに生ずる根のカラニー二つは，10, 2．さらにまた，大きい方がルーパである，というので，その平方 100 から ka 44 ka 32 ka 24 を除去し，述べられた如くに生ずるカラニー二つは ka 5 ka 5.[2] かくして生ずる根は ka 1 ka 2 ka 5 ka 5．だがこれは正しくない．というのは，その平方はこの rū 13 ka 8 ka 20 ka 20 ka 40 ka 40 ka 100 だから．ここで，百を数値とするカラニーの根をとり，その根 10 をルーパ 13 に加えると，ルーパ 23 が生ずる．等しいカラニー二つの和をとると，四倍されたもの，80, 160，が生ずる．かくして生ずる平方は，rū 23 ka 8 ka 80 ka 160．この平方から根をとると，三つの部分だけが得られる．だが根にはカラニー四つがある，というので，和のカラニーが分離（分割）されるべきである[3]．

···Note···

K はこの段落の最後で，例題に与えられた数の正しくない平方根 ka 1 ka 2 ka 5 ka 5 から得られた平方 rū 23 ka 8 ka 80 ka 160 の平方根計算に言及する．この場合，23^2 から引くカラニーの組み合わせは 2 通り可能．$23^2 - (8+80) = 441 = 21^2$, $(23 \pm 21)/2 = 22, 1$．この 22 をルーパと想定して，$22^2 - 160 = 324 = 18^2$, $(22 \pm 18)/2 = 20, 2$．あるいは，$23^2 - (8+160) = 361 = 19^2$, $(23 \pm 19)/2 = 21, 2$．この 21 をルーパと想定して，$21^2 - 80 = 361 = 19^2$, $(21 \pm 19)/2 = 20, 1$．しかし，$23^2 - (80+160) = 289 = 17^2$, $(23 \pm 17)/2 = 20, 3$．この 20 をルーパと想定しても，$20^2 - 8 = 392$ は根を持たない．以上から，根 ka 1 ka 2 ka 20 が得られるが，平方された数にはカラニーが 4 個あったので，ka 20 を分割する．分離規則 (BG 18) により，$20 = 2^2 \times 5$，$2 = 1 + 1$ だから，ka 20 = ka $(1^2 \times 5)$ ka $(1^2 \times 5)$ = ka 5 ka 5.

T82, 13 （問い）「最初は『平方数の中の一つのカラニー，あるいは二つのカラニー』

[1] ka 32 ka 24 T] ka 24 ka 32 P. [2] ka 5/ ka 5 T] 5/ 5 P. [3] viśleṣyā/ P] viśleṣma T.

云々(BG 19) により，決まりなしに根を求めることを述べておきながら，今はそれぞれの決まりなしに根を求めた場合はどちらも正しくない[1]，という．それならどうして最初から決まりの下での根の求め方を述べなかったのか.」

というなら，〈次のように〉云われる.「これは，この根計算の決まりを作らなかった人たちに対する論難である」(BG E19p) と．最初は，全てに共通する（一般的な）根の求め方が述べられた．今は，それだけで根を求めた場合，根は正しくない〈場合もある〉というので，自ら特別則を述べた，ということである．

（問い）「〈この例題のようなケースでは〉提示された平方から，述べられた演算によっては根が得られないが，もしそのような平方の根が必要であるとしたら，どうすればいいのか.」 T82, 19

これに対して云う,「このような平方においては，カラニーの近似根を計算することにより根を導いてルーパに加え，根が述べられるべきである」(BG E19p) と．そのルーパを数値として持つカラニーが根である，という意味である．後は明瞭である．

···Note···

K は計算結果を与えていないが，与えられた数，rū 13 ka 48 ka 60 ka 20 ka 44 ka 32 ka 24，にあるカラニーの近似根を，前に述べた計算法（T74, 4-14 に対する Note 参照）で計算すると，$\sqrt{48} \approx 6;56$, $\sqrt{60} \approx 7;45$, $\sqrt{20} \approx 4;28$, $\sqrt{44} \approx 6;38$, $\sqrt{32} \approx 5;39$, $\sqrt{24} \approx 4;54$ だから，与えられた平方数 ≈ rū 49;20．したがって，根 ≈ ka 49;20 ≈ ka 49 = rū 7.

···

場合によっては小さい方がルーパになることもある，という点に関する例題をウパギーティ詩節一つで述べる． T82, 22

さて，大きい方がルーパ，というのは指標である．というのは，場合によっては小さい方も〈ルーパの可能性が〉あるから[2]．その場合の例題./E20p0/ A98, 25 A100, 7

四十，八十，二百に等しいカラニー (pl.) が十七ルーパを伴って E20
平方にあるとしよう．その場合，根は何か，云いなさい．/E20/

書置：rū 17 ka 40 ka 80 ka 200．引かれて生ずる二つの部分は，ka 10 ka 7．さらに，小さい方のカラニーをルーパとして得られる二つのカラニーは ka 5 ka 2．このように〈得られた〉根のカラニーの書置：ka 10 ka 5 ka 2．/E20p1/

以上がカラニーの六種である．(4 章奥書) /E20p2/

以上が三十六の基本演算である．(1-4 章奥書) /E20p3/

---

[1] mūlagrahaṇe 'sadasad T] mūlagrahaṇe sadasad P.　[2] A ではこの文章は次の「その場合の例題」(A100, 7) から切り離されて E19p の末尾に置かれている．M も段落を変えて「その場合の例題」という．G は E20 を導入する一続きの文として扱う．

···Note ··········

例題 (BG E20): 平方根計算のステップで得られる 2 数のうち「小さい方」をルーパと想定する例. **rū 17 ka 40 ka 80 ka 200** の平方根. $17^2 - (80+200) = 9 = 3^2$, $(17 \pm 3)/2 = 10, 7$. ここで, 引かれた数 80 と 200 を共約するのは, $7 \times 4 (= 28)$ ではなく $10 \times 4 (= 40)$ なので, 10 を「小さい方」すなわち分離される根カラニー, 7 を「大きい方」すなわち次ステップのルーパとする. そのとき, $7^2 - 40 = 9 = 3^2$, $(7 \pm 3)/2 = 5, 2$. したがって, 根 ka 10 ka 5 ka 2.（以上 E20p1）

バースカラは触れないが, 17^2 から引く数を 40 と 80 にすれば,「小さい方をルーパと想定」しなくても同じ根が得られる（K は T83, 4 の段落の最初でこのことに触れているようにも見える）. $17^2 - (40+80) = 169 = 13^2$, $(17 \pm 13)/2 = 15, 2$. この 15 をルーパと想定して, $15^2 - 200 = 25 = 5^2$, $(15 \pm 5)/2 = 10, 5$. したがって, 根 ka 2 ka 5 ka 10.

「三十六の基本演算」(E20p3) は, 正数, 負数, ゼロ, 単独の未知数, 複数の未知数, カラニーのそれぞれに 6 種の基本演算があるので, $6 \times 6 = 36$ 種ということらしい. G の編者はこの奥書を欠く写本もあることを報告する. K は次章冒頭 (T85, 2) で「四組の六種」とする. これは, BG の章分けに沿って, 正数負数, ゼロ, 未知数, カラニーの「四組」としたものと思われる.

··········

T83, 3 ここで, 〈詩節の〉四番目の四半分を〈'tatra kṛtau kiṃ padaṃ brūhi' ではなく〉yatra kṛtau tatra kiṃ padaṃ brūhi と読む場合[1], これはウドギーティ韻律である[2]と知るべきである. aśītir（八十）と 'r' 音（主格語尾）に終わる読みは, 〈複合語ではなくなるので〉不適当である.

T83, 4 意味は明瞭である. 書置：**rū 17 ka 40 ka 80 ka 200**. ここで, 小さい部分を引いて根をとる場合は大きい方こそがルーパである, ということは前に説明した. また, 大きい部分を引いて[3]根をとる場合, 大きい方がルーパであると述べられた演算 (BG 19-20) によってたとえもし根が得られなくても,「これは平方ではない」というのは不適当である. しかし, 小さい方がルーパであるとみなしても根が得られない[4]なら, そのときこそ非平方性がふさわしい. 本件の場合, ルーパの平方 289 からカラニー二つ, 200, 80, を除去し, 残り 9 の根 3 でルーパ 17 を加減すると, 20, 14. 半分にすると, 10, 7. 〈これらが〉生じた根のカラニー二つである. ここで, 小さい方 7 の四倍 28 によって, 引かれたカラニー二つ, 200, 80, を共約することはできない, ということだけで, 根が正しくないということはなくて, 小さい方が[5]ルーパであるとみなせば, 大きい方の四倍による共約が可能となるだろう[6]. したがって, 〈規則に出る〉「小さい方」「大きい方」というのは, 言葉の定義に起因するもの (pāribhāṣika) であり, 本性 (svarūpa) によるものではない. だからこそ先

[1] 意味は変わらないが, yatra を補うことによって文法的関係がより鮮明になる. [2] asāvudgītir P] sā udgītir T. [3] śodhanapūrvakaṃ T] śodhanapūrvaka P. [4] labhyate P] lakṣyate T. [5] alpā P] alpa T. [6] caturguṇayāpavartaḥ saṃbhavet] caturguṇayā'apavartāsaṃbhave T, caturguṇayā apavartāsaṃbhave P.

生は「平方に，ティティ(15),[1] 全神 (13)，火 (3) の四倍に」というこの例題 (BG E17) で述べたのである,「⟨二つの根のカラニーのうち⟩ルーパとみなしたときに他のカラニー部分二つが得られる方の根のカラニーが『大』と想定されるべきである，という意味である」(BG E17p) と．このように為された定義 (paribhāṣā) によれば，本件の場合,「小さい方」10 が根のカラニー,「大きい方」7 がルーパである．これの平方 49 からカラニー 40 を除去し，述べられた如くに生ずる根のカラニー二つは，5, 2．かくして生ずる根は ka 10 ka 5 ka 2．これは，すべての決まりの下⟨に行われた計算⟩なので正しくなる．その平方は他ならぬその rū 17 ka 200 ka 80 ka 40 である[2]．同様に，理知ある者たちは他も推して知るべきである．

> 優れた占術師たちの集団がたえずその脇に仕えるバッラーラなる計算士の息子が作ったこの種子計算の解説書『如意蔓の化身』において，カラニーから生ずる六種⟨の演算⟩が順に顕現する．/BP 4/

以上，すべての計算士たちの王，占術師バッラーラの息子，計算士[3]クリシュナの作った種子計算の解説書『如意蔓の化身』における「カラニーに関する六種」の注釈．　T84, 1

ここで，原本の詩文 (mūla-śloka) も含めて，グランタ数[4]は五百九十五，595.[5] だから，四つの「六種」(すなわち最初からここまで) で生じたグランタ数は，インドラ (14) 百[6]，1400．吉祥[7].[8]　T84, 3

---

[1] tithi P] titri T.　[2] ka 40 P] ka 50 T.　[3] gaṇaka P] daivajña T.　[4] グランタ数については第 1 章末参照.　[5] pañcanavatyadhikapañcaśatāni 595 P] 594 T.　[6] puraṃdaraśatam T] puraṃdaraśatāni P.　[7] śrī// T] ∅ P.　[8] P では文章全体がカッコに入っている．第 1 章末尾参照.

第5章　クッタカ

次は[1]，クッタカの注釈である.[2] T85, 1

このように一般的に未知数計算に用いられる四組の六種〈の基本演算〉を述べた後，多色等式の手順に役立つクッタカ（粉砕術）を述べる,「被除数，除数および付数を」(BG 26) 云々によって. T85, 2

[3]（問い）「ここでクッタカを企てるのはふさわしくない，それはパーティー〈の書『リーラーヴァティー』〉で説明されたから．また〈クッタカは〉, T85, 4

> 最後の揚値において，クッタカの演算から乗数と商〈が得られるが〉，それら二つが[4]被除数とその除数の色の値である．/BG 66cd/

という多色の手続きで用いられるのでそれをここで企てることがふさわしい，と言うべきではない．〈もしそうなら〉用いられることに相違はないから，分数・整数の基本演算等や三量法等もここで企てられるべきだろう．また，〈バースカラ先生は〉

> パーティーにより，ビージャにより，クッタカにより，平方始原により,...，答えが... /GA, pr 2/[5]

と「問題の章」でクッタカを〈パーティーやビージャとは〉別個に言及するし，

> 加法に始まる二十の基本演算と影に終わる八つの実用算とを各々よく知る者は〈まことの〉計算士 (gaṇaka) である．/BSS 12.1/

というように，ブラフマグプタなどがパーティーガニタ〈の章〉を企てるに際してパーティーの本性を語るときに言及していないから，それ（クッタカ）は既知〈数学〉の中に含まれることはない，というので，既知〈数学〉でそれを企てることに必然性はない〈未知数学で企てるべきだ〉というなら，〈上の「問題の章」からの引用では〉ここ（ビージャガニタ）にも含まれていないことに相違はないので，企てないほうが適切である.」

---

[1] atha T] ∅ P.　[2] この章の K の注釈には『リーラーヴァティー』に対するガネーシャの注釈書『ブッディヴィラーシニー』(BV) のクッタカの章と類似する文章が多く見られる．T86, 16 には名指しの引用も見られるから，明らかに K はガネーシャの影響を受けている（序説 2.1 のクリシュナの学問的系譜参照）．しかしそれは詩節に述べられた規則の一般的な説明部分に限られる．規則の正起次第（証明）や対論者を想定しての細かい議論は K 自身のものである．以下では，T の段落ごとに，対応する BV の箇所を注記する（BVn, m は，BV の n 頁，m 行を意味する）．　[3] この段落 (T85, 4) の,「クッタカはパーティーやビージャガニタから独立しているのではないか」という問いの趣旨は BV251, 18 – 252, 5 の問いと同じ．　[4] guṇāptī te] guṇāptī/ te P, guṇātīte T.　[5] T7, 5 参照.

T85, 14 [1]これに対して〈次のように〉述べられる.

> トゥルティ(切断)を始めとしプララヤ(壊滅)を終わりとする時間を測る単位の区分,次に惑星の運行,二種類の数学,〈問題と答え,地球・星・惑星の位置関係の話,機器の説明等があるのがシッダーンタ(決定版)であると,この数学という幹についての著作で賢者たちに云われる.〉/GG, ma 6ab/[2]

とシッダーンタの特徴を述べるときと,

> 既知〈数学〉・未知〈数学〉と呼ばれる二種類の数学が述べられたが,〈それらの理解に基礎を置き,言語学に通じた者がもしいれば,そういう人こそこの多くの区分を持つ星学の書を読む資格がある.そうでなければ名前だけである.〉/GA, pr 7a/[3]

とシッダーンタを読む資格のある人を定義するときに,数学に二種類あることを耳にするので,それには二種類あることが理解されるべきである.ただ,クッタカはどこに含まれるのかという疑念がある.その〈ブラフマグプタ等が〉パーティーの本性を述べる際にはそれに言及していないし,それは既知〈数学〉にとって必要不可欠ではないから,そこ(既知数学)には含まれないが,未知〈数学〉では多色の手順にそれが必要不可欠なので[4],そこ(未知数学)にこそ含まれる.ちょうど平方始原が,「多色〈等式〉における中項除去」において[5]

> 等清算が行われた際,もし平方等があれば,一方の翼の平方根は前述のごとくに,また他方の翼の根は平方始原によって.../BG 70-71a/

というので必要不可欠であるから〈未知数学に含まれる〉ようにである.既知〈数学〉でそれ(クッタカ)を述べたのは,未知〈数学〉の道を前提にしないので,未知数学を知らない人たちにもそれがわかるからである.それはちょうど,「娘子よ,鵞鳥の一群の平方根の半分七個分が」云々(L 67)[6] とい
T86, 1 う一色〈等式〉中項除去の対象である例題を,未知〈数学〉の道なしに[7]容易に知るために,「乗数を掛けた平方根を減加した」云々(L 65)[8] という〈術則〉を〈述べた〉と同様である.「パーティーにより[9],ビージャにより,クッタカにより」云々(GA, pr 2)といって〈クッタカに〉個別に言及するのはそ

---

[1] この段落 (T85, 14 – 86, 4) は BV252, 5-21 に対応.ただし,K の趣旨が,「クッタカは,未知数を用いる必要がなく,ビージャガニタを知らない人にもわかるので,パーティーでも述べられたが,本来はビージャガニタに属する」ということであるのに対して,ガネーシャ (BV) の趣旨は逆に,「クッタカは本来ビージャガニタに属するが,未知数を用いる必要がなく,ビージャガニタを知らない人にもわかるので,パーティーでも述べられた」というもの. [2] truṭy P, SŚi] sṛṣṭy T; prabhedāḥ] prabhedaḥ P, prabheda T; kramāccāraśca dyusadāṃ P, SŚi] kramādyārabdhaddhyusadāṃ T. [3] saṃjñaṃ TP] yuktaṃ SŚi. [4] tasyāvaśyakatvāt] tasyā"vaśyakatvāt P, tasyāvaśyakatvat T. [5] anekavarṇamadhya-māharaṇe P] anekavarṇe madhyamāharaṇe T. [6] marāla PL] marāle T. [7] viṣayasya vināvyaktamārgaṃ P] viṣayatāvane vā vyaktamārgaṃ T. [8] guṇaghna PL] guṇādya T. [9] pāṭyā P] vāṭyā T.

れを強調するためである．それはちょうど,「知識手段・知識の対象」云々という[1]『ニヤーヤスートラ』〈の冒頭のスートラ (NSG 1.1.1)[2]〉において，知識手段などは知識の対象に含まれるのに個別に言及するのと同様である．あるいはまた，〈クッタカは〉四つのビージャを前提にしないで問題に答えるための知識の根拠 (hetu) でもあるから〈ビージャとは別に言及したのである〉．だから，このように，ここでクッタカを企てることは適切である．

···Note ··

ガニタ（数学）には，既知数のみを扱うパーティーガニタと未知数を扱うビージャガニタの二種類がある．バースカラが GA, pr 2 でそれらとクッタカおよび平方始原を並列的に列挙しているのは，クッタカおよび平方始原を特に強調するためであって，それらがパーティーおよびビージャガニタと別個の分野だからではない．クッタカは，未知数を用いる必要がないので既知数のみを対象とするパーティーガニタでも扱うことができる（そして実際『リーラーヴァティー』でも扱われている）が，多色等式に役立つことからわかるように，本来はビージャガニタに属するから，ここで取り上げるのが最もふさわしい，という趣旨．

引用されている L 67 の問題は，現代表記すれば，$x - \frac{7}{2}\sqrt{x} = 2$. 一方，L 65 は，$x \mp a\sqrt{x} = b$ のタイプの問題に対して解のアルゴリズム，$x = \{\sqrt{b + (a/2)^2} \pm a/2\}^2$ を与える．このように，問題は未知数を含む関係式（方程式）であり，ビージャガニタの対象であっても，その解法が完全にアルゴリズム化されていて，式の操作を必要としなければ，パーティーガニタで扱うことができる．

··

[3]そこで，クッタカとは乗数 (guṇaka) のことである．なぜなら，〈一般に我々は〉破壊（または傷害）(hiṃsā) を意味する言葉によって掛け算 (guṇana) を理解するから．〈ただし〉語源と慣用 (yogarūḍhi) からして，これは特別な乗数である．なんらかの量があるもの（乗数）によって掛けられ，提示された付数によって加減され，提示された除数によって割られて余りがないとき，その乗数が[4]クッタカである，という先人達の表現があるから． T86, 4

···Note ··

掛け算は guṇana の他に,「殺す」「破壊する」を意味する動詞語根 √han, √kṣud などから派生した語で表現される．これは，算盤上で掛け算を行うとき，被乗数の不要となった数字を次々と消すことに由来すると考えられている．ここで K は，ガネーシャの見解に従って,「クッタカ」(kuṭṭaka) という語は，この章で扱われる一次不定方程式の問題，

$$y = \frac{ax + c}{b}$$

の x を指す，とする．しかし，一般にはこの x を単に「乗数」と呼び，この種の問題とその解法を指して「クッタカ」と呼ぶことが多いことから考えると，その語源は，解のアルゴリズムで重要な役割を演ずる被除数と除数の互除 (BG 28) にある可能性が大きい．与えられた被除数と除数は，解の過程で，互除によって次第に小さくなっ

---

1 pramāṇaprameyety P] pramāṇapramety T.　2「知識手段・知識の対象・疑い・動機・実例・定説・支分・吟味・確定・論議・擬似的理由・詭弁・誤った論難・敗北の立場の真理の認識によって，至福の達成がある.」(服部 1969, 334-5.)　3 この段落 (T86, 4-7) は BV251, 15-17 に対応.　4 guṇakaḥ] guṇakaḥ/ P, guṇaḥ T.

てゆくので，本来はその互除を「クッタカ」（粉砕するもの）と呼んだ，と見られている．

なお，クッタカでは，上の式の a, b, c をそれぞれ，被除数 (bhājya)，除数 (bhājaka)，付数 (kṣepa) と呼び，x, y を乗数 (guṇa)，商 (labdhi) と呼ぶ．以下の Note では，上の式を KU (a, b, c) $[y, x]$ と表し，$(y, x) = (d, e)$ が KU (a, b, c) $[y, x]$ の解であることを KU (a, b, c) $[d, e]$ で表す．

T86, 7　そこで，クッタカを知るために最初に行われるべきことと例題の不毛性とを[1]シャーリニー詩節で説明する．

A108, 1　**次はクッタカである．/26p0/**

26　**クッタカのために，もし可能ならば何らか〈の数〉で初めに被除数，除数および付数を共約すべきである．被除数と除数がある〈数〉によって割り切れるとき，その〈数〉によって付数が割り切れないならば，その出題は誤りである．/26/**

···Note···

規則 (BG 26): クッタカの予備則．

1. a, b, c は可能なら共約して,「確定した」状態にしておく (cf. BG 27).
2. c が a と b の共約数で割り切れなければ，その問題は誤りである．(続く)

この章の規則と例題のほとんどは『リーラーヴァティー』(L) と共通であるが，配列順序が異なる．すなわち，L では各規則の直後にそれに対する例題を置くが，BG では規則をすべて述べてから，例題をまとめて置く．付録 E：詩節番号対照表参照．

T86, 13　[2]ある量 (rāśi) があるもの（数）によって掛けられ，提示された付数 (kṣepa) によって加減され，提示された除数 (hara) によって割られて余りがないとき，その乗数 (guṇaka) にクッタカという名称がある，ということは前に述べた．ここで得られる獲得物 (labdhi) が商 (labdhi) と呼ばれる[3]．また，取り払うもの (hara) が[4]除数 (hara)，投ずるもの (kṣepa) が付数 (kṣepa) と呼ばれる．これらは字義に則した術語 (anvartha-saṃjñā) である．〈そのとき乗数によって〉掛けられる量には被除数 (bhājya) という名称がある．〈あとで〉割り算 (bhajana) を用いるから．

T86, 16　このクッタカを知るために，「最初に」その「被除数，除数，付数を」「何らか」の等しい数字 (aṅka)[5]「によって共約すべきである.」〈すなわち〉被除数，除数，付数を同一〈の数〉によって共約すべきである，という意味である．どのようなときか．共約が可能なときである[6]．共約とは余りのない割り

---

[1] uddeśākhilatvaṃ P] uddeśākhilatvaṃ T.　[2] ここから次の段落の「共約とは余りのない割り算である」まで (T86, 13-19) は BV252, 23 – 253, 1 に対応．　[3] labdhirlabdhisaṃjñaiva P] labdhisaṃjñeva T.　[4] haro P] hare T.　[5] 正しくは「数」(saṃkhyā) と云うべきだが，K はしばしば「数字」(aṅka) で代用する．このルーズな表現は K に限らず他の著者にも見られる．さらに，これはサンスクリットに限らず，他の言語（日本語，英語など）でも見られる．T91, 5 参照．　[6] saṃbhave sati P] saṃbhaveti T.

算である[1]．そしてそれは一を超える整数によると見るべきである．そうでなければ「もし可能ならば」ということと矛盾するだろう．あるいはなんらかの分数の数字によるなら，あらゆる場合に共約が可能だから．「それらの被除数と除数を確定した〈数〉と呼ぶ」というこの〈規則 (BG 27 = L 243) の〉注釈において，「確定したというのは字義に則した術語であり，再度共約されないし小さくならないという意味である」[2] と解説なさった尊敬すべき占術師 (daivajña) ガネーシャによっても[3]述べられたのがまさにこの意味である．「〈被除数，除数，付数を〉半分で共約すると」云々〈という表現〉が見られる場合もあるが[4]，それは二倍にすることなど[5]を意図している．[6]被除数，除数，付数の[7]共約が可能なときには必ず共約するべきである．そうでなければクッタカの成就（すなわち解）は不可能である，ということは文脈上わかる．

例題が不毛であることを教えるため[8]に云う，「ある〈数〉によって」 (BG T86, 24
26cd) と．「ある」数字「によって」「被除数と除数が」「割られる」: 割り切れる，とき，「その」同じ数字「によって」「付数が」割られる：割りきれる， T87, 1
ことがないなら，そのときは，その出題：質問者によって質問されたもの，は誤りである．その被除数がなんらか〈の数〉によって掛けられ，その付数によって加減され，その除数で割られるとき，いかなるときも余りがないということはない，という意味である．

さて共約の数字とクッタカにおいてなすべきこととをウパジャーティカー T87, 4
詩節三つで云う[9]．

二つ〈の数〉を相互に割った場合の〈最後のゼロでない〉余りが， 27
それら二つの〈最大〉共約数 (apavartana) となろう．その共約
数で割ったそれらの被除数と除数を「確定した〈数〉(dṛḍha)」
とよぶ． // それら確定した被除数と除数を，被除数としてここ 28
でルーパが立つまで，相互に除すがよい．〈その際に生じる一連
の〉商を下へ下へと置き，その下に付数を，同様に[10]最後にゼロ
を〈置く．この数字列を蔓 (つる，vallī) と呼ぶ．蔓において〉最
後から二番目を// 自分の上に掛け，最後を加えて，その最後を 29
〈蔓から〉捨てるがよい．〈この操作を〉繰り返す．かくして一対
の量〈が最後に生じる〉．〈両者のうち〉上〈の数〉を確定した被
除数で切りつめれば〈求める〉商となり，他方を〈確定した〉除
数で〈切りつめれば求める〉乗数となろう． /27-29/

[1] apavartanaṃ nāma niḥśeṣabhajanam/ この定義によれば，apavartana は「整除」と訳すべきだが，ほとんどの用例は 2 つ以上の整数を共通因数で整除する場合なので，「共約」と訳す． [2] dṛḍhetyanvarthasaṃjñā/ punarnāpavartante na kṣīyanta ityarthaḥ/ (BV253, 16-17) dṛḍhety BV] dṛḍhā ity TP; nāpavartante na kṣīyanta P] nāpavartate na kṣīyanta T, na kṣīyante nāpavartanta BV. [3] apy P] ∅ T. [4] BG E30p3（A188, 29）およびその K 注（T148, 8）にこの表現 (bhājyabhājakakṣepān *ardhenāpavartya*) がある． [5] taddviguṇatvādi P] tadviguṇatvādi T. [6] ここから次の段落の最後まで (T86, 23 – 87, 3) は BV253, 1-6 に対応． [7] kṣepāṇām P] kṣayāṇām T. [8] uddeśasya khilatvajñāpanārthaṃ] uddeśasya khilatvajñānārthaṃ P, uddeśyasya vikhalatvajñāpanārthaṃ T. [9] upajātikātrayeṇāha P] upajātikayāha T. [10] tathā TP] tataḥ L.

···Note ···

規則 (BG 27): 予備則（続き）.

3. a と b の互除の最後の余りが共約数である.（次の主則 1 のように互除を行ったとき，ゼロでない最後の余りがそれである.）

4. a と b をその共約数で割ったものは,「確定した」（互いに素な）被除数と除数である.

規則 (BG 28-29): クッタカの主則.

1. 確定した a と b を互いに割る. すなわち，a の下に b を置き，a を b で割り，その余り r_1 を b の下に，商 q_1 をその左に置く. 次に，b を r_1 で割り，その余り r_2 を r_1 の下に，商 q_2 をその左に置く. この操作を「被除数としてルーパが立つまで」すなわち，割り算（被除数から除数の整数倍を除去すること）の残り（余り）が 1 になるまで続ける. a と b は互いに素だから，必ず 1 になる. 例えば，$r_4 = 1$ の場合，

$$\begin{array}{rl l}
 & a & \\
 & b & \\
q_1 & r_1 & \Leftarrow: a = bq_1 + r_1 \\
q_2 & r_2 & \Leftarrow: b = r_1 q_2 + r_2 \\
q_3 & r_3 & \Leftarrow: r_1 = r_2 q_3 + r_3 \\
q_4 & 1 & \Leftarrow: r_2 = r_3 q_4 + 1
\end{array}$$

実際の手順では，各ステップで割り算を行った後，被除数は消されたかもしれない. 以下の Note では，この a と b の互除 (paraspara-bhajana) を次のように表す.

$$\mathrm{PB}\begin{bmatrix} a & b & r_1 & r_2 & r_3 & 1 \\ & & q_1 & q_2 & q_3 & q_4 \end{bmatrix}.$$

2. 右側のコラムを消し（互除の過程で消さなかった場合），最後の商の下に付数 c を，その下にゼロを加える. 得られたコラムは蔓 (vallī) と呼ばれる.

$$\begin{array}{c} q_1 \\ q_2 \\ q_3 \\ q_4 \\ c \\ 0 \end{array}$$

以下の Note ではこれを $\mathrm{Vall}(q_1, q_2, \ldots, c, 0)$ で表す.

3. この蔓に対して次の操作を繰り返し行う.「下から 3 番目にその下の数を掛け，そこに最後（最下位）の数を加え，最後の数を消す.」その結果上位 2 項が残る.

$$\begin{array}{c} \beta \\ \alpha \end{array}$$

以下の Note ではこのプロセスを '>>' を用いて，$\mathrm{Vall}(q_1, q_2, \ldots, c, 0) >> \mathrm{Vall}(\beta, \alpha)$ と表す.

4. もし可能なら，β と α をそれぞれ a と b で「切りつめる」. すなわち，β を a で，α を b で割って，それぞれ余りで置き換える. そうすれば，$(y, x) = (\beta, \alpha)$ は $\mathrm{KU}\,(a, b, c)\,[y, x]$ の最小整数解である.

ただしこれは互除の商 $(q_1, q_2, \ldots)$ の個数が偶数のときである. 奇数のときの補則は次の詩節 (BG 30) で述べられる.

···

T87, 17 [1]「二つ」の量を[2]「相互に割った場合の」[3]「余り」の数字が「両者の共約数

[1] 「なぜなら」以降を除くこの段落 (T87, 17-23) は BV253, 7-13 に対応. [2] yayo rāśyoḥ P] yayoḥ rāśyoḥ T. [3] bhājitayoḥ sator P] bhājitayoḥ T.

となろう.」それ（共約数）によってその二つは余りなく割ることができる[1].
次のことが述べられている．除数で被除数を割ったときの余りでさらにその
除数を割るべきである．さらにその余りでも被除数の余りを，さらにそれ（余
り）で除数の余りを，というふうに繰り返し互除 (paraspara-bhajana) を行っ
たとき，もし最後に[2]ルーパが余りになったら，それら二つは共約されない.
ルーパが余りだから，それで共約しても被除数，除数，付数は[3]変わらない.
しかしもしゼロが余りになったら，除数となって下に置かれた[4]直前の余りこ
そが被除数と除数の〈最大〉共約数となろう．なぜなら，余りは共約数字だ
から．したがって最後の余りの数字[5]こそが〈最大〉共約数字である．ただし， T88, 1
「ゼロが余り」ということは，余りが存在しないということを意図している.
そうでなければ、「共約とは余りのない割り算である」[6] ということと矛盾す
るだろう[7]．そこにもゼロという余りがあるから.

[8]このように知られた[9]共約数字によって被除数と除数を割ると,「確定した」 T88, 2
と呼ばれるものになる．同じそれで付数もまた[10]共約されなければならない.
「被除数，除数および付数を共約すべきである」(BG 26a) と述べられたから.
それ（付数）もまた「確定した」と呼ばれるだろう.「確定したというのは字
義に則した術語であり，再度共約されないし小さくならないという意味であ
る.」[11]〈バースカラ先生は〉「確定した」(du.) という術語を述べることによ
り (BG 27d)，共約が行われても別の共約が可能な限り両者（被除数と除数）
は〈更に〉共約されるべきであるということを[12]教えている．再度の共約〈が
可能なの〉は自分で〈思考錯誤により〉想定した数字によって共約が行われ
た場合である．というのは，そうでなければ,「相互に割った」云々(BG 27a)
によって知られた[13]共約数字で共約したら[14]，再度の共約は不可能だから.

[15]さて，「それら確定した被除数と除数を」述べられたように「相互に」： T88, 9
互いに，そこまで「除すがよい」.「『そこまで』とはどういうことか.」「被
除数として」：被除数の位置に,「ルーパが立つまで」である.「ここで」：これ
らの互除において[16]，得られた「商を下へ下へと置く」べきである．一つの
商 (phalam, sg.) と二つの商 (phale, du.) と複数の商 (phalāni, pl.) を合わせ
て「商を (phalāni, pl.)」(BG 28c) である．〈これは〉並列複合語の一つ残し
(dvandva-ekaśeṣa)〈という表現法〉である．たった一個の商を得たときもし
余りがルーパになったら，その一個だけの商を置くべきである．もし二つな

[1] bhajyete eva P] bhajyeta eva T.　[2] yadyante P] yadyanta T.　[3] kṣepāṇām P] kṣayāṇām T.　[4] adhaḥsthāpitaṃ P] adhosthāpitaṃ T.　[5] śeṣāṅka T] śeṣo ’ṅka P.　[6] T86, 16 参照.　[7] virudhyeta P] viruddhena T.　[8] 「再度の共約〈が可能なの〉は」以降を除くこの段落 (T88, 2-6) は BV253, 13-18 に対応.　[9] jñāta P] jāta T.　[10] kṣepo ’py P] kṣayo ’py T.　[11] BV からの引用．K はこの文章を T86, 16 でも引用している.　[12] apavartanīyāviti P] apavartanīviyāti T.　[13] jñāta P] jāta T.　[14] apavartane T] apavarte P.　[15] この段落と次の段落 (T88, 9-25) は BV253, 20 – 254, 15 に対応．ただし，この段落の「あるいは... 結び付けない」は BV にない．逆に BV は,「以上を」の前に，K にはない語 antya の形成過程の説明を置き，また，最後の「提示された被除数」等のケースを「確定した被除数」等のケースの前に置く.　[16] K は，BG 28b の「ここで」(iha) を，その直後の「ルーパが」を飛び越えて BG 28c の「商を」以下の文章の一部とみなして解釈している.

らば[1]二つを，もし多数ならば多数を置くべきである，という意味である．それらの商を蔓 (vallī) のように下へ下へと置き，その下に付数を置くべきである．「確定した」という前〈の語〉が〈ここに〉継起する (anuvṛtti)（すなわち「付数」という語を修飾する）．あるいは,「同様に (tathā)」(BG 28d) という単語から，〈蔓に置く〉付数は確定したものであると理解すべきである．この〈解釈の〉場合「同様に」という単語を先と結び付けない．「同様に」: それらのさらに下に「最後にゼロを」置くべきである．このように蔓 (vallī) が生じる．

T88, 17 それから，「最後から二番目」の数字を「自分の上に」: 自分の上に[2]置かれた数字に,「掛け」,「最後」の数字を「加え」[3],「その最後〈の数字〉を捨てるがよい.」以上を「繰り返す」．〈すなわち〉最後から二番目を自分の上に掛け，最後を加え，その最後を捨てる，ということを再三行えば,「一対の量が」生じるだろう．そのうちの「上」の量を「確定した被除数で切りつめれば (taṣṭa)〈求める〉商」になるだろう．商 (phala) とは〈割り算の〉商 (labdhi) である.「他方」: 下の量，を確定した「除数で」切りつめると「乗数となろう.」〈動詞〉takṣおよびtvakṣは「細くする」(tanūkaraṇa) という意味で〈用いられる〉[4]．動作の目的 (karman) を意味する kta（過去分詞を作るための語尾)〈がついて「切りつめられた」(taṣṭa) となる〉．切りつめられた (taṣṭa) とは，細った (tanūkṛta)，痩せた (kṛśīkṛta) ということであり，つまるところ，残された (avaśeṣita) ということである．割って[5]残された量が採用されるべきであり，得られたもの（商）ではない，という意味である．その乗数を確定した被除数に掛け，確定した付数で加減し[6]，確定した除数で割ると，余りはない，ということである．〈確定したものだけでなく〉提示された[7]被除数，除数，付数の場合も，同じそれら二つが[8]乗数と商であるということは，文脈上明らかである，違いがないから．

T89, 1 さて 得られた商が奇数個の場合の違いをウパジャーティカー詩節一つで述べる．

30 **このようになるのは，ここでそれらの〈互除によって生じた〉商〈の個数〉が偶数のときだけである．もし奇数なら，前のごとく得られる商と乗数をそれぞれ自分の切りつめ数 (takṣaṇa) から引いた残りがそれら〈求める〉二つとなろう．/30/**

···Note···

規則 (BG30): クッタカの補則 1.

もし商の個数が奇数なら，KU (a, b, c) $[a-\beta, b-\alpha]$.

···

[1] cettarhi P] cetarhi T. [2] svordhva P] svosvordhva T. [3] ca yute T] yute ca P. [4] takṣū tvakṣū tanūkaraṇe P] takṣatvakṣatanūkaraṇe T. [5] bhaktvā P] bhakta T. [6] yutone P] yutona T. [7] uddiṣṭeṣvapi P] uddiṣṭe 'pi T. [8] te eva P] ta eva T.

[1]「このようになるのは」「そのときだけ」である．〈すなわち〉「ここで」： T89, 6
互除において，「それらの」得られた「商が」「偶数個の」「ときである.」〈つまり〉二，四，六個などのときである．しかし，もし「それらの」「商が」「奇数個」，〈つまり〉一，三，五個など[2]のとき，「そのときは」述べられた方法によって[3]得られたそれらの商と乗数が自分の切りつめ数から引かれるべきである．余りが[4]それら（求める）商と乗数である．それによって「切りつめられる」(takṣyate),「細くされる」(tanū-kriyate) というので,「切りつめるもの」(takṣaṇa) という．あるいは，〈それが〉「切りつめる」(takṣṇoti) ので「切りつめるもの」(takṣaṇa) という．〈いずれにしても〉「自分の」(sva) であると同時に「切りつめるもの」であるのが〈同格限定複合語〉「自分の切りつめるもの（切りつめ数)」である．それから〈引かれる，というので，svatakṣaṇa という複合語の第 5 格 (奪格) が用いられている〉．乗数は確定した除数から引かれ，商は確定した被除数から引かれるべきである，という意味である．

「何らか〈の数〉で初めに[5]被除数，除数および付数を共約すべきである」 T89, 11
(BG 26ab) というこの点に関してまず次のような道理がある．ある共約されていない被除数と除数に対してある商があるとき，両者が何らかの同一の数字によって掛けられたり共約されたりしても，同じだけの[6]商がある，ということは[7]よく知られている．一方，本件では，想定された被除数がなんらかの乗数によって掛けられ，正数または負数の付数が加えられて，〈その結果が〉被除数となるだろう．一方，除数はそのままである．このようにここでは被除数に二つの部分がある．一つは想定された被除数に乗数を掛けたものであり[8]，二番目は付数である．両者が加えられて被除数が得られたとき，〈その〉被除数と除数の共約を行っても商に相違はない[9]．したがって，除数があるものによって整除されるとき，それによって二つの部分の和から成る被除数も整除されなければならない．その場合，和を整除しても〈あらかじめ〉整除された二つの部分を[10]足しても同じはずである．たとえば，被除数 27 を三で整除すると 9 が生じる[11]．あるいは，被除数の二部分を 9，18 とし，両者を三で共約すると 3，6．足して生ずるのは，その整除された被除数 9 である．同様に，他の二つの部分あるいは多くの部分に分割し，〈それぞれを〉共約してからそれらの和をとっても，整除した被除数と同じになる．したがって除数を整除したら，想定された被除数に乗数を掛けたものも[12]整除されるべきであり，付数も整除されるべきである．その場合，たとえ乗数が未知なので乗数を掛けた被除数も未知であるからそれを整除することができないと
しても，想定された被除数を整除し，その後で乗数を[13]掛けると，想定され T90, 1
た被除数に乗数を掛けたものという特徴を持つ被除数の部分は整除されこ

[1] この段落 (T89, 6-11) は BV254, 17-23 に対応.　[2] pañcetyādayas T(paṃce-)] pañca vetyādayas P.　[3] tadānīmuktaprakāreṇa P] tadā niyuktaprakāreṇa T.　[4] śeṣe T] śeṣatulyau P.　[5] kenāpyādau T] ∅ P.　[6] tādṛgeva P] tā dṛgeva T.　[7] iti T] iti tu P.　[8] guṇaguṇitaḥ kalpita T] guṇaguṇita-kalpita P.　[9] na T] nāsti P.　[10] khaṇḍayor T] khaṇḍakayor P.　[11] bhājyaḥ 27 tribhir apavarte jātaḥ 9 T] bhājyabhājakau $\begin{matrix}27\\15\end{matrix}$ tribhir apavarte $\begin{matrix}9\\5\end{matrix}$ P.　[12] guṇaguṇitaḥ kalpitabhājyo 'py T] guṇaguṇitakalpitabhājyo P.　[13] guṇena T] guṇakena P.

となる．なぜなら，掛けられたものを整除しても整除されたものを掛けても違いはないからである．このように、想定された被除数がある乗数を掛けられて被除数の部分となるとき，整除された被除数もその同じ乗数を掛けると，整除された被除数の部分となるだろう．整除された付数が二番目〈の部分〉である．だから，このように，被除数，除数，付数が[1]共約されていなくても，あるいは共約されていても，〈得られる〉乗数と商に違いはないし，また簡便だから，「被除数，除数および付数を共約すべきである」(BG 26ab) と述べたのである．共約が必要不可欠か否かということは，「それら確定した被除数と除数を... 相互に除すがよい」云々（BG 28-30) の正起次第で検討されるだろう．[2]

···Note ··

$y = \frac{ax+c}{b}$ が整数解を持つとき，除数 b がある数 q で整除される ($b = b'q$) なら，被除数 $(ax + c)$ も q で整除される必要があるが $(ax + c = pq)$，そのためには被除数の構成要素 ax と c のそれぞれが q で整除されれば十分である．そしてそのためには，a と c が整除されれば十分である ($a = a'q$, $c = c'q$, $p = a'x + c'$)．そしてそのとき，最初の式を $y = \frac{a'x+c'}{b'}$ と書き換えても乗数 (x) と商 (y) に違いはない，という趣旨．

···

T90, 8 さて，不毛性の正起次第．ここで被除数と除数とを共約するとき，たとえ商には[3]多様性（相違）がなくても，余りにはそれがある．共約された両者の余りに共約数字を掛けると，共約されていない両者の余りとなるだろう．たとえば，被除数と除数，21 と 15,[4] が三で共約されると 7 と 5.[5] ここで被除数を一倍して[6]それぞれの除数で割ると余りは 6 と 2．被除数を二倍してそれぞれの除数で割ると余りは 12 と 4．三倍すると余りは 3 と 1．四倍すると 9 と 3．五倍すると 0 と 0．六等を掛けると，再びそれらと同じ余りが生ずるだろう．したがってここで乗数〈を掛けたケース〉だけについて見ると，共約された除数であるこの 5 の場合，余りは 0，1，2，3，4 であり[7]，これら以外のものはないだろう．一方，共約されていない除数 15 の場合[8]，余りは 0，3，6，9，12 であり，これら以外のものはないだろう[9]．ここでは全ての余りが一などを掛けた共約数字の形をしているから共約できたのである．

···Note ··

不毛性 (BG 26cd) の正起次第．不定方程式，

$$y = \frac{ax+c}{b}$$

において，被除数 (a) と除数 (b) の共約数 (p) によって付数 (c) が割り切れないなら不毛である（解がない）ことの正起次第．$a = 21$, $b = 15$ の場合で考えると，

$$\frac{21 \times 1}{15} = 1 + \frac{6}{15}, \quad \frac{7 \times 1}{5} = 1 + \frac{2}{5}; \quad 2 \times 3 = 6$$

---

[1] bhājyahārakṣepāṇām P] bhājyaṃ hārakṣepāṇām T. [2] T99, 20 参照. [3] labdher T] tallabdher P. [4] 21/ 15 T] $\frac{21}{15}$ P. [5] 7/ 5 T] $\frac{7}{5}$ P. [6] guṇe P] guṇena T. [7] guṇakamātre 'pavartitahare 'smin 5 śeṣaṃ 0/ 1/ 2/ 3/ 4/ P] guṇakamātre apavartitahare 'smin syāt/ 5/ śeṣaṃ/ 1/ 2/ 3/ 4/ T. [8] anapavartitahare 15 tu P] anapavartitahare tu 15 T. [9] na syāt/ P] na syāt/ 3/ T.

$$\frac{21\times 2}{15}=2+\frac{12}{15},\quad \frac{7\times 2}{5}=2+\frac{4}{5};\quad 4\times 3=12$$
$$\frac{21\times 3}{15}=4+\frac{3}{15},\quad \frac{7\times 3}{5}=4+\frac{1}{5};\quad 1\times 3=3$$
$$\frac{21\times 4}{15}=5+\frac{9}{15},\quad \frac{7\times 4}{5}=5+\frac{3}{5};\quad 3\times 3=9$$
$$\frac{21\times 5}{15}=7+\frac{0}{15},\quad \frac{7\times 5}{5}=7+\frac{0}{5};\quad 0\times 3=0$$
$$\frac{21\times 6}{15}=8+\frac{6}{15},\quad \frac{7\times 6}{5}=8+\frac{2}{5};\quad 2\times 3=6$$

一般に，$a=pm$, $b=pn$ (m, n は「確定した」すなわち互いに素）とし，

$$\frac{mi}{n}=q_i+\frac{s_i}{n},$$

ただし $i=1,2,...,n$，とすると，

$$\frac{ai}{b}=q_i+\frac{r_i}{b},$$

ただし $r_i=ps_i$, $\{s_i\}=\{0,1,2,...,n-1\}$.（正起次第は続く）

……………………………………………………………………

次に付数を検討する．そこで（付数なしに）乗数がゼロを余りとする場合，付数が存在しないか[1]あるいは付数が一などを掛けた除数に等しければ，余りはゼロとなるだろう．付数がその他のときはそうではない．また，除数の整除が可能ならば[2]，付数は必然的に整除可能である． T90, 18

あるいは他の余りをもつ全ての乗数の場合，負の付数が余りに等しいとき[3]，あるいは正の付数が余りを引いた除数に等しいとき，あるいは両方とも一などを掛けた除数が加えられているとき，余りがゼロとなるだろう．付数がその他のときはそうではない．ここで，余りに等しい，あるいは余りを引いた除数に等しい[4]付数は，他ならぬ述べられた余りの中にあるので，整除が可能である．また，単独で整除可能なら，〈一などを掛けた〉除数を足した付数は必然的に整除可能である．だからこのように，被除数と除数を[5]整除する数字 T91, 1
によって整除されないようないかなる付数もわれわれは見ることがない．だから付数に整除がないなら，そのような付数の場合にゼロを余りとすることは決してないだろう．なぜなら，ゼロを余りとして持つ付数は，述べられた方法によって定まっているから．以上、敷衍はもう十分である．したがって，「被除数と除数がある〈数〉によって割り切れるとき，その〈数〉によって付数が割り切れないならば，その出題は誤りである」(BG 26cd) と正しく述べられたのである．

…Note……………………………………………………………

(1) 乗数 x が「ゼロを余りとする」すなわち $r_i=0$ の場合，$\frac{ai+c}{b}=q_i+\frac{c}{b}$ だから $c=0$ または $c=tb$ のときだけ「余りはゼロとなる」，すなわち y は整数値となる．そしてそのとき，b の約数は必然的に c の約数である．(2) $r_i\neq 0$ の場合，$\frac{ai+c}{b}=q_i+\frac{r_i+c}{b}$ だ

[1] kṣepābhāva P] kṣepābhāve T.　[2] harasyāpavartanasaṃbhave P] harasyāpavarte na saṃbhave T.　[3] śeṣatulya P] tulye T.　[4] śeṣatulyasya śeṣonaharatulyasya P] śeṣe tulyasvaśeṣonaharatulyasya T.　[5] hārāpavartā T] harāpavartā T.

から，余りがゼロとなるのは，$r_i+c=0$ すなわち $c=-r_i$ のとき，あるいは $r_i+c=b$ すなわち $c=b-r_i$ のとき，あるいはそれらに tb が加えられているときだけである．ここで，r_i はもちろんであるが，$b-r_i$ も $\{r_i\}$ すなわち $\{ps_i\}$ の中に含まれるから，c は a と b の共約数 p で共約可能である．また，b の約数は tb の約数だから，tb を加えても共約可能である．これら以外の場合は，余りがゼロにならない，すなわち y が整数値にならないので，「不毛」である．

....

T91, 5 さて，共約数字を知るための道理．ここでの共約数字とは，諸々の共約数字のなかで，それによって共約された被除数と除数がそれ以上共約されることのないような最大のものである[1]と知るべきである．それで共約された両者を「確定した」と呼ぶから．次に，それを知るための方法．その場合，被除数と除数とが等しいときは，それだけのものが最大の共約数字であることは愚鈍な者でもわかる．しかし両者が異なるときは，検討の道を登らなければならない．

T91, 8 そこで，二つの〈数，例えば〉$\left|\begin{array}{c}221\\195\end{array}\right|$ のうちで小さいほう 195 より[2]〈両者の〉共約数字が大きいことはありえない．その（大きい）数字によって小さいほうを整除することは論理的に除外される (bādhita) から．しかし，もし大きい方が小さい方で割られて余りがないなら，〈共約数は〉小さい方に等しいだろう．それは余りのない割り算の形をしているから．またもし余り，〈例えば〉26 があれば，そのとき共約数字は小さい方 (195) に等しくなく，〈それより〉大きいもの〈が共約数字であること〉は論理的に否定されるから，最大の共約数字は小さい方 (195) よりもさらに小さいだろう．

T91, 13 そこでも検討がある．ここで大きい量 (221) には二つの部分がある．小さい方 (195) で割られる範囲 195 が一つであり，他方は余りに等しい 26 である．このような場合，小さい方 (195) より小さい諸々の数字のなかで余り 26 より大きいものが共約数字になることは[3]決してない．それによってなんとかして小さい方 195 を整除できたとすると小さい量によって割られた大きい量の部分 195 の整除も[4]あるが，余りに等しい二番目の部分 26 には〈整除が〉ないだろう．すなわち，小さい方 195 より小さい数字の中にもし最大の共約数字があるとすれば，〈それは〉余りに等しい 26 だろう[5]．ただし余り 26 で小さい量 195 が割られて，もし余りがなければである．そうすれば，余りに等しい数字による小さい方の整除が生じるから，その[6]小さい方で割られた大きい量の部分 195 と，余りに等しい二番目の部分 26 との[7]両方の整除があるだろう．しかしもし余りがあれば，最大の共約数字は前の余り 26 より小さく，決して大きくはない．大きいものは論理的に否定されるから．

T91, 22 さてそこでも検討がある．小さい量には二つの部分がある，182, 13．前の
T92, 1 余り (26) で割られる範囲が一つ 182 であり，二番目の余りに等しいのが二番

[1] mahān P] tadaṅkaṃ T. [2] yo kaghu 195 stato T] yaḥ 195 laghustato P. [3] apavartāṅkatvam T] apavartakatvam P. [4] apavartaḥ P] apavataḥ T. [5] śeṣatulyaḥ 26 syāt T] śeṣatulyaḥ 26 tathā ca laghuḥ syāt P. [6] tal T] ∅ P. [7] śeṣatulyadvitīyakhaṇḍasya P] śeṣe tulyaṃ tat dvitīyakhaṇḍasya T.

目 13 である．そうすると，前の余り (26) より小さい数字のうちで二番目の余り (13) より大きいようなものが共約数字になることはないだろう[1]．それによってなんとかして前の余り 26 を整除できたとすると余りで割られた小さい方の部分 182 には整除があるが，二番目の余りに等しい二番目の部分 13 にはないだろう．そうすれば，小さい量 (195) の整除がないので，小さい方で割られた大きい量の部分 195 の整除もない場合，どちらの整除もない．だから，前の余り 26 より小さい数字のなかにもし最大共約数字があれば，⟨ それは ⟩ 二番目の余り 13 に等しいはずである．ただし，二番目の余り 13 によって前の余り 26 が割られて余りがなければ，である．というのは，そうすれば，前の余り 26 の[2]整除が生じるから，それ 26 で割られた小さい量の一部分 182 と，また前の[3]余りに等しい二番目の部分 26 との双方の整除があるだろう．そうすれば，⟨ 二番目の余り 13 による ⟩ 小さい量 195[4]の整除が生ずるので，小さい量で割られた大きい量の部分 195 の整除もあるだろう．前の余りに等しい二番目の部分 26 の整除も，「もし後続のものがあれば，ステップごとに」[5]という文章 (grantha) で説明されるので，大きい量 (221) の整除もあるはずである．またもし二番目の余りによって前の余りが割られて余りがあれば，そのときはこの同じ道理によって，最大の共約数は三番目の[6]余りに等しくなるだろう．このように，この正起次第によって，前の余りがつぎつぎと後続のもの（余り）で[7]⟨ 割られていって ⟩，ある余りで割って余りがなくなったとき，その余りが最大の共約数となるだろう．だからこのように，「二つ ⟨ の数 ⟩ を相互に割った場合の余りが，それら二つの ⟨ 最大 ⟩ 共約数となろう」(BG 27ab) ということが正起した．

···Note···

共約数を求めるアルゴリズム (BG 27ab) の正起次第．ここでの「共約数」(apavarta) は「最大 (mahat) 共約数」の意味．なお，K は「共約数字」(apavarta-aṅka) とも云う（「数字」については，T86, 16 参照）．$a > b$ とし，共約数を p とする．p が b より大きいことはあり得ない．最大でも b であり，それは a が b で割り切れるときである．すなわち $a = bq_1 + r_1$ $(0 \le r_1 < b)$ とすると，$r_1 = 0$ のときである．$r_1 \ne 0$ のとき，p が r_1 より大きいことはあり得ない．最大でも r_1 であり，それは b が r_1 で割り切れるときである．すなわち $b = r_1q_2 + r_2$ $(0 \le r_2 < r_1)$ とすると，$r_2 = 0$ のときである．以下同様にして，互除において，割り切れる場合の除数，換言すれば，ゼロでない最後の余り，が最大共約数である．

具体的手順の例．221 と 195 の共約数を求める場合．

まず被除数の下に除数を書き

	221
	195

上を下で割り，下に余り 26 を，その左に商 1 を書く

	221
	195
1	26

---

1 syānna syādayam P] syāttasmādayam T.　2 pūrvaśeṣā 26 pavartanasya T] pūrvaśeṣasya 26 apavartasya P.　3 khaṇḍasya 182 pūrva] khaṇḍasyā 182 tha dvitīya T, khaṇḍasya 182 atha ca dvitīya P.　4 195 P] 182 T.　5 anupadameva paraṃ yadi/ (典拠未詳)　6 tṛtīya T] trīyaya P.　7 pūrvapūrvaśeṣa uttarottareṇa P] pūrvaśeṣe tu uttarottareṇa T.

さらに 195 を 26 で割り，下に余り 13 を，その左に商 7 を書く

	221
	195
1	26
7	13

これを繰り返す

	221
	195
1	26
7	13
2	0

ここで割り切れ，余りがなくなったので，共約数は最後の余り 13 である．

T92, 18 さて，「それら確定した被除数と除数を，... 相互に除すがよい」云々（BG 28-30）の正起次第．まず付数がない場合，ゼロを被除数に掛け除数で割れば余りがない，というので，ゼロこそが乗数であり商である．あるいは，もし乗数が除数に等しければ，乗数と除数が等しいから消え，商は被除数に等しくなり，余りはないだろう．同様に，乗数が二などを掛けた除数に等しいとき，除数で乗数と除数を共約すれば[1]，乗数の場所に二などが生じるだろう，というので，商は二などを掛けた被除数となり，余りはないだろう．だから付数がない場合，乗数はゼロまたは任意数を掛けた除数である．一方，商はゼロまたは任意数を掛けた被除数である．このように，ここではどんな場合でも乗数の増加が除数に等しいとき[2]，商の増加は被除数に等しい．だからこそあとで述べるだろう，「任意数を掛けたそれぞれ自分の除数を両者（乗数と商）に加えれば多くの乗数と商が生じる」(BG 36ab) と．

···Note···

$y = \frac{ax+c}{b}$ の乗数 x と商 y を得るためのアルゴリズム (BG 28-30) の正起次第．$c = 0$ のとき．$y = \frac{ax}{b}$ だから，$(y, x) = (0, 0)$ あるいは (at, bt)．この段落の最後で言及された BG 36ab は一般解を求めるアルゴリズム．(続く)

T93, 1 次に，付数があっても，それが除数に等しいか，あるいは二などを掛けた除数に等しいなら，前に述べた通り，ゼロなどが乗数となるだろう．というのは，前に述べた乗数をとれば，付数のみに依存して余りが生ずるだろうから．もし付数も一などを掛けた除数に等しいなら，どうして余りが生じるだろうか．だから，付数がこのようなものであれば，乗数は前に述べたものに他ならない．しかし商に関しては，付数を除数で割って得られるものだけ正数付数においては大きくなり，負数付数においては小さくなるだろう．だからこそあとで述べるだろう，「付数がない場合，あるいは付数を除数で割って割り切れる[3]場合は，乗数はゼロ，商は付数を除数で割ったものと知るがよい」(BG 35) と．

---

[1] haratulye guṇe guṇaharayostulyatvānnāśe bhājyatulyā labdhiḥ syāccheṣaṃ ca na syāt/ evaṃ dvyādiguṇitaharatulye guṇe hareṇa guṇaharayorapavarte P] haratulye guṇe hareṇa harayorapavarte T (haplology). [2] haratulye guṇopacaye T] haratulyo guṇopacayo P. T97, 16 の段落参照. [3] śudhyeddharoddhṛtaḥ P] śuddhe haroddhṛtaḥ T.

···Note···

$c = kb\,(k = 1, 2, 3, ...)$ のとき．$y = \frac{ax \pm kb}{b}$ だから，$(y, x) = (k, 0)$ あるいは $(at \pm k, bt)$ が解となる．（続く）

···

次に，付数がそうではない（ゼロでも除数の整数倍でもない）場合，被除 T93, 7
数の二つの部分による正起次第がある．除数で割られる範囲が一つ〈の部分〉であり，余りが他方である．たとえば被除数と除数を$\begin{array}{|c|}16\\7\end{array}$とすると，述べられたように生ずる被除数の二つの部分は 14 と 2．この場合，前の部分は除数で余りなく割れるから，それにどんな乗数を掛けても余りなく割れる[1]だろう．次に，提示された付数が他方の部分によって割られてもしきれいになる（割り切れる）なら，その商こそが乗数[2]となるだろう．ただし〈それは，付数を〉引く場合である．というのは，その乗数を掛けた被除数の他方の部分は付数に等しいに決まっているので，付数を引けば消えるはずだからである．

···Note···

$y = \frac{ax - c}{b}$ において $a = bq_1 + r_1$ とする．ここで $c = kr_1$ なら，$y = \frac{(bq_1 + r_1)x - kr_1}{b} = q_1 x + \frac{r_1 x - kr_1}{b}$ だから，$(y, x) = (q_1 k, k)$ が解となる．（続く）

···

次に，もし〈付数が他方の部分によって〉割りきれないなら，そのときは乗 T93, 13
数を知ることはできない．だから，別様に試みなければならない．除数で被除数を割ったとき，もし余りがルーパ（単位）ならば，そのときは二番目の部分もルーパになるだろう．そうすれば，どんな付数をそれに掛けても，付数に等しいことは決まっているので，述べられた道理によって，乗数は付数に等しい．ただし，〈それは，付数を〉引く場合である．足す場合は，付数を引いた除数が乗数である．なぜなら，それを掛けた被除数の他方の部分が付数を引いた除数に等しくなる[3]だろうから．そして，これに付数を足すと除数に等しくなるだろう，というので除数によって余りなく割れるだろう．一方，商は，単独の被除数を除数で割ったとき生ずるもの（商）に乗数を掛けると，掛けられた被除数のそれになるだろう[4]．ただし，〈それは，付数を〉引く場合である．足す場合は，それに一加える．なぜなら，余りが除数に等しいので他方の部分が清算できないから．

···Note···

$a = bq_1 + r_1$ で $r_1 = 1$ なら，$y = \frac{(bq_1 + 1)x \pm c}{b} = q_1 x + \frac{x \pm c}{b}$ だから，付数が負数のときは $(y, x) = (q_1 c, c)$ が解となり，正数のときは $(q_1(b - c) + 1, b - c)$ が解となる．（続く）

···

さて，もし被除数を除数で割ったとき，余りがルーパ[5]でなければ，そのと T93, 22
きは乗数を知ることが困難である．だから，被除数の余りで除数を割るべき

---

[1] niḥśeṣaṃ bhajanaṃ T] niḥśeṣabhajanaṃ P.　[2] guṇakaḥ P] guṇaḥ T.　[3] kṣeponaharasamaṃ T] kṣepo na harasamaṃ P.　[4] guṇitabhājyasya syāt T] guṇitabhājyaṃ syāt P.　[5] rūpaṃ śeṣaṃ P] rūpaśeṣaṃ T.

である．この場合，除数が被除数であり，被除数の余りが除数である．ここでももし余りがルーパなら，乗数は，〈付数を〉引く場合は付数に等しく，足す場合は付数を引いた除数である．また，商は前と同じである．述べられた道理に違いがないから.[1] ここでももし余りがルーパでないなら，乗数を知ることは容易ではない．だから，再びこれ（被除数）の余りによって，〈前のステップで〉除数となった余りを割るべきである．そこでもし余りがルーパな
T94, 1 ら，乗数は，その被除数に関して述べられた道理によって[2]，〈付数を〉引く場合と足す場合，〈それぞれ〉付数の数字に等しいか付数を引いた除数に等しい．ここでも余りがルーパより大きいなら，乗数を知ることは困難である[3]．だから，互除を行ったとき，どこか〈のステップ〉で余りがルーパになることが望まれる．そしてそれ（ルーパ）は，被除数と除数の共約が可能な場合に共約をしなければ，どうして生ずるだろうか．その場合，余りは共約数字に等しくなるはずである．互除における最後の余りこそが共約数字であるから．一方，共約すれば，余りも[4]共約数字によって共約されることになるだろう．だが，最後の余りは共約数字に等しい．もしそれが共約数字によって共約されたら，最後の余りは他ならぬルーパになるだろう，というので，被除数と除数を互除することの必然性が生ずる[5]．

···Note ···

$r_1 \neq 1$ なら，$b = r_1q_2 + r_2$ とし，ここで $r_2 = 1$ なら，前と同様に乗数と商が得られる．すなわち，$y = \frac{ax \pm c}{b} = \frac{(bq_1 + r_1)x \pm c}{b} = q_1x + \frac{r_1x \pm c}{b}$．ここで $y_1 = \frac{r_1x \pm c}{b}$ と置くと，$x = \frac{by_1 \mp c}{r_1} = \frac{(r_1q_2 + 1)y_1 \mp c}{r_1} = q_2y_1 + \frac{y_1 \mp c}{r_1}$ だから，付数が負数なら $(x, y_1) = (q_2c, c)$ が解となり，正数なら $(q_2(r_1 - c) + 1, r_1 - c)$ が解となる．しかし $r_2 \neq 1$ なら，$r_1 = r_2q_3 + r_3$ とし，繰り返す．この解のアルゴリズムでは，被除数 (a) と除数 (b) との互除の余りが 1 になることを期待するので，あらかじめ互除から得られる共約数でそれらを割って「確定」しておく必要がある．(続く)

···

T94, 8 （問い）「たとえ，最後から二番目の余りに等しい被除数を前の余りによって割ったとき余りがルーパになる，というので，それに対する乗数が生ずる[6]としても，提示された被除数に対してはどのようにして乗数を得るのか.」

逆算法 (vyasta-vidhi) によってそれを知りなさい．例えば，被除数 (bhājya)，除数 (hara)，付数 (kṣepa) を bhā 1211　kṣe 21
ha　497 [7] とする．ここで互いに割られた被除数と除数の最後の余りは 7．これで被除数，除数，付数を共約すると bhā 173　kṣe 3
ha　71 [8] ここで確定したこれら被除数と除数の互除から得られる商 (labdhi) と余り (śeṣa) の蔓 (vallī) は，

---

[1] atrāpi yadi rūpaṃ śeṣaṃ syāttarhi kṣepatulyo guṇo viyoge/ yoge tu kṣeponaharo guṇaḥ pūrvavallabdhiśca/ uktayukteraviśeṣāt/ P] ∅ T (haplology). [2] tasminbhājya uktayuktyā P] tasminbhājye uktayuktyā T. [3] guṇakāvagamo T] guṇo P. [4] śeṣamapyapavartā P] śeṣamapavartā T. [5] jātaṃ P] ∅ T. [6] jātas T] jnātas P. [7] bhā 1211　kṣe 21
ha　497 P] bhā 1211 ha 497 kṣe 21/ T. P でも枠はないが，写本の習慣に従いそれを付す．以下同様. [8] bhā 173　kṣe 3
ha　71 P] bhā 173
ha　71 kṣe 3 T.

la	śe
2	31
2	9
3	4
2	1

〈この互除では〉順に〈次のような〉被除数と除数が生ずる[1].

bhā	173	bhā	71	bhā	31	bhā	9
ha	71	ha	31	ha	9	ha	4

[2]

この最後の被除数 (9) には二つの部分がある．除数 (4) で割られる範囲が一つ〈の部分〉，余りがもう一つ〈の部分〉である．つまり二つの部分は[3]8 と 1 である．述べられた道理によって，〈付数を〉引くときは，付数に等しい乗数 3 が生ずる．「単独の被除数に対する商に乗数を掛けると商になるだろう」というので，本件では，最後の被除数に対する商 2 に乗数であるこの 3 を掛けて，商は 6 である．だから次のように言われたのである．「それら確定した被除数と除数を、被除数としてここでルーパが立つまで、相互に除すがよい．商 (phala) を下へ下へと置き，その下に付数 (kṣepa) を〈置く〉」(BG 28) と． T95, 1

pha	
2	
2	
3	
2	
3	kṣe

[4]

このようここで最後に生ずるのが乗数 (guṇa) であり，最後を自分の上に掛けると商 (la) である，というので生ずるのは，

	2
	2
	3
la	6
gu	3 kṣe

[5]

次に，この同じ付数に対して，これより前の被除数であるこの

bhā	31
ha	9

[6] に対する乗数を検討する．ここでも〈被除数には〉前述のように二つの部分 27 と 4 がある．ここで，前の部分 (27) に[7]何を掛けても，除数 (9) で割る[8]と余りがない．だから，後の部分 (4) のみから乗数と商を検討するのが[9]正しい．だから，被除数と除数

4
9

が生ずる．ここで，最後の被除数と除数の逆転がある，というので，乗数と商にも逆転がある．

---

[1] jātāḥ P] ∅ T.　[2] bhā 173 ha 71 | bhā 71 ha 31 | bhā 31 ha 9 | bhā 9 ha 4 P] bhā 173 bhā 71 bhā 31 .... (sic) bhā 9 ha 71 ha 31 ha 9 ha 4 / bhā 173 bhā 71 bhā 31 bhā 9/ / ha 71 ha 31 ha 9 ha 4/ T.　[3] khaṇḍe P] khaṇḍaṃ T.　[4] pha 2 2 3 2 3 kṣe P] pha 2 2 3 la 6 kṣe 3 T.　[5] 2 2 3 la 6 gu 3 kṣe P] 2 2 3 2 3 kṣe 2 T.　[6] bhā 31 ha 9 P] bhā 173 bhā 71 bhā 31 bhā 9 ha 71 ha 31 ha 9 ha 4 / bhā 31 / ha 9 T.　[7] khaṇḍaṃ P] khaṇḍe T.　[8] harabhaktaṃ P] harabha 9 ktaṃ T.　[9] guṇalabdhivicāro T] guṇavicāro P.

T95, 8　その場合の道理．被除数 9 に乗数 3 を掛け 27，付数 3 を引き 24，除数 4 で割ると，商 6 となる[1]．だから，逆算法によって，商 6 を[2]除数であるこの 4 に掛け 24，付数 3 を足し 27，被除数 9 で割ると，乗数 3 が得られる．それはこのように完結する．

T95, 11　この被除数 4 にそれの商 6 を掛け 24，その付数 3 を足し 27，自分の除数であるこの 9 で割るときれいになる（割り切れる），というので，最後の被除数に対する商 6 こそがここでの乗数であり[3]，最後の被除数に対する乗数が商である．このようにして蔓に生ずるのは，

	2
	2
	3
gu	6
la	3

T96, 1　さらにこの被除数における前の部分の商に乗数を掛けるとしよう．乗数とは，この蔓における最後から二番目の 6 である．前の部分の商とは，その上にある 3 である．だから，最後から二番目を自分の上に掛けると，生ずるのは前の部分の商 18 である．二番目の部分の商は[4]蔓の最後の 3 である．だから，それを前の部分の商 18 に加えると，この被除数における全体の商は 21 となるだろう．このようにして蔓に生ずるのは，

	2
	2
la	21
gu	6
la	3

[5]

この被除数 (31) に対する乗数と商は得られたから，下にある商 (3) の用途がなくなったので除去すれば，蔓に生ずるのは，

	2
	2
la	21
gu	6

[6]

だから次のように述べられたのである．「最後から二番目を自分の上に掛け，最後を加えて，その最後を〈蔓から〉捨てるがよい」(BG 28d-29) と．このように，この被除数 [31 / 9] に対して，逆算法によって，〈付数を〉足す場合の商と乗数，21 と 6，が生ずる．

T96, 8　次に，その上の被除数であるこの [bhā 71 / ha 31] に対して，その同じ付数 3 のときの[7]乗数を検討する．ここでも〈被除数には〉前述のように二つの部分 62 と 9 がある[8]．前の部分を別置して生ずる被除数と除数は[9] [9 / 31]．ここでも，ステップごとに示された被除数と除数の逆転から，商と乗数の逆転[10]がある．逆算法は等しいからである．そのようにして蔓に生ずるのは，

[1] 6 P] ∅ T.　[2] labdhyā 6 P] labdhyā ca T.　[3] guṇakaḥ/ T] guṇakā P.
[4] dvitīyakhaṇḍalabdhiśca P] dvitīyakhaṇḍaṃ labdhiśca T.　[5] la 21 / gu 6 / la 3 P] 21 la / 6 gu / 3 la T.　[6] la 21 / gu 6 P] 21 la / gu 6 T.　[7] kṣepe 3 T] kṣepa 3 P.　[8] 62/ 9 P] 62/ 9 kṛtvā T.　[9] hārau T] harau P.　[10] labdhiguṇavyatyāsa P] labdhiguṇayā vyatyāsa T.

$$\left|\begin{array}{r} 2 \\ 2 \\ \text{gu } 21 \\ \text{la } \ \ 6 \end{array}\right|$$ [1]

ここでも，前の部分の商に乗数が掛けられるだろう．乗数とは，ここでも最後から二番目である．そしてその上に，前の部分の商 2 がある．だから，最後から二番目を自分の上に掛けると，前の部分の商 42 が生ずる．これに，二番目の部分の商からなる最後の 6 を足すと，完全な商 48 が生ずる．このようにして蔓に生ずるのは， T97, 1

$$\left|\begin{array}{r} 2 \\ \text{la } 48 \\ \text{gu } 21 \\ \text{la } \ \ 6 \end{array}\right|$$ [2]

ここでも，下にある商の用途がなくなったので除去すると，生ずるのは，

$$\left|\begin{array}{r} 2 \\ \text{la } 48 \\ \text{gu } 21 \end{array}\right|$$ [3]

このように，この被除数 $\left|\begin{array}{c} 71 \\ 31 \end{array}\right|$ に対して，逆算法によって，〈付数を〉引く場合の商と乗数，48 と 21，が生ずる．

次に，その上の[4]被除数である最初のこの $\left|\begin{array}{c} 173 \\ 71 \end{array}\right|$ [5]に対する乗数を検討する． T97, 2
ここでも前述のように〈被除数の〉二部分[6]，142 と 31，を作れば，生ずる被除数と除数は $\left|\begin{array}{c} 31 \\ 71 \end{array}\right|$ [7]．ここでも，得られた乗数である被除数と除数の，ステップごとの逆転から，商と乗数，それに付数〈の正負〉を逆転すれば，付数を足す場合の商と乗数，21 と 48，が生ずる．蔓に生ずるのは，

$$\left|\begin{array}{r} 2 \\ \text{gu } 48 \\ \text{la } 21 \end{array}\right|$$ [8]

ここでも前の部分の商のために，最後から二番目 48 を自分の上の 2 に掛け 96，全体の商のために，最後の 21 を足すと，117．蔓に生ずるのは，

$$\left|\begin{array}{r} \text{la } 117 \\ \text{gu } \ 48 \\ \text{la } \ 21 \end{array}\right|$$ [9]

下にある商は用途がなくなったので除去すれば，生ずるのは，

$$\left|\begin{array}{r} \text{la } 117 \\ \text{gu } \ 48 \end{array}\right|$$

だからこのようにして，最初の被除数であるこの $\left|\begin{array}{c} \text{bhā } 173 \text{ kṣe } 3 \\ \text{ha } 71 \end{array}\right|$ [10]においては，付数を足す場合に生ずる商と乗数は 117 と 48 である．だから次のように云われたのである．「〈この操作を〉繰り返す．かくして一対の量〈が最後に生ずる〉」(BG 29b) と．

---

1 $\begin{array}{r} \text{gu } 21 \\ \text{la } \ \ 6 \end{array}$ P] $\begin{array}{l} 21 \text{ gu} \\ \ \ 6 \text{ la} \end{array}$ T.　2 $\begin{array}{r} \text{la } 48 \\ \text{gu } 21 \\ \text{la } \ \ 6 \end{array}$ P] $\begin{array}{l} 48 \text{ la} \\ 21 \text{ gu} \\ \ \ 6 \text{ la} \end{array}$ T.　3 $\begin{array}{r} 2 \\ \text{la } 48 \\ \text{gu } 21 \end{array}$ P] ∅ T.　4 ūrdhve P] ūrdhvaṃ T.　5 $\begin{array}{c} 173 \\ 71 \end{array}$ T] 173 P.　6 khaṇḍe P] khaṇḍaṃ T.　7 $\begin{array}{c} 31 \\ 71 \end{array}$ P] 31/ 71/ T.　8 $\begin{array}{r} 2 \\ \text{gu } 48 \\ \text{la } 21 \end{array}$ P] $\begin{array}{l} 2 \\ 48 \text{ gu} \\ 21 \text{ la} \end{array}$ T.　9 $\begin{array}{r} \text{la } 117 \\ \text{gu } \ 48 \\ \text{la } \ 21 \end{array}$ P] $\begin{array}{l} 2 \text{ la} \\ 48 \text{ gu} \\ 21 \text{ la} \end{array}$ T.　10 $\begin{array}{c} \text{bhā } 173 \text{ kṣe } 3 \\ \text{ha } 71 \end{array}$ P] bhā 173 kṣe 3 ha 71 T.

T97, 11 ここで，最後の被除数を除く全ての被除数に対しては，前の部分の商を得るときに，乗数が〈蔓の〉最後から二番目にあるから，「最後から二番目を自分の上に掛け」と云い，また全体の商を得るためには，後の部分の商から成る「最後を[1]加えて」と言う必要がある[2]．しかし、最後の被除数に対しては，乗数が最後であり，また後の部分には商が[3]ないから，「最後を自分の上に掛け」とだけ云う必要があるだろう．だから先生は，その（蔓の）最後にゼロを置くことも云われたのである．というのは，そのようにすれば，あらゆる場合に「最後から二番目を自分の上に掛け，最後を加えて，その最後を捨てるがよい」(BG 28d-29) という手順 (anugama) があるだろうから．

T97, 16 このようにして得られた商と乗数は，

la	117
gu	48

ここで，乗数の増加が除数に等しいとき，商の増加は被除数に等しくなる，と前に述べたが[4]，まったく同じ道理によって，乗数の減少が除数に等しいとき，商の減少は被除数に等しいだろう．だから[5]，乗数が除数より大きい場合，
T98, 1 除数の一倍などが可能なだけそれ（乗数）から除去されるべきである．その，より小さくなったものが乗数となるだろう．それに対する商もまったく同様である．だから云われたのである，「上〈の数〉を確定した被除数で切りつめれば[6]〈求める〉商となり，他方を〈確定した〉除数で〈切りつめれば求める〉乗数となろう」(BG 29cd) と．

T98, 4 〈上に〉述べられたのと同じ道理によって後で云うだろう，「乗数と商の切りつめを行う際[7]，賢き者は〈その切りつめの〉商として同じものを採用すべきである」(BG 32ef) と．実際，乗数の減少が一倍の除数に等しいとき，商の減少が二倍の被除数に等しい，などということはあり得ない．

T98, 7 （問い）「最初の被除数に対してこのようにして得られた商と乗数とが，〈付数を〉足す場合に生じるのかそれとも引く場合に生じるのかはどうしてわかるのか．最後，最後から二番目などの被除数に対する乗数が〈付数を〉足す場合に生ずるか引く場合に生ずるか無手順 (ananugama) なのに．」

T98, 9 〈次のように〉云われる．最後の被除数に対して，付数に等しい乗数が〈付数を〉引く場合に生ずる，と何度も述べた．だから，最後から二番目の被除数に対しては，逆算法により，足す場合に生ずる乗数となるだろう．さらにまた[8]，〈最後から〉三番目の被除数に対しては，逆算法により，〈付数を〉引く場合に生ずる乗数となるだろう．同様に，四番目では足す場合に生じるもの，五番目では引く場合に生じるもの，等々により，最後の被除数から始めて偶数番目の被除数に対しては足す場合に生じる乗数，奇数番目の被除数に対しては引く場合に生ずる乗数となるだろう．その場合，最初の被除数に対して

---

1 labdhyātmakenāntyena T] labdhyātmake 'ntyena P. 2 iti ca vaktavyam P] iti vaktavyam T. 3 khaṇḍe labdher T] khaṇḍalabdher P. 4 T92, 18 の段落参照. 5 ato P] evaṃ ato T. 6 taṣṭaḥ P] taṣṭaṃ T. 7 takṣaṇe P] takṣaṇo T. 8 upāntimabhājye/ punarato P] upāntimabhājyo yena rato T.

それが[1]奇数〈番目〉であるか偶数〈番目〉であるかは[2]，互除の商〈の個数〉が奇数であるか偶数であるかによって決まる．したがって，互除においてもし商〈の個数〉が偶数なら〈付数を〉足す場合に生じる商と乗数が，もし奇数なら〈付数を〉引く場合に生ずる商と乗数が，最初の被除数に対して生ずるだろう．その内，引く場合に生ずる商と乗数は後で述べるので，ここでは足す場合に生ずるものを述べるだけでよい．だから云われたのである，「このように[3]なるのは，ここでそれらの〈互除によって生じた〉商〈の個数〉が偶数のときだけである」(BG 30ab) と．一方，奇数個の商のときは，引く場合に生ずる商と乗数とが得られる．〈しかしここでは〉足す場合に生ずるものが期待されている．だから云われたのである，「もし奇数なら，前のごとく得られる商と乗数をそれぞれ自分の切りつめ数から引いた残りがそれら〈求める〉二つとなろう」(BG 30bcd) と．引く場合に生ずる乗数が除数から引かれると[4]，足す場合に生じるものとなる，ということに関する道理は前に述べた[5]．

あるいは〈その道理は〉別様に述べられる．ある被除数にある乗数を掛け自 T98, 22
分の除数で割ると余りがないとき，それ（被除数）にその乗数の二つの部分を別々に掛け別々に除数で割るときれいになり[6]（すなわち割り切れ），また，商の和が商となるようにできるだろう．しかし，別々に掛けたもののうちの
一方を[7]除数で割ると余りを持つとき[8]，他方も除数で割るとその余りと同じ T99, 1
だけ小さくなるだろう．そうでなければどうして別々に掛けたものの和が除数で割り切れるだろうか．その場合，被除数に除数に等しい乗数を掛けたものは，除数で割りきれるだろう，乗数と除数が等しいのだから．そしてその場合の商は被除数に等しい．ここでは乗数と除数が等しいので，除数の二つの部分こそ[9]乗数の二つの部分である．その内の一部分を被除数に掛け[10]，除数で割ったときの余りだけが，もう一つの部分を掛けた被除数における[11]減少分となるだろう．

例えば ｜bhā 17
ha 15｜ とする．除数に等しい乗数 15 を被除数に掛け 255，除 T99, 6
数 15 で割ると，商は 17 である．また，乗数の二つの部分 1 と 14 を別々に掛けると 17 と 238．この最初〈の部分〉を除数で割ると，余りは 2．ここでは 2 大きい，というのでそれだけの付数を引くと余りなく割れる．また，商は 1 である[12]．他の部分にその 2 だけ加え 240，除数で割ると，余りなく割れる．また，商は 16 である．あるいは，乗数の二つの部分 2 と 13 を別々に掛けると 34 と 221．一方を除数で割ると余りは 4．これを引くと 30．乗数は 2[13]，商は 2 である．他方の 221 にその 4 だけ加えると 225．余りのない割り算により，他方の部分の乗数は 13[14]，商は 15 である．あるいは，乗数の二つの部分 3 と 12 を別々に掛けると 51 と 204．ここでは前者から六を引き，後

[1] mukhabhājye 'sya T] mukhyabhājyasya P. [2] viṣamatā vā samatā vā T] viṣamatā samatā vā P. [3] evaṃ P] eva T. [4] harācchuddhaḥ P] haraśuddhaḥ T. [5] prāguktā P] prayuktā T. T93, 13 参照. [6] śuddhyedeva T] śudhyadeva P. [7] madhya ekataro P] madhye ekataro T. [8] saśeṣaḥ P] sa śeṣaḥ T. [9] khaṇḍe eva P] khaṇḍa eva T. [10] guṇite P] ∅ T. [11] guṇe bhājye P] guṇo bhājye T. [12] 1 T] ∅ P. [13] 2 T] 12 P. [14] aparakhaṇḍaguṇo 13] aparakhaṇḍa 13 guṇo P, aparakhaṇḍaṃ 13 T.

者に六を足すと割り切れる，というので六を加えると，乗数の二つの部分 12 と 3 こそが，足す場合と引く場合に生じる乗数に他ならず，またその商 14 と 3 が被除数の二つの部分に他ならない．だから,「前のごとく得られる商と乗数をそれぞれ自分の切りつめ数から引いた〈残りがそれら求める二つとなろう〉」(BG 30cd) ということが正起した．だからこそ後で述べるだろう,「〈付数を〉足す場合に生ずる乗数と商を〈それぞれの〉切りつめ数から引けば，〈付数を〉引く場合に生ずるもの（乗数と商）となる」(BG 32ab) と．だからこのように,「それら確定した被除数と除数を，〈被除数としてここでルーパが立つまで〉，相互に除すがよい」(BG 28ab) に始まり「自分の切りつめ数から引いた残りがそれら〈求める〉二つとなろう」(BG 30d) に終わるもの（アルゴリズム）による乗数と商の獲得法 (sādhana) が正起した．

···Note···

a と b を「確定した」二数とする．互除を行い，例えば 4 回目の割り算で余りが 1 になったとする．

$$\begin{array}{lll} & a & \\ & b & \\ q_1 & r_1 & : a = bq_1 + r_1 \\ q_2 & r_2 & : b = r_1q_2 + r_2 \\ q_3 & r_3 & : r_1 = r_2q_3 + r_3 \\ q_4 & 1 & : r_2 = r_3q_4 + 1 \end{array}$$

ここで

$$y = \frac{ax+c}{b} = \frac{(bq_1+r_1)x+c}{b} = q_1x + \frac{r_1x+c}{b}$$

だから，$y_1 = \frac{r_1x+c}{b}$ と置くと，

$$\text{(A1)}\ \ y = q_1x + y_1,\ \text{(B1)}\ \ x = \frac{by_1-c}{r_1} = \frac{(r_1q_2+r_2)y_1-c}{r_1} = q_2y_1 + \frac{r_2y_1-c}{r_1}$$

$x_1 = \frac{r_2y_1-c}{r_1}$ と置くと，

$$\text{(A2)}\ \ x = q_2y_1 + x_1,\ \text{(B2)}\ \ y_1 = \frac{r_1x_1+c}{r_2} = \frac{(r_2q_3+r_3)x_1+c}{r_2} = q_3x_1 + \frac{r_3x_1+c}{r_2}$$

$y_2 = \frac{r_3x_1+c}{r_2}$ と置くと，

$$\text{(A3)}\ \ y_1 = q_3x_1 + y_2,\ \text{(B3)}\ \ x_1 = \frac{r_2y_2-c}{r_3} = \frac{(r_3q_4+1)y_2-c}{r_3} = q_4y_2 + \frac{y_2-c}{r_3}$$

(B3) は自明の解 $(y_2, x_1) = (c, q_4c)$ を持つ．また，(A3) から y_1 が，(A2) から x が，(A1) から y が得られる．そこで，この (B3) の自明の解から逆算法により x と y に至る計算プロセスを次のようにアルゴリズム化する．互除の余りが 1 になるまでのすべての商に付数とゼロを加えて「蔓」(vallī) を作り，これに，

「下から二番目を上に掛け，下を加え，下を消す」

という計算を繰り返し適用する．最後に生ずる一対の数が商と乗数 (y, x) である．

蔓	B3	A3	A2	A1
q_1	q_1	q_1	q_1	$q_1x + y_1 = y$
q_2	q_2	q_2	$q_2y_1 + x_1 = x$	x
q_3	q_3	$q_3x_1 + y_2 = y_1$	y_1	
q_4	$q_4c + 0 = x_1$	x_1		
c	$c = y_2$			
0				

蔓の最後に 0 を加えるのは,「下を加え，下を消す」という操作を必要としない最初のステップにも同じアルゴリズムを適用できるようにするため，すなわちアルゴリズム

に一貫性を持たせるためである．

例：$y=\frac{1211x+21}{497}$．解：下の (1) のように被除数 1211 と除数 497 の互除を行うと最後の余りすなわち共約数が 7 であることがわかるので，これで被除数 1211，除数 497，付数 21 を共約して 173, 71, 3 を得る．すなわち問題は $y=\frac{173x+3}{71}$ に帰される．そこでさらに被除数 173 と除数 71 の互除を行うと (2) のようになる．

	(1)		(2)	
	1211		173	
	497		71	
2	217	2	31	: $173=71\times 2+31$
2	63	2	9	: $71=31\times 2+9$
3	28	3	4	: $31=9\times 3+4$
2	7	2	1	: $9=4\times 2+1$
4	0			

そこで，下の第一列のように，これらの互除の商と付数 3 およびゼロを蔓にして，それに対して，「下から二番目を上に掛け，下を加え，下を消す」という計算を繰り返し適用すると，最後に一対の数が生ずる．これらが商と乗数 $(y,x)=(117,48)$ である．

2	2	2	2	117
2	2	2	48	48
3	3	21	21	
2	6	6		
3	3			
0				

この蔓の計算は，次のように変形された一連の式のうち B 系列の最後の式，すなわち互除の余りが 1 の場合に対応する式 (B3)，の自明の解 $(y_2,x_1)=(3,6)$ を出発点として，A 系列の式を逆向きに (A3)(A2)(A1) と辿って問題の解 (y,x) に到達することを意味する．すなわち，

$$y=\frac{173x+3}{71}=\frac{(71\times 2+31)x+3}{71}=2x+\frac{31x+3}{71}$$

だから，$y_1=\frac{31x+3}{71}$ と置くと，

$$\text{(A1)}\ \ y=2x+y_1,\ \text{(B1)}\ \ x=\frac{71y_1-3}{31}=\frac{(31\times 2+9)y_1-3}{31}=2y_1+\frac{9y_1-3}{31}$$

$x_1=\frac{9y_1-3}{31}$ と置くと，

$$\text{(A2)}\ \ x=2y_1+x_1,\ \text{(B2)}\ \ y_1=\frac{31x_1+3}{9}=\frac{(9\times 3+4)x_1+3}{9}=3x_1+\frac{4x_1+3}{9}$$

$y_2=\frac{4x_1+3}{9}$ と置くと，

$$\text{(A3)}\ \ y_1=3x_1+y_2,\ \text{(B3)}\ \ x_1=\frac{9y_2-3}{4}=\frac{(4\times 2+1)y_2-3}{4}=2y_2+\frac{y_2-3}{4}$$

以上は互除の回数が偶数回，したがって商の個数が偶数個で余りが 1 になった場合である．B 系列の式の付数 c は正負の符号を交互にとるので，商が奇数個の場合は，蔓の計算で最後に得られる商と乗数 $(y,x)=(\beta,\alpha)$ は $y=\frac{ax-c}{b}$ の解である．しかし，

$$a=\frac{ab}{b}=\frac{a(\alpha+b-\alpha)}{b}=\frac{a\alpha+a(b-\alpha)}{b}=\frac{(a\alpha-c)+\{a(b-\alpha)+c\}}{b}$$

$$=\frac{a\alpha-c}{b}+\frac{a(b-\alpha)+c}{b},$$

すなわち，$\beta=\frac{a\alpha-c}{b}$ のとき

$$a-\beta=\frac{a(b-\alpha)+c}{b}$$

だから，$(y,x)=(a-\beta,b-\alpha)$ が $y=\frac{ax+c}{b}$ の解になる．

…………………………………………………………………………

（問い）[1] それはそうかもしれない．〈しかし〉，先生 (sg.) はクッタカのた T99, 20
めに共約が必要である[2]と述べられた．それはどうしてか？「共約しないとそ
れが解けないからである」というなら，すなわち，「共約が可能なら共約を行
えば，互除における余りがルーパとなるだろう．これに付数を掛けると付数
と同じになるので，引く場合にきれいになる（割り切れる）だろう，という
ことである．乗数が付数に等しくなるように共約しなければ，共約数字の大
きさの互除における最後の余りに付数を掛けると，付数に等しくはならない
T100, 1 だろう，というので，乗数は付数に等しくない」〈というなら〉，確かに．そ
うではあっても，最後の余りで付数を割り，得られた分だけを乗数とすれば，
〈それを掛けた最後の〉余りは付数に等しくなるだろう，ということである．
それが乗数であることに支障 (bādhaka) はないから．また，付数が最後の余
りによって割り切れない場合どうすれば乗数が生ずるか，と云うべきではな
い．その場合の不毛性は，〈あなたも〉説明したし，先生も述べているから．

T100, 5 また「共約した場合は『被除数としてここでルーパが立つまで』(BG 28b)
という手順 (anugama) が正言だが，共約しない場合は『なにかが[3]立つまで』
という手順は正言ではないので計算の導入 (kriyā-avatāra) はないだろう」と
云うべきではない．「被除数としてゼロが立たないあいだ」という手順が正言
だから．

T100, 8 あるいは，「被除数としてここでゼロが立つまで」と云うべきである．最後
の除数で[4]付数を割って得られるものを最後の商の代わりに記入し (ni-$\sqrt{}$viś)，
その下にゼロを記入すべきである，と云うべきである．というのは，この場
合，最後の被除数はゼロであり，最後の除数は共約数字だから．だから，ゼ
ロこそが乗数である，というのでその下に置くべきである．ゼロを掛けた最
後の商に[5]付数を切りつめたときの商を加えたものが[6]商である，というので，
それが商の位置に置かれるべきであると，ということは理にかなっている．

…Note…………………………………………………………………

前の例で，被除数と除数を「確定」せずに互除を「被除数としてゼロが立つまで」，すなわち，割り算の結果（ここでは余り）がゼロになるまで，行うと（これは共約数を求めるための互除と同じ），

		1211	
		497	
	2	217	
	2	63	
	3	28	← 最後の被除数
	2	7	← 最後の除数
最後の商 →	4	0	← 最後の被除数

ここで，「最後の除数 (7) で付数 (21) を割って得られるもの (3) を最後の商 (4) の代わりに記入し，その下にゼロを記入」すると，確定した被除数と除数から得た蔓と同じ

[1] この問いは T102, 1 の段落まで続く．長いので，始めと終わりのカッコ（「　」）は略す．
[2] apavartanāvaśyakatvam P] apavartanamāvaśyakatvam T. [3] bhājye 'mukam P] bhājye muktam T. [4] antyahareṇa P] antyaṃ hareṇa T. [5] śūnyaguṇāntyalabdhiḥ P] śūnyaguṇāntyā labdhiḥ T. [6] lābhāḍhyā P] lābhādyā T.

もの，Vall(2, 2, 3, 2, 3, 0)，が得られるので，同じ解が得られる，ということ．ここでK（の対論者）は，最後の被除数 (28) を最後の除数 (7) で割った残り (0) も「最後の被除数」と呼んでいる．

……………………………………………………………………

また「簡単さのために共約される」と云うべきでなはい．共約してもしなくても除数と被除数の互除の商は同じである[1]．共約された二つ（除数と被除数）は小さいから〈計算が〉簡単だというなら否．〈その場合，まず〉共約されていない二つのものの互除が共約数字を知るために必要であり，一方，共約された二つの互除を行えば[2]，〈互除を二度行うことになるので，かえって〉面倒だから． T100, 12

また，次のように云うべきではない，「すべての乗数を得るために共約が必要である．すなわち，逆算法によって商と乗数を得たとき，『上〈の数〉を確定した被除数で切りつめれば〈求める〉商となり，他方を〈確定した〉除数で切りつめれば〈求める〉乗数となろう』(BG 29cd) というこれによって，乗数と商は最小 (atilaghu) になる[3]．共約していない二つのもの（除数と被除数）で切りつめた場合，そのような（最小の）二つ（乗数と商）は生じないだろう．〈また，すべての解を求めるために〉『任意数を掛けたそれぞれ自分の除数を加えれば』(BG 36a) というここで，乗数に対しては任意数を掛けた除数が[4]，また商に対しては任意数を掛けた被除数が[5]，付加数 (kṣepa) であると述べられた．その場合，乗数と商に対する[6]付加数が，順に，共約していない除数〈の倍数〉と，同じく（共約していない）被除数〈の倍数〉に等しい場合，間にある乗数と商を知ることはないだろう」と．共約された二つのもの（被除数と除数）が切りつめ数であり付加数でもあるとしよう．そうだとしても，乗数と商は前に得られているから，「それら確定した被除数と除数を，相互に除すがよい」(BG 28a) というクッタカのための共約の必要性はないから． T100, 16

…Note……………………………………………………………

最小解と一般解を得るためには，被除数と除数を共約して「確定」しておく必要があるとしても，クッタカの解を一組得るためには，その必要はない，という趣旨．

……………………………………………………………………

また「共約の必要性はまったく述べられていない」と[7]云うべきではない．「クッタカのために、もし可能ならば何らか〈の数〉で初めに被除数、除数および付数を共約すべきである」(BG 26ab) というここでは[8]，「あるいは (vā) 何らかの同じもの（数）で〈被除数, 除数, 付数を〉共約してから，除数と被除数を〈互いに〉割るべきである」や，「あるいは (yadvā) 共約された互いの除数によって」のような「あるいは」という〈選択を意味する〉音節を聞か T100, 23

---

[1] labdhisāmyāt P] labdhiḥ sā syāt T.　[2] parasparabhajane T] parasparabhajanayor P.　[3] bhavatyatilaghur T] bhavati laghur P.　[4] iṣṭāhatasvasvahareṇa yukta ityatra guṇa iṣṭāhataharo] iṣṭāhatasvasvahareṇa yukte ityatra guṇeneṣṭenāhataharo P, iṣṭāhataharo T.　[5] bhājyaśca P] bhājyāśca T.　[6] guṇalabdhyoḥ] guṇaharayoḥ TP.　[7] noktaivāpavartāvaśyakateti T] noktau vā 'pavartāvaśyakateti P.　[8] ityatra P] ityuktaṃ T.

ないから[1]〈共約は必然とされている〉. また,「被除数としてここでルーパが立つまで」(BG 28b) というので, ルーパが余りのときだけ[2], クッタカの演算 (vidhāna) があるから〈もし与えられた被除数と除数が「確定」していなければ, 共約することが前提になっている〉.

· · ·Note ·

この段落冒頭の「また... ない」(na ca ...) という表現および次の段落冒頭の「さらに」(kiṃ ca) という表現から判断すると, この段落でも問いは続いているが, 内容は K の主張に沿う.

· ·

T101, 1 さらに, 被除数の余りで付数を余り無く割ったときの商は〈付数を〉引く場合の乗数である, というわれわれの説 (pakṣa) では[3], 互除が必ずしも必要ではないので簡単である. たとえば | bhā 21 kṣe $\dot{16}$ / ha 13 | [4]ここで, 被除数を除数で割ると, 余りは 8. これ (8) で付数 16 を割ると, 商 (2) は〈付数を〉引く場合の乗数 2 となる[5]. 乗数を掛けた被除数の商が商である, というので商 2 が生ずる. 一方, 先生によって述べられた方法 (prakāra) では,「それら... を, 相互に除すがよい」云々(BG 28) による蔓は,

$$\begin{array}{|c|}1\\1\\1\\1\\1\\16\\0\end{array}$$

「最後から二番目を自分の上に掛け、最後の数を加えて」云々(BG 29ab) によって生ずる一対〈の数〉は | 128 / 80 | [6]「上〈の数〉を確定した被除数で切りつめれば」云々(BG 29cd) によって生ずる商と除数は同じそれら, 2 と 2 である.

· · ·Note ·

対論者の方法. 被除数を除数で割った余りで付数が割りきれるとき, すなわち $a = bq_1 + r_1$, $c = r_1 k$ のとき,

$$y = \frac{ax - c}{b} = \frac{(bq_1 + r_1)x - r_1 k}{b} = q_1 x + \frac{r_1(x - k)}{b}$$

だから $(y, x) = (q_1 k, k)$. T93, 7 参照.

例：$y = \frac{21x-16}{13}$. 解：$21 = 13 \cdot 1 + 8$, $16 = 8 \cdot 2$ だから $(y, x) = (2, 2)$.

同じ問題のバースカラの方法による解. PB$\begin{bmatrix} 21 & 13 & 8 & 5 & 3 & 2 & 1 \\ & & 1 & 1 & 1 & 1 & 1 \end{bmatrix}$ だから, Vall(1, 1, 1, 1, 1, 16, 0) >> Vall(128, 80). 128 と 80 をそれぞれの除数 21 と 13 で切りつめると, $128 = 21 \times 6 + 2$, $80 = 13 \times 6 + 2$ だから, $(y, x) = (2, 2)$. 商が奇数個だからそれぞれの除数から引き (BG 30), さらに, 付数が負数だからそれぞれの除

---

[1] vākārāśravaṇāt] vākāraśravaṇāt TP. [2] rūpaśeṣa eva P] rūpaśeṣe eva T. [3] asmatpakṣe T] asya kṣepe P. [4] bhā 21 kṣe $\dot{16}$ / ha 13] bhā 21 kṣe 16 / ha 13 P, bhā 21 / ha 13 kṣe 16 T. [5] labdhirjāto viyoge guṇaḥ 2 T] labdhijāto viyogajo guṇaḥ 2 P. [6] 128 / 80 P] 128/ 80 T.

数から引く (BG 32) と，元に戻るので，これが解である.

....

あるいは， | bhā 21 kṣe 15 / ha 13 | [1]ここで，被除数の余り 8 で割った付数は割り切れない．だから，被除数の余りで除数を割る．そうすると商が二つ生ずる，1 と 1.[2] また，二番目の余りは 5.[3] これ (5) で割った付数は[4]割り切れるというので，商が[5]乗数 3．最後にその下にゼロを記入して生ずる蔓は， T101, 7

1
1
3
0

「最後から二番目を自分の上に掛け」云々(BG 29ab) によって生ずる一対〈の数〉は， | la 6 / gu 3 | 商が偶数個だから，生じたものは，〈付数を〉足す場合に生ずる商と乗数である．〈以上が，〉われわれの説の場合である．一方，先生の方法における蔓は，

1
1
1
1
1
15
0

.

述べられたようにして生ずる[6]一対の量は | 120 / 75 | 切りつめると | 15 / 10 | が生ずる．商が奇数個だから，自分の切りつめ数から引けば，〈付数を〉足す場合に生ずる商と乗数が生ずる．〈それらは〉前と同じ 6 と 3 である． T102, 1

このように，われわれの説には簡単さがある．だから，このように，共約が必要だとするとかえって面倒になってしまうと思われる．(問いの終わり)

···Note ···

対論者の方法．互除の途中，まだ余りが 1 にならなくてもそれで付数が割り切れるとき，すなわち，T99, 6 の Note で例えば $r_2 = r_3q_4 + r_4$, $c = r_4k$ のとき，

$$\text{(B3)} \quad x_1 = \frac{r_2y_2 - c}{r_3} = \frac{(r_3q_4 + r_4)y_2 - r_4k}{r_3} = q_4y_2 + \frac{r_4(y_2 - k)}{r_3}$$

だからこの (B3) の解 $(y_2, x_1) = (k, q_4k)$ は自動的に得られる．あとは前と同じである．したがって，蔓は q_1, q_2, q_3, q_4 の下に c に代えて k を置けばよい．

例：$y = \frac{21x+15}{13}$. 解：$21 = 13 \cdot 1 + 8$, $13 = 8 \cdot 1 + 5$, $15 = 5 \cdot 3$ だから，Vall(1, 1, 3, 0) >> Vall(6, 3) = (y, x).

同じ問題のバースカラの方法による解．PB$\begin{bmatrix} 21 & 13 & 8 & 5 & 3 & 2 & 1 \\ & & 1 & 1 & 1 & 1 & 1 \end{bmatrix}$ だから，Vall(1, 1, 1, 1, 1, 15, 0) >> Vall(120, 75). 120 と 75 をそれぞれの除数 21 と 13 で切りつめると，$120 = 21 \times 5 + 15$, $75 = 13 \times 5 + 10$. 商が奇数個だから (BG 30), $(y, x) = (21 - 15, 13 - 10) = (6, 3)$.

....

これについて〈次のように〉云われる．〈クッタカ計算に入る前に〉別の方 T102, 3

---

[1] bhā 21 kṣe 15 / ha 13 P] bhā 21 / ha 13 kṣe 15 T. [2] 1/ 1 P] 1// T. [3] 5/ P] //5// T.
[4] bhaktaḥ kṣepaḥ P] bhaktakṣepaḥ T. [5] labdhaṃ P] bhavaṃ T. [6] jātaṃ P] jāta T.

法で共約数字を手に入れ，それで共約を行った場合[1]，被除数と除数が小さいのでクッタカ〈計算〉に簡単さがある．さらに，賢くない人たちにとって[2]，先生が述べた方法に見られるような計算の容易さは，もう一つの方法にはない．というのは，もう一つの方法では，共約をしない被除数と除数に対して互除等を行い乗数と商を得るが，共約をしたそれらが切りつめ数であり付加数である，というので，〈それらをあらためて〉探し求めることは面倒である．

T102, 9 さらにこの〈クッタカという〉企ては，世間の計算 (laukika-gaṇita) を目的とするのではなく，惑星計算 (graha-gaṇita) を目的とするものである．実際そこでは，秒 (vikalā) の余りから惑星〈の経度〉を求める場合，秒の余りを減数，六十を[3]被除数，地球日を除数と想定して得られる商が秒であり，乗数が分 (kalā) の余りである，等々という方法がある．後で〈先生が〉お述べになるだろう，

> 秒の余りを減数[4]，六十を被除数、地球日を除数と想定する．それから生じる商が秒になり、乗数が分 (liptā) の余りになるだろう．またこれ（分の余り）から分と度の余りが[5]，さらに同様にして，上〈の単位〉も〈得られる〉．/BG 37cd-38abc/

と．その場合，負の付数である秒等の余りは決まっていないから，問題ごとにそれぞれの[6]秒等の余りからクッタカを行うのは大変な仕事である．だから楽にするために，後で固定クッタカが述べられるだろう，

> 付数と減数をルーパと想定し，それら二つに対して別々に〈得ら
> T103, 1 れた〉乗数と商に，望まれた付数と減数を掛け，自分の除数で切りつめると，それら二つ（付数と減数）に対する二つのもの（乗数と商）になる．/BG 36cd-37ab/

と．このような[7]固定クッタカは，共約した場合にだけ[8]可能である．〈共約可能なのに〉共約しない場合は，ルーパを付数とすることはあり得ないから．たとえ共約していなくても共約数字に等しい付数によって固定クッタカが可能だとしても，「もし共約数字を付数とするとき[9]これらが乗数と商[10]なら，望みの付数に対しては何〈が乗数と商〉か」という[11]三量法において，共約数字が除数になるだろう．一方，ルーパを付数とすれば，三量法には[12]掛け算があるだけである（1による割り算は不要）というので簡単さがある．また，賢い者たちは何とか工夫をして〈答えを〉求めるだろうが，無知な者たち〈はできないから，彼ら〉に親切な先生 (honor. pl.) は，気配りが容易になるように，共約が必要であると述べられたのである．というわけで，いかなる過失もない．以上，敷衍はもう十分である．

T103, 9 だからこのように，被除数，除数，付数の共約が可能な場合は共約を行っ

---

[1] kṛte P] tatkṛte T. [2] cāviduṣāṃ P] ca viduṣāṃ T. [3] ṣaṣṭir P] ṣaṣṭi T. [4] kalpyātha śuddhir P] kalpyāpyaśuddhir T. [5] kalā lavāgram P] kalā vāgram T. [6] pratipraśnaṃ tatastato P] pratipraśnāttatastato T. [7] etādṛśaḥ P] etādṛśa T. [8] eva P] evaṃ T. [9] yadyapavartāṅkakṣepa T] yadyapyapavartāṅkakṣepa P. [10] guṇāptī P] guṇāḥ santi T. [11] ke iti T] ka iti P. [12] rūpakṣepāttrairāśike P] rūpakṣepāḥ trairāśike T.

てからのみクッタカを行うべきである，また被除数と除数だけ共約が可能な場合は不毛である（解がない），ということが正起した．

···Note ···

T99, 20 の段落から始まり T102, 1 の段落で終わる長い問い（反論）の主旨は，クッタカにとって，BG 26 で規定されている被除数，除数，付数の「共約」は必要か，ということ．これに対する K の答えの主旨は，「共約」しなくても解は得られるし，個々の問題によってはより簡単に解が得られることも事実だが，正の最小解 (BG 29cd) と一般解 (BG 36ab) を求めることを視野に入れ，さらに固定クッタカ (BG 36cd-37ab) にも応用できるアルゴリズムとして，バースカラの方法は優れている，ということ．

···

次に，付数と被除数のみ，あるいは[1]付数と除数のみが共約可能な場合はど T103, 10
うするべきか，それを云う．

あるいは付数と被除数を共約した場合も，クッタカの規則により〈同じ〉乗数が生じる．一方，付数と除数を共約した場合は，〈クッタカの規則から〉生じたもの（乗数）にその共約数を掛けたものも〈乗数に〉なるだろう．/31/ 31

···Note ···

規則 (BG 31)：クッタカの補則 2．

(1) $a = a'p$, $c = c'p$ のとき，KU (a', b, c') $[\beta, \alpha]$ なら，KU (a, b, c) $[p\beta, \alpha]$．

(2) $b = b'p$, $c = c'p$ のとき，KU (a, b', c') $[\beta, \alpha]$ なら，KU (a, b, c) $[\beta, p\alpha]$．

以上の解釈は，T103, 21 の段落に基づく．しかし，K によれば，ここでバースカラが意図しているのは，(1) では $x = \alpha$, (2) では $x = p\alpha$ だけであり，それぞれの y は $y = \frac{ax+c}{b}$ から求める．次の段落および T104, 6 参照．

···

[2]付数 (yuti: kṣepa)[3]．付数と被除数を共約した場合も，「それら確定した被除数と除数を，... 相互に除すがよい」(BG 28) と述べられた通りのクッタカの規則により，あるいは乗数が生ずるだろう．「も」(api) は積算の意味である．「あるいは」(vā) は別法（選択肢）の意味である．付数と被除数を共約することが可能な場合でも，共約をしなくても[4]乗数は得られる．しかしまた (yadvā)，それらを共約した場合も，述べられた通りのクッタカの規則により，その同じ乗数が得られる，という意味である．その乗数を被除数に掛け[5]，付数を加え，除数で割って[6]，ここでの商を知るべきである． T103, 16

[7]「生じたもの」は〈詩節の前半で用いられた語「乗数」の〉更なる修飾語である．付数と除数の共約が可能な場合，共約したそれらに対して述べられたとおりのクッタカの規則により生ずる乗数も〈乗数に〉なるだろう．ただし， T103, 21

---

1 eva vāpavartasaṃbhave P] evāpavartasaṃbhave T.　2 この段落 (T103, 16-21) は BV257, 9-14 に対応.　3 yutiḥ P] yuti T.　4 saṃbhave 'pyapavartanamakṛtvāpi P] saṃbhavedyāpavartanamakṛtvāpi T.　5 saṃguṇya P] sa guṇasya T.　6 hareṇa vibhajya P] hareṇeti bhājya T.　7 この段落の「ただし，共約数を掛けた場合である」まで (T103, 21-23) は BV257, 16 – 258, 2 に対応.

共約数を掛けた場合である．共約しなくても乗数の獲得はある．「も」(ca) という音節があるから．しかしまた (yadvā),「も」(api) と「あるいは」(vā) という言葉の力から，忖度 (adhyāhāra) による統語 (yojanā) がある．それは次
T104, 1 の通りである．付数と被除数を共約した場合に生ずる商，あるいはまた (api vā) 付数と除数を共約した場合に生ずる乗数，その商 (labdhi, f.) とその乗数 (guṇa, m.) とが共約数を掛けられる (saṃguṇaḥ)[1] ことになるだろう．⟨ ここで，語「掛けられる」(saṃguṇa) は guṇa に合わせて男性形をとっているが，labdhi に合わせる場合は ⟩ 文法的性を ⟨ 女性に ⟩ 変えて，商が共約数を掛けられる (saṃguṇā) ことになるだろう，と結び付けられるべきである．付数と被除数を共約した場合，商は共約数字を掛けるが，乗数は得られたままであり，付数と除数を共約した場合，乗数は共約数字を掛けるが，商は得られたままである，という意味である[2].

T104, 6 ここで，「しかしまた」(yadvā) 云々によって説明された意味のほうがより理にかなっている．ただし，これは ⟨ 詩節の ⟩ 言葉によって ⟨ 直接 ⟩ そのように得られるのではない．先生 (honor. pl.) が意図したのもこの意味ではなく，一番目のほうである．というのは，先生は後で「百にある数を掛け，九十を加え」と，⟨ この BG 31 に対する ⟩ 例題 (BG E22) で述べるが，この場合，商は得なくても良い，ということである．⟨ もし商も必要なら ⟩，乗数を掛けた被除数に付数を加え，除数で割ると，商もある，ともいうし，掛け算と割り算から，商もある，ともいう．⟨ だから，この詩節 (BG 31) で商を扱う必要はない．⟩

T104, 11 これに関する正起次第．ある被除数，除数，付数から,「それらの確定した被除数と除数を,...，相互に除すがよい」云々(BG 28) によって乗数と商が生ずるとき，それらの被除数等に対して，それら二つ（乗数と商）が，前述の道理によって正起する[3]．さらにまた，被除数と除数があるがままの場合でも，何らかの数字で掛けた場合でも，あるいは割った場合でも，結果に違いはない，ということは極めてよく知られている．本件の場合，被除数には二つの部分がある．乗数を掛けた想定された（与えられた）被除数が一方，付数が他方である．除数は除数（一つ）である．これら三つのうちの一つでも[4] ⟨ 何らかの数を ⟩ 掛けることを望むなら，三つとも掛けることが必要である．それは，前述の道理からである．

T104, 16 そこで，乗数を掛けた想定された被除数に ⟨ 何らかの数を ⟩ 掛ける場合，三つの方法があり得る．乗数にまず最初に掛け，そのような（掛けられた）乗数を，想定された（与えられた）被除数に掛ける，というのが一つの方法である．想定された被除数にまず最初に掛け，後からあるがままの乗数をそれに掛ける，というのが二番目である．乗数を掛けた想定された被除数に掛ける，というのが三番目の方法である．

[1] 'pavartanasaṃguṇaḥ P] pavartanaṃ saṃguṇaḥ T. [2] yathāgataivetyarthaḥ] yathāgatau vetyarthaḥ T, yathāgatā vetyarthaḥ P. [3] upapanne eva P] upapanna eva T. [4] triṣvekasyāpi P] trikasyāpi T.

さて，被除数等の三つを共約してからクッタカによって乗数と商が得られたとき[1]，それら二つ[2]（乗数と商）は，⟨ まずは ⟩ 共約された被除数等に対してこそ適合する (yukta) が，期待されているのは，提示された[3]被除数等に対してである．だから[4] 共約された被除数等に共約数字を掛けるべきである．それらは提示された被除数等になる．ある ⟨ 被除数，除数，付数 ⟩ からクッタカが行われたとき，それらを ⟨ 何らかの数で ⟩ 掛けたり割ったりしても結果の違いはない，というので，それらと同じ乗数と商が，提示された被除数等に対しても生ずる，ということである． T104, 21 T105, 1

···Note···

$a = a'p$, $b = b'p$, $c = c'p$ とする．$a(px) = (ap)x = (ax)p$ だから，$\beta = \frac{a'\alpha + c'}{b'}$ なら $\beta = \frac{(a'\alpha)p + c'p}{b'p}$，すなわち $\beta = \frac{a\alpha + c}{b}$．言い換えると，$\mathrm{KU}\,(a', b', c')\,[\beta, \alpha]$ なら $\mathrm{KU}\,(a, b, c)\,[\beta, \alpha]$.

···

次に，被除数と付数のみが共約され[5]，除数はされていない場合，その場合も，それらから生ずる[6]乗数と商は，⟨ まずは ⟩ それらに対してこそ適合するが，期待されているのは提示された被除数等に対してである．その場合，しかし，除数は提示されたものである．被除数と付数は，共約数字を掛けると提示されたものになる．ただし，除数も共約数字を掛けなければならない，被除数が掛けられているから．そして，除数が ⟨ 共約数字を ⟩ 掛けられると，提示された除数にならないだろう．そうすると，提示された被除数と付数のみに対して乗数と商を獲得し，提示された除数に対してではない．だから，ここでは除数に掛けるべきではない．ただし，被除数の二部分に掛けるから被除数全体に掛けることになるので，商もまたこのケースでは共約数字によって掛けられてあることになるだろう．だから云われたのである，「付数と被除数を共約した場合，商は共約数を掛けるが，乗数は[7]得られたままである」（T103, 21 の段落の最後）と． T105, 3

···Note···

$\beta = \frac{a'\alpha + c'}{b}$ なら $\beta = \frac{(a'\alpha)p + c'p}{bp}$，すなわち $p\beta = \frac{a\alpha + c}{b}$．言い換えると，$\mathrm{KU}\,(a', b, c')\,[\beta, \alpha]$ なら $\mathrm{KU}\,(a, b, c)\,[p\beta, \alpha]$.

···

次に，除数と付数のみを共約してからクッタカが行われた場合，その場合も得られる乗数と商は，⟨ まずは ⟩ それらに対してこそ生ずるが，期待されているのは提示された被除数等に対してである．このケースで想定された被除数は[8]しかし，提示されたものそのままである．一方，除数と付数は共約数字を掛けると提示されたもの[9]になる．ただし[10]⟨ その場合 ⟩，付数という特徴を持つ被除数の部分は掛けられているから，被除数の他方の部分も掛けられ T105, 11

---

[1] ye guṇāptī T] yena guṇāptī P. [2] te P] ∅ T. [3] apekṣite tūddiṣṭa T] apekṣite tattūddiṣṭa P. [4] ato P] ∅ T. [5] apavartitau P] apavartito T. [6] tadutthe P] taduthye T. [7] apavartasaṃguṇā guṇastu P] apavartanasaṃguṇastu T. [8] kalpitabhājyas P] kalpitā bhājyas T. [9] uddiṣṭau P] uddiṣṭā T. [10] bhavataḥ/ paraṃ P] bhavataḥ param/ T.

るべきである[1]．そして，他方の部分に[2]乗数を掛けたものが，想定された被除数である．だから，これに共約数字を掛けるべきである．しかし，これに掛けることは，三通りに可能である，と前に述べた．そのうち，想定された被除数に掛けると，提示された想定された被除数にならないだろう．だから，乗数こそが掛けるにふさわしい．だから云われたのである，「一方，付数と除数を〈共約した〉場合は，〈クッタカの規則から〉生じたもの（乗数）にその共約数を掛けたものも〈乗数に〉なるだろう」(BG 31cd) と．

···Note···

$\beta = \frac{a\alpha + c'}{b'}$ なら $\beta = \frac{(a\alpha)p + c'p}{b'p}$，すなわち $\beta = \frac{a(p\alpha)+c}{b}$．言い換えると，KU (a, b', c') $[\beta, \alpha]$ なら KU (a, b, c) $[\beta, p\alpha]$．

···

T105, 19 次に，付数のみを共約してからクッタカが行われた場合，その場合も，その付数に対してそれらの乗数と商は適合する．ところで，その付数にその共約数字を掛けると，提示された付数になる．ただし，被除数の一部分が掛けられるから，被除数の他方の部分も掛けられるべきである．除数も掛けられるべきである．〈ところが〉乗数が掛けられると，被除数の部分も掛けられたことになる，というので，乗数が共約数字によって掛けられるべきである．このように，被除数の二部分の掛け算が生ずる．一方，除数に掛けると，提示された除数が得られない，というので，被除数だけに掛けるから，商が共約数字を掛けられたことになるだろう．だから，付数のみを共約した場合の乗
T106, 1 数と商に共約数字を掛けると，提示されたものに対する乗数と商を得る．この場合の共約数字は提示された付数に等しい，自分で自分を共約することは常に可能だから．したがって，共約された付数もまた〈常に〉ルーパに他ならない[3]．この同じ正起次第によって，あとで述べるだろう，

> 付数または減数をルーパと想定し，その両方に対し別々に〈得られた〉乗数と商に，望まれた付数または減数を掛け，自分の除数で切りつめると，それらに対する二数となる．/BG 36cd-37ab/

と．

···Note···

$\beta = \frac{a\alpha + c'}{b}$ なら $\beta = \frac{(a\alpha)p + c'p}{bp}$，すなわち $p\beta = \frac{a(p\alpha)+c}{b}$．言い換えると，KU (a, b, c') $[\beta, \alpha]$ なら KU (a, b, c) $[p\beta, p\alpha]$．ここで，$c' = 1$ すなわち $p = c$ のときが固定クッタカ (BG 36cd-37ab)．

···

T106, 8 次に，除数と被除数のみを共約してからクッタカが行われた場合，得られる乗数と商は共約された二つ（除数と被除数）に対してのみ適合する．提示されたものを得るために共約数字を掛ける場合，付数に掛けることも必要だ

[1] aparamapi bhājyakhaṇḍaṃ guṇanīyam P] aparamapi bhājyakhaṇḍaguṇanīyamT.
[2] parakhaṇḍaṃ ca P] paraṃ khaṇḍaṃ ca T. [3] rūpameva P] rūpameva ca T.

から[1]，提示された付数が得られない．だからこそ，その場合は不毛であると云われたのである．だからこそ，三つとも共約することが可能な場合に，もし除数と被除数のみを共約して商と乗数が得られたなら，そのときは提示されたものの解 (siddhi) はない．だからこそ，被除数のみ，あるいは除数のみを共約することによって得られる商と乗数からは提示されたものの解はない，ということ等々を賢い者たちは理解するべきである．

···Note ···

KU $(a', b', c)\,[\beta, \alpha]$ から KU $(a, b, c)\,[y, x]$ の解は得られない．

···

次に，負の付数あるいは負の被除数の場合の違いを，アヌシュトゥブ詩節で云う． T106, 14

〈付数を〉足す場合に生ずる乗数と商を，〈それぞれの〉切りつめ数から引けば，〈付数を〉引く場合に生ずるもの（乗数と商）となる．正の被除数から生ずる二つ（乗数と商）は，同様にして，負の被除数から生ずるものとなるだろう．/32/[2] 32

···Note ···

規則 (BG 32)：クッタカの補則 3.

(1) KU $(a, b, c)\,[\beta, \alpha]$ なら KU $(a, b, -c)\,[a-\beta, b-\alpha]$.

(2) KU $(a, b, c)\,[\beta, \alpha]$ なら KU $(-a, b, c)\,[-(a-\beta), b-\alpha]$.

この (2) で，規則は「同様にして」というだけだが，商の符号を逆にする必要がある．このことは，被除数と除数が異符号のときは商が負になるという規則 (BG 4ab) を適用することで達成される．BG E23p1 参照．

···

「足す場合に生ずる」：正の付数から生ずる，「乗数と商を」自分の「切りつめ数から引けば，引く場合に生ずるもの」となる．乗数は確定した除数から引いたもの，商は確定した被除数から引いたものが，負の付数の場合に生ずる，という意味である．同様に，「正の被除数から生ずる」乗数と商は，「同様にして」：自分の切りつめ数から引けば，「負の被除数から生ずるもの」となる． T106, 17

この〈詩節の〉後半では， T106, 20

> 負の被除数から生ずる二つ（乗数と商）は，同様にして，負の除数の場合のものとなるだろう．/BG 32cd 異読/

という読みが見られる場合もある．これの意味．〈付数を〉足す場合に生ずる乗数と商を自分の切りつめ数から引けば，引く場合に生ずるものとなる．それと同じに（正の被除数から生ずる乗数と商を自分の切りつめ数から引けば），

[1] kṣepaguṇanasyāpyāvaśyakatayā P] kṣepaguṇanasyāthāvaśyakatayā T.　[2] K は第 2 段落で後半 (32cd) の異読を伝える．G の注釈者 (Durgāprasāda) も同じ異読に言及．

負の被除数から生ずるものとなる．それと同じに（正の除数から生ずる乗数と商を自分の切りつめ数から引けば），負の除数の場合にも乗数と商になる．付数，被除数，除数のうちのどれか一つが負数の場合，前に〈述べられた方法で〉得られた乗数と商を自分の切りつめ数から引くべきである，という意
T107, 1 味である．同様に，もし二つが負数の状態にあるなら，さらに自分の切りつめ数から引くべきである，という意味である．同様に，三つとも負数の場合は，三度，自分の切りつめ数から引くべきである，という意味である．

T107, 2 これは的外れな読みである．というのは，除数が負数であれ正数であれ，数字的には，他の手段を試みる理由となるような違いは何もない．ただ，商の正負が逆転するだけである．しかし，被除数が正数のときと負数のときでは，〈どちらも〉付数を足している場合，数字的にも違いがある，というので，それ（被除数）が負数のときは，他の手段を試みるべきである．

T107, 5 この読みは，先生 (sg.) の意図したものでもない．というのは，〈先生は〉，

> 十八に何を掛け，十を加え，あるいは十を引き，負数である十一で割ると，割り切れるか．/BG E24/

と例題を〈韻文で〉述べてから，〈散文自注で〉「| bhā 18 kṣe 10 / hā 1̇1 |[1] ここで，除数を正数としたときの乗数と商は，8 と 14．除数が負数の場合も同様であるが，商は負数と想定すべきである，除数が負数であるから．〈すなわち〉，8 と 1̇4」と述べるからである．〈BG 32cd の〉この読み（異読）には意味上の誤りがある，ということも例題 (BG E 24) を解説する機会に説明しよう．[2]

···Note···

BG 32cd の異読: KU $(-a, b, c)\,[\beta, \alpha]$ なら KU $(a, -b, c)\,[-a-\beta, b-\alpha]$．これが異読の意図するところと思われるが，K の解釈は異なる．K によると，この異読は，a, b, c のどれか一つが負なら，乗数と商を自分の切りつめ数から引く，二つが負ならもう一度引く，三つが負なら更にもう一度引く，という考えに基づく．つまり，KU $(a, b, c)\,[\beta, \alpha]$ なら，

(1a) KU $(a, b, -c)\,[a-\beta, b-\alpha]$,
(1b) KU $(a, -b, c)\,[a-\beta, b-\alpha]$,
(1c) KU $(-a, b, c)\,[a-\beta, b-\alpha]$,
(2a) KU $(a, -b, -c)\,[a-(a-\beta), b-(b-\alpha)] =$ KU $(a, -b, -c)\,[\beta, \alpha]$,
(2b) KU $(-a, -b, c)\,[a-(a-\beta), b-(b-\alpha)] =$ KU $(-a, -b, c)\,[\beta, \alpha]$,
(2c) KU $(-a, b, -c)\,[a-(a-\beta), b-(b-\alpha)] =$ KU $(-a, -b, c)\,[\beta, \alpha]$,
(3) KU $(-a, -b, -c)\,[a-\beta, b-\alpha]$.

K は (1a)=32ab, (1b)=32cd 異読，(1c)=32cd とみなしているらしい．確かに，K が指摘するように，(1b) は誤りで，正しくは (1b′) KU $(a, -b, c)\,[-\beta, \alpha]$ だが，そもそも 32cd 異読が意図するのは (1b) でも (1b′) でもなく，この Note 冒頭の命題であろう．そしてそれは正しい．しかし K は「これは的外れな読みである」(T107, 2) とい

[1] hā 1̇1 P] hā 11 T　[2] T118, 16 の段落参照．

う.

··

しかし，〈詩節 32 の〉後半は事実上[1]期待されない．前半によって存在意義を失うから．すなわち，〈付数を〉足す場合に生ずる乗数と商が，引く場合に生ずるものになる，というのがその（前半の）意味だからである．その場合，被除数と付数が〈共に〉正数または負数のとき，乗数と商は，〈付数を〉足す場合に生ずるものである．なぜなら，二つとも正数または負数の場合，「負数二つの，あるいは正数二つの和においては和があるべし」(BG 3a) というので，数字的な違いは何もない．一方，被除数と付数の一方が負数のときは，「正数負数の和は差に他ならない」(BG 3b) と述べられているので，差がとられる場合，数字的にも違いがある，というので，そのための別の手段を試みるべきである．そのために，自分の「切りつめ数から引けば，引く場合に生ずるもの」となる (BG 32ab)，と述べられたのである．この前半の意味を超える，それ（後半）が期待されるような，いったいどんな意味が[2]，後半によって説明されるのか．このことは，「負数の状態にある六十にある数を掛け[3],... を加え」という例題 (BG E23)〈の散文自注〉で，先生ご自身が T107, 10

> 「正の被除数から生ずる二つは，同様にして，負の被除数から生ずるもの[4]となるだろう」(Q1 = BG 32cd) というのは愚者にわからせるために私が述べたのである．そうでなければ，「足す場合に生ずる〈乗数と商〉を切りつめ数から引けば」云々(BG 32ab) によって[5]それを得るから〈不要である〉/BG E23p2/

と云って説明している．したがって，シッダーンタの中にあるビージャの原規則 (mūla-sūtra) では前半だけである．一方，後半は，その解説 (vivaraṇa) の形をしたこのビージャガニタにおいて，初心者にわからせるために述べられた．だから，それ（半詩節）は〈詩節として〉別個に数えるのに値しない．だから，クッタカの諸規則の中にはアヌシュトゥブ四詩節だけがあり，半分を伴うのではない．アヌシュトゥブ三つとその他の詩節（ガーサー）一つとみなすことは不合理 (anyāya) であるから．〈このことに関して〉不正起は存在しないから (anupapatter abhāvāt)．以上，敷衍はもう十分である．

···Note···

BG 32cd について．$y = \frac{-ax+c}{b} = -\frac{ax-c}{b}$ だから KU $(-a, b, c)\,[-(\alpha-\beta), b-\alpha]$．これは 32ab の規則でさらに商を負にするだけで得られるから，賢い者には不要な規則である，ということを，K はバースカラ自身の言葉 (BG E23p2) を引用して主張する．そして，BG 32-35 はいずれもアヌシュトゥブ韻律で，32 は半詩節多い abcdef から成るが，32cd は『シッダーンタシローマニ』の第 2 部「ビージャガニタ」の「原規則」(mūla-sūtra) に含まれない．したがってこれらは「四詩節半」ではなく「四詩

---

[1] vastutas P] prastutas T.　[2] atiriktaḥ ko vārthaḥ P] atiriktakovārthaḥ T.　[3] yadguṇā P] ṣadguṇa T.　[4] ṛṇabhājyaje P] ṛṇabhājyake T.　[5] takṣaṇācchuddhe ityādinaiva] takṣaṇācchuddherityādinaiva P, takṣaṇācchuddherityādineva T.

節」と数えるべきである，と指摘する．実際，32cd の規則は，『リーラーヴァティー』のクッタカの章にも見られない (BG 32ab = L 250, BG 32cd = L ∅, BG 32ef = L 252ab).

K の「シッダーンタの中にあるビージャの原規則 (mūla-sūtra)」と「その解説 (vivaraṇa) の形をしたこのビージャガニタ」という表現は，『シッダーンタシローマニ』の第 2 部「ビージャガニタ」は詩節のみから成り，それに散文の解説（自注）を加えたものが独立の『ビージャガニタ』として流布していたことを示唆する．そしてその解説は，原則的には散文であるが，この 32cd や後出 73 のように，『シッダーンタシローマニ』の第 2 部「ビージャガニタ」にはなかった詩節も若干追加されているらしい．BG 73p3 とその後の Note 参照．

....

T107, 23 一方，規則 (BG 32ab) の正起次第は，「前のごとく得られる商と乗数をそれぞれ自分の切りつめ数から引いた残りがそれら二つとなろう」(BG 30cd) というこれの正起次第を見る機会に既に見た.[1]

T108, 1 次に，付数が除数だけより，あるいは被除数だけより，あるいは除数と被除数より小さくないとき，場合によっては違いがあることを，⟨アヌシュトゥブ詩節の⟩ 後半で[2]云う.

32ef **乗数と商とに関して切りつめを行う際，賢き者は ⟨ その切りつめの ⟩ 商として同じものを採用すべきである．/32ef/**

···Note···

規則 (BG 32ef): クッタカの補則 3(3).

蔓の下からの計算によって一組の解 $(y,x)=(\beta,\alpha)$ が得られたとき，これらをそれぞれの除数 (a,b) で切りつめて最小解 $(y,x)=(\beta_0,\alpha_0)$ を得るが，そのときの商は等しくなければならない，という趣旨．$\beta=at+\beta_0$, $\alpha=bt+\alpha_0$. BG E25 参照．K はこのようなことが起こる必要条件として，(1) $b\le c<a$, または (2) $a\le c<b$, または (3) $a\le c$ かつ $b\le c$ を指摘する．T109, 1; T109, 4 の段落参照

....

T108, 5 [3]「上 ⟨ の数 ⟩ を確定した被除数で切りつめれば ⟨ 求める ⟩ 商となり，他方を ⟨ 確定した ⟩ 除数で ⟨ 切りつめれば求める ⟩ 乗数となろう」(BG 29cd) というここで，乗数と商に関連して切りつめを行うとき，両方の切りつめの商として等しいものだけが採用されるべきである．誰によってか？賢い者によって (dhīmatā: buddhimatā). これには理由がある．すなわち，両方で切りつめが行われるとき，一方で切りつめの商が小さくなったら，他方でもそれと同じものが採用されるべきであり，決して大きい方ではない，たとえそれが実際に得られたものであっても.

T108, 9 これの正起次第は，「上 ⟨ の数 ⟩ を確定した被除数で切りつめれば ⟨ 求め

[1] T98, 22 – 99, 6 参照． [2] T107, 10 の段落参照． [3] この段落 (T108, 5) は BV262, 2-6 に対応.

る〉商となり，他方を〈確定した〉除数で〈切りつめれば求める〉乗数となろう」(BG 29cd) というこれの道理を見るときに既に見た.[1]

ここで，諸写本 (pustaka, pl.) では,「乗数と商とに関して... 同じものを採用すべきである」(BG 32ef) という半詩節 (śloka) を,「足す場合に生ずる... 切りつめ数から引けば」(BG 32abcd) というこれより前に読むのが見られる. しかしそれは写字生 (lekhaka) の誤りと思われる. 写本の読みの順序を受け入れた場合,「乗数と商とに関して... 同じものを採用すべきである」(BG 32ef) というこれに対する別法 (prakārāntara) として発動する (pravṛtta)「〈しかし，あらかじめ〉正の付数が除数によって切りつめられたときは」(BG 33) というこの規則を〈32abcd が〉妨害することになるだろう. また，例題の順序との齟齬も生ずるだろう. さらに,『リーラーヴァティー』の諸写本では，まさに我々が書いた順序になっている. そしてそれが理にかなっていると思われる. T108, 10

···Note···

詩節 32ef を 32abcd の前に置く写本があるが，32ef は次の詩節 33 と密接な関係にあり（33 は 32ef の「別法」），例題の順序もそうなっている. その上,『リーラーヴァティー』でもここに採用された順序になっているので，このままの順序が正しい，詩節 32ef を 32abcd の前に置くのは写字生の誤り，とする.

···

次に，ここで，乗数と商を切りつめる際，両方の商が等しくならないような別法を，アヌシュトゥブの一詩節で云う. T108, 16

しかし、〈あらかじめ〉正の付数が除数によって切りつめられたときは，前のように乗数と商が〈得られるが〉，商は付数を切りつめて得られるもの（商）だけ増やす. 一方，〈付数を〉引く場合は減らす. /33/ 33

···Note···

規則 (BG 33)：クッタカの補則 4.

付数を除数で切りつめて，$c = bp + c'$ のとき，

KU $(a, b, \pm c')\,[\beta, \alpha]$ なら KU $(a, b, \pm c)\,[\beta \pm p, \alpha]$.

···

[2]付数が除数より大きい場合，除数で付数を切りつめるべきである[3]. 切りつめられた付数を付数と想定して，前のように乗数と商を得るべきである. その場合，乗数は得られたままであるが,「商は」「付数を切りつめて得られるものだけ増やす」べきである. 付数を「切りつめる」(takṣaṇa)：余りを求める (avaśeṣaṇa). その際「得られるもの」(lābha)：商 (phala) だけ「増やす」(āḍhya)：加えられる (yukta). これは正数付数の場合である. 一方,「引く場合」：負数付数の場合，除数による〈付数の〉切りつめを行い，前のように， T108, 20

[1] T97, 16 参照.　[2] この段落の「商は」以下 (T108, 21-) は BV262, 13-17 に対応.
[3] kṣepastakṣyaḥ P] kṣepasyakṣyaḥ T.

「⟨ 付数を ⟩ 足す場合に生ずる乗数と商を，⟨ それぞれの ⟩ 切りつめ数から引けば，⟨ 付数を ⟩ 引く場合に生ずるもの（乗数と商）となる」(BG 32ab) という方法によって生ずる乗数と商のうちの商を，付数を切りつめて得られるものだけ減らすべきである．

T109, 1

···Note···

KU (a, b, c') $[\beta, \alpha]$ なら KU (a, b, c) $[\beta + p, \alpha]$, KU $(a, b, -c)$ $[a - \beta - p, b - \alpha]$.

T109, 1　しかし，付数が被除数より小さくなく，除数より小さいときは，乗数と商を切りつめる際，場合によっては商に違いが生ずるが，その場合，この規則は発動しない (apravṛtti) から,「乗数と商とに関して… 同じものを採用すべきである」(BG 32ef) のみによって[1]切りつめの商を採用すべきである．例えば，

bhā 3 kṣe 3
ha 4̇

とする．ここで，述べられた通りに生ずる二量は

la 3
gu 3

ここで，乗数 (3) を ⟨ 自分の除数 4 で ⟩ 切りつめると[2]何も得られない (kiṃcinna labhyate) ⟨ すなわちゼロである ⟩．一方，商 (3) を ⟨ 自分の除数 3 で ⟩ 切りつめると[3]一が得られるが，それは採用しない．

T109, 4　同様に，付数を除数で切りつめても，被除数より小さくないために，場合によってもし商に違いが生ずるなら，その場合も[4],「乗数と商とに関して… 同じものを採用すべきである」(BG 32ef) のみによって切りつめの商を採用すべきである．例えばここに

bhā 3 kṣe 7
ha 4̇

がある．このような場面では，二つの商に違いが生じないような別法は見られない．

···Note···

BG 33 は発動しないが，BG 32ef が発動することがある．

(1) $a \leq c < b$ の場合の例: KU $(3, 4, 3)$ $[y, x]$. PB$\begin{bmatrix} 3 & 4 & 3 & 1 \\ & & 0 & 1 \end{bmatrix}$, Vall(0, 1, 3, 0) >> Vall(3, 3). そこでこれらを切りつめて，乗数：$3 = 4 \times 0 + 3$, 商：$3 = 3 \times 1 + 0$, であるが，商の切りつめの商 (1) を乗数のそれ (0) に合わせて，商：$3 = 3 \times 0 + 3$ としなければならない．したがって，KU $(3, 4, 3)$ $[3, 3]$.

(2) $a \leq c$ かつ $b \leq c$ の場合の例：KU $(3, 4, 7)$ $[y, x]$. 付数を除数で切りつめて ($7 = 4 \times 1 + 3$)，KU $(3, 4, 3)$ $[y, x]$. これは (1) のケースだから，これを解く過程では BG 33 は発動せず，BG 32ef が発動する．しかしこの後は，もちろんこの解 KU $(3, 4, 3)$ $[3, 3]$ に BG 33 の規則を適用して，KU $(3, 4, 7)$ $[4, 3]$ を得る．

T109, 8　これに関する正起次第．この付数に二部分を作る．一などを掛けた除数に等しいのが一方，残りが他方である．そこで，付数が残りに等しいとき得られた乗数を被除数に掛け，その付数を加えると，除数で割ったとき，余りが生じないだろう．次に，提示された付数のために，もう一つの部分も加える．それを加えても，その被除数を除数で割ったとき，まったく余りは生じないだろう．それは，一などを掛けた除数に等しいから．しかし，除数で付数のそ

[1] ityādinaiva P] ityādineva T.　[2] guṇatakṣaṇe P] labdhitakṣaṇe T.　[3] labdhitakṣaṇe P] guṇatakṣaṇe T.　[4] tatrāpi P] tattatrāpi T.

の部分を割ったとき得られるものだけ，商に増加があるだろう．同様に，負数付数のときは，同じだけ，減少があるだろう，というので，正起した．

···Note ···

正起次第．付数を除数で切りつめて，$c = bp + c'$ のとき，$y = \frac{ax+c}{b} = \frac{ax+(bp+c')}{b} = \frac{ax+c'}{b} + p$.

···

次に，被除数もまた除数より大きい場合の違いを，アヌシュトゥブの一詩節で云う． T109, 14

あるいはまた，除数によって付数と被除数とが切りつめられているときは，乗数は前のように，商は，⟨ 乗数を ⟩ 掛けて ⟨ 付数を ⟩ 加えて ⟨ 除数で ⟩ 割ったその（提示された）被除数から ⟨ 得られる ⟩．/34/ 34

···Note ···

規則 (BG 34)：クッタカの補則 5.

被除数と付数を除数で切りつめて，$a = bp_1+a'$, $c = bp_2+c'$ のとき，KU (a', b, c') $[\beta, \alpha]$ なら KU (a, b, c) $[\beta + p_1\alpha + p_2, \alpha]$．ただしこの規則では $x = \alpha$ のみを採用し，商は $y = (a\alpha + c)/b$ により求める．次の K 注 (T109, 22) はこの計算 $y = \beta + p_1\alpha + p_2$ に「商を知るための別法」として言及し，バースカラは面倒なのでそれを無視した，とする．

···

被除数と付数が除数より大きい場合，前のように（与えられたままで），あるいは付数だけを切りつめて，乗数と商を得るべきである．あるいは，被除数と付数を二つとも除数で切りつめるべきである．切りつめた付数と被除数に対して，前とまったく同じように乗数と商を得るべきである．その場合，乗数のみを採用するべきであり，商はしない．「では，商はどのようにして知るのか」というので，それを云う，「⟨ 乗数を ⟩ 掛けて ⟨ 付数を ⟩ 加えて ⟨ 除数で ⟩ 割ったその被除数から」と．掛けられたものがさらに加えられるので「掛けて加えて」であり，それがさらに割られる[1]ので，「掛けて加えて割った[2]」であり，その ⟨ 複合語の ⟩ 奪格である（これは「被除数から」を修飾する）．提示された被除数に乗数を掛け，付数を加え，除数で割って生ずる商を ⟨ ここでの商であると ⟩ 知るべきである，という意味である． T109, 17

ここでは，商を知るための別法もある．すなわち，被除数を切りつめて得られるものに乗数を掛け，その後で，付数を切りつめて得られるものを加減する．その加減されたもので，計算で得られた商を加減すると，それが商になる，ということである．面倒なので，先生 (honor. pl.) はこれを無視なさった． T109, 22 T110, 1

これに関する正起次第．前に (T109, 8)，付数の二部分を作って正起次第が示されたように，ここでは被除数も二部分にして正起次第を知るべきである[3]． T110, 3

[1] uddhṛtaś P] uddhataś T.　[2] uddhṛtaś P] uddhataś T.　[3] upapattirjñeyā P] upapattiromyā T.

T110, 6 次に，付数がない場合，あるいは付数が一などを掛けた除数に等しい場合の違いを，アヌシュトゥブ詩節一つで云う．

35 **付数がない場合，あるいは付数が除数で割り切れる場合は，乗数はゼロ，商は付数を除数で割ったものと知るがよい．/35/**

···Note···

規則 (BG 35)：クッタカの補則 6.

$c = 0$ または $c = bp$ のとき，KU $(a, b, c)\,[p, 0]$．条件文では $c = 0$（したがって $p = 0$）の場合を区別しているが，結果を述べるときは区別していないことに注意．

···

T110, 9 意味は明らかである．正起次第もクッタカの正起次第の初め (T92, 18 – 93, 1) で述べた．

T110, 9 次に，乗数と商とが複数あることを，ウパジャーティ詩節の前半で云う．

36ab **任意数を掛けたそれぞれの除数をそれら二つ（乗数と商）に加えれば，多くの乗数と商が生じるだろう．/36ab/**

···Note···

規則 (BG 36ab)：クッタカの補則 7．一般解.

クッタカのアルゴリズムで求めた最小の商と乗数 (β_0, α_0) から「多くの商と乗数（一般解）」(β, α) を求めるには，$\beta = \beta_0 + ak$, $\alpha = \alpha_0 + bk$ とする．テキストではこれら ak, bk も c と同じ語 kṣepa（投ずること，投じられるもの）で表現している．この和訳では c を指すとき「付数」，ak, bk を指すとき「付加数」と訳す．

···

T110, 13 [1]自分のと自分の除数が「それぞれの除数」である．任意数を掛けたものであると同時にそれぞれの除数であるもの，それが「任意数を掛けたそれぞれの除数」である．それを加えた乗数と商はたくさん生ずるだろう．任意数を掛けた除数を乗数に投じ（加え），その同じ任意数を掛けた被除数を商に投ずるべきである．このように，乗数と商が任意数に応じて生ずる，という意味である．

T110, 17 これの正起次第は，「それら確定した被除数と除数を,... 相互に除すがよい」(BG 28) というこれの正起次第を述べるところの初め (T92, 18) で既に示した．

T110, 18 次に，述べられた規則の順にそれらの例題を生徒たちの理解のために示す．それらのうちまず，三つ（被除数，除数，付数）の共約が可能であり，商が偶数個であるような例題を，ラトーッダター詩節一つで云う．

A131, 17 **例題．/E21p0/**

E21　　　　計算士よ．二十一を加えた二百にある数を掛け六十五を加えると，
　　　　　五引く二百で割り切れる．その乗数をすぐに云いなさい．/E21/　　　T111, 1

　　書置：bhā 221, hā 195, kṣe 65. ここで，相互に除した被除数と除数の　A131, 20
余りは 13. これで被除数，除数，付数を共約すると，確定したものが生ずる，
bhā 17, hā 15, kṣe 5. これら確定した被除数と除数を相互に除して，商
を下へ下へ，その下に付数を，さらにその下にゼロを書き入れる (niveśya).
というので，〈そのように〉置けば，蔓が生ずる．

$$\begin{array}{|c|}\hline 1 \\ 7 \\ 5 \\ 0 \\ \hline \end{array}$$

　「最後から二番目を自分の上に掛け」(BG 28d-29a) 云々という計算 (karaṇa)
により生ずる二つの量は $\begin{array}{|c|}\hline 40 \\ 35 \\ \hline \end{array}$ これらを，確定した被除数と除数であるこれ

ら $\begin{array}{|c|}\hline 17 \\ 15 \\ \hline \end{array}$ によって切りつめた余りの大きさが商と乗数になる $\begin{array}{|c|}\hline 6 \\ 5 \\ \hline \end{array}$ これら二つ

に対して，自分の切りつめ数に任意数を掛けたものが付加数である，という
ので，あるいは商と乗数は $\begin{array}{|c|}\hline 23 \\ 20 \\ \hline \end{array}$ または $\begin{array}{|c|}\hline 40 \\ 35 \\ \hline \end{array}$ など．/E21p/

···Note···

例題 (BG E21): KU (221, 195, 65) $[y, x]$.
　解：221 と 195 に互除を行うと
$$\mathrm{PB}\begin{bmatrix} 221 & 195 & 26 & 13 & 0 \\ & & 1 & 7 & 2 \end{bmatrix}$$
だから共約数は 13. これで共約すると KU (17, 15, 5) $[y, x]$. この 17 と 15 にもう一
度互除を行うと
$$\mathrm{PB}\begin{bmatrix} 17 & 15 & 2 & 1 \\ & & 1 & 7 \end{bmatrix}$$
だから蔓とそれに続く計算によって Vall(1, 7, 5, 0) >> Vall(40, 35). これらをそれ
ぞれの切りつめ数（除数）である (17, 15) で切りつめると (6, 5). これが最小解であ
り，切りつめ数の整数倍を加えることによって，$(y, x) = (23, 20), (40,35)$ などの他
の解を得る．一般解は KU (221, 195, 65) $[6 + 17k, 5 + 15k]$.

···

　　[1]意味は明瞭である．書置 $\begin{array}{|c|}\hline \text{bhā 221 kṣe 65} \\ \text{ha 195} \\ \hline \end{array}$ ここで，共約数字を知るため　T111, 3
に，被除数 221 を除数 195 で割ると，余り 26. これでさらに除数を割ると，
余り 13. これでもまた前の余り 26 を割ると，余りがない．だから，互いに
割られた二つの最後の余りはこの 13 であり，これこそがそれら二つの共約数
字である．これによってそれら二つは余りなく割ることができる．これで共
約した被除数，除数，付数は確定したものとなる．$\begin{array}{|c|}\hline \text{bhā 17 kṣe 5} \\ \text{ha 15} \\ \hline \end{array}$ この確定
した被除数と除数を相互に除して，商を下へ下へ，その下に付数[2]，その下に
ゼロを置くべきである，というので生ずる蔓は

―――――――――――――――――――――――――――――――――――――――
[1] この段落 (T110, 13) は BV267, 2-5 に対応．　　[1] この段落の「余りなく割ることができる」
まで (T111, 3-6) は BV255, 1-4 に対応．　　[2] tadadhaḥ kṣepas P] saṃdadhaḥ kṣepas T.

$$\begin{array}{|c|}1\\7\\5\\0\\\hline\end{array}$$

ここで，最後から二番目の 5 を自分の上の 7 に掛け 35，最後の 0 を加え 35，最後の 0 を捨てるべし，というので生ずるのは

$$\begin{array}{|c|}1\\35\\5\\\hline\end{array}$$

さらに，最後から二番目のこの 35 を自分の上の 1 に掛け 35，最後の 5 を加え 40，最後の 5 を捨てるべし，というので生ずる二つの量は

$$\begin{array}{|c|}40\\35\\\hline\end{array}$$

これら二つを，確定した被除数と除数であるこれら $\begin{array}{|c|}17\\15\\\hline\end{array}$ で切りつめると，残るのは $\begin{array}{|c|}6\\5\\\hline\end{array}$ 生じたのは順に商と乗数である.「任意数を掛けたそれぞれの除数をそれら二つ（乗数と商）に加えれば多くの乗数と商が生じるだろう」(BG 36ab) と述べられているから，これらの商と乗数に対して，自分の切りつめ数に任意数を掛けたものが付加数である，というので，一を任意数と想定すれば，生ずる商と乗数は $\begin{array}{|c|}23\\20\\\hline\end{array}$ 二を任意数とすれば $\begin{array}{|c|}40\\35\\\hline\end{array}$ 三を任意数とすれば $\begin{array}{|c|}57\\50\\\hline\end{array}$ このように，任意数に応じて商と乗数は限りなくあると知られる．それぞれの乗数を提示された被除数に掛け，付数を加えると，それぞれの商があり，余りがなくなる，という意味である.

···Note ···

前 Note 参照.

···

T111, 17 ここでも，付数と被除数のみ，あるいは付数と除数のみを共約してから，
はたまた最初に付数と被除数を，あとで付数と除数を共約してから，あるい
T112, 1 はまた最初に三つを共約してから，と四通りにクッタカを見ることができる.
その場合，三つの共約が可能なとき，もし二つだけ共約してクッタカを行えば，すべての乗数が得られない．さて，四通りの方法で被除数などを順に書置する.

bhā 17 kṣe 5 ha 195̇	bhā 221 kṣe 5 ha 15̇	bhā 17 kṣe 1 ha 39̇	bhā 17 kṣe 1 ha 3̇

商と乗数は順に，

7	74	7	6
80	5	16	1

一番目では，商 7 に共約数字 13 を掛けると，生ずる商と乗数は，91 と 80. 二番目では，乗数 5 に共約数字 13 を掛けると，生ずる商と乗数は，74 と 65. 三番目では，付数と被除数の共約数 13 を商 7 に掛け，付数と除数の共約数

5 を乗数 16 に掛けると，生ずる商と乗数は，91 と 80．四番目では，付数と除数の共約数 5 を乗数 1 に掛けると，生ずる商と乗数は，6 と 5．このように，場合に応じてどこでも諸方法を検討すべきである．あとで述べられる固定クッタカの方法 (BG 36cd-37ab) によれば，どんな場合でも乗数と商の獲得法がわかる．

···Note··

K はここで a, b, c の共約の仕方により，KU $(221, 195, 65)\ [y, x]$ (BG E21) の 4 通りの解き方を与える．ここでは補則 2 (BG 31) の二つの性質が用いられている．

(1) 221 と 65 を 13 で共約すると KU $(17, 195, 5)\ [7, 80]$ だから，補則 2(1) により，

$$\text{KU}\,(221, 195, 65)\ [91, 80].$$

(2) 195 と 65 を 13 で共約すると KU $(221, 15, 5)\ [74, 5]$ だから，補則 2(2) により，

$$\text{KU}\,(221, 195, 65)\ [74, 65].$$

(3) 221 と 65 を 13 で共約すると KU $(17, 195, 5)\ [y, x]$，この 195 と 5 を 5 で共約すると KU $(17, 39, 1)\ [7, 16]$ だから，補則 2(1) & (2) により，

$$\text{KU}\,(221, 195, 65)\ [91, 80].$$

(4) 221 と 195 と 65 を 13 で共約すると KU $(17, 15, 5)\ [y, x]$，この 15 と 5 を 5 で共約すると KU $(17, 3, 1)\ [6, 1]$ だから，補則 2(2) により，

$$\text{KU}\,(221, 195, 65)\ [6, 5].$$

(1) と (3) は一般解（前 Note 参照）で $k = 5$ のとき，(2) は一般解で $k = 4$ のとき，(4) は最小解．

··

次に，「⟨ あるいは付数と被除数を共約した場合も ⟩，クッタカの規則により ⟨ 同じ乗数が ⟩ 生じる」(BG 31) という規則の独立した例題と，「足す場合に生ずる ⟨ 乗数と商を，それぞれの ⟩ 切りつめ数から引けば」(BG 32ab) というこれのと，例題二つを順に，ウパジャーティカー詩節一つで云う． T112, 12

例題．/E22p0/

百にある数を掛け，九十を加え，または引き，六十三で割ると余りがないとき，その乗数を私にはっきりと述べなさい，もしあなたがクッタカによく熟達しているならば．/E22/ E22

書置：bhā 100, hā 63, kṣe 90．ここでの蔓は A133, 19

$$\left|\begin{array}{c}\mathbf{1}\\\mathbf{1}\\\mathbf{1}\\\mathbf{2}\\\mathbf{2}\\\mathbf{1}\\\mathbf{90}\\\mathbf{0}\end{array}\right|$$

「最後から二番目を」云々によって生ずる二つの量は $\left|\begin{array}{c}\mathbf{2430}\\\mathbf{1530}\end{array}\right|$ **前のように，商と乗数は** $\left|\begin{array}{c}\mathbf{30}\\\mathbf{18}\end{array}\right|$ **/E22p1/**

A133, 21 **あるいは，被除数と付数を十で共約すれば，bhā 10, hā 63, kṣe 9．これらからも，前のように蔓は**

$$\begin{array}{|c|}0\\6\\3\\9\\0\end{array}$$

「最後から二番目を」云々によって，二つの量は $\begin{array}{|c|}27\\171\end{array}$ 前のように生ずる商と乗数は $\begin{array}{|c|}7\\45\end{array}$ ここで，商が奇数個であるというので，自分の切りつめ数であるこれら $\begin{array}{|c|}10\\63\end{array}$ から引くと，生ずる商と乗数は $\begin{array}{|c|}3\\18\end{array}$ ここで商は採用すべきではない．乗数を掛けた被除数に付数を加え，除数で割ると，商は 30 である．あるいは，被除数と付数の共約数 10 を，前に導いた商 3 に掛けると，それと同じ商 30 が生ずる．/E22p2/

A133, 29 **あるいは，除数と付数を九で共約すると，bhā 100, hā 7, kṣe 10．前のように蔓は**

$$\begin{array}{|c|}14\\3\\10\\0\end{array}$$

A134, 1 **それから生ずる二つの量は $\begin{array}{|c|}430\\30\end{array}$ 切りつめると $\begin{array}{|c|}30\\2\end{array}$ が生ずる．除数と付数の共約数 9 を乗数に掛けて生ずる商と乗数は，それらと同じ $\begin{array}{|c|}30\\18\end{array}$ /E22p3/**

A134, 2 **あるいは，被除数と付数も共約して，書置：bhā 10, hā 7, kṣe 1．ここで生ずる蔓は**

$$\begin{array}{|c|}1\\2\\1\\0\end{array}$$

前のように生ずる二つの量は $\begin{array}{|c|}3\\2\end{array}$ 切りつめると同じものが生ずる．被除数と付数，除数と付数の共約数を順に商と乗数に掛けると，生ずるのはそれらと同じ $\begin{array}{|c|}30\\18\end{array}$ 乗数と商に対して自分の除数が付加数である，というので，あるいはまた，商と乗数は $\begin{array}{|c|}130\\81\end{array}$ あるいは $\begin{array}{|c|}230\\144\end{array}$ など．/E22p4/

〈付数九十を〉足す場合に生ずる乗数と商が $\begin{array}{|c|}18\\30\end{array}$ である．自分の切りつめ数であるこれら $\begin{array}{|c|}63\\100\end{array}$ から引くと，九十を引く場合の乗数と商 $\begin{array}{|c|}45\\70\end{array}$ が生ずる．あるいは $\begin{array}{|c|}108\\170\end{array}$ あるいは $\begin{array}{|c|}171\\270\end{array}$ など．/E22p5/

・・・Note・・

例題 (BG E22): KU $(100, 63, \pm 90)$ $[y, x]$.

(1) KU $(100, 63, 90)$ $[y, x]$. 解 1: 互除を行うと

$$\mathrm{PB}\begin{bmatrix} 100 & 63 & 37 & 26 & 11 & 4 & 3 & 1 \\ & & 1 & 1 & 1 & 2 & 2 & 1 \end{bmatrix}$$

だから Vall(1, 1, 1, 2, 2, 1, 90, 0) >> Vall(2430, 1530). これらを (100, 63) で切りつめると $(y, x) = (30, 18)$.（以上 E22p1）

解 2: 被除数と付数を 10 で共約して KU $(10, 63, 9)$ $[y, x]$. 互除を行うと

$$\mathrm{PB}\begin{bmatrix} 10 & 63 & 10 & 3 & 1 \\ & & 0 & 6 & 3 \end{bmatrix}$$

だから Vall(0, 6, 3, 9, 0) >> Vall(27, 171). これらを (10, 63) で切りつめると $(y, x) = (7, 45)$. 商が奇数個 (3) だからそれぞれの切りつめ数 (10, 63) から引くと (3, 18) だが，この乗数のみを採用し (cf. BG 31)，商は $y = (100x + 90)/63 = 30$ によって求めて $(y, x) = (30, 18)$. あるいは (3, 18) の商 3 に被除数と付数の共約数 10 を掛けて $(y, x) = (30, 18)$.（以上 E22p2）

解 3: 除数と付数を 9 で共約して KU $(100, 7, 10)$ $[y, x]$. 互除を行うと

$$\mathrm{PB}\begin{bmatrix} 100 & 7 & 2 & 1 \\ & & 14 & 3 \end{bmatrix}$$

だから Vall(14, 3, 10, 0) >> Vall(430, 30). これらを (100, 7) で切りつめると (30,2). BG 31 により，除数と付数の共約数 9 を乗数に掛けて $(y, x) = (30, 18)$.（以上 E22p3）

解 4: 除数と付数を 9 で共約した（解 3）あと，被除数と付数を 10 で共約すると KU $(10, 7, 1)$ $[y, x]$. 互除を行うと

$$\mathrm{PB}\begin{bmatrix} 10 & 7 & 3 & 1 \\ & & 1 & 2 \end{bmatrix}$$

だから Vall(1, 2, 1, 0) >> Vall(3, 2). これらを (10, 7) で切りつめても同じ. 被除数と付数の共約数 10 を商に掛け，除数と付数の共約数 9 を乗数に掛けると $(y, x) = (30, 18)$. それぞれの除数（切りつめ数）の整数倍を加えることにより (補則 7)，$(y, x) = (130, 81)$, (230,144) など多くの解が得られる.（以上 E22p4）

(2) KU $(100, 63, -90)$ $[y, x]$. 補則 3 により，(1) で得られた KU $(100, 63, 90)$ $[y, x]$ の解 (30,18) をそれぞれの切りつめ数 (100,63) から引いて $(y, x) = (70, 45)$. また，それぞれの除数（切りつめ数）の整数倍を加えることにより，$(y, x) = (170, 108)$, (270, 171) など.（以上 E22p5）

....

百にある乗数を掛け[1]，九十を加え，六十三で割ると，余りがないとき，その乗数をすぐに云いなさい．また，引く場合の例題を「または引き」という．〈すなわち〉，百にある乗数を掛け，九十を引き，六十三で割ると，余りがないとき，その乗数も云いなさい．もしあなたがクッタカによく熟達している (paṭīyas: paṭutara) ならば． T112, 18

書置 | bhā 100 kṣe 90 / ha 63 | ここで，除数と被除数を互いに除すと余りは 1 である．だからこれが共約数である．この共約数によれば，事実上共約しないままである．ここで，前のように〈生ずる〉蔓は， T112, 22 T113, 1

1
1
1
2
2
1
90
0

[1] śataṃ P] śate T.

生ずる二量は，

$$\begin{array}{|c|}2430\\1530\\\hline\end{array}$$

それぞれの除数で切りつめて生ずる商と乗数は，

$$\begin{array}{|c|}30\\18\\\hline\end{array}$$

T113, 3 あるいはまた，被除数と付数を十 10 で共約して，書置 $\begin{array}{|c|}\text{bhā 10 kṣe 9}\\\text{ha 63}\\\hline\end{array}$ 前のように，蔓は，

$$\begin{array}{|c|}0\\6\\3\\9\\0\\\hline\end{array}$$

前のように，二量は，

$$\begin{array}{|c|}27\\171\\\hline\end{array}$$

切りつめて生ずるのは，

$$\begin{array}{|c|}7\\45\\\hline\end{array}$$

商が奇数個である，というので，自分の切りつめ数であるこれら $\begin{array}{|c|}10\\63\\\hline\end{array}$ から引くと，生ずる商と乗数は

$$\begin{array}{|c|}3\\18\\\hline\end{array}$$

ここで，商は採用せず，乗数 (18) を掛けた被除数 (100) に付数 90 を加え (1890)，除数 (63) で割ると，商は 30．あるいはまた，共約数 10 を商 3 に掛けると，この商 30 が生ずる．このように，生ずる商と乗数はそれらと同じ

$$\begin{array}{|c|}30\\18\\\hline\end{array}$$

T113, 8 次のことがここで理解されるべきである．「任意数を掛けたそれぞれの除数を」(BG 36ab) というので，付加数を[1]作るべきとき，もし最初に生じた商 (3) と乗数 (18) に対して作るなら，商と乗数が生じたそれらの被除数 (10) と除数 (63) に任意数を掛けたものが付加数になる．例えば，ここで任意数を一として $\begin{array}{|c|}13\\81\\\hline\end{array}$ そのあとで，商に共約数 10 を掛ける．このようにして，任意数一によって生ずる商と乗数は $\begin{array}{|c|}130\\81\\\hline\end{array}$ 同様に，付数と除数を共約した場合[2]，付加のあとで共約数字を[3]乗数に掛ける．まったく同様に，付数と被除数，付

T114, 1 数と除数を共約した場合，付加のあとでそれぞれの共約数を商と乗数に掛ける．しかしもし自分の提示されたもので得られた商と乗数に対する付加数が

[1] kṣepe P] rūpe T. [2] yutibhājakayoścāpavarte T] yutibhājakamātrāpavarte 'pi P. [3] apavartāṅkena] apartāṅkena P, epavartāṅkena T.

作られるなら，提示された被除数と除数に任意数を掛けたものが付加数となる．すなわち，商と乗数 $\left|\begin{array}{c}30\\18\end{array}\right|$ 一を任意数として付加数は $\left|\begin{array}{c}100\\63\end{array}\right|$ それぞれの付加数を加えて生ずる商と乗数はそれらと同じ $\left|\begin{array}{c}130\\81\end{array}\right|$ しかし，三つとも共約した場合は，任意数を掛けた確定した被除数と除数だけがいつも付加数となり得る，等々ということを賢い者たちはどこでも推察すべきである．

···Note···

補則 2 から，$a = a'p$, $c = c'p$, KU (a', b, c') $[\beta, \alpha]$ なら KU (a, b, c) $[p\beta, \alpha]$. 前者の一般解 $(y, x) = (\beta + a'k, \alpha + bk)$, 後者の一般解 $(y, x) = (p\beta + ak, \alpha + bk) = (p(\beta + a'k), \alpha + bk)$. また，$b = b'p$, $c = c'p$, KU (a, b', c') $[\beta, \alpha]$ なら KU (a, b, c) $[\beta, p\alpha]$. 前者の一般解 $(\beta + ak, \alpha + b'k)$, 後者の一般解 $(\beta + ak, p\alpha + bk) = (\beta + ak, p(\alpha + b'k))$.

···

あるいはまた，除数と付数を九で共約して書置 $\left|\begin{array}{c}\text{bhā 100 kṣe 10}\\\text{ha 7}\end{array}\right|$ 前のように，蔓は， T114, 6

$$\left|\begin{array}{c}14\\3\\10\\0\end{array}\right|$$

生ずる二つの量は，

$$\left|\begin{array}{c}430\\30\end{array}\right|$$

切りつめて生ずるのは，

$$\left|\begin{array}{c}30\\2\end{array}\right|$$

除数と付数の共約数字 9 を乗数に掛けて生ずる商と乗数はそれらと同じ

$$\left|\begin{array}{c}30\\18\end{array}\right|$$

あるいはまた，被除数と付数，除数と付数を共約して書置 $\left|\begin{array}{c}\text{bhā 10 kṣe 1}\\\text{ha 7}\end{array}\right|$[1] 前のように，蔓は， T114, 8

$$\left|\begin{array}{c}1\\2\\1\\0\end{array}\right|$$

生ずる二つの量は，

$$\left|\begin{array}{c}3\\2\end{array}\right|$$

ここで，被除数と付数の共約数 10 を商に掛け，除数と付数の共約数 9 を乗数に掛けて生ずる商と乗数はそれらと同じ

---

[1] kṣe 1 P] 1 kṣe T; ha P] rū T.

$\begin{array}{|c|}30\\18\end{array}$

任意数一によって，述べられたように，商と乗数は $\begin{array}{|c|}130\\81\end{array}$ あるいは，二によって $\begin{array}{|c|}230\\144\end{array}$

T114, 11 ここで，一番目と三番目の書置では，「正の付数が除数によって切りつめられたときは」(BG 33) という方法も可能である．あるいはまた，「除数によって付数と被除数が切りつめられているときは」(BG 34) というのも〈可能である〉.

T114, 13 次に，二番目の例題の書置 $\begin{array}{|c|}\text{bhā } 100 \text{ kṣe } \dot{90}\\ \text{ha } 63\end{array}$[1]「〈付数を〉足す場合に生ずる乗数と商を，〈それぞれの〉切りつめ数から引けば，〈付数を〉引く場合に生ずるもの（乗数と商）となる」(BG 32ab) と述べられているから，足す場合に生ずる商と乗数 $\begin{array}{|c|}30\\18\end{array}$ を自分の切りつめ数であるこれら $\begin{array}{|c|}100\\63\end{array}$[2]から

T115, 1 引けば，生ずるのは九十を[3]引く場合の商と乗数 $\begin{array}{|c|}70\\45\end{array}$ である．同様に〈上で扱った〉いずれの方法でも知るべきである．ここでも，付加数に応じて〈商と乗数は〉限りなくある．

T115, 3 次に，「正の被除数から生ずる二つは，同様にして」(BG 32cd) というこれの例題二つを，ラトーッダター詩節一つで云う．

A137, 3 **例題． /E23p0/**

E23 **ある〈数〉を負数の状態にある六十に掛け，三を加え，あるいは引くと，十三で割って余りがない．計算士よ．その乗数をそれぞれ私に述べなさい． /23/**

A137, 6 **書置： bhā $\dot{60}$, hā 13, kṣe 3. 前のように生ずる，正の被除数と正の付数に対する乗数と商は $\begin{array}{|c|}11\\51\end{array}$ これらを，自分の切りつめ数であるこれら $\begin{array}{|c|}13\\60\end{array}$ から引くと，生ずるのは負の被除数と正の付数に対するもの $\begin{array}{|c|}2\\9\end{array}$ ここで，被除数と除数が異種（異符号）だから，「割り算においても同様に言明される」(BG 4b) と云われているので，商は負数であると知るべきである $\begin{array}{|c|}2\\\dot{9}\end{array}$ さらにこれらを，自分の切りつめ数であるこれら $\begin{array}{|c|}13\\\dot{60}\end{array}$ から引けば，負の被除数と負の付数に対する乗数と商が生ずる $\begin{array}{|c|}11\\\dot{51}\end{array}$ /E23p1/**

···Note···

例題 (BG E23): KU $(-60, 13, \pm 3)\,[y, x]$.

(1) KU $(-60, 13, 3)\,[y, x]$ の解：KU $(60, 13, 3)\,[y, x]$ に対して互除を行うと

---

[1] $\dot{90}$ P] 90 T. [2] $\begin{array}{c}100\\63\end{array}$ T] ∅ P. [3] navati P] bhavati T.

$$\mathrm{PB}\begin{bmatrix} 60 & 13 & 8 & 5 & 3 & 2 & 1 \\ & & 4 & 1 & 1 & 1 & 1 \end{bmatrix}$$

だから Vall(4, 1, 1, 1, 1, 3, 0) >> Vall(69, 15). これらをそれぞれの除数 (60, 13) で切りつめると (9,2) であるが，商が奇数個 (5) だから，さらにそれぞれの除数 (60, 13) から引いて $(y, x) = (51, 11)$. これは正の被除数 (60) に対する解だから，負の被除数 (−60) の場合は補則 3(2) に従い，それぞれの切りつめ数 (60, 13) から引いて，さらに商を負にすると $(y, x) = (-9, 2)$.

(2) KU $(-60, 13, -3)$ $[y, x]$ の解：(1) で得られた KU $(-60, 13, 3)$ $[y, x]$ の解 $(-9, 2)$ をそれぞれの除数 $(-60, 13)$ から引いて $(y, x) = (-51, 11)$.

…………………………………………………………………………

負の被除数または負の付数の場合，正の被除数の演算があるべきである．同様に，付数が負数の状態にあり，除数が負のときは，逆になるだろう．// 正の被除数から生ずる二つ（乗数と商）は，同様にして，負の被除数から生ずるものとなるだろう．/Q0-Q1/ A138, 6; Q0 / Q1

というのは愚者にわからせるために私が述べたのである[1]．そうでなければ，「足す場合に生ずる〈乗数と商〉を切りつめ数から引けば」云々(BG 32ab) によって得られる〈から，あらためて云う必要はない〉．というのは，負数と正数の和は差に他ならないから[2]．だからこそ，被除数，除数，付数を正数とみなして，乗数と商を求めるべきである．それらが足す場合に生ずるものとなる．それらを自分の切りつめ数から引いて，引く場合に生ずるものを作るべきである．「被除数または除数が負数の状態にあるときは，互除の商を負数として置くべきである」という努力をして一体何になるのか．そのようにした場合，「被除数と除数のうちの一方が負数の状態にあるとき，乗数と商の二つの量をそこに加えるべきである」云々（典拠未詳）という他者が述べた規則 (parokta-sūtra) による商〈と乗数〉には逸脱が生ずるだろう．/E23p2/

…Note…………………………………………………………………

T116, 12 以下の K の議論参照.

…………………………………………………………………………

付数が正数のとき一つ，負数のとき二番目，というので，例題二つである．あとは明らかである． T115, 8

書置 | bhā $\dot{60}$ kṣe 3 / ha 13 | 蔓は， T115, 9

4
1
1
1
1
3
0

生ずるのは，

---

[1] Q1 = 32cd だが，Q0 は典拠未詳で C にもない．K 注にこの自注から長文の引用があるが，それは Q1 から始まる．　[2] Cf. BG 3b.

$$\begin{array}{|c|}69\\15\\\hline\end{array}$$

切りつめて生ずるのは，

$$\begin{array}{|c|}9\\2\\\hline\end{array}$$

商が奇数個である，というので，自分の切りつめ数 $\begin{array}{|c|}60\\13\\\hline\end{array}$ から引いて生ずる商と乗数は，

$$\begin{array}{|c|}51\\11\\\hline\end{array}$$

〈これは〉，正数の被除数と正数の付数の場合である.「正の被除数から生ずる二つは，同様にして」(BG 32cd) と述べられているから，自分の切りつめ数から引くと，負数の被除数と正数の付数の場合の商と乗数，

$$\begin{array}{|c|}9\\2\\\hline\end{array}$$ [1]

が生ずる．ここで，被除数と除数が異種（異符号）の場合,「割り算においても同様に言明される」(BG 4b) と述べられているから，商には負数性がある[2]と知るべきである．

$$\begin{array}{|c|}\dot{9}\\2\\\hline\end{array}$$ [3]

さらに，これら二つを自分の切りつめ数 $\begin{array}{|c|}60\\13\\\hline\end{array}$ から[4]引くと，負数の被除数と付数に対する商と乗数

$$\begin{array}{|c|}51\\11\\\hline\end{array}$$

が生ずる．ここでも，除数と被除数が異種であるから，商には負数性がある[5]，というので，

$$\begin{array}{|c|}\dot{51}\\11\\\hline\end{array}$$

が生ずる．

T115, 15 ここで，次のことが理解されるべきである．最初，被除数，除数，付数を
T116, 1 すべて正数とみなして商と乗数を得る．次に，提示された被除数と付数がもし〈両方とも〉正数であるか負数であれば，得られた乗数と商から，提示されたものの解決 (uddiṣṭa-siddhi)（すなわち問題の解）がある．しかし，もし被除数と付数のうちの一方が正数で他方が負数なら，得られたままの商と乗数を自分の切りつめ数から引くと，それら二つから，提示されたものの解決がある．除数が正数であっても負数であっても，クッタカにはどんな違いもない．述べられたやり方で乗数と商の正数〈負数〉性があるだけである．被

---

[1] $\begin{smallmatrix}9\\2\end{smallmatrix}$ P] ∅ T. [2] labdherr̥ṇatvaṃ P] labdhe r̥ṇatvaṃ T. [3] $\begin{smallmatrix}\dot{9}\\2\end{smallmatrix}$ P] $\begin{smallmatrix}9\\2\end{smallmatrix}$ T. [4] svatakṣaṇābhyāṃ $\begin{smallmatrix}60\\13\end{smallmatrix}$ T] svatakṣaṇābhyāmābhyāṃ $\begin{smallmatrix}60\\13\end{smallmatrix}$ P. [5] labdherr̥ṇatvaṃ P] labdhe r̥ṇatvaṃ T.

除数と除数のうちの一方だけが負数のときは，商のみが負数であると知るべきである，「割り算においても同様に言明される」(BG 4b) と述べられているから．以上，まとめである．

このように，一回の引き算だけで，提示されたものの解決がある．被除数が負数の状態にあるとき自分の切りつめ数から引くのが一回，付数が負数の状態にあるとき更に二回目，と述べたが，それは初心者に理解させるためである[1]．このことは，先生ご自身によって説明された， T116, 6

> 「正の被除数から生ずる二つ（乗数と商）は，同様にして，負の被除数から生ずるものとなるだろう」(BG 32cd) というのは愚者にわからせるために私が述べたのである．そうでなければ，「足す場合に生ずる〈乗数と商〉を切りつめ数から引けば」云々(BG 32ab) によってそれを[2]得るから〈不要である〉.[3] というのは，正数と負数の和は差に他ならないから[4]．だからこそ，被除数，除数，付数を正数とみなして，乗数と商を求めるべきである．それらが足す場合に生ずるものとなる．それらを[5]，自分の切りつめ数から引いて，引く場合に生ずるものを作るべきである．/BG E23p2/

云々によって．

このように，被除数が負数でも，努力せずにクッタカの解があるのに，他の人たちは無意味な努力をした，というので云う， T116, 12

> 「被除数または除数が負数の状態にあるとき，互除の商を負数として置くべきである」という努力をしていったい何になるのか．/BG E23p2/

と．ここで，付数が負数でも正数でも，「最後から二番目を自分の上に掛け」云々という計算をするとき，正数か負数かに注意を払うことによる努力は大変なものである，と見るべきである．単に努力だけの問題ではなく，商に逸脱も〈起こる〉．例えば，本例題の場合の書置 | bhā $\dot{60}$ kṣe 3 ha 13 | 述べられたように，蔓は，

$\dot{4}$
$\dot{1}$
$\dot{1}$ [6]
$\dot{1}$
$\dot{1}$
3
0

生ずる二つの量は，

---

1 bālāvabodhārtham T] bālabodhārtham P.　2 ityādinaiva tat P] ityādinaiveti T.　3 siddheḥ/ yato dhanarṇayogo TP. この部分は，自注の底本とした A より G の読みに近い．siddhaṃ yata ṛṇadhanayogo AM, siddheḥ/ ṛṇadhanayoryogo G.　4 Cf. BG 3b.　5 sādhye/ te yogaje bhavataste P] sādhyete yogaje bhavataste T.　6 $\dot{1}$ P(4 times)] 1 T.

$$\begin{array}{|c|}\dot{69}\\ 15\\ \hline\end{array}$$ [1]

切りつめて生ずるのは,

$$\begin{array}{|c|}\dot{9}\\ 2\\ \hline\end{array}$$ [2]

商が奇数個だから,自分の切りつめ数から引けば[3],被除数が負数で付数が正数のときの商と乗数が生ずる,

$$\begin{array}{|c|}\dot{51}\\ 11\\ \hline\end{array}$$ [4]

T117, 1 ここで,商に逸脱がある.というのは,この11を被除数であるこの$\dot{60}$に掛けて$\dot{660}$,付数3を足し$\dot{657}$,除数(13)で割ると,商が$\dot{50}$,余りが$\dot{7}$[5].

(問い)「ここでは余りがあるから,乗数もまた逸脱している.それなのにどうして,商に逸脱があるだろう,と述べたのか.」

確かに.実際ここには,「商だけに」という限定はない.「商に」というのは指標(目印)である.したがって,乗数にも逸脱があるだろう,という意味である.商を得るときに逸脱が確定するから,商に[6]逸脱があるだろう,と述べたということである.

(問い)「ここに逸脱はない.すなわち,ここで,述べられたように生ずる二つの量は,

$$\begin{array}{|c|}\dot{69}\\ 15\\ \hline\end{array}$$

切りつめて生ずるのは,

$$\begin{array}{|c|}\dot{9}\\ 2\\ \hline\end{array}$$

この2を被除数であるこの$\dot{60}$ [7] に掛け$\dot{120}$,付数3を加え$\dot{117}$,除数で割ると,商はこの$\dot{9}$である.」

T117, 8 そうではない.商が奇数個なのに,どうして自分の切りつめ数から引くことを拒否しようとするのか.そうすれば,被除数,除数,付数が正数で,商が奇数個のとき,その範囲で(商が奇数個の場合の付則を欠くことで)逸脱があるだろう[8].例えば,この同じ例題では,述べられたように,商と乗数は,$\begin{array}{|c|}9\\ 2\\ \hline\end{array}$.この2を被除数60に掛け120,付数3を加え123,除数13で割ると,

T117, 12 余りなし状態(niḥśeṣatā)にはならないだろう.またもし,

(問い)「正数で奇数個の商のとき,自分の切りつめ数から引くことが必要であり,負数の商のときではない[9].」

---

[1] $\dot{69}$ P] 69 T. [2] $\dot{9}$ P] 9 T. [3] takṣaṇācchuddhau] takṣaṇacchuddhau P, takṣaṇācchuddhaṃ T. [4] $\dot{51}$ P] 51 T. [5] $\dot{7}$] 7 TP. [6] labdhau P] ∅ T. [7] $\dot{60}$ P] 60 T. [8] vyabhicārastāvatsyāt P] vyabhicāratādavasthyāt T. [9] na tvṛṇalabdhiṣv P] nanvṛṇalabdhiṣv T.

というなら，否．その範囲で（商が負数で奇数個のときも）逸脱があるだろう[1]．例えば，この同じ例題で，除数のみが負数のとき，述べられたように生ずる商と乗数は，$\left|\begin{array}{c}\dot{9}\\2\end{array}\right|$[2] この 2 を被除数 60 に掛け 120，付数 3 を加え 123，除数で割ると，余りなし状態 (niragratā) にはならない．

さらに，商が偶数個のときも，逸脱が起こり得る．例えば，「十八に何を掛け[3]」 T117, 16
(BG E24) と順序に従い後で述べる例題でのように[4]．すなわち，$\left|\begin{array}{c}\text{bhā } 18 \text{ kṣe } 10\\ \text{ha } \dot{11}\end{array}\right|$

ここでの蔓は，

$$\left|\begin{array}{c}\dot{1}\\\dot{1}\\\dot{1}\\\dot{1}\\10\\0\end{array}\right|$$

生ずる二つの量は， T118, 1

$$\left|\begin{array}{c}50\\\dot{30}\end{array}\right|$$

切りつめて，

$$\left|\begin{array}{c}14\\\dot{8}\end{array}\right|$$

この乗数$\dot{8}$[5] を被除数 18 に掛け$\dot{144}$，付数 10 を加え$\dot{134}$，除数$\dot{11}$で割ると，商が 12，余りが$\dot{2}$，と理解される[6]．〈従って〉，ここでは，商が偶数個で除数が負数のとき，あるいは商が奇数個で被除数が負数のとき，先人たちの (pūrveṣāṃ) クッタカには逸脱がある，というのがまとめである．

···Note···

T116, 12 以下，被除数または除数が負数のとき，それを正数に変えずにそのまま互除を行う方法を批判する．

(1) 被除数が負数で商が奇数個の場合．例えば E23 の問題，KU $(-60, 13, 3)\,[y, x]$，でそのまま互除を行うと，

$$\text{PB}\begin{bmatrix}\dot{60} & 13 & \dot{8} & 5 & \dot{3} & 2 & \dot{1}\\ & & \dot{4} & \dot{1} & \dot{1} & \dot{1} & \dot{1}\end{bmatrix}$$

だから Vall($\dot{4}$, $\dot{1}$, $\dot{1}$, $\dot{1}$, $\dot{1}$, 3, 0) >> Vall($\dot{69}$, 15)．それぞれ ($\dot{60}$, 13) で切りつめると，($\dot{9}$, 2)．商が奇数個だから切りつめ数 ($\dot{60}$, 13) から引くと，($\dot{51}$, 11)．これは KU $(-60, 13, 3)\,[y, x]$ の解ではない，という批判．[K は言及しないが，互除を最後まで，すなわち余りが 1 になるまで，行えば負数のままの互除からでも解が得られる．すなわち，

---

[1] vyabhicārastāvatsyāt P] vyabhicāratādavasthyāt T.　[2] $\dot{9}$ P] 9 T.　[3] aṣṭādaśa guṇāḥ kena P] aṣṭādaśaguṇāṅkena T.　[4] udāharaṇe T] udāharaṇaṃ P.　[5] $\dot{8}$ P] 8 T.
[6] ityūhyam P] ityādyūhyam T.

$$\mathrm{PB}\begin{bmatrix} \dot{60} & 13 & \dot{8} & 5 & \dot{3} & 2 & \dot{1} & 1 \\ & & \dot{4} & \dot{1} & \dot{1} & \dot{1} & \dot{1} & \dot{1} \end{bmatrix}$$

だから Vall($\dot{4}$, $\dot{1}$, $\dot{1}$, $\dot{1}$, $\dot{1}$, $\dot{1}$, 3, 0) >> Vall(111, $\dot{24}$). それぞれ ($\dot{60}$, 13) で切りつめると，(51, $\dot{11}$). 商が偶数個だからこれが解.]

K はこの後いくつかの想定反論に答える. (i) 「商に逸脱がある」というが，乗数にも逸脱があるのではないか. K の答え：「商だけに」といっているのではない. もちろん乗数にもあるが，商を得た段階でそれが確定するのでそういったまでである. (ii) 商が奇数個の場合の引き算を行わなければ，解 KU $(-60, 13, 3)$ $[-9, 2]$ が得られるではないか. K の答え：商が奇数個の場合の付則を無視することはできない. 例えば KU $(60, 13, 3)$ $[y, x]$ でその付則を無視すれば，解は得られない. (iii) 付則が必要なのは商が正数で奇数個のときであり，商が負数で奇数個のときは必要ない. K の答え：その場合も付則を無視することはできない. 例えば KU $(60, -13, 3)$ $[y, x]$ で互除を行うと，

$$\mathrm{PB}\begin{bmatrix} 60 & \dot{13} & 8 & \dot{5} & 3 & \dot{2} & 1 \\ & & \dot{4} & \dot{1} & \dot{1} & \dot{1} & \dot{1} \end{bmatrix}$$

だから Vall($\dot{4}$, $\dot{1}$, $\dot{1}$, $\dot{1}$, $\dot{1}$, 3, 0) >> Vall($\dot{69}$, 15). それぞれ (60, $\dot{13}$) で切りつめると，($\dot{9}$, 2). 商が奇数個の場合の付則を無視してこのままでは KU $(60, -13, 3)$ $[y, x]$ の解にならない. [一方，付則により切りつめ数 (60, $\dot{13}$) から引くと，(69, $\dot{15}$). これを (60, $\dot{13}$) で切りつめると (9, $\dot{2}$) となり，これが解.]

(2) 除数が負数で商が偶数個の場合. 例えば後述 E24 の問題，KU $\left(18, \dot{11}, 10\right)$ $[y, x]$, でそのまま互除を行うと，

$$\mathrm{PB}\begin{bmatrix} 18 & \dot{11} & 7 & \dot{4} & 3 & \dot{1} \\ & & \dot{1} & \dot{1} & \dot{1} & \dot{1} \end{bmatrix}$$

だから Vall($\dot{1}$, $\dot{1}$, $\dot{1}$, $\dot{1}$, 10, 0) >> Vall(50, $\dot{30}$). それぞれ (18, $\dot{11}$) で切りつめると，(14, $\dot{8}$). これは KU $\left(18, \dot{11}, 10\right)$ $[y, x]$ の解ではない. [しかしここでも，K は言及しないが，互除を最後まで，すなわち余りが 1 になるまで，行うと，

$$\mathrm{PB}\begin{bmatrix} 18 & \dot{11} & 7 & \dot{4} & 3 & \dot{1} & 1 \\ & & \dot{1} & \dot{1} & \dot{1} & \dot{1} & \dot{2} \end{bmatrix}$$

だから Vall($\dot{1}$, $\dot{1}$, $\dot{1}$, $\dot{1}$, $\dot{2}$, 10, 0) >> Vall(130, $\dot{80}$). それぞれ (18, $\dot{11}$) で切りつめると，($\dot{4}$, 3). 商が奇数個だから，それぞれの切りつめ数 (18, $\dot{11}$) から引くと，(22, $\dot{14}$). これをさらに切りつめると，(4, $\dot{3}$). これは KU $\left(18, \dot{11}, 10\right)$ $[y, x]$ の解である.]

T118, 5 次に，除数が負数のときの例題を，アヌシュトゥブ詩節一つで云う.

A141, 27 **例題. /E24p0/**

E24 **十八に何を掛け，十だけ増やし，あるいは減らし，負数の状態にある十一で割ると，きれいに分割されるだろうか. /E24/**

A141, 30 **書置：bhā 18, hā $\dot{1}\dot{1}$, kṣe 10. ここで，除数を正数とみなして得られる商**
A142, 1

と乗数は | 14 / 8 | 同じこれらが負の除数に対するものであるが，商は前のように負数であると知るべきである．そのようにして生ずる商と乗数は | $\dot{14}$ / 8 | しかし，負の付数の場合,「⟨ 付数を ⟩ 足す場合に生ずる ⟨ 乗数と商をそれぞれの ⟩ 切りつめ数から引けば」云々(BG 32ab) によって，商と乗数は | 4 / 3 | 除数が正数でも負数でも商と乗数はそのままであるが，除数または被除数が負数の状態にあるときは，商は負数である，とどこでも知るべきである．/E24p/

···Note ··

例題 (BG E24): KU $(18, -11, \pm 10)$ $[y, x]$.

(1) KU $(18, -11, 10)$ $[y, x]$ の解：KU $(18, 11, 10)$ $[y, x]$ に対して互除を行うと

$$\mathrm{PB}\begin{bmatrix} 18 & 11 & 7 & 4 & 3 & 1 \\ & & 1 & 1 & 1 & 1 \end{bmatrix}$$

だから Vall(1, 1, 1, 1, 10, 0) >> Vall(50, 30)．これらをそれぞれの除数 (18,11) で切りつめると $(y, x) = (14, 8)$．これは正の除数 (11) に対する解だから，負の除数 (-11) の場合は商を負にして $(y, x) = (-14, 8)$．

(2) KU $(18, -11, -10)$ $[y, x]$ の解：(1) で得られた KU $(18, 11, 10)$ $[y, x]$ の解 (14,8) をそれぞれの除数 (18,11) から引くと (4,3)．これは付数が負のとき，KU $(18, 11, -10)$ $[y, x]$，の解．除数も負だから，さらに商を負にして $(-4, 3)$．これが求める解．

··

「十八に」と切る[1]．他は明らかである．　T118, 8

書置 | bhā 18 kṣe 10 / ha $\dot{11}$ | 蔓は，

1
1
1
1
10
0

二つの量は，

50
30

切りつめて生ずるのは，

14
8

三つが正数のとき，これらの商と乗数が生ずる．除数だけが負数のときも，これらと同じ商と乗数である．ただし，商だけが負数である．「割り算においても同様に言明される」(BG 4b) と述べられているから．このように，除数が負数のとき生ずる商と乗数は，

$\dot{14}$
8

[1] aṣṭādaśahatāḥという複合語を作らないということ．

T118, 11　次に，付数が負数のとき.「〈付数を〉足す場合に生ずる〈乗数と商を，それぞれの〉切りつめ数から引けば」(BG 32ab) 云々によって，

$$\begin{array}{|c|} 4 \\ 3 \\ \hline \end{array}$$

が生ずる．ここで，除数が正数でも負数でも，商と乗数はそれらと同じである．ただし，除数が負数のときは[1]商が[2]負数であると知るべきである．ここで，どこでも，負数であることを理由に自分の切りつめ数から引くのは，被除数と付数のうちの一方だけが負数のときであり，それ以外のときではない．また，被除数と除数のうちの一方だけが負数のとき商は[3]負数であり，それ以外のときではない[4]，というのが要点である[5].

T118, 16　なかには，「負の被除数から生ずる二つ（乗数と商）は，同様にして，負の除数の場合のものとなるだろう」(BG 32cd 異読) という読みを想定して，除数が負数のときも自分の切りつめ数からの引き算を行う人たちがいるが，それは正しくない (asat) と思われる．例えば，この同じ例題で，三つが正数の

T119, 1　とき生ずる商と乗数は $\begin{array}{|c|} 14 \\ 8 \\ \hline \end{array}$ また，除数のみが負数のとき，切りつめ数から引いて生ずるのは，$\begin{array}{|c|} 4 \\ 3 \\ \hline \end{array}$ この 3 を被除数であるこの 18 に掛けて 54，付数 10 を加え 64，除数 $\dot{1}\dot{1}$ で割ると[6]，商はこの $\dot{5}$ であり，余りは 9 である．したがって，これは正しくない．もし，

（問い）「被除数または除数として，切りつめがあるようなものだけが提示されているのだから，自分の切りつめ数であるこれら $\begin{array}{|c|} 18 \\ 11 \\ \hline \end{array}$ から引くと，商と乗数 $\begin{array}{|c|} 4 \\ 3 \\ \hline \end{array}$[7] が生ずる．ここにはいかなる過失もない.」

と云うなら[8]，否.「引かれつつある正数は負数に，〈負数は正数に〉なる」(BG 3c) 云々によって引き算を行えば，〈元の除数 $\dot{1}\dot{1}$ から〉乗数 $\dot{1}\dot{9}$ が生ずる．これは正しくない．また,「切りつめ数が負数のとき，切りつめられるものもまた負数である，というので，最初に，乗数 $\dot{8}$ が負数のとき，引かれつつある負数は正数になる，云々によって生ずるのは，まさに我々が述べた乗数 $\dot{3}$ であり，これは正しくなくはない」と[9]云うべきではない．あなたは他の〈誰かの〉ビージャ〈ガニタ〉を学んだのか．この〈バースカラ先生の〉ビージャ〈ガニタ〉では，どの規則 (sūtra) にもそんな事柄は[10]述べられていない．また，あなたが先生の意図を知っているにせよ自ら考えたにせよ[11]，次のことが問われる[12]．下の量が，正の除数で切りつめられるとき，〈付数を〉足す場合に生ずる乗数が[13]生ずるのか，それとも，負の除数で切りつめられるときか．そのうち，負数で切りつめる場合，あなたの考えでは，乗数もまた負数になる．実際この $\dot{8}$[14] は，足す場合に生ずるものではない．というのは，割り算をする

---

[1] harasyarṇatve P] hararsṇayatve T.　[2] labdher P] labdhe T.　[3] labdher P] labdhe T.　[4] nānyatheti T] na tvanyatheti P.　[5] niṣkṛṣṭo 'rthaḥ T] niṣkarṣaḥ P.　[6] bhakte P] bhaktaṃ T.　[7] $\begin{array}{c} 4 \\ 3 \end{array}$ P] 4 T.　[8] ucyeta P] ucyate T.　[9] na hyasāvasaditi T] na hyasāvasanniti P.　[10] īdṛśo 'rthaḥ kasminnapi sūtre P] īdṛśo 'rthaḥ/ kasminsūtre T.　[11] athāstvācāryābhiprāyajñaḥ P] atha ācāryābhiprāyajñaḥ T.　[12] pṛcchyate P] pṛcchate T.　[13] yogajo guṇo P] yogaguṇo T.　[14] $\dot{8}$ P] 8 T.

と，余りなし状態にはならないから．この$\dot{8}$が足す場合に生ずるものではないとき，意図された乗数$\dot{3}$を得るために必要な，「〈付数を〉足す場合に生ずる乗数と商を，〈それぞれの〉切りつめ数から引けば」(BG 32ab) という規則がどうして発動するだろうか．一方，正数で切りつめる場合，乗数が正数 8 のとき，「引かれつつある正数は負数に，〈負数は正数に〉なる」(BG 3c) というので負数性が生じ$\dot{8}$，切りつめ数 11 が正数のときと負数のときに引き算によって生ずる乗数は順に 3 と$\dot{1}9$である．これら両者とも誤りである (duṣṭa) ことは明らかである．以上，敷衍はもう十分である．

···Note···

BG 32cd 異読が正しくないことについて．KU $(18, 11, 10)$ $[14, 8]$ (cf. E24). BG 32cd 異読は，KU $(18, -11, 10)$ $[y, x]$ の解として，$(18, 11) - (14, 8) = (4, 3)$ または $(18, -11) - (14, 8) = (4, -19)$ を教えるが，どちらも誤りである．また，$(18, -11) - (14, -8) = (4, -3)$ によって解が得られるが，この $(14, -8)$ の -8 には根拠がない，という主旨．つまり，K の解釈では，32cd 異読は誤った規則，‘KU (a, b, c) $[\beta, \alpha]$ なら KU $(a, -b, c)$ $[a - \beta, b - \alpha]$ または KU $(a, -b, c)$ $[a - \beta, -b - \alpha]$’，を与える．しかし，実際は正しい規則，‘KU $(-a, b, c)$ $[\beta, \alpha]$ なら KU $(a, -b, c)$ $[-a - \beta, b - \alpha]$’，を与えていると思われる．

···

次に，「乗数と商とに関して〈切りつめを行う際，賢き者は商として〉同じものを採用すべきである」(BG 32ef)，「正の付数が除数によって切りつめられたときは」(BG 33)，「あるいはまた，除数によって〈付数と被除数とが〉切りつめられているときは」(BG 34) というこれらに対する例題を，アヌシュトゥブ詩節一つで云う．T119, 17

例題．/E25p0/ A143, 12

五にある〈数〉を掛け，二十三を加え，あるいは引き，三で割ると余りがないとき，その乗数はなにか．/E25/ E25

書置：bhā 5, hā 3, kṣe 23．ここで蔓は A143, 15

$$\begin{array}{|c|}\mathbf{1}\\ \mathbf{1}\\ \mathbf{23}\\ \mathbf{0}\end{array}$$

前のように，生ずる二つの量は $\begin{array}{|c|}\mathbf{46}\\ \mathbf{23}\end{array}$ ここで切りつめると，〈商として〉下の量では七が得られ，上の量では九が得られる．その九は採用すべきではない．「乗数と商とに関して切りつめを行う際，賢き者は〈その切りつめの〉商として同じものを採用すべきである」(BG 32ef) というから，七だけを採用すべきである，というので，生ずる商と乗数は $\begin{array}{|c|}\mathbf{11}\\ \mathbf{2}\end{array}$〈これらは〉足す場合に生ずるものである．これらをそれぞれの切りつめ数から引くと，生ずるのは

付数が負の場合である，$\left|\begin{matrix}\dot{6}\\1\end{matrix}\right|$「任意数を掛けたそれぞれの除数を〈それら二つ（乗数と商）に〉加えれば」(BG 36ab) というので，正の商が生ずるように，二を掛けたそれぞれの除数を加えるべきである，というのでそうすると，生ずる商と乗数は $\left|\begin{matrix}4\\7\end{matrix}\right|$ どこでもこのように知るべきである．/E25p1/

A143, 23　**あるいはまた，「正の付数が除数で切りつめられたときは」(BG 33) というので，書置：bhā 5, hā 3, kṣe 2．前のように生ずる，足す場合に生ずる商と乗数は $\left|\begin{matrix}4\\2\end{matrix}\right|$ これらを自分の切りつめ数から引くと $\left|\begin{matrix}1\\1\end{matrix}\right|$ 引く場合に生ずるものが生ずる．「商は付数を切りつめて得られるものだけ増やす」(BG 33cd) というので，付数を切りつめて得られるもの 7 を，足す場合に生ずる商に加えると 11，足す場合に生ずる商が生ずる．「引く場合は減らす」(BG 33d) というので，切りつめて得られるもの 7 でこの商 1 を減ずると $\dot{6}$．正の商のために二倍の除数を加えると，生ずる商と乗数はそれらと同じ $\left|\begin{matrix}4\\7\end{matrix}\right|$ /E25p2/**

A143, 29　**〈あるいはまた〉，「あるいはまた，除数によって〈付数と被除数とが〉切りつめられているときは」(BG 34ab) というので書置：bhā 2, hā 3, kṣe 2．ここでも，生ずる二つの量は $\left|\begin{matrix}2\\2\end{matrix}\right|$ ここでも前と同じ乗数 2 が生ずる．一方，商は「掛けて加えて割ったその被除数から」(BG 34d) というので，乗数 2 を被除数 (5) に掛け 10，付数 23 を加え 33，除数 3 で割ると，商はそれと同じ 11 である．/E25p3/**

···Note···

例題 (BG E25): KU $(5, 3, \pm 23)\ [y, x]$.

解 1: 互除を行うと

$$\mathrm{PB}\begin{bmatrix} 5 & 3 & 2 & 1 \\ & & 1 & 1 \end{bmatrix}$$

だから Vall(1, 1, 23, 0) >> Vall(46, 23)．これらをそれぞれの除数 (5,3) で切りつめるが，そのとき，割り算の商は等しくなければならないから，それを 7 として $(y, x) = (11, 2)$．これは付数が正 (23) のときの解．付数が負 (-23) の場合，それぞれの除数 $(5, 3)$ から引いて $(y, x) = (-6, 1)$．正の商を得るためには，それぞれの除数 $(5, 3)$ の整数倍を加える．二倍を加えると $(y, x) = (4, 7)$．

解 2: 付数 ± 23 を除数 3 で切りつめて KU $(5, 3, \pm 2)\ [y', x]$ $(y = y' \pm 7)$ を解く．互除の結果は解 1 の場合と同じだから Vall(1, 1, 2, 0) >> Vall(4, 2)．切りつめても同じだから $(y', x) = (4, 2)$．これは付数が正 (2) のとき．付数が負 (-2) のときは，それぞれの除数 $(5, 3)$ から引いて $(y', x) = (1, 1)$．したがって KU $(5, 3, \pm 23)\ [y, x]$ の解は，付数が正のとき $(y, x) = (11, 2)$，負のとき $(y, x) = (-6, 1)$．後者の商を正にするために $(5, 3)$ の二倍を加えて $(y, x) = (4, 7)$．

解 3: 被除数 5 と付数 ± 23 を除数 3 で切りつめて KU $(2, 3, \pm 2)\ [y', x]$ $(y = y' + x \pm 7)$ を解く．互助を行うと

$$\mathrm{PB}\begin{bmatrix} 2 & 3 & 2 & 1 \\ & & 0 & 1 \end{bmatrix}$$

だから Vall(0, 1, 2, 0) >> Vall(2, 2)．これは $(2, 3)$ で切りつめても同じ（切りつめ

の商は同じでなければならないから）．補則 5 に従い，この乗数のみを採用し，商は $y = (5x + 23)/3$ を計算して求める．すなわち，付数が正のとき $(y, x) = (11, 2)$．〈補則 3(1) により KU$(5, 3, -23)$ $[-6, 1]$. 解 2 と同様 KU$(5, 3, -23)$ $[4, 7]$.〉

………………………………………………………………………………

意味は明らかである．書置 $\begin{array}{|c|} \text{bhā 5 kṣe 23} \\ \text{ha } \dot{3} \\ \hline \end{array}$ 前のように，蔓は， T119, 21

$$\begin{array}{|c|} 1 \\ 1 \\ 23 \\ 0 \\ \hline \end{array}$$

〈生ずる〉二つの量は，

$$\begin{array}{|c|} 46 \\ 23 \\ \hline \end{array}$$

ここで切りつめると，下の量では七が得られ，上の量では九が得られる[1]．その九は採用すべきではない[2]．「乗数と商とに関して[3]切りつめを行う際，賢き者は商として同じものを採用すべきである」(BG 32ef) という．だから，七だけを採用すべきである，というので生ずる，〈付数を〉足す場合の商と乗数は， T120, 1

$$\begin{array}{|c|} 11 \\ 2 \\ \hline \end{array}$$

これらをそれぞれの切りつめ数から[4]引いて生ずる，引く場合の商と乗数は，

$$\begin{array}{|c|} \bullet \\ 6 \\ 1 \\ \hline \end{array}$$

もし，引く場合の正の商を期待するなら，そのときは，「任意数を掛けたそれぞれの除数を〈それら二つ（乗数と商）に〉加えれば」(BG 36ab) 云々によって，二を任意数として[5]生ずる商と乗数は，

$$\begin{array}{|c|} 4 \\ 7 \\ \hline \end{array}$$

どこでも，このようにする．

あるいはまた，「正の付数が除数によって切りつめられたときは」(BG 33) というので，書置 $\begin{array}{|c|} \text{bhā 5 kṣe 2} \\ \text{ha } \dot{3} \\ \hline \end{array}$ 蔓は， T120, 4

$$\begin{array}{|c|} 1 \\ 1 \\ 2 \\ 0 \\ \hline \end{array}$$ [6]

二つの量は，

$$\begin{array}{|c|} 4 \\ 2 \\ \hline \end{array}$$

---

[1] labhyante T] ∅ P.　[2] te nava na grāhyāḥ P] ∅ T.　[3] guṇalabdhyoḥ P] guṇa 22 labdhyau 46 T.　[4] anayoḥ svasvatakṣaṇāc P] anayośca svatakṣaṇā $\begin{smallmatrix} 5 \\ 3 \end{smallmatrix}$ c T.　[5] dvikeneṣṭena P] dvikeneṣṭena 2 T.　[6] $\begin{smallmatrix} 2 \\ 0 \end{smallmatrix}$ P] $\begin{smallmatrix} 2 \\ 2 \\ 0 \end{smallmatrix}$ T.

これらは，足す場合に生ずる商と乗数である．切りつめ数からの引き算によって，引く場合に生ずるものが生ずる．

$$\begin{array}{|c|}1\\1\end{array}$$

ここで,「商は付数を切りつめて得られるものだけ増やす．一方,〈付数を〉引く場合は減らす」(BG 33) というので,「付数を切りつめて得られるもの」7 を，足す場合に生ずる商 4 に[1]加えると 11,「引く場合は」商を[2]「減らして」$\dot{6}$.[3] それら（前に得られた値）と同じ商と乗数が生ずる，$\begin{array}{|c|}11\\2\end{array}$ $\begin{array}{|c|}\dot{6}\\1\end{array}$[4]

T120, 9 〈あるいはまた〉，「あるいはまた，除数によって〈付数と被除数とが〉切りつめられているときは」(BG 34) というので書置 $\begin{array}{|c|}\text{bhā 2 kṣe 2}\\\text{ha 3}\end{array}$ 蔓は,

$$\begin{array}{|c|}0\\1\\2\\0\end{array}$$[5]

二つの量は,

$$\begin{array}{|c|}2\\2\end{array}$$

ここでも，乗数は前と同じものが生ずる．しかし，商は,「〈乗数を〉掛けて〈付数を〉加えて〈除数で〉割ったその（提示された）被除数から[6]」(BG 34d) というので，乗数 2 を被除数 5 に掛け，生じた 10 に付数 23 を加え 33, 除数 3 で割ると，生ずる商はそれと同じ 11 である．

T120, 12 あるいは，私が述べた方法[7]で商を得る．〈すなわち〉，乗数 2 によって被除数切りつめの商 1 が掛けられ 2，付数切りつめの商 7 を加えられ[8] 9，計算で得られる商 (2) によって補正される (saṃskṛta) 11．生ずるのはそれと同じ商である．どこでもこのようにする．

···Note···

語 saṃskṛta は数学では「... で補正された」，特に「... で加減された」の意味で用いることが多いが，ここでは単に「加えられた」の意味で用いられているらしい．直前の句「付数切りつめの商 7 を加えられ」でも T は saṃyuta と読むが，P は saṃskṛta と読んでいる．

···

T120, 15 次に[9]，「付数がない場合，あるいは付数が除数で割り切れる[10]場合は」(BG 35) という二つ〈の場合〉の例題をラトーッダター詩節一つによって云う．

例題． /E26p0/[11]

E26 **五にある〈数〉を掛け，ゼロを加え，あるいは六十五を加え，十**

---

[1] labdhi 4 ryutā T] labdhi 4 yutā P. [2] labdhir T] labdhiḥ 1 P. [3] $\dot{6}$ T] 6 P. [4] 1 P] 2 T. [5] 2 P] ∅ T. [6] bhājyāddhatayutoddhṛtād P] bhājyoddhatayutoddhatād T. [7] T109, 22 参照. [8] saṃyutaḥ T] saṃskṛtaḥ P. [9] atha P] athavā T. [10] śudhyeddharoddhṛtaḥ P] śuddho haroddhaṃta T. [11] A はこの導入文を欠くが MG にある.

三で割ると余りがない．計算士よ，その乗数をすぐに私に云いなさい．/E26/

書置：bhā 5, hā 13, kṣe 0．付数がないとき，乗数と商は $\begin{array}{c}0\\0\end{array}$ 同様に，付数が六十五のとき $\begin{array}{c}0\\5\end{array}$ あるいは $\begin{array}{c}13\\10\end{array}$ などである．/E26p/ A145, 20

···Note···

例題 (BG E26): (1) KU $(5,13,0)$ $[y,x]$, (2) KU $(5,13,65)$ $[y,x]$.

(1) の解：補則 6 に従い $(y,x)=(0,0)$.

(2) の解：補則 6 に従い $(y,x)=(5,0)$．あるいはそれぞれの除数 $(5,13)$ の整数倍を加えて $(10,13)$ など.

···

意味は明瞭である．例題二つともに関する書置 $\begin{array}{c}\text{bhā 5 kṣe 0}\\\text{ha 13}\end{array}$ 最初のほうは付数がなく，二番目は付数が除数で割り[1]切れる，というので，両方とも乗数はゼロであり，「商は付数を除数で割ったもの」(BG 35d) というので，両方の商は 0 と 5．このように生ずる商と乗数は $\begin{array}{c}0\\0\end{array}$ $\begin{array}{c}5\\0\end{array}$ 「任意数を掛けたそれぞれの除数を〈それら二つ（乗数と商）に〉加えれば」(BG 36ab) 云々により，一を任意数 1 として生ずるのは $\begin{array}{c}5\\13\end{array}$ $\begin{array}{c}10\\13\end{array}$ このように，任意数に応じて限りなくある． T121, 5

あるいはここで，「正の付数が除数によって切りつめられたときは」(BG 33) というこれによって乗数と商を求めるべきである． T121, 10

固定クッタカ[2]．

次に，惑星計算で特に用いられる固定クッタカを，ウパジャーティカー詩節の後半と前半で云う． T121, 12

次は，固定クッタカの規則，一詩節．/36cdp0/ A146, 15

付数と減数をルーパと想定し，それら二つに対して別々に〈得られた〉乗数と商に，//望まれた付数と減数を掛け，自分の除数で切りつめると，それら二つ（付数と減数）に対する二つのもの（乗数と商）になる．/36cd-37ab/ 36cd 37ab

一番目の例題 (BG E21) で，被除数と除数を確定し，付数をルーパとした書置：bhā 17, hā 15, kṣe 1．ここで，述べられたように乗数と商は $\begin{array}{c}7\\8\end{array}$ これらに，望まれた付数五を掛け，自分の除数で切りつめて生ずるのは $\begin{array}{c}5\\6\end{array}$〈これらは〉それら（前に得られたもの）と同じである．また，ルーパを引く A146, 18

1 haroddhṛtaḥ P] haroddhataḥ T.　2 sthirakuṭṭakaḥ T] ∅ P.

場合の乗数と商は $\boxed{\begin{array}{c}8\\9\end{array}}$ これらに五を掛け，自分の除数で切りつめて生ずるのは $\boxed{\begin{array}{c}10\\11\end{array}}$ どこでもこの通りである．/37abp/

···Note···

規則 (BG 36cd-37ab)：固定クッタカ．

KU $(a, b, \pm 1)$ $[\beta, \alpha]$ なら，KU $(a, b, \pm c)$ $[c\beta, c\alpha]$ である．$c\beta > a$ かつ $c\alpha > b$ のときは切りつめる．

例題 (BG E21): KU (221, 195, 65) $[y, x]$.

解:13 で共約して KU (17, 15, 5) $[y, x]$ とするのは前と同じ．そこで KU (17, 15, 1) $[y, x]$ を前のように解くと $(y, x) = (8, 7)$ だから，規則に従い，付数 5 を掛けて，それぞれの除数 (17, 15) で切りつめると，$(y, x) = (6, 5)$．また，KU $(17, 15, -1)$ $[y, x]$ の解は $(y, x) = (17 - 8, 15 - 7) = (9, 8)$ だから，規則に従い，付数 5 を掛けて，それぞれの除数 (17, 15) で切りつめると，$(y, x) = (11, 10)$．これが KU $(17, 15, -5)$ $[y, x]$ の解.

···

T121, 17 [1]「付数」すなわち正の付数と「減数」すなわち負の付数を「ルーパと想定し」,「それらの」正負の「二つに対して」「別々に」生ずる「商と乗数に，望まれた付数と減数を掛け，自分の除数で切りつめると」「それら二つ」すなわち付数と減数,「に対する二つのもの」すなわち商と乗数「になる.」

T121, 19 次のことが云われたのである.「それら確定した被除数と除数を,〈被除数としてここでルーパが立つまで〉，相互に除すがよい」(BG 28) 云々により，商を下へ下へと書き入れ，その下の付数の位置にルーパを書き入れ，最後にゼロを書き入れてから,「最後から二番目を自分の上に掛け」云々(BG 28d-29)
T122, 1 により，正の付数と負の付数に対する乗数と商を別々に[2]得るべきである．次に，望まれた付数がもし正数なら，正の付数に対する乗数と商に，望まれた付数を掛けるべきである．しかし，もし望まれた付数が[3]減数なら，負の付数に対する乗数と商に，望まれた負の付数〈の正の値〉を掛けるべきである．そのあとで，それぞれの除数で[4]前のように切りつめるべきである.[5] それらが提示されたものの乗数と商になる.

T122, 4 ここで,〈バースカラ先生は〉愚鈍な者たちを信用させるために，例題を示す.

T122, 5 第一例題 (BG E21) でルーパを付数とする確定した被除数と除数の書置 $\boxed{\begin{array}{c}\text{bhā 17 kṣe 1}\\\text{ha 15}\end{array}}$ ここで，述べられたように，乗数と商は，7 と 8．これらに，望まれた五を掛けると，35 と 40．自分の除数で切りつめて生ずるのは，5 と 6．これらはそれら（BG E21p で得られたもの）と同じ乗数と商である．また，ルーパを引く場合の乗数と商は，8 と 9．これらに五を掛けて，40 と 45．自分の除数で切りつめて生ずるのは[6]，第一例題で引く場合に生ずるもの[7]，10 と 11，である.「どこでもこの通りである」という．意味は明瞭であ

---

[1] この段落と次の段落 (T121, 17; T121, 19) は BV268, 2-9 に対応．ただし言葉使いに小異あり.
[2] guṇāptī pṛthak T] guṇalabdhī pṛthakpṛthak P. [3] abhīpsitakṣepaḥ P] abhīpsite kṣepaḥ T. [4] hareṇa T] hāreṇa P. [5] takṣye/ te P] takṣyate T. [6] jāte T] ∅ P. [7] śuddhije T] śuddhije guṇāptī P.

る．しかし，詳しくは〈バースカラ先生により〉「月の回転数の余りを[1]空空雲空息季節大地 (1650000) で割って[2]」(GA, pr 21) 云々によって用いられた固定クッタカが『天球の章』で示された[3]．

一方，固定クッタカの正起次第は[4]，「〈あるいは〉付数と被除数を〈共約し T122,10
た場合も〉，クッタカの規則により〈同じ乗数が〉生ずる」(BG 31) というこれの正起次第において〈私によって〉示された[5]．あるいは，「ルーパを付数とする乗数と商がこれらなら[6]，自分で望んだものを付数とするそれらは何か」という三量法によって正起次第が見られるべきである．

（問い）「何のためにこの固定クッタカは述べられたのか．というのは，〈 T122, 13
一般には〉，各問題に対して同じ被除数と除数があり，固定クッタカを行えば簡単である，というわけではないから．」

というので云う，「こ〈の計算〉は，惑星計算で多用される」と．次の意味である．たとえ世間の (laukika) クッタカの問題では，問題ごとに被除数と除数が異なるから，固定クッタカを用いることはないとしても，惑星計算では，様々な付数に対して同じ被除数と除数が生ずる，というので，そこでは，固定クッタカを用いる，ということである．

次に，もし誰かが「惑星計算のどこで固定クッタカを用いるのか」と云う T122, 18
なら，というそのための教えにかこつけて，その場所を，ウパジャーティカー詩節の後半とウパジャーティカー詩節一つで示す．

この計算は惑星計算で大きな用途がある．そのために少し述べる．/37cdp0/[7] A146, 22

> **秒の余りを減数，六十を被除数，地球日を除数と想定する．//そ** 37cd-38
> **れらから生ずる商が秒になり，乗数が分の余りになるだろう．ま** A148, 8
> **た，これ（分の余り）から分と度の余りが，さらに同様にして，** T123, 1
> **上〈の単位の値〉も〈得られる〉．同様に，閏月と欠日の余りから**
> **太陽日と太陰日が〈それぞれ得られる〉．/37cd-38/**

これの意味は，〈バースカラ先生〉ご自身が説明する．[8] T123, 3

惑星の秒の余りから惑星〈の移動距離すなわち天球上での回転数と現在の A148, 11
位置（黄経）〉と積日を計算する．その場合，六十を被除数，地球日を除数，秒の余りを減数と想定して，乗数と商が得られるべきである．その商が秒，乗数が分の余りになるだろう．同様に，分の余りを減数と想定すると，商が分，乗数が度の余りである．度の余りを減数，三十を被除数，地球日を除数とすると，その商が度，乗数が宮の余りである．十二を被除数，地球日を除数，宮の余りを減数とすると，その商が経過した宮，乗数が回転数の余りである．同様に，カルパの回転数を被除数，地球日を除数，回転数の余りを減

---

[1] cakrāgraṃ] liptāgraṃ TP.　[2] bhūbhirhṛtam P] bhūmihṛtam T.　[3] nibaddhaḥ sthirakuṭṭako golādhyāye darśitaḥ/ P] ∅ T.　[4] sthirakuṭṭakopapattistu bhavati P] ∅ T.　[5] T105, 19 参照.　[6] tarhi P] te hi T.　[7] AM はこの導入文を前規則自注 (37abp) の末尾に置く.　[8] K は次の自注 38p1–p3 を逐語的に引用する。

数とすると，商が経過した回転数，乗数が積日になるだろう，ということである．これの例題は，〈『天球』の〉「問題の章」にある．/38p1/

A148, 20 **同様に，カルパの閏月を被除数，太陽日を除数，閏月の余りを減数とする．商が経過した閏月，乗数が経過した太陽日である．/38p2/**

A148, 23 **また，ユガの欠日を被除数，太陰日を除数，欠日の余りを減数とする．商が経過した欠日，乗数が経過した太陰日である．/38p3/**

···Note···

天文学（惑星計算）での用法．$D =$ カルパの地球日数（整数），$R =$ ある惑星のカルパにおける回転数（整数），$d =$ 積日（整数），$r = d$ 日経過したときの回転数，とすると $D : R = d : r$ だから $r = \frac{Rd}{D}$. この回転 r の整数部分を q_1，余りを r_1 とすれば，$\frac{Rd}{D} = q_1 + \frac{r_1}{D}$. この r_1 が「回転の余り」である．1 回転=12 宮，1 宮=30 度，1 度=60 分，1 分=60 秒だから，「回転の余り」を下位の単位に直すと，下の左の系列の式で表される計算によって q_2 等が得られる．すなわちこの惑星はカルパの初めから d 日経過したとき，天球を q_1 回転し，さらに q_2 宮 q_3 度 q_4 分 q_5 秒進行し（したがって $(q_2 + 1)$ 番目の宮にある），「秒の余り」が r_5 である．そこでこの「秒の余り」r_5 が与えられれば，下の右の系列の不定方程式を下から順に解くことによって，積日 (d) と惑星の回転数 (q_1) および位置 $(q_2, \ldots, q_5)$ が得られる．そのとき，r_i を減数とするクッタカの商と乗数は $(y, x) = (q_i, r_{i-1})$ だから，得られた乗数を次のクッタカの減数とする．

$$\frac{R}{D} \times d = q_1 + \frac{r_1}{D} \qquad y = \frac{Rx - r_1}{D}$$

$$\frac{r_1}{D} \times 12 = q_2 + \frac{r_2}{D} \qquad y = \frac{12x - r_2}{D}$$

$$\frac{r_2}{D} \times 30 = q_3 + \frac{r_3}{D} \qquad y = \frac{30x - r_3}{D}$$

$$\frac{r_3}{D} \times 60 = q_4 + \frac{r_4}{D} \qquad y = \frac{60x - r_4}{D}$$

$$\frac{r_4}{D} \times 60 = q_5 + \frac{r_5}{D} \qquad y = \frac{60x - r_5}{D}$$

また，$D_s =$ カルパの太陽日数（整数），$A =$ カルパにおける閏月数（整数），$d_s =$ 経過した太陽日数（整数），$a = d_s$ 太陽日経過したときの閏月数，とすると $D_s : A = d_s : a$ だから $a = \frac{Ad_s}{D_s}$. この閏月数 a の整数部分を q_1，余りを r_1 とすれば $\frac{Ad_s}{D_s} = q_1 + \frac{r_1}{D_s}$ だから，「閏月の余り」r_1 が与えられたとき，$y = \frac{Ax - r_1}{D_s}$ を解けば，商が経過した閏月 (q_1)，乗数が経過した太陽日数 (d_s) である．

まったく同様に，$D_m =$ ユガ（カルパ）の太陰日数（整数），$U =$ ユガ（カルパ）における欠日数（整数），$d_m =$ 経過した太陰日数（整数），$u = d_m$ 太陰日経過したときの欠日数，とすると $D_m : U = d_m : u$ だから $u = \frac{Ud_m}{D_m}$. この閏月数 u の整数部分を q_1，余りを r_1 とすれば $\frac{Ud_m}{D_m} = q_1 + \frac{r_1}{D_m}$ だから，「欠日の余り」r_1 が与えられたとき，$y = \frac{Ux - r_1}{D_m}$ を解けば，商が経過した欠日 (q_1)，乗数が経過した太陰日数 (d_m) である．

···

T123, 13 先生のこの説明の中の「ユガの欠日を被除数」というここで，カルパという語の位置に[1]ユガと書くのは，写字生 (lekhaka) の誤り (bhrama) から生じたものと見るべきである．あるいはまた，単にカルパに生ずる回転数，地球日，閏月，欠日などによって，惑星〈の移動距離〉や積日などを計算するとき，秒の余りなどからそれらを計算できるというだけでなく，ユガに生ずる地球日などによってそれらを求めるときもそれらが生ずるから，秒の余りとユガに生ずる被除数と除数からもそれらを得る，ということを暗示するために,「ユガの欠日」と述べられたのである．同様に，場合によっては，ユガの四半分に生ずる地球日などによって惑星〈の移動距離〉などを求めるときも，そのような（ユガの四半分に生ずる）被除数と除数から，クッタカを知るべきである．だからこそ，規則 (BG 37cd-38) には「地球日を除数と」とだけ述べられたのであり,「カルパの地球日」ではない，〈とも考えられる〉.

···Note·····································

K はここで，38p3 だけ「カルパ」(kalpa) ではなく「ユガ」(yuga) という語を用いていることに注目して，二つの可能性を示唆している．一つは写字生 (lekhaka) の誤記，もう一つは，どちらのサイクルでも計算できることをバースカラ自身が示唆したかったから，というもの．L の対応箇所では kalpa であり，注釈者ガネーシャも kalpa と読む (BV272, 7).

···

ここで，愚鈍な者たちを納得させるために，カルパの地球日を 19 日と想定し，カルパにおける惑星の回転数を 9 と想定し，積日を 13 とする．ここで，「カルパの地球日によってカルパの回転数があるなら，積日に等しい〈日数〉によっては何か」，19, 9, 13, という三量法により，〈すなわち〉「惑星の回転数を掛けた積日を地球日で割ると，商は回転数を始めとする惑星〈の移動距離〉である」(GG, ma, gr 4ab) というこれによって得られる回転数を始めとする惑星〈の移動距離〉は，6, 1, 26, 50, 31 であり，秒に終わる．また秒の余りは 11 である．これから逆向きに進んで，惑星〈の移動距離〉と積日が導かれる,「秒の余りを減数，〈六十を被除数，地球日を除数〉と想定する」云々(BG 37cd-38) によって．ここで，クッタカのための書置 [bhā 60 kṣe $\dot{11}$ / ha 19] 蔓は， T123, 19 T124, 1

3
6
11
0

生ずる二つの量は，[209 / 66] 切りつめて生ずる商と乗数は，[29 / 9]「足す場合に生ずる乗数と商を，〈それぞれの〉切りつめ数から引けば」(BG 32) というので生ずる商と乗数は，[31 / 10]〈これらが〉負の付数の場合である．この商 31 が秒である．乗数 10 は分の余りである．これが負の付数 $\dot{10}$ である．次に，分を求めるためのクッタカにおける書置 [bhā 60 kṣe $\dot{10}$ / ha 19] 述べられたように生ずる商と乗数は，50 と 16．この商 50 が分，乗数 16 が度の余りで

[1] sthāne P] stāne T.

ある．さらに，度の余りが減数である，というので，度のためのクッタカにおける書置 [bhā 30 kṣe 16̇ / ha 19] ここでも，述べられたように生ずる商と乗数は，26 と 17．この商 26 が度，乗数 17 が宮の余りである．宮の余りが 17 である，というので，宮を知るための書置 [bhā 12 kṣe 17̇ / ha 19] ここでも，述べられたように商と乗数は，1 と 3．この商 1 で量られたものが宮，乗数 3 が回転の余りである．回転の余りが減数，カルパの回転 9 が被除数，カルパの地球日 19 が除数，というので書置 [bhā 9 kṣe 3̇ / ha 19] ここでも，述べられたように商と乗数は，6 と 13．この商 6 が回転，乗数 13 が積日である．

···Note ···

K はここで，$D = 19$, $R = 9$, $d = 13$ を例として惑星の回転数 r を求める．$19 : 9 = 13 : r$ だから，

$$r = \frac{9 \times 13}{19} = 6 + \frac{1}{12} + \frac{26}{12 \cdot 30} + \frac{50}{12 \cdot 30 \cdot 60} + \frac{31}{12 \cdot 30 \cdot 60^2} + \frac{11}{12 \cdot 30 \cdot 60^2 \cdot 19}.$$

したがって，13 日が経過したとき，この惑星は 6 回転 1 宮 26 度 50 分 $31\frac{11}{19}$ 秒移動するから，現在は第 2 宮すなわち牡牛座宮の 26 度 50 分 $31\frac{11}{19}$ 秒にある．T125, 1 参照．逆に，秒の余り 11 が与えられたら，これを出発点として，次のようにクッタカを連続して行うことにより，回転数 r と積日 d を求めることができる．ここで，各クッタカで得られた乗数が次のクッタカの負の付数になる．得られる商が順に回転数の秒，分，度，宮，整数部分であり，最後のクッタカの乗数が積日である．

KU $(60, 19, -11)$ $[31, 10]$, KU $(60, 19, -10)$ $[50, 16]$, KU $(30, 19, -16)$ $[26, 17]$,
KU $(12, 19, -17)$ $[1, 3]$, KU $(9, 19, -3)$ $[6, 13]$.

ちなみに，ガネーシャ (BV, pp.269-270) は $(D, R, d) = (19, 10, 12)$ を例として解説する．

···

T124, 11　同様に，愚鈍な者たちを納得させるために，任意のカルパの太陽日とカルパの閏月を想定すれば，閏月の余りから，経過した閏月と太陽日が知られる．同様に，欠日の余りから，経過した欠日と太陰日も〈知られる〉．

T124, 13　この惑星計算には，固定クッタカの大きな用途がある．すなわち，秒の余りから惑星〈の移動距離すなわち位置〉を導く場合，六十が被除数，カルパの地球日が除数，というので，被除数と除数は決まっている．秒の余りが負の付数であるが，それは決まっていない．ここで，固定クッタカを行わなければ，問題ごとに長い蔓から生ずる商と乗数を定めるのは厄介である．しかし，固定クッタカでは，ルーパを負の付数と[1]想定し，商と乗数を固定しておけば，それぞれの[2]秒の余りをそれら二つに掛け，それぞれの除数で切りつめれば，自分の望みの[3]商と乗数を得る，というので簡単である．だから云われたのである，「これは惑星計算で大きな用途がある」(BG 37cdp0) と．

---

[1] rūpamṛṇakṣepaṃ P] rūpamṛṇaṃ T.　[2] tattad P] tatra T.　[3] svābhīpsita P] svābhīṣsita T.

···Note···

BG 37cd-38 に対する Note から明らかなように，R はそれぞれの惑星に固有だが，D は共通だから，次の 4 タイプのクッタカをあらかじめ解いておけば，固定クッタカにより，どんな「秒の余り」にも即座に対応できる，ということ．KU $(60, D, -1)$ $[y, x]$, KU $(30, D, -1)$ $[y, x]$, KU $(12, D, -1)$ $[y, x]$, KU $(R, D, -1)$ $[y, x]$,

···

次に，「秒の余りを減数，⟨ 六十を被除数，地球日を除数 ⟩ と想定する」云々 (BG 37cd-38ab) に関する正起次第．ここで，「惑星の回転を掛けた積日を」云々(GG, ma, gr 4ab) により惑星 ⟨ の位置 ⟩ を導くとき，積日 13 にカルパの回転 9 を掛け 117，カルパの地球日 19 で割ると，商が経過した回転 6，余りが回転の余り 3 である．それに十二を掛け 36，地球日 19 で[1]割ると，商 1 が宮[2]，余りが宮の余り 17 である．それに三十を[3]掛け 510，地球日で割ると，商が度 26，余りが度の余り 16 である．それに六十を掛け 960，地球日で割ると，商が分 50，余りが分の余り 10 である．さらにそれに六十を掛け 600，地球日で割ると，商が秒 31，余りが秒の余り 11 である． T125, 1

次に，逆算法により秒の余りから惑星 ⟨ の位置 ⟩ を導く．その場合の道理．ここで，分の余り 10 に[4]六十を掛け 600，地球日で割ると[5]，余りは秒の余り 11 である．それ (11) をもし六十を掛けた分の余りから引けば 589，そのときそれは地球日で割ると，余りがないだろう．そして商が秒になるだろう．ただしここで，分の余りが知られていない場合，⟨ それに ⟩ 六十を掛けたものはもちろんわからないから，述べられた演算 (vidhi) は完成しない (na sidhyati)．ここで，六十を分の余りに掛けても，分の余りを六十に掛けても同じである．被乗数と乗数に違いはないから．だから，六十に分の余りを掛け，秒の余りを引き，地球日で割ると，余りがないないだろう．そして，商が秒になるだろう．本件の場合，六十と秒の余りは知られている．ただ分の余りが知られていない．それを知るための[6]方法．六十に何かを掛け，秒の余りを引き，地球日で割って余りがないとき，それ (乗数) こそが分の余りになるだろう．この事柄はクッタカの対象である．なぜなら，六十に何を掛け，秒の余りを引き，地球日で割ると[7]余りがないだろうか，という問題に帰着するから．述べられた道理により，ここでの乗数こそが分の余りであり，述べられた道理により，商が秒である．だから，「秒の余りを減数，六十を被除数，地球日を除数と想定する．それらから生ずる商が秒になり，乗数が分の余りになるだろう」(BG 37cd-38ab) が正起した． T125, 8

次に，分の余りから分を知ること．その場合，度の余りに六十を掛け，地球日で割ると，商が分になり[8]，余りが分の余りである．だから，述べられた道理により，六十に度の余りを掛け，分の余りを引き，地球日で割ると余りがないだろう，というので，商が分になるだろう．その場合，度の余りという T125, 23

---

[1] 19 T] ∅ P.　[2] rāśiḥ T] rāśayaḥ P.　[3] triṃśatā P] triṃsatā T.　[4] kalāśeṣe 10 P] kalāśeṣaṃ 10 T.　[5] kudinabhakte P] kudinairbhaktaṃ T.　[6] jñānārtham P] jñāpanārtham T.　[7] bhaktā P] bhakta T.　[8] bhavati T] bhavanti P.

形を持つ乗数がわからないから[1]，この事柄はクッタカの対象に他ならない．
T126, 1 なぜなら，六十に[2]何を掛け，分の余りを引き，地球日で割ると余りがないだろうか，という問題に帰着するから．述べられた道理により，ここでの乗数が度の余りであり[3]，商が分である．だから,「また，これ（分の余り）から分と度の余りが」(BG 38b) と云われたのである．

T126, 4 次に，度の余りから度を知ること．その場合，宮の余りに三十を掛け，地球日で割ると，商が度になり，余りが度の余りである．ここでも，述べられた道理により，三十に何を掛け，度の余りを引き[4]，地球日で割ると余りがなくなるだろうか，というので，クッタカの対象である．ここでの乗数が宮の余りとなり，商がそれらの度となるだろう．

T126, 8 次に，宮の余りから宮を知ること．その場合，回転の余りに十二を掛け，地球日で割ると，商が[5]宮であり，余りが宮の余りである．ここでも，十二に何を掛け，宮の余りを引き[6]，地球日で割ると余りがなくなるだろうか，というので，クッタカの対象である．ここでの乗数が回転の余りであり，商が経過した宮である．

T126, 11 次に，回転の余りから経過した回転と積日を知ること．その場合，カルパの回転に積日を掛け，地球日で割ると[7]，商が経過した回転[8]となり，余りが回転の余りである．だからここでも，カルパの回転に何を掛け，回転の余りを引き，地球日で割ると余りがなくなるだろうか，というのでクッタカの対象である．ここでの乗数が積日であり，商が経過した回転である．だから,「さらに同様にして，上〈の単位の値〉も〈得られる〉」(BG 38c) と云われたのである．

T126, 17 同様に，カルパの太陽日によってカルパの閏月があるなら，任意の太陽日によってはどれだけか[9]，という三量法により，カルパの閏月に任意の太陽日を[10]掛け，カルパの太陽日で割ると[11]，商が経過した閏月であり，余りが閏月の余りである．だからここでも，カルパの閏月に[12]何を掛け，閏月の余りを引き[13]，カルパの太陽日で割ると余りがなくなるだろうか，というので，クッタカの対象である．ここでの乗数が任意の太陽日であり[14]，商が経過した閏月である．

T126, 21 同様に，カルパの太陰日によってカルパの欠日があるなら，任意の欠日によってはどれだけか，という比例 (anupāta) により，カルパの欠日に任意の太陰日を掛け，カルパの太陰日で割ると，商が経過した欠日となり，余りが欠日の余りである．だから，欠日の余りから逆算法によって経過した欠日と太陰日を導くことは，述べられた道理により，クッタカによって得られるだろう．だから,「同様に[15]，閏月と欠日の余りから太陽日と太陰日が〈それぞ

[1] guṇakasyājñānād P] guṇakasya jñānād T. [2] ṣaṣṭiḥ P] ṣaṣṭi T. [3] śeṣam P] śeṣaḥ T. [4] śeṣonāḥ P] śeṣonā T. [5] labdhī P] labdhiḥ T. [6] śeṣonāḥ P] śeṣonā T. [7] kudinabhaktā T] kudinairbhaktā P. [8] bhagaṇā P] bhagaṇa T. [9] sauraiḥ kiyanta P] saureḥ kiyata T. [10] kalpādhimāseṣviṣṭasauradivasair P] kalpādhimāseṣṭasauradivasair T. [11] saurabhakteṣu T] saurairbhakteṣu P. [12] kalpādhimāsāḥ P] kalpādhimāsaḥ T. [13] śeṣonāḥ P] śeṣonaḥ T. [14] ta eveṣṭasauradivasāḥ P] sa eveṣṭasauradivasaḥ T. [15] tathā P] yathā T.

れ得られる〉」(BG 38cd) と云われたのである．

···Note ························

T125, 1 以下の「正起次第」に関しては，BG 37cd-38 に対する Note 参照．また，T123, 19 以下に対する Note 参照．

························

ここで，次のことに注意すべきである．秒の余りから惑星〈の位置〉を導くとき，秒の余りを負の付数，六十を被除数[1]，地球日を除数と想定して，クッタカにより得られる商と乗数に，任意数を掛けたそれぞれの除数を加えるということを行うべきではない．というのは，加えた場合，商は[2]六十より大きくなるだろう．また乗数は地球日より大きくなるだろう．そして，これはあり得ない．なぜなら，商は秒であり，乗数は分の余りだから．実際，秒が[3]六十より大きくなることはあり得ないし，分の余りが地球日より大きくなることもあり得ない．地球日が除数だから．この同じ道理によって，回転の余りに至るまで，乗数と商に付加数を加えるべきではない．しかし，回転の余りから[4]経過した回転と積日を導くときは，付加数を加えることに支障がなければ，そのような付加数を加えるべきである．したがって，秒の余りから惑星〈の位置〉を導くとき，宮を始めとする惑星〈の位置〉は決まる (niyata) が，経過した回転と積日は決まらない，ということが認められる．同様に，閏月と欠日の余りから太陽日と太陰日を導くときも，決まらない．理知ある者たちは他も〈同じように〉推量すべきである．敷衍はもう十分である． T127, 1

···Note ························

D と R が共約されずにそのままなら，回転数と積日にも付加数を加えることはできないが，多くの場合，それらは共約されているので，その場合は可能．

························

このように，乗数が一つの場合に〈未知〉量を知る法を述べてから，次に乗数が二つなどの場合に〈未知〉量を知る法を，ウパジャーティ詩節一つで云う． T127, 11

次は，接合クッタカの計算規則，一詩節．/39p0/ A143, 23

もし除数が同一で二つの異なる乗数があるなら，乗数の和を被除数，余りの和を余りと想定して，述べられた通りに行われた修正クッタカは，接合〈クッタカ〉と呼ばれる．/39/ 39

···Note ························

規則 (BG 39)：接合クッタカ．

$a_i x = by_i + r_i$ $(0 \leq r_i < b;\ i = 1, 2, \ldots, n)$ のとき，$a = a_1 + a_2 + \cdots + a_n$，$c = r_1 + r_2 + \cdots + r_n$ とすると $ax = b(y_1 + y_2 + \cdots + y_n) + c$ だから，KU $(a, b, -c)$ $[y, x]$ をクッタカで解くと x が得られる．y_i は不問．なお，a_i は問題文では「乗数」であ

[1] bhājyaḥ P] bhājyā T.　[2] labdhiḥ P] ∅ T.　[3] vikalāḥ P] kalāḥ T.
[4] bhagaṇaśeṣādgata P] bhagaṇaśeṣāhata T.

るがクッタカでは「被除数」になることに注意.

....

T127, 17 [1]除数が一つで二つの異なる乗数があるとしよう.「二つの乗数」というのは目安である. だから, 三つなどの乗数もあるだろう. たった一つの量に対して, 別々に, 二つ, 三つ, 四つなどの乗数があるとするのである. 一方, どの場合も, 除数は一つとする. そのとき, それらの, 二つなどの乗数の[2]和を被除数とみなし, 提示された[3]余りの和を余り, すなわち負の付数とみなし, 字義通り除数は除数と[4]みなして, 述べられた通りに行われた修正クッタカは[5], 接合クッタカと呼ばれるものとなるだろう. 接合された修正クッタカということであり[6], これは字義に即した名称である. すなわち, クッタカとは乗数であり, 接合した (saṃśliṣṭa), すなわち一つにした余り (pl.) に[7]関連する, 修正された (sphuṭa) 個別の (vivikta) クッタカ (sg.) が, 接合クッタカである. それこそが〈求める〉量 (rāśi) になるだろう, ということが意味上認められる. ここでは商は採用すべきでない. 実際, 提示されたとおりの[8]乗数 (pl.) を別々に量に掛け, 除数で割ったとき[9]得られる商 (pl.) と, それらの (提示された) 余りの和を除数で切りつめたときの商との和が, このクッタカで商という形で生ずる. それは, 用途がないので採用しない.

···Note··

$c = bp + c'$ とすると, $ax = b(y_1 + y_2 + \cdots + y_n + p) + c'$, $(ax - c')/b = y_1 + y_2 + \cdots + y_n + p$. この商は採用しない, ということ.

....

T128, 1 これに関する正起次第. 被乗数を被除数とみなしてクッタカにより乗数が得られるのと同じように, 〈問題に提示された〉乗数を被除数とみなせば, クッタカによる乗数として〈問題で求められた〉被乗数が得られる. だからこそ, 前の規則 (BG 37cd-38) で「六十を被除数」云々と云われたのである. そこで, 一つの乗数を[10]掛けた量を除数で割った余りをそれから引けば, 除数で割り切れるのと同様に, 他の乗数 (pl.) を個別に〈その量に〉掛けて除数で割った余りをそれぞれ引けば, 除数で割り切れる. 同様に, 個別に掛けて加え, 余りの和を引いたものは, 除数で割り切れる.[11] 道理は同じだから. そこで, どんな場合でも, もし除数が一つだけなら, 個別に掛けてそれぞれの余りを引いたものは, 除数で割り切れる. 同様に[12], 個別に掛けて加え, 余りの和を引いたものは, 除数で割り切れるだろう[13]. その場合, もし乗数 (pl.) を[14]個別に掛けて加えれば, 乗数の和を掛けたことになるだろう. だから, 乗数の

---

[1] この段落 (T127, 17-26) は BV272, 14 – 273, 2 に対応. [2] guṇakānām P] guṇānām T. [3] uddiṣṭam P] uddhiṣṭam T. [4] prakalpyārthāddharameva haraṃ P] ∅ T. [5] sphuṭaḥ kuṭṭakaḥ T] sphuṭakuṭṭakaḥ P. [6] saṃśliṣṭasphuṭakuṭṭakaḥ P] saṃśliṣṭaḥ sphuṭakuṭṭakaḥ T. [7] ekībhūtānāmagrāṇāṃ P] ekībhūtānāṃ athāgrāṇāṃ T. [8] yathoddiṣṭair P] yathoddhiṣṭair T. [9] bhakte] taṣṭe TP. [10] guṇakena P] guṇane kena T. [11] śudhyedeva P] śudhyati/ tathā pṛthak guṇito yuktaśca śeṣaikyenono harabhaktaḥ śudhyedeva yathā pṛthagguṇitaḥ svasvaśeṣono harabhaktaḥ śuddhyati/ tathā pṛthaggunito śuddhayedeva T. [12] yathā ... tathā P] tathā ... tathā T. [13] śudhyedeva P] śuddhayedeva T. [14] guṇakaiḥ P] guṇakai T.

和こそがここでの乗数であり，余りの和こそが余りである．

例えば，十, 10, に二など，2, 3, 4, を掛け[1]，20, 30, 40, 除数 19 で割ると，それぞれの商は，1, 1, 2, 余りは，1, 11, 2. これらをそれぞれ引くと[2]，19, 19, 38, 除数で割り切れる[3]．同様に，乗数の和 9 を十に掛け，90，余りの和 14 を引くと，76，一引く二十（十九）で割り切れる．商は商の和 4 である．だから，乗数の和が乗数だから，乗数の和が被除数，余りの和が減数，除数が除数である．このクッタカで得られる乗数が被乗数の量に他ならない，というので，「もし除数が同一で二つの異なる乗数があるなら」(BG 39) 云々が正起した． T128, 12

…Note……………………………………………………………………

$y_i = (a_i x - r_i)/b$. ここで a_i が問題に提示された乗数，x が問題で求められた被乗数である．

$$\sum_{i=1}^{n} y_i = \sum_{i=1}^{n} \frac{a_i x - r_i}{b} = \frac{\sum_i (a_i x) - \sum_i r_i}{b} = \frac{(\sum_i a_i)x - \sum_i r_i}{b}$$

……………………………………………………………………………

これに関する例題を，ウパジャーティ詩節一つで云う． T128, 19

例題． /E27p0/ A155, 18

何に五を掛け，六十三で割ると七余るか．その同じ量に十を掛け，六十三で割ると十四余る．その量を云いなさい． /E27/ E27

ここで，乗数の和が被除数であり，余りの和が減数である，というので，書置：bhā 15, hā 63, kṣe 2̇1.[4] 前のように生ずる乗数は 14．これこそが〈求める〉量である． /E27p1/ A155, 21

以上，バースカラの『ビージャガニタ』におけるクッタカの章．(5章奥書) /E27p2/

…Note……………………………………………………………………

例題 (BG E27): $5x = 63y_1 + 7$, $10x = 63y_2 + 14$.

解：$15x = 63(y_1+y_2)+21$ すなわち $y_1+y_2 = (15x-21)/63$ だから KU $(15, 63, -21)$ $[y, x]$ を解く．互除を行うと

$$\mathrm{PB}\begin{bmatrix} 15 & 63 & 15 & 3 & 0 \\ & & 0 & 4 & 5 \end{bmatrix}$$

だから共約数は 3．これで共約すると KU $(5, 21, -7)$ $[y, x]$．互除を行うと

$$\mathrm{PB}\begin{bmatrix} 5 & 21 & 5 & 1 \\ & & 0 & 4 \end{bmatrix}$$

だから Vall(0, 4, 7, 0) >> Vall(7, 28)．それぞれの除数 $(5, 21)$ で切りつめて $(2, 7)$．付数 7 は負数だから，それぞれの切りつめ数 $(5, 21)$ から引くと $(y, x) = (3, 14)$．この乗数 14 が求める量である．

……………………………………………………………………………

[1] guṇitā T] guṇitāḥ P. [2] yathāsvamūnitā T] yathāsvamūnāḥ P. [3] śudhyanti P] śuddhayanti T. [4] Hayashi 2009, 32 では A の読み ‘21’ を採用しているが，M の読み ‘2̇1’ のほうがふさわしいので訂正する．

T128, 24 意味は明瞭である．ここで述べられたように書置[1] | bhā 15 kṣe 21̇ / ha 63̇ |[2] 前のように生ずる乗数は 14．これが〈求める〉量である．

T128, 25 [3]もう一つの例題が『天球』にある．〈それは〉「経過した閏月と欠日」(GA,
T129, 1 pr 10-12)[4]というものである.[5] 多くの乗数の例題もまたそこにある．〈それは〉「回転の余り，宮の余り[6]」云々という二詩節 (GA, pr 13-14) による[7]．ここで，回転，宮などの余りに対する積日の乗数は[8]，順に，1. カルパの回転，2. それ（カルパの回転）に十二を掛けたもの，3. それ（カルパの回転）に六十大きい[9]三百，360，を掛けたもの，4. それ（カルパの回転）に空空王目，21600，を掛けたもの，5. それ（カルパの回転）に空空空教義ナンダ王朝太陽，1296000，を掛けたもの，である．他の乗数も同様に推量すべきである[10]．ここで，乗数の和を被除数と[11]想定すれば，得られる乗数こそが積日である．

···Note···

前と同じ記号を用いて次の関係が導かれる．$\frac{Rd}{D} \times 12 = 12q_1 + q_2 + \frac{r_2}{D}$; $\frac{Rd}{D} \times 12 \times 30 = 12 \times 30q_1 + 30q_2 + q_3 + \frac{r_3}{D}$; $\frac{Rd}{D} \times 12 \times 30 \times 60 = 12 \times 30 \times 60q_1 + 30 \times 60q_2 + 60q_3 + q_4 + \frac{r_4}{D}$; $\frac{Rd}{D} \times 12 \times 30 \times 60 \times 60 = 12 \times 30 \times 60 \times 60q_1 + 30 \times 60 \times 60q_2 + 60 \times 60q_3 + 60q_4 + q_5 + \frac{r_5}{D}$. ここで $12 \times 30 = 360$, $12 \times 30 \times 60 = 21600$, $12 \times 30 \times 60 \times 60 = 1296000$. したがって，余りの和，$c = r_1 + r_2 + r_3 + r_4 + r_5$，が与えられたとき，乗数の和，$a = R + 12R + 360R + 21600R + 1296000R$，を被除数として，$y = \frac{ax-c}{D}$ をクッタカで解けば，クッタカの乗数 x が積日である．二番目に言及されている GA, pr 13-16 の問題では日月五惑星の「余り」($5 \times 7 = 35$ 個) に欠日の「余り」を加えた総計 36 の「余り」の和 (1491227500) が与えられているが（詩節 16c)，考え方は同じ．

···

T129, 7 優れた 占術師たちの集団がたえずその脇に仕えるバッラーラなる計算士の息子が作ったこの種子計算の解説書『如意蔓の化身』における，クッタカの解の根拠となる道理の識別[12]という〈章〉．/BP 5/

以上，すべての計算士たちの王，占術師バッラーラの息子，計算士クリシュナの作った種子計算の解説書『如意蔓の化身』における「クッタカ」の注釈.[13]

ここで，原本の詩文も含めて，〈グランタ〉数[14]は，800.[15]

---

[1] ∅ P] atra bhājyakṣepau tribhirapavartitau T. [2] ha P] ca T; 21̇ P] 21 T. [3] この段落の「二詩節による」まで (T128, 25 – 129, 2) は BV273, 12-14 に対応． [4] これら 3 詩節で，問題のタイプ，解法，例題を与える． [5] iti/ bahuguṇakodāharaṇamapi P] itivadguṇakodāharaṇamapi T. [6] gṛhāgrakāṇi] grahāgrakāṇi TP. [7] 問題のタイプにこれら二詩節．そのあとに解法（詩節 15）と例題（詩節 16）が続く． [8] guṇakāḥ] guṇakā T, guṇakāḥ/ P. [9] dvādaśaguṇās te 2 ṣaṣṭyadhika] teṣvadhika T, dvādaśa guṇāste 2 ṣaṣṭyadhika P. [10] ūhyāḥ P] śuddhāḥ T. [11] guṇaikyaṃ bhājyaṃ P] guṇaikyabhājyaṃ T. [12] viviktir P] viṃviktir T. [13] iti śrīsakalagaṇakasārvabhaumaśrīballāladaivajña-sutaśrīkṛṣṇadaivajñaviracite bījavivṛtikalpalatāvatāre kuṭṭakavivaraṇam P] ∅ T. [14] グランタ数については第 1 章末参照． [15] atra mūlaślokaiḥ saha saṃkhyā 800/ P] ∅ T.

第6章　平方始原

6.1　平方始原

このように 多色計算に役立つクッタカを述べてから，今度は多色中項除去に役立つ[1]平方始原 (varga-prakṛti) を検討する． T130, 2

さて，平方始原である．/40p1̇/[2] A156, 26

…Note……………………………………………………………

本章では $px^2+t=y^2$ の形の不定方程式を扱う．この計算を平方始原と呼ぶ．名前の由来についてはK注 (T130, 14) 参照．以下 Note では，$px^2+t=y^2$ を VP $(p)\,[x,y,t]$ で表し，$(x,y,t)=(\alpha,\beta,\gamma)$ が VP $(p)\,[x,y,t]$ の根であることを VP $(p)\,[\alpha,\beta,\gamma]$ で表す．x, y, t はそれぞれ「短根」(hrasva-mūla),「長根」(jyeṣṭha-),「付数」(kṣepa(ka)) と呼ばれる．短根はまた「軽根」(laghu-),「小根」(kaniṣṭha-) とも呼ばれる．「根」(mūla) は本来足を意味する語 pada によっても表される．

……………………………………………………………………

そこでまずその本性をシャーリニー詩節で述べる． T130, 3

そこで，ルーパを付数とする根のために，まず術則，六詩節半．/40p0/ A156, 27

> **短〈根〉は任意数 (iṣṭa) である．その平方に始原数 (prakṛti) を掛け，何かを加えるか引くかしたら根を与えるようなそれを正数または負数の付数，またその根を長根と呼ぶ．/40/** 40

…Note……………………………………………………………

規則 (BG 40)：平方始原の規則 1（試行錯誤）．

始原数 p が与えられたとき，VP $(p)\,[\alpha,\beta,\gamma]$ となる α, β, γ を試行錯誤で求めるということ（γ は正数または負数）．ここでKの導入文は BG 40 だけを対象とするが，バースカラ自注の導入文 (40p0) は BG 40-46ab の 6 詩節半を対象とする．

……………………………………………………………………

多色中項除去（第 10 章）で[3]，両翼を[4]等しくした（すなわち等式を作った）後で一翼の根がとられた場合，第二翼にルーパを伴う未知数の平方があったとしよう，例えば kāva 12 rū 1 のように．その場合，前翼に等しいのだから，第二翼も根を与えるはずである．そしてここには，ルーパを伴うカーラカの T130, 8

[1] madhyamāharaṇopayuktām P] madyamāharaṇopayuktām T.　[2] atha T] 6 P.　[3] madhyamāharaṇe P] madhyamodāharaṇe T.　[4] pakṣayoḥ P] pakṣayo T.

平方の十二倍がある．だから，あるものの平方を十二倍してルーパを加えたとき平方となるようなそれこそがカーラカの値 (māna) である，ということが文脈上成立する．そしてその場合の根が前翼の根に等しい，両翼は等しいのだから．しかし詳しくはそこ（多色中項除去＝第 10 章）で説明されるだろう．

···Note ···

平方始原の用途．方程式を整理して，例えば $(\text{yā }a\text{ rū }b)^2 = \text{kāva } 12 \text{ rū } 1$ のように，第一翼が未知数を含む式の平方の形になり，第二翼が他の未知数の平方と定数からなる形になった場合に平方始原が用いられるということ．

···

T130, 14 そこでは平方 (varga) が始原（根本）(prakṛti) である，というので平方始原である．というのは，ヤーヴァットなどの平方がこの計算の始原だから．あるいは，ヤーヴァットなどの平方において始原となる数字からこの計算が展開する，というので平方始原である．この場合，ヤーヴァットなどの平方において始原となる数字，それが始原という言葉で呼ばれる．そしてそれは，未知数の平方の乗数に他ならない．だからここでは，根を求める場合の平方の乗数が始原という言葉を用いて取り扱われる．

T130, 18 最初に「任意数」を「根」と想定し，「その平方に」始原数 (prakṛti) を掛け,「何かある」数字「を加えるか引くかしたら根を与えるとき」,「それを」: 数字を，順に「正数」または「負数」の「付数と」先生たちは「呼ぶ」.「その根を長根[1]と」「呼ぶ」．最初に任意数が根と想定されたが，それを短〈根〉と呼ぶ．これらは意味に従う名称である．付数を引くことにより，場合によっ
T131, 1 ては長根が短根より小さくなることもあるが，その場合でも，〈次に述べられる〉生成 (bhāvanā) によって短根より大きくなる．

T131, 2 このように一組の短長付数が生じたとき，多くの〈それらを得る〉ための方法をシャーリニー詩節三つで述べる．

41 **短長付数を置き，それらの下に同じそれらあるいは他のものを順**
に入れ，これらから生成により多くの根が得られる．だから，そ
42 **れらの生成が今から述べられる．// 長短の稲妻積二つ〈を作る**
と〉，それらの和が短である．二つの短の積に始原数を掛け，長
の積を加えたものが長根である．その場合の付数は二つの付数の
43 **積である．// あるいは，二つの稲妻積の差が短であり，短の積**
に始原数を掛けたものと長の積との差が長である．付数はここで
も付数の積である．/41-43/

···Note ···

規則 (BG 41-43): 平方始原の規則 2（生成 bhāvanā）．

多くの「根」(mūla) を得るための「生成」と呼ばれる計算法．VP (p) $[\alpha_1, \beta_1, \gamma_1]$,

[1] jyeṣṭha P] jyeṣṭa T. 以下，T 本ではほとんど常に jyeṣṭa と表記するが，注記は略す．

VP $(p)\,[\alpha_2, \beta_2, \gamma_2]$ のとき,

$$\alpha_3 = \mid \alpha_1\beta_2 \pm \alpha_2\beta_1 \mid, \quad \beta_3 = \mid p\alpha_1\alpha_2 \pm \beta_1\beta_2 \mid, \quad \gamma_3 = \gamma_1\gamma_2,$$

とすると VP $(p)\,[\alpha_3, \beta_3, \gamma_3]$. '+' の場合を「和生成」(samāsa-bhāvanā), '−' の場合を「差生成」(antara-), $\alpha_1 = \alpha_2$, $\beta_1 = \beta_2$, $\gamma_1 = \gamma_2$ の場合を「等生成」(tulya-) という. Note ではこれを

$$\mathrm{BH}^{\pm}(p) \begin{bmatrix} \alpha_1 & \beta_1 & \gamma_1 \\ \alpha_2 & \beta_2 & \gamma_2 \end{bmatrix} = \mathrm{VP}\,(p)\,[\alpha_3, \beta_3, \gamma_3]$$

と表すことにする.「稲妻積」(vajra-abhyāsa) は, 配列 $\begin{bmatrix} \alpha_1 & \beta_1 \\ \alpha_2 & \beta_2 \end{bmatrix}$ から斜めにとった積 $\alpha_1\beta_2$, $\alpha_2\beta_1$. 次の K 注 (T131, 21) 参照.

....

初めに得られた「短長付数を」列 (paṅkti) に「置き」,「それらの下に」「同じそれら[1]あるいは他の」短長付数を「順に入れ[2]」,「これらから」: 二つの列に置かれた短長付数から,「生成により多くの根が得られる. だから, それらの生成が述べられる.」「あるいは他のもの」というここで, その同じ始原数で, と知るべきである. たとえ生成により[3]付数もまたたくさん生ずるとしても, 〈いつも多いという〉決まりはない. ルーパを付数とする根から生ずる[4]生成の場合, 逸脱 (例外) があるから. だから, 多くの付数が得られる, とは述べられなかったのである. 望まれた (iṣṭa) 付数が得られた場合, それらは, 〈問題に与えられたものであり〉提示する必要はないからでもある[5]. T131, 15

その場合, 生成は二種類ある. 和生成と差生成である. そのうち, 二根の大きいことが期待される場合に和生成を述べる,「長短の稲妻積二つ[6]」云々と (BG 42). 長と短の[7]稲妻積二つの和が短になる. 稲妻積 (vajra-abhyāsa) とは斜積 (tiryag-guṇana) のことである. 稲妻 (vajra) は斜めに撃つこと (tiryakprahāra) を本性とするから. したがって, 上の小 (kaniṣṭha)[8]を下にある長に掛け, 下にある小を上にある長に掛けるべきである.「それら」二つの「和が短」になるだろう.「二つの短の[9]積に始原数を掛け」, 二つの「長の積を加えたものが長根」となるだろう.「付数は二つの付数の積である」ということである. T131, 21 T132, 1

次に, 二根の小さいことが望まれる場合に差生成を[10]述べる,「あるいは, 二つの稲妻積の差が短であり」云々と (BG 43).「あるいは, 二つの稲妻積の差が短」となるだろう. 〈「あるいは」(vā) というのは〉, 和との選択である. ここで, 始原数を掛けた二つの短の積と単独の長の積との差が長となるだろう.「付数はここでも付数の積」となるだろう, 前と同じように. T132, 4

この最初の規則 (BG 40) の正起次第は十分明瞭である. 次に生成の正起次第が述べられる. そこで, 混乱のないように, 最初 (**ā**dya), 二番目 (**dv**itīya) などの語の頭文字 (prathama-akṣara) を指標 (upalakṣaṇa) として, 種子計算 T132, 7

---

[1] adhastān P] adhaḥ T. [2] niveśya P] viveśya T. [3] bhāvanābhiḥ P] bhāvanābhiḥ/ T. [4] jāsu P] jñāsu T. [5] anuddeśyatvāc P] anuddheśyatvāc T. [6] vajrābhyāsau P] vajrābhyāso T. [7] jyeṣṭhalaghvor P] jyeṣṭhalaghvyor T. [8] kaniṣṭhena P] kaniṣṭena T. 以下, T 本はほとんどすべての場所で kaniṣṭa と表記するが, 注記は略す. [9] laghvor P] laghvyor T. [10] 'bhīpsite 'ntarabhāvanām P] 'bhīpsitetarabhāvanām T.

(bīja-kriyā) が書かれる (likhyate)．すなわち，小 (**kaniṣṭha**) 長 (**jyeṣṭha**) 付数 (**kṣepaka**) を二つの列に書置する．

āka 1	ājye 1	ākṣe 1
dvika 1	dvijye 1	dvikṣe 1

次に，「任意数の平方で割られた付数が付数となるだろう」と後で述べられる規則 (BG 44) に述べられた「⟨ 任意数の平方で ⟩ 付数が掛けられた場合は，二根が ⟨ 任意数で ⟩ 掛けられる」という方法によって，互いの長を任意数と想定して，二つの列に生ずる小長付数は，

dvijye ∘ āka 1	dvijye ∘ ājye 1	dvijyeva ∘ ākṣe 1 [1]
ājye ∘ dvika 1	ājye ∘ dvijye 1	ājyeva ∘ dvikṣe 1

この第一列には，二番目の長の平方を掛けた最初の付数がある．その二番目の長の平方は別様に得られる．⟨ すなわち ⟩，二番目の小の平方に始原数 (**prakṛti**) を掛け，二番目の付数を加えると，二番目の長の平方が生ずる．

dvikava ∘ pra 1 dvikṣe 1.[2]

これを最初の付数に掛けると，二つの部分から成る付数が生ずる．

dvikava ∘ pra ∘ ākṣe 1 dvikṣe ∘ ākṣe 1.[3]

ここで，第一の部分にある最初の付数は[4]別様に得られる．実際，長の平方には二つの部分があり，一つは始原数を掛けた小の平方，他は付数である．そこで，長の平方から始原数を掛けた小の平方を引けば，付数のみが残る．だから，最初の小の平方に始原数を掛け，最初の長の平方から引けば，最初の付数が生ずる．
T133, 1

ākava ∘ pra $\dot{1}$ ājyeva 1.

これに始原数を掛け，二番目の小の平方を掛けると，本題の付数の最初の部分になるだろう，というので，二つの部分から成る最初の部分が[5]生ずる．

dvikava ∘ pra ∘ ākava ∘ pra $\dot{1}$ dvikava ∘ pra ∘ ājyeva 1.[6]

この第一部分では，始原数によって二回掛けるので，始原数の平方による掛け算が生ずる．かくして生ずる第一部分は，

dvikava ∘ ākava ∘ prava $\dot{1}$.

このようにして上の列に三部分からなる付数が生ずる．

dvikava ∘ ākava ∘ prava $\dot{1}$ dvikava ∘ pra ∘ ājyeva 1 dvikṣe ∘ ākṣe 1.[7]

---

[1] dvijyeva P] dvijyevaṃ T. [2] dvikava ∘ T] dvika ∘ P. [3] dvikava ∘ P] dvikava 1 T. [4] prathamakhaṇḍa ādyakṣepo P] prathamakhaṇḍe ādyakṣepo T. [5] ādyaṃ khaṇḍaṃ khaṇḍadvayātmakam P] ādye khaṇḍadvayātmakam T. [6] ākava P] rākava T ('rā' consists of the initial ā and r written above it); dvikava (2nd) P] dvikā T. [7] dvikṣe ∘ ākṣe 1 P] dvikṣe ākṣe 1 T.

この同じ道理によって[1]第二列にも三部分から成る付数が生ずる.

dvikava ∘ ākava ∘ prava $\dot{1}$ ākava ∘ pra ∘ dvijyeva 1 dvikṣe ∘ ākṣe 1.[2]

このように，二つの列に小長付数が生ずる.[3]

dvijye ∘ āka 1 dvijye ∘ ājye 1
ājye ∘ dvika 1 dvijye ∘ ājye 1

dvikava ∘ ākava ∘ prava $\dot{1}$ dvikava ∘ pra ∘ ājyeva 1 dvikṣe ∘ ākṣe 1
dvikava ∘ ākava ∘ prava $\dot{1}$ ākava ∘ pra ∘ dvijyeva 1 dvikṣe ∘ ākṣe 1

ここで，上列にある[4]小は長と小の〈稲妻〉積の一つであり，第二列にある小は他の積である．一方，長は両方とも長の積の形をしており同一である．ここで，それぞれ稲妻積を小と想定した場合，付数が大きくなるだろう，というので尊敬すべき先生は別様に企てられた．それは次の通りである．

稲妻積の和が小と想定される：　T133, 17

dvijye ∘ āka 1 ājye ∘ dvika 1.

この平方，

dvijyeva ∘ ākava 1 dvijye ∘ āka ∘ ājye ∘ dvika 2 ājyeva ∘ dvikava 1,[5]

に始原数を掛けると，

dvijyeva ∘ ākava ∘ pra 1 dvijye ∘ āka ∘ ājye ∘ dvika ∘ pra 2
ājyeva ∘ dvikava ∘ pra 1.

これにどんな付数を[6]加えたら根を与えるようになるだろうか，と検討される．その場合，これには二つの部分がある．一つ一つの稲妻積から生ずる[7]長の平方が一つ，残りがもう一つである．その場合，小の平方に始原数を掛け付数を加えると長の平方になるだろう，というので，二列に生ずる長の平方は，

dvijyeva ∘ ākava ∘ pra 1 dvikava ∘ ākava ∘ prava $\dot{1}$
ājyeva ∘ dvikava ∘ pra 1 dvikava ∘ ākava ∘ prava $\dot{1}$

dvikava ∘ pra ∘ ājyeva 1 dvikṣe ∘ ākṣe 1
ākava ∘ pra ∘ dvijyeva 1 dvikṣe ∘ ākṣe 1

二つの列とも長の積からなる長は等しいから，これら長の平方もまた〈互いに〉等しい．三番目のこの dvijyeva ∘ ājyeva 1 もまた〈それらに等しい〉.　T134, 1

さて，稲妻積の和の形を持つものとして想定された小の平方に始原数を掛けたこの　T134, 4

---

[1] yuktyā P] yuktayā T.　[2] dvikṣe ∘ ākṣe 1 P] dvikṣe ākṣe 1 T.　[3] この上下二列表記は P 本に従う．T 本では表にせず，まず第 1 列，次いで第 2 列と地の文に埋め込む．1st line: ākṣe P] ākṣeṃ T. 2nd line: dvijye ∘ ājye 1 P] ājye ∘ dvijye 1 T; dvikava ∘ ākava ∘ prava $\dot{1}$ P] ākava ∘ dvikava ∘ prava $\dot{1}$ T.　[4] ūrdhvapaṅktau P] ūrdhvaṃ paṅktau T.　[5] dvikava 1 P] dvikaba 1 T.　[6] kṣepeṇa P] kṣepena T.　[7] vajrābhyāsaja P] vajrābhyāsa T.

dvijyeva ∘ ākava ∘ pra 1 dvijye ∘ āka ∘ ājye ∘ dvika ∘ pra 2
ājyeva ∘ dvikava ∘ pra 1,[1]

から長の平方を二つとも別々に引くと，残りは等しい．

dvijye ∘ āka ∘ ājye ∘ dvika ∘ pra 2 ākava ∘ dvikava ∘ prava 1
ākṣe ∘ dvikṣe 1̇.

これは，もし引かれた長の平方を再び加えられると，想定された小の平方に始原数を掛けた，元のものになるだろう．ところがこの長の平方，dvijyeva ∘ ājyeva，もまた引かれたものに等しい，というので，これを加えると，想定された小の平方に[2]始原数を掛けたものが生ずる：

dvijyeva ∘ ājyeva 1 dvijye ∘ āka ∘ ājye ∘ dvika ∘ pra 2
ākava ∘ dvikava ∘ prava 1 ākṣe ∘ dvikṣe 1̇.[3]

これに付数の積を加えたものから，「平方数から根をとり」云々(BG 12) によって，この根，

dvijye ∘ ājye 1 āka ∘ dvika ∘ pra 1,

が得られるというので，「二つの短の積に始原数を掛け，長の積を加えたもの[4]が長根である」云々(BG 42) が正起した．同様に，稲妻積の差を小と想定して，述べられた道理によって，差生成の正起次第も見ることができる．このように，部分つぶし (khaṇḍa-kṣoda) によって，多くの正起次第があるが，文章が長くなることを恐れて，〈ここでは〉書かれない．

···Note···

和生成の正起次第．VP $(p)\,[\alpha_1, \beta_1, \gamma_1]$, VP $(p)\,[\alpha_2, \beta_2, \gamma_2]$ とすると，BG 44 から，

$$\mathrm{VP}\,(p)\left[\alpha_1\beta_2, \beta_1\beta_2, \beta_2^2\gamma_1\right], \quad \mathrm{VP}\,(p)\left[\alpha_2\beta_1, \beta_1\beta_2, \beta_1^2\gamma_2\right].$$

VP $(p)\,[\alpha_2, \beta_2, \gamma_2]$ から $\beta_2^2 = p\alpha_2^2 + \gamma_2$ だから，$\beta_2^2\gamma_1 = p\alpha_2^2\gamma_1 + \gamma_1\gamma_2$．VP $(p)\,[\alpha_1, \beta_1, \gamma_1]$ から $\gamma_1 = -p\alpha_1^2 + \beta_1^2$ だから，$p\alpha_2^2\gamma_1 = p\alpha_2^2(-p\alpha_1^2 + \beta_1^2) = -p^2\alpha_1^2\alpha_2^2 + p\alpha_2^2\beta_1^2$．したがって，$\beta_2^2\gamma_1 = -p^2\alpha_1^2\alpha_2^2 + p\alpha_2^2\beta_1^2 + \gamma_1\gamma_2$．同様に，$\beta_1^2\gamma_2 = -p^2\alpha_1^2\alpha_2^2 + p\alpha_1^2\beta_2^2 + \gamma_1\gamma_2$．ゆえに，

$$\mathrm{VP}\,(p)\left[\alpha_1\beta_2, \beta_1\beta_2, -p^2\alpha_1^2\alpha_2^2 + p\alpha_2^2\beta_1^2 + \gamma_1\gamma_2\right],$$

$$\mathrm{VP}\,(p)\left[\alpha_2\beta_1, \beta_1\beta_2, -p^2\alpha_1^2\alpha_2^2 + p\alpha_1^2\beta_2^2 + \gamma_1\gamma_2\right].$$

$\alpha_3 = \alpha_1\beta_2 + \alpha_2\beta_1$ とすると，

$$p\alpha_3^2 = p(\alpha_1^2\beta_2^2 + 2\alpha_1\alpha_2\beta_1\beta_2 + \alpha_2^2\beta_1^2) = p\alpha_1^2\beta_2^2 + 2p\alpha_1\alpha_2\beta_1\beta_2 + p\alpha_2^2\beta_1^2.$$

一方，上で示されたように，

$$(\beta_1\beta_2)^2 = p\alpha_1^2\beta_2^2 - p^2\alpha_1^2\alpha_2^2 + p\alpha_2^2\beta_1^2 + \gamma_1\gamma_2,$$

$$(\beta_1\beta_2)^2 = p\alpha_2^2\beta_1^2 - p^2\alpha_1^2\alpha_2^2 + p\alpha_1^2\beta_2^2 + \gamma_1\gamma_2.$$

---

[1] ājye ∘ dvika P] ājye dvika T. [2] vargaḥ T] varga P. [3] ākṣe ∘ dvikṣe P] ākṣe dvikṣe T. [4] yug P] yuka T.

これらは等しい．また，$(\beta_1\beta_2)^2 = \beta_1^2\beta_2^2$．したがって，

$$p\alpha_3^2 - \beta_1^2\beta_2^2 = 2p\alpha_1\alpha_2\beta_1\beta_2 + p^2\alpha_1^2\alpha_2^2 - \gamma_1\gamma_2,$$

$$p\alpha_3^2 = \beta_1^2\beta_2^2 + 2p\alpha_1\alpha_2\beta_1\beta_2 + p^2\alpha_1^2\alpha_2^2 - \gamma_1\gamma_2,$$

$$p\alpha_3^2 + \gamma_1\gamma_2 = \beta_1^2\beta_2^2 + 2p\alpha_1\alpha_2\beta_1\beta_2 + p^2\alpha_1^2\alpha_2^2 = (\beta_1\beta_2 + p\alpha_1\alpha_2)^2.$$

よって和生成が正起した．差生成も同様である．

この正起次第で注釈者 K が「指標」(upalakṣaṇa) として用いた「頭文字」(prathama-akṣara) とその意味およびこの Note で用いた記号との関係は次の通り．ただし，‘∘’ は頭文字ではない．

頭文字	元の言葉	和訳	Note で用いた記号
āka	ādya-kaniṣṭhamūla	最初の小根	α_1
ājye	ādya-jyeṣṭhamūla	最初の長根	β_1
ākṣe	ādya-kṣepaka	最初の付数	γ_1
dvika	dvitīya-kaniṣṭhamūla	二番目の小根	α_2
dvijye	dvitīya-jyeṣṭhamūla	二番目の長根	β_2
dvikṣe	dvitīya-kṣepaka	二番目の付数	γ_2
pra	prakṛti	始原数	p
va	varga	平方	$(\ \ )^2$
∘	guṇita, etc.	掛けられた	なし
なし	yuta, etc.	足された	$+$

「最初」＝「一番目」に prathama の頭文字 ‘pra’ を使わなかったのは，‘pra’ を始原数 (prakṛti) に使うためであろう．「短根」＝「軽根」＝「小根」のために ‘hra’ (< hrasva) あるいは ‘la’ (< laghu) を用いず ‘ka’ (< kaniṣṭha) を用いた理由ははっきりしないが，審美的な理由があったのかもしれない．「指標」の選択に関して，第 3 章，T41, 8 の段落参照．また，他の略号に関して，E44p, T184, 2, T197, 13 に対する Note，および T243, 7 以下に対する Note 参照．なお，「部分つぶし」(khaṇḍa-kṣoda) とは，数式の「部分」すなわち項に同値な式を代入することか．あるいは，上の $\gamma_1\gamma_2$ のように，ある項を移行してその辺から消すことか．あるいは，$p\alpha_3^2 - \beta_1^2\beta_2^2$ の計算に見るような同類項の簡約のことか．

....

このように，二つの生成により任意の付数に生ずる根を得た場合に，それ　T134, 19
ら（根）から他の付数に生ずる根を導くこと，また何らかの付数に対して根を得た場合に[1]，それ（付数）がもし任意数で掛けられたり割られたりして提示された[2]付数になるとき，それら（根）から，提示された付数に生ずる根を導くことを，アヌシュトゥブ詩節で述べる．

任意数の平方で割られた付数が付数となるだろう．〈同じ〉任意　44
数で割られた二根がそれら（二根）である．あるいは，〈任意数の平方で〉付数が掛けられた場合は，二根が〈任意数で〉掛けられる．/44/

[1] kutrāpi kṣepe padasiddhau T] kutrāpi kṣepapadasiddhau P.　[2] uddiṣṭa P] uddhiṣṭa T. 以下，T 本はほとんどすべての場所で uddhiṣṭa であるが，注記は略す．

···Note ···

規則 (BG 44): 平方始原の規則 3（根と付数の縮小と拡大）.

VP (p) $[\alpha, \beta, \gamma]$ のとき，任意の a に対して，

$$\mathrm{VP}\,(p)\left[\alpha/a, \beta/a, \gamma/a^2\right], \quad \mathrm{VP}\,(p)\left[a\alpha, a\beta, a^2\gamma\right].$$

···

T135, 1 ある付数に対して小根と長根が得られた場合，その付数が任意数の平方で割られて[1]もし〈望まれた〉付数になるなら，それら二根を任意数で割れば[2]〈求める〉二根である．一方，もし任意数の平方で掛けられて〈望まれた〉付数になるなら，それら二根に任意数を掛けたもの〈が求める二根〉である，ある任意数の平方で付数が掛けられるとき，それで二根が掛けられるべきである，という意味である．

T135, 4 これに関する正起次第．平方量が平方で掛けられたり割られたりしても平方性を捨てないということは良く知られている．本題の場合，小の平方，kava 1,[3]が始原数を掛けられ[4]，付数を加えられて長の平方になる，というので[5]，生ずる長の平方は，kava ∘ pra 1 kṣe 1.[6] 次に，両方とも任意数の平方を掛けて，書置：kava ∘ iva ∘ pra 1 iva ∘ kṣe 1.[7] ここで，小と長の平方に[8]任意数の平方を[9]掛けるから，それらの根の乗数は任意数そのものである．というのは，任意数の平方と小の平方の積は，任意数と小の積の平方に他ならないから．長の平方に関しても同様である．一方，任意数と小の積の平方の根は，任意数と小の積に他ならない．長の平方の場合も同様である．さてここで，付数の検討がある．始原数を掛けた小の平方と単独の長の平方との差が実に付数である．本題の場合，その差は，前の付数に任意数の平方を掛けたものである．任意数の平方で小と長の平方を割った場合もまったく同様である．だからこのように，「任意数の平方で割られた付数が」云々(BG 44) が正起した．

···Note ···

VP (p) $\left[a\alpha, a\beta, a^2\gamma\right]$ の正起次第．VP (p) $[\alpha, \beta, \gamma]$ とすると $p\alpha^2 + \gamma = \beta^2$．$a$ を任意数として a^2 を掛けると，$pa^2\alpha^2 + a^2\gamma = a^2\beta^2$．したがって，$p(a\alpha)^2 + a^2\gamma = (a\beta)^2$．よって VP (p) $\left[a\alpha, a\beta, a^2\gamma\right]$．VP (p) $\left[\alpha/a, \beta/a, \gamma/a^2\right]$ も同様，という趣旨．

···

T135, 17 次に，場合によっては，付数が提示されたとき[10]，ルーパを付数として生ずる[11]二根からの生成によって根の多様性がある，というので，ルーパを付数として生ずる根の別の方法による求め方を，アヌシュトゥブ一詩節半で述べる．

45 **あるいは，任意数の平方と始原数の差で任意数の二倍を割るべき**
46ab **である．それは，一を加えた場合の小根となるだろう．// それ**

---

[1] bhaktaḥ san P] bhaktaḥ T. [2] bhakte satī P] bhaktaḥ sati T. [3] kava 1 P] kaba 1 T. [4] prakṛtiguṇaḥ T] kaniṣṭhavargaḥ prakṛtiguṇaḥ P. [5] kṣepayuto jyeṣṭhavargo bahvatīti P] kṣepayukto jyeṣto vargo bhavartīti T. [6] kṣe P] kṣepa T. [7] kava ∘ iva ∘ pra 1] kava ∘ iva pra 1 T, iva ∘ kava 1 iva ∘ kava ∘ pra ∘ 1 P; iva ∘ kṣe 1 P] iva ∘ kṣepa 1 T. [8] kaniṣṭhajyeṣṭhavargayor P] kaniṣṭavargayor T. [9] vargeṇa T] varga P. [10] uddiṣṭakṣepe P] uddhiṣṭakṣepa T. [11] rūpakṣepaja P] rūpaja T.

から，ここでの長〈根が得られる〉．生成により，また任意数により，〈根の数は〉限り無い[1]．/45-46ab/

···Note···

規則 (BG 45-46ab): 平方始原の規則 4（付数 1 に対する有理解）．

a を任意数として，

$$\mathrm{VP}\,(p)\left[\frac{2a}{|\,p-a^2\,|},\beta,1\right].$$

ここで β は規則 1 (BG 40) に従って計算する．結果は $\beta=\frac{p+a^2}{|p-a^2|}$．任意数によるだけでなく，生成により $\mathrm{VP}\,(p)\,[x,y,1]$ の多くの解が得られる．BG E28 とその Note 参照．

···

「任意数の平方と始原数の差で」「任意数の二倍を[2]」「割るべきである」． T135, 22
「それは」，「一を加えた場合の」: ルーパを付加した場合の，「小」と「なるだろう」．「それから」: 小から，「長」が生ずるだろう，「短〈根〉は任意数である．
その平方に始原数を掛け」云々(BG 40) によって．小と長には，生成のため T136, 1
に，また任意数のために，〈数に〉限りがない (ānantya)．

これに関する正起次第．「短〈根〉は任意数である」(BG 40) というここ T136, 2
で，小は任意数であると述べられた．それが二倍される[3]と，小の平方の四倍が生ずるだろう．これに始原数を掛けたものは，小の平方と始原数の積の四倍である．[4]これに何を加えたら根を与えるものになるかが検討される．「積の四倍と和の平方との差は量の差の平方に等しい」(BG 64abc) というので，積の四倍に量の差の平方を加えると和の平方になる．そしてその根は必然的に得られる．ここには小の平方と始原数との積の四倍があり，小は任意数である．だから，任意数の平方と始原数との積の四倍がこれである．これに，任意数の平方と始原数との差の平方を加えると，必然的に根を与えるものになるだろう．すなわち，任意数の二倍が小であり，それから，任意数の平方と始原数との差の平方に付数が等しい場合の長根も得られる．そして，期待されているのはルーパが付数の場合〈の根〉である．その道理は，「任意数の平方で割られた付数が付数と[5]なるだろう．〈同じ〉任意数で割られた二根がそれら（二根）である」(BG 44) というこれによる．ここでの任意数は，〈前の〉任意数の平方と始原数との差に等しく想定される．その平方で付数が割られると[6]，ルーパになるだろう．一方，小は，任意数の平方と始原数との差で割られるべきである．本題の場合，小は任意数の二倍である．だから，「あるいは，任意数の平方と始原数の差で任意数の二倍を割るべきである」(BG 45) が正起した．

---

[1] ānantyaṃ P] ānantya T.　[2] dvighnam P] dvinighnam T.　[3] dvighnaṃ P] ddigghnaṃ T.　[4] tadā kaniṣṭhavargaścaturguṇaḥ syāt/ asau prakṛtiguṇaḥ kaniṣṭhavargaprakṛtyoścaturguṇo ghātaḥ/] tadā kaniṣṭhavargaprakṛtyoścaturguṇo ghātaḥ/ T, tadā kaniṣṭhavargaścaturguṇaḥ syāt/ asau caturguṇaḥ kaniṣṭhavargaprakṛtyoścaturguṇo ghātaḥ/ P.
[5] kṣepaḥ kṣepaḥ P] kṣepaḥ T.　[6] kṣepe bhakte P] kṣepabhakte T.

···Note ·································

$x = 2a$ とすると $px^2 = 4pa^2$．これに何を加えたら平方数になるかを考える．そこで，BG 64abc で与えられる恒等式，$(p+q)^2 - 4pq = |\,p-q\,|^2$，から，$4pq + |\,p-q\,|^2 = (p+q)^2$．ここで $q = a^2$ とすると，$4pa^2 + |\,p-a^2\,|^2 = (p+a^2)^2$．BG 44 で「任意数」$(a)$ を $|\,p-a^2\,|$ とすると，

$$\mathrm{VP}\,(p)\left[\frac{2a}{|\,p-a^2\,|}, \frac{p+a^2}{|\,p-a^2\,|}, 1\right].$$

K は触れていないが，この解は，長根を短根の任意数倍に 1 加えたもの $(y = ax+1)$ と置くことによっても得られる．

···

T136, 15 次に，平方始原に関する例題二つをアヌシュトゥブ詩節で述べる．

A164, 16 **例題．/E28p0/**

E28 **どんな平方に八を掛け，一を加えると平方になるだろうか．計算士よ，述べなさい．また友よ，どんな平方に十一を掛け，一を加えると平方になるだろうか．/E28/**

A164, 19 **一番目の例題に関する書置：pra 8 kṣe 1．ここで一を「任意」の「短〈根〉」と想定して生ずる二根と付数は，ka 1 jye 3 kṣe 1．これらを生成のために書置：**

pra 8	ka	1	jye	3	kṣe	1
	ka	1	jye	3	kṣe	1

「長短の稲妻積二つ」云々(BG 42) により，最初の小と二番目の長根の積は 3，二番目の小と最初の長根の積は 3．これら二つの和 6 は〈新しい〉小根になるだろう．小二つの積 1 に始原数を掛け，8，長二つの積であるこの 9 を加えた 17 は〈新しい〉長根になるだろう．付数二つの積が〈新しい〉付数になるだろう，1．前の根と付数を，これらとともに，生成のために書置：

pra 8	ka	1	jye	3	kṣe	1
	ka	6	jye	17	kṣe	1

生成により得られる二根は，ka 35 jye 99 kṣe 1．このように，根〈の数〉は限りない．/E28p1/

A165, 1 **二番目の例題に関する〈書置：pra 11 kṣe 1〉．ルーパを「任意」の小と想定して，その平方に始原数を掛け，二ルーパを引くと，長根は 3．ここで，生成のための書置：**

pra 11	ka	1	jye	3	kṣe	$\dot{2}$
	ka	1	jye	3	kṣe	$\dot{2}$

前のように得られる，四を付数とする二根は，ka 6 jye 20 kṣe 4．「任意数の平方で割られた付数が」云々(BG 44) により生ずるルーパを付数とする二

根は，ka 3 jye 10 kṣe 1．これからまた，等生成により短根と長根が生ずる，ka 60 jye 199 kṣe 1．このように，限り無い根がある．/E28p2/

あるいはまた，ルーパを「任意」の小と想定すると，五を付数とする二根 A165, 7
が生ずる，ka 1 jye 4 kṣe 5．これから，等生成により〈生ずる〉二根は，ka 8 jye 27 kṣe 25.「任意数の平方で割られた付数が」云々(BG 44) により，五を任意数と想定して生ずる，ルーパを付数とする二根は，ka $\frac{8}{5}$ jye $\frac{27}{5}$ kṣe 1．これら二つを，前の二根とともに，生成のために書置：

pra 11	**ka**	$\frac{8}{5}$	**jye**	$\frac{27}{5}$	**kṣe**	**1**
	ka	**3**	**jye**	**10**	**kṣe**	**1**

生成により生ずる二根は，ka $\frac{161}{5}$ jye $\frac{534}{5}$ kṣe 1．あるいはまた，「二つの稲妻積の差が短であり」云々(BG 43) によって計算される生成により二根が生ずる，ka $\frac{1}{5}$ jye $\frac{6}{5}$ kṣe 1．このように，〈根は〉幾通りもある．/E28p3/

「あるいは，任意数の平方と始原数の差で任意数の二倍を割るべきである」 A165, 14
云々(BG 45) というもう一つの選択肢によって，ルーパを付数とする二根が与えられる．その場合，一番目の例題では，三ルーパが任意数と想定される，3．これの平方は 9．始原数は 8．これら二つの差は 1．これで任意数の二倍を割ると，6，ルーパを加える場合の小根が生ずる．これから，前のように〈得られる〉長は 17．同様に二番目の例題でも，三ルーパを任意数と想定して，小と長が生ずる，ka 3 jye 10 kṣe 1．このように，任意数に応じて，また和生成と差生成により，根には限りが無い．/E28p4/

以上が平方始原である．/E28p5/ A165, 22

···Note···

例題 (BG E28): 1. VP (8) $[x, y, 1]$. 2. VP (11) $[x, y, 1]$.

1 の解：規則 1 により，VP (8) [1, 3, 1]．これに規則 2 の等生成を適用して，

$$\mathrm{BH}^{+}(8)\left[\begin{array}{ccc}1 & 3 & 1\\ 1 & 3 & 1\end{array}\right] = \mathrm{VP}\,(8)\,[6, 17, 1]\,.$$

VP (8) [1, 3, 1] と VP (8) [6, 17, 1] とからの生成（規則 2）により，

$$\mathrm{BH}^{+}(8)\left[\begin{array}{ccc}1 & 3 & 1\\ 6 & 17 & 1\end{array}\right] = \mathrm{VP}\,(8)\,[35, 99, 1]\,.$$

同様に，付数 1 に対する解は無数にある．(以上 E28p1)

2 の解：規則 1 により，VP (11) [1, 3, −2]．これに規則 2 の等生成を適用して，

$$\mathrm{BH}^{+}(11)\left[\begin{array}{ccc}1 & 3 & -2\\ 1 & 3 & -2\end{array}\right] = \mathrm{VP}\,(11)\,[6, 20, 4]\,.$$

規則 3 により，VP (11) [3, 10, 1]．これに規則 2 の等生成を適用して，

$$\mathrm{BH}^{+}(11)\left[\begin{array}{ccc}3 & 10 & 1\\ 3 & 10 & 1\end{array}\right] = \mathrm{VP}\,(11)\,[60, 199, 1]\,.$$

同様に，付数 1 に対する解は無数にある．(以上 E28p2)

あるいはまた，規則 1 により，VP (11) [1, 4, 5]．これに規則 2 の等生成を適用して，

$$\mathrm{BH}^{+}(11)\left[\begin{array}{ccc}1 & 4 & 5\\ 1 & 4 & 5\end{array}\right] = \mathrm{VP}\,(11)\,[8, 27, 25]\,.$$

規則 3 により，VP (11) $\left[\frac{8}{5}, \frac{27}{5}, 1\right]$. これと VP (11) [3, 10, 1] とから，規則 2 の和生成により，

$$\mathrm{BH}^{+}(11)\left[\begin{array}{ccc} 8/5 & 27/5 & 1 \\ 3 & 10 & 1 \end{array}\right] = \mathrm{VP}\,(11)\left[\frac{161}{5}, \frac{534}{5}, 1\right].$$

あるいは差生成により，

$$\mathrm{BH}^{-}(11)\left[\begin{array}{ccc} 8/5 & 27/5 & 1 \\ 3 & 10 & 1 \end{array}\right] = \mathrm{VP}\,(11)\left[\frac{1}{5}, \frac{6}{5}, 1\right].$$

同様に多数の解が得られる．(以上 E28p3)

1 と 2 の別解：規則 4 により，$a = 3$ とおいて，VP (8) [6, 17, 1], VP (11) [3, 10, 1]. このように，規則 2 または規則 4 により無数の解が得られる，という趣旨．(以上 E28p4)

....

T136, 18 意味は明瞭である．[1]一番目に関する書置：pra 8 kṣe 1. ここで一を「任意」の「短〈根〉」と想定して生ずる二根は，ka 1 jye 3 kṣe 1. これらを生成のために書置：

pra 8	ka	1	jye	3	kṣe	1
	ka	1	jye	3	kṣe	1

ここで規則に[2]「長短の稲妻積二つ」云々(BG 42) とある．最初の小 1 と二番目の長根 3 の積は 3，二番目の小と最初の長，1, 3，の積は 3．これら二つの和 6 は〈新しい〉小根になるだろう．小二つ，1, 1，の積 1 に始原数 8 を掛け，8，長二つ，3, 3，の積であるこの 9 を加えた 17 は〈新しい〉長根になる
T137, 1 だろう．付数二つ，1, 1，の積が〈新しい〉付数になるだろう，1.[3]

前の根と付数を，これらとともに，生成のために書置：

pra 8	ka	1	jye	3	kṣe	1
	ka	6	jye	17	kṣe	1

ここで稲妻積二つは，17, 18. これら二つの和が短である，35. 小二つの積[4]，6，に始原数 8 を掛けて，48，長の積 51 を加えた 99 が長根である．付数二つの積が付数である，1. ka 35 jye 99 kṣe 1.[5] このように，生成次第で〈根は〉限り無い．

T137, 6 次に，二番目の例題に関する書置：pra 11 kṣe 1. ルーパを「任意」の小と想定して，その平方に始原数を掛け，二ルーパを引くと，長根は 3.[6] 生成のための書置：

pra 11	ka	1	jye	3	kṣe	$\dot{2}$
	ka	1	jye	3	kṣe	$\dot{2}$

長短の稲妻積二つ，3, 3. これら二つの和 6 が短．短二つの積 1 に始原数 11 を[7]掛け，長の積 9 を加えた 20 が長根である．付数二つ，$\dot{2}$, $\dot{2}$,[8]の積 4 が付数である．ka 6 jye 20 kṣe 4.「任意数の平方で割られた[9]付数が」云々(BG 44) により，二ルーパを任意数と想定して生ずるルーパを付数とする二根は，ka 3 jye 10 kṣe 1. 等生成のための書置：

---

[1] 以下の K 注は，少し詳しい部分もあるが，ほとんど逐語的にバースカラの自注と同じ．
[2] sūtram P] sūtra T. [3] kṣepaḥ syāt 1 T] kṣepaḥ 1 syāt P. [4] āhatiḥ P] āhati T.
[5] ka P] kaḥ T. [6] 3 P] ∅ T. [7] 11 T] ∅ P. [8] $\dot{2}$/ $\dot{2}$ T] 2/ 2 P. [9] hṛtaḥ P] hataḥ T.

ka	3	jye	10	kṣe	1
ka	3	jye	10	kṣe	1

[1]

生ずる二根は，ka 60 jye 199 kṣe 1．このように，ここで〈も〉，生成次第で〈根は〉限り無い．

あるいはまた，ルーパを「任意」の小と想定すると，五を付数とする二根が生ずる，ka 1 jye 4 kṣe 5．これら二つの等生成により[2]〈生ずる〉二根は，ka 8 jye 27 kṣe 25．「任意数の平方で割られた付数が」(BG 44) というので，五を任意数と想定して生ずる二根は，ka $\frac{8}{5}$ jye $\frac{27}{5}$ kṣe 1．これら二つを，前の二根とともに，生成のために書置： T137, 14

pra 11	ka	$\frac{8}{5}$	jye	$\frac{27}{5}$	kṣe	1
	ka	3	jye	10	kṣe	1

[3]

生成により得られる二根は，ka $\frac{161}{5}$ jye $\frac{534}{5}$ kṣe 1.[4] あるいはまた，「二つの稲妻積の差が」云々(BG 43) によって計算される差生成により二根が生ずる，ka $\frac{1}{5}$ jye $\frac{6}{5}$ kṣe 1．このように，〈根は〉幾通りもある． T137, 19 T138, 1

…Note……

T 本はここで，分数 $\frac{a}{b}$ を表すために $\frac{a}{b}$ と $a \mid b$ を混用している．

……

「あるいは，任意数の平方と始原数の差で任意数の二倍を割るべきである．」云々(BG 45) というもう一つの選択肢によって，ルーパを付数とする二根が与えられる．一番目の例題では，三ルーパを任意数と想定して述べられた通りの方法で小 6〈が得られる〉．これの平方 36 に[5]始原数 8 を掛け，288，一を加えると 289．これの[6]根 17 は長根である．同様に二番目の例題でも，三ルーパを任意数と想定して，小と長が生ずる，ka 3 jye 10 kṣe 1.[7] このように，任意数に応じて，また和生成と差生成により，根には限りが無い． T138, 1

6.2　円環法

さて円環法である.[8] 次に，小と長が整数であるために，円環法と呼ばれる平方始原を，アヌシュトゥブ詩節の後半と，三つのアヌシュトゥブ詩節と，アヌシュトゥブ詩節の前半とで述べる． T139, 1

次に，円環法に関する術則，四詩節．/46cdp0/ A170, 28

[1] ここでは T 本も P 本も pra 11 を欠く．　[2] tulyabhāvanayā P] tulyabhāvanāyā T.　[3] $\frac{8}{5}$ P] 8|5 T; $\frac{27}{5}$ P] 27|5 T.　[4] $\frac{161}{5}$ P] 161|5 T; $\frac{534}{5}$ P] 534|5 T; kṣe P] kṣepa T.　[5] 36 P] ∅ T.　[6] asya P] sya T.　[7] jye 10 P] jye 1 T.　[8] atha cakravālaṃ T] ∅ P. T 本はこの文章を新ページの冒頭に置き，章のタイトルと同じ大きさの活字で恰も見出しのように印字する．しかし，その直前に章の終わりを示す注釈者 K による一連の文章と詩節がないから，少なくとも K はこれを新しい章の始まりとは考えていない．本章末尾の K の結語参照．A 本では直前の自注の最後に 'iti vargaprakṛtiḥ' (以上が平方始原である) という結語があるが，章の終わりの結語なら例えば「以上，バースカラの『ビージャガニタ』における平方始原の円環法は完結した」というようにタイトル『ビージャガニタ』に言及するのが常だから，それは節の終わりを示すものであって章の終わりではないと思われる．P 本ではここに章や節の切れ目を示すものはない．

46cd **〈平方始原の〉短根，長根，付数を〈クッタカの〉被除数，付数，**
47 **除数と//みなして，その乗数を次のように想定すべきである，す**
なわち，〈その〉乗数の平方が，始原数から引かれるか，あるいは
48 **始原数を引かれたとき，残りが小さくなるように．// それを付**
数で割ったものが付数である．ただし，始原数から引かれた場合
は〈正負を〉逆にする．〈その〉乗数に対する商が短根である．そ
49 **れから長〈根が得られる〉．これから繰り返す，// 前の根と付数**
を除去して．これを円環法と呼ぶ．このようにして，四と二と一
50ab **を加えた場合の整数根二つが生ずる．// 四と二を付数とする二**
根から，ルーパを付数とするもののための生成が〈行われるべき
である〉．/46cd-50ab/

···Note···
規則 (BG 46cd-50ab)：平方始原の規則 5（円環法 cakravāla）．

VP $(p)\,[\alpha_0,\beta_0,\gamma_0]$ を一組の整数解とし，これに対し，KU $(\alpha_0,\gamma_0,\beta_0)\,[n,m]$ も整数解とすると（記号 KU ついては T86, 4 の段落に対する Note 参照），

$$\alpha_1 = n, \quad \gamma_1 = \frac{m^2-p}{\gamma_0}$$

として，VP $(p)\,[\alpha_1,\beta_1,\gamma_1]$ も成り立つ．この β_1 を

$$\beta_1 = \sqrt{p\alpha_1^2+\gamma_1}$$

によって計算することは，「それから長」(BG 48) という表現によって暗示されている．K 注は，

$$\beta_1 = \frac{p\alpha_0+m\beta_0}{\gamma_0}$$

によってもそれが得られることを指摘する（T142, 8 段落参照）．$|\,m^2-p\,|$ が小さくなるように m を選びながらこれを繰り返すと，$\gamma_k=\pm 4$, ± 2, または ± 1 に対する整数解 VP $(p)\,[\alpha_k,\beta_k,\gamma_k]$ が得られる．そして $\gamma_k=1$ 以外の場合，それらから規則 2 と規則 3 によって $\gamma_k=1$ に対する整数解が得られる，という主旨．

以下の Note では，$g(m)=|\,m^2-p\,|$ とする．
···

T139, 12 まず，「短〈根〉は任意数である．その平方に」(BG 40) 云々により，短長付数を作り（計算し），それからそれらの[1]短長付数を順に「被除数，付数，除数とみなして」クッタカにより「次のように」「乗数が」求められるべきである，「すなわち，乗数の平方が，始原数から引かれるか，あるいは始原数を引かれたとき，残りが[2]小さくなるように」．その場合の[3]残りを前の「付数で割」れば付数になるだろう．乗数の平方が「始原数から引かれた場合は」，この付数は「逆に」なるだろう．正数であれば負数に，負数であれば正数になるだろう，という意味である．乗数の平方と始原数との差が作られたとき，その乗数に対する商が短根になるだろう．「それから」：短根から，長が前のように生ずるだろう．

T139, 18 次に，最初の小長付数を「除去し」，今度は得られた小長付数から再び[4]クッ

[1] tān P] tānkrameṇa T. [2] śeṣam T] śeṣakam P. [3] tatra T] tattu P.

タカにより乗数と商を計算し，述べられた如くに小長付数を[1]求めるべきである．このように「繰り返す」．先生たちはこの計算 (gaṇita) を円環法と呼ぶ．「このようにして」，円環法により，「四と二と一を加えた場合の」：四を付数とする，あるいは二を付数とする，あるいは一を付数とする，整数根二つが T140, 1
生ずる．これは指標である．どこでも付数が整数の場合には，〈このようにして〉二根が生ずる.[2] 「加えた場合の」というの〈も〉指標である．したがって，引いた場合も，と知るべきである．

···Note ··

以上は，$\gamma_k = \pm 4, \pm 2$, または ± 1 に対する整数解 VP (p) $[\alpha_k, \beta_k, \gamma_k]$ が得られるところまでの説明．前 Note 参照．

··

次に，ルーパを付数とする根を導くために別の方法もある，というので云 T140, 3
う,「四と二を付数とする二根から」と．四を付数とする二根から，あるいは二を付数とする二根から，ルーパを付数とするもののために〈行われる〉生成が「ルーパを付数とするもののための生成」である.「行われるべきである」というのが〈補われるべき〉残りである．四を付数とする場合,「任意数の平方で割られた付数が」云々(BG 44) により，また二を付数とする場合，等生成により[3]四を付数とする二根を求めてから，その後で「任意数の平方で割られた付数が」云々(BG 44) により，ルーパを付数とする場合に生ずる二根があるだろう，という意味である．

···Note ··

VP (p) $[\alpha, \beta, \pm 4]$ が得られたら，BG 44 により，VP (p) $[\alpha/2, \beta/2, \pm 1]$．$\alpha$, β が奇数のときについては，次の段落参照．VP (p) $[\alpha, \beta, \pm 2]$ が得られたら，等生成により VP (p) $[\alpha', \beta', 4]$ を得てから同様にする，という趣旨．また，VP (p) $[\alpha, \beta, -1]$ が得られたら等生成を行う，ということは暗黙の了解．

··

同様に，九，三などを付数とする二根からも，[4] 「ルーパを付数とするも T140, 8
ののための生成」が見られるべきである．〈ただし〉ここでルーパを付数とする根を導く場合，それら二つが整数であるという決まりはない．一方,「四と二を付数とする二根から，ルーパを付数とするもののための生成」が行われる場合，小と長の除数は二であるから，ほとんどの場合，ルーパを付数とする二根に整数性が得られる，というので,「四と二を付数とする二根から」と述べられた．しかし，生成によって整数性が得られないときは，さらに円環法によって二根が得られるべきである[5]，という後続のことも理知ある者たちは理解すべきである．

---

[4] kaniṣṭhajyeṣṭhakṣepebhyaḥ punaḥ P] ṣunaḥ T.　[1] kaniṣṭhajyeṣṭhakṣepāḥ T] kaniṣṭhajyeṣṭhapadakṣepāḥ P.　[2] idamupalakṣaṇam/ yatra kutrāpi kṣepe 'bhinne pade bhavataḥ/ P] ∅ T.　[3] tulyabhāvanayā P] tulyabhāvanāyā T.　[4] T はこの後の 43 文字（「一方，四と二を付数とする二根から」まで）を欠く．rūpakṣepārthabhāvanā draṣṭavyā/ asminrūpakṣepapadānayane tayornābhinnatvaniyamaḥ/ caturdvikṣepamūlābhyāṃ tu P] ∅ T. 脱落部分の最後の tu の後には rūpakṣepārthabhāvanāyāṃと続くので，これは haplologic omission と考えられる．　[5] sādhye P] sādhya T.

···Note···

VP (p) $[\alpha, \beta, \pm 9]$ や VP (p) $[\alpha, \beta, \pm 3]$ が得られたときも，前と同様，BG 44 により VP (p) $[\alpha', \beta', \pm 1]$ が得られるが，整数根が得られる可能性は，VP (p) $[\alpha, \beta, \pm 4]$ や VP (p) $[\alpha, \beta, \pm 2]$ の場合より低い．整数根が得られないときは，円環法を適用する，という趣旨．

···

T140, 12 これに関する正起次第．「任意数の平方で割られた付数が」云々(BG 44) という道理によって，小に任意数を掛けた場合，付数も任意数の平方を[1]掛けるべきである．そうすると，小と付数が[2]生ずる，i ○ ka 1 iva ○ kṣe 1．ここで，付数に等しい任意数を想定して，「任意数の平方で割られた付数が」云々 (BG 44) により，小と付数が生ずる，

$$\left|\begin{array}{c|c} \text{i ○ ka 1} & \text{iva ○ kṣe 1} \\ \text{kṣe 1} & \text{kṣeva 1} \end{array}\right|$$ [3]

このようにここでは，最初の小に任意数を掛け，付数で割ったものが小になるだろう．小と同じように長もまた〈得られる〉．一方，最初の付数に任意数の平方を掛け，付数の平方で割れば，ここでの付数になるだろう．この付数において，除数と被除数を[4]前の付数で共約すると，生ずる付数は，$\left|\begin{array}{c} \text{iva 1} \\ \text{kṣe 1} \end{array}\right|$ 最初の付数で割られた任意数の平方である．したがって，小に任意数を掛け，付数で割ったものがもし小と想定されるなら，任意数の平方を付数で割ったものが付数になる．〈かくして生ずる小長付数は，

$$\left|\begin{array}{c|c|c} \text{i ○ ka 1} & \text{i ○ jye 1} & \text{iva 1} \\ \text{kṣe 1} & \text{kṣe 1} & \text{kṣe 1} \end{array}\right| \rangle$$

ここで，任意数は次のように想定されるべきである，すなわち，それを小に掛け，付数で割ったらきれいになる（余りが無い）ように．でなければ，小が整数になることがどうしてあるだろうか．そのために，小に何を掛け，付数で割ったら余りを持たないか，というので，小を被除数と想定し，付数を除数と想定して，付数がない場合の乗数と商を〈クッタカにより〉求めるべきである．ここでの商，それが小根である．ここでの乗数，それが任意数に他ならない，というので，乗数の平方を前の付数で割ったものが付数となるだろう．長もまた，乗数を掛け[5]，付数で割れば，長となるだろう．ここでの

T141, 1 付数は大きくなる，というので，先生は別様に試みられた．

···Note···

円環法の正起次第．VP (p) $[\alpha, \beta, \gamma]$ とすると，BG 44 により，a を任意数として，

$$\mathrm{VP}\,(p)\left[a\alpha, a\beta, a^2\gamma\right].$$

更に BG 44 により，γ を任意数として，

$$\mathrm{VP}\,(p)\left[\frac{a\alpha}{\gamma}, \frac{a\beta}{\gamma}, \frac{a^2}{\gamma}\right].$$

---

[1]「任意数の平方で」からここまでの部分は「これに関する正起次第」の前に置かれており，その代わりこの場所には数字の '2' が置かれている．T の写本ではこの部分が挿入されるべき正しい場所を示すために '2' に似た記号が用いられていたと考えられる．同様の記号に関して，T78, 8 の段落の末尾参照． [2] kṣepau P] kṣepo T. [3] $\frac{\text{iva ○ kṣe 1}}{\text{kṣeva 1}}$ P] iva ○ $\frac{\text{kṣe 1}}{\text{kṣeva 1}}$ T.
[4] hārabhājyayoḥ P] hārabhājyoḥ T. [5] guṇitaṃ P] guṇita T.

ここで，小根 $\frac{a\alpha}{\gamma}$ が整数となるような任意数 a を決めるために，KU $(\alpha, \gamma, 0)$ $[y, x]$ を解く．その整数解を $(y, x) = (n, m)$ とすると，

$$\mathrm{VP}\,(p)\left[n, \frac{m\beta}{\gamma}, \frac{m^2}{\gamma}\right].$$

しかし，この付数 $\frac{m^2}{\gamma}$ は大きくなるので，付数 1 に対する整数解を求めるという目的には不適当である，という趣旨．(続く)

…………………………………………………………………………

小を被除数，長根を[1]付数，付数を除数と想定して，⟨ クッタカにより ⟩ 乗数と商が得られる．前は，小に乗数を掛け，付数で割ったものが小になる，ということであった．しかし今度は，小に乗数を掛け，長を加えて，付数で割ったものが小になるだろう．したがって，長を付数で割ったものが[2]，⟨ 前の ⟩ 小に対する増分 (adhika) として生ずる．そうすると，小の平方に始原数を掛けた場合，増分は何になるか，ということが検討される． T141, 1

そこで，前の小は |i ○ ka 1 / kṣe 1|[3] これの平方 |iva ○ kava 1 / kṣeva 1|[4] に始原数を掛けると，|iva ○ kavapra 1 / kṣeva 1| 長を得るための付数はこの |iva 1 / kṣe 1| T141, 5

次に，付数で割った長を増分とする小は，|i ○ ka 1 jye 1 / kṣe 1|[5] これの平方， T141, 7

|iva ○ kava 1 i ○ ka ○ jye 2 jyeva 1 / kṣeva 1|[6]

に始原数を掛けると，

|pra ○ iva ○ kava 1 pra ○ i ○ ka ○ jye 2 pra ○ jyeva 1 / kṣeva 1|[7]

ここで，最後の部分は，別様に得られる．⟨ すなわち ⟩，小の平方に始原数を掛け，付数を加えると長の平方[8]になる，というので，⟨ 長の平方として ⟩，kava ○ pra 1 kṣe 1 が生ずる．これに始原数を掛けると，kava ○ prava 1 pra ○ kṣe 1．かくして，⟨ 前の結果は ⟩，

|pra ○ iva ○ kava 1 pra ○ i ○ ka ○ jye 2 kava ○ prava 1 pra ○ kṣe 1 / kṣeva 1|[9]

になる．したがって，ここでの増分は，

|pra ○ i ○ ka ○ jye 2 kava ○ prava 1 pra ○ kṣe 1 / kṣeva 1|[10]

---

[1] jyeṣṭhapadaṃ P] jyeṣṭaṃ padaṃ T. [2] bhaktaṃ T] bhaktaṃ sat P. [3] i ○ ka 1 / kṣe 1 P] i ○ ka 1 / kṣe 1 T. [4] iva ○ kava 1 / kṣeva 1 P] iva ○ / kṣeva 1 kava 1 T. [5] i ○ ka 1 jye 1 / kṣe 1 P] i ○ ka 1 jye 1 / kṣe 1 T. [6] iva ○ kava 1 i ○ ka ○ jye 2 jyeva 1 / kṣeva 1 P] iva ○ kava 1 i ○ ka ○ jye 2 / kṣe 1 jyeva 1 / kṣeva 1 T. [7] pra ○ iva ○ kava 1 pra ○ i ○ ka ○ jye 2 pra ○ jyeva 1 / kṣeva 1 P] pra ○ iva ○ kava 1 pra ○ i ○ ka ○ jye 2 / kṣe 1 pra ○ jyeva 1 / kṣeva 1 T. [8] vargo P] va 1 rgo T. [9] pra ○ iva ○ kava 1 pra ○ i ○ ka ○ jye 2 kava ○ prava 1 pra ○ kṣe 1 / kṣeva 1 P] pra ○ iva ○ kava 1 pra ○ i ○ ka ○ jye 2 / kṣe 1 kava ○ prava 1 / kṣepava 1 pra ○ kṣe 1 / kṣeva 1 T. [10] pra ○ i ○ ka ○ jye 2 kava ○ prava 1 pra ○ kṣe 1 / kṣeva 1 P] pra ○ i ○ ka ○ jye 2 / kṣe 1 kava ○ prava 1 / kṣeva 1 pra ○ kṣe 1 / kṣeva 1 T.

だから，〈前の〉小の平方に始原数を掛けたものに対して[1]，これだけが付加されているだろう．一方，長のためには，前の道理によって[2]，付数で割った乗数の平方が付加されるべきである．そのために，増分に二部分が作られる．

$$\frac{\text{pra} \circ \text{i} \circ \text{ka} \circ \text{jye 2 kava} \circ \text{prava 1}}{\text{kṣeva 1}}$$ [3]

が一つであり，もう一つはこの

$$\frac{\text{kṣe} \circ \text{pra 1}}{\text{kṣeva 1}}$$ [4]

である．ここで，被除数と除数を付数で共約すると，

$$\frac{\text{pra 1}}{\text{kṣe 1}}$$

になる．〈したがって〉，この増分により，付数で割った始原数が付加されているだろう．〈更に〉付加されるべきものは[5] 付数で割った乗数の平方である．
T142, 1 だからここで，乗数の平方と始原数との差を付数で割ったものも付加されるべきである．そうすれば，付数で割った乗数の平方だけが付加されるだろう．だから云われたのである，「すなわち，〈その〉乗数の平方が始原数から引かれるか，あるいは始原数を引かれたとき，残りが小さくなるように．それを付数で割ったものが付数である」(BG 47-48) と．そこで，始原数よりもし乗数の平方が大きいなら，そのときだけ，付数で割った乗数の平方と始原数との差が[6]加えられるべきである，付加されたものが小さいから．しかし，乗数の平方が小さいときは，付数で割った乗数の平方と始原数との差が[7]引かれるべきである，付加されたものが大きいから．だから云われたのである，「始原数から[8]引かれた場合は〈正負を〉逆にする」(BG 48) と．一方，乗数の平方と始原数の差が小さくなるように乗数が想定されるべきであると述べられたのは，付数を小さくするためである．

T142, 8 （問い）「そうしても，長の平方には，増分としてこの

$$\frac{\text{pra} \circ \text{ka} \circ \text{i} \circ \text{jye 2 kava} \circ \text{prava 1}}{\text{kṣeva 1}}$$ [9]

がある．その平方に対してこれが増分であるような長は，

$$\frac{\text{i} \circ \text{jye 1}}{\text{kṣe 1}}$$ [10]

この平方であるこの

$$\frac{\text{iva} \circ \text{jyeva 1}}{\text{kṣeva1}}$$ [11]

が増分に付加されると，

---

[1] prakṛtiguṇe kaniṣṭhavarga etāvat P] prakṛtiguṇo kaniṣṭavarge etāvat T. [2] pūrvayuktyā T] pūrvaṃ yuktyā P. [3] $\frac{\text{pra} \circ \text{i} \circ \text{ka} \circ \text{jye 2 kava} \circ \text{prava 1}}{\text{kṣeva 1}}$ P] pra ○ i ○ ka ○ $\frac{\text{jye 2}}{\text{kṣe 1}}$ kava ○ $\frac{\text{prava 1}}{\text{kṣeva 1}}$ T. [4] $\frac{\text{kṣe} \circ \text{pra 1}}{\text{kṣeva 1}}$ P] $\frac{\text{kṣe} \circ}{\text{kṣeva 1}}$ pra 1 T. [5] kṣepaṇīyaḥ T] kṣepaṇīyastu P. [6] antaraṃ P] antara T. [7] -antaraṃ P] -antara T. [8] prakṛtitaś P] prakṛtiś T. [9] $\frac{\text{pra} \circ \text{ka} \circ \text{i} \circ \text{jye 2 kava} \circ \text{prava 1}}{\text{kṣeva 1}}$ P] pra ○ ka ○ i ○ $\frac{\text{jye 2}}{\text{kṣe 1}}$ kava ○ $\frac{\text{prava 1}}{\text{kṣeva 1}}$ T. [10] $\frac{\text{i} \circ \text{jye 1}}{\text{kṣe 1}}$ P] i ○ $\frac{\text{jye 1}}{\text{kṣe 1}}$ T. [11] $\frac{\text{iva} \circ \text{jyeva 1}}{\text{kṣeva1}}$ P] iva ○ $\frac{\text{jyeva 1}}{\text{kṣeva 1}}$ T.

iva ○ jyeva 1 pra ○ ka ○ i ○ jye 2 kava ○ prava 1
kṣeva 1 [1]

が生ずる．この増分が生じても,「平方数から根をとり」云々(BG 12) によって，根,

i ○ jye 1 ka ○ pra 1
kṣe 1 [2]

に至る．したがって，これもまた長の平方になるのではないか.」

これだけの（次のような）違いがある．小に任意数を掛け，付数で割ったものがもし小と想定されるなら，任意数の平方を付数で割ったものが付数になり，長に任意数を掛け，付数で割ったものが長になる．しかし，小に任意数を掛け，長を加え，付数で割ったものが小と想定されるときは，乗数の平方と始原数の差を付数で割ったものが付数になり，長に任意数を掛け，始原数を掛けた小を加え[3]，付数で割ったものが，その場合の長になる，と．ここで，任意数にのみ依存して根の獲得があるからクッタカは必要ないとはいえ，整数性のためにクッタカが行われる．だから,「短根，長根，付数を」云々(BG 46cd-48) が正起した．ここで,「それから」: 小から,「長〈根が得られる〉」と，前のように長が〈得られると〉述べられた．別様にも長を望むなら，長に乗数を[4]掛け，始原数を掛けた小を加え，付数で割ったものが長になる，と我々が述べた方法によって長を作るべきである． T142, 13

···Note···

（正起次第の続き）前 Note と同じ設定で,

$$p\left(\frac{a\alpha+\beta}{\gamma}\right)^2=\frac{pa^2\alpha^2+2pa\alpha\beta+p\beta^2}{\gamma^2}.$$

$p\alpha^2+\gamma=\beta^2$ だから,

$$=\frac{pa^2\alpha^2+2pa\alpha\beta+p^2\alpha^2+p\gamma}{\gamma^2}.$$

したがって，β を加えたことによる「増分」は,

$$\frac{2pa\alpha\beta+p^2\alpha^2+p\gamma}{\gamma^2}=\frac{2pa\alpha\beta+p^2\alpha^2}{\gamma^2}+\frac{p}{\gamma}.$$

そこで，付数として $(a^2-p)/\gamma$ を加えると，全体は,

$$\frac{pa^2\alpha^2}{\gamma^2}+\left(\frac{2pa\alpha\beta+p^2\alpha^2}{\gamma^2}+\frac{p}{\gamma}\right)+\frac{a^2-p}{\gamma}$$

$$=\frac{a^2\beta^2}{\gamma^2}+\frac{2pa\alpha\beta+p^2\alpha^2}{\gamma^2}=\left(\frac{a\beta+p\alpha}{\gamma}\right)^2.$$

すなわち,

$$p\left(\frac{a\alpha+\beta}{\gamma}\right)^2+\frac{a^2-p}{\gamma}=\left(\frac{a\beta+p\alpha}{\gamma}\right)^2.$$

---

1 iva ○ jyeva 1 pra ○ ka ○ i ○ jye 2 kava ○ prava 1 / kṣeva 1 P] iva ○ jyeva 1 / kṣeva 1 pra ○ ka ○ i ○ jye 2 / kṣe 1 kava ○ prava 1 / kṣeva 1 T. 2 i ○ jye 1 ka ○ pra 1 / kṣe 1 P] i ○ jye 1 ka ○ pra 1 / kṣe T.
3 yutaṃ T] yuktaṃ P. 4 guṇaka T] guṇa P.

従って，KU $(\alpha,\gamma,\beta)\,[n,m]$ とすると，VP $(p)\ \left[n,(p\alpha+m\beta)/\gamma,(m^2-p)/\gamma\right]$.

T142, 8 の「問い」は，反論というより補足.

……………………………………………………………………………

T143, 1　これに関する例題をヴァサンタティラカー詩節で述べる.

A177, 1　**例題.　/E29p0/**

E29　**友よ，いかなる平方に六十七を掛け一を加えると，またいかなる〈平方〉に六十一を掛けルーパを加えると，根を与えるものになるだろうか．親愛なる者よ，云いなさい，もし平方始原があなたの心に蔓のように行き渡っているなら．/E29/**

A177, 6　**一番目の例題では，ルーパを小，三を負数の付数と想定して，書置：pra 67 ka 1 jye 8 kṣe $\dot{3}$．短を被除数，長を付数，付数を除数と想定して，クッタカのために書置：bhā 1 hā 3 kṣe 8．ここで，「〈正の付数が〉除数によって切りつめられたときは」(BG 33a) という計算をして生ずる蔓は，$\begin{array}{|c|}0\\2\\0\end{array}$ 商と乗数は，$\begin{array}{|c|}0\\2\end{array}$〈次のステップとしては〉「上は被除数により」，「下は除数により」(BG 29cd) というので切りつめ[1]を行うが，二つはそれぞれで切りつめられている．商が奇数個だから，自分の切りつめ数，$\begin{array}{|c|}1\\3\end{array}$ から引くと，$\begin{array}{|c|}1\\1\end{array}$「商は付数を切りつめて得られるもの（商）だけ増やす」(BG 33c) というので，商と乗数は，$\begin{array}{|c|}3\\1\end{array}$ 除数が負数だから商を負数にすれば，商と乗数が生ずる，$\begin{array}{|c|}\dot{3}\\1\end{array}$ 乗数の平方 1 を始原数から引くと，残り 66 は小さくならない．だから，二ルーパ 2 の負数を任意数と想定して，「任意数を掛けたそれぞれの除数を」云々(BG 36ab) によって生ずる商と乗数は，$\begin{array}{|c|}\dot{5}\\7\end{array}$ この乗数の平方 49 を始原数から引くと，残りは 18．〈前の〉付数であるこの $\dot{3}$ で割ると商は $\dot{6}$．これが付数であるが，乗数の平方が始原数から引かれた場合は逆にすべしというので[2]，正数にする，6．商が小根である，$\dot{5}$．これが負数でも正数でも後の計算に違いは生じない，というので，正数 5 が生ずる．これの平方に始原数を掛け，六を加えると，長根 41 が生ずる．/E29p1/**

A177, 21　**更にこれらをクッタカのために書置：bhā 5 hā 6 kṣe 41．蔓は，$\begin{array}{|c|}0\\1\\41\\0\end{array}$ これから〈得られる〉商と乗数は，$\begin{array}{|c|}11\\5\end{array}$ 乗数の平方 25 を始原数から引き，残り 42 を付数 6 で割ると 7．「始原数から引かれた場合は〈正負を〉逆にする」(BG 48) というので，生ずる付数は $\dot{7}$．商が小である，11．これから，長は 90．/E29p2/**

A177, 25　**更にこれらをクッタカのために書置：bhā 11 hā $\dot{7}$ kṣe 90．ここで，「正の付数が除数によって切りつめられたときは」(BG 33a) を行って生ずる乗数**

[1] taṣṭi = tvaṣṭi.　[2] 逐語的引用ではないが BG 48 に言及.

は 5．商が奇数個であるというので，〈自分の〉切りつめ数から引くと[1]**，乗数 2．これの付数は$\dot{7}$．負数ルーパ$\dot{1}$を掛けた付数，7，を乗数に加えて生ずる乗数は 9．これの平方が始原数で減じられると残りは 14．付数$\dot{7}$で割って生ずる付数は$\dot{2}$．商が小である，27．これから〈得られる〉長は 221．/E29p3/**

これら二つを等生成のために書置： A177, 30

ka	17	jye	221	kṣe	$\dot{2}$
ka	17	jye	221	kṣe	$\dot{2}$

述べられたように〈生ずる〉二根は，ka 11934 jye 97684 kṣe 4．四という付数の根であるこの 2 で割って生ずるルーパを付数とする二根は，ka 5967 jye 48842 kṣe 1．/E29p4/ A178, 1

二番目の例題に関する書置：pra 61 ka 1 jye 8 kṣe 3．クッタカのための書置：bhā 1 hā 3 kṣe 8．「正の付数が除数によって切りつめられたときは」(BG 33a) というので〈生ずる〉商と乗数は，$\boxed{\begin{smallmatrix}3\\1\end{smallmatrix}}$「任意数を掛けた」(BG 36ab) というので，二で揚立して (utthāpya)，生ずる商と乗数は，$\boxed{\begin{smallmatrix}5\\7\end{smallmatrix}}$ 乗数の平方 49 を始原数から引くと 12．「逆」(BG 48) というので，$\dot{12}$．これを付数で割って生ずる付数は，$\dot{4}$．商 5 が小である．これから前のように生ずる，〈負数〉四を付数とする二根は，ka 5 jye 39 kṣe $\dot{4}$．/E29p5/ A178, 3

「任意数の平方で割られた付数が付数となるだろう」(BG 44) というので生ずる[2]**ルーパを引いた場合の二根を生成のために書置：** A178, 9

ka	$\frac{5}{2}$	jye	$\frac{39}{2}$	kṣe	$\dot{1}$
ka	$\frac{5}{2}$	jye	$\frac{39}{2}$	kṣe	$\dot{1}$

これから生成により生ずる，ルーパを加えた場合の二根は，ka $\frac{195}{2}$ jye $\frac{1523}{2}$ kṣe 1．/E29p6/

さらにこれら二つを，ルーパを引く場合の二根とともに，生成のために書置： A178, 12

ka	$\frac{5}{2}$	jye	$\frac{39}{2}$	kṣe	$\dot{1}$
ka	$\frac{195}{2}$	jye	$\frac{1523}{2}$	kṣe	1

これから，ルーパを引いた場合の二根が生ずる，ka 3805 jye 29718 kṣe $\dot{1}$．これら二つの等生成により，ルーパを加えた場合の二根が生ずる，ka 226153980 jye 1766319049 kṣe 1./E29p7/

···Note··

例題 (BG E29): 1. VP (67) $[x, y, 1]$. 2. VP (61) $[x, y, 1]$. バースカラの自注ではクッタカを適用するステップの説明が簡略なので，以下では K 注を参考に補う．略号 PB, Vall については BG 27-29 に対する Note 参照.

1 の解：規則 1 (BG 40) により，VP (67) $[1, 8, -3]$ だから，KU $(1, -3, 8)$ $[y, x]$ を解く．除数 -3 を正数 3 と想定して，KU $(1, 3, 8)$ $[y', x]$．付数 8 を除数 3 で切りつめ

[1] 逐語的引用ではないが BG 30 に言及.

[2] ityupapanna. P(K) の平行文では ityutpanna, T(K) では ityukta.

ると，KU $(1,3,2)\,[y'',x]$．これに互除を施すと，PB$\left[\begin{array}{ccc}1 & 3 & 1\\ & & 0\end{array}\right]$，蔓は Vall(0, 2, 0) >> Vall(0, 2)．互除の商が奇数個 (1) だったので，それぞれの除数から引いて，$(y'',x)=(1-0,3-2)=(1,1)$．したがって，$(y',x)=(1+2,1)=(3,1)$．したがって，$(y,x)=(-3,1)$．付加数を添えれば，$(y,x)=(-3+k,1-3k)$．$k=-2$ のとき，KU $(1,-3,8)\,[-5,7]$．$g(7)=18$ は小さい（最小である）ので，$m=7$ とすると，$\gamma_1=(m^2-p)/\gamma=(7^2-67)/(-3)=6$．また，$\alpha_1=n=-5$ であるが，これは正数であっても影響がないので $\alpha_1=5$ とする．$\beta_1^2=p\alpha_1^2+\gamma_1=1681$ だから，$\beta_1=41$．⟨ あるいは，$\beta_1=(a\beta+p\alpha)/\gamma=(7\times 8+67\times 1)/3=41$.⟩ したがって，VP (67) [5, 41, 6]．（以上 E29p1）

次に，KU $(5,6,41)\,[y,x]$ を解く．互除は PB$\left[\begin{array}{cccc}5 & 6 & 5 & 1\\ & & 0 & 1\end{array}\right]$，蔓は Vall(0, 1, 41, 0) >> Vall(41, 41)．それぞれの切りつめ数で切りつめて，$(y,x)=(41-5\times 6,41-6\times 6)=(11,5)$．⟨ あるいは，付数を除数で切りつめて，KU $(5,6,5)\,[y',x]$ とすると，蔓は Vall(0, 1, 5, 0) >> Vall(5, 5)．したがって，$(y',x)=(5,5)$．したがって，$(y,x)=(5+6,5)=(11,5)$.⟩ 付加数を添えれば，$(y,x)=(11+5k,5+6k)$．$k=0$ のとき，KU $(5,6,41)\,[11,5]$．$g(5)=42$ は小さいので，ここでは $m=5$ とすると，$\gamma_2=(m^2-p)/\gamma_1=(5^2-67)/6=-7$．また，$\alpha_2=n=11$ である．$\beta_2^2=p\alpha_2^2+\gamma_2=8100$ だから，$\beta_2=90$．⟨ あるいは，$\beta_2=(a\beta_1+p\alpha_1)/\gamma_1=(5\times 41+67\times 11)/6=90$.⟩ したがって，VP (67) [11, 90, −7]．（以上 E29p2）

さらに，KU $(11,-7,90)\,[y,x]$ を解く．除数を正数 7 と想定し，KU $(11,7,90)\,[y',x]$，付数を除数で切りつめて，KU $(11,7,6)\,[y'',x]$，とすると，互除は PB$\left[\begin{array}{ccccc}11 & 7 & 4 & 3 & 1\\ & & 1 & 1 & 1\end{array}\right]$，蔓は Vall(1, 1, 1, 6, 0) >> Vall(18, 12)．それぞれの除数で切りつめて，$(y'',x)=(18-11\times 1,12-7\times 1)=(7,5)$．互除の商が奇数個 (3) だったので，それぞれの除数（切りつめ数）から引いて，$(y'',x)=(11-7,7-5)=(4,2)$．したがって，$(y',x)=(4+12,2)=(16,2)$．したがって，$(y,x)=(-16,2)$．付加数を添えれば，$(y,x)=(-16+11k,2-7k)$．$k=-1$ のとき，KU $(11,-7,90)\,[-27,9]$．$g(9)=14$ は小さいので，$m=9$ とすると，$\gamma_3=(m^2-p)/\gamma_2=(9^2-67)/(-7)=-2$．また，$\alpha_3=n=-27$ であるが，これは正数であっても影響がないので $\alpha_3=27$ とする．$\beta_3^2=p\alpha_3^2+\gamma_3=48841$ だから，$\beta_3=221$．あるいは，$\beta_3=(a\beta_2+p\alpha_2)/\gamma_2=(9\times 90+67\times 11)/7=221$．したがって，VP (67) [27, 221, −2]．（以上 E29p3）

この結果から，規則 2 の等生成により，

$$\mathrm{BH}^{+}(67)\left[\begin{array}{ccc}27 & 221 & -2\\ 27 & 221 & -2\end{array}\right]=\mathrm{VP}\,(67)\,[11934,97684,4]\,.$$

BG 44 により，VP (67) [5967, 48842, 1]．（以上 E29p4）

2 の解：規則 1 により，VP (61) [1, 8, 3] だから，KU $(1,3,8)\,[y,x]$ を解く．付数を除数で切りつめて，KU $(1,3,2)\,[y',x]$ とすると，蔓は Vall(0, 2, 0) >> Vall(0, 2)．互除の商が奇数個 (1) だったので，それぞれの除数から引いて，$(y',x)=(1-0,3-2)=(1,1)$．したがって，$(y,x)=(1+2,1)=(3,1)$．付加数を添えれば，$(y,x)=(3+k,1+3k)$．$k=2$ のとき，KU $(1,3,8)\,[5,7]$．$g(7)=12$ は小さいので，$m=7$ とすると，$\gamma_1=(m^2-p)/\gamma=(7^2-61)/3=-4$．$\alpha_1=n=5$ である．$\beta_1^2=p\alpha_1^2+\gamma_1=1521$ だから，$\beta_1=39$．⟨ あるいは，$\beta_1=(a\beta+p\alpha)/\gamma=(7\times 8+61\times 1)/3=39$.⟩ したがって，VP (61) [5, 39, −4]．（以上 E29p5）

これから，規則 3 により，VP (61) $\left[\frac{5}{2},\frac{39}{2},-1\right]$．規則 2 の等生成により，

$$\mathrm{BH}^{+}(61)\left[\begin{array}{ccc}5/1 & 39/2 & -1\\ 5/1 & 39/2 & -1\end{array}\right]=\mathrm{VP}\,(61)\left[\frac{195}{2},\frac{1523}{2},1\right].$$

（以上 E29p6）

この結果と前の VP (61) $\left[\frac{5}{2},\frac{39}{2},-1\right]$ からの生成（規則 2）により，

$$\mathrm{BH}^{+}(61)\left[\begin{array}{ccc}195/2 & 1523/2 & 1\\ 5/2 & 39/2 & -1\end{array}\right]=\mathrm{VP}\,(61)\,[3805,29718,-1]\,.$$

規則 2 の等生成により，

$$\mathrm{BH}^{+}(61)\begin{bmatrix} 3805 & 29718 & -1 \\ 3805 & 29718 & -1 \end{bmatrix} = \mathrm{VP}\,(61)\,[226153980, 1766319049, 1]\,.$$

（以上 E29p7）

· ·

意味は明瞭である．一番目の例題では，ルーパを小，三ルーパを負数の付 T143, 6
数と想定して，書置：pra 67 hra 1 jye 8 kṣe $\dot{3}$.[1] ここで，短を被除数，付数を
除数，長を付数と想定して，クッタカのために書置 $\left|\begin{array}{c}\text{bhā 1 kṣe 8}\\ \text{ha }\dot{3}\end{array}\right|$[2] ここで，
「正の付数が除数によって切りつめられたときは」(BG 33a) という計算をし
て生ずる蔓は $\left|\begin{array}{c}0\\2\\0\end{array}\right|$ 商と乗数は $\left|\begin{array}{c}0\\2\end{array}\right|$ 商が奇数個だから，自分の切りつめ数
から引くと $\left|\begin{array}{c}1\\1\end{array}\right|$[3] 「商は付数を切りつめた際の商だけ増やす[4]」(BG 33c) と
いうので，商と乗数は $\left|\begin{array}{c}3\\1\end{array}\right|$[5] 除数が負数だから商を負数にして，付加数を添
えれば $\left|\begin{array}{cc}\text{kṣe 1} & \text{la }\dot{3}\\ \text{kṣe }\dot{3} & \text{gu 1}\end{array}\right|$[6] この乗数 1 の平方を始原数 67 から引くと，残り 66
は小さくないだろう．だから，二ルーパの負数を任意数 $\dot{2}$ と想定して，「任意
数を掛けたそれぞれ自分の除数を」云々(BG 36ab) によって，もう一つの選
択肢として生ずる商と乗数は $\left|\begin{array}{c}\dot{5}\\7\end{array}\right|$ この乗数[7] 7 の平方 49 を始原数 67 から引
くと，残りは 18．前の付数であるこの $\dot{3}$ で割ると商は $\dot{6}$.[8] これは，乗数の平
方が始原数から[9]引かれた場合は逆にすべしというので[10]，正数の付数 6 であ
る．一方，商 $\dot{5}$ は小根である．これが負数であっても正数であっても，「短〈根
〉は任意数である．その平方に」云々(BG 40) の後半の計算に違いはない，と
いうので，正数の小 5 が生ずる．これの平方に始原数を掛け，六を加えると，
長根 41 が生ずる．

あるいは，私が述べた方法によって，長 8 に乗数 7 を掛け，56，小 1 に始 T143, 19
原数 67 を掛けた 67 を加えると 123．付数 $\dot{3}$ で割ると，$\dot{41}$，[11] 長が生ずる．こ
れにもまた，小と同じで正数性がある，というので，それと同じ長 41 が生ず T144, 1
る．このようにして短長付数が生ずる，hra 5 jye 41 kṣe 6.

更にこれらをクッタカのために書置 $\left|\begin{array}{c}\text{bhā 5 kṣe 41}\\ \text{ha }\dot{6}\end{array}\right|$[12] ここで前のよう T144, 2
に，付加数を伴う商と乗数は $\left|\begin{array}{cc}\text{kṣe 5} & \text{la 11}\\ \text{kṣe 6} & \text{gu 5}\end{array}\right|$ この乗数 5 の平方 25 を始原数
から引くと，小さい差 42 になる．この差 42 を付数 6 で割ると 7 が付数とし
て生ずる．始原数から引かれたときは逆というので，生ずる付数は $\dot{7}$．商は小
である，11．この平方に始原数を掛け，七を引くと，根が長である，90．あ
るいは前の長 41 に乗数 5 を掛け，205，小 5 に始原数 67 を掛けたもの 337 を

---

[1] hra < hrasva 短〈根〉．直前の文章では hrasva ではなく kaniṣṭha（小〈根〉）を用いている．　[2] $\begin{array}{c}\text{bhā 1 kṣe 8}\\ \text{ha }\dot{3}\end{array}$ P] bhā 1 $\begin{array}{c}\text{kṣe 8}\\ \text{ha 3}\end{array}$ T.　[3] $\begin{array}{c}1\\1\end{array}$ P] 1/ 1 T.　[4] lābhāḍhyā] lābhā 2 ḍhyā T, lābhā 2 dyā P.　[5] $\begin{array}{c}3\\1\end{array}$ P] 3/ 1 T.　[6] la = labdhi 商，gu = guṇa(ka) 乗数，kṣe = kṣepa 付加数.　[7] gṇasya P] ∅ T.　[8] $\dot{3}$ P] 3 T; $\dot{6}$ P] 6 T.　[9] prakṛteḥ T] prakṛteḥ 7 P.　[10] 逐語的引用ではないが BG 48 に言及.　[11] $\dot{3}$ P] 3 T; $\dot{41}$ P] 41 T.
[12] $\begin{array}{c}\text{bhā 5 kṣe 41}\\ \text{ha }\dot{6}\end{array}$ P] bhā 5 $\begin{array}{c}\text{kṣe 41}\\ \text{ha 6}\end{array}$ T.

加え，540，付数 6 で割ると，90 が長として生ずる．かくして生ずる小長付数は，ka 11 jye 90 kṣe $\dot{7}$.[1]

T144, 9 更にこれらをクッタカのために書置 $\begin{array}{|c|}\text{bhā 11 kṣe 90}\\ \text{ha 7}\end{array}$ ここで，「正の付数を除数で切りつめた場合は」(BG 33a) というので生ずる蔓は，$\begin{array}{|c|}1\\1\\1\\6\\0\end{array}$ 〈これから得られる〉二つの量は，$\begin{array}{|c|}18\\12\end{array}$ 切りつめると，$\begin{array}{|c|}7\\5\end{array}$ 商が奇数個であるというので，自分の切りつめ数から引くことにより[2]，生ずる商と乗数は $\begin{array}{|c|}4\\2\end{array}$ 「商は付数を切りつめた際の商[3] 12 だけ増やす」(BG 33c) というので生ずる〈商と乗数〉は，$\begin{array}{|c|}16\\2\end{array}$ 除数が負数だから商には負数性がある[4]，というので，付加数を伴う商と乗数が生ずる[5]．$\begin{array}{|cc|}\text{kṣe 11} & \text{la } \dot{16}\\ \text{kṣe } \dot{7} & \text{gu 2}\end{array}$ この乗数 2 の平方 4 と始原数 67 の差 63 は小さくない，というので，ルーパの負数を任意数，$\dot{1}$，と想定して付加すると，生ずる商と乗数は $\begin{array}{|c|}\text{la } \dot{27}\\ \text{gu 9}\end{array}$ この乗数 9 の平方 81 が始原数 67 で減じられると 14 が残り，付数$\dot{7}$で割ると，付数$\dot{2}$が生ずる．商$\dot{27}$[6]は小であり，前の如く正数である，27．この 27 の[7]平方 729 に始原
T145, 1 数を掛け，48843，[8] 二を引くと，根が長である，221．あるいはまた，前の長 90 に乗数 9 を掛け[9]，810，小 11 に始原数 67 を掛けた 737 を加え，1547，付数 7 で割った 221 は，小のように，正数として生ずる，221．このように，小長付数は，ka 27 jye 221 kṣe $\dot{2}$.

T145, 4 次に，これら二つを等生成のために書置：

$$\begin{array}{|ccc|}\text{ka 17} & \text{jye 221} & \text{kṣe } \dot{2}\\ \text{ka 17} & \text{jye 221} & \text{kṣe } \dot{2}\end{array}$$

生成により，四を付数とする二根が生ずる，ka 11934 jye 97684 kṣe 4．二を任意数 2 と想定して，「任意数の平方で割られた付数が」(BG 44) というので生ずるルーパを付数とする二根は，ka 5967 jye 48842 kṣe 1.

T145, 8 次に二番目の例題では，[10] 一を任意の小と想定し，三ルーパを付数と想定して，書置：pra 61 ka 1 jye 8 kṣe 3．クッタカのための書置：bhā 1 kṣe 8 ha 3.[11] 前のように，「正の付数を除数で切りつめた場合は」(BG 33a) というので，生ずる商と乗数は，$\begin{array}{|c|}0\\2\end{array}$[12] 商が奇数個だから，自分の切りつめ数から引き[13]，「商は付数を切りつめた際の商だけ増やす」(BG 33) ということを行って生ずるのは，$\begin{array}{|cc|}\text{la 3} & \text{kṣe 1}\\ \text{gu 1} & \text{kṣe 3}\end{array}$[14] この乗数 1 の平方を始原数から引くと，差

---

[1] kṣe $\dot{7}$ P] kṣe 7 T. [2] 逐語的引用ではないが BG 30 に言及. [3] takṣaṇalābha P] takṣaṇālābha T. [4] labdherṛṇatvam P] labdhe ṛṇatvam T. [5] jātau P] jā 6 tau T. [6] $\dot{27}$ P] 27 T. [7] 27 T] ∅ P. [8] 48843 T] ∅ P. [9] guṇa 9 guṇa T] guṇa 9 gu P. [10] dvitīyodāharaṇa ekam P] dvitīyodāharaṇe ekam T. [11] bhā 1 kṣe 8 ha 3 T] $\begin{array}{cc}\text{bhā 1} & \text{kṣe 8}\\ \text{ha 3} & \end{array}$ P. [12] jātau labdhiguṇau $\begin{array}{c}0\\2\end{array}$] jātau labdhi guṇau $\dot{2}$ T, jātaṃ rāśi-dvayaṃ 2 P. [13] svatakṣaṇaśuddhau T] svatakṣaṇaśodhane P. [14] $\begin{array}{cc}\text{la 3} & \text{kṣe 1}\\ \text{gu 1} & \text{kṣe 3}\end{array}$ T] $\begin{array}{cc}3 & \text{kṣe 1}\\ 1 & \text{kṣe 3}\end{array}$ P.

60 は小さくないだろう，というので，あるいは二を任意数と想定して生ずる商と乗数は，

la	5
gu	7

この乗数 7 の平方 49 を始原数 61 から引き，残り 12 を付数 3 で割ると付数 4 が生ずる．乗数の平方が始原数から引かれた場合は逆にすべしというので[1]，$\dot{4}$が生ずる．商 5 が小である．これの平方 25 に始原数を掛け，1525，四を引くと，1521，長根は 39．あるいは，前の長 8 に乗数 7 を掛け，56，[2] 小 1 に始原数 61 を掛けた 61 を加え，117，付数 3 で割ると，それと同じ長 39 が生ずる．かくして，小長付数は，ka 5 jye 39 kṣe $\dot{4}$.「任意数の平方で割られた付数が」(BG 44a) というので生ずる[3]ルーパを引いた場合の二根を生成のために書置：

ka	$\frac{5}{2}$	jye	$\frac{39}{2}$	kṣe	$\dot{1}$
ka	$\frac{5}{2}$	jye	$\frac{39}{2}$	kṣe	$\dot{1}$

生成によりルーパを加えた場合の二根が生ずる，ka $\frac{195}{2}$ jye $\frac{1523}{2}$ kṣe 1.[4] さらに[5]これら二つを，ルーパを引く場合の二根とともに[6]，生成のために書置： T146, 1

ka	$\frac{195}{2}$	jye	$\frac{1523}{2}$	kṣe	1
ka	$\frac{5}{2}$	jye	$\frac{39}{2}$	kṣe	$\dot{1}$

これから，ルーパを引いた場合の二根が生ずる，3805, 29718, kṣe $\dot{1}$．これら二つの等生成により，ルーパを加えた場合の二根が生ずる，ka 226153980 jye 1766319049 kṣe 1.[7] これからさらに[8]生成に応じて，⟨ 根は ⟩ 限りなくある．

···Note···

BG E29p1-p7 に対する Note 参照．

···

次に ルーパを引く場合の不毛性[9]をアヌシュトゥブ詩節の後半で述べる． T146, 5

次に，ルーパを引く場合，その不毛性を知る方法を挟んで，根の計算法二つの術則，二詩節．/50cdp0/[10]. A185, 18

> **ルーパを引く場合，もし乗数が平方の和でなければ，不毛な出題である．/50cd/** 50cd

···Note···

規則 (BG 50cd)：平方始原の規則 6(1)（付数 −1 が解を持たない場合）．

$p = a^2 + b^2$ なる a, b が存在しなければ，VP (p) $[x, y, -1]$ の形の解はない．

···

もし始原数が平方の和の形でなければ，ルーパを引く場合，出題は不毛であ T146, 7

---

[1] 逐語的引用ではないが BG 48 に言及．　[2] 56 P] ∅ T.　[3] ityutpanna P] ityukta T.　[4] ka $\frac{195}{2}$ jye $\frac{1523}{2}$ kṣe 1 T] ka 195 jye 1523 kṣe 1 P.　[5] punā P] punāḥ T, punaḥ T(cor).　[6] rūpaśuddhipadābhyāṃ P] rūpaśuddhibhyāṃ T.　[7] jye 1766319049 P] jye 1766319059 T.　[8] punaḥ P] ∅ T.　[9] khalatva. khala は本来「不毛な土地」を意味する名詞であるが，ここでは（バースカラも注釈者 K も）形容詞的に用いている．　[10] バースカラの自注は二詩節を一緒に述べるが，K 注は不毛性を述べる最初の半詩節とあとの一詩節半を別にする．

ると知るべきである．いかなるものの平方も，そのような始原数を掛けてルーパを減じた場合，根を与えるものにはならないだろう，という意味である．

T146, 9 これに関する正起次第．もし負数付数が平方の形を持てば，そのときは負数ルーパである付数も[1]存在するだろう，「任意数の平方で割られた付数が」云々 (BG 44) によって．一方，負数付数が平方の形を持つのは，始原数を掛けた小の平方が平方の和からなる場合だけである．なぜなら，そうすれば，一つの平方が引かれた場合，他の平方の[2]根が生じうるから．〈ところで〉，始原数を掛けた小の平方が平方の和からなるのは，始原数が[3]平方の和からなる場合だけである．なぜなら，平方を掛けた平方は平方に他ならない，というので，始原数の二部分がもし平方からなるなら，それら二部分を小の平方に別々に掛けた場合，二つの部分とも平方の形を持つだろう．〈そして〉それら二つの和は平方の和となるだろう．その全体こそが，[4]始原数を掛けた小の平方になる，というので，始原数が平方の和の形を持つ場合，始原数を掛けた小の平方も平方の和からなるだろう．というので，「ルーパを引く場合，もし乗数が平方の和でなければ，不毛な出題[5]である」(BG 50cd) が正起した．

···Note·································

正起次第．注釈者 K の議論の流れ．

$$p\alpha^2 - 1 = \beta^2 \text{となる} \alpha, \beta \text{が存在}$$
$$\uparrow$$
$$p\alpha'^2 - s^2 = \beta'^2 \text{となる} \alpha', \beta' \text{が存在}$$
$$\updownarrow$$
$$p\alpha'^2 = c^2 + d^2 \text{となる } c, d \text{ が存在}$$
$$\updownarrow$$
$$p = a^2 + b^2 \text{となる } a, b \text{ が存在}$$

最初の $\uparrow$ も $\updownarrow$ とすべきだが，注釈者 K の表現では $\uparrow$ の場合だけ．

···

T146, 19 次に，不毛でないとき[6]，ルーパを引く場合の他の方法による根の計算をアヌシュトゥブ一詩節とアヌシュトゥブ詩節の前半で[7]述べる．

51 T147, 1 **不毛でない場合，平方の根二つによって二通りに割られたルーパが二通りの短根である．それから，ルーパを引く場合の長が〈得**
52ab **られる〉．// あるいは前のように，ルーパを引く場合の二根が得られる．/51-52ab/**

···Note·································

規則 (BG 51-52ab)：平方始原の規則 6(2)（付数 -1 が解を持つ場合）．

$p = a^2 + b^2$ なる a, b が存在すれば，$x = 1/a$ および $x = 1/b$ は VP $(p)\,[x, y, -1]$ の解である．あるいは，「前のように」VP $(p)\,[x, y, -1]$ の形の解を得ても良い．「前のように」は，注釈者 K によれば（次段落参照），規則 1 (BG 40) を指す．すなわち，小根を 1 とすると，$(a^2+b^2)\cdot 1^2 - a^2 = b^2$ および $(a^2+b^2)\cdot 1^2 - b^2 = a^2$ だから，規

[1] rūpakṣepo 'pi P] rūpakṣepo T. [2] śodhite 'paravargasya P] śodhite paravargasya T. [3] prakṛtir P] prakṛti T. [4] sa eva saṃpūrṇaḥ prakṛtyā T] sa eva saṃpūrṇaprakṛtyā P. [5] uddiṣṭaṃ P] uddhiṣṭaṃ T. 以下同様. [6] athākhilatve P] atha khilatve T. [7] anuṣṭuppūrvārdhena P] anuṣṭupṣūrvārdhena

則 3 により VP (p) $[1/a, b/a, -1]$ および VP (p) $[1/b, a/b, -1]$. 用例は E30p2 参照.

不毛でない場合，和が始原数であるような「二つの」平方の「根によって二通りに割られたルーパが」，ルーパを引く場合の「二通りの短根」になる.「それから」: それら二つの小から,「その平方に始原数を掛け」云々(BG 40) により，長根も二通り生ずる.「あるいは」，不毛でない場合,「前のように」,「短〈根〉は任意数である」云々(BG 40) により，四等の〈平方数である〉付数が負数であるときの二根を求め,「任意数の平方で割られた付数が」云々(BG 44) により，ルーパを引く場合の二根が得られるべきである. T147, 4

これに関する正起次第. 和が始原数であるような二つの平方を小の平方に別々に掛け，加えると，他ならぬ始原数によって掛けられたことなるだろう. この[1]，始原数を掛けた小の平方から，始原数の部分である二つの平方のどちらかを掛けた[2]小の平方が引かれるなら，そのときは他方を掛けた小の平方が残る，というので，それには必然的に根を得るから，一方の平方を掛けた小の平方こそが負数である付数として[3]生ずる. 次に，ルーパを引く場合のために，一方の平方の根を掛けた小を任意数と想定して,「任意数の平方で割られた付数が」(BG 44) を行えば，ルーパが負数付数[4]になる. 次に，任意数によって小が割られるべきである. ただし，任意数は平方の根を掛けた小である.[5] ここで，被除数と除数を小で共約すれば，被除数の位置 (bhājya-sthāna) にルーパが生ずる. 一方，除数の位置には始原数の部分である平方の根，ということである. だから,「平方の根二つによって二通りに割られたルーパが二通りの短根である」が正起した. T147, 8

···Note···

正起次第. $p = a^2 + b^2$ のとき，$px^2 - a^2x^2 = (a^2 + b^2)x^2 - a^2x^2 = (bx)^2$. すなわち，VP (p) $\left[x, bx, -a^2x^2\right]$. 同様に VP (p) $\left[x, ax, -b^2x^2\right]$. 任意数を ax および bx として BG 44 により，VP (p) $[1/a, b/a, -1]$，および VP (p) $[1/b, a/b, -1]$.

これに関する例題二つをアヌシュトゥブ詩節で述べる. T147, 18

例題. /E30p0/ A188, 19

どんな平方に十三を掛け，一を引くと，平方になるだろうか. また，どんな平方に八を掛け，一を引くと，根を与えるものになるか. 云いなさい. /E30/ E30

ここで，始原数は二と三の平方の和 13 である. だから，二でルーパを割ると，ルーパを引く場合の小根，$\frac{1}{2}$，になるだろう. これの平方に始原数 13 を掛け，一を減じたものからの根が，長である，$\frac{3}{2}$. あるいは三でルーパを割ると，小，$\frac{1}{3}$，になるだろう. これから〈得られる〉長は $\frac{2}{3}$. /E30p1/ A188, 22

[1] asmāt P] asmat T.　[2] guṇitaḥ P] guṇitā T.　[3] kṣepaḥ P] kṣepa T.　[4] rūpam ṛnakṣepo T] rūpam ṛnaṃ kṣepo P.　[5] iṣṭaṃ tu vargasya padena guṇitaṃ kaniṣṭham/ P] ∅ T.

A188, 26 **あるいは，〈BG 40 により〉，小が 1，これの平方に始原数を掛け，四を引いたものからの根が長 3．順に書置：ka 1 jye 3 kṣe $\dot{4}$．「任意数の平方で割られた付数が」云々(BG 44) により生ずるルーパを引く場合の二根は，ka $\frac{1}{2}$ jye $\frac{3}{2}$ kṣe $\dot{1}$．あるいは，始原数〈13 を掛けた小の平方 13〉から九を引き，まったく同様に生ずる二つは，ka $\frac{1}{3}$ jye $\frac{2}{3}$ kṣe $\dot{1}$．/E30p2/**

A188, 29 **あるいは，円環法によって二つの整数〈根が得られる〉．これらの，分数である短根，長根，付数を，「〈平方始原の〉短根，長根，付数を」(BG 46) 云々により〈クッタカを行うために〉「被除数，付数，除数」と想定して，前**
A189, 1 **の二根の書置：bhā $\frac{1}{2}$ hā $\dot{1}$ kṣe $\frac{3}{2}$．ここで，被除数，除数，付数を半分 ($\frac{1}{2}$) で共約すると，生ずるのは，bhā 1 hā $\dot{2}$ kṣe 3．ここで，「〈正の付数を〉除数で切りつめた場合は」(BG 32) というので，クッタカにより〈生ずる〉乗数と商は，$\begin{matrix}1\\ \dot{2}\end{matrix}$．ここで，負数のルーパを任意数と想定して生ずるもう一つの乗数は 3．「乗数の平方」(BG 47) 云々により，付数は 4．商〈の正数〉3 が小である．これから〈得られる〉長は 11．順に書置：ka 3 jye 11 kṣe 4．これからも，さらに，「被除数，付数，除数」(BG 46) 云々という円環法により，〈クッタカを行えば〉，得られる乗数は 3．「乗数の平方」(BG 47) 云々により，ルーパを引く場合の整数の二根は，ka 5 jye 18 kṣe $\dot{1}$．ここではどこでも，ルーパを付数とする二根からの生成により，根は限りなくある．/E30p3/**

A189, 8 **同様に，二番目の例題では，始原数 8．前のように生ずる短根と長根は，ka $\frac{1}{2}$ jye 1 kṣe $\dot{1}$．/E30p4/**

···Note···

例題 (BG E30): 1. VP (13) $[x, y, -1]$. 2. VP (8) $[x, y, -1]$.

1 の解：$13 = 2^2 + 3^2$ だから，規則 6(2) (BG 51) により，VP (13) $\left[\frac{1}{2}, \frac{3}{2}, -1\right]$, VP (13) $\left[\frac{1}{3}, \frac{2}{3}, -1\right]$. (以上 E30p1) あるいは「前のように」，すなわち規則 1 により，VP (13) $[1, 3, -4]$. 規則 3 により，VP (13) $\left[\frac{1}{2}, \frac{3}{2}, -1\right]$. また同様に，規則 1 により，VP (13) $[1, 2, -9]$. 規則 3 により，VP (13) $\left[\frac{1}{3}, \frac{2}{3}, -1\right]$. (以上 E30p2)

整数の二根を求めるためには，円環法 (規則 5) を用いる．例えば，VP (13) $\left[\frac{1}{2}, \frac{3}{2}, -1\right]$ に円環法を適用して，KU $\left(\frac{1}{2}, -1, \frac{3}{2}\right)$ $[y, x]$ をクッタカで解く．$\frac{1}{2}$ で被除数，除数，付数を共約して，KU $(1, -2, 3)$ $[y, x]$. 除数を正数と想定し，KU $(1, 2, 3)$ $[y', x]$，付数を除数で切りつめて，KU $(1, 2, 1)$ $[y'', x]$ とすると，蔓は Vall(0, 1, 0) >> Vall(0, 1). 商が奇数個 (1) だから，$(y'', x) = (1-0, 2-1) = (1, 1)$. したがって，$(y', x) = (1+1, 1) = (2, 1)$. したがって，$(y, x) = (-2, 1)$. 付加数を添えれば，$(y, x) = (-2+k, 1-2k)$. $k = 0$ のとき，KU $(1, -2, 3)$ $[-2, 1]$. $g(1) = 12$. これは小さくないので，$k = -1$ とすると，KU $(1, -2, 3)$ $[-3, 3]$. $g(3) = 4$. これは小さいので，$m = 3$ とすると，$\gamma_1 = (m^2 - p)/\gamma = (9 - 13)/(-1) = 4$. また，$\alpha_1 = n = -3$ であるが，正数にして，$\alpha_1 = 3$. また，〈$\beta_1^2 = 13 \times 3^2 + 4 = 121$ だから〉，$\beta_1 = 11$. したがって，VP (13) $[3, 11, 4]$. そこで，これに再び円環法を適用する．すなわち，KU $(3, 4, 11)$ $[y, x]$ をクッタカで解く．この蔓は，Vall(0, 1, 11, 0) >> Vall(11, 11). それぞれの除数で切りつめて，$(y, x) = (5, 3)$. 付加数を添えれば，$(y, x) = (5+3k, 3+4k)$. $k = 0$ のとき，KU $(3, 4, 11)$ $[5, 3]$. $g(3) = 4$. 〈これは小さいので〉，$m = 3$ とすると，$\gamma_2 = (m^2 - p)/\gamma_1 = (9-13)/4 = -1$. また，$\alpha_2 = n = 5$. また，〈$\beta_2^2 = 13 \times 5^2 - 1 = 324$ だから〉，$\beta_2 = 18$. したがって，VP (13) $[5, 18, -1]$. これは，「ルーパを引く場合の整数の二根」である．さらに，これと「ルーパを付数とする二根」とから，生成によ

り,「ルーパを引く場合の整数の二根」が「限りなく」得られる，という主旨．なお,「ルーパを付数とする二根」は，等生成,

$$\mathrm{BH}^{+}(13)\left[\begin{array}{ccc}5 & 18 & -1\\ 5 & 18 & -1\end{array}\right] = \mathrm{VP}\,(13)\,[180, 649, 1]\,,$$

により得られる．(以上 E30p3)

2 の解：$8 = 2^2 + 2^2$ だから，規則 6(2) により，$\mathrm{VP}\,(8)\left[\frac{1}{2}, 1, -1\right]$．(以上 E30p4)

………………………………………………………………………………

この一番目の例題では，始原数は[1]二と三の平方の和 13 である．だから， T147, 22
二で割ったルーパが，ルーパを引く場合の小根になるだろう，$\frac{1}{2}$．[2] これの
平方 $\frac{1}{4}$ に[3] 始原数 13 を掛けた $\frac{13}{4}$ から一を減じた $\frac{9}{4}$ からの根が長根 $\frac{3}{2}$ T148, 1
である．[4] あるいは三で割ったルーパが小になるだろう，$\frac{1}{3}$．これから前のように，長は $\frac{2}{3}$．

あるいは，「前のように」，任意数 1 を小とし，これの平方に始原数を掛け，13，四を引いた 9 からの根が長 3 である．順に書置：ka 1 jye 3 kṣe $\dot{4}$．[5] T148, 2
「任意数の平方で割られた付数が」(BG 44a) 云々により，二ルーパを任意数と想定して生ずるルーパを引く場合の二根は，ka $\frac{1}{2}$ jye $\frac{3}{2}$ kṣe $\dot{1}$．あるいは，始原数 13 を掛けた小の平方 13 から九を引くと，長 2 が生ずる．順に書置：ka 1 jye 2 kṣe $\dot{9}$．「任意数の平方で割られた付数が」(BG 44a) 云々により生ずるルーパを引く場合の二根は，ka $\frac{1}{3}$ jye $\frac{2}{3}$ kṣe $\dot{1}$．

あるいは，円環法によって二つの整数〈根が得られる〉．ルーパを引く場合の前の二根の書置：ka $\frac{1}{2}$ jye $\frac{3}{2}$ kṣe $\dot{1}$．「〈平方始原の〉短根，長根，付数を」(BG 46c) 云々によりクッタカを行うための書置 $\left|\begin{array}{cc}\text{bhā } \frac{1}{2} & \text{kṣe } \frac{3}{2}\\ \multicolumn{2}{c}{\text{ha } \dot{1}}\end{array}\right|$ ここで，被除数，除数，付数を半分 $\frac{1}{2}$ で共約して，書置 $\left|\begin{array}{c}\text{bhā 1 kṣe 3}\\ \text{ha } \dot{2}\end{array}\right|$[6] ここで,「正の付数を除数で切りつめた場合は」(BG 33a) 云々により生ずる二量は，$\left|\begin{array}{c}0\\ 1\end{array}\right|$[7] 商は奇数個である，というので，自分の切りつめ数からの引き算をし,「商は付数を切りつめた際の商だけ増やす」(BG 33cd) ということを行って生ずる商と乗数は $\left|\begin{array}{cc}\text{la } \dot{2} & \text{kṣe 1}\\ \text{gu 1} & \text{kṣe } \dot{2}\end{array}\right|$ ここでこの乗数 1 の平方を始原数から引くと[8]，差 12 は小さくない，というので，負数のルーパを任意数と想定して，付数を投じて（加えて）[9] 生ずる商と乗数は，la $\dot{3}$ gu 3．[10] この乗数の平方 9 を始原数から引くと，残りは 4．付数$\dot{1}$で割ると付数$\dot{4}$が生ずる[11]． T148, 8

---

[1] prakṛtir P] prakṛti T.　[2] syāt/ $\frac{1}{2}$ T] $\frac{1}{2}$ syāt P.　[3] $\frac{1}{4}$ T] ∅ P.　[4] ekonāt $\frac{9}{4}$ mūlaṃ jyeṣṭhapadaṃ $\frac{3}{2}$ / P] ekonā $\frac{9}{4}$ jyeṣṭavargaḥ/ jyeṣṭapadaṃ $\frac{3}{2}$ / T.　[5] $\dot{4}$ P] 4 T　[6] $\begin{array}{c}\text{bhā 1 kṣe 3}\\ \text{ha } \dot{2}\end{array}$] $\begin{array}{c}\text{bhā 1 kṣe 3}\\ \text{ha } \dot{2}\end{array}$ P, bhā 1 $\begin{array}{c}\text{kṣeṃ 3}\\ \text{ha } \dot{2}\end{array}$ T.　[7] jātaṃ rāśidvayaṃ $\frac{0}{1}$ P] jātarāśidvayaṃ $\frac{0}{2}$ T.　[8] prakṛtitaścyute P] prakṛti ścyute T.　[9] kṣepe kṣipte P] kṣepakṣipte T.　[10] la $\dot{3}$ gu 3 T] $\begin{array}{c}\text{la } \dot{3}\\ \text{gu 3}\end{array}$ P.　[11] kṣepa$\dot{1}$bhaktaṃ jātaḥ kṣepaḥ $\dot{4}$ P] kṣepa1bhaktaṃ jātaḥ kṣepaḥ 4 T.

「始原数から引かれた場合は〈正負を〉逆にする」(BG 48b) というので，逆にする，4. 商$\dot{3}$[1]が小である．前のように正数とする，3. これから〈得られる〉長は 11. 順に書置：ka 3 jye 11 kṣe 4. さらに，クッタカのための書置 [bhā 3 kṣe 11 / ha $\dot{4}$][2] 前の如くに〈得られる〉商と乗数は [la 5 kṣe 3 / gu 3 kṣe 4] この
T149, 1 乗数の平方 9 を始原数から引くと，残りは 4. 付数 4 で割ると付数 1 が生ずる．「始原数から引かれた場合は〈正負を〉逆にする」(BG 48) というので，逆にする，$\dot{1}$. 商 5 が小である．これから〈得られる〉長は 18. 順に書置：ka 5 jye 18 kṣe $\dot{1}$.[3] このように，ルーパを引く場合の整数の二根が[4]生ずる．ここではどこでも，ルーパを付数とする二根からの生成により，根は限りなくあると知るべきである．

T149, 5 次に，二番目の例題の始原数は 8. これは二つの二の[5]平方の和である．前のように生ずる短と長は，ka $\frac{1}{2}$ jye 1 kṣe $\dot{1}$. 前のように，円環法により，二つの整数〈の根〉が作られる（計算される）べきである．

···Note ···

K は最後の段落で，例題 2 も例題 1 の場合と同様，円環法を適用して整数解を得る，というが，この例題に整数解はない．Sita 2012, 106-08 参照．

···

T149, 7 「あるいは，〈任意数の平方で〉付数が掛けられた場合は，二根が〈任意数で〉掛けられる[6]」(BG 44) というこの（規則の）例題をアヌシュトゥブ詩節で述べる．

A192, 25 **例題．/E31p0/**

E31 **どんな平方に六を掛け，三を加えると，あるいは十二を加えると，**
平方になるだろうか．あるいは七十五を加えると，あるいは三百
を加えると，平方になるだろうか．/E31/

A192, 28 **さて，ルーパを短として，書置：pra 6 ka 1 jye 3 kṣe 3. ここで，「〈任意数の平方で〉付数が掛けられた場合は，二根が〈任意数で〉掛けられる」(BG 44) というので，二を掛けると，生ずるのは十二を付数とするものである，2, 6. 五を掛けると，付数が七十五のときのものである，5, 15. 十を掛けると，生ずるのは三百を付数とするものである，10, 30. /E31p/**

···Note ···

例題 (BG E31): 1. VP (6) $[x, y, 3]$. 2. VP (6) $[x, y, 12]$. 3. VP (6) $[x, y, 75]$. 4. VP (6) $[x, y, 300]$.

解．規則 1 より VP (6) $[1, 3, 3]$ だから，規則 3 により，任意数を 2 として，VP (6) $[2, 6, 12]$. 任意数を 5 として，VP (6) $[5, 15, 75]$. 任意数を 10 として，VP (6) $[10, 30, 300]$.

···

T149, 10 意味は明瞭である．ここではルーパを任意の小と想定して，書置：pra 6 ka

---

1 $\dot{3}$ P] 3 T. 2 [bhāḥ 3 kṣe 11 / ha 4] P] bhā 3 [kṣe 11 / ha 4] T. 3 kṣe P] kṣepa T. 4 mūle abhinne P] mūle 'bhinne T. 5 dvikayor P] dvikayo T. 6 kṣuṇṇe tadā pade P] kṣuṇṇo tadā pada T.

1 jye 3 kṣe 3. ここで，十二という付数のために，この付数 (3) が「任意数の平方」としてのこの 4 で掛けられるなら，二根は任意数 2 で掛けられるべきである．そうすれば，付数を十二とする二根が生ずる，ka 2 jye 6 kṣe 12. 同様に，同じこのやり方で，同じその二根が[1]五を掛けられると，七十五を付数とする二つ〈の根〉が生ずる，ka 5 jye 15 kṣe 75. 同様に，十を掛けると，三百を付数とする二つ〈の根〉が生ずる，ka 10 jye 30 kṣe 300. これは指標である．

何らかの方法で，提示された付数に対する二根を求めたあとで，ルーパを T149, 15
付数とする生成により，それら（提示された付数に対する二根）は限りなく生ずる，ということを，アヌシュトゥブ詩節の後半と前半で[2]述べる．

次に，任意に導かれた二つの根に対し，ルーパを付数とする根の導き方を A193, 26
示すための術則，一詩節半． /52cdp0/[3]

> **多数の〈提示された〉付数と減数に対して，他ならぬ自分の理知** 52cd
> **によって二根が知られるべきである． //ルーパを付数とする根か** 53ab
> **ら生ずる生成により，それら二つ（提示された付数に対する二根）は限りない． /52cd-53ab/**

···Note···

規則 (BG 52cd-53ab)：平方始原の規則 7（与えられた付数に対する無数の解）．

質問者が提示した付数 ($t = \gamma$) に対する二根を限りなく (ānantya) 求める方法．何らかの方法で（BG 40, 53cd, 54 参照）VP (p) $[\alpha_1, \beta_1, \gamma]$ が得られれば，それと，それから円環法 (BG 46cd-50ab) によって得られる VP (p) $[\alpha_0, \beta_0, 1]$ とから，生成 (BG 41-43) により，VP (p) $[x, y, \gamma]$ の二根が無数に得られる，という趣旨．

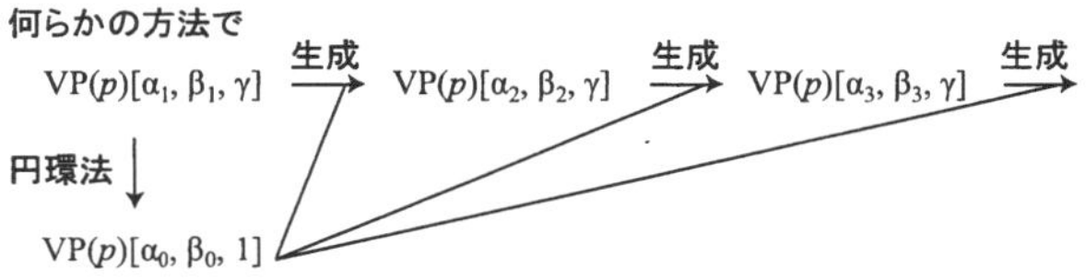

なお筆者はかつて「バースカラ II の『ビージャガニタ』」（『中世の数学』共立出版 1987, p. 444）において，この術則をその導入文に示された意図に従い，VP (p) $[x, y, 1]$ の二根を無数に求めるためのものと解釈したが，ここでそれを訂正したい．もちろん導入文の意図するケース ($\gamma = 1$) もこの規則の対象になる．

···

付数 (kṣepāḥ, m. pl.) と減数 (viśodhanāni, n. pl.) とで[4]付数と減数 (kṣepa- T149, 20
viśodhanāni, n. pl.) である．多数の付数と減数の集合名詞 (samāhāra) が「多数の付数と減数」(bahukṣepaviśodhana, n. sg.) である．それに「対して」〈

---

[1] te eva pade P] ta eva pade T.　[2] uttarapūrvārdhābhyām P] uttarārdhapūrvārdhābhyām P.　[3] この導入文は次の「一詩節半」(52cd-53ab-53cd) に適合しないように思われる．
[4] kṣepāśca viśodhanāni ca P] kṣepā viśodhanāni ca T.

という loc. case⟩ である．その付数が正数でも負数でも，最初に,「他ならぬ自分の理知によって二根が知られるべきである」という意味である．そのあとで,「ルーパを付数とする根から生ずる生成により」「それら（提示された
T150, 1 付数に対する二根）は」「限りな」く，簡単に得られる．というのは,「その場合の付数は二つの付数の積である」(BG 42) というので，ルーパである付数を掛けられたいかなる付数も，正数であれ負数であれ，まったく元のままである，ということである．

T150, 2 「他ならぬ自分の理知によって二根が知られるべきである」(BG 52cd) と述べられた．その場合の方法をいくつか ⟨ バースカラ先生は ⟩ お教えになる[1]．その中でも，始原数が平方数で割られた場合に根を求める別法 (prakāra-antara) を，アヌシュトゥブ詩節の後半で述べる．

53cd **乗数が平方数で割られた場合，短をその根で割るべきである． /53cd/**

···Note ··························

規則 (BG 53cd)：平方始原の規則 8（始原数が平方数で割りきれる場合）.
$p/a^2 = p'$ のとき，VP (p') $[\alpha, \beta, \gamma]$ ならば VP (p) $[\alpha/a, \beta, \gamma]$ である．

··································

T150, 6 「乗数が平方数で割られた場合」，「短をその根で割るべきである」．次のことが云われている．始原数を何かある平方数で約して (apavartya)，約された始原数により[2]，小と長が得られるべきである．その場合[3]，始原数を約したその平方数の根で小が割られるべきである．一方，長は元のままである．提示された始原数に対して，これらの二根が生ずる，という意味である．

T150, 9 これに関する正起次第．始原数が何らかの平方数で約された場合，長の平方もまた同じその平方数で約されたことになるだろう．だから，長はその根で約されたことになるだろう．一方，小は約されていないだろう[4]．実際，始原数によって作られる違いは小 ⟨ 自体 ⟩ にはない．始原数で掛けたり割ったりしたとき，小は掛けられたもの，あるいは約されたものになるだろう．だから，その根で小のみが割られるべきである．一方，長は既に割られたものである，ということである．

···Note ··························

正起次第．$p = p'a^2$ のとき VP (p') $[\alpha, \beta, \gamma]$ なら，$p'\alpha^2 + \gamma = \beta^2$ だから，$\frac{p}{a^2} \cdot \alpha^2 + \gamma = \beta^2$ すなわち $p(\frac{\alpha}{a})^2 + \gamma = \beta^2$.

··································

T150, 13 この同じ道理により[5]，始原数に何らかの平方数を掛け，その始原数で小と長を求め，小をその根で掛けるべきである，ということも知るべきである．

[1] T 本はこの文までを前の詩節に対する注とする．ここでは P 本に従い，この文から次の詩節の導入が始まるものとする． [2] prakṛtyā P] prakṛsyā T. [3] tatra P] ∅ T. [4] nāpavartitaṃ syāt P] nāpavartitaṃ T. [5] yuktyā P] yuttayā T.

···Note······

K の規則: $pa^2 = p'$ のとき，VP (p') $[\alpha, \beta, \gamma]$ ならば VP (p) $[a\alpha, \beta, \gamma]$ である．

······

この例題をアヌシュトゥブ詩節の半分で述べる．　T150, 16

例題．/E32p0/　A195, 12

> **どんな平方に三十二を掛け，一を加えると根を与えるものになるか．云いなさい．/E32/**[1]　E32

書置：pra 32．これから，前のように，小と長は，$\frac{1}{2}$，3．あるいは「乗数が平方数で割られた場合，短をその根で割るべきである」(BG 53cd) というので，始原数 32 を四で割ると，商は 8．これが始原数のとき，小と長は，1, 3．始原数を割った平方 4 の根で小を割ると，それと同じ二根が生ずる，ka $\frac{1}{2}$ jye 3．/E32p/　A195, 14

···Note······

例題 (BG E32): VP (32) $[x, y, 1]$.

解．規則 1 により，VP (32) $\left[\frac{1}{2}, 3, 1\right]$．あるいは，$32 = 8 \times 2^2$ であり，規則 1 により VP (8) $[1, 3, 1]$ だから，規則 8 により，VP (32) $\left[\frac{1}{2}, 3, 1\right]$．

······

意味は明瞭である．半分をここでは任意の小と想定して，前のように生ずる二根は[2]，pra 32 ka $\frac{1}{2}$ jye 3 kṣe 1．あるいは，始原数 32 を四で割ると 8．この始原数による小と長は，ka 1 jye 3 kṣe 1．四の根で小のみを割ると[3]，三十二の始原数に対する二根が生ずる，ka $\frac{1}{2}$ jye 3 kṣe 1．同様に，十六でもまた始原数を割ると，pra 2．生ずる二根は，ka 2 jye 3 kṣe 1．前のように，小を十六の根 4 で割ると，それらと同じ[4]小と長が生ずる，ka $\frac{1}{2}$ jye 3 kṣe 1．他〈の問題〉でも同様である．　T150, 18　T151, 1

···Note······

注釈者 K は，$32 = 2 \times 4^2$ とした場合の解を付加する．すなわちこのとき，規則 1 により VP (2) $[2, 3, 1]$ だから，規則 8 により，VP (32) $\left[\frac{2}{4}, 3, 1\right]$ = VP (32) $\left[\frac{1}{2}, 3, 1\right]$．

······

次に，始原数が平方数の形をもつ場合に[5]，根を求める別法 (upāya-antara) を[6]，アヌシュトゥブ詩節で述べる．　T151, 3

次に，始原数が平方数の形を持つ場合，生成なしに多くの根を導くための術則，一詩節．/54p0/　A196, 28

> **任意数で二度〈別々に〉付数が割られ，任意数で減加され，半分にされる．そして前者は乗数の根で割られる．〈結果は〉順に短根と長根である．/54/**　54

---

[1] これはアヌシュトゥブ詩節の半分であるが，前後にこれと対になる半分がないので，1 詩節と数える．[2] prāgvajjātamūle T] prāgvajjāte mūle P. [3] vibhajya P] vibhājya T. [4] te eva P] ta eva T. [5] vargarūpāyāṃ P] vargarūpāṇāṃ T. [6] pādānayana upāyāntaram P] pādānayane upāyāntaram T.

···Note·····

規則 (BG 54)：平方始原の規則 9（始原数が平方数の場合）．

$p=a^2$ のとき，$m, n(\neq 0)$ を任意数として，

$$\mathrm{VP}\,(p)\left[\left(\frac{n}{m}-m\right)\div 2\div a,\left(\frac{n}{m}+m\right)\div 2, n\right].$$

·····

T151, 6 提示された付数は任意数で割られ，「二度」置かれるべきである．それは，一方で任意数が減じられ，他方で任意数が加えられ，両方とも「半分にされる」(dalīkṛta: ardhita)．一方，「前者は」「乗数の根で割られる」：始原数の根で割られる，という意味である．「順に」「短根と長根」になる．ここで，「一方，前者は乗数の根で割られる」[1]という言葉があるから，始原数が平方の形を持つ場合のみがこの術則にふさわしい機会であると知るべきである．

T151, 10 これに関する正起次第．始原数が平方の形を持つ場合，付数がないときは，ただちに長根が得られる．なぜなら，小の平方が平方の形を持つ始原数を掛けられると，平方が生ずるから．また，付数が投じ（加え）られても，もしその根が得られるなら，きっとそれは和の平方である．というのは，その根は，一番目の長よりいくらか大きくなるだろうから．すなわち，増分だけ加えられた長の平方がこれである，というので，増分と〈一番目の〉長との和の平方がこれである[2]．この和の平方には，「部分二つの積の[3]二倍に，それらの部分の平方の和を加えると平方である」(L 20) というので，部分三つが生ずるだろう．すなわち，長の平方，長と増分の積の二倍，それに増分の平方である．ここで，付数の〈付加の〉前にはただ長の平方だけがあったのに[4]，付数が投じられたら和の平方になった，というので，付数に部分二つがある．すなわち，増分の平方と長と増分の積の二倍とである．ここで，増分は何か，ということは分からない．それを任意数 (i < iṣṭa) と想定して生ずる付数は，i ∘ jye 2 iva 1．この付数が任意数で割られて[5]生ずるのは，jye 2 i 1，二倍した長に任意数を加えたものである．ここにもし任意数が投じられると，長と任意数の和の二倍になる[6]，jye 2 i 2．これの半分は長と任意数の和になるだろう，jye 1 i 1．付数の〈付加の〉あとでは，これこそが長である．かくして，「任意数で付数が割られ」，任意数を加えられ[7]，「半分にされる」と長になる，ということが正起した．

T151, 22 次に，小を知るための方法．そのために，〈増分を含まない〉独立の長が求められる．なぜなら，小の平方に平方の形を持つ始原数を[8]掛けたものが長の
T152, 1 平方であるから．だから，始原数の根を掛けた小こそが長になるだろう．だから，逆算法により，長が乗数の根で割られると小になるだろう，ということである．だから，まず，独立の長が求められる[9]．付数，i ∘ jye 2 iva 1,[10]

---

[1] これは BG 54 からの引用に違いないが，T 本でも P 本でも BG 54 の ca の位置に tu が用いられている． [2] ity adhikajyeṣṭhayor yutivargo 'yam P] ∅ T. [3] dvayasyābhihatir P] dvayasyābhihatitar T. [4] kevalajyeṣṭavargaḥ sthitaḥ T] kevalajyeṣṭhavargasthitaḥ P. [5] kṣepa iṣṭahṛte P] kṣepe iṣṭahṛte T. [6] dviguṇā yutir P] dviguṇayutir T. [7] iṣṭenāḍhyo] iṣṭonāḍhya T, iṣṭonāḍhyo P. [8] vargarūpaprakṛti P] vargarūpaghnakṛti T. [9] sādhyate P] sādyate T. [10] i ∘ jye 2 T] ijye 2 P.

が任意数で割られると，jye 2 i 1．任意数が引かれると，jye 2．半分にされると，jye 1，ただ長のみが[1]生ずる．すなわち，「任意数で二度〈別々に〉付数が割られ，任意数で減加され，半分にされる」(BG 54ab) というこれにより，長のみと任意数だけ大きい長とが得られた．そこで，ただ長のみが乗数の根で割られると小になる，というので，「前者は乗数の根で割られる」と述べられたのである．

···Note·································

正起次第 1．$p = a^2$ のとき，VP $(p)\,[\alpha, \beta, 0]$ とすると $a^2\alpha^2 = \beta^2$ だから，$a\alpha = \beta$．このとき，もし VP $(p)\,[\alpha, y, n]$ となる y があるとすれば，$y = \beta + m$ とおける．このとき，$a^2\alpha^2 + n = (\beta + m)^2 = \beta^2 + 2\beta m + m^2$ だから，$n = 2\beta m + m^2$，すなわち，$n/m = 2\beta + m$．したがって，$(n/m + m) \div 2 = \beta + m$．これが長根．また，$(n/m - m) \div 2 = \beta$ だから，$\alpha = \beta/a = (n/m - m) \div 2 \div a$．これが短根．

···

次に，別の正起次第．平方の形を持つ始原数を掛けた小の平方は平方になるだろう．また，付数が投じられた場合でももし平方になるなら，そのとき付数は平方の差になるだろう．したがって，付数がないときの長と付数があるときの長の平方の差が付数である．さて，「平方の差を量の差で割れば和である．それから，述べられたように二量がある」(L 58) と述べられているから，ここでは，差を任意数と想定する．それによって，付数の形を持つ平方の差が[2]割られると，和が得られるだろう[3]．それから，合併算の術則 (L 56) によって二量を知ることはたやすい．だからこのように，「任意数で二度〈別々に〉付数が割られ，任意数で減加され，半分にされる」ということが正起した．「そして前者は乗数の根で割られる」というこの点に関する正起次第は前と同じである． T152, 7

···Note·································

正起次第 2．VP $(p)\,[\alpha, \beta_1, 0]$, VP $(p)\,[\alpha, \beta_2, n]$ とすると，$n = \beta_2^2 - (a\alpha)^2 = \beta_2^2 - \beta_1^2$ だから，$\beta_2 - \beta_1 = m$ と置くと，平方合併算の術則 (L 58) により，$\beta_2 + \beta_1 = n/m$．したがって，合併算の術則 (L 56) により，$\beta_2 = (n/m + m) \div 2$, $\beta_1 = (n/m - m) \div 2$．したがってまた，$\alpha = \beta_1/a = (n/m - m) \div 2 \div a$．

···

これと全く同じ道理により，負数の付数の場合も理解するべきである．ただし，次の点だけ違いがある．正数付数の場合は大きな量が提示された長であるが，負数付数の場合は小さな量が提示された長である．だから，負数付数の場合，〈「任意数で減加され，半分にされる」(BG 54) ではなくて〉，「任意数で加減され，半分にされる」と見るべきである．たとえ付数が負数であることを印づけることにより，〈BG 54 の〉聞いたままの読みでもこの意味になるとしても，小と長には負数性が生ずるだろう．したがって，負数であることを印づけることなしに，「任意数で加減され」と読みを逆にすることによ T152, 13

---

[1] kevalajyeṣṭham P] kevalaṃ jyeṣṭam T.　[2] kṣeparūpe vargāntare T] kṣepe rūpavargāntare P.　[3] labhyeta P] labhyata T.

り，負数付数の場合には根を得ると見るべきである．

···Note···

$m > 0, n > 0$ として，$px^2 - n = y^2$ のときも，付数が「負数であることを印づけること」(ṛṇatva-aṅkana) により，すなわち $px^2 + \dot{n} = y^2$ と考えることにより，BG 54 の術則を適用すれば，

$$\mathrm{VP}\,(p)\left[\left(\dot{n}\,/m - m\right) \div 2 \div a, \left(\dot{n}\,/m + m\right) \div 2, \dot{n}\right].$$

これでもよいが，解が負数になってしまうので，術則中の「減加され」を「加減され」に読み替えて，

$$\mathrm{VP}\,(p)\,[(n/m + m) \div 2 \div a, (n/m - m) \div 2, -n]\,,$$

と考えるべきだ，という趣旨．

···

これに関する例題二つを，アヌシュトゥブ詩節で述べる．[1]

A198, 1 **例題．/E33p0/**

E33 **どんな平方数に九を掛け，五十二を加えたら平方数か．また，どんな平方数に四を掛け，三十三を加えたら平方数か．/E33/**

A198, 4 **ここで，最初の例題では，付数 52 が二という任意数で割られ，二カ所に置かれ，「任意数で減加され，半分にされ」て，12, 14 が生ずる．これら二つのうち前者は始原数の根で割られ，短と長が生ずる，4, 14．あるいは，付数 52 を四で割り，同様に生ずる短と長は，$\frac{3}{2}$，$\frac{17}{2}$．/E33p1/**

A198, 8 **二番目の例題では，付数 33 を一という任意数で割り，同様に生ずる短と長は，8, 17．三によって生ずるのは，2, 7．/E33p2/**

···Note···

例題 (BG E33)：1. VP (9) $[x, y, 52]$. 2. VP (4) $[x, y, 33]$.

1 の解：規則 9 により，任意数 $m = 2$ として，VP (9) [4, 14, 52]．任意数 $m = 4$ として，VP (9) [3/2, 17/2, 52]．(以上 E33p1)

2 の解：規則 9 により，任意数 $m = 1$ として，VP (4) [8, 17, 33]．任意数 $m = 3$ として，VP (4) [2, 7, 33]．(以上 E33p2)

···

T152, 22 意味は明瞭である．ここで，最初の例題では，付数 52 が二という任意数 2 で割られ，二カ所に置かれる，26, 26．「任意数で減加され」24, 28,[2]「半分にされる」と，12, 14 が生ずる．これら二つのうち前者 12 は，始原数 9 の根 3
T153, 1 で割られる，4．生ずる短と長は，4, 14．あるいは，付数を四で割り，まったく同様に生ずる短と長は，ka $\frac{3}{2}$ jye $\frac{17}{2}$．同様に，任意数に応じて〈根は〉限りない．

T153, 2 次に，二番目の例題では，付数 33，始原数 4．ここでは，任意数 1 により生ずる短と長は，ka 8 jye 17．また，三によって，ka 2 jye 7.[3]

T153, 3　次に，始原数に等しい付数の場合に，例題を通して道理を示すために，例題を，アヌシュトゥブ詩節で述べる．

あるいは，付数が始原数に等しい場合の例題．/E34p0/ A199, 21

どんな平方数に十三を掛け，十三を引くと，あるいは加えると，平方数になるだろうか．云いなさい．/E34/ E34

最初の例題では，始原数 13．生ずる小と長は 1, 0．ここで，「任意数の平方と始原数の差」云々(BG 45) により，ルーパを付数とする二根は，ka $\frac{3}{2}$ jye $\frac{11}{2}$ kṣe 1．これら二つから，生成により，十三を負数付数とする二根は，ka $\frac{11}{2}$ jye $\frac{39}{2}$ kṣe $\dot{1}3$．また，負数付数に対するこれらの根の，ルーパを引く場合のこれら二根，$\frac{1}{2}$，$\frac{3}{2}$，との分離されつつある生成により[1]，正数十三を付数とする二根は，$\frac{3}{2}$，$\frac{13}{2}$．あるいは，18, 65．/E34p/ A199, 24

···Note···

例題 (BG E34): 付数が始原数に等しい場合．1. VP (13) $[x, y, -13]$. 2. VP (13) $[x, y, 13]$.

K 注 (T153, 7-11) によれば，一般に VP (p) $[1, 0, -p]$ であるが，解がゼロになることを「世間が納得しない」なら，何らかの方法で VP (p) $[\alpha, \beta, 1]$ を求め，これと VP (p) $[1, 0, -p]$ とからの生成により，VP (p) $[x, y, -p]$ の解を多数得る，という趣旨．

1 の解：規則 1 により VP (13) $[1, 0, -13]$, BG 45 により VP (13) $\left[\frac{3}{2}, \frac{11}{2}, 1\right]$ だから，

$$\mathrm{BH}^{+}(13)\begin{bmatrix} 1 & 0 & -13 \\ 3/2 & 11/2 & 1 \end{bmatrix} = \mathrm{VP}\,(13)\left[\frac{11}{2}, \frac{39}{2}, -13\right].$$

2 の解：BG E30.1 から VP (13) $\left[\frac{1}{2}, \frac{3}{2}, -1\right]$，1 の解から VP (13) $[1, 0, -13]$, VP (13) $\left[\frac{11}{2}, \frac{39}{2}, -13\right]$ だから，

$$\left.\begin{matrix} \mathrm{BH}^{+}(13)\begin{bmatrix} 1 & 0 & -13 \\ 1/2 & 3/2 & -1 \end{bmatrix} \\ \mathrm{BH}^{-}(13)\begin{bmatrix} 1 & 0 & -13 \\ 1/2 & 3/2 & -1 \end{bmatrix} \end{matrix}\right\} = \mathrm{VP}\,(13)\left[\frac{3}{2}, \frac{13}{2}, 13\right].$$

また，

$$\mathrm{BH}^{+}(13)\begin{bmatrix} 11/2 & 39/2 & -13 \\ 1/2 & 3/2 & -1 \end{bmatrix} = \mathrm{VP}\,(13)\,[18, 65, 13],$$

$$\mathrm{BH}^{-}(13)\begin{bmatrix} 11/2 & 39/2 & -13 \\ 1/2 & 3/2 & -1 \end{bmatrix} = \mathrm{VP}\,(13)\left[\frac{3}{2}, \frac{13}{2}, 13\right].$$

···

意味は明瞭である．最初の例題では，始原数が 13．ルーパを任意数と想定して，前のように（BG 40 により），十三を引く場合の二根は，ka 1 jye 0 kṣe $\dot{1}3$．このように，どこであれ負数の付数が始原数に等しい場合，他ならぬルーパを任意数と想定して，長が得られるべきである[2]，という道理が教示されたのである．というのは，小がルーパの大きさのとき，その平方に始原 T153, 7

---

[1] atrodāharaṇadvayamanuṣṭubhā"ha P] ∅ T.　[2] 24/ 28 P] 24/ 25 T.　[3] ka 2 jye 7 T] 2/ 7 P.　[1] viślesyamāṇabhāvanayā 「分離されつつある」の意図不明．K の引用中では viśeṣasamabhāvanayā．本詩節に対する K 注末尾参照．K は，viśeṣa = antara「差」，sama = samāsa「和」と等置し，「差と和の生成により」と解釈する．sama = samāsa という等置には無理があるが，文脈から考えて，元の読みは，viśleṣasamāsabhāvanayā（「差または和の生成により」）と思われる．　[2] sādhyam P] sādyam T.

数を掛けたものは始原数に等しくなるだろう．そこで，付数もまた始原数に等しければ，それを引くことによりゼロになるので，根もまたゼロになるだろう，ということである．

T153, 11　さて，長がゼロの場合，もし世間 (loka) が納得 (pratīti) しないなら，そのときは，「ルーパを付数とする根から生ずる[1]生成により，〈 それら（提示された付数に対する二根）は 〉限りない」(BG 53ab) ということを知らせるために述べる，

> ここで，「任意数の平方と始原数の差」云々(BG 45) により，ルーパを付数とする二根は，ka $\frac{3}{2}$ jye $\frac{11}{2}$ kṣe 1.[2] これら二つから，生成により，十三を負数付数とする[3]二根は，ka $\frac{11}{2}$ jye $\frac{39}{2}$ kṣe $\dot{1}3$. /BG E34p/

と．意味は明瞭である．このように，生成に応じて，〈 根は 〉限りないということを見るべきである，という意味である．

T153, 16　このように，負数付数が始原数に等しい場合に根を得ることが可能であれば，正数付数の場合も根を得ることはたやすい，ルーパを引く〈 場合の二根からの 〉生成によって，ということを教示するために述べる，

> 負数付数に対するこれらの根の，ルーパを引く場合のこれらの二根，$\frac{1}{2}$，$\frac{3}{2}$，との差と和の生成により，正数十三を付数とする二根は，$\frac{3}{2}$，$\frac{13}{2}$．あるいは，18, 65. /BG E34p/

と．ここで，ルーパを引く場合の根の計算は，「ルーパを引く場合，〈 もし乗数が平方の和でなければ 〉，不毛な出題である」(BG 50cd) 云々により前に述べられた.[4]　「差」生成 (viśeṣa-bhāvanā: antara-bhāvanā).「和」生成 (sama-bhāvanā: samāsa-bhāvanā)[5]．あとは明瞭である．

T153, 21　同様に，始原数が負数の場合も根の計算は可能であると見るべきである，というので，その例題をアヌシュトゥブ詩節で述べる．

A203, 7　**例題．/E35p0/**

T154, 1 E35
> **どんな平方に負数である五を掛け，二十一を加えると平方数になるだろうか．云いなさい，もし始原数が負数である場合の規則を知っているなら．/E35/**

A203, 10　**書置：pra $\dot{5}$. ここで生ずる二根は，1, 4．あるいは，2, 1．ルーパを付数とする〈 根からの 〉生成により，〈 根には 〉限りがない．/E35p/**

---

[1] padotthayā P] padoththayā T.　[2] mūle ka $\frac{3}{2}$ P] mūle/ $\frac{3}{2}$ T.　[3] trayodaśarṇakṣepa P] trayodaśa ṛṇakṣepa T.　[4] ここで K は，BG 51 の規則に言及するために.「頭出し」として BG 50cd を引用している．したがってここでは K も，バースカラと同様，詩節 50cd-52ab をひとまとまりのものとみなしていることになる．BG 50cdp0 に対する脚注参照．　[5] この等置は無理．

· · ·Note ·
例題 (BG E35): 始原数が負数の場合．VP (-5) $[x, y, 21]$.

解．規則 1 により，VP (-5) $[1, 4, 21]$, VP (-5) $[2, 1, 21]$.

E35p 後半の「ルーパを付数とする〈根からの〉生成により」は次のような趣旨と思われる．VP (-5) $[1, 2, 9]$ だから，規則 3 で任意数を 3 として，VP (-5) $\left[\frac{1}{3}, \frac{2}{3}, 1\right]$. これと VP (-5) $[1, 4, 21]$ とから，

$$\mathrm{BH}^{+}(-5)\begin{bmatrix} 1 & 4 & 21 \\ 1/3 & 2/3 & 1 \end{bmatrix} = \mathrm{VP}\,(-5)\,[2, 1, 21].$$

この結果は既得．そこで，差生成により，

$$\mathrm{BH}^{-}(-5)\begin{bmatrix} 1 & 4 & 21 \\ 1/3 & 2/3 & 1 \end{bmatrix} = \mathrm{VP}\,(-5)\left[-\frac{2}{3}, -\frac{13}{3}, 21\right].$$

したがって，VP (-5) $\left[\frac{2}{3}, \frac{13}{3}, 21\right]$．また，VP (-5) $\left[\frac{1}{3}, \frac{2}{3}, 1\right]$ と VP (-5) $[2, 1, 21]$ とから，

$$\mathrm{BH}^{+}(-5)\begin{bmatrix} 2 & 1 & 21 \\ 1/3 & 2/3 & 1 \end{bmatrix} = \mathrm{VP}\,(-5)\left[\frac{5}{3}, -\frac{8}{3}, 21\right].$$

したがって，VP (-5) $\left[\frac{5}{3}, \frac{8}{3}, 21\right]$．また，

$$\mathrm{BH}^{-}(-5)\begin{bmatrix} 2 & 1 & 21 \\ 1/3 & 2/3 & 1 \end{bmatrix} = \mathrm{VP}\,(-5)\,[1, -4, 21].$$

したがって，VP (-5) $[1, 4, 21]$．これは既得．以下同様に，VP (-5) $\left[\frac{1}{3}, \frac{2}{3}, 1\right]$ を用いた生成により，根は多数ある，という趣旨.
· ·

意味は明瞭である．書置：pra $\dot{5}$ kṣe 21．ここで，ルーパを任意数と想定して，「短〈根〉は任意数である」云々(BG 40) により生ずる二根は，ka 1 jye 4 kṣe 21．あるいは，ka 2 jye 1 kṣe 21．ルーパを付数とする〈根からの〉生成により，根に限りがないことは前と同じである． T154, 3

この書の冒頭で，「種子の計算 (bīja-kriyā) を私は述べる[1]」(BG 2) と約束してから，それに役立つものとして説明された，正数負数の六種に始まり円環法に終わる計算 (gaṇita) を，生徒たちが誤って種子であると考えたり，〈それらを〉種子であると考えれば，〈本当の〉種子を無味 (nīrasa) とみなしたりするであろう．そ〈の恐〉れを取り除くために，アヌシュトゥブ詩節で述べる． T154, 6

種子 に役立つ計算がここにまとめて述べられた．これから，計算士の喜びをもたらす種子を述べよう．/55/ 55

意味は明瞭である． T154, 12

優れた占術師たちの集団がたえずその脇に仕えるバッラーラなる
計算士の息子が作ったこの種子計算の解説書『如意蔓の化身』に

[1] vacmi P] vā T(BG 2 の本来の位置では vacmi).

おいて，平方始原が[1] 生じた．ここには円環法がある．/BP 6/

T154, 17 「ここには」: 平方始原には．円環法もまた平方始原の中に含まれる，という意味である．

T154, 17 以上，すべての計算士たちの王，占術師バッラーラの息子，計算士クリシュナの作った種子計算の解説書『如意蔓の化身』における，自分の一区分 (bheda) である円環法を伴う[2]「平方始原」の注釈．吉祥.[3]

ここで，原本 (mūla) の詩文 (śloka) も含めてグランタ数[4]は，380．だから[5]，最初から ⟨ ここまでに ⟩ 生じた[6]グランタ数は，2580．吉祥あれ[7]．

[1] kṛtiprakṛtiḥ T] kṛtiḥ prakṛtiḥ P. [2] nijabhedacakravālayukta P] nijabhede cakravāla yukta T. [3] // śrīḥ// T] samāptimagamat//6// P. P 本:「... の注釈は完結した./6/」. [4] グランタ数については第 1 章末参照. [5] evam T] ∅ P. [6] jātā T] ∅ P. [7] śrīrastu// T] ∅ P.

第7章　一色等式

さて，一色等式の一部分の注釈である.[1] T155, 1

吉祥.[2]オーム．未顕現の第一原因[3]に礼拝する．ここで,「これから，⟨ 計算 T155, 2
士の喜びをもたらす ⟩ 種子を述べよう」(BG 55) と種子の説明が約束された．だからそれが説明されるべきである．それには四種ある，と尊敬される人たちは云う．すなわち，一番目は一色等式，二番目は多色等式，三番目は中項除去，四番目はバーヴィタである．そのうち，等清算 (sama-śodhana) などにより未知量 (avyakta-rāśi) の値 (māna) を知る (ava-$\sqrt{}$gam) ために，一つだけの色 (varṇa) に関して二つの翼 (pakṣa) の同等性 (sāmya) が作られる場合,[4] それは一色等式 (ekavarṇa-samīkaraṇa) と呼ばれる．一方，多くの色に関して翼の同等性が作られる場合,[5] それは多色等式 (anekavarṇa-samīkaraṇa) と呼ばれる．また，色の平方などに[6]関して翼の同等性を作ってから，根をとり，既知の値が[7]得られる場合，それは中項除去 (madhyama-āharaṇa) である．ここで，平方量の根をとる場合,「二つ ⟨ づつ ⟩ の積の二倍を[8]残りから引くべきである」(BG 12bc) というこれにより中央の (madhyama) 部分 (khaṇḍa) の除去 (āharaṇa: apanayana) がほとんどの場合あるから中項除去と呼ばれる．一方，バーヴィタ (bhāvita) に関して同等性が作られる場合，それはバーヴィタと[9]呼ばれる，ということである．

（問い）「一色等式の定義 (lakṣaṇa) としてそれはふさわしくない，ある種 T155, 12
の中項除去に過遍充 (ativyāpti) するから．同様に，多色等式に[10]与えられた定義もふさわしくない，ある種の中項除去とバーヴィタに過遍充するから.」

否．一番目（一色等式）の定義の場合，定義によって覆われるある種の中項除去も定義の対象 (lakṣya) だから[11]．二番目（多色等式）の定義の場合も，定義によって覆われるある種の中項除去とバーヴィタも定義の対象だから．だからこそ，主要な区分 (vibhāga) は一色等式と多色等式の二通りである．だからこそ尊敬すべき先生は，一色等式の中にある中項除去は[12]一色等式の一部分（開平を用いない部分）の直後にお書きになり，もう一つは多色等式の一部分（開平を用いない部分）の直後にお書きになったのである．

---

[1] atha ekavarṇasamīkaraṇakhaṇḍasya vivaraṇam T] ekavarṇasamīkaraṇam P. [2] śrīḥ T] ∅ P. [3] BG 1 の K 注参照. [4] yatraikameva P] yatrekameva T. [5] yatra tvanekān P] yattu anekān T. [6] varṇavargādikam P] vargavargādikam T. [7] vyaktaṃ mānaṃ T] vyaktamānaṃ P. [8] abhihatiṃ dvighnīṃ P] abhihati dvighno T. [9] tadbhāvitam P] tadmāvitam T. [10] samīkaraṇasya P] sayīkaraṇasya T. [11] lakṣyatvāt T] lakṣaṇatvāt P. [12] antargataṃ madhyāharaṇam T] antargatamadhyāharaṇam P.

T155, 20 （問い）「そうだとしても，相容れない[1]性質 (dharma) によって覆われたある種の[2]一色および多色等式を，相容れない性質を遍充することのない[3]中項除去として，どうして包含する (kroḍī-karaṇa) のか.」

地性 (pṛthivītva) と火性 (tejastva) に覆われた地の身体 (pārthiva-śarīra) と火の身体 (taijasa-śarīra) の身体〈のようなもの〉とし理解しなさい[4]. だから，〈ちょうどそれと同じように〉主要な区分は二通りだけ，すなわち，一色等式と多色等式である. そのうち最初のものは，一色等式と中項除去の二種である. 二番目のものは，多色等式，中項除去，バーヴィタの三種である. このように，五種の区分も可能である. ここで，実際のところ，二つの中項除去を一つにすれば，四種への区分も可能である. これこそが昔の先生たちに尊重されたもの（区分）である. 自分勝手な希望を採用することはできないから.

T156, 1

T156, 6 （問い）「一般と特殊という形を持つ二つの一色等式がどうして同一の言葉 (śabda)（すなわち，一色等式）で呼ばれるのか. 二つの多色等式も〈どうして同一の言葉（すなわち，多色等式）で呼ばれるのか〉.」

ある地域 (deśa-viśeṣa) とその中のある町 (nagara-viśeṣa) とがカーシュミーラという〈同一の〉言葉で呼ばれることと同じであると理解しなさい. シンドゥという言葉なども同じである.

T156, 8 （問い）「そうだとしても，定義の相違は不可欠である.」

では聞きなさい. 一般的な〈一色等式の〉定義は前に述べた. 一方，特殊な〈一色等式の〉定義は，一つの一色に関する二つの翼の同等性により，根をとることなしに既知の値が得られる場合，それが一色等式である，というものである. 同様に，多色等式の場合も知るべきである.

···Note···

K の議論をまとめると，種子の分類は次のようになる.

- 一色等式（一般 [広義]）: 一つの色（未知量）だけの式
  - 一色等式（特殊 [狭義]）: 開平せずに解けるもの（一次式）....... [第 7 章]
  - 中項除去：開平によって解くもの（二次式以上）................ [第 8 章]
- 多色等式（一般 [広義]）: 複数の色（未知量）を含む式
  - 多色等式（特殊 [狭義]）: 開平せずに解けるもの（一次式）....... [第 9 章]
  - 中項除去：開平によって解くもの（二次式以上）.............. [第 10 章]
  - バーヴィタ：未知量の積を含むもの .... [第 11 章]

K が T155, 20 の問いに対する答えで言及する元素とその身体については，三浦 2008, 81-93 & 313-14 参照.

···

T156, 13 （問い）「直接的な (sākṣāt) 区分特性 (vibhājaka-upādhi) が存在しないから，種子が五種であったり四種であったりすることは不可能である.」

否. 二次的（間接的）な (avāntara) 区分特性によっても〈それは可能であ

[1] viruddha T] virūddha P. [2] -viśeṣayor P] -viveśeṣayor T. [3] viruddhadharmā-vyāpakena P] vidruddhadharmātprāpakena T. [4] avagaccha/ P] avagacchā T.

る〉，区分に対する[1]障害 (bādhaka) が存在しないから．だからこそ，正理学説 (nyāya-naya) では，直接的な区分特性二つによる非存在 (abhāva) が二種であっても，二次的な区分特性により，四種であることを受け入れる．また，十一日 (ekādaśī) の主要な種類には「清らかな」(śuddhā) と「侵害された」(viddhā) という二つしかないが，二次的な特性により十八種を認める.[2] 他のケースでも同じである．一方，高名なバースカラ先生 (honor. pl.) は，〈主要な〉種子は二種だけであるとお考えになっていたと見られる．というのは，先生（te, honor. pl.）は「一番目は一色等式という種子であり，二番目は多色等式という種子である」と,「一番目」「二番目」という言葉[3]を用いながら区分を述べ，その後で,「平方等の状態にある一つの色の[4]，あるいは二つの，あるいは多くの〈色の〉等式がある場合，それは中項除去であり，バーヴィタの〈等式がある〉場合，それは[5]バーヴィタである，と四つの種子を先生たちは語る」(BG 58p1) と後述する[6]からである．ここで,「... 場合」と二つの種子を従属的に述べ (anūdya)，中項除去性とバーヴィタ性[7]の配置 (vidhāna) を納得することから (pratīteḥ)，主なものは〈一色等式と多色等式の〉二種であることが納得される (pratīyate)．さらに〈バースカラ先生は〉，特殊を本性とする[8]一色等式（第 7 章）の完了に際して[9]「以上が一色等式なる種子である」と述べることなく[10]，〈第 8 章の冒頭で〉[11]「次は未知量の平方等の等式である．それを中項除去と〈先生たちは呼ぶ〉」云々(BG 59p0）と述べ，その術則もまた,「未知量の平方等がもし残っていれば[12]」云々(BG 59a) というふうに前の〈術則 (BG 56-58) の〉残りとして（すなわち続きとして）説明し，その特定の中項除去の完了に際して「以上が一色等式なる種子である．次は多色等式なる種子である」(BG E76p3-65p1) と後述するだろう[13]．そしてそれは正しいように見える． T157, 1

···Note···

二次的な (avāntara) 区分特性 (vibhājaka-upādhi) を考慮する二つの分類例のうち，正理学説の「四種の非存在」は，TS §9, §80 によれば，

1. anyonya-abhāva（相互非存在）
2. saṃsarga-abhāva（会合非存在）
   - prāg-abhāva（先刻非存在）
   - pradhvaṃsa-abhāva（壊滅非存在）
   - atyanta-abhāva（究極非存在）

である．宇野 1996, 149, 107-08, & 240; 宮元 1982, 62-63; 宮元・石飛 1998, 69-76 参照（訳語はこれらにならいながらも若干直訳調に変えた）．

---

[1] vibhāge P] vibhāje T.　[2] evamekādaśyāḥ śuddhā viddheti bhedadvaya eva mukhye satyapyavāntaropādhibhiraṣṭādaśabhedasvīkāraḥ/ P] ∅ T.　[3] śabda P] śabdārtha T.　[4] varṇasya P] vargavarṇasya T.　[5] tad P] yad T.　[6] vakṣyanti T] vakṣyati P.　[7] bhāvitatva P] bhāvitva T.　[8] kiṃca viśeṣasvarūpa- T] kiṃcāviśeṣasvarūpa- P.　[9] samīkaraṇasamāptāv P] samīkaraṇaṃ samāptāv T.　[10] anuktvaiva P] anuktaiva T. BG の散文部分のために Hayashi 2009 が用いた 3 つの出版本 (A, M, G) は「一色等式は完結した」と読む．BG E60p4 参照．K が用いた写本にはこれに類する言葉はなかったものと思われる．　[11] T も P も「次は (atha)」から改行するのは，それが引用の始まりであることを両編者が見落としているからか．　[12] vargādi yadāvaśeṣam T] vargādipadāvaśeṣam P.　[13] G は 8 章末の奥書 (E76p3) で「一色等式」に言及するが，A と M はしない．

もう一つの例,「十一日 (ekādaśī)」は，白半月（満月まで）と黒半月（満月以降）それぞれの第 11 太陰日 (tithi) を指す．この日（エーカーダシー）に断食（理想的には水も飲まない）をするとあらゆる罪から解放される，といういわれがある日．NSK, pp. 60-66 によれば，第 11 太陰日は，第 10 太陰日に侵害されているときが viddhā（侵害された）であり，それ以外のときが śuddhā（清らかな）である．侵害されているかどうかは，第 10 太陰日の終わりの時刻と日出時刻の関係で決まるが，規則の細部に関しては，ヒンドゥー教の宗派により異なる見解があった．これら 2 つの主要な区別に加えて，第 11 太陰日の終わりの時刻と翌日の日出時刻の前後関係によって，nyūnā（不足）・samā（同時）・adhikā（超過）の 3 種が生じ，さらに第 12 太陰日の終わりの時刻と翌々日の日出時刻の前後関係によっても，nyūnā（不足）・samā（同時）・adhikā（超過）の 3 種が生ずるので，都合 $3 \times 3 = 9$ 通りの二次的な区別が生ずる．したがって，2 つの主要な区別と 9 つの二次的な区別から，$2 \times 9 = 18$ 通りの「エーカーダシー」が生ずる．

T157, 1 そこで，多色は一色を先行者とするものだから，まず一色等式をシャーリニー詩節三つで述べる．

A211, 1 **次は一色等式である．/56p0/**

56 **未知量の値をヤーヴァッターヴァトと想定すべきである．それに**
対して〈問題に〉提示されたことだけを行い，入念に等しい二つ
の翼を定めるべきである，引いたり足したり掛けたり割ったりし
57 **て．// 一つの〈翼の〉未知量を他翼から，他方の〈翼の〉ルー**
パ (pl.) をもう一つの翼から，引くべきである．残りの未知量で
ルーパの残りを割るべきである．未知量の既知の値が生ずる．//
58 **二つ等の未知量にも，ここでは，ヤーヴァッターヴァトに二等を**
掛けたり割ったり，あるいは足したり引いたりしたものを自分の
知力（頭）で想定すべきである．場合によっては既知の値を〈想
定すべきである〉．このように知って．/56-58/

A211, 8 **一番目は一色等式という種子であり，二番目は多色等式という種子である．平方等の状態にある一つの色の，あるいは二つの，あるいは多くの〈色の〉等式がある場合，それは中項除去であり，バーヴィタの等式がある場合，それはバーヴィタである，と四つの種子を先生たちは語る．/58p1/**

A211, 11 **そのうち一番目がまず述べられる．質問者により例題が問われた場合，その中の未知量の値をヤーヴァッターヴァト一つ，あるいは二つ等と想定し，その未知量に対して，提示者（質問者）の陳述のように，掛け算，わり算，三量法，五量法，数列果（級数），図形の手順等のすべてが，計算者によって行われるべきである．そうしながら，二つの翼を念入りに等しく作るべきである．もし陳述に等しい二翼がなければ，一方の小さい翼にいくらか加え，あるいはそれより大きい翼から同じだけ引き，あるいは小さい翼に何かを掛け，あ**

るいは大きい翼を同じもので割り，等しい二つ〈の翼〉が作られるべきである．それから，それら二つの内の一方の翼の未知量を他方の翼の未知量から引くべきである．未知量の平方等もまた〈同様にする〉．他翼のルーパ (pl.) はもう一つの翼のルーパ (pl.) から引くべきである．もしカラニー (pl.) があれば，それらも述べられた方法で引くべきである．それから，未知量の残りでルーパの残りを割って得られるもの（商）は，一つの未知量の既知の値になる．それによって，想定された未知量が揚立されるべきである．/58p2/

例題に二つ等の未知量がある場合，その一つをヤーヴァッターヴァトと想定し，他は，その同じヤーヴァッターヴァトに二等の任意数で掛けたり割ったり，あるいは任意のルーパを引いたり足したりしたものと想定すべきである．/58p3/ A211, 22

あるいは，一つ〈の未知量〉にはヤーヴァッターヴァト，他には既知の値を想定すべきである.「このように知って」(BG 58d) という．計算が完結するように理知ある者は知って，〈すなわち〉，他には未知または既知の〈値〉を想定すべきである，という意味である．/58p4/ A211, 25

···Note···

規則 (BG 56-58): 一色等式（狭義）．この規則は次の 4 ステップから成る．

1. 未知量 (avyakta-rāśi) の値 (māna) を yāvattāvat と想定し，問題 (uddiṣṭa) の陳述 (ālāpa) に従って，互いに等しい二つの翼 (pakṣa) を作る．これが「等しくすること」(samīkaraṇa)=等式である．(BG 56)

2. 一翼の未知量を他翼から（正確には両翼から，T159, 10 参照）引き，そちらのルーパ（定数）を最初の翼（正確には両翼）から引く．これが「等清算」(sama-śodhana) である．(BG 57ab)

3. 残っているルーパを残っている未知量で割ると，未知量の値が顕現数 (vyakta)= 既知数として得られる．(BG 57cd)

4. もし問題に二つ以上の未知量があれば，二つ目以降に yāvattāvat の倍数または部分，またはそれら（倍数または部分）を適当な数で加減したもの，あるいは既知数を想定する．(BG 58)

バースカラは 58p1 で「四種子」(bīja-catuṣṭaya) の簡単な定義を与える．

種子 1 = 一色等式：一色からなる等式（およびそれを用いる解）．
種子 2 = 多色等式：二つ以上の色を含む等式（およびそれを用いる解）．
種子 ⟨3⟩ = 中項除去：一色・多色にかかわらず色の平方等を含む等式（およびそれを用いる解．一翼の完全平方化に続く開平により，中項が消える）．
種子 ⟨4⟩ = バーヴィタ：バーヴィタ（異なる色の積）を含む等式（およびそれを用いる解）．

これら「四種子」と BG の章との関係については，この規則に対する K の序節（T155, 1 以下）とそれに対する最初の Note 参照．

以下の Note では，問題の陳述を簡潔に表現するために，次のような記号（添字がつく場合もある）を用いる．x, y, z: 求められている未知数．a, b, c, p: 既知数．q, r: 未知数または既知数（特に割り算の商と余り）．その他 (u, v, etc.): 求められていない未知数．また，問題の解では，色を表すために s（添字が付く場合もある）を用いる．

....

T157, 15 [1]「質問者により例題が問われた場合，その中の未知量の[2]値をヤーヴァッターヴァト一つ，あるいは二つ等と[3]想定し，その未知量に対して，提示者（質問者）の陳述のように」だけ,「掛け算，わり算，三量法，数列，図形等[4]のすべてが，計算者によって行われるべきである．そうしながら」，計算者は「二つの翼を念入りに等しく作るべきである．もし陳述に[5]等しい二翼が[6]なければ，一方の[7]小さい翼にいくらか加え，あるいは大きい翼から同じだけ引き，あるいは小さい翼に何かを掛け，あるいは大きい翼を同じもので割り[8]，等しい二つ〈の翼〉が作られるべきである.」このように，掛け算と足し算により，あるいは掛け算と引き算により，あるいは割り算と足し算により，あるいは割り算と引き算により,[9] 二翼の同等性が作られるべきである．同様に，平方等を作ることによっても，自分の知力により，二翼を等しくするべきである．ここで次のことも理解すべきである．すなわち，もし例題に二つ等の未知量が[10]あるなら，ヤーヴァッターヴァト，カーラカ，ニーラカ等をそれらの値と想定して，述べられたごとくに，二翼あるいは多翼が等しく作られるべきである，と．この一番目の術則 (BG 56) は，すべての種子に共通である．

T157, 24 次に本題の等式（一色等式）における引き算を云う，「一つの〈翼の〉未知
T158, 1 量を」(BG 57) と．等しくなった二つの翼のうち[11],「一方の翼の未知量を他方の翼の未知量から引くべきである．未知量の平方等」があれば，それもまたその翼から引くべきである．同様に，もしカラニーを掛けた未知量あるいは未知量の平方等が[12]あれば，それもまた引くべきである.「他」の「翼」の「ルーパ (pl.) はもう一つの翼」の「ルーパ (pl.) から引くべきである．もしカラニー (pl.) があれば，それらも述べられた方法で」:「カラニー二つの和を」云々(BG 13) により,「引くべきである．それから，未知量の残り」の数字で「ルーパの残りを割って得られるもの（商）は，一つの未知量の既知の値になる.」またもし未知量の残りがカラニーを本性とするなら，そのときも，ヤー

---

[1] BG 56-58 に対する K 注はバースカラの自注から多くの文章を引用する．特に最初から「等しい二つ〈の翼〉が作られるべきである」までは，バースカラ自注の第二段落 (58p2) の第二文以下とほとんど同じである．以下，特にことわらなければ引用符は自注の文章を指す． [2] yo 'vyaktarāśis P AMG(BG 58p2)] yovyaktarāśis T. [3] dvyādi TP G(BG 58p2)] dvyādiṃ AM(BG 58p2). [4] guṇanabhajanatrairāśikaśreḍhīkṣetrādi TP] guṇanabhajanatrairāśikapañcarāśikaśreṇīkṣetrādikaṃ G(BG 58p2), guṇanabhajanatrairāśikapañcarāśikaśreḍhīphalakṣetravyavahārādi AM(BG 58p2). [5] ālāpe TAMG(BG 58p2)] ālāpa P. [6] pakṣau samau TP G(BG 58p2)] samau pakṣau AM(BG 58p2). [7] tadaikatare P AMG(BG 58p2)] tadāha/ ekatare T. [8] adhikapakṣāt tāvad eva viśodhya vā nyūnaṃ pakṣaṃ kenacit saṃguṇya vādhikaṃ pakṣaṃ tāvataiva bhaktvā vā TP] tato 'dhikapakṣāt ... bhaktvā AM(BG 58p2), tatas tyaktvā vā kenacit saṃguṇya bhaktvā vā G(BG 58p2). [9] guṇanakṣepābhyāṃ guṇanaśuddhibhyāṃ vā bhajanakṣepābhyāṃ bhajanaśuddhibhyāṃ vā P] guṇanakṣepābhyāṃ bhajanaśuddhibhyāṃ vā T. [10] dvyādayo 'vyaktā rāśayaḥ P] dvyādayo avyaktarāśayaḥ T. [11] pakṣayor P] ∅ T. [12] avyaktam avyaktavargādikaṃ vā T] avyaktavargādikaṃ vā P.

(yā) という文字の用途はないから除去して，そのカラニーでルーパの残り，またはカラニーの残りを,「平方によって平方を割るべきである」云々(BG 13) により，割って得られるもの（商）の根は，一つの未知量の値になる[1]．しかしもし商の[2]根が得られないなら，カラニーを本性とする既知の値となる.「それによって」: 既知の値によって,「想定された未知量が揚立されるべきである.」⟨ すなわち ⟩，もし一つの未知量の既知の値がこれなら，想定された未知量の ⟨ 値 ⟩ は何か，という三量法により生ずる想定された未知量の既知の値を，前の未知量を拭き去って (parimṛjya)[3]置くべきである (sthāpanīya)，という意味である．またもし揚立されるべき翼にヤーヴァットのカラニー (pl.) があるなら[4],「平方によって平方を掛けるべきである」(BG 13) というので，⟨ 一つの未知量の既知の値の平方で ⟩ それら（カラニー）が揚立されるべきである．その根が未知量の既知の値になる．同様に，ヤーヴァットの平方，立方等も，得られた既知の値の平方，立方等によって揚立すべきである．同様に，多色等式においても，あるもののある値が得られるとき，そのような ⟨ 値 ⟩ によるその揚立が行われるべきである.

次に，⟨ 例題に ⟩ 二つ等の未知量がある場合，たとえ多色等式によって ⟨ そ T158, 17
の ⟩ 例題の解 (udāharaṇa-siddhi) があるとしても，知力の多様性のために，ここでも云う,「二つ等の未知量にも」(BG 58) と.「ここでは」: 一色等式では，もし「例題に[5]二つ等の未知量が[6]」あったとしても，一つの未知量に一つのヤーヴァッターヴァトを想定し,「他は，その同じヤーヴァッターヴァトに二等の[7]任意数で掛けたり割ったり，あるいは任意のルーパを引いたり足したりしたものと想定すべきである．あるいは，一つ ⟨ の未知量 ⟩ にはヤーヴァッターヴァト，他には既知の値を」任意に「想定すべきである.『このように知って』(BG 58d) という．計算が進行するように理知ある者は知って，他には未知または既知の」値を「想定すべきである[8]，という意味である.」

これに関する正起次第．「未知量の基準値は四通りに生じうる．ルーパの T159, 1
集合，その一部分，ルーパ，またはルーパの一部分である」と前に述べた[9]．これらのうちのどれが ⟨ 当該 ⟩ 未知量の基準値か，ということが個別に知られていないから，量の値が未知である[10]，と云われる．だからこそ，個別に知っている場合，⟨ 量の値は ⟩ 既知である，と云われる．そこで，例題の未知量に対して，述べられた陳述通りのことを行って，⟨ すなわち ⟩，もし，どんな方法であれ提示者の陳述に忠実に (anurodhena)，二翼の同等性が生ずるなら，未知量の既知の値はすぐわかる.

すなわち，一つの翼にルーパのみ，他方の翼に未知量のみがある場合，両 T159, 6
者は等しいから，未知量の個数に対してそれだけのルーパ (pl.) が既知の値と

---

[1] BG E51p 参照.　[2] labdher P] labdhe T.　[3] ラップトップ黒板を用いて計算している.　[4] karaṇyaḥ syāt T] karaṇya-(end of line) syāt P.　[5] yadyudāharaṇe T] yadyadāharaṇe P.　[6] dvayādayo 'vyaktarāśayaḥ T] dvyādayo 'vyaktā rāśayaḥ P.　[7] dvyādibhir P] dvayādibhir T.　[8] kalpyāni PA(BG 58p?)M(BG 58p?)] prakalpyāni T.　[9] BG E8 に対する K 注 (T39, 3 から始まる段落) 参照.　[10] viśeṣato 'navagamādrāśeravyaktaṃ mānam] viśeṣato 'nyāvagamādrāśeravyaktaṃ mānam T, viśeṣato 'navagamādrāśeravyaktamānam P.

して得られる．だから，三量法によって望みの量を得る，もしこれだけの数のヤーヴァッターヴァトにこれだけの数のルーパ (pl.) があるなら，想定されたヤーヴァッターヴァトには何か，というように．

T159, 10 次にもし両翼ともいくらかの部分が[1]未知量，いくらかが既知量なら，その場合も，一つの翼には未知量だけ，他方にはルーパのみとなるように努めるべきである．その道理．等しい二つのものに対して，等しいものを加えても，あるいは等しいものを引いても，等しいもので掛けても，あるいは割っても，同等性を損なうことはない，ということは明らかである[2]．そこで，一方の翼にある未知量があるとき，それだけの未知量をその翼から引くことによりその翼はルーパだけになるだろう．ただし，同等性のために他方の翼からもそれだけの未知量が引かれるべきことになる．まさにこのことが述べられたのである，「一つの〈翼の〉未知量を他翼から，... 引くべきである」(BG 57a) と．また，他方の翼にあるルーパがあるとき，それだけのものを引くことにより[3]その翼は未知量だけになるだろう．ただし，同等性のためにそれだけのルーパ量が第二翼の[4]ルーパ量から引かれるべきことになる．まさにこのことが述べられたのである，「他方の〈翼の〉ルーパ (pl.) をもう一つの翼から」(BG 57b) と．このようにすると，一つの翼には未知量だけが生じ，他翼にはルーパ量だけが生ずる．

T159, 21 次に三量法である．もしこの未知量でこのルーパ量なら，想定された未知量では何か，というので，残りの未知量で〈残りの〉ルーパ量を割り，想定された未知量で掛けるべきである．その場合，「残りの未知量でルーパの残りを割るべきである[5]」(BG 57c) と述べられただけであるが，想定された未知量による掛け算は揚立 (utthāpana) の中に含まれる．すなわち，残りの未知量でもしルーパの残量が得られるなら，一つの未知量では何か，という〈三量法を考える〉．ここでは乗数が一であるから，「残りの未知量でルーパの残りを割るべきである」(BG 57c) とだけ述べられたのである．このように一つ

T160, 1 の未知量の既知の値が得られた場合，想定された未知量も比例 (anupāta) により生ずるはずである．ここでは基準値が一だから[6]，想定された未知量による既知の値の掛け算だけがある．これこそが揚立 (utthāpana) である．

···Note···

$x = as$ とおいて作った等式から等清算によって $bs = c$ が得られたとき，「もしこの未知量の個数 (b) でこのルーパ量 (c) なら，想定された未知量の個数 (a) では何 (x) か？」という三量法によって x が得られる．

$$b : c = a : x \quad \rightarrow \quad x = \frac{c}{b} \cdot a.$$

あるいは，まず「残りの未知量の個数 (b) でもしルーパの残量 (c) が得られるなら，一つの未知量では何 (s) か？」という三量法，

$$b : c = 1 : s \quad \rightarrow \quad s = \frac{c}{b} \cdot 1 = \frac{c}{b},$$

---

[1] pakṣadvaye 'pi kiṃcitkhaṇḍam P] pakṣadvaye kiṃcinkhaṇḍaṃ T. [2] 前半に関して，BG E44p 参照. [3] śodhanena T] śodhane P. [4] rāśirdvitīyapakṣa P] rāśidviṃtīyapakṣa T. [5] śeṣāvyaktenoddhared P] śeṣāvyaktaṃ noddhared T. [6] kalpitāvyaktarāśerapyanupātena syādeva/ atra pramāṇasyaikatvāt P] ∅ T (haplology).

により，一つの未知量の値 (s) が得られ，次に「未知量1個の値がこれ (s) なら，想定された個数 (a) の未知量では何 (x) か？」という三量法,

$$1 : s = a : x \quad \rightarrow \quad x = \frac{s}{1} \cdot a = sa = \frac{c}{b} \cdot a,$$

により解が得られる．後の三量法が「揚立」(utthāpana) である．なお，K は「未知量の個数」を単に「未知量」と表現していることに注意．これは多くのサンスクリット数学書に共通する特徴である．

……………………………………………………………………

したがって，何らかの方法で[1]，等しい二翼に対して，同等性に反しないように，一つの翼にはルーパだけ，他方の翼には未知量だけ，となるように努めるべきである．そうでなければ，未知量を既知として知ることは困難である．ところが,「一つの〈翼の〉未知量を他翼から，... 引くべきである」(BG 57a) 云々によって述べられた道理によりそういう状態が得られる，というので,「一つの〈翼の〉未知量を他翼から，... 引くべきである」(BG 57a) 云々が正起した． T160, 3

「二つ等の[2]未知量にも」(BG 58a) というこの点に関する正起次第は明らかである．というのは，〈多色等式では〉量の異種性 (vailakṣaṇya) のために，カーラカ等が想定されるが，〈使用する〉色が一つであっても，〈それに掛ける〉数の相違により，あるいはルーパを加えたり引いたりすることにより，それ（その表現）は可能である，ということである．同様に，二つ等の[3]未知量のうちの一つを除いて他のものの値を，任意に，等しいあるいは等しくない既知数に，もし想定すれば，それに従って生ずる未知量の値から，例題の解が生ずるはずである．したがって，二翼の等しいことにより前の道理によって量 (sg.) が得られるように，既知の，あるいは未知の[4]量 (pl.) が想定されるべきである． T160, 6

そこでまず，提示者の陳述だけによって二翼の同等性を得る場合の例題をウパジャーティカー詩節一つによって述べる． T160, 12

例題．/E36p0/ A213, 17

一人は三百ルーパと六頭の馬を持ち，もう一人は同じ値段（単価）の馬十頭と百ルーパの借金 (ṛṇa) を持っている．二人は等しい財産 (vitta) を持つ．馬の値段はいくらか．/E36/[5] E36

ここでは馬の値段 (maulya) が知られていない．その値 (māna) をヤーヴァッターヴァト一つと想定する，yā 1．そこで三量法である．もし一頭の値段がヤーヴァッターヴァトなら，六頭の馬はいくらか，というので，果に要求値を掛け，基準値で割って得られるもの（商）は六頭の馬の値段である，yā

---

[1] tasmādyena kenāpyupāyena P] tasmādenakenāvyupāyena T.　[2] dvyādikānām P] dvayādikānām T.　[3] dvyādiṣv P] dvayādiṣv T.　[4] vyaktā avyaktā vā P] vyaktā 'vyaktā vā T.　[5] MG は E37 の詩節を E36 の詩節の直後に置き，その導入文「二番目の例題」を省く．

6．これに三百ルーパを投ずると，生ずるのは最初の人の財産，yā 6 rū 300，である．同様に十頭の値段は，yā 10．これに負数の状態にある百ルーパを投ずると，生ずるのは二番目の人の財産，yā 10 rū $\dot{1}00$，である．これら「二人は等しい財産を持つ」というので，両翼 (pakṣau) は自ずから (svataḥ) 等しくなる (samau jātau)．等清算 (samaśodhana) のための書置：

yā	**6**	**rū**	**300**
yā	**10**	**rū**	**$\dot{1}00$**

次に，「一つの〈翼の〉未知量を他翼から，... 引くべきである」(BG 57) というので，最初の翼の未知量を他翼の未知量から引くと，残りは，yā 4．二番目の翼のルーパを最初の翼のルーパから引くと，残りは，rū 400．未知量の残り，yā 4，でルーパの残り，rū 400，を割ると，得られる（商）は，一つのヤーヴァッターヴァトの既知の値，100，である．もし一頭の馬の値段がこれなら六頭ではいくらか，という三量法により，得られる（商）は六頭の値段，600．三百ルーパを加えると，900，最初の人の財産が生ずる．同様
A214, 1 **に，二番目の人のも 900 である．/E36p/**[1]

···Note·····································

例題 (BG E36): 馬と現金による二人の財産．馬の単価 (x)，財産 (u_i)．

陳述：$6x + 300 = u_1$, $10x + \dot{1}00 = u_2$. $u_1 = u_2$.

解：$x = s$ (= yā 1) とすると，$6s + 300 = 10s + \dot{1}00$．第 2 翼の $10s$ から第 1 翼の $6s$ を引き，第 1 翼の 300 ルーパから第 2 翼の $\dot{1}00$ ルーパを引くと，$400 = 4s$．ルーパの残りを未知量の残りで割って，$s = 100$．これで揚立して，$x = 100$, $u_1 = u_2 = 900$．

···

T160, 18 意味は明瞭である．馬の[2] 値段は知られていない．その値が yā 1 と想定される．さて，もし一頭の馬の値段がこれなら六頭ではいくらか，という三量法により得られるのは，六頭の馬の値段，yā 6，である．ここに，三百ルーパ，300，が投じられて生じるのは，最初の人の全財産，yā 6 rū 300，である．同様に，二番目の人の十頭の馬の値段は，yā 10．これから百ルーパを引いて生じるのは，二番目の人の全財産，yā 10 rū $\dot{1}00$，である．これら「二人は等しい財産を持つ」というので，二翼は自ずから等しくなる．

yā	6	rū	300
yā	10	rū	$\dot{1}00$

ちょうど三百を加えた[3] ヤーヴァット六個の値が，百を引いたヤーヴァット
T161, 1 十個の値である，という意味である．次に，これら二つの翼において，ヤーヴァット六個を引いても，「等しい二つのものに対して，等しいものを加えても，あるいは等しいものを引いても，同等性に変わりはない」[4]というので，ヤーヴァット六個を引いても[5]，等しい二つ〈の翼〉が生ずる．

---

[1] この段落は Hayashi 2009 の E37p1 に相当する．　[2] aśva T] atrāśva P.　[3] triśatīyuktasya T] triśatītyuktasya P.　[4] 段落 T159, 10 参照．　[5] śodhane 'pi P] śodhite 'pi T.

rū	300		
yā	4	rū	$\dot{100}$

ちょうど三百が，百を引いたヤーヴァット四個である，という意味である．次に，もし二翼に百を投じても述べられたとおりの同等性が生ずるだろう，というので，百を投じて生ずる二翼は，

rū	400
yā	4

ちょうど四百が，ヤーヴァット四個である，というので，一つのヤーヴァッターヴァットの数 (saṃkhyā)[1]は百である，というので，100が知られる．したがって，この例題のヤーヴァッターヴァットは[2] 百ルーパの集合から成る，ということが確立した (siddha).

次に，「引いたり足したり」等々および「掛けたり割ったりして」等々(BG　T161, 8
56) により二翼が等しくなるような例題を，ウパジャーティカー詩節一つで述べる．

二番目の例題．/E37p0/[3]　A215, 18

> **あるいは，最初の人の財産 (vitta) の半分に二を加えたものに等しい財産 (vitta) を二番目が持つとき，あるいはまた，最初の人が財産 (dhana) に関して他方の三倍であるとき，それぞれ，馬の値段を私に云いなさい．/E37/**　E37

次に，二番目の例題で，一番目と二番目の人は〈前例題の〉それらと同じ財産を持つ．　A215, 21

yā	**6**	**rū**	**300**
yā	**10**	**rū**	$\dot{100}$

この最初の翼の半分に二を加えたものに等しい財産をもう一人が持つ，と述べられた．だから，最初の人の財産の半分に二を加えるか，[4]あるいは，もう一人の財産から二を引いて二倍すると，二翼が等しくなる．そのようにして，等清算のための書置：

yā	**3**	**rū**	**152**
yā	**10**	**rū**	$\dot{100}$

あるいは

yā	**6**	**rū**	**300**
yā	**20**	**rū**	$\dot{204}$

両方の場合とも，清算等を行って得られるヤーヴァッターヴァットの値は，36．これにより，前のように揚立すると，二つの財産は，516, 260. /E37p1/[5]

次に，三番目の例題で，二つの財産は〈前例題の〉それらと同じである．ここでは，最初の財産の三分の一が他方の財産である，というので，他方を三倍して，書置：　A215, 30　A216, 1

---

[1] ここでは「値」(māna) ではないことに注意．　[2] yadyāvattāvattac T] yadyāvattāvac P.
[3] この導入文は A のみ．　[4] A 本はここで改行するが，それは無用．　[5] この段落は Hayashi 2009 の E37p2 に相当する．

yā	**6**	**rū**	**300**
yā	**30**	**rū**	$\dot{300}$

等計算 (samakriyā) により得られるヤーヴァッターヴァットの値は，25. これにより揚立されて生ずる二つの財産は，450, 150. /E37p2/[1]

···Note···

例題 (BG E37): 馬と現金による二人の財産. 馬の単価 (x)，財産 (u_i).

陳述：BG E36 と同じ前提で，1. $u_1/2+2=u_2$. 2. $u_1=3u_2$.

1 の解：$3s+152=10s-100$, $7s=252$, $s=36$. あるいは，$u_1=(u_2-2)\times 2$ から，$6s+300=\{(10s-100)-2\}\times 2=20s-204$, $14s=504$, $s=36$. したがって，$x=36$. また，$u_1=516$, $u_2=260$. （以上 E37p1）

2 の解：$6s+300=3(10s-100)$, $6s+300=30s-300$, $24s=600$, $s=25$. したがって，$x=25$. また，$u_1=450$, $u_2=150$. （以上 E37p2）

···

T161, 14 ここでも一人には六頭の馬と三百ルーパがあり，他方には十頭の馬と百ルーパの借金がある．ただし，彼らの財産は等しくなくて，一番目の人の財産の半分に二を加えただけ，それだけが二番目の人の全財産である，というので，馬の値段は別様に生ずるはずである[2]．ここで，前と同様，馬の値段をヤーヴァッターヴァットと想定して生ずる両者の全財産は[3]，

yā	6	rū	300
yā	10	rū	$\dot{100}$

ここで，一番目の人の財産の半分に[4]二を加えると，二番目の人の[5] 全財産に等しい，というので生ずる二つの等しい翼は，

yā	3	rū	152
yā	10	rū	$\dot{100}$

あるいは逆算法により二番目の財産から二を引き，二を掛けたものが，一番目の財産に等しい，というので生ずる二つ〈の翼〉は，

yā	6	rū	300
yā	20	rū	$\dot{204}$

あるいは，二番目の財産から二を引いたものは，一番目の財産の半分に等しい，というので生ずる二翼は，
T162, 1

yā	3	rū	150
yā	10	rū	$\dot{102}$

[6]

三つの場合とも，前の道理により得られるヤーヴァッターヴァットの値は，36．この例題では，ヤーヴァッターヴァットは三十六ルーパの集合から成るこ

[1] この段落は Hayashi 2009 の E37p3 に相当する． [2] maulyenānyathā bhāvyam T] maulye nānyathā bhāvyam P. [3] sarvadhane] sarvadhano T, sarvadhṛne P. [4] dhanārdhaṃ P] dhanārdha T. [5] yutaṃ saddvitīyasya P] yutaṃ sadvitīya T. [6] $\dot{102}$ T] 102 P.

とが[1]確立した．同様に三番目の例題では，ヤーヴァッターヴァットは二十五ルーパの集合から成る．このように，どこでも，陳述に従って翼の同等性を生じさせ，前述の道理によりヤーヴァッターヴァットの値を既知数として知るべきである．

次に，「二つ等の[2] 未知量にも」(BG 58a) というこれの例題を，シャールドゥーラ・ヴィクリーディタ詩節一つで述べる．　T162, 6

例題．/E38p0/　A218, 15

> **友よ，一人の人が持つルビー，無傷のサファイア，真珠の数は順に五，八，七であり，もう一人の持つそれらの宝石の数は七，九，六である．彼ら二人にはそれぞれ九十ルーパと六十二ルーパ〈の現金〉がある．そして二人は等しい財産を持つ．種子を知る賢き者よ，宝石ごとに生ずる値段をすぐに云いなさい．/E38/**　E38

ここで，未知量が多くある場合，ルビー等の値段は，yā 3, yā 2, yā 1, と想定する．もし一つの宝石の値段がこれなら，提示されたものはいくらか，というので得られるヤーヴァッターヴァットを足し，それぞれのルーパを加えて生ずる二翼は，　A218, 20

yā	15	yā	16	yā	7	rū	90
yā	21	yā	18	yā	6	rū	62

[3]

これらは，彼ら二人の財産である，というので，等清算を行って生ずるヤーヴァッターヴァットの値は，4．これによって揚立されたルビー等の値段は，12, 8, 4．また，全財産は，242．/E38p1/

あるいは，ルビーの値をヤーヴァッターヴァット，サファイアと真珠の値段は既知数，5，3，と想定する．これから等式 (samī-karaṇa) により得られるヤーヴァッターヴァットの値は，13．これにより揚立されて生ずる等しい財産は，216．このように，想定 (kalpanā) に応じて，〈解は〉多数ある (anekadhā)．/E38p2/　A218, 28

···Note·········

例題 (BG E38): 宝石と現金による二人の財産．各宝石の単価 (x_i)，財産 (u_i).

陳述：$5x_1 + 8x_2 + 7x_3 + 90 = u_1$, $7x_1 + 9x_2 + 6x_3 + 62 = u_2$, $u_1 = u_2$.

解 1: $x_1 = 3s$ (= yā 3), $x_2 = 2s$ (= yā 2), $x_3 = 1s$ (= yā 1) とすると，$15s + 16s + 7s + 90 = 21s + 18s + 6s + 62$, $38s + 90 = 45s + 62$, $7s = 28$, $s = 4$. これで揚立して，$x_1 = 12$, $x_2 = 8$, $x_3 = 4$. また，$u_1 = u_2 = 242$.（以上 E38p1）

解 2: $x_1 = s$ (= yā 1), $x_2 = 5$, $x_3 = 3$ とすると，$5s + 151 = 7s + 125$, $2s = 26$, $s = 13$. これで揚立して，$x_1 = 13$, $x_2 = 5$, $x_3 = 3$. また，$u_1 = u_2 = 216$.（以上 E38p2）

·········

[1] ātmakatvaṃ yāvattāvataḥ P] ātmaka yāvattāvataḥ T.　[2] dvyādikānām P] dvayādikānām T.　[3] これは,「得られるヤーヴァッターヴァットを足」す前の書置.

T162, 11 前述の道理によりルビー等の値段が想定される：yā 3, yā 2, yā 1. もし一つに対してこれなら，述べられたものに対してはいくらか，というので[1]，述べられたごとくに生ずる二翼は，

yā	38	rū	90
yā	45	rū	62

述べられたごとくに生ずる既知の値は，4. これにより揚立して生ずるルビー等の既知の値は，12, 8, 4.

162, 14 あるいは，ルビーの値は，yā 1. サファイアと真珠には既知数が想定される，5, 3. 述べられたごとくに〈生ずる〉ヤーヴァッターヴァットの値は，13. このように生ずる値段は，13, 5, 3. このように，想定に応じて〈解は〉多数ある.

T162, 16 次に，「あるいは足したり引いたりしたものを自分の知力（頭）で想定すべきである」(BG 58) というこれに対する例題を[2]，シンホーッダター詩節一つで述べる.

A222, 13 **例題. /E39p0/**

E39 **一人が云う，「私に百ください．そうすれば，友よ，財産は私があなたの二倍になります.」するともう一人が云う,「もしあなたが私に十くださるなら，私があなたの六倍になります.」両者の財産はどれだけの量か，私に云いなさい. /E39/**

A222, 18 **ここで想定される最初の二つの財産は,**

yā	**2**	**rū**	$\dot{100}$
yā	**1**	**rū**	**100**

これら二つのうち後者の百を〈前者が〉とれば，前者は二倍になるだろう，というので，一つの陳述 (ālāpa) が実現する (ghaṭate). 次に，前者から十を除去し後者の財産に十を加えれば六倍になるだろう，というので，前者を六倍して，書置：

yā	**12**	**rū**	$\dot{660}$
yā	**1**	**rū**	**110**

これから等式によって得られるヤーヴァッターヴァットの値は，70. これにより揚立されて生ずる二つの財産は，40, 170. /E39p/

···Note···

例題 (BG E39): 二人の所持金と金銭授受．二人の所持金 (x_i).

陳述：$x_1 + 100 = 2(x_2 - 100)$, $6(x_1 - 10) = x_2 + 10$.

解：$x_1 = 2s - 100$, $x_2 = s + 100$ とすると，最初の陳述が自ずから実現する．そこで，二番目の陳述から，$6\{(2s - 100) - 10\} = (s + 100) + 10$, $12s - 660 = s + 110$,

---

1 yadyekasyedaṃ tadoktānāṃ kimiti T] ∅ P. 2 ātmabuddhyā ityasyodāharaṇaṃ P] ādyānyayorityudāharaṇaṃ T.

$11s = 770$, $s = 70$. これで揚立して，$x_1 = 40$, $x_2 = 170$.

....

意味は明瞭である．ここで，もし二人の財産を[1]未知量の相違のみから成るもの〈であり，ルーパを伴わない〉と想定するなら，二つの陳述を同時に作る（成立させる）ことはできない．もし一つ一つの陳述だけによって〈個別に，一方の未知量に既知の値を想定することにより他方の〉既知の値を得るなら，一つ一つの陳述だけが〈個別に〉生じうるのであり，例題の解はない[2]．だから，最初の人ともう一人の財産は，一つの陳述が自ずから実現するように想定されるべきである．そのように想定すると[3]， T163, 1

yā	2	rū	$\dot{100}$
yā	1	rū	100

[4]これら二つのうち後者の百を〈前者が〉とれば，前者は[5]二倍になるだろう，というので，一つの陳述が実現する．次に，前者から十を除去し後者の財産に十を加えれば六倍になるだろう，というので，前者を六倍して[6]，あるいは後者を六で割って[7]，書置：

yā	12	rū	$\dot{660}$
yā	1	rū	110

yā	2	rū	$\dot{110}$
yā	$\frac{1}{6}$	rū	$\frac{110}{6}$

あるいは，二番目の陳述が生じうるように想定すると， T163, 9

yā	1	rū	10
yā	6	rū	$\dot{10}$

ここで，最初のほうから〈二番目が〉十を[8]とれば，二番目は自ずから六倍に[9]なる．次に，二番目から百を除去し最初の財産に百を加えれば二倍になる，というので，後者を二倍して，あるいは前者を半分にして，書置：

yā	1	rū	110
yā	12	rū	$\dot{220}$

〈あるいは〉

yā	$\frac{1}{2}$	rū	$\frac{110}{2}$
yā	6	rū	$\dot{110}$

[10]

ここで，最初の二翼から，ヤーヴァッターヴァットの値は，70．二番目の二翼から，ヤーヴァッターヴァットの値は，30．それぞれの財産を揚立すると，両方とも[11]まったく同じ財産である，40, 170.

...Note ....

K によるもう一つの解：$x_1 = s + 10$, $x_2 = 6s - 10$ とすると，二番目の陳述が自ずから実現する．そこで，一番目の陳述から，$(s + 10) + 100 = 2\{(6s - 10) - 100\}$, $s + 110 = 12s - 220$, $11s = 330$, $s = 30$. これで揚立して，$x_1 = 40$, $x_2 = 170$.

1 dhanaṃ dvayoḥ P] dhanayoḥ T.　2 nodāharaṇasiddhiḥ P] nodāharaṇāsiddhiḥ T.　3 tathā kalpite P] tathā kalpite yāvat T.　4 以下，次の書置まで，「あるいは後者を六で割って」を除き，バースカラの自注 (E39p) とほとんど同じ．　5 gṛhīta ādyo P] gṛhīte ādyo T.　6 ṣaḍguṇaṃ ... ṣaḍguṇīkṛtya P] ṣaṅguṇaṃ ... ṣaṅguṇīkṛtya T.　7 hṛtvā T] bhaktvā P.　8 ādyāddaśasu P] ādyāddhaśasu T.　9 ṣaḍguṇo P] ṣaṅguṇo T.　10 $\frac{1}{2}$ P] 1 | 2 T. $\frac{110}{2}$ P] 55 T.　11 utthāpyobhayatrāpi P] utthāpanārthe ubhayatrāpi T.

T163, 15 次に，弟子たちの理知を増すために[1]，様々な例題を〈バースカラ先生は〉お示しになる．そのうちの一つの例題を，シャールドゥーラ・ヴィクリーディタ詩節一つで述べる．

A227, 16 **例題．/E40p0/**

E40 **ルビー八個，サファイア十個，真珠百個を私はあなたのために，耳飾り用に，同じ金額で購入しました．それら三種の宝石の値段（単価）の和の値は，三少ない百の半分でした，愛しい人よ．それぞれの値段を云いなさい，もしあなたにこの計算の準備ができているなら，祝福された人よ．/E40/**

A227, 21 **ここで，「同じ金額」がヤーヴァッターヴァット 1 である．八個のルビーの値段がこれなら，一つではいくらか，というこのような三量法により，すべての場合の値段は，yā $\frac{1}{8}$，yā $\frac{1}{10}$，yā $\frac{1}{100}$．これらの和は四十七に等しい，というので，等清算のための書置：**

yā	$\frac{47}{200}$	rū	0
yā	0	rū	47

これら二つの翼を等分母化（通分）し (sama-cchedī√kṛ)，分母払い (cheda-gama) をして，等式により得られるヤーヴァッターヴァットの値は，200．これにより揚立されて生ずる宝石の値段は，25, 20, 2.「同じ金額」は，200．また，耳飾りのための宝石〈すべて〉の値段は，600．/E40p1/

A228, 1 **ここで，等分母化してから清算のために最初の翼で後の翼が割られる場合，〈除数の〉分母と分子が逆にされると，後者（除数）の分母が乗数であり分子が除数である，というので，〈ここでは乗数と除数が〉等しいから，それら両者の消滅がある，というので分母払いが行われる．/E40p2/**

…Note…

例題 (BG E40): 宝石の購入金額．各宝石の単価 (x_i)，各宝石の購入額 (u)．

陳述：$8x_1 = u$, $10x_2 = u$, $100x_3 = u$, $x_1 + x_2 + x_3 = 100/2 - 3$.

解：$u = s$ (= yā 1) とすると，$x_1 = s/8$, $x_2 = s/10$, $x_3 = s/100$ だから，$\frac{47}{200}s = 47$, 等分母化して $\frac{47}{200}s = \frac{9400}{200}$，分母払いをして $47s = 9400$．これから $s = 9400 \div 47 = 200$．したがって，$x_1 = 25$, $x_2 = 20$, $x_3 = 2$, $u = 200$, 宝石の全額は $3u = 600$．（以上 E40p1）

E40p2 は，$\frac{47}{200}s = \frac{9400}{200}$ から $s = \frac{9400}{200} \div \frac{47}{200} = \frac{9400}{200} \times \frac{200}{47}$ とすると 200 が消えるから，あらかじめ「分母払い」(cheda-gama) をしてもよい，ということ．

………

T164, 1 「同じ金額」という．ちょうどルビー八個の値段が[2] サファイア十個の〈値段〉であり，また真珠百個の〈値段〉である，ということである．「耳飾り用

[1] prasārārthaṃ P] prasādārthaṃ（慰めるために）T.　[2] mūlyaṃ P] mūlaṃ T.

に」：耳飾り[1] のために.「それら三種の[2] 宝石の値段」云々：一つ一つの宝石の値段の和が四十七である．あとは明瞭である．ここで，ルビー等の値段を〈ヤーヴァッターヴァットと〉想定すると計算が完結しない (kriyā na nirvahati), というので,「同じ金額」をヤーヴァッターヴァットと想定する，yā 1．あとの計算は，原典（ākara, ここではバースカラの自注）に明らかである．宝石の値段，25, 20, 2,[3] が生ずる.「同じ金額」は 200.

次に，パーティー（すなわち『リーラーヴァティー』）にあるもう一つの例題（シャールドゥーラ・ヴィクリーディタ詩節）をお示しになる． T164, 6

例題. /E41p0/ A230, 10

蜂の群からその五分の一がカダンバに行き，三分の一がシリーンドラへ，またその両方の差の三倍が，子鹿の目をした娘よ，クタジャへ行った．心が揺れているもう一匹の蜂は，愛しき娘よ，ケータカとマーラティーの香という，時を同じくした〈二人の〉愛人からの使者に呼びかけられて，虚空を右往左往している．蜂の数を云いなさい．/E41/ E41

ここでは，蜂の群の量 (pramāṇa) がヤーヴァッターヴァット 1 である．これからカダンバ等へ行った蜂の量は，ヤーヴァッターヴァット $\frac{14}{15}$．これに，顕現している一匹の蜂を加えると蜂の量である，というので，書置： A230, 15

yā	$\frac{14}{15}$	rū	1
yā	1	rū	0

これら二つ〈の翼〉を等分母化し，分母を払い，前のように得られるヤーヴァッターヴァットの値は，15．これが蜂の量である．/E41p/

···Note···

例題 (BG E41)：蜂の群 (x).

陳述：$\frac{x}{5}+\frac{x}{3}+3\left(\frac{x}{3}-\frac{x}{5}\right)+1=x$.

解：$x=s$ (= yā 1) とすると，$\frac{x}{5}+\frac{x}{3}+3\left(\frac{x}{3}-\frac{x}{5}\right)=\frac{14}{15}s$ だから，$\frac{14}{15}s+1=s$, $\frac{14}{15}s+\frac{15}{15}=\frac{15}{15}s$, $14s+15=15s$, $s=15$. したがって，$x=15$. 同じ問題が，L 55 では任意数算法 (L 51) の例題として与えられている．

···

カダンバ樹 (kadamba) の花がカダンバ (kadamba) である．「また，部分〈の属格 (gen.)〉の意味で用いられた動物，草，木〈を意味する語〉の後に」[4]というので，〈接辞〉aṇ〈が適用される．しかし〉,「また[5]，花と根の場合，〈規則 T164, 12

[1] bhūṣaṇa T] vibhūṣaṇa P.　[2] traya T] ∅ P.　[3] 25/ 20/ 2/ P] yā $\frac{1}{8}$ yā $\frac{1}{10}$ yā $\frac{1}{100}$ / T.　[4] avayave ca prāṇyoṣadhivṛkṣebhyaḥ/ *Aṣṭādhyāyī* 4.3.135.　[5] ca] ∅ TP.

は〉様々に適用される[1]」[2]というので，それ（接辞 aṇ）は luk 消滅[3]する.[4] シリーンドリー草 (śilīndhrī) の[5] 花がシリーンドラ (śilīndhra) である.「taddhita 接尾辞[6]が luk 消滅する場合，〈二次的 (upasarjana) 実詞 (prātipadika) の語幹に付けられた女性接尾辞は〉luk 消滅する」[7] というので，女性接尾辞 (ī) は消滅する.[8] シリーンドリーはカチョーラ (kacora) に似た[9] 草[10] の一種である. クタジャ樹 (kuṭaja, m.) は山のマッリカー (giri-mallikā)（ジャスミンの一種）であり，その花がクタジャ(n.) である.[11] 残りの一匹の蜂の「心が揺れている」ことに関する理由を秘めた修飾語が「ケータカ」云々である．ケータキー樹 (ketakī) の花がケータカ (ketaka, n.) である.[12] マーラティー (mālatī)（ジャスミンの一種）の花がマーラティー (mālatī) である．マッリカー (mallikā) の花がマッリカー (mallikā) であるのと同様，女性接尾辞 (ā/ī) の消滅はない.「マーラティー種は花である」[13]と云うから[14]，マーラティーは種 (jāti) である．〈だから「二次的実詞語幹」ではない．〉それら二つ（ケータカとマーラティー）には香り (du.) がある．同一の時を得た二つのもの[15]，それが「時を同じくした (du.)」である．両者は愛人からの使者[16]でもある，というので，「時を同じくした〈二人の〉愛人からの使者 (du.)[17]」である．時を同じくした〈二人の〉愛人からの使者 (du.)[18]のようなケータカとマーラティーの香 (du.) が「ケータカとマーラティーの香という，時を同じくした〈二人の〉愛人からの使者 (du.)[19]」である．両者に呼びかけられた彼（蜂）はそういう状態である．すなわち，あたかもヒーローが二人のヒロインからの使者に同時に呼びかけられて心が揺れているように，二つの香を捉えることによって蜂も心が揺れている，という意味である．ケータキーとマーラティーは，蜂に享受されるものだから，そのお気に入り（愛人）である．その享受は，花の香を捉えることによる，というので，二つの香が使者である．

T164, 23 ここでは，蜂の群の量が yā 1. したがって，カダンバ等に行った蜂の量は，
T165, 1 yā $\frac{14}{15}$ ．これに，顕現している一匹の蜂を加えると蜂の群の量である，というので，

---

[1] かならず適用される場合もあれば，任意で適用される場合もあれば，まったく適用されない場合もある，ということ． [2] puṣpamūleṣu ca bahulam/ Vārttika 2 on *Aṣṭādhyāyī* 4.3.166. [3] パーニニ文法で語形成を記述する際の接辞の消滅の仕方の一つ．*Aṣṭādhyāyī* 1.1.61 (pratyayasya lukślulupaḥ) 参照. [4] 語幹に接尾辞 aṇ (実際は a) が付くと，最初の母音はヴリッディ化し，最後の母音はグナ化する，という決まりがある（例えば，sindhu + aṇ = saindho + a = saindhava) が，aṇが luk 消滅する場合，それらの効果は生じない．kadamba + aṇ-luk = kadamba. [5] śilīndhryāḥ P] śilīndhrayāḥ T. [6] 語根に付いて第一次派生語を作るのが kṛt 接尾辞であり，第一次派生語に付いて第二次派生語を作るのが taddhita 接尾辞. [7] luk taddhitaluki/ *Aṣṭādhyāyī* 1.2.49. [8] śilīndhrī + aṇ-luk = śilīndhra. [9] śilīndhrī kacorasadṛśa T] śilīndhrīkaṃ corasadṛśa P. [10] oṣadhi P] auṣadhi T. [11] kuṭaja + aṇ-luk = kuṭaja. 上の kadamba 参照. [12] ketakī + aṇ-luk = ketaka. 上の śilīndhrī 参照. [13] sumanā mālatījātiḥ/（典拠未詳） [14] sumanā mālatījātirityabhidhānān] sumanā mālatī jātirityabhidhānān P, sumanā mālatī jātiriti tvadabhidhānān T. [15] prāpta ekakālo yābhyāṃ P] prāpta ekakālau yābhyāṃ T. [16] priyādūtau P] priyāhūtau（愛人から呼びかけられた者 (du.)）T. [17] priyādūtau P] priyāhūtau T. [18] priyādūtau P] priyāhūtau T. [19] priyādūtau P] priyāhūtau T.

yā	$\frac{14}{15}$	rū	1
yā	1	rū	0

[1]

あるいはこの[2] yā $\frac{14}{15}$ を量，yā 1，から除去するとルーパに等しい[3]，というので，

yā	$\frac{1}{15}$	rū	0
yā	0	rū	1

[4]

あるいは，ルーパを量から除去するとこれに[5] 等しい，というので，

yā	$\frac{14}{15}$	rū	0
yā	1	rū	$\dot{1}$

[6]

二翼を等しいとして生ずるヤーヴァッターヴァットの値は〈三つのケースとも〉まったく等しく，15.

· · · Note ·

K 注は，$\frac{14}{15}s + 1 = s$ に加えて，$s - \frac{14}{15}s = 1$ および $s - 1 = \frac{14}{15}s$ を最初の等式として想定する.

· ·

次に，他者が述べた例題も，簡易算法 (kriyā-lāghava, 計算の簡便さ) のためにお示しになる. T165, 3

次に，他者が述べた例題も，簡易算法のために示される．/E42p0/ A232, 15

> **五パーセント〈の利率〉で貸与された〈元〉金からの果実の平方を〈元金から〉引いて，残ったものを十パーセント〈の利率〉で貸与した．二つの〈ケースの〉時間と果実は等しい．〈それぞれの元金と利息はいくらか．〉/E42/** E42

ここで，時間をヤーヴァッターヴァットと想定すると計算が完結しない，というので，〈時間としては〉五ヶ月を想定する．元金 (mūla-dhana) がヤーヴァッターヴァット 1 である．これから，五量法の書置： A232, 18

1	**5**
100	**yā 1**
5	

得られる果実は，yā $\frac{1}{4}$ ．これの平方は，yāva $\frac{1}{16}$ ．元金から，等分母にして引けば，二番目の元金が生ずる，yāva $\frac{\dot{1}}{16}$ yā 16 ．ここでも，五ヶ月により五量法を行う場合の書置：

---

[1] [yā $\frac{14}{15}$ rū 1 / yā 1 rū 0]] yā $\frac{14}{15}$ rū 15 / yā 1 rū 0 P, yā $\frac{14}{15}$ rū 1/ yā 1 rū 0/ T.

[2] vā etad P] ∅ T.　[3] rūpasamam P] rūpe samam T.　[4] yā $\frac{1}{15}$ rū 0 / yā 0 rū 1 P] yā $\frac{1}{15}$ T.　[5] rāśerapāsyaitat P] ∅ T.　[6] yā $\frac{14}{15}$ rū 0 / yā 1 rū $\dot{1}$ P] ∅ T.

1	5
100	yāva $\dot{1}$ yā 16
10	16

得られる果実は，yāva $\dot{1}$ yā 16 / 32．これが，前の果実，yā $\frac{1}{4}$，に等し
A233, 1 い，というので，両翼をヤーヴァッターヴァットで共約して，等清算のために，両翼を書置：

yā $\dot{1}$		rū 16
	32	
yā 0	rū	$\frac{1}{4}$

前のように得られるヤーヴァッターヴァットの値は 8．これが元金である．/E42p1/

A233, 4 あるいは，最初の基準値果で二番目の基準値果を割って得られる乗数を二番目の元金に掛けたものと，最初の元金が等しくなるだろう．そうでなければ，どうして時間が等しいときに果実が等しくなるだろうか．だから，二番目のもの（元金）の乗数はこの 2 である．一を掛けた二番目の元金に一を引いた乗数を掛けたものが果実の平方にあるだろう．だから，一を引いた乗数で，任意数に想定された利息の平方を割ると，二番目の元金になるだろう．それに果実の平方を加えたものが最初の元金になるだろう．/E42p2/

A233, 10 ここで想定される果実の平方は 4．だから，最初と二番目の元金は 8，4．果実は 2．もし百の利息が五なら八のはいくらか，というので得られるのは，一ヶ月で八に対する果実，$\frac{2}{5}$．もしこれで一ヶ月なら二ではいくらか，というので得られるのは 5ヶ月である．/E42p3/

···Note ·····································

例題 (BG E42): 等時間等利息．二元金 (x_i)，利息 (y)，期間 (z)．

陳述：元金 x_1 を月率 5 %で z 月間貸与したときの果実 y の平方を元金から引いた残りを元金 x_2 として月率 10 %で同じ z 月間貸与したら，同じ果実 y を得た．それぞれの元金と果実はいくらか．すなわち，$y = 5x_1z/100$, $x_2 = x_1 - y^2$, $y = 10x_2z/100$.

解 1: $z = 5$, $x_1 = s$ (= yā 1) とすると，五量法により，$y = s/4$．したがって，$x_2 = s - (s/4)^2 = (-s^2 + 16s)/16$．五量法により，$y = (-s^2 + 16s)/32$．したがって，$(-s^2 + 16s)/32 = s/4$．$s$ で共約して，$(-s + 16)/32 = 1/4$．等分母化して分母払いをすると，$-s + 16 = 8$．等清算により，$s = 8$．したがって，$x_1 = 8$, ⟨$x_2 = 4$, $y = 2$.⟩（以上 E42p1）

簡易算法（色を用いないアルゴリズム）：利率を r_i%とすると，第 1 と第 3 陳述から，$x_1 = (r_2/r_1)\cdot x_2$ ⟨$=1\cdot x_2 + (r_2/r_1 - 1)x_2$．(この分解のステップは「一を掛けた」という言葉が暗示する．T166, 23 参照) 一方，第 2 陳述から $x_1 = x_2 + y^2$．したがって ⟩ $(r_2/r_1 - 1)x_2 = y^2$．すなわち，$x_2 = y^2/(\frac{r_2}{r_1} - 1)$．（以上 E42p2）

解 2（簡易算法すなわち E42p2 のアルゴリズムによる）：$r_2/r_1 = 10/5 = 2$．そこで $y = 2$ と想定すると，$x_2 = 2^2/(2-1) = 4$, $x_1 = 4 + 4 = 8$．また，z は二つの三

量法による：$z = 1 \cdot 2/(5 \cdot 8/100) = 5$ 月. (以上 E42p3)

....

これ (E42) はギーティ詩節である[1]. 〈「五パーセント」(直訳すれば「五を T165, 7
持つ百」)：〉月毎に五を増分として持つ，というので「五を持つ」(pañcaka) である，とヴィジュニャーネーシュヴァラにより「訴訟 (vyavahāra) の巻」で，数における[2]ka 接尾辞の規則から説明されている.[3] そのようなものである百，それを基準値 (pramāṇa) として貸し与えられた (datta) 金 (dhana)，それに対していくらかの時間 (kāla) で生ずる[4] 果実 (phala) が利息 (kalāntara) である[5]. その平方を元金から[6] 引き，残った金が，十パーセントで（十を持つ百で），すなわち毎月十を増分として持つ，というので「十を持つ」であり，それは同時に百であるが，それを基準値として，貸し与えられる，二つの，一番目と二番目の元金に対して，等しい時間でまったく等しい果実が生ずる．このような場合に，それら二つの〈元〉金はいくらかということを云いなさい，というのが〈補われるべき〉残りである.

ここで，時間をヤーヴァッターヴァットと想定すると計算が完結しない，と T165, 13
いうので，時間は任意数に想定するべきである．だからここでは五ヶ月を想定する，5. 元金がヤーヴァッターヴァットである，yā 1. これから，果実のために五量法の書置：

1	5
100	yā 1
5	0

[7]

得られる[8] 果実は，yā $\genfrac{}{}{0pt}{}{1}{4}$. これの平方，yāva $\genfrac{}{}{0pt}{}{1}{16}$，を[9] 元金，yā 1，から等分母にして引けば，二番目の元金が生ずる，yāva $\genfrac{}{}{0pt}{}{\dot{1}}{16}$ yā $\genfrac{}{}{0pt}{}{16}{16}$.[10] ここでも，五ヶ月により，五量法の[11]書置：

1	5
100	yāva $\genfrac{}{}{0pt}{}{\dot{1}}{16}$ yā $\genfrac{}{}{0pt}{}{16}{16}$
10	0

[12]

得られる果実は，yāva $\genfrac{}{}{0pt}{}{\dot{1}}{32}$ yā $\genfrac{}{}{0pt}{}{16}{32}$.[13] これが，前の果実，yā $\genfrac{}{}{0pt}{}{1}{4}$，に T166, 1
等しい，というので，書置：

---

[1] 出版本ではアールヤー詩節である.　[2] saṃkhyāyāṃ] saṃjñāyāṃ (術語における) TP.
[3] 「訴訟 (vyavahāra) の巻」は，*Yājñavalkyasmṛti* に対する Vijñāneśvara の注釈書 *Mitākṣarā* の第2巻を指す．そこに「月毎に五を増分として持つ，というので『五を持つ』(pañcaka) である」という表現は見あたらないが，ヴィジュニャーネーシュヴァラは ka 接尾辞に関する Pāṇini の規則を引用する．'saṃkhyāyā atiśadantāyāḥ kan' (5.1.22) ity anuvṛttau 'tad asmin vṛddhyāyalābhaśulkopadā dīyate' (5.1.47) iti kan/ (*Mitākṣarā* on *Yājñavalkyasmṛti* 2.37) これは，利息，収入，利益，税金，賄賂を意味する数詞（ただし，-ti, -śat という語形を除く）の後には taddhita 接尾辞 kan (実際は ka) が付き，それらが与えられるものを修飾する，ということを意味する.　[4] kiṃcitkālajaṃ T] kiṃcit kālajaṃ P.　[5] yatphalaṃ kalāntaraṃ P] yasya yatphalaṃ kālāntare T.　[6] vargaṃ mūladhanād T] vargamūladhanād P.　[7] 0 T] ∅ P.　[8] labdha T] labdhaṃ P.　[9] varge T] vargo P.　[10] yā $\genfrac{}{}{0pt}{}{16}{16}$ T] yā 16 P.
[11] pañcarāśike] pañcarāśikena TP.　[12] yā $\genfrac{}{}{0pt}{}{16}{16}$ T] yā 16 P; 0 T] ∅ P.　[13] yā $\genfrac{}{}{0pt}{}{16}{32}$ T] yā 16 P.

yāva	0	yā	$\frac{1}{4}$
yāva	$\frac{\dot{1}}{32}$	yā	$\frac{16}{32}$

[1]

両翼をヤーヴァッターヴァットで共約し，等分母化し，分母を払うと，生ずるのは，

yā	0	rū	8
yā	$\dot{1}$	rū	16

前のように生ずるヤーヴァッターヴァットの値は 8．これが〈一番目の〉元金である．これによって揚立した二番目〈の元金〉と二つの利息は[2]，4, 2, 2.

T166, 5 次に，これの計算で，未知量を想定しないで計算を簡略化するために，〈バースカラ先生は〉，

> あるいは，最初の基準値果で二番目の基準値果を割って得られる乗数を二番目の元金に掛けたものと，最初の元金が等しくなるだろう．そうでなければ，どうして時間が等しいときに果実が等しくなるだろうか．だから，二番目のもの（元金）の乗数はこの 2 である．一を掛けた二番目の元金に一を引いた乗数を掛けたものが果実の平方にあるだろう．だから，一を引いた乗数で，任意数に想定された利息の[3] 平方を割ると，二番目の元金になるだろう．それに果実の平方を加えたものが最初の元金になるだろう．(BG E42p2)

に終わる〈文章〉によって説明する．〈これには〉次の意味がある．

T166, 10 一パーセント[4] の基準（月率）で元金百に対して生ずる利息は，ちょうど二パーセントで五十に対するもの[5]，四パーセントで二十五に対するもの，五パーセントで二十に対するもの，十パーセントで十に対するもの，になるだろう．だから，この[6] 一番目の基準値果に何かを掛けて二番目の基準値果になるとき，それで一番目の元金を割ると二番目の〈元〉金になるだろう．あるいは，〈それを〉二番目に掛ければ一番目になるだろう．一方，〈このように〉述べられたものとは異なる二つの元金に対しては，どうやっても等しい時間に等しい利息は生じないだろう．乗数は，一番目の基準値果で二番目の基準値果を割って得られるものに他ならない．というのは，一番目の基準値果は被乗数であり，二番目の基準値果は掛け算の結果であるから，ということである．したがって，一番目の基準値果で二番目の基準値果を割って得られるものを二番目の元金に掛けると一番目の元金になるだろう．しかし二番目の元金は知られていない．そのための方法がある．

---

[1]

yāva	0	yā	$\frac{1}{4}$
yāva	$\frac{\dot{1}}{32}$	yā	$\frac{16}{32}$

] yāva 0 yāva $\frac{\dot{1}}{32}$ yā $\frac{16}{32}$ yā $\frac{1}{4}$ T,

yāva	0	yā	$\frac{1}{4}$
yāva	$\dot{1}$	yā	$\frac{16}{32}$

P. [2] kalāntare P] kālāntare T. [3] kalāntarasya P] ∅ T.
[4] ekaśata P] yadekaśata T. [5] syāt P] ∅ T. [6] ato 'yaṃ T] ataḥ P.

たとえ二番目の元金を任意数に想定して，それに乗数を掛けると一番目も生じ，これら両者には等しい時間に等しい利息が生ずるとしても，果実の平方に等しい差は生じないだろう，前述の道理によって．果実の平方を考慮して〈計算を〉展開していないから．しかし，差が果実の平方に等しい，と〈例題には〉提示されている．だから，提示された〈問題〉の解 (uddiṣṭa-siddhi) はない．だから，別様に試みる必要がある． T166, 19

ここでは 実に[1]，果実の平方を一番目の元金から引くと，残りが二番目の元金になる，というので，逆算法によって，二番目の元金に果実の平方を加えると一番目の元金になるだろう．すなわち，一番目の元金を知るためには，二番目の元金に果実の平方を加えるか，あるいは乗数を掛けるべきである．掛け算は二つの部分によっても可能である．そこでもしルーパが一つの部分であると想定すれば，一を引いた乗数が他方の部分になるだろう．ここで，一番目の部分であるルーパによる二番目の元金の掛け算では，二番目の元金に一を掛けたものが生ずるだろう．他方の[2]部分による掛け算では，一を引いた[3]乗数を掛けた二番目の元金が生ずるだろう．これら二つを足せば，全乗数を掛けたものになるだろう，というので，一を掛けた二番目の元金に一を引いた乗数を掛けた二番目〈の元金〉を加えるべきである．だから，このように，二番目の元金に，一を引いた乗数を掛けた二番目の元金，または果実の平方を加えると，一番目の元金になる，というので，果実の平方，それこそが一を引いた乗数を掛けた二番目の元金である．だからこそ〈バースカラ〉先生によって云われたのである，「一を掛けた二番目の元金に一を引いた乗数を掛けたものが果実の平方にあるだろう」(BG E42p2) と．だから，果実の平方を，一を引いた[4] 乗数で割って得られるものこそ，二番目の元金になるだろう．たとえ果実の平方が知られていなくても，任意数の想定によってそれ（果実の平方）を達成する（得る）ことから，簡単に例題の解がある．だから次のことが成立する．利息を任意数に想定し，その平方を，一を引いた乗数で割って得られるものが二番目の元金である．これに，利息の平方を加えると，一番目の元金になる．元金と利息から五量法により時間もまた得られる，というので，ヤーヴァッターヴァットを想定しない簡易算法がある，ということである． T166, 23 T167, 1

···Note···

「簡易算法」の正起次第．$x_i r_i z/100 = y$ であるから，期間と利息を $z = 1$ 月，$y = 1$ と固定すると，利率と元金は反比例する．

$$\begin{array}{ccccccc} r_i & : & 1 & 2 & 4 & 5 & 10 \\ x_i & : & 100 & 50 & 25 & 20 & 10 \\ y & : & 1 & 1 & 1 & 1 & 1 \end{array}$$

すなわち，利率が a 倍になれば $(ar_1 = r_2)$，元金は a 分の 1 になる $(x_1/a = x_2)$．したがって，$x_1 = ax_2$ だが，これは $\{1 + (a-1)\}x_2 = 1x_2 + (a-1)x_2$ と分解できる．一方，$x_1 - y^2 = x_2$ から，$x_1 = x_2 + y^2$．両式を比較して，$(a-1)x_2 = y^2$．したがっ

[1] hi T] kila P.　[2] apara P] aparaṃ T.　[3] guṇana ekona P] guṇane ekona T.
[4] varga ekona P] varge ekona T.

て，$x_2 = y^2/(a-1)$. y は任意数に想定する．x_1 は，$x_1 = x_2 + y^2$ による．また z は，五量法による：$z = 100y/r_ix_i$. あるいは，二つの三量法による：$z = 1 \cdot y/\,(r_ix_i/100)$.

………………………………………………………………………………

T167, 15 さて，本例題の場合，一番目の基準値果であるこの 5 で[1]，二番目の基準値果であるこの 10 を割ると二が得られる，というので，二番目に対する乗数はこの 2 である．ここで想定される果実の平方は 4．これを，一を引いた乗数，1，で割ると，二番目の元金，4，が生ずる．これに，乗数 2 を掛けるか，あるいは果実の平方 4 を加えると，一番目の元金，8，が生ずる．果実は 2 である．もし百に対する果実が五なら，八に対してはいくらか，というので，一ヶ月に八に対する果実，$\frac{2}{5}$，が得られる．もしこれで一ヶ月なら，二では何か，というので，得られのは 5ヶ月である．このように，二番目の元金からも月数はこの同じ 5 である．[2]

T167, 20 次に，自らお示しになった簡易算法の遍充（一般性）を示すために，もう一つの例題を述べる．

A241, 19 **例題.**

E43 **一パーセント〈の利率〉で貸与された金から〈その〉果実の平方**
を引き，残りを五パーセント〈の利率〉で貸与した．両者の時間
と果実は〈それぞれ〉等しい．/E43/

A241, 22 **ここでの乗数は 5．一を引いた乗数 4 で任意の果実の平方 16 を割ると，二番目の元金が生ずる，4．これに果実の平方を加えると一番目の元金が生ずる，20．これから，比例二つにより，時間は 20〈ヶ月〉である．/E43p1/**

…Note………………………………………………………………………

例題 (BG E43): 等時間等利息．二元金 (x_i)，利息 (y)，期間 (z).

陳述：$y = 1x_1z/100$ $(r_1 = 1)$, $x_2 = x_1 - y^2$, $y = 5x_2z/100$ $(r_2 = 5)$.

解（簡易算法）: $a = 5/1 = 5$. $y = 4$ とすると，$x_2 = y^2/(a-1) = 16/4 = 4$, $x_1 = x_2 + y^2 = 4 + 16 = 20$, $z = 1 \cdot 4/(1 \cdot 20/100) = 20$ 月.

………………………………………………………………………………

T168, 1 これはギーティ詩節である[3]．ここに述べられたように，二番目の〈元金に対する〉乗数は 5 である．一を引いた乗数 4 で，任意の果実であるこの 4 の平方 16 を割ると，二番目の元金が生ずる，4．これに乗数 5 を掛けるか，あるいは果実の平方 16 を加えると，一番目が生ずる，20．両方の果実と元金から[4]，五量法により，あるいは三量法二つにより，時間が生ずる，20〈ヶ月〉.

A242, 29 **このようにほかならぬ自分の知力によってこれは解かれる．ヤーヴァッターヴァットを設定することが〈ここでは〉何の役に立とうか．いやむしろ，知力こそがビージャなのである．だから私は『天球』で次のように述べた．**

---

[1] phalenānena 5 P] phala rūpāṇi 5 T. [2] evaṃ dvitīyadhanādapyeta eva māsāḥ 5/ P] ∅ T. [3] 出版本ではアールヤー詩節である． [4] phalamūlābhyāṃ T] mūlaphalābhyāṃ P.

ビージャは文字を本性とするものではないし，複数のビージャが個々別々にあるのでもない．唯一知力こそがビージャである．なぜなら思考作用は広大だから．/Q2 = GA, pr 5/

/E43p2/

あるいはまた[1]，シャールドゥーラ・ヴィクリーディタ詩節で例題を述べる． T168, 5

例題．/E44p0/ A243, 7

ルビー八個，サファイア十個，真珠百個，良質のダイヤモンド五個が，〈それぞれ〉四人の宝石商の財産である．彼らが親睦を深めるために，互いに自分の財産から一個づつを与え合ったら，所有する財産が等しくなった．友よ，それらの宝石の値段をそれぞれ私に云いなさい．/E44/ E44

ここで，ヤーヴァッターヴァット等の色が未知量の値として想定される[2]，というのは指標である．理知ある者たちは，〈それぞれの未知量を〉それぞれの（量が未知のものの）名前で印づけて (tan-nāma-aṅkitāni kṛtvā)，等式を作るべきである．それは次の通りである．互いに一個づつの宝石を与え合うと所有する財産が等しくなる．それら（等しくなった財産）の値は[3]， A243, 12

mā	**5**	**nī**	**1**	**mu**	**1**	**va**	**1**
mā	**1**	**nī**	**7**	**mu**	**1**	**va**	**1**
mā	**1**	**nī**	**1**	**mu**	**97**	**va**	**1**
mā	**1**	**nī**	**1**	**mu**	**1**	**va**	**2**

等しいもの (pl.) には，等しいものを加えたり等しいものを引いたりしても，同一性のみがあるだろう，というので，ルビー等の宝石を一つづつ，これら（四つの翼）からそれぞれ引くと，残りは等しくなる，mā 4, nī 6, mu 96, va 1.〈すなわち〉，ダイヤモンド一個の値段がルビー四個のそれであり，サファイア六個のそれであり，また真珠九十六個のそれである．だから，任意数を等しい財産[4]に想定して，これらの残りでそれぞれ割ると，値段が得られる．そのように想定された任意数，96，によって生ずるルビー等の値段は，24, 16, 1, 96. /E44p/

···Note ···

例題 (BG E44)：宝石授受．宝石の単価 (x_i)，各商人の財産 (u_i).

陳述：それぞれ，ルビー 8 個，サファイア 10 個，真珠 100 個，ダイヤモンド 5 個を持つ 4 人の商人が，1 個づつ与え合ったら等財産．すなわち，$(8-3)x_1+x_2+x_3+x_4=u_1$, $x_1+(10-3)x_2+x_3+x_4=u_2$, $x_1+x_2+(100-3)x_3+x_4=u_3$, $x_1+x_2+x_3+(5-3)x_4=u_4$, $u_1=u_2=u_3=u_4$.

解：ここでは，未知量に yāvattāvat を用いず，宝石名称の頭文字（x_i で代用）を用いる（略号については，T132, 7 以下に対する Note 参照）．各翼から，$x_1+x_2+x_3+x_4$ を

[1] athavā T] atha P.　[2] BG 7 参照.　[3] mā = māṇikya (ルビー), nī = nīla = indranīla (サファイア), mu = muktāphala (真珠), va = vajra (ダイヤモンド).　[4] この「等しい財産」は等しい財産から 4 種の宝石を 1 個づつ取り除いた残り．

引くと，$4x_1 = 6x_2 = 96x_3 = x_4$. これが 96 に等しいと想定すると，$x_1 = 96/4 = 24$, $x_2 = 96/6 = 16$, $x_3 = 96/96 = 1$, $x_4 = 96/1 = 96$. 同じ問題が L 102 にあるが，そこでは，より一般的な問題に対する解のアルゴリズムを与える L 101 の例題として与えられている．L 101: n 人が p 個づつ与え合うとき，k を任意数として，$x_i = k/(a_i - np)$. また，$k = \prod_{i=1}^{n} (a_i - np)$ にとれば x_i は整数.

T168, 10 意味は明瞭である．ここで，ルビー等の宝石の名称の印を[1] 導入して，述べられた陳述の通りに[2] して，「等しいもの (pl.) には，等しいものを引いても，同一性のみ」[3]というので，一つ一つの宝石に対して一個を取り除けば，ルビー等の値段の計算は原典において明らかである.

T168, 12 次に，アールヤー詩節によって，例題を述べる.

A246, 17 **例題．/E45p0/**

E45 **五パーセント〈の月率〉で貸し与えられた元金が一年後に利息と合わせて二倍引く十六になった．元金はいくらか．云いなさい．/E45/**

A246, 20 **ここでは元金がヤーヴァット 1 である．これから五量法により，**

1	**12**
100	**yā 1**
5	

利息は yā $\frac{3}{5}$．これに元金を加えて生ずるのは yā $\frac{8}{5}$．二倍の元金から十六引いたもの，yā 2 rū $\dot{16}$，に等しい，とすることにより，

yā	**2**	**rū**	$\dot{16}$
yā	$\frac{8}{5}$	**rū**	**0**

得られる元金は 40．また，利息は 24．/E45p/

···Note···

例題 (BG E45): 元利計算．元金 (x)，利息 (u).

陳述：$u = 5 \cdot 12 \cdot x/100$, $x + u = 2x - 16$.

解：$x = s$ (= yā 1) とすると，$u = \frac{3}{5}s$ だから，$\frac{8}{5}s = 2s - 16$, $s = 40$. したがって，$x = 40$, $u = 24$.

T168, 15 意味は明瞭である．これの計算は原典で明らかである.

T168, 16 次に，ヴァサンタティラカー詩節で例題を述べる.

A248, 14 **例題．/E46p0/**

E46 **九十足す三百のお金が，三つの部分に分けて，〈それぞれ，月率〉**

[1] ratnanāmāṅka] ratnanāmaṅka T; ratnanāmāṅka P. [2] yathoktālāpaṃ P] yatoktālāpaṃ T. [3] E44p 参照.

五，二，四パーセントで貸与された．それが，〈それぞれ〉，七，十，五ヶ月で，三部分とも元利合計が等しくなった．部分の数〈量〉を云いなさい．/E46/

ここでは，果実と合わせて等しい額の部分の量がヤーヴァッターヴァット 1 である．もし一ヶ月で百に対する果実が五なら，七ヶ月では〈果実は〉いくらか，というので得られるのは，百に対する果実，35．これを百に加えて生ずるのは 135．もしこの元利合計の元金が百なら，ヤーヴァッターヴァットだけの元利合計に対しては〈元金は〉いくらか，というので生ずる一番目の部分の量は yā $\frac{20}{27}$．さらに，もし一ヶ月で百に対する果実が二なら，十ヶ月ではいくらか，というので，最初に関して述べられた方法により，二番目の部分は yā $\frac{5}{3}$．同様に三番目の部分は yā $\frac{5}{3}$．これらの和は yā $\frac{65}{27}$．全額であるこの 390 と等しくして，〈等清算により得られる〉ヤーヴァッターヴァットの値，162，で揚立した部分は 120, 135, 135．利息を合わせると，等しくこの 162 である．/E46p/ A248, 19

···Note···

例題 (BG E46)：分割貸与・等元利合計．元金部分 (x_i)，利息 (u_i)．

陳述：$x_1+x_2+x_3=390$, $u_1=5\cdot 7\cdot x_1/100$, $u_2=2\cdot 10\cdot x_2/100$, $u_3=4\cdot 5\cdot x_3/100$, $x_1+u_1=x_2+u_2=x_3+u_3=v$.

解：$v=s$ (= yā 1) とする．$x_1=100$ なら $u_1=35$，したがって $x_1+u_1=135$ だから，逆に，$x_1+u_1=135$ なら $x_1=100$．したがって，比例により，$x_1+u_1=s$ なら $x_1=\frac{100}{135}s=\frac{20}{27}s$. 同様に，$x_2=\frac{5}{3}s$, $x_3=\frac{5}{3}s$. したがって，$\frac{20}{27}s+\frac{5}{3}s+\frac{5}{3}s=390$, $\frac{65}{27}s=390$, $s=162$. したがって，$x_1=120$, $x_2=x_3=135$, $v=162$, $\langle u_1=42$, $u_2=u_3=27\rangle$.

···

「九十足す三百[1]」ルーパのお金が，「三つの部分に分けて」，「五，二，四パーセント〈の月率〉で貸与された」．「それが」順に「七，十，五ヶ月で三部分とも元利合計が等しくなった」とするなら，「部分の数〈量〉を云いなさい」．次のことが云われている．元金は九十足す三百である，390．これを三部分にし，一部分を五パーセントの基準 (pramāṇa) で貸与し，二番目を二パーセントで貸与し，三番目を四パーセントで貸与した．そこで，一番目が七ヶ月経って利息共に生じた額に，二番目は利息共に十ヶ月経ったときになった．三番目も五ヶ月経ったときに利息共ちょうどそれだけになった．もしそうなら，部分 (pl.) はどれだけになる[2] か．それを云いなさい． T168, 21 T169, 1

ここでは，果実を伴って[3]等しくなった部分の量をヤーヴァッターヴァットと想定する[4]，yā 1．これから，比例によりそれぞれの元金，yā $\frac{20}{27}$，yā $\frac{5}{3}$，yā $\frac{5}{3}$，を導き，これらの和，yā $\frac{65}{27}$，を全額，390，と等しくし，〈等清算により〉得られるヤーヴァッターヴァットの値，162，によって揚立された T169, 7

---

[1] yannavatiyuktriśatī P] yat/ navatiyuktriśati T.　[2] bhavanti T] saṃbhavanti P.
[3] saphala P] saphalaṃ T.　[4] prakalpyam P] prakalpya T.

諸部分は，120, 135, 135．後は原典で十分明らかである．

T169, 11 また，例題をヴァンシャスタ詩節で述べる．

A253, 6 **例題．/E47p0/**

E47 **町に入るとき，〈通行税として〉十払い，残りを〈その町での商売で〉二倍にし，十を消費し，〈町を〉出るとき，〈再び通行税として〉十払った．三つの町でこのようであった．〈その結果〉最初〈のお金〉が三倍になった．そのお金はいくらか，云いなさい．/E47/**

A253, 9 **ここでは，〈最初の〉お金が yā 1．これに対して，陳述通りにすべてを行うと，三つの町が終わったとき生ずるお金は yā 8 rū $\dot{2}80$．これを，最初の三倍，yā 3，と等しくすると，ヤーヴァッターヴァットの値，56，が得られる．/E47p/**

···Note···

例題 (BG E47)：旅商い．最初の所持金 (x)，各町から出るときの所持金 (u_i)

陳述：$(x-10)\times 2-10-10=u_1$, $(u_1-10)\times 2-10-10=u_2$, $(u_2-10)\times 2-10-10=u_3$, $u_3=3x$.

解：$x=s$ (= yā 1) とすると，$u_1=2s-40$, $u_2=4s-120$, $u_3=8s-280$ だから，$8s-280=3s$, $5s=280$, $s=56$. したがって，$x=56$.

···

T169, 14 ある商人が，いくらかのお金を持って，商売のためにある町へ[1] 行った．そこで，町に入るための通行税 (śulka) として十を払って[2] 町に入り，残りのお金を商売で二倍にし，その（町の）中で十を消費し，〈町を〉出るためにまた十を払った．次に，その残ったお金を持って，別の町へ行った．そこでも，十を払い，二倍にし，十を消費し[3]，十を払い，それから三番目の町へ[4] 行った．そこでもまた，十を払い，二倍にし，十を消費し，十を払い，自分の家に帰った．このようにしたら，最初のお金が三倍になった．そのとき，その最初のお金はいくらか，ということを云いなさい，という問題である．

T169, 21 〈最初の所持金の〉量が yā 1 と想定される．[5]これに対して，陳述通りにすべてを行うと，三つの町が終わったとき生ずるお金は yā 8 rū $\dot{2}80$．これを，最初の三倍，yā 3，と等しくすると，ヤーヴァッターヴァットの値，56，が得られる．

T170, 1 次に，シャールドゥーラ・ヴィクリーディタ詩節で例題を述べる．

A255, 12 **例題．/E48p0/**

E48 **一ドランマで，米が三マーナカ半，インゲン豆が八マーナである**

[1] kiṃcitpuraṃ P] kaṃcinpuraṃ T. [2] dattvā P] datvā T (以下同様). [3] bhuktvā P] bhukvavā T. [4] tṛtīyanagaraṃ T] tṛtīyaṃ nagaraṃ P. [5] 以下はバースカラの自注 (E47p) とほとんど同じ.

なら，商人よ，この十三カーキニーを受け取って，米二部分とインゲン豆一部分を（すなわち，米とインゲン豆を二対一の割合で）すぐにください．私たちはすぐに食べて出かけます．隊商が先に行ってしまうので．/E48/

ここでは，米のマーナが yā 2，インゲン豆のマーナが yā 1．もし，〈売り手にとって〉三マーナ半で一ドランマが得られるなら，このyā 2ではいくらか，というので得られる米の値段は yā $\frac{4}{7}$．もし八マーナで一ドランマなら，この yā 1 ではいくらか，というので得られるインゲンの値段は yā $\frac{1}{8}$．これらの和，yā $\frac{39}{56}$，は十三カーキニーに等しい，というので，ドランマ種 (jāti)，$\frac{13}{64}$，との等式を作ることにより，得られるヤーヴァッターヴァットの値は $\frac{7}{24}$．これで揚立すると，米とインゲンの値段は $\frac{1}{6}$，$\frac{7}{192}$．また，米とインゲンのマーナの部分は $\frac{7}{12}$，$\frac{7}{24}$．/E48p/ A255, 17

···Note···

例題 (BG E48): 比例売買．米とインゲン豆の量 (x_i) と値段 (y_i).

陳述：$x_1 : x_2 = 2 : 1$, $y_1 + y_2 = 13$ カーキニー（$= \frac{13}{64}$ ドランマ），$x_1/y_1 = 3\frac{1}{2}$ マーナ/ドランマ, $x_2/y_2 = 8$ マーナ/ドランマ.

解：$x_2 = s$ (= yā 1) マーナとすると，$x_1 = 2s$ マーナ．$y_1 = \frac{4}{7}s$ ドランマ，$y_2 = \frac{1}{8}s$ ドランマだから，$\frac{39}{56}s = \frac{13}{64}$, $\langle\frac{24}{448}s = \frac{7}{448}\rangle$, $24s = 7$, $s = \frac{7}{24}$．したがって，$x_1 = \frac{7}{12}$ マーナ，$x_2 = \frac{7}{24}$ マーナ，$y_1 = \frac{1}{6}$ ドランマ，$y_2 = \frac{7}{192}$ ドランマ.

同じ問題が L 99 にあり．それに先立つ L 98 は，この種の問題に対して解のアルゴリズムを与える.

ここでは「マーナ」(māna) を特定の単位として訳したが，通常は「量」や「基準」を意味するから,「枡」の意味かもしれない.『リーラーヴァティー』の度量衡 (L 2-8) には含まれない.

···

意味は明瞭である．また,『リーラーヴァティー』の注釈 (Līlāvatī-vivṛti) で[1]〈私により〉説明された[2]．ここで，米[3] のマーナの量を yā 2，インゲン豆のマーナの量を yā 1 と想定すれば，計算は原典で明らかである. T170, 6

次に，アヌシュトゥブ詩節によって例題を述べる. T170, 8

例題. /E49p0/ A257, 18

どんな三つのものに，〈それぞれ〉自分の半分，五分の一，九分の一を足すと等しくなり，他の部分二つを引くと残りが六十になるだろうか．それらを云いなさい．/E49/ E49

ここでは，等しい量の値がヤーヴァッターヴァット 1 である．これから，逆 A257, 21

---

[1] vivṛtau P] vivṛttau T.　[2] L に対する K 注の存在に関して，BG E11 に対する K 注の末尾参照.　[3] taṇḍula T] tandula P.

算法,「また，自分の部分を加減した場合」(L 49) 云々により，諸量は，yā $\frac{2}{3}$，yā $\frac{5}{6}$，yā $\frac{9}{10}$．ここで，他の部分二つを引くと，すべて残りはこのように，yā $\frac{2}{5}$．これが六十に等しいとして得られるヤーヴァッターヴァットの値，150，で揚立すると，量，100, 125, 135，が生ずる．/E49p/

···Note···

例題 (BG E49): 純数量的．三量 (x_i).

陳述：$x_1 + \frac{x_1}{2} = x_2 + \frac{x_2}{5} = x_3 + \frac{x_3}{9} = u$, $x_1 - \frac{x_2}{5} - \frac{x_3}{9} = x_2 - \frac{x_1}{2} - \frac{x_3}{9} = x_3 - \frac{x_1}{2} - \frac{x_2}{5} = v$, $v = 60$.

解：$u = s$ (= yā 1) とすると，逆算法 (L 48-49) により，$x_1 = \frac{2}{3}s$, $x_2 = \frac{5}{6}s$, $x_3 = \frac{9}{10}s$ だから，$v = \frac{2}{5}s$. したがって，$\frac{2}{5}s = 60$, $s = 150$. したがって，$x_1 = 100$, $x_2 = 125$, $x_3 = 135$.

···

T170, 11　三つの量に，「自分の半分，五分の一，九分の一を足す」と等しくなる．また,「他の部分二つを引く」と「残りが六十になる」とき，それらは何か.「それらを云いなさい.」次のことが云われている．三量がある．そのうち，最初のものに自分の半分を，二番目には自分の五分の一を，三番目には自分の九分の一を，足すと，すべてがまったく等しくなる．また，最初の量は[1]，二番目の五分の一と三番目の九分の一を引くと，六十になる．二番目の量は，最初の半分と三番目の九分の一を引くと，同じ六十になる．三番目の量も，一番目の半分と二番目の五分の一を引くと，同じ六十になる．そのとき，それらはどんな量か.「それらを云いなさい.」

T170, 18　[2]ここでは，等しい量の値が yā 1．これから，逆算法によって生ずる量は yā $\frac{2}{3}$，yā $\frac{5}{6}$，yā $\frac{9}{10}$．ここで，他の部分二つを引くと[3]，すべて残りはこのように，yā $\frac{2}{5}$.[4] これが六十に等しいとして得られるヤーヴァッターヴァットの値 (150) で揚立すると，量，100, 125, 135，が生ずる．

T170, 22　次に，別の例題をアヌシュトゥブ詩節で述べる．

A262, 10　**例題．**

E50　**両腕の値がカラニーで十三と五，地（底辺）は知られていない．**
果（面積）は四である．地を云いなさい，すぐに私に．/E50/

A262, 13　**ここで，地をヤーヴァッターヴァットと想定すると，計算 (kriyā) が伸びる (prasarati)，というので，自分の意向で，三辺形の〈腕の一つ〉ka 13 が地と想定される，果に違いはないから．だから，ここに三辺形が想定される．書置：(図 7.1)．ここで,「地の半分に垂線を掛ければ，三辺形における真の果になる」(L 166) というので，逆に，果から垂線が生ずる，ka $\frac{64}{13}$．この**

---

[1] cā"dyarāśir P] cā"dyā rāśir T.　[2] 以下は，バースカラの自注 (E49p) にほとんど等しい．　[3] dvayonāḥ P] dvoyonāḥ T.　[4] sarve 'pyevaṃ śeṣāḥ syuḥ yā $\frac{2}{5}$] sarvetyevaṃ śeṣāḥ syuḥ yā $\frac{2}{5}$ T, sarve 'pyevaṃ yā $\frac{2}{5}$ śeṣāḥ syuḥ P.

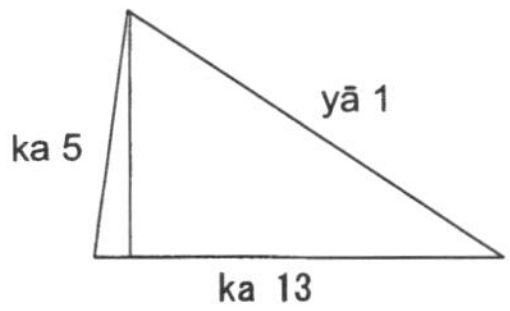

図 7.1: BGE50p-1

平方を腕のカラニー 5 の平方であるこの rū 5 から引くと，ka $\frac{1}{13}$．根が〈その腕に対する〉射影線になる，ka $\frac{1}{13}$．これを地から引くが，「カラニー二つの和を大 ... と想定すれば」(BG 13) というので，もう一つの射影線が生ずる，ka $\frac{144}{13}$．これの平方，rū $\frac{144}{13}$，に垂線の平方，rū $\frac{64}{13}$，を加えたもの，rū $\frac{208}{13}$，からの根が腕になる，4．これこそが地である．/E50p/

···Note ··························

例題 (BG E50): 三辺形．2 辺 (a, b) と面積 (A) から残りの辺 (x) を求める．

陳述：$a =$ ka 13, $b =$ ka 5, $A = 4$.

解：a を「地」と想定し，b に対する射影線を u_1，もう一つの射影線を u_2，垂線を v とすると，L 166 の規則から，$A = (a/2) \cdot v$ だから，逆に，$v = A/(a/2)$．この a はカラニーで 13 だから，$v^2 = A^2/(a^2/4) = 16/(13/4) = 64/13$, $v =$ ka 64/13．三平方の定理により，$u_1 = \sqrt{b^2 - v^2} = \sqrt{5 - 64/13} = \sqrt{1/13} =$ ka $\frac{1}{13}$, $u_2 = a - u_1 =$ ka 13 − ka $\frac{1}{13}$ = ka $\frac{144}{13}$ (BG 13 より)．これは x に対する射影線に他ならないから，$x = \sqrt{u_2^2 + v^2} = \sqrt{144/13 + 64/13} = \sqrt{208/13} = \sqrt{16} = 4$.

この解は，図形的性質のみによって，$(a, A) \to v \to u_1 \to u_2 \to x$ と計算するものであり，「種子」が用いられていないことに注意．未知数学の対象であっても，工夫次第で既知数学で解けることを示すためか．K 注参照．問題の三辺形は，二つの直角三辺形，$(1, 2, \sqrt{5})$ と $(2, 3, \sqrt{13})$ を結合したものである．また，この解は，垂線が地の外に落ちる場合 $(u_1 = -\sqrt{1/13})$ を考慮していない．このとき，$u_2 = a - u_1 =$ ka 13 + ka $\frac{1}{13}$ = ka $\frac{196}{13}$ だから，$x = \sqrt{196/13 + 64/13} = \sqrt{260/13} = \sqrt{20}$.

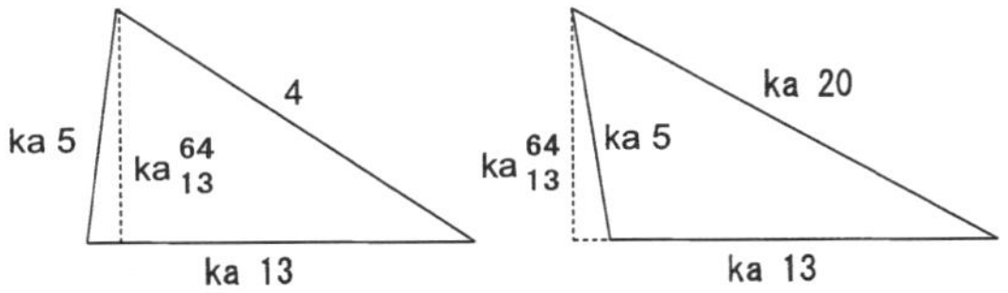

··························

「果」は，図形果（面積）である．「地を云いなさい」という質問だけから，地が知られていないことは決まっているのに，「地は知られていない」と別に云うのは，この計算では，地は，ヤーヴァッターヴァットとして知ることも期待されていない，ということをほのめかすためである[1]．あとは明瞭である． T171, 1

[1] sūcanārtham P] sūcanārthe T.

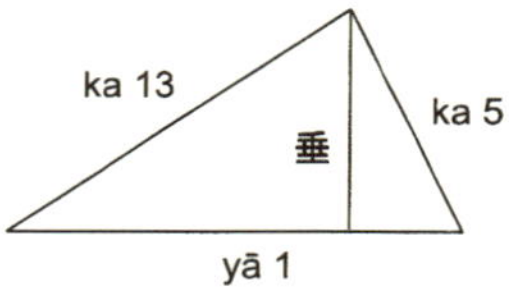

図 7.2: KBGE50-1

T171, 3　書置：（図 7.2）[1]

ここで，地をヤーヴァッターヴァットと[2] 想定すると，計算が伸びるし，また中項除去なしには完結しない．実際，地が yā 1〈と想定してみよう〉．さて,「三辺形において，両腕の和に」云々(L 165) により，二射影線がある．すなわち，ka 13, ka 5.[3] これら両者の和，ka 13 ka 5，に両腕の差であるこの ka 13 ka $\dot{5}$ を掛けるための書置：

$$\begin{array}{l|ll} \text{ka 13} & \text{ka 13} & \text{ka 5} \\ \text{ka }\dot{5} & \text{ka 13} & \text{ka 5} \end{array}$$

掛けて生ずるカラニーの部分は，ka 169 ka 65 ka $\dot{65}$ ka $\dot{25}$．この中央の[4]，正数・負数二つのカラニーは等しいので，消える．最初と最後のカラニーの根は，rū 13 rū $\dot{5}$．これら二つの和をとれば，掛け算の果が生ずる，rū 8．これを地で割り，$\frac{\text{rū 8}}{\text{yā 1}}$，商で，等分母化により，地を減加し，半分にすれば，二射影線が生ずる，$\frac{\text{yāva 1 rū }\dot{8}}{\text{yā 2}}$，$\frac{\text{yāva 1 rū 8}}{\text{yā 2}}$.[5] 小さい射影線の平方，$\text{yāvava 1}\quad \frac{\text{yāva }\dot{16}}{\text{yāva 4}}\quad \text{rū 64}$,[6] を小さい腕，ka 5，の平方，rū 5，から等分母化により引けば，$\text{yāvava }\dot{1}\quad \frac{\text{yāva 36}}{\text{yāva 4}}\quad \text{rū }\dot{64}$,[7] 垂線の平方が生ずる．同様に，二番目の射影線の平方，$\text{yāvava 1}\quad \frac{\text{yāva 16}}{\text{yāva 4}}\quad \text{rū 64}$,[8] を二番目の腕，ka 13，の平方，rū 13，から等分母化により引いても，生ずる垂線の平方はそれと同じである.[9]

T171, 14　あるいは[10]，別の方法によって〈垂線の平方は得られる〉．地の半分に垂線を掛ければ，図形果になる，というので (L 166 参照)，逆算法により，地の半分，yā $\frac{1}{2}$，で図形果，4，を割ると垂線が生ずる[11]，$\frac{\text{rū 8}}{\text{yā 1}}$．これの平方は $\frac{\text{rū 64}}{\text{yāva 1}}$．垂線の平方二つの書置：

---

[1] ∅ T] kṣetraphalaṃ rū 4 P; laṃ P] ∅ T.　[2] bhūmeryāvattāvat P] bhūmi yāvattāvat T.　[3] ka 13 ka 5 T] bhujau ka 13/ ka 5/ P.　[4] madhyama T] madhmaya P.　[5] $\frac{\text{yāva 1 rū }\dot{8}}{\text{yā 2}}$, $\frac{\text{yāva 1 rū 8}}{\text{yā 2}}$] $\frac{\text{yāva 1 rū }\dot{8}}{\text{yā 2}}$ $\frac{\text{yāva 1 rū 8}}{\text{yā 2}}$ P, $\frac{\text{yāva 1}}{\text{yā 2}}$ $\frac{\text{rū }\dot{8}}{\text{yā 2}}$ $\frac{\text{yāva 1}}{\text{yā 2}}$ $\frac{\text{rū 8}}{\text{yā 2}}$ T.　[6] $\text{yāvava 1}\quad \frac{\text{yāva }\dot{16}}{\text{yāva 4}}\quad \text{rū 64}$ P] $\frac{\text{yāvava 1}}{\text{yāva 4}}$ $\frac{\text{yāva }\dot{16}}{\text{yāva 4}}$ $\frac{\text{rū 64}}{\text{yāva 4}}$ T.　[7] $\frac{\text{yāvava }\dot{1}}{\text{yāva 4}}$ yāva 36 $\text{rū }\dot{64}$ P] $\frac{\text{yāvavaṃ 1}}{\text{yāva 4}}$ $\frac{\text{yāva 36}}{\text{yāva 4}}$ $\frac{\text{rū }\dot{64}}{\text{yāva 4}}$ T.　[8] $\text{yāvava 1}\quad \frac{\text{yāva 16}}{\text{yāva 4}}\quad \text{rū 64}$ P] $\frac{\text{yāvava 1}}{\text{yāva 4}}$ $\frac{\text{yāva 16}}{\text{yāva 4}}$ $\frac{\text{rū 64}}{\text{yāva 4}}$　[9] P はここに，$\text{yāvava }\dot{1}\quad \frac{\text{yāva 36}}{\text{yāva 4}}\quad \text{rū }\dot{64}$.
[10] athavā T] atha P.　[11] bhaktaṃ jāto lambaḥ P] bhaktā jāto labaḥ T.

T172, 1

yāvava	$\dot{1}$	yāva	36	rū	$\dot{64}$
		yāva	4		
yāvava	0	yāva	0	rū	64
		yāva	1		

[1]

両翼を等分母化し，分母を払い，書置：

yāvava	$\dot{1}$	yāva	36	rū	$\dot{64}$
yāvava	0	yāva	0	rū	256

[2]

等清算すると，

rū	$\dot{320}$		
yāvava	1	yāva	$\dot{36}$

さて，「未知数の平方等が残っていたら[3]」(BG 59) とあとで述べられる中項除去の規則により，両翼に十八の平方，324，を投じ，根をとると，

rū	2		
yāva	1	rū	$\dot{18}$

〈および〉

rū	$\dot{2}$		
yāva	1	rū	$\dot{18}$

[4]

「未知数翼の負のルーパより〈既知数翼の根が〉小さければ」云々により[5]，ヤーヴァッターヴァットの値が二種類生ずる，20, 16．このうち最初のほうは正起しないから (anupapannatvāt) 採るべきではない (na grāhyam)．不正起に関する正起次第は，中項除去の解説で説明しよう．[6] ヤーヴァッターヴァットの平方の値，16，の根，4，がヤーヴァッターヴァットの値になる．これこそが地である，4．

次に，前に得られた垂線の平方，yāvava $\dot{1}$ $\frac{\text{yāva 36}}{\text{yāva 4}}$ rū $\dot{64}$,[7] に地の半分の平方 yāva $\frac{1}{4}$ を掛けると，図形果の平方が生ずる，yāvava $\dot{1}$ $\frac{\text{yāva 36}}{16}$ rū $\dot{64}$.[8] これは図形果であるこの 4 の平方に等しい，というので，等清算のための書置： T172, 8

yāvava $\dot{1}$	yāva 36/16	rū $\dot{64}$
yāvava 0	yāva 0	rū 16

[9]

---

[1] yāvava $\dot{1}$ yāva 36 rū $\dot{64}$ / yāva 4 / yāvava 0 yāva 0 rū 64 / yāva 1 P] yāvavaṃ 1/yāva 4 yāva 36/yāva 4 rū $\dot{64}$/yāva 4 / yāvava 0/yāva 1 yāva 0/yāva 1 rū 64/yāva 1 T. [2] yāvava $\dot{1}$ P] yāvavaṃ 1 T. [3] yadāvaśeṣam P] yadā śeṣam T. [4] rū 2 / yāva 1 rū $\dot{18}$/ rū 2 / yāva 1 rū $\dot{18}$/ T] rū 2 / yāva 1 rū $\dot{18}$ P. [5] BG 61 からの引用だが，少し表現が違う．BG 61 では，「未知数〈翼〉の根の負のルーパより既知数翼の根が小さければ」(引用文には，根 mūla の代わりに翼 pakṣa がある)． [6] T186, 11 とその後の段落参照． [7] yāvava $\dot{1}$ yāva 36 rū $\dot{64}$/yāva 4 P] yāvava 1/yāva 4 yāva 36/yāva 4 rū $\dot{64}$/yāva 4 T. [8] yāvava $\dot{1}$ yāva 36 rū $\dot{64}$/16 P] yāvaṃva 1/16 yāva 36/16 rū $\dot{64}$/16 T. [9] yāvava $\dot{1}$ yāva 36/16 rū $\dot{64}$ / yāvava 0 yāva 0 rū 16 P] yāvava $\dot{1}$ yāva 36 rū $\dot{64}$ / yāvava 0 yāva 0 rū 256 T.

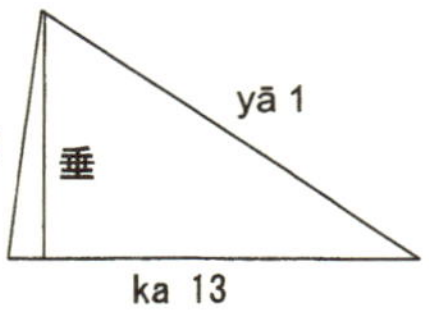

図 7.3: KBGE50-2

両翼を等分母化し，分母を払い，前のように得られるヤーヴァッターヴァットの値は 4.

T172, 12 だからこのように[1]，地をヤーヴァッターヴァットと想定すると[2]，計算が長くなる．だから先生は，未知量を想定することには拘泥せず，例題の解があるように，自らの意向で，一方の腕，ka 13，を地と想定したのである，果（面積）に違いはないから．

⟨ 図 ⟩ 示[3]．(図 7.3) [4] 図形果 rū 4.[5]

地の半分に垂線を掛ければ，図形果になる，というので，図形果を地の半分で割ると，垂線が生ずるだろう．その場合，たとえ二で割れば半分になる，というので，地の半分のために二で割るのがふさわしいとはいえ，「平方によって平方を ⟨ 掛けるべきである．また ⟩ 割るべきである」(BG 13d) と述べられ
T173, 1 ているので，本件の場合，平方の形をした地の半分のためには，四による割り算こそが[6]ふさわしい．このように生じた地の半分は，ka $\frac{13}{4}$．述べられたように，図形果もまた平方にして[7]，ka 16．この図形果，ka 16，を地の半分であるこの ka $\frac{13}{4}$ で割ると，垂線が生ずる，ka $\frac{64}{13}$．この際（きわ）の形をしたものの平方，rū $\frac{64}{13}$，[8] を，耳の形をした，わかっている腕，ka 5，の平方，rū 5，から引くと，rū $\frac{1}{13}$．⟨ その ⟩ 根，ka $\frac{1}{13}$，は小さい射影線になる．カラニー (sg.) の平方 (sg.) には，それに等しいルーパ (pl.) が生ずるように，ルーパ (pl.) の根 (sg.) には，ルーパに等しいカラニー (sg.) が生ずるはずである．というのは，ある量の平方があるとき，その量はその平方の根であるから．さて，射影線，ka $\frac{1}{13}$，を地 ka 13 から引くと，「カラニー二つの和を」云々(BG 13) により，あるいは，「小 ⟨ カラニー ⟩ によって[9] 割られた」云々(BG 14) により，もう一つの射影線が生ずる，ka $\frac{144}{13}$．この射影線が腕，垂線が際，未知の腕が耳である．ここで腕と際を知っている場合，それらの平方の和の根は耳である，というので，耳はすぐ得られる．二番目の射影線（腕），ka $\frac{144}{13}$，の平方，rū $\frac{144}{13}$，に，垂線（際），ka $\frac{64}{13}$，の平方，rū $\frac{64}{13}$，を加えると，16．これの根は rū 4．⟨ これで，元の三辺

---

[1] tadevaṃ P] tadeva T.　[2] bhūmeryāvattāvatkalpane P] bhūmiyāvattāvatkalpane T.　[3] darśana. 見ること，見せる（示す）こと．数学では，kṣetra-darśana（図を見ること，示すこと）という熟語で用いられることが多い．　[4] ka 5 P] ∅ T; yā 1 P] ∅ T; laṃ P] laṃ $\frac{64}{13}$ T; ∅ T] kṣetraphalaṃ rū 4 P(図の左に); ∅ T] lambaḥ ka $\frac{64}{13}$ P(図の右に).　[5] この文，P では図の一部．　[6] eva P] ava T.　[7] vargīkṛtaṃ T] vargāṃkṛtaṃ P.　[8] asya koṭirūpasya vargaṃ rū $\frac{64}{13}$] asya koṭirūpasya varga $\frac{64}{13}$ T, asya koṭirūpavargaṃ rū $\frac{64}{13}$.　[9] laghvyā P] laghvā T.

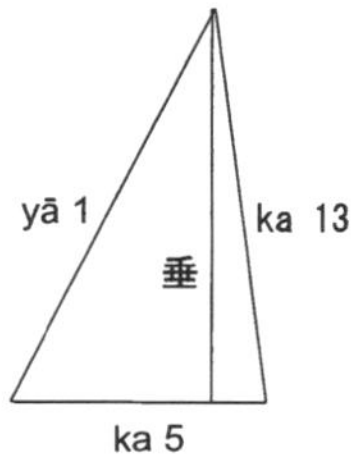

図 7.4: KBGE50-3

形の〉未知の腕が知られる．質問者によって地が問われたが[1]，まさにそれこそが，〈バースカラ〉先生によって腕として想定されたものである．したがって，ここで知られた腕 rū 4 こそがその地である．

同様に，他方の腕 ka 5 を地と[2] 想定して，書置：(図 7.4) [3] T173, 13

ここでも前のように，果（面積）から垂線が[4]〈得られる〉，ka $\frac{64}{5}$．垂線の平方，rū $\frac{64}{5}$，を腕の平方，rū 13，から引くと，rū $\frac{1}{5}$．〈これの〉根，ka $\frac{1}{5}$，が射影線になる．これを[5],「カラニー二つの和を」云々(BG 13) により，地 ka 5 から引くと，他方〈の射影線〉[6]，ka $\frac{16}{5}$，が生ずる．これの T174, 1
平方，rū $\frac{16}{5}$，に垂線の平方，rū $\frac{64}{5}$，を加えたもの，16，から根をとると，未知の腕が知られる，4．賢い者たちは他のところでも[7]同様に理解すべきである．

···Note···

K はここで，まず「地」をヤーヴァッターヴァットと想定した場合の解を二つ与え (解 1, 解 2)，その場合「計算が伸びるし，また中項除去なしには完結しない」ことを実証したあとで，バースカラ自注の解を敷衍する (解 3, 解 4)．記号 a, b, h, A については前 Note 参照.

解 1: 質問者の云う「地」$(x) = s$ (yā 1), a, b に対する射影線を x_i とすると，L 165 から，$x_i = \{s \pm (a+b)(a-b)/s\}/2 = (s^2 \pm 8)/2s$. $h^2 = a^2 - x_1^2 = (-s^4 + 36s^2 - 64)/4s^2$. 同様に，$h^2 = b^2 - x_2^2 = (-s^4 + 36s^2 - 64)/4s^2$. (K 注では x_2 を用いる方が先.) また三辺形の面積公式 (L 166) から，$h = A/(s/2) = 8/s$, $h^2 = 64/s^2$. したがって，等式：

$$\frac{-s^4 + 36s^2 - 64}{4s^2} = \frac{64}{s^2}.$$

等分母化し，分母を払うと，

$$-s^4 + 36s^2 - 64 = 256.$$

等清算すると，

$$-320 = s^4 - 36s^2.$$

中項除去 (BG 59) により，両翼に $18^2 = 324$ を加え，

$$4 = s^4 - 36s^2 + 324.$$

---

[1] praṣṭrā yā bhūmiḥ pṛṣṭā P] praṣṭāyā bhūmipṛṣṭā T.　[2] bhūmiṃ P] bhūmīṃ T.
[3] P の図は左右裏返し．yā 1 P] ∅ T; laṃ P] ka $\frac{64}{5}$ T; ∅ T] kṣetraphalaṃ rū 4 P(図の左に); ∅ T] lambaḥ ka $\frac{64}{5}$ P(図の右に).　[4] phalāllambaḥ P] phalālaṃbaḥ T.
[5] imāṃ P] imaṃ T.　[6] jātānyā T] jātā'nya P.　[7] anyatrāpi T] anyathāpi P.

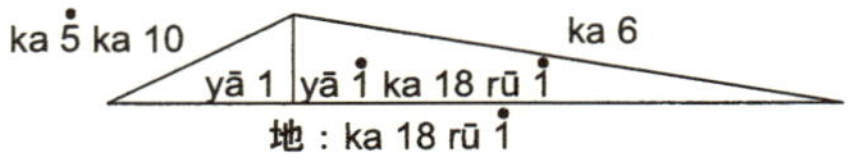

図 7.5: BGE51p-1

両翼の根をとると，

$$\pm 2 = s^2 - 18.$$

よって，$s^2 = 18 \pm 2 = 20, 16$ であるが，K は，20 を「正起しない」(anupapanna) として捨て，16 のみ採用．$s^2 = 16$, $s = 4$. したがって，$x = 4$. （以上 T171, 3 と T171, 14）

K が $s^2 = 20$ を「正起しない」とする理由は不明．彼が「中項除去の解説で説明しよう」というのはおそらく T186, 11 以下 T188, 2 の段落までを指す．そこで彼は，解や陳述の中で現実には負になり得ない要素が負になってしまうような解は捨てるとしている．しかし，この例題はそれに当てはまらない．E50p の後の Note 参照．

解 2: 解 1 で得られた $h^2 = (-s^4 + 36s^2 - 64)/4s^2$ を用い，三辺形の面積公式 (L 166) から，$A^2 = (s/2)^2 \cdot h^2 = \frac{s^2}{4} \cdot \frac{-s^4+36s^2-64}{4s^2} = \frac{-s^4+36s^2-64}{16}$. これは与えられた面積の平方 $4^2 = 16$ に等しいから，

$$\frac{-s^4 + 36s^2 - 64}{16} = 16.$$

等分母化し，分母を払うと，

$$-s^4 + 36s^2 - 64 = 256.$$

以下は解 1 と同様である．(以上 T172, 8)

解 3: バースカラ自注の解（a を「地」と想定する）の解説．(以上 T172, 12) 前 Note 参照．

解 4: b を「地」と想定し，解 3 と同じように計算する．(以上 T173, 13)

....

T174, 3 次に，別の例題をアールヤー詩節で述べる．

A300, 1 **例題．**

E51 **十カラニーと五カラニーの差が一つの腕，他方は六カラニー，地はルーパを引いた十八カラニーである．垂線を云いなさい．/E51/**

A300, 4 **ここで，射影線がわかれば垂線がわかる，というので，小射影線が yā 1 である．これを引いた地が他方の射影線の量である，というので，そのように書置：(図 7.5)．**

各々の射影線の平方を各々の腕の平方から引くと，垂線の平方が生ずる，〈というので，一番目の射影線に関して計算すると，〉yāva $\dot{1}$ rū 15 ka $\dot{200}$. 二つ目の射影線の平方，yāva 1 yāka $\dot{72}$ yā 2 rū 19 ka $\dot{72}$，を自分の腕の平方，rū 6，から引くと，二番目の垂線の平方が生ずる，yāva $\dot{1}$ yā $\dot{2}$ yāka 72 rū $\dot{13}$ ka 72．これら両者は等しい，というので，等清算を行って生ずる二翼は，

rū	$\dot{28}$	ka	512
yā	2	yāka	$\dot{72}$

⟨割り算を行うにあたって⟩この除数である未知量の残りの yā 文字には用がないから除去すると，生ずる被除数と除数は

rū	$\dot{28}$	ka	512
rū	2	ka	$\dot{72}$

ここで,「繰り返し，除数の中で任意のカラニーの正数負数性を逆にしてから」(BG 16)，というので，七十二で量られたカラニーに正数性を想定すると，ka 4 ka 72．これを被除数に掛けると，生ずるのは ka 36864 ka $\dot{3136}$ ka $\dot{56448}$ ka 2048．これらの内，これら二つ，ka 36864 ka $\dot{3136}$，の根は 192, $\dot{56}$．両者の和は rū 136．残りのカラニーであるこれら二つ，ka $\dot{56448}$ ka 2048，は,「和は差である」というので[1]，生ずる和は ka $\dot{36992}$．除数もまた，⟨ka 4 ka 72 を掛けると⟩，ka $\dot{4624}$．これで被除数を割ると，ヤーヴァッターヴァットの値が得られる，rū $\dot{2}$ ka 8．これこそが小射影線であり，これを引いた地がもう一つの射影線である，rū 1 ka 2．ヤーヴァッターヴァットの値で垂線の平方 (du.) を揚立するか，あるいは，各々の射影線の平方を各々の腕の平方から引けば，垂線の平方が生ずる，rū 3 ka $\dot{8}$．これの根に等しいのが垂線の値である，rū $\dot{1}$ ka 2．/E51p/

···Note···

例題 (BG E51): 三辺形．底辺 (a)，両側辺 ($b > c$)，射影線 ($u_1 + u_2 = a$)，垂線 (x)．

陳述：$a = -1 + \sqrt{18}$, $b = \sqrt{6}$, $c = -\sqrt{5} + \sqrt{10}$.

解：小射影線（c に対する射影線）$u_1 = s$ (= yā 1) とすると，$x^2 = c^2 - u_1^2 = (-\sqrt{5} + \sqrt{10})^2 - s^2 = -s^2 + 15 - \sqrt{200}$. また，$u_2 = a - u_1 = -s - 1 + \sqrt{18}$ だから，$x^2 = b^2 - u_2^2 = (\sqrt{6})^2 - (-s - 1 + \sqrt{18})^2 = -s^2 - 2s + \sqrt{72}s - 13 + \sqrt{72}$. したがって，等式:

$$-s^2 + 15 - \sqrt{200} = -s^2 - 2s + \sqrt{72}s - 13 + \sqrt{72}.$$

等清算により，

$$-28 + \sqrt{512} = 2s - \sqrt{72}s.$$

カラニーの割り算 (BG 16) により，

$$s = \frac{-28 + \sqrt{512}}{2 - \sqrt{72}} = \frac{-\sqrt{784} + \sqrt{512}}{\sqrt{4} - \sqrt{72}} = \frac{(-\sqrt{784} + \sqrt{512})(\sqrt{4} + \sqrt{72})}{(\sqrt{4} - \sqrt{72})(\sqrt{4} + \sqrt{72})}$$

$$= \frac{\sqrt{36864} - \sqrt{3136} - \sqrt{56448} + \sqrt{2048}}{-68} = \frac{136 - \sqrt{36992}}{-68} = -2 + \sqrt{8}.$$

したがって，$u_1 = -2 + \sqrt{8}$, $u_2 = 1 + \sqrt{2}$. そこで，$x^2 = -s^2 + 15 - \sqrt{200}$ または $x^2 = -s^2 - 2s + \sqrt{72}s - 13 + \sqrt{72}$ を得られた s で揚立するか，$x^2 = c^2 - u_1^2 = b^2 - u_2^2$ によって，$x^2 = 3 - \sqrt{8}$. したがって，$x = \sqrt{3 - \sqrt{8}} = -1 + \sqrt{2}$.

バースカラは，$-28 + \sqrt{512} = 2s - \sqrt{72}s$ から s (yā) を求めるために，この等式を通常の等式表現に従い，ただし未知数の辺を下にして，書いてから，その未知数記

[1] 直接の引用ではないが,「正数負数の和は差に他ならない」(BG 3b) に言及.

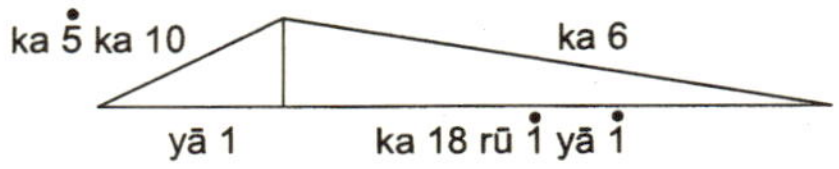

図 7.6: KBGE51-1

号 (yā) を除去する．これにより，等式表現が割り算（分数）表現に変わる．これは，分配則は古くから知られていたがカッコがなかったために，未知数の辺の共通因数 s を外に出して，残りをカッコでくくる，$(2-\sqrt{72})s$，という表現ができなかったからである．T175, 7 およびそのあとの Note 参照．また，T185, 12 の「既知数の残りを〈未知数の残りで〉割るために，未知数の残りが別々に存在しないことが望まれる」(vyaktaśeṣasya haraṇārtham avyaktaśeṣam apṛthakstham apekṣitam) という表現参照．カラニーを含む数の平方根の求め方は，BG 19-21 参照．

....

T174, 6　意味は明瞭である．ここで，射影線がわかれば垂線がわかる，というので，小さい射影線を yā 1 と想定する．これを引いた地が他方の射影線である，というので，そのように書置：(図 7.6) [1]

T174, 7　ここで，射影線二つは腕，腕二つは耳，際は両方とも[2] 同じ垂線である．各々の射影線の平方を各々の腕の平方から引けば，垂線の平方二つになる．そこで，小さい射影線の平方は yāva 1．小さい腕であるこの ka $\dot{5}$ ka 10 には，「最後の〈項の〉平方が置かれるべきである．最後の〈項の〉四倍を掛けた」云々により[3]，ka 25 ka $\dot{200}$ ka 100．最初と最後のカラニーの和をとると，ka 225．そして根をとると，rū 15．生ずる小腕の平方は rū 15 ka $\dot{200}$．これから射影線の平方を引けば[4]，垂線の平方が生ずる，yāva $\dot{1}$ rū 15 ka $\dot{200}$．同様に，二番目の射影線，yā $\dot{1}$ rū $\dot{1}$ ka 18，には，「最後の〈項の〉平方が置かれるべきである」云々により，〈ただし〉，場合に応じて「最後の〈項の〉二倍を掛けた」または「最後の〈項の〉四倍を掛けた」として，生ずる平方は，yāva 1 yā 2 yāka $\dot{72}$ rū 1 ka $\dot{72}$ ka 324．最後のカラニーの根，rū 18，にルーパを加え，他の部分は異種であるから別置すれば，生ずるのは，yāva 1 yā 2 yāka $\dot{72}$ rū 19 ka $\dot{72}$．このように〈得られた〉射影線の平方を[5] 自分の腕であるこの ka 6 の平方であるこの rū 6 から引いても，垂線の平方が生ずる，yāva $\dot{1}$ yā $\dot{2}$ yāka 72 rū $\dot{13}$ ka 72．垂線の平方二つは[6] 等しい，というので，等清算のための[7] 書置：

yāva	$\dot{1}$	yā	0	yāka	0	rū	15	ka	$\dot{200}$
yāva	$\dot{1}$	yā	$\dot{2}$	yāka	72	rū	$\dot{13}$	ka	72

[8]

[1] ka $\dot{5}$ T] ∅ P; yā 1 T] ∅ P; yā $\dot{1}$ T] ∅ P; ∅ T] la P(垂線の左隣に).　[2] koṭistūbhayatra P] koṭirubhayatra T.　[3] BG E14abp1 参照.　[4] vargonaḥ san jāto T] vargonaḥ saṃjāto P.　[5] vargaṃ P] varga T.　[6] lambavargau P] laṃbavargo T.　[7] śodhanārthaṃ P] śodhanārthe T.　[8] yāva $\dot{1}$ (上) P] yāva 1 T. yāka (上) P] yākā T.

ここで[1]，最初の翼からは未知数のみを引き，他方からは既知数のみを引 T175, 1
けば，

yā	2			yāka	$\dot{72}$
rū	$\dot{28}$	ka	200	ka	72

[2]

「カラニー二つの和を」云々(BG 13) により，カラニー二つの和をとれば，生ずる二つの残りは，

yā	2	yāka	$\dot{72}$
rū	$\dot{28}$	ka	512

[3]

次に，未知数の残りで既知数の残りを割るための書置：

rū	$\dot{28}$	ka	512
yā	2	yāka	$\dot{72}$

[4]

ここで,「未知数の残りで既知数の残りをどうやって[5] 割るべきか」というので云う,「この〈除数である未知量の残りの〉yā 文字には用がないから除去すると，生ずる[6] 被除数と除数は」(BG E51p) と[7].

rū	$\dot{28}$	ka	512
rū	2	ka	$\dot{72}$

しかし実際は，未知数の残りに等しい未知数でもし既知数の残りに等しい[8] T175, 7
既知数が得られるなら，一つの未知数では何か，という三量法，

yā 2 yāka $\dot{72}$	rū $\dot{28}$ ka 512	yā 1

によって，未知数一つの既知の値が[9] 生ずる，というので，要求値と基準値をヤーヴァッターヴァットで共約すると，望まれた除数が生ずる，rū 2 ka $\dot{72}$. そうでなければ，他のところでも[10]，未知数の残りでルーパの残りを割った場合に，どうしてルーパからなる果が生ずるだろうか. 一方，尊敬すべき先生は (honor. pl.)，他のところでは[11]，yā 文字を除去しなくても未知数の (ajñānāṃ) 計算は成立する (gaṇita-siddhir bhavati) というので，そこでは yā 文字の除去を述べなかったが，本件では，yā 文字を除去しなければ，〈カラニーを含む割り算のために〉「〈繰り返し〉，除数の中で任意のカラニーの正数負数性を逆に〈してから〉」云々(BG 16) により被除数と除数に掛ける場合，はなはだしいナンセンスが生ずるだろう，というので，yā 文字の除去を述べられた.

---

[1] atra P] ātra T.　[2] 式全体 T] ∅ P.　[3] $\begin{array}{cccc} \text{yā} & 2 & \text{yāka} & \dot{72} \\ \text{rū} & \dot{28} & \text{ka} & 512 \end{array}$ P] $\begin{array}{cccc} \text{yā} & \dot{2} & \text{yāka} & 72 \\ \text{rū} & 28 & \text{ka} & \dot{512} \end{array}$ T.　[4] $\begin{array}{cccc} \text{rū} & \dot{28} & \text{ka} & 512 \\ \text{yā} & 2 & \text{yāka} & \dot{72} \end{array}$ P] $\begin{array}{cccc} \text{rū} & 28 & \text{ka} & \dot{512} \\ \text{yā} & \dot{2} & \text{yāka} & 72 \end{array}$ T.　[5] kathaṃ P] katha T.　[6] jātau] sama TP.　[7] bhājakau iti P] bhājakaviti T.　[8] śeṣatulyaṃ T] śeṣaṃ tulyaṃ P.　[9] vyaktamānaṃ T] vyaktaṃ mānaṃ P.　[10] 例えば E37 参照.　[11] BG 56-58 を指すと思われる.

···Note ···

$-28+\sqrt{512}=2s-\sqrt{72}s$ から s (= yā) を求める割り算を導くためにバースカラが採用する手順（E51p とそのあとの Note 参照）の意味を，K は三量法で説明する．つまり，一般に $as=b$ のとき,「as が b に等しいなら，$1s$ は何に等しいか？」という三量法により，$s=(b\cdot 1s)/(as)=b/a$ が得られるから，$\left|\frac{b}{as}\right|$ と書いてから下行の未知数記号 s (= yā) を消去するのは正しい，という説明．未知数の辺が単項式ならこのような問題は生じないが，カラニーを含むと多項式になり，その場合，カッコでくくって未知数と係数を分離する表現ができなかったために，このような問題が生じたと思われる．

···

T175, 15 次に，七十二で量られたカラニーに正数性を想定し[1]，そのような除数，ka 4 ka 72，を被除数[2] と除数に掛けるための[3] 書置：[4]

ka 4	| ka $\dot{784}$	ka 512		ka 4	| ka 4	ka $\dot{72}$
ka 72	| ka $\dot{784}$	ka 512		ka 72	| ka 4	ka $\dot{72}$

被除数が掛けられて生ずる部分は，ka $\dot{3136}$ ka 2048 ka $\dot{56448}$ ka 36834．この内，最初と最後および二番目と三番目のカラニーに対して,「小[5]〈カラニー〉によって割られた大〈カラニー〉の根が」云々(BG 14) により差をとれば，被
T176, 1 除数のカラニー二つが生ずる，ka 18496 ka $\dot{36992}$．同様に，除数のカラニー部分は，ka 16 ka $\dot{288}$ ka 288 ka $\dot{5184}$．この内，二番目と三番目のカラニーの差をとると消える．最初と最後の差をとると，除数のカラニー，ka $\dot{4624}$，が生ずる．これで被除数を割ると[6]，得られるのはヤーヴァッターヴァットの値である，ka $\dot{4}$ ka 8．一番目のカラニーの根をとると，rū $\dot{2}$ ka 8 になる．これこそが小さい射影線である．これを引いた地 rū $\dot{1}$ ka 18,〈すなわち〉,「カラニー二つの和を」(BG 13) というので差をとれば，二番目の射影線が生ずる，rū 1 ka 2.

T176, 6 次に，一番目の垂線の平方を揚立するための書置：yāva $\dot{1}$ rū 15 ka $\dot{200}$．ここで，最初の部分だけが未知数であり，それはヤーヴァットの平方である．だから，ヤーヴァッターヴァットの値であるこの ka $\dot{4}$ ka 8 の平方，rū 12 ka $\dot{128}$，がヤーヴァッターヴァットの平方の値になる．〈垂線の平方の書置で〉ヤーヴァットの平方は負数の状態にあるから，この rū 12 ka $\dot{128}$ を後の二つの部分であるこの rū 15 ka $\dot{200}$ から引くと，垂線の平方は，rū 3 ka $\dot{8}$ になる．

T176, 11 同様に，二番目の垂線の平方を揚立するための書置：yāva $\dot{1}$ yā $\dot{2}$ yāka 72 rū $\dot{13}$ ka 72．この内，最初の部分三つが[7] 未知数である．その内，最初の部分 (yāva 1) の値は，前と同様 rū 12 ka $\dot{128}$．二番目の部分にはヤーヴァッターヴァット二つがある，というので，ヤーヴァッターヴァットの値，rū $\dot{2}$ ka 8，に

[1] dhanatvaṃ prakalpya P] dhanatvaṃ prakalpya dhanatvaṃ prakalpya T. [2] bhājya P] bhājaya T. [3] guṇanārthaṃ T] guṇanārthe P. [4] T の表では，6 列すべての後に一つづつ通常の（文章の後と同じ長さの）ダンダを，上下中央の位置に置く． [5] laghvyā P] laghvā T. [6] hṛte P] hate T. [7] atrādyakhaṇḍatrayam T] atrā"dyaṃ khaṇḍatrayam P.

二を掛けると，〈ただし〉「平方によって平方を掛けるべきである」(BG 13d) というので，カラニーには四を[1]掛けると，二番目の部分の値が生ずる，rū $\dot{4}$ ka 32．次に三番目は，もし一つのヤーヴァッターヴァットで既知の値がこの ka $\dot{4}$ ka 8 なら，要求されたこの yāka 72 では何か，という三量法のための書置：

yā 1	ka $\dot{4}$ ka 8	yāka 72

ここで，基準値と要求値を基準値 (yā 1) で共約し，共約された要求値 ka 72 を果（第二項）に掛けると，三番目の部分の値が生ずる，ka $\dot{288}$ ka 576．二番目のカラニーの根をとれば，rū 24 ka $\dot{288}$ が生ずる．このように生ずる未知数部分三つの既知の値は，rū 12 ka $\dot{128}$, rū $\dot{4}$ ka 32, rū 24 ka $\dot{288}$.[2] この垂線の平方では，最初の未知数部分二つは負数であり[3]，引かれるべきものだから，それから生ずる[4]既知数二つもまた引かれるべきものなので，「引かれつつある正数は負数に，〈負数は正数に〉なる」云々(BG 3cd) により，〈未知数部分は〉rū $\dot{12}$ ka 128, rū 4 ka $\dot{32}$, rū 24 ka $\dot{288}$ になる．このように，先の既知数二つとともに生ずる垂線の平方の五つの部分は[5]，rū $\dot{12}$ ka 128, rū 4 ka $\dot{32}$, rū 24 ka $\dot{288}$, rū $\dot{13}$ ka 72.[6] ここで，ルーパに対しては，述べられた通りに和をとれば，rū 3 が生ずる．最初の二つのカラニー，ka 128 ka $\dot{32}$,[7] の差をとれば，ka 32 が生ずる．これと三番目のカラニー，$\dot{288}$，との[8] 差をとれば，ka $\dot{128}$ が生ずる．これとさらに最後のもの，ka 72，との差をとれば，ka　T177, 1
$\dot{8}$ が生ずる．あるいはまた，負数カラニーであるこれら二つ，ka 32 ka 288，および正数カラニーであるこれら二つ，ka 128 ka 72，の和をとれば，カラニー二つが生ずる，ka $\dot{512}$ ka 392.[9] これら二つの差をとれば，それと同じカラニー，ka $\dot{8}$，が生ずる．このようにして生ずる垂線の平方は，それと同じ rū 3 ka $\dot{8}$ である．

あるいはまた，射影線，ka $\dot{4}$ ka 8，の平方，rū 12 ka $\dot{128}$，を，自分の腕[10]，　T177, 4
ka $\dot{5}$ ka 10，の平方，rū 15 ka $\dot{200}$，から述べられたように引くと，それと同じ垂線の平方，rū 3 ka $\dot{8}$ が生ずる．同様に，二番目の射影線，ka 1 ka 2，の平方，rū 3 ka 8，を[11]，自分の腕，ka 6，の平方，rū 6，から引くと，それと同じ垂線の平方，rū 3 ka $\dot{8}$，が生ずる．

---

[1] karaṇīṃ caturbhiḥ P] karaṇīcaturbhiḥ T.　[2] rū 12 ka $\dot{128}$/ rū $\dot{4}$ ka 32/ rū 24 ka $\dot{288}$ P] rū 12 ka $\dot{128}$ rū $\dot{4}$ ka 32 rū 24 ka $\dot{288}$ T.　[3] khaṇḍayorṛṇatvena P] khaṇḍayo ṛṇatvena T.　[4] taduttha P] taduthya T.　[5] rū $\dot{12}$ ka 128/ rū 4 ka $\dot{32}$/ rū 24 ka $\dot{288}$/ evamagrimavyaktadvayena saha jātāni pañca khaṇḍāni lambavarge P] ∅ T.　[6] rū $\dot{12}$ ka 128/ rū 4 ka $\dot{32}$/ rū 24 ka $\dot{288}$/ rū $\dot{13}$ ka 72 P] rū $\dot{12}$ ka 128 rū 4 ka $\dot{32}$ rū 24 ka $\dot{288}$ rū $\dot{13}$ ka 72 T.　[7] $\dot{32}$ P] 32 T.　[8] asyāstṛtīyakaraṇyā sahāṃ $\dot{288}$ tare T] asyā tṛtīyakaraṇyā saha $\dot{288}$ antare P.　[9] $\dot{512}$ T] 512 P.　[10] svabhujasya P] svabhujakaya T.　[11] vargaṃ P] varga T.

T177, 8 次に，これの根．そこで，「もし平方数に負数からなるカラニー (sg.) があるなら，それを正数からなるものと想定して」云々(BG 21) を行えば，ルーパの平方 9 から[1]カラニーに等しいルーパ 8 を除去し，残り 1 の根 1 でルーパ 3 を加減すると，4, 2．半分にすると，2, 1.「理知ある者は，⟨ 両者のうちの任意の ⟩ 一方を負数からなるものと理解すべきである」(BG 21cd)[2]というので，小さいカラニーを負数とし，根をとると，垂線が生ずる，rū $\dot{1}$ ka 2.

···Note···

以上はバースカラ自注 (E51p) の敷衍であり，特にカラニー計算の説明が詳しい．

··

T177, 12 この例題は，既知数学の道 (vyakta-mārga) によっても解ける (sidhyati)．それは次の通りである．「三辺形において，両腕の和に」云々(L 165) により，両腕であるこれら二つ，ka $\dot{5}$ ka 10 と ka 6，の和は ka $\dot{5}$ ka 10 ka 6．小さい腕，ka $\dot{5}$ ka 10，を大きい腕，ka 6，から引くと，両腕の差が生ずる，ka 5 ka $\dot{10}$ ka 6．差を和に掛けるために書置：[3]

ka 5	ka $\dot{5}$	ka 10	ka 6
ka $\dot{10}$	ka $\dot{5}$	ka 10	ka 6
ka 6	ka $\dot{5}$	ka 10	ka 6

掛けると九部分が生ずる，

ka $\dot{25}$ ka 50 ka 30 ka 50 ka $\dot{100}$ ka $\dot{60}$ ka $\dot{30}$ ka 60 ka 36.

ここで，三十で量られた二つのカラニーと六十で量られた二つのカラニーとは正数と負数であるから消え，五十で量られた[4] 二つのカラニーの和をとると，ka 200．残りのカラニーの根，$\dot{5}$, $\dot{10}$, 6，の和をとると，$\dot{9}$.[5] 生ずる掛け算の結果は rū $\dot{9}$ ka 200．これが，地であるこの rū $\dot{1}$ ka 18 で割られる．ここで,「平方によって平方を掛けるべきである」(BG 13d) という言葉から,「負数であるルーパの平方は負数とすべきである」(BG 15a) というので，ルーパの平方を作ると，被除数と除数は，

ka	$\dot{81}$	ka	200
ka	$\dot{1}$	ka	18

になる．次に，除数

T178, 1 を一つにするために，「任意のカラニーの正数負数性を逆に」云々(BG 16) により，除数のカラニー ka $\dot{1}$ に[6] 正数性を想定し，そのような除数，ka 1 ka 18，を被除数と除数に掛けるために，書置：[7]

ka 1	ka $\dot{81}$	ka 200		ka 1	ka $\dot{1}$	ka 18
ka 18	ka $\dot{81}$	ka 200		ka 81	ka $\dot{1}$	ka 18

被除数に掛けて生ずるカラニー部分は[8]，ka $\dot{81}$ ka 200 ka $\dot{1458}$ ka 3600．最

[1] kṛteḥ P] kṛte T. [2] BG 21d の kṣayātmikā を引用文では ṛṇātmikā とする． [3] T の表中にダンダなし． [4] pañcāśanmita P] paṃcāśata T. [5] $\dot{9}$ P] ∅ T. [6] karaṇyāḥ ka $\dot{1}$ P] karaṇyāṃ $\dot{1}$ T. [7] T の表では前半と後半の最後の位置の行間に短いダンダがあるのみ． [8] khaṇḍāni T] khaṇḍāti P.

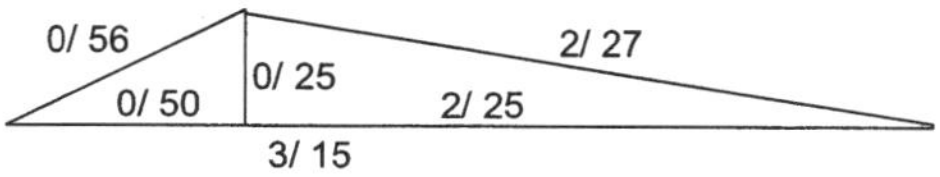

図 7.7: KBGE51-2

初と最後の[1] カラニー，および中央の二つのカラニーの差をとると，生ずる被除数は ka 2601 ka $\dot{5}78$. 除数に掛けて生ずるのは ka $\dot{1}$ ka 18 ka $\dot{1}8$ ka 324. 中央の二つのカラニーは消え，最初と最後のカラニーの差をとると，除数に一つだけの[2] カラニーが生ずる，ka 289. これで被除数を割れば，商は ka 9 ka $\dot{2}$. 最初のカラニーの[3] 根をとれば，商は rū 3 ka $\dot{2}$ になる．これを，地であるこの rū $\dot{1}$ ka 18 から，正しく減ずると，rū $\dot{4}$ ka 32，また加えると，rū 2 ka 8,[4] 規則どおりに半分にすると，rū $\dot{2}$ ka 8, rū 1 ka 2，二つの射影線が生ずる．これら二つから，前のように，垂線は rū $\dot{1}$ ka 2.

近似根をとることによって，図形の腕等が生ずる．T178, 12

〈図〉示.（図 7.7）[5]

ここで，十カラニーと五カラニーの近似根は 3|10 と 2|14. これら二つの差が一つの腕である，0|56. どこでもこのように理解されるべきである．ここでも，納得のために計算が書かれる．二つの腕，$\genfrac{}{}{0pt}{}{0}{56}$，$\genfrac{}{}{0pt}{}{2}{27}$ の和，$\genfrac{}{}{0pt}{}{3}{23}$ に二つの腕の差，$\genfrac{}{}{0pt}{}{1}{31}$ を掛けると，$\genfrac{}{}{0pt}{}{5}{8}$，地，$\genfrac{}{}{0pt}{}{3}{15}$ で割ると，商は $\genfrac{}{}{0pt}{}{1}{35}$. これによって，二通りに置いた地を減加すると，$\genfrac{}{}{0pt}{}{1}{40}$，$\genfrac{}{}{0pt}{}{4}{50}$. 半分にすると，二つの射影線が生ずる，$\genfrac{}{}{0pt}{}{0}{50}$，$\genfrac{}{}{0pt}{}{2}{25}$. 次に，射影線，$\genfrac{}{}{0pt}{}{0}{50}$ の平方，$\genfrac{}{}{0pt}{}{0}{42}$ を[6] 自分の腕，$\genfrac{}{}{0pt}{}{0}{56}$ の平方，$\genfrac{}{}{0pt}{}{0}{52}$ から引けば，残り，$\genfrac{}{}{0pt}{}{0}{10}$ の根，$\genfrac{}{}{0pt}{}{0}{25}$ は垂線になる．同様に，二番目の射影線，$\genfrac{}{}{0pt}{}{2}{25}$ の平方，$\genfrac{}{}{0pt}{}{5}{50}$ を[7] 自分の腕，$\genfrac{}{}{0pt}{}{2}{27}$ の平方 6 から引けば，残り，$\genfrac{}{}{0pt}{}{0}{10}$ の根は $\genfrac{}{}{0pt}{}{0}{25}$ であり[8]，生ずる垂線はそれ T179, 1
と同じ $\genfrac{}{}{0pt}{}{0}{25}$ である．

···Note···

T177, 12 以下は，未知数を用いず「既知数学の道」によって解く方法を述べる．それは，与えられた三辺から，L 165 の術則，

$$a_{1,2} = \left\{ a \pm \frac{(b+c)(b-c)}{a} \right\} \div 2,$$

によって射影線を求め，三平方の定理から，

$$x = \sqrt{b^2 - a_1^2} = \sqrt{c^2 - a_2^2},$$

によって垂線を求める方法である．K は，最初これをカラニーのままで計算し，その後で (T 178, 12)，カラニーの近似根（小数部分は 60 進法表記）を用いて計算して

---

[1] ādyāntya P] ādyanta T.　[2] bhājaka ekaiva P] bhājake ekaiva T.　[3] karaṇyāḥ T] karaṇyā P.　[4] ūnā rū $\dot{4}$ ka 32 yutā rū 2 ka 8 T] ūnayutā/ rū $\dot{4}$ ka 32/ rū 2 ka 8 P.　[5] P の図は左右裏返し．0/56] $\genfrac{}{}{0pt}{}{0}{56}$ TP; 2/27] $\genfrac{}{}{0pt}{}{2}{27}$ TP; 0/25] $\genfrac{}{}{0pt}{}{0}{25}$ TP; 0/50 T] $\genfrac{}{}{0pt}{}{0}{50}$ P; 2/25] 2//25 T, $\genfrac{}{}{0pt}{}{2}{25}$ P; 3/15 T] $\genfrac{}{}{0pt}{}{3}{15}$ P.　[6] vargaṃ $\genfrac{}{}{0pt}{}{0}{42}$ P] varga $\genfrac{}{}{0pt}{}{0}{42}$ T.　[7] vargaṃ $\genfrac{}{}{0pt}{}{5}{50}$ P] varga $\genfrac{}{}{0pt}{}{5}{50}$ T.　[8] $\genfrac{}{}{0pt}{}{0}{25}$ P] ∅ T.

いる．カラニーの近似根とその表記については，T74, 4 以下の 3 段落とそのあとの Note 参照.

T179, 6 次に，両翼を等清算したあとに，未知数の平方，立方等も残っている場合，可能なら共約することによって，中項除去なしに例題が解けるということを示すために，例題六つを述べる．その内の二つの例題を，アヌシュトゥブ詩節で述べる．

···Note···

「例題六つ」は，E52 の二つ，E53 の二つ，E54, E55 を指す.

A308, 25 **例題. /E52p0/**

E52 **等しい分母を持つ等しくない四つの量を[1]云いなさい，それらの和または立方の和が，それらの平方の和によって量られているとき．/E52/**

A308, 28 **ここでは諸量が yā 1, yā 2, yā 3, yā 4. これらの和 yā 10 が，平方の和であるこの yāva 30 に等しい，というので，両翼をヤーヴァッターヴァットで共約して，書置：**

yā	**30**	**rū**	**0**
yā	**0**	**rū**	**10**

等清算等により前のように得られたヤーヴァッターヴァットの値で揚立された量は $\frac{1}{3}$, $\frac{2}{3}$, $\frac{3}{3}$, $\frac{4}{3}$ ./E52p1/

A309, 1 **次に，二番目の例題の諸量は yā 1, yā 2, yā 3, yā 4. これらの立方の和は yāgha 100. これが，平方の和の値，yāva 30，に等しい，というので，両翼をヤーヴァットの平方で共約して，前のように得られたヤーヴァッターヴァットの値で揚立すれば，諸量が生ずる，$\frac{3}{10}$, $\frac{6}{10}$, $\frac{9}{10}$, $\frac{12}{10}$. /E52p2/**

···Note···

例題 (BG E52): 異なる 4 未知数 (x_i)（二次・三次不定方程式，純数量的），‘等分母’(T179, 9 参照).

陳述：1. $\sum_{i=1}^{4} x_i = \sum_{i=1}^{4} x_i^2$. 2. $\sum_{i=1}^{4} x_i^2 = \sum_{i=1}^{4} x_i^3$.

1 の解：$x_i = is$ (= yā i) とすると，$\sum_{i=1}^{4} x_i = 10s$, $\sum_{i=1}^{4} x_i^2 = 30s^2$. したがって，$10s = 30s^2$. s で両翼を共約して，$10 = 30s$, $s = 1/3$. これで x_i を揚立して，$x_i = i/3$. (以上 E52p1)

2 の解：$x_i = is$ (= yā i) とすると，$\sum_{i=1}^{4} x_i^2 = 30s^2$, $\sum_{i=1}^{4} x_i^3 = 100s^3$. したがって，$30s^2 = 100s^3$. s^2 で両翼を共約して，$30 = 100s$, $s = 3/10$. これで x_i を揚立して，$x_i = 3i/10$. (以上 E52p2)

T179, 9 等しくないもの (asamāna) であって等しい分母を持つもの (samaccheda)，それらを．それらの和はそれらの平方の和で量られている，というのが一

[1] rāśīṃs AP] rarśāṃs T.

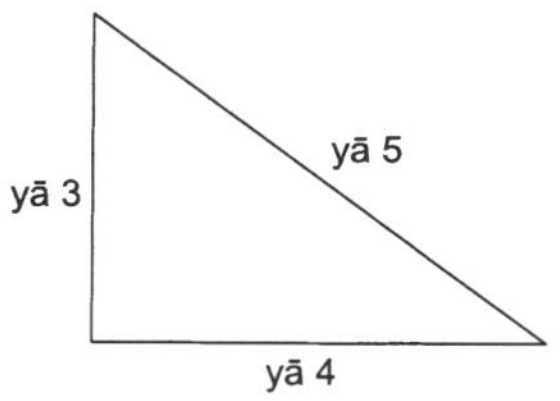

図 7.8: BGE53p-1

つ．それらの立方の和はそれらの平方の和で量られている，というのが二番目，という二つの例題である．⟨asamāna-samacchedān の代わりに⟩ asamān-asamaprajña という読みでは，「比類のない知恵者よ[1]」(asamaprajña: nirupamabuddhe)，等しくないそれら四つの[2] 量を云いなさい，と結びつけることができる．一番目の読みは正しくないように見える．実際，等分母性を前提にして例題がここ（バースカラ先生の自注）で解かれている[3]わけではなく，等分母性は偶然得られたものである．一方,「等しくない」(asamān) ということは，期待されている．そうでなければ，ルーパで量られた四つ ⟨ の量 ⟩ によって例題を解けるから．ここでは，諸量を等しくないものとして提示しているから，等しくない量，yā 1, yā 2, yā 3, yā 4，が想定される[4]．二つの例題とも，その計算は原典で明らかである．

他の例題二つを，アヌシュトゥブ詩節で述べる． T179, 17

例題．/E53p0/ A311, 2

> **その果（面積）がその耳で量られているような三辺図形，またその果がその腕際耳の積に等しいような三辺図形，を云いなさい．/E53/** E53

書置：（図 7.8）． A311, 5

ここでは，望みの ⟨ 高貴三辺 ⟩ 図形の辺にヤーヴァッターヴァットを掛けたものの書置：yā 3, yā 4, yā 5．そしてここでは，腕と際の積の半分が果である，yāva 6．これが，耳であるこの yā 5 に等しい，というので，両翼をヤーヴァッターヴァットで共約して，前のように得られるヤーヴァッターヴァットの値で揚立すれば，腕際耳が生ずる，$\frac{5}{2}$，$\frac{10}{3}$，$\frac{25}{6}$．このように，望み ⟨ の高貴三辺形 ⟩ に応じて，他 ⟨ の腕際耳の組み合わせ ⟩ も ⟨ 得られる ⟩．/E53p1/

次に，二番目の例題では，その同じ図形を想定する．その果は yāva 6．これが，腕際耳の積であるこの yāgha 60 に等しい，というので，両翼をヤー A311, 10

[1] asamaprajña P] asamaprajñā T.　[2] he asamaprajña nirupamabuddhe 'samāṃstāṃścaturo] he asamaprajñā nirupamabuddhe; 'samāṃstāṃścaturo T, he asamaprajñaṃ nirupamabuddhe 'samāstāṃścaturo P.　[3] sādhyate P] sādhyete T.　[4] asamānatvenoddeśāt kalpitā atulyā rāśayaḥ/ yā 1 yā 2 yā 3 yā 4 P] asamatvenoddheśāt kalpitāc ca tulyarāśayaḥ yā 1 yā 2 yā 3 yā 4 T.

ヴァットの平方で共約して，等式により，前のように生ずる腕際耳は $\frac{3}{10}$，$\frac{2}{5}$，$\frac{1}{2}$．このように，望み〈の高貴三辺形〉に応じて，他〈の腕際耳の組み合わせ〉も〈得られる〉．/E53p2/

···Note·······························

例題 (BG E53): 直角三辺形．腕 (x)，際 (y)，耳 (z)．

陳述：1. $\langle x^2 + y^2 = z^2 \rangle$, $xy/2 = z$. 2. $\langle x^2 + y^2 = z^2 \rangle$, $xy/2 = xyz$.

1 の解：$x = 3s$ (= yā 3), $y = 4s$ (= yā 4), $z = 5s$ (= yā 5) とすると，$xy/2 = 6s^2$ だから，$6s^2 = 5s$．両翼を s で共約して，$6s = 5$, $s = 5/6$．これで揚立すると，$x = 5/2$, $y = 10/3$, $z = 25/6$．（以上 E53p1）

2 の解：1 と同じに想定すると，$xyz = 60s^3$ だから，$6s^2 = 60s^3$．両翼を s^2 で共約して，$6 = 60s$, $s = 1/10$．これで揚立すると，$x = 3/10$, $y = 2/5$, $z = 1/2$．（以上 E53p2）

·······································

T179, 20 意味は明瞭である．ここでは，腕際耳に未知数を想定することに関して特徴がある．高貴三辺形 (jātya-tryasra) に限定されない[1]それら（辺）は除外されている (bādhita) から．だから，望みの高貴〈三辺形〉の腕際耳をそれぞれ掛けたヤーヴァッターヴァットをそれら（未知数）の値に想定して，例題を二つとも解くことができる．他は原典で明らかである．

T179, 23 他の例題を，アヌシュトゥブ詩節で述べる．

A313, 15 **例題．/E54p0/**

E54
T180, 1
その和をとると平方，差をとると平方，積をとると立方になるような二つの量をすぐに云いなさい，もしあなたに数学ができるなら．/E54/

A313, 18 **ここでは，二つの量，yāva 5, yāva 4，が和と差をとったら平方になるように想定される．これら二つの積は yāvava 20．これは立方である，というので，望みのヤーヴァッターヴァット十個分の立方と等しくして，両翼をヤーヴァッターヴァットの立方で共約すると，前のように，二つの量が生ずる，10000, 12500．/E54p/**

···Note·······························

例題 (BG E54): 2 量 (x, y)（三次不定方程式，純数量的）．

陳述：$x + y = u^2$, $x - y = v^2$, $xy = w^3$.

解：$x = 5s^2$ (= yāva 5), $y = 4s^2$ (= yāva 4) とすると，「和をとると平方，差をとると平方」という陳述は実現する ($u = 3s$, $v = s$)．$xy = 20s^4$ だから，$w = 10s$ とすると，$20s^4 = 1000s^3$．両翼を s^3 で共約して，$20s = 1000$, $s = 50$．これで揚立して，$y = 10000$, $x = 12500$．

·······································

[1] jātyatryasre 'niyatānāṃ T] jātyatryasre niyatānāṃ P.

二つの量の，「和をとって」も「差をとって」も「平方になる」が，「積を T180, 3
とると立方になるような」，そういう「二つの量をすぐに云いなさい」．ここでは，計算を縮めるために，和と差をとったら平方になるように，二つの量を想定する．そのように想定されたのが，yāva 4, yāva 5 である．[1] これら二つの積は yāvava 20．これは立方である，というので，望みのヤーヴァッターヴァット十個分の立方，yāgha 1000，と等しくして，両翼をヤーヴァッターヴァットの立方で共約すると，前のように，二つの量が生ずる，10000, 12500.

次に，他の例題を，アヌシュトゥブ詩節で述べる． T180, 9

例題．/E55p0/ A315, 7

> **その立方の和が平方になり，平方の和が立方になるような二つ〈** E55
> **の数〉をあなたがもし知っているなら，私はあなたを種子通たちの中の一番とみなそう．/E55/**

ここで想定される二量は yāva 1, yāva 2．これら二つの立方の和は yāvagha A315, 10
9．これは自ずから平方になり，その根は yāgha 3．/E55p1/

（問い）「ヤーヴァッターヴァットの平方の立方〈の和〉がこの量〈yāvagha A315, 12
9〉であり，立方の平方ではない．どうしてその根が立方からなるのか.」〈次のように〉云われる．立方の平方と同じ大きさだけ平方の立方があるだろう，と．だからこそ，二, 四, 六, 八乗は平方数であり，それらには，一，二，三，四乗の〈平方〉根が順にあるだろう．同様に，三，六，九乗は立方数であり，それらには，一，二，三乗の〈立方〉根がある．どこでもこのように知るべきである．/E55p2/

さて，二量の平方の和は yāvava 5．これが立方である，というので，望ま A315, 17
れたヤーヴァッターヴァット五つの立方に等しくして，両翼をヤーヴァッターヴァットの立方で共約すると，前のように，二量が生ずる，625, 1250．このように，未知数による共約が可能なように，考えるべきである．/E55p3/

···Note···

例題 (BG E55)：二量 (x, y)（三次不定方程式，純数量的）．

陳述：$x^3 + y^3 = u^2$, $x^2 + y^2 = v^3$.

解：$x = s^2$ (= yāva 1), $y = 2s^2$ (= yāva 2) とすると，$x^3 + y^3 = 9(s^2)^3 = (3s^3)^2$. $x^2 + y^2 = 5(s^2)^2$ だから，$v = 5s$ とすると，$5(s^2)^2 = (5s)^3$．両翼を s^3 で共約すると，$5s = 125$, $s = 25$．これで揚立すると，$x = 625$, $y = 1250$.

E55p2 の「問い」は，$9(s^2)^3$ がどうして平方数なのか，という質問であり，それに対する答えは，$9(s^2)^3 = (3s^3)^2$（または，$(s^2)^3 = (s^3)^2$）が成り立つから，ということ．それに続き，$a^2 = (a^1)^2$, $a^4 = (a^2)^2$, $a^6 = (a^3)^2$, $a^8 = (a^4)^2$, つまり，a^{2i} は平方数であり，それらの根（平方根）は a^i であること，また，$a^3 = (a^1)^3$, $a^6 = (a^2)^3$, $a^9 = (a^3)^3$, つまり，a^{3i} は立方数であり，それらの根（立方根）は a^i であること（し

[1] 以下はバースカラの自注 (E54p) と同じ．

たがって，a^6 は平方数でもあり立方数でもあること）を指摘するが，興味深いのは，「i 乗」（a^i）を i-gata（i は基数詞）と表現していること．これは，ブラフマグプタも用いる表現であるが，彼以降では珍しい．T236, 13 の段落とそれに対する Note 参照．

T180, 12　意味は明瞭である．ここでは，一つの陳述 (ālāpa) が自ずから (svataḥ) 可能となる (saṃbhavati) ように二つの量が想定される，yāva 1, yāva 2．これら二つの立方の和は，yāvagha 9．これは自ずから平方になる．というのは，これの平方根はこの yāgha 3 だから．そのために，原典 (E55p2) で〈疑問を〉指摘し，答えたのである．次の意味がある．ヤーヴァットの平方の立方という[1]量は六つのものの積からなる[2]．〈それは〉等しいもの二つの積の[3]等しいもの三つの積になる，というので，二つのものの積の立方になるように，三つのものの積の等しいもの二つの積になる，というので，三つのものの積の平方も生ずることになる．

…Note…

$(a^2)^3 = a \times a \times a \times a \times a \times a$ だから，これを $(a \times a) \times (a \times a) \times (a \times a)$ と考えれば $(a \times a)^3$ であるが，$(a \times a \times a) \times (a \times a \times a)$ と考えれば $(a \times a \times a)^2$ である．

T180, 17　[4]さて，それら二量，yāva 1, yāva 2，の平方の和は，yāvava 5．これは立方である，というので，望まれたヤーヴァッターヴァット五つの立方[5] yāgha 125 に等しくして，両翼をヤーヴァッターヴァットの立方で共約すると，前のように，二量が生ずる，625, 1250．

T180, 21　次に，私は二量を別様に想定した，yāgha 5, yāgha 10．これら二つの平方の和は，自ずから立方になる，yāghava 125．これは，六つのものの積からなるので，立方根は二つのものの積の形をしている．というのは，yāva 5 になるから．次にこれら二つの量，yāgha 5, yāgha 10 の立方の和は，yāghagha 1125．これが平方数である，というので，ヤーヴァッターヴァットの平方の平

T181, 1　方の七十五個分，yāvava 75，の平方[6]，yāvavava 5625 と等しくして，両翼をヤーヴァッターヴァットの平方の平方の平方で[7]共約し，両翼の書置：

yā	1125	rū	0
yā	0	rū	5625

前のように，ヤーヴァッターヴァットの値は，5．これで揚立すると，それらと同じ二つの量，625, 1250 が生ずる[8]．

T181, 4　あるいは，この[9] yāghagha 1125 は平方数である，というので，ヤーヴァッターヴァットの平方の平方の平方の平方五個分，yāvavavava 5，またはその十五個分，yāvavavava 15 の平方であるこの yāvavavavava 25，または

[1] vargaghano P] vargaghanau T.　[2] ṣaḍghātātmako ’sti] ṣaṭa ghātātmakoṃsti T, ṣaṭghātātmako ’sti P.　[3] samadvighātasya samatrighāto P] sadvighātasya samatrighāto T.　[4] この段落はバースカラの自注の最後の段落 (E55p3) にほとんど等しい．
[5] ghana itīṣṭaṃ yāvattāvatpañcakaghanaṃ P] ghanaṃ itīṣṭa yāvattāvatpañcakaghana T.　[6] pañcasaptatiḥ/ yāvava 75/ vargeṇa P] paṃcasaptatiḥ/ yāva va 75 vargeṇa/ T.
[7] vargavargavargeṇa T] vargavargeṇa P.　[8] jātau T] ∅ P.　[9] ayaṃ P] ∅ T.

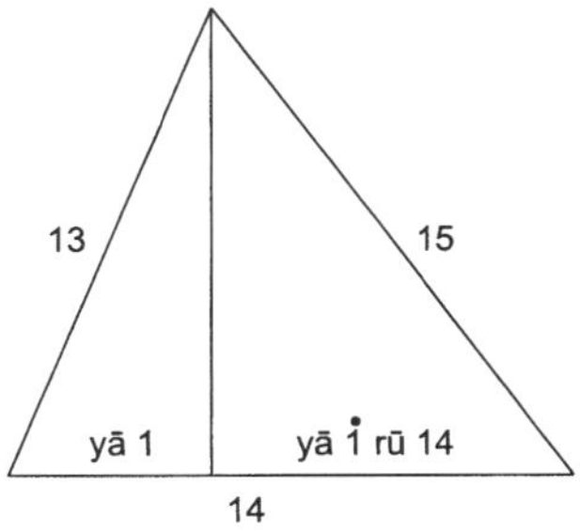

図 7.9: BGE56p-1

yāvavavavava 225 と等しくして，両翼をこの yāghagha 1 で共約すると，前のように，ヤーヴァッターヴァットの値は，45 または 5．このように，〈解は〉多数ある．このように，未知数による共約が可能なように，他〈の解〉も考えるべきである．

···Note···

K による別解（T180, 21 以下）：$x = 5s^3$, $y = 10s^3$ とすると，$x^2 + y^2 = 125(s^3)^2 = (5s^2)^3$. $x^3 + y^3 = 1125(s^3)^3$. (1) $u = 75(s^2)^2$ とすると，$1125(s^3)^3 = (75(s^2)^2)^2 = 5625((s^2)^2)^2$. $((s^2)^2)^2$ で共約すると，$1125s = 5625$, $s = 5$. これで揚立すると，$x = 625$, $y = 1250$. (2) $u = 5(((s^2)^2)^2)^2$ とすると，$1125(s^3)^3 = (5(((s^2)^2)^2)^2)^2 = 25((((s^2)^2)^2)^2)^2$. $(s^3)^3$ で共約すると，$1125 = 25s$, $s = 45$. (3) $u = 15(((s^2)^2)^2)^2$ とすると，$1125(s^3)^3 = (15(((s^2)^2)^2)^2)^2 = 225((((s^2)^2)^2)^2)^2$. $(s^3)^3$ で共約すると，$1125 = 225s$, $s = 5$.

···

次に，他の例題を，ギーティ詩節で述べる．　T181, 9

例題．/E56p0/　A318, 12

ある三辺図形で，地はマヌ (14) で量られている，友よ．二つの　E56
腕の一つは十五，他は十三である．垂線を云いなさい．/E56/

射影線がわかれば垂線がわかる，というので，小さい射影線をヤーヴァッターヴァットで量られたものと想定する，yā 1．これを引いた十四がもう一つの射影線である，yā $\dot{1}$ rū 14．書置：（図 7.9）．　A318, 15

各々の射影線の平方を引いた各々の腕の平方は等しい，というので，等清算のための書置:

yāva	$\dot{1}$	**yā**	**0**	**rū**	**169**
yāva	$\dot{1}$	**yā**	**28**	**rū**	**29**

これら二つの〈翼の〉等しい平方が去れば（滅すれば），得られるヤーヴァッターヴァットの値は 5．これで揚立された二つの射影線は 5, 9．垂線の平方

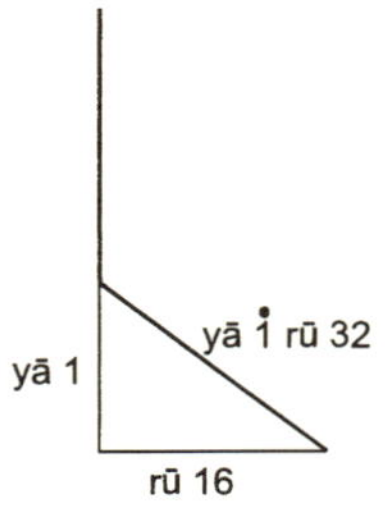

図 7.10: BGE57p-1

二つを揚立すれば，両方とも等しく，垂線は 12．ここで，揚立は，平方のは平方で，立方のは立方で，と賢い者は知るべきである．/E56p/

···Note···

例題 (BG E56): 三辺形．地 (a), 腕 (b, c)，射影線 $(u_1 + u_2 = a)$，垂線 (x)．

陳述：$a = 14$, $b = 15$, $c = 13$, $\langle x^2 + u_1^2 = c^2, x^2 + u_2^2 = b^2 \rangle$.

解：$c = 13$ に対する射影線 (u_1) を s (= yā 1) とすると，他方の射影線 (u_2) は，$-s + 14$．三平方の定理により $x^2 = c^2 - u_1^2 = b^2 - u_2^2$ だから，$-s^2 + 169 = -s^2 + 28s + 29$．等清算により，$140 = 28s$, $s = 5$．したがって，$u_1 = 5$, $u_2 = 9$, $x^2 = 144$．ゆえに，$x = 12$．問題の三辺形はいわゆる「ヘロンの三角形」であるが，これは二つの直角三辺形，$(5, 12, 13)$ と $(9, 12, 15)$ を結合したものである．

···

T181, 12 意味は明瞭である．射影線を[1] yā 1 と想定すれば，計算は原典で明らかである．この例題は，あまり用途がない (anatiprayojana)．

T181, 13 次に，腕と，際と耳の和とが知られているとき，それらを別々にする術を示すために，例題を，マーリニー詩節で述べる．

A320, 12 **例題．/E57p0/**

E57 **もし平らな地面にある三二 (23) パーニの長さの竹が，計算士よ，**
風の力で一点で折れ，その先端が，諸王 (16) で量られたハスタ
のところで地面に接したなら，それは根元から何カラのところで
折れたのか，云いなさい．/E57/

A320, 17 **ここでは，竹の下の部分が際であり，その長さが yā 1．これを引いた三十二が上の部分，yā 1̇ rū 32，であり，耳である．根元と先端の間が腕である，rū 16．書置：(図 7.10)．**

腕と際の平方の和，yāva 1 rū 256，は，耳の平方であるこの yāva 1 yā 64 rū 1024 と等しい，というので，等しい平方が去れば（滅すれば），前のように〈計算して〉，得られたヤーヴァッターヴァットの値 12 で揚立され

[1] ābādhāṃ P] ābādhā T.

た際と耳は，12，20．同様に，腕と際の和の〈知られている〉場合も〈計算するべきである〉．/E57p/

···Note·····································

例題 (BG E57): 折れ竹．竹の長さ (a)，根元先端間 (b)，竹下部 (x)，竹上部 (u)．

陳述：$\langle x^2+b^2=u^2\rangle$, $x+u=a$, $a=32$ ハスタ，$b=16$ ハスタ．

解:$x=s\ (=$ yā 1$)$ とすると $u=-s+32$. 三平方の定理により，$s^2+16^2=(-s+32)^2$ だから，$s^2+256=s^2-64s+1024$. 等清算により s^2 は「去る」から，$s=12$. したがって，$x=12$, $u=20$.

この問題は，直角三辺形 $(12,16,20)$ すなわち $(3,4,5)$ を利用する．パーニ (pāṇi)，ハスタ (hasta), カラ (kara) はすべて「手・腕」を意味し，同一の長さの単位．cubit (腕尺）に相当．

···

意味は明瞭である[1]．ここでは，竹の下の部分が際であるが，その長さを yā 1 と想定すると，計算は原典で明らかである．同様に，上の部分を yā 1 と想定しても，計算が知られるべきである． T181, 19

同様に，際と，腕と耳の和が知られているとき，それを別々にする術もまた知られるべきである．その例題はパーティーで次のように述べられた． T181, 20

> 杭の根元に穴があり，その上に愛玩用孔雀がいた．杭の高さは九ハスタであったが，孔雀は，杭の長さの三倍だけ穴から離れたところにいた蛇が穴に向かって進んでくるのを見て，蛇の上に斜めに飛びかかった．両者の行程が等しいとすれば，穴からどれだけのところで両者は出会うか．すぐに云いなさい．/L 152/ T182, 1

と[2]．ここでも腕または耳を yā 1 と想定して，前のように，計算が知られるべきである．

···Note·····································

例題 (L 152): 杭から蛇までの距離 (a)，杭の高さ (b)，杭から出会う位置までの距離 (x)，それぞれの行程 (u)．

陳述：$\langle x^2+b^2=u^2\rangle$, $x+u=a$, $a=27$ ハスタ，$b=9$ ハスタ．

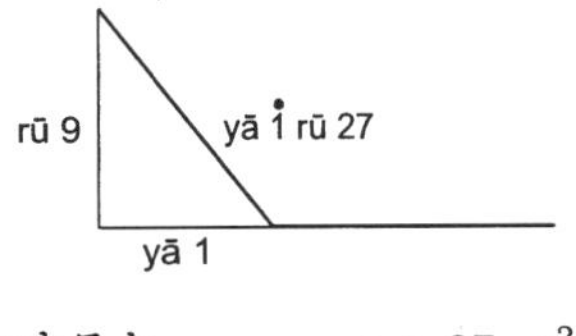

〈解：$x=s\ (=$ yā 1$)$ とすると，$u=-s+27$, $s^2+9^2=(-s+27)^2$ から，$s^2+81=ss^2-54s+729$, $54s=648$, $s=12$.〉

···

次に，際と耳の差および腕がわかれば，際と耳がわかる，ということを示すために，例題を，マンダークラーンター詩節で述べる． T182, 6

---

[1] spaṣṭo'rthaḥ P] spaṣṭīrthaḥ T　[2] iti T] ∅ P.

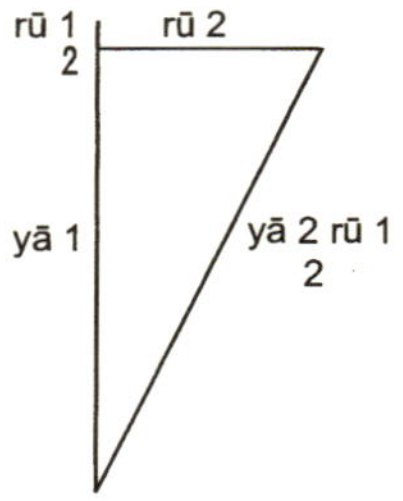

図 7.11: BGE58p-1

A322, 6　**ここで，際と耳の差および腕が知られている場合の例題．/E58p0/**

E58　**赤鷺鳥や水鷺が水面にひしめくある池で，水から一ヴィタスティのところにみられた蓮の蕾の先端が，風にうたれて次第次第に動かされ，対 (2) ハスタのところでそれ（水）に没した．計算士よ，すぐに水の量（深さ）を云いなさい．/E58/**

A322, 11　**ここで，茎の長さが水の深さである，というので，その長さが yā 1．これが際である．これに蕾の長さを加えると，耳になる，$\begin{matrix}\text{yā 2 rū 1}\\ 2\end{matrix}$．腕は二ハスタである，rū 2．書置：（図 7.11）．**

ここでも，腕と際の平方の和を耳の平方と等しくして，水の深さが得られる，$\frac{15}{4}$．耳の長さは $\frac{17}{4}$．/E58p/

···Note·······································

例題 (BG E58): 傾く蓮．水深＝茎長 (x)，蕾の長さ (a)，水没点までの距離 (b)．

陳述：$\langle x^2+b^2=u^2\rangle$, $x+a=u$, $a=1$ ヴィタスティ，$b=2$ ハスタ．

解：$x=s$ (= yā 1) とすると，三平方の定理により，$s^2+2^2=(s+\frac{1}{2})^2$ だから，$s^2+4=s^2+s+\frac{1}{4}$. 等清算により s^2 は「去る」から，$s=\frac{15}{4}$. したがって，$x=\frac{15}{4}$, $u=\frac{17}{4}$.

この問題は，直角三辺形 $(2,15/4,17/4)$ すなわち $(8,15,17)$ を利用する．2 ヴィタスティ (vitasti) = 1 ハスタ．

···

T182, 12　意味は明瞭である．この図形の布置 (saṃsthāna) はパーティー（すなわち『リーラーヴァティー』）で読み込まれた．すなわち，

> 友よ，蓮とそれが水没する場所の間が腕，蓮の見えている部分が際と耳の差，茎が際である．水はそれ（茎）で量られるだろう．このように計算して，水の量（深さ）を云いなさい．/L 154/

ここで，蓮の茎の長さが水の深さである，というので，その長さを yā 1 と想定すれば，計算は原典で明らかである．

T182, 18　次に，他の例題を，シャールドゥーラ・ヴィクリーディタ詩節によって述

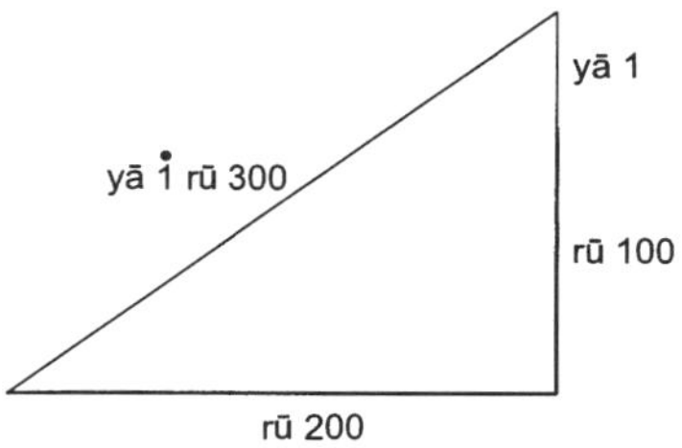

図 7.12: BGE59p-1

べる.

例題. /E59p0/ A324, 1

> **あるサルが，高さ百ハスタの木〈の頂上〉から，二百〈ハスタ〉のところにある貯水池まで駆け下りて行った．またもう一匹は，木からいくらか飛び上がって，耳の道（対角線）からすばやく〈池まで行った〉．もし両者の行程が等しかったら跳躍量はいくらか．賢い者よ，もし数学に学習を積んでいるなら，すぐにそれを私に云いなさい．/E59/** E59

ここでは，等行程が 300．跳躍量が yā 1．これを加えた木の高さが際．ヤーヴァッターヴァットを引いた等行程が耳．木と貯水池の間が腕．書置：(図 7.12)． A324, 6

腕と際の平方の和を耳の平方と等しくして，得られる跳躍量は 50．/E59p/

···Note··

例題 (BG E59): サルの等行程．木の高さ (a)，木と貯水池の間 (b)，跳躍量 (x), 耳の道 (u).

陳述：$\langle (x+a)^2 + b^2 = u^2 \rangle$, $x + u = a + b$, $a = 100$ ハスタ，$b = 200$ ハスタ.

解：$x = s$ (= yā 1) とすると，三平方の定理により，$\langle 200^2 + (s+100)^2 = (300-s)^2$ だから，$40000 + s^2 + 200s + 10000 = 90000 - 600s + s^2$．等清算により s^2 は「去る」から，$s = 50$．したがって $\rangle$，$x = 50$.

この問題は，直角三辺形 $(150, 200, 250)$ すなわち $(3, 4, 5)$ を利用する.

··

「もう一匹」のサルは，「木から」「いくらか」「飛び上がって」「耳の道から」池まで行った，と〈単語が〉結び付けられるべきである.「耳の道から」(śrutipathāt) というのは，〈接尾辞〉lyap〈を持つ語〉が消滅した場合の第五 T183, 1

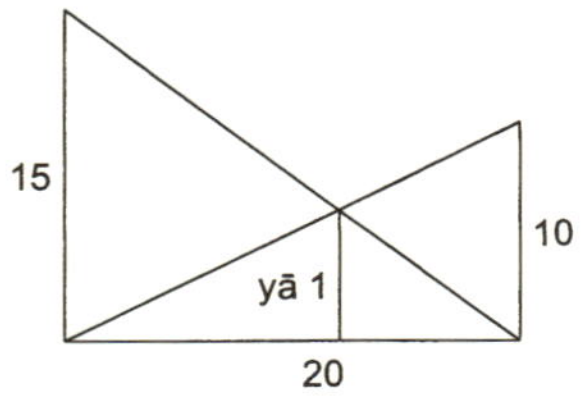

図 7.13: BGE60p-1

格（奪格）である．耳の道に依存して，というのがその意味である.[1] あとは明瞭である．ここでは跳躍量を yā 1 と想定すれば，計算は原典で明瞭である．

T183, 4 次に，別の例題をアールヤー詩節で述べる．

A327, 27 **例題．/E60p0/**

E60 **十五と十カラの高さの竹二本．その間の地（間隔）はわからない．互いの根元と先端を通る糸の交点からの垂線の長さを云いなさい．/E60/**

A328, 1 **ここでは，計算を実現するために，竹の間の地の長さを任意数に想定する，20．糸の交点からの垂線の長さは yā 1．書置：（図 7.13）．**

もし十五の際によって二十の腕があるなら，ヤーヴァッターヴァットで量られたもの（際）によっては何〈が際〉か，というので得られる小竹に依存する射影線は yā $\frac{4}{3}$．さらに，もし十で量られた際によって二十の腕があるなら，ヤーヴァットで量られた際によっては何〈が際〉か，というので得られる大竹に依存する射影線は yā 2．これら二つの和，yā $\frac{10}{3}$，を二十に等しくして，得られる垂線は 6．揚立によって，射影線は 8, 12．/E60p1/

A328, 10 **あるいは，竹と結びついて二つの射影線があり，それらの和が地である，というので，もし竹二つの和であるこの 25 によって射影線の和 20 が得**

[1] 「〈接尾辞〉lyap〈を持つ語〉が消滅した場合の第五格である」(lyablope pañcamī) は，直接の引用ではないが，*Aṣṭādhyāyī* 2.3.28 (apādāne pañcamī 退去基点の意味で第五格〈の語尾が用いられる〉) に対する *Vārttika* 1-2 (pañcamīvidhāne lyablope karmaṇy upasaṃkhyānam/ adhikaraṇe ca/) に言及する．これは *Vārttika* が考える第五格の意味（由来）の一つ．下層構造の接尾辞 lyap を持つ語（すなわち-ya に終わる絶対分詞）が消滅して，表層構造に，直接目的 (acc.) あるいは場所 (loc.) の意味を持つ第五格が生成される，という解釈．今のケースでは，表層構造の śrutipathāt (耳の道から) は，下層構造の śrutipatham (acc.) āśritya (耳の道に依存して) から āśritya が消滅し，第二格 (acc.) の śrutipatham が第五格 (abl.) の śrutipathāt に変わった，ということになる．Gaṇeśa (on L 157) も同じ句 (lyablope pañcamī) を述べたあと，次のように云う．「『〈複合語の最後では〉，ṛc, ap, pur, dhur, pathin には a〈が付加される〉．ただし，車軸に関する場合〈の dhur〉は除く』(*Aṣṭādhyāyī* 5.4.74) というので，〈pathin の語幹 path にも〉接尾辞 a が付く．śrutipathā という第三格を読む人たちもいるが，それは正しくない．接尾辞 a は〈pathin が複合語の最後のときは〉必須であるから.」(ṛkpūrabdhūḥpathām ānakṣa ity apratyayaḥ/ kecic chrutipatheti tṛtīyāṃ paṭhanti/ tad asat/ apratyayasya nityatvāt//Gaṇeśa on L 157//) すなわち,「道」を意味する語 pathin の第五格と第三格は，単独であればそれぞれ path + as > pathaḥ, path + ā > pathā となる．しかし複合語の最終メンバーのときは，*Aṣṭādhyāyī* 5.4.74 によって語幹 path に接尾辞 a が付いて patha となり，a 語幹の名詞のように（あるいは a 語幹の名詞として）扱われるから，第五格と第三格は-pathāt, -pathena になる．したがって，-pathā という第三格はあり得ない．

られるなら，二つの竹，15，10，〈 のそれぞれ 〉によっては何か，というので生ずるのは二つの射影線，8，12．ここで，比例から，垂線はその同じ 6．ヤーヴァッターヴァットを想定することが何になるだろうか（その必要はない）．/E60p2/

あるいは，二つの竹の積を和で割ると，どんな場合でも，竹の間の垂線と A328, 13
なるだろう，というので，地を想定しても何になるだろうか（その必要はない）．理知ある者は地面に糸を張ってこれを理解すべきである．/E60p3/

以上，バースカラの『ビージャガニタ』における一色等式は完結した．(BG A328, 15
7 章奥書) /E60p4/

···Note···

例題 (BG E60): 二本の竹 $(a > b)$，間隔 (u)，互いの先端と根元を結ぶ糸の交点からの垂線 (x)，その両側の射影線 $(u_1 + u_2 = u)$.

陳述：$a = 15$, $b = 10$ ハスタ.

解 1（竹の間隔を任意に想定）：$u = 20$，$x = s$ (= yā 1) とすれば，三量法により $a : u = s : u_2$, $b : u = s : u_1$ だから，$u_1 = 2s$, $u_2 = \frac{4}{3}s$. $u_1 + u_2 = u = 20$ だから，$2s + \frac{4}{3}s = 20$, $s = 6$. これで揚立して，$x = 6$, $u_1 = 12$, $u_2 = 8$.（以上 E60p1）

解 2（未知数を用いない）：三量法により $(a + b) : (u_1 + u_2) = a : u_1$, $(a + b) : (u_1 + u_2) = b : u_2$ だから，$u_1 = 12$, $u_2 = 8$. 比例（三量法）により $u : a = u_2 : x$, $u : b = u_1 : x$ だから，いずれかにより，$x = 6$.（以上 E60p2）

解 3（アルゴリズムによる）：$x = ab/(a+b) = 15 \cdot 10/(15+10) = 6$.（以上 E60p3）バースカラは，この場合，竹の間隔 (u) を設定する必要もないことを指摘する．彼はこのアルゴリズムを『リーラーヴァティー』で韻文化している．「二本の竹の積を和で割れば，互いの根元と先端を通る糸の交点からの垂線である．」(anyonyamūlāgragasūtrayogād veṇvor vadhe yogahṛte 'valambaḥ/L 161ab/)

このように，垂線の長さは竹の間隔に依存しないが，解 1 と解 2 では，直角三辺形 $(15, 20, 25)$ すなわち $(3, 4, 5)$ と $(10, 20, \sqrt{500})$ すなわち $(1, 2, \sqrt{5})$ を利用．また，解 2 で用いられる三量法は次のような図から得られたものかもしれない．ただし，直角三角形以外の図形に相似の概念を用いるのは異例である．

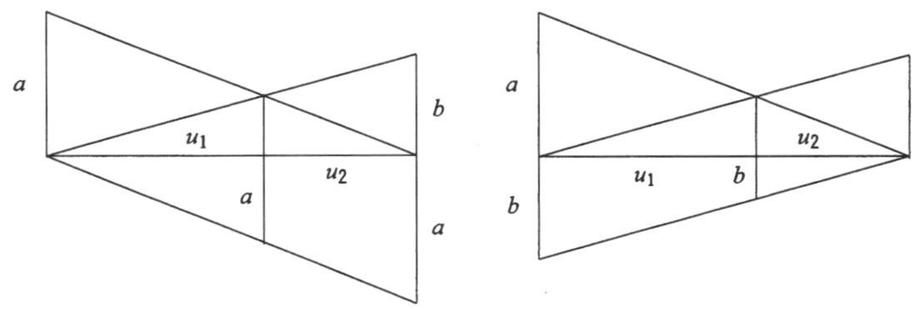

··

ここで，垂線を知るためには竹の間の地を知ることは不可欠ではない，とい T183, 7
うことをほのめかすために，「その間の地（間隔）はわからない」という「竹」の修飾語[1]があるのであって，問題を完全なものにするためではない[2]．それなしでも，問題は完全だから．あとは明瞭である．図示：(図 7.14) [3]

ここで，計算を導くために，竹の間の地を任意数二十と想定し，糸の交点からの垂線の長さをヤーヴァッターヴァットと想定すれば，計算は原典で明らかである．

---

[1] viśeṣaṇam P] viśeṣam T.　[2] na tu P] nanu T.　[3] P の図は左右裏返し．

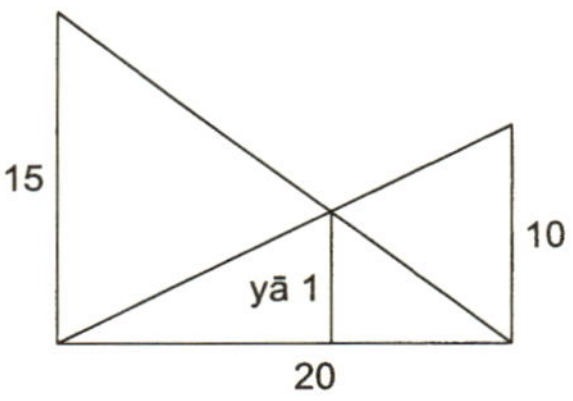

図 7.14: KBGE60-1

T183, 13 次に，ヤーヴァッターヴァットを想定することなしでも垂線を知るために述べる，

> あるいは，竹と結びついて[1] 二つの射影線があり，それらの和が地である．(BG E60p2)

云々と．次の意味である．竹が大きいか小さいかに応じて[2]，それに依存する射影線も大きかったり小さかったり[3] する．だから，三量法によって射影線を知ることができる．すなわち，もし竹の和によって地全体が得られるなら，一つの竹によっては何〈が得られる〉か，というので，射影線はそれぞれ，12, 8．次に，腕が地 20 に等しいとき[4] 際が小竹 10 なら，腕が大射影線 12 のときは何〈が際〉か，というので，垂線 6 が得られる．というのは，小竹が際，地が腕，小竹の先端から他方の竹の根元に行く[5] 糸が耳，というこの〈高貴三辺〉図形（直角三角形）のために，大射影線が腕，垂線が際となるからである．同様に，小射影線と[6] 大竹による比例も見るべきである．

T183, 21 次に，地を想定することなしでも垂線を得ることを述べる，

T184, 1

> あるいは，二つの竹の積を和で割ると，その場合も[7]，竹の間の垂線となるだろう，というので，地を想定しても何になるだろうか（その必要はない）．(BG E60p3)

と[8]．

T184, 2 これに関する正起次第．もし竹の和で地が得られるなら，大竹によっては何か，というので，大竹に依存する射影線が得られる，$\frac{\text{bhū}\ \circ\ \text{bṛ 1}}{\text{vaṃyo 1}}$.[9] 次に，腕が地に等しいとき際が小竹なら，大射影線によっては[10] 何か，というので，垂線が生ずる，$\frac{\text{bhū}\ \circ\ \text{bṛ}\ \circ\ \text{la 1}}{\text{vaṃyo}\ \circ\ \text{bhū 1}}$.[11] ここで，被除数と除数を地 (bhū) で共約すれば，$\frac{\text{bṛ}\ \circ\ \text{la 1}}{\text{vaṃyo 1}}$ になる．このように，「二つの竹の積を[12]和で割ると垂線となるだろう」が正起した．

---

[1] saṃbandhinyau T(K)P(K)] saṃbandhena AMG (BG E60p2). [2] yathā yathā vaṃśo P] yathāvaṃśo T. [3] laghurvā P] laghvii̅ T. [4] bhūmi 20 tulye P] bhūmitulye 20 T. [5] vaṃśamūlagāmi P] vaṃśagmi̅ T. [6] laghvābādhā P] ladvyābādhā T. [7] yatra tatrāpi T(K)P(K)] yatra kutrāpi AMG (BG E60p3). [8] kalpanayā'pi iti P] kalpanayeti T. [9] $\frac{\text{bhū}\ \circ\ \text{bṛ 1}}{\text{vaṃyo 1}}$] $\frac{\text{bhū}\ \circ\ \text{vṛ 1}}{\text{va}\ \circ\ \text{yā 1}}$ T, $\frac{\text{bhū}\ \circ\ \text{bṛ 1}}{\text{va}\ \circ\ \text{yo 1}}$ P. [10] āvādhayā P] āvādhāyā T. [11] $\frac{\text{bhū}\ \circ\ \text{bṛ}\ \circ\ \text{la 1}}{\text{vaṃyo}\ \circ\ \text{bhū 1}}$ P] $\frac{\text{bhū 10 la 1}}{\text{vaṃyau}}$ (または $\frac{\text{bhū 1}\ \circ\ \text{la 1}}{\text{vaṃyau}}$) T. [12] vadho P] vadha T.

···Note·····

BG E60p3 のアルゴリズムの正起次第．$(a+b) : u = a : u_1$ から $u_1 = \frac{ua}{a+b}$．$u : b = u_1 : x$ から $x = \frac{bu_1}{u} = \frac{uab}{(a+b)u} = \frac{ab}{a+b}$．ここで K が用いる略号．竹 ($a$, b): vaṃ < vaṃśa，和: yo < yoga，地 ($u = u_1 + u_2$): bhū < bhūmi，大竹 (a): bṛ < bṛhad-vaṃśa，小竹 (b): la < laghu-vaṃśa．略号については，T132, 7 以下に対する Note 参照．

·····

優れた占術師たちの集団がたえずその脇に仕える バッラーラなる計算士の息子が作ったこの種子計算の解説書『如意蔓の化身』において，一色から生ずる等式の一部分が生まれた．/BP 7/ T184, 7

以上，すべての計算士たちの王，尊敬する占術師バッラーラの息子，[1]計算士クリシュナの作った種子計算の解説書『如意蔓の化身』における[2]「一色等式の一部分」の注釈． T184, 11

---

[1] ∅ P] śrī T.　[2] avatāra eka P] avatāre eka T.

第8章　一色等式における中項除去

次は中項除去の解説である[1].

さて，このように，等清算 (samaśodhana) などにより，一つの翼 (pakṣa) には一つの種類の未知数 (avyakta) だけ，他方の翼には既知数 (vyakta) だけ，となるように，共約 (apavartana) などの[2]手段によって形を整え (sampādya)，問題の攻略が述べられた[3]．さてもし共約によってもそのようにならない場合，中項除去 (madhyama-āharaṇa) を特徴とする別の手段を，インドラヴァジュラー詩節一つとウパジャーティカー詩節二つで述べる． T185, 2

さて，一色中項除去．次は，未知数の平方等の等式である．それを「中項除去」と先生たちは呼ぶ．というのは，ここでは平方量における中央の一つ〈の部分（項）〉を除去するからである．これに関する規則，三詩節．/59p0/ A341, 1

> **未知数の平方等が残っていたら，そのときは両翼に望みのもの（任** 59
> **意数）を掛けてから，何らか〈の数〉を両〈翼〉に投ずる（加え**
> **る）べきである，そうすることによって，未知数翼が根を与える**
> **もの（平方数）となるように．さらに，それの根と// 既知数〈翼** 60
> **〉の根との等式を作る．このようにして，未知数の値が得られる．**
> **もし立方，平方の平方などがあってそのように〈計算が〉完結し**
> **なければ，それ（未知数の値）は自分の理知によって知るべきで**
> **ある．// もし，未知数〈翼〉の根の負のルーパより既知数翼の根** 61
> **が小さければ，それを正数と負数にして，未知数の値が得られる**
> **べきである．〈だから〉，それ（未知数の値）は場合によっては二**
> **通りある．/59-61/**

両翼に対して等清算をして，一翼には未知数の平方等があり，他方の翼にはルーパだけがある場合，未知数翼が根を与えるもの（平方数）となるように，両翼ともに何らかの一つの望みのもので掛けるか割るかし，また何らかの同じものを投ずるか引くかすべきである．その翼が根を与えるとき，他方の翼はもちろん根を与えるはずである．というのは，両翼は等しく，等しい二つのものは，等しいものの付加等において等しいから．だから，さらにその二根の等式によって，未知数の値が生ずるだろう．/61p1/ A341, 12

さてもしこのようにしたとき，立方，平方の平方などがあって，どうして A341, 17

[1] atha madhyamāharaṇavivaraṇam T] 8 madhyamāharaṇam P.　[2] tathā'pavarttādi P] athā'pavarttādi T.　[3] praśnabhaṅga uktaḥ P] praśnabhaṃgaṃ uktam T.

も未知数翼の根がないために，計算が完結しない場合，ほかならぬ理知によって未知数の値を知るべきである．なぜなら，理知 (mati) こそが真の意味での (pāramārthika) 種子 (bīja) だから． /61p2/

A341, 19 **さてもし未知数翼の根に負数ルーパがあって，それより既知数翼の根のルーパが小さいなら，そのときはそれを正数状態と負数状態にあるものにして，未知数の値が求められるべきである．このように，それ（未知数の値）は場合によっては二通りとなる． /61p3/**

···Note···

規則 (BG 59-61): 中項除去．次の 5 ステップから成る．

0. 一色等式の規則 (BG 56-58) に従い，等式を作り (samī-√kṛ)，等分母化し (samacchedī-√kṛ)，分母払い (chedagama) をしたあと，等清算 (samaśodhana) により，一翼は未知数を含む部分（項）からなり，もう一つの翼はルーパのみからなるように整理する．前者を未知数翼，後者を既知数翼と呼ぶ．未知数翼が未知数の平方等（２次以上）の項を含まないときは，一色等式の規則のステップ 3 を適用する．(このステップ 0 は暗黙の了解事項)

1. 未知数翼が未知数の平方等（２次以上）の項を含むときは，両翼に等しい数を掛け，等しい数を加えて，未知数翼が「根を与える」ように変形する．後出シュリーダラの規則 (Q3) 参照．(BG 59, 61p1)

2. 両翼の根を等置し (madhyama-āharaṇa)，一色等式の規則 (BG 56-58) のステップ 2-3 を適用する．(BG 59d-60b, 61p1)

3. 未知数翼が未知数の 3 次，4 次の項を含んでいて，ステップ 1 を適用できないときは，自分の理知により（試行錯誤で）解く．(BG 60cd, 61p2)

4. ステップ 2 で，もし未知数翼の根にある定数項が負で，既知数翼の根がそれ（の絶対値）より小さければ，既知数翼の根を正および負と置いて両翼を等置し，2 つの等式のそれぞれから解を得る．E68 参照．ただし，その条件が満たされる場合でも，問題の陳述の要素を負数にするような値は解として受け入れない．E69, E70 参照．(BG 61, 61p3)

特に 2 次の場合にこの規則を適用すると，次のようになるだろう．$As^2+Bs=C$ と整理し，これを変形して，(1) $a^2s^2+2abs+b^2=c^2$，または (2) $a^2s^2+\dot{(2ab)}s+b^2=c^2$ を導く ($a>0$, $b>0$, $c>0$)．(1) のとき，$as+b=c$ から，$s=(c-b)/a$．(2) のとき，(2a) $as+\dot{b}=c$，または (2b) $as+\dot{b}=\dot{c}$．(2a) から，$s=(c-\dot{b})/a=(b+c)/a$．(2b) から，$s=(\dot{c}-\dot{b})/a=(b-c)/a$．ただし，(2b) は $b>c$ のときのみ．[(1) の場合の b と c の大小関係への言及はない．]

··

T185, 12 これらの規則は，先生ご自身が説明なさった．

T185, 12 これに関する正起次第．一翼には未知数一つだけ，他翼には既知数だけがもしあれば，両者は等しいから，その未知数にはその既知数の値 (māna) がある，ということは前に述べたが，既知数の残りを〈未知数の残りで〉割るために，未知数の残りが別々に存在しない[1]ことが望まれる．だから，そうなるように努力しなければならない．そこで，等しい両翼に対して，等しいものを加えたり（等付加），等しいものを引いたり（等清算），等しいものを掛けたり（等倍），等しいもので割ったり（等除），根 (mūla) をとったり，平方 (varga) にしたり[2]，立方 (ghana) 等にしたりしても，同等性 (samatva) を損なうことはない，ということは明らかである．

〈一翼には〉未知数の平方等が存在し，一翼にはルーパのみ，という場合は，根〈をとること〉なしにはいかなる場合も未知数の[3]独立 (pṛthak-sthiti) はない．だから，両翼の同等性に違わぬように根がとられるべきである．そうすれば，両根もまた同等性を持つだろう．だから云われたのである，「そのときは両翼に望みのものを掛けてから，何らか〈の数〉を」「両者に」：両翼に，「投ずるべきである」[4] 「そうすることによって〈未知数翼が〉根を与えるものとなるように」(BG 59) と．ここで，「望みのものを掛け」というのは指標である．場合によっては望みのもので両翼を割ったり，場合によっては望みのものを両翼から引いたり，等々も考慮すべきである．〈両翼の根をとったあとの〉残りの正起次第は，前と同じである．

(T185, 18; T186, 1)

〈未知数が〉二通りの値 (māna) を持つ場合については，そのためにあとで「森の中で，跳びはねてゆくもの（サル）たちの八分の一」(BG E68) という例題が述べられるだろう．ここで，サルの群れを yā 1〈とすると〉，これの八分の一の平方に十二加えたものが群れに等しい，というので，等清算〈など〉が行われると，生ずる二翼は， T186, 3

yāva	1	yā	$\dot{64}$	rū	0
yāva	0	yā	0	rū	$\dot{768}$

両翼に[5]三十二の平方 1024 を加えると，

yāva	1	yā	$\dot{64}$	rū	1024
yāva	0	yā	0	rū	256

が生ずる[6]．ここで，上翼の根はこの，yā 1 rū $\dot{32}$，あるいはこの，yā $\dot{1}$ rū 32．第二翼の根はこれ，rū 16．両翼の等清算のための書置：

yā	1	rū	$\dot{32}$
yā	0	rū	16

または

yā	$\dot{1}$	rū	32
yā	0	rū	16

だから，二通りの値が生ずる，48, 16.

（問い）「未知数〈翼〉の根のルーパより既知数〈翼〉の根が大きくても，二通りの値がこの道理によって〈生ずるのではないか．〉なぜ生じないのか.」 T186, 11

では聴きなさい．〈第一のケースのように〉未知数翼に生ずるルーパが負数

[1] avyaktaśeṣamapṛthakstham P] avyaktaśeṣapṛthakstham T.　[2] vargakaraṇe vā P] ∅ T.　[3] nāvyaktasya] nāvyaktasyā TP.　[4] tayoḥ pakṣayoḥ kṣepyaṃ yena T] kṣepyaṃ tayoryena P.　[5] pakṣayor T] atra pakṣayor P.　[6] jātau T] jātau pakṣau P.

の場合，⟨ 未知数項とルーパの積が負数だから ⟩，未知数は[1]正数に他ならない．このケースでは，未知数の残りを正数とするために，未知数翼のルーパこそが既知数翼から引かれるべきである．そしてそれは ⟨ 負数だから ⟩ 正数になるだろう，というので，不正起 (anupapatti) はない．また，⟨ 未知数翼に生ずる ⟩ ルーパが正数の場合，未知数が[2]負数に他ならない，というので，第二のケースでは，未知数こそが[3]，正数とするために，他の翼から引かれるべきである．一方，既知数 ⟨ 翼 ⟩ のルーパは未知数翼から生ずる根のルーパから引かれるべきだから，負数になる．それがもし大きければ，⟨ 未知数の ⟩ 値は負数になるだろう，というので，⟨ その場合 ⟩ 二番目 ⟨ の値 ⟩ は決して正起しない (anupapanna)．だから云われたのである，「もし[4]未知数 ⟨ 翼 ⟩ の根の負のルーパより既知数翼の根が小さければ」(BG 61ab) と．

···Note·····

両翼の根をとって $as+\dot{b}=c$ のとき，$(a-0)s=c-\dot{b}=c+b$ だから，$s=(b+c)/a$．$\dot{a}s+b=c$ のとき，$b-c=(0-\dot{a})s=as$ だから，$s=(b-c)/a$．ただしこれは $c<b$ のとき．そうでなければ，s は負数になるので正起しない (anupapanna).

·····

T186, 19 さて，⟨ 問題の ⟩ 陳述にルーパが引かれた未知数があってその平方が作られるべきときは，ルーパが負数だから未知数に負数性が生ずるが，そこで根をとった場合，ルーパのみが負数性を持つのであり，未知数 ⟨ が負数性を持つの ⟩ ではない．陳述でルーパの負数性が決まっているから．未知数を負数である
T187, 1 とみなした場合は，翼が負数になるだろう．実際，大きい方 ⟨ である未知数項 ⟩ が引かれる場合，翼は正数になり得ない．あるいは場合によってはそれが正数であるとしても，その場合は陳述から得られる翼とは異なるものになってしまうだろう．そうすれば，陳述から得られる翼に等しい第二の翼とそれ（未知数を負数とした翼）との同等性がどうして生ずるだろうか．だから，それとの等式によって[5]得られる ⟨ 未知数の ⟩ 値は正起しないだろう[6]，負数だから．実際，既知数が負数の状態にある場合，世間 (loka) は納得 (pratīti) しない．だから，そのような例題では，既知数 ⟨ 翼 ⟩ の根が，未知数 ⟨ 翼 ⟩ の[7]根にある負数の状態のルーパより小さくても，⟨ 従って未知数 (yā) 自体は正数として得られても，問題の解としては ⟩ 二通りの値は生じない．ルーパを正数と想定して得られた値は正起しないから．

···Note·····

問題の陳述に $ax+\dot{b}$ という表現があるとき，それの平方を含む方程式から $x=s$ の値が二つ正数として得られても，$ax-b<0$ となる s は採用すべきではない，「既知数が負数の状態にある場合，世間は納得しない」から，という趣旨．下の T187, 13 以下にその例が説明されている．なお，上の K の議論で「未知数」は「未知数項」と考

[1] ṛṇatve 'vyaktasya T] ṛṇatve vyaktasya P. [2] dhanatve 'vyaktasya T] dhanatve vyaktasya P. [3] prakāre 'vyaktameva T] prakāre vyaktameva P. [4] yadi P] ∅ T. [5] atastatsamīkaraṇena P] ata samīkaraṇena T. [6] mānamanupapannameva T] mānamupapannameva P. [7] vyaktapade 'vyakta T] vyaktapade vyakta P.

えると分かり易い.

……………………………………………………………………

同様に，未知数が引かれたルーパの平方が提示された場合，その根においては未知数のみが負数性を持つのであり，ルーパではない．述べられた道理と違いはないから．だからその場合も，二通りの値は[1]生じない．ルーパを負数と想定して得られた値は正起しないから．と，このように，多くの場合がある．場合によっては，足し算，引き算など，残りの演算によって[2]，逆になることもある．また場合によっては，未知数〈翼〉が自ずから負数の場合もあって，〈その場合，理屈では〉二通りの値が可能だが，二番目が正起しないこともある．だから尊敬されるべき先生は,「場合によっては二通りある」(BG 61d) と，決まり（制限）なしとして (aniyamena) 述べられたのである． T187, 7

…Note……………………………………………………………

前段落と対照的に，問題の陳述に $\dot{a}x+b$ という表現があるとき，それの平方を含む方程式から $x=s$ の値が二つ正数として得られても，$b-ax<0$ となる s は採用すべきではない，という趣旨.

……………………………………………………………………

次に，二番目の値が正起しない場合に関して後で述べられる例題が，納得のために〈ここに〉示される． T187, 13

> 群の五分の一引く三の平方は洞穴に行った．一頭の枝獣（サル）が枝に登っているのが見える．彼らは何頭か，云いなさい．(BG E69)

ここで，群が yā 5．この五分の一は yā 1.「引く三」で，yā 1 rū $\dot{3}$．平方されると，yāva 1 yā $\dot{6}$ rū 9.「見える」ものを加えると，yāva 1 yā $\dot{6}$ rū 10．〈これが〉群に等しいというので， T187, 16

$$\left\langle \begin{array}{|ccc|} \text{yāva } 1 & \text{yā } \dot{6} & \text{rū } 10 \\ & \text{yā } 5 & \\ \hline \end{array} \right\rangle$$

清算すると，

$$\begin{array}{|ccc|} \text{yāva } 1 & \text{yā } \dot{1}1 & \text{rū } 0 \\ & & \text{rū } \dot{1}0 \\ \hline \end{array}\ ^{3}$$

両翼に四を掛け，両者に十一の平方を投ずると，生ずるのは[4]

$$\begin{array}{|ccc|} \text{yāva } 4 & \text{yā } \dot{4}4 & \text{rū } 121 \\ & & \text{rū } 81 \\ \hline \end{array}\ ^{5}$$

---

[1] dvividhamānaṃ T] dvividhaṃ mānaṃ P.　[2] vidhinā T] vidhānā P.

[3] $\begin{array}{|ccc|} \text{yāva } 1 & \text{yā } \dot{1}1 & \text{rū } 0 \\ & & \text{rū } \dot{1}0 \\ \hline \end{array}$] yāva 1 yā $\dot{1}1$/ rū $\dot{1}0$ T, $\begin{array}{ccc} \text{yāva } 1 & \text{yā } \dot{1}1 & \text{rū } 0\ / \\ & \dot{1}0 & \text{rū } 0\ / \end{array}$ P.

[4] jātau P] jāto T.　[5] $\begin{array}{ccc} \text{yāva } 4 & \text{yā } \dot{4}4 & \text{rū } 121\ / \\ & & \text{rū } 81 \end{array}$ P] yāva 4 yā $\dot{4}4$ rū 121/ 81 T.

ここで，〈例題は〉ルーパのみの負数性を提示しているから，述べられた[1]方法により，根はこの，yā 2 rū $\dot{1}\dot{1}$ のみであり，この，yā $\dot{2}$ rū 11 ではない．第二翼の根は rū 9．さらに等式により得られた[2]ヤーヴァッターヴァットの値 10 で揚立されて生ずる量は 50．

一方，ルーパが正数のとき，ヤーヴァッターヴァットの値[3]はこの 1，また量は 5 であり，その五分の一である 1 は[4]，三を引くことができない．同様に，同じこの例題でもし「群の五分の一が三から引かれ」という陳述があれば[5]，
T188, 1 二番目の値のみがふさわしく (yukta)，初めの方ではない．実際，初めの量の五分の一，10，は三から引くことができない．

···Note···

例題 (BG E69)：サルの群れ (x)．

陳述：$(x/5-3)^2+1=x$．

解（E69p でのバースカラの解と yāvattāvat の設定の仕方が異なる）：$x=5s$ (= yā 5) とすると，$s^2-6s+10=5s$．清算して，$s^2-11s=-10$．4 を掛け，11^2 を加えると，$4s^2-44s+11^2=-10+11^2=81$，両翼の根をとって，$(2s-11)^2=9^2$．$2s-11=9$ から $s=10$．この s の値で x を揚立して，$x=50$．また $-2s+11=9$ から $s=1$．この s の値で x を揚立して，$x=5$．しかし，後者 ($x=5$) は $x/5-3<0$ だから不適．もし問題の陳述が $(3-x/5)^2+1=x$ という形で与えられていれば $x=50$ は不適で $x=5$ がふさわしい，という議論．

···

T188, 2 だからこそ，

> 日の正弦，赤緯の正弦，太陽〈黄経〉の腕弦の和を[6]空空空矢 (5000) という値を持つものと見て，平均太陽〈黄経〉を知りなさい[7]，もし中項除去が〈あなたによって〉学ばれたなら[8]．/GG, tr 100/

というこの〈『惑星計算』の〉「三種の問題」の例題において，赤緯の正弦をヤーヴァッターヴァットの大きさを持つと想定し，それから比例により腕弦を[9]導き，それら二つの和を提示された和から引き，その（残りの）平方を，赤緯の正弦の平方を引いた[10]三〈宮〉弦の平方からなる日の正弦の平方と等しくしてから，等清算をし，両翼の根をとる際に，未知数が[11]負数，〈未知数翼の〉ルーパが正数，という場合だけが採用される．だからこそ，その導出の規則 (ānayana-sūtra) にも，「それ（根）によって初数が減じられるべきである[12]」(GG, tr 101) とだけ述べられたのである．一方，〈未知数翼の〉ルーパが負数のときは，「それ（根）によって初数が増やされるべきである[13]」とも云われるはずである〈が，そのような記述はない〉．このように私が述べた

---

1 ukta P] ukra T. 2 labdhaṃ P] labdha T. 3 mānam P] manam T. 4 1 T] 5 P. 5 yadyālāpaḥ syāt T] yathā"lāpaḥ syāt P. 6 saṃyutiṃ T SŚi] svaṃ yutiṃ P. 7 avehi P SŚi] avaihi T. 8 cecchrutam SŚi] cedyatam T, ceddhruvam P. 9 dorjyāṃ P] dorjyā T. 10 krāntijyāvargona] krāntijyāvargonaḥ T, krāntijyāpavargona P. 11 avasare 'vyaktam T] avasare vyaktam P. 12 tenādya ūno bhaved SŚi] tenadvayūno bhaved T, tenā"ḍhya ūno bhaved P. 13 tenādya āḍhyo bhaved] tenādya ādyoya bhaved T, tenā"ḍhya āḍhyo bhaved P.

道理によって[1]，二通りの値の適不適がどこでも確かめられるべきである．だから，このように，「場合によっては二通りある」(BG 61d) ということが正起した．

···Note···

$x = R\sin\delta$（「赤緯の正弦」），$y = R\cos\delta$（赤緯の余弦＝「日の正弦」＝太陽の日周運動円の半径），$z = R\sin\lambda$（太陽黄経の正弦＝「腕弦」）とする．

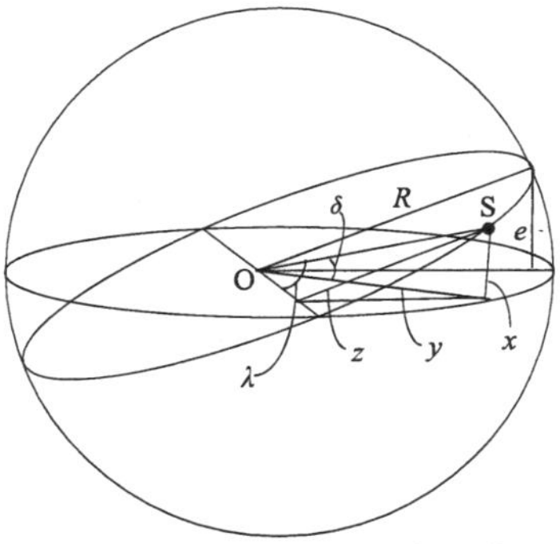

$z = Rx/e$（e は太陽の最大赤緯の正弦）および $x^2+y^2 = R^2$ だから，$x+y+z = p$ が与えられたとき，x を yāvattāvat ($= s$) と想定すれば，

$$(2e^2 + 2eR + R^2)s^2 - 2p(e^2 + eR)s = e^2R^2 - p^2e^2.$$

バースカラは GG, tr 100 で，$p = 5000$ のときの太陽黄経を求める例題を出し，同 101 で「導出の規則」（解のヒント），

$$x = s = f - \sqrt{910678 - \frac{2p^2}{337}}, \quad ただし \quad f = \frac{p}{15} \times 4.$$

を与える．ここで f が「初数」(ādya) と呼ばれているもの (この GG, tr 101 は第 1 章の T5, 5 から始まる「問い」で引用されている)．バースカラは GG, tr 101 の自注で，$R = 3438$, $e = R\sin 24° = 1397$ として，$x = 460; 15$, $y = 3407; 5$, $z = 1132; 39$ (1132;40?), $\lambda = 0; 19, 14, 32$ を得ている．

注釈者 K の話のポイントは，上の方程式

$$As^2 - 2pBs = C - Dp^2$$

を

$$(As - Bp)^2 = AC - (AD - B^2)p^2$$

と変形し，両翼の根をとるとき，

$$-As + Bp = \sqrt{AC - (AD - B^2)p^2}$$

を採用し，

$$As - Bp = \sqrt{AC - (AD - B^2)p^2}$$

は捨てるということ．理由は述べられていないが，s には $s = x = R\sin\delta \leq e$ という制約がある．実際，バースカラが用いる R と e の値から，$R^2 = 11,819,844$, $A = 2e^2 + 2eR + R^2 = 25,328,834$, $B = e^2 + eR = 6,754,495$, $C = e^2R^2 = 23,067,713,928,996$, $D = e^2 = 1.951,609$ だから，

$$\frac{B}{A} = \frac{6754495}{25328834} = \frac{1}{3 + \frac{1}{1+\frac{1}{2+\frac{1}{1+\frac{2089}{1687057}}}}} \approx \frac{1}{3 + \frac{1}{1+\frac{1}{2+\frac{1}{1}}}} = \frac{4}{15},$$

[1] yuktyā P] yuktayā T.

$$\frac{C}{A} = \frac{23067713928996}{25328834} = 910729\frac{10269010}{25328834} \approx 910729\frac{102}{253},$$

(バースカラは GG, tr 101c で，bhūtasaṃkhyā を用いて，この値を 'nāga-adry-aṅga-dig-aṅkāḥ'，すなわち 910678，としているが，その理由は不明)

$$\frac{AD - B^2}{A^2} = \frac{3808777688881}{641549831799556} = \frac{1}{168 + \frac{1}{2+\frac{458417553785}{1675180067548}}} \approx \frac{1}{168 + \frac{1}{2}} = \frac{2}{337}.$$

従って,

$$\frac{B}{A} \cdot p = \frac{4}{15} \cdot 5000 = 1333\frac{1}{3} = 1333;20,$$

$$\sqrt{\frac{C}{A} - \frac{AD - B^2}{A^2} \cdot p^2} \approx \sqrt{910729\frac{102}{253} - 148367\frac{321}{337}} = \sqrt{762361\frac{38422}{85261}}$$

$$\approx \sqrt{762361\frac{45}{100}} = \frac{\sqrt{76236145}}{10} \approx \frac{8731}{10} = 873\frac{1}{10} = 873;6,$$

だから，両翼の根をとるとき，未知数項を負とすると,

$$s = \frac{B}{A} \cdot p - \sqrt{\frac{C}{A} - \frac{AD - B^2}{A^2} \cdot p^2} \approx 1333;20 - 873;6 = 460;14,$$

(バースカラの値は 0;1 大きい)．一方，ルーパ（定数項）を負にすると,

$$s = \frac{B}{A} \cdot p + \sqrt{\frac{C}{A} - \frac{AD - B^2}{A^2} \cdot p^2} \approx 1333;20 + 873;6 = 2206;26 > e.$$

従って，後者は不適．例題 (GG, tr 100) で求められている太陽黄経 (λ) は，太陽黄経の正弦 (z) から，正弦表と補間法を用いて計算する．

....

T188, 11 根をとるために「そのときは両翼に望みのものを掛けてから，何らか〈の数〉を両者に投ずるべきである」(BG 59) と述べられたが，その場合何を両翼に掛けるべきか，また何が両者に投じられるべきか，というので，初心者の啓蒙のために，シュリーダラ先生がお作りになった方法を示す．

A344, 1 **ここで，シュリーダラ先生の規則.**

Q3 **平方の四倍に等しい[1]ルーパを両翼に掛け，前の未知数の平方に等しいルーパを同じそれら二つ〈の翼〉に投ずるべきである．/Q3/**[2]

/61p4/

···Note···

バースカラはここで，シュリーダラの教える「根法」(mūla-upāya, pada-upāya)，すなわち等式の両翼の平方根の計算法（すなわち完全平方化）を引用する．この詩節は Śrīdhara（8 世紀）の失われたビージャガニタの書からの引用と考えられている．彼の数学書で現在に伝わるのは，*Pāṭīgaṇita*, *Triśatikā*, *Gaṇitapañcaviṃśī* の三書であるが，いずれもパーティーガニタ（アルゴリズム数学）の書であり，この規則を含まない．M 本 G 本はこの詩節を BG 61 の直後（61p1 の直前）に置く．

等式を整理して（「清算して」）2 次の等式,

$$As^2 + Bs = C$$

---

[1] samai AMGP(K)] sama T(K) (T190, 23 における引用では T(K) も samai と読む).

[2] pūrvāvyaktasya kṛteḥ samarūpāṇi kṣipettayoreva (2nd line) GT(K)P(K)] avyakta-vargarūpairyuktau pakṣau tato mūlam AM.

を得たら，(1) 両翼に $4A$ を掛け，

$$4A^2s^2 + 4ABs = 4AC,$$

(2) 両翼に B^2 を加える，

$$4A^2s^2 + 4ABs + B^2 = 4AC + B^2.$$

注釈者 K（および G 本）が引用する読みではここまでであるが，この後の，平方根をとるステップ，

$$(2As + B)^2 = (\sqrt{4AC + B^2})^2,$$

に言及する読みが A 本 M 本に引用されている．そこでは，詩節の後半を「両翼に未知数の平方のルーパを加える．そこから根〈をとる．〉」とする．Q3 としては，注釈者 K（および G 本）の読み（Udgīti 韻律）を採用したが，本来の詩節は「根」に言及する AM の読み（Upagīti 韻律）に近かったのではないかと思われる．

……………………………………………………………………

これの意味．未知数の平方の数字（個数）の四倍を両翼に掛けるべきである．掛け算の前にあった未知数[1]の数字の平方に等しいルーパを両翼に投ずるべきである．このようにすると，必然的に，未知数翼の根が得られる．二番目の翼もまたそれと等しいから，根が[2]生ずるはずである．そうすると，既知数翼にもし根が得られなければ，そのときはそれ（問題）は不毛 (khila) である，ということは自明である[3]．このシュリーダラ先生の規則では根法 (mūla-upāya) が未知数の平方と未知数とに依存するものとして述べられたので，一翼に未知数の平方と未知数とがある場合に[4]のみそれ（計算法）は有効である．それ以外の場合の根法 (pada-upāya) は，理知ある者が自らの理知によって考えるべきである． T188, 14

次に，シュリーダラ先生の規則の正起次第．等清算が行われて一つの翼に未知数の平方と未知数とがあり[5]，他方の翼にルーパのみがある場合，初めの翼にルーパを足すことなしには，どうやっても根を得ることはない．というのは，唯一未知数だけを平方する場合，未知数の平方だけがあるだろう．ルーパを加えた未知数を平方する場合，未知数の平方[6]，未知数，そしてルーパがあるだろう．本件の場合，〈未知数翼に〉未知数の平方と未知数とがある[7]．それはいかなるものの平方でもない．だから，当然ルーパが投じられるべきである．たとえ未知数を引くことによっても未知数の平方だけが[8]残るから未知数翼の根が得られるとしても，二番目の翼には，そうすると，未知数を伴うルーパがあるだろう，というので，その根を得ることはない．だから両翼にルーパが投じられるべきである． T188, 22 T189, 1

…Note……………………………………………………………

シュリーダラの規則の正起次第：$As^2 + Bs = C$ において「未知数翼」の根を得るためには，両翼にルーパを加えることが必要である．

……………………………………………………………………

[1] yo 'vyaktāṃkas T] yo vyaktāṅkas P. [2] etatsamatvānmūlena P] etansamatvāmmūlena T. [3] arthasiddham T] arthātsiddham P. [4] yatraikasmin P] yatrekasmin T. [5] cā'sti P] castaḥ T. [6] karaṇe 'vyaktavargo P] karaṇe vyaktavargo T. [7] tiṣṭhataḥ] tiṣṭataḥ T, tiṣṭhati P. [8] avyaktavargamātrasya T] avyaktamātrasya P.

T189, 5 その場合，未知数の平方の（個数の）根が得られるときは，ただルーパを投ずるだけでよい．しかし未知数の平方の根が得られないときは，未知数の平方もまた，根が得られるように[1]，何かを加えるか掛けるかすべきである．そこで未知数の平方を加える場合，たとえ未知数翼の根が得られても，二番目の翼では未知数の平方を伴うルーパがあるだろう，というので，未知数が存在しないので，根を得ることはない．また，両翼に未知数も加えるべきである，と云うべきではない，〈計算が〉重いから．しかし，未知数翼に未知数の平方が二つあるときは，両翼に何が投じられるべきか．二，七，十四，二十三，三十四，四十七，六十二などの[2]〈個数の〉未知数の平方を投ずる場合，初めの翼の根だけが得られ，他方のは〈得られ〉ない．一，四などの〈個数の〉未知数の平方を投ずる場合，〈二番目の翼の根が得られても〉，初めの翼の根は得られない．また，未知数の平方二つがある場合，両翼で未知数の平方一つを引くことにより，両方とも根が得られる，と云うべきではない．二番目の翼にある負数である未知数の平方の根は存在しないから．また，三，五などの〈個数の〉未知数の平方があるとき，一，四などの〈個数の〉未知数の平方が両翼に投じられるべきであり，二，六などの〈個数の〉未知数の[3] 平方があるとき，両翼は二，六などによって掛けられるべきである，と云うべきではない．手順 (anugama) があるのに[4]手順に従わない (ananugama) のは不合理 (anyāyya) だから（「掛ける」という統一的方法があるのに部分的にそうしないのはおかしいから）．また，計算の完結が不定だから（計算がうまくいくとは限らないから）．また，非常に重いから[5]（計算がやっかいだから）．というのは，未知数の平方，未知数，ルーパは，両翼とも根が得られるように投じられるべきだから．また，方法を語るのは初心者の啓蒙のためであるが[6]，これこれを投ずる（付加する）ということは初心者には理解しがたいので，方法を語ることは意味を失ってしまうだろう．そこでこの（シュリーダラの規則の）ように，未知数の平方は何かを掛けるだけにするべきだということになる．

···Note ···

A が平方数のときは，両翼に適当なルーパを加えるだけで根が得られる（完全平方化できる）．A が平方数でないとき，未知数の平方の項の根を得るために，(a) 何か（もう一つ平方の項）を加える，(b) 何か（ルーパ）を掛ける，の二通りの方法が考えられるが，前者は一般的には成立しないし，成立するケースもあるが，計算がやっかいである．だから後者を行うべきである，という趣旨．注釈者 K は，$A = 2n+1$ のときは両翼に n^2s^2 を加え，$A = 2n$ のときは両翼に $2n$ を掛ける，という方法を三つの理由をあげて批判する（本文参照）．$A = 2n+1$ の場合，n^2s^2 を加えると $(n+1)^2s^2 + Bs = n^2s^2 + C$ であるが，$a = n+1$, $b = \frac{2(n+1)B \pm 2n\sqrt{B^2+8nC+4C}}{8n+4}$, $c = n$, $d = \frac{2(n+1)b-B}{2n}$ と置くと，$(as+b)^2 = (cs+d)^2$ と変形できる．例えば，

[1] labhyeta P] labhyate T. [2] dviṣaṣṭyādy P] dviṣaṣṭayādy T. [3] ādiṣvavyakta P] ādi avyakta T. [4] anugame P] aguṇagame T. [5] atigauravāc P] atigaukhāc T. [6] mandāvabodhārthaṃ T(-va bo-)] mandabodhārthaṃ P.

$3s^2+2s=1$ は $\left(2s+\frac{4}{3}\right)^2=\left(s+\frac{5}{3}\right)^2$．このように，何かを加えて平方化できる場合もあるが，初心者には難しい．$A=2n$ の場合はシュリーダラの方法と基本的に同じことになる．

その場合，未知数の平方の根が得られるときは，ルーパを投じるだけにす T189, 22
るべきである．それはどれだけかということが検討される．その場合，もし未知数の平方に対して未知数一つが根として得られるなら，そのときは未知数の〈個数の〉半分の平方を投ずれば，未知数翼の根は必然的に得られる．というのは，「平方数 (pl.) から根 (pl.) をとり」云々(BG 12) により[1]，未知数の平方に対しては未知数一つが根，一方，ルーパに対しては未知数の半分に等しいルーパ〈が根〉であり，両者の積は未知数の半分に等しく[2]，その二倍は未知数に等しいだろう，というので，それを引けば余りがなくなる．同様
に，未知数の平方に対して未知数二つが根として得られる場合も，この同じ T190, 1
道理によって，あるがままの（元の）未知数の四分の一の[3]平方に等しいルーパを投ずれば，必然的に[4]根を得る．同様に，未知数三つが根として得られる場合，翼にある未知数の六分の一の平方に等しいルーパを投ずれば，必然的に根を得る．かくして，未知数の平方の根が得られる場合，その根の数字の二倍で未知数の数字を割って得られるものの平方に等しいルーパが投じられるべきである，ということが確立する．

Note

A が平方数のとき．$s^2+Bs=C$ なら $(B/2)^2$ を加えて，$(s+B/2)^2=C+(B/2)^2$．$4s^2+Bx=C$ なら $(B/4)^2$ を加えて，$(2s+B/4)^2=C+(B/4)^2$．$9s^2+Bx=C$ なら $(B/6)^2$ を加えて，$(3s+B/6)^2=C+(B/6)^2$．一般に $(B/2\sqrt{A})^2$ を加えて，$\left(\sqrt{A}s+\frac{B}{2\sqrt{A}}\right)^2=C+\left(\frac{B}{2\sqrt{A}}\right)^2$．

次に，未知数の平方の数字（個数）の根が得られない場合，その同じ数字を T190, 6
掛ければ[5]，必然的に根を得る，というので，未知数の平方の数字を両翼に掛けるべきである．またここで前の道理によってルーパを投ずる．そのために，未知数の平方の〈数字の〉根の数字の二倍で未知数の数字が割られるべきである．しかし，ここでは未知数の平方の〈数字の〉根の数字は，掛けられていない未知数の[6]平方の数字である．かくして，〈前の〉未知数の数字は，掛けられていない未知数の[7]平方の数字の二倍で割られ，翼の乗数 (pakṣa-guṇaka) である掛けられていない未知数の平方の数字で掛けられるべきである．ここで乗数と除数を，掛けられていない未知数の平方の数字で共約すれば[8]，前の未知数の数字に対して除数二が生ずる．だから，前の未知数の〈数字の〉半分の平方に等しいルーパが投じられるべきである，ということが確立する．

[1] ādinā'vyakta P] ādi/ nāvyakta T.　[2] abhihatiravyaktārdhatulyā P] abhihatikhyakta-tulya T.　[3] caturthāṃśa P] caturthīṃśa T.　[4] kṣepe 'vaśyaṃ P] kṣepe 'vyaktaṃ T.　[5] guṇane P] guṇe T.　[6] aguṇito 'vyakta P] aguṇito vyakta T.　[7] tathā cāguṇitenāvyakta P] tathā ca guṇitenāvyakta T.　[8] vargāṅkena guṇyaśca/ atra guṇa-harayoraguṇitāvyaktavargāṅkenāpavarte kṛte P] vargāṅkenāpavarte kṛte T(haplology).

…Note ……………………………………………………………

A が平方数でないとき．両翼に A を掛けると，$A^2s^2+ABs=AC$ であり，これに $(AB/2\sqrt{A^2})^2=(B/2)^2$ を加えて，$\left(As+\frac{B}{2}\right)^2=AC+\left(\frac{B}{2}\right)^2$．

……………………………………………………………

T190, 12 同様に，掛け算なしに未知数の平方の数字の根が得られる場合も，⟨今⟩述べられた道理によって，両翼に未知数の平方の数字を掛け，前の未知数の半分の平方に等しいルーパを投ずれば，根が得られる[1]．道理に違いはないから．だからこのように，両翼が未知数の平方の数字を掛けられ[2]，前の未知数の半分の平方に等しいルーパがそれら二つに投じられるべきである，ということが確立する．

…Note ……………………………………………………………

実は，最初のケース（A が平方数のとき）でも，A が平方数でないときとまったく同様にできる．「道理に違いはないから．」

……………………………………………………………

T190, 16 これだけで両翼の根の獲得は達成されるが，整数性のために，さらに四を掛けることが⟨シュリーダラの規則に⟩述べられた．というのは，平方数 (4) を平方数に掛けても，平方数性を損なうことはないから．またここで，前の道理によって⟨ルーパを⟩投ずる．ここでは未知数の平方に四を掛けると，その根の数字は二倍されることになるだろう．そしてその二倍で未知数の数字が割られるべきである，というので，未知数に対して[3]，前の未知数の平方の数字の四倍が除数になる．翼の乗数もそれと同じである，というので，乗数と除数が等しいから消えて，前の未知数の平方に等しいルーパが投じられるべきである，ということが成立する．

…Note ……………………………………………………………

「整数性のために」(abhinnatvārtham)，A だけでなく 4 も掛ける．$4A^2s^2+4ABs=4AC$．これに $(4AB/2\sqrt{4A^2})^2=B^2$ を加えて，$(2As+B)^2=4AC+B^2$．

……………………………………………………………

T190, 23 だからこのように，⟨シュリーダラの規則⟩，

> 平方の四倍に等しいルーパを両翼に掛け，前の未知数の平方に等しいルーパを同じそれら二つ⟨の翼⟩に投ずるべきである．/Q3/

が正起した．

T190, 24 このようにしても，もし既知数翼の根が得られないなら，そのときはカラニーからなる根がとられるべきである．

T191, 1 次に，生徒たちの理知 (buddhi) を増すために[4]，様々な例題を検討しつつ，⟨その内の⟩一つの例題をマーリニー詩節で述べる．

A344, 24 **例題．/E61p0/**

---

[1] labhyetaiva P] lbhyata eva T. [2] guṇyau P] guṇyo T. [3] avyaktasya] pūrvāvyaktasya TP. [4] prasārārthaṃ P] prasādārthaṃ T(慰めるために).

雀蜂の群の半分の平方根および全体の九分の一の八つはマーラティーの花へ行ってしまった．一方，夜に香りの虜になって蓮の花の中に閉じこめられ，ブンブンと羽音を立てている一匹の雄蜂に応えて，一匹の雌蜂が羽音を立てている．魅惑的な女性よ，蜂の数を述べなさい．/E61/ E61

ここでは雀蜂の群の量が yāva 2．これの半分の根は yā 1．全体の九分の一の八つは，yāva $\frac{16}{9}$．根と部分の和に，見えている一対の雀蜂を加えると量に等しい，というので，両翼を等分母化し，分母払いをして，書置： A345, 1

yāva	18	yā	0	rū	0
yāva	16	yā	9	rū	18

清算がなされた場合，生ずる両翼は，

yāva	2	yā	$\dot{9}$	rū	0
yāva	0	yā	0	rū	18

両者を八倍し，両者に八十一というルーパを投じ，二つの根をとって，両者の等式 (samīkaraṇa) ための書置：

yā	4	rū	$\dot{9}$
yā	0	rū	15

前のように得られるヤーヴァッターヴァットの値は 6．これの平方で揚立されて生ずる雀蜂の群の数は 72．/BG E61p/

···Note·····································

例題 (BG E61)：雀蜂 (x).

陳述：$\sqrt{x/2}+8\cdot(x/9)+2=x$.

解：$x=2s^2$ (= yāva 2) とすると，$\sqrt{x/2}=s$，$8\cdot(x/9)=(16/9)s^2$ だから，$s+(16/9)s^2+2=2s^2$．等分母化し，分母を払うと，$18s^2=16s^2+9s+18$．清算すると，$2s^2-9s=18$．8 倍し，$9^2=81$ を加えると，$16s^2-72s+81=225$．根をとると，$(4s-9)^2=15^2$．$4s-9=15$ から，$s=6$．これで x を揚立すると，$x=72$.

これは L 71（乗数算法，L 65-66，の例題）と同じ．

···

意味は明瞭である．ここでは雀蜂の群の量が〈ヤーヴァッターヴァットの〉平方の二倍からなると想定されるべきである.[1] というのは，それなら半分の根が生じうるから．だから尊敬されるべき先生によってそのように想定された，yāva 2．計算は原典で明らかである．生ずる雀蜂の群の[2]数は 72. T191, 7

次に，もう一つの例題をシャールドゥーラ・ヴィクリーディタ詩節で述べる． T191, 9

例題．/E62p0/ A348, 8

プリターの息子（アルジュナ）は戦場において憤激して，カルナを撃つべく次々と矢をつがえた．彼はその半分で彼（カルナ）の E62

[1] kalpyaṃ yato P] kalpayanto T.　[2] kula T] kala P.

⟨ 放つ ⟩ 矢の雨を避け，平方根四つで馬を，六本でシャルヤ（カルナの御者）を，また三本の矢で ⟨ それぞれ ⟩ 日傘，旗印，弓を，そして ⟨ 最後の ⟩ 一本の矢で彼の頭を射抜いた．アルジュナがつがえた矢は何本か．/E62/

A348, 13 **ここでは矢の数が yāva 1．これの半分は yāva $\frac{1}{2}$．根の四倍は yā 4．顕現している矢の集まりは rū 10．これらの和をこの yāva 1 と等しくして，得られるヤーヴァッターヴァットの値 10 で揚立されて生ずる矢の数は 100．/E62p/**

···Note ·································

例題 (BG E62)：アルジュナの矢 (x).

陳述：$x/2+4\sqrt{x}+6+3+1=x$.

解：$x=s^2$ (= yāva 1) とすると，$s^2/2+4s+10=s^2$．⟨ 等分母化し，分母を払い，等清算すると，$s^2+8s=20$．$4^2=16$ を加えると，$(s-4)^2=6^2$．$s-4=6$ から ⟩ $s=10$．これで x を揚立すると，$x=100$.

これは L 70 (乗数算法の例題) と同じ．アルジュナがカルナを撃つ話は *Mahābhārata* 8.67 (Poona ed.) にある．

···

T191, 14 意味は明瞭である．ここで想定された矢の数は yāva 1．これの半分は yāva $\frac{1}{2}$．根の四倍は yā 4．見えている矢の集まりは rū 10．これらの和，yāva $\frac{1}{2}$ yā 4 rū 10，を量，yāva 1，と等しくして[1]，両翼を等分母化し，分母を払い，清算し，両翼に十六ルーパを投じ，二つ（両翼）の根をとれば，さらなる等式によって得られるヤーヴァッターヴァットの値は 10，生ずる矢の数は 100.

T191, 19 次に，もう一つの例題をウパジャーティカー詩節で述べる．

A350, 27 **例題．/E63p0/**

E63 **一を引いた項数の半分が初項，初項の半分がその増分，そして果（和）は増分・初項・項数の積に自分の七分の一加えたものである．増分，初項，項数を云いなさい．/E63/**

A351, 1 **ここでは，項数が yā 4 rū 1．初項は yā 2．増分は yā 1．これらの積に自分の七分の一を加えると，yāgha $\frac{64}{7}$ yāva $\frac{16}{7}$．これは ⟨ 数列の ⟩ 果であり，「一を引いた項数を増分に掛け」(L 121) という数列の算計（和）であるこの，yāgha 8 yāva 10 yā 2，と等しいというので，両翼をヤーヴァッターヴァットで共約し，等分母化し，分母を払い，清算をすると，生ずる両翼は，**

yāva	**8**	**yā**	**54**	**rū**	**0**
yāva	**0**	**yā**	**0**	**rū**	**14**

[1] eṣāmaikyaṃ yāva $\frac{1}{2}$ yā 4 rū 10 rāśi–yāva 1–samaṃ kṛtvā T] eṣāmaikyaṃ yāva $\frac{1}{2}$ yā 8 rū 20/ rāśiḥ yāva 1/ samaṃ kṛtvā P.

これら二つに八を掛け，二十七の平方，729，を加えると，二つの根は，

yā	**8**	**rū**	$\dot{27}$
yā	**0**	**rū**	**29**

さらにこれら二つの〈翼の〉等式によって得られるヤーヴァッターヴァット の値 7 で揚立された初項，増分，項数は 14, 7, 29．/E63p/

···Note···

例題 (BG E63)：等差数列．初項 (x)，公差 (y)，項数 (z)，和 (u).

陳述：$(z-1)/2 = x$, $x/2 = y$, $xyz + xyz/7 = u$.

解：$z = 4s + 1$ (= yā 4 rū 1) とすると，$x = 2s$, $y = s$, $u = s \cdot 2s \cdot (4s+1) + s \cdot 2s \cdot (4s+1)/7 = (64/7)s^3 + (16/7)s^2$．一方，等差数列の和の公式 (L 121) から，$u = 8s^3 + 10s^2 + 2s$．両者は等しいから，$(64/7)s^3 + (16/7)s^2 = 8s^3 + 10s^2 + 2s$．$s$ で共約し，等分母化し，清算すると，$8s^2 + 54s = 14$．8 を掛け，$27^2 = 729$ を加えて，根をとると，$(8s-27)^2 = 29^2$．$8s - 27 = 29$ から $s = 7$．これで x, y, z を揚立すると，$x = 14$, $y = 7$, $z = 29$, $\langle u = 3248 \rangle$.

···

「そして果は」という「そして」(ca) は「一方」(tu) の意味である．そう〈解釈〉すれば，〈詩節の前半の終わり近くにある〉「果」という語が後半と結びつくことが分かり易い．あとは明瞭である．ここでは項数をヤーヴァッターヴァット四つに[1]ルーパを足したもの，yā 4 rū 1，と想定すれば，計算は原典で明らかである．〈等式を作る際〉，もう一つの方法で果を得るために，パーティーにあるこの規則， T192, 1

> 一を引いた項数を増分に掛け，口（初項）を加えると末項の値である．それに口を加え，半分にすると平均の値である．それに項数を掛けると総値である．それはまた算計とも呼ばれる．/L 121/[2]

〈が用いられた〉．

···Note···

L 121 のアルゴリズム．等差数列の初項 (a)，公差 (d)，項数 (n) が与えられたとき，末項 (a_n)，平均項 ($\bar{a}$)，和 (A) は，

$$a_n = (n-1)d + a, \quad \bar{a} = \frac{a + a_n}{2}, \quad A = \bar{a} \cdot n.$$

···

次に，もう一つの例題をアヌシュトゥブ詩節で述べる． T192, 7

例題．/E64p0/ A356, 24

> **いかなる量をゼロで割り，最初を加え，あるいは引き，平方し，** E64
> **自分の根を加え，ゼロを掛けると九十になるだろうか．/E64/[3]**

ここでは「量」が yā 1. これをゼロで割ると，yā $\frac{1}{0}$．これにはゼロ分母 A356, 27

---

[1] catuṣṭayaṃ T] catuṣṭaya P. [2] taduktamiti P L/ASS] tadukta T. [3] rāśirādyayukto 'thavonitaḥ] rāśirādyayukto navonitaḥ AM, rāśiḥrādyāyuktothavonitaḥ T, rāśiḥ koṭyā yukto 'thavonitaḥ GP.

性が想定される.「最初」yā 1 を加えると，yā 2 が生ずる．九を引くと，yā 2 rū $\dot{9}$．平方すると，yāva 4 yā $\dot{36}$ rū 81．自分の根，yā 2 rū $\dot{9}$，を加え
A357, 1 ると，yāva 4 yā $\dot{34}$ rū 72．これにゼロを掛けたものは 九十に等しい，というので，ゼロを掛けることになったとき,「ゼロが乗数として生じているとき，もしゼロが除数なら，〈そのとき量は不変であると知るべきである〉」(L 46) というので，前はゼロが除数，今は乗数，従って乗数と除数の両方とも消える．かくして両翼は，

yāva	4	yā	$\dot{34}$	rū	72
yāva	0	yā	0	rū	90

等清算からの両翼の残りは，

yāva	4	yā	$\dot{34}$	rū	0
yāva	0	yā	0	rū	18

これらの両翼に十六を掛け，三十四の平方に等しいルーパを投じ，二つの根をとると，両翼の清算のための書置は，

yā	8	rū	$\dot{34}$
yā	0	rū	38

述べられたごとくに生ずる量は 9．/E64p1/

A357, 10 あるいはここで，「最初を加え，あるいは引き」という読みの場合，量が yā 1．ゼロで割ると $\frac{\text{yā } 1}{0}$ 最初，yā 1，を足したり引いたりするために，ゼロ分母であるから，等分母化することにより，ゼロを足したり引いたりすれば，それと同じ $\frac{\text{yā } 1}{0}$ 平方すると $\frac{\text{yāva } 1}{0}$ 自分の根を加えると $\frac{\text{yāva } 1 \text{ yā } 1}{0}$ これにゼロを掛ける．前にはゼロ分母であるから，乗数と除数の消去をすれば，生ずるのは，yāva 1 yā 1．これは九十に等しい，というので，等清算のための書置：

yāva	1	yā	1	rū	0
yāva	0	yā	0	rū	90

等清算はなされているので，これら両翼に四を掛け，一を投ずると，二つの根は，

yā	2	rū	1
yā	0	rū	19

ここで等清算から生ずるのは，前と同じ量 9．/E64p2/

ここでは「量」が yā 1．これをゼロで割ると，yā $\frac{1}{0}$．これにコーティ (10^7) を加えても，あるいは引いても変化しない，ゼロ分母だから．さてこの yā $\frac{1}{0}$ を平方し，yāva $\frac{1}{0}$，自分の根 yā $\frac{1}{0}$ を加えると yāva $\frac{1}{0}$ yā $\frac{1}{0}$．これにゼロを掛けると yāva 1 yā 1 が生ずる，乗数と除数が等しくて消えるから．さてこれが九十に等しい，というので，等清算し，両翼に四を

掛け，ルーパを加えると，前のように，量 9 が生ずる．/E64p3/[1]

···Note···

例題 (BG E64)：ゼロの乗除を含む等式（純数量的）．

陳述：A 本 M 本 G 本 T 本 P 本で詩節 E64 の読みが少し異なる．すなわち，T 本で「最初を加え，あるいは引き」の部分を，P 本 G 本は「コーティ(10^7) を加え，あるいは引き」と読み，A 本 M 本は「最初を加え，九を引き」と読む．したがってそれぞれの韻文に与えられた陳述は次の通り．

$$\text{T 本:}\quad \left\{\left(\frac{x}{0}\pm x\right)^2+\sqrt{\left(\frac{x}{0}\pm x\right)^2}\right\}\times 0=90.$$

$$\text{P 本 G 本:}\quad \left\{\left(\frac{x}{0}\pm 10^7\right)^2+\sqrt{\left(\frac{x}{0}\pm 10^7\right)^2}\right\}\times 0=90.$$

$$\text{A 本 M 本:}\quad \left\{\left(\frac{x}{0}+x-9\right)^2+\sqrt{\left(\frac{x}{0}+x-9\right)^2}\right\}\times 0=90.$$

A 本 M 本に含まれるバースカラの自注は，初め A 本 M 本の韻文の読みで解き (E64p1=解 1)，次に T 本の読みで解く (E64p2=解 2)．G 本に収録された自注では，最初 P 本と同じ読みで解き (E64p3=解 3)，次に A 本 M 本の読みで解く (E64p1=解 1)．また G の編者は T 本と同じ読みとその解 (E64p2=解 2) を「印刷本」から引用する．自注 (E64p2 の冒頭) にはあたかも異読に言及するかのような表現が見られるが，著者自身が自分の詩節の異読に触れるというのは異例（異常）である．また解 1 の計算にはバースカラ自身の与えるゼロの演算規則に従わない部分もある．これらのことからみて，この自注 (BG E64p1-p3) は改変されている可能性がある．注釈者 K はもちろん T 本では T の読み，P 本では P の読みに従う（ことにされている）が，‘$\pm x$’ も ‘$\pm 10^7$’ も効果は同じ（「ゼロ分母」は不変）だから，その後の演算は全く同じである．

解 1：$x=s$ $(=\text{yā}\ 1)$ とすると，$s\div 0=(1/0)s$（ゼロ分母）．$(1/0)s+s=2s$（これはバースカラ自身の与えるゼロの演算規則の一つ「ゼロ分母は不変」に反することに注意）．$(2s-9)^2-(2s-9)=4s^2-34s+72$．これにゼロを掛けて 90 に等しいと置くが，前にゼロで割るという演算があったので，除数のゼロと乗数のゼロが相殺されて消える．したがって，$4s^2-34s+72=90$．等清算により，$4s^2-34s=18$．両翼に 16 を掛け，34^2 を加えて，根をとると，$(8s-34)^2=38^2$．$8s-34=38$ から，$s=9$．だから，$x=9$.（以上 E64p1）

解 2：$x=s$ $(=\text{yā}\ 1)$ とすると，$s\div 0=s/0$（ゼロ分母）．$s/0\pm s=s/0\pm(s\cdot 0)/0=(s\pm s\cdot 0)/0=s/0$．$(s/0)^2=s^2/0^2=s^2/0$．$\sqrt{s^2/0}=\sqrt{s^2}/\sqrt{0}=s/0$．$s^2/0+s/0=(s^2+s)/0$．$\{(s^2+s)/0\}\times 0=s^2+s$．これが 90 に等しいから，$s^2+s=90$．4 を掛け，1 を加えて，根をとると，$(2s+1)^2=19^2$．$2s+1=19$ から，$s=9$．だから，$x=9$.（以上 E64p2）

解 3：$x=s$ $(=\text{yā}\ 1)$ とすると，$s\div 0=(1/0)s$（ゼロ分母）．$(1/0)s\pm 10^7=(1/0)s$，$\{(1/0)s\}^2=(1/0)s^2$ だから，$\{(1/0)s^2+(1/0)s\}\times 0=s^2+s$．これが 90 に等しいから $s^2+s=90$．以下，解 2 と同じ．（以上 E64p3）

··········

[1] この段落は G 本のみ．G 本は E64p3 を第一段落とし，E64p1 をその後に置き，E64p2 に相当するものを典拠不明の「印刷本」(mudrita-pustaka) から引く．

T192, 10　意味は明瞭である．ここでは量が yā 1．これをゼロで割ると，yā $\frac{1}{0}$．これに「最初」[1]を加え，あるいは引くと，不変である[2]，ゼロ分母だから．次にこの yā $\frac{1}{0}$ を平方すると yāva $\frac{1}{0}$．自分の根 yā $\frac{1}{0}$ を足すと，yāva $\frac{1}{0}$ yā $\frac{1}{0}$.[3] これにゼロを掛けると[4]，生ずるのは，yāva 1 yā 1 である，乗数と除数が等しくて消えるから．次にこれを[5]九十と等しくして，等清算をし，両翼に四を掛け，1 ルーパを投ずれば，前と同様に量 9 が生ずる．

···Note ···

これは T の読みによる．P の読みによれば,「これに最初を加え，あるいは引くと」が「これにコーティを加え，あるいは引くと」になる．すなわち，'$\pm x$' が '$\pm 10^7$' になる．この K の解は，E64p2（=解 2）に等しい．

··

T192, 15　もう一つの例題をアヌシュトゥブ詩節で述べる．

A360, 6　**例題．/E65p0/**

E65　**いかなる量に自分の半分を加え，ゼロを掛け，平方し，自分の根二つを加え，ゼロで割ると十五になるか，云いなさい．/E65/**

ここでは「量」が yā 1．これに自分の半分を加えると，yā $\frac{3}{2}$．ゼロを掛けたものは，残りの演算がなされるべきときは，ゼロにしないで「ゼロ乗数」と考えるべきである，yā $\frac{3}{2}$．平方すると，yāva $\frac{9}{4}$．自分の根二つ yā 3 を加えると $\frac{\text{yāva } 9 \text{ yā } 12}{4}$ これをゼロで割る．ここでも，前と同様，乗数と除数が等しいので消して，量は不変である．そしてそれを十五と等しくして，等分母化し，分母を払い，清算すると，生ずる両翼は

yāva	**9**	**yā**	**12**	**rū**	**0**
yāva	**0**	**yā**	**0**	**rū**	**60**

両者に四を加え二つの根をとり，ふたたび等清算により，得られるヤーヴァッターヴァットの値は 2 である．/E65p1/

だから私のパーティーガニタ (L 45-46) にも〈次のように云う〉．/Q4p0/

A360, 17

Q4　**〈和においてゼロは加数に等しい．平方等においてはゼロ．ゼロで割られた量は〉ゼロ分母とすべし．ゼロを掛けられたらゼロ．**

Q5　**残りの演算ではゼロ乗数と考えるべし．// ゼロが乗数として生じており，さらにもしゼロが除数なら，そのとき量は不変である．賢い者たちはどこでもこのように考えるべし．/Q4-Q5/[6]**

/E65p2/

---

[1] ādyā T] koṭyā P.　[2] vā'vikṛta eva P] vā'vihṛta eva T.　[3] yāva $\frac{1}{0}$ T] yāva 1 P.　[4] khaguṇito T] khaguṇo P.　[5] athāmuṃ P] athāyaṃ T.　[6]「そのとき量は」以下の文は L の出版本 (ASS & VIS) では「そのとき量は不変であると知るべし．ゼロを引いたり足したりした場合もまったく同様（不変）である.」

···Note ······························

例題 (BG E65)：ゼロの乗除を含む等式（純数量的）．
陳述：

$$\left[\left\{\left(x+\frac{x}{2}\right)\times 0\right\}^2 + 2\times\sqrt{\left\{\left(x+\frac{x}{2}\right)\times 0\right\}^2}\right]\div 0 = 15.$$

解:$x = s$ (= yā 1) とすると，$s{+}s/2 = (3/2)s$．ゼロを掛けると，$(3/2)s{\times}0 = (3/2)s$（ただし「ゼロ乗数」であることを憶えておく）．平方して，$(9/4)s^2$（ゼロ乗数）．自分の根二つ，$3s$，を加えて，$(9/4)s^2+3s = (9s^2+12s)/4$（ゼロ乗数）．これをゼロで割って 15 に等しいと置くが，この除数ゼロと前の乗数ゼロとが相殺されるので，$(9s^2+12s)/4 = 15$．等分母化し，分母を払うと，$9s^2+12s = 60$．4 を加えて，根をとると，$(3s+2)^2 = 8^2$．$3s+2 = 8$ から $s = 2$．だから，$x = 2$．

ゼロの処理についてのバースカラの説明 (E65p1) を敷衍すると，$\{(3/2)s\cdot 0\}^2 = (9/4)s^2{\cdot}0^2 = (9/4)s^2{\cdot}0$．$2\sqrt{(9/4)s^2\cdot 0} = 2{\cdot}(\sqrt{9}/\sqrt{4})\sqrt{s^2}{\cdot}\sqrt{0} = 2{\cdot}(3/2)s{\cdot}0 = 3s{\cdot}0$．$(9/4)s^2\cdot 0 + 3s\cdot 0 = (9s^2\cdot 0+12s\cdot 0)/4$．$(9s^2\cdot 0+12s\cdot 0)/4\div 0 = (9s^2\cdot 0\div 0 + 12s\cdot 0\div 0)/4 = (9s^2+12s)/4$．

······························

意味は明瞭である．ここでは「量」が yā 1．計算は原典で明らかである．根のために，四ルーパが加数である． T192, 18

もう一つの 例題をアールヤー詩節で述べる． T193, 1

例題．/E66p0/ A362, 3

> **いかなる量に十二を掛け，量の立方を加えたものが，その量の平方の六倍に三十五を加えたものと等しくなるか，賢い者よ．/E66/** E66

ここでは「量」が yā 1．これに十二を掛け「量の立方を加えたもの」は，yāgha 1 yā 12．これがこの，yāva 6 rū 35，と等しいというので，清算をすると，初めの翼には yāgha 1 yāva $\dot{6}$ yā 12，他方の翼には rū 35 が生ずる．両方に負数ルーパ八を投ずると，二つの立方根は

yā	**1**	**rū**	**$\dot{2}$**
yā	**0**	**rū**	**3**

更にこれら両者の等式によって生ずる量は 5 である．/E66p/

···Note ······························

例題 (BG E66)：立方を含む等式（三次方程式，純数量的）．
陳述：$12x + x^3 = 6x^2 + 35$．

解:$x = s$ (= yā 1) とすると，$s^3{+}12s = 6s^2{+}35$．清算すると，$s^3{-}6s^2{+}12s = 35$．-8 を加えると，$s^3{-}6s^2{+}12s{-}8 = 27$．立方根 (ghana-mūla) をとると，$(s{-}2)^3 = 3^3$．$s-2 = 3$ から $s = 5$．だから，$x = 5$．

······························

意味は明瞭である．計算は原典で明らかである． T193, 4

T193, 5 次に，もう一つの例題をアヌシュトゥブ一詩節半で述べる．

A363, 18 **例題． /E67p0/**

E67 **いかなる量に二百を掛け，量の平方を加え，二倍し，それを量の平方の平方から引くと，一少ない一万になるだろうか．もし種子計算を知っているならその量を述べなさい． /E67/**

ここでは「量」が yā 1．二百を掛けると，yā 200．量の平方を加えると，yāva 1 yā 200 が生ずる．これを二倍すると，yāva 2 yā 400．これによってこの yāvava 1，量の平方の平方，を減ずると，yāvava 1 yāva $\dot{2}$ yā $\dot{400}$ が生ずる．これが一少ない一万に等しいというので等清算を行うと，生ずる両翼は

yāvava	1	yāva	$\dot{2}$	yā	$\dot{400}$	rū	0
yāvava	0	yāva	0	yā	0	rū	9999

ここで第一翼に一ルーパ大きいヤーヴァッターヴァット四百を投ずると根が得られるが，同じだけ投じられても他方の翼には根がないから，計算は完結しない．だからここで〈使うべきは〉自分の理知 (buddhi) である．ここでは両翼にヤーヴァッターヴァットの平方四つ，ヤーヴァッターヴァット四百，それに一ルーパを投ずると，二つの根は，

yāva	1	yā	0	rū	1
yāva	0	yā	2	rū	100

A364, 1 **さらにこれら両者の等式によって，前の如くに得られるヤーヴァッターヴァットの値は 11 である．というように，理知ある者は知るべきである． /E67p/**

···Note··

例題 (BG E67)：平方の平方を含む等式（四次方程式，純数量的）．

陳述：$(x^2)^2 - (200x + x^2) \times 2 = 10^4 - 1$.

解：$x = s$ (= yā 1) とすると，$s^4 - 2s^2 - 400s = 9999$. $(400s + 1)$ を加えると，第 1 翼は $s^4 - 2s^2 + 1 = (s^2 - 1)^2$ となり「根を与える」が，第 2 翼は与えない．そこで $(4s^2 + 400s + 1)$ を加えると，$s^4 + 2s^2 + 1 = 4s^2 + 400s + 10000$. 根をとると，$(s^2 + 1)^2 = (2s + 100)^2$. そこで $s^2 + 1 = 2s + 100$ から，〈等清算をして，$s^2 - 2s = 99$. 1 を加えて根をとると，$(s - 1)^2 = 10^2$. $s - 1 = 10$ から〉$s = 11$. だから，$x = 11$.

··

T193, 9 意味は明瞭である．〈第四パーダの「一万になるだろうか」(ayutaṃ bhavet) と第五パーダの「一少ない」(rūponaṃ) とは〉「一少ない一万になるだろうか」と繋げるべきである．「量」が yā 1．これに対して述べられたように等清算を行い，両翼に yāva 4 yā 400 rū 1 というこれだけを投ずれば，計算は原典で明らかである．

T193, 12 次に，「〈もし〉未知数〈翼〉の根の負のルーパより〈既知数翼の根が〉小さければ」(BG 61) というこの規則の例題をウパジャーティカー詩節で述べる．

例題．/E68p0/ A365, 24

> **森の中で，跳びはねて行くものたちの八分の一の平方が情を発して跳びはねる．飛び交うブルー（プー）という喚声に興奮した十二頭が山の上に見える．彼らは何頭か．/E68/** E68

ここではサルの群が yā 1．この八分の一の平方に十二を加えたものが群に等しいというので，両翼は，

yāva	1	yā	0	rū	768
		64			
yāva	0	yā	1	rū	0

両者を等分母化し，分母を払い，清算を行うと，生ずる両翼は，

yāva	1	yā	$\dot{64}$	rū	0
yāva	0	yā	0	rū	$\dot{768}$

ここで両翼に三十二の平方 1024 を投ずると，二つの根は，

yā	1	rū	$\dot{32}$
yā	0	rū	16

A366, 1

ここで，未知数翼の負数ルーパより既知数翼のルーパが小さいので，それ（後者）を正数および負数とすれば，二通りのヤーヴァッターヴァットの値，48, 16，が得られる．/E68p/

···Note ···

例題 (BG E68)：サルの群れ (x)．

陳述：$(x/8)^2 + 12 = x$.

解：$x = s$ (= yā 1) とすると，$(s^2 + 768)/64 = s$．等分母化し，分母を払い，等清算すると，$s^2 - 64s = -768$．$32^2 = 1024$ を加えて根をとると，$(s - 32)^2 = 16^2$．未知数翼の根のルーパが負数で，それ（その絶対値）より既知数翼の根のルーパが小さい ($32 > 16$) から，後者を ± 16 とする．すなわち，$s - 32 = 16$ および $s - 32 = -16$．前者から $s = 48$．だから $x = 48$．後者から $s = 16$．だから $x = 16$．

···

「跳びはねて行くものたち」(plavagāḥ)：サルたち．「ブルー」というのは彼らの喚声の擬声語である．あとは明瞭である．計算は原典で明らかである．二通りの値はこの 48, 16. T193, 17

次に，二通りの値を持つのは場合によってであること[1]を示すために，例題二つをアヌシュトゥブ詩節二つで述べる． T193, 19

例題．/E69p0/ A368, 3

> **群の五分の一引く三の平方は洞穴に行った．一頭の枝獣が枝に登っ** E69

[1] kvācitkatva P] kvacitkatva T.

ているのが見える．彼らは何頭か，云いなさい．/E69/

A368, 6 **ここでは群の量 (pramāṇa) が yā 1．ここで，五分の一引く三は [yā 1 rū $\dot{15}$ / 5] 平方されると，[yāva 1 yā $\dot{30}$ rū 225 / 25] これに「見える」ものを加えたもの，すなわち [yāva 1 yā $\dot{30}$ rū 250 / 25] は群に等しい，というので，両翼を等分母化し，分母払いと清算をすると，**

yāva	**1**	**yā**	$\dot{55}$	**rū**	**0**
yāva	**0**	**yā**	**0**	**rū**	$\dot{250}$

になる．両者（翼）を四倍し，五十五の平方 3025 を投ずると，両根は，

yā	**2**	**rū**	$\dot{55}$
yā	**0**	**rū**	**45**

である．ここでも，前のように得られる二通りの値は，50, 5．二番目はここではとるべきではない，正起しないから．というのは，既知数が負数の状態にあるとき，世間 (loka) は納得しないから，ということである．/E69p/

···Note ···

例題 (BG E69)：サルの群れ (x).

陳述：$(x/5-3)^2+1=x$.

解：$x=s$ とすると，$x/5-3=\frac{s-15}{5}$．平方すると，$\left(\frac{s-15}{5}\right)^2=\frac{s^2-30s+225}{25}$．1 加えると，$\frac{s^2-30s+225}{25}+1=\frac{s^2-30s+250}{25}$．これが s に等しい．$\frac{s^2-30s+250}{25}=s$．等分母化すると，$\frac{s^2-30s+250}{25}=\frac{25s}{25}$．分母を払うと，$s^2-30s+250=25s$．等清算すると，$s^2-55s=-250$．4 倍し 55 の平方 3025 を加えると，$4\times(s^2-55s)+55^2=4\times(-250)+55^2$，すなわち，$4s^2-2205s+3025=2025$．根をとると，$(2s-55)^2=45^2$．$2s-55=45$ から $s=50$．$2s-55=-45$ から $s=5$．しかし，後者は $s/5-3<0$ となるので正起しない．

···

A370, 15 **例題．/E70p0/**

E70
T194, 1 **十二アングラのシャンク（ノーモン）の影から耳の三分の一を減じたら十四アングラになった．計算士よ，それ（影）をすぐに云いなさい．/E70/**

A370, 18 **ここで，影が yā 1．これが耳の三分の一引かれると十四アングラになる．だから，逆にそれ（影）から十四アングラ引くと，yā 1 rū $\dot{14}$，残りは耳の三分の一である．これを三倍すると，yā 3 rū $\dot{42}$，耳になる．これの平方，yāva 9 yā $\dot{252}$ rū 1764，は耳の平方であるこの，yāva 1 rū 144，に等しい，というので，等清算を行うと，生ずる両翼は，**

yāva	**8**	**yā**	$\dot{252}$	**rū**	**0**
yāva	**0**	**yā**	**0**	**rū**	$\dot{1620}$

である．これら両者（翼）に二を掛け，負数六十三の平方 (3969) を投ずると，両根は，

yā	**4**	**rū**	$\dot{63}$
yā	**0**	**rū**	**27**

である．さらに〈負数の根でも〉両翼の等式を作って，前のように得られるヤーヴァッターヴァットの二通りの値 (māna) は，$\frac{45}{2}$，9．揚立された二つの影は，$\frac{45}{2}$，9．二番目の影は十四より小さい．だから正起しないので，採用されるべきではない．だから，「場合によっては二通りある」(BG 61d) と云われたのである．/E70p1/

···Note·····

例題 (BG E70)：シャンク (a)．その影 (x)，耳 (u)．

陳述：$x - u/3 = 14$, $\langle x^2 + a^2 = u^2 \rangle$, $a = 12$ アングラ．

解：$x = s$ とすると，$s - 14 = u/3$．3 倍して，$3s - 42 = u$．三平方の定理から，$(3s-42)^2 = u^2 = x^2 + 12^2 = s^2 + 144$．等清算すると，$8s^2 - 252s = -1620$．2 倍して 63^2 を足すと，$2 \times (8s^2 - 252s) + 63^2 = 2 \times (-1620) + 63^2$，すなわち，$16s^2 - 504s + 63^2 = 729$．根をとると，$(4s-63)^2 = 27^2$．$4s - 63 = 27$ から，$s = 45/2$．$4s - 63 = -27$ から，$s = 9$．しかし，後者は，$s - 14 < 0$ だから正起しない．

·····

〈一番目の例題 (E69) で〉三で減ずるのが「引く三」である．「枝獣」はサルである．もう一つ〈の例題〉(E70) は明瞭である．計算は原典で明らかである． T194, 3

ここで，パドマナーバの種子〈数学の書〉に，/Q6p0/ A373, 17

既知数翼の根がもし他方の翼の負数ルーパより小さいなら，〈その根を〉正数および負数状態にあるものとして，二通りの値が生ずる．/Q6/ Q6

とメタ規則が述べられた (paribhāṣita) が，その例外 (vyabhicāra) がこれ (E69-70) である．/E70p2/

···Note·····

パドマナーバは，バースカラが BG 96 で言及する種子数学の分野の三人の先達の一人．他はブラフマグプタとシュリーダラ．パドマナーバの数学書は現在に伝わっていない．バースカラは，このメタ規則 (Q6) を BG 61 で補足する．すなわち，この規則 (Q6) は，中項除去によって二つの正解が生じうることを認めるが，BG 61 は，その正解が陳述の諸要素を負にしないことを条件として，問題の解として認める．「既知数が負数の状態にあるとき，世間は納得しないから」(BG E69p)．K はこのパドマナーバのメタ規則に触れない．

·····

次に，もう一つの例題をアヌシュトゥブ詩節二つで述べる． T194, 4

A374, 1 **例題. /E71p0/**

E71 **次のような四つの量は何か．それらは〈それぞれ〉二を加えると**
根を与える（平方数である）．隣り合う二つづつの積に十八を加
E72 **えると// 根を与える．すべての根の和に十一を加えたものから**
の根は，友よ，十三になる．種子〈数学〉を知る者よ，それらを
私に云いなさい．/E71-72/

A374, 6 ここで，一つの量にあるものを加えたら根を与えるとき，それは「量加数」(rāśi-kṣepa) といわれる．二つの根の差の平方を掛けた量加数が「積加数」(vadha-kṣepa) になる．それら二つの量の積にそれ（積加数）を加えると必然的に根を与えるものになるだろうという意味である．〈すなわち〉量の根 (pl.) のうち，隣り合う二つづつの積から量加数を引くと，量の積の根になる．/E72p1/

A374, 10 この例題では，積加数は量加数の九倍であり，九の根は三である．だから，量の根 (pl.) は三を増分とする．

yā	1	rū	0
yā	1	rū	3
yā	1	rū	6
yā	1	rū	9

これらのうち，二つづつの積から量加数を引くと量の積に十八を加えたものの根になる．だから，述べられたように，積の根は

yāva	1	yā	3	rū	$\dot{2}$
yāva	1	yā	9	rū	16
yāva	1	yā	15	rū	52

これらと前の根のすべての和は，yāva 3 yā 31 rū 84．これに十一を加えたものを十三の平方と等しくすると，

yāva	3	yā	31	rū	95
yāva	0	yā	0	rū	169

翼の残りに十二を掛け，その両者に三十一の平方 961 を投ずると，二つの根は，

yā	6	rū	31
yā	0	rū	43

さらにこの両者の等式から得られるヤーヴァッターヴァットの値であるこの 2 によって揚立された量の根は，2, 5, 8, 11．これらの平方から量加数を引いたものは，文脈上，量になる，2, 23, 62, 119．/E72p2/

A379, 6 これに関する先人のメタ規則 (paribhāṣā)．/Q7p0/

積加数が量加数の何倍かに応じてその（倍数の）根を増分として，未知の量（ここでは「量+量加数」の根）が設定されるべきである．〈それらを〉平方して〈量〉加数を引く〈と量である〉．/Q7/

この設定は数学に通暁した人 (atiparicita) のものである．/E72p3/[1]

···Note···

例題 (BG E71-72)：連立バーヴィタ.

陳述：$x_i+p=u_i^2$ $(i=1,2,3,4)$, $x_i x_{i+1}+q=u_{i+4}^2$ $(i=1,2,3)$, $\sum_{i=1}^{7} u_i+a=b^2$, $a=11$, $b=13$, $p=2$, $q=18$. p を「量加数」(rāśi-kṣepa)，q を「積加数」(vadha-kṣepa) と呼ぶ.

解：$q=p(u_{i+1}-u_i)^2$　$(i=1,2,3)$ と置くと，$x_i x_{i+1}+q=(u_i^2-p)(u_{i+1}^2-p)+p(u_{i+1}-u_i)^2=(u_i u_{i+1}-p)^2$ だから，$u_{i+1}=u_i+\sqrt{q/p}$　$(i=1,2,3)$ を満たすように $u_1,\dots,u_4$ をとれば，$u_{i+4}=u_i u_{i+1}-p$ は「積＋積加数」の根 (u_5, u_6, u_7) になる. (以上 E72p1 と E72p3)

この例題では，$p=2$, $q=18$ だから，$u_{i+1}=u_i+3$　$(i=1,2,3)$ とする．そこで，$u_1=s$ (= yā 1) と置くと，$u_2=s+3$, $u_3=s+6$, $u_4=s+9$ であり，また $u_5=s^2+3s-2$, $u_6=s^2+9s+16$, $u_7=s^2+15s+52$ であるから，$3s^2+31s+95=169$，すなわち $(6s+31)^2=43^2$．したがって，$s=2$．これで根 (u_i) を揚立すれば，$u_1=2$, $u_2=5$, $u_3=8$, $u_4=11$ だから，$x_1=2$, $x_2=23$, $x_3=62$, $x_4=119$. (以上 E72p2)

·····

意味は明瞭である．この例題では，量に未知数を設定すると計算が完結しない．だから，一つの根をヤーヴァッターヴァットと想定して，全ての根が得られるように定める．そこで,「量の根」(rāśi-mūla) を設定するために云う， T194, 9

> ここで，一つの量にあるものを加えたら根を与えるとき[2]，それは「量加数」といわれる．二つの根の差の平方を掛けた量加数が「積加数」になる．それら二つの量の積にそれ（積加数）を加えると必然的に根を与えるものになるだろうという意味である．/BG E72p1 前半/

と.

（問い）「この文章によって量の根の設定がどうして述べられた〈と云える〉のか.」 T194, 14

聴きなさい.「二つの根の差の平方を掛けた量加数が『積加数』になる」というこれによって，量加数と根の差の平方との積が積加数であるということが明らかにされた．そうすると，量加数によって積加数が割られると，得られるものは根の差の平方である．だから，その根が根の差になるだろう．だから，ヤーヴァッターヴァットからなる第一の根がその根の差を加えられると第二の根になるだろう．それもまた同じそれを加えられると三番目になるだろう．以下同様である．まさにこのことが，〈E72p3 で引用された〉先人のメタ規則 (Q7) にも述べられている，

---

[1] この段落 (E72p3) は A 本では前の部分から切り離されている.　[2] atra rāśiḥ yena yutaḥ mūladaḥ bhavati T(saṃdhi は irregular)] atra rāśī yena yutau mūladau bhavataḥ P.

> 積加数が量加数の何倍かに応じてその（倍数の）根を増分として，
> 未知の量が設定されるべきである．/Q7abc/[1]

と．ここで「未知の量」とは「量の根」に他ならない．だからこそ，それらから量を知ること（方法）が，

> ⟨ それらを ⟩ 平方して ⟨ 量 ⟩ 加数を引く ⟨ と量である ⟩．/Q7d/

というこの ⟨ 同じ詩節の ⟩ 第四四半分で述べられたのである．量が加数を加えられるとき，その根が「量の根」になるから，逆算法によって，「量の根」が平方され加数が引かれれば量になるだろう，という意味である．

T195, 1 次に，それらからの積の根 (pl.) を述べる，

> 量の根 (pl.) のうち，隣り合う二つづつの積から量加数を引くと，
> 量の積の根になる．/BG E72p1 後半/

と．意味は明瞭である．

T195, 2 ここで，両方に関して正起次第が[2]述べられる．ここで，加数を加えた量の根が知られているとき，逆算法によって，根 (**mū**la) の平方 (**va**rga) から加数 (**kṣe**pa) を引けば，量になるだろうというので，一番目 (**pra**thama) の根から一番目の量が生ずる，pramūva 1 kṣe $\dot{1}$．同様に二番目 (**dvi**tīya) の根から二番目も，dvimūva 1 kṣe $\dot{1}$．これら両者の積に何かを加えて根を与えるものになるとき，それこそが積加数[3]である．そのために両者をかけるための書置：

pramūva 1	dvimūva 1	kṣe $\dot{1}$
kṣe $\dot{1}$	dvimūva 1	kṣe $\dot{1}$

掛けて生ずるのは[4]，

pramūva ∘ dvimūva 1 pramūva ∘ kṣe $\dot{1}$ dvimūva ∘ kṣe $\dot{1}$ kṣeva 1.[5]

この二番目の部分には加数を掛けた一番目の根の平方が負数としてあり，三番目の部分には加数を掛けた二番目の根の平方が負数としてある．ここで簡単にすれば，根の平方の和 (**yo**ga) に加数を掛けたものが負数であるというので，書置：

pramūva ∘ dvimūva 1 mūvayo ∘ kṣe $\dot{1}$ kṣeva 1.

この最初の部分には根の平方の積がある．根の平方の積は根の積 (**ghā**ta) の平方であるというので，そのように書置：

mūghāva 1 mūvayo ∘ kṣe $\dot{1}$ kṣeva 1.[6]

---

[1] P は Q7d もこの引用に含める．しかしそれはこの直後に引用されているから，T に従い，ここには含めない． [2] ubhayatropapattir T] ubhayopapattir P. [3] vadhakṣepa P] va kṣepa T. [4] ‘∘’ はここでは掛け算を表す記号． [5] pramūva ∘ kṣe $\dot{1}$ dvimūva ∘ kṣe $\dot{1}$ P] pramūva kṣe $\dot{1}$ dvimūva kṣe $\dot{1}$ T. [6] mūvayo ∘ kṣe $\dot{1}$ P] mūvayo 1 kṣe $\dot{1}$ T.

この二番目の部分には根の平方の和に加数を掛けたものがある．その根の平方の和には二つの部分がある．一つは根の差 (**aṃ**tara) の平方，他は根の積の二倍である．というのは，

> 二つの量の差の平方により，積の二倍が足されるとき，それら二つの平方の和になるだろう．(L 138)[1]

と述べられているから．だから，平方の和に二つの部分が生ずる，mūaṃva 1 mūghā 2．両者に加数を掛ければ，二部分からなる二番目の部分が生ずる，mūaṃva ○ kṣe $\dot{1}$ mūghā ○ kṣe $\dot{2}$.[2] すべての部分を順に書置：

mūghāva 1 mūaṃva ○ kṣe $\dot{1}$ mūghā ○ kṣe $\dot{2}$ kṣeva 1.

実にこれが量の積である．これに何かを加えたときに根を与えるようなそれが積加数である．ここに，根の差の平方に加数を掛けたものを投ずれば，残っているこの

mūghāva 1 mūghā ○ kṣe $\dot{2}$ kṣeva 1

に対して，「平方数から根をとり」云々(BG 12) によって，根はこの mūghā 1 kṣe $\dot{1}$，になる．実にこれが積の根である．だから，「二つの根の差の平方を掛けた量加数が積加数になる」(BG E72p1) ということが正起した．

「量の根のうち，隣り合う二つづつの積から[3]量加数を引くと，〈量の〉積 T195, 23
の根になる」(BG E72p1) もまた〈正起した〉．

この同じ道理によって，二番目と三番目，三番目と四番目の量の積の根の T196, 1
正起次第もまた見るべきである．

···Note···

$x_i+p = u_i^2$ $(i=1,2)$ のとき $q = p\mid u_1-u_2\mid^2$ とおけば，x_1x_2+q は平方数となり，その根は u_1u_2-p であることの正起次第：$x_1x_2 = (u_1^2-p)(u_2^2-p) = u_1^2u_2^2-u_1^2p-u_2^2p+p^2 = (u_1u_2)^2-(u_1^2+u_2^2)p+p^2 = (u_1u_2)^2-\left\{\mid u_1-u_2\mid^2+2u_1u_2\right\}p+p^2 = (u_1u_2)^2-\mid u_1-u_2\mid^2 p-2u_1u_2p+p^2$ だから，$x_1x_2+q = (u_1u_2)^2-2u_1u_2p+p^2 = (u_1u_2-p)^2$. 同様に，$x_2$ と x_3，x_3 と x_4 の「積の根の正起次第もまた見るべきである.」上の正起次第中．$u_1^2+u_2^2 = \mid u_1-u_2\mid^2+2u_1u_2$ は L 138 から．mū, va などの略号については，T132, 7 に対する Note 参照．

···

このように，一つの量の根を[4]ヤーヴァッターヴァットと想定して，それか T196, 2
らすべての根を求めることが〈E72p1 に〉述べられた．次に〈バースカラ先生はそれを〉本例題に結びつける．「この例題では，積加数は量加数の九倍であり，九の根は三である．だから，量の根は三を増分とする」(E72p2) 云々と．あとは明瞭である．

---

[1] 引用は L 138 の前半 (abc) だけ．後半 (138def) は「同様に，それら二つの和と差の積は，平方の差になるだろう．賢い者はどこでもこのように知るべきである.」　[2] kṣe $\dot{1}$ P] kṣepa $\dot{1}$ T.
[3] vadhā P] vadha T.　[4] ekarāśimūlaṃ P] ekaṃ rāśimūlaṃ T.

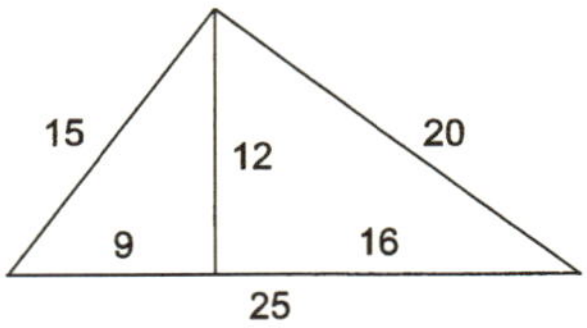

図 8.1: BGE73p-1

T196, 6　次に，もう一つの例題をアヌシュトゥブ詩節で述べる．

A382, 24　**例題．/E73p0/**

E73　**腕と際がティティ(15) と爪 (20) に等しい図形で，耳は何か．また，あの広く知られた計算の正起次第 (upapatti) を述べなさい．/E73/**

A382, 27　ここで，耳 yā 1. この三辺形を回転して，ヤーヴァッターヴァットである耳を地と想定する．一方，腕と際は腕（側辺）とする．その垂線の両側に二つの三辺形があるが，それらの腕と際も，前の形 (pūrva-rūpa) をもって生ずる（すなわち，相似である）．だから，三量法に「もし耳がヤーヴァッターヴァットのとき，この 15 が腕なら，耳が腕に等しいとき，何〈が腕〉か」というので，得られるものが腕になるだろう．それは，腕に依拠する射影線であり，
A383, 1　$\frac{225}{\text{yā } 1}$ である．さらに，「もし耳がヤーヴァッターヴァットのとき．この 20 が際なら，耳が際に等しいとき，何〈が際〉か」というので，際に依拠する射影線，$\frac{400}{\text{yā } 1}$ が生ずる．射影線の和がヤーヴァッターヴァットである耳に等置される (...yutir...samā kriyate).〈その結果〉，まず，腕と際の平方の和の根である耳の値 25 が正起する (upapadyate)．これで揚立されて生ずる二つの射影線は，9, 16．だから，垂線は 12．図示[1]．(図 8.1) /E73p1/

A383, 7　あるいはまた，別様に述べられる．耳 yā 1．腕と際の積の半分は三辺形の果（面積）である，150．この不等三辺形[2]四つにより，耳に等しい四腕からなる，もう一つの図形が，耳を知るために想定される．(図 8.2)[3] このように，中に四腕が生ずる．その腕の値は，際と腕の差に等しく，5 である．その果は 25．腕と際の積の二倍は，四つの三辺形の果である，600．これら（25 と 600）の和は，大きな図形の全果である，625．これを，ヤーヴァッターヴァットの平方と等値すれば，得られるのは耳の値である，25．既知数が根を持たない場合，耳はカラニー位数である．/E73p2/

---

[1] kṣetra-darśana「図形を示すこと」あるいは「図形を見ること」（名詞）．バースカラは，第 7 章では図の導入に「書置」(nyāsa) を用いるが，ここからはそれに加えて darśana を多く用いる．K は第 7 章でも一度だけ darśana を用いている．T172, 12 の段落参照．　[2] viṣamatryasra AMG. jātyatryasra（高貴三辺形）の誤りか．　[3] この図にはこれから行われる計算の結果である yā 1（耳）= 25 が含まれているが，このようなことはインドの数学書（の写本）では珍しいことではない．ただし，これが著者自身まで遡るか否かは不明．

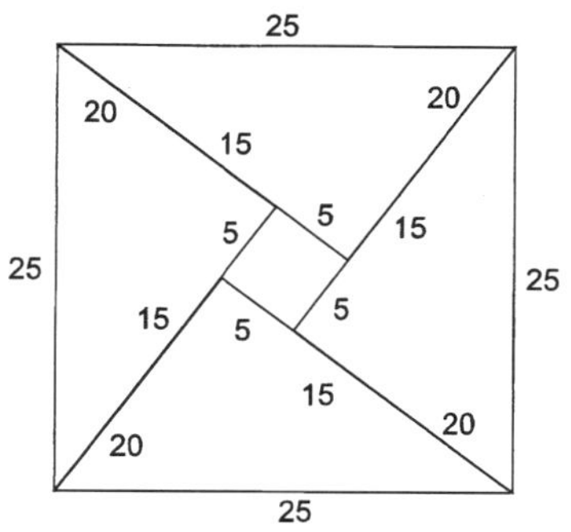

図 8.2: BGE73p-2

···Note···

例題 (BG E73)：高貴三辺形（直角三角形）の耳と三平方の定理の正起次第．腕 (a)，際 (b)，耳 (x)，腕と際に対する射影線 $(u_1,\, u_2)$，耳を底辺とする垂線 (v)．

陳述：$\langle u_1+u_2=x,\, x:a=a:u_1,\, x:b=b:u_2\rangle$, $a=15$, $b=20$. x と同時に三平方の定理（に基づくアルゴリズム $x=\sqrt{a^2+b^2}$）の正起次第を問う．

解 1：$x=s$ (= yā 1) とすると，腕と際の相似 (anurūpa) により，$s:15=15:u_1$，したがって，$u_1=\frac{225}{s}$. また，$s:20=20:u_2$，したがって，$u_2=\frac{400}{s}$. $u_1+u_2=s$ 〈だから，$\frac{225}{s}+\frac{400}{s}=s$. 等分母化して，$\frac{625}{s}=\frac{s^2}{s}$. 分母払いをして，$625=s^2$〉. ゆえに $s=25$. u_1, u_2 を $s=25$ で揚立して，$u_1=9$, $u_2=16$. また，$v=12$. (以上 E73p1) この例題が，三平方の定理の「正起次第を問うために，耳を問うている」（K 注の冒頭）とすると，この解は次の正起次第を意図（示唆）すると解釈できる．$u_1=\frac{a^2}{s}$, $u_2=\frac{b^2}{s}$. $\frac{a^2}{s}+\frac{b^2}{s}=s$. ゆえに $a^2+b^2=s^2=x^2$.

解 2：同じ直角三角形四つとその腕と際の差を一辺とする正方形一つによってその耳を一辺とする大きな正方形を作ると，$s^2=(20-15)^2+2\times(15\times 20)=625$. ゆえに，$s=25$. (以上 E73p2) この解は次の一般的関係の正起次第を意図（示唆）すると解釈できる．$x^2=|\,a-b\,|^2+2ab$. これと次の BG 62 の関係式（恒等式）を合わせると，三平方の定理が得られる．

···

「それら（腕と際）の平方の和の根は，耳である」(L 136a) という「広く知られた」(rūḍha)：有名な[1] (prasiddha)，「計算 (gaṇita) の」「正起次第を」「述べなさい」．他でもない，正起次第を問うために，耳を問うている，と理解するべきである．　T196, 9

ここで，耳 yā 1. 図示. (図 8.3) ここで，耳を地と想定して，示す (darśana).　T196, 10
(図 8.4) 図形を回転して，示す．(図 8.5)[2]

ここで，垂線の両側に二つの三辺形があるが，それら二つとも，その腕と　T196, 12
際は，前の（与えられた三辺形の）腕と際に相似である[3]．そのうち，腕に依

1 prasiddhasya P] prasiddha T.　2 この図の位置は P による．T は次行の「垂線の両側に」の直後に置く．　3 anurūpa「色・形に従う」．

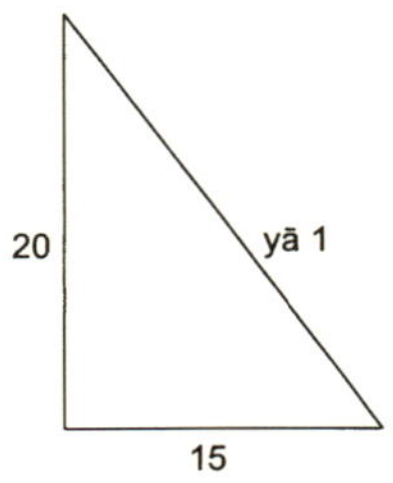

図 8.3: KBGE73-1

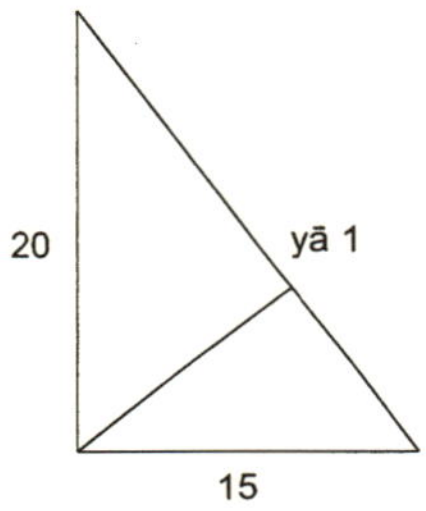

図 8.4: KBGE73-2

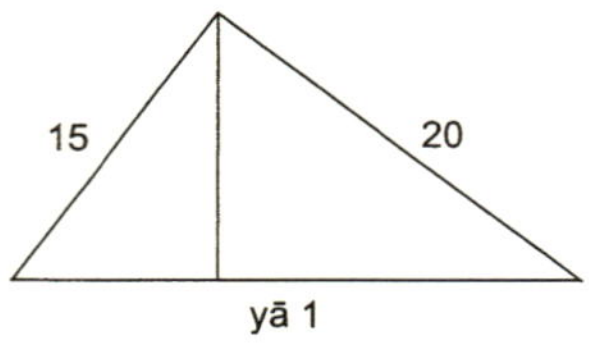

図 8.5: KBGE73-3

拠する射影線を腕，垂線を際，前の腕を耳として，一つの三辺形がある．垂線を腕，第二の射影線を際，前の際[1]，20，を耳として，他方がある． T197, 1

（問い）「ここでは，二つの三辺形とも同じ垂線を際としないのはどうしてか.」 T197, 1

確かに，腕と際には[2]名前の区別はあるが，本質的区別はない，ということがたとえあったとしても[3]，本件の場合，腕と際が前の腕と際に相似であることを云いたいがために，そうしないのである．実際，前は腕より際が大きいので，本件の場合も，そのようになるべきなのである．さらに，本題の腕と際が前の腕と際に相似であることが意図されている場合，耳が腕に等しいとき，もし際が垂線なら，耳が際に等しいとき，〈 際は 〉何か，という三量法によって，際の区別が生ずるだろう．あるいは，互いに競合（直交）する (spardhin) 向きにある二つの腕のうちの一方に際という名称が任意に使われてよい．しかし，耳がヤーヴァッターヴァットのとき，もし際が二十を値とするなら，耳が二十を値とするとき，際は何か，という三量法によって，耳が二十を値とするとき，互いに競合する向きにある二つの腕のうち，射影線[4]の形をした大きい方の腕こそが得られるのであって，垂線の形をした小さい方の腕ではない[5]，基準 (pramāṇa) となる腕が大きい方だから．同様に，耳がヤーヴァッターヴァットのとき，もし際が十五を値とするなら，耳が十五を値とするとき，腕は何か，というので，耳が十五を値とするとき[6]，互いに競合する向きにある二つの腕のうち，射影線[7]の形をした小さい方の腕こそが得られるのであって，垂線の形をした大きい方の腕ではない，基準となる腕が小さい方だから．

だから，このように，どのような高貴三辺形であれ，もし，ヤーヴァッターヴァットである耳が地と想定されるなら，「耳がヤーヴァッターヴァットであるとき腕が腕なら，耳が腕に等しいとき〈 腕は 〉何か」という三量法， T197, 13

yā 1	bhu 1	bhu 1

[8]

によって，腕に依拠する射影線が得られる [bhuva 1 / yā 1] 同様に，「耳がヤーヴァッターヴァットであるとき，もし際が際なら，耳が際に等しいとき〈 際は 〉何か」という三量法，

yā 1	ko 1	ko 1

[9]

によって，際に依拠する射影線が得られる [kova 1 / yā 1][10] 二つの射影線の和は，この [bhuva 1 kova 1 / yā 1][11] であるが，これは地であるこの yā 1 に等しい，と

---

[1] koṭiḥ P] koṭi T.　[2] doḥkoṭyor P] doḥkoṭyo T.　[3] よく似た表現が L 146 自注にある．「腕と際には単に名前の区別があるのみであって，本質的区別はない」(doḥkoṭyornāmabheda eva kevalaṃ na svarūpabhedaḥ).　[4] ābādhā P] ābādha T.　[5] na tu] natu T, na P.　[6] pañcadaśamite kaṇe P] paṃcadaśamiti karṇe T.　[7] ābādhā P] ābādha T.　[8] bhu は bhuja（腕）の頭文字.　[9] ko は koṭi（際）の頭文字.　[10] [kova 1 / yā 1] P] ko [va 1 / yā 1] T.　[11] [bhuva 1 kova 1 / yā 1] P] bhu [va 1 kova 1 / yā 1] T.

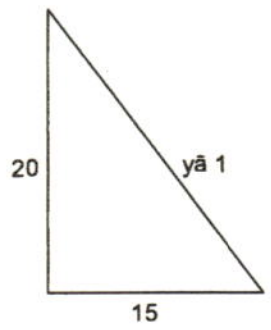

図 8.6: KBGE73-4

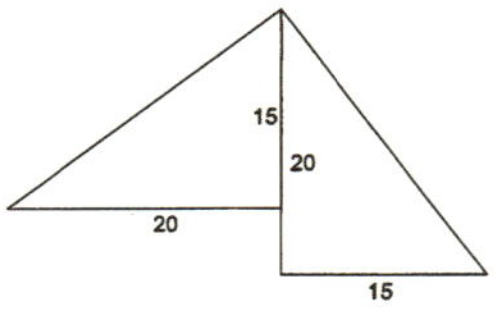

図 8.7: KBGE73-5

いうので，両翼を等分母化してから，分母払いをすれば $\left\lfloor \begin{array}{c} \text{yāva } 1 \\ \text{bhuva } 1 \text{ kova } 1 \end{array} \right\rfloor$[1] が生ずる．ここで，両翼は等しいから，ヤーヴァットの平方，それこそが腕と際の平方の和である，ということが確立する．本題の場合，耳はヤーヴァッターヴァットから成るので，ヤーヴァッターヴァットの平方は耳の平方に他ならない．したがって確立するのは，「耳の平方，それは腕と際の平方の和に他ならない」ということである．だから，その根は耳になるはずである．だから，「それらの二つの平方の和の根は耳である」(L 136a) ということが正起
T198, 1 した．

···Note ···

正起次第 1（相似による）．バースカラの自注では腕と際 (a, b) に具体的な数値 (15, 20) が用いられていたが，クリシュナは bhu (< bhuja), ko (< koṭi) という略号を用いてそれらを一般的に表現している．略号については，T132, 7 に対する Note 参照．

···

T198, 1 あるいはまた，別の正起次第．提示された図形は，これである．(図 8.6) 耳が外になるように，これと同じもう一つの図形が[2]加えられる．示す．(図 8.7) まったく同様に，第三の図形が加えられる．(図 8.8)[3] 同様に，第四の図形を加えて[4]，示す．(図 8.9) このように，等しい高貴〈三辺形〉四つと，五番目として，その腕と際の差による等耳等四辺形とによって，つまり五つの図形によって，一つの等耳等四辺図形になる．

T198, 8 ところで，等しい高貴〈三辺形〉四つだけで等四辺形になる場合，それは不等耳に他ならない．[5]〈図〉示．(図 8.10) ここで，腕の二倍が一つの耳，際

[1] P はこの式を，「生ずる」を含む行と次行の間に置く． [2] anyatkṣetraṃ P] anyat T. [3] P では，第三の三辺形は右下に置かれる． [4] yoge P] yoga T. [5] T は，ここから図 8.10 も含めて 3 行下の「等耳になる」までを欠く．darśanam/ (Fig. KBGE73-8p) atra dviguṇo bhuja ekaḥ karṇo dviguṇā koṭiraparaḥ/ yatra tu bhujakoṭyoḥ samatvaṃ tatrāntarābhāvātprakāra-dvayenāpi kṣetracatuṣṭayamātreṇa samakarṇaṃ bhavati/ P] ∅ T.

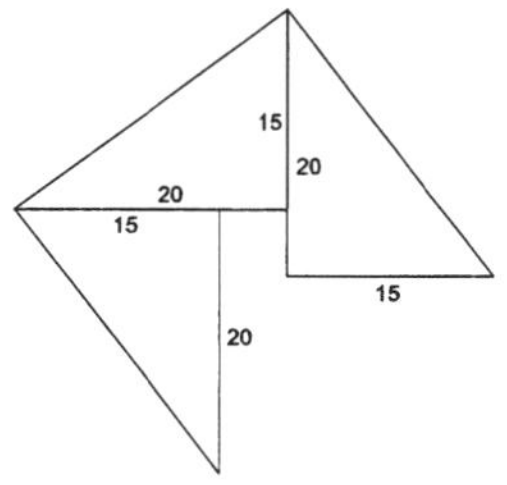

図 8.8: KBGE73-6

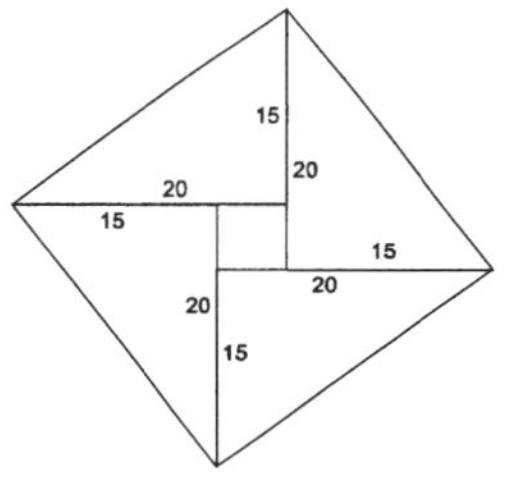

図 8.9: KBGE73-7

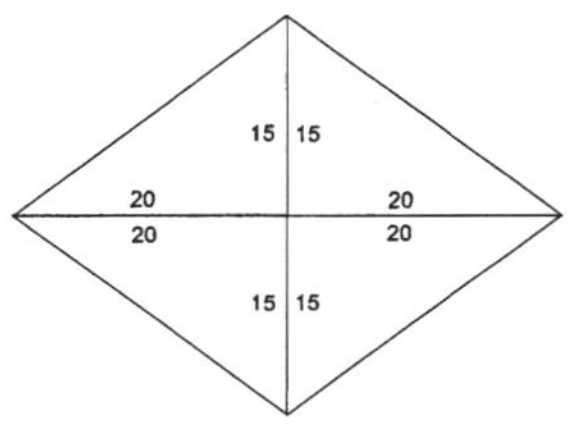

図 8.10: KBGE73-8

の二倍がもう一つ〈の耳〉である．腕と際が等しいときは，差がないから，どちらの方法で〈並べて〉も，四つの図形だけで等耳になる．さて，本題の等四辺形は[1]，等耳にしても不等耳にしても，腕(pl.)は，三辺形の耳に等しいが，等耳四辺形では，腕と際の差による等耳等四辺図形が加わっている．だからこそ，腕は同じでも，耳の相違があればあるほど図形は縮小するから，図形果（面積）は小さくなる，ということが，尊敬される先生（honor. pl., バースカラ）によって『リーラーヴァティー』で教示されたのである.[2]

T198, 13 さて，本題に戻ろう．この等耳等四辺図形においては，「等耳等四辺形および長方形においては，その腕と際の積〈が正確な果〉である」(L 173cd) というこれによって，腕と際の積が果となる．ここでは腕と際が等しいから，腕と際の積は，等しい二つのものの積になるというので，腕の平方こそが図形果（面積）である．だから，図形果が分かれば，その根が辺の値になるだろう．四辺形の辺，それこそが三辺形の耳である，というので，耳も分かった

T199, 1 ことになる．だから（そのために），図形果が部分(khaṇḍa, pl.)によって得られる．そこで，三辺形では腕と際の積の半分が果となる，というので，一つの三辺形の図形果は，bhu $\circ$ ko $\frac{1}{2}$．これが四倍されると，三辺形四つの果になるだろう，というので，bhu $\circ$ ko 2. 腕[3]と際の差による等四辺図形にとっては[4]，述べられた道理によって，腕と際の差の平方が果となるだろう．そこで，腕と際の差はこの bhu $\dot{1}$ ko 1,[5] である．これの平方は，「置かれるべきである，最後の平方」云々(L 19b) によって，あるいは部分乗法[6]によって生ずる，bhuva 1 bhu$\circ$ ko $\dot{2}$ kova 1．これが，内側の小さい四辺図形の果であり，三辺形四つの果であるこの bhu $\circ$ ko 2, が足されると，本題の四辺形の果が生ずる，bhuva 1 kova 1.

···Note···

正起次第2（面積による）．図8.9から大正方形の面積：$s^2 = x^2 = |a-b|^2 + 2ab$. 平方算法 (L 19) あるいは部分乗法 (L 14cd, BG 10) によって $|a-b|^2 = a^2 - 2ab + b^2$ だから，$|a-b|^2 + 2ab = a^2 + b^2$．ゆえに，$a^2 + b^2 = x^2$.

···

T199, 8 このように，腕と際の積の二倍が，腕と際の差の平方によって足されると，

---

1 samacaturbhuje P] samacaturbhuja T.　2 バースカラは L 171ef とその自注で次のように述べる．teṣv eva bāhuṣv aparau ca karṇāv anekadhā kṣetraphalaṃ tataś ca//L 171ef// 自注：caturbhuje hy ekāntarakoṇāv ākramyāntaḥpraveśyamānau (bhujau)* tatsaṃsaktaṃ svakarṇaṃ saṃkocayataḥ/ itarau tu bahiḥprasarantau svakarṇaṃ vardhayataḥ/ ata uktaṃ teṣv eva bāhuṣv aparau ca karṇāviti/ L 171ef：「腕（辺）が同じそれらのとき，両耳は他であ〈り得〉る．だから，図形果（面積）も多様である.」自注：「実際，四辺形において一つの角 (koṇa) ともう一つの〈向かい合う〉角を近づけると，内側に入り，(両腕は)*，それに接続する自分の耳を縮小させる．一方，他の二つは，外に出てゆき，自分の耳を増大させる．だから述べられたのである,『腕が同じそれらのとき，両耳は他であ〈り得〉る』(L 171e) と.」 * L の出版本（Poona 本，Hoshiarpur 本）では,「縮小させる」の主語として bhujau（両腕は）があるが，これは誤り．この文章と対になる次の文章の動詞「増大させる」の主語「他の二つは」は「外に出てゆ」くものであり，明らかに向かい合う二つの角だから,「縮小させる」の主語（「内側に入」るもの）も（他の）向かい合う二つの角でなければならない．注釈者 Gaṇeśa, Mahīdhara（以上 Poona 本），Śaṅkara（Hoshiarpur 本），さらには英訳者 Colebrooke (169-70) も，この bhujau には触れない．この語がいつ紛れ込んだのかは不明．　3 bhuja T] atha bhuja P.　4 kṣetrasya T] samakarṇasya kṣetraphalasya P.　5 bhu P] bhuja T.　6 BG 10 参照.

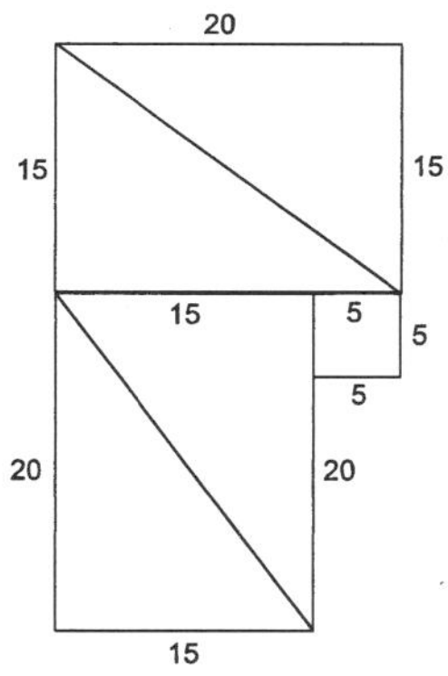

図 8.11: BG62p-1

腕と際の平方の和になる．まさにこのことを，アヌシュトゥブ詩節で述べる．

その術則，一詩節．/62p0/ A392, 3

> **腕と際の差の平方により，積の二倍が伴われる（足される）と，** 62
> **それは平方の和に等しくなるだろう．二つの未知数の場合のよう**
> **に．/62/**

だから，簡潔さを旨として，腕と際の平方の和の根は耳である，ということが正起した．その（BG 62 の）場合，図形のそれらの諸部分をまた別様に置いて，示す．(図 8.11) /62p/

···Note ···

規則 (BG 62): 恒等式，$|\,a-b\,|^2 + 2ab = a^2 + b^2$.

これと，前の例題 (BG E73) の解で用いられた関係によって，$a^2 + b^2 = x^2$，したがって，$x = \sqrt{a^2 + b^2}$ が得られる．

バースカラは，この恒等式自体の正起次第が「二つの未知数」(BG 62) を用いるか，あるいは「図形の諸部分を別様に置いて」(BG 62p) 示し得ることを示唆する．詳しくは次のクリシュナ注参照．

···

その場合，「腕と際」は指標である．だからこそ，[1]パーティーで[2]述べられ T199, 12
たのである，「二つの量の差の平方により」云々 (L 138)[3]と． T201, 5

「二つの未知数の[4]場合のように」という．二つの量，yā 1 kā 1．この二 T201, 6
つの差の平方は，yāva 1 yākābhā $\dot{2}$ kāva 1．これの，積の二倍であるこれ，yākābhā 2，による和をとれば，生ずるのは，平方の和に他ならない，yāva 1 kāva 1．

---

[1] T では，「パーティーで」以下「これの根が」に至るまで，BG 62 に対する K 注の大部分が BG E74 に対する K 注の末尾 (T201, 5-17) に移動している．　[2] pāṭyām P] pādyām T．　[3] BG E71-72 に対する K 注で引用された L 138 参照．　[4] dvayoravyaktayor P] dvayokhyaktayor T．

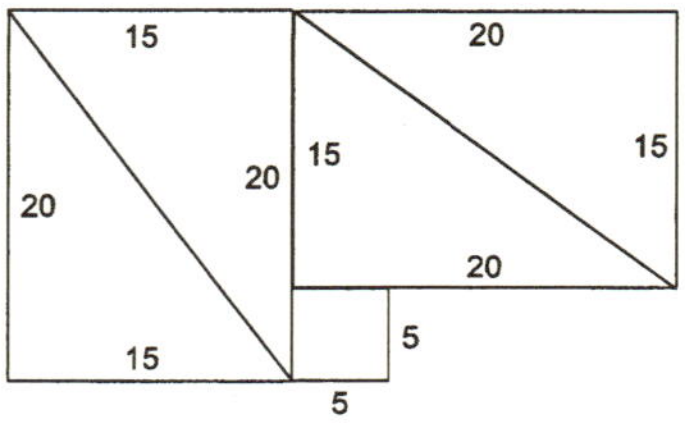

図 8.12: KBG62-1

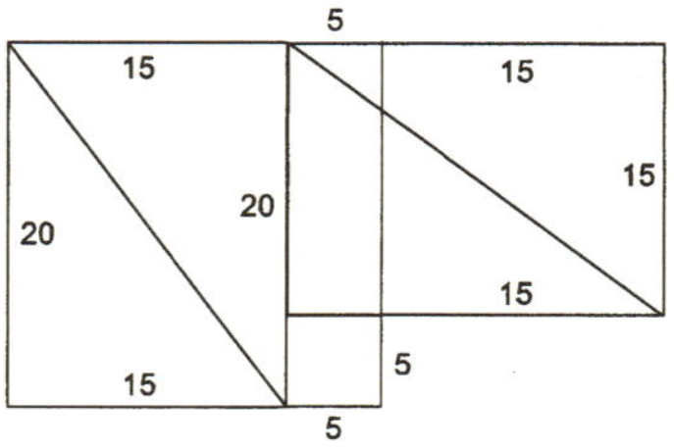

図 8.13: KBG62-2

···Note·····

恒等式の正起次第 1 (二つの未知数を用いる). クリシュナは yā 1, kā 1 を用いるが, ここでは代わりに s_1, s_2 を用いると, $|\, s_1 - s_2\, |^2 + 2s_1s_2 = s_1^2 - 2s_1s_2 + s_2^2 + 2s_1s_2 = s_1^2 + s_2^2$. なお, クリシュナはすでに前の例題に対する注の最後 (T198, 13 の段落) で, yā 1, kā 1 の代わりに bhu 1, ko 1 を用いて, 同じ恒等式の正起次第を与えている.

·····

T201, 9 あるいはまた, 同じそれらの図形部分を別様に置き, 図形果が求められる. すなわち, 〈図〉示.[1] (図 8.12)[2] ここで, 小さい四辺形の外側の辺を自らの道に沿って延長したもので図形を分割して, 〈図〉示. (図 8.13)[3] これから, 中の線を除去して, 〈図〉示. (図 8.14) このようにして, 等四辺形二つが生ずる. 一つは際に等しい四辺形, 他方は腕に等しいものである. 四辺形は二つとも等耳である[4]. だから, 述べられたように, 一方では際の平方が図形果であり, 他方では腕の平方が[5]図形果である, というので, 両者の和をとると生
T201, 17 ずる, 腕と際の平方の和が, 最初の四辺形の図形果である. これの根が[6], 四
T199, 12 辺形の辺になるだろう. それこそが[7], 三辺形の耳である[8], というので,「それら (腕と際) の平方の和の根は[9], 耳である」(L 136a) は, また (別様に) 正起した.

[1] yathā darśanaṃ T] yathā P. [2] T の図は誤りで, P の図が正しい. しかし P はそれをこの位置ではなく, 次図と並べて置く. [3] T はこの図と次図を, この部分の移動先で, 移動された文章の後に置く. T200, 1 の段落末尾参照. [4] aparam bhujatulyaṃ/ caturbhujadvayamapi samakarṇam T] aparaṃ bhujatulyacaturbhujam/ dvayamapi samakarṇam P. [5] vargaḥ P] varga T. [6] T では, K 注冒頭の「パーティーで」以下「これの根が」までの部分が, BG E74 の K 注末尾 (T201, 5-17) に移動している. [7] sa eva P] sama eva T. [8] karṇa iti P] karṇe iti T. [9] yogapadaṃ P] yogaṃ padaṃ T.

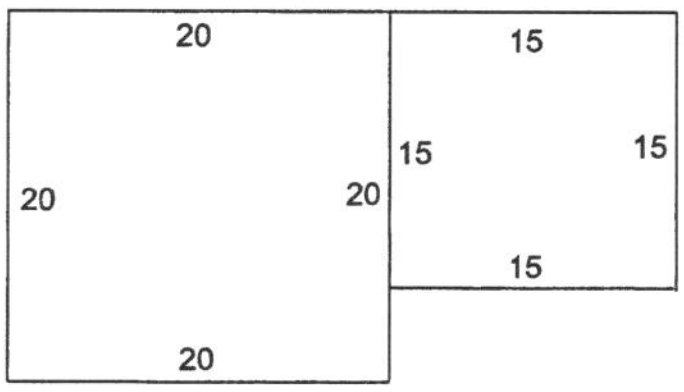

図 8.14: KBG62-3

···Note·····································

恒等式の正起次第 2（図形の切り貼りによる等面積変形）．図 8.9 の大正方形を分解して図 8.12 のように並べかえる．次に図 8.13 のように小正方形の右辺を上に延長して長方形を分割し，それ以外の内部の線を消すと図 8.14 になる．この変形により，三辺形の耳を一辺とする大正方形が等面積のまま，際を一辺とする正方形と腕を一辺とする正方形に変わる．なお，図 8.12 は，62p の図（図 8.11）を左右裏返して左に 90 度回転したもの．出版本 (A, G, M) の 62p には，図 8.13 と図 8.14 に相当する図がない．

···

次に，もう一つの例題をアヌシュトゥブ詩節で述べる．

例題．/E74p0/ A393, 21

三引かれた腕からの根が一引かれると，際と耳の差である．友よ，その図形の腕，際，耳を私に云いなさい．/E74/ E74

ここで，際と耳の差は，任意数 2 とする．これから，逆に，腕は 12 である．すなわち，想定された任意数は 2．これにルーパを加えたもの，3，の平方は 9．三を加えると 12．これの平方は 144．これは際と耳の平方の差である．だから，「二つの量の平方の差は和と差の積に等しいだろう」[1]〈という規則が用いられる〉．実に，平方は等四辺形の果である．これ（次の図）が七の平方，49，と云われる．(図 8.15) これから，五の平方，25，を引いて，残り，24，を示す．(図 8.16) ここで，差は二，2．和は十二，12．和と差の積，24，に等しい升目 (koṣṭhaka) が存在する．それを示す．(図 8.17) というわけで，「平方の差は和と差の積に等しい」[2]ということが正起した．だから，この平方の差 144 が，想定された際と耳の差 2 で割られると，〈和〉，72 が生ずる．この「和が」二通りに〈置かれ〉，「差で減加され，半分にされる」(L 56) という合併算によって，際と耳，35, 37，が生ずる．同様に，一により，腕・際・耳，7, 24, 25．三により，19，$\frac{176}{3}$，$\frac{185}{3}$．あるいは，四により，28, 96, 100．このように，〈答えは〉多数ある (anekadhā)．どこでもこの通りである．/E74p/

[1] A 本ではこの文章に引用符がついているが，典拠未詳．内容的には，L 138de に等しい．BG E71-72 に対する K 注で引用された L 138 に対する脚注参照．　[2] この文章は上の引用符付き文章の一部である．

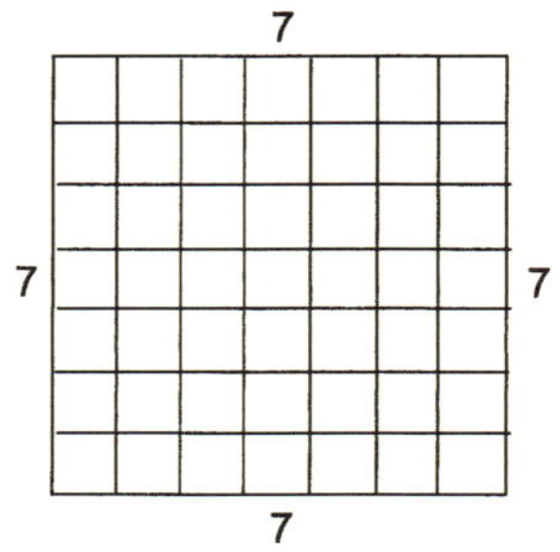

図 8.15: BGE74p-1

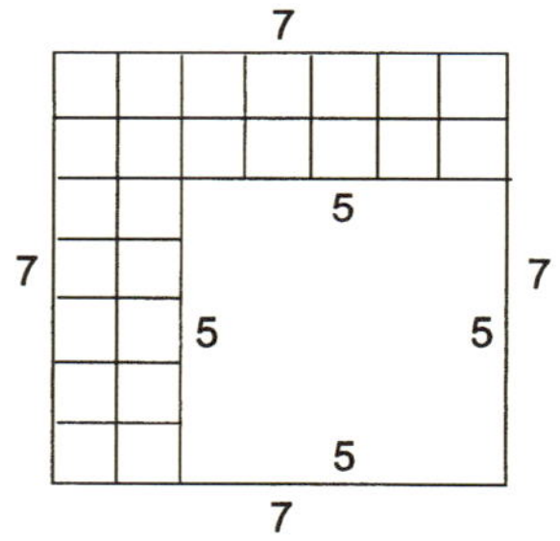

図 8.16: BGE74p-2

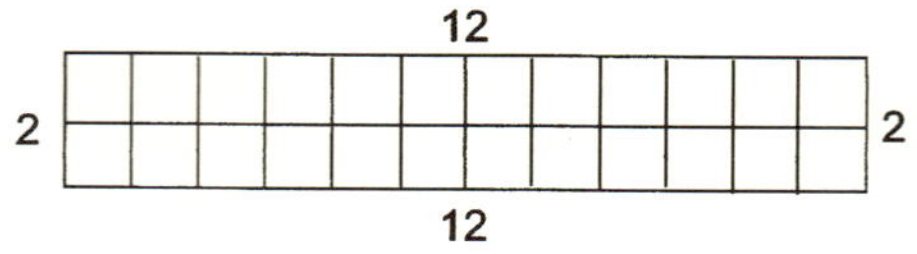

図 8.17: BGE74p-3

···Note··

例題 (BG E74): 高貴三辺形（直角三角形）の腕 (x)，際 (y)，耳 (z).

陳述：$\langle x^2+y^2=z^2\rangle$, $\sqrt{x-3}-1=z-y$.

解：$z-y=2$ とすると，逆算法 (L 48-50) により，$\sqrt{x-3}=2+1=3$. $x-3=3^2=9$. $x=12$. したがって，$z^2-y^2=x^2=144$. $z^2-y^2=(z+y)(z-y)$ だから，$z+y=144/2=72$. L 56 の合併算により，$z=37$, $y=35$. $z-y=1$ とすると，$(x,y,z)=(7,24,25)$. $z-y=3$ とすると，$(x,y,z)=(19,176/3,185/3)$. $z-y=4$ とすると，$(x,y,z)=(28,96,100)$.

上の解の途中でバースカラは，$z^2-y^2=(z+y)(z-y)$ の正起次第を挿入する．すなわち，$z=7$, $y=5$ として，$7^2-5^2=(7+5)(7-5)$ であることを図の変形（升目の並べ替え）で説明.

この解では,「四種子」(bīja-catuṣṭaya) のどれも用いられていないことに注意．しかし，未知数を含む関係式を操作して未知数の値を求めるという点で「未知数学」(avyakta-gaṇita) に属する．ただしここでは，その関係式は文字や記号で表記されるのではなく，頭の中にある．BG E75 の解も同じ.

··

意味は明瞭である．ここで，際と耳の差は任意に 2 と想定される.「三引か T199, 17
れた腕からの根が一引かれる」と,「際と耳の差」になる，というので，逆算法 (vilomavidhi) により，際と耳の差は 2．足す一で 3，平方して 9．三加えて，腕 12 が生ずる．これの平方は，際と耳の平方の差 144 である．なぜなら，耳の平方は腕と際の平方の和であり，したがって[1]耳の平方から際の平方が引かれると，腕の平方が残るから．だから，この，腕の平方 144 は，その際と耳の平方の差である．想定された際と耳の差はこの 2 である．だから,「平方の差が量の差で割られると和である」(L 58) というので，際と耳の和，72，が[2]生ずる．和と差から,「和が差によって減加され，半分にされる」(L 56) という合併算の規則によって，際と耳，35, 37，が生ずる．同様に，際と耳の差を一，1，と想定すると，述べられたように，腕・際・耳，7, 24, 25 が生ずる．このように，〈答えは〉多数ある.

次に，「平方の差が量の差で割られると和である」(L 58) というこの点に T200, 1
関する正起次第．実に，平方の差は和と差の積である．だから，それ（平方の差）が[3]差で割られると和が得られ，また，その和で[4]割られると差が得られるだろう，ということに関して何が不思議か.「平方の差は和と差の積である，という点に関する道理は何か」というなら，聴きなさい．等耳等四辺図形においては，辺の平方が図形果（面積）になる．だから，述べられた種類の図形では，量が辺に等しく，その（量の）平方が図形果に等しい．例えば，二つの量，7, 5．この二つの，述べられた如き平方二つは: (図 8.18)[5] 七の平

[1] vargayogaḥ karṇavargo 'styataḥ P] vargarūpaḥ karṇavargo rūpataḥ T.　[2] yogaḥ 72 P] yoga 72 T.　[3] ato 'smin P] ato yasmin T.　[4] labhyeta tenaiva yogena vā] labhyete tenaiva yogena vā T, labhyetaiva/ yogena vā P.　[5] T では次の図 (8.19: KBGE74-2t) がこの二つの図形の前に置かれている．7 (上辺) P] 7 saptavargaṃ T; 5 (上辺) P] 5 paṃcavargaṃ T.

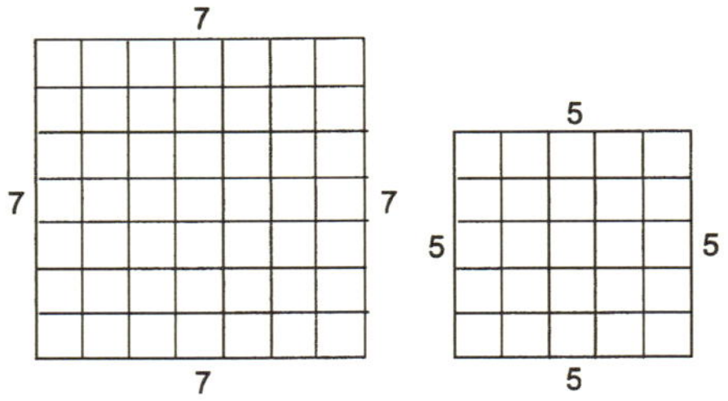

図 8.18: KBGE74-1

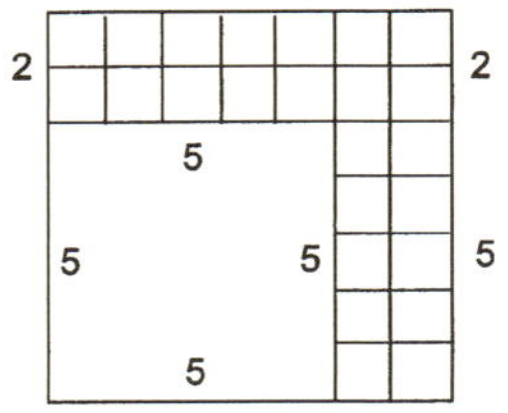

図 8.19: KBGE74-2

方から五の平方を引くと，残りはこの，平方の差である[1]: (図 8.19)[2] ここで二つの側面とも，図形の残りの幅は腕の差に等しい[3]だろう．二つの量が二つの辺に他ならない[4]，というので，幅は量の差 2 に[5]等しいだろう．一方，長さは，一つの側面では大きな辺 7 に等しく，もう一つの側面では小さな辺 5
T201. 1 に等しい[6]．すなわち，次の通りである: (図 8.20)[7] この二つを足すと[8]，図形の残りが次のように生ずる: (図 8.21)[9] この図形には，量の和 12 に等しい長さと[10]，量の差 2 に等しい幅がある[11]．長方形では腕と際の積が果である[12]，というので，和と差の積がこれの[13]果である．この，図形の残りは，前に想定した二つの量の平方の差であり，和と差の積の形を持つということが正起した.[14]

T202, 2 次に，あとで述べられる例題で役立つまた別のことを二つのアヌシュトゥブ詩節で述べる.

---

[1] viśodhya śeṣamidaṃ vargāntaraṃ/ T] viśodhyam/ idaṃ vargāntaram/ P. [2] ∅ (上辺) P] idaṃ vargāntaraṃ T. [3] tulya eva P] tulya 2 eva T. [4] bhujāveva P] bhujāveva 5/ 7 T. [5] 2 T] ∅ P. [6] 7 T] ∅ P; 5 T] ∅ P. [7] P の図では左の図が 90 度回転しており，縦方向に長い．また，左と右の図の間に，‘evaṃ vā’ (「あるいは次の通り」) という言葉がある．2 (左図で 2 つ) P] ∅ T; 2 (右図で右) P] ∅ T. [8] anayoryoge T] anaryoge P. [9] 5 T] ∅ P; 7 T] ∅ P. [10] 12 T] ∅ P. [11] 2 T] ∅ P. [12] T198, 13 に引用された L 173 参照. [13] ghāto 'sya T] ghātasya P. [14] T ではこの後に，BG 62 に対する K 注の大部分「パーティーで述べられた...」が挿入されている（BG 62 の K 注冒頭参照）. upapannaṃ *pādyāmuktaṃ ... asya padaṃ* ca 7 (Figs. KBG62-2t, KBG62-3t) sodhapatraṃ anaṃkapṛṣṭa saṣṭapaṃgatī daśapatre 6. イタリックが移動（挿入）部分．その後の訛りのあるサンスクリット文は T が基づく写本の書写生の欄外メモらしい（これはもちろん P にはない）．試訳「ca 7 （図 8.13, 図 8.14） 訂正表 (śodhapatra) 数字のないページ（すなわち，丁オモテ） 第六行 (ṣaṣṭapaṅkti) 第十丁において 6」．これはおそらくその書写生が親写本の乱れに言及したもの．‘ca 7’ は彼が用いた何らかの編集記号を T 本の編者が誤解したものか.

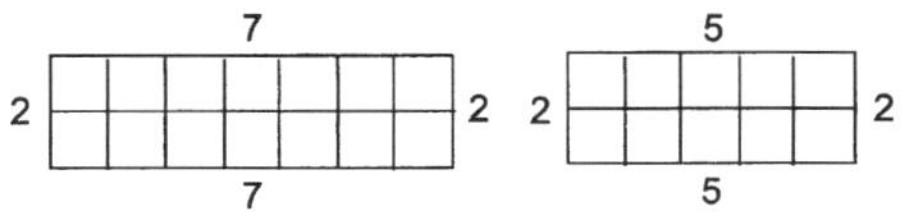

図 8.20: KBGE74-3

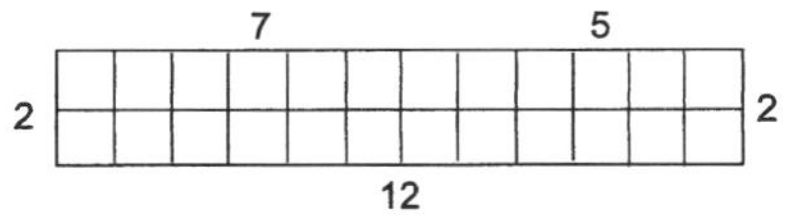

図 8.21: KBGE74-4

これの規則，一詩節．/63p0/ A398, 16

> **ある二つの量の平方の和と和の平方との差は積の二倍に等しいだろう．二つの未知数の場合のように．/63/** 63

ここで，二つの量 3, 5．この二つの和の平方は 64．それら二つの平方は 9, 25．これら二つの和は 34．これら二つ，64, 34，の差は 30．これは，二つの量の積 15 の二倍 30 に等しくなる，というので，⟨ 規則は ⟩ 正起した．それらの本来の形 (svarūpa) は次の通りである．(図 8.22) /63p/

···Note··

規則 (BG 63): 恒等式．$(a+b)^2-(a^2+b^2)=2ab$.

バースカラは，$a=3, b=5$ として，左辺 $=(3+5)^2-(3^2+5^2)=64-34=30=$ 右辺，が数量的に「正起」することを示し，それらの数値の「本来の形」（図形的意味）を升目の数で図示する．

··

もう一つの術則，一詩節．/64p0/ A401, 3

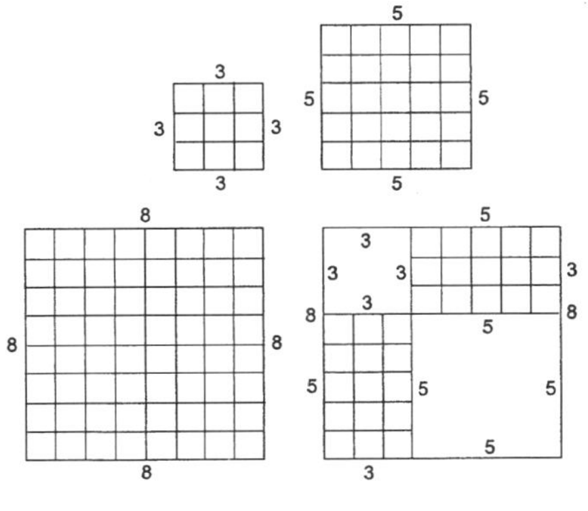

図 8.22: BG63p-1

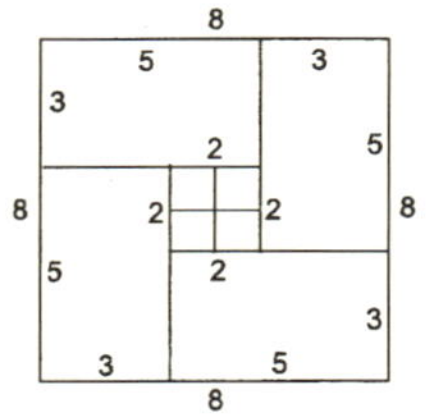

図 8.23: BG64p-1

64 **積の四倍と和の平方との差は量の差の平方に等しい．二つの未知数の場合のように．/64/**

ここで，二つの量 3, 5．これら二つの和の平方から，四つの角で，積四つが除去されると，中に，量の差の平方に等しい升目 (koṣṭhaka) が見られる，というので，〈規則は〉正起した．それを示す．(図 8.23) /64p/

···Note·····

規則 (BG 64): 恒等式，$(a+b)^2 - 4ab = \mid a-b \mid^2$.

バースカラは，$a=3$, $b=5$ として，左辺 $= (3+5)^2 - 4\times(3\times5) = \mid 3-5 \mid^2 =$ 右辺，を升目の数で図示する．

·····

T202, 7 [1]この第一の規則 (BG 63) では，平方の和と和の平方との[2]差が作られると，積の二倍になるということが教示される．その道理は，「二つの未知数の場合のように」ということである．すなわち，二つの量，yā 1 kā 1．この二つの平方の和はこれ，yāva 1 kāva 1．和の平方はこれ，yāva 1 yākābhā 2 kāva 1．平方の和と和の平方の差はこれ，yākābhā 2，二つの量の「積の二倍」である．

···Note·····

BG 63 の恒等式，$(a+b)^2-(a^2+b^2)=2ab$ の数量的正起次第.「二つの未知数」，yā 1 (s_1), kā 1 (s_2) を用いる．$(s_1+s_2)^2-(s_1^2+s_2^2)=(s_1^2+2s_1s_2+s_2^2)-(s_1^2+s_2^2)=2s_1s_2$.

·····

T202, 11 あるいは，前のように図を介した道理もある．すなわち，二つの量，3, 5．この二つの平方は (図 8.24)[3] 和の平方はこれ[4] (図 8.25) 和の平方から二つの
T203, 1 平方を引くと，残りは (図 8.26) ここで，図形の残りの二部分は一つの量に等しい幅と他方の量に等しい[5]長さを持つ，というので，それぞれの果は量の積である．だから，平方の和と和の平方の差は積の二倍である，ということが正起した．

[1] K は BG 63 と BG 64 をまとめて注を付す． [2] vargasya T] varbhasya P. [3] P はこれら 2 図を欠く． [4] yutivargo 'yaṃ P(本文中)] yutivargaḥ T(図のキャプション). [5] tulyaṃ P] tulyo T.

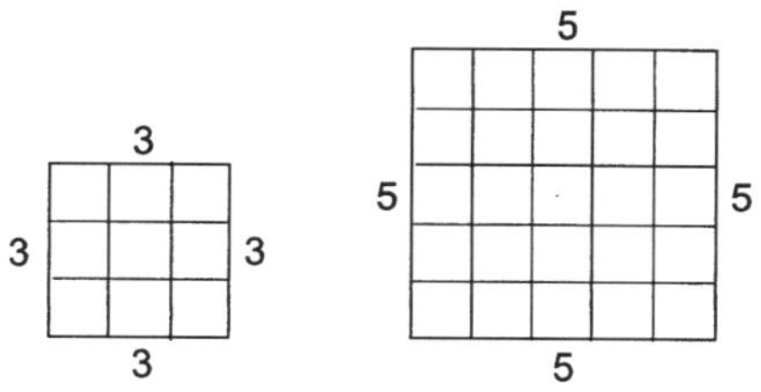

図 8.24: KBG64-1

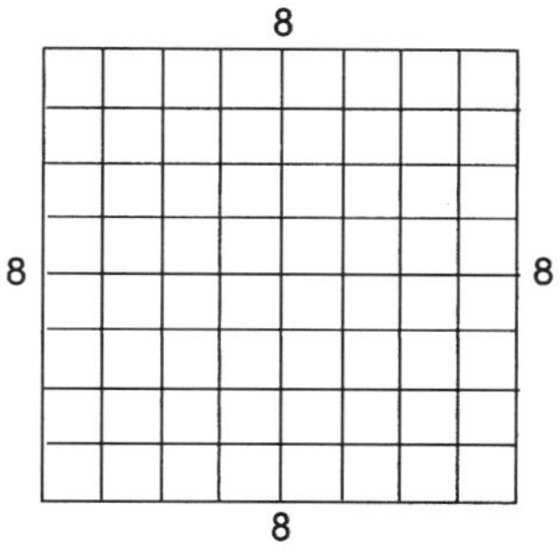

図 8.25: KBG64-2

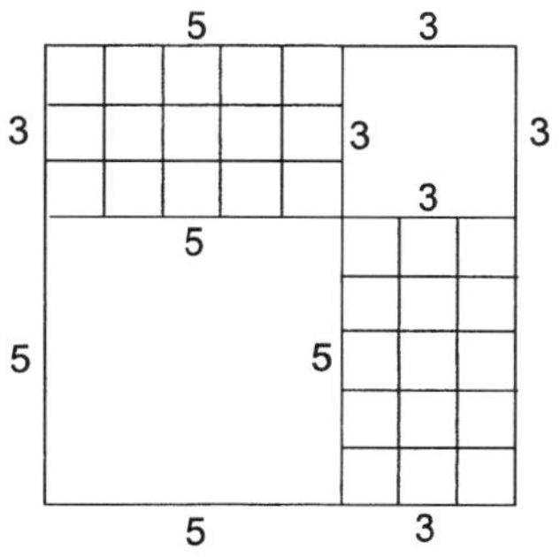

図 8.26: KBG64-3

···Note···

BG 63 の恒等式，$(a+b)^2-(a^2+b^2)=2ab$ の図形的正起次第．K は，バースカラの自注を少し敷衍している．

···

T203, 4 この第二の規則 (BG 64) では[1]，積の四倍と和の平方との差は量の差の平方[2]になる，ということが教示される．その道理は，「二つの未知数の[3]場合のように」ということである．即ち，二つの量，yā 1 kā 1．この二つの積の四倍はこれ，yākābhā 4．和の平方はこれ，yāva 1 yākābhā 2 kāva 1．和の平方から積の四倍が引かれると，残りはこれ，yāva 1 yākābhā $\dot{2}$ kāva 1．これは，量の差の平方に他ならない．

···Note···

BG 64 の恒等式，$(a+b)^2-4ab=|\,a-b\,|^2$ の数量的正起次第．「二つの未知数」，yā 1 (s_1), kā 1 (s_2) を用いる．$(s_1+s_2)^2-4s_1s_2=(s_1^2+2s_1s_2+s_2^2)-4s_1s_2=s_1^2-2s_1s_2+s_2^2=|\,s_1-s_2\,|^2$.

···

T203, 8 あるいは図に基づく正起次第もある．しかし，それは原典で明らかである．

···Note···

BG 64 の恒等式，$(a+b)^2-4ab=|\,a-b\,|^2$ の図形的正起次第は，バースカラ自身の注 (BG 64p) で十分とする．

···

T203, 10 次に，例題をアヌシュトゥブ詩節で述べる[4]．

A403, 1 **例題．/E75p0/**

E75 **腕・際・耳の和が四十，腕と際の積が百二十のとき，〈それらを〉云いなさい．/E75/**

ここで，腕と際の積の二倍は 240 である．それは和の平方と平方の和との差である．実に，腕と際の平方の和は，耳の平方に他ならない．だから，この 240 は腕と際の和の平方と〈耳の平方と〉の差であるが，〈同時にそれは〉，和と差の積に等しいだろう．だから，この差，240，が，和であるこれ，40，で割られると，腕と際の和と耳の差，6，が生ずる．「和が差によって減加され，半分にされる」云々(L 56) という合併算によって生ずる腕と際の和は 23．耳は 17．「積の四倍と」(BG 64) というので，腕と際の和の平方であるこの 529 から積の四倍であるこの 480 が引かれると，残りは腕と際の差の平方，49，になる．これの根は 7．これは，腕と際の差である．「和が差によって減加され，半分にされる」(L 56) というので，生ずる腕と際は，8，15．/E75p/

---

[1] sūtre T] sūtre tu P. [2] cāntaraṃ rāśyantaravargo] cāntaraṃ antaravargo T, cāntaram/ rāśyantaravargo P. [3] dvayoravyaktayor P] dvayokhyaktayor T. [4] anuṣṭubhāha P] anuṣṭṝbhāha T.

···Note··

例題 (BG E75)：高貴三辺形（直角三角形）の腕 (x)，際 (y)，耳 (z).

陳述：$\langle x^2 + y^2 = z^2 \rangle$, $x + y + z = 40$, $xy = 120$.

解：BG 63 から，$2xy = (x+y)^2 - (x^2+y^2) = (x+y)^2 - z^2 = (x+y+z)(x+y-z)$ だから，$x+y-z = 2xy/(x+y+z) = 240/40 = 6$. L 56 の合併算により，$x+y = 23$, $z = 17$. BG 64 から，$(x-y)^2 = (x+y)^2 - 4xy = 49$ だから，$x - y = 7$. 合併算により，$x = 15$, $y = 8$.

この解では,「四種子」のどれも用いられていないことに注意. BG E74 に対する Note 参照.

··

意味は明瞭である[1]．ここで，腕と際の積はこの 120 である．これが二倍 T203, 13
されると，240，腕と際の和の平方と腕と際の平方の和との差になるだろう，
「ある二つの量の平方の和と和の平方との 差は積の二倍に等しいだろう」(BG T204, 1
63) と述べられたから．その場合，腕と際の平方の和は，前の[2]耳の平方に他
ならない．だから，腕と際の和の平方と耳の平方との差が，この 240 である．
ここで，腕と際の和が一つの量である．耳が他方〈の量〉である[3]．この二つ
の平方の差がこの 240 である．そしてそれ（平方の差）は[4]和と差の積に等し
い，と〈L 138de に〉述べられているので[5]，腕と際の和と耳の和と，腕と際
の和と耳の差との積になる，240．その場合，腕と際の和と耳の和は三つのも
のの和になる．そしてそれはここでは，四十を値とする，と提示されている，
40．だから，この和，40，によって和と差の積であるこの 240 が割られると，
商は腕と際の和と耳の差[6]，6，である．次に，和と差であるこの二つ，40, 6,
から合併算によって二つの量，23, 17，が生ずる．一つ，23，は腕と際の和
であり，他方，17，は耳である．ここで，小さい量のほうが耳であると知る
べきである．腕と際の和よりそれが大きいことはあり得ないから．尊敬され
るべき先生（honor. pl.，バースカラ）によって『リーラーヴァティー』にも
述べられている．

> 無謀な人によって提示されたまっすぐな腕から成るとされる図形が，もし一つの腕よりそれ以外の腕の和が小さいかあるいは等しければ，それは非図形 (akṣetra) であると知るべきである[7]．/L 163/

さて，腕と際の積，120，の四倍，480，が，腕と際の和，23，の平方であ T204, 13
るこれ，529，から引かれると，残りは 49．これは，腕と際の差の[8]平方であ
る,「積の四倍と和の平方との差は量の差の平方に等しい」(BG 64) と述べら
れているから．だから，この 49 の根，7，は腕と際の差である．腕と際の和
はこの 23 である．この二つから合併算によって生ずる腕と際は[9]，8, 15，で

[1] spaṣṭorthaḥ T] ∅ P.　[2] pūrva T] ∅ P.　[3] karṇo 'paraḥ P] ∅ T.　[4] tacca T] tatra P.　[5] BG E71-72 に対する K 注で引用された L 138 に対する脚注参照.　[6] karṇāntaram P] karṇatīṃraṃ T.　[7] jñeyaṃ P] jñeya T.　[8] koṭyorantara P] koṭayantra T.　[9] bhujakoṭī P] bhujakoṭi T.

ある.

T204, 18 次に，もう一つの例題をアヌシュトゥブ詩節で述べる.

A405, 21 **例題. /E76p0/**

E76 **腕・際・耳の和が五十六，それらの積が六百の七倍である．それらを私にそれぞれ云いなさい．/E76/**

A405, 24 **ここで，耳が yā 1．これの平方は yāva 1．これは腕と際の平方の和である．ここで，腕と際と耳の和が耳で減じられると，腕と際の和，yā $\dot{1}$ rū 56，が生ずる．三つのものの積が耳で割られると，腕と際の積 $\left|\begin{array}{c}4200\\ \text{yā } 1\end{array}\right|$ が生ずる．さて，「ある二つの量の平方の和と和の平方との差は積の二倍に等しいだろう」(BG 63) という．平方の和は yāva 1，和の平方は yāva 1 yā $\dot{112}$ rū 3136．これら二つの差は yā $\dot{112}$ rū 3136．これが積の二倍 $\left|\begin{array}{c}8400\\ \text{yā } 1\end{array}\right|$ に等しい，というので，[1]等分母化し (samacchedī-$\sqrt{}$kṛ)，分母払い (cheda-gama) をすれば，〈等式の〉二翼 (pakṣau) が生ずる.**

$$\left|\begin{array}{llllll}\text{yāva} & \dot{112} & \text{yā} & 3136 & \text{rū} & 0\\ \text{yāva} & 0 & \text{yā} & 0 & \text{rū} & 8400\end{array}\right|$$

これら二つ〈の翼〉を百十二で共約し (apa-$\sqrt{}$vṛt)，清算すると (śodhitau)，生ずるのは，

$$\left|\begin{array}{llllll}\text{yāva} & \dot{1} & \text{yā} & 28 & \text{rū} & 0\\ \text{yāva} & 0 & \text{yā} & 0 & \text{rū} & 75\end{array}\right|$$

これら二つ〈の翼〉に負数ルーパ (sg.) を掛け，十四の平方に等しいルーパ (pl.) を加えると，〈両翼の〉根 (mūla) は，

$$\left|\begin{array}{llll}\text{yā} & 1 & \text{rū} & \dot{14}\\ \text{yā} & 0 & \text{rū} & 11\end{array}\right|$$

〈規則に〉述べられたように清算 (śodhana) がなされると，得られるのはヤーヴァッターヴァットの値 (māna)，25，である．ここで，〈負数根の〉選択 (vikalpa) により，耳の第二の値，3，が生ずるが，これは正起しないので (anupapannatvāt) 採用されるべきではない (na grāhyam)．ここで，三つの積は 4200．耳，25，で割られると，腕と際の積，168，が生ずる．同様に（三つの和から耳が引かれると），この，腕と際の和，31，〈が生ずる〉．「積の四倍と」云々(BG 64) により，腕と際の差，17，が生ずる．「和が差によって減加され，半分にされる」云々(L 56) によって，腕と際，7, 24，が生ずる．/E76p1/

A406, 14 **どこでもこの通りである．理知 (mati) ある者たちは，計算のとりまとめ (kriyā-upasaṃhāra) を行ってから，どこでも，他ならぬ道理 (yukti) によっ**

[1] 以下，方程式の解のプロセスで典型的な一連の術語が用いられている．それらのほとんどは既出であるが，これだけまとまって見られるのはめずらしいので，原語を補う.

て，例題〈の解〉を導く．一方，未知数を想定すると (avyakta-kalpanayā)，計算 (kriyā) が大きく (mahatī) なる．/E76p2/

以上，バースカラの『ビージャガニタ』における未知数の平方等の等式は完結した．(8 章奥書) /E76p3/[1] A406, 16

···Note ·······································

例題 (BG E76)：高貴三辺形（直角三角形）の腕 (x)，際 (y)，耳 (z).

陳述：$\langle x^2+y^2=z^2\rangle$, $x+y+z=56$, $xyz=4200$.

解：$z=s$ (= yā 1) とすると，$x^2+y^2=s^2$, $x+y=-s+56$, $xy=xyz/z=\frac{4200}{s}$. BG 63 から，$(x+y)^2-(x^2+y^2)=2xy$ であるが，$(x+y)^2=s^2-112s+3136$ だから，一色等式 (ekavarṇa-samīkaraṇa)，$-112s+3136=\frac{8400}{s}$，が得られる．等分母化して，$\frac{-112s^2+3136s}{s}=\frac{8400}{s}$, 分母払いをすると，$-112s^2+3136s=8400$. 両翼を 112 で共約して，$-s^2+28s=75$. 両翼に -1 を掛けて，$s^2-28s=-75$. s (yā) の係数の半分の平方を両翼に加えて，$s^2-28s+14^2=121$. 両翼の平方根をとって，$s-14=11$ または $s-14=-11$. 故に，$s=25$ または $s=3$. しかし，$s=3$ は，$\langle xy=4200/3=1400$. $x+y=-3+56=53$. $|x-y|^2=53^2-4\times1400=-2791$ となり〉正起しないから採用しない．一方，$s=25$ のときは，$xy=4200/25=168$. $x+y=-25+56=31$. BG 64 から，$(x+y)^2-4xy=|x-y|^2$ だから，$|x-y|^2=31^2-4\times168=289$, すなわち，$x-y=17$（$x-y=-17$ のときは x と y の値が逆）．L 56 の合併算により，$x=24$, $y=7$.（以上 E76p1）

E76p2 は 8 章のまとめ．E74, E75 参照．また，E50 とそれに対する Note 参照．

·······································

意味は明瞭である．ここでは，耳をヤーヴァッターヴァットの大きさと想定すれば，計算は原典で明瞭である． T204, 21

> 優れた占術師たちの集団がたえずその脇に仕えるバッラーラなる計算士の息子が作ったこの種子計算の解説書『如意蔓の化身』において，一色から生ずる等式が，〈中項除去という〉区分（節）を伴って生まれた．/BP 8/

以上，尊崇するすべての計算士たちの王，占術師バッラーラの息子，[2]計算士クリシュナの作った種子計算の解説書『如意蔓の化身』における，自らの区分（節）である中項除去を伴う一色等式〈の注釈〉.[3]

ここで，二つの部分（第 7 章と第 8 章）のグランタ数[4]は〈それぞれ〉490, 325. したがって，一色等式のグランタ数は，815. だから，最初から生じた[5]グランタ数は，3395.

---

[1] これは AM の読み．G の読みは，「以上，バースカラのビージャガニタにおける一色〈等式〉に関連する中項除去は完結した.」 [2] ∅ P] śrī T. [3] ∅ T] // 8 // P. [4] グランタ数については第 1 章末参照. [5] jātā P] jāta T.

第9章　多色等式

次は[1]，多色等式である． T206, 1

吉祥[2]．このように，多色は一色を先行者とするものだから，最初に一色等式を述べてから，今度は，その順番に到達した多色等式を，シャーリニー詩節一つ，ウパジャーティカー詩節二つ，それにシャーリニー詩節の前半で述べる[3]．

次は，多色等式なる種子である．/65p1/ A415, 9
その規則，三詩節半．/65p0/

> **最初の色を他方の翼から引くべきである．また，他〈の色〉とルー** 65
> **パを他方〈の翼〉から〈引くべきである〉．最初〈の色〉で他方の**
> **翼を割れば，最初の色の揚値 (unmiti) が生ずるだろう．一つの**
> **色に対して，その揚値が複数の場合，// 分母を等しくして払い，** 66
> **それら（揚値）からそれ（最初）とは異なる色の揚値 (pl.) を得**
> **るべきである．最後の揚値において，クッタカの演算から乗数と**
> **商〈が得られるが〉，それら二つが，被除数とその除数の色の値**
> **である．// もし被除数に他の色 (pl.) もあれば，その値を任意に** 67
> **想定して，〈クッタカの演算により，被除数と除数の色の値が〉得**
> **られるべきである．他の色の値は逆向きの揚立 (utthāpana) か**
> **ら〈得られるべきである〉．もしこのようにして値が分数になっ**
> **たら，// さらにクッタカが作られるべきである．その場合，最後** 68
> **の色をそれ（クッタカ＝得られた乗数）で揚立し，前のもの (pl.)**
> **を[4]逆向きに揚立すべきである．/65-68/**

これが，多色等式なる種子である．そこでは，例題に二つ三つ等の未知量がある場合，それらの値 (māna) としてヤーヴァッターヴァット等の色 (varṇa) が想定されるべきであるが，それらは昔の先生たちによって次のように想定された．ヤーヴァッターヴァット (yāvattāvat, ～だけそれだけ～)，カーラカ (kālaka, 黒)，ニーラカ (nīlaka, 青)，ピータカ (pītaka, 黄)，ローヒタカ (lohitaka, 赤)，ハリタカ (haritaka, 緑)，シュヴェータカ (śvetaka, 白)，チトラカ (citraka, 斑色)，カピラカ (kapilaka, 黄褐色)，ピンガラカ (piṅgalaka, A415, 17

[1] atha T] 9 P.　[2] śrīḥ T] ∅ P.　[3] BG 68 と BG 70 は同一のシャーリニー詩節の前半と後半であるが，両者の間には 1 つの規則 (BG 69，アヌシュトゥブ詩節) と 12 の例題 (BG E77-88) があるので，詩節番号を別にした．　[4] ādyān. K は数回 ādyāt (最初から) とも読んでいる．これは P 本の読みに等しい．

茶色)，ドゥームラカ (dhūmraka, 灰色)，パータラカ (pāṭalaka, ピンク)，シャヴァラカ (śavalaka, 斑)，シュヤーマラカ (śyāmalaka, 黒)，メーチャカ (mecaka, 青黒) 等．あるいは，ka 等の文字 (akṣara) が，未知数の名称として，混乱がないように想定された．だから，計算者は，前のように出題者の陳述通りに演算を行い，両翼，または多翼を等しく作るべきである．それから，この規則の導入 (avatāra) がある．/68p1/

それら等しい二つのうちの一方の翼から他方の翼の最初の色を引くべきである．そして，それ以外の色とルーパを他方の翼から引くべきである．それから，最初の色の残りで他方の翼が割られると，除数の色の揚値 (unmiti) である．複数 (三つ以上) の翼がある場合，等しい二つづつの翼に対して同様に行えば，他の揚値が生ずるだろう．それからそれらの揚値のなかに，一つの色の揚値が多数あれば，それらの内の二つづつを等分母化し，分母を払うことにより，「最初の色を引くべきである」云々(BG 65) によって，他の揚値が生ずるだろう．/68p2/

このようにヤーヴァッターヴァットが生じ得る．だから，最後の揚値におい
A416, 1 **て，被除数の色にある数字が被除数の量であり，除数にあるものが除数である．ルーパが付数である．これからクッタカの演算により生ずる乗数が被除数の色の値であり，商が除数の色の値である．それら二つの値に対して，確定した (dṛḍha) 除数と被除数に任意の同一の色を掛けたものを付加数と想定すべきである．それから，付加数を伴うそれぞれの値によって，前の色の揚値における二つの色を揚立し，自分の除数で割れば，得られるもの（商）が前の色の値である．このように，「他の色の値は逆向きの揚立から」(BG 67cd) 生ずる．もし，最後の揚値に二つ等の色 (pl.) があるなら，それら（二番目以下）に任意の値を作り，それぞれの値でそれらを揚立してルーパに付加し，クッタカをなすべきである．/68p3/**

A416, 8 **さてもし逆向きの揚立が行われているとき，前の色の揚値におけるその値が分数として得られるなら，クッタカの演算で生ずる乗数に付加数を加えたものを被除数の色の値とし，それで，最後の色の値 (pl.) におけるその色を揚立し，前の揚値 (pl.) において逆向きの揚立の方法で他の色の値が求められるべきである．ここで，ある色のある値が得られたとき，⟨その値が⟩既知数にせよ未知数にせよ，あるいは既知数と未知数から成るにせよ，その値に既知の数字（係数）を掛けて，その色の文字を除去することが揚立と呼ばれる．/68p4/**

···Note···

規則 (BG 65-68)：多色等式（狭義）．この規則は次の 5 ステップから成る．

1. 一つの色を等式の一翼から引き，他の色を他翼から引く．他翼を第一翼で割る．結果は第一色の揚値 (unmiti) である．(BG 65abc, 68p2)

2. 一つの色に対して複数の揚値がある場合，それらを等値して，第二色の揚値を求める．これを繰り返し，もし最後の揚値の被除数に一色だけ残ったら，その揚値にクッタカを適用する．そのクッタカにより得られる乗数と商がその二色（一つは揚値の被除数にあり，もう一つは除数に添えられてある）の値である．(BG 65d-66, 68p3)

3. もし最後の揚値の被除数に 2 個以上の色があれば，一つを除いて他の色に任意の既知数を想定し，ステップ 2 を行う．(BG 67ab, 68p3)

4. ステップ 2 でクッタカにより得られた二色の値から始めて，逆順に，他の色を揚立 (utthāpana) する．(BG 67c, 68p3)

5. その逆順に行われる揚立の過程で，もし分数が色の値として得られたら，それにクッタカを適用し，もう一度最後から始めて逆順に色を揚立する．(BG 67d-68, 68p4)

BG 68p1 の冒頭に列挙された未知数名称（色の名）の頭文字 (yā, kā, nī, pī, lo 等) はほとんど例外なくこのままの順序で必要な個数だけ用いられるので，Note ではそれらを順に s_1, s_2, s_3, etc. と表すことにする．これによって計算の構造が見やすくなることが期待されるが，元の yā, kā 等自体は「順序」概念を含まないことに注意．未知数名称としてはこの他「ka 等の文字」が使える，としている．これは子音の字母表：ka, kha, ga, gha, ṅa; ca, cha, ja, jha, ña; ṭa, ṭha, ḍa, ḍha, ṇa; ta, tha, da, dha, na; pa, pha, ba, bha, ma; ya, ra, la, va; śa, ṣa, sa, ha を指す．BG 7 とそれに対する Note 参照．また，以下の Note では，三量法 (trairāśika)，すなわち比例関係 $a : b = c : x$ から x を求める計算を TR $[a, b, c]$ で表す: TR $[a, b, c] = bc/a$. ここで，a と c，b と x は，単位も含めて同種の量．

………………………………………………………………………………

このシャーリニー詩節の前半 (BG 68) には，二つの異読が[1]見られる．　T206, 16

> さらにクッタカから他の色が作られるべきである．〈 それで揚立し，前のものを逆向きに揚立すべきである．〉

というものと，

> さらにクッタカから他の色が作られるべきである．それで揚立し，最後を始めとするものたちを揚立すべきである．

というものである．

これらの規則 (BG 65-68) は，先生 (honor. pl.) ご自身により正しく説明されたので，われわれは解説しない．　T206, 20

さて，シャーリニー詩節の前半 (BG 68) に関する[2]説明．もし擁立を[3]行ったとき，他の色の値が分数で得られたら，「さらにクッタカが作られるべきである」．「それで」：クッタカで，「最後の色を」「揚立し」，最初から「逆向きに擁立すべきである」．クッタカ（粉砕者）とは乗数の一種であるということは既に説明した[4]．そのクッタカによって：付加数を伴う乗数によって，「最後の」二つの，あるいは最後の複数の色の値における「色を」「揚立し」，最初から「逆向きに」ふたたび「揚立すべきである」．ある揚値を前に揚立し　T206, 21　T207, 1

---

[1] 'anyapāṭhadvayaṃ T] 'anyatpāṭhadvayaṃ P.　[2] pūrvārdhe P] pūrvārdhaṃ T.　[3] yadyutthāpane P] ya utthāpane T.　[4] 第 5 章 (T86, 4) 参照．K は「クッタカ」を「粉砕術」という名前の計算術の意味に加えて「粉砕術で得られる乗数」の意味にとる．

たとき分数が生じたその揚値が「最初」である．それから始めて，再び逆向きの揚立を行うべきである，という意味である．この読みこそが一番である．なぜなら，先生が〈自ら〉規則を注釈 (vivaraṇa) するに際してそれ（その読み）の注釈をしているから．その注釈は次の通りである．

> さてもし逆向きの揚立が行われているとき，前の色の揚値におけるその値が分数として得られるなら，クッタカの演算で生ずる乗数に付加数を加えたものを被除数の色の値とし，それで，最後の色の値 (pl.) におけるその色を揚立し，前の揚値 (pl.) において逆向きの揚立の方法で他の色の[1]値が〈求められるべきである〉．/BG 68p4/

〈二つの異読に共通する〉「さらにクッタカから他の[2]色が作られるべきである」という読みは正しくない[3]．「揚立し」(utthāpya) という語が統語 (anvaya) を欠く（すなわち，目的語を欠く）から．ここで，たとえ，「最初」〈という語〉を補えば「最初を揚立して」という統語が生ずるだろう，といっても，〈その場合は〉最後の色の揚立を述べないから[4]，不足という過誤が生ずることに変わりはない．またもし[5]不足という過誤を取り払うために，「最後の色」〈という語〉が補われるとすれば[6]，そのようにした場合，「それで」，すなわち最後の色で，「最後の色を揚立し」，というその統語が生ずるだろう．〈しかし〉ここ（第二の異読）では実に，もし他の色の値が分数になったら，さらにクッタカから他の色が[7]作られるべきである，と述べるので，他の色は除数の色に他ならない．そうすると，除数の色の値によって最後の色を揚立して，という意味が帰結する．そしてそれは正しく (yukta) ない．除数の色と最後の色は異なるから．そうではなくて，被除数の色と最後の色とは異ならないから，被除数の色の値によって，最後の色を揚立することが正しい (yukta)．だから，このように，二番目の読みも正しくない[8]．

···Note···

K は T206, 16 で言及した二つの異読のうち，最初のほうは文法的に難があり，後のほうは内容的（数学的）に誤りがある，としてどちらも退け，この和訳でも採用した読みは著者バースカラ自身が自注で説明する読みだから正しいとする．

···

T207, 18 次に，この意味を明らかにするために，後で述べられる例題が書かれる．

> 六で割ると五余り，五で割ると四余り，四で割ると三余り，三で割ると二余るようなものは何か[9]．/BG E80/

ここでは，量 (rāśi) が yā 1．これを「六で割ると[10]五余り」というので，商の量 (pramāṇa) をカーラカと想定すると，カーラカを掛けた除数に自分の

---

[1] varṇa T] ∅ P. [2] anya P] antya (最後の) T. [3] iti pāṭhastvasādhuḥ P] iti pāṭha eva sādhu (という読みこそ正しい) T. [4] anukter P] anukte T. [5] atha yadi P] yadi T. [6] adhyāhriyeta T] adhyāhriyate P. [7] anyavarṇaḥ P] anyavarṇa T. [8] dvitīyapāṭho 'pyasādhuḥ P] dvitīyapāṭho na dhuḥ T. [9] kaḥ syāt// iti P] kasyāditi T. [10] bhaktaḥ P] bhakta T.

余りである五を加えた kā 6 rū 5 がヤーヴァッターヴァットに等しい，という等式により生ずるヤーヴァッターヴァットの揚値は $\left|\begin{array}{c}\text{kā 6 rū 5}\\ \text{yā 1}\end{array}\right|$[1] 同様に，五等が除数の場合，ニーラカ等が〈商として〉得られる，というので，ヤーヴァッターヴァットの揚値は $\left|\begin{array}{c}\text{nī 5 rū 4}\\ \text{yā 1}\end{array}\right|\begin{array}{c}\text{pī 4 rū 3}\\ \text{yā 1}\end{array}\left|\begin{array}{c}\text{lo 3 rū 2}\\ \text{yā 1}\end{array}\right|$[2] これら T208, 1
の内，一番目と二番目の〈揚値からの〉等式によって得られるカーラカの揚値は $\left|\begin{array}{c}\text{nī 5 rū }\dot{1}\\ \text{kā 6}\end{array}\right|$[3] 二番目と三番目の〈等式によって得られる〉ニーラカの揚値は $\left|\begin{array}{c}\text{pī 4 rū }\dot{1}\\ \text{nī 5}\end{array}\right|$[4] 同様に，三番目と四番目の〈等式によって得られる〉ピータカの揚値は $\left|\begin{array}{c}\text{lo 3 rū }\dot{1}\\ \text{pī 4}\end{array}\right|$[5] これが最後〈の揚値〉である.「最後の揚値において，クッタカの演算から乗数と商〈が得られるが〉」云々(BG 66cd) により生ずるローヒタとピータカの値は，付加数を伴って，

$$\begin{array}{ccc|}\text{ha 3} & \text{rū 2} & \text{pī}\\ \text{ha 4} & \text{rū 3} & \text{lo}\end{array}$$

次に，ニーラカの揚値はこの $\left|\begin{array}{c}\text{pī 4 rū }\dot{1}\\ \text{nī 5}\end{array}\right|$[6] ここで，ニーラカ五つにはルーパを引いた[7]ピータカ四つの値がある．そこで，ピータカの，クッタカにより得られる値はこの ha 3 rū 2.[8] だから,「もし一つのピータカにこの値があるなら，ピータカ四つには何か」

$$\left|\text{ pī 1 }\right|\text{ ha 3 rū 2 }\left|\text{ pī 4 }\right|$$

という三量法により生ずるピータカ四つの値は，ha 12 rū 8. これからルーパを引くと，ニーラカ五つの値が生ずる，ha 12 rū 7.「もしニーラカ五つにこの値があるなら，一つのニーラカには何か」

$$\left|\text{ nī 5 }\right|\text{ ha 12 rū 7 }\left|\text{ nī 1 }\right|$$

という三量法により，ニーラカの値が分数として生ずる，$\left|\begin{array}{c}\text{ha 12 rū 7}\\ 5\end{array}\right|$[9]だからここでは,「さらにクッタカが作られるべきである」(BG 68a). クッタカとは乗数の一種である[10]. そしてそれは既述の演算により生ずる．すなわち，付加数とともに，śve 5 rū 4.「乗数と商〈が得られるが〉，それら二つが，被除数と除数の色の値である」(BG 66cd) と述べられているから，このクッタカ (乗数)，śve 5 rū 4 が[11]，被除数の色であるハリタカの値である.

---

1 $\left|\begin{array}{c}\text{kā 6 rū 5}\\ \text{yā 1}\end{array}\right|$] $\begin{array}{c}\text{kā 6 rū 5 /}\\ \text{yā 1 /}\end{array}$ P, $\begin{array}{c}\text{kā 6}\\ \text{yā 1}\end{array}$ rū 5 T.　2 $\left|\begin{array}{c}\text{nī 5 rū 4}\\ \text{yā 1}\end{array}\right|$] $\begin{array}{c}\text{nī 5 rū 4 /}\\ \text{yā 1}\end{array}$ P, $\begin{array}{c}\text{nī 5}\\ \text{yā 1}\end{array}$ $\begin{array}{c}\text{rū 4}\\ \text{yā 1}\end{array}$ / T; $\left|\begin{array}{c}\text{pī 4 rū 3}\\ \text{yā 1}\end{array}\right|$] $\begin{array}{c}\text{pī 4 rū 3 /}\\ \text{yā 1}\end{array}$ P, $\begin{array}{c}\text{pī 4}\\ \text{yā 1}\end{array}$ rū 3 / T; $\left|\begin{array}{c}\text{lo 3 rū 2}\\ \text{yā 1}\end{array}\right|$] $\begin{array}{c}\text{lo 3 rū 2 /}\\ \text{yā 1}\end{array}$ P, $\begin{array}{c}\text{lo 3}\\ \text{yā 1}\end{array}$ rū 2 / T.　3 $\left|\begin{array}{c}\text{nī 5 rū }\dot{1}\\ \text{kā 6}\end{array}\right|$] $\begin{array}{c}\text{nī 5 rū }\dot{1}\text{ /}\\ \text{kā 6 /}\end{array}$ P, $\begin{array}{c}\text{nī 5}\\ \text{kā 6}\end{array}$ rū $\dot{1}$ T.　4 $\left|\begin{array}{c}\text{pī 4 rū }\dot{1}\\ \text{nī 5}\end{array}\right|$] $\begin{array}{c}\text{pī 4 rū }\dot{1}\\ \text{nī 5 /}\end{array}$ P, $\begin{array}{c}\text{pī 4}\\ \text{nī 5}\end{array}$ rū $\dot{1}$ T.　5 $\left|\begin{array}{c}\text{lo 3 rū }\dot{1}\\ \text{pī 4}\end{array}\right|$] $\begin{array}{c}\text{lo 3 rū }\dot{1}\\ \text{pī 4 /}\end{array}$ P, $\begin{array}{c}\text{lo 3}\\ \text{pī 4}\end{array}$ rū $\dot{1}$ / T.　6 $\left|\begin{array}{c}\text{pī 4 rū }\dot{1}\\ \text{nī 5}\end{array}\right|$] $\begin{array}{c}\text{pī 4 rū }\dot{1}\\ \text{nī 5 /}\end{array}$ P, pī 4 $\begin{array}{c}\text{rū }\dot{1}\\ \text{nī 5}\end{array}$ T.　7 rūponaṃ T] rūpona P.　8 ha 3 P] ha $\dot{3}$ T.　9 $\begin{array}{c}\text{ha 12 rū 7}\\ 5\end{array}$ P] $\left|\text{ha }\begin{array}{c}11\\ 5\end{array}\text{ rū 7}\right|$ T.　10 T86, 4 参照.　11 rū 4 P] rūpa 4 T.

śve 5　rū 4　ha |

これによって，最後の二つ〈の色〉，ピータカとローヒタカの値であるこれら，

ha 3　rū 2　pī |
ha 4　rū 3　lo |

の色であるハリタカを揚立し[1]，最初から再び「逆向きに揚立すべきである」(BG 68b)．その揚立は次の通りである．[2] ここで，ハリタカ三つにルーパ二つを加えたものが一つのピータの値である．ハリタカの値は，クッタカで得られたこの śve 5 rū 4 である．「もし一つのハリタカにこの値があるなら，その
T209, 1 とき，ハリタカ三つには何か」

| ha 1 | śve 5 rū 4 | ha 3 |

という三量法によって生ずるハリタカ三つの値は，śve 15 rū 12．これにルーパ二つを加えるとピータカの値が生ずる，

śve 15　rū 14　pī |[3]

全く同じ道理によって，ローヒタカの値も，

śve 20　rū 19　lo |[4]

このように生じたピータカとローヒタカの値は，

śve 15　rū 14　pī |
śve 20　rū 19　lo |[5]

このように，クッタカ（乗数）による最後の色の揚立が生じた．

T209, 6 次に，ローヒタとピータカの「前のものを」，ニーラカから始めて，「逆向きに揚立すべきである」．そこで，ニーラカの値はこれである | pī 4 rū 1̇ / nī 5 |[6]ここで，ルーパを引いたピータカ四つがニーラカ五つの値である．その場合のピータカの値はこれである．

śve 15　rū 14　pī |[7]

「もし一つのピータカにこれがあるなら，ピータカ四つには何か」

| pī 1 | śve 15 rū 14 | pī 4 |

という三量法によりピータカ四つの値は，śve 60 rū 56．これからルーパを引くと，ニーラカ五つの値が生ずる，śve 60 rū 55．「もしニーラカ五つに[8]これ

[1] anayoḥ ha 3 rū 2 pī / ha 4 rū 3 lo | varṇaṃ haritakamutthāpya P] ha 3 rū 2 / ha 4 rū 4 / pītavarṇaṃ haritakamutthāpya T.　[2] punarutthāpayet/ tadutthāpanaṃ yathā/ P] punarutthāpanaṃ yathā/ T.　[3] pī P] pī 1 T.　[4] rū 19 lo P] rū 20 lo 1 T.　[5] pītakalohitakayormāne śve 15 rū 14 pī / śve 20 rū 19 lo | P] lohitakapītakayormāne śve 20 rū 20/ śve 15 rū 14/ T.　[6] pī 4 rū 1̇ / nī 5] pī 4 rū 1̇ / nī 5 P, pī 4 rū 1̇ T.　[7] pī P] pī 1 T.　[8] nīlakapañcakasya P] nīlakasya paṃcakasya T.

があるなら，一つのニーラカには何か」

| nī 5 | śve 60 rū 55 | nī 1 |

という三量法により，ニーラカの値が生ずる

śve 12　rū 11　nī |[1]

次に，ニーラカの前は[2]カーラカであり，その値はこれである

nī 5 rū $\dot{1}$
kā 6

[3]

ここでは，ルーパを引いたニーラカ五つがカーラカ六つの値である．前のように三量法によって生ずるニーラカ五つの値は，śve 60 rū 55 であり，これからルーパを引くと，カーラカ六つの値が生ずる，śve 60 rū 54．これから比例 (anupāta) により生ずる一つのカーラカの値は，

śve 10　rū 9　kā |[4]

次に，カーラカの前はヤーヴァッターヴァットであり，その値はこれである

kā 6 rū 5
yā 1

ここでは，カーラカ六つに[5]ルーパ五つを加えたものがヤーヴァッターヴァットの値である．そこで，カーラカ六つに得られる値は[6]この śve 60 rū 54．これにルーパ五つを加えると，ヤーヴァッターヴァットの値が生ずる，

śve 60　rū 59　yā |[7]

同様に，他のヤーヴァッターヴァットの揚値 (pl.) において揚立することによっても，その同じ値が得られる．だから，このように，既知数と未知数からなるヤーヴァッターヴァット等の値が生ずる．

śve 60	rū 59	yā
śve 10	rū 9	kā
śve 12	rū 11	nı
śve 15	rū 14	pī
śve 20	rū 19	lo

[8]

ここで，シュヴェータカの[9]値をゼロと想定すると，生ずる量 (rāśi) は 59 である．一方，カーラカ等は，六等の除数に対する商として想定された．だから，それらの値は，順に，商として生ずる，9, 11, 14, 19.[10] 同様に，シュヴェータカの任意の値をルーパ (1) と想定すれば，生ずる量 (rāśi) は 119 であり，商は，19, 23, 29, 39．同様に，任意数に応じて〈解は〉限りなくある． T210, 1

···Note ···

例題 (BG E80)：4 つの割り算（純数量的）．

陳述：$x = 6q_1 + 5 = 5q_2 + 4 = 4q_3 + 3 = 3q_4 + 2$.

解：$x = s_1$ [= yā 1], $q_1 = s_2$ [= kā 1] と置くと，s_1 の揚値は，$s_1 = 6s_2 + 5$. これ

---

[1] nī P] nī 1 T. [2] nīlakādādyaḥ P] nılakādyaḥ T. [3] nī 5 rū $\dot{1}$ / kā 6 T] nī 5 rū $\dot{1}$ / kā 6 P. [4] kā P] kā 1 T. [5] ṣaṭkaṃ] ṣaṭka T, ṣaṅkaṃ P. [6] ṣaṭkasya siddhamānam T] ṣaṭkasyānupātasiddhaṃ mānam P. [7] yā P] yā 1 T. [8] yā P] yā 1 T; kā P] kā 1 T; nı P] nı 1 T; pī P] pī 1 T; lo P] lo 1 T. [9] śvetakasya P] svetakaasya T. [10] 9 P] 59 T.

は原文では | kā 6 rū 5 / yā 1 | と表記される．ここで下に書かれた yā については，T211, 11 参照．同様に，$q_2 = s_3$ [= nī 1], $q_3 = s_4$ [= pī 1], $q_4 = s_5$ [= lo 1] と置くと，s_1 の揚値は，$s_1 = 5s_3 + 4$, $s_1 = 4s_4 + 3$, $s_1 = 3s_5 + 2$. 1 番目と 2 番目の揚値から得られる s_2 の揚値は，$s_2 = \frac{5s_3-1}{6}$. これは原文では | nī 5 rū $\dot{1}$ / kā 6 | と表記される．以下同様．2 番目と 3 番目の揚値から得られる s_3 の揚値は，$s_3 = \frac{4s_4-1}{5}$. 3 番目と 4 番目の揚値から得られる s_4 の揚値は，$s_4 = \frac{3s_5-1}{4}$. これが最後の揚値だから，これをクッタカで解くと，$s_4 = 3s_6 + 2$, $s_5 = 4s_6 + 3$ [s_6 = ha]. $4s_4 = \mathrm{TR}\,[s_4, 3s_6 + 2, 4s_4] = 12s_6 + 8$. $5s_3 = 4s_4 - 1 = 12s_6 + 7$. $s_3 = \mathrm{TR}\,[5s_3, 12s_6 + 7, s_3] = \frac{12s_6+7}{5}$. これをクッタカで解くと，$\langle s_3 = 12s_7 + 11\rangle$, $s_6 = 5s_7 + 4$ [s_7 = śve]. $3s_6 = \mathrm{TR}\,[s_6, 5s_7 + 4, 3s_6] = 15s_7+12$. $s_4 = 3s_6+2 = 15s_7+14$. 同様に，$4s_6 = \mathrm{TR}\,[s_6, 5s_7 + 4, 4s_6] = 20s_7+16$. $s_5 = 4s_6+3 = 20s_7+19$. $4s_4 = \mathrm{TR}\,[s_4, 15s_7 + 14, 4s_4] = 60s_7+56$. $5s_3 = 4s_4-1 = 60s_7 + 55$. $s_3 = \mathrm{TR}\,[5s_3, 60s_7 + 55, s_3] = 12s_7 + 11$. $6s_2 = 5s_3 - 1 = 60s_7 + 54$. $s_2 = \mathrm{TR}\,[6s_2, 60s_7 + 54, s_2] = 10s_7 + 9$. $s_1 = 6s_2 + 5 = 60s_7 + 59$. $s_7 = 0$ とすると，求める「量」は $s_1 = 60$，それぞれの商は，$s_2 = 9$, $s_3 = 11$, $s_4 = 14$, $s_5 = 19$. $s_7 = 1$ とすると，$s_1 = 119$, $s_2 = 19$, $s_3 = 23$, $s_4 = 29$, $s_5 = 39$.

....

T210, 6 次に，正起次第が述べられる．ここでは，多くの〈色の〉値が未顕現（未知）である．そこで，前の道理により，一つの翼にもし一つだけの未知数，他方にルーパだけがあれば，その未知数の値はすぐわかる．だから，同等性に反しないで一つの翼に一つ[1]だけの未知数となるように試みるべきである．そこで，

〈四人の財産はそれぞれ順に〉，馬が五・原質 (3)・ヴェーダ補助学 (6)・マンガラ (8) 頭，... /BG E77/

と後で述べられる例題に関連して，道理が述べられる．ここで馬等の値段は[2]知られていない，というのでヤーヴァッターヴァット等を想定する，yā 1, kā 1, nī 1, pī 1. これから，比例により，各自の[3]馬等の財産を一つにすれば（足せば），四人の等しい財産が生ずる．

yā 5	kā 2	nī 8	pī 7
yā 3	kā 7	nī 2	pī 1
yā 6	kā 4	nī 1	pī 2
yā 8	kā 1	nī 3	pī 1

ここで，四人とも財産が等しい，というので，一番目と二番目の財産も等しい[4]はずである．

yā 5	kā 2	nī 8	pī 7
yā 3	kā 7	nī 2	pī 1

[5]

ここで，一つの翼に未知数が一つだけになるように試みるべきである．そこで，一方の翼で一つの[6]色を除外して残り〈の色〉に等しいものが，もし両

[1] pakṣa ekam P] pakṣe ekam T. [2] mūlyāny P] mūlāny T. [3] nijanija P] nija T.
[4] same eva P] sama eva T. [5] | yā 5 ... pī 7 / yā 3 ... pī 1 | T] ∅ P. [6] pakṣa ekaṃ P] pakṣe ekaṃ T.

翼において引かれると[1]，一つの翼には一つ[2]だけの未知数があるだろう．なぜなら，あるものを除外して残りが引かれるとき，その翼にはその色だけが残るから．その場合，どの色を除外して残りが両翼で引かれるべきか，という決まりはないとしても，一番目を飛び越す理由はないから，一番目の色を除外して，残りが両翼で引かれるべきである．さて，本件の場合，一番目の色を除外すれば，残りはこれである，kā 2 nī 8 pī 7．これが両翼で引かれると，最初の翼には yā 5 が生ずる．一方，二番目の翼には yā 3 kā 5 nī $\dot{6}$ pī $\dot{6}$ が生ずる．そして，両者は等しい．等しい二つのものに対して，等しいものを加えても，あるいは等しいものを引いても，等しさを損なわないから，そ T211, 1
のようにしたとき，ヤーヴァッターヴァット五つの値がちょうどニーラカ六つとピータカ六つを引いたヤーヴァット三つとカーラカ五つの和の〈値〉でもある，ということになる．そして，ヤーヴァット五つの値を知るためには[3]，ヤーヴァット三つの〈値〉も知ることが望まれる．その場合もし自分の値を知るに際して自分の値を知る必要があるなら，自己依存 (ātmāśraya) であるから，百コーティカルパ[4]〈の時間〉でもその値を知ることはできないだろう．だから，その必要性がないように試みるべきである．〈すなわち〉，他翼にある同種の色に等しいものが両翼で引かれるべきである．本件の場合，他翼に[5]ある同種の色はこの yā 3 である．これが両翼で引かれると[6]，最初の翼に yā 2，二番目の翼には kā 5 nī $\dot{6}$ pī $\dot{6}$ が生ずる．このようにすれば，ヤーヴァッターヴァット二つの値がちょうどニーラカ六つとピータカ六つを引いたカーラカ五つの値である，というので，自分の値を知るに際して[7]自分の値を知る必要はない．だから云われたのである，

> 最初の色を他方の翼から引くべきである．また，他〈の色〉とルーパを他方〈の翼〉から〈引くべきである〉．/BG 65ab/

と．

次に，これからの三量法がある．「もしヤーヴァッターヴァット二つにこの T211, 11
値があるなら，そのとき一つの[8]ヤーヴァッターヴァットには何か」

yā 2	kā 5 nī $\dot{6}$ pī $\dot{6}$	yā 1

という三量法により生ずるヤーヴァッターヴァットの揚値は $\frac{\text{kā 5 nī }\dot{6}\text{ pī }\dot{6}}{\text{yā 2}}$[9]

ここで除数に yā 字母 (yākāra) を書くのは，「これはヤーヴァッターヴァットの値である」ということの想起 (upasthiti) のためであって，ヤーヴァッターヴァット二つが[10]除数であるということではない．なぜなら，〈上の三量法で〉基準値 (yā 2) と要求値 (yā 1) をヤーヴァッターヴァットで共約するから．共

[1] śodhyate T] śodhyeta P.　[2] pakṣa ekam P] pakṣe ekam T.　[3] jñātuṃ P] ∅ T.
[4] kalpa-koṭi-śata. koṭi = 10^7, 1 kalpa = 1000 caturyugas = 4,320,000,000 年 (43 億 2 千万年) だから，百コーティカルパ = 432×10^{16} 年 (432 京年)．kalpa（またはその Pali 語形 kappa）は漢訳仏典で「劫」と音写される．　[5] prakṛta itarapakṣe P] prakṛte itarapakṣe T.
[6] śodhite P] śodhita T.　[7] svamānajñāne P] ∅ T.　[8] tadaikasya P] tadekasya T.
[9] $\frac{\text{kā 5 nī }\dot{6}\text{ pī }\dot{6}}{\text{yā 2}}$] $\frac{\text{kā 5 nī }\dot{6}\text{ pī }\dot{6}}{\text{yā 2}}$ T, $\frac{\text{kā }\dot{5}\text{ nī }\dot{6}\text{ pī 6}}{\text{yā 2}}$ P.　[10] dvayaṃ P] dvaya T.

約しなければ，要求値を〈基準値果に〉掛けたとき，バーヴィタ（異種の色の積）が生ずるだろう．だから，このように述べられた方法によって，一番目と二番目，二番目と三番目，三番目と四番目の財産における等清算によって一番目の色の揚値が生ずる

kā 5 nī $\dot{6}$ pī $\dot{6}$ yā 2	kā 3 nī 1 pī $\dot{1}$ yā 3	kā 3 nī $\dot{2}$ pī 1 yā 2

[1]

だから云われたのである，

> 最初〈の色〉で他方の翼を割れば，最初の色の揚値が生ずるだろう．/BG 65bc/

と．同様に，一番目と三番目，一番目と四番目，二番目と四番目においても等清算を行えば，ヤーヴァッターヴァットの揚値が他にも生じうるが，用途がないので作らない．

T211, 21 次に，被除数の色であるカーラカ等に任意の値を想定し，和をとり，もし自分の除数で割れば，一番目の色の値が，分数または整数で生ずるだろう．他
T212, 1 の〈色の値〉は想定されたそのものである．そうすれば，簡単に[2]問題は解ける．また，整数の値だけが望まれるなら，〈被除数の色の内〉どれか一つの色を除外して他〈の色〉の値を任意に想定すべきである．そうすれば，被除数には一つの[3]色と何らかのルーパが生ずるだろう．次に，その色の値を任意に想定して[4]，その任意数を色の数字に掛け，それらのルーパを加え，除数で割ったら余りがないようにすべきである．

T212, 6 さて，そのような任意数を知るための方法．この，色の数字に何を掛け，それらのルーパを加え，自分の除数で割ったら余りがないだろうか，という考察は，クッタカに帰結する．また，クッタカの演算により生ずる乗数を色の数字に掛け，それらのルーパを加え，自分の除数で割ったら余りがない，というので，被除数の色の値をその乗数に等しく想定すれば，除数の色[5]の値は，〈クッタカにより得られる〉商に等しい整数になるだろう．だから云われたのである，

> クッタの演算から[6]乗数と商〈が得られるが〉，それら二つが，被除数と除数の色の値である．もし被除数に他の色 (pl.) もあれば，その値を任意に想定して，〈クッタカの演算により，被除数と除数の色の値が〉得られるべきである．/BG 66c-67b/

と．

T212, 11 ここで，被除数の色の値 (pl.) に対して任意数を想定すると述べたのは[7]，それらの値 (sg.) が不定 (aniyata)[8]のときだけであると知るべきである．一方，もし何らかの方法でその値が限定されて (niyata) 得られるなら，限定された

---

[1] kā 5 nī $\dot{6}$ pī $\dot{6}$ yā 2] kā 5 nī $\dot{6}$ pī $\dot{6}$ yā 2 T, kā 5 nī $\dot{6}$ pī 6 yā 2 P; kā 3 nī 1 pī $\dot{1}$ yā 3] kā 3 nī 1 pī $\dot{1}$ yā 3 T, kā 3 nī 1 pī $\dot{1}$ yā 3 P; kā 3 nī $\dot{2}$ pī 1 yā 2] kā 3 nī $\dot{2}$ pī 1 yā 2 T, kā 3 nī $\dot{2}$ pī 1 yā 2 P.　[2] sukhena P] suravena T.　[3] bhājya eko P] bhājye eko T.　[4] kalpyaṃ P] kalpya T.　[5] 実際は除数に添えられた色であり，除数で割ったときの商である．T211, 11 の段落参照.　[6] kuṭṭavidher T] kuṭṭakavidher P.　[7] yadiṣṭa P] yadīṣṭa T.　[8] māne 'niyate T] māne niyate P.

ものに任意数を想定すれば，逸脱（vyabhicāra) が生ずるだろう．この例題で四人が等しい財産を持つことが提示されたが，ちょうどそれと同様に，もし

yā 5	kā 2	nī 8	pī 7
yā 3	kā 7	nī 2	pī 1

という二人だけに関して〈等しい残産が〉提示されたなら[1]，それらから生ずる揚値 $\begin{array}{c}\text{kā 5 nī } \dot{6} \text{ pī } \dot{6} \\ \text{yā 2}\end{array}$ [2]において，被除数の色の値 (pl.) は不定だから，それらに任意数を想定することによって問題は解けるだろう．例えばここで，カーラカ等に任意数として 4, 2, 1 を[3]想定すると，これらからヤーヴァッターヴァットの値 1 が生ずる．生ずる馬等の値段は，1, 4, 2, 1．あるいは，4, 1, 2 を想定すると[4]，これらからヤーヴァッターヴァットの値 1 が生ずる．生ずる馬等の値段は，1, 4, 1, 2．あるいは，6, 2, 1 を想定すると，ヤーヴァッターヴァットの値 6 が生ずる．生ずる馬等の値段は[5]，6, 6, 2, 1.[6] あるいは，6, 1, 2 を想定すると，生ずる値段は，6, 6, 1, 2.[7] あるいは，4, 1, 1 を想定すれば，生ずる値段は，4, 4, 1, 1．このように，任意数に応じて〈解は〉多数ある．

しかし，もしこれら二つの財産がもう一つの財産とも等しいと提示された T212, 22
なら，〈一つの揚値の〉被除数の色の値に対して任意数を想定すると，逸脱が
生ずるだろう．というのは，〈そこでは〉いかなる計算も，もう一つの財産と
の等しさが得られるように，もう一つの財産と整合するようには行われてい
ないから．しかしもし，それと整合するような計算なしでもそれとの等しさ
が得られるなら，等しくならないような財産が生ずるだろうか．だから，こ T213, 1
のような例題においては，被除数の色の値に任意数を想定するのは正しくない．限定されたその値が得られるべきである．さらにまた，等しい翼 (pl.) から最初の[8]色の値が得られたように，被除数の最初の色の〈値〉も得られるべきである．だから云われたのである[9]，

> 一つの色に対して，その揚値が複数の場合，分母を等しくして払い，それら（揚値）からそれ（最初）とは異なる色の揚値 (pl.) を得るべきである．/BG 65d-66b/

と．ここで「複数」(bahutva) とは，一つでないこと (anekatva) である．揚値二つからでも，他の色の揚値が生じうるから.「分母を等しくして払い」というここの正起次第は，一色等式で先生ご自身が[10]明らかになさった．

さて，本例題では，ヤーヴァッターヴァットの揚値は T213, 7

---

[1] $\begin{array}{cccc}\text{yā 5} & \text{kā 2} & \text{nī 8} & \text{pī 7} \\ \text{yā 3} & \text{kā 7} & \text{nī 2} & \text{pī 1}\end{array}$ dvayorevoddiṣṭaṃ syāt P] dvayorevo yā 5 kā 2 nī 8 pī 7 yā 3 kā 7 nī 2 pī 2 ddhiṣṭaṃ syāt T.　[2] $\begin{array}{c}\text{kā 5 nī } \dot{6} \text{ pī } \dot{6} \\ \text{yā 2}\end{array}$] $\begin{array}{c}\text{kā 5} \\ \text{yā 2}\end{array}$ nī $\dot{6}$ pī $\dot{6}$ T, $\begin{array}{c}\text{kā 5 nī } \dot{6} \text{ pī 6} \\ \text{yā 2}\end{array}$ P.　[3] 4/ 2/ 1/ P] 4/ 1/ 2/ T.　[4] jātaṃ yāvattāvanmānaṃ 1/ jātānyaśvādimūlyāni 1/ 4/ 2/ 1/ yadvā kalpitāni 4/ 1/ 2/ P] ∅ T. この欠損はこの直後にある ‘jātaṃ yāvattāvanmānaṃ 1/’ によって引き起こされた haplology．欠損文字 (akṣara) 数はダンダも含めて 37.　[5] mūlyāni P] mūlāni T.　[6] 6/ 6/ 2/ 1/ T] 6/ 5/ 21/ P.　[7] 6/ 6/ 1/ 2 T] 6/ 6/ 2/ 1/ P.　[8] ādya P] ādyā T.　[9] ata uktaṃ P] atha uktaṃ T.　[10] karaṇa ācāryeṇa P] karaṇe ācāryeṇa T.

$\frac{\text{kā 5 nī } \dot{6} \text{ pī } \dot{6}}{\text{yā 2}}$	$\frac{\text{kā 3 nī 1 pī } \dot{1}}{\text{yā 3}}$	$\frac{\text{kā 3 nī } \dot{2} \text{ pī 1}}{\text{yā 2}}$

[1]

ここで，除数の yā 字母は実質的なもの (vāstava) ではないから，「〈 二つの量の 〉分母分子が互いの分母によって掛けられる」云々(L 30ab) によってバーヴィタが生ずることはない．yā 字母が実質的なものであったとしても，「あるいは，〈 この場合，賢い者は 〉両方の分母を[2]共約して，〈 互いの 〉分母分子に掛けてもよい」(L 30cd) と述べられているから，両方の除数をヤーヴァッターヴァットで共約するから，バーヴィタは生じない．この内，一番目と二番目，二番目と三番目，一番目と三番目において生ずるカーラカの揚値は，

$\frac{\text{nī 20 pī 16}}{\text{kā 9}}$	$\frac{\text{nī 8 pī } \dot{5}}{\text{kā 3}}$	$\frac{\text{nī 4 pī 7}}{\text{kā 2}}$

[3]

ここでも，一方〈 の色 〉に任意の値を想定し，他方には，カーラカの値が整数になるように任意数を想定すべきである．ただし，被除数の色の値が限定されている場合は，それに任意数を想定するのは正しくない．実際ここでは，カーラカの揚値二つからそれらを等分母化し，分母払い等を行えば，限定されたニーラカの揚値が生ずる $\boxed{\frac{\text{pī 31}}{\text{nī 4}}}$ ここでは三十一個のピータカの値がちょうどニーラカ四つのそれである．ここでも，整数であるために，ピータカの任意の値を，それを掛けたピータカの数字 (aṅka) (31) が四で割り切れるように，想定すべきである．実にこれはクッタカの対象領域である．ここでは，被除数の色の数字が被除数 (bhājya > bhā)，除数の色の数字が除数 (hāra > hā) である．被除数にルーパもまた存在する場合は，ルーパが付数 (kṣepa > kṣe) である．しかしここでは，ピータカの数字 (31) は何を掛けたら四で割り切れるか，というだけなので，付数はない．

T214, 1　さて，クッタカのための書置 $\boxed{\frac{\text{bhā 31 kṣe 0}}{\text{hā 4}}}$ [4]

> 付数がない場合，あるいは付数が除数で割り切れる[5]場合は，乗数は[6]ゼロ，付数を除数で割ったものが商であると知るがよい．/BG 35/

というので生ずる商 (labdhi > la) と乗数 (guṇa > gu) は $\boxed{\frac{\text{la 0}}{\text{gu 0}}}$

> 任意数を掛けたそれぞれ自分の除数を両者（乗数と商）に加えれば，多くの乗数と商が生ずる．/BG 36ab/

---

[1] $\frac{\text{kā 5 nī } \dot{6} \text{ pī } \dot{6}}{\text{yā 2}}$] kā 5 nī $\dot{6}$ $\frac{\text{pī } \dot{6}}{\text{yā 2}}$ T, $\frac{\text{kā 5 nī } \dot{6} \text{ pī 6}}{\text{yā 2}}$ P; $\frac{\text{kā 3 nī 1 pī } \dot{1}}{\text{yā 3}}$] kā 3 $\frac{\text{nī 1}}{\text{yā 3}}$ pī $\dot{1}$ T, $\frac{\text{kā 3 nī 1 pī } \dot{1}}{\text{yā 3}}$ P; $\frac{\text{kā 3 nī } \dot{2} \text{ pī 1}}{\text{yā 2}}$] kā 3 nī $\dot{2}$ $\frac{\text{pī 1}}{\text{yā 2}}$ T, $\frac{\text{kā 3 nī } \dot{2} \text{ pī 1}}{\text{yā 2}}$ P. [2] harābhyām P] hārābhyām T. [3] $\frac{\text{nī 20 pī 16}}{\text{kā 9}}$] nī 20 $\frac{\text{pī 16}}{\text{kā 9}}$ T, $\frac{\text{nī 20 pī 16}}{\text{kā 9}}$ P; $\frac{\text{nī 8 pī } \dot{5}}{\text{kā 3}}$] nī 8 $\frac{\text{pī } \dot{5}}{\text{kā 3}}$ T, $\frac{\text{nī 8 pī } \dot{5}}{\text{kā 3}}$ P; $\frac{\text{nī 4 pī 7}}{\text{kā 2}}$] nī 4 $\frac{\text{pī 7}}{\text{kā 2}}$ T, $\frac{\text{nī 4 pī 7}}{\text{kā 2}}$ P. [4] $\frac{\text{bhā 31 kṣe 0}}{\text{hā 4}}$] $\frac{\text{bhā 31}}{\text{hā 4}}$ kṣe 0 T, $\frac{\text{bhā 31 kṣe 0}}{\text{hā 4}}$ P.
[5] śuddhyeddharoddhṛtaḥ] śuddhyeddharoddhataḥ T, śuddho haroddhṛtaḥ P. [6] guṇas P] guṇaṃ T.

と述べられているので，任意数を掛けた三十一を商に加え，任意数を掛けた四を乗数に加えるべきである．その場合，任意数 (iṣṭa) は望み (icchā) 次第であるから不定 (aniyata) なので，色を本性 (svarūpa) とするルーパを任意数として想定すべきである[1]．実際もし色に対してその値があれこれ想定されるときそれぞれ ⟨ の値 ⟩ が生じうる，というので，すべての任意数の把握が可能になるだろう．一方，もし任意数が既知数として想定されると，すべての任意数を得ることなない．

さて本件の場合，ヤーヴァッターヴァットに始まりピータカに終わるもの T214, 8
（色）の値は限定されているというので，それらの内のどれか一つを任意数と想定した場合，すべての任意数を把握することはできないだろう．だから，それらとは異なる色が[2]任意数として想定される，lo 1．これを掛けたそれぞれの除数を加えると，生ずる商と乗数は $\left|\begin{array}{lll}\text{lo } 31 & \text{rū } 0 & \text{la} \\ \text{lo } 4 & \text{rū } 0 & \text{gu}\end{array}\right|$[3] ここで，ピータカの数字にそれが掛けられると自分の[4]除数で割り切れる，というその乗数[5]こそがピータカの任意の値になり，⟨ その割り算で ⟩ 得られるもの（商）がニーラカの整数値になる，というので，乗数が被除数の色の値であり，商が除数の色の値である，ということである．そうすれば，ニーラカとピータカの値が生ずる．

$$\begin{array}{lll}\text{lo } 31 & \text{rū } 0 & \text{nī} \\ \text{lo } 4 & \text{rū } 0 & \text{pī}\end{array}\Bigg|$$

だからこのように，最後の揚値においては，被除数の色の値は限定されているものではないので，それに対して任意の値を想定すべきである．その場合でも，クッタカによって得られた乗数に等しい任意数を[6]想定した場合，除数の色の値は整数になる，というので，乗数に等しく被除数の[7]色の値が想定される．一方，前の揚値においては，被除数の色の値 (pl.) は限定されているから，⟨ それらに対して ⟩ 任意数を想定するのは正しくない．だから云われたのである，

> 最後の揚値において，クッタカの演算から/BG 66c/

云々と．また，次々と先行する色の揚値においては後続の色が[8]被除数として存在する，というので，後続の色の値を知ることなしには，次々と先行する色の値は得られない．だから云われたのである，

> 他の色の値は逆向きの揚立から ⟨ 得られるべきである ⟩．/BG 67cd/

---

[1] prakalpanīyam T] kalpanīyam P.　[2] ebhyo 'nyavarṇa P] ebhyonyo varṇa T.　[3] $\begin{array}{lll}\text{lo } 31 & \text{rū } 0 & \text{la} \\ \text{lo } 4 & \text{rū } 0 & \text{gu}\end{array}\Big|$ P] lo 31 rū 0 la T. T では式の 2 行目に当たる 'lo 4 rū 0 guṇa' が誤って次行の pītakasyeṣṭaṃと mānaṃの間に印字されている．このことは，T が基づく写本（またはその親写本）ではこの式に枠はなく，2 行目がちょうど pītakasyeṣṭaṃと mānaṃの間に書かれてあったことを意味する．その間の文は atra pītakāṃko yena guṇitaḥ svaharabhakto niḥśeṣaḥ syāt sa guṇa eva pītakasyeṣṭaṃ である．したがって同写本の 1 行の文字数は 37 前後と推定される．T212, 11 の段落および T224, 7 の段落参照．　[4] sva T] svasva P.　[5] guṇa T] guṃṇa P.　[6] tulya iṣeṭe P] tulye iṣeṭe T.　[7] bhājya P] bhājyaṃ T.　[8] varṇā P] varṇa T.

と．さて本件の場合，カーラカの揚値はこれである | nī 20 pī 16 / kā 9 |[1] ここでは，
T215, 1 二十のニーラカと十六のピータカの和を九で割るとカーラカの値である．そこで，「もし一つのニーラカにこの値 (lo 31 rū 0) があれば，二十のニーラカには何か」

| nī 1 | lo 31 rū 0 | nī 20 |[2]

という三量法により生ずるニーラカ二十個の値は，lo 620 rū 0．また，「一つのピータカにこの値 (lo 4 rū 0) があれば，十六のピータカには何か」

| pī 1 | lo 4 rū 0 | pī 16 |

という三量法により生ずる十六ピータカの値は，lo 64 rū 0．これら二つの和であるこの lo 684 rū 0 を[3]九で割ると，カーラカの値が生ずる．

lo 76　rū 0　kā |[4]

同様に，他のカーラカの揚値二つからも，この同じ値が得られる．

T215, 9 次に，ヤーヴァッターヴァットの揚値はこれである | kā 5 nī $\dot{6}$ pī $\dot{6}$ / yā 2 |[5] ここでも前のように比例によって生ずるカーラカ五つ等の値は，lo 380 rū 0, lo $\dot{1}86$ rū 0, lo $\dot{2}4$ rū 0.[6] これらの和，lo 170 rū 0 を自分の除数である二で割るとヤーヴァッターヴァットの値が生ずる．

lo 85　rū 0　yā |[7]

同様に，〈ヤーヴァッターヴァットの〉他の揚値の場合もこの同じ値が得られる．このようにどこでも[8]，ある色の値が，既知数にせよ未知数にせよ，あるいは既知数と未知数にせよ，得られるとき，他の所にあるその色に対しても，三量法によるその揚立が見られるべきである．まさにこのことが，先生によって，規則の解説の最後で述べられた，

> ここで，ある色のある値が得られたとき，〈その値が〉既知数にせよ未知数にせよ[9]，あるいは既知数と未知数にせよ，その値に既知の数字（係数）を掛けて，その色の文字を除去することが揚立と呼ばれる．/BG 68p4 の後半/

と．またもし逆向きの揚立が行われているとき，値が分数になったら，整数のために[10]，さらにクッタカが行われるべきである，述べられた道理に違いはないから．だからこのようにすべてが正起した．

T215, 19 本件の場合，生ずるヤーヴァッターヴァット等の値は，

---

1 nī 20 pī 16 / kā 9] nī 20 pī 16 / kā 9 P T.　2 rū 0 / nī 20 T] rū 0 nī / 20 P.　3 yogo 'yaṃ lo 684 rū 0 P] yogo/ lo 684 rū 0/ yaṃ T.　4 lo 76　rū 0　kā | P] lo 76 rū 0/ kā 1/ T.　5 kā 5 nī $\dot{6}$ pī $\dot{6}$ / yā 2] kā 5 nī $\dot{6}$ pī $\dot{6}$ / yā 2 T, kā 5 nī $\dot{6}$ pī $\dot{6}$ / yā 2 P.　6 $\dot{2}4$ P] 24 T.　7 lo 85　rū 0　yā /　P] lo 85 rū 0/ yā 1/ T.　8 evaṃ sarvatra T] evaṃ sarvatra/ P.　9 avyaktaṃ P] avyaktaṃ vā T.　10 tadā'bhinnatvārthe T] tadā bhinnatvārthaṃ P.

lo 85	rū 0	yā	[1]
lo 76	rū 0	kā	
lo 31	rū 0	nī	
lo 4	rū 0	pī	

ここでは，すべての任意数を把握するために，ローヒタが任意数として想定されている．そこで，もし任意数を一と想定すると，生ずるヤーヴァッターヴァット等の値は，85, 76, 31, 4．任意数が二なら，170, 152, 62, 8．このように，任意数に応じて〈解は〉多数ある．これらこそが馬等の値段である． T216, 1

···Note···

K は T210, 6 以下で，BG E77 を例にして，規則 (BG 65-68) の正起次第 (upapatti) と道理 (yukti) を述べる．

例題 (BG E77)：等財産．4 人が持つ馬，ラクダ，ラバ，雄牛の値段 (x_i)，4 人の財産 (u_i)．

陳述：$5x_1+2x_2+8x_3+7x_4 = u_1$, $3x_1+7x_2+2x_3+x_4 = u_2$, $6x_1+4x_2+x_3+2x_4 = u_3$, $8x_1+x_2+3x_3+x_4 = u_4$, $u_1 = u_2 = u_3 = u_4$.

解：$x_1 = s_1$ [= yā 1], $x_2 = s_2$ [= kā 1], $x_3 = s_3$ [= nī 1], $x_4 = s_4$ [= pī 1] とすると，4 人の財産は，$5s_1+2s_2+8s_3+7s_4$, $3s_1+7s_2+2s_3+s_4$, $6s_1+4s_2+s_3+2s_4$, $8s_1+s_2+3s_3+s_4$．1 番目と 2 番目の財産から $5s_1+2s_2+8s_3+7s_4 = 3s_1+7s_2+2s_3+s_4$．第 1 翼の一つの色 ($s_1$) を除く他の色を両翼から引くと，$5s_1 = 3s_1+5s_2-6s_3-6s_4$．しかしこのままでは第 1 翼の $5s_1$ を知るためには第 2 翼の $3s_1$ も他の色と同様知る必要がある（すなわち，自己依存に陥る）から，第 2 翼の $3s_1$ も両翼から引くと，$2s_1 = 5s_2-6s_3-6s_4$．そこで三量法を適用して，$s_1 = \mathrm{TR}\,[2s_1, 5s_2-6s_3-6s_4, s_1] = \frac{5s_2-6s_3-6s_4}{2}$．これは s_1 の揚値である．また，2 番目と 3 番目から，$s_1 = \frac{3s_2+s_3-s_4}{3}$．3 番目と 4 番目から，$s_1 = \frac{3s_2-2s_3+s_4}{2}$．同様に 1 番目と 3 番目，1 番目と 4 番目，2 番目と 4 番目からも s_1 の揚値が得られるが不要．一つの色の揚値が一つの場合，揚値に含まれる他の色の値は「不定」(aniyata) である，すなわち制約がないから，それらをすべて任意に想定するか，あるいは一つをのこして他を任意に想定してクッタカで解く．解は，前のケースでは整数または分数，後のケースでは整数になる．一つの色の揚値が複数ある場合は，他の色の値も「限定され」(niyata) ている．すなわち制約がある．そこでこの場合は揚値どうしを等しく置くことによって，更にそれらの揚値に含まれる一つの色の揚値を求める．$s_2 = \frac{20s_3+16s_4}{9}$, $s_2 = \frac{8s_3-5s_4}{3}$, $s_2 = \frac{4s_3+7s_4}{2}$．前と同様に，1 番目と 2 番目，あるいは 2 番目と 3 番目の揚値から（どちらからでも同じ）s_3 の揚値を求めると，$s_3 = \frac{31s_4}{4}$．これが「最後の揚値」である．これをクッタカで解く．クッタカの書置：KU $(31, 4, 0)\,[y, x]$ すなわち $y = \frac{31x+0}{4}$．BG 35 および 36ab から，$(y, x) = (31t+0, 4t+0)$．$t = s_5$ [= lo 1] と置くと，$s_3 = y = 31s_5+0$, $s_4 = x = 4s_5+0$．これらで s_2 の揚値の中の s_3 と s_4 を揚立する．すなわち，$20s_3 = \mathrm{TR}\,[s_3, 31s_5+0, 20s_3] = 620s_5+0$, $16s_4 = \mathrm{TR}\,[s_4, 4s_5+0, 16s_4] = 64s_5+0$ だから $s_2 = 76s_5+0$．他の s_2 の揚値から

[1] yā P] yā 1 T; kā P] kā 1 T; nī P] nī 1 T; pī P] pī 1 T.

もこの同じ値が生ずる．そこで，これらで s_1 の揚値の中の s_2, s_3, s_4 を揚立する．すなわち，$5s_2 = \mathrm{TR}\,[s_2, 76s_5 + 0, 5s_2] = 380s_5 + 0$, $-6s_3 = \mathrm{TR}\,[s_4, 4s_5 + 0, -6s_3] = -186s_5 + 0$, $-6s_4 = \mathrm{TR}\,[s_4, 4s_5 + 0, -6s_4] = -24s_5 + 0$ だから $s_1 = 85s_5 + 0$. $s_5 = 1$ のとき，$x_1 = s_1 = 85$, $x_2 = s_2 = 76$, $x_3 = s_3 = 31$, $x_4 = s_4 = 4$. $s_5 = 2$ のとき，170, 152, 62, 8.「任意数 (s_5) に応じて」解は「多数ある」という趣旨.

K は，s_1 の揚値の表現，kā 5 nī $\dot{6}$ pī $\dot{6}$ / yā 2 において「除数に yā 字母 (yākāra) を書くのは，『これはヤーヴァッターヴァットの値である』ということの想起 (upasthiti) のためであって，ヤーヴァッターヴァット二つが除数であるということではない」と明記する (T211, 11). また「除数の yā 字母は実質的なもの (vāstava) ではない」とも云う (T213, 7).

K は，この解における記号 yā $(= s_1)$, kā $(= s_2)$, nī $(= s_3)$, pī $(= s_4)$ の用法と lo $(= s_5)$ の用法とを，前者は「限定された」(niyata) ものを表し，後者は「不定」(aniyata) なものを表す，として区別する.「その場合，任意数は望み次第であるから不定なので，色を本性とするルーパを任意数として想定すべきである.」つまり，lo は「色を本性とするルーパ」を意味する．すなわち，既知数を表す記号である. (T214, 8 の直前から T214, 8 の冒頭にかけて)

K は，バースカラによる「揚立」(utthāpana) の定義を BG 68p4 の後半から引用する (T215, 9 の段落の後半)．すなわち，「as_1 の s_1 をその値で揚立する」とは，$s_1 = bs_2 + c$ のとき，$as_1 = abs_2 + ac$ として s_1 を消去することである．これは，このケースでは，K が上の計算でしているように，$\mathrm{TR}\,[s_1, bs_2 + c, as_1]$ という三量法の計算と解釈することもできる.

....

T216, 2 次に，⟨ 先生は ⟩ 生徒たちの理知を増やすために[1]，諸例題を[2]説明するが，最初にまず，一色 ⟨ 等式の章 ⟩ で読まれた例題二つを説明する．前には[3]，⟨ 一色等式という ⟩ 種子のゆえに，やっかいな想定によってそれは解かれた．一方，ここでは，簡単な想定によって ⟨ それは解かれる ⟩，という違いがある．その例題二つ.

A419, 17 **[4]例題 (pl.). /Q8p0/**

Q8 **⟨ 友よ ⟩，一人の人が持つルビー，無傷のサファイア，真珠の数は ⟨ 云々 ⟩ /Q8 = E38/**

という．ここでは，ルビー等の値段をヤーヴァッターヴァット等と想定し，それらを宝石の数に掛け，ルーパを加え，等清算のための書置：

yā 5	**kā 8**	**nī 7**	**rū 90**
yā 7	**kā 9**	**nī 6**	**rū 62**

「最初の色を ⟨ 他方の翼から ⟩ 引くべきである」(BG 65a) 云々により生

[1] prasārārthaṃ P] prasādārthaṃ T. [2] udāharaṇāni P] udāharaṇādi T. [3] pūrvaṃ P] pūrva T. [4] P 本はここに E38 (= P の詩節 92) と E39 (= P の詩節 93) を完全な形で引用し，詩節番号を 135, 136 とする．すなわち，P 135 = P 92 = E38, P 136 = P 93 = E39.

ずるヤーヴァッターヴァットの揚値は $\boxed{\begin{array}{c}\textbf{kā } \dot{1} \textbf{ nī 1 rū 28}\\ \textbf{yā 2}\end{array}}$ というこれ一つだけである．一つであるからこれが「最後〈の揚値〉」である．だからここでクッタカが行われるべきである．ここでは，被除数に色が二つある．だから，ニーラカの値を任意数，1 ルーパと想定する．これでニーラカを揚立し，ルーパに加えると $\boxed{\begin{array}{c}\textbf{kā } \dot{1} \textbf{ rū 29}\\ \textbf{yā 2}\end{array}}$ が生ずる．だからクッタカ演算により，「正の付数を除数で切りつめた場合は」云々(BG 33) により〈生ずる〉付加数を伴う乗数と商は $\boxed{\begin{array}{ll}\textbf{pī 2} & \textbf{rū 1}\\ \textbf{pī } \dot{1} & \textbf{rū 14}\end{array}}$ ここで，ゼロでピータカを揚立すれば，生ずるルビー等の値段は，14, 1, 1．あるいは，一によって，13, 3, 1．二によって，12, 5, 1．三によって，11, 7, 1．このように，任意数に応じて無数にある．/68p5/ A420, 1

例題 (sg.)．/Q9p0/ A424, 28

一人が云う，「私に百ください．〈云々〉」/Q9 = E40/ Q9

というここでは二つの財産が yā 1, kā 1．後の財産から百を取り去り，前の財産に加えると，yā 1 rū 100, kā 1 rū $\dot{1}00$ が生ずる．後の財産の二倍が前者であるというので，〈前の財産を〉後の財産の二倍と等しくすれば，ヤーヴァッターヴァットの揚値が得られる $\boxed{\begin{array}{c}\textbf{kā 2 rū } \dot{3}00\\ \textbf{yā 1}\end{array}}$ また，前の財産から十が取り除かれ，後の財産に加えられると，生ずるのは $\boxed{\begin{array}{ll}\textbf{yā 1} & \textbf{rū } \dot{1}0\\ \textbf{kā 1} & \textbf{rū 10}\end{array}}$ 前者の六倍が後者であるというので，前者の六倍を後者と等しくすれば，ヤーヴァッターヴァットの揚値が得られる $\boxed{\begin{array}{c}\textbf{kā 1 rū 70}\\ \textbf{yā 6}\end{array}}$ これら二つに対して，分母を等しくし，分母を払い，等式を作る．そこで，これによって，また一色であるから前の種子（一色等式）によって，カーラカ色の値が得られる，170．これによって，ヤーヴァッターヴァットの揚値二つにおいて両方ともカーララカを揚立し，ルーパを加え，自分の除数で割ると，ヤーヴァッターヴァットの値が得られる，40．/68p6/

···Note···

BG 68p5-p6 でバースカラは，前に（第 8 章で）一色等式で解いた 2 つの例題 (E38, E39) を多色等式で解く．

例題 (Q8 = E38)：等財産．二人の所有する宝石．各宝石の単価 (x_i)，二人の財産 (u_i)．

陳述: $5x_1 + 8x_2 + 7x_3 + 90 = u_1$, $7x_1 + 9x_2 + 6x_3 + 62 = u_2$, $u_1 = u_2$.

解:$x_1 = s_1$ [= yā 1], $x_2 = s_2$ [= kā 1], $x_3 = s_3$ [= nī 1] と置くと，$s_1 = \frac{-s_2+s_3+28}{2}$. これが最後の揚値だから，$s_3$ を 1 で揚立すると，$s_1 = \frac{-s_2+29}{2} = \frac{-s_2+1}{2} + 14$. そこで，$y = \frac{-x+1}{2}$ をクッタカで解くと，$(y, x) = (0 - t, 1 + 2t)$. したがって，$(s_1, s_2) = (y + 14, x) = (14 - t, 1 + 2t) = (-s_4 + 14, 2s_4 + 1)$. ただし，$t = s_4$ [= pī 1]. s_4

を 0 で揚立すると，$(s_1, s_2, s_3) = (14, 1, 1)$．1 で揚立すると，$(13, 3, 1)$．2 で揚立すると，$(12, 5, 1)$．3 で揚立すると，$(11, 7, 1)$．$s_4$ に応じて解は無数．(以上 E68p5)

例題 (Q9 = E39): 二人の金銭授受．二人の所持金 (x_i)．

陳述：$x_1 + 100 = 2(x_2 - 100)$, $6(x_1 - 10) = x_2 + 10$.

解：$x_1 = s_1$ [= yā 1], $x_2 = s_2$ [= kā 1] とすると，$s_1 + 100 = 2s_2 - 200$ から $s_1 = 2s_2 - 300$. $6s_1 - 60 = s_2 + 10$ から $s_1 = \frac{s_2+70}{6}$. 最初の揚値の除数（分母）をそろえて $s_1 = \frac{12s_2-1800}{6}$. したがって $12s_2 - 1800 = s_2 + 70$, $11s_2 = 1870$, $s_2 = 170$. これによって s_1 の揚値の中の s_2 を擁立すると $s_1 = 40$.（以上 E68p6）

……………………………………………………………………………

T216, 4 「〈友よ〉，一人の人が持つルビー，無傷のサファイア，真珠の数は」(BG E38 = Q8) というのが一つ，「一人が云う」(BG E39 = Q9) というのがもう一つである．二つの例題とも，計算は原典で明らかである．

T216, 7 「一人が云う」云々(Q9) というのと同種の例題に関して，未知数計算をとりまとめて (saṃkṣipya)，それが成熟すること (paripāka) から生ずる道（方法）によるその計算（アルゴリズム）が，私の師匠である占術師 (daivajña)，ヴィシュヌ先生によって述べられた．それは次の通りである，

Viṣṇu それぞれ一を加えた乗数と贈与から生ずる積のうち，小さくない方が「他方」であり，〈それに〉他方の乗数を掛け，それらの和をとる．それを，乗数の積から一引いたもので割ると，量であり，それを掛けた大きい方の乗数から「他方」を引くと，// 二番目の量の値となるだろう，未知数計算なしに．既知数学は未知数学を伴うということが分からない者たちは，愚鈍である．//1-2//[1]

ここで，「他方の乗数を掛け」というこの「他方」という語はもう一つの積を意味するのであって，〈直前の〉定義によるものではない．あるいは，「もう一つの〈積の〉乗数を掛け」と読むべきである．「それを掛けた大きい方の乗数」というこの「大きい方」は小さくない方であって，つまるところ，他方ということになる．それの乗数が「大きい方の乗数」(gen. tatpuruṣa 複合語）であって，「大きくて同時に乗数である」という karmadhāraya 複合語（同格複合語）ではない．「それを掛けた」：あるいは「他方を掛けた」と読むべきである．後は明瞭である．

T216, 19 ここでは，一番目の乗数は 2，贈与は 100．二番目の乗数は 6，贈与は 10．一を加えた乗数を[2]それぞれの贈与に掛けると，「それぞれ一を加えた乗数と贈与から生ずる積」二つが生ずる，300, 70．ここで，「小さくない方が他方」である，300．これに，もう一つのものの乗数 6 を掛けると 1800．二番目はそのままで 70．これら二つの和は 1870．これを，乗数の積 12 から一引いたもの 11 で割ると，量 170 が生ずる．これを大きい方の乗数 2 に掛けると 340，「他方」であるこの 300 を引くと，二番目の量が生ずる，40．

[1] ghātayoryo T] ghātayo 'ryo P; 'nalpaḥ P] navyaḥ T; avyaktayuktaṃ P] avyaktaṃ yukta T; ye na budhyanti te jaḍāḥ P] yena śudhyaṃti tena saḥ T. [2] ekayuktaguṇena T] ekayuktena guṇena P.

···Note ··

ヴィシュヌの規則：BG E39 (Q9) のタイプの問題に対するパーティー規則（アルゴリズム）．$x+a=m(y-a)$, $n(x-b)=y+b$ のとき，

$$y=\frac{(m+1)an+(n+1)b}{mn-1},\quad x=my-(m+1)a.$$

ここで，$(m+1)a$ が「小さくない方」「大きい方」「他方」と呼ばれるもの.「大きい方の乗数」は m.

··

次に，シャールドゥーラ・ヴィクリーディタ詩節によって例題を述べる．　T217, 1

例題．/E77p0/　A427, 20

四人の財産はそれぞれ順に，馬が五・原質 (3)・ヴェーダ補助学 (6)・マンガラ (8) 頭，ラクダが二・聖仙 (7)・天啓聖典 (4)・大地 (1) 頭，ラバが八・二・大地 (1)・火 (3) 頭．雄牛が聖仙 (7)・大地 (1)・目 (2)・月 (1) 頭である．彼らはすべて等しい財産を持つ．馬等の値段をすぐに私に云いなさい．/E77/　E77

ここで，馬等の値段をヤーヴァッターヴァット等と想定し，その乗数 (1) を馬等の数に掛けると，四人の財産が生ずる．　A427, 25

yā 5	kā 2	nī 8	pī 7
yā 3	kā 7	nī 2	pī 1
yā 6	kā 4	nī 1	pī 2
yā 8	kā 1	nī 3	pī 1

これらは〈すべて〉等しいというので，一番目と二番目の等式から，ヤーヴァッターヴァットの揚値が得られる [kā 5 nī $\dot{6}$ pī $\dot{6}$ / yā 2] 二番目と三番目からも，ヤーヴァッターヴァットの揚値が得られる [kā 3 nī 1 pī $\dot{1}$ / yā 3] 同様に，三番目と四番目からも [kā 3 nī $\dot{2}$ pī 1 / yā 2] さらにこれらの内の一番目と二番目の分母を等しくして払えば，等式によってカーラカの揚値が得られる [nī 20 pī 16 / kā 9] 同様に，二番目と三番目からも [nī 8 pī $\dot{5}$ / kā 3] これら二つを等分母化し，〈分母を払えば〉，等式によってニーラカの揚値が得られる [pī 31 / nī 4]「最後の揚値において，クッタカの演算から乗数と商」(BG 66c) というので，クッタカを行って得られる，付加数を伴う乗数は，lo 4 rū 0．これはピータカの値である．商は lo 31 rū 0．これはニーラカの値である．カーラカの揚値において，ニーラカとピータカをそれぞれの値で揚立し，自分の除数で割れば，得られるのはカーラカの値である，lo 76 rū 0．次に，ヤーヴァッターヴァットの値において，カーラカ等をそれぞれの値で揚立し，自分の除数で割れば，得られるのはヤーヴァッターヴァットの値である，lo 85 rū 0．ローヒタを，ルーパ (1) を任意数として揚立すると，ヤーヴァッターヴァット等の値が生ずる，85, 76, 31, 4．二を任意数とすれば，170, 152, 62, 8.

三とすれば，255, 228, 93, 12．同様に，任意数に応じて〈解は〉限りなくある．/E77p/

···Note ···

例題 (BG E77)：等財産．4 人が持つ馬，ラクダ，ラバ，雄牛の値段 (x_i)，4 人の財産 (u_i)．

陳述：$5x_1+2x_2+8x_3+7x_4=u_1$, $3x_1+7x_2+2x_3+x_4=u_2$, $6x_1+4x_2+x_3+2x_4=u_3$, $8x_1+x_2+3x_3+x_4=u_4$, $u_1=u_2=u_3=u_4$.

解：$x_1=s_1$ [= yā 1], $x_2=s_2$ [= kā 1], $x_3=s_3$ [= nī 1], $x_4=s_4$ [= pī 1] とすると，4 人の財産は，$5s_1+2s_2+8s_3+7s_4$, $3s_1+7s_2+2s_3+s_4$, $6s_1+4s_2+s_3+2s_4$, $8s_1+s_2+3s_3+s_4$．1 番目と 2 番目の財産から $5s_1+2s_2+8s_3+7s_4=3s_1+7s_2+2s_3+s_4$．これから得られる s_1 の揚値は $s_1=\frac{5s_2-6s_3-6s_4}{2}$．同様に 2 番目と 3 番目から $s_1=\frac{3s_2+s_3-s_4}{3}$．3 番目と 4 番目から $s_1=\frac{3s_2-2s_3+s_4}{2}$．これら 3 つの揚値のうち，最初の二つの分母を等しくして払えば $15s_2-18s_3-18s_4=6s_2+2s_3-2s_4$．これから得られる s_2 の揚値は $s_2=\frac{20s_3+16s_4}{9}$．同様に 2 番目と 3 番目から $s_2=\frac{8s_3-5s_4}{3}$．これら s_2 の二つの揚値から得られる s_3 の揚値は $s_3=\frac{31s_4}{4}$．これが「最後の揚値」である．これをクッタカで解く．クッタカの書置：KU $(31,4,0)$ $[y,x]$．BG 35 および 36ab から，$(y,x)=(0+31t,0+4t)$．$t=s_5$ [= lo 1] と置くと，$s_3=y=31s_5+0$, $s_4=x=4s_5+0$．これらで s_2 の揚値の中の s_3 と s_4 を揚立すると $s_2=76s_5+0$．そこで，これらで s_1 の揚値の中の s_2, s_3, s_4 を揚立すると $s_1=85s_5+0$．$s_5=1$ のとき $(x_1,x_2,x_3,x_4)=(s_1,s_2,s_3,s_4)=(85,76,31,4)$．$s_5=2$ のとき $(170,152,62,8)$．$s_5=3$ のとき $(255,228,93,12)$．同様に，s_5 に応じて解は無数．

K 注 T210,6 以下はこれとほとんど同じだが，これよりやや詳しい．T216, 2 直前の Note 参照．

···

T217, 6 マンガラは八[1]である[2]．ラバ (aśvatara: vāmī) はマハーラーシュトラ語で[3]vesara という言葉で表現されるものである[4]．後は明瞭である．計算は正起次第を解説するに際して明らかにした[5]．

T217, 7 次に，〈問題の〉多様性のために，先人の例題を示す．

A436, 22 **例題．/E78p0/**

E78 **三ドランマで五羽の鳩，五ドランマで七羽の鶴，七ドランマで九**
E79 **羽の白鳥，九ドランマで三羽の孔雀が//手に入る．百ドランマでそれら鳩などを百羽〈買って〉連れてきなさい，王の娯楽のために．/E78-79/**[6]

A436, 27 **ここでは，鳩等の値段をヤーヴァッターヴァット等と想定し，それから比**

---

[1] aṣṭau/ P] aṣṭau 8 T.　[2] 語 maṅgala は 8 種のめでたいものを意味するので，物数表記 (bhūta-saṃkhyā) で 8 を指す，ということ．K がその数的価値を説明するということは，この maṅgala = 8 があまり一般的でなかったことを意味する．　[3] サンスクリットでも同じ．　[4] vācyāḥ P] vācyaḥ T.　[5] T210, 6 以下参照．　[6] T 本は，K 注も含めて一貫して dramma を drasma と表記するが，以下では注記を略す．

例により鳩等〈の数〉を導き，それによって百との等式が作られるべきである．あるいはまた，三・五等の値段と五・七等の生物〈の数〉にヤーヴァッターヴァット等を掛けて，〈百との〉等式が作られるべきである.[1] それは次の通りである．yā 3 kā 5 nī 7 pī 9．これらの値段を百に等しく作って得られるヤーヴァッターヴァットの値は kā $\dot{5}$ nī $\dot{7}$ pī $\dot{9}$ rū 100 / yā 3 さらに，yā 5 kā 7 nī 9 pī 3．これらの生物〈の数〉を百に等しく作って得られるヤーヴァッターヴァットの値は kā $\dot{7}$ nī $\dot{9}$ pī $\dot{3}$ rū 100 / yā 5 これら二つの分母を等 A437, 1
しくしてから分母を払えば，カーラカの値が得られる nī $\dot{2}$ pī $\dot{9}$ rū 50 / kā 1 この被除数には二つの色がある，というので，ピータカの値を任意数，ルーパ四つと想定する．これでピータカを揚立し，ルーパに加えると，生ずるのは nī $\dot{2}$ rū 14 / kā 1 これから，クッタカの演算により，付加数を伴う商と乗数〈が生ずる〉 lo $\dot{2}$ rū 14 / lo 1 rū 0 ヤーヴァッターヴァットの揚値において，それぞれの値でカーラカ等を揚立し，それぞれの除数で割れば，ヤーヴァッターヴァットの値が得られる，lo 1 rū $\dot{2}$．ローヒタカを任意数三ルーパで揚立すると，ヤーヴァッターヴァット等の値が生ずる，1, 8, 3, 4．これらで，値段と生物〈の数〉が揚立される．

値段	**3**	**40**	**21**	**36**
鳥	**5**	**56**	**27**	**12**

あるいは，任意数四によって〈生ずるヤーヴァッターヴァット等の〉値は，2, 6, 4, 4．擁立すると，

値段	**6**	**30**	**28**	**36**
生物	**10**	**42**	**36**	**12**

あるいは，五によって〈生ずるヤーヴァッターヴァット等の〉値は，3, 4, 5, 4．擁立すると，

値段	**9**	**20**	**35**	**36**
生物	**15**	**28**	**45**	**12**

同様に，任意数に応じて〈解は〉多数ある．/E79p/

···Note···

例題 (BG E78-79): 百ドランマで 4 種の鳥百羽の購入．鳥の数 (x_i)，値段 (y_i)．

陳述：$x_1 + x_2 + x_3 + x_4 = 100$ 羽 (x_i は整数), $y_1 + y_2 + y_3 + y_4 = 100$ ドランマ，$\frac{y_1}{x_1} = \frac{3}{5}$, $\frac{y_2}{x_2} = \frac{5}{7}$, $\frac{y_3}{x_3} = \frac{7}{9}$, $\frac{y_4}{x_4} = \frac{9}{3}$.

解 1: 値段を $y_1 = s_1$ [= yā 1] 等と置くと $s_1 + s_2 + s_3 + s_4 = 100$．各鳥の数 ($x_i$) を比例により計算すれば $\frac{5}{3}s_1 + \frac{7}{5}s_2 + \frac{9}{7}s_3 + \frac{3}{9}s_4 = 100$. 以下は省略されている．K 注に対する Note の解 2 参照．

[1] 冒頭の「ここでは」からここまでの訳は G 本による．A 本 M 本は次のように読む.「ここでは，鳩等の値段を，値段を掛けたヤーヴァッターヴァット等と想定し，それから比例によって等式が作られるべきである.」

解 2: $\frac{y_1}{x_1} = \frac{3}{5}$ などが成立するように $x_1 = 5s_1$, $x_2 = 7s_2$, $x_3 = 9s_3$, $x_4 = 3s_4$, $y_1 = 3s_1$, $y_2 = 5s_2$, $y_3 = 7s_3$, $y_4 = 9s_4$ とすると $3s_1 + 5s_2 + 7s_3 + 9s_4 = 100$, $5s_1+7s_2+9s_3+3s_4 = 100$. これらから s_1 の揚値を求めると $s_1 = \frac{-5s_2-7s_3-9s_4+100}{3}$, $s_1 = \frac{-7s_2-9s_3-3s_4+100}{5}$. 分母を等しくして払うと $-25s_2 - 35s_3 - 45s_4 + 500 = -21s_2 - 27s_3 - 9s_4 + 300$. これから s_2 の揚値を求めると $s_2 = -8s_3 - 36s_4 + 200$. $s_4 = 4$ とすると $s_2 = -2s_3 + 14$. これにクッタカを適用して KU $(-2, 1, 14)\ [y, x]$. $(y, x) = (14 - 2t, 0 + t)$. したがって $(s_2, s_3) = (y, x) = (-2s_5 + 14, s_5 + 0)$. ただし $t = s_5$ [= lo 1]. s_1 の揚値の中の s_2, s_3, s_4 をこれらで揚立すれば $s_1 = s_5 - 2$. そこで $s_5 = 3$ のとき，$(s_1, s_2, s_3, s_4) = (1, 8, 3, 4)$ だから，x_i および y_i の中の s_i をこれらで揚立すれば，$(y_1, y_2, y_3, y_4) = (3, 40, 21, 36)$, $(x_1, x_2, x_3, x_4) = (5, 56, 27, 12)$. $s_5 = 4$ のとき，$(s_1, s_2, s_3, s_4) = (2, 6, 4, 4)$ だから，$(y_1, y_2, y_3, y_4) = (6, 30, 28, 36)$, $(x_1, x_2, x_3, x_4) = (10, 42, 36, 12)$. $s_5 = 5$ のとき，$(s_1, s_2, s_3, s_4) = (3, 4, 5, 4)$ だから，$(y_1, y_2, y_3, y_4) = (9, 20, 35, 36)$, $(x_1, x_2, x_3, x_4) = (15, 28, 45, 12)$. ⟨$s_5 = 6$ のとき，$(s_1, s_2, s_3, s_4) = (4, 2, 6, 4)$ だから，$(y_1, y_2, y_3, y_4) = (12, 10, 42, 36)$, $(x_1, x_2, x_3, x_4) = (20, 14, 54, 12)$⟩.

バースカラの言葉「同様に，任意数に応じて ⟨ 解は ⟩ 多数ある」の「任意数」が s_5 だけでなく s_4 にも言及しているのかどうか不明．実際には s_4 は 4 以外にも，11/3, 13/3, 14/3, 5 の値を取りうる．また「多数」が「無数」と区別されているのかどうか不明．実際にはここでは有限個．Hayashi 2006, 123-28 参照．

....

T217, 13　前の詩節（シュローカ）に述べられた鳩・鶴等の生物の種類が三・五等のドランマで[1]手に入る．その場合，百ドランマでそれら鳩等を百連れてきなさい，と説明されるべきである．⟨ しかし，このままでは文法的に難がある．⟩barhiṇastrayaḥ（三羽の孔雀, nom. pl.）というここが barhiṇāṃ trayam (nom. sg.) という読みであれば良い．あるいは，drammairavāpyate（... ドランマで手に入る, 3rd sg.）という所が drammairavāpyās (nom. pl.) tad という読みであれば良い[2]．あとは明瞭である．

T217, 16　ここで，基準値では，値段の和も生物の和も二十四である．期待されているのは百である．だから，いくらか掛けた基準の金額 (dravya) で生物 ⟨ の数 ⟩ が獲得されるべきである．その場合，等しい乗数を掛けた[3]基準の金額で生物 ⟨ の数 ⟩ を獲得すると，どちらの[4]和も百にはならないだろう．というのは，四を掛けた基準の金額の和は九十六であり，それで買われる生物の ⟨ 和 ⟩ もまた ⟨ 九十六である ⟩．五を掛けたものの和は百二十になるだろう．たとえ，和が二十四に等しいときもし乗数が一なら[5]，和が百のとき ⟨ 乗数は ⟩ 何か，というので得られる乗数，二十五の六分の一 $\frac{25}{6}$ を掛けるとその和が百になるとはいえ，⟨ その場合は ⟩ 鳩等 ⟨ の数 ⟩ が整数 (akhaṇḍa) では得られないだろう．だから，等しくない乗数になるはずである．鳩の基準の値段にはあ

---

[1] drammair P] drasmair T. 以下 4 カ所でも同じ．　[2] 主語と術語の文法的数の一致が必要であることを指摘．実際，AMG 本は，barhiṇāṃ trayam と読む．　[3] guṇitaiḥ P] guṇiteḥ T.　[4] grahaṇa ubhayeṣāṃ P] grahaṇe ubhayeṣāṃ T.　[5] yadyeko P] cedyeko T.

る乗数，鶴の値段には別のもの，白鳥にはまた別のもの，孔雀には他のもの，というように．そしてそれらの乗数は知られていない．だから，ヤーヴァッターヴァット等が想定される，yā 1, kā 1, nī 1, pī 1．これらを掛けて，値段が生ずる，yā 3, kā 5, nī 7, pī 9．次に，「三ドランマの値段でもし五羽の鳩が得られるなら，ヤーヴァッターヴァット三つではどれだけか」 T218, 1

| 3 | 5 | yā 3 |

という三量法によって得られるのは，鳩 yā 5．同様に[1]鶴等もまた，カーラカ五つ等の値段によって，kā 7, nī 9, pī 3 が得られる．あるいは，金額に掛けられたものによって生物〈数の〉も掛けられるべきである[2]，というので，生ずる金額と生物は，

yā 3	kā 5	nī 7	pī 9
yā 5	kā 7	nī 9	pī 3

次に，値段の和と生物の〈数の〉和をそれぞれ百に等しく作り，得られるヤーヴァッターヴァットの揚値二つからカーラカの揚値を作れば，後は原典で明らかである．

あるいは，どんな値段 (pl.) の和が百になるかということは分からない．だから，「値段をヤーヴァッターヴァット等と想定し」，yā 1,[3] kā 1, nī 1, pī 1,「それから比例により鳩等を導き」(BG E79p) T218, 10

yā 5 3	kā 7 5	nī 9 7	pī 3 9

[4] 前と同じ算法 (vidhi) によって計算 (gaṇita) が実行されるべきである (vidheya)．違いはこれ（次）だけである．すなわち，ここでは生物の〈数の〉和（足し算）は，等分母にして実行される．後は前と同じである．

···Note···

K は，E79p で与えられた 2 つの解の順序を入れ替え，それぞれの等式に至る考え方を詳述する．

解 1: 値段の基準値 3, 5, 7, 9，生物数の基準値 5, 7, 9, 3．値段の基準値をそれぞれ等倍すると，3s, 5s, 7s, 9s．それぞれの生物数を三量法によって求めると，$\mathrm{TR}\,[3,5,3s] = 5s$, $\mathrm{TR}\,[5,7,5s] = 7s$, $\mathrm{TR}\,[7,9,7s] = 9s$, $\mathrm{TR}\,[9,3,9s] = 3s$．乗数 $s = 4$ とするといずれの和も 96，乗数 $s = 5$ とするといずれの和も 120 となるので，和が 100 になる整数の乗数 s は存在しない．和が 100 になるのは，$\mathrm{TR}\,[24,1,100] = 25/6$ のときだが，$5s = 125/6$, etc. は分数になるので「生物数」としては不適．だから値段と生物数はそれぞれの基準値の等倍ではない．そこでそれぞれの値段の基準値に対する乗数を s_1, s_2, s_3, s_4 とすると，それぞれの値段は $3s_1$, $5s_2$, $7s_3$, $9s_4$．それぞれの生物数は三量法により $5s_2$, $7s_3$, $9s_4$, $3s_1$．それぞれの和が 100 に等しいから $3s_1 + 5s_2 + 7s_3 + 9s_4 = 100$, $5s_2 + 7s_3 + 9s_4 + 3s_1 = 100$．これらから s_1 の揚値二つを求めて等しく置き，s_2 の揚値を作る．「後は原典で明らかである．」すなわち，s_4 に既知数を仮定してクッタカで解く．前 Note の解 2 参照．

解 2: 値段を s_1, s_2, s_3, s_4 とすると，それぞれの生物数は三量法により $\mathrm{TR}\,[3,5,s_1] =$

---

[1] evaṃ P] ∅ T.　[2] guṇitāḥ syur P] guṇitā syur T.　[3] yā 1 P] yā / T.
[4] yā 5 / 3　kā 7 / 5　nī 9 / 7　pī 3 / 9 | P] yā 5 kā 7 nī 9 pī 3 T.

$5s_1/3$, $\mathrm{TR}\,[5,7,s_2]=7s_2/5$, $\mathrm{TR}\,[7,9,s_3]=9s_3/7$, $\mathrm{TR}\,[9,3,s_4]=3s_4/9$. したがって，$s_1+s_2+s_3+s_4=100$, $\frac{5}{3}s_1+\frac{7}{5}s_2+\frac{9}{7}s_3+\frac{3}{9}s_4=100$. 後者を等分母化して分母を払うと $175s_1+147s_2+135s_3+35s_4=10500$. 「後は前と同じである.」すなわち，これらから s_1 の揚値二つを求めて等しく置き，s_2 の揚値を作り，s_4 に既知数を仮定してクッタカで解く.

....

T218, 15 次に，「さらにクッタカが作られるべきである[1]」(BG 68a) というこれの例題を，アールヤー詩節で述べる.

A445, 1 **例題. /E80p0/**

E80 **六で割ると五余り，五で割ると四余り，四で割ると三余り，三で割ると二余るようなものは何か. /E80/**

A445, 4 **ここでは，量が yā 1. これが六で割られると五余るというので，六によって割られるときカーラカが〈商として〉得られるというので，カーラカを除数に掛け，自分の余り五を加えるとヤーヴァッターヴァットに等しい，というので，等式を作れば，ヤーヴァッターヴァットの揚値は kā 6 rū 5 / yā 1 同様に，五等で割った場合，〈商として〉ニーラカ等が得られるというので，ヤーヴァッターヴァットの揚値が生ずる nī 5 rū 4 / yā 1 | pī 4 rū 3 / yā 1 | lo 3 rū 2 / yā 1 これらの内，一番目と二番目の等式を作ることにより得られるカーラカの揚値は nī 5 rū $\dot{1}$ / kā 6 同様に，二番目と三番目の等式を作ることにより得られるニーラカの揚値は pī 4 rū $\dot{1}$ / nī 5 同様に，三番目と四番目の等式を作ることにより得られるピータカの揚値は lo 3 rū $\dot{1}$ / pī 4 これからクッタカにより得られるローヒタカとピータカの値は，付加数とともに，**

ha 4	**rū 3**	**lo**
ha 3	**rū 2**	**pī** [2]

ニーラカの揚値におけるピータカを自分の値で揚立すると，生ずるのは ha 12 rū 7 / nī 5 ここで，自分の除数で割るとニーラカの値が分数で得られるとして（考えて），整数にするために，「さらにクッタカが作られるべきである」(BG 68a) というので，再びクッタカにより，付加数を伴う乗数は，śve 5 rū 4. これがハリタカの値である. これでローヒタカとピータカの値におけるハリタカを揚立すると，生ずるローヒタカとピータカの値は，

śve 20	**rū 19**	**lo**
śve 15	**rū 14**	**pī**

今度は，ニーラカの揚値におけるピータカを自分の値で揚立し，自分の除数で割ると，ニーラカの値が整数で得られる，śve 12 rū 11. したがって，カーラカの値におけるニーラカを自分の値で揚立し，自分の除数で割ると，

[1] kāryaḥ P] kārya T.　[2] ha < haritaka.

カーラカの値が得られる，śve 10 rū 9．これらの値により，ヤーヴァッターヴァットの諸揚値におけるカーラカ等を揚立すると，ヤーヴァッターヴァットの値が得られる，śve 60 rū 59．/E80p1/

あるいは，六で割ると五余るというので，前のように生ずる量は，kā 6 rū A446, 1
5．これを五で割ると四余るというので，商をニーラカと想定し，それを掛けた除数に自分の余りを加えた nī 5 rū 4 との等式を作ることにより，カーラカの値が生ずる

nī 5 rū $\dot{1}$
kā 6

このカーラカの値は分数で得られるというので，クッタカにより，整数のカーラカの揚値は pī 5 rū 4．これで前の量 kā 6 rū 5 を揚立すると，pī 30 rū 29 が生ずる．さらに，これを四で割ると三余るというので，前のように等式を作ると，生ずるのは

lo 4 rū $\dot{26}$
pī 30

ここでも，クッタカにより生ずるピータカの値は ha 2 rū 1．これで前の量 pī 30 rū 29 を揚立すると，生ずる量は ha 60 rū 59．さらに，これを三で割ると二余る，ということは自ずから生ずる（成立する）．ゼロ・一・二等による揚立によって〈解は〉沢山ある．/E80p2/

···Note ···

例題 (BG E80)：4 つの割り算（純数量的）．

陳述：$x = 6q_1 + 5 = 5q_2 + 4 = 4q_3 + 3 = 3q_4 + 2$.

解 1: $x = s_1$ [= yā 1], $q_1 = s_2$ [= kā 1] と置くと，s_1 の揚値は，$s_1 = 6s_2 + 5$. 同様に，$q_2 = s_3$ [= nī 1], $q_3 = s_4$ [= pī 1], $q_4 = s_5$ [= lo 1] と置くと，s_1 の揚値は，$s_1 = 5s_3 + 4$, $s_1 = 4s_4 + 3$, $s_1 = 3s_5 + 2$. 1 番目と 2 番目の揚値から得られる s_2 の揚値は，$s_2 = \frac{5s_3-1}{6}$. 2 番目と 3 番目の揚値から得られる s_3 の揚値は，$s_3 = \frac{4s_4-1}{5}$. 3 番目と 4 番目の揚値から得られる s_4 の揚値は，$s_4 = \frac{3s_5-1}{4}$. これが最後の揚値だから，これをクッタカで解くと，$s_4 = 3s_6 + 2$, $s_5 = 4s_6 + 3$ [s_6 = ha]. この s_4 で s_3 の揚値を揚立すると，$s_3 = \frac{12s_6+7}{5}$. これをクッタカで解くと，$\langle s_3 = 12s_7 + 11\rangle$, $s_6 = 5s_7 + 4$ [s_7 = śve]. この s_6 で s_4 と s_5 の値を揚立すると，$s_4 = 3s_6 + 2 = 15s_7 + 14$, $s_5 = 4s_6 + 3 = 20s_7 + 19$. 今度はこの s_4 でもう一度 s_3 の揚値を揚立すると，$s_3 = 12s_7 + 11$. この s_3 で s_2 の揚値を揚立すると，$s_2 = 10s_7 + 9$. この s_2 で s_1 の揚値を揚立すると，$s_1 = 60s_7 + 59$. （以上 E80p1）

s_1 などの揚値の表現すなわち

kā 6 rū 5
yā 1

などで下に書かれた文字 yā などについては，T211, 11 参照．K は規則 (BG 65-68) の解説のなかで (T207, 18 以下) この例題 (BG 80) を取り上げ，上の解 1 を敷衍する．T210, 6 直前の Note 参照．

解 2: 初めの二つの陳述から $s_1 = 6s_2 + 5$, $s_1 = 5s_3 + 4$. これらから s_2 の揚値を求めると $s_2 = \frac{5s_3-1}{6}$. クッタカにより $s_2 = 5s_4 + 4$, $s_3 = 6s_4 + 5$. この s_2 で s_1 を揚立すると $s_1 = 30s_4 + 29$. 第三の陳述から $s_1 = 4s_5 + 3$. これらから s_4 の揚値を求めると $s_4 = \frac{4s_5-26}{30} \langle = \frac{2s_5-13}{15}\rangle$. クッタカにより $s_4 = 2s_6 + 1$, $s_5 = 15s_6 + 14$. この s_4 で s_1 を揚立すると $s_1 = 30(2s_6 + 1) + 29 = 60s_6 + 59$. これを 3 で割ると 2 余るので，最後の陳述は「自ずから」実現する．s_6 を 0, 1, 2 等で揚立すると，$s_1 = 59$, $\langle 119, 179, \text{etc.}\rangle$. 解は沢山．(以上 E80p2)

···

T218, 18 意味は明瞭である．これの計算は，規則を解説する際に明らかにした[1]．原典でも明らかである．

T218, 20 さて，二番目の方法によって，量が yā 1 と想定された．これを六で割ると五余るというので，商をカーラカと想定し，それを掛けた除数 kā 6 に自分の余りを加えた kā 6 rū 5 を量に等しくして得られる[2]ヤーヴァッターヴァットの値は，kā 6 rū 5．これで量を揚立すると生ずる量は，kā 6 rū 5．これに一つの
T219, 1 陳述が実現する (ghaṭate)．さらに，これを五で割ると四余るというので，商をニーラカと想定し，それを掛けた除数 nī 5 に自分の余り 4 を加えたものをその kā 6 rū 5 と等しくして得られるカーラカの値は分数である $\left|\begin{array}{c}\text{nī 5 rū }\dot{1}\\ \text{kā 6}\end{array}\right|$[3] クッタカにより，整数のカーラカの値が生ずる，pī 5 rū 4．さて，カーラカ六つに五加えたものが前の量であるという．その場合の一つのカーラカの値がこの pī 5 rū 4 である．[4] これに六を掛けると，カーラカ六つの〈値〉，pī 30 rū 24 であり，これに五を加えると，揚立された前の量，pī 30 rū 29 が生ずる．これに陳述二つが実現する．先に関しても同様である．原典でもこれは明らかである．このように，どこでも揚立が見られるべきである．

T219, 6 もう一つの例題を，アールヤー詩節で述べる．

A458, 19 **例題．/E81p0/**

E81 **どんな〈三つの〉もの（数）に〈それぞれ〉五・七・九を掛け，二十で割ったら，余りも，余りに等しい商も，ルーパを増分とするか．/E81/**

A458, 22 **ここでは，余りが yā 1， yā 1 rū 1，yā 1 rū 2．同じこれらが商である．一番目の量が，kā 1．この量に五を掛け，商を掛けた除数を引くと，余りが生ずる，kā 5 yā $\dot{20}$．これをヤーヴァッターヴァットに等しくして得られるヤーヴァッターヴァットの揚値は $\left|\begin{array}{c}\text{kā 5}\\ \text{yā 21}\end{array}\right|$ 次に二番目の量が，nī 1．これに七を掛け，ルーパだけ大きいヤーヴァッターヴァットを掛けた除数を引くと，nī 7 yā $\dot{20}$ rū $\dot{20}$ が生ずる．これを，この yā 1 rū 1 と等しくして得られるヤーヴァッターヴァットの揚値は $\left|\begin{array}{c}\text{nī 7 rū }\dot{21}\\ \text{yā 21}\end{array}\right|$ 同様に三番目が，pī 1．これに九を掛け，商 yā 1 rū 2 を掛けた除数を引くと，残りは pī 9 yā $\dot{21}$ rū $\dot{40}$．これを，この yā 1 rū 2 と等しくして得られるヤーヴァッターヴァットの揚値は $\left|\begin{array}{c}\text{pī 9 rū }\dot{42}\\ \text{yā 21}\end{array}\right|$ これらの内，一番目と二番目，および二番目と三番目の等式を作ることにより得られるカーラカとニーラカの揚値は $\left|\begin{array}{c}\text{nī 7 rū }\dot{21}\\ \text{kā 5}\end{array}\right|$ $\left|\begin{array}{c}\text{pī 9 rū }\dot{21}\\ \text{nī 7}\end{array}\right|$ このニーラカの揚値において，クッタカによりニーラカとピー**

---

[1] T207, 18 以下参照． [2] labdhaṃ P] labdha T． [3] $\begin{array}{c}\text{nī 5 rū }\dot{1}\\ \text{kā 6}\end{array}$] $\left.\begin{array}{c}\text{nī 5 rū }\dot{1}\\ \text{kā 6}\end{array}\right|$ P, $\begin{array}{c}\text{nī 5}\\ \text{kā 6}\end{array}$ rū $\dot{1}$ T． [4] atha kālakaṣaṭkaṃ pañcayutaṃ pūrvarāśiriti/ tatraikasya kālakasya mānamidaṃ pī 5 rū 4/ P] ∅ T．

タカの値を作り（計算し），カーラカの揚値におけるニーラカを自分の値で揚立すれば，カーラカの値が分数で得られる，というので，クッタカによって〈得られる〉整数としてのカーラカとローヒタカの値は，

ha 63	**rū 42**	**kā**
ha 5	**rū 3**	**lo**

ここで，ニーラカとピータカにおけるローヒタカを自分の値で揚立すれば，それらの値が生ずる．

ha 45	**rū 33**	**nī**
ha 35	**rū 28**	**pī**

順番に書置：

ha 63	**rū 42**	**kā**
ha 45	**rū 33**	**nī**
ha 35	**rū 28**	**pī**

さて，ヤーヴァッターヴァットの諸揚値においてカーラカ等をそれぞれ自分の値で揚立し，自分の除数で割れば，ヤーヴァッターヴァットの値が得られる，ha 15 rū 10．ここで〈の結果〉は，商が余りに等しいときであるが，余り (yā 1, yā 1 rū 1, yā 1 rū 2) は除数 (20) より大きくはなり得ない．だから，ハリタカをゼロのみで揚立すると，生ずる量は，42，33，　28．余りは，10，　11，　12．商はこれらと同じである．/E81p/

···Note···

例題 (BG E81)：条件付き 3 つの割り算（純数量的）．

陳述：$5x = 20q + r$, $7y = 20(q+1) + (r+1)$, $9z = 20(q+2) + (r+2)$, $0 \leq q = r < 18$.

解：$q = r = s_1$ [= yā 1], $x = s_2$ [= kā 1], $y = s_3$ [= nī 1], $z = s_4$ [= pī 1] とする．$5s_2 - 20s_1 = s_1$ から s_1 の揚値を求めると $s_1 = \frac{5s_2}{21}$．また $7s_3 - 20s_1 - 20 = s_1 + 1$ から $s_1 = \frac{7s_3-21}{21}$．また $9s_4 - 20s_1 - 40 = s_1 + 2$ から $s_1 = \frac{9s_4-42}{21}$．1 番目と 2 番目の揚値，2 番目と 3 番目の揚値を等しく置いて得られる s_2, s_3 の揚値は $s_2 = \frac{7s_3-21}{5}$, $s_3 = \frac{9s_4-21}{7}$．後者が最後の揚値だからこれをクッタカで解いて $(s_3, s_4) = (9s_5 + 6, 7s_5 + 7)$ [s_5 = lo]．この s_3 で s_2 の揚値の s_3 を揚立して $s_2 = \frac{63s_5+21}{5}$．これをクッタカで解いて $(s_2, s_5) = (63s_6 + 42, 5s_6 + 3)$ [s_6 = ha]．この s_5 で s_3, s_4 を揚立して $(s_3, s_4) = (45s_6 + 33, 35s_6 + 28)$．これら s_2, s_3, s_4 で s_1 の揚値のいずれかを揚立すれば $s_1 = 15s_6 + 10$．$0 \leq s_1 < 18$ だから $s_6 = 0$ のときだけ成立．このとき，$(x, y, z) = (s_2, s_3, s_4) = (42, 33, 28)$，商と余りは等しく，$(q, q+1, q+2) = (r, r+1, r+2) = (s_1, s_1+1, s_1+2) = (10, 11, 12)$.

·········

意味は明瞭である．ここでは，余りにこれら，yā 1, yā 1 rū 1, yā 1 rū 2, ルーパを増分とするものを想定し，カーラカ等を量に想定すれば，計算は原典で明らかである． T219, 9

T219, 10 次に[1]，もう一つの例題を，アヌシュトゥブ詩節で述べる．

A466, 24 **例題．/E82p0/**

E82 **何を二で割ると一余り，三で割ると二余り，五で割ると三余るだろうか．ただし，商も全く同様とする．/E82/**

A466, 27 **ここでは，量が yā 1．これを二で割ると一余るというその商も二で割ると一余るというので，商の量を kā 2 rū 1 とする．これを掛けた除数に自分の余りを加えたものをその yā 1（被除数）と等しくして得られるヤーヴァッ**
A467, 1 **ターヴァットの値は，kā 4 rū 3．これに一つの陳述が実現する．さらにまた，三で割ると二余るというその商を nī 3 rū 2 とする．これを掛けた除数に余りを加えたものは，nī 9 rū 8．これをその kā 4 rū 3 と等しくすると，カーラカの値は分数である．クッタカによって整数が生ずる，pī 9 rū 8．これでカーラカを揚立して生ずる量は，pī 36 rū 35．これに陳述二つが実現する．さらにこれを五で割ると三余るというその商を lo 5 rū 3 とする．これに除数を掛け，余りを加えたものをその pī 36 rū 35 と等しくすると，ピータカの値は分数である．クッタカによって整数を作れば，ha 25 rū 3 が生ずる．これでピータカを揚立すると，生ずる量は，ha 900 rū 143．ハリタカをゼロ等で揚立することにより，〈量は〉多様である．/E82p/**

···Note···

例題 (BG E82)：条件付き 3 つの割り算（純数量的）．

陳述：$x = 2q_1 + 1 = 3q_2 + 2 = 5q_3 + 3$, $q_1 = 2q_4 + 1$, $q_2 = 3q_5 + 2$, $q_3 = 5q_6 + 3$.

解：$x = s_1$ [= yā 1], $q_4 = s_2$ [= kā 1] とすると s_1 の揚値は $s_1 = 4s_2 + 3$．また $q_5 = s_3$ [= nī 1] とすると s_1 の揚値は $s_1 = 9s_3 + 8$．したがって $4s_2 + 3 = 9s_3 + 8$ から $s_2 = \frac{9s_3+5}{4}$．これは分数だから，クッタカにより $s_2 = 9s_4 + 8$ [s_4 = pī]．$\langle s_3 = 4s_4 + 3\rangle$．これで s_1 の揚値の中の s_2 を揚立すると $s_1 = 36s_4 + 35$．さらに $q_6 = s_5$ [= lo 1] とすると s_1 の揚値は $s_1 = 25s_5 + 18$．したがって $36s_4 + 35 = 25s_5 + 18$ から $s_4 = \frac{25s_5 - 17}{36}$．これは分数だから，クッタカにより $s_4 = 25s_6 + 3$ [s_6 = ha], $\langle s_5 = 36s_6 + 5\rangle$．これで s_1 の揚値の中の s_4 を揚立すると $s_1 = 900s_6 + 143$．$s_6 = 0$ 等により，解は多様である．

···

T219, 14 ここでは，ヤーヴァッターヴァットの大きさの量を想定し，商を二で割ると一余るように，このような[2] kā 2 rū 1 を〈商として〉想定すれば，計算は原典で明らかである．[3]

T219, 16 もう一つの例題を，シャールドゥーラ・ヴィクリーディタ詩節で述べる．

A472, 2 **例題．**

---

[1] atha T] ∅ P.　[2] etādṛśīṃ P] etādṛśī T.　[3] P ではこの後に次の文がある．rāśirdvihṛta ekāgraḥ syāttallabdhirapi dvihṛtaikāgrā syāt/ evamagre 'pi vyākhyeyam/（〈得られた〉量を二で割ると一余り，その商もまた二で割ると一余るだろう．以下同様に説明されるべきである．）

> どんな二量か云いなさい．〈それぞれ〉五と六で割ると一と二が余り，それらの差を三で割ると二余り，和を九で割ると五余り，積を七で割ると六余るという二つ〈の量〉を．ただし六と八は除く．賢い者よ，もしあなたが象の軍団のようなクッタカ通たちと遭遇した〈立ち向かう〉獅子ならば．/E83/ E83

ここでは，五と六で割ると〈それぞれ〉一と二が余る二つの量が，yā 5 rū 1，yā 6 rū 2 と想定される．これら二つの差を三で割ると二余るというので，商をカーラカとし，それを掛けた除数に余りを加えたものを，差であるこの yā 1 rū 1 と等しくして得られるヤーヴァッターヴァットの値は，kā 3 rū 1．これで揚立されて生ずる二つの量は，kā 15 rū 6， kā 18 rū 8．さらに，この二つの和を九で割ると五余るというので，商をニーラカとし，それを掛けた除数に余りを加えたものを，和であるこの kā 33 rū 14 と等しくすると，カーラカの値は分数である $\frac{\text{nī } 9 \text{ rū } \dot{9}}{\text{kā } 33}$ クッタカにより整数が生ずる，pī 3 rū 0．これで揚立されて生ずる二量は，pī 45 rū 6，pī 54 rū 8．さらに，これら二つの積をとると，平方になるので，計算が大変になるというので，ピータカを一で揚立して，最初の量を既知数 51 にする．さらに，これら二つを七で切りつめたものの積を七で切りつめると，pī 3 rū 2．これと等しくして，前のようにクッタカで得られるピータカの値は，ha 7 rū 6．これで揚立して生ずる量は，ha 378 rū 332．前の量の付加数は pī 45 だった．それに，ハリタカであるこの ha 7 を掛けるとそれの付加数になるだろう，というので生ずる最初の付加数は，ha 315 rū 51．あるいは，最初の一つだけを既知数と想定して二番目が得られるべきである．生ずる二つの量は，rū 51，śve 126 rū 80．/E83p/ A472, 7

···Note··

例題 (BG E83)：5 つの割り算（純数量的）．

陳述：$x = 5q_1 + 1,\ y = 6q_2 + 2,\ |\,x - y\,| = 3q_3 + 2,\ x + y = 9q_4 + 5,\ xy = 7q_5 + 6$. 自明の解，$(x, y) = (6, 8)$，は除く．

解 1: $q_1 = q_2 = s_1$ [= yā 1] とすると $|\,x - y\,| = s_1 + 1$. $q_3 = s_2$ [= kā 1] とすると $s_1 + 1 = 3s_2 + 2$ だから s_1 の揚値は $s_1 = 3s_2 + 1$. これで x と y を揚立すると $x = 15s_2 + 6,\ y = 18s_2 + 8$. $q_4 = s_3$ [= nī 1] とすると $33s_2 + 14 = 9s_3 + 5$ だから s_2 の値は $s_2 = \frac{9s_3 - 9}{33}$. これは分数だから，クッタカにより $s_2 = 3s_4 + 0$ [s_4 = pī], $\langle s_3 = 11s_4 + 1 \rangle$. これで x と y を揚立すると $x = 45s_4 + 6,\ y = 54s_4 + 8$. 次に積の条件を用いるが，このまま掛けると s_4^2 が生じ,「計算が大変になる」ので，x の s_4 だけ 1 で揚立すると $x = 51 = 7 \cdot 7 + 2$. また $y = 7 \cdot (7s_4 + 1) + (5s_4 + 1)$. したがって $xy = 7q'_5 + (3s_4 + 2)$ だから $q_5 - q'_5 = s_5$ [= lo 1] とすると $7s_5 + 6 = 3s_4 + 2$. したがって $s_4 = \frac{7s_5 + 4}{3}$. これは分数だから，クッタカにより $s_4 = 7s_6 + 6$ [s_6 = ha], $\langle s_5 = 3s_6 + 2 \rangle$. この s_4 で y の s_4 を揚立すると $y = 378s_6 + 332$. 一方，$x = 45 \cdot 7s_6 + 51 = 315s_6 + 51$.

解 2: $x = 51$ と想定すると，$y = 126s_7 + 80$ [s_7 = śve].

コールブルックは，この解 2 を述べる文（「あるいは」以下）には言及せず，Rāma-kr̥ṣṇa 注から「6 とするとそれは ha 126 rū 8．あるいは 36 とするとそれは ha 126 rū 104」という文を引用する (C, p. 240, fn. 2).

…………………………………………………………………………

T219, 21 意味は明瞭である．ここで，五で割ったとき一余る小さな量として[1]六がある．同様に，六で割ったとき二余る小さな量として八がある．だから，どんな二量を〈それぞれ〉五と六で割ると一と二が余るか，と問われると，他な
T220, 1 らぬ六と八をまず想起すること (upasthiti) になる．そして偶然，それら二つに対して，すべての陳述 (ālāpa) が成立する (saṃbhavati)．だから，その場合，考えること (kalpanā) なしに問題の攻略 (praśna-bhaṅga) があるだろう，というので云われた,「ただし六と八は除く」と．ここでは，二つの量が五と六で割られたとき，〈それぞれ〉一と二が余るように，このような yā 5 rū 1, yā 6 rū 2 を想定し，積の陳述を実行する (ghāta-ālāpa-karaṇa) 際には平方のために計算が大変になるだろうというので，ピータカを一で揚立し，最初の量を既知数に作れば，計算は原典で明らかである．

T220, 6 もう一つの例題を，アヌシュトゥブ詩節で述べる．

A482, 1 **例題．/E84p0/**

E84 **どんな量 (sg.) に九と七を〈別々に〉掛け，三十で割ると，余りの和に商の和を加えたものが二十六の大きさになるか．/E84/**

A482, 4 **ここでは，除数が一つだから，また余り二つと商二つの和を〈出題者が〉示すから[2]，乗数の和を乗数と想定する，rū 16．量が yā 1 である．商の和の量をカーラカとし，それを掛けた除数を，乗数を掛けた量から引けば，余り yā 16 kā $\dot{3}0$が生ずる．これに商であるカーラカを加えた yā 16 kā $\dot{2}9$を二十六と等しくし，クッタカによって前のように生ずるヤーヴァッターヴァットの値は，nī 29 rū 27．商と余りの和は一つ (26) であると〈出題者が〉指摘しているから，付加数 (nī 29) は与える（付ける）べきではない．/E84p/**

…Note…………………………………………………………………

例題 (BG E84)：条件付き 2 つの割り算（純数量的）．

陳述．$9x = 30q_1 + r_1$, $7x = 30q_2 + r_2$, $q_1 + q_2 + r_1 + r_2 = 26$ $(0 \leq r_1,\ r_2 < 30)$.

解：$x = s_1$ [= yā 1], $q_1 + q_2 = s_2$ [= kā 1] とすると $r_1 + r_2 = 16s_1 - 30s_2$．これに s_2 $(= q_1 + q_2)$ を加えて $16s_1 - 29s_2 = 26$．したがって $s_1 = \frac{29s_2+26}{16}$．クッタカにより $s_1 = 29s_3 + 27$ [s_3 = nī], $\langle s_2 = 16s_3 + 14 \rangle$．$s_2 = q_1 + q_2 \leq 26$ だから，解は $s_3 = 0$ のときだけ．〈このとき $x = s_1 = 27$.〉

…………………………………………………………………………

[1] rāśiḥ P] raśi T.　[2] darśanāt.「〈我々（あるいは読者）が〉見るから」とも解釈できるが，数行下に nirdeśāt「指摘しているから」とあり，この場合の主語は明らかに我々（あるいは読者）ではなく出題者であるから，darśanāt の主語も出題者と考えるのが自然である．そうするとこれは「見る」(see) ではなく「示す」(show) を意図していると考えられる．英訳者 (C) は前者を ‘the sum of the remainders and quotients is given’，後者を ‘As the sum of the remainders and quotients is restricted’ と意訳する．

量が九と七によって別々に掛けられ，両方とも三十で割られる．あとは明瞭である． T220, 9

ここで，量に，九と七を別々に掛け，三十で割ると，商が二つと余りが二つ，別々に生ずるだろう．しかしもし量が，一度だけ，乗数の和で掛けられ，三十で割られる場合，その商は商の和であり，余りは余りの和になるだろう．例えば，量 5 が九と七で別々に掛けられると 45, 35．三十で割られると，商は 1, 1，余りは 15, 5．ところが，その同じ量 5 が乗数の和である 16 で掛けられると 80．三十で割られると，商は 2，余りは 20．ここで，実際，商は前の商の和であり，余りは前の余りの和に他ならない．この例題では，商の和と余りの和だけが不可欠であるから，簡単のために，乗数の和を乗数と想定すれば，計算は原典で明らかである． T220, 10

···Note···

K はここで，$16x$ を 30 で割ると商が $(q_1 + q_2)$，余りが $(r_1 + r_2)$ であるとし，それを $x = 5$ のときで確認する．すなわち，$9 \cdot 5 = 30 \cdot 1 + 15$, $7 \cdot 5 = 30 \cdot 1 + 5$, $16 \cdot 5 = 80 = 30 \cdot 2 + 20$.

·········

（問い）「ここで，乗数の和を量に掛け，除数で割るとき，余りの和も除数で切りつめるべきだろう．その場合，余りの和が除数より小さいときは元のそれ（余りの和）と除数で切りつめたそれとに違いはないから，〈切りつめなくても〉何も障害はないとしても，余りの和が除数より大きいときは[1]それ（余りの和）と除数で切りつめたそれとの差は除数に等しく，商の和は一増えるだろう．例えば，量を 6 とする．これを九と七で別々に掛けると 54, 42．三十で割ると，商は 1, 1，余りは 24, 12．さてその同じ量 6 を乗数の和 16 で掛けると 96．三十で割ると，商は 3，余りは 6 である．ここでは商は実に前の商の和足す一であり，余りは余りの和を[2]除数で切りつめたものである．だから，乗数の和を乗数と想定した場合，商の和と余りの和が変化するから計算が逸脱するだろう.」 T220, 18 T221, 1

そのように〈考えるべき〉ではない．乗数の和を乗数と想定した場合，もし〈その新しい〉商の量をカーラカと想定するなら，あなたが述べた道理によって，場合によっては前の商の和と余りの和が変化するから，計算が逸脱するだろう．しかしここでは，〈前の〉商の和の量をこそカーラカと想定しているのであり，そうした場合，それに除数を掛けて被除数から引けば，余りの和も元のままであって除数で切りつめられることはない，というので,「商の和と余りの和が変化する」ことはないのであって，乗数の和に関する商と余りは場合によっては変化することはあるが，〈今のケースは〉それとは無関係だから何も障害はない．だからこそ.「商の和の量をカーラカとし」(BG E84p) と先生もおっしゃったのである．

[1] sati T] ∅ P.　[2] śeṣaikyaṃ T] saikaṃ（一加えて） P.

···Note···

問い: $16x = 30(q_1 + q_2) + (r_1 + r_2)$ であるから，$r_1 + r_2 < 30$ なら確かに $16x$ を 30 で割ったとき，$(q_1 + q_2)$ が商，$(r_1 + r_2)$ が余りであるが，それ以外の時は $(q_1 + q_2 + 1)$ が商，$(r_1 + r_2)$ を 30 で切りつめたもの（割った余り）が余りである．例えば $x = 6$ のときのように．だから，「商の和と余りの和が変化するから計算が逸脱するだろう.」

K の答え: それはそうであるが，この例題の解は，乗数の和 (16) を掛けて 30 で割り算をしているわけではないから，そのこととは無関係である．

···

T221, 10 さてここで，納得 (pratīti) のために，この例題 (BG E84) で〈後半の読みを〉「余りの和に商の和を加えたものが[1]三十八になる」と想定して，計算が書かれる．量が yā 1．乗数の和 16 を掛けると yā 16．これを三十で割る．商の和の量がカーラカである，kā 1.[2] これに除数を掛け，kā 30,[3] 被除数，yā 16,[4] から引くと，余りの和が生ずる，yā 16 kā $\dot{30}$．これに商の和であるカーラカを加えた yā 16 kā $\dot{29}$ を三十八と等しくし，クッタカによって得られるヤーヴァッターヴァットとカーラカの値は，

nī 29	rū 6	yā	[5]
nī 16	rū 2	kā	

ここで，商の和と余りの和の和がこれこれであると指摘しているから，付加数はふさわしくない，というので生ずるヤーヴァッターヴァットとカーラカの値は 6, 2．そこで，ヤーヴァッターヴァットの値が量である，6．これに九と七を[6]別々に掛けると，54, 42．三十で割ると，商は 1, 1，余りは 24, 12．ここで，商の和は確かにカーラカの値 (2) であって，乗数の和に関する商 (3) ではない．余りの和 yā 16 kā $\dot{30}$においても，ヤーヴァッターヴァットとカーラカをそれぞれの値で揚立して生ずるのは，元の余りの和 36 そのものであって，除数で切りつめたもの (6) ではない．一方，乗数の和 (16) に関する余りはこの 6 であり，商は 3 である．

T221, 22 またこの同じ例題で[7]，もし商の量をカーラカと想定すれば，前のように生ずる商は kā 1，余りは yā 16 kā $\dot{30}$である．この商は商の和足す一であるというので，商の和から一を引いたとき商の和が生ずる，kā 1 rū $\dot{1}$．また余りも，余りの和を除数で切りつめたものであるというので，余りに除数を加えるとき余りの和が生ずる[8]，yā 16 kā $\dot{30}$ rū 30．次に，商の和と余りの和の
T222, 1 和 yā 16 kā $\dot{26}$ rū 29 を三十八と等しくして，クッタカにより前のように〈得られる〉ヤーヴァッターヴァットとカーラカの値は 6, 3．ここで，実に乗数の和に関する商こそがカーラカと想定されていたので，カーラカの値がまさにその通りに得られた．だからこのようにカーラカを商と想定しても，例題の解 (siddhi) がある．ただし次の違いがある．商の量をカーラカと想定した

---

[1] phalaikyāḍhyam P] phalaikyam T. [2] kā 1 P] 1 T. [3] kā 30 P] ∅ T. [4] yā 16 P] ∅ T. [5] nī 29 rū 6 yā / nī 16 rū 2 kā / P] nī 29 rū 6 yā/ nī 16 rū 2 kā/ T. [6] saptabhiḥ P] ∅ T. [7] athātraivodāharaṇe P] athā traivedāharaṇe T. [8] śeṣamapi śeṣaikyaṃ haratasṭamastīti śeṣaṃ harayuktaṃ sajjātaṃ śeṣaikyaṃ P] śeṣamapi śeṣaikyaṃ T(haplology).

場合，もし商の和と余りの和が変化することが確実なら，そのときだけ商から一を引き，余りに除数を加えるのが正しい．それ以外はそうではない．一方，商の和をカーラカと想定した場合はいかなる検討 (vicāra) もないというので，簡単のために商の和こそがカーラカと想定された．以上，すべてが明白 (avadāta) である．

···Note···

K の例題：E84 の類題（純数量的）．

陳述：$q_1 + q_2 + r_1 + r_2 = 38$（他の陳述は E84 と同じ）．

解 1: s_1 と s_2 を前と同じように設定すると $16s_1 - 29s_2 = 38$ だから，前と同じように（クッタカにより），$s_1 = 29s_3 + 6$, $s_2 = 16s_3 + 2$. ここで $q_1 + q_2 + r_1 + r_2 = 38$ だから，解は $s_3 = 0$ のときだけであり*，$x = s_1 = 6$. このとき $9 \cdot 6 = 54 = 30 \cdot 1 + 24$, $7 \cdot 6 = 42 = 30 \cdot 1 + 12$ だから $q_1 + q_2 = 1 + 1 = 2$, $r_1 + r_2 = 24 + 12 = 36$ であるが，$16 \cdot 6 = 96 = 30 \cdot 3 + 6$ だから，「乗数の和を乗数と想定した場合」の 30 による割り算の商は 3，余りは 6 である．しかしこのことは，この例題の解法には影響しない，という趣旨．

*これは誤り．$s_3 = 1$ のときも成立する．このとき，$x = s_1 = 35$, $9 \cdot 35 = 315 = 30 \cdot 10 + 15$, $7 \cdot 35 = 245 = 30 \cdot 8 + 5$, だから $q_1 + q_2 = 18$, $r_1 + r_2 = 20$. また，$16 \cdot 35 = 560 = 30 \cdot 18 + 20$. したがってこのときは，乗数の和を乗数として 30 で割ったときの商と余りは，それぞれ個別の乗数に対する商の和と余りの和に等しい．

解 2: $16x = 30q_3 + r_3$ $(0 \leq r_3 < 30)$ とし，$q_3 = s_2$ [= kā 1] とすると，$r_3 = 16s_1 - 30s_2$ であるが，〈解 1 の考察から〉，$s_2 = q_3 = q_1 + q_2 + 1$ だから（これは誤り．$q_3 = q_1 + q_2$ の場合もある．上の*参照），$q_1 + q_2 = s_2 - 1$，また $r_3 = r_1 + r_2 - 30$ だから $r_1 + r_2 = 16s_1 - 30s_2 + 30$. したがって $(s_2 - 1) + (16s_1 - 30s_2 + 30) = 38$ だから $s_1 = \frac{29s_2+9}{16}$. クッタカにより $s_1 = 29s_3 + 6$, $s_2 = 16s_3 + 3$. したがって $s_3 = 0$ のとき $x = s_1 = 6$，$q_3 = s_2 = 3$. このように，乗数の和を乗数とした場合の商を s_2 [= kā 1] としても同じ解が得られるが，解 1 のように商の和を s_2 [= kā 1] とするほうが，余りの大きさによる場合分けを「検討 (vicāra)」する必要がないので簡単である，という趣旨．

···

次に，もう一つの例題を，アヌシュトゥブ詩節で述べる．　T222, 8

例題．/E85p0/[1]　A484, 21

> **どんな量に三・七・九を〈別々に〉掛け，三十で割り，その余りの和もまた三十で割ると十一余るか．/E85/**　E85

ここでも，乗数の和が乗数である，rū 19．前 (BG E84) のように量が yā 1，商がカーラカ，kā 1．これを掛けた除数 (30) を乗数を掛けた量から引くと，残りは yā 19 kā $\dot{30}$．これが余りの和であり，三十で切りつめられている．だから，一番目の陳述に二番目の陳述が内在しているから，これ自体を　A484, 23

[1] A はこの導入文を欠く．

十一と等しくして，前のように〈クッタカにより〉生ずる量は nī 30 rū 29 である．/E85p/

···Note···

例題 (BG E85)：条件付き 3 つの割り算（純数量的）．

陳述：$3x = 30q_1 + r_1$, $7x = 30q_2 + r_2$, $9x = 30q_3 + r_3$, $r_1 + r_2 + r_3 = 30q_4 + 11$, $0 \leq r_i < 30$ $(i = 1, 2, 3)$.

解：$x = s_1$ [= yā 1] とすると $r_1 + r_2 + r_3 = 19s_1 - 30(q_1 + q_2 + q_3) = 30q_4 + 11$ だから $19s_1 - 30(q_1 + q_2 + q_3 + q_4) = 11$. そこで $q_1 + q_2 + q_3 + q_4 = s_2$ [= kā 1] とすると $19s_1 - 30s_2 = 11$. s_1 の値は $s_1 = \frac{30s_2+11}{19}$. クッタカにより $s_1 = 29 + 30s_3$, $\langle s_2 = 18 + 19s_3 \rangle$.

···

T222, 11 意味は明瞭である．ここでも乗数の和が乗数である, 19．前のように[1]，量 yā 1 に乗数の和 19 を掛け，yā 19,[2] 三十で割ると，得られる値はカーラカである，kā 1．ここで,「その余りの和もまた三十で割ると」というので，余りの和を除数で切りつめることが必ず行われるので，商の値こそがカーラカと想定される．商の和がカーラカと想定された場合，前の例題 (BG E84) で述べられた道理により，余りの和は元のままであって除数で切りつめたものにはならないだろう．だからこそ先生は,「商がカーラカ」とおっしゃったのである．

T222, 17 さて，商を掛けた除数を被除数から引くと，生ずるのは，述べられた道理によって，三十で切りつめた余りの和である，yā 19 kā 3̇0．だからこのように,「その余りの和もまた三十で割ると」という二番目の陳述は一番目の陳述の中に含まれるから，他ならぬこれを十一と等しくして生ずる量は，nī 30 rū 29.

T222, 21 次に，もう一つの例題を，アヌシュトゥブ詩節で述べる．

A487, 13 **例題．/E86p0/**

E86 **何に二十三を掛け，六十と八十で別々に割ると，その余りの和に百を見るか．クッタカを知る者よ，それをすぐに云いなさい．/E86/**

···Note···

例題 (BG E86)：条件付き 2 つの割り算（純数量的）．

陳述：$23x = 60q_1 + r_1 = 80q_2 + r_2$, $r_1 + r_2 = 100$, $0 \leq r_1 < 60$, $0 \leq r_2 < 80$.

解は BG 69 のあとの自注 (E86p) で与えられる．

···

T223, 1 意味は明瞭である．ここで，量 yā 1 に二十三を掛けると，yā 23.[3] これを六十と八十で別々に割り[4]，カーラカとニーラカを商と想定して，各々商を掛けた除数を被除数から引いて生ずる個々の余りは，yā 23 kā 6̇0，yā 23 nī 8̇0.

[1] 19/ prāgvad] prāgvat 19/ T, prāgvat P. [2] guṇitaḥ yā 19 P] guṇitayā 30 T. [3] yā 23 P] 23 T. [4] bhaktvā P] bhaktā T.

これら二つの和 yā 46 kā $\overset{\bullet}{6}$0 nī $\overset{\bullet}{8}$0 を百に等しくして得られるヤーヴァッターヴァットの揚値は[1] $\boxed{\begin{array}{c} \text{kā 60 nī 80 rū 100} \\ \text{yā 46} \end{array}}$ [2] 被除数と除数を二で共約して生ずるのは $\boxed{\begin{array}{c} \text{kā 30 nī 40 rū 50} \\ \text{yā 23} \end{array}}$ [3] ここで, ヤーヴァッターヴァットの値が分数で得られる, というので, クッタカにより整数が作られる. その場合,「もし被除数に他の色 (pl.) もあれば, その値を任意に想定して, 〈クッタカの演算により, 被除数と除数の色の値が〉得られるべきである」(BG 67ab) と述べられているから, 〈通常であれば〉カーラカとニーラカのどちらか一方の値が任意に想定される. ただしそれはここでは正しくない. なぜなら, ここでのカーラカとニーラカは, 同一の被除数からの, 六十と八十の商だから (すなわち, 独立ではないから). その場合, 六十の商であるカーラカを既知数に想定すれば, 同じそれから四半分を引いたものが否応なく八十の商になるだろう[4], というので, ニーラカの値も既知数になるだろう. 同様に, 八十の商であるニーラカに既知数を想定した場合も, 三量法により, 同じそれに三分の一を加えたものが否応なく[5]六十の商になるだろう, というので, カーラカの値も既知数になるだろう. そうすれば, 余りの和には, 百に適応する計算はない, というので, 例題は解けない.

またもし一方の色の値を任意に想定して, それから三量法により二番目の色の値を既知数として計算する（得る）のではなく, クッタカによりその値を得るならば, そのときはその, 述べられたようなものとは別様に[6]生ずるものも除外される (bādhita) だろう. というのは, 六十の商から四半分を引いたもの以外が八十の商になることも, 八十の商に三分の一を加えたもの以外が六十の商になることもないから.

T223, 16

···Note ··
K はここで, 次の規則 (BG 69) を念頭に置いて, 例題 E86 の特殊性に注意を喚起する. すなわち, $x = s_1$ [$=$ yā 1], $q_1 = s_2$ [$=$ kā 1], $q_2 = s_3$ [$=$ nī 1] とすると $r_1 = 23s_1 - 60s_2$, $r_2 = 23s_1 - 80s_3$ だから $46s_1 - 60s_2 - 80s_3 = 100$. したがって $s_1 = \frac{60s_2 + 80s_3 + 100}{46} = \frac{30s_2 + 40s_3 + 50}{23}$. ここで, 2 つの除数と商の関係は, $60q_1 \approx 80q_2$ だから, 仮に $3s_2 = 4s_3$ とすると, $s_2 = 4$ のとき $s_3 = 3$, $s_1 = \frac{290}{23}$; $s_2 = 8$ のとき $s_3 = 6$, $s_1 = \frac{530}{23}$, などとなり, 整数解は得られない, という趣旨らしい. しかしこの方法でも, $3s_2 = 4s_3$ が厳密に成立する $r_1 = r_2$ のときの解は得られる. 例えば, $s_2 = 72$ のとき$s_3 = 54$, $s_1 = \frac{4370}{23} = 190$ で, $23x = 23s_1 = 4370 = 60 \cdot 71 + 50 = 80 \cdot 54 + 50$, という解を持つ.

後半 (T223, 16) の意図はよくわからない. 三量法で s_2 から s_3（あるいは s_3 から s_2）を決めるのではなく, 例えば $s_3 = 3$ として, $s_1 = \frac{30s_2 + 170}{23}$ をクッタカで解くと, $(s_1, s_2) = (30s_4 + 10, 23s_4 + 2)$ が得られる. ここで, 例えば $s_4 = 6$ のとき,

---

[1] labdhā yāvattāvadunmitiḥ P] labdhayāvattāvanmitiḥ T.　　[2] $\begin{array}{c} \text{kā 60 nī 80 rū 100} \\ \text{yā 46} \end{array}$] kā 60 nī 80　$\begin{array}{c} \text{rū 100} \\ \text{yā 46} \end{array}$ T, $\begin{array}{c} \text{kā 60 nī 80 rū 100} \\ \text{yā 46} \end{array}$ P.　[3] $\begin{array}{c} \text{kā 30 nī 40 rū 50} \\ \text{yā 23} \end{array}$] kā 30 nī 40 rū 50 yā 23/ T, $\begin{array}{c} \text{kā 30 nī 40 rū 50} \\ \text{yā 23} \end{array}$ P.　[4] labdhaṃ balātsyāt P] labdhasya syāt T.　[5] balāt P] ∅ T.　[6] uktavidhādanyathā T] uktavidhānādanyathā（述べられた規則により別様に）P.

$(s_1, s_2) = (190, 140)$ だから，$23x = 23s_1 = 4370 = 60 \cdot 71 + 50 = 80 \cdot 54 + 50$ であるが，$(q_1, q_2) = (71, 54)$ となり，前に仮定した $s_3 = 3$ とクッタカにより得られた $s_2 = 140$ とに矛盾する．

なお「三量法により」(trairāśikena) というのは正確には「逆三量法により」(vyasta-trairāśikena) と云うべきだが，次の BG 69 に対する注でも K は一貫して「三量法」という語を用いている．一方，BG 69 に対する K 注にも見られる「比例」(anupāta) という語は，一般に逆（反）比例も含む．

T223, 20 まさにこのことをアヌシュトゥブ詩節で述べる．

A487, 16 **これに関する規則，一詩節．/69p0/**

69 **ここで，割り算の商として〈クッタカの〉被除数にある，一より大きい〈個数の〉（すなわち二つ以上の）色の値を任意に想定すべきではない．そのように〈すれば，計算が〉逸脱してしまうだろう．/69/**

A487, 19 **だから，別様に試みるべきである．ここで，それぞれの除数より二つの余りが小さくなるように，また不毛ではないように，余りの和を〈二部分に〉分割して計算がなされるべきである．そのように想定された二つの余りは，40, 60．量は yā 1．これに二十三を掛け，六十で割ったときの商をカーラカとし，それを掛けた除数に余りを加えたものをこの yā 23 と等しくして得られるヤーヴァッターヴァットの値は [kā 60 rū 40 / yā 23] 同様にもう一つは [nī 80 rū 60 / yā 23] これら二つを等しくして，クッタカにより得られるカーラカとニーラカの値は，**

pī 4	**rū 3**	**kā**
pī 3	**rū 2**	**nī**

A488, 1 **これら二つで揚立すると，ヤーヴァッターヴァットの値が分数になるだろうというので，クッタカにより生ずる整数は，lo 240 rū 20.**

A488, 2 **あるいは，二つの余り 30, 70．これら二つから，量は lo 240 rū 90. /E86p/**

···Note···

BG E86 の解：バースカラは割り算の余りを具体的に仮定して解く．

解 1：$r_1 = 40$, $r_2 = 60$ と仮定．$x = s_1$ [= yā 1], $q_1 = s_2$ [= kā 1], $q_2 = s_3$ [= nī 1] とすると s_1 の揚値は $s_1 = \frac{60s_2+40}{23}$, $s_1 = \frac{80s_3+60}{23}$．「これら二つを等しくして」整理すると $s_2 = \frac{4s_3+1}{3}$．クッタカで解くと $s_2 = 4s_4 + 3$, $s_3 = 3s_4 + 2$ [s_4 = pī]．これら二つのいずれかで s_1 の揚値を揚立すると $s_1 = \frac{240s_4+220}{23}$．クッタカで解くと $s_1 = 240s_5 + 20$, $s_4 = 23s_5 + 1$ [s_5 = lo]．したがって $x = 240s_5 + 20$.

解 2：$r_1 = 30$, $r_2 = 70$ と仮定すれば，$x = 240s_5 + 90$．〈解 1 と同様に，$s_2 = \frac{4s_3+2}{3}$．クッタカで解くと $s_2 = 4s_4 + 2$, $s_3 = 3s_4 + 1$．これら二つのいずれかで s_1 の揚値を

揚立すると $s_1 = \frac{240s_4+150}{23}$. クッタカで解くと $s_1 = 240s_5 + 90$, $s_4 = 23s_5 + 8$. したがって $x = 240s_5 + 90$.〉

....

これの意味．ここで，被除数にある，割り算の商としての過剰な[1]色の値は任意に想定されるべきではない．「過剰な色の」というのは，クッタカに用いられる色を超えるものの，という意味である．また，それを任意に想定する場合の望まれざることを述べる，「そのように」すれば，計算が「逸脱してしまうだろう」と．これに関する正起次第は既に述べた[2]．だからこのように，〈前に〉述べられたような〈任意数の〉想定によっては例題は解けない，というので，先生は別様に試みられたのである．ここで，それぞれの除数より二つの余りが小さくなる[3]ように，またそれらの和が百になるように，二つの余りを想定すれば，計算は原典で明らかである． T223, 23 T224, 1

（問い）「六十でもしカーラカが〈商として〉得られるなら，八十では何か」という三量法によって八十の商を計算すると，kā $\begin{matrix}3\\4\end{matrix}$.[4] あとの計算は前と同じはずである．というのは，そのようにすれば，被除数に二つの色が生じてそのために二番目の色を任意に想定することから過失が生ずる，というようなことはないから.」 T224, 4

否．というのは，商の比例は正しくないから．比例によって商を得る場合，被除数のある部分に対して六十から生ずる商があるとき，ちょうどそれだけに対して八十から生ずる商は部分を伴っているだろう．そしてそれは正しくない．というのは，余りが提示されるべきとき[5]，部分を伴う商は生じ得ないから．前に，「カーラカの値を既知数と想定する場合，それから比例によって，ニーラカの値もまた既知数として生ずるだろう」(BG E86 に対する K 注）と述べたが，その場合は既知数であるから差は極めて小さくなる，というので，いかなる過失もない．またもし比例により生ずる商が部分を伴わないなら[6]，あなたが述べた道理によっても，例題は解けるだろう．すなわち，量が yā 1. これに二十三を掛けたものから六十によって得られるもの（商）を kā 4 と想定する[7]．これから比例により生ずる八十の商は kā 3. さて，それぞれ，除数を掛けた商を被除数から引いて生ずる二つの余りは T224, 7

yā 23	kā $\overset{\bullet}{240}$
yā 23	kā $\overset{\bullet}{240}$

[8] ここで，被除数のある部分から六十による商があるとき，ちょうどそれだけから

---

[1] K は BG 69 の ekādhika を adhika と読む．ただし，後続の文が示すように，意図するところは同じ．　[2] BG E86 に対する K 注（T223, 16 以下）参照．　[3] bhavato P] ∅ T.　[4] kā $\begin{matrix}3\\4\end{matrix}$ P] kā 3/4 T.　[5] śeṣa uddeśye P] śeṣe uddeśye T.　[6] sāvayavā na syāt P] sāvayavā syāt T.　[7] labdhaṃ kalpitaṃ/ kā 4/ T] labdhikalpitaṃ kā 1/ P.　[8] yā 23 kā $\overset{\bullet}{240}$ (below)] yā 23 kā 240 P, ∅ T. T では枠はなく，1 行目の前後にダンダを置き，さらに 2 行目は 1 行目から完全に分離されて次行の same と te の間に印字されている．このことは，T が基づいた写本またはその親写本では，この 2 行の式表現に枠はなく，2 行目がちょうど次行の same と te の間に書かれてあったことを意味する．その間の文は atrayāvato bhājyakhaṇḍāt ṣaṣṭyā labdhistāvata eva aśītyā'pīti śeṣe same である．これから計算するとその写本の 1 行の文字数は 36 前後になる．これは前に T214, 8 の段落で得た数値 37 とほぼ一致する．T212, 11 の段落では 37 文字，T140, 8 の段落では 43 文字が脱落しているが，これらはおそらく haplology であり，haplology による脱落は必ずしも 1 行分（あるいはその整数倍）とは限らない．ちなみに，P でも 37 文字が脱落しているところがある（T34, 7 の段落）が，T との関連性は不明．

八十によっても，というので，二つの余りは同じそれらである.[1] だから，余りの和を百に等しくして，あるいは余りを五十に等しくして，クッタカにより得られるヤーヴァッターヴァットとカーラカの値は，nī 240 rū 190 yā，nī 23 rū 18 kā.

···Note···

問い：割り算の商が除数に反比例すると考えても解けるのではないか．

Kの答え：$23x-r_1=60q_1$, $23x-r_2=80q_2$ だから，$r_1 \neq r_2$ とすると $60q_1=80q_2'$ すなわち $23x-r_1=80q_2'$ から得られる商 q_2' は一般に「部分を伴う」すなわち分数となるが,「余りが提示されるべきとき，部分を伴う商は生じ得ない」すなわち余りが整数で与えられているということは商も整数のはずだから，これはおかしい．だから反比例を用いるべきではない．自分が前の注で反比例を使ったのは商を既知数と仮定した場合だから問題はない．また商が分数にならないなら，反比例として計算することも可能である．すなわち，$r_1=r_2=50$ として，$x=s_1$ [= yā 1], $q_1=4s_2$ [= kā 4] とすると $q_2=3s_2$．したがって $r_1=r_2=23s_1-240s_2$．そこで $23s_1-240s_2=50$ から $s_1=\frac{240s_2+50}{23}$．クッタカで解くと $s_1=240s_3+190$, $s_2=23s_3+18$ [$s_3=$ nī]．したがって $x=240s_3+190$，という趣旨．

···

T224, 20 次に，もう一つの例題を，アヌシュトゥブ詩節で述べる．

A494, 23 **例題． /E87p0/**

E87 **どんな量に五を掛け十三で割り，その商に量を加えると三十になるか．それをすぐに云いなさい． /E87/**

A494, 26 **ここでは量が yā 1．これに五を掛け，十三で割る．商がカーラカ 1 である．この商に量を加えた yā 1 kā 1 が三十と等しくなる，と述べられた．この計算は根拠がないので，ここには乗数も除数も認められない．だから云われたのである．**

Q10 **計算に根拠 (ādhāra) がない，あるいはあっても不確実 (aniyata) な場合，それを採用するべきではない．どうしてそれがうまくいくだろうか． /Q10/[2]**

A495, 1 **だからここで別様に試みるべきである．ここでは除数に等しい量を想定すると 13．量と商の和であるこの 18 によってもし商がこの 5 なら，三十によっては何〈が商〉か，というので得られる商は $\frac{25}{3}$．これを三十から引けば，余りが量になる，$\frac{65}{3}$． /E87p/**

···Note···

例題 (BG E87)：条件付き割り算．

陳述：$5x=13q+r$ $(0 \leq r < 13)$, $x+q=30$.

---

[1] śeṣe same te eva bhavataḥ] śeṣe same yā 23 kā 240/ te eva bhavataḥ T, śeṣe same eva bhavataḥ P. [2] 典拠未詳．K はこの詩節に触れない．

解：「乗数も除数も認められない」(E87p) とはクッタカが適用できないということとらしい．従ってバースカラがここで「根拠がない」と考える計算はクッタカであろう．(次の K 注は，提示された乗数と除数に合う計算はない，という意味に解釈する.) そこで彼は $r=0$ と仮定し，量と商を整数に限定せずに任意数算法を用いる (典拠未詳の詩節 Q10 の後)．すなわち，$r=0$ のとき，$x=13$ と仮定すると $q=5$．従って「$x+q=13+5=18$ のとき $q=5$ なら $x+q=30$ のとき q は何か」という三量法から，$q=5\times 30/18=25/3$．従って $x=30-25/3=65/3$．

以上がバースカラの解であるが，$5x=390-13x+r$ だから，$x=\frac{r+390}{18}$ $(0\le r<13)$ にクッタカを適用すれば，$(x,r)=(22,6)$ が得られる．

....

意味は明瞭である．ここでは量を未知数に想定し，それに対して提示者の陳述が実行された場合，提示された[1]乗数と除数に適合するような[2]いかなる計算もない，というので，例題は解けない．だから先生は[3]他ならぬ任意数算法 (iṣṭakarman) によって，量を計算なさったのである: $\genfrac{}{}{0pt}{}{65}{3}$.　T224, 23

次に，アヌシュトゥブの一詩節半で述べられた先人の例題をお示しになる．　T224, 25

次に，先人の例題．/E88p0/　A496, 21

> **六・八・百〈パナ〉を持つ者たちが，同一の値段（買い率）で果実[4]を買い，〈同一の値段（売り率）で〉売り，さらに残りの一つ一つを五パナで〈売って〉，等しいパナを持つことになった．それらの売り率はいくらか．また買い率はいくらか．/E88/**　E88

[5]ここでは，買い率が yā 1．売り率は任意に十大きい百 110 とする．買い率に六を掛け，売り率で割った商がカーラカ $\dot{1}$ である．商を掛けた除数を六を掛けた量から引くと，生ずるのは yā 6 kā $\dot{110}$．これに五を掛け，商を加えると最初の人のパナ数 yā 30 kā $\dot{549}$ が生ずる．同様に，二番目と三番目のパナ数も得られる．その場合，商は比例による．もし六にカーラカ一つなら，八と百には何か，というので，商は，八に対して kā $\genfrac{}{}{0pt}{}{4}{3}$ ，百に対して $\genfrac{}{}{0pt}{}{50}{3}$ ．商を掛けた除数を被除数から引き，残りを五倍し，商を加えると二番目のパナ数が生ずる，yā $\genfrac{}{}{0pt}{}{120}{3}$ kā $\genfrac{}{}{0pt}{}{\dot{2196}}{3}$ ．同様に，三番目のは，yā $\genfrac{}{}{0pt}{}{1500}{3}$ kā $\genfrac{}{}{0pt}{}{\dot{27450}}{3}$ ．これらはすべて等しいというので，等分母化し，分母を払うと，一番目と二番目の翼，二番目と三番目，一番目と三番目〈の翼〉の等式により，得られるヤーヴァッターヴァットの揚値は等しく $\boxed{\genfrac{}{}{0pt}{}{\text{kā } 549}{\text{yā } 30}}$ ここでクッタカから得られるヤーヴァッターヴァットの値は nī 549 rū 0．ニーラカを一で揚立すると，買い率 549 が生ずる．〈このとき三人には〉等しい財産がある．/E88p1/　M98, 1 / M99, 1

---

[1] kṛta uddiṣṭa P] kṛte uddiṣṭa T.　[2] anurodhinī P] anurodhini T.　[3] ityata ācāryair T] ityatrā"cāryair P.　[4] phalāni. 注釈者 K は dalāni (葉) という読みに言及．　[5] A 本は E88p1-p3 を欠くのでこの部分は M 本を底本とする．詳しくは Hayashi 2009, 85 参照．

M99, 4 **これは，根拠（条件）の不確実な計算に関して先人たちが例示し，〈私が〉どうにか等式を作って導いた（解いた）ものである．ここでは，この根拠の不確実なもの（計算）に関してであっても根拠が確実な計算のごとく結果が得られるように想定が行われた．また，このような想定からの計算が簡略化のために逸脱する場合は，理知ある者たちは理知によってとりまとめるべきである．だから云われたのである，**

Q11 **陳述，汚れのない理知，未知数の想定，等式，それに三量法が，**
ビージャ（種子数学）ではあらゆるところで計算の根拠 (hetu)
になるだろう．/Q11/[1]

/E88p2/

M99, 11 **以上，バースカラの『ビージャガニタ』における多色等式は完結した．(9 章奥書) /E88p3/**

···Note···

例題 (BG E88)：果実の売買．それぞれ所持金 a_1, a_2, a_3 パナを持つ三人の果物商が同じ果物をある買い率（x 個/パナ）で買ったあと，それらをパナ単位のある売り率（y 個/パナ）で売れるだけ売って，残りを 1 個 b パナで売ったら，同額の財産を得た．

陳述：$a_1x = yq_1 + r_1$, $a_2x = yq_2 + r_2$, $a_3x = yq_3 + r_3$ $(0 \leq r_i < y)$, $q_1 + br_1 = q_2 + br_2 = q_3 + br_3$, $a_1 = 6$, $a_2 = 8$, $a_3 = 100$, $b = 5$.

解：$x = s_1$ [= yā 1], $q_1 = s_2$ [= kā 1] とし，$y = 110$ と仮定すれば，$r_1 = 6s_1 - 110s_2$ だから，$q_1 + 5r_1 = 30s_1 - 549s_2$．他の商，$q_2$, q_3 は三量法で求める．すなわち，$q_2 = \mathrm{TR}\,[6, s_2, 8] = \frac{4}{3}s_2$, $q_3 = \mathrm{TR}\,[6, s_2, 100] = \frac{50}{3}s_2$．したがって，$q_2 + 5r_2 = \frac{120}{3}s_1 - \frac{2196}{3}s_2$, $q_3 + 5r_3 = \frac{1500}{3}s_1 - \frac{27450}{3}s_2$．そこで，$q_1 + 5r_1 = q_2 + 5r_2$ から，$\langle 30s_1 - 549s_2 = \frac{120}{3}s_1 - \frac{2196}{3}s_2$，すなわち $\rangle s_1 = \frac{549s_2}{30}$．他の二つの等式，$q_2 + 5r_2 = q_3 + 5r_3$ および $q_1 + 5r_1 = q_3 + 5r_3$ からも同じ s_1 の揚値が得られる．これをクッタカで解いて，$s_1 = 549s_3 + 0$, $s_2 = 30s_3 + 0$ [s_3 = nī]．したがって，$s_3 = 1$ のとき $x = s_1 = 549$, という趣旨．(以上 E88p1) ただしこのとき，$s_2 = 30$ だから，$q_1 + 5r_1 = 30s_1 - 549s_2 = 0$，つまり三人の財産は等しくゼロになる．E88p2 の「根拠の不確実なもの」という表現は，おそらくこのことと関係がある．Hayashi 2009, 151-53 参照.

···

T225, 4 これの意味．六と八と百を財産として持つ者たちが〈bahuvrīhi 複合語として〉ṣaḍaṣṭaśatāḥ となる．「arśas 等の〈名詞語幹の〉後に〈taddhita 接辞 matup の意味で，taddhita 接辞〉ac〈が付く〉」[2] というので，〈このṣaḍaṣṭaśatāḥ には〉matu（所有）の意味を持つ ac 接尾辞（母音接辞）がある．彼らこそが〈詩節冒頭の〉ṣaḍaṣṭaśatakāḥ (六・八・百〈パナ〉を持つ者たち) であるが，ここには，自分の意味での（意味が変わらない）kan 接尾辞（実際は ka）があ

[1] 典拠未詳．K はこの詩節に触れない．　[2] arśa ādibhyo 'c/ *Aṣṭādhyāyī* 5.2.127.

る.[1] 財産は[2]ここではパナである.「等しいパナを持つことになった[3]」という言葉があるから．そのような果物屋たちが同一の値段（買い率）で，それぞれの財産に比例して，果物を買い，それらを同一の，いくらかの値段（売り率）で売って，残っている，パナあたりの売り数より少ないものを，たまたま〈運んだ〉道が長いので[4]，また果物が少ないので，一つ一つを五パナで[5]売ったら,「等しいパナを持つ」(samapaṇāḥ: samāḥ paṇā yeṣāṃ te) ようになった．そうだとすると，彼ら果物屋たちの買い率 (kraya)：パナで得られる果物の数，と売り率 (vikraya)：パナで与えられる果物の数，はいくらか，という問題である．〈「果実を」(phalāni) の代わりに〉「葉を」(dalāni) という読みの場合は，ターンブーラ蔓（キンマ）の葉，または芭蕉等の葉[6]であると知るべきである．

さて，この例題の計算は，まず原典にあるものが〈以下に〉書かれる． T225, 13

> ここでは買い率が yā 1．売り率は任意に十大きい百[7]110 とする．買い率に六を掛け，売り率で割った商が[8]カーラカである, kā 1．商を掛けた除数を六を掛けた量から引くと，余りは yā 6 kā $\dot{110}$．これに五を掛け，商を加えると最初の人のパナ数 yā 30 kā $\dot{549}$ が生ずる．同様に，二番目と三番目のパナ数も得られる．その場合，商は比例による．もし六にカーラカ一つなら，八と[9]百には何か，というので，商は，八に対して kā $\genfrac{}{}{0pt}{}{4}{3}$，百に対して $\genfrac{}{}{0pt}{}{50}{3}$．商を掛けた除数を被除数から引き，それから[10]前のように二番目のパナ数が生ずる，yā $\genfrac{}{}{0pt}{}{120}{3}$ kā $\genfrac{}{}{0pt}{}{\dot{2196}}{3}$.[11] 同様に，三番目のパナ数は，yā $\genfrac{}{}{0pt}{}{1500}{3}$ kā $\genfrac{}{}{0pt}{}{\dot{27450}}{3}$.[12] これらはすべて等しいというので，
> 等分母化し，分母を払うと，一番目と二番目の翼，二番目と三番 G 427, 1
> 目，および一番目と三番目〈の翼〉の等式により，得られるヤー
> ヴァッターヴァットの揚値は等しく $\boxed{\genfrac{}{}{0pt}{}{\text{kā } 549}{\text{yā } 30}}$ ここでクッタカから T226, 1
> 得られるヤーヴァッターヴァットの値は nī 549 rū 0.[13] ニーラカを一で揚立すると，買い率[14]549 が生ずる．(BG E88p1)

次に，これに関して若干検討する． T226, 2

（問い）「ここでは，六を掛けた買い率を売り率で割ってもしカーラカが得 T226, 3
られるなら，八を掛けた場合と百を掛けた場合は何か，という三量法によって，先生は商をお求めになった．そこで問われるのは，六を掛けた買い率に対してここで想定された商は，余りを伴わないものか，伴うものか，ということである．最初の場合，余りがないから,「残りの一つ一つを五パナで〈売っ

---

1 ṣaḍ-aṣṭa-śata ＋ ac (所有の意味を付加) ＋ kan (元の意味のまま) ＞ ṣaḍaṣṭaśataka.
2 dhanaṃ P] dhana T.　3 jātāḥ P] jātā T.　4 pānthabāhulyena P] vā tha bāhulyena T.　5 paṃcabhiḥ T] pañcabhiḥ pañcacbhiḥ P.　6 kadalyādiparṇāni T] kadalyadi parṇāni T.　7 śataṃ P] ca śataṃ T.　8 labdhiḥ T] labdhaṃ P.　9 ca P] ∅ T.
10 tataḥ P] ∅ T.　11 yā $\genfrac{}{}{0pt}{}{120}{3}$ kā $\genfrac{}{}{0pt}{}{\dot{2196}}{3}$ T] yā 120 kā $\genfrac{}{}{0pt}{}{\dot{2196}}{3}$ P.　12 yā $\genfrac{}{}{0pt}{}{1500}{3}$ kā $\genfrac{}{}{0pt}{}{\dot{27450}}{3}$] yā $\genfrac{}{}{0pt}{}{1500}{30}$ kā $\genfrac{}{}{0pt}{}{\dot{27450}}{3}$ T, yā 1500 kā $\genfrac{}{}{0pt}{}{\dot{27450}}{3}$ P.　13 nī 549 rū 0 T] nī $\genfrac{}{}{0pt}{}{549}{22}$ rū 0 P.　14 krayaḥ P] krayāḥ T.

て〉」という陳述と矛盾する．一方，二番目の場合は，そのような商から，比例により他の乗数に対する商を求めることは正しくない．というのは，他の乗数に対する商には，余りから生ずる[1]商に等しい差が生ずるだろう，というので，逸脱が生ずるだろう．それは次の通りである．被除数と除数[2]，$\begin{matrix}15\\13\end{matrix}$．ここで六を掛けた被除数 90 からの商は[3]この 6，余りはこの 12．また，六を掛けた被除数からの商がもしこの 6 なら，八を掛けたものからと百を掛けたものからは何か，という三量法によって，八[4]を掛けた被除数と百を掛けた被除数に対する商が順に 8, 100 となる．そしてこれら二つは正しくない．というのは，八を掛けた被除数であるこの 120，および百を掛けた被除数であるこの 1500 から，商は順に 9, 115 となるから．だから商の比例は正しくない.」

···Note···

問いは，ここでバースカラが，q_2, q_3 を三量法で求めていることを，反例をあげて批判する．例えば，$x = 15$, $y = 13$ のとき，$15 \times 6 = 90 = 13 \times 6 + 12$ だから $q_1 = 6$ である．そこで三量法で他の商を求めると，$q_2 = \mathrm{TR}\,[6, 6, 8] = 8$, $q_3 = \mathrm{TR}\,[6, 6, 100] = 100$ である．しかし実際は $15 \times 8 = 120 = 13 \times 9 + 3$, $15 \times 100 = 15000 = 13 \times 115 + 5$ であり，商はそれぞれ 9, 115 である．だから他の商を三量法で求めるのは正しくない，という趣旨.

···

T226, 14 単独の被除数を除数で割った場合，その余りを掛けた乗数より除数が大きければ余りから生まれる[5]商は存在しない．だとすれば[6]，逸脱はどこにあるというのか．実際[7]，単独の被除数には，二つの部分がある．除数で割られるだけが一つ，余りに等しいのがもう一つである．そこで，最初の部分だけを除数で割るときれいになる（割り切れる）というので，乗数を掛けたそれは[8]もちろん割り切れる．一方，その商は，単独の被除数の商に乗数を掛けたものになる[9]だろう．だからその場合，比例は正しい．また二番目の部分に乗数を[10]掛けると乗数を掛けた余りに等しくなるだろう．それよりもし除数が大きいなら，二番目の部分から生まれる商がどうしてあり得るだろうか．だから，前に比例で得られた商こそが，〈乗数を〉掛けられた被除数から生ずるもの（商）となるだろう．同様に，単独の被除数を除数で割った場合，もし余りがルーパなら，〈乗数を〉掛けられた被除数の二番目の部分は乗数に等しくなるだろう，というので，除数が乗数より大きい場合，余りから生まれる商は存在しないから，商の比例はまったく正しい．だからこそ先生は，乗数
T227, 1 より大きい任意の売り率，110 を想定なさったのである．一方[11]，もし乗数より小さい任意の売り率が想定されるなら，比例から生まれる商には，あなたが述べた道理によって，逸脱が生ずるだろう．しかし本件の場合はそうではない，というので，いかなる過失もない．

---

[1] śeṣottha P] śeṣaikya T. [2] bhājyabhājakau P] bhājyabhājako T. [3] bhājyā 60 llabdhir P] bhājyā 60 labdhir T. [4] jāte aṣṭa P] jāteṣṭa T. [5] śeṣotthā P] śeṣoththā T(以下同様). [6] tathā sati P] iti tathā sati T. [7] tathā hi/ P] ∅ T. [8] tat T] sat P. [9] satī P] ∅ T. [10] guṇakena P] guṇakena ca T. [11] tu T] ∅ P.

···Note···

K の答え：$x = yq + r\ (0 \leq r < y)$ のとき $ax = y(aq) + ar$ だから，$ar < y$ なら商は aq であり，$\mathrm{TR}\,[1, q, a] = aq$ と同じ．また，$r = 1$ のときは，$a < y$ なら問題なし．自注の解は，除数を $y = 110$ と十分大きく設定している．だからバースカラ先生に過失はない．

···

（問い）「そのように〈考えるべき〉ではない．たとえあなたが述べた道理 T227, 3
によって商に逸脱がないとしても，商が小さくなるような[1]乗数に対しては余りも小さくなり，商が大きくなるようなもの（乗数）に対しては余りも大きくなるだろう，というので，〈乗数が異なれば〉パナが等しくなることはどうやってもないだろう．だからこのように，先生によって検討された道は論理的[2]ではないように見える.」

···Note···

問い：$a_1x = yq_1 + r_1$, $a_2x = yq_2 + r_2\ (0 \leq r_i < y)$ で $q_i = a_iq$, $r_i = a_ir$ とするなら，商も余りも乗数に比例するから，$a_1 = a_2$ のとき以外，$q_1 + 5r_1 = q_2 + 5r_2$ などの関係は成り立たないだろう．だからバースカラ先生の議論は論理的ではない．

···

その点に関して述べられる．まず，余りを伴う商は二種類ある．すなわち， T227, 8
正数の余りを持つものと負数の余りを持つものである．余りもまた正数と負数の二種類ある．その場合，被除数が除数より小さいもので減じられているとき除数で割り切れるなら，それは正数の余りである．その場合の商は正数の余りを持つものである．また[3]，被除数が除数より小さいものを足されているとき[4]除数で割り切れるなら，それは負数の余りである．その場合の商は負数の余りを持つものである．ここで，引かれた被除数と足された被除数の差は余りの[5]和に等しくなるだろう．そしてそれは除数に等しい．そうでなければ，二つとも除数で割ってきれいになる（割り切れる）ことがどうしてあろうか．たとえ二等[6]を掛けた除数に差が等しいときも両方とも[7]割り切れるとしても，ここではそうはならない．というのは，ここでは差が余りの和に等しいから．そうすれば，除数より小さい二つの余りの和が二等を掛けた除数にどうして等しくなるだろうか．したがって，引かれた被除数と足された被除数には除数に等しい差が[8]ある，というので，その二つの商の[9]差はルーパになるだろう．その場合，引かれた被除数から生まれる[10]商は正数の余りを持ち，他方は負数の余りを持つ．だから，正数の余りを持つ商に一加えると，負数の余りを持つ商になるだろう．あるいは後者から一を引くと[11]，正数を余りに持つ商になるだろう．同様に正数と負数の余りの和は除数に等しいというので，正数の余りを除数から引くと負数の余りになり，後者を除数から

1 syāt P] ∅ T.　2 tarkasaha T] tarkasahakṛta P.　3 atha P] atra T.　4 sahitaḥ sanbhājyo P] sahitaḥ sadbhājye T.　5 śeṣa P] śeṣaṃ T.　6 dvyādi P] dvayādi T(以下同様).　7 antara ubhayoḥ P] antare ubhayoḥ T.　8 bhājyayorharatulyamantaraṃ P] bhājyatulyayorharatulyaṃ T.　9 labdhyo rūpam P] labdhyoḥ rūpam T.　10 jā P] ja T.　11 nirekā satī P] nirekā sati T.

引くと正数の余りになるだろう．

T227, 21 納得のために，数字によっても[1]書かれる．⟨例えば⟩被除数と除数 $\left|\begin{matrix}29\\13\end{matrix}\right|$[2] この被除数から三を引いた 26 は除数で割り切れるというので，正数の余りがこの 3，正数の余りを持つ商が[3]2．またこの同じ被除数 29 に十を足した 39 は除数で割り切れるというので，負数の余りがこの $\dot{10}$,[4] 負数の余りを持つ商が[5] 3．このすべては述べられた通りである．どこでも同じである．以上，このような決まり (sthiti) がある．

T228, 1 さて本題に戻って，単独の被除数がルーパに等しい正数の余りを持つとき[6]，⟨乗数を⟩掛けられた被除数は乗数に等しい正数の余りを持つ，というので，乗数より除数が大きい場合，余りから生まれる商がないから，この場合，商の比例は正しい．それと同じように，単独の被除数がルーパに等しい負数の余りを持つとき[7]，⟨乗数を⟩掛けられた被除数は乗数に等しい負数の余りを持つだろう，というので，乗数より除数が大きい場合，余りから生まれる商がないから，この場合も，商の比例は正しい．ここでは余り (pl.) が負数であるというので，正数にするために，それらを除数から引くべきである．そうすれば，乗数を引いた除数が余りになるだろう，というので，商が大きくなるような乗数の余りは小さく，[8]商が小さくなるようなもの（乗数）の余りは大きくなるだろう，というのでパナは等しくなるだろう．だから，先生が[9]負数の余りを持つ商をカーラカと想定したことに，いかなる過失もない．だからこそ，カーラカの値は，一を加えた商に等しく顕現する．

···Note ···

K の答え：一般に，$x-r=yq$, $x+r'=yq'$ $(0\leq r,\ r'<y)$ とするとき，$yq'-yq=(x+r')-(x-r)=r+r'<2y$ であるが，これは y で割り切れるので，$yq'-yq=y$，すなわち $q'-q=1$．したがって，$q'=q+1$, $q=q'-1$．また，$r+r'=y$ から，$r'=y-r$, $r=y-r'$．例えば，$x=29$, $y=13$ のとき，$29-3=13\times 2$, $29+10=13\times 3$ だから，$q=2$, $r=3$, $q'=3$, $r'=10$ であり，$r+r'=13=y$, $q'-q=1$.

さて，$x=yq+1$ のとき $ax=y(aq)+a$ だから，$a<y$ なら商は aq であり，乗数 (a) に比例する．また，$x=yq'-1$ のとき $ax=y(aq')-a$ だから，$a<y$ なら商は aq' であり，やはり乗数に比例する．ただしこれは負数の余りを持つので，正数の余りにするためには，$ax=y(aq'-1)+(y-a)$ とする ($0<a<y$ だから $0<y-a<y$)．このとき，商が大きいなら余りは小さくなり，商が小さいなら余りは大きくなるので，「等しいパナを持つ」という条件が成り立つ．だから，バースカラ先生は負数の余りを持つ商を kālaka (s_2) と想定したのであり，過失はない．ただしその kālaka の値は商より 1 大きい．

···

[1] aṅkato 'pi P] aṃgato 'pi T. [2] $\begin{matrix}29/\\13\end{matrix}$ P] 29/ 13/ T. [3] dhanaśeṣā labdhiśca] dhanaśeṣā/ labdhiśca T, dhanaśeṣāllabdhiśca P. [4] śeṣamṛṇamidaṃ $\dot{10}$ T] ṛṇaśeṣamidaṃ 10 P. [5] ṛṇaśeṣā labdhiśca] ṛṇaśeṣā/ labdhiśca T, ṛṇaśeṣāllabdhiśca P. [6] rūpamite dhanaśeṣe sati P] guṇatulyaṃ dhanaśeṣaṃ sati T. [7] rūpamita ṛṇaśeṣe sati P] ∅ T. [8] yasya T] yasya ca P. [9] ata ācāryair P] atha evācāryaiḥ T.

（問い）「それなら，負数の余りを持つ商たちから一を引いたものが正数の〈余りを持つ〉商になるだろうというので，比例から生まれる商たちから一を引いて計算するのが正しい．しかし[1]先生はそうなさらなかったのだから，どうして過失が生じないだろうか.」 T228, 10

· · ·Note ·

問い：それなら，比例で得られた商から 1 を引くべきではないか．

· ·

否，〈過失は生じない〉．そのようにしても翼は等しくなる，というので，結果的に過失はないから．というのは，そのようにする場合は翼 (pl.) に等しいルーパ (pl.) が加わるだろうが，一方，しない場合は〈翼 (pl.) に〉ルーパが存在しない，というので，先生がお作りになった翼 (pl.) は，等しいルーパ (pl.) だけ小さくなる，というので，それら（翼）は等しさを捨てることはない，ということである． T228, 12

· · ·Note ·

K の答え：バースカラ先生の等式は，各翼に等しくルーパが加わった状態だから，等しさは失われていない．だから結果的に過失はない．

· ·

（問い）「ここでは，ヤーヴァッターヴァットの揚値はこの $\begin{array}{|c|}\text{kā } 549 \\ \text{yā } 30\end{array}$ である．ここで，被除数と除数を三で共約することが可能である．そしてそれ（共約）は,「被除数，除数，付数を共約して」(BG 26a) というので，クッタカのために不可欠である．それなのにどうして，共約した場合は正しくない値が得られ，共約しない場合には正しいのか.」 T228, 15

· · ·Note ·

問い：$s_1 = \frac{549 s_2}{30}$ をクッタカで解くとき共約しなくていいのか．

· ·

では聞きなさい．実にここ（クッタカ）では余り（付数）は必然である（つまり，この場合もゼロという付数がある）．しかし，〈付数がゼロのとき被除数と除数を〉共約すれば，余り（ゼロ）が共約されたことになるだろう，というので，提示されたもの（問題）は解けない．そのことは先生によって『天球』の「問題の章」で述べられている． T228, 18

> 〈天文学の〉クッタカで提示されたもの（問題）は共約を伴わない〈こともある〉とクッタカ通たちは知るべきである．そうでなければ，場合によっては逸脱が，場合によっては不毛性が生じてしまうだろう．/GA, pr 24/

· · ·Note ·

K の答え：共約すると解けない問題もある．KU $(549, 30, 0)\,[y, x]$ を 3 で共約して KU $(183, 10, 0)\,[y, x]$ とすると，付数 0 も共約されたことになる $(0/3 = 0)$ が，これ

[1] tu P] tuṃ T.

は，バースカラが GA, pr 24 で述べていることに反する，という趣旨と思われるが，pr 24 の趣旨と異なる．Bapu Deva（Wilkinson 1861, 241, pr 24, fn.）は「共約を伴わない」ケースとして，被除数と除数の共約数で付数が割れなくても付数が十分小さいときは，被除数と除数のみを共約し，付数はそのままとする場合に言及している．その具体例：KU $(1593300000, 1555200000000, -6)\,[y,x]$ は被除数と除数のみを 300000 で共約して，KU $(5311, 5184000, -6)\,[y,x]$ とし，これを解いて $(y,x) = (847, 826746)$. これはもちろん初めの式の近似解である．

………………………………………………………………………………

T228, 24 次に，共約等に関して疑問が生じないように，正起次第とともに〈解法が
以下に〉書かれる．買い率を[1] yā 1，売り率を任意に 110 とする．単独の買
T229, 1 い率を売り率で割ったときの負数の余りを持つ商がこの kā 1 である．一を掛
けた買い率に対してもしこの商なら，六等を掛けたものに対しては何か，という三量法により，それぞれ六・八・百を掛けた買い率に対する商が生ずる．

kā 6,　kā 8,　kā 100.

これらから一を引くと，正数の余りを持つ商になる：

kā 6 rū $\dot{1}$,　kā 8 rū $\dot{1}$,　kā 100 rū $\dot{1}$.

また，元の商を掛けた除数を[2]，〈乗数を〉掛けた被除数から引くと，正数の余りが生ずる．

yā 6	kā $\dot{660}$	rū 110
yā 8	kā $\dot{880}$	rū 110
yā 100	kā $\dot{11000}$	rū 110

さて，一つの果物に対してもし五パナなら，余りで量られた果物はいくらか，というので生ずるそれぞれの残りの果物のパナは，

yā 30	kā $\dot{3300}$	rū 550
yā 40	kā $\dot{4400}$	rū 550
yā 500	kā $\dot{55000}$	rū 550

これらにそれぞれの[3]パナを加えて生ずるのは，

yā 30	kā $\dot{3294}$	rū 549
yā 40	kā $\dot{4392}$	rū 549
yā 500	kā $\dot{54900}$	rū 549

[4]

これらは等しいというので，一番目と二番目，二番目と三番目，一番目と三番目の等清算を行い，可能なら共約も行えば，ヤーヴァッターヴァットの揚値が等しく生ずる [kā 549 / yā 5] これからクッタカにより生ずるヤーヴァッター

[1] krayaḥ P] yaḥ T.　[2] haraṃ P] hara T.　[3] svasva T] svasvalabdha P.　[4] 500 P] 400 T.

ヴァットとカーラカの値は,

nī 549	rū 0	yā
nī 5	rū 0	kā

商の中のカーラカを自分の値で揚立すると，商は,

nī 30	rū $\dot{1}$
nī 40	rū $\dot{1}$
nī 500	rū $\dot{1}$

ここで，ニーラカを一だけで揚立すべきである．でなければ，買い率を売り率で割った場合，負数の余りは一より大きくなるだろう，というので，余りから生ずる商があり得るので，商が逸脱するから，値は正しくないだろう．

···Note···

例題 (BG E88) の K による解：$s_1 = 110s_2 - r$ [s_1 = yā, s_2 = kā] とすると，三量法により $6s_1 = 110(6s_2) - 6r$, $8s_1 = 110(8s_2) - 8r$, $100s_1 = 110(100s_2) - 100r$. 余りを正数にすると $6s_1 = 110(6s_2 - 1) + (110 - 6r)$, $8s_1 = 110(8s_2 - 1) + (110 - 8r)$, $100s_1 = 110(100s_2 - 1) + (110 - 100r)$. したがって，$q_1 = 6s_2 - 1$, $q_2 = 8s_2 - 1$, $q_3 = 100s_2 - 1$. また，$r_1 = 6s_1 - 110(6s_2 - 1) = 6s_1 - 660s_2 + 110$, $r_2 = 8s_1 - 110(8s_2 - 1) = 8s_1 - 880s_2 + 110$, $r_3 = 100s_1 - 110(100s_2 - 1) = 100s_1 - 11000s_2 + 110$. 残った果物の値は，$5r_1 = 30s_1 - 3300s_2 + 550$, $5r_2 = 40s_1 - 4400s_2 + 550$, $5r_3 = 500s_1 - 55000s_2 + 550$. したがって，$q_1 + 5r_1 = 30s_1 - 3294s_2 + 549$, $q_2 + 5r_2 = 40s_1 - 4392s_2 + 549$, $q_3 + 5r_3 = 500s_1 - 54900s_2 + 549$. これらを等しいとみなせば，いずれのペアからも同じヤーヴァッターヴァットの揚値，$s_1 = \frac{549s_2}{5}$，が得られる．これをクッタカで解くと，$s_1 = 549s_3 + 0$, $s_2 = 5s_3 + 0$ [s_3 = nī]. この s_2 で商の s_2 を揚立すると，$q_1 = 6s_2 - 1 = 30s_3 - 1$, $q_2 = 8s_2 - 1 = 40s_3 - 1$, $q_3 = 100s_2 - 1 = 500s_3 - 1$. そこで $s_3 = 1$ のとき，$s_1 = 549$, $s_2 = 5$, $q_1 = 29$, $q_2 = 39$, $q_3 = 499$, $r_1 = 104$, $r_2 = 102$, $r_3 = 10$. 解はこのケースだけである．なぜなら，$r = 110s_2 - s_1 = 550s_3 - 549s_3 = s_3$ だから，$s_3 > 1$ のとき $r > 1$ となり，$r_3 = 110 - 100r < 0$ となって，q_3 の値が変わってくるから，という趣旨．このとき三人の財産はそれぞれ 549 になる．

··

「六・八・十〈パナ〉を持つ者たちが」という読みの場合[1]，ニーラカの値 T229, 14
は十まであり得る．というのは，その場合，買い率を，想定された売り率で割った場合，十までの負数の余りが生ずるだろう．そうすれば，乗数を掛けた余りより[2]除数は当然大きくなる，というので，余りから生まれる商が存在しないので，逸脱はないから．同様に,「六・八・百〈パナ〉を持つ者たちが」という読みの場合も，もし二等を掛けた百よりも大きい[3]売り率を想定すれば， T230, 1
その場合も二等のニーラカの値が生じ得る．

[1] pāṭhe tu P] pāṭetu T.　[2] guṇaghnaśeṣād P] guṇaghne śeṣād T.　[3] guṇācchatādadhiko T] guṇācchatādhiko P.

···Note···

例題 (BG E88) の陳述で「百」が「十」だった場合の K による解：前と同様に $6s_1 = 110(6s_2) - 6r$, $8s_1 = 110(8s_2) - 8r$, $10s_1 = 110(10s_2) - 10r$. 余りを正数にすると $6s_1 = 110(6s_2 - 1) + (110 - 6r)$, $8s_1 = 110(8s_2 - 1) + (110 - 8r)$, $10s_1 = 110(10s_2 - 1) + (110 - 10r)$. したがって，$q_1 = 6s_2 - 1$, $q_2 = 8s_2 - 1$, $q_3 = 10s_2 - 1$. また，$r_1 = 6s_1 - 110(6s_2 - 1) = 6s_1 - 660s_2 + 110$, $r_2 = 8s_1 - 110(8s_2 - 1) = 8s_1 - 880s_2 + 110$, $r_3 = 10s_1 - 110(10s_2 - 1) = 10s_1 - 1100s_2 + 110$. 残った果物の値は，$5r_1 = 30s_1 - 3300s_2 + 550$, $5r_2 = 40s_1 - 4400s_2 + 550$, $5r_3 = 50s_1 - 5500s_2 + 550$. したがって，$q_1 + 5r_1 = 30s_1 - 3294s_2 + 549$, $q_2 + 5r_2 = 40s_1 - 4392s_2 + 549$, $q_3 + 5r_3 = 50s_1 - 5490s_2 + 549$. これらを等しいとみなせば，いずれのペアからも前と同じヤーヴァッターヴァットの揚値，$s_1 = \frac{549s_2}{5}$，が得られる．これをクッタカで解くと，$s_1 = 549s_3 + 0$, $s_2 = 5s_3 + 0$ [s_3 = nī]. したがって，$q_1 = 6s_2 - 1 = 30s_3 - 1$, $q_2 = 8s_2 - 1 = 40s_3 - 1$, $q_3 = 10s_2 - 1 = 50s_3 - 1$. ここでも $r = s_3$ だから，$s_3 = 1, 2, ..., 10$ のとき $r_3 = 110 - 10r > 0$ となって，解が得られる.「百」のときも，$100n < y$ となる y を仮定すれば，$s_3 = n$ までの解が得られる，という趣旨.

···

T230, 2　次に，別様に解かれる．ここでは大きい（最大の）乗数百に一を掛けたものより売り率が大きい，というので，単独の買い率に対してはルーパだけが負数の余りとなり得るのであり，他ではない．実際，余りが二等のとき，乗数を掛けたこれより除数が小さい，というので，余りから生まれる商が存在するので，逸脱があるだろう．だから，単独の買い率の負数の余り $\dot{1}$ が既知数として生ずる．これに乗数を掛けると，それぞれ[1]乗数を掛けた被除数の余りが生ずる，6, 8, 100. これらを除数 110 から引けば，正数の余りが生ずる，104, 102, 10.

T230, 8　次に，これらに前のように五を掛けると，残りの果物のパナが生ずる．

rū 520
rū 510
rū 50

次に，負数の余りを持つ商をカーラカで量られているものと想定し，前のように正数の〈余りを持つ〉商が生ずる．

kā 6	rū $\dot{1}$
kā 8	rū $\dot{1}$
kā 100	rū $\dot{1}$

残りの果物のパナに商のパナを加えて[2]生ずるのは，

kā 6	rū 519
kā 8	rū 509
kā 100	rū 49

これらは等しいというので，等清算を行えば，第一の種子だけで得られる

---
[1] pṛthag P] pṛthakpṛthag T.　[2] labdhapaṇayutā P] labdhapaṇā yutā T.

カーラカの値は 5．これで，商の中のカーラカを揚立して生ずる商は，29, 39, 499．単独の買い率の商もまた揚立すれば，5 が生ずる．これから一を引くと，生ずるのは単独の買い率に対する正数の〈余りを持つ〉商 4 である．単独の買い率に対する負数の余りであるこの 1 を除数から落とす（引く）と[1]，この正数の余り[2]109 が生ずる．商に除数 110 を掛けると 440，余りを加えると買い率[3]549 が生ずる．同様に，二等の余りも生じ得るなら，その場合はそれも想定し，買い率を求めるべきである．あるいは，ルーパを[4]余りに想定して得られた買い率に二等を掛けたものこそが作られるべきである．同様に他の方法もあるが，文章が長くなることを恐れてそれらは書かない．このようにどこでも，正起する (upapanna) ように理知ある者たちは考えるべきである．

···Note·····

例題 (BG E88) の K による別解：$s_1 = 110s_2 - r$ [s_1 = yā, s_2 = kā] とすると，$as_1 = 110(as_2) - ar = 110(as_2 - 1) + (110 - ar)$ だから，$r = 1$ (s_3 = nī 1 = 1) のときのみ $r_3 = 110 - 100r > 0$．そこで $r = 1$ に固定すると，$r_1 = 110 - 6r = 104$, $r_2 = 110 - 8r = 102$, $r_3 = 110 - 100r = 10$．したがって，$5r_1 = 110 - 6r = 520$, $5r_2 = 110 - 8r = 510$, $5r_3 = 110 - 100r = 50$．また，$q_1 = 6s_2 - 1$, $q_2 = 8s_2 - 1$, $q_3 = 100s_2 - 1$．したがって，$q_1 + 5r_1 = 6s_2 + 519$, $q_2 + 5r_2 = 8s_2 + 509$, $q_3 + 5r_3 = 100s_2 + 49$．「第一の種子」（最初のペアからの方程式）により，$s_2 = 5$．よって，$q_1 = 29$, $q_2 = 39$, $q_3 = 499$．$r = 1$ だから，$s_1 = 110s_2 - 1 = 110(s_2 - 1) + 109 = 110 \times 4 + 109 = 549$．$r = 2$ 等が生じうるならそのように想定して s_1 を求めるべきである．あるいは，$2s_1 = 110(2s_2) - 2$ だから，$r = 1$ として得られた s_1 を 2 倍すれば $r = 2$ に対する「買い率」が得られる．

·····

これの計算のために，既知〈数学〉の方法による規則が，私が尊敬する師，ヴィシュヌ・ダイヴァジュニャによって作られた． T231, 1

> 残りの売りを掛けた任意の売り率から冷涼な光を持つもの (月 = 1) を引くと買い率となる．ただし，売り率は男の財産より大きく想定すべきである．賢い者はこのように理解して〈計算すべきである〉．/Viṣṇu/ Viṣṇu

残りの果実一個を売ることで得られるパナがここでは「残りの売り」(śeṣa-vikraya) で意図されている．それはここ (BG E88) では五である．もし〈通常の「売り〈率〉」(vikraya) と同様〉，残りの「売り率」(vikraya)，すなわちパナ当たりに与えられる果実の数が「残りの売り」で意図されているなら，ここでは「残りの売り」は五分の一である．これが意図されている場合は，〈上の規則の冒頭は〉「残りの売りで割った[5]任意の売り率」と読むべきである．「男の財産より」(puṃdhanāt) というこれは種類を表す単数である．puṃdhana

[1] harāccyutaṃ P] harācchayutaṃ T. [2] dhanaśeṣamidaṃ T] ∅ P. [3] krayaḥ P] krayaṃ T. [4] śeṣaṃ saṃbhavati tatra tadapi prakalpya krayaḥ sādhyaḥ/ yadvā rūpaṃ P] ∅ T(haplology). [5] hṛta T] hata P.

は，⟨gen. tatpuruṣa 複合語であり⟩,「男の財産[1]」の意味である．後は明瞭である．

···Note···

例題 (BG E88) のためのヴィシュヌの規則：$x = yq - r$ で $r = 1$ のとき $x = s_1$ [= yā 1], $q = s_2$ [= kā 1], $y = s_3$ [= nī 1] とすると，$6s_1 = y(6s_2) - 6 = y(6s_2 - 1) + (y - 6)$, $8s_1 = y(8s_2) - 8 = y(8s_2 - 1) + (y - 8)$, $100s_1 = y(100s_2) - 100 = y(100s_2 - 1) + (y - 100)$ だから，与えられた条件から $q_1 + 5r_1 = 6s_2 + 5y - 31$, $q_2 + 5r_2 = 8s_2 + 5y - 41$, $q_3 + 5r_3 = 100s_2 + 5y - 501$. いずれのペアからも $s_2 = 5$ が得られるので，$x = 5y - 1$. ただし，$y > 100$ に設定する，という趣旨．

···

T231, 9 次に，これに関連して，自分 (Kṛṣṇa) の作った例題が書かれる.[2]

K1 七人の宝石商がいた．そのうち一番の金持ちが[3]他の者一人一人に，その財産[4]と同じだけを与えた．⟨その後も⟩まったく同様に⟨順番に一番の金持ちが⟩他に等しく与えたら，同じ宝石数になった．さて彼らは⟨初め⟩どれだけの財産を持っていたか．/K1/[5]

ここでは，宝石の量をヤーヴァッターヴァット等と想定し，多色等式によって解くべきである．これの計算のために，既知⟨数学⟩の方法による私の規則もある．それは次の通りである．

K2 一人の財産は人数足す一だけの数を云え．後続はこの二倍引く月 (1) である．後続の後続もこの演算による．二を二倍二倍したものが等しい⟨財産である⟩./K2/[6]

述べられた通りに行えば，生ずる財産は，8, 15, 29, 57, 113, 225, 449.「二を二倍二倍」すれば,「等しい」: 等しい 財産である．次のことが云われている．二人の人なら，二 2 を二倍した 4 が等しい財産になる．三人の人なら，さらにこの 4 を二倍した 8 が等しい財産になる．四人の人なら，さらにこの 8 を二倍した[7]16 が等しい財産になる．以下同様である．このように，ここでは，等しい財産 128 が生ずる．

···Note···

K の例題 (K1)：n 人の宝石商の財産 x_i $(x_1 < x_2 < \cdots < x_n)$.

陳述：第 n 宝石商から逆順に他の宝石商に各人の財産に等しいだけを与えた結果，すべての宝石商の財産が等しく (y) なった．

---

1 puṃso dhanaṃ] puṃsordhanaṃ（二人の男の財産）TP. 2 以下の K1, K2, K3 の 3 詩節は，K の甥，Munīśvara が自分の算術書 *Pāṭīsāra* に取り込んでいる (Singh & Singh 2004-05 の PSM, 107, 108, 109). 以下では，そのバローダ写本 (Oriental Institute, Baroda, Central Library, No. 11856) を B と略記して，異読を注記する． 3 śrīḥ TP] śrī B. 4 すべての宝石商が同じ種類の宝石を持っていると仮定し，その財産は宝石の数で表す． 5 'tra yo'dhikaśrīḥ P] 'trayo'dhika śrīḥ T, trayodhika śrī B; jātāḥ samamaṇayo'ṅga P] jātāḥ samapaṇayogaṃ T, jātā samamaṇayoga B. 6 paraṃ dviguṇaṃ dviguṇaṃ dvayameva samam TP] naraprasitasthalagādvihatistu samam B (sita は mita, gā は ga の誤り). この読みによれば,「二を二倍二倍したものが等しい⟨財産である⟩」は「人の数だけの場所にある二の積が等しい⟨財産である⟩」となる． 7 guṇaṃ P] guṇa T.

解のアルゴリズム (K2)：$x_1 = n+1$, $x_i = 2x_{i-1} - 1$ $(i \geq 2)$, $y = 2^n$.

解：$n = 7$ だから，$\{x_i\} = \{8, 15, 29, 57, 113, 225, 449\}$, $y = 2^7 = 128$.

解のアルゴリズム (K2) は，次のように得られたと思われる．例えば $n = 5$ の場合，5 人の宝石商の最初の所有財産（宝石数）を $x_1, x_2, ..., x_5$ とし，これを次のように表すことにする．

	x_1	x_2	x_3	x_4	x_5
宝石商 1	1				
宝石商 2		1			
宝石商 3			1		
宝石商 4				1	
宝石商 5					1

宝石商 5 が他の宝石商にその財産に等しいだけを与えると，

	x_1	x_2	x_3	x_4	x_5
宝石商 1	2				
宝石商 2		2			
宝石商 3			2		
宝石商 4				2	
宝石商 5	-1	-1	-1	-1	1

次に宝石商 4 が同様にすると，

	x_1	x_2	x_3	x_4	x_5
宝石商 1	2^2				
宝石商 2		2^2			
宝石商 3			2^2		
宝石商 4	-1	-1	-1	$2+1$	-1
宝石商 5	-2	-2	-2	-2	2

次に宝石商 3 が同様にすると，

	x_1	x_2	x_3	x_4	x_5
宝石商 1	2^3				
宝石商 2		2^3			
宝石商 3	-1	-1	2^2+2+1	-1	-1
宝石商 4	-2	-2	-2	$2(2+1)$	-2
宝石商 5	-2^2	-2^2	-2^2	-2^2	2^2

宝石商 2, 1 も同様にすると，

	x_1	x_2	x_3	x_4	x_5	
宝石商 1	a_1	-1	-1	-1	-1	$= y$
宝石商 2	-2	a_2	-2	-2	-2	$= y$
宝石商 3	-2^2	-2^2	a_3	-2^2	-2^2	$= y$
宝石商 4	-2^3	-2^3	-2^3	a_4	-2^3	$= y$
宝石商 5	-2^4	-2^4	-2^4	-2^4	a_5	$= y$

ただし，$a_i = 2^{i-1}\sum_{j=0}^{5-i} 2^j$．ところで $x_1 + x_2 + x_3 + x_4 + x_5 = 5y$ だから，これと宝石商 1 の最終財産を各辺どうし加えると，$(a_1 + 1)x_1 = (5+1)y$ であるが，$x_1 = 5 + 1 = 6$, $y = a_1 + 1 = (2^4 + 2^3 + 2^2 + 2^1 + 1) + 1 = 2^5$ とするとこの条件は満たされる．そのとき，上の最終財産の表で，宝石商 $(i-1) \times 2 -$ 宝石商 i から，$2 \cdot 2^5 x_{i-1} - 2^5 x_i = y = 2^5$, すなわち $x_i = 2x_{i-1} - 1$ $(i > 1)$．したがって一般に，$x_1 = n + 1$, $x_i = 2x_{i-1} - 1$ $(i > 1)$, $y = 2^n$ は解である．

PSM 107-08 (Baroda 写本 fol.9b, Singh & Singh 2004, 99) 参照.

....

T231, 22 もう一つここに私 (Kṛṣṇa) が作った例題がある.

K3 尊者クリシュナは愛人たちのために一山のサファイアを買ったが，ビーシュマの娘（ルクミニー）はその八分の一と超過した一個を
T232, 1 受け取った．さらに，サティーを始めとする七人も，人目に付かないように，同じようにした．さらに彼女ら〈八人〉は〈残りを等分して，互いに〉等しい部分を主人（クリシュナ）から手に入れて喜んだ．最初を述べよ．/K3/[1]

T232, 3 ここでは量が yā 1．これを八で割った商がカーラカ，kā 1．カーラカを掛けた除数に余りを加えたものを量に等しくして得られるヤーヴァッターヴァットの値は，kā 8 rū 1．一つの陳述がこれに実現する．次に，量の中から八分の一[2]とルーパを引くと，残りは kā 7．さらにこれを八で割った商をニーラカとし，それを掛けた除数に余りを加えた nī 8 rū 1 を[3]量 kā 7 と等しくして，クッタカにより得られるカーラカの値は，付加数とともに，pī 8 rū 7．これで量を揚立すると，生ずる量は，pī 64 rū 57．これに陳述二つが実現する．残りの量を揚立すれば，残りの量は，pī 56 rū 49.[4] 次に，最初の量に陳述二つを作り[5]，また残りの量に一つの陳述を作れば[6]，二番目の残りの量が[7]生ずる，pī 49 rū 42．さらにこれを八で割った商をローヒタとし，それを掛けた除数に余りを加えたものを量と等しくして，クッタカにより生ずるピータカの[8]値は，ha 8 rū 7．これで揚立して生ずる[9]量は，ha 512 rū 505．この先も同様である．ただし九番目の陳述では余りがないから，商を掛けた除数そのものを量の残りに等しくするべきである.

···Note···

K の例題 (K3)：八人の愛人たちのためにクリシュナが購入したサファイア (x)．八人の取り分 ($q_i + q_9$; $i = 1, 2, ..., 8$).

陳述：$x = 8q_1 + 1$, $7q_i = 8q_{i+1} + 1$ ($i = 1, 2, ..., 7$), $7q_8 = 8q_9$.

解：$x = s_1$ [= yā 1], $q_1 = s_2$ [= kā 1], $q_2 = s_3$ [= nī 1] とすると，$s_1 = 8s_2 + 1$, $7s_2 = 8s_3 + 1$．二番目の陳述から $s_2 = \frac{8s_3+1}{7}$．これをクッタカで解いて，$s_2 (= q_1) = 8s_4 + 7$, $s_3 (= q_2) = 7s_4 + 6$ [s_4 = pī]．したがって，$s_1 = 64s_4 + 57$．さらに $q_3 = s_5$ [= lo 1] とすると，$7q_2 = 8s_5 + 1$．これと $7q_2 = 7s_3 = 49s_4 + 42$ から $s_4 = \frac{8s_5-41}{49}$．これをクッタカで解いて，$s_4 = 8s_6 + 7$, $s_5 = 49s_6 + 48$ [s_6 = ha]．したがって，$s_1 = 64(8s_6 + 7) + 57 = 512s_6 + 505$．以下，同様に計算することにより，〈すべての陳述を実現する x として，$x = s_1 = 8^9 s_{18} + 8^8 \cdot 6 + 8^7 \cdot 7 + 8^6 \cdot 7 + \cdots + 8 \cdot 7 + 1 = 134217728s_{18} + 117440505$ を得る〉. (以上 T232, 3)

K は解のアルゴリズムを与えないが，次のように得ることもできる．一般に，分け前にあずかる人数（すなわち除数）を n とすると，n が偶数のとき，

$$x = n^{n+1}s + \left\{n^n(n-2) + n^{n-1}(n-1) + n^{n-2}(n-1) + \cdots + n(n-1) + 1\right\}$$
$$= n^{n+1}s + \left\{n^n(n-2) + n(n-1) \cdot \frac{n^{n-1}-1}{n-1} + 1\right\}$$
$$= n^{n+1}s + (n^n - 1)(n - 1).$$

---

[1] kṛṣṇena TP] kṛsnena B; punarevameva TP] śunaretadeva B; lavaṃ T] balaṃ P, valaṃ B. [2] aṣṭamāṃśe P] aṣṭamāṃśī T. [3] nī P] nīṃ T. [4] 56 P] 53 T. [5] dvaye kṛte P] dvaya kṛte T. [6] śeṣarāśerekālāpe ca kṛte P] 'thavā śeṣarāśerekālāpe kṛte T. [7] rāśiḥ P] rāśi T. [8] pītaka T] kālaka P. [9] jāto P] ∅ T.

また n が奇数のとき，

$$x = n^{n+1}s + \left\{n^{n-1}(n-1) + n^{n-2}(n-1) + \cdots + n(n-1) + 1\right\}$$
$$= n^{n+1}s + \left\{n(n-1) \cdot \frac{n^{n-1}-1}{n-1} + 1\right\}$$
$$= n^{n+1}s + (n^n - n + 1).$$

PSM 109-11 (Baroda 写本 fol.9b, Singh & Singh 2004, 99-104) 参照．PSM 111 (Baroda 写本では 110) は次のようなアルゴリズムを与える．

> yāvaddhāravibhāgaśaḥsthitaharābhyāso bhavet kṣepako
> yo yaṃ yugmahare hareṇa vihṛto vyeko harāḍhyo viyuk/
> kṣepād ojahare tu hāravihṛtāt kṣepād vidhūno haraḥ
> pātyaḥ so pi hato grakeṇa bahudhā rāśir yutaḥ kṣepakaḥ// [1]
> 除数による分割ごとに置かれた除数の積が付加数である．偶除数のときは，これを除数で割り，一を引き，除数を加えたものを除数から引く．奇除数のときは，除数で割った付加数から，月 (1) を欠く除数を引く．それ（付加数）もまた〈任意数を〉掛けられる．先のものを〈任意数が掛けられた〉付加数に加えると多くの量〈が得られる〉．

「それもまた掛けられる (so pi hato)」の意味が不明瞭だが，この代名詞 ‘so’ はおそらく第 2 パーダの先頭の関係代名詞 ‘yo’ (= kṣepaka) を受けている．とすると，ここで意図されている掛け算は「付加数」に任意の整数 (s) を掛ける演算だろう．そこで，「付加数」を A とすると，$A = n^{n+1}$ であり，n が偶数のとき，

$$x = A \cdot s + \left\{A - \left(\frac{A}{n} - 1 + n\right)\right\}.$$

n が奇数のとき，

$$x = A \cdot s + \left\{\frac{A}{n} - (n-1)\right\}.$$

これらはもちろん，上で与えたアルゴリズムと同値である．英訳者たち (Singh & Singh 2004, 100) は，‘so pi hato’ を ‘(The remainder) is also multiplied by that divisor less one’ と解釈する．すなわち，奇除数のとき，

$$x = A + \left\{\frac{A}{n} - (n-1)\right\}(n-1).$$

しかし，これは正しい解を与えない．

....

優れた占術師たちの集団がたえずその脇に仕えるバッラーラなる計算士の息子が作ったこの種子計算の解説書『如意蔓の化身』において，これは二個三個等の色から生ずる等式に関する一部分である．/BP 9/ T232, 15

以上，すべての計算士たちの王，占術師バッラーラの息子，占術師クリシュナの作った種子計算の解説書『如意蔓の化身』における，多色等式に関する最初の部分の注釈．// 9 //[2]

ここでのグランタ数[3]は，473．したがって，最初から生じたグランタ数は，3868.

---

[1] Baroda 写本 (= B), fol.9b. vibhāgaśaḥ] vibhāgaya B; harābhyāso] harābhyāṃso B; yo yaṃ] yāyaṃ B; viyuk] viṣuk B; bahu] vahu B. [2] // 9 // P] ∅ T. [3] グランタ数については第 1 章末参照.

第10章　多色等式における中項除去

このように多色[1]等式に関する部分を述べてから，中項除去と名付けられた T233, 2
その特殊ケースを説明するために，その企てを宣言する.「次は，中項除去の諸種別である」と.

次は，多色中項除去の諸種別である. A532, 13

意味は明瞭である.

これから述べられる規則では，前後半分づつに韻律の相違があるので混乱 T233, 4
する人もいるだろう．それを払拭するために云う,「そこで，詩節 (śloka) の後半から始めて」と．ここで最初に読まれる[2]半分は前半ではなく,「さらにクッタカが作られるべきである」(BG 68) と前に読まれたものを前半とする詩節の後半である，という意味である.

さて，シャーリニー詩節の後半と二つのウパジャーティカー詩節によって[3]， T233, 8
中項除去で為すべきことを述べる.

そこで，詩節の後半から始めて，規則，三詩節半．/70p0/ A532, 14

等清算が行われた際，もし平方等があれば，一方の翼の平方根は 70
前述のごとくに，// また他方の翼の根は平方始原によって〈求 71
めて〉，さらに両者の等式演算を行う．〈その翼が〉もし平方始原
の対象でないなら，他の色の平方とその// 「他方の翼」を等置 72
して,「他」の〈色の〉値は平方始原によって〈得る〉．最初の〈
色の〉値も同様である．理知あるものたちは，〈翼が〉平方始原
の対象となるように，様々に考察すべきである．// 理知が種子 73
である．計算士という赤蓮にとっての太陽たる先立つ賢者たちに
よって様々な色を補助とする自分の〈理知〉が初心者を啓蒙する
ために詳しく述べられたが，それこそが種子数学と呼ばれるよう
になったのである．/70-73/

両翼の等清算が行われた際に未知数の平方等が残っている場合，前のよう A533, 8
に「そのときは両翼に望みのもの（任意数）を掛けてから」云々(BG 59) により一翼の根を得るべきである．他方の翼にもしルーパを伴う未知数の平方があるなら，その翼の平方始原による二根を求めるべきである．その場合，色

---

[1] anekavarṇa T] anevarṇa P. [2] paṭhyate T] pṛcchyate P. [3] バースカラ自身は BG 70-73 をまとめて注を付けるが，K は 73 を切り離して注を付ける.

の平方にある数字（係数）を始原数，ルーパを付数と想定すべきである．このようにして〈得られる〉小根が始原数の色の値であり，長根がその平方の根である．だからそれ（長根）を前の翼の根と等置して，前の色の値を求めるべきである．/73p1/

A533, 14 **次に，「もし他方の翼に未知数の平方と未知数があり，その未知数はルーパを伴う場合も伴わない場合もあるなら，そのときは平方始原の対象ではない．どうしてその場合根があるのか」というので云う,「もし平方始原の〈対象でないなら〉」(BG 71c) と．そのときは，他の色の平方と等置して，前のように，一翼の根を得るべきであり，他方の翼の二根は平方始原によって求めるべきである．その場合も，小根が始原数の色の値であり，長根がその翼の根である，というので，正しく二根の等式を作り，色の値 (pl.) を求めるべきである．/73p2/**

A533, 19 **次に，第二翼に関してそのようにしても〈平方始原の〉対象ではないときは，なんとかして平方始原の対象となるように理知あるものたちは理知を働かせ，未知数の値 (pl.) を知るべきである.「もし理知のみで知ることができるなら種子は何の役に立つのか」という懸念に対して云う,「理知が種子である」(BG 73a) と．なぜなら，理知こそが最高の意味での種子であり，色 (pl.) はその補助である．計算士という蓮にとっての太陽たる先立つ先生たちが初心者の啓蒙のために，自分の理知を，様々な色を補助として展開したが，それこそがここで今，種子数学と呼ばれるものになったのである．実にこのことは，シッダーンタでは原規則 (mūla-sūtra) として要約して述べたが，初心者の啓蒙のために，〈ここでは〉いくらか敷衍して述べる[1]．/73p3/**

···Note···

規則 (BG 70-73)：多色等式中項除去の規則 1.

0. 最初の等式で等清算を行ったあと，未知数の平方等があれば，一方の翼の根をとる，すなわち完全平方化する．中項除去の規則（BG 59-61）のステップ 0 と 1 参照.

1. $(as_1+b)^2 = cs_2^2+d$ のタイプ．第二翼に平方始原を適用して VP (c) $[\alpha, \beta, d]$ を得ると，$s_2=\alpha$ であり，また $as_1+b=\beta$ から，s_1 を得る.（BG 70-71ab, 73p1）

2. $(as_1+b)^2 = cs_2^2+ds_2+e$ $(cd \neq 0)$ のタイプ．第二翼を $cs_2^2+ds_2+e=s_3^2$ と置き，等清算により $cs_2^2+ds_2=s_3^2-e$ としたあと，シュリーダラの規則（完全平方化）により一方の根を得ると，$(cs_2+f)^2=cs_3^2+g$（ただし，$f=d/2$, $g=-ce+d^2/4$）．この第二翼に平方始原を適用して VP (c) $[\alpha, \beta, g]$ を求めると，$cs_2+f=\beta$ から s_2 が，また，$as_1+b=\alpha$ から s_1 が得られる.（BG 71cd-72ab, 73p2）

3. その他の場合も，理知を用いて（工夫して）平方始原が適用できるような形にするべきである.（BG 72cd, 73p3）

4. 理知こそが最高の種子であり，未知数を表す色はその補助である，種子数学 (bīja-gaṇita) とは，先達たちが，初心者の啓蒙のために，最高の種子である自分たちの理知を，色を補助として展開したものである.（BG 73, 73p3）

---

[1] この最後の文章「実にこのことは...」を，G 本は BG 74-75 の導入文とみなすが，ここでは A 本 M 本に従い BG 73p3 の最後に置く.

E73p3 の最後の文章「実にこのことは...」は，BG 73 が『シッダーンタシローマニ』第 2 部「ビージャガニタ」にはなくて，自注で補われたことを示唆する可能性がある．その場合は，ここで言及されている「原規則 (mūla-sūtra)」は，E43p2 で引用されている GA pr 5 (= Q2) であろう．T107, 10 の段落とそれに対する Note 参照．ただし，詩節 73 が「原規則」，73p3 が「敷衍」の可能性もある．

....

この二詩節半[1](BG 70-72) は先生ご自身により説明された． T233, 19

「理知あるものたちは，⟨ 翼が ⟩ 平方始原の対象となるように，様々に考察すべきである」(BG 72cd) と述べられた．[2] その場合，もし理知のみで考察すべきであるなら，種子は何の役に立つのか，という疑問に対する答えをヴァサンタティラカー詩節で云う． T233, 19

（K 注はここに BG 73 を置く）

これの意味も[3]先生ご自身により明らかにされた． T234, 5

「一方の翼の平方根は前述のごとくに，また他方の翼の根は平方始原によって」(BG 70b-71a) 云々と前に述べられた．その場合，他方の翼がどのようなときに平方始原の対象になるのか，[4] またもし[5]平方始原の対象であるなら平方始原により[6]他翼の二根が得られるとしても，どちらの根と前の根との等式を作るべきなのか，などということを，初心者の啓蒙のために，ウパジャーティカーとシンホーッダター詩節によって明らかにする． T234, 5

規則，二詩節．/74p0/ A535, 18

> **一方の翼の根が得られたとき，第二翼にもしルーパを伴う未知数の平方があるなら，平方始原によって長根と小根が求められるべきである．// 両者のうちの長根を第一翼の根と等置して，述べられたごとくに，第一の色の値が求められるべきである．小根は平方始原数の色の値となるだろう．理知ある者たちは，このように平方始原をここで適用すべきである．/74-75/** 74 75

これの意味は既に説明された./75p/[7] G447, 9

...Note..

規則 (BG 74-75)：多色等式中項除去の規則 2.

$(as_1 + b)^2 = cs_2^2 + d$ のとき．第二翼に平方始原を適用して VP (c) $[\alpha, \beta, d]$ を求めると，$s_2 = \alpha$ であり，また，$as_1 + b = \beta$ から s_1 も得られる．

---

[1] sārdha-sūtra-dvaya. バースカラは sūtra を「規則」の意味で，vṛtta を「詩節」の意味で用いるが，K はここで sūtra を「詩節」の意味で用いている．　[2] T も P もここまでを BG 70-72 の注とし，「その場合」から段落を新たにするが，不適当．　[3] asyāpyartha] asyāpyarthaḥ T, asyārtha P.　[4] P はここまでを BG 73 (= P 詩節 150) の注とし，「またもし」から段落を新たにするが，不適当．　[5] atha yadi P] atha ca yadi T.　[6] vargaprakṛtyā T] vividhavargaprakṛtyā P.　[7] AM はこの文を欠く．

これは，規則 1 (BG 70-73) の最初のタイプをやや詳しく再説したもの．

....

T234, 16 両翼の等清算が行われて「未知数の平方等が残っている」場合，前のように「そのときは両翼に望みのものを掛けてから，何らか〈の数〉を投ずるべきである」(BG 59) 云々によって一方の翼の根を得たとき[1]，もし第二翼にルーパを伴う未知数の平方が[2]あるなら，この翼は平方始原の対象である[3]，というので平方始原によって二根が求められるべきである．その場合，色の平方にある数字を始原数，ルーパを付数と想定すべきである．このようにして，小長〈の二根〉を求めるべきである．次に，それら長小〈の二根〉の[4]うち長を第一翼の[5]根と等置して，述べられたように，「一つの〈翼の〉未知数を他翼から，... 引くべきである」(BG 57) 云々という一色等式によって，第一の色の値を求めるべきである．前に根を[6]得た翼が「第一」であり，そこにある色が「第一の色」である．〈これは〉第一であると同時に色である，というカルマダーラヤ複合語である．もし第二の[7]色で印づけられた翼の根を最初に得るな
T235, 1 ら，逸脱が生ずるだろう．また，両者のうち小さい方が始原数の色の値となるだろう．

T235, 1 これに関する正起次第．「未知数の平方等が残っていたら」(BG 59a) 云々により，もし一方の翼の根が得られるなら，そのときは必然的に第二翼の根も生ずるはずである．両者は等しいから．すなわち，〈両翼が〉等しいものとして生じた，ルーパを伴う未知数の平方は平方量に他ならない[8]．さて，それを知るための方法である．それは次の通り．これから述べられる例題 (BG E89) で，「そのときは両翼に望みのものを掛けてから」(BG 59b) 云々によって生ずる等しい二翼は[9]，

yāva	36	yā	12	rū	1
kāva	6			rū	1

ここで，第一翼の根はこの yā 6 rū 1 である．〈両翼の〉同等性から第二翼にも根が生ずるはずである．この第二翼には，カーラカの六倍にルーパを加えたものがある．したがって，あるものの平方の六倍にルーパを加えたものが平方になるとき，それがカーラカの値になるだろう．しかしこれは平方始原の対象である．つまるところ，いかなる平方を六倍し[10]，ルーパを加えると平方になるか，ということになるから．あるものの平方を六倍し，ルーパを加えたものが平方になるとき，それがここではカーラカの値であり，それこそが〈平方始原の〉小根でもある．だから述べられたのである，「小根は平方始原数の色の値となるだろう」(BG 75c) と[11]．ここで[12]，二，2，の平方，4，を六倍し，24，ルーパを加えると平方，25，になる[13]，というので，二が

---

[1] sati P] seti T. [2] vargaḥ P] varga T. [3] vargaprakṛterviṣaya iti P] ∅ T. [4] jyeṣṭhakaniṣṭhayor P] jyeṣṭayor T. [5] pakṣasya T] pakṣa P. [6] padaṃ P] pada T. [7] dvitīya P] dvitīya dvitīya T. [8] sa vargarāśireva P] savargarāśireva T. [9] nihatya ityādinā jātau samau pakṣau P] nihatyetyādinā bhāvyam/ atra T. [10] guṇo P] guṇa T. [11] varṇamitiriti] varṇamitiḥ iti P, varṇamiti T. [12] atra T] ∅ P. [13] vargo 25 T] 25 vargo P.

カーラカの値である．生じた平方，25，こそが第二の[1]翼である．その根，5，が前の根と等しい，両翼が等しいから．この平方，25，の根が長〈根〉に他ならない[2]．「短〈根〉は任意数である．その平方に始原数を[3]掛け，何かを加えるか引くかしたら根を与えるようなそれを正数または負数の付数，またその根を長根と呼ぶ」(BG 40) という前の言葉から．だから，「両者のうちの長根を第一翼の根と等置」(BG 75ab) 云々が正起した．

···Note···

K はここで，後続の例題（BG E89）を例に取り，解を与えつつ，規則 2 (BG 74-75) の正起次第を与える．それは，バースカラ自注 (BG E89p) の二つの解のうち最初のものである．

···

これに関する例題をアヌシュトゥブ詩節で述べる．　T235, 20

例題．/E89p0/　A536, 8

どんな量を二倍し，量の平方の六倍を加えると，平方を与えるものになるか．種子数学を知る者よ，すぐにそれを云いなさい．/E89/　E89

ここで，ヤーヴァッターヴァットの量を二倍し，平方の六倍を加えると，yāva 6 yā 2．これは平方数である，というのでカーラカの平方と等置するための書置：　A536, 11

yāva	**6**	**yā**	**2**	**kāva**	**0**
yāva	**0**	**yā**	**0**	**kāva**	**1**

ここで等清算して生ずる二翼は yāva 6 yā 2 / kāva 1 さて，双方に六を掛け，ルーパを加えると，前のように，第一翼の根は yā 6 rū 1．また，第二翼であるこの kāva 6 rū 1 の，平方始原による二根は ka 2 jye 5，あるいは ka 20 jye 49．長を第一翼の根であるこの yā 6 rū 1 と等置して得られるヤーヴァッターヴァットの値は $\frac{2}{3}$ または 8．短すなわち始原数の色であるカーラカの値は 2 または 20．同様に，小と長に応じて多くある．/E89p/

···Note···

例題 (BG E89)：二色平方等式．

陳述：$6x^2+2x=y^2$．

解：$x=s_1$ [= yā 1], $y=s_2$ [= kā 1] とすると，$6s_1^2+2s_1=s_2^2$．両翼に 6 を掛け，1 を加えると，$36s_1^2+12s_1+1=6s_2^2+1$, すなわち $(6s_1+1)^2=6s_2^2+1$．この第二翼に平方始原を適用して，VP (6) [2, 5, 1]．これに等生成を適用して，VP (6) [20, 49, 1]．従って，$s_2=2, 20$．また，$6s_1+1=5, 49$ から，$s_1=2/3, 8$．すなわち，$(x,y)=(2/3,2)$, (8, 20)．同様に，VP (6) $[x,y,1]$ の解に応じて，多くの解がある．

···

意味は明瞭である．計算は原典で明瞭である．　T235, 23

[1] dvitīyaḥ pakṣaḥ T] dvitīyapakṣaḥ P.　[2] jyeṣṭhameva P] jayeṣṭameva T.　[3] vargaḥ prakṛtyā P] vargaprakṛtyā T.

T236, 1 次に，アヌシュトゥブ詩節で作られた (racita) 先人 (ādya) の例題を生徒の理知を増す (buddhi-prasāra) ためにお書きになる (likhati).

A538, 14 **先人の例題. /E90p0/**

E90 **量の和の平方に量の和の立法を加えると，それは立方の和の二倍に等しくなる．計算士よ，⟨その二量を⟩すぐに述べなさい．/E90/**

A538, 17 **ここで，理知ある者は，計算 (kriyā) が長大 (vistāra) にならないように二量を想定すべきである．かくして，yā 1 kā 1̇, yā 1 kā 1 が想定される．これら二つの和は yā 2．これの平方に同じそれの立方を加えると yāgha 8 yāva 4．また，二量それぞれの立方は，一番目のが yāgha 1 yāvakābhā 3̇ kāvayābhā 3 kāgha 1̇．二番目のが yāgha 1 yāvakābhā 3 kāvayābhā 3 kāgha 1．これら二つの和は yāgha 2 kāvayābhā 6．二倍すると yāgha 4 kāvayābhā 12．等清算のための書置：**

yāgha	8	yāva	4	kāvayābhā	0
yāgha	4	yāva	0	kāvayābhā	12

等清算を行い，両翼をヤーヴァッターヴァットで共約し，ルーパを加えると，第一翼の根は yā 2 rū 1．他翼であるこの kāva 12 rū 1 の，平方始原による二根は ka 2 jye 7 または ka 28 jye 97．小 (ka) はカーラカの値である．
A539, 1 **長 (jye) をこの yā 2 rū 1 と等置して得られるヤーヴァッターヴァットの値は 3 または 48．それぞれの値で揚立を行えば二量が生ずる，1, 5 または 20, 76 など．/E90p/**

···Note···

例題 (BG E90)：二色立方等式.

陳述：$(x+y)^2+(x+y)^3=2(x^3+y^3)$.

解：$x=s_1-s_2$ [= yā 1 kā 1̇], $y=s_1+s_2$ [= yā 1 kā 1] とすると，$x+y=2s_1$ だから，第一翼 $=8s_1^3+4s_1^2$．また，$x^3=s_1^3-3s_1^2s_2+3s_1s_2^2-s_2^3$, $y^3=s_1^3+3s_1^2s_2+3s_1s_2^2+s_2^3$ だから，第二翼 $=2(2s_1^3+6s_1s_2^2)=4s_1^3+12s_1s_2^2$．したがって $8s_1^3+4s_1^2=4s_1^3+12s_1s_2^2$．等清算により $4s_1^3+4s_1^2=12s_1s_2^2$．両翼を s_1 で共約して 1 を加えると $4s_1^2+4s_1+1=12s_2^2+1$，すなわち $(2s_1+1)^2=12s_2^2+1$．第二翼に平方始原を適用すると VP (12) [2, 7, 1]．これに等生成を適用すると VP (12) [28, 97, 1]．すなわち，$s_2=2, 28$．また，$2s_1+1=7, 97$ から $s_1=3, 48$．したがって $(x,y)=(s_1-s_2, s_1+s_2)=(1,5)$, (20, 76).

···

T236, 4 意味は明瞭である．計算が長大にならないように[1]これら二つ，yā 1 kā 1̇, yā 1 kā 1，を二量に想定すれば，計算は原典で明らかである[2].

T236, 6 第二翼の根は平方始原によって得られるべきである，と ⟨BG 74 で⟩ 述べられた.[3] さてもし第二翼に未知数の平方を伴う未知数の平方の平方があるな

---

[1] yathā P] tathā T. [2] gaṇitamākare sphuṭam T] gaṇitaṃ sphuṭamākare P. [3] P はここまでを BG E90 の注とする.

ら[1]，あるいはまた，未知数の平方の平方を伴う未知数の平方平方平方（6 乗）があるなら[2]，これは平方始原の対象ではない．それなのにどうして根が得られるのか，という疑問に対して，初心者の啓蒙のために，ウパジャーティカー一詩節半で述べる．

さて，もう一つの規則，一詩節半．/76p0/ A542, 3

> **第二翼において，もし可能なら平方で共約してから，その二根が得られるべきである．そのときは，長根に小根を掛けるべきである．もし平方の平方で共約が行われたなら，// そのときは，小根の平方を長根に掛けるべきである．その後は前と同じである．/76-77ab/** 76 77ab

意味は明瞭である．/77abp/ A542, 7

···Note···

規則 (BG 76-77ab)：多色等式中項除去の規則 3.

1. $(as_1+b)^2 = cs_2^4+ds_2^2$ のタイプ．第二翼を「平方」s_2^2 で共約して cs_2^2+d とし，これに平方始原を適用して VP (c) $[\alpha,\beta,d]$ を求めると $s_2=\alpha$ であり，また $as_1+b=\alpha\beta$ から s_1 も得られる．

2. $(as_1+b)^2 = cs_2^6+ds_2^4$ のタイプ．第二翼を「平方の平方」$(s_2^2)^2$ で共約して cs_2^2+d とし，これに平方始原を適用して VP (c) $[\alpha,\beta,d]$ を求めると $s_2=\alpha$ であり，また $as_1+b=\alpha^2\beta$ から s_1 も得られる．

···

ここで，〈「第二翼において」(dvitīyapakṣe, loc.) ではなく〉「第二翼を」(dvitīyapakṣam, acc.) という読みならなお良い． T236, 13

さて，規則の意味．可能なら，第二翼を[3]平方で共約してから二根が求められるべきである[4]．同様に，平方の平方で共約可能な場合は，平方の平方で共約してから二根が求められるべきである．この（次の）ことが述べられている．第二翼にもし未知数の平方を伴う未知数の平方の平方があるなら，そのときは，未知数の平方による共約を行えば，ルーパを伴う未知数の平方になるだろう，というので，平方始原の対象になるだろう．同様に，第二翼にもし未知数の平方の平方を伴う未知数の平方平方平方（6 乗）があるなら，その場合は，未知数の平方の平方による共約を行えば，ルーパを伴う未知数の平方が[5]あるだろう，というので，平方始原の対象になるだろう．だから，前のように二根が得られる．ただし，これだけの（次のような）相違がある．未知数の平方による共約がなされた場合，得られる長根に小根を掛けるべきである．一方，未知数の平方の平方による共約がなされた場合，得られる長根に小根の平方を掛けるべきである．一方，小根は両方とも元のままである．同 T236, 13

[1] sāvyaktavargo'vyaktavargavargo P] sā vyaktavargo'vyaktavargavargo T. [2] sāvyaktavargavargo'vyaktavargavargavargaḥ] sāvyaktavargavargo'vyaktavargavargaḥ T, sāvyaktavargavargo vyaktavargavargaḥ P. [3] pakṣaṃ T] pakṣe P. [4] sādhye T] prasādhye P. [5] sarūpo 'vyaktavargo T] sarūpo vyaktavargo P.

様に，三次以上の平方 (try-ādi-gata-varga) による共約の場合，小根の平方の
T237, 1 平方等による長根の掛け算が見られるべきである．後は前と同じで,「両者のうちの長根を第一翼の根と等置」(BG 75a) 云々である．

···Note·····

規則の拡張．K はバースカラの規則 3 (BG 76-77ab) を $(as_1+b)^2 = c(s_2^2)^{n+1}+d(s_2^2)^n$ $(n \geq 3)$ の場合に拡張する．すなわちこのとき第二翼を「三次以上の平方」$(s_2^2)^n$ $(n \geq 3)$ で共約してから平方始原を適用し，VP (c) $[\alpha,\beta,d]$ を求めると，$s_2 = \alpha$．また，$as_1 + b = \alpha^n\beta$ から s_1 が得られる．このとき,「長根」(β) に α^n を掛けた結果もまた「長根」と呼ぶ．これにより，規則 (BG 74-75) がそのまま（字句を変更せず）適用可能となる．ただし，K が $\alpha^n\beta$ を「小根の平方の平方等による (vargavargādinā) 長根の掛け算」といっているのは単純な勘違いと思われる．これは「小根の立方等による (ghanādinā) 長根の掛け算」でなければならない．ここで,「三次以上の平方 (try-ādi-gata-varga)」という表現のなかの「〜次」と訳した gata は動詞 $\sqrt{}$gam（行く）の過去分詞で,「行った」「到達した」などの意味の他,「〜（の状態）にある」という意味で用いられる.「五次 (pañca-gata)」「六次 (ṣaḍ-gata)」などの用例が既にブラフマグプタ (BSS 18.41) に見られる．これらの本来の意味は,「三カ所以上にある平方」,「五カ所にある〈数〉」「六カ所にある〈数〉」である．E55p2 とその後の Note 参照．なお，K はここで 6 乗を「平方平方平方 (varga-varga-varga)」と表現しているが，これは異例．通常は「平方の立方 (varga-ghana)」である．

··········

T237, 2 これに関する正起次第．第二翼に未知数の平方の平方と未知数の平方があるとき[1]，未知数の平方による共約を行えば，ルーパを伴う未知数の平方に[2]なるだろう．これ（この操作）によっても，平方であることに変わりはないはずである．なぜなら，平方量は，平方で掛けられても割られても，平方性を失わないから．だから，この翼が，想定されたある色の値によって平方の形をとるとき，それこそが始原数の色の値となるのは前と同じである．ここに生ずる平方が，前に述べた道理によって，長根の平方に他ならない．ただし，これの根は，前の翼の根と等しくはない．この翼を未知数の平方で共約しているから．だから，この共約された翼が[3]長根の平方の形をしているが，共約数である未知数の平方を掛けると元通りになる，というので，前の翼と同じになるだろう．一方，未知数の値は，小根の形をもつものとして知られた[4]既知数に他ならない．だから，小根の平方を掛けた長根の平方が前の翼と等しくなるだろう．だから，その根が前の翼の根と等しくなるだろう．そしてその根は，小根を掛けた長根に他ならない．だから,「そのときは，小根の平方を長根に掛けるべきである」(BG 77cd) が正起した．

T237, 13 同様に，平方の平方による共約がなされた場合，長根の平方は，第一翼と同じにするために，小根の平方の平方を掛けるべきである．そしてその根は，小根の平方を掛けた長根に他ならない．だから,「もし平方の平方で共約が行われ

[1] yadā P] yadvā T.　[2] sarūpo 'vyaktavargo T] sarūpo vyaktavargo P.　[3] ato'sāvapavartitapakṣo P] ato sāpavartitapakṣo T.　[4] jñātam P] jātam T.

たなら，そのときは，小根の平方を長根に掛けるべきである」(BG 76d-77b) が正起した．三次以上の平方による共約の場合の正起次第も同じように見るべきである．

···Note···

K による規則 3 (BG 76-77ab) タイプ 1 の正起次第: $(as_1 + b)^2 = cs_2^4 + ds_2^2$ において第一翼が平方量だから第二翼も平方量である．そこで，第二翼を s_2^2 で共約すると $cs_2^2 + d$ になるが，これも平方量である．なぜなら「平方量は，平方で掛けられても割られても，平方性を失わない」から．そこで VP (c) $[\alpha, \beta, d]$ を求めると，$s_2 = \alpha$. また，$(as_1 + b)^2/s_2^2 = cs_2^2 + d = \beta^2$ であるから $(as_1 + b)^2 = s_2^2\beta^2 = \alpha^2\beta^2 = (\alpha\beta)^2$.

K による規則 3 (BG 76-77ab) タイプ 2 の正起次第: $(as_1 + b)^2 = cs_2^6 + ds_2^4$ の第二翼を $(s_2^2)^2$ で共約すると前と同じ $cs_2^2 + d$. VP (c) $[\alpha, \beta, d]$ とすると，$s_2 = \alpha$. また，$(as_1 + b)^2/(s_2^2)^2 = cs_2^2 + d = \beta^2$ であるから $(as_1 + b)^2 = (s_2^2)^2\beta^2 = (\alpha^2\beta)^2$.

···

次に，まず平方による共約の場合について，例題をアヌシュトゥブ詩節で述べる．　T237, 17

例題. /E91p0/　A543, 28

> **その平方の平方を五倍し，平方百を引くと，根を与えるものになる．計算士よ，その量をすぐに云いなさい．/E91/**　E91

ここでは，量が yā 1 である．これの平方の平方を五倍し，平方百を引くと，yāvava 5 yāva $\dot{1}$00．これが平方であるというのでカーラカの平方と等置すれば，得られるカーラカの平方の根は kā 1．第二翼であるこの yāvava 5 yāva $\dot{1}$00 をヤーヴァッターヴァットの平方で共約すれば，平方始原により，二根は ka 10 jye 20，または ka 170 jye 380．平方による共約がなされた場合,「そのときは，長根に小根を掛けるべきである」(BG 76c) というので生ずるのは jye 200，または jye 64600．これがカーラカの値である．小根が始原数の色の値であり，それこそが量である，10，または 170．/E91p/　A543, 31　A544, 1

···Note···

例題 (BG E91)：多色等式（二元四次）．

陳述：$5(x^2)^2 - 100x^2 = y^2$.

解:$x = s_1$ [= yā 1], $y^2 = s_2^2$ [= kāva 1] とすると，$5(s_1^2)^2 - 100s_1^2 = s_2^2$. s_1^2 で共約して $5s_1^2 - 100 = (s_2/s_1)^2$. 平方始原により $(s_1, s_2/s_1) = (10, 20), (170, 380)$. したがって $x = s_1 = 10, 170$, $y = s_2 = s_1 \cdot s_2/s_1 = 200, 64600$. すなわち $(x, y) = (10, 200)$, $(170, 64600)$.

···

意味は明瞭である．計算は原典で明瞭である．　T237, 20

次に，平方の平方による共約が可能であるような例題を，アヌシュトゥブ詩節で述べる．　T237, 20

A545, 23　**例題．/E92p0/**

E92　**どんな二つ〈の量〉の差が平方，平方の和が立方になるだろうか．そのような二つの量を整数で沢山述べなさい，種子〈数学〉を良く知る者よ．/E92/**

A545, 26　**ここでは 二つの量が yā 1, kā 1 である．両者の差 yā $\dot{1}$ kā 1 をニーラカの平方と等置して得られるヤーヴァッターヴァットの値は kā 1 nīva $\dot{1}$．これでヤーヴァッターヴァットを揚立して生ずる二つの量は kā 1 nīva $\dot{1}$, kā 1．両者の平方の和は kāva 2 nīvakābhā $\dot{2}$ nīvava 1．これが立方であるというので，ニーラカの平方の立方と等置して清算を行えば，第一翼に nīvagha 1 nīvava $\dot{1}$ が，第二翼に kāva 2 nīvakābhā $\dot{2}$ が生ずる．両翼に二を掛け，ニーラカの平方の平方を加えると，第二翼の根は kā 2 nīva $\dot{1}$ である．第一翼 nīvagha 2 nīvava $\dot{1}$ をニーラカの平方の平方で共約すれば，nīva 2 rū $\dot{1}$ が生ずる．ここで，平方始原による二根は ka 5 jye 7．あるいは ka 29**
A546, 1　**jye 41．「もし平方の平方で共約が行われたなら，そのときは，小根の平方を長根に掛けるべきである」(BG 76d-77b) というので，jye 175 または jye 34481 が生ずる．小根がニーラカの値である．それで揚立すると前の根は kā 2 rū $\dot{25}$ あるいは kā 2 rū $\dot{841}$ になる．これを長根と等置して得られるカーラカの値は 100 あるいは 17661．それぞれの値で揚立すると，二つの量，75, 100 あるいは 16820, 17661 などが生ずる．/E92p/**

···Note···

例題 (BG E92)：多色等式（四元三次連立）．

陳述：$x - y = u^2$, $x^2 + y^2 = v^3$.

解：$y = s_1$ [= yā 1], $x = s_2$ [= kā 1], $u = s_3$ [= nī 1] とすると，$x - y = u^2$ から $s_1 = s_2 - s_3^2$．したがって $x^2 + y^2 = s_2^2 + (s_2 - s_3^2)^2 = 2s_2^2 - 2s_2s_3^2 + (s_3^2)^2$ だから $v = s_3^2$ と置いて等清算すれば $(s_3^2)^3 - (s_3^2)^2 = 2s_2^2 - 2s_2s_3^2$．両翼を 2 倍し $(s_3^2)^2$ を加えると $2(s_3^2)^3 - (s_3^2)^2 = 4s_2^2 - 4s_2s_3^2 + (s_3^2)^2$．第二翼は $(2s_2 - s_3^2)^2$．第一翼を $(s_3^2)^2$ で共約すると $2s_3^2 - 1$．これに平方始原を適用すると VP (2) $[5, 7, -1]$ あるいは VP (2) $[29, 41, -1]$．したがって，第一翼の根は $5^2 \cdot 7 = 175$ または $29^2 \cdot 41 = 34481$（これも長根と呼ばれる）．一方，第二翼の根は $2s_2 - s_3^2 = 2s_2 - 25$ または $2s_2 - 841$ だから，両者を等置して $s_2 = 100$ または $s_2 = 17661$ が得られる．これらで s_1 を揚立すると $s_1 = 75$ または 16820．従って解は $(s_1, s_2) = (75, 100), (16820, 17661)$ など．

···

T237, 24　意味は明瞭である．計算は原典で明瞭である[1]．

T237, 24　さて[2]，一方の翼の根が取られた場合に，第二翼に未知数を伴う未知数の平
T238, 1　方がルーパを伴って，あるいは伴わずに，あるとき，この翼は平方始原の対象ではない．だからその場合の方法を，ウパジャーティカー詩節の後半とウ

[1] spaṣṭam T] vyaktam P.　[2] atha T] atra P.

パジャーティカー一詩節とで述べる.

もう一つの規則，一詩節半. /77cdp0/ A548, 30

> **色の平方が未知数とルーパを伴って〈第二翼に〉あるとき，それ** 77cd
> **を他の色の平方と等//置してその根を得る．他の〈色の〉翼に関** 78
> **しては，平方始原によって，述べられたように二根を得る．小を**
> **最初の根と等置し，長を第二と等置すべきである．/77cd-78/**

ここでは 第一翼の根が取られた場合，もう一つの翼に，未知数を伴う未知数の平方が，ルーパを伴って，あるいは伴わずに，あるとき，最初の翼をもう一つの色の平方と等置してから，〈第二翼の〉根を得るべきである．それとは別の翼の二根は，平方始原によって〈得るべきである〉．両者のうち，小を最初の根と，長を第二翼の根と等置して，両色の値を求めるべきである．/78p/ A549, 2

···Note···

規則 (BG 77cd-78)：多色等式中項除去の規則 4.

$(as_1+b)^2 = cs_2^2 + ds_2 + e$ $(cd \neq 0)$ のタイプ．第二翼を $cs_2^2 + ds_2 + e = s_3^2$ と置く．〈完全平方化によって〉第二翼の根を得ると $(cs_2 + d/2)^2 = cs_3^2 - ce + d^2/4$. これに BG 74-75 の規則を適用する．すなわち，第三翼 $cs_3^2 - ce + d^2/4$ に平方始原を適用して VP (c) $\left[\alpha, \beta, -ce + d^2/4\right]$ を得る．このとき，$as_1 + b = \alpha$ から s_1 が得られ，また $cs_2 + d/2 = \beta$ から s_2 が得られる.

これは BG 70-72 の規則の第 2 のケースをやや詳しく再説したもの.

···

ここでは，第二翼に未知数を伴う[1]色の平方があるかどうかということだけが意図されているのであり，ルーパに関してはどちらでもよい．それらは，あってもよいしなくてもよい．後は明瞭であり，また先生によって説明も[2]されている. T238, 6

これに関する正起次第．一つの翼の根が取られた際，第二翼にある未知数を伴う未知数の平方は[3]，ルーパを伴うにせよ伴わないにせよ，平方量に他ならない．だから云われたのである,「それを他の色の平方と等置」(BG 77d) と．ここで，第二翼が[4]第一翼とも等しく，また想定された第三の色の平方とも等しい，というので，第一翼は第三の色の平方と必然的に等しくなる．第三の色の平方の根は，第三の色に他ならない．それこそが「他の色」と呼ばれている．だから，第一翼の根は「他の色」と等しくなるだろう，というので,「他の色」の値が前の翼の根と等しいというのは正しい．また，第二翼を「他の色」の平方と等置したとき,「他の色」の翼は必然的に平方始原の対象となる. T238, 8

すなわち，ここで第二翼にもし未知数を伴う未知数の平方が[5]あるなら，他の色の平方と等置するとき[6],「最初の色を〈他方の翼から〉引くべきである」 T238, 15

---

[1] sāvyakto P] sā sāvyakto T.　[2] apyācāryaiḥ P] ācāryaiḥ T.　[3] sa T] sa ca P.
[4] dvitīyapakṣasya P] dvitīyapakṣastha T.　[5] sāvyakto'vyaktavargo P] sāvyaktovyakta vargo T.　[6] vargeṇa samīkaraṇe T] vargasamīkaraṇe P.

云々(BG 65) によって引き算を行っても，両翼は元のままだろう．また「平方の四倍に等しい〈ルーパを〉」云々（Q3, BG 61p4 で引用されたシュリーダラの規則）によって，第二翼には根が得られるような未知数の平方，未知数，ルーパが生ずるだろう．一方，第三〈翼〉にはルーパを伴う未知数の平方が[1]生ずるだろう，というので，これは平方始原の対象である．またもし第二翼に未知数を伴う未知数の平方が[2]ルーパを伴ってあるなら，他の色の平方と等置したとき，〈BG 65 の等清算によって〉第二翼には未知数を伴う未知数の平方だけが[3]生ずるだろう．一方，第三〈翼〉にはルーパを伴う未知数の平方が[4]生ずるだろう．ここでも，「平方の四倍に等しいルーパを」云々(Q3) を行うとき，第三翼にはルーパを伴う未知数の平方だけが生ずるだろう，というので，必然的に平方始原の対象である．

T238, 23 ここで，「平方の四倍に等しいルーパを」云々(Q3) を行うときも，等しいものを掛けたり加えたりすることにより[5]，第二第三翼は，等しさを捨てない．
T239, 1 一方，第一翼は等しさを捨てる．そこではそのように（等しいものを掛けたり加えたり）しないから[6]．だから，長の平方からなる第三翼の根は長を本性とするが，それは第二翼の根とこそ等しくなるはずであって，第一翼の根とではない．だから，「長を第二と等置するべきである」(BG 78d) が正起した．

また，第三翼で，平方始原によって根が得られるとき，小のほうが，前に述べた道理によって，第三の色の値である．そしてそれは，第一翼の根と等しくなるはずである，第三の色の平方が第一翼と等しいから．だから，「小を最初の根と等置」(BG 78c) が正起した[7]．

···Note···

K の正起次第: 第一翼が平方量だから第二翼 $cs_2^2+ds_2+e$ も平方量．したがって「他の色の平方」と等置できる．$cs_2^2+ds_2+e=s_3^2$．このとき，第一翼も第三翼 (s_3^2) も第二翼に等しいから $(as_1+b)^2=s_3^2$．すなわち $as_1+b=s_3$．また，第二翼と第三翼の等置から，等清算により $cs_2^2+ds_2=s_3^2-e$．シュリーダラの規則（完全平方化）により $(cs_2+d/2)^2=cs_3^2-ce+d^2/4$．したがって第三翼は平方始原の対象である（この部分で K は $e=0$ の場合と $e\neq 0$ の場合を別々に扱う）．そこで VP (c) $\left[\alpha,\beta,-ce+d^2/4\right]$ を求めると，$cs_2+d/2=\beta$ から s_2 が，$as_1+b=s_3=\alpha$ から s_1 が，得られる．

···

T239, 8 これに関する例題をアヌシュトゥブ詩節で述べる．

A550, 8 **例題．/E93p0/**

E93 **三を初項，二を増分とする数列で，ある項数の果が三倍となるような他の項数は何か．云いなさい．/E93/**

---

[1] sarūpo'vyaktavargaḥ P] sarūpovyaktavargaḥ T. [2] sāvyakto'vyaktavargo P] sāvyaktovyaktavargo T. [3] sāvyakto'vyaktavarga eva P] sāvyaktovyaktavarga eva T. [4] sarūpo'vyaktavargaḥ P] sarūpovyaktavargaḥ T. [5] samaguṇakṣepatayā P] samaguṇakṣepe tayā T. [6] tathākaraṇāt P] tathā'karaṇāt T. [7] upapannaṃ T] uktaṃ P.

ここで 二つの数列の書置：初項 3, 増分 2, 項数 yā 1; 初項 3, 増分 2, 項数 kā 1. 両者の果は, yāva 1 yā 2, kāva 1 kā 2. 両者のうちの最初の三倍を他方と等置して, 清算のための書置： A550, 11

yāva	**3**	**yā**	**6**
kāva	**1**	**kā**	**2**

清算し, 両翼を三倍し, 九を加えると, 第一翼の根は yā 3 rū 3. 第二翼であるこの kāva 3 kā 6 rū 9 をニーラカの平方と等置してから, 全く同様に〈等清算を〉し, 両翼を三倍し, 負数十八を加えると, 根は kā 3 rū 3. その他の翼であるこの nīva 3 rū $\dot{18}$の, 平方始原による二根は, ka 9, jye 15, あるいは, ka 33, jye 57. 小〈根〉を最初〈の根〉であるこの yā 3 rū 3 と等置して得られるヤーヴァッターヴァットとカーラカの値は, 2, 4, または 10, 18. どこでもこのようにする. /E93p/

···Note ···

例題 (BG E93)：等差数列の 2 つの和（二元二次）. 初項 (a), 増分 (d), 項数 (x, y), 最初の n 項の和 $(A(n))$.

陳述：$a = 3$, $d = 2$, $3A(x) = A(y)$, $\langle A(n) = \frac{n}{2}\{2a + d(n-1)\}\rangle$.

解：$x = s_1$ [= yā 1], $y = s_2$ [= kā 1] とすると $3s_1^2 + 6s_1 = s_2^2 + 2s_2$. 等清算し〈ても変わらない〉, 3 倍し, 9 を加えると, $9s_1^2 + 18s_1 + 9 = 3s_2^2 + 6s_2 + 9$. 第一翼は $(3s_1 + 3)^2$. 第二翼は $3s_2^2 + 6s_2 + 9$. この第二翼を第三翼 s_3^2 [= nīva 1] と等置し, 両翼を 3 倍して -18 を加えると $9s_2^2 + 18s_2 + 9 = 3s_3^2 - 18$. 第二翼は $(3s_2 + 3)^2$. 第三翼 $(3s_3^2 - 18)$ に平方始原を適用して VP (3) $[9, 15, -18]$, VP (3) $[33, 57, -18]$, etc. $3s_1 + 3 = s_3 = 9, 33$, etc. から $s_1 = 2, 10$, etc. $3s_2 + 3 = 15, 57$, etc. から $s_2 = 4, 18$, etc. したがって $(x, y) = (s_1, s_2) = (2, 4), (10, 18)$, etc.

···

意味は明らかである. 計算は原典で明瞭である. T239, 11

次に, 一つの翼の根が得られたとき, 第二翼に二個・三個等の色の平方があるような場合の方法を, ウパジャーティカー詩節で述べる.[1] T239, 12

次に, もう一つの規則, 二詩節. /79p0/ A553, 28

> **一方, ルーパを伴う色の平方二つがある場合, 任意に一方を始原数と想定し, それ以外を付数として, 既述のごとくに二根を定めるべきである,〈これは〉繰り返し等式がある場合. //一方, バーヴィタを伴う色の平方二つがある場合, その根を取り, 残りを任意数で割り,〈同じ〉任意数を引き, 半分にしたものとそれ（根）を等置するべきである. /79-80/** 79 80

第一翼の根が取られた際, 第二翼に二つの色の平方がルーパを伴って, あ A553, 33

[1] これは BG 79 だけに対する導入である. バースカラは二詩節 79-80 を一緒に述べた後, 両詩節に対する例題をそれぞれ二つづつ (E94, E95; E96, E97) 与えるが, クリシュナは二詩節 79, 80 を分離し, 間に 79 に対する二例題 (E94, E95) を挟む.

るいは伴わずに，ある場合，一方の色の平方〈の係数〉を始原数と想定し，残
A554, 1 **りを付数とする．それから，「短は任意数である．その平方に始原数を掛け」**
云々(BG 40) という術により，付数に属する色を一などで掛けたり割ったり
〈必要なら更にルーパを加えたり〉したものを自分の頭で（すなわち試行錯
誤で）小根と想定し，長を求めるべきである．次に，もし始原数が平方の状
態にあるなら，「任意数で二度〈別々に〉付数が割られ」云々(BG 54) によっ
て二根が定められるべきである．/80p1/

A554, 3 **バーヴィタもまたある場合，「一方，バーヴィタを伴う色の平方二つが」云々によって，その中にあるだけのものの根を得るべきである．残りを任意数で割り，任意数を引き，半分にしたものとその根を等置するべきである．/80p2/**

A554, 6 **しかし，二個・三個等の色の平方等がある場合，任意の二つの色を除いて他には任意の値を作り，二根を得るべきである．/80p3/**

A554, 7 **これは，繰り返し等式がある場合である．しかし，一回だけの等式がある場合は，一つの色を除いて他には任意の値を作り，前のように二根〈を得るべきである〉．/80p4/**

···Note···

規則 (BG 79-80)：多色等式中項除去の規則 5.

1. $(as_1+b)^2 = cs_2^2 + ds_3^2 + e$ のタイプ．第二翼の cs_2^2 を未知数項，残りを付数とみなして，第二翼に平方始原の規則 1 (BG 40) を適用し，VP $(c)\left[\alpha, \beta, ds_3^2+e\right]$ を求める．そのとき，小根 α は，第二翼が完全平方化するように f と g を選んで $\alpha = fs_3+g$ と置く．このとき長根は $\beta = hs_3+i$ の形で得られる．〈これが第二翼の根であり，したがって第一翼の根でもある．だから $as_1+b = hs_3+i$．また，$s_2 = \alpha = fs_3+g$.〉(BG 79, 80p1)

2. バーヴィタを伴う場合，すなわち $(as_1+b)^2 = cs_2^2 + ds_2s_3 + es_3^2$ のタイプ．第二翼の「中にあるだけのものの根を取る」，すなわち $cs_2^2+ds_2s_3+es_3^2 = (fs_2+gs_3)^2+hs_3^2$ ($f=\sqrt{c}$, $g=d/2\sqrt{c}$, $h=(4ce-d^2)/4c$)．このとき，m を任意数とすれば

$$fs_2+gs_3 = \left(\frac{hs_3^2}{m} - m\right) \div 2,\ \left\langle as_1+b = \left(\frac{hs_3^2}{m}+m\right) \div 2 \right\rangle.$$

ただし，後者は述べられていない．バースカラの例題 (E 96) は as_1+b を必要としない（問わない）形式のものである．K は「それは用途がないので述べられていない」とする．T241, 13 の K の正起次第参照．(BG 80, 80p2)

ここで $m = is_3$ とおけば $fs_2+gs_3 = \frac{h-i^2}{2i}s_3$, $as_1+b = \frac{h+i^2}{2i}s_3$．このことは BG 80 では触れられていないが，K がその解説（T241, 5 の段落）で述べ，バースカラ自身も例題 (E 96) で実行している．

第二翼の部分根を得るとき，整数係数を得るために，第二翼にあらかじめ適当な平方数を掛けておいても良い．実際バースカラは例題 (E96: $c=d=e=1$) で 36 を掛ける．もちろんその場合は，得られた as_1+b の値をその根で割る必要があるが，上述のように，バースカラの例題はその値を問わない．

付則 1 (BG 80p1): タイプ 1 で始原数が平方数のときは BG 53cd の規則に従う．すなわち，第二翼が $c^2s_2^2+ds_3^2+e$ の形なら「任意数」を m として

$$\mathrm{VP}\left(c^2\right)\left[\left(\frac{ds_3^2+e}{m} - m\right) \div 2 \div c, \left(\frac{ds_3^2+e}{m}+m\right) \div 2, ds_3^2+e\right].$$

したがって $s_2 = \left(\frac{ds_3^2+e}{m} - m\right) \div 2 \div c$, $as_1+b = \left(\frac{ds_3^2+e}{m}+m\right) \div 2$.

付則 2 (BG 80p3): タイプ 1 および 2 で第二翼に三個以上の未知数がある場合，二

つを残して他には任意に既知数を想定する．

付則 3 (BG 80p4): タイプ 1 および 2 は更なる陳述（等式）を前提とする．もしそれがなければ，第二翼の未知数のうち一つを残して他には任意に既知数を想定する．

…………………………………………………………………………

「ルーパを伴う」というここに決まりはない（すなわち，ルーパを伴わな T239, 16
くてもよい）.[1] 〈しかし逆に〉，もし複数のルーパ (pl.) があれば，それらもまた付数の翼に想定すべきである.「色の平方二つ (du.)」という双数を採用するから，三つ等の色の平方がある場合には，三番目等の[2]色に任意の既知の値を想定して，それらでそれらを揚立して，置くべきである．もしルーパ (pl.) もあれば，それに加えるべきである．このようになったとすれば，「ルーパを伴う色の平方二つ」だけがあるだろう．

…Note…………………………………………………………………

K はここで先ず付則 2 を説明する．上記 Note 参照．

…………………………………………………………………………

さてここで，望みに従い，一方の色の平方を[3]始原数と想定し，翼の残りが T239, 21
色の平方だけ[4]であってもルーパを伴っていても，それを付数と想定して，述べられたように二根を定めるべきである．ここでも前に述べられた道理によって[5]，色の平方にある数字が始原数である．ここで，「短は任意数である」云々
(BG 40) を行う際，小を既知数と想定すべきではない．というのは，そのよ T240, 1
うにすると残りの演算によってルーパを伴う色の平方があるので，どのようにしても長根を得ることはない（完全平方化できない）から．そうではなくて，付数と同種の色を小と想定すべきである．というのは，そのようにするとその平方に始原数を掛けたものが付数と同種の色の平方になるので，両者が同種だから和を取ると，色の平方こそがあるだろうし，だからその根が生じうるだろうから．付数と同種の色も，残りの演算によって数字に関しても根が得られるように，そのように一などを掛ける．

（問い）「ルーパを伴う色の平方が付数の場合，付数と同種の色を小と想 T240, 5
定しても，残りの演算によってルーパを伴う色の平方があるだろうから，どうして長根を得るのか.」

確かに．その場合，ルーパを伴う付数と同種の色を小と想定すべきである[6]. T240, 7
そのようにすると，残りの演算によって未知数の平方，未知数，それにルーパがあるだろうから，長根が得られるだろう．ただし，色の数字とルーパの数字は，道理によって[7]，残りの演算が行われたとき数字に関しても根が得られるように，そのように想定すべきである．

…Note…………………………………………………………………

以上はタイプ 1 の説明．上記 Note 参照．

[1] sarūpake ityatrāniyamaḥ P] sarūpa ityatra koniyamaḥ (「ルーパを伴う」というここにどんな決まりがあるのか) T.　[2] tṛtīyādi] tryādi TP.　[3] kṛtiṃ P] kṛti T.　[4] mātraṃ P] mātra T.　[5] yuktyā P] yuttayā T.　[6] tatra kṣepasajātīyavarṇaḥ sarūpaḥ kaniṣṭhaṃ kalpanīyam/ P] ∅ T. T はこの一文を欠くため論旨不明.　[7] yuktyā P] yuttayā T.

T240, 10 次に，もし始原数が平方の状態にあるなら，「任意数で二度〈別々に〉付数が割られ」云々(BG 54) によって二根が定められるべきである．

···Note ···

以上は付則 1 の説明．上記 Note 参照．

T240, 11 （問い）「そのようにしても，小と長は未知数を本性とするものだから，量の値は未知数に他ならないだろう．だから，それが何の役に立つのか？」

T240, 12 だから云う，「〈更なる〉同等性があれば，繰り返す.」(BG 79d) と．次の意味である．残りの陳述の演算によって，もしさらに等置することができるなら，量の値が未知数であってよい．しかし，もし残りの陳述の演算がないなら，三個等の色の場合のように，二番目の色にもまた既知の値を想定すべきである．そのようにすれば，ルーパを伴う未知数の平方だけがあることになるので，前のように平方始原によって量の値が既知数で得られるだろう[1]．

···Note ···

以上は付則 3 の説明．上記 Note 参照．

T240, 16 これに関する正起次第は前と同じだが，次の違いがある.[2] すなわち，そこでは始原数の色の値は既知数に想定されたが，ここでは未知数あるいは既知数と未知数に想定される.[3]

T240, 18 これに関する例題をアヌシュトゥブ詩節で述べる．

A556, 9 **例題．/E94p0/**

E94 **次のような二つの量を云いなさい．それらの平方に七と八を掛けたものの和は根を与える．一方，差は，ルーパを加えると根を与える．/E94/**

A556, 12 **ここでは 二つの量が yā 1, kā 1 とする．これらの平方に七と八を掛けたものの和は yāva 7 kāva 8．これは平方である，というので，ニーラカの平方と等置するために書置：**

yāva	7	kāva	8	nīva	0
yāva	0	kāva	0	nīva	1

等清算を行い，

yāva	7	kāva	0	nīva	0
yāva	0	kāva	$\dot{8}$	nīva	1

カーラカの平方八個を加え，

[1] sidhyet P] siddhayet T.　[2]「前」は BG 40 を指すと思われるが，そこでは「正起次第」は与えられていない．　[3] 以上は BG 79 だけに対する注釈である．BG 80 に対する K の注釈は二例題 (E94, E95) のあとで与えられる．

yāva	**7**	**kāva**	**8**	**nīva**	**0**
yāva	**0**	**kāva**	**0**	**nīva**	**1**

ニーラカの翼の根を得る，nī 1．他方の翼であるこの yāva 7 kāva 8 は，平方始原によって二根を得る．その場合，ヤーヴァッターヴァットの平方にある数字が始原数，残り kāva 8 が付数である．「短は任意数である．」云々(BG 40) によって，カーラカ二つを任意数に想定すれば，生ずる二根は，小が kā 2，長が kā 6．長がニーラカの値，小がヤーヴァッターヴァットの値である．これでヤーヴァッターヴァットを揚立すると，生ずる二量は kā 2, kā 1．さらに，これらの平方に七と八を掛けたものの差に一加えると kāva 1 rū 1 が生ずる．これは平方である，というので，前のように得られる小根は，2 または 36．このカーラカの値で揚立して生ずる二量は，4, 2, あるいは 72, 36．/E94p/

···Note···

例題 (BG E94)：多色等式（四元二次連立）．

陳述：$7x^2 + 8y^2 = u^2$, $7x^2 - 8y^2 + 1 = v^2$.

解：$x = s_1$ [= yā 1], $y = s_2$ [= kā 1], $u = s_3$ [= nī 1] とすると，第一の陳述から，$7s_1^2 + 8s_2^2 = s_3^2$. ⟨BG 65ab により⟩ 等清算を行い，$7s_1^2 = -8s_2^2 + s_3^2$. さらに ⟨BG 72cd により⟩ $8s_2^2$ を両辺に加えて，$7s_1^2 + 8s_2^2 = s_3^2$. そこで，BG 79 の規則により，VP (7) $\left[s_1, s_3, 8s_2^2\right]$ を BG 40 に従い試行錯誤で解けば，VP (7) $\left[2s_2, 6s_2, 8s_2^2\right]$. この $x = s_1 = 2s_2$ で第二の陳述の x を揚立すると VP (20) $[s_2, v, 1]$. これを BG 40 に従い試行錯誤で解けば，VP (20) $[2, 9, 1]$. 等生成により BH$^+$(20) $\left[\begin{array}{ccc} 2 & 9 & 1 \\ 2 & 9 & 1 \end{array}\right]$ = VP (20) $[36, 161, 1]$. したがって，$s_2 = 2$ あるいは 36 だから，$(x, y) = (s_1, s_2) = (2s_2, s_2) = (4, 2)$ あるいは (72, 36).

·····

意味は明らかである．計算は原典で明瞭である．　T240, 21

次に，始原数が平方である[1]ような例題をアヌシュトゥブ詩節で述べる．　T240, 22

例題．/E95p0/　A562, 30

二つの量の立方と平方の和が平方となり，それら両者の和も平方となるような二つの量をすぐに導きなさい．/E95/　E95

ここでは 二つの量が yā 1, kā 1 とする．これら両者の平方と立方の和は yāva 1 kāgha 1．これは平方である，というので，ニーラカの平方と等置して ⟨ 等清算を行い ⟩，両翼にカーラカの立方を加えると，ニーラカの翼の根は nī 1．他方の翼であるこの yāva 1 kāgha 1 は，平方始原で二根を得る．その場合，ヤーヴァッターヴァットの平方にある数字を始原数，残りを付数と想定する．始原数 1,[2]付数 kāgha 1．「任意数で二度 ⟨ 別々に ⟩ 付数が割られ」云々(BG 54) によって，カーラカを任意数として生ずる二根　A562, 33　A563, 1

[1] prakṛtirvargagatā P] prakṛtivargagatā T.　[2] いずれの出版本も始原数を ‘yāva 1’ とする．

は，ka $\boxed{\text{kāva } \frac{1}{2} \text{ kā } \dot{1}}$ jye $\boxed{\text{kāva } \frac{1}{2} \text{ kā } 1}$ 小がヤーヴァッターヴァットの値である．それで揚立して生ずる二根は $\boxed{\text{kāva } \frac{1}{2} \text{ kā } \dot{1}} \boxed{\text{kā } 1}$ 両者の和は $\boxed{\text{kāva } \frac{1}{2} \text{ kā } 1}$ これは平方である，というので，ピータカの平方と等置し，〈等清算などを行ったあと〉，翼の残りに四を掛け，ルーパを加えると，第一翼の根は kā 2 rū 1．他翼であるこの pīva 8 rū 1 は，平方始原によって二根を得る．ka 6，jye 17，あるいは ka 35，jye 99．長を前の根であるこの kā 2 rū 1 と等置して得られるカーラカの値は 8 あるいは 49．これで揚立して得られる二つの量は，28, 8，あるいは 1176, 49．/E95p1/

A563, 12 **あるいはまた，二つの量を yāva 2, yāva 7 とする．両者の和は yāva 9．これは平方に他ならない．また，両者の立方と平方の和は yāvagha 8 yāvava 49．これは平方である，というので，カーラカの平方と等置して，前のように，ヤーヴァッターヴァットの平方の平方で共約して得られるヤーヴァッターヴァットの値は 2 あるいは 3 あるいは 7．これで揚立すると二つの量は 8, 28，あるいは 18, 63，あるいは 98, 343．/E95p2/**

···Note··

例題 (BG E95)：多色等式（四元三次連立）．

陳述：$x^2 + y^3 = u^2$, $x + y = v^2$.

解 1：$x = s_1$ [= yā 1], $y = s_2$ [= kā 1], $u = s_3$ [= nī 1] とすると，第一の陳述から $s_1^2 + s_2^3 = s_3^2$．〈等清算により，$s_1^2 = -s_2^3 + s_3^2$.〉両翼に s_2^3 を加えて，$s_1^2 + s_2^3 = s_3^2$．そこで VP (1) $\left[s_1, s_3, s_2^3\right]$ を，BG 54 によって，任意数を s_2 として解くと $s_1 = \left(\frac{s_2^3}{s_2} - s_2\right) \div 2 \div 1 = \frac{s_2^2 - s_2}{2}$, $s_3 = \left(\frac{s_2^3}{s_2} + s_2\right) \div 2 = \frac{s_2^2 + s_2}{2}$．そこで，$v = s_4$ [= pī 1] とすると，第二の陳述から $x + y = \frac{s_2^2 + s_2}{2} = s_4^2$，すなわち $s_2^2 + s_2 = 2s_4^2$．4 倍して 1 加えると $4s_2^2 + 4s_2 + 1 = 8s_4^2 + 1$，すなわち $(2s_2 + 1)^2 = 8s_4^2 + 1$．そこで，〈VP (8) $[s_4, w, 1]$ を BG 40 に従い試行錯誤で解けば，VP (8) [1, 3, 1]．等生成により BH$^+$(8) $\begin{bmatrix} 1 & 3 & 1 \\ 1 & 3 & 1 \end{bmatrix}$ =〉VP (8) [6, 17, 1]．さらに〈和生成により BH$^+$(8) $\begin{bmatrix} 1 & 3 & 1 \\ 6 & 17 & 1 \end{bmatrix}$ =〉VP(8) [35, 99, 1]．そこで，$2s_2 + 1 = w = 17$ から $s_2 = 8$, $s_1 = 28$．$2s_2 + 1 = w = 99$ から $s_2 = 49$, $s_1 = 1176$．したがって，$(x, y) = (s_1, s_2) = (28, 8)$ あるいは (1176, 49)．（以上 E95p1）

解 2：$y = 2s_1^2$ [= yāva 2], $x = 7s_1^2$ [= yāva 7] とすると，$x + y = (3s_1)^2$ だから，第二の陳述は成立．$u = s_2$ [= kā 1] とすると，第一の陳述から $49(s_1^2)^2 + 8(s_1^2)^3 = s_2^2$，すなわち $8s_1^2 + 49 = (s_2/s_1^2)^2$．そこで，VP (8) $\left[s_1, s_2/s_1^2, 49\right]$ を BG 40 に従い試行錯誤で解けば，VP (8) [2, 9, 49]，また VP (8) [3, 11, 49]．〈和生成により BH$^+$(8) $\begin{bmatrix} 2 & 9 & 49 \\ 3 & 11 & 49 \end{bmatrix}$ = VP (8) $\left[49, 147, 49^2\right]$．BG 44 に従い，任意数 $a = 7$ とすれば VP (8) $\left[49/7, 147/7, 49^2/7^2\right]$，すなわち〉VP (8) [7, 21, 49]．したがって $(y, x) = (2s_1^2, 7s_1^2) = (8, 28)$ あるいは (18, 63) あるいは (98, 343)．（以上 E95p2）

···

T240, 25 意味は明白である．計算は原典で明白である．

次に，一翼の根が取られたとき，第二翼に色の平方二つ[1]とバーヴィタがある場合の方法を，ウパジャーティカー詩節で述べる． T241, 1

一方，バーヴィタを伴う色の平方二つがある場合，その根を取り，
残りを任意数で割り，〈同じ〉任意数を引き，半分にしたものと
それ（根）を等置するべきである．/BG 80/[2]

第二翼に色の平方二つがバーヴィタを伴ってある場合，その中で得られるだけの根を取るべきである．次にその残りを任意数で割り，得られたものをその同じ任意数で減じるべきである．次にその半分と前に得た[3]部分根 (khaṇḍa-mūla) を等置するべきである．ここでは，たとえ翼のどれだけの部分の根が取られるべきかという決まりは作られていないとしても，色の平方一つの[4]一部分だけが残るように根が取られるべきであると見るべきである．そうでなければ計算が完結しないだろう．ここでは，残っている色の平方と同種の色から成るものが[5]任意数として想定されるべきである．ここでも量の値は未知数としてしか決まらない，というので，〈この規則が適用されるのは〉前と同様,「繰り返し等式がある場合」(BG 79d) であると見るべきである．一方，残りの陳述（条件）の演算 (śeṣa-ālāpa-vidhi) がない場合は，一つの量を既知数と想定して計算が行われるべきである． T241, 5

···Note ··

BG 79-80 の規則（規則 5）に対する Note 参照．

··

これに関する正起次第．一つの翼の根が取られたとき，バーヴィタを伴う色の平方二つから成る第二翼は[6]平方〈量〉である．両翼が等しいから．また，根が得られるだけのその部分もまた平方量に他ならない．でなければどうしてその根が得られるだろうか．だから，大きい量の平方である全翼から小さい量の平方から成る翼の一部を引けば，残りは小さい量と大きい量の[7]平方の差である．だから，差を任意数と想定すれば,「平方の差が量の差で割られる」云々(L 58) によって和が得られるだろう．だから，〈引き算の〉残りを〈差と想定された〉任意数で割ると[8]和が生ずる．次にこれらの和と差から,「和が差で減加され，半分にされる」(L 56) という合併算によって二量が得られるだろう．そこで，和に差を加えて半分にすれば大きい量になるだろう．しかしそれは用途がないので述べられていない．同様に，和から差を引いて半分にすれば小さい量になるだろう．その場合，〈引き算の〉残りを〈差と想定された〉任意数で割ったものが[9]和である．だから，任意数と想定された差を引いたそれ（和）の半分は[10]小さい量である，ということになる．さて，前 T241, 13

[1] varṇavargau P] vargavargau T.　[2] K は BG 80 をここに置くが，バースカラの自注では E94 の前に，BG 79 と共に既出.　[3] pūrvaṃ gṛhītasya T] pūrvagṛhītasya P.　[4] ekasya varṇavargasya P] ekavarṇavargasya T.　[5] śeṣasya varṇavargasya sajātīyavarṇātmakam P] śeṣasya sajātīyavarṇavargātmakam T.　[6] dvitīyapakṣaḥ T] dvitīyaḥ pakṣaḥ P.　[7] rāśyor P] rāiyor T.　[8] iṣṭoddhṛtaṃ P] iṣṭoddhataṃ T.　[9] iṣṭoddhṛtaṃ P] iṣṭoddhataṃ T.　[10] yaddalaṃ P] yaddhalaṃ T.

に分離した翼の部分は[1]小さい量の平方から成る，というので，その根もまた小さい量に他ならない．だから，これら両者を等置すること (samīkaraṇaṃ kartuṃ) は至極理に適っている (yuktam eva)．だから，「残りを任意数で割り，〈同じ〉任意数を引き，半分にしたものとそれ（根）を等置するべきである」(BG 80bcd) が正起した．

···Note···

K による BG 80 の規則の正起次第：$(as_1+b)^2 = cs_2^2 + ds_2s_3 + es_3^2$ のとき，第二翼全翼は平方量である．またその「中にあるだけのものの根」を取った場合，すなわち $cs_2^2 + ds_2s_3 + es_3^2 = (fs_2 + gs_3)^2 + hs_3^2$ ($f = \sqrt{c}$, $g = d/2\sqrt{c}$, $h = (4ce - d^2)/4c$) とした場合，根を取った部分も平方量である．大きい平方（全翼）から小さい平方（部分根の平方）を引いた「残り」(hs_3^2) は平方の差であるが，平方の差は両根の和と差の積である．したがって，その「残り」を両根の差で割れば両根の和である (L 58)．そこで，その差を任意数 (m) とし（K は「残っている色の平方と同種の色から成るもの」すなわち is_3 を奨める），これら和と差に合併算を施せば (L 56)，大きい平方の根と小さい平方の根が得られるが，大きい平方の根は「用途がないので述べられていない」．一方，小さい平方の根は「前に分離した」部分根と同じものである．したがってそれらを「等置することは至極理に適っている」という趣旨．

$$fs_2 + gs_3 = \left(\frac{hs_3^2}{m} - m\right) \div 2 = \frac{h - i^2}{2i} s_3.$$

···

T242, 1 これについての例題をアヌシュトゥブ詩節で述べる．

「一方，バーヴィタを伴う色の平方二つがある場合」(BG 80) というこの
A569, 1 **〈規則の〉対象となる例題．/E96p0/**

E96 **ある二つ〈の量〉の平方の和に積を加えると根を与えるものになり，和にその根を掛け，ルーパを加えたものも〈根を与える〉．その二つをすぐに云いなさい．/E96/**

A569, 4 **ここでは 二つの量を yā 1, kā 1 とする．両者の平方の和 (yuti, f.) に積を加えると yāva 1 yākābhā 1 kāva 1．これ (f.) には根がない，というので，それ (f.) をニーラカの平方と等置して，〈等清算のあと〉，両翼にカーラカの平方を加え，両翼に三十六を掛けると，ニーラカ翼の根 nī 6 が得られる．他方の翼であるこの yāva 36 yākābhā 36 kāva 36 のうち，根があるだけ〈の部分〉に対して，「一方，バーヴィタを伴う色の平方二つがある」(BG 80) 云々によって，根 yā 6 kā 3 が得られる．残りであるこの kāva 27 を任意数カーラカ 1 で割り，任意数カーラカで減じ，半分にした kā 13 とその根を等置すれば，得られるヤーヴァッターヴァットの値は kā $\frac{5}{3}$．これでヤーヴァッターヴァットを揚立して生ずる二つの量は kā $\frac{5}{3}$, kā 1．両者の平方の和 kāva $\frac{34}{9}$ に積を加えた kāva $\frac{49}{9}$ の根は kā $\frac{7}{3}$．これを量の和 kā $\frac{8}{3}$ に掛け kāva $\frac{56}{9}$，ルーパを加えると $\boxed{\frac{\text{kāva } 56 \text{ rū } 9}{9}}$ が生ずる．これをピータカの平方と等置し，等分母化し，〈等清算のあと〉，両翼**

[1] pṛthakkṛtaṃ pakṣakhaṇḍaṃ P] pṛthakkṛtapakṣekhaṇḍaṃ T.

に九ルーパを加えると，生ずる小根は 6 あるいは 180．これがカーラカの値である，というのでこれで揚立すると，生ずる二量は 10, 6，あるいは 300, 180．同様に多数〈の解が得られる〉．/E96p/

···Note···

例題 (BG E96)：多色等式（四元二次連立）．

陳述：$x^2+xy+y^2=u^2$, $(x+y)u+1=v^2$.

解：$x=s_1$ [= yā 1], $y=s_2$ [= kā 1] とすると，$x^2+xy+y^2=s_1^2+s_1s_2+s_2^2$．これには「根がない」，すなわちこのままでは平方の形にならないので，$u=s_3$ [= nī 1] とすると第一の陳述から $s_1^2+s_1s_2+s_2^2=s_3^2$．〈等清算により $s_1^2+s_1s_2=s_3^2-s_2^2$．〉両翼に s_2^2 を加え，$s_1^2+s_1s_2+s_2^2=s_3^2$．両翼に 36 を掛けると $36s_1^2+36s_1s_2+36s_2^2=36s_3^2$．右翼 $=(6s_3)^2$．左翼 $=(6s_1+3s_2)^2+27s_2^2$．ここで s_2 を BG 80 の「任意数」とすると，$(27s_2^2/s_2-s_2)/2=13s_2$ だから $6s_1+3s_2=13s_2$．すなわち $s_1=\frac{5}{3}s_2$．したがって $(x,y)=(\frac{5}{3}s_2,s_2)$．そこで $s_3^2=s_1^2+s_1s_2+s_2^2=\frac{49}{9}s_2^2$．すなわち $s_3=\frac{7}{3}s_2$．$v=s_4$ [= pī 1] とすると第二の陳述から $(\frac{5}{3}s_2+s_2)\times\frac{7}{3}s_2+1=s_4^2$，すなわち $(56s_2^2+9)/9=s_4^2$．等分母化し分母を払うと $56s_2^2+9=9s_4^2$．〈等清算により $56s_2^2=9s_4^2-9$.〉両翼に 9 ルーパを加えて，$\langle 56s_2^2+9=9s_4^2$．VP (56) $[s_2,3s_4,9]$ を BG 40 に従い試行錯誤で解けば，VP (56) $[6,45,9]$．等生成により BH$^+$(56) $\begin{bmatrix} 6 & 45 & 9 \\ 6 & 45 & 9 \end{bmatrix}$ = VP (45) $[540,4041,9^2]$．BG 44 に従い，任意数 $a=3$ とすれば VP (56) $[540/3,4041/3,9^2/3^2]$，すなわち VP (56) $[180,1347,9]$.〉すなわち $s_2=6$ あるいは 180．したがって $(x,y)=(10,6)$ あるいは $(300,180)$．同様に，平方始原の解に応じて，他の解もある．

···

意味は明らかである．計算は原典で明らかである．　T242, 4

次に[1]，簡易算法 (kriyā-lāghava) を教えるためにある人の例題を示す[2]．　T242, 5

次に，ある人の例題．/E97p0/　A573, 1

> **〈二つの量に対して〉小さい方を伴う積の半分からの立方根，平方の和からの根，和と差に〈それぞれ〉二を加えたものの〈根〉，平方の差に八を加えたものの〈根〉，というこれら五つの根を加えたものは平方根を与える．それら二量をすぐに云いなさい，確かな理知を持つものよ，六と八を除いて．/E97/**　E97

小さい方を伴う積の半分からの立方根が得られるべきである．ここで，陳述 (ālāpa) が多い場合，繰り返し計算 (asakṛt-kriyā) が必要になるが，それは完結しない (na nirvahati)．だから理知ある者は一つの色だけですべての陳述が実現する ($\sqrt{}$ghaṭ) ように二つの量を想定すべきである．/E97p1/　A573, 6

そのように想定した二量が yāva 1 rū $\dot{1}$, yā 2 である．両者の小さい方を伴う積の半分からの立方根は yā 1．平方の和からの根は yāva 1 rū 1．二大きい和の根は yā 1 rū 1．二大きい差の根は yā 1 rū $\dot{1}$．八を伴う平方　A573, 9

[1] atha T] atra P.　[2] darśayati T] pradarśayati P.

の差の根は yāva 1 rū $\dot{3}$. これらの和は yāva 2 yā 3 rū $\dot{2}$. これは平方である，というのでカーラカの平方と等置し，両翼に八を掛け，二十五ルーパを加えると，第一翼の根は yā 4 rū 3. 他方の翼であるこの kāva 8 rū 25 の，平方始原による二根は ka 5，jye 15，あるいは ka 30，jye 85，あるいは ka 175，jye 495. 長を前の根と等置して得られるヤーヴァッターヴァットの値は 3 あるいは $\frac{41}{4}$ ，あるいは 123. これで擁立した二量は 8, 6，あるいは $\frac{1677}{4}$, 41，あるいは 15128, 246. このように〈解は〉多数ある. /E97p2/

A573, 18 **あるいは，ヤーヴァッターヴァットの平方にヤーヴァッターヴァット二つを加えたもの yāva 1 yā 2 が一つの量，ヤーヴァッターヴァット二つにルーパ二つを加えたもの yā 2 rū 2 がもう一つの量である. あるいは，ヤーヴァッターヴァットの平方からヤーヴァッターヴァット二つを引いたもの yāva 1 yā $\dot{2}$ が一つの量，ヤーヴァッターヴァット二つからルーパ二つを引いたもの yā 2 rū $\dot{2}$ がもう一つの量である. あるいは，ヤーヴァッターヴァットの平方，ヤーヴァッターヴァット四つ，それにルーパ三つ yāva 1 yā 4 rū 3 が一つの量，ヤーヴァッターヴァット二つとルーパ四つ yā 2 rū 4 がもう一つである. /E97p3/**

···Note···

例題 (BG E97)：多色等式（八元三次連立）.

陳述：$x > y$ として，$x+y+2=r^2$, $x-y+2=u^2$, $x^2+y^2=v^2$, $x^2-y^2+8=w^2$, $(xy+y)/2=t^3$, $r+u+v+w+t=q^2$.

解の方針：複雑な条件（陳述）を持つ問題では，未知数の想定を工夫しないと，解に至らない. ここでは，一つの色だけでほとんどの陳述が実現するように x と y を想定する. (以上 E97p1)

解 1: $x = s_1^2 - 1$ [= yāva 1 rū $\dot{1}$], $y = 2s_1$ [= yā 2] と想定すると，最初の五つの陳述が満たされて根が得られる. それらの根の和は $2s_1^2 + 3s_1 - 2$. そこで $q = s_2$ [= kā 1] とすると，最後の陳述から，$2s_1^2 + 3s_1 - 2 = s_2^2$. 両翼を 8 倍し 25 を加えると $16s_1^2 + 24s_1 + 9 = 8s_2^2 + 25$ すなわち $(4s_1+3)^2 = 8s_2^2 + 25$. そこで VP (8) $[s_2, s_3, 25]$ をまず BG 40 に従い試行錯誤で解くと VP (8) [5, 15, 25]. 等生成により BH$^+$(8) $\begin{bmatrix} 5 & 15 & 25 \\ 5 & 15 & 25 \end{bmatrix}$ = VP (8) $[150, 425, 25^2]$. BG 44 に従い任意数 $a = 5$ とすれば VP (8) $[150/5, 425/5, 25^2/5^2]$, すなわち VP (8) [30, 85, 25]. さらに和生成により BH$^+$(8) $\begin{bmatrix} 5 & 15 & 25 \\ 30 & 85 & 25 \end{bmatrix}$ = VP (8) $[875, 2475, 25^2]$. BG 44 に従い任意数 $a = 5$ とすれば VP (8) $[875/5, 2475/5, 25^2/5^2]$, すなわち VP (8) [175, 495, 25]. $4s_1 + 3 = s_3$ だから $s_3 = 15$ のとき $s_1 = 3$，$s_3 = 85$ のとき $s_1 = \frac{41}{2}$，$s_3 = 495$ のとき $s_1 = 123$. したがって $(x, y) = (8, 6)$ あるいは $(\frac{1677}{4}, 41)$ あるいは $(15128, 246)$. (以上 E97p2)

この後バースカラ自注 (E97p3) は次の 3 通りの想定の仕方に言及する.

解 2: $x = s_1^2 + 2s_1$ [= yāva 1 yā 2], $y = 2s_1 + 2$ [= yā 2 rū 2] と自注にあるが，後者は $y = 2s_1 - 2$ [= yā 2 rū $\dot{2}$] の誤り. D 本の編者は「(負数の) ルーパ二つを加え

たもの」と「(負数の)」を補う．Colebrooke (p. 256) は 'twice *ya* less two absolute' と訳しながら，'*ya* 2 *ru* 2' には負数を意味するドット ($\dot{2}$) を付けない．

解 3: $x = s_1^2 - 2s_1$ [= yāva 1 yā $\dot{2}$], $y = 2s_1 - 2$ [= yā 2 rū $\dot{2}$].

解 4: $x = s_1^2 + 4s_1 + 3$ [= yāva 1 yā 4 rū 3], $y = 2s_1 + 4$ [= yā 2 rū 4].

……………………………………………………………

これはシャールドゥーラ・ヴィクリーディタ韻律である．ここで，⟨sālpavadhārdhato の代わりに⟩ sālpahaterdalāt という読みならなお良い．というのは，この読みの場合，「小さい方を伴う」(sālpa) が「積」(hati) を修飾することが，疑いの余地なく理解されるから．後は明らかである．ここで，陳述が多い場合，繰り返し計算が完結しない[1]．だから理知ある者は一つの色だけですべての陳述が実現するように二つの量を想定すべきである[2]．そのように先生によって想定されたのは，yāva 1 rū $\dot{1}$, yā 2; あるいは yāva 1 yā 2, yā 2 rū 2; あるいは yāva 1 yā $\dot{2}$, yā 2 rū$\dot{2}$; あるいは yāva 1 yā 4 rū 3, yā 2 rū 4. 計算は原典で明らかである． T242, 10

このように先生は[3]ご自身の理知によって二つの量を想定して計算をお教えになった.[4] 一方，初心者のためには量を想定する方法が不可欠である．その場合，それを[5]説明する規則だけがもし読まれるなら，「いったいどんな二量のために，この規則は存在するのか」ということが分からない人もいるだろう．それを払拭するために，まずアヌシュトゥブ詩節で宣言する． T242, 17

A582, 20

想定はこのように何千通りもあり，愚鈍な者たちには隠されているので，彼らのために，計算に関する想定方法 (kalpanā-upāya) がここに語られる．/81/ 81

…Note……………………………………………………………

規則 (BG 81)：前の例題 (BG E97) を受けて，次の規則 (BG 82-83) を述べるための導入．

……………………………………………………………

ここ (BG E97) では量の想定が四通りに行われたが，同じように量の想定は何千通りも存在する．それは愚鈍な者たちには隠されている[6]から，彼らのために：愚鈍な者たちのために，計算に関する想定方法が語られる． T242, 23

次に，宣言した方法を，ウパジャーティカー詩節とインドラヴァジュラー詩節で述べる． T243, 1

さて，規則，二詩節．/82p0/ A583, 7

ルーパを伴う，あるいは伴わない未知数を差の根にまず想定すべ 82

---

[1] 'sakṛtkriyā na nirvahati] 'sakṛtkriyā nirvahati (繰り返し計算が完結する) T, sakṛtkriyā na nirvahati (一回きり計算が完結しない) P. [2] この文章は，最後の動詞 ghaṭante が ghaṭeran になっているだけで，バースカラ自注に同じ．E97p1 参照． [3] evamācāryaiḥ T] evamevā"cāryaiḥ P. [4] P はここまでを E97 (= P 詩節 164) の注とする． [5] tat T] ∅ P. [6] gūḍhā T] gūṃḍhā P.

きである．和と差の付数で割った平方の差の付数からの根を// そ
83 **の差の根に加えたものを和の根とすべきである．一方，それら二つ（差の根と和の根）の平方から自分の付数を引けば差と和であり，それから合併算によって二つの量があるだろう．/82-83/**

···Note···

規則 (BG 82-83)：多色等式中項除去の規則 6.

$x+y+a=r^2$, $x-y+a=u^2$, $x^2+y^2+b=v^2$, $x^2-y^2+c=w^2$（BG E97 の最初の 4 つの陳述）を含むタイプ.

$u=s_1+p$, $r=u+\sqrt{c/a}$ と置いて，$x+y=r^2-a$ と $x-y=u^2-a$ から合併算 (saṃkramaṇa, L 56) によって x と y を s_1 で表す．〈これらで $x^2+y^2+b=v^2$ を揚立して s_1 を求める．〉

···

T243, 6 意味は明らかである．「和と差の付数で割った」という表現から，和と差が等しい付数を[1]持つ場合にのみこの規則に従って量を想定するのであり，付数が等しくないときはそうではない，と見るべきである．

T243, 7 これに関する正起次第．ここではまず次のことが考察される．すなわち，二つのものの和と差に自分の付数を加えると根を与えるようになるとき，それらの平方の差に[2]何を加えたら[3]平方を与えるか，と．その場合，これは非常に良く知られているのだが，二つの平方の積は積の平方である．そして，付数を加えた和と差は，〈付数を加えた〉和と差の根の平方 (du.) である．だからそれら両者の積は和と差の根の積の平方となるだろう．ところが，平方の差は単なる（付数を伴わない）和と差の積である．だから，単なる和と差の積と，付数を加えた和と差の積[4]との差が平方の差の付数に[5]なるはずである．なぜなら，平方の差にその付数が加えられるとき，和と差の根の積の平方になるだろう，というので，根が得られるから．その差は次の通りである．その場合の付数を加えた和と差は

yo 1 kṣe 1,　aṃ 1 kṣe 1.

これら二つの積のための書置：

yo 1	aṃ 1	kṣe 1 [6]
kṣe 1	aṃ 1	kṣe 1

積を作れば生ずるのは和と差の根の積の平方である．

yo ∘ aṃ 1 yo ∘ kṣe 1 aṃ ∘ kṣe 1 kṣeva 1.[7]

ここで第二部分には付数を掛けた和がある．その場合の和は別様に得られる．和の根の平方から付数を引くと和が生ずる．

[1] kṣepas T] kṣepakas P.　[2] vargāntaraṃ P] vargāntare T.　[3] yuktaṃ T] yutaṃ P.　[4] antarayorghātasya T] antaraghātasya P.　[5] sa vargāntarakṣepo P] savargāntaraṃ kṣepo T.　[6] kṣe 1（右上）P] kṣe $\dot{1}$ T.　[7] T は略号 kṣe, va, yo, mū などの間におよそ一文字分のスペースを空けるが，ここではいちいち注記しない．

yomūva 1 kṣe $\dot{1}$.

これに付数を掛けると第二部分が生ずる．

yomūva ∘ kṣe 1 kṣeva $\dot{1}$.

全く同じこの道理によって第三部分も生ずる．

aṃmūva ∘ kṣe 1 kṣeva $\dot{1}$.

だから両方とも，第一部分には根の平方に付数を掛けたものがある．だから両者を足せば，根の平方の和に付数を掛けたものが生ずる．

yomūaṃmūvayo ∘ kṣe 1.[1]

第二部分どうしを足せば，生ずるのは

kṣeva $\dot{2}$.

このようにして生ずる第二第三部分の和は

yomūaṃmūvayo ∘ kṣe 1 kṣeva $\dot{2}$.[2]

このように四部分が生ずる．

yo ∘ aṃ 1 yomūaṃmūvayo ∘ kṣe 1 kṣeva $\dot{2}$ kṣeva 1.[3] T244, 1

ここで最後の二部分を足せば三部分が生ずる．

yo ∘ aṃ 1 yomūaṃmūvayo ∘ kṣe 1 kṣeva $\dot{1}$.[4]

このようにして生ずる和と差の根の積の平方は三部分から成る．そのうち第一部分は平方の差である．他の二部分が[5]平方の差の付数である．だからこのように和と差の根の積の平方が平方の差から得られるとき，二部分から成る付数は大きい．しかし，和と差の根の積の平方より小さい平方がもし平方の差から得られるなら，そのときは付数もまた小さくなるだろう．だから付数を引いた〈根の〉積の平方が得られる．その場合，付数を引いた根の積はこれである．

yomū ∘ aṃmū 1 kṣe $\dot{1}$.[6]

これの平方は,「置かれるべきである，最後の平方」云々(L 19b) によって生ずる．

yomūva ∘ aṃmūva 1 yomū ∘ aṃmū ∘ kṣe $\dot{2}$ kṣeva 1.[7]

ここで，第一部分が根の積の平方である．だから，根の積の平方からもし根の積の二倍に付数を掛けたものが引かれ，付数の平方が加えられると，付数を引いた積の平方になるということが得られる．そこで前に得られたこの

yo ∘ aṃ 1 yomūaṃmūvayo ∘ kṣe 1 kṣeva $\dot{1}$,[8]

---

[1] yomūaṃmūvayo P] yomūvaaṃmūvayoḥ T.　[2] yo ∘ kṣe 1 P] yo kṣe 1 T.　[3] yo ∘ aṃ 1 yomūaṃmūvayo P] yo.aṃ 1 yomūvaaṃmūvayo T.　[4] yo ∘ aṃ 1 yomūaṃmūvayo ∘ P] yo.aṃ 1 yomūvaaṃmūvayo. T.　[5] dvayaṃ P] dvaye T.　[6] yomū ∘ aṃmū 1 P] yomū. aṃmū 1 T.　[7] ∘ （3 回） P] . T.　[8] yo ∘ aṃ P] yo. aṃ T; mūva P] mū.va T; yo ∘ kṣe P] yo. kṣe T.

もまた根の積の平方である．また，ここで付数を引いた根の積の平方のために前に述べられた引かれるべきものはこれである，

yomū ∘ aṃmū ∘ kṣe 2̇ .[1]

そして加えられるべきはこれである．

kṣeva 1 .

加えられるべきものを加えると最後の部分が消えるから，二部分が生ずる．

yo ∘ aṃ 1 yomūaṃmūvayo ∘ kṣe 1.[2]

この第二部分には根の平方の和に付数を掛けたものがある．そして，引かれるべきは根の積の二倍に付数を掛けたものである．ここでは両方で付数が乗数である．その場合，掛けたものの差をとる場合と差をとったものを掛ける場合とでいかなる違いもない，というので，まず最初に平方の和から積の二倍を[3]引き，「二つの量の差の平方により[4]，積の二倍が足されるとき，それら二つの平方の和に[5]なるだろう」(L 138abc)[6] と述べられているから，逆算法によって根の差の平方が生ずる．そしてそれに付数を掛けると第二部分が生ずる．

mūaṃva ∘ kṣe 1.[7]

このように生じた，付数を引いた積の平方は二部分から成る．

yo ∘ aṃ 1 mūaṃva ∘ kṣe 1.[8]

ここで，第一部分は平方の差であり，第二部分は平方の差の付数である．だからこれが得られる，すなわち，和と差の付数に根の差の平方を掛けると平方の差の付数になる，と．だから，和と差の付数で平方の差の付数を割って得られるもの（商），それは和と差の根の差の平方に他ならない．その根は和と
T245, 1 差の根の差に他ならないだろう．だから，差の根にこれを足せば和の根になるだろう．あるいはこれから〈それが〉引かれたら差の根になるだろう．だから，正しく述べられたのである，「和と差の付数で割った平方の差の付数からの根をその差の根に加えたものを和の根とすべきである」(BG 82c-83b) と．

T245, 3 同様に，和の根をまずルーパを伴う，あるいは伴わない，未知数と[9]想定して，それから，述べられた道理によって差の根を得るべきである．

T245, 5 このように得られた和と差の根から，逆算法によって和と差が得られるべきである．その場合，和は付数を伴っているが，それの根が「和の根」にな

---

[1] ∘（2 回） P] . T.　[2] yo ∘ aṃ 1 yomūaṃmūvayo ∘ kṣe 1 P] yo. aṃ 1/ yomūvaaṃmūvayoḥ kṣe 1 yomū. aṃmūkṣe 2̇ T.　[3] yogāddvighne ghāte P] yogādvighne dyāte T.　[4] vargeṇa P] varga T.　[5] tayoḥ/ vargayogo P] tayo yogavargaṃ T.　[6] これに続く後半 (L 138cdef)：「同様に，それら二つの和と差の積は，平方の差になるだろう．賢い者はどこでもこのように知るべきである.」　[7] va ∘ P] va. T.　[8] yo ∘ P] yo. T.　[9] vāvyaktaṃ] vā avyaktaṃ T, vā vyaktaṃ P.

る，というので，和の根を平方し，付数を引けば和になるだろう[1]．同様に差の根から差もまた生ずるだろう．だから述べられたのである，「一方，それら二つ（差の根と和の根）の平方から自分の付数を引けば差と和であり」(BG 83bc) と．このように和と差を得たら，合併算によって量を知ることは容易である．これらの二量は三つの根に適合すること (anurodha) によって得られたから，必然的に〈それら〉三つの根を得る．しかし，残りの二つの根を得ることに関しては決まりはない．なぜなら，それらに適合することによって二量を得るわけではないから．だからこそ，これから述べられる例題 (BG E98) では，三つの根に適合することによって得られた二つの未知量の，小さい方を伴う積の半分からの[2]立方根，あるいは平方の和からの根は得られない．

···Note···

K による規則 6 (BG 82-83) の正起次第．$(x+y+a)(x-y+a)=r^2u^2$ から $(x+y)(x-y)+a(x+y)+a(x-y)+a^2=(ru)^2$．ここで $x+y=r^2-a$, $x-y=u^2-a$ だから $a(x+y)+a(x-y)=a(r^2-a)+a(u^2-a)=a(r^2+u^2)-2a^2$．したがって $(ru)^2=(x+y)(x-y)+a(r^2+u^2)-a^2$．ここで $(x+y)(x-y)=x^2-y^2$ に対する付加部分（第 2・第 3 項）を小さくするために ru の代わりに $(ru-a)$ を考えると $(ru-a)^2=(ru)^2-2aru+a^2=\{(x+y)(x-y)+a(r^2+u^2)-a^2\}-2aru+a^2=(x+y)(x-y)+a(r-u)^2$ だから，平方の差に関する陳述に適合させるためにはその付数が $c=a(r-u)^2$ であればよい．すなわち $r=u+\sqrt{c/a}$ あるいは $u=r-\sqrt{c/a}$ と想定すればよい．これらから逆算法によって $x+y=r^2-a$, $x-y=u^2-a$．合併算によって $x=(r^2+u^2)/2-a$, $y=(r^2-u^2)/2$．これらの x と y は 3 つの根 (r, u, w) の陳述に適合 (anurodha) している．しかし他の陳述に適合するとは限らない．

なお，この正起次第で K が用いる略号（頭文字）は次の通り．

頭文字	元の言葉	和訳	Note で用いた記号
yo	yoga	和	$x+y$
aṃ	antara	差	$x-y$
va	varga	平方	$(\ )^2$
mū	mūla	根	$\sqrt{\ }$
yomū	yoga-mūla	和の根	r
aṃmū	antara-mūla	差の根	u
yomūaṃmūvayo	yoga-mūla-antara-mūla-varga-yoga	和の根と差の根の平方の和	r^2+u^2
mūaṃva	mūla-antara-varga	根の差の平方	$(r-u)^2$
kṣe	kṣepa	(和と差の) 付数	a
○	guṇita, etc.	掛けられた	なし
なし	yuta, etc.	足された	$+$

略号に関しては，T132, 7 以下に対する Note 参照．

···

（問い）「それなら，本例題 (E97) では[3]どうして二つの根が得られるのか.」 T245, 12
述べられる．本題の場合，三つの根に適合することによって得られた未知 T245, 13

[1] kṣeponaṃ sadyogaḥ syāt P] kṣeponaṃ sa dyogaḥ syāt T.　[2] ardhād P] ardhādvā T.
[3] prakṛtodāharaṇe P] prathamodāharaṇe T.

数二つに関して根を得るような演算こそが〈第四の陳述として〉提示されたから．本題の場合[1]，三つの根に適合することによって得られた二つの未知量は yāva 1 rū $\dot{1}$, yā 2．両者の積は yāgha 2 yā $\dot{2}$．これは，小さい量を引いた二倍の立方である．だから，これに小さい方を足し半分にすれば立方になる，というので，立方根が得られる．だから，出題 (praśna) に通じた計算士 (gaṇaka) によって，まさにこの演算 (vidhi) が例題 (udāharaṇa) に組み込まれた (nibaddha) のである．同様にここでは，小さい方を伴う積の四倍からも立方根が得られる．だから，その演算もまた，もし例題に組み込まれるなら[2]，本題のようにして問題の解 (uddhiṣṭa-siddhi) があるだろう．同様に，〈第五の陳述である〉平方の和の根に関しても見るべきである．一方，もし未知量に適合することを捨てて，ちょうどまさにこの例題で「小さい方を伴う積に十を加えたものからの立方根」というように，自分の望みだけによって出題者の陳述があるなら，三つの根に適合することによって得られた二つの未知量による問題の解はない．ただし，それ〈自体〉は不毛 (khila) ではない．六と八の積に小さい方を加え 54，十を加えたもの 64 からの立方根が生じ得るから．だからこそ[3]，「ルーパを伴う，あるいは伴わない未知数を」云々(BG 82-83) によって得られる未知量二つには，差の根・和の根・平方の差の根だけが決まっているのであり，根が五つとも決まっている訳ではない，ということが確定する．

···Note···

問い: 本例題 (E97) では，どうして 3 つの根に関する陳述に適合するだけで解が得られたのか．

K の答え: そこでは $x = s_1^2 - 1$, $y = 2s_1$ と想定すると $xy = 2s_1^3 - 2s_1 = 2s_1^3 - y$ だから $(xy+y)/2 = s_1^3$ となり，3 つの根に関する陳述だけを考えて想定した x と y が第四の陳述にも自動的に適合する．出題に長けた出題者はそうなることを知って出題したのである．第四の陳述は「小さい方を伴う積の四倍からの立方根」($\sqrt[3]{4(xy+y)}$) でもよかったであろう．なぜなら，同じ想定で $4(xy+y) = (2s_1)^3$ だから，〈五根の和は $2s_1^2 + 4s_1 - 2$．これを s_2^2 と等置し，両翼を 2 倍し，8 を加えると $(2s_1+2)^2 = 2s_1^2 + 8$．第二翼を平方始原で解く．まず試行錯誤で VP (2) [2, 4, 8] および VP (2) [2, 3, 1] を得る．和生成により $\mathrm{BH}^+(2) \begin{bmatrix} 2 & 4 & 8 \\ 2 & 3 & 1 \end{bmatrix} = \mathrm{VP}\,(2)\,[14, 20, 8]$．$2s_1 + 2 = 20$ から $s_1 = 9$．このとき五根の和は $196 = 14^2$ となるから，$x = s_1^2 - 1 = 80$, $y = 2s_1 = 18$ は解である．〉また，平方の和が根を持つという第五の陳述も自動的に適合する．しかし，どんな陳述でもそうなるわけではない．例えば $\sqrt[3]{xy+y+10}$ とした場合，上の想定で $s_1 = 3$ のとき $x = 8$, $y = 6$ だから $\sqrt[3]{xy+y+10} = 64 = 4^3$ であり，この陳述自体は「不毛ではない」が，$\sqrt[3]{xy+y+10} = \sqrt[3]{2s_1^3 + 10}$ だから，想定された x $(= s_1^2 - 1)$ と y $(= 2s_1)$ が自動的にこの陳述に適合するわけではない．

···

T246, 1　次に，この規則の遍充（一般性）を教えるための例題をシャールドゥーラ・

[1] prakṛte P] prakṛto T.　[2] nibadhyate cettadā P] nibadhyeta tathā T.　[3] tadeva T] tadevaṃ P.

ヴィクリーディタ詩節で述べる.

例題. /E98p0/ A588, 17

二つの量の和と差〈のそれぞれ〉に三を加えると平方数になる. E98
それら二つの平方の和から四を引いたもの, 平方の差に太陽 (12) を加えたものも平方数になる. 積の半分に小さい方を加えると立方数になる. それらの根の和に二を加えると平方数である. それらの二量を云いなさい, 柔軟で曇りなき理知を持つ者よ, ただし六と七を除いて他のものを. /E98/

ここでは ルーパを引いた未知数を差の根と想定すると yā 1 rū $\dot{1}$. ここで A588, 22
もこの同じ道理によって想定された二量は yāva 1 rū $\dot{2}$, yā 2. あるいは, 想定された二量は yāva 1 yā 2 rū $\dot{1}$, yā 2 rū 2. 二量の和に三を加えると yāva 1 yā 2 rū 1. 二量の差に三を加えると yāva 1 yā $\dot{2}$ rū 1. 第一量の平方は yāvava 1 yāva $\dot{4}$ rū 4. 第二量の平方は yāva 4. これら両者の和から四を引くと yāvava 1. それら二つの差に太陽 (12) を加えると yāvava 1 yāva $\dot{8}$ rū 16. 量の積は yāgha 2 yā $\dot{4}$. 半分は yāgha 1 yā $\dot{2}$. 小さい方を加えると yāgha 1. これらから根が〈得られるべきである〉. そのうち, 三を加えた和の根は yā 1 rū 1. 三を加えた差の根は yā 1 rū $\dot{1}$. 四を引いた平方和の根は yāva 1. 太陽 (12) を加えた平方の差の根は yāva 1 rū $\dot{4}$. また立方根は yā 1. 五つの根の和に二を加えると, 生ずるのは yāva 2 yā 3 rū $\dot{2}$. これは平方数である, というので, カーラカの平方との等置のための書置：

yāva	2	yā	3	kāva	0	rū	$\dot{2}$
yāva	0	yā	0	kāva	1	rū	0

等置から[1], 両翼の残りは

yāva	2	yā	3
kāva	1	rū	2

ここで両者（翼）に八を掛け, 九ルーパを加えると最初の翼の根は yā 4 rū 3, 他方の翼であるこの kāva 8 rū 25 の, 平方始原による二根は ka 5 jye 15. あるいは, ka 175 jye 495. 長を第一翼の根と等置して得られるヤーヴァッターヴァットの値は 3. あるいは 123. 平方で最初を, また単体 (kevala) で最後を揚立して生ずる二量は 7 と 6. あるいは 15127 と 246. /E98p1/

あるいは, 想定された二番目の二量の和に三を加えると yāva 1 yā 4 rū A589, 6
4. 差に三を加えると yāva 1. ここでは最初の平方は yāvava 1 yāgha 4 yāva 2 yā $\dot{4}$ rū 1. 第二量の平方は yāva 4 yā 8 rū 4. これら二つの和から四を引くと yāvava 1 yāgha 4 yāva 6 yā 4 rū 1. 平方の差に太陽

[1] samīkaraṇāt. 使用した出版本はすべてこの読みだが, 文脈上は「等清算から」(samaśodhanāt) がふさわしい. 本自注次段落 (E98p2) の同じ文脈参照.

(12) を加えると yāvava 1 yāgha 4 yāva $\dot{2}$ yā $\dot{12}$ rū 9. 量の積は yāgha 2 yāva 6 yā 2 rū $\dot{2}$. 半分は yāgha 1 yāva 3 yā 1 rū $\dot{1}$. 小さい方を加えると yāgha 1 yāva 3 yā 3 rū 1. これらから根が〈得られるべきである〉. そのうち，三を加えた和の根は yā 1 rū 2. 三を加えた差の根は yā 1. 四を引いた平方の和の根は yāva 1 yā 2 rū 1. 太陽 (12) を加えた平方の差の根は yāva 1 yā 2 rū $\dot{3}$. 積の根は yā 1 rū 1. 五つの根の和に二を加えると yāva 2 yā 7 rū 3. これは平方数である，というのでカーラカの平方との等置のための書置：

yāva	2	yā	7	kāva	0	rū	3
yāva	0	yā	0	kāva	1	rū	0

等清算から，両翼の残りは

yāva	2	yā	7
kāva	1	rū	$\dot{3}$

この両翼に八を掛け，一引く五十ルーパを加えると，最初の翼の根は yā 4 rū 7. 他方の翼であるこの kāva 8 rū 25 の，平方始原による二根は ka 5 jye 15. あるいは，ka 175 jye 495. 長を第一翼の根と等置して得られるヤーヴァッターヴァットの値は 2. あるいは 122 . ここで，平方で未知数の平方量を，単体で未知数を揚立して生ずる二量は 7 と 6. あるいは 15127 と 246. /E98p2/

A589, 28 それは次の通り. yā が 2〈の場合〉. これの平方は 4. これを yāva の 1 に掛けると 4.〈平方ではない〉単体 2 を yā の 2 に掛けると 4. 両方とも既知数であるから，和は 8. 負数状態にあるルーパ $\dot{1}$ を引いて生ずる一方は 7. また yā の 2 に単体の yā である 2 を掛けると 4. ルーパ 2 を加えて生ずる他方は 6. 同様に二番目の，yā が 122〈の場合〉. 平方は 14884. これを yāva の 1 に掛けると 14884. 単体の yā である 122 を yā の 2 に掛けると 244. 両方の既知数の和から，負数であるルーパを引いて生ずる一方は 15127. また yā の 2 に単体の 122 を掛け，既知数であるルーパ 2 を加えて〈生ずる〉他方は 246. このように，〈解は〉多数ある. /E98p3/

···Note···

例題 (BG E98): 多色等式（八元三次連立）.

陳述：$x > y$ として，$x + y + 3 = r^2$, $x - y + 3 = u^2$, $x^2 + y^2 - 4 = v^2$, $x^2 - y^2 + 12 = w^2$, $xy/2 + y = t^3$, $r + u + v + w + t + 2 = q^2$.

2 つの想定: BG 82-83 の規則で $p = -1$ とする．すなわち $u = s_1 - 1$ [= yā 1 rū $\dot{1}$] と想定する．〈このとき $r = s_1 - 1 + \sqrt{12/3} = s_1 + 1$ だから $x + y = (s_1 + 1)^2 - 3 = s_1^2 + 2s_1 - 2$, $x - y = (s_1 - 1)^2 - 3 = s_1^2 - 2s_1 - 2$. 合併算によって〉, $x = s_1^2 - 2$, $y = 2s_1$. あるいは，〈$u = s_1$ と想定すると $r = s_1 + \sqrt{12/3} = s_1 + 2$ だから $x + y = (s_1 + 2)^2 - 3 = s_1^2 + 4s_1 + 1$, $x - y = s_1^2 - 3$. 合併算によって〉,

$x = s_1^2 + 2s_1 - 1$, $y = 2s_1 + 2$.

想定 1 による解：$x + y + 3 = s_1^2 + 2s_1 + 1$, $x - y + 3 = s_1^2 - 2s_1 + 1$. また $x^2 = s_1^4 - 4s_1^2 + 4$, $y^2 = 4s_1^2$ だから $x^2 + y^2 - 4 = s_1^4$, $x^2 - y^2 + 12 = s_1^4 - 8s_1^2 + 16$. また $xy/2 + y = s_1^3$. したがって $r + u + v + w + t + 2 = (s_1 + 1) + (s_1 - 1) + s_1^2 + (s_1^2 - 4) + s_1 + 2 = 2s_1^2 + 3s_1 - 2$. これが平方数なので $2s_1^2 + 3s_1 - 2 = s_2^2$ [= kāva 1] と置く．両翼に 2 を加え，8 を掛け，9 を足すと $(4s_1 + 3)^2 = 8s_2^2 + 25$. 第二翼を平方始原で解くと，VP (8) [5, 15, 25]，あるいは VP (8) [175, 495, 25]. $4s_1 + 3 = 15$ から $s_1 = 3$，あるいは $4s_1 + 3 = 495$ から $s_1 = 123$. したがって $x = s_1^2 - 2 = 7$, $y = 2s_1 = 6$, あるいは $x = 15127$, $y = 246$.（以上 E98p1）

想定 2 による解：$x + y + 3 = s_1^2 + 4s_1 + 4$, $x - y + 3 = s_1^2$. また $x^2 = s_1^4 + 4s_1^3 + 2s_1^2 - 4s_1 + 1$, $y^2 = 4s_1^2 + 8s_1 + 4$ だから $x^2 + y^2 - 4 = s_1^4 + 4s_1^3 + 6s_1^2 + 4s_1 + 1$, $x^2 - y^2 + 12 = s_1^4 + 4s_1^3 - 2s_1^2 - 12s_1 + 9$. また $xy/2 + y = s_1^3 + 3s_1^2 + 3s_1 + 1$. したがって $r + u + v + w + t + 2 = (s_1 + 2) + s_1 + (s_1^2 + 2s_1 + 1) + (s_1^2 + 2s_1 - 3) + (s_1 + 1) + 2 = 2s_1^2 + 7s_1 + 3$. これが平方数なので $2s_1^2 + 7s_1 + 3 = s_2^2$ [= kāva 1] と置く．両翼から 3 を引き，8 を掛け，49 を足すと $(4s_1 + 7)^2 = 8s_2^2 + 25$. 第二翼を平方始原で解くと，VP (8) [5, 15, 25]，あるいは VP (8) [175, 495, 25]. $4s_1 + 7 = 15$ から $s_1 = 2$, したがって $x = s_1^2 + 2s_1 - 1 = 7$, $y = 2s_1 + 2 = 6$. あるいは $4s_1 + 7 = 495$ から $s_1 = 122$. したがって $x = 15127$, $y = 246$.（以上 E98p2）

E98p3 は，E98p2 の最後の計算，すなわち $s_1 = 2$ と $s_1 = 122$ による揚立，を詳しく説明し，解は〈平方始原の解に応じて〉多数ある，ということを付け加える．

E98 の問題文では「六と七を除いて」という条件をつけているが，自注 98p1-p3 では計算で得られたこの解を除外しないことに注意．

··

意味は明らかである．ここでは，どんな二つの量の和と差に三を加えたら平方数になるだろうかと考察すれば，六と七は[1]すぐに思いつく．そして偶然にもこれら二つに対しては全ての陳述が実現するから，無知な者でもこの問題の答えが云えるだろう，というので，それを除外するために，「六と七を除いて」と云われたのである． T246, 6

ここではまず，ルーパを引いた未知数 yā 1 rū $\dot{1}$ を差の根と想定して，述べられた規則に述べられた道理によって，二量 yāva 1 rū $\dot{2}$ と yā 2 を導けば，計算は原典で明らかでる． T246, 10

次に，アールヤー詩節によって編まれた (nibaddha) 先人の例題を，生徒たちの理知を増すために[2]示す． T246, 12

先人の例題．/E99p0/ A597, 11

平方の和と差に一を加えたもの，あるいは引いたもの，が平方に E99

---

1 ṣaṭkasaptakayoḥ P] ṣaṭsaptakayoḥ T.　2 śiṣyabuddhiprasārārtham T] ∅ P.

なるような二量を計算して云いなさい，もしわかるなら．/E99/[1]

A597, 14 **第一例題では，二量の平方として yāva 4 と yāva 5 rū $\dot{1}$ が想定される．これら二つの和と差にルーパを加えると根を与えるものとなる．述べられた一番目の平方の根 yā 2 が一方の量である．二番目であるこの yāva 5 rū $\dot{1}$ の，平方始原による二根は ka 1 jye 2，あるいは ka 17 jye 38．〈小と長〉二つのうちの長が第二の量である．短（小）をヤーヴァッターヴァットの値で揚立すると**[2]**最初の量である．このように生ずる二量は 2, 2．あるいは 34, 38．/E99p1/**

A597, 19 **次に，第二例題でも全く同じように，想定された第一の量は yā 2．二番目であるこの yāva 5 rū 1 の，平方始原による二根は ka 4 jye 9，あるいは ka 72 jye 161．小によって一番目が揚立され，長は二番目である，というので生ずる二量は 8, 9．あるいは 144, 161．/E99p2/**

A597, 22 **ここで，小さい量の平方〈の個数 (すなわち係数)〉を引いたり加えたりしたものが平方を与えるものとなるような量がターヴァット（すなわちヤーヴァッターヴァット）の第二の既知数 (vyakta)（すなわち個数＝係数）であると知るべきである．それを導く際にも方法がある．それは次の通りである．〈先ほどの第一例題の解で〉想定された量の平方 (yāva)〈の個数 (係数)〉は 4．これを引いたり加えたりした第二の量〈の中の平方の個数〉は平方を与えるものになる，というので，これを二倍すると 8．これは何か二つのものの平方の差であるが，和と差の積に等しい．だから，差を任意数 2 と想定する．「平方の差が量の差で割られる〈と和である〉」(L 58) というので生ずる平方の〈個数の〉差と和の根は 1 と 3．最初の方の平方 1 に想定された量の平方 4 を加えると，あるいは二番目の平方 9 から〈それを〉引くと，二番目〈の係数〉5 が生ずる．ここで，小さい量の平方〈の個数〉（第一の係数）は，第二の量〈の中の平方の個数〉（第二の係数）が整数になるように想定される．/E99p3/**

A597, 29 **同様に，もう一つ想定された 36 を二倍すると 72．これが平方の差である．量の差六を想定すると 3 と 9 が生ずる．もう一つの平方 81 から想定された 36 を引くと二番目の 45 が生ずる．あるいは四によって 85，二によって 325．/E99p4/**

---

[1] M はこの例題と自注 (E99p1-p5) を E96 と E97 の間に置く．AGTP はこの和訳と同じ順序を採用するが，A が E99 に与える詩節番号は M におけるそれに等しい．すなわち，E99 ＝ A 4 ＝ M 4．換言すれば，A におけるこの「先人の例題」(E99) は，位置は GTP と同じだが，詩節番号は M と同じ．詳しくは付録 E 参照．

和訳	A	M	G	T	P
E96	3	3	91	97	163
E99		4			
E97	5	5	n.n.	98	164
81, 82, 83					
E98	6	6	95	99	167
E99	4		n.n.	100	168

[2] 正しくは「短（小）でヤーヴァッターヴァットの値を揚立すると」であろう．

また，別様に想定する場合の道理．二量の積の二倍を平方の和に足したり引いたりすると，必然的に根を与えるものになるだろう．量の積の二倍が平方数になるように，一方は平方数，他方は平方数の半分に想定すべきである．というのは，平方数の積は平方数であるから．そのように想定した一方は平方数 1，他方は平方数の半分 2．これら両者の積 2 の二倍は 4．これが一番目〈の係数〉である．これが小さい量の平方〈の個数〉である．同じそれら二つの平方の和は 5．これが二番目の量〈の中の平方の個数〉（第二の係数）である．あるいはまた，一方は平方数 9，他方は平方数の半分 2．これら両者の積 18 の二倍は 36．これが小さい量の平方〈の個数〉である．また同じそれら二つの平方の和は 85．これが二番目の量〈の中の平方の個数〉（第二の係数）である．これら二つの既知数 (vyakta) がヤーヴァッターヴァットの平方の乗数 (guṇa) と想定される．〈ただし〉，二番目の量は，第一例題ではルーパを引き，第二例題ではルーパを加えるべきである．このようにして，それら二量の平方は，陳述が二つとも実現するように想定されるべきである．ただし，一番目の〈翼の〉根を取ったら，二番目の〈翼の〉根は平方始原による，云々は前に述べてある．このように，〈解は〉多数ある．/E99p5/ A598, 1

···Note ···

例題 (BG E99): 多色等式（四元二次連立）．

陳述：1. $y^2+x^2+1=u^2$, $y^2-x^2+1=v^2$. 2. $y^2+x^2-1=u^2$, $y^2-x^2-1=v^2$.

1 の解：$x^2=4s_1^2$, $y^2=5s_1^2-1$ $[s_1=\text{yā}]$ と想定すると二つの陳述に適合する．そこで後者を平方始原で解く．試行錯誤で VP (5) $[1,2,-1]$．また VP (5) $[4,9,1]$ だから，和生成により $\text{BH}^+(5)\begin{bmatrix}1 & 2 & -1\\ 4 & 9 & 1\end{bmatrix}=$ VP (5) $[17,38,-1]$．最初の解から $y=2$，また $s_1=1$ から $x=2$．二番目の解から $y=38$，また $s_1=17$ から $x=34$．(以上 E99p1)

2 の解：$x^2=4s_1^2$, $y^2=5s_1^2+1$ $[s_1=\text{yā}]$ と想定すると二つの陳述に適合する．そこで後者を平方始原で解く．試行錯誤で VP (5) $[4,9,1]$．等生成により $\text{BH}^+(5)\begin{bmatrix}4 & 9 & 1\\ 4 & 9 & 1\end{bmatrix}=$ VP (5) $[72,161,1]$．最初の解から $y=9$，また $s_1=4$ から $x=8$．二番目の解から $y=161$，また $s_1=72$ から $x=144$．(以上 E99p2)

二量の想定法 1: $x^2=a^2s_1^2$, $y^2=bs_1^2\mp 1$ と想定する．符号 $-$ は陳述 1 の場合，$+$ は陳述 2 の場合である．それぞれ二条件から $(b+a^2)s_1^2=u^2$, $(b-a^2)s_1^2=v^2$ だから $(b+a^2)=k^2$, $(b-a^2)=\ell^2$ と置くと $2a^2=k^2-\ell^2=(k+\ell)(k-\ell)$．したがって $k-\ell=c$ と置くと $k+\ell=2a^2/c$．合併算から $k=(2a^2/c+c)/2$, $\ell=(2a^2/c-c)/2$．そこで $b=k^2-a^2=\ell^2+a^2$ によって b を定める．a は，b が整数になるように決める．例えば，$a^2=4$ とすると $2a^2=8=2\cdot 4$ から $b=5$．(上の 1，2 の解はこのケース) また $a^2=36$ とすると $2a^2=72=6\cdot 12$ から $b=45$，$72=4\cdot 18$ から $b=85$，$72=2\cdot 36$ から $b=325$．(以上 E99p3-p4)

二量の想定法 2: $x^2=2abs_1^2$, $y^2=(a^2+b^2)s_1^2\mp 1$ と想定する．符号 $-$ は陳述 1 の場合，$+$ は陳述 2 の場合である．このとき $y^2+x^2\pm 1=(a+b)^2s_1^2$, $y^2-x^2\pm 1=(a-b)^2s_1^2$ だからどちらの二条件にも適合する．そこで $2ab$ が平方数になるように $a=k^2$, $b=\ell^2/2$

と想定し，$y^2 = (a^2+b^2)s_1^2 \mp 1$ を平方始原で解く．例えば，$a = 1^2 = 1, b = 2^2/2 = 2$ とすると $x^2 = 4s_1^2, y^2 = 5s_1^2 \mp 1$.（上の 1，2 の解はこのケース）また $a = 3^2 = 9$, $b = 2^2/2 = 2$ とすると $x^2 = 36s_1^2, y^2 = 85s_1^2 \mp 1$.（以上 E99p5）

……………………………………………………………………………………

T246, 15　意味は明らかである．この一番目の例題では二つの量 yāva 4, yāva 5 rū $\dot{1}$ が想定される．二番目の例題では二つの量は yāva 4, yāva 5 rū 1 である．計算および量を想定する際の道理は原典で明瞭である．

T246, 18　次に，一つの翼の根が取られたとき，二番目の翼にもし，ルーパを伴うにせよ伴わないにせよ，未知数がある場合の方法をアヌシュトゥブ詩節二つで述べる．

A603, 4　**規則．/84p0/**[1]

84　**〈一方の翼の平方根・立方根などを取ったとき，他方の翼に〉ルーパを伴う未知数がある場合，ルーパを伴う他の色の平方を始めとするものと等置して，その値を導くべきである．//**
85　**〈次に〉，それで量を揚立してから，ルーパを伴う他の色と前の根を等置して，さらに後続の計算を行うべきである．/84-85/**

A603, 8　**最初の翼の根が取られたとき，他方の翼にルーパを伴う，あるいは伴わない，未知数があるとしよう．その場合，ルーパを伴う他の色の平方と等置して，その未知数の値を導き，それで量を揚立し，さらに他の計算をするべきである．またその，ルーパを伴う他の色と最初の翼の根との同等性からも〈もし必要なら計算を行うべきである〉．一方，もし〈更なる〉計算がないなら，既知の平方等と等置する (sama-kriyā)．/85p/**

…Note……………………………………………………………………………

規則 (BG 84-85)：多色等式中項除去の規則 7.

$as_1 + b = s_2^2$ の場合（ここでは右辺が「最初の翼」），もし他の陳述（条件）による計算がなければ，s_2 に既知数 (c) を想定して s_1 を求める：$s_1 = (c^2 - b)/a$．もし他の陳述による計算があれば，$s_2 = cs_3 + d$ とおいて s_1 の揚値を求める：$s_1 = (c^2/a)s_3^2 + (2cd/a)s_3 + (d^2 - b)/a$．そしてこれをその計算に適用する．$as_1 + b = s_2^3$ の場合も同様である．

……………………………………………………………………………………

T246, 24　最初の翼の根が取られたとき，もう一つの翼に未知数がルーパを伴ってあ
T247, 1　るいは伴わずにある場合は，ルーパを伴う他の色の平方と等置して，その未知数の値を導くべきである．しかし第一翼の立方根が取られたとき，もう一つの翼に未知数がルーパを伴ってあるいは伴わずにある場合は，ルーパを伴う他の色の立方と等置して，未知数の値を導くべきである．「平方を始めとするものと〈等置して〉」(BG 84d) と「始め」(ādi) という語を用いているから．さて，得られた，色から成る未知数の値で量を揚立し，ルーパを伴って

[1] A はこの導入文を欠く．

想定された他の色と最初の翼の根を等置し，さらに他の計算を行うべきである．一方，もし計算がなければ，ルーパを伴う他の色の平方と等値すべきではない．というのは，もしそうすれば，量の値は未知のままになってしまうだろう．そうではなくて，既知の平方等と等置すべきである．というのは，そのようにすれば，量の値は既知になるだろうから．ここで，既知の平方数あるいは既知の立方数は，⟨ 量の ⟩ 値が整数になるように想定すべきである．

···Note···

K の補足：後続の計算がない場合，$s_2 = c$ は $s_1 = (c^n - b)/a$ ($n = 2, 3, ...$) が整数になるように定めるべきである．

···

これに関する正起次第．最初の翼で根が取られたとき，二番目の翼にある T247, 10
未知数は，単独であろうがルーパを伴っていようが，それもまた平方数に他ならない，最初の翼に等しいのだから．だから，なんらかの平方数と等置することはふさわしい (ucita)．しかし，それがもし既知の平方数とであるなら，量は既知数にしかならない，というので，残りの陳述の計算を導入 (avatāra) することはないだろう．だからこそ，残りの計算がない場合にこれ（既知の平方数と等置すること）がふさわしいのである．したがって，残りの演算が行われるべきときは，単独のあるいはルーパを伴う他の色の平方と等置することがふさわしい．

このようなわけで，「ルーパを伴う他の色の」(BG 84c) と述べられたこと T247, 15
には次のような意図がある．第二翼に単独の未知数がある場合，未知数の数字（係数）を掛けた[1]単独の他の色の平方と等置すれば未知数の値は[2]整数になるだろう，というので，たとえその場合でも，単独の他の色の平方との等置はふさわしい．たとえ第二翼にルーパを伴う未知数がある場合でも，もしルーパ (pl.) を未知数の数字によって整除すること (apavartta) が可能なら，述べられたような他の色の平方との等置がふさわしい．というのは，等清算によって，他の色の平方がある翼には，前の未知数の翼に起因するルーパが生ずるだろう．そうすれば，「最初 ⟨ の色 ⟩ で他方の翼を割れば ⟨ 最初の色の揚値が生ずるだろう ⟩」(BG 65bc) という ⟨ 演算 ⟩ が行われたとき，値が整数になるだろう．またその場合，未知数の数字によって[3]ルーパを整除することが不可能なら，単独の他の色の平方と等置すれば，値は分数になってしまうだろう．だから云われたのである，「ルーパを伴う」(BG 84c) と．ここでルーパ (pl.) は，等清算によってルーパが消えるように，あるいは未知数の数字によってそれらを整除できるように，想定すべきである．またルーパの想定方法としては「その平方が除数で割られて ⟨ きれいになる ⟩」(BG 88) 云々とこ
れから述べられるものが理解されるべきである．ただし初心者は，「除数で T248, 1
割られて」というところを「未知数の数字で[4]割られて」と読んで，これから

[1] avyaktāṅkaguṇitasya P] avyaktāṃkasya guṇitasya T.　[2] karaṇe 'vyaktamānam T] karaṇe vyaktamānam P.　[3] yatrāvyaktāṅkena P] yatra vyaktāṃkena T.　[4] sthāne 'vyaktāṃka T] sthāne vyaktāka P.

述べられる規則 (BG 88-90) によってルーパを想定すべきである．あとは明らかである．

···Note···

K による規則 7 (BG 84-85) の正起次第．もし $s_2 = c$（既知数）とすると，s_1 の値が確定するので,「残りの陳述の計算を導入 (avatāra) することはない」．だから，残りの計算がない場合に $s_2 = c$（既知数）と置く．ただし，前述のように，$s_1 = (c^n - b)/a$ $(n = 2, 3, ...)$ が整数になるように c を定めるべきである．

残りの計算がある場合：$as_1 = s_2^2$ のとき，$s_2 = as_3$ と置くと $as_1 = a^2s_3^2$ から $s_1 = as_3^2$ は整数（係数）になる．$as_1 + b = s_2^2$ のとき，b/a が余りを持たないなら，やはり $s_2 = as_3$ と置くと $as_1 + b = a^2s_3^2$ から $s_1 = as_3^2 - b/a$ は整数（係数）になる．b/a が余りを持つなら，$s_2 = as_3 + c$ と置くと $as_1 + b = a^2s_3^2 + 2acs_3 + c^2$ から $s_1 = as_3^2 + 2cs_3 + (c^2 - b)/a$ だから $(c^2 - b)/a$ がゼロまたは整数になるように c を定めると s_1 が整数（係数）になる．$n = 3$ 等の場合も同様．そのような c は BG 88-90 の規則で得ることもできる．

···

T248, 2 これに関する例題をアヌシュトゥブ詩節で述べる．

A604, 19 **例題．/E100p0/**

E100 **ある量に三と五を掛け，それぞれ一を加えると平方数になる．その量を云いなさい．もしあなたが種子〈数学〉の中の中項除去に精通しているなら．/E100/**

A604, 22 **ここでは 量が yā 1 である．これに三を掛け，一を加えると yā 3 rū 1．これが平方である，というのでカーラカの平方と等値し，〈等清算のあと〉両翼にルーパ 1 を加えると，根は kā 1．他方の翼であるこの yā 3 rū 1 を，ルーパを伴うニーラカ三つの平方 nīva 9 nī 6 rū 1 と等置し，得られるヤーヴァッターヴァットの値で量を揚立すれば nīva 3 nī 2 になる．さらに，これに五を掛け一を加えると平方数である，というので，nīva 15 nī 10 rū 1 をピータカの平方と等値し，等清算すれば，両翼は**

nīva 15 nī 10
pīva 1 rū $\dot{1}$

双方に十五を掛け，二十五ルーパを加えると，最初の翼の根は nī 15 rū 5．他翼であるこの pīva 15 rū 10 の，平方始原による二根は ka 9 jye 35．あるいは ka 71 jye 275．小はピータカの値である．長を最初の翼の根である nī 15 rū 5 と等値して得られるニーラカの値は 2 あるいは 18．それぞれの値で揚立すれば，生ずる量は 16 あるいは 1008．/E100p1/

A604, 33 **あるいは，一つの陳述が自ずから成立する (saṃbhavati) ように想定した量は yāva $\frac{1}{3}$ rū $\frac{\dot{1}}{3}$．これを五倍しルーパを加えた yāva $\frac{5}{3}$ rū $\frac{\dot{2}}{3}$ は根を与える，というのでカーラカの平方と等置し，〈等清算のあと〉両翼に負数である三分の二を加え，述べられたようにカーラカ翼の根を取ると kā 1.**

第二翼であるこの yāva $\frac{5}{3}$ rū $\frac{\dot{2}}{3}$ の，平方始原による二根は ka 7 jye 9．あるいは ka 55 jye 71．この小が始原数の色の値である．それによって想定された量を揚立すると，生ずる量はそれ（前の解）と同じで 16 あるいは 1008．/E100p2/

···Note···

例題 (BG E100)：多色等式（三元二次連立）．

陳述：$3x+1=u^2$, $5x+1=v^2$.

解 1: $x=s_1$ [= yā 1], $u=s_2$ [= kā 1] とすると第一の陳述から $3s_1+1=s_2^2$. ⟨ 等清算により，$3s_1=s_2^2-1$. 両翼に 1 を加えて，$3s_1+1=s_2^2$. ⟩ $s_2=3s_3+1$ [s_3 = nī] とすると $3s_1+1=(3s_3+1)^2=9s_3^2+6s_3+1$ から $s_1=3s_3^2+2s_3$. そこで第二の陳述から $5(3s_3^2+2s_3)+1=s_4^2$ [s_4 = pī] すなわち $15s_3^2+10s_3=s_4^2-1$. 両翼に 15 を掛け 25 を加えると $(15s_3+5)^2=15s_4^2+10$. ここで第二翼を平方始原で解く. ⟨ まず試行錯誤から VP (15) [1, 5, 10] および VP (15) [1, 4, 1]. 和生成により BH$^+$(15) $\begin{bmatrix} 1 & 5 & 10 \\ 1 & 4 & 1 \end{bmatrix}$ =⟩ VP (15) [9, 35, 10]. また ⟨BH$^+$(15) $\begin{bmatrix} 9 & 35 & 10 \\ 1 & 4 & 1 \end{bmatrix}$ =⟩ VP (15) [71, 275, 10]. $s_4=9$ のとき $15s_3+5=35$ から $s_3=2$. したがって $s_1=3s_3^2+2s_3=16$ $(=x)$. $s_4=71$ のとき $15s_3+5=275$ から $s_3=18$. したがって $s_1=3s_3^2+2s_3=1008$ $(=x)$. (以上 E100p1)

解 2: $x=\frac{1}{3}s_1^2-\frac{1}{3}$ [s_1 = yā] とすると $3x+1=s_1^2$ だから第一の陳述は自ずから成り立つ ($u=s_1$). 第二の陳述から $\frac{5}{3}s_1^2-\frac{2}{3}=s_2^2$ [$v=s_2$ = kā]. ⟨ 等清算により，$\frac{5}{3}s_1^2=s_2^2+\frac{2}{3}$. 両翼に $-\frac{2}{3}$ を加えて，$\frac{5}{3}s_1^2-\frac{2}{3}=s_2^2$.⟩ これを平方始原で解く. ⟨ 試行錯誤から VP (5/3) [1, 1, −2/3]，また VP (5/3) [3, 4, 1]. 和生成によって ⟩ VP (5/3) [7, 9, −2/3]. ⟨ さらに和生成によって ⟩ VP (5/3) [55, 71, −2/3]. すなわち $(s_1, s_2)=(7, 9)$ あるいは (55, 71). したがって $x=\frac{1}{3}s_1^2-\frac{1}{3}=16$ あるいは 1008. (以上 E100p2)

···

意味は明らかである. 計算は原典で明らかである. T248, 5

前の翼の立方根が取られた場合，他の色の立方との等置が行われるべきである，と述べられたが，先人たちによってアヌシュトゥブ詩節で編まれたそれに対する例題を示す. T248, 6

次に，先人の例題．/E101p0/ A609, 26

> **どんな量に三を掛け，ルーパを加えると立方数になるか．⟨ その立方数の ⟩ 立方根を平方したものを三倍し一を加えると平方数である．/E101/** E101

ここでは量が yā 1 である．これを三倍しルーパを加えると yā 3 rū 1．これが立方であるというので，カーラカの立方と等置すれば，前のように量が生ずる，kāgha $\frac{1}{3}$ rū $\frac{\dot{1}}{3}$．これを三倍しルーパを加えたものの立方根 A610, 2

の平方を三倍しルーパを加えると kāva 3 rū 1. これが平方であるというので，ニーラカの平方と等置し，〈等清算のあと〉両翼にルーパを加えると，第一翼の根は nī 1. 第二翼であるこの kāva 3 rū 1 の，平方始原による二根は，ka 1 jye 2，あるいは ka 4 jye 7，あるいは ka 15 jye 26. 小がカーラカの値である，4. これの立方 64 で揚立して生ずる量は 21 あるいは $\frac{3374}{3}$. /E101p/

···Note ···

例題 (BG E101)：多色等式（三元三次連立）.

陳述：$3x+1=u^3$, $3u^2+1=v^2$.

解：$x=s_1$ [= yā 1], $u=s_2$ [= kā 1] とすると，最初の陳述から $x=s_1=\frac{1}{3}s_2^3-\frac{1}{3}$. $v=s_3$ [= nī 1] とすると，二番目の陳述から $3s_2^2+1=s_3^2$. VP (3) $[s_2, s_3, 1]$ を解く．試行錯誤によって VP (3) [1, 2, 1]. これから等生成によって VP (3) [4, 7, 1]. これら二つの解から和生成によって VP (3) [15, 26, 1]. $s_2=4$ のとき $s_1=21$. $s_2=15$ のとき $s_1=3374/3$. （$s_2=1$ のときの解 $s_1=0$ には言及しない.）

···

T248, 10 意味は明らかである．計算は原典で明らかである．

T248, 11 次に，特殊規則 (viśeṣa) を教えるために，もう一つの例題をアヌシュトゥブ詩節で述べる．

A612, 7 **例題. /E102p0/**

E102 **どんな二量の平方の差に二と三を別々に掛け三を加えると平方数になるだろうか．すぐに云いなさい，六と五のように. /E102/**

T248, 14 ちょっと考えただけでも六と五は得られるので，無知な者でもこの問題の答えを云えるだろう．だから云われたのである,「六と五のように」と．六と五の平方の差は述べられた種類のもの (vidha) であるということは良く知られているが，これら（六と五）の平方の差が述べられた種類のものであるように，他のどんな二量がそうなるだろうか，というのが問題の意味である．

T248, 18 ここで，二量に未知数を想定すると計算が完結しない，というので，平方の差に未知数を想定すべきであるという教えをアヌシュトゥブ詩節で云う．

86
A612, 10 **賢い者たちは，計算を，あるときは最初から，あるときは真ん中から，またあるときは最後から，始める，〈計算が〉簡単になるように，また完結するように. /86/**

···Note ···

規則 (BG 86)：計算の出発点に関するメタ規則.

···

A612, 12 **だからここ (BG E102) では 平方の差が yā 1 である．これを二倍し三を加えたもの yā 2 rū 3 は平方である，というので，カーラカの平方と等置し**

て得られたヤーヴァッターヴァットの値で〈ヤーヴァッターヴァットを〉揚立すれば，生ずる量は kāva $\frac{1}{2}$ rū $\frac{\dot{3}}{2}$．一方，これを三倍し三を加えたもの kāva $\frac{3}{2}$ rū $\frac{\dot{3}}{2}$ は平方である，というので，ニーラカの平方と等置し，等清算を行えば，生ずる両翼は $\frac{\text{nīva 2 rū 3}}{\text{kāva 3}}$．双方に三を掛けると，カーラカの翼の根は kā 3．他翼であるこの nīva 6 rū 9 の，平方始原による二根は小 6 長 15，あるいは，小 60 長 147．長を第一翼の根 kā 3 と等置して得られるカーラカの値は 5 あるいは 49．前のようにして得られたカーラカの値で揚立して生ずる，二量の平方の差は 11 あるいは 1199．これを差で割って二通りに置き，差で減加して半分にすれば二量になる，と前に述べた．だから，差に任意数であるルーパを想定して生ずる二量は 6 と 5，あるいは 600 と 599．あるいは，差に十一を想定して生ずる二量は 60 と 49．/E102p/

···Note··

例題 (BG E102)：多色等式（四元二次連立）．

陳述：$2(x^2-y^2)+3=u^2$, $3(x^2-y^2)+3=v^2$.

解：$x^2-y^2=s_1$ [$=$ yā 1], $u=s_2$ [$=$ kā 1] とすると，第一の陳述から $2s_1+3=s_2^2$．これから s_1 の揚値を求めると $s_1=\frac{1}{2}s_2^2-\frac{3}{2}$．$v=s_3$ [$=$ nī 1] とすると，第二の陳述から $\frac{3}{2}s_2^2-\frac{3}{2}=s_3^2$．等清算により $3s_2^2=2s_3^2+3$．両翼を 3 倍して $(3s_2)^2=6s_3^2+9$．そこで VP (6) $[s_3, 3s_2, 9]$ を解くと VP (6) $[6, 15, 9]$，また VP (6) $[60, 147, 9]$．$3s_2=15$ のとき $s_2=5$, $s_1=\frac{1}{2}s_2^2-\frac{3}{2}=11$．$3s_2=147$ のとき $s_2=49$, $s_1=1199$．$x^2-y^2=s_1=11$ のとき，$x-y=1$ とすると $x+y=11$ だから，合併算により $x=6$, $y=5$．〈$x-y=11$ とすると $x+y=1$ だから $x=6$, $y=-5$．これは負だから解としない．〉$x^2-y^2=s_1=1199$ のとき，$x-y=1$ とすると $x+y=1199$ だから $x=600$, $y=599$．$x-y=11$ とすると $x+y=109$ だから，$x=60$, $y=49$．

··

意味は明らかである．ここ (BG E102) では，他ならぬ平方の差に[1]もし未知数の値を想定すれば，「ある量に三と五を掛け」(BG E100) と前に述べられた例題と同様に，容易に例題の解があるだろう．ただし，次のような違いがある．すなわち，そこ (BG E100) では量が未知数と想定されるので，量の値こそが〈未知数の値として〉得られる．一方ここ (BG E102) では，平方の差が未知数と想定されるので，二量の平方の差こそが〈未知数の値として〉得られるだろう．だから〈二量の〉差を任意数と想定し，「平方の差が量の差で割られる〈と和である〉」(L 58) 云々によって平方の差から二量が得られるべきである，ということである．計算は原典で明らかである． T248, 22

次に，「ルーパを伴う未知数がある場合」(BG 84) というこれに関する特殊規則をアヌシュトゥブ一詩節半で云う． T249, 1

もう一つの術則，一詩節半．/87p0/ A616, 1

[1] vargāntarasyaiva T] vargāntarasyaivaṃ P.

87 **〈陳述中の〉平方等に除数があり，〈前の規則 (BG 84-85) を適用する際に〉もしそれを掛けた未知数が生ずるなら，その場合はその（未知数の）値が整数になるように「〈ルーパを伴う〉他の色の平方を始めとするもの」(BG 84cd) を等しく想定すべきである．あとは〈同規則に〉述べられた通りである． /87/**

A616, 5 **平方等において，あるいはクッタカ等において，〈前の規則 (BG 84-85) を適用する際に〉一方の翼の根が取られ，他方の翼では未知数の平方等の除数を掛けられた未知数が生ずるなら，その場合はその（未知数の）値が整数になるように「他の色の平方を始めとするもの」(BG 84cd) にルーパを加減して，等しいものと想定すべきである．あとは前の規則 (BG 84-85) に述べられた． /87p/**

···Note···

規則 (BG 87)：多色等式中項除去の規則 8.

$(x^n+c)/b=u$（$n \geq 2$; x, u は整数）の場合，例えば $n=2$ なら，$x=s_1$, $u=s_2$ とすると $s_1^2=bs_2-c$ だから，第二翼 $=(kbs_3+d)^2$ と置けば $s_2=k^2bs_3^2+2kds_3+(d^2+c)/b$. この s_2 が整数になるように d を定める.

···

T249, 5 これは先生ご自身によって説明された．一方の翼の根が取られたとき，二番目の翼にある未知数が平方等の除数，あるいは他の何らかの乗数を掛けられて生じている場合，何も特別なことはないというので，前の規則 (BG 84-85) で「その値が整数になるように他の色の平方を始めとするものを想定すべきである」という特殊規則をもし述べたとしたら，その時はこの規則 (BG 87) は[1]無用になるとしても，他の場合には〈未知〉量の値が分数で得られた場合でも残りの演算によって量の値が整数になるだろうというので，そこ（前の規則）ではこの特殊規則は不可欠ではないので述べられなかった[2]．一方，この平方クッタカでは，残りの演算がないので，他の色の平方との等置のみによって量が整数になるように努力すべきであるというので，特殊規則は不可欠であるから個別の[3]規則が期待されたのである．立方クッタカの場合も同様である．

T249, 13 （問い）「そうではあるが，残りの演算がない場合,『その値が整数になるように他の色の平方を始めとするものを想定すべきである』ということを目的とする規則が期待されているのであり,『平方等に除数があり』云々〈という規則〉ではない.」

否．他の場合には量の値が分数 (bhinna) で得られた場合でも，問題の解 (uddiṣṭa-siddhi) はある（すなわち，問題は解かれたことになる)．一方ここではそうではない．というのは，分数である量の平方に，提示された付数を加減したものは，整数である[4]提示された除数で割り切れないから．立方の場

[1] tadedaṃ sūtraṃ T] tadevaṃ sūtraṃ P. [2] nāvaśyaka iti sa noktaḥ T] noktaḥ P.
[3] pṛthak P] pṛthakpṛthak T. [4] yutono'bhinnena T] yutono bhinnena P.

合も同様である．したがってここでは，量の値が整数であることが必然であるから，「平方等に除数があり，もしそれを[1]掛けた」(BG 87) 云々と云われたのである．

···Note···

ここで扱われている問題のタイプは $x^n = by - c$ と書くことができる．これは前の規則 (BG 84-85) と同じカテゴリーに属するから，そこで一緒に述べるのがふさわしいと考えられるかもしれない．しかしここでは，単独で（他の陳述すなわち条件なしに）整数解を求めるということを想定して特別規則が与えられた，という趣旨．

···

（問い）「残りの演算がなければ，既知の平方数等と等置すべきである．」 T249, 18
述べられる．その場合でも，既知の数字 (vyakta-aṅka) は，〈第二翼を〉それの平方と等置した (samīkaraṇa) 場合に〈未知〉量の値 (rāśi-māna) が整数 (abhinna) になるように想定すべきである．ここでも，既知の数字を想定することのほうがより難しい (garīyas)．というのは，他の色を想定することに何の困難 (kāṭhinya) もないから．ただし，前の〈翼の〉未知数 (avyakta) の数字 (aṅka)（係数）が掛けられたものとしてそれ（他の色）が想定される．さらにまた，既知の平方数等と等置する場合，それから生ずる量は一つだけであるが，ここでは付加数に応じて多くの (aneka) 量が生ずる，というので，大きな違いがある，ということを賢い者たちは理解すべきである．

···Note···

問い: 第二翼を既知数の平方等と等置するだけでいいのではないか．

K の答え: 未知数 (x, y) が整数になるような既知数を見つけることのほうが第二翼を（色＋ルーパ）の平方等と想定するよりかえって難しいうえに，既知数と想定した場合は一組の解しか得られない．

···

これに関する例題をアヌシュトゥブ詩節で述べる． T250, 1

例題．/E103p0/ A617, 1

どんな平方数から四を引くと七で割り切れるか．あるいは三十を引く場合は何か．もしそれがわかるならすぐに云いなさい．/E103/ E103

ここでは，量が yā 1 である．これの平方から四を引くと七で割られてきれいになる，というので，商の値をカーラカとし，それを掛けた除数とこの yāva 1 rū $\dot{4}$ を等置し〈等清算すれば〉，一番目の翼の根は yā 1．他方の翼であるこの kā 7 rū 4 には根がないから，「〈陳述中の〉平方等に除数があり，〈前の規則 (BG 84-85) を適用する際に〉もしそれが未知数に掛けられることになるなら」(BG 87) 云々という計算術 (karaṇa) により，ニーラカ七つに二ルーパを加えたものの平方と等置すれば，得られるカーラカの値は整数になる，nīva 7 nī 4．一方，想定された二番目の翼の根は nī 7 rū 2．これ A617, 4

[1] tena P] ∅ T.

を前の翼の根であるこの yā 1 と等置して得られるヤーヴァッターヴァットの値は nī 7 rū 2. 〈ニーラカの値をルーパとして〉付加数を加えると 9 であり，これの平方が量になるだろう，81. /E103p/

· · ·Note ·

例題 (BG E103)：多色等式（平方クッタカ，二元二次）.

陳述：1. $(x^2-4)/7=u$. 2. $(x^2-30)/7=u$.

1 の解：$x=s_1$ [$=$ yā 1], $u=s_2$ [$=$ kā 1] とすると $s_1^2-4=7s_2$. 等清算により $s_1^2=7s_2+4$. ここで第二翼 $=(7s_3+2)^2$ [$s_3=$ nī] と置くと $s_2=7s_3^2+4s_3$. すなわち，任意の整数 s_3 に対して s_2 $(=y)$ は整数になる．従って，例えば $s_3=1$ のとき $s_1=7s_3+2=9$ だから $x^2=s_1^2=81$.

2 の解は BG 88-90 に続く自注で与えられる.

· ·

T250, 4 意味は明らかである．この例題二つは平方クッタカ (varga-kuṭṭaka) のものである．クッタカとは乗数の一種であると前に述べたが[1]，それがここでは平方数の形をしている．というのは，この問題は，一にどんな平方数を掛け四を引くと七で割り切れるか，というここで完結しているから．二番目の問題も同様である．同様に，この数字にどんな立方数を掛け，提示された付数を加減すると，提示された除数で割り切れるか，というここで完結するような問題は立方クッタカ (ghana-kuṭṭaka) の問題である．計算は原典で明らかである．

T250, 10 「その（未知数の）値が整数になるように〈ルーパを伴う〉他の色の平方を始めとするものを〈等しく〉想定すべきである」(BG 87) と述べられたが，その場合に[2]，初心者の啓蒙のため，アールヤー詩節一つとギーティ詩節二つで先人たちが読んだ方法を示す[3].

A618, 18 **あるいはまた，他の色の想定に際して初心者を啓蒙するために先人たちによって読まれた方法がある．その諸規則．/88p0/**

88 **ある〈数字〉の平方およびそれに二とルーパ（付数）の根を掛けた**
ものが共に除数で割られてきれいになるとき，それを他の色に掛
け，ルーパ（付数）の根を加えたものを〈第二翼の根に〉想定すべ
89 **きである．// もしルーパ（付数）に根がなければ，それ（ルーパ）**
を除数で切りつめたものに，除数を繰り返し加えるべきである，
平方数が生ずるまで．このようにしてももし〈平方数に〉ならなけ
90 **れば〈問題は〉不毛である．// 掛けたり加えたりして最初〈の翼**
〉に根が生ずる場合も，除数は陳述通りであるが，ルーパ（付数）
は引き算等〈の等清算〉によって得られたものである．/88-90/

A618, 26 **「除数で割られて」(BG 88) という.**[4] **ある数字の平方が除数で割られて**

[1] T86, 4 の段落参照.　[2] tatra P] tatrāyaṃ T.　[3] darśayati T] pradarśayati P.

きれいになる (bhaktā satī śudhyati)，すなわち余りがない (niḥśeṣa)，さ
らにまた，その数字に二とルーパ（付数）の根を掛けると除数で割られてき
れいになる，という場合は，その数字を掛けた他の色にそのルーパ ⟨ の根 ⟩
を加えたものを ⟨ 第二翼の根に ⟩ 想定すべきである．しかしもしルーパ（付
数）に根がないなら，除数で切りつめたそのルーパに，平方数になるまで，
除数を加えるべきである．その根を「ルーパの根」とする．⟨ そして上の規
則を適用する．⟩ このようにしても，もし平方数が決して生じないなら，そ
のときはその例題は不毛 (khila) である．しかし，最初の翼の根が,「掛けた A619, 1
り[1]加えたりして」(BG 90) 云々によって得られる場合は，除数は陳述の通
りに採るべきであり，掛けたり割ったりしたものではないが，ルーパ（付数）
は，等清算を行ったときに引き算等によって得られたものこそを採るべきで
ある．/90p1/

同様に，立方の場合も ⟨ この規則が ⟩ 適用されるべきである．それは次の通 A619, 4
りである．ある数字の立方が除数で割られてきれいになる，また，その数字
に三とルーパ（付数）の立方根を掛けると除数で割られてきれいになる，と
いう場合は，その数字を掛けた他の色にそのルーパの立方根を加えたものを
⟨ 第二翼の立方根に ⟩ 想定すべきである．しかしもしルーパ（付数）に立方根
がないなら，除数で切りつめたそのルーパに，立方数になるまで，除数を加
えるべきである．そしてその立方根を「ルーパの根」とする．⟨ そして上の規
則を適用する．⟩ このようにしても，もし立方数が決して生じないなら，その
ときはその例題は不毛である．以上は先にも適用されるべきである，という
のが ⟨ 補われるべき ⟩ 残りである/90p2/.

さて，⟨BG E103 の ⟩ 二番目の例題では，量が yā 1 である．これに対し A619, 10
て述べられた通りにすると，最初の翼の根は yā 1．他方の翼であるこの kā
7 rū 30 に関しては,「もしルーパ（付数）に根がなければ」(BG 89) 云々
という術則によって，除数で切りつめたルーパに除数の二倍を加えると，根
は 4．これを加えたニーラカ七つの平方との等置などから前のように生ずる
量は nī 7 rū 4．またもし負数であるルーパ ⟨ 四 ⟩ を加えたニーラカ七つ nī
7 rū $\dot{4}$ を ⟨ 第二翼の根と ⟩ 想定して導かれるなら，その場合は他の量 3 も生
ずるだろう．/90p3/

···Note ···

規則 (BG 88-90)：多色等式中項除去の規則 9.

1. $(x^2 \pm c)/b = u$ のとき，$x = s_1$ [$=$ yā 1], $u = s_2$ [$=$ kā 1] とすると $s_1^2 = bs_2 \mp c$. 1a. $s_1^2 = bs_2 + c$ で $\sqrt{c} = d$（整数）が存在するとき，$p^2 = bq_1$, $2pd = bq_2$ となる p をとり，第二翼 $= (ps_3 \pm d)^2$ と置くと，$s_2 = q_1 s_3^2 \pm q_2 s_3$．この s_2 は任意の整数 s_3 に対して整数になる．したがって，$(u, x) = (q_1 s_3^2 \pm q_2 s_3, ps_3 \pm d)$ は解である．1b. $s_1^2 = bs_2 + c$ で $\sqrt{c}$ が整数ではないとき，⟨ あるいは $s_1^2 = bs_2 - c$ のとき ⟩，c を b で

---

4 harabhakteti. BG 88 の冒頭の語を引用し，これから同詩節を取り上げる意思表示をしているが，和訳では語順が変わるので,「『ある ⟨ 数字 ⟩ の平方』という」とすべきか．　1 hatvā TP] hitvā AMG.

切りつめる：$c = bq + r$ $(0 \leq r < b)$．このとき $r + mb = d^2 = c'$ となる m が存在すれば，$c = bq - mb + c'$ だから $u = (x^2 - c)/b = (x^2 - c')/b - (q - m)$，すなわち $(x^2 - c')/b = u + (q - m) = u'$ だから，1a によって (u', x) を求める．このような d が存在しなければ「例題は不毛である」．

2. $(ax^2 \pm c)/b = u$ のとき，$x = s_1$ [= yā 1], $u = s_2$ [= kā 1] とすると $as_1^2 = bs_2 \mp c$. 両翼に ka が平方数 (a'^2) となるような k を掛けると $(a's_1)^2 = b(ks_2) \mp kc$. これにより問題は 1 に帰される．(以上 90p1)

3. $(x^3 \pm c)/b = u$ のときも 1a, 1b の規則が適用できる．$x = s_1$ [= yā 1], $u = s_2$ [= kā 1] とすると $s_1^3 = bs_2 \mp c$. 3a. $\sqrt[3]{c} = d$（整数）が存在するとき，$p^3 = bq_1$, $3pd = bq_2$ となる p をとり，第二翼 $= (ps_3 \mp d)^3$（複合同順）と置くと，以下 1a と同様．3b. $\sqrt[3]{c}$ が整数ではないとき，c を b で切りつめる：$c = bq + r$ $(0 \leq r < b)$. このとき $r + mb = d^3 = c'$ となる m が存在すれば，$c = bq - mb + c'$ だから，以下 3a と同様．そのような d が存在しなければ問題は「不毛」．

4．（このケースは 90p2 末の「以上は先にも適用されるべきである」という言葉で仄めかされているだけ）$(ax^3 \pm c)/b = u$ のとき，$as_1^3 = bs_2 \mp c$ の両翼に ka が立方数 (a'^3) になるような k を掛けると $(a's_1)^3 = b(ks_2) \mp kc$. 以下 3 と同様．(以上 90p2)

例題 (BG E103 第 2 問) の解：$(x^2 - 30)/7 = u$ で $x = s_1$ [= yā 1], $u = s_2$ [= kā 1] とすると $s_1^2 = 7s_2 + 30$. この 30 には「根がない」ので，除数 7 で切りつめると，$30 = 7 \cdot 4 + 2$. 切りつめられた 2 に除数 7 を 2 回加えると平方数 16 になる：$2 + 7 \cdot 2 = 16 = 4^2$. そこで第二翼 $= (7s_3 \pm 4)^2$ と置くと，$s_2 = 7s_3^2 \pm 8s_3 - 2$ だから，この s_2 は任意の整数 s_3 に対して整数になる．だから $(u, x) = (7s_3^2 \pm 8s_3 - 2, 7s_3 \pm 4)$ は例題の解．(以上 90p3)

……………………………………………………………………………………

T250, 18　この〈規則の〉意味が正起次第とともに述べられる．この平方クッタカには，どんな平方数が，提示された付数で加減され[1]，提示された除数で割られてきれいになるか，という陳述がある．その場合，〈未知〉量がヤーヴァッターヴァットから成るものとして想定されるとき，その平方が場合に応じて付数で加減され[2]，除数で割られるとき，その商は知られていないので，商の値がカーラカと想定される．ところで，除数を掛けた商に自分の余りを加えたものは被除数に等しい，ということは，どこでも良く知られている．しかしここでは余りがないから[3]除数を掛けた商が被除数に等しくなるはずである．そしてここでの商はカーラカから成る未知数[4]である．だから，「〈陳述中の〉平方等に除数があり」，「それを掛けた未知数」が第二翼になる．一方，前の翼にはヤーヴァッターヴァットの平方と付数に等しいルーパ (pl.) がある．さてこの両者の等清算によって，前の翼のルーパが第二翼に生ずる．このよう
T251, 1　に，この第二翼には，除数に等しい色の数字（係数）と付数に等しい正数または負数のルーパが生ずる，という[5]ことになる．さて，前の翼は平方数から

---

[1] yuta ūno P] yuto ūno T.　[2] yuta ūne ca P] ūnayute ca T.　[3] agrābhāvād T] agrāmāvād P.　[4] avyaktam T] aktavyam P.　[5] bhavatīti P] bhavaṃtīti T.

成るので根が取られるが，第二翼もまた[1]前の翼に等しいのだから平方数である，というので，何か他の色の平方と等置することは理に適う．ただし，他の色は，提示された除数から成る第二の色の数字で割られてきれいになるように想定されるべきである．そのようにすれば，第二〈翼〉の色の値は整数になるだろう．

···Note···

K による規則 9 (BG 88-90) の正起次第: (1) $(x^2 \pm c)/b = u$ のとき．$x = s_1$ [= yā 1], $u = s_2$ [= kā 1] とする．被除数＝除数×商＋余りだが余り＝0 なので $s_1^2 \pm c = bs_2$. 等清算によって $s_1^2 = bs_2 \mp c$. 第一翼が平方数だから第二翼も平方数．そこで第二翼 $= (ps_3 + d)^2$ と置くと $bs_2 \mp c = p^2 s_3^2 + 2pds_3 + d^2$ から $s_2 = \frac{p^2}{b} s_3^2 + \frac{2pd}{b} s_3 + \frac{d^2 \pm c}{b}$. したがって，これらの係数が整数になるように p と d を選べば，s_2 は任意の s_3 に対して整数になる．

···

（問い）「ルーパを伴う，あるいは伴わない，ある色の平方が第一・第二翼と等しいものとして想定されるとき，そのようなその色は前の翼の根と等しくなるはずである[2]，というので，両者の等置によって量の値が得られるだろう．それがもし万一分数になるなら，クッタカによって整数にすることが理に適っている．一方，第二の色は量 (rāśi) ではない〈から求める必要はない〉．このような状況で，その値を整数にするためのそのような苦労は無益である．」 T251, 7

述べられる．ここでは第二の色は余りのない商として想定されている．それがもし分数でもあるとしたら〈「割られてきれいになる」という表現は割り切れない場合も含むことになってしまうが，その場合〉，どんな量の平方が付数で加減され，除数で割られてきれいにならないだろうか．どんな〈量〉のでも，述べられた種類の〈演算を施された〉平方は必ず「きれいになる」だろう．だから問題は無意味 (vyartha) になるだろう．

···Note···

問い: 第二翼は第一翼と等しいから $s_1 = ps_3 + d$ でもある．これをクッタカで解けば，s_1 と s_3 が整数値で得られる．一方，s_2 は求められている量 (rāśi) ではないから，それを整数にする苦労は無益である．

K の答え: s_2 も整数でなければならない．s_2 が分数でもよいなら，s_1 はなんでも良いということになり，問題自体が無意味になる．

···

したがって，第二の色の値が整数になるように努力すべきである．そのために「ある〈数字〉の平方〈およびそれに二とルーパ（付数）の根を掛けたものが共に〉除数で割られて〈きれいになるとき〉」(BG 88) 云々という規則が発現 (pravṛtti) する．その際，第二翼に除数に等しい色の数字と付数に等しいルーパ (pl.) とが生ずることは定まっている (sthita)．しかし付数がない場 T251, 14

[1] dvitīyapakṣo'pi T] dvitīyavarṇāṅkenoddiṣṭapakṣo'pi P.　[2] bhavitumarhati P] bhavibhumarhati T.

合は除数を掛けた色だけがあって[1]ルーパはない．そこで，ルーパがない場合についてまず述べられる．ある〈数字〉の平方が除数で割られたとききれいになるようなその数字を掛けた他の色が想定されるべきである．そうすれば，その色の平方は除数で割られてきれいになるだろう．だから，このような種類の他の色の平方が想定されると，第二の色の値は整数になるだろう．ここで，たとえ，除数を掛けた他の色が想定されれば，それの平方が除数で割られたら必ずきれいになるだろう，というので，「除数を掛けた他の色が想定されるべきである」とだけ[2]云うことが簡潔さという観点からはふさわしいとしても，ここで想定された他の色だけが量に対する付加数であるという結論になる．そうすると[3]，除数よりその数字が小さい[4]ことが可能であるときに，もしその数字が除数に等しく想定されたら付加数は大きくなるだろう，というので，すべての量の獲得はない．クッタカでは，共約されていない除数と
T252, 1 被除数を〈一般解の〉付加数として想定した場合，すべての乗数と商の獲得はなく，確定した（dṛḍha, すなわち互いに素の）それら二つを付加数とする場合にすべての乗数と商の獲得があるが，ここでもちょうどそれと同じである．だから，すべての量の獲得のために，「ある〈数字〉の平方〈およびそれに二とルーパ（付数）の根を掛けたものが共に〉除数で割られて〈きれいになるとき〉」(BG 88) 云々と云われたのである．ここで，〈「ある〈数字〉の」は〉「ある最小〈の数字〉の」とみなすべきである．そうでなければ付数が大きいから，〈すべての解が得られないという〉欠点が残り，やっかいになるだろう，ということである．

···Note ···

(1.1) $c = 0$ すなわち $s_1^2 = bs_2$ のとき．第三翼にルーパ（定数項）は不要だから，$p^2 = bq$ となる p を選んで $bs_2 = (ps_3)^2$ と置けば，$s_2 = qs_3^2$ だから s_2 は任意の s_3 に対して整数になる．ここで「bs_2 の根として bs_3 が想定されるべきである」といえば簡単だが，そうすると，$s_3 = 1, 2, 3, \dots$ に対して bi の形の解しか得られないことになる．上の条件を満たす最小の p $(\leq b)$ を採用することによりすべての整数解 $(x = pi)$ を得る，という趣旨．

···

T252, 5 次に，もし第二翼にルーパがあるなら,[5]「それらのルーパは除数で割られてきれいになるだろうか，それともならないだろうか」と検討すべきである．もし「これらはきれいになる」だったら，前と全く同じに，その〈数字の〉平方が除数で割られてきれいになるようなものを掛けた他の色が想定されるべきである，述べられた道理に違いはないから．等清算によって第二翼のルーパが他の色の平方の翼に生ずるが，もしそれらもまた除数で割られてきれい

[1] eva bhavati na tu] eva bhavati na T, evaiṣa bhavati natu P. [2] eva P] evaṃ T.
[3] evaṃ sati P] evaṃ T. [4] nyūne P] nūne T. [5] tadā tāni P] tadetāni T.

になるなら，色の値は必ず整数になる．

···Note··

(1.2) $c \neq 0$ のとき．(1.2.1) c が b で割り切れる ($c = bc'$) なら，$s_1^2 = bs_2 \mp c = b(s_2 \mp c')$ だから，$s_2' = s_2 \mp c'$ と置けば $s_1^2 = bs_2'$ となり，(1.1) に帰される．

··

次に，もし第二翼にあるルーパが除数で割られてきれいにならない[1]なら， T252, 10
前のように他の色を想定する場合でも，等清算によって第二翼のルーパ (pl.) が第三翼へ行く場合，それら（ルーパ）は除数できれいにならない（割り切れない）から，第二の色の値は整数にならないだろう．そのために，第三翼は，そこに第二翼のルーパに等しいルーパがあるように，想定されるべきである．というのは，そのようにすれば，等清算によってルーパはなくなるだろう[2]，というので，前に述べられた道理によって，第二の色の値は整数になるだろう．ただし，第三翼のルーパが第二翼のルーパに等しくなるのは，第二翼のルーパの根で加減された他の色が想定された[3]ときだけである．というのは，それの平方には前のようなルーパが生ずるだろうから．だから云われたのである，「それを掛けた他の色にルーパの根を加えたものを想定すべきである」(BG 88cd) と[4]．「加えたもの」というのは指標である．引いたものもまた想定すべきである，道理に違いはないから．

（問い）「ルーパを加えた，あるいは引いた，他の色が[5]想定された場合， T252, 19
それの平方が作られるとき，他の色の平方，他の色，ルーパの三部分が生ずるだろう．そこで，等清算によってルーパが消えると，二部分が残る．そこで，たとえ平方から成る第一部分が，前に述べられた道理によって，除数で割られてきれいになるとしても，色から成る第二部分が必ずきれいになるとどうしてわかるのか．」

述べられる．この第一部分には，「置かれるべきである，最後の平方」(L 19b) というので，想定された数字の[6]平方が生ずる．一方，第二部分には，「二倍した最後を掛けた」(L 19b)「他の数字[7]」(L 19c) というこれによって，想定された数字に二とルーパの根とを掛けたものが生ずる．これら二部分とも
除数で割られてきれいになるように数字が想定されるべきである．だからこ T253, 1
そ云われたのである，「その平方が除数で割られて[8]きれいになる」，さらにその数字に「二とルーパの根を掛けたもの」もきれいになる，そのとき，その数字を掛けた他の色が想定されるべきである，と (BG 88)．一方，除数を掛けた他の色を想定する場合，いかなる検討も〈必要〉ない．というのは，それは自ずから，除数で割られてきれいになるから，ましては自分を掛けたもの，あるいは二とルーパの根を掛けたものは，きれいになるだろう．〈ちなみに，BG 88b の〉'so 'pi' の代わりに 'yo 'pi' という読みがあれば，そのほう

---

[1] na śudhyanti P] śudhyanti T.　[2] rūpābhāvaḥ P] rūpābhāvā T.　[3] kalpyeta T] kalpe(lpye)ta P.　[4] kalpya iti P] kalpyata iti T.　[5] varṇe P] varṇo T.　[6] kalpitāṅkasya T] kalpitāṅkaḥ kasya P.　[7] apare'ṅkāḥ P] aparaika T.　[8] bhaktā P] bhakta T.

がよいと思われる.[1]

···Note···

(1.2.2) c が b で割り切れない場合. (1.2.2.1) 第二翼 $= (ps_3 \pm d)^2$ と置いて第二翼と第三翼のルーパ（定数項）が相殺される場合. これは, $s_1^2 = bs_2 + c$ の c が平方数のとき, すなわち $c = d^2$ となる d が存在するときである. このとき p^2 と $2pd$ がともに b で割り切れるように p を選べば, s_2 は任意の s_3 に対して整数になる. $p = b$ はそのような数の一つである.

······

T253, 7 次に, もし第二翼のルーパの根が得られないなら, 第三翼のルーパが第二翼のルーパと等しくなることは決してないだろう. 第三翼は根を与えるもの（平方数）として想定すべきである. というのは, その根と第一翼の根が等置されるべきだから. だからここ（第三翼）のルーパは根を与えるものだけが生ずるはずである. 一方, 第二翼のルーパは根を与えない（非平方数である）, というなら, いったいどうして両翼のルーパが等しくなるだろうか. だからこのような場合は, 等清算のあと, ルーパの残りが必ず生ずるはずである. だから, 第三翼には, 第二翼のルーパとの差が一などを掛けた除数に等しくなるようなルーパの平方が想定されるべきである. というのは, そのようにすれば, その残りは除数で割られて必ずきれいになる, というので, 第二の色の値は整数になるだろう.

T253, 14 次に, そのような平方数を知るための方法である. 第二翼のルーパ (pl.) に対して, 一などを掛けた除数を加えるか引くかして平方数になったとすると, それ（平方数）とそれら（ルーパ）との差は[2], ⟨一などを⟩掛けられた除数に等しくなるだろう. だから, そのような平方数を得るために, 第二翼のルーパに対して, 平方数になるまで除数を⟨繰り返し⟩加えるべきである. その際, ルーパを除数で切りつめたものに除数を⟨繰り返し⟩加えるだけで, 引き算から生ずる果も足し算から生ずる果も得られる, というので, ⟨計算の⟩簡単さという観点から, これこそが述べるにふさわしい. だから云われたのである,「もしルーパ（付数）に根がなければ, それ（ルーパ）を除数で切りつめたものに, 除数を繰り返し加えるべきである, 平方数が生ずるまで」(BG 89abc) と. その平方の根を加えた他の色が想定されるべきである, ということは, 文脈上得られる. ここで, 次のことも見る（考える）べきである. もしルーパを除数で切りつめたものが根を与えるなら, その根を加えた他の色が想定されるべきである, と. 述べられた道理に違いがないから.

T253, 23 次に, このようにしてももし平方数が生じないなら, 第二翼のルーパとの差が一などを掛けた除数に等しくなるような平方数は存在しない, というので, 提示されたもの（問題）は不毛であるということになる. だから云われたのである,「このようにしても[3]もし⟨平方数に⟩ならなければ⟨問題は⟩不毛である」(BG 89d) と.

---

[1] AMGTP はすべて 'so'pi' と読む. [2] sahāntaraṃ P] sahāṃntara T. [3] evamapi khilaṃ P] evamakhilaṃ T.

···Note···

(1.2.2.2) 第二翼 $= (ps_3 \pm d)^2$ と置いて第二翼と第三翼のルーパ（定数項）が相殺されない場合．これは，$s_1^2 = bs_2 - c$ のとき，あるいは $s_1^2 = bs_2 + c$ の c が平方数ではないとき，すなわち $c = d^2$ となる d が存在しないときである．その場合，与えられた b と c に対して $c \pm bq_2 = d^2$ となる d を選んで (1.2.2.1) のようにすれば s_2 は整数になる．そのためには，c を b で「切りつめて」$c = bq_3 + r$ $(0 \leq r < b)$ とし，この r に対して $r + bq_2' = d^2$ となる d があればよい．なぜならこのとき $c - bq_3 + bq_2' = d^2$ すなわち $c + b(q_2' - q_3) = d^2$．これは，r 自体が平方数のときももちろん成立する．このような d が存在しなければ問題は「不毛」(khila) すなわち解なし．

···

次に，二・三・五などを掛けた平方が提示された場合[1]，等清算だけで前の翼の根を得ることはないから[2]，「そのときは両翼に望みのもの（任意数）を掛けてから」(BG 59b) 云々によって第一翼の根を取った場合[3]，第二翼の色の数字は除数と等しくはならず，任意数を[4]掛けたものになるだろう．ルーパもまた付数に等しくはならず，掛けたものになるだろう．だからその場合も，前に述べられた道理によって，ある〈数字〉の平方が，掛けられた除数に等しい第二の色の数字で割られてきれいになる，云々により他の色を想定することが理に適う．そうであれば，「掛けたり加えたりして最初〈の翼〉に根が生ずる場合も，除数は陳述通りである」(BG 90) と述べられたことは，簡単さのために考慮されるべきである． T254, 1

···Note···

(2) $(ax^2 \pm c)/b = u$ のとき．被除数＝除数×商（余り＝0）だから $as_1^2 \pm c = bs_2$．等清算により $as_1^2 = bs_2 \mp c$．これだけでは第一翼の根が得られないので，ka が平方数 (a'^2) となる k を両翼に掛けて，$(a's_1)^2 = (kb)s_2 \mp kc$．これによって問題は (1) に帰される．BG 90 では $(a's_1)^2 = b(ks_2) \mp kc$ として「陳述通り」の除数を用いることを奨める．これは計算の簡単さのためである．

···

（問い）「掛けられた除数の代わりに単独の除数が使われた場合，どうして翼の同等性が維持されるのか[5]．同等性がなければ同等性と結びついた残りの演算はどうなるのか．だから[6]「除数は陳述通りである」と云われたのは理不尽である．またもし不当であっても簡潔であれば認められるのなら，除数の半分等も[7]どうして採られないのか．あるいはルーパもまたどうして掛けられていないものが採られないのか[8]．」 T254, 8

述べられる．陳述にある除数が採られたとしても翼の同等性は失われない．すなわち，平方に二・三などを掛けたものが提示された場合，商の値は乗数で[9]割られたカーラカと想定される．ところがこれに除数を掛けたものが第二

[1] syāttatra P] syāt T.　[2] padālābhāt T] padalābhāt P.　[3] BG 73p1 参照.　[4] kiṃ tviṣṭa] kiṃ tu iṣṭa T, kiṃ tvaṣṭa P.　[5] tiṣṭhet P] tiṣṭet T.　[6] ata ālāpita T] ālāpita P.　[7] harārdhādikamapi T] harārdhādhikamapi P.　[8] gṛhyanta iti P] gṛhyata iti T.　[9] guṇa T] guṇaka P.

翼になる[1]，というので，前のように第二では[2]，除数こそが色の数字であり，提示された乗数はそれの除数になるだろう．次に，等分母化のためにこの除数を前の翼に掛けるべきであるが[3]，提示された乗数をヤーヴァットの平方にもう一回掛けることになるので，乗数の平方がヤーヴァットの平方に掛けられることになる．一方，付数は[4]，その等分母化の際に掛けられるので，付数に等しい[5]ルーパに乗数を掛けたものになる．次に，分母払いを行い，等清算によってそのようなルーパが第二翼に行けば，第一翼は根を与えるので根を取るが，第二翼にある色の数字は単独の除数となる．一方，ルーパは掛けられたものになる．だから先人たちはこの想定の苦労を[6]回避してカーラカのみを商の値と想定し，残りの演算で得られる第二翼では，掛けられた除数の代わりに，〈計算の〉簡単さの観点から，単独の除数を採用することだけが述べられたのである．

···Note···

問い:「除数は陳述通りである」(BG 90c) というのはおかしい．

K の答え: $(ax^2 \pm c)/b = u$ のとき，$x = s_1$ [= yā 1], $u = s_2/a$ [s_2 = kā] とすると，$(as_1^2 \pm c)/b = s_2/a$. 被除数＝除数×商（余り＝0）から $as_1^2 \pm c = bs_2/a$. 等分母化により $(a^2s_1^2 \pm ac)/a = bs_2/a$. 分母払いをして $(as_1)^2 \pm ac = bs_2$. 等清算すれば $(as_1)^2 = bs_2 \mp ac$.

···

T254, 23 （問い）「そうだとしても,「除数は陳述通りである」(BG 90c) という制限 (avadhāraṇa) は理不尽である，掛けられた除数を採用した場合も問題の解はあるから.」

確かに.〈しかしここ BG 90 では〉「最初の翼に〈何らかの数を〉掛けたり加えたりして根が生ずる場合も，除数は陳述通りに採用可能 (grāhya) である．掛

T255, 1 けられた除数が何の役に立つのか」という文章の終わり (vākya-paryavasāna)（すなわち結論）が意図されているのであるから，制限〈する意図〉は全然ない．一方，制限が意図されている場合は[7],「除数は陳述通りに採用されるべき (grāhya) であって掛けられたもの[8]ではない」という文章の[9]終わりがあるだろう．

···Note···

問い：「除数」は「陳述通り」すなわち b と制限するのはおかしい．kb でもよいから．

K の答え：制限しているわけではない．その方が計算しやすいので奨めているだけである．

···

T255, 3 ここで「加えたり」(BG 90a) と[10]云われたが，これは，最初の量がルーパを伴って想定された場合に[11]考慮されるべきことである．あるいは,「そのと

[1] pakṣo P] pakṣe T. [2] prāgvaddvitīya P] prāgvatiddvīya T. [3] kartavya uddiṣṭa P] krtavye uddhiṣṭa T. [4] kṣepas T] kṣepakas P. [5] tulya T] tulyāni P. [6] kalpanaśramaṃ P] kalpanāśramaṃ T. [7] vivakṣita ālāpita P] vivakṣite ālāpita T. [8] guṇita T] gaṇita P. [9] vākya P] vākyārtha T. [10] kṣiptveti P] kṣipteti T. [11] satīti P] sati T.

きは[1]両翼に望みのもの（任意数）を掛けてから，何らか〈の数〉を両者に投ずるべきである」(BG 59bc) というこの意味を持つ先人の規則を想起させるものが「掛けたり加えたりして」(BG 90a) である．すなわち，次の意味がある．「掛けたり加えたりして」云々によって根を取ることを述べる規則の発動を前提にして「最初〈の翼〉に根が生ずる場合」(BG 90ab) という．

···Note ··

BG 90 の「加えたり」は，$(a_0x^2 + a_1x + a_2)/b = u$ のとき，$a_0x^2 + a_1x = bu - a_2$ から第一翼の根をとること（完全平方化）によって (2) のケースと同様に計算できることを仄めかす，という趣旨．

··

同様に〈この議論は〉立方クッタカにも結びつけられるべきである．それは次の通りである．その場合にも，述べられたように，第二翼は他ならぬ除数が色の数字として生ずる．そこで，ルーパ (pl.) が無い場合，あるいはそれらが除数で割られてきれいになる場合，その立方が除数で割られてきれいになるような数字を掛けた他の色が想定されるべきである．しかし[2]，もしルーパが除数できれいにならないなら，ルーパの立方根を加えるか引くかした他の色を想定すべきである．しかしもしルーパの根が得られないなら，それらのルーパを除数で切りつめてから，立方になるまで除数を加えるべきである．このようにしてももし立方にならなければ，その提示されたもの（問題）は不毛であると知るべきである．さて，想定されるルーパの〈立方〉根を加えたものの立方には，「置かれるべきである，最後の立方」云々(L 24) という四つの部分がある．そのうち負数から成る[3]第四部分は前に述べた道理によってきれいになる (śuddhir bhavati)（すなわち，消える，または割り切れる）．次に，残りの三部分が除数で割られて[4]きれいになるように数字が想定されるべきである．そのうち第一部分には，想定される数字の立方があるだろう．二番目には，その平方にルーパの立方根と三を掛けたものがあるだろう．三番目には，ルーパの立方根の平方と三を掛けたものがあるだろう．だからその立方が除数で割られてきれいになり，さらにその平方に三とルーパの〈立方〉根を掛けたものが除数で割られてきれいになり，さらにまたそれ〈自体〉にルーパの根の平方と三を掛けたものが除数で割られてきれいになる，そういう数字を掛けた他の色が想定されるべきである．一方，除数を掛けた他の色を想定する場合は，いかなる検討 (vicāra) もない． T255, 6

···Note ··

(3) $(x^3 \pm c)/b = u$ のときも (1) と同様 に考える．

··

だが，平方クッタカの場合，もし商の値をカーラカの平方と想定すれば，他の色を想定することなしに楽に例題の解がある．というのは，その場合，最初の翼の根が取られたとき，第二翼の根は平方始原によって得られるから．そ T255, 21

[1] tadeṣṭena P] tadiṣṭena T.　[2] tu P] ∅ T.　[3] tatra ṛṇātmakasya T] tatra rūpātmakasya P.　[4] harabhaktānāṃ P] ∅ T.

うであるにもかかわらず先生が別の努力をなさったのは，非平方数の状態にある[1]商 (avarga-gata-labdhi) の場合にも例題を解くためである，というようなことどもを優れた理知を持つ人たちは理解すべきである．

···Note·····································

$(x^2 \pm c)/b = u$ のとき，$x = s_1$ [= yā 1], $u = s_2^2$ [= kāva 1] と置けば $s_1^2 = bs_2^2 \mp c$. この第二翼は平方始原で「楽に」解くことができるが，先生がそうしなかったのは，「非平方数の状態にある商」の場合の解も求めるためである．

···

T256, 1 次に，立方クッタカの例題をアヌシュトゥブ詩節で云う．

A625, 30 **例題．/E104p0/**[2]

E104 **何の立方から六を引くと五で割り切れるか．それを云いなさい，もしあなたが立方クッタカに十分な練習を積んでいるなら．/E104/**

A626, 1 **ここでは量が yā 1 である．これに対して述べられた通りに行えば，最初の翼の立方根は yā 1．他方の翼であるこの kā 5 rū 6 を，「ある〈数字〉の立方およびそれに三とルーパの根を掛けたものが共に除数で割られてきれいになるとき」[3]云々という道理によって，ニーラカ五つにルーパ六つを加えたものの立方と等置すると，前のように生ずる量は，付加数を伴って，nī 5 rū 6．揚立を行えば，生ずる量は 6 あるいは 11．/E104p/**

···Note·····································

例題 (BG E104)：多色等式（立方クッタカ，二元三次）．

陳述：$(x^3 - 6)/5 = u$.

解：$x = s_1$ [= yā 1], $u = s_2$ [= kā 1] とすると $s_1^3 = 5s_2 + 6$. ここで第二翼 $= (5s_3 + 6)^3$ [s_3 = nī] と置くと $s_1^3 = 125s_3^3 + 450s_3^2 + 540s_3 + 216 = 5s_2 + 6$ から $s_2 = 25s_3^3 + 90s_3^2 + 108s_3 + 42$. この s_2 は任意の整数 s_3 に対して整数になる．したがって $s_1 = 5s_3 + 6$ は解である．例えば $s_3 = 0$ のとき $s_1 = 6$, $s_2 = 42$; $s_3 = 1$ のとき $s_1 = 11$, $s_2 = 265$.

···

T256, 4 意味は明らかである．計算は原典で明らかである．

T256, 5 次に，「掛けたり加えたりして」(BG 90a) というこれの例題を[4]アヌシュトゥブ詩節で述べる．

A628, 10 **例題．/E105p0/**

E105 **ある〈量〉の平方を五倍し三を加えると十六で割り切れる．それを云いなさい，もし数学が得意なら．/E105/**

A628, 13 **ここでは，量が yā 1 である．これに対して，述べられた通りにすると，最**

---

[1] tadavargagata P] tadvargagata T.　[2] A はこの導入文を欠く．　[3] BG 88 の表現を立方のために変えたもの．　[4] kṣiptvetyasyodāharaṇam P] kṣiptvetyathetya syodāharaṇaṃ T.

初の翼の根は yā 5．他方の翼であるこの kā 80 rū $\dot{15}$ に関しては，「掛けたり加えたりして〈最初の翼に〉根が」(BG 90ab) 云々によって，ここでも陳述通りの除数が立てられるべきである．一方，ルーパ（付数）は「引き算等〈の等清算〉によって得られたものである」(BG 90d) というのでそのようにすると，生ずるのは kā 16 rū $\dot{15}$．これをニーラカ八つに一を加えたものの平方と等置して得られるカーラカの値は整数で nīva 4 nī 1 rū 1．想定された根は nī 8 rū 1．これを最初の〈翼〉であるこの yā 5 と等置し，クッタカから得られるヤーヴァッターヴァットの値は pī 8 rū 5．揚立すれば，量 13 が生ずる．/E105p1/

あるいは，負数であるルーパを加えたニーラカ八つを想定すれば，得られるヤーヴァッターヴァットの値は pī 8 rū 3．/E105p2/ A628, 21

このように，「理知あるものたちは，〈翼が〉平方始原の対象となるように，様々に考察すべきである」(BG 72cd) というこの〈規則の〉展開 (prapañca) が様々に示された．また，平方クッタカに関しても少し示された．同様に，理知ある者たちは他〈の計算法〉も，可能であれば採用すべきである．/E105p3/ A628, 23

···Note···

例題 (BG E105)：多色等式（二元二次）．

陳述：$(5x^2+3)/16=u$.

解 1: $x=s_1$ [= yā 1], $u=s_2$ [= kā 1] とすると $5s_1^2=16s_2-3$．両翼を 5 倍すると $(5s_1)^2=16(5s_2)-15$ だから，$5s_2$ を s_2 で置き換えて，$(5s_1)^2=16s_2-15$．そこで第二翼 $=(8s_3+1)^2$ [$s_3=$ nī] と置くと $s_2=4s_3^2+s_3+1$ となり，この s_2 は任意の整数 s_3 に対して整数になるから，$5s_1=8s_3+1$ すなわち $s_1=(8s_3+1)/5$ をクッタカで解くと KU $(8,5,1)$ $[5,3]$．すなわち $s_1=8s_4+5$, $\langle s_3=5s_4+3\rangle$ [$s_4=$ pī] だから，$s_4=1$ のとき $s_1=13$．（以上 E105p1）

解 2: あるいは第二翼 $=(8s_3-1)^2$ [$s_3=$ nī] と置くと $s_2=4s_3^2-s_3+1$ となり，この s_2 は任意の整数 s_3 に対して整数になるから，$5s_1=8s_3-1$ すなわち $s_1=(8s_3-1)/5$ をクッタカで解くと KU $(8,5,-1)$ $[3,2]$．すなわち $s_1=8s_4+3$, $\langle s_3=5s_4+2\rangle$ [$s_4=$ pī]．（以上 E105p2）

E105p3 は本章のまとめ．

·····

以上，バースカラの『ビージャガニタ』のうち，多色に関する中項除去の諸種別．(10 章奥書) /E105p4/ A628, 31

意味は明らかである．計算は原典で明らかである． T256, 8

優れた占術師たちの集団がたえずその脇に仕えるバッラーラなる　T256, 9
計算士の息子が作ったこの種子計算の解説書『如意蔓の化身』に
おいて，この，多色における中項除去が生まれた．/BP 10/

以上，すべての計算士たちの王，占術師バッラーラの息子，計算師クリシュナの作った種子計算の解説書『如意蔓の化身』における，多色等式の一種である中項除去の注釈.

ここでのグランタ数[1]は，450．五十大きい四百[2]．したがって，最初からのグランタ数は，4318.

[1] グランタ数については第 1 章末参照.

[2] pañcāśadadhikacatuḥśatāni P] ∅ T.

第11章　バーヴィタ

次はバーヴィタである．/91p$\dot{1}$/ A641, 21

次に，順番が来たのでバーヴィタと呼ばれる多色〈等式〉の一種をウパジャーティカー詩節で述べる． T257, 2

その規則，一詩節．/91p0/ A641, 22

> **理知ある者は，バーヴィタが解消するように，望みの色を除いて他の〈色の〉値を任意に想定すべきである．そうすれば，最初の種子（一色等式）の計算によって望み〈の色の値〉を得るだろう．/91/** 91

例題で，二つあるいは複数の色を掛けることからバーヴィタが生ずる場合，望みの色を除いて残っている二つあるいは複数の色に望みの既知の値を作り，それら（既知の値）でそれらの色を両翼で揚立し，ルーパに加え，かくしてバーヴィタを解消し，第一種子（一色等式）の計算によって色の値を求めるべきである．/91p/ A641, 25

···Note···

規則 (BG 91)：バーヴィタの規則 1.

等式が二つ以上の未知数の積を含む場合，一つを残して他のすべてを既知数に想定することにより，第一種子（一色等式）の問題に帰着させる．

···

意味は明瞭である．これはまた先生ご自身によって解説された．二番目等の量に既知数を想定することにより，この領域は一色等式の中に含まれるから，これに関する正起次第はそこでの正起次第と同じである． T257, 5

これに関する 例題をアヌシュトゥブ詩節で述べる． T257, 7

例題．/E106p0/ A642, 17

> **〈それぞれ〉四と三を掛けた二つの量の和に二を加えるとそれら二量の積に等しくなる．それら二量をもしわかるなら云いなさい．/E106/** E106

ここでは二量を yā 1, kā 1 とする．これら二つに対して〈問題に〉述べられた通りにすると二翼が生ずる $\boxed{\begin{array}{c}\text{yā 4 kā 3 rū 2}\\ \text{yākābhā 1}\end{array}}$ このようにバーヴィタが生じた場合，「望みの色を除いて」云々(BG 91) という規則によって，カーラ A642, 20

カに任意の値として五ルーパを想定することが期待される．それ（五）で第一翼のカーラカを揚立し，ルーパに加えると，生ずるのは yā 4 rū 17．第二翼では yā 5．これら両者を等清算すると，前のように得られるヤーヴァッターヴァットの値は 17．このように，これら二量が生ずる，17, 5．あるいは，六でカーラカを揚立すると，生ずる二量は 10, 6．このように，任意数に応じて〈解に〉限りはない．/E106p/

···Note···

例題 (BG E106)：バーヴィタ（二元二次）．

陳述：$xy = 4x + 3y + 2$.

解：$x = s_1$ [$=$ yā 1], $y = s_2$ [$=$ kā 1] とすると $s_1 s_2 = 4s_1 + 3s_2 + 2$．ここで $s_2 = 5$ とすると $5s_1 = 4s_1 + 17$．等清算により $s_1 = 17$．したがって $(x, y) = (17, 5)$．$s_2 = 6$ とすると $(x, y) = (10, 6)$．解に限りなし．

···

T257, 10 意味は明瞭である．計算は原典で明らかである．

T257, 11 もう一つの例題をアヌシュトゥブ詩節で云う．

A643, 31 **例題．/E107p0/**

E107 **四つの量は何か．それらの和に爪 (20) を掛けると全ての量の積に等しい．バーヴィタ通よ，云いなさい．/E107/**

A644, 1 **ここでは量一つを yā 1，残りを顕現数 (dṛṣṭa) で 5, 4, 2 とする．これから，第一種子によって得られるヤーヴァッターヴァットの値は 11．このように生ずる量は 11, 5, 4, 2．あるいは 28, 10, 3, 1．あるいは 55, 6, 4, 1．あるいは 60, 8, 3, 1．このように沢山ある．/E107p/**

···Note···

例題 (BG E107)：バーヴィタ（四元四次）．

陳述：$20(x_1 + x_2 + x_3 + x_4) = x_1 x_2 x_3 x_4$.

解：$x_1 = s$ [$=$ yā 1], $x_2 = 5$, $x_3 = 4$, $x_4 = 2$ とすると〈$20(s + 11) = 40s$ だから〉$s = 11$．したがって $(x_1, x_2, x_3, x_4) = (11, 5, 4, 2)$．あるいは $x_2 = 10$, $x_3 = 3$, $x_4 = 1$ とすると〈$20(s + 14) = 30s$ だから〉$s = 28$．したがって $(x_1, x_2, x_3, x_4) = (28, 10, 3, 1)$．あるいは $x_2 = 6$, $x_3 = 4$, $x_4 = 1$ とすると〈$20(s + 11) = 24s$ だから〉$s = 55$．したがって $(x_1, x_2, x_3, x_4) = (55, 6, 4, 1)$．あるいは $x_2 = 8$, $x_3 = 3$, $x_4 = 1$ とすると〈$20(s+12) = 24s$ だから〉$s = 60$．したがって $(x_1, x_2, x_3, x_4) = (60, 8, 3, 1)$．解は多数ある．

···

T257, 14 意味は明瞭である．計算は原典で明らかである．

T257, 15 生徒たちの理知を増すために，別の例題二つをシャールドゥーラ・ヴィクリーディタ詩節で云う．

A644, 32 **例題．/E108p0/**

二つの量，それらの積，そしてそれらの平方：以上すべての和の根にそれら二量を加えると二十三になるという．あるいは五十足す三になるという．それら二量はそれぞれいくらか，云いなさい．また整数のそれらを知りなさい，かわいい子よ．地上の計算士でいったい誰がきみに匹敵するだろうか．/E108/ E108

ここでは，二量を yā 1, rū 2 とする．これら二つの積と和と平方の和は yāva 1 yā 3 rū 6．これを，量の和を引いた二十三，yā $\dot{1}$ rū 21，の平方であるこの yāva 1 yā $\dot{42}$ rū 441 と等置すると，得られるヤーヴァッターヴァットの値は $\frac{29}{3}$．このように，これら $\frac{29}{3}$, 2 が二量である．あるいは二量を yā 1, rū 3 とする．これらから前のように生ずる二量は $\frac{97}{11}$, 3．同様に，任意数を五と想定すれば，生ずるのは整数二つ，7, 5 である．/E108p1/ A645, 1

次に二番目の例題で二量を yā 1, rū 2 とする．これら二つの積と和と平方の和は yāva 1 yā 3 rū 6．これを，量の和を引いた五十三の平方であるこの yāva 1 yā $\dot{102}$ rū 2601 と等置すると，前のように二量 $\frac{173}{7}$, 2 が得られる．あるいは〈二量を yā 1, rū 17 とすると〉11, 17．このように一方に既知の量を想定した場合は，多くの努力により，整数の二量が得られる．/E108p2/ A645, 7

···Note···

例題 (BG E108)：バーヴィタ（二元二次）．

陳述：x, y は整数として，

1. $x+y+xy+x^2+y^2=u^2$, $x+y+u=23$.
2. $x+y+xy+x^2+y^2=u^2$, $x+y+u=53$.

1 の解:$x=s$ [= yā 1], $y=2$ とすると，第 1 の陳述から，$u^2=x+y+xy+x^2+y^2=s^2+3s+6$．また，第 2 の陳述から，$u^2=\{23-(x+y)\}^2=(21-s)^2=s^2-42s+441$．両者を等置して $s^2+3s+6=s^2-42s+441$．〈等清算により $45s=435$〉, すなわち $s=29/3$．したがって $(x,y)=(29/3,2)$．あるいは $y=3$ とすると $(x,y)=(97/11,3)$．また $y=5$ とすると $(x,y)=(7,5)$．(以上 E108p1)

2 の解：$x=s$ [= yā 1], $y=2$ とすると $s^2+3s+6=s^2-102s+2601$．〈等清算により $105s=2595$〉, すなわち $s=173/7$．したがって $(x,y)=(173/7,2)$．あるいは $y=17$ とすると $(x,y)=(11,17)$．このように，一方に既知数を設定した場合，整数解を得るには手間がかかる．(以上 E108p2)

···

意味は明瞭である．計算は原典で明らかである． T257, 20[1]

ここで，一方の[1]量を既知数と想定した場合，二番目の量は，整数になる場合もあるが多くの場合分数になる．だから，整数の量を得ることには大きな努力が伴う．そのために，少ない努力で量の整数値が得られるように，アヌシュトゥブ詩節二つ半で云う． T257, 20[2] T258, 1

次に，それらふたつ〈の整数解〉が少ない努力で生ずるように〈規則が〉述 A647, 29

[1] atraikasmin P] atra kasmin T.

べられる．その規則，二詩節半．/92p0/

92 バーヴィタを望みの翼から，また二つの色とルーパを他方から〈等清算により〉除去し，そのあと両翼をバーヴィタの数字で割り，色の数字の積とルーパの和を任意数で割ると，〈その〉任意数と
93 その商〈がある〉．// これら（任意数と商）でそれらの色の数字を任意に加減すべきである．それら（結果）は逆に二つの色の値であると知るべきである．/92-93/

A647, 35 等しい二つの翼の一方からバーヴィタを引き，他方から二つの色とルーパを〈引き〉，それからバーヴィタの数字で両翼を共約し，第二翼にある色の数字の積にルーパを加えて何らかの任意数で割り，その任意数とその商，二つとも色の数字を任意に加えると，逆に二つの色の値であると知るべきである．〈「逆に」というのは〉カーラカの数字が加えられたほうはヤーヴァッターヴァットの値，ヤーヴァッターヴァットの数字が加えられたほうはカーラカの値，という意味である．しかし，限界のために，そのようにしても陳述が実現しない場合，任意数と商で二つの色の数字を減ずると，逆に二つの〈色の〉値になる．/93p1/

···Note ···

規則 (BG 92-93)：バーヴィタの規則 2.

等式を整理して $xy = ax + by + c$ となった場合，$ab + c = pq$ とすると $(x, y) = (b \pm p, a \pm q)$ および $(x, y) = (b \pm q, a \pm p)$ は解である．

···

A651, 7 さて，〈この章の〉最初の例題は，/Q12p0/

Q12 〈それぞれ〉四と三を掛けた二つの量の和に二を加えるとそれら二量の積に等しくなる．〈それら二量をもしわかるなら云いなさい．〉/Q12 = BG E106/

というものだった．そこで，述べられたようにすると，両翼は

yā 4 kā 3 rū 2
yākābhā 1

「色の数字の積とルーパの和」は 14．これを任意数一で割って生ずる任意数と商は 1, 14．これらに色の数字 4, 3 を任意に加えて生ずるヤーヴァッターヴァットとカーラカの値は 4, 18．あるいは 17, 5．〈任意数〉二によって生ずるのは 5, 11．あるいは 10, 6．/93p2/

···Note ···

規則 2 (BG 92-93) を用いた Q12 の解 (E106 の別解): $ab + c = 4 \times 3 + 2 = 14$. $14 = 1 \times 14$ だから $(x, y) = (3+1, 4+14) = (4, 18)$ あるいは $(x, y) = (3+14, 4+1) = (17, 5)$．あるいは $14 = 2 \times 7$ だから $(x, y) = (3+2, 4+7) = (5, 11)$ あるいは $(x, y) = (3+7, 4+2) = (10, 6)$.

···

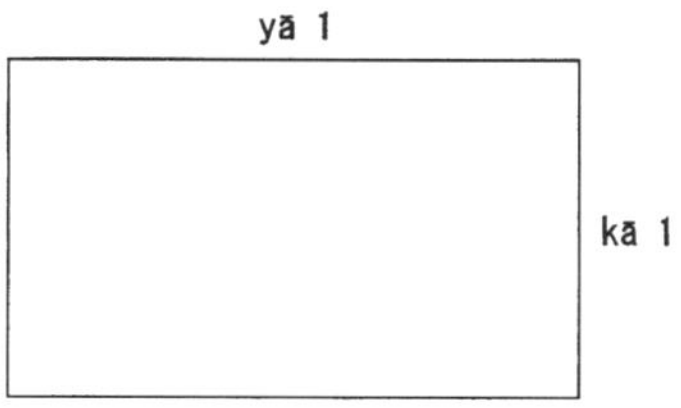

図 11.1: BG93p-1

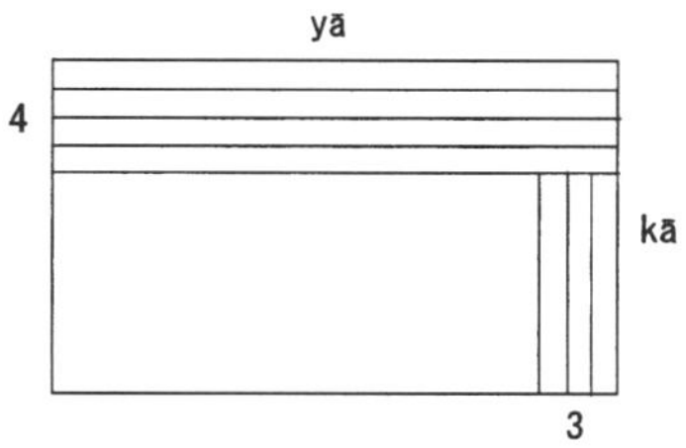

図 11.2: BG93p-2

これの正起次第．それ（正起次第）はどこでも二種類あるだろう．すなわち，一つは図形に依存する (kṣetra-gata) ものであり，他は量に依存する (rāśi-gata) ものである．そのうち〈まず〉図形に依存するものが述べられる．実に第二翼はバーヴィタに等しいものとして存在するが，一方，バーヴィタは長方形の果（面積）であり，そこでは二つの色が腕と際である．書置（図 11.1）．この図形の中に，ヤーヴァット四つ，カーラカ三つ，それに二つのルーパがある．この図形から，ヤーヴァッターヴァット四つと，ルーパ四つを減じたカーラカに自分の数字を掛けたものを引くと，生ずるのは（図 11.2）．第二翼も同様にすると，生ずるのは 14．これは，バーヴィタ図形の中に含まれる下に残った図形の果であり，それは腕と際の積から生ずる．そしてそれら二つこそが知られるべきものである．だから任意数を腕に想定し，それによって，果であるこの 14 を割ると，際が得られる．これら腕と際のうちの一方をヤーヴァッターヴァットの数字に等しいルーパ 4 だけ大きくするとバーヴィタ図形の際になる．というのは，バーヴィタ図形からヤーヴァッターヴァット四つが引かれると，その際が四引かれることになるから．同様に，〈腕と際のうちの一方を〉カーラカ〈の数字〉に等しいルーパ 3 だけ大きくすると腕になる．それらこそがヤーヴァッターヴァットとカーラカの値である．/93p3/ A651, 14

···Note···

規則 2 (BG 92-93) の図形に依存する (kṣetra-gata) 正起次第．バースカラの yā 1, kā 1 をここでは s_1, s_2 で，また 4, 3, 2 を a, b, c で表す．$s_1 s_2 = as_1 + bs_2 + c$ において s_1 と s_2 を長方形（「バーヴィタ図形」と呼ばれる）の腕と際に並ぶ単位正方形の個数とみなせば，バーヴィタ図形 $s_1 s_2$ は a 個の s_1 と b 個の s_2 と c 個のルーパ（単位正方形）から成る．バーヴィタ図形から $as_1 + b(s_2 - a)$ を除去すると図 11.2 の左下の長方形が残る．等式の両翼からも同じものを除去すると $s_1s_2 - \{as_1 + b(s_2 - a)\} = as_1 + bs_2 + c - \{as_1 + b(s_2 - a)\} = ab + c$. これがその小長方形の面積だから，その腕と際をそれぞれ p, q 個の単位正方形から成るものとすると $ab + c = pq$. このとき $(x, y) = (s_1, s_2) = (b + p, a + q)$ あるいは $(b + q, a + p)$.

………………………………………………………………

A651, 30 次に，量に依存する正起次第が述べられる．それもまた図形を根本とするもの (kṣetra-mūla) に含まれる．そこで，ヤーヴァッターヴァットとカーラ
A652, 1 カを腕と際とする図形の中に含まれる小さい図形の腕と際が他の二つの色に想定される，nī 1, pī 1．だから，これら二つのうちの一方をヤーヴァッターヴァットの数字に等しいルーパだけ大きくしたものが外の図形の際であるカーラカの値，また他方をカーラカに等しいルーパだけ大きくしたものが腕であるヤーヴァッターヴァットの値，と想定する，nī 1 rū 4, pī 1 rū 3．これら二つによって両翼のヤーヴァッターヴァットとカーラカの色を揚立すると，上の翼には nī 3 pī 4 rū 26，またバーヴィタの翼には nīpībhā 1 nī 3 pī 4 rū 12．両者の等清算を行うと生ずるのは下に nīpībhā 1，上の翼には rū 14．これこそがその中の図形の果である．これは二つの色 (yā, kā) の数字の積にルーパを加えたものに等しい．これから二つの色の値が生ずるが，それ（計算法）は前に述べたものと同じである．これと同じ計算法は昔の先生たちによって簡略な表現で書かれている．図形に依存する正起次第を理解しない人たちには，この量に依存するものを見せるべきである．/93p4/

…Note………………………………………………………………

規則 2 (BG 92-93) の量に依存する (rāśi-gata) 正起次第．小長方形の腕と際を s_3 [= nī 1], s_4 [= pī 1] とすると $(s_1, s_2) = (b + s_4, a + s_3)$ （あるいは $(b + s_3, a + s_4)$）．これらで等式の両翼の s_1, s_2 を揚立すると第 1 翼 $= ab + as_4 + bs_3 + s_3s_4$，第 2 翼 $= ab + as_4 + ab + bs_3 + c$．等清算により $s_3s_4 = ab + c$．以下，前と同様．

………………………………………………………………

A652, 12

94 種子数学（ビージャガニタ）は正起次第 (upapatti) を伴う，と計算士たちは云っている．というのは，もしそうでなければ，パーティーとビージャ〈ガニタ〉に違いはないから．/94/[1]

A652, 14 だからこのバーヴィタの正起次第は二通りに示された．ただし，二つの色の数字の積にルーパを加えたものは，バーヴィタ図形の中に含まれてその角にあるもう一つの図形の果である，と〈93p4 で〉述べられたことは，場合によっては違うだろう．すなわち，〈E110 のように〉二つの色の数字が負数の状態にある場合は，バーヴィタ図形がそれ（もう一つの図形）の中に含まれて角にあるだろう（図 11.3(a)）．しかし，〈Q13, Q14 のように〉二つの色の数字がバーヴィタ図形の腕と際より大きくて正数の状態にある場合は，バーヴィタ図形の外の角に〈もう一つの〉図形があるだろう．それは次の通りである．(図 11.3(b)) もしこのようであれば，任意数と商によって減じた二つ

[1] K 注（T 本 P 本）はこの韻文 (BG 94) を欠く．

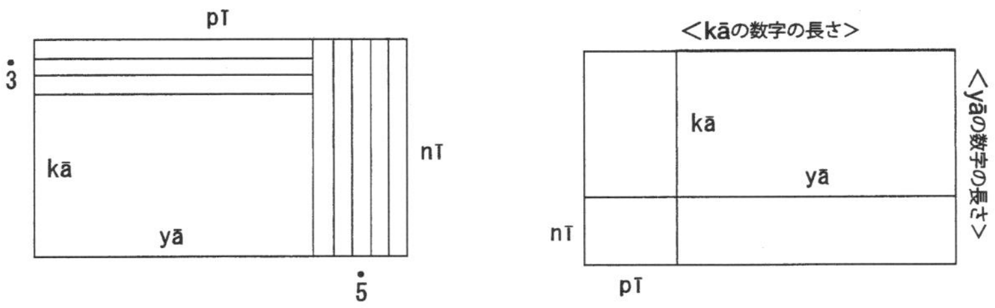

図 11.3: (a) BG93p-3　　(b) BG93p-4

の色の数字がヤーヴァッターヴァットとカーラカの値となる. /93p5/

···Note···

(1) $a < 0$, $b < 0$, $c > 0$ のとき，バーヴィタ図形 $s_1 s_2$ は長方形 $s_3 s_4$ の中に含まれる. 図 11.3(a) 参照. (2) $a > s_2 > 0$, $b > s_1 > 0$ のとき，$s_3 < 0$, $s_4 < 0$ となり，長方形 ab はバーヴィタ図形 $s_1 s_2$ と三つの長方形 $s_3 s_4$, $s_1(a - s_2)$, $(b - s_1)s_2$ から成り，バーヴィタ図形 $s_1 s_2$ と長方形 $s_3 s_4$ は角を接する. 図 11.3(b) 参照.

3 つの図，11.2, 11.3(a), 11.3(b) は，$s_1 = s_4 + b > 0$, $s_2 = s_3 + a > 0$ という条件下で，次の 3 つのケースに対応している. (1) $0 < a < s_2$, $0 < b < s_1$; (2) $a < 0$, $b < 0$; (3) $a > s_2$, $b > s_1$ (すなわち，$s_3 < 0$, $s_4 < 0$). 下の図は第 1 のケースを説明する（図 11.2 参照）. 4 つの矢は，a, b, s_3, s_4 が正の場合の線分の方向を指す. それらが負のときは逆を向く. 第 2 のケースの a と b（図 11.3(a) 参照），第 3 のケースの s_3 と s_4（図 11.3(b) 参照）がそうである. L 168 の自注でバースカラは，計算で生じた「負の射影線」(ṛṇagata-ābādhā) を「方向の逆性」(dig-vaiparītya) によって説明している. また，本書 T13, 4 の段落参照.

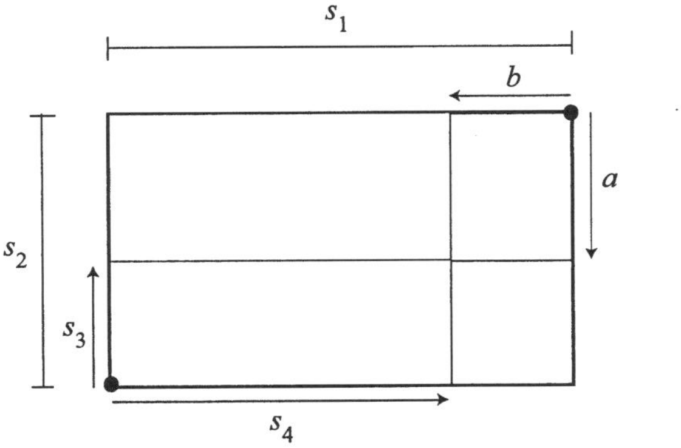

···

意味は明瞭であり，また先生によって説明もされている. これに関する正起 T258, 8
次第は先生によって書かれた. しかし写字生等の誤り (lekhakādi-doṣa) と教

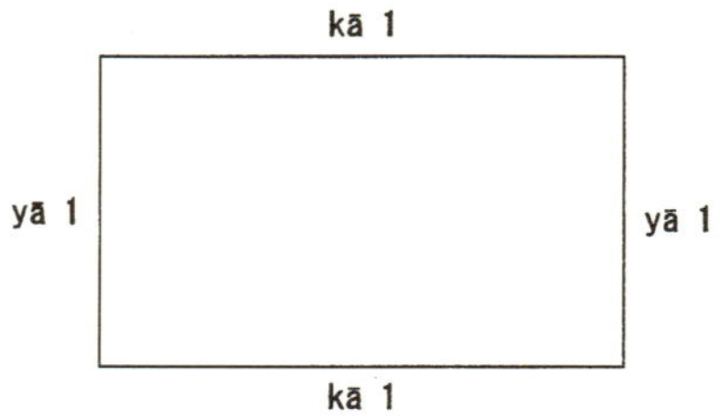

図 11.4: KBG93-1

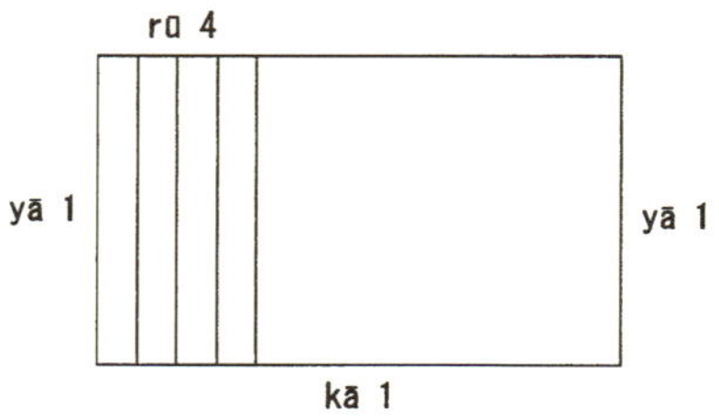

図 11.5: KBG93-2

えの断絶 (upadeśa-vicchitti) のために，現在それはその目的に適合しない.[1] だからここにバーヴィタの正起次第がよく分別して述べられる.

T258, 10 そこで，「四と三を掛けた二つの量の」という最初の例題 (E106) で，⟨BG 92-93 に⟩ 述べられたように等清算が行われると，二翼が生ずる yā 4 kā 3 rū 2 / yākābhā 1 これらの両翼は等しいから，ヤーヴァッターヴァットとカーラカのバーヴィタ（積）の値はとりもなおさずヤーヴァッターヴァット四つ，カーラカ三つ，ルーパ二つの和の値に他ならない．また，バーヴィタは等耳長四辺形[2]の果（面積）である．そこでは二つの色が[3]腕と際である．⟨ 図 ⟩ 示 (darśana).（図 11.4）「等耳等四辺形および長方形の場合それ（果）は腕と際の積である」(L 173cd) というので生ずる図形果は yākābhā 1．これは図形の中にある均等な升目の数[4]である．これとこの yā 4 kā 3 rū 2 は等しい．すなわち，図形の中にはヤーヴァッターヴァット四つ，カーラカ三つ，ルーパ二つがある．その図形のうちでヤーヴァッターヴァット四つの図示 (darśana) がこれである.（図 11.5）次に，残りの図形において完全なカーラカ (sg.) を図示すること (darśayitum) はできない．なぜなら長い腕（辺）がここではカーラカの値だから．そしてそれ（長い腕）は，ヤーヴァッターヴァット四つを除去することによって，ルー

[1] この指摘は BG 93p5 に対するものと思われる．というのは，添付された図にいずれの出版本でも混乱が見られるから．Hayashi 2009, 106, fn. 430 参照．ただし，文章は，簡潔すぎるものの誤りはない． [2] sama-karṇa-āyata-caturbhuja.「等耳」は「等しい対角線を持つ」という意味. 直後の引用 (L 173cd) 参照. [3] varṇau P] varṇo T. [4] sama-koṣṭha-māna. koṣṭha は一般に「臓器，殻」などの意味を持ち，数学では「升目，単位正方形」の意味で用いられる．バースカラ自身も L 167 で同じ表現を用いる．kṣetre mahī manumitā tribhuje bhujau tu yatra trayodaśatithipramitau ca yasya/ tatrāvalambakamatho kathayāvabādhe kṣipraṃ tathā ca *samakoṣṭhamitiṃ* phalākhyām//L 167//「地が十四，両腕が十三，十五の三辺図形において，その垂線，両射影線，それに果と呼ばれる均等な升目の数を云いなさい.」

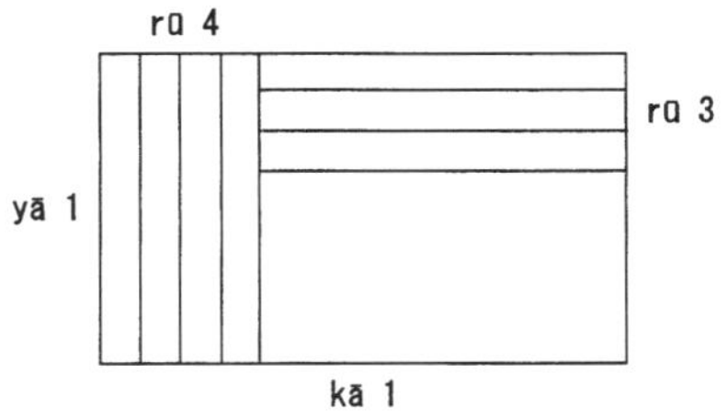

図 11.6: KBG93-3

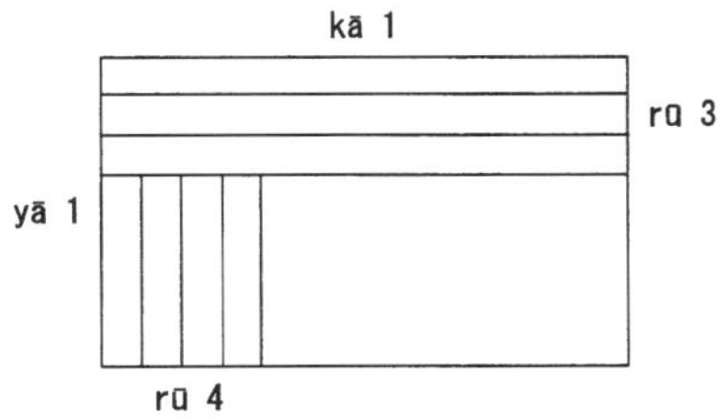

図 11.7: KBG93-4

パ四つだけ減少して見えている (dṛśyate). だから，ルーパ四つを引いたカー T259, 1
ラカ三つが[1]図示される (pradarśyate). 図形[2]. (図 11.6)[3] ここではカーラカの一つ一つにおいて，ヤーヴァッターヴァットの数字に等しいルーパ，4，が引かれている，というので，カーラカ三つに対してはカーラカの数字を掛けたそれだけの減少，12，が生ずる．

さてもしバーヴィタ図形から最初にカーラカ三つを除去した場合，カーラカの数字に等しいルーパ，3，だけ小さいヤーヴァッターヴァットである短辺の値が見えている．だから，ルーパ三つを引いた[4]ヤーヴァッターヴァット四つが示される．図形[5]. (図 11.7) ここではヤーヴァッターヴァットの一つ一つにおいて，カーラカの数字，3，に等しい[6]ルーパが引かれている，というので，ヤーヴァッターヴァット四つに対しては四倍の減少，12，が生ずる．

どちらの場合も[7]，色の数字の積に等しいルーパだけ少ないヤーヴァッターヴァット四つ，あるいはカーラカ三つが図形の中に示されたことになる．さてもしヤーヴァッターヴァット四つとカーラカ三つが一緒にして示されるなら，このような〈図〉示 (darśana) になる．(図 11.8) ここで，角に生ずる升 T259, 13
目〈の数〉が色の数字の積に他ならない．今，色の数字の積に等しいだけの角の升目がもしカーラカ三つの中に数えられる[8]なら，ヤーヴァッターヴァット四つのために同じそれだけの[9]升目が求められる．一方，もしそれらがヤーヴァッターヴァット四つの中に数えられるなら，カーラカ三つのために同じそ

---

[1] rūpacatuṣṭayonakālakasya trayaṃ T] rūpacatuṣṭayonaṃ kālakatrayaṃ P.　[2] kṣetraṃ T] ∅ P.　[3] T はこの図を左に 90 度回転.　[4] yāvattāvato laghubhujasya mānaṃ dṛśyate/ ato rūpatrayonasya P] ∅ T.　[5] kṣetraṃ T] ∅ P.　[6] kālakāṅka 3 tulyāni P] kālakāṅkatulyāni 3 T.　[7] ubhayathā'pi P] ubhayathā'ti T.　[8] gaṇyante T] guṇyante P.　[9] tāvanta eva P] tāvanta madhye ete T.

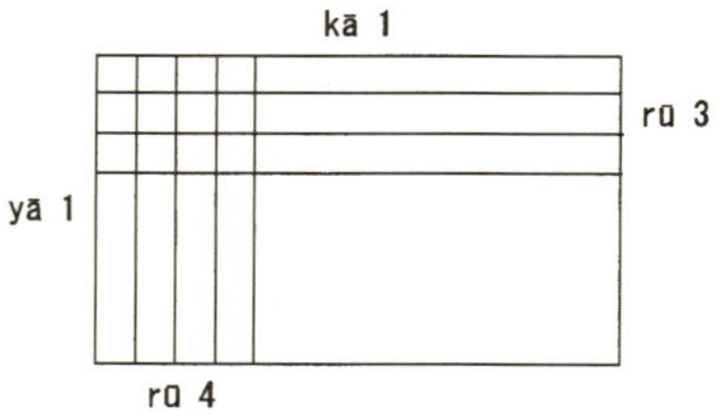

図 11.8: KBG93-5

れだけの升目が求められる．どちらの場合も，図形の残りの部分（小長方形）でもし色の数字の積に等しい升目が得られるなら，そのときは完全な[1]ヤーヴァッターヴァット四つ，あるいは完全な[2]カーラカ三つになる．そしてバーヴィタに等しい翼（第二翼）にはヤーヴァット四つ，カーラカ三つ，ルーパ二つがある．だから[3]，図形の残り（小長方形）には色の数字の積と[4]ルーパ
T260, 1 二つが生ずるはずである．そうでなければ，どうして第二翼がバーヴィタと等しくなるだろうか．だから，バーヴィタ図形の中の角にある[5]小図形には，色の数字の積とルーパの和に等しい数の升目がある，ということが正起した．そしてそれら（升目の数）はその小図形の果である．それは二つの辺の積から生ずる．だから，一方の辺を[6]任意数と想定し，それで図形果を割ると，得られるものが二番目の[7]辺になるだろう．今，これらの二つの辺によってヤーヴァッターヴァットとカーラカの値を知ることは全然難しいことではない．すなわち，ヤーヴァッターヴァットの数字に等しいルーパだけ小さいカーラカがその小図形の一方の辺であるから，その辺に[8]ヤーヴァッターヴァットの数字に等しいルーパを[9]加えるとカーラカの値になるだろう．同様に，カーラカの数字に等しいルーパだけ小さいヤーヴァッターヴァットの色が小図形の二番目の辺であるから，それにカーラカの数字に等しいルーパを加えるとヤーヴァッターヴァットの値になるだろう．ここで，もし任意数がカーラカの部分から成る辺の値と想定されるなら，それで図形果を割って得られる商はヤーヴァッターヴァットの部分から成る二番目の辺の値になるだろう．だから，任意数にヤーヴァッターヴァットの数字を加えるとカーラカの値になるだろう．商にカーラカの数字を加えるとヤーヴァッターヴァットの値になるだろう[10]．一方，もし任意数がヤーヴァッターヴァットの部分から成る辺の値と想定されるなら，そのときの商はカーラカの部分から成る辺の値になるだろう．だから，任意数にカーラカの数字を加えるとヤーヴァッターヴァットの値になるだろう．商にヤーヴァッターヴァットの数字を加えるとカーラカの値になるだろう，ということである．だから，任意数と商を「色の数字に」「任意に加」え

[1] saṃpūrṇa T] saṃpūrṇaṃ P. [2] saṃpūrṇa T] saṃpūrṇaṃ P. [3] tataḥ T] ataḥ P. [4] ca P] ∅ T. [5] antargatakoṇasthe T] antargate koṇasthe P. [6] ekaṃ bhujaṃ T] ekabhujaṃ P. [7] taddvitīyo P] tadvitīyo T. [8] ato'sau bhujau P] ato'sau T. [9] rūpair P] raiūpar T(pai の母音記号が rū の上に移動). [10] P はこの文章をカッコに入れる: (phalaṃ ... syat/)

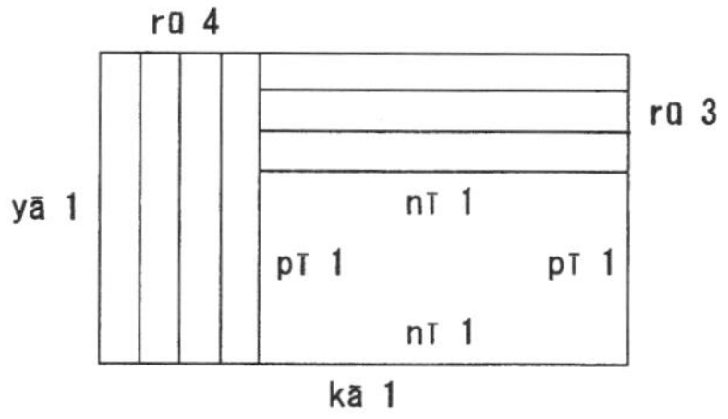

図 11.9: KBG93-6

ると，逆に「二つの色の値であると知るべきである」ということが正起した．

…Note……………………………………………………………………

K の正起次第 1．バースカラの「図形に依存する正起次第」(BG 93p3 に対する Note 参照）に沿うが，やや詳しい．a 個の s_1 と b 個の s_2 と c 個のルーパ（単位正方形）から成るバーヴィタ図形 $s_1 s_2$ の一部分には図 11.8 のように $a(s_1-b)+b(s_2-a)+ab$ の升目があるが，この ab を $a(s_1-b)$ に加えても，あるいは $b(s_2-a)$ に加えても，バーヴィタ図形を完成するためには更に $ab+c$ の升目が必要であるが，これが右下の小長方形の面積である．以下，バースカラの正起次第と同じ．

……………………………………………………………………

あるいは別の正起次第．バーヴィタ図形の中にある図形の二つの辺の値を他の色と想定する．〈図〉示．(図 11.9)[1] ここでは，ニーラカにヤーヴァッターヴァットの数字に等しいルーパを加えるとカーラカの値が生ずる，nī 1 rū 4．同様に，ピータカに[2]カーラカの数字に等しいルーパを加えるとヤーヴァッターヴァットの値が生ずる，pī 1 rū 3．このように順に生ずるヤーヴァッターヴァットとカーラカの値は pī 1 rū 3, nī 1 rū 4．これら二つによってこの両翼[3] | yā 4 kā 3 rū 2 / yākābhā 1 | のヤーヴァッターヴァットとカーラカを揚立すると，上の翼には pī 4 rū 12 nī 3 rū 12 rū 2 が生ずる．一方，第二翼にはヤーヴァッターヴァットとカーラカの積があるというので，掛け算のための書置： T260, 18

pī 1	nī 1	rū 4
rū 3	nī 1	rū 4

掛け算によって生ずる第二翼は pīnībhā 1 pī 4 nī 3 rū 12．このように，両翼は

pī 4 rū 12 nī 3 rū 12 rū 2
pīnībhā 1 pī 4 nī 3 rū 12

次に，二つのニーラカと二つのピータカは等しいから等清算によって[4]消えて，生ずる両翼は[5]

rū 12 rū 12 rū 2
nīpībhā 1 rū 12

[1] T はこの図を 90 度左に回転．yā 1 P] yā 9; rū 4 P] ∅ T; rū 3 T] rū P. [2] pītakaḥ T] pītakāṅkaḥ P. [3] pakṣayoranayoḥ P] pakṣayoḥ T. [4] samaśodhanena P] samaśodhane T. [5] pakṣau P] pakṣo T.

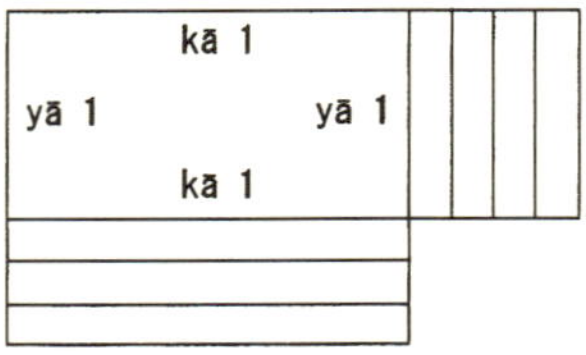

図 11.10: KBG93-7

次に，両翼にある色の数字の積に等しい[1]ルーパが等清算によって消えて，生ずる〈両翼〉は，

rū 12 rū 2
nīpībhā 1

ここで，上の翼には色の数字の積に等しいルーパと元のルーパとがある．だから[2],「色の数字の積とルーパの和」(BG 92e) が上の翼にある，rū 14．一方，下の翼には nīpībhā 1．両翼は等しいから，ニーラカとピータカのバーヴィタ（積）は「色の数字の積[3]とルーパの和」(BG 92e) であるということが確立した．だから，ニーラカとピータカの一方に[4]任意の値を想定し，それで「色の数字の積とルーパの和」を割れば，得られる商は二番目の〈色の〉値になるだろう．このように,「任意数と商」は中の図形の両腕の値である，ということが正起した．

T261, 12 次に，ヤーヴァットとカーラカの〈中にある〉ピータカとニーラカをそれぞれの値で揚立して，あるいは前のようにして，任意数と商を任意に色の数字に加えると，逆に二つの色の値になる，ということが正起する.[5] 以上，バーヴィタに等しい第二翼にある二つの色の数字とルーパが正数の場合に関して説明された．

···Note ·····································

K の正起次第 2．バースカラの「量に依存する正起次第」に同じ．BG 93p4 に対する Note 参照．

·····································

一方，色の数字が負数であり，ルーパが正数の場合は，布置は[6]別様になる．例えば両翼を

yā $\dot{4}$ kā $\dot{3}$ rū 30
yākābhā 1

と想定する．ここで両翼にヤーヴァット四つとカーラカ三つを加えると，生ずる〈両翼〉は

yā 0 kā 0 rū 30
yākābhā 1 yā 4 kā 3

ここで，自分の数字を掛けた二つの色を加えたバーヴィタの値こそがルーパの〈値〉でもある，ということが正起した．その図示.（図 11.10）これはルーパから成る[7]第二翼の値である．ここで，空の角 (rikta-koṇa) に[8]色の数字の積に等しい[9]升目がもし加えられれば，このようになる.（図 11.11）この大きな

(T262, 1)

[1] āhatitulya P] āhatiṃ tulya T. [2] ato P] yuto T. [3] varṇāṅkāhati P] varṇāṃkahati T. [4] ekatarasya P] eketarasya T. [5] T はここに図 11.10 に似た（それを分解したような）図を挿入するが，誤りと思われる．P にはない．付録 D，図 11.10' 参照. [6] saṃsthānaṃ T] saṃsthā P. [7] rūpātmakasya P] ∅ T. [8] atra riktakoṇe P] atiriktakoṇe T. [9] tuluāḥ P] tulyā T.

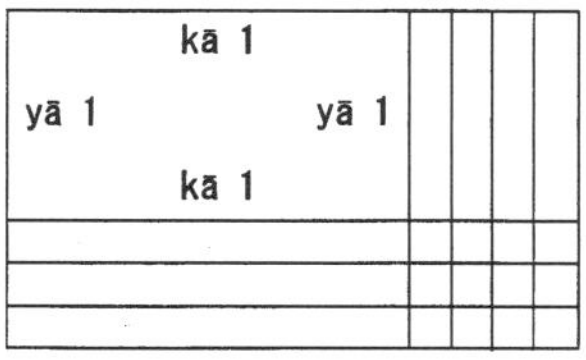

図 11.11: KBG93-8

図形の果は「色の数字の積とルーパの和」である．前〈のケースで〉は,「色の数字の積とルーパの和」が果である図形はバーヴィタ図形の中の角に[1]あった．しかし今は，バーヴィタ図形の方がその（「色の数字の積とルーパの和」が果である図形の）中の角にある，という違いがある．さて，この[2]大きな図形の一つの辺を任意に想定し，それによって図形果を割れば，前のように二番目の辺の値になるだろう．ここで，任意数は，自ら一方の色の数字より大きく，また[3]その商がもう一つの色の数字より大きくなるように想定すべきである．これら二つの[4]腕によって色の値を求めることができる．すなわち，ここで，カーラカの数字を加えたヤーヴァッターヴァットの色が一つの辺だから，これ（一つの辺）からカーラカの数字を引くと[5]ヤーヴァッターヴァットの値になるだろう．同様に，ヤーヴァッターヴァットの数字を加えたカーラカがこの図形の第二の辺だから，これ（第二の辺）からヤーヴァッターヴァットの数字を引くとカーラカの値になるだろう．ここで，二つの辺は，任意数とその商である．だから，任意数とその商から色の数字を引くと逆に二つの〈色の〉値になる，と述べることがたとえふさわしいとしても，元々二つの色の数字は負数の状態にある，というので，それらをただ加えさえすれば，任意数とその商から色の数字を引いたことになる[6]，というので，〈先生は規則で〉そのように述べなかったのである．

···Note ···

K の正起次第 3．$a < 0, b < 0, c > 0$ のとき．バーヴィタ図形 $s_1 s_2$ に二つの長方形 $-as_1$，$-bs_2$ を加えると $s_1 s_2 - as_1 - bs_2 = c$. これは図 11.10 で表される．この図形の右下の空の角 (rikta-koṇa) を長方形 ab で埋めると $s_1 s_2 - as_1 - bs_2 + ab = ab + c$. すなわち $(s_1 - b)(s_2 - a) = ab + c$. これは図 11.11 で表される．この大長方形の両辺を p, q とすると $ab + c = pq$ であり，$(s_1, s_2) = (b + p, a + q)$ または $(b + q, a + p)$.

···

次に，色の数字が[7]正数でルーパが負数の場合，二通りある．色の数字が互 T263, 1
いの辺より小さい場合が一つの種類，色の数字が互いの辺より大きい場合が二番目の種類[8]である．そのうち一番目では，前に述べた道理によって，バーヴィタ図形の中にある小さな図形に，色の数字の積[9]からルーパを引いたもの

[1] antargatakoṇa] antagatakoṇa T, antargataṃ koṇa P. [2] athāsya T] ∅ P. [3] ca P] ∅ T. [4] ābhyāṃ T] athābhyāṃ P. [5] aṅkenono P] aṅkenona T. [6] bhavata iti P] bhavati T. [7] varṇāṅkau P] varṇāṃko T. [8] prakāraḥ T] ∅ P. [9] varṇāṅkāhatyā P] varṇāṃkahatyā T.

図 11.12: KBG93-9

が生ずるはずである．そしてそれは，色の数字の積に[1]ルーパを加えるとき，ルーパを引いたことになる．ルーパが[2]負数だから．だからここでも，「色の数字の積とルーパの和」こそがバーヴィタ図形の中にある図形の果になる．だから，一番目の種類では，前とまったく同様に正起する．

T263, 7 一方，二番目の種類では，色の数字は他方の辺の値より大きい，というので，自分の数字を掛けた色の値はバーヴィタ図形を超えて外にも生ずる．というのは，バーヴィタ図形には，カーラカの値に等しいだけのヤーヴァットの色は存在可能であるが，それ以上のものは不可能である．同様に，ヤーヴァッターヴァットの値に等しいだけのカーラカは存在可能であるが[3]，それ以上のものは不可能である．今，その場合の，自分の数字を掛けた二つの色の〈図〉示 (図 11.12)[4]．ここでバーヴィタ図形がもし自分の数字を掛けたヤーヴァッターヴァットの中に数えられたら，自分の数字を掛けたカーラカの値のために，もう一つの図形が求められることになる．一方，もし〈バーヴィタ図形が〉自分の数字を掛けたカーラカの値の中に数えられたら，そのときは[5]自分の数字を掛けたヤーヴァッターヴァットの値のために，もう一つの図形が求められることになる．いずれにしても，バーヴィタ図形と〈新たに〉描かれた (likhita) 図形の和に，自分の数字を掛けた二つの色〈のそれぞれ〉が生ずる．だから，ルーパは描かれた図形に等しくなるはずである．そうでなければどうして自分の数字を掛けた色〈の和〉からルーパを引いたものがバーヴィタに等しくなるだろうか．

T263, 15 さて，ルーパから成る描かれた図形（図 11.12）は，空の角 (rikta-koṇa) を埋めるとこのようになる．(図 11.13)[6] ここで[7]，色の数字の積が図形果である．前に描かれた図形にはルーパだけがある．だから，色の数字の積から[8]ルーパを引くと，バーヴィタ図形の外の角にある小さい図形の果になる．そしてそ
T264, 1 れは，「色の数字の積とルーパの和」を計算することから[9]得られる．という

---

[1] varṇāṅkāhatī P] varṇāṃkā hatiḥ T. [2] rūpāṇām P] rūpānām T. [3] kālakāḥ saṃbhavanti P] kālakā-saṃbhavanti T. [4] T はこの図に外枠を付けて，4 行後の「そのときは」(tarhi) の後に置く．図と内部の文字は P を採用．外部の文字は T を採用．yāvadaṃkamito'yaṃ bhujaḥ T] ∅ P; kālakāṃkamito'yaṃ T] ∅ P; ∅ P] 5 T(外枠の右辺中央に). [5] T は図 11.12 をここに置く． [6] T はこの図も外枠を付けて 6 行後の「さて」(atha) の前に置く．T の図は，内部の長方形 2 つを欠く．図と内部の文字は P を採用．外部左，上，右の文字は T を採用，下は省略．外部左：kālakāṃkamitaḥ T, ∅ P; 上：yāvadaṃkamito'yaṃ bhujaḥ T, ∅ P; 右：∅ T, kālakāṅkamito'yaṃ bhujaḥ/ P; 下：yāvadaṃkamitaḥ T, yāvadaṅkamito'yaṃ bhujaḥ P. 内部下の kā 1 を，T は右の長方形内に置く． [7] atra P] atha T. [8] hatī P] hatiḥ T.

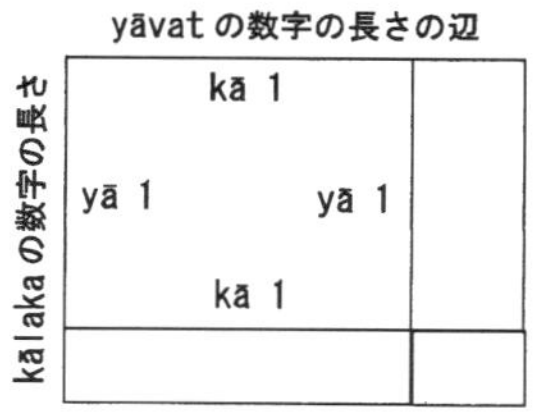

図 11.13: KBG93-10

のは，ここではルーパは負数であり，色の数字の積は正数であるから，「正数負数の和は差に他ならない」(BG 3b) というので，和をとれば色の数字の積がルーパで減じられることになる.[1] さて，小さい図形の一つの辺を任意数に想定し，それによって図形果を割れば，二番目の辺の値が生ずるだろう．次に，これら二つの辺から二つの色の値が求められる．それは次の通りである．ここでは，ヤーヴァッターヴァットの値を引いたカーラカの数字がその小さい図形の一つの辺である．だからそれをカーラカの数字から引けば[2]，ヤーヴァッターヴァットの値になるだろう．同様に，カーラカの値を引いたヤーヴァッターヴァットの数字がその小さい図形の[3]二番目の辺である．だからそれをヤーヴァッターヴァットの数字から引けば，カーラカの値になるだろう．二つの辺は任意数とその商，あるいはその商と任意数である．だから，任意数とその商を任意に色の数字から引いたものは，逆に二つの ⟨ 色の ⟩ 値になる，ということが正起した．

···Note···

K の正起次第 4. $a > 0, b > 0, c < 0$ のとき．(1) $a < s_2, b < s_1$ なら $a > 0, b > 0, c > 0$ のときと同じ（K の正起次第 1 参照）. (2) $a > s_2, b > s_1$ なら $as_1 > s_1s_2$, $bs_2 > s_1s_2$ だから，二つの長方形 as_1，bs_2 がバーヴィタ図形 s_1s_2 を共有するように図示すると図 11.12 のようになる．この図形（右下が欠けた長方形）の面積は $as_1 + bs_2 - s_1s_2 = -c$ であり，欠けている小長方形の面積は $ab - (-c) = ab + c$ だから，その両辺を p, q とすると $ab + c = pq$ であり，$(s_1, s_2) = (b - p, a - q)$ または $(b - q, a - p)$.

···

以上，要約すれば次の意味になる．もしバーヴィタに等しい翼のルーパが正数なら，二つの色の数字が正数であれ負数であれ，任意数とその商を適宜加えさえすれば，逆に二つの ⟨ 色の ⟩ 値になる．もしルーパが負数なら，二つの色の数字に対して，任意数とその商を任意に加えるか引くかすれば，逆に二つの ⟨ 色の ⟩ 値になる．このケースでは二つの色の数字は正数のみである．実際，三つとも負数なら，色の値は正数になり得ない[4]．色の値が負数の T264, 9

[9] rūpaikyakaraṇād P] rūpaikyā karaṇād T.　[1] T は図 11.13 をここに置く．　[2] san P] ∅ T.　[3] laghukṣetrasya P] ∅ T.　[4] na hi ... varṇamānaṃ dhanaṃ saṃbhavati P] na hi ... barṇamāna dhanaṃ bhavati T.

とき，世間の人々(loka) に納得 (pratīti) はない[1]．ここにもう一つの違いがある．二つの〈色の〉値として，〈任意数とその商を〉加えた[2]色の数字から生ずるものと引いた色の数字から生ずるものが[3]正起する場合は，両方とも採るべきである．その他の場合は，正起するものだけを[4]得るべきである，と．以上，バーヴィタの正起次第．

···Note ··································

K のまとめ．(1) $c > 0$ のとき，$ab + c = pq$ となる整数 p, q に対して $(s_1, s_2) = (b + p, a + q)$．E110p1 参照．(2) $c < 0$ のとき，(2a) $a > 0, b > 0$ なら $ab + c = pq$ となる整数 p, q に対して $(s_1, s_2) = (b \pm p, a \pm q)$．復号は題意に適するものを選ぶ．両方適する場合は両方選ぶ．E109, E110p2-p3 参照．(2b) $a < 0, b < 0$ なら解（「色の値」）は負数（$s_1 < 0, s_2 < 0$）となるので「世間の人々に納得はない」．ここで出版本は両方とも「納得がある」と読むが，この文脈では不自然である．

··

さて[5]，三つとも正数の場合に関しては，「四と三を掛けた二つの量の」(BG E106) という例題が示された．

T265, 1　また，二つの色の数字が正数，ルーパが負数という場合の例題をアヌシュトゥブ詩節一つで云う．

A654, 34　**例題．/E109p0/**

E109　**どんな二量の積の二倍と，十とインドラ神 (14) を〈それぞれ〉**
掛けた二量の和から二引く六十を減じたものが等しくなるだろうか．/E109/

A655, 2　**ここでは，二量を yā 1, kā 1 とする．これら二つに対して述べられた通りにして，バーヴィタの数字で割ると，生ずるのは yā 5 kā 7 rū $\dot{29}$．ここで，「色の数字の積とルーパの和」(BG 92e) である 6 を二で割ると「任意数」と商は 2, 3．これら二つを色の数字に加えると二量は 10, 7，あるいは 9, 8．あるいは引いて生ずるのは 4, 3，あるいは 5, 2．/E109p/**

···Note ··································

例題 (BG E109)：バーヴィタ（二元二次）．

陳述：$2xy = 10x + 14y - 58$．

解：$x = s_1$ [= yā 1], $y = s_2$ [= kā 1] として規則 93-95 に述べられた通りに第二翼をバーヴィタの数字（係数）で割ると $\langle s_1 s_2 =\rangle\ 5s_1 + 7s_2 - 29$．したがって $ab + c = 5 \times 7 - 29 = 6$ であり，$6 = 2 \times 3$ だから，$(x, y) = (7 + 3, 5 + 2) = (10, 7)$ あるいは $(7 + 2, 5 + 3) = (9, 8)$，あるいは $(x, y) = (7 - 3, 5 - 2) = (4, 3)$ あるいは $(7 - 2, 5 - 3) = (5, 2)$．

··

T265, 5　意味は明瞭である．計算は原典で明らかである．

[1] pratītirnāsti] pratītirasti TP（両本とも「納得がある」と読む）．　[2] yuta T] yukta P.
[3] ūnavarṇāṅkaje P] ∅ T.　[4] te eva P] ta eva T.　[5] atha T] atra P.

また，二つの色の数字が負数，ルーパが正数という場合の例題をアヌシュトゥブ詩節一つで云う． T265, 6

例題． /E110p0/ A657, 14

> **どんな二量の積に三と五を掛けた二量を加えると六十二になるか．**
> **それら二量をわかるなら云いなさい． /E110/** E110

ここで，述べられた通りにして生ずる二翼は [yā $\dot{3}$ kā $\dot{5}$ rū 62 / yākābhā 1]「色の数字の積とルーパの和」(BG 92e) は 77．「任意数とその商」(BG 92f) は 7 と 11．これら二つによって二つの色の数字は加えられるだけである．「任意数とその商」であるこれら 7 と 11 で減じることが実行されると，〈二つの色の値は〉負数の状態になってしまう．だからこれら 7 と 11 を加えると，生ずる二量は 6, 4，あるいは 2, 8．減ずると $\dot{1}\dot{2}$, $\dot{1}\dot{4}$，または $\dot{1}\dot{6}$, $\dot{1}\dot{0}$． /E110p1/ A657, 17

···Note···

例題 (BG E110)：バーヴィタ（二元二次）．

陳述：$xy + 3x + 5y = 62$.

解：$x = s_1$ [= yā 1], $y = s_2$ [= kā 1] として規則 93-95 に述べられた通りにすると $s_1 s_1 = -3s_1 - 5s_2 + 62$. したがって $ab+c = (-3)\times(-5)+62 = 77$ であり，$77 = 7\times 11$ だから，$(x, y) = (-5+11, -3+7) = (6, 4)$，あるいは $(-5+7, -3+11) = (2, 8)$．減じた場合 $(x, y) = (-5-11, -3-7) = (-16, -10)$，あるいは $(-5-7, -3-11) = (-12, -14)$ となり，結果が負数になるので採用しない．

···

意味は明瞭である．計算は原典で明らかである． T265, 10

また，ルーパが負数で，二通りの方法で生ずる二つの値のうちの一方だけが正起する[1]場合の例題が四番目の前半である，というので，それを示す，「二つの量，それらの積」云々と． T265, 11

さて，前の第三例題は， /Q13p0/[2] A659, 7

> **二つの量，それらの積，そしてそれらの平方：以上すべて和の根に**
> **それら二量を加えると二十三になるという． /Q13 = E108ab/** Q13

というものだった．ここで二量を yā 1, kā 1 とする．これら二つの積と和と平方の和は

yāva 1 kāva 1 yākābhā 1 yā 1 kā 1.

これには根がないから，量二つを引いた二十三，yā $\dot{1}$ kā $\dot{1}$ rū 23，の平方であるこの

---

[1] ekatara evopapanne] ekatare evopapanne P, ekatareṇa upapanne T.　[2] AMG は「第四例題」とする．

yāva 1 kāva 1 yākābhā 2 yā $\dot{46}$ kā $\dot{46}$ rū 529

と等置する．そこで，等しいものを加えたり引いたり等しても同等性はそのままである，[1]というので，等しい平方の除去と引き算とを行い，バーヴィタの数字で割れば，生ずる〈第二翼〉は yā 47 kā 47 rū $\dot{529}$．ここで，二量の数字の積にルーパを加えると 1680．これを四十という任意数で割ると商は 42．任意数は 40．ここでは，これらの任意数と商によって二つの色の数字を減ずることのみがなされるべきである．それにより生ずる二量は 7, 5．もし加えることが行われた場合，「二十三になる」(BG E108b) という前の陳述が実現しない．/E110p2/

···Note ··

規則 2 (BG 92-93) を用いた Q13 の解 (E108ab の別解): $x = s_1$ [= yā 1], $y = s_2$ [= kā 1] とすると $u^2 = xy + x + y + x^2 + y^2 = s_1^2 + s_2^2 + s_1 s_2 + s_1 + s_2$.「これには根がないから」(asya mūla-abhāvāt)，これと $u^2 = \{23 - (x + y)\}^2 = s_1^2 + s_2^2 + 2s_1 s_2 - 46s_1 - 46s_2 + 529$ を等置し，等清算を行い，バーヴィタの係数で割れば，$\langle s_1 s_2 = \rangle\ 47s_1 + 47s_2 - 529$．したがって $ab + c = 47 \times 47 - 529 = 1680$ であり，$1680 = 40 \times 42$ だから，$(x, y) = (47 - 40, 47 - 42) = (7, 5)$〈あるいは $(5, 7)$〉．$(x, y) = (47 + 40, 47 + 42) = (87, 89)$ は不適（これは $x + y - u = 23$ の解）．

··

T265, 13 計算は原典で明らかである．

A659, 19 **第四例題は，/Q14p0/**[2]

Q14 **あるいは五十足す三になる．/Q14 = E108c/**

という．この例題では，述べられた通りに行い，バーヴィタの数字で割ると，生ずる〈第二翼〉は yā 107 kā 107 rū $\dot{2809}$．ここでは「色の数字の積とルーパの和」(BG 92e) は 8640．「任意数とその商」(BG 92f) は 90 と 96．これら二つで色の数字を減ずると，二量は 11, 17．他でも同様である．/E110p3/

···Note ··

規則 2 (BG 92-93) を用いた Q14 の解 (E108c の別解): E110p2 と同様にして，$\langle s_1 s_2 = \rangle\ 107s_1 + 107s_2 - 2809$．したがって $ab + c = 107 \times 107 - 2809 = 8640$ であり，$8640 = 90 \times 96$ だから，$(x, y) = (107 - 96, 107 - 90) = (11, 17)$〈あるいは $(17, 11)$．$(x, y) = (107 + 96, 107 + 90) = (203, 197)$ は不適（これは $x + y - u = 53$ の解）.〉

··

A659, 24 **場合によって，多くの等式 (pl.) がある場合，バーヴィタの揚値 (pl.) を求め，それらを等置し分母を払ったものからの等式 (sg.) において，前と同じ種子計算によって二量を知るべきである．ここで「二量 (rāśī)」という〈文法上の〉双数形をとっていることから，他の最初の色たち (pl.) には望みの値を想定すべきである，ということが文脈上得られる．/E110p4/**

[1] BG E44p 参照． [2] G による．AM は「前の例題は」と云う．

以上，バースカラの『ビージャガニタ』におけるバーヴィタは完結した．(11 章奥書) /E110p5/

> 優れた占術師たちの集団がたえずその脇に仕えるバッラーラなる計算士の息子が作ったこの種子計算の解説書『如意蔓の化身』において，この，多色におけるバーヴィタのすべてが生まれた．/BP 11/　T265, 14

以上，すべての計算士たちの王，占術師バッラーラの息子，計算師クリシュナの作った種子計算[1]の解説書『如意蔓の化身』における，多色におけるバーヴィタの注釈．

ここでのグランタ数[2]は，140．したがって，最初からのグランタ数は，4458．以上，多色等式の注釈は完結した．

---

[1] bījakriyā P] bīja T.　[2] グランタ数については第 1 章末参照．

第12章　結語

次は[1]結語である. T266, 1

吉祥[2]. この書の普及のために，師の美点を語るという形でめでたいことを行いつつ，ヴァサンタティラカー詩節で結語を云う. T266, 2

> **かつて地上にマヘーシュヴァラ（大自在）という名で知られた人がいた．彼は賢者たちの間で最も優れた先生としての地位を得た．その息子バースカラ（光作）は彼から知識の芽を得て，簡潔なビージャガニタ（種子数学）〈の書〉を作った．/95/** 95 A662, 19

「簡潔な」と切る[3]. 意味は明瞭である. T266, 8

···Note······

バースカラの家系については，第I部序説，1.1 参照.

······

「ビージャガニタ (pl.) はブラフマグプタたちによって説明されている．にもかかわらず，何のために先生は〈この書を〉著した[4]のか」という疑問に対して，インドラヴァジュラー詩節で答えを云う. T266, 9

> **ブラーフマと呼ばれる〈ビージャガニタ〉，またシュリーダラやパドマナーバのビージャ〈ガニタ〉は冗長過ぎる (ativistṛtāni) ので，その精髄をとって正しい道理を加え，学生たちを満足させるために，今ここに簡潔なものが作られた．/96/** 96

ここでも「簡潔な」と切る[5]. あとは明瞭である.

···Note······

シュリーダラとパドマナーバのビージャガニタの書は現存しないが，本書にはそれらからの引用と思われる詩節 (Q3, Q6) がある.「ブラーフマと呼ばれる〈ビージャガニタ〉」は，ブラフマグプタの天文書『ブラーフマスプタシッダーンタ』の第 18 章「クッタカ」を指すのではないかと考えられているが，わずか 100 アールヤー詩節余りからなる同章を「冗長」と表現するかどうか，疑問も残る.

······

「どうしてこれが簡潔なのか」という疑問に対して，アヌシュトゥブ詩節の前半で云う. T266, 14

---

[1] atha T] ∅ P.　[2] śrīḥ T] ∅ P.　[3] 語 laghu は次の語 bhāskareṇa と合成語を形成しないということ.　[4] praṇītam T] yatitam P.　[5] 語 laghu は次の語 śiṣya- と合成語を形成しないということ.

97ab **実際ここでは，規則 (sūtra) と問題 (uddeśaka) を合わせて千アヌシュトゥブ詩節が量（書物の長さ）である．/97ab/**

T266, 16 実際 (hi: yataḥ)，「ここでは」,「規則と問題を合わせ」たこのビージャガニタでは,「千アヌシュトゥブ詩節が量である[1]」．一方，昔のビージャガニタ (pl.) では，二千・三千等のアヌシュトゥブ詩節がその量である．だからこれは簡潔である，という意味である．

···Note ···

1 アヌシュトゥブ詩節=32 音節=32 文字（音節文字だから）だから，1000 アヌシュトゥブ詩節=32,000 文字．32 文字を 1 グランタあるいは 1 シュローカとも云う．第 1 章末参照.「千アヌシュトゥブ詩節」の長さは現行の『ビージャガニタ』と合致しない．その本体をなす韻文部分はそれよりはるかに少なく（約 274 アヌシュトゥブ），散文の自注を含めると逆に一割り増しになる（約 1115 アヌシュトゥブ）．Hayashi 2009, 167-68 参照．2000-3000 アヌシュトゥブの長さのビージャガニタの書は現存しない．

···

T266, 18 「これもまた冗長 (vistṛta) ではないか．ところどころで，一つの領域に[2]多くの例題を述べるから」という疑問に対して，アヌシュトゥブ詩節の後半と前半で云う．

97cd **あるところでは規則の対象領域を示すため，あるところでは〈規則**
98ab **の〉一般性を示すため，//あるところでは想定の違いを示すため，またあるところでは道理を示すために例題が述べられた．/97cd-98ab/**[3]

T267, 3 例えば，バーヴィタ〈の章〉では,「四と三を掛けた二つの量の」(BG E106),「どんな二量の〈積の〉二倍と」(BG E109),「〈どんな二量の積に〉三と五を掛けた二量を」(BG E110),「二つの量，それらの積」(BG E108) という例題四つが述べられた．実際，〈これらのうちの〉一つだけが述べられた場合,「バーヴィタを望みの翼から」(BG 92-93) という規則の対象 (artha) のすべてが領域 (viṣaya) となることはない．だから，規則の対象を余すところなく示すために，例題は四つとも必要不可欠である．また，所によっては適用範囲を示すために[4]例題が述べられた．例えば,「五パーセント〈の利率〉で貸与された〈元〉金からの」(BG E42) という例題を述べてから,「一パーセント〈の利率〉で貸与された金から」(BG E43) という殆ど同じ例題がまた述べられたが，もしこれが述べられなければ，自分が作った特別な方法[5]に愚鈍な者たちは信頼を置かないだろう，というので，これは必要不可欠である．また，想定の

---

1 sahasraṃ mitiḥ T] sahasramitiḥ P. 2 viṣaya udā P] viṣaye udā T. 3 97ab の後，TP には kvacit sūtrārthaviṣayaṃ darśayitum udāhṛtam（「あるところでは規則の対象領域を示すために例題が述べられた」）という半アヌシュトゥブ詩節があるが，AMG にはない．K は導入文で「アヌシュトゥブ詩節の後半と前半で云う」と云っているから，K のテキストにもなかったと判断できる．この文の内容は 97c に等しい． 4 pradarśayitum T] darśayitum P.
5 BG E42p2（A233, 4 の段落）で与えられるアルゴリズム．同例題に対する Note の「簡易算法」と「解 2」参照．

違い（様々な想定が可能なこと）を示すために,「一人が云う，私に〈百〉ください」(BG E39) という例題が一色等式〈の章〉で述べられた．また，様々な[1]道理を示すためにも，多くの場所で，例題が述べられた．だから，この幅の広さ (vistāra) は欠点になるものではない．

···Note ···

バースカラは規則に対して例題を付す目的を 4 つあげる．(1) 規則の対象領域 (artha-viṣaya) を示すため．(2) 規則が一般性を持つこと (vyāpti) を示すため．(3) 設定あるいは想定の違い (kalpanā-bheda) を示すため．(4) 道理 (yukti) を示すため．K によれば，これらに当て嵌まる例題は次の通り．(1) バーヴィタの第 2 規則 (BG 92-93) に対する例題，Q12 (= E106), E109, E110, Q13 (= E108ab), Q14 (= E108c). (2) E42p2 に与えられたアルゴリズムの一般性を示すための例題，(E42 に加えて）E43. (3) E39 = Q9 （および E38 = Q8）. (4) 多くの例題.

···

（問い）「昔のビージャ〈ガニタ〉(pl.) には多くの例題が述べられているが，ここではほんの少ししか述べられていないので，〈生徒たちは〉すべての例題を理解できないのではないか」というので云う[2]. T267, 12

というのは，実際，例題に限りはないので，このわずかなものが述べられた．/98cd/ 98cd

「実際」(hi: yataḥ), 「例題に限りはない」．だから,「このわずかなもの (stoka: alpa)」が述べられた．昔のビージャ〈ガニタ〉(pl.) でも，すべての例題が述べられたわけではない．それらに限りはないので，〈すべての例題を〉述べることは不可能だから．だから，例題は少しでも，様々な道理が教示されるなら，後は無意味である，ということである． T267, 15

「ここにはほんのわずかなものがのべられた．一方，昔のビージャ〈ガニタ〉(pl.) は冗長すぎる．ということは，それら（昔のビージャ）だけでも愚鈍な者の用途のためには十分ではないか」という疑問に対して云う.[3] T267, 18

理知乏しき者たちにとって学問（学術書）の広大な海は渡りがたい．また賢い者にとっても学問（学術書）の浩瀚さがいったい何の役に立つだろうか．/99/ 99

実に，幅の広さは，愚鈍な者のためか理知ある者のためかであるが，前者ではない．というのは,「学問の広大な海」は[4]「理知乏しき者たちにとって」: 愚鈍な者たちにとって,「渡りがた」いから．畢竟，理解しがたい，ということである．というのは，書物 (grantha) が大きいときは逆に，どこに何があるのか，ここで何をすべきか，ということがわからないので[5]，彼ら（愚鈍なものたち）は為すべきことにただ当惑するだけだろう．後者でもない．理知 T267, 22 T268, 1

---

[1] vividhayukti P] vividhāyukti T.　[2] syādityata āha T] syādata āha P.　[3] āha T] āha/ yataḥ P.　[4] vāridhiḥ P] vāridhi T.　[5] anavabodhena P] anena bodhena T.

ある者にとっても，学問の幅の広さが何になるだろうか．というのは，彼らは〈自ら〉思考する能力がある (kalpanā-samartha) からである．

T268, 3 （問い）「〈書物が〉小さくても，ビージャは愚鈍な者のためか理知ある者のためであるが，前者ではない．彼らは理解することができないから．後者でもない．彼らは思考する者 (kalpaka) だから．」

T268, 4 というなら，否．十分小さな書物は愚鈍な者たちが反復学習 (abhyāsa) によって成就することができるから，まず一番目のケースに関して過失はない．二番目に関しても過失はない，というので云う．

100 **というのは，賢い者にとっては学問は教えのひとかけらを為すに過ぎないが，それは〈彼に〉到達するだけで自ずから広大になるから．/100/**

T268, 9 「というのは」，「賢い者にとって」「学問は」「教えのひとかけらを為すに過ぎない」．「しかしそれは」，学問は，賢い者に「到達す」れば，「自ずから広大になる」．実際，賢い者たちでも，まったく何にも頼らずに知ることはない．だからこの私がのべたことは，賢い者と愚鈍な者双方の用途のためである，というので，あらゆる人たちによって読まれるべきである，ということである．

T268, 12 「学問は，賢い者に到達すれば自ずから広大になる」というのはどうしてか，という疑問に対して，喩例 (dṛṣṭānta) をもって云う．

101 **水に油，悪人に秘密，器に布施，賢者に学問，これらはほんのわずかでも，そのものの潜在力 (śakti) によって，独りでに広がる．/101/**[1]

[また『天球』で私は述べた，輝く曇りのない理知を持つ者たちにとって三量法こそがパーティーであり，理知こそがビージャ（種子）である．また『天球の章』で私は述べた./Q15p0/

Q15 **パーティーは三量法であり，ビージャ（種子）は曇りのない理知である．賢い者たちに分からないことなどあるだろうか．だから愚鈍な者たちのために述べられる．/GA, pr 3/**

/101p/][2]

意味は明瞭である.[3]

T268, 16 このように，自分が作ったこのビージャの長所 (pl.) を言葉で確立してから，

[1] この韻文に対して，AM には，「〈天文〉器機の章 (yantrādhyāya) に述べられているように」という導入文があるが確認できない．チャーナキヤに帰せられる箴言集の中にまったく同じ詩節 (CV 14.5) がある． [2] この部分（和訳［ ］内）は AM にあるが GTP にはない．したがって注釈者 K のテキストにはなかったものと思われる．G 本の編者は「原典（写本）の殆どに見られるが，〈G 本の〉注釈者 (Durgāprasāda Dvivedī) は採用しなかった」と注記する．
[3] spaṣṭo 'rthaḥ P] ∅ T.

まとめる．

計算士よ，言葉が美しく（読みやすい），初心者が理解しやすい，全数学の精髄である，正起次第の方法を具えている，などの多くの長所を持ち，どんな欠点も持たないこの簡潔な書を，理知を増すため，また〈世間での〉確固たる成功のため，繰り返し読むがよい．/102/ 102

「計算士よ」(gaṇaka) というのは呼格である．言葉 (bhaṇati: śabda) によって美しい．言葉 (pada) の流麗さ (lālitya) を具えている[1]という意味である．後は明らかである． T268, 21

以上，バースカラの『シッダーンタシローマニ』における「ビージャガニタ」の章は完結した．（『ビージャガニタ』奥書）/102p/ [2] A663, 34

〈K 跋〉

かつて地上に，多くの美徳で知られたチンターマニ (Cintāmaṇi) がいた．彼は天命知者 (daivavid) たちのなかで傑出していた[3]．彼が供養しながら念じ讃えると，毎日ガウリー女神が眼前に現れた．/K 跋 1/ T268, 23

彼には五人の息子たちが生まれた．彼らのうちで最年長者はラーマ (Rāma) という名の美男子だった．彼には未来のことがわかったので，ヴィダルバの[4]王でさえも，その指図に従った．/K 跋 2/ T269, 1

ラーマから，ちょうどシーターに二人の息子クシャとラヴァが生まれたように，あらゆる美徳を具えたトリマッラ (Trimalla) とゴーピラージャ(Gopirāja) が生まれた．/K 跋 3/

トリマッラの息子はバッラーラ (Ballāla) といい，青首（を持つシヴァ神）に愛される二生者たちの王として卓越する．彼は，絶えずルドラ神の名を唱えることに極力専念するので[5]，ブラフマンを具現する光輝のように輝く．/K 跋 4/

優れた占術師たちの集団がたえずその脇に仕える計算士バッラーラの息子がクリシュナ (Kṛṣṇa) である．〈長男〉ラーマ (Rāma) の次に生まれた彼は，パラメーシュヴァラ神を満足させるために，種子計算の解説書『如意蔓』(Kalpalatā) を著した．/K 跋 5/

バースカラ（太陽）によって，自らのあり余る力と美徳からもたらされた，掛け算・平方・立方を伴う[6]ビージャ（種子）は，黒い（肥沃な）大地と出会って，考察という水を振りかけられ，芽を吹く力を持つに至った[7]．/K 跋 6/

---

[1] lālityayuktam P] lālityatyuktam T.　[2] TP はこの奥書を欠く．　[3] variṣṭhaḥ P] variṣṭaḥ T.　[4] vidarbha P] vidarpa T.　[5] japātisaṅgād P] japāti saṅkād T.
[6] sa-guṇa-varga-ghana.「優れた性質の群れ・塊を伴う」とも読める．ghanaṃ P] dyanaṃ T.　[7]「黒い」(kṛṣṇa) は著者自身の名前（クリシュナ）を,「芽」(aṅkura) はこの注釈書の名前『新芽』(Navāṅkura) を連想させる．

幾多の努力を重ねて著されたこの『新芽』(Navāṅkura) であるが，
その努力を知る者は，この世では最高我 (parama-ātman) の他に
誰がいるだろうか．このように考えて，世界の主 (jagad-īśa) よ，
あなたを満足させるために，全知者 (sarva-jña) よ，あなたの足下
にこれ（『新芽』）を委ねる．/K 跋 7/

⟨T 本奥書⟩

T269, 19　シャカ ⟨ の年 ⟩ 1523，チャイトラ ⟨ 月 ⟩ の黒 ⟨ 分 ⟩ の四番目，土星 ⟨ の日 ⟩[1]に，カーシーにおいて，星学者 (jyotirvid) プンダリーカの息子[2]トリアンバカ (Tryambaka) によって，この書物 (pustaka) は書かれた (likhita)（すなわち書写された）．

⟨P 本奥書⟩

P205, 24　尊敬すべき 曲がった鼻の持ち主（ガネーシャ神）に捧げる．グランタ数[3]，4500.

[1] ユリウス暦 1601 年 4 月 11 日土曜日．　[2] あるいは「星学者たちにとって蓮華のようなお方の息子」　[3] グランタ数については第 1 章末参照．4500 グランタ=144,000 音節．1 音節=1 文字とすると，日本式 400 字詰め原稿用紙 360 枚に相当．

第III部

付録

付録A:『ビージャガニタ』の詩節

ここでは諸版の異読を省略した．詳しくは Hayashi 2009 参照．
'Q-' は『ビージャガニタ』の散文部分で引用された詩節．

1. dhanarṇaṣaḍvidham

utpādakaṃ yat pravadanti buddher
adhiṣṭhitaṃ satpuruṣeṇa sāṃkhyāḥ/
vyaktasya kṛtsnasya tad ekabījam
avyaktam īśaṃ gaṇitaṃ ca vande//1//
pūrvaṃ proktaṃ vyaktam avyaktabījaṃ
prāyaḥ praśnā no vinā vyaktayuktyā/
jñātuṃ śakyā mandadhībhir nitāntaṃ
yasmāt tasmād vacmi bījakriyāṃ ca//2//
yoge yutiḥ syāt kṣayayoḥ svayor vā
dhanarṇayor antaram eva yogaḥ/3ab/

rūpatrayaṃ rūpacatuṣṭayaṃ ca
kṣayaṃ dhanaṃ vā sahitaṃ vadāśu/
svarṇaṃ kṣayaḥ svaṃ ca pṛthak pṛthak ced
dhanarṇayoḥ saṃkalanām avaiṣi//E1//

saṃśodhyamānaṃ svam ṛṇatvam eti
svatvaṃ kṣayas tadyutir uktavac ca//3cd//

trayād dvayaṃ svāt svam ṛṇād ṛṇaṃ ca
vyastaṃ ca saṃśodhya vadāśu śeṣam/E2ab/

svayor asvayoḥ svaṃ vadhaḥ svarṇaghāte
kṣayaḥ . . . /4ab/

dhanaṃ dhanenarṇam ṛṇena nighnaṃ
dvayaṃ trayeṇa svam ṛṇena kiṃ syāt//E2cd//

... bhāgahāre 'pi caivaṃ niruktam//4b//

rūpāṣṭakaṃ rūpacatuṣṭayena dhanaṃ dhanenarṇam ṛṇena bhaktam/
ṛṇaṃ dhanena svam ṛṇena kiṃ syād drutaṃ vadedaṃ yadi bobudhīṣi//E3//

kṛtiḥ svarṇayoḥ svaṃ svamūle dhanarṇe
na mūlaṃ kṣayasyāsti tasyākṛtitvāt//4cd//

dhanasya rūpatritayasya vargaṃ kṣayasya ca brūhi sakhe mamāśu/

dhanātmakānām adhanātmakānāṃ mūlaṃ navānāṃ ca pṛthag vadāśu//E4//

2. śūnyaṣaḍvidham

khayoge viyoge dhanarṇaṃ tathaiva
cyutaṃ śūnyatas tad viparyāsam eti/5ab/

rūpatrayaṃ svaṃ kṣayagaṃ ca khaṃ ca
kiṃ syāt khayuktaṃ vada khāc cyutaṃ ca/E5ab/

vadhādau viyat khasya khaṃ khena ghāte
khahāro bhavet khena bhaktaś ca rāśiḥ//5cd//

dvighnaṃ trihṛt khaṃ khahṛtaṃ trayaṃ ca
śūnyasya vargaṃ vada me padaṃ ca//E5cd//

asmin vikāraḥ khahare na rāśāv api praviṣṭeṣv api nissṛteṣu/
bahuṣv api syāl layasṛṣṭikāle 'nante 'cyute bhūtagaṇeṣu yadvat//6//

3. avyaktaṣaḍvidham

yāvattāvat kālako nīlako 'nyo
varṇaḥ pīto lohitaś caitadādyāḥ/
avyaktānāṃ kalpitā mānasaṃjñās
tatsaṃkhyānaṃ kartum ācāryavaryaiḥ//7//
yogo 'ntaraṃ teṣu samānajātyor
vibhinnajātyoś ca pṛthaksthitiś ca//8ab//

svam avyaktam ekaṃ sakhe caikarūpaṃ
dhanāvyaktayugmaṃ virūpāṣṭakaṃ ca/
yutau pakṣayor etayoḥ kiṃ dhanarṇe
viparyasya caikye bhavet kiṃ vadāśu//E6//
dhanāvyaktavargatrayaṃ satrirūpaṃ
kṣayāvyaktayugmena yuktaṃ ca kiṃ syāt/
dhanāvyaktayugmād ṛṇāvyaktaṣaṭkaṃ
sarūpāṣṭakaṃ projjhya śeṣaṃ vadāśu//E7//

syād rūpavarṇābhihatau tu varṇo dvitryādikānāṃ samajātikānām//8cd//
vadhe tu tadvargaghanādayaḥ syus tadbhāvitaṃ cāsamajātighāte/
bhāgādikaṃ rūpavad eva śeṣaṃ vyakte yad uktaṃ gaṇite tad atra//9//
guṇyaḥ pṛthag guṇakakhaṇḍasamo niveśyas
taiḥ khaṇḍakaiḥ kramahataḥ sahito yathoktyā/
avyaktavargakaraṇīguṇanāsu cintyo

vyaktoktakhaṇḍaguṇanāvidhir evam atra//10//

yāvattāvatpañcakaṃ vyekarūpaṃ
yāvattāvadbhis tribhiḥ sadvirūpaiḥ/
saṃguṇya drāg brūhi guṇyaṃ guṇaṃ vā
vyastaṃ svarṇaṃ kalpayitvā ca vidvan//E8//

bhājyāc chedaḥ śudhyati pracyutaḥ san
sveṣu sveṣu sthānakeṣu krameṇa/
yair yair varṇaiḥ saṃguṇo yaiś ca rūpair
bhāgāhāre labdhayas tāḥ syur atra//11//

rūpaiḥ ṣaḍbhir varjitānāṃ caturṇām
avyaktānāṃ brūhi vargaṃ sakhe me//E8ef//

kṛtibhya ādāya padāni teṣāṃ dvayor dvayoś cābhihatiṃ dvinighnīm/
śeṣāt tyajed rūpapadaṃ gṛhītvā cet santi rūpāṇi tathaiva śeṣam//12//

yāvattāvatkālakanīlakavarṇās tripañcasaptadhanam/
dvitryekamitaiḥ kṣayagaiḥ sahitā rahitāḥ kati syus taiḥ//E9//
yāvattāvattrayam ṛṇam ṛṇaṃ kālakau nīlakaḥ svaṃ
rūpeṇāḍhyā dviguṇitamitais te tu tair eva nighnāḥ/
kiṃ syāt teṣāṃ guṇanajaphalaṃ guṇyabhaktaṃ ca kiṃ syād
guṇyasyātha prakathaya kṛtiṃ mūlam asyāḥ kṛteś ca//E10//

4. karaṇīṣaḍvidham

yogaṃ karaṇyor mahatīṃ prakalpya ghātasya mūlaṃ dviguṇaṃ laghuṃ ca/
yogāntare rūpavad etayoḥ sto vargeṇa vargaṃ guṇayed bhajec ca//13//
laghvyā hṛtāyās tu padaṃ mahatyāḥ
saikaṃ nirekaṃ svahataṃ laghughnam/
yogāntare staḥ kramaśas tayor vā
pṛthaksthitiḥ syād yadi nāsti mūlam//14//

dvikāṣṭamityos tribhasaṃkhyayoś ca yogāntare brūhi pṛthak karaṇyoḥ/
trisaptamityor aciraṃ vicintya cet ṣaḍvidhaṃ vetsi sakhe karaṇyāḥ//E11//
dvitryaṣṭasaṃkhyā guṇakaḥ karaṇyo guṇyas trisaṃkhyā ca sapañcarūpā/
vadhaṃ pracakṣvāśu vipañcarūpe guṇo 'thavā tryarkamite karaṇyau//E12//

kṣayo bhavec ca kṣayarūpavargaś cet sādhyate 'sau karaṇītvahetoḥ/
ṛṇātmikāyāś ca tathā karaṇyā mūlaṃ kṣayo rūpavidhānahetoḥ//15//
dhanarṇatāvyatyayam īpsitāyāś chede karaṇyā asakṛd vidhāya/
tādṛkchidā bhājyaharau nihanyād ekaiva yāvat karaṇī hare syāt//16//

bhājyās tayā bhājyagatāḥ karaṇyo labdhāḥ karaṇyo yadi yogajāḥ syuḥ/
viśleṣasūtreṇa pṛthak ca kāryās tathā yathā praṣṭur abhīpsitāḥ syuḥ//17//
vargeṇa yogakaraṇī vihṛtā viśudhyet
khaṇḍāni tatkṛtipadasya yathepsitāni/
kṛtvā tadīyakṛtayaḥ khalu pūrvalabdhyā
kṣuṇṇā bhavanti pṛthag evam imāḥ karaṇyaḥ//18//

dvikatripañcapramitāḥ karaṇyas tāsāṃ kṛtiṃ dvitrikasaṃkhyayoś ca/
ṣaṭpañcakadvitrikasammitānāṃ pṛthak pṛthaṅ me kathayāśu vidvan//E13//
aṣṭādaśāṣṭadvikasammitānāṃ kṛtīkṛtānāṃ ca sakhe padāni/E14ab/

varge karaṇyā yadi vā karaṇyos tulyāni rūpāṇy athavā bahūnām/
viśodhayed rūpakṛteḥ padena śeṣasya rūpāṇi yutonitāni//19//
pṛthak tadardhe karaṇīdvayaṃ syān mūle 'tha bahvī karaṇī tayor yā/
rūpāṇi tāny evam ato 'pi bhūyaḥ śeṣāḥ karaṇyo yadi santi varge//20//
ṛṇātmikā cet karaṇī kṛtau syād dhanātmikāṃ tāṃ parikalpya sādhye/
mūle karaṇyāv anayor abhīṣṭā kṣayātmikaikā sudhiyāvagamyā//21//

trisaptamityor vada me karaṇyor viśleṣavargaṃ kṛtitaḥ padaṃ ca//E14cd//
dvikatripañcapramitāḥ karaṇyaḥ svasvarṇagā vyastadhanarṇagā vā/
tāsāṃ kṛtiṃ brūhi kṛteḥ padaṃ ca cet ṣaḍvidhaṃ vetsi sakhe karaṇyāḥ//E15//

ekādisaṃkalitamitakaraṇīkhaṇḍāni vargarāśau syuḥ/
varge karaṇītritaye karaṇīdvitayasya tulyarūpāṇi//22//
karaṇīṣaṭke tisṛṇāṃ daśasu catasṛṇāṃ tithiṣu ca pañcānām/
rūpakṛteḥ projjhya padaṃ grāhyaṃ ced anyathā na sat kvāpi//23//
utpatsyamānayaivaṃ mūlakaraṇyālpayā caturguṇayā/
yāsām apavartaḥ syād rūpakṛtes tā viśodhyāḥ syuḥ//24//
apavarte yā labdhā mūlakaraṇyo bhavanti tāś cāpi/
śeṣavidhinā na yadi tā bhavanti mūlaṃ tadā tad asat//25//

varge yatra karaṇyo dantaiḥ siddhair gajair mitā vidvan/
rūpair daśabhir upetāḥ kiṃ mūlaṃ brūhi tasya syāt//E16//
varge yatra karaṇyas tithiviśvahutāśanaiś caturguṇitaiḥ/
tulyā daśarūpāḍhyāḥ kiṃ mūlaṃ brūhi tasya syāt//E17//
aṣṭau ṣaṭpañcāśat ṣaṣṭiḥ karaṇītrayaṃ kṛtau yatra/
rūpair daśabhir upetaṃ kiṃ mūlaṃ brūhi tasya syāt//E18//
caturguṇāḥ sūryatithīṣurudranāgartavo yatra kṛtau karaṇyaḥ/
saviśvarūpā vada tatpadaṃ te yady asti bīje paṭutābhimānaḥ//E19//
catvāriṃśadaśītidviśatītulyāḥ karaṇyaś cet/
saptadaśarūpayuktās tatra kṛtau kiṃ padaṃ brūhi//E20//

5. kuṭṭakaḥ

bhājyo hāraḥ kṣepakaś cāpavartyaḥ kenāpy ādau saṃbhave kuṭṭakārtham/
yena chinnau bhājyahārau na tena kṣepaś cet tad duṣṭam uddiṣṭam eva//26//
parasparaṃ bhājitayor yayor yaḥ śeṣas tayoḥ syād apavartanaṃ saḥ/
tenāpavartena vibhājitau yau tau bhājyahārau dṛḍhasaṃjñakau staḥ//27//
mitho bhajet tau dṛḍhabhājyahārau yāvad vibhājye bhavatīha rūpam/
phalāny adho 'dhas tadadho niveśyaḥ kṣepas tathānte kham upāntimena//28//
svordhve hate 'ntyena yute tadantyaṃ tyajen muhuḥ syād iti rāśiyugmam/
ūrdhvo vibhājyena dṛḍhena taṣṭaḥ phalaṃ guṇaḥ syād adharo hareṇa//29//
evaṃ tadaivātra yadā samās tāḥ syur labdhayaś ced viṣamās tadānīm/
yathāgatau labdhiguṇau viśodhyau svatakṣaṇāc cheṣamitau tu tau staḥ//30//
bhavati kuṭṭavidher yutibhājyayoḥ samapavartitayor api vā guṇaḥ/
bhavati yo yutibhājakayoḥ punaḥ sa ca bhaved apavartanasaṃguṇaḥ//31//
yogaje takṣaṇāc chuddhe guṇāptī sto viyogaje/
dhanabhājyodbhave tadvad bhavetām ṛṇabhājyaje/
guṇalabdhyos samaṃ grāhyaṃ dhīmatā takṣaṇe phalam//32//[1]
harataṣṭe dhanakṣepe guṇalabdhī tu pūrvavat/
kṣepatakṣaṇalābhāḍhyā labdhiḥ śuddhau tu varjitā//33//
athavā bhāgahāreṇa taṣṭayoḥ kṣepabhājyayoḥ/
guṇaḥ prāgvat tato labdhiḥ bhājyād dhatayutoddhṛtāt//34//
kṣepābhāvo 'thavā yatra kṣepaḥ śudhyed dharoddhṛtaḥ/
jñeyaḥ śūnyaṃ guṇas tatra kṣepo harahṛtaḥ phalam//35//
iṣṭāhatasvasvahareṇa yukte te vā bhavetāṃ bahudhā guṇāptī/36ab/

ekaviṃśatiyutaṃ śatadvayaṃ yadguṇaṃ gaṇaka pañcaṣaṣṭiyuk/
pañcavarjitaśatadvayoddhṛtaṃ śuddhim eti guṇakaṃ vadāśu tam//E21//
śataṃ hataṃ yena yutaṃ navatyā vivarjitaṃ vā vihṛtaṃ triṣaṣṭyā/
niragrakaṃ syād vada me guṇaṃ taṃ spaṣṭaṃ paṭīyān yadi kuṭṭake 'si//E22//
yadguṇā kṣayagaṣaṣṭir anvitā varjitā ca yadi vā tribhis tataḥ/
syāt trayodaśahṛtā niragrakā taṃ guṇaṃ gaṇaka me pṛthag vada//E23//

ṛṇabhājya ṛṇakṣepe dhanabhājyabidhir bhavet/
tadvat kṣepa ṛṇagate vyastaṃ syād ṛṇabhājake//Q0 (anonymous)//

Q1 = BG 32cd

aṣṭādaśa hatāḥ kena daśāḍhyā vā daśonitāḥ/
śuddhaṃ bhāgaṃ prayacchanti kṣayagaikādaśoddhṛtāḥ//E24//
yena saṃguṇitāḥ pañca trayoviṃśatisaṃyutāḥ/

[1] JF は 32abcd を 32ef の後に置く. 32cd に次のような異読があることを G の注釈者 (Durgāprasāda) および K が伝える: ṛṇabhājyodbhave tadvadbhavetāmṛṇabhājyake/

varjitā vā tribhir bhaktā niragrāḥ syuḥ sa ko guṇaḥ//E25//
yena pañca guṇitāḥ khasaṃyutāḥ pañcaṣaṣṭisahitāś ca te 'thavā/
syus trayodaśahṛtā niragrakās taṃ guṇaṃ gaṇaka kīrtayāśu me//E26//

kṣepaṃ viśuddhiṃ parikalpya rūpaṃ
pṛthak tayor ye guṇakāralabdhī//36cd//
abhīpsitakṣepaśuddhinighnyau
svahārataṣṭe bhavatas tayos te/
kalpyātha śuddhir vikalāvaśeṣaṃ
ṣaṣṭiś ca bhājyaḥ kudināni hāraḥ//37//
tajjaṃ phalaṃ syur vikalā guṇas
liptāgram asmāc ca kalālavāgram/
evaṃ tadūrdhvaṃ ca tathādhimāsā
vamāgrakābhyāṃ divasā ravīndvoḥ//38//
eko haraś ced guṇakau vibhinnau
tadā guṇaikyaṃ parikalpya bhājyam/
agraikyam agraṃ kṛta uktavad yaḥ
saṃśliṣṭasaṃjñaḥ sphuṭakuṭṭako 'sau//39//

kaḥ pañcanighno vihṛtas triṣaṣṭyā saptāvaśeṣo 'tha sa eva rāśiḥ/
daśāhataḥ syād vihṛtas triṣaṣṭyā caturdaśāgro vada rāśim enam//E27//

6. vargaprakṛtiḥ

iṣṭaṃ hrasvaṃ tasya vargaḥ prakṛtyā
kṣuṇṇo yukto varjito vā sa yena/
mūlaṃ dadyāt kṣepakaṃ taṃ dhanarṇaṃ
mūlaṃ tac ca jyeṣṭhamūlaṃ vadanti//40//
hrasvajyeṣṭhakṣepakān nyasya teṣāṃ
tān anyān vādho niveśya krameṇa/
sādhyāny ebhyo bhāvanābhir bahūni
mūlāny eṣāṃ bhāvanā procyate 'taḥ//41//
vajrābhyāsau jyeṣṭhalaghvos tadaikyaṃ
hrasvaṃ laghvor āhatiś ca prakṛtyā/
kṣuṇṇā jyeṣṭhābhyāsayug jyeṣṭhamūlaṃ
tatrābhyāsaḥ kṣepayoḥ kṣepakaḥ syāt//42//
hrasvaṃ vajrābhyāsayor antaraṃ vā
laghvor ghāto yaḥ prakṛtyā vinighnaḥ/
ghāto yaś ca jyeṣṭhayos tadviyogo
jyeṣṭhaṃ kṣepo 'trāpi ca kṣepaghātaḥ//43//
iṣṭavargahṛtaḥ kṣepaḥ kṣepaḥ syād iṣṭabhājite/

mūle te sto 'thavā kṣepaḥ kṣuṇṇaḥ kṣuṇṇe tadā pade//44//
iṣṭavargaprakṛtyor yad vivaraṃ tena vā bhajet/
dvighnam iṣṭaṃ kaniṣṭhaṃ tat padaṃ syād ekasaṃyutau//45//
tato jyeṣṭham ihānantyaṃ bhāvanātasratheṣṭataḥ/46ab/

ko vargo 'ṣṭahataḥ saikaḥ kṛtiḥ syād gaṇakocyatām/
ekādaśaguṇaḥ ko vā vargaḥ saikaḥ kṛtiḥ sakhe//E28//

hrasvajyeṣṭhapadakṣepān bhājyaprakṣepabhājakān//46cd//
kṛtvā kalpyo guṇas tatra tathā prakṛtitaś cyute/
guṇavarge prakṛtyone 'thavālpaṃ śeṣakaṃ yathā//47//
tat tu kṣepahṛtaṃ kṣepo vyastaḥ prakṛtitaś cyute/
guṇalabdhiḥ padaṃ hrasvaṃ tato jyeṣṭham ato 'sakṛt//48//
tyaktvā pūrvapadakṣepāṃś cakravālam idaṃ jaguḥ/
caturdvyekayutāv evam abhinne bhavataḥ pade//49//
caturdvikṣepamūlābhyāṃ rūpakṣepārthabhāvanā/50ab/

kā saptaṣaṣṭiguṇitā kṛtir ekayuktā
kā caikaṣaṣṭinihatā ca sakhe sarūpā/
syān mūladā yadi kṛtiprakṛtir nitāntaṃ
tvaccetasi pravada tāta tatā latāvat//E29//

rūpaśuddhau khiloddiṣṭaṃ vargayogo guṇo na cet//50cd//
akhile kṛtimūlābhyāṃ dvidhā rūpaṃ vibhājitam/
dvidhā hrasvapadaṃ jyeṣṭhaṃ tato rūpaviśodhane//51//
pūrvavad vā prasādhyete pade rūpaviśodhane/52ab/

trayodaśaguṇo vargo nirekaḥ kaḥ kṛtir bhavet/
ko vāṣṭaguṇito vargo nireko mūlado vada//E30//
ko vargaḥ ṣaḍguṇas tryāḍhyo dvādaśāḍhyo 'thavā kṛtiḥ/
yuto vā pañcasaptatyā triśatyā vā kṛtir bhavet//E31//

svabuddhyaiva pade jñeye bahukṣepaviśodhane//52cd//
tayor bhāvanayānantyaṃ rūpakṣepapadotthayā/
vargacchinne guṇe hrasvaṃ tatpadena vibhājayet//53//

dvātriṃśadguṇito vargaḥ kaḥ saiko mūlado vada//E32/

iṣṭabhakto dvidhā kṣepa iṣṭonāḍhyo dalīkṛtaḥ/
guṇamūlahṛtaś cādyo hrasvajyeṣṭhe kramāt pade//54//

kā kṛtir navabhiḥ kṣuṇṇā dvipañcāśadyutā kṛtiḥ/
ko vā caturguṇo vargas trayastriṃśadyutaḥ kṛtiḥ//E33//
trayodaśaguṇo vargaḥ kas trayodaśavarjitaḥ/

trayodaśayuto vā syād varga eva nigadyatām//E34//
ṛṇagaiḥ pañcabhiḥ kṣuṇṇaḥ ko vargaḥ saikaviṃśatiḥ/
vargaḥ syād vada ced vetsi kṣayagaprakṛtau vidhim//E35//

uktaṃ bījopayogīdaṃ saṃkṣiptaṃ gaṇitaṃ kila/
ato bījaṃ pravakṣyāmi gaṇakānandakārakam//55//

7. ekavarṇasamīkaraṇam

yāvattāvat kalpyam avyaktarāśer
mānaṃ tasmin kurvatoddiṣṭam eva/
tulyau pakṣau sādhanīyau prayatnāt
tyaktvā kṣiptvā vāpi saṃguṇya bhaktvā//56//
ekāvyaktaṃ śodhayed anyapakṣād
rūpāṇy anyasyetarasmāc ca pakṣāt/
śeṣāvyaktenoddhared rūpaśeṣaṃ
vyaktaṃ mānaṃ jāyate 'vyaktarāśeḥ//57//
avyaktānāṃ dvyādikānām apīha
yāvattāvad dvyādinighnaṃ hṛtaṃ vā/
yuktonaṃ vā kalpayed ātmabuddhyā
mānaṃ kvāpi vyaktam evaṃ viditvā//58//

ekasya rūpatriśatī ṣaḍ aśvā
aśvā daśānyasya tu tulyamaulyāḥ/
ṛṇaṃ tathā rūpaśataṃ ca tasya
tau tulyavittau ca kim aśvamaulyam//E36//
yad ādyavittasya dalaṃ dviyutaṃ
tattulyavitto yadi vā dvitīyaḥ/
ādyo dhanena triguṇo 'nyato vā
pṛthak pṛthaṅ me vada vājimaulyam//E37//
māṇikyāmalanīlamauktikamitiḥ pañcāṣṭa sapta kramād
ekasyānyatarasya sapta nava ṣaṭ tadratnasaṃkhyā sakhe/
rūpāṇāṃ navatir dviṣaṣṭir anayos tau tulyavittau tathā
bījajña pratiratnajāni sumate maulyāni śīghraṃ vada//E38//
eko bravīti mama dehi śataṃ dhanena
tvatto bhavāmi hi sakhe dviguṇas tato 'nyaḥ/
brūte daśārpayasi cen mama ṣaḍguṇo 'haṃ
tvattas tayor vada dhane mama kiṃpramāṇe//E39//
māṇikyāṣṭakam indranīladaśakaṃ muktāphalānāṃ śataṃ
yat te karṇavibhūṣaṇe samadhanaṃ krītaṃ tvadarthe mayā/
tadratnatrayamaulyasaṃyutimitis tryūnaṃ śatārdhaṃ priye

maulyaṃ brūhi pṛthag yadīha gaṇite kalyāsi kalyāṇini//E40//
pañcāṃśo 'likulāt kadambam agamat tryaṃśaḥ śilīndhraṃ tayor
viśleṣas triguṇo mṛgākṣi kuṭajaṃ dolāyamāno 'paraḥ/
kānte ketakamālatīparimalaprāptaikakālapriyā-
dūtāhūta itas tato bhramati khe bhṛṅgo 'lisaṃkhyāṃ vada//E41//
pañcakaśatadattadhanāt phalasya vargaṃ viśodhya pariśiṣṭam/
dattaṃ daśakaśatena tulyaḥ kālaḥ phalaṃ ca tayoḥ//E42//
ekakaśatadattadhanāt phalasya vargaṃ viśodhya pariśiṣṭam/
pañcakaśatena dattaṃ tulyaḥ kālaḥ phalaṃ ca tayoḥ//E43//

naiva varṇātmakaṃ bījaṃ na bījāni pṛthak pṛthak/
ekam eva matir bījam analpā kalpanā yataḥ//Q2 = GA, pr 5//

māṇikyāṣṭakam indranīladaśakaṃ muktāphalānāṃ śataṃ
sadvajrāṇi ca pañca ratnavaṇijāṃ caturṇāṃ dhanam/
saṃgasnehavaśena te nijadhanād dattvaikam ekaṃ mitho
jātās tulyadhanāḥ pṛthag vada sakhe tadratnamaulyāni me//E44//
pañcakaśatena dattaṃ mūlaṃ sakalāntaraṃ gate varṣe/
dviguṇaṃ ṣoḍaśahīnaṃ labdhaṃ kiṃ mūlam ācakṣva//E45//
yat pañcakadvikacatuṣkaśatena dattaṃ
khaṇḍais tribhir navatiyuk triśatī dhanaṃ tat/
māseṣu saptadaśapañcasu tulyam āptaṃ
khaṇḍatraye 'pi saphalaṃ vada khaṇḍasaṃkhyām//E46//
purapraveśe daśado dvisaṃguṇaṃ
vidhāya śeṣaṃ daśabhuk ca nirgame/
dadau daśaivaṃ nagaratraye 'bhavat
trinighnam ādyaṃ vada tat kiyad dhanam//E47//
sārdhaṃ taṇḍulamānakatrayam aho drammeṇa mānakāṣṭakaṃ
mudgānāṃ ca yadi trayodaśamitā etā vaṇik kākiṇīḥ/
ādāyārpaya taṇḍulāṃśayugalaṃ mudgaikabhāgānvitaṃ
kṣipraṃ kṣiprabhujo vrajemahi yataḥ sārtho 'grato yāsyati//E48//
svārdhapañcāṃśanavamair yuktāḥ ke syuḥ samās trayaḥ/
anyāṃśadvayahīnā ye ṣaṣṭiśeṣāś ca tān vada//E49//
trayodaśa tathā pañca karaṇyau bhujayor mitī/
bhūr ajñātā ca catvāraḥ phalaṃ bhūmiṃ vadāśu me//E50//
daśapañcakaraṇyantaram eko bāhuḥ paraś ca ṣaṭkaraṇī/
bhūr aṣṭādaśakaraṇī rūponā lambam ācakṣva//E51//
asamānasamacchedān rāśīṃs tāṃś caturo vada/
yadaikyaṃ yadghanaikyaṃ vā yeṣāṃ vargaikyasammitam//E52//
tryasrakṣetrasya yasya syāt phalaṃ karṇena sammitam/

doḥkoṭiśrutighātena samaṃ yasya ca tad vada//E53//
yutau vargo 'ntare vargo yayor ghāte ghano bhavet/
tau rāśī śīghram ācakṣva dakṣo 'si gaṇite yadi//E54//
ghanaikyaṃ jāyate vargo vargaikyaṃ ca yayor ghanaḥ/
tau ced vetsi tadāhaṃ tvāṃ manye bījavidāṃ varam//E55//
yatra tryasre kṣetre dhātrī manusammitā sakhe bāhū/
ekaḥ pañcadaśānyas trayodaśa vadāvalambakaṃ tatra//E56//
yadi samabhuvi veṇur dvitripāṇipramāṇo
gaṇaka pavanavegād ekadeśe sa bhagnaḥ/
bhuvi nṛpamitahasteṣv aṅga lagnaṃ tadagraṃ
kathaya katiṣu mūlād eṣa bhagnaḥ kareṣu //E57//
cakrakrauñcākulitasalile kvāpi dṛṣṭaṃ taḍāge
toyād ūrdhvaṃ kamalakalikāgraṃ vitastipramāṇam/
mandaṃ mandaṃ calitam anilenāhataṃ hastayugme
tasmin magnaṃ gaṇaka kathaya kṣipram ambupramāṇam//E58//
vṛkṣād dhastaśatocchrayāc chatayuge vāpīṃ kapiḥ ko 'py agād
uttīryātha paro drutaṃ śrutipathāt proḍḍīya kiṃcid drumāt/
jātaivaṃ samatā tayor yadi gatāv uḍḍīnamānaṃ kiyad
vidvaṃś cet supariśramo 'sti gaṇite kṣipraṃ tad ācakṣva me//E59//
pañcadaśadaśakarocchrayaveṇvor ajñātamadhyabhūmikayoḥ/
itaretaramūlāgragasūtrayuter lambamānam ācakṣva//E60//

8. ekavarṇasamīkaraṇāntargatamadhyāharaṇam

avyaktavargādi yadāvaśeṣaṃ
pakṣau tadeṣṭena nihatya kiṃcit/
kṣepyaṃ tayor yena padapradaḥ syād
avyaktapakṣo 'sya padena bhūyaḥ//59//
vyaktasya mūlasya samakriyaivam
avyaktamānaṃ khalu labhyate tat/
na nirvahaś ced ghanavargavargeṣv
evaṃ tadā jñeyam idaṃ svabuddhyā//60//
avyaktamūlarṇagarūpato 'lpaṃ
vyaktasya pakṣasya padaṃ yadi syāt/
ṛṇaṃ dhanaṃ tac ca vidhāya sādhyam
avyaktamānaṃ dvividhaṃ kvacit tat//61//

caturāhatavargasamai rūpaiḥ pakṣadvayaṃ guṇayet/
pūrvāvyaktasya kṛteḥ samarūpāṇi kṣipet tayor eva//Q3//[1]

[1] Śrīdhara に帰される.

alikuladalamūlaṃ mālatīṃ yātam aṣṭau
nikhilanavamabhāgāś cālinī bhṛṅgam ekaṃ/
niśi parimalalubdhaṃ padmamadhye niruddhaṃ
pratiraṇati raṇantaṃ brūhi kānte 'lisaṃkhyām//E61//
pārthaḥ karṇavadhāya mārgaṇagaṇaṃ kruddho raṇe saṃdadhe
tasyārdhena nivārya taccharagaṇaṃ mūlaiś caturbhir hayān/
śalyaṃ ṣaḍbhir atheṣubhis tribhir api chatraṃ dhvajaṃ kārmukaṃ
cicchedāsya śiraḥ śareṇa kati te yān arjunas saṃdadhe//E62//
vyekasya gacchasya dalaṃ kilādir āder dalaṃ tatpracayaḥ phalaṃ ca/
cayādigacchābhihatiḥ svasaptabhāgādhikā brūhi cayādigacchān//E63//
kaḥ khena vihṛto rāśir ādyayukto navonitaḥ/
vargitaḥ svapadenāḍhyaḥ khaguṇo navatir bhavet//E64//
kaḥ svārdhasahito rāśiḥ khaguṇo vargito yutaḥ/
svapadābhyāṃ khabhaktaś ca jātāḥ pañcadaśocyatām//E65//

⟨yoge khaṃ kṣepasamaṃ vargādau khaṃ khabhājito rāśiḥ/⟩
khaharaḥ syāt khaguṇaḥ khaṃ khaguṇaś cintyaś ca śeṣavidhau//Q4 = L 45//
śūnye guṇake jāte khaṃ hāraś cet punas tadā rāśiḥ/
avikṛta eva vicintyaḥ sarvatraivaṃ vipaścidbhiḥ//Q5 = L 46//

rāśir dvādaśanighno rāśighanāḍhyaś ca kaḥ samā yasya/
rāśikṛtiḥ ṣaḍguṇitā pañcatriṃśadyutā vidvan//E66//
ko rāśir dviśatīkṣuṇṇo rāśivargayuto hataḥ/
dvābhyāṃ tenonito rāśivargavargo 'yutaṃ bhavet/
rūponaṃ vada taṃ rāśiṃ vetsi bījakriyāṃ yadi//E67//
vanāntarāle plavagāṣṭabhāgaḥ saṃvargito valgati jātarāgaḥ/
phūtkāranādapratinādahṛṣṭā dṛṣṭā girau dvādaśa te kiyantaḥ//E68//
yūthāt pañcāṃśakas tryūno vargito gahvaraṃ gataḥ/
dṛṣṭaḥ śākhāmṛgaḥ śākhām ārūḍho vada te kati//E69//
karṇasya trilavenonā dvādaśāṅgulaśaṅkubhā/
caturdaśāṅgulā jātā gaṇaka brūhi tāṃ drutam//E70//

vyaktapakṣasya cen mūlam anyapakṣarṇarūpataḥ/
alpaṃ dhanarṇagaṃ kṛtvā dvividhotpadyate mitiḥ//Q6//[1]

catvāro rāśayaḥ ke te mūladā ye dvisaṃyutāḥ/
dvayor dvayor yathāsannaghātāś cāṣṭādaśānvitāḥ//E71//
mūladāḥ sarvamūlaikyād ekādaśayutāt padam/
trayodaśa sakhe jātaṃ bījajña vada tān mama//E72//

[1] Padmanābha に帰される.

rāśikṣepād vadhakṣepo yadguṇas tatpadottaram/
avyaktā rāśayaḥ kalpyā vargitāḥ kṣepavarjitāḥ//Q7 (ādyaparibhāṣā)//

kṣetre tithinakhais tulye doḥkoṭī tatra kā śrutiḥ/
upapattiś ca rūḍhasya gaṇitasyāsya kathyatām//E73//

doḥkoṭyantaravargeṇa dvighno ghātaḥ samanvitaḥ/
vargayogasamaḥ sa syād dvayor avyaktayor yathā//62//

bhujāt tryūnāt padaṃ vyekaṃ koṭikarṇāntaraṃ sakhe/
yatra tatra vada kṣetre doḥkoṭiśravaṇān mama//E74//

vargayogasya yad rāśyor yutivargasya cāntaram/
dvighnaghātasamānaṃ syād dvayor avyaktayor yathā//63//
caturguṇasya ghātasya yutivargasya cāntaram/
rāśyantarakṛtes tulyaṃ dvayor avyaktayor yathā//64//

catvāriṃśad yutir yeṣāṃ doḥkoṭiśravasāṃ vada/
bhujakoṭivadho yeṣu śataṃ viṃśatisaṃyutam//E75//
yogo doḥkoṭikarṇānāṃ ṣaṭpañcāśad vadhas tathā/
ṣaṭśatī saptabhiḥ kṣuṇṇā yeṣāṃ tān me pṛthag vada//E76//

9. anekavarṇasamīkaraṇam

ādyaṃ varṇaṃ śodhayed anyapakṣād
anyān rūpāṇy anyataś cādyabhakte/
pakṣe 'nyasminn ādyavarṇonmitiḥ syād
varṇasyaikasyonmitīnāṃ bahutve//65//
samīkṛtacchedagame tu tābhyas tadanyavarṇonmitayaḥ prasādhyāḥ/
antyonmitau kuṭṭavidher guṇāptī te bhājyatadbhājakavarṇamāne//66//
anye 'pi bhājye yadi santi varṇās tanmānam iṣṭaṃ parikalpya sādhye/
vilomakotthāpanato 'nyavarṇamānāni bhinnaṃ yadi mānam evam//67//
bhūyaḥ kāryaḥ kuṭṭako 'trāntyavarṇaṃ
tenotthāpyotthāpayed vyastam ādyān//68//[1]

Q8 = BG E38
Q9 = BG E39

aśvāḥ pañcaguṇāṅgamaṅgalamitā yeṣāṃ caturṇāṃ dhanāny
uṣṭrāś ca dvimuniśrutikṣitimitā aṣṭadvibhūpāvakāḥ/
teṣām aśvatarā vṛṣā munimahīnetrendusaṃkhyāḥ kramāt

[1] この Śālinī詩節の後半は BG 70. K は 68 の異読に言及する.
異読 1: bhūyaḥ kāryaḥ kuṭṭakād anyavarṇas tenotthāpyotthāpayed vyastam ādyān/
異読 2: bhūyaḥ kāryaḥ kuṭṭakād anyavarṇas tenotthāpyotthāpayed antimādyān/

sarve tulyadhanāś ca te vada sapady aśvādimaulyāni me//E77//
tribhiḥ pārāvatāḥ pañca pañcabhiḥ sapta sārasāḥ/
saptabhir nava haṃsāś ca navabhir barhiṇas trayaḥ//E78//
drammair avāpyate drammaśatena śatam ānaya/
eṣāṃ pārāvatādīnāṃ vinodārthaṃ mahīpateḥ//E79//
ṣaḍbhaktaḥ pañcāgraḥ pañcavibhakto bhavec catuṣkāgraḥ/
caturuddhṛtas trikāgro dvyagras trisamuddhṛtaḥ kaḥ syāt//E80//
syuḥ pañcasaptanavabhiḥ kṣuṇṇeṣu hṛteṣu keṣu viṃśatyā/
rūpottarāṇi śeṣāṇy avāptayaś cāpi śeṣasamāḥ//E81//
ekāgro dvihṛtaḥ kaḥ syād dvikāgras trisamuddhṛtaḥ/
trikāgraḥ pañcabhir bhaktas tadvad eva hi labdhayaḥ//E82//
kau rāśī vada pañcaṣaṭkavihṛtāv ekadvikāgrau yayor
dvyagraṃ tryuddhṛtam antaraṃ navahṛtā pañcāgrā syād yutiḥ/
ghātaḥ saptahṛtaḥ ṣaḍagra iti tau ṣaṭkāṣṭakābhyāṃ vinā
vidvan kuṭṭakavedikuñjaraghaṭāsaṃghaṭṭasiṃho 'si cet//E83//
navabhiḥ saptabhiḥ kṣuṇṇaḥ ko rāśis triṃśatā hṛtaḥ/
yadagraikyaṃ phalaikyāḍhyaṃ bhavet ṣaḍviṃśater mitam//E84//
kas trisaptanavakṣuṇṇo rāśis triṃśadvibhājitaḥ/
yadagraikyam api triṃśaddhṛtam ekādaśāgrakam//E85//
kas trayoviṃśatikṣuṇṇaḥ ṣaṣṭyāśītyā hṛtaḥ pṛthak/
yadagraikyaṃ śataṃ dṛṣṭaṃ kuṭṭakajña vadāśu tam//E86//

atraikādhikavarṇasya bhājyasthasyepsitā mitiḥ/
bhāgalabdhasya no kalpyā kriyā vyabhicaret tathā//69//

kaḥ pañcaguṇito rāśis trayodaśavibhājitaḥ/
yal labdhaṃ rāśinā yuktaṃ triṃśaj jātaṃ vadāśu tam//E87//

nirādhārā kriyā yatrāniyatādhārikāpi vā/
na tatra yojayet tāṃ tu kathaṃ vā sā pravartate//Q10 (anonymous)//

ṣaḍaṣṭaśatakāḥ krītvā samārghena phalāni ye/
vikrīya ca punaḥ śeṣam ekaikaṃ pañcabhiḥ paṇaiḥ/
jātāḥ samapaṇās teṣāṃ kaḥ krayo vikrayaś ca kaḥ//E88//

ālāpo matir amalāvyaktānāṃ kalpanā samīkaraṇam/
trairāśikam iti bīje sarvatra bhavet kriyāhetuḥ//Q11 (anonymous)//

10. anekavarṇasamīkaraṇāntargatamadhyāharaṇam

vargādyaṃ cet tulyaśuddhau kṛtāyāṃ
pakṣasyaikasyoktavad vargamūlam//70//

vargaprakṛtyāparapakṣamūlaṃ tayoḥ samīkāravidhiḥ punaś ca/
vargaprakṛtyā viṣayo na cet syāt tadānyavarṇasya kṛteḥ samaṃ tam//71//
kṛtvāparaṃ pakṣam athānyamānaṃ kṛtiprakṛtyādyamitis tathā ca/
vargaprakṛtyā viṣayo yathā syāt tathā sudhībhir bahudhā vicintyam//72//
bījaṃ matir vividhavarṇasahāyanī hi
mandāvabodhavidhaye vibudhair nijādyaiḥ/
vistāritā gaṇakatāmarasāṃśumadbhir
yā saiva bījagaṇitāhvayatām upetā//73//
ekasya pakṣasya pade gṛhīte dvitīyapakṣe yadi rūpayuktaḥ/
avyaktavargo 'tra kṛtiprakṛtyā sādhye tadā jyeṣṭhakaniṣṭhamūle//74//
jyeṣṭhaṃ tayoḥ prathamapakṣapadena tulyaṃ
kṛtvoktavat prathamavarṇamitiḥ prasādhyā/
hrasvaṃ bhavet prakṛtivarṇamitiḥ sudhībhir
evaṃ kṛtiprakṛtir atra niyojanīyā//75//

ko rāśir dviguṇo rāśivargaiḥ ṣaḍbhiḥ samanvitaḥ/
mūlado jāyate bījagaṇitajña vadāśu tam//E89//
rāśiyogakṛtir miśrā rāśyor yogaghanena cet/
dvighnasya ghanayogasya sā tulyā gaṇakocyatām//E90//

dvitīyapakṣaṃ sati saṃbhave tu kṛtyāpavartyātra pade prasādhye/
jyeṣṭhaṃ kaniṣṭhena tadā nihanyāc ced vargavargeṇa kṛto 'pavartaḥ//76//
kaniṣṭhavargeṇa tadā nihanyāj jyeṣṭhaṃ tataḥ pūrvavad eva śeṣam/77ab/

yasya vargakṛtiḥ pañcaguṇā vargaśatonitā/
mūladā jāyate rāśiṃ gaṇitajña vadāśu tam//E91//
kayoḥ syād antare varge vargayogo yayor ghanaḥ/
tau rāśī kathayābhinnau bahudhā bījavittama//E92//

sāvyaktarūpo yadi varṇavargas tadānyavarṇasya kṛteḥ samaṃ tam//77cd//
kṛtvā padaṃ tasya tadanyapakṣe vargaprakṛtyoktavad eva mūle/
kaniṣṭham ādyena padena tulyaṃ jyeṣṭhaṃ dvitīyena samaṃ vidadhyāt//78//

trikādidvyuttaraśreḍhyāṃ gacche kvāpi ca yat phalam/
tad eva triguṇaṃ kasminn anyagacche bhaved vada//E93//

sarūpake varṇakṛtī tu yatra tatrecchayaikāṃ prakṛtiṃ prakalpya/
śeṣaṃ tataḥ kṣepakam uktavac ca mūle vidadhyād asakṛt samatve//79//
sabhāvite varṇakṛtī tu yatra tanmūlam ādāya ca śeṣakasya/
iṣṭoddhṛtasyeṣṭavivarjitasya dalena tulyaṃ hi tad eva kāryam//80//

tau rāśī vada yatkṛtyoḥ saptāṣṭaguṇayor yutiḥ/
mūladā syād viyogas tu mūlado rūpasaṃyutaḥ//E94//

ghanavargayutir vargo yayo rāśyoḥ prajāyate/
samāso 'pi yayor vargas tau rāśī śīghram ānaya//E95//
yayor vargayutir ghātayutā mūlapradā bhavet/
tanmūlaguṇito yogaḥ sarūpaś cāśu tau vada//E96//
yat syāt sālpavadhārdhato ghanapadaṃ yad vargayogāt padaṃ
yad yogāntarayor dvikābhyadhikayor vargāntarāt sāṣṭakāt/
yac caitatpadapañcakaṃ ca militaṃ syād vargamūlapradaṃ
tau rāśī kathayāśu niścalamate ṣaṭkāṣṭakābhyāṃ vinā//E97//

evaṃ sahasradhā gūḍhā mūḍhānāṃ kalpanā yataḥ/
kṛpayā kalpanopāyas tadartham atra kathyate//81//
sarūpam avyaktam arūpakaṃ vā viyogamūlaṃ prathamaṃ prakalpyam/
yogāntarakṣepakabhajitād yad vargāntarakṣepakataḥ padaṃ syāt//82//
tenādhikaṃ tat tu viyogamūlaṃ syād yogamūlaṃ tu tayos tu vargau/
svakṣepakonau hi viyogayogau syātāṃ tataḥ saṃkramaṇena rāśī//83//

rāśyor yogaviyogakau trisahitau vargau bhavetāṃ tayor
vargaikyaṃ caturūnitaṃ raviyutaṃ vargāntaraṃ syāt kṛtiḥ/
sālpaṃ ghātadalaṃ ghanaḥ padayutis teṣāṃ dviyuktā kṛtis
tau rāśī vada komalāmalamate ṣaṭ sapta hitvā parau//E98//
rāśyor yayoḥ kṛtiyutiviyutī caikena saṃyute vargau/
rahite vā tau rāśī gaṇayitvā kathaya yadi vetsi//E99//

yatrāvyaktaṃ sarūpaṃ hi tatra tanmānam ānayet/
sarūpasyānyavarṇasya kṛtvā kṛtyādinā samam//84//
rāśiṃ tena samutthāpya kuryād bhūyo 'parāṃ kriyām/
sarūpeṇānyavarṇena kṛtvā pūrvapadaṃ samam//85//

yas tripañcaguṇo rāśiḥ pṛthak saikaḥ kṛtir bhavet/
vada taṃ bījamadhye 'si madhyamāharaṇe paṭuḥ//E100//
ko rāśis tribhir abhyastaḥ sarūpo jāyate ghanaḥ/
ghanamūlaṃ kṛtībhūtaṃ tryabhyastaṃ kṛtir ekayuk//E101//
vargāntaraṃ kayo rāśyoḥ pṛthag dvitriguṇaṃ triyuk/
vargau syātāṃ vada kṣipraṃ ṣaṭkapañcakayor iva//E102//

kvacid ādeḥ kvacin madhyāt kvacid antyāt kriyā budhaiḥ/
ārabhyate yathā laghvī nirvahec ca yathā tathā//86//
vargāder yo haras tena guṇitaṃ yadi jāyate/
avyaktaṃ tatra tanmānam abhinnaṃ syād yathā tathā/
kalpyo 'nyavarṇavargādis tulyaḥ śeṣaṃ yathoktavat//87//

ko vargaś caturūnaḥ san saptabhakto viśudhyati/

triṃśadūno 'thavā kaḥ syād yadi vetsi vada drutam//E103//

harabhaktā yasya kṛtiḥ śudhyati so 'pi dvirūpapadaguṇitaḥ/
tenāhato 'nyavarṇo rūpapadenānvitaḥ kalpyaḥ//88//
na yadi padaṃ rūpāṇāṃ kṣiped dharaṃ teṣu hāratasṭeṣu/
tāvad yāvad vargo bhavati na ced evam api khilaṃ tarhi//89//
hatvā kṣiptvā ca padaṃ yatrādyasyeha bhavati tatrāpi/
ālāpita eva haro rūpāṇi tu śodhanādisiddhāni//90//

ṣaḍbhir ūno ghanaḥ kasya pañcabhakto viśudhyati/
taṃ vadāśu tavālaṃ ced abhyāso ghanakuṭṭake//E104//
yadvargaḥ pañcabhiḥ kṣuṇṇas triyuktaḥ ṣoḍaśoddhṛtaḥ/
śuddhim eti tam ācakṣva dakṣo 'si gaṇite yadi//E105//

11. bhāvitam

muktveṣṭavarṇaṃ sudhiyā pareṣāṃ kalpyāni mānāni tathepsitāni/
yathā bhaved bhāvitabhaṅga evaṃ syād ādyabījakriyayeṣṭasiddhiḥ//91//

catustriguṇayo rāśyoḥ saṃyutir dviyutā tayoḥ/
rāśighātena tulyā syāt tau rāśī vetsi ced vada//E106//
catvāro rāśayaḥ ke te yadyogo nakhasaṃguṇaḥ/
sarvarāśihates tulyo bhāvitajña nigadyatām//E107//
yau rāśī kila yā ca rāśinihatir yau rāśivargau tathā
teṣām aikyapadaṃ sarāśiyugalaṃ jātā trayoviṃśatiḥ/
pañcāśat triyutāthavā vada kiyat tad rāśiyugmaṃ pṛthak
tac cābhinnam avehi vatsa gaṇakaḥ kas tvatsamo 'sti kṣitau//E108//

bhāvitaṃ pakṣato 'bhīṣṭāt tyaktvā varṇau sarūpakau/
anyato bhāvitāṅkena tataḥ pakṣau vibhajya ca/
varṇāṅkāhatirūpaikyaṃ bhaktveṣṭeneṣṭatatphale//92//
etābhyāṃ saṃyutāv ūnau kartavyau svecchayā ca tau/
varṇāṅkau varṇayor māne jñātavye te viparyayāt//93//

Q12 = BG E106

upapattiyutaṃ bījagaṇitaṃ gaṇakā jaguḥ/
na ced evaṃ viśeṣo 'sti na pāṭībījayor yataḥ//94//

dviguṇena kayo rāśyor ghātena sadṛśaṃ bhavet/
daśendrāhatarāśyaikyaṃ dvyūnaṣaṣṭivivarjitam//E109//
tripañcaguṇarāśibhyāṃ yuto rāśyor vadhaḥ kayoḥ/
dviṣaṣṭipramito jātas tau rāśī vetsi ced vada//E110//

Q13 = E108ab

Q14 = E108c

12. granthasamāptiḥ

āsīn maheśvara iti prathitaḥ pṛthivyām
ācāryavaryapadavīṃ viduṣāṃ prayātaḥ/
labdhvāvabodhakalikāṃ tata eva cakre
tajjena bījagaṇitaṃ laghu bhāskareṇa//95//
brāhmāhvayaśrīdharapadmanābhabījāni yasmād ativistṛtāni/
ādāya tatsāram akāri nūnaṃ sadyuktiyuktaṃ laghu śiṣyatuṣṭyai//96//
atrānuṣṭupsahasraṃ hi sasūtroddeśake mitiḥ/
kvacit sūtrārthaviṣayaṃ vyāptiṃ darśayituṃ kvacit//97//
kvacic ca kalpanābhedaṃ kvacid yuktim udāhṛtam/
na hy udāharaṇānto 'sti stokam uktam idaṃ yataḥ//98cd//
dustaraḥ stokabuddhīnāṃ śāstravistāravāridhiḥ/
athavā śāstravistṛtyā kiṃ kāryaṃ sudhiyām api//99//
upadeśalavaṃ śāstraṃ kurute dhīmato yataḥ/
tat tu prāpyaiva vistāraṃ svayam evopagacchati//100//
jale tailaṃ khale guhyaṃ pātre dānaṃ manāg api/
prājñe śāstraṃ svayaṃ yāti vistāraṃ vastuśaktitaḥ//101 = CV 14.5//

asti trairāśikaṃ pāṭī bījaṃ ca vimalā matiḥ/
kim ajñātaṃ subuddhīnām ato mandārtham ucyate//Q15 = GA, pr 3/

gaṇaka bhaṇitiramyaṃ bālalīlāvagamyaṃ
sakalagaṇitasāraṃ sopapattiprakāram/
iti bahuguṇayuktaṃ sarvadoṣair vimuktaṃ
paṭha paṭha mativṛddhyai laghv idaṃ prauḍhisiddhyai//102//

付録B:『ビージャガニタ』の問題

これは『ビージャガニタ』で扱われた問題の一覧表である．問題はまず含まれる方程式の最高次数で分類し，次に，同一次数の中で，求められている未知数（x, y, z またはこれらに添え字を付けた記号で表す）の個数 (a)，求められていない未知数（それら以外の記号で表す）の個数 (b)，方程式の個数 (c) によって分類する．それを $[a, b, c]$ で表す．方程式はサンスクリット韻文の表現にできるだけ忠実に現代表記する．なお，これは Hayashi 2009, Appendix 2 の再掲である．

1. **一次方程式**

   (a) $[1, 0, 1]$

   - $x/5 + x/3 + 3\,(x/3 - x/5) + 1 = x$ ……………… E41

   (b) $[1, 1, 2]$

   - $\begin{cases} u = 5 \cdot 12 \cdot x/100 \\ x + u = 2x - 16 \end{cases}$ ……………… E45

   (c) $[1, 2, 2]$

   - $\begin{cases} 5x = 63q_1 + 7 \\ 10x = 63q_2 + 14 \end{cases}$ ……………… E27
   - $\begin{cases} 5x = 13q + r \\ x + q = 30 \\ 0 \leq r < 13 \end{cases}$ ……………… E87

   (d) $[1, 2, 3]$

   - $\begin{cases} 6x + 300 = u_1 \\ 10x - 100 = u_2 \\ u_1 = u_2 \end{cases}$ ……………… E36-37.1
   - $\begin{cases} 6x + 300 = u_1 \\ 10x - 100 = u_2 \\ u_1/2 + 2 = u_2 \end{cases}$ ……………… E36-37.2
   - $\begin{cases} 6x + 300 = u_1 \\ 10x - 100 = u_2 \\ u_1 = 3u_2 \end{cases}$ ……………… E36-37.3

   (e) $[1, 3, 4]$

   - $\begin{cases} (x - 10) \times 2 - 10 - 10 = u_1 \\ (u_1 - 10) \times 2 - 10 - 10 = u_2 \\ (u_2 - 10) \times 2 - 10 - 10 = u_3 \\ u_3 = 3x \end{cases}$ ……………… E47

(f) [1, 4, 3]

- $\begin{cases} 9x = 30q_1 + r_1 \\ 7x = 30q_2 + r_2 \\ q_1 + q_2 + r_1 + r_2 = 26 \\ 0 \leq r_1,\ r_2 < 30 \end{cases}$ E84
- $\begin{cases} 23x = 60q_1 + r_1 \\ 23x = 80q_2 + r_2 \\ r_1 + r_2 = 100 \\ 0 \leq r_1 < 60,\ 0 \leq r_2 < 80 \end{cases}$ E86

(g) [1, 4, 4]

- $\begin{cases} x = 6q_1 + 5 \\ x = 5q_2 + 4 \\ x = 4q_3 + 3 \\ x = 3q_4 + 2 \end{cases}$ E80

(h) [1, 6, 4]

- $\begin{cases} 3x = 30q_1 + r_1 \\ 7x = 30q_2 + r_2 \\ 9x = 30q_3 + r_3 \\ r_1 + r_2 + r_3 = 30q_4 + 11 \\ 0 \leq r_1,\ r_2,\ r_3 < 30 \end{cases}$ E85

(i) [1, 6, 6]

- $\begin{cases} x = 2q_1 + 1,\ q_1 = 2q_4 + 1 \\ x = 3q_2 + 2,\ q_2 = 3q_5 + 2 \\ x = 5q_3 + 3,\ q_3 = 5q_6 + 3 \end{cases}$ E82

(j) [2, 0, 1]

- $y = (221x + 65)/195$ E21
- $y = (100x \pm 90)/63$ E22
- $y = (-60x \pm 3)/13$ E23
- $y = (18x \pm 10)/(-11)$ E24
- $y = (5x \pm 23)/3$ E25
- $y = 5x/13$ E26.1
- $y = (5x + 65)/13$ E26.2

(k) [2, 0, 2]

- $\begin{cases} x_1 + 100 = 2(x_2 - 100) \\ 6(x_1 - 10) = x_2 + 10 \end{cases}$ E39, Q9

(l) [2, 6, 3]

- $$\begin{cases} 6x = yq_1 + r_1 \\ 8x = yq_2 + r_2 \\ 100x = yq_3 + r_3 \\ 0 \leq r_1,\ r_2,\ r_3 < y \end{cases}$$ ……E88

(m) [3, 0, 5]

- $$\begin{cases} x_1 + x_1/2 = x_2 + x_2/5 = x_3 + x_3/9 \\ x_1 - x_2/5 - x_3/9 = 60 \\ x_2 - x_1/2 - x_3/9 = 60 \\ x_3 - x_1/2 - x_2/5 = 60 \end{cases}$$ ……E49

(n) [3, 1, 4]

- $$\begin{cases} 8x_1 = u,\ 10x_2 = u,\ 100x_3 = u \\ x_1 + x_2 + x_3 = 47 \end{cases}$$ ……E40

(o) [3, 2, 3]

- $$\begin{cases} 5x_1 + 8x_2 + 7x_3 + 90 = u_1 \\ 7x_1 + 9x_2 + 6x_3 + 62 = u_2 \\ u_1 = u_2 \end{cases}$$ ……E38, Q8

(p) [3, 2, 4]

- $$\begin{cases} 5x = 20q + r \\ 7y = 20(q+1) + (r+1) \\ 9z = 20(q+2) + (r+2) \\ 0 \leq q = r < 18 \end{cases}$$ ……E81

(q) [3, 4, 7]

- $$\begin{cases} x_1 + x_2 + x_3 = 390 \\ u_1 = 5 \cdot 7 \cdot x_1/100 \\ u_2 = 2 \cdot 10 \cdot x_2/100 \\ u_3 = 4 \cdot 5 \cdot x_3/100 \\ x_i + u_i = v\ (i = 1, 2, 3) \end{cases}$$ ……E46

(r) [4, 0, 4]

- $$\begin{cases} x_1 : x_2 = 2 : 1 \\ y_1 + y_2 = 13/64 \\ x_1/y_1 = 3\frac{1}{2} \\ x_2/y_2 = 8 \end{cases}$$ ……E48

(s) [4, 4, 7]

- $$\begin{cases} (8-3)x_1 + x_2 + x_3 + x_4 = u_1 \\ x_1 + (10-3)x_2 + x_3 + x_4 = u_2 \\ x_1 + x_2 + (100-3)x_3 + x_4 = u_3 \\ x_1 + x_2 + x_3 + (5-3)x_4 = u_4 \\ u_1 = u_2 = u_3 = u_4 \end{cases}$$ ……E44

- $\begin{cases} 5x_1 + 2x_2 + 8x_3 + 7x_4 = u_1 \\ 3x_1 + 7x_2 + 2x_3 + x_4 = u_2 \\ 6x_1 + 4x_2 + x_3 + 2x_4 = u_3 \\ 8x_1 + x_2 + 3x_3 + x_4 = u_4 \\ u_1 = u_2 = u_3 = u_4 \end{cases}$ E77

(t) [8, 0, 6]

- $\begin{cases} x_1 + x_2 + x_3 + x_4 = 100 \\ y_1 + y_2 + y_3 + y_4 = 100 \\ y_1/x_1 = 3/5,\ y_2/x_2 = 5/7 \\ y_3/x_3 = 7/9,\ y_4/x_4 = 9/3 \end{cases}$ E78-79

2. **二次方程式**

(a) [1, 0, 1]

- $\sqrt{x/2} + 8 \cdot (x/9) + 2 = x$ E61
- $x/2 + 4\sqrt{x} + 6 + 3 + 1 = x$ E62
- $\left\{\left(\frac{x}{0} + x - 9\right)^2 + \sqrt{\left(\frac{x}{0} + x - 9\right)^2}\right\} \times 0 = 90$ .... E64 in AM
- $\left\{\left(\frac{x}{0} \pm x\right)^2 + \sqrt{\left(\frac{x}{0} \pm x\right)^2}\right\} \times 0 = 90$ .... E64 in T
- $\left\{\left(\frac{x}{0} \pm 10^7\right)^2 + \sqrt{\left(\frac{x}{0} \pm 10^7\right)^2}\right\} \times 0 = 90$ .... E64 in GP
- $\left[\left\{\left(x + \frac{x}{2}\right) \cdot 0\right\}^2 + 2 \cdot \sqrt{\left\{\left(x + \frac{x}{2}\right) \cdot 0\right\}^2}\right] \div 0 = 15$ E65
- $(x/8)^2 + 12 = x$ E68
- $(x/5 - 3)^2 + 1 = x$ E69

(b) [1, 1, 1]

- $6x^2 + 2x = u^2$ E89
- $(x^2 - 4)/7 = u$ E103.1
- $(x^2 - 30)/7 = u$ E103.2
- $(5x^2 + 3)/16 = u$ E105

(c) [1, 1, 2]

- $\begin{cases} x^2 + b^2 = u^2 \\ x + u = a \\ a = 32,\ b = 16 \end{cases}$ E57
- $\begin{cases} x^2 + b^2 = u^2 \\ u = x + a \\ a = \frac{1}{2},\ b = 2 \end{cases}$ E58

- $\begin{cases} (x+a)^2 + b^2 = u^2 \\ x + u = a + b \\ a = 100,\ b = 200 \end{cases}$ E59
- $\begin{cases} x^2 + a^2 = u^2 \\ x - u/3 = 14 \\ a = 12 \end{cases}$ E70

(d) [1, 2, 2]

- $3x + 1 = u^2,\ \ 5x + 1 = v^2$ E100

(e) [1, 2, 3]

- $\begin{cases} x^2 + u_1^2 = c^2 \\ x^2 + u_2^2 = b^2 \\ u_1 + u_2 = a \\ a = -1 + \sqrt{18},\ b = \sqrt{6} \\ c = -\sqrt{5} + \sqrt{10} \end{cases}$ E51
- $\begin{cases} x^2 + u_1^2 = c^2 \\ x^2 + u_2^2 = b^2 \\ u_1 + u_2 = a \\ a = 14,\ b = 15,\ c = 13 \end{cases}$ E56
- $\begin{cases} u_1 + u_2 = x \\ x : a = a : u_1 \\ x : b = b : u_2 \\ a = 15,\ b = 20 \end{cases}$ E73

(f) [1, 3, 3]

- $\begin{cases} u_1 + u_2 = u \\ a : u = x : u_2 \\ b : u = x : u_1 \\ a = 15,\ b = 10 \end{cases}$ E60

(g) [1, 3, 4]

- $\begin{cases} v^2 + u_1^2 = b^2 \\ v^2 + u_2^2 = x^2 \\ u_1 + u_2 = a \\ A = (a/2) \cdot v \\ a = \sqrt{13},\ b = \sqrt{5},\ A = 4 \end{cases}$ E50

(h) [2, 0, 1]

- $8x^2 + 1 = y^2$ E28.1
- $11x^2 + 1 = y^2$ E28.2

- $67x^2 + 1 = y^2$ E29.1
- $61x^2 + 1 = y^2$ E29.2
- $13x^2 - 1 = y^2$ E30.1
- $8x^2 - 1 = y^2$ E30.2
- $6x^2 + 3 = y^2$ E31.1
- $6x^2 + 12 = y^2$ E31.2
- $6x^2 + 75 = y^2$ E31.3
- $6x^2 + 300 = y^2$ E31.4
- $32x^2 + 1 = y^2$ E32
- $9x^2 + 52 = y^2$ E33.1
- $4x^2 + 33 = y^2$ E33.2
- $13x^2 - 13 = y^2$ E34.1
- $13x^2 + 13 = y^2$ E34.2
- $-5x^2 + 21 = y^2$ E35
- $\begin{cases} A(n) = (n/2) \cdot \{2a + d(n-1)\} \\ 3A(x) = A(y) \\ a = 3, \ d = 2 \end{cases}$ E93
- $xy = 4x + 3y + 2$ E106, Q12
- $2xy = 10x + 14y - 58$ E109
- $xy + 3x + 5y = 62$ E110

(i) $[2, 1, 2]$

- $\begin{cases} x + y + xy + x^2 + y^2 = u^2 \\ x + y + u = 23 \end{cases}$ E108.1, Q13
- $\begin{cases} x + y + xy + x^2 + y^2 = u^2 \\ x + y + u = 53 \end{cases}$ E108.2, Q14

(j) $[2, 2, 2]$

- $\begin{cases} 7x^2 + 8y^2 = u^2 \\ 7x^2 - 8y^2 + 1 = v^2 \end{cases}$ E94
- $\begin{cases} x^2 + xy + y^2 = u^2 \\ (x + y)u + 1 = v^2 \end{cases}$ E96
- $\begin{cases} y^2 + x^2 + 1 = u^2 \\ y^2 - x^2 + 1 = v^2 \end{cases}$ E99.1
- $\begin{cases} y^2 + x^2 - 1 = u^2 \\ y^2 - x^2 - 1 = v^2 \end{cases}$ E99.2
- $\begin{cases} 2(x^2 - y^2) + 3 = u^2 \\ 3(x^2 - y^2) + 3 = v^2 \end{cases}$ E102

(k) [2, 5, 5]

- $$\begin{cases} x = 5q_1 + 1 \\ y = 6q_2 + 2 \\ \mid x - y \mid = 3q_3 + 2 \\ x + y = 9q_4 + 5 \\ xy = 7q_5 + 6 \end{cases}$$ E83

(l) [3, 0, 2]

- $$\begin{cases} x^2 + y^2 = z^2 \\ xy/2 = z \end{cases}$$ E53.1
- $$\begin{cases} x^2 + y^2 = z^2 \\ xy/2 = xyz \end{cases}$$ E53.2
- $$\begin{cases} x^2 + y^2 = z^2 \\ \sqrt{x-3} - 1 = z - y \end{cases}$$ E74

(m) [3, 0, 3]

- $$\begin{cases} x^2 + y^2 = z^2 \\ x + y + z = 40 \\ xy = 120 \end{cases}$$ E75

(n) [4, 0, 1]

- $\sum_{i=1}^{4} x_i = \sum_{i=1}^{4} x_i^2$ E52.1

(o) [4, 0, 3]

- $$\begin{cases} y = 5x_1z/100 \\ x_2 = x_1 - y^2 \\ y = 10x_2z/100 \end{cases}$$ E42
- $$\begin{cases} y = 1x_1z/100 \\ x_2 = x_1 - y^2 \\ y = 5x_2z/100 \end{cases}$$ E43

(p) [4, 7, 8]

- $$\begin{cases} x_i + p = u_i^2 \ (i = 1, 2, 3, 4) \\ x_i x_{i+1} + q = u_{i+4}^2 \ (i = 1, 2, 3) \\ \sum_{i=1}^{7} u_i + a = b^2 \\ a = 11,\ b = 13,\ p = 2,\ q = 18 \end{cases}$$ E71-72

3. **三次方程式**

(a) [1, 0, 1]

- $12x + x^3 = 6x^2 + 35$ E66

(b) [1, 1, 1]

- $(x^3-6)/5=u$ E104

(c) $[1,2,2]$

- $3x+1=u^3,\ \ 3u^2+1=v^2$ E101

(d) $[2,0,1]$

- $(x+y)^2+(x+y)^3=2(x^3+y^3)$ E90

(e) $[2,2,2]$

- $x^3+y^3=u^2,\quad x^2+y^2=v^3$ E55
- $x-y=u^2,\ \ x^2+y^2=v^3$ E92
- $x^2+y^3=u^2,\ \ x+y=v^2$ E95

(f) $[2,3,3]$

- $\begin{cases} x+y=u^2 \\ x-y=v^2 \\ xy=w^3 \end{cases}$ E54

(g) $[2,6,6]$

- $\begin{cases} x+y+2=r^2 \\ x-y+2=u^2 \\ x^2+y^2=v^2 \\ x^2-y^2+8=w^2 \\ (xy+y)/2=t^3 \\ r+u+v+w+t=q^2 \end{cases}$ E97

- $\begin{cases} x+y+3=r^2 \\ x-y+3=u^2 \\ x^2+y^2-4=v^2 \\ x^2-y^2+12=w^2 \\ xy/2+y=t^3 \\ r+u+v+w+t+2=q^2 \end{cases}$ E98

(h) $[3,0,3]$

- $\begin{cases} x^2+y^2=z^2 \\ x+y+z=56 \\ xyz=4200 \end{cases}$ E76

(i) $[3,1,4]$

- $\begin{cases} (z-1)/2=x \\ x/2=y \\ xyz+xyz/7=u \\ u=(z/2)\cdot\{2x+y(z-1)\} \end{cases}$ E63

(j) $[4, 0, 1]$

- $\sum_{i=1}^{4} x_i^2 = \sum_{i=1}^{4} x_i^3$ E52.2

4. **四次方程式**

(a) $[1, 0, 1]$

- $(x^2)^2 - (200x + x^2) \times 2 = 10^4 - 1$ E67

(b) $[1, 1, 1]$

- $5(x^2)^2 - 100x^2 = u^2$ E91

(c) $[4, 0, 1]$

- $20(x_1 + x_2 + x_3 + x_4) = x_1 x_2 x_3 x_4$ E107

付録C:『ビージャパッラヴァ』中の引用

KBG n, KBG En は，それぞれ BG n, BG En に対する K 注を意味する．

Anonymous:

- gaṅgā gaṅgeti yo brūyād yojanānāṃ śatair api/
  mucyate sarvapāpebhyaḥ//
  KBG 2.
- śaityaṃ hi yat sā prakṛtir jalasya/
  KBG 11.
- sarvatra saviśeṣaṇau hi vidhiniṣedhau viśeṣaṇam upasaṃkrāmato viśeṣye bādhake sati/
  KBG E8.
- sumanā mālatījātiḥ/
  KBG E41.
- anupadam eva paraṃ yadi/
  KBG 30.

Aṣṭādhyāyī of Pāṇini:

- luk taddhitaluki//1.2.49//
  KBG E41.
- avayave ca prāṇyoṣadhivṛkṣebhyaḥ//4.3.135//
  KBG E41. Cf. *Vārttika* below.

Kṛṣṇa's own verses (except eleven verses for foreword, seven for afterword, and one for ending of each chapter):

- saptāsan maṇivaṇijo 'tra yo 'dhikaśrīḥ
  sa prādāt paradhanasaṃmitaṃ parebhyaḥ/
  pratyekaṃ parasamam evam eva dattvā
  ye jātāḥ samamaṇayo 'ṅga kiṃdhanās te//⟨1//⟩
  KBG E88.
- vada saikanarair mitam ekadhanaṃ
  dviguṇaṃ vidhuhīnam idaṃ tu param/
  amunā vidhinā parato 'pi paraṃ
  dviguṇaṃ dviguṇaṃ dvayam eva samam//⟨2//⟩
  KBG E88.

- śrīkṛṣṇena yad indranīlapaṭalaṃ krītaṃ priyārthaṃ tato
  bhāgaṃ bhīṣmasutāṣṭamaṃ yad adhikaṃ rūpaṃ tad apy ādade/
  satyādyāḥ punar evam eva vidadhuḥ saptāpy anālokitāḥ
  patyuḥ prāpur imāḥ punaḥ samalavaṃ sānandam ādiṃ vada//⟨3//⟩
  KBG E88.

Kṣīrasvāmin on *Nāmaliṅgānuśāsana* 1.3.21:

- ⟨... māsena paurṣeṇeti śeṣaḥ/ ... / ye dve daive yugasahasre tau nṛṇāṃ kalpau/⟩ sarvanāmnāṃ vidhīyamānānūdyamānaliṅgagrahaṇe kāmacāraḥ/ ⟨ekaḥ sthitiṃ kalpayati/ dvitīyaḥ kṣayaṃ kalpayati/ [ataḥ kalpa ity ucyate/]⟩ ([...] has been supplied by the editor.)
  KBG 11. Cf. *Nāmaliṅgānuśāsana* below.

Golādhyāya of Bhāskara II

- jyotiḥśāstraphalaṃ purāṇagaṇakair ādeśa ity ucyate
  nūnaṃ lagnabalāśritaḥ punar ayaṃ tatspaṣṭakheṭāśrayam/
  te golāśrayiṇo 'ntareṇa gaṇitaṃ golo 'pi na jñāyate
  tasmād yo gaṇitaṃ na vetti sa kathaṃ golādikaṃ jñāsyati//go 6//
  KBG 2.

- dvividhagaṇitam uktaṃ vyaktam avyaktasaṃjñaṃ
  ⟨tadavagamananiṣṭhaḥ śabdaśāstre paṭiṣṭhaḥ/
  yadi bhavati tadedaṃ jyotiṣaṃ bhūribhedaṃ
  prapaṭhitum adhikārī so 'nyathā nāmadhārī⟩//go 7//
  KBG 26 intro.

- divyaṃ jñānam atīndriyaṃ yad ṛṣibhir brāhmaṃ vasiṣṭādibhiḥ
  pāramparyavaśād rahasyam avanīṃ nītaṃ prakāśyaṃ tataḥ/
  naitad dveṣikṛtaghnadurjanadurācārācirāvāsināṃ
  syād āyuḥ sukṛtakṣayo munikṛtāṃ sīmām imām ujjhataḥ//che 9//
  KBG 2.

- pāṭyā ca bījena ca kuṭṭakena vargaprakṛtyā ca tathottarāṇi/
  golena yantraiḥ kathitāni teṣāṃ bālāvabodhe katicic ca vacmi//pr 2//
  KBG 2; pr 2ab in KBG 26 intro.

- ye yātādhikamāsahīnadivasā ⟨ye cāpi taccheṣakaṃ
  teṣām aikyam avekṣya yo dinagaṇān brūte 'tra kalpe gatān/
  saṃśliṣṭasphuṭakuṭṭakodbhaṭabaṭukṣudraiṇavidrāvaṇe
  tasyāvyaktavido vido vijayate śārdūlavikrīḍitam//pr 10//
  kṛtāṣṭāṣṭigo'bdhyabdhiśailāmarartu-

dvipaghne saśeṣādhimāsāvamaikye/
bhaved vyekacandrāhabhakte 'vaśeṣaṃ
gatendudyurāśis tataḥ sāvanādyaḥ//pr 11//
ye yātādhikamāsahīnadivasā ye cāpi taccheṣakaṃ
teṣām aikyam avekṣya jiṣṇujakṛtāc chāstrād yathaivāgatam/
bhūśailendukhakhābhraṣaṭkarayugāṣṭābdhyaṅgatulyaṃ yadā
kāle kalpagataṃ tadā vadati yaḥ sa brahmasiddhāntavit⟩//pr 12//
KBG E27.

- cakrāgrāṇi gṛhāgrakāṇi ⟨ca lavāgrāṇi grahāṇāṃ pṛthag
  yāni syuḥ kalikāgrakāṇi vikalāgrāṇīha dhīvṛddhide/
  candrārkāragurujñabhārgavacalacchāyāsutānāṃ tathā
  pūrvaṃ siddham ahargaṇāgamavidhau nyūnāhaśeṣaṃ ca yat//pr 13//
  ṣaṭtriṃśatsahitāni tāni kudinais taṣṭāni dṛṣṭvāgrakāṇy
  ācaṣṭe sphuṭakuṭṭake paṭumatiḥ kheṭān dinaughaṃ ca yaḥ/
  taṃ manye gaṇitāṭavīvighaṭanapraudhipramattākhila-
  jyotirvitkarikumbhapīṭhaluṭhanaprotkaṇṭhakaṇṭhīravam//pr 14//
  uddiṣṭaṃ kvahataṣṭam ambudhihṛtaṃ śudhyen na cet tat khilaṃ
  labdhaṃ rāmanakhādrilocanarasatryaṅkadvinighnaṃ tataḥ/
  pañcādritrinavādrisāgarayugacchidrāgnibhiḥ saṃbhajec
  cheṣaṃ syād dyugaṇo hareṇa sa yuto yāvad bhaved īpsitaḥ//pr 15//
  pañcatriṃśadaho sakhe diviṣadāṃ cakrādiśeṣāṇi yāny
  eṣāṃ sāvamaśeṣam aikyam api yad dhīvṛddhide jāyate/
  tat taṣṭaṃ kudinaiḥ khakheṣubharavicchidrendratulyaṃ guror
  indor vāhni kujasya vā vada yadā kīdṛg dyupiṇḍas tadā⟩//pr 16//
  KBG E27.

- cakrāgraṃ śaśinaḥ khakhābhragaganaprāṇartubhūbhir hṛtaṃ
  ⟨śudhyec cen na khilaṃ phalaṃ kṛtaguṇāṣṭāṅgāhināgāhatam/
  viśvāgnyaṅgaśarāṅkaiś ca vibhajet syāc cheṣam ahnāṃ gaṇas
  tāvat tatra haraṃ kṣiped abhimate yāvad bhaved vāsare⟩//pr 21//
  KBG 37ab.

- uddiṣṭaṃ kuṭṭake tajjñair jñeyaṃ nirapavartanam/
  vyabhicāraḥ kvacit kvāpi khilatvāpattir anyathā//pr 24//
  KBG E88.

Grahagaṇitādhyāya of Bhāskara II:

- truṭyādipralayāntakālakalanā mānaprabhedāḥ kramāc
  cāraś ca dyusadāṃ dvidhā ca gaṇitaṃ ⟨praśnās tathā sottarāḥ/
  bhūdhiṣṇyagrahasaṃsthiteś ca kathanaṃ yantrādi yatrocyate

siddhāntaḥ sa udāhṛto ’tra gaṇitaskandhaprabandhe budhaiḥ⟩//ma, kā 6//
KBG 26 intro.

- tasmād dvijair adhyayanīyam eva
puṇyaṃ rahasyaṃ paramaṃ ca tattvam//ma, kā 12ab//
KBG 2.

- yo jyotiṣaṃ vetti naraḥ sa samyag
dharmārthamokṣāṃl labhate yaśaś ca//ma, kā 12cd//
KBG 2.

- dyucaracakrahato dinasaṃcayaḥ
kvahahṛto bhagaṇādi phalaṃ grahaḥ/
⟨daśaśiraḥ puri madhyamabhāskare
kṣitijasannidhige sati madhyamaḥ⟩//ma, gra 4//
KBG 38; gra 4a in KBG 38.

- ⟨natāṃśajīvā bhavatīha dṛgjyā
dinārdhaśaṅkuś ca tathonnatajyā/⟩
tribhajyakonmaṇḍalaśaṅkughātāc
⟨carajyayāptaṃ khalu yaṣṭisaṃjñam⟩//tr 33cd//
KBG 5cd.

- bhākarṇe khaguṇāṅgule 30 kila sakhe yāmyo bhujas tryaṅgulo
⟨’nyasmin pañcadaśāṅgule 15 ’ṅgulam udagbāhuś ca yatrekṣitaḥ/
akṣābhāṃ vada tatra ṣaṭkṛtagajair 846 yadvāpamajyāṃ samāṃ
dṛṣṭveṣṭām anayoḥ śrutiṃ ca sabhujāṃ drāg brūhi me ’kṣaprabhām⟩
//tr 75//
KBG 2.

- kujyonataddhṛtihṛtā kṛtaśakranighnī
kujyaiva yat phalapadaṃ palabhā bhavet sā/
⟨kujyā hatā ravibhir akṣabhayā vibhaktā
krāntijyakā bhavati bhānur ato vilomam⟩//tr 93//
KBG 1.

- dyujyakāpamaguṇārkadorjyakā-
saṃyutiṃ khakhakhavāṇasaṃmitām/
vīkṣya bhāskaram avaihi madhyamaṃ
madhyamāharaṇam asti cec chrutam//tr 100//
KBG 61.

- dyujyāpakramabhānudorguṇayutis tithyu 15 ddhṛtābdhyā 4 hatā
  syād ādyo yutivargato yama 2 guṇāt saptāmarā 337 ptonitāḥ/
  nāgādryaṅgadigaṅkakāḥ 910678 padam atas tenādya ūno bhaved
  vyāsārdhe 'ṣṭaguṇābdhipāvaka 3438 mite krāntijyakāto raviḥ//tr 101//
  KBG 1.

Cūḍāmaṇi:

- The title is mentioned in KBG 1.

Cūrṇikā(?):

- guṇyena hate guṇe ca tad eva/
  KBG E2cd.

Taittirīyopaniṣad:

- tasmād vā etasmād ātmana ākāśa saṃbhūtaḥ//2.1.1//
  KBG 1.
- tat sṛṣṭvā tad evānuprāviśat//2.6.1//
  KBG 1.
- yato vā imāni bhūtāni jāyante//3.1.1//
  KBG 1.

Nāmaliṅgānuśāsana (alias *Amarakośa*) of Amara:

- ⟨māsena syād ahorātraḥ paitro varṣeṇa daivataḥ/⟩
  daive yugasahasre dve brāhmaḥ kalpau tu tau nṛṇām//1.3.21//
  KBG 11. Cf. Kṣīrasvāmin above.

Nāradasaṃhitā:

- asya śāstrasya saṃbandho vedāṅgam iti dhātṛtaḥ//1.5ab//
  KBG 2.
- prayojanaṃ tu jagataḥ śubhāśubhanirūpaṇam//1.5cd//
  KBG 2.

Nyāyasūtra of Gautama:

- pramāṇaprameyasaṃśayaprayojanadṛṣṭāntasiddhāntāvayavatarka-
  nirṇayavādajalpavitaṇḍāhetvāvāsacchalajātinigrahasthānānāṃ tattva-
  jñānān niḥśreyasādhigamaḥ//1.1.1//
  KBG 26 intro.

Brāhmasphuṭasiddhānta of Brahmagupta:

- parikarmaviṃśatiṃ yaḥ saṃkalitādyāṃ pṛthag vijānāti/
  aṣṭau ca vyavahārān chāyāntān bhavati gaṇakaḥ saḥ//12.1//
  KBG 26 intro.

Bhagavadgītā (alluded, not cited):

- sahasrayugaparyantam ahar yad brahmaṇo viduḥ/
  rātriṃ yugasahasrāntāṃ te 'horātravido janāḥ//30.17//
  avyaktād vyaktayaḥ sarvāḥ prabhavanty aharāgame/
  rātryāgame pralīyante tatraivāvyaktasaṃjñake//30.18//
  bhūtagrāmaḥ sa evāyaṃ bhūtvā bhūtvā pralīyate/
  rātryāgame 'vaśaḥ pārtha prabhavaty aharāgame//30.19//
  sarvabhūtāni kaunteya prakṛtiṃ yānti māmikām/
  kalpakṣaye punas tāni kalpādau visṛjāmy aham//31.7//
  prakṛtiṃ svām avastabhya visṛjāmi punaḥ punaḥ/
  bhūtagrāmam imaṃ kṛtsnam avaśaṃ prakṛter vaśāt//31.8//
  (*Mahābhārata*, Poona ed., 6.30.17-19 & 6.31.7-8.)
  KBG 6.

Līlāvatī of Bhāskara II:

- kāryaḥ kramād utkram ato 'thavāṅka-
  yogo ⟨yathāsthānakam antaraṃ vā⟩//12//
  KBG 3ab.

- guṇyāntyāṅkaṃ guṇakena hanyād
  ⟨utsāritenaivam upāntimādīn⟩//14ab//
  KBG 10 intro.

- guṇyas tv adho'dho guṇakhaṇḍatulyas
  ⟨taiḥ khaṇḍakaiḥ saṃguṇito yuto vā⟩//14cd//
  KBG 10 intro.

- bhakto guṇaḥ śudhyati ⟨yena tena
  labdhyā ca guṇyo guṇitaḥ phalaṃ vā⟩//15ab//
  KBG E2cd.

- iṣṭonayuktena guṇena nighno
  ⟨'bhīṣṭaghnaguṇyānvitavarjito vā⟩//16//
  KBG E1.

- bhājyād dharaḥ śudhyati yadguṇaḥ syād
  antyāt phalaṃ tat khalu bhāgahāre/
  ⟨samena kenāpy apavartya hāra-
  bhājyau bhajed vā sati saṃbhave tu⟩//18//
  KBG E3; 18a (without syād) in KBG 9; 18a (without yad... syād) in KBG 11 intro.

- ⟨samadvighātaḥ kṛtir ucyate 'tha⟩
  sthāpyo 'ntyavargo dviguṇāntyanighnāḥ/
  svasvopariṣṭāc ca tathāpare 'ṅkās
  tyaktvāntyam utsārya punaś ca rāśim//19//
  KBG 5ab intro; 19a (without 'tha) in KBG 9; 19b in KBG 14; 19b (without dvi...ghnāḥ) in E73 and 83; 19bc (without sva...tathā) in KBG 90.

- khaṇḍadvayasyābhihatir dvinighnī tatkhaṇḍavargaikyayutā kṛtir ⟨vā iṣṭonayugrāśivadhaḥ kṛtiḥ syād iṣṭasya vargeṇa samanvito vā⟩//20//
  KBG 54.

- ⟨samatrighātaś ca ghanaḥ pradiṣṭaḥ⟩
  sthāpyo ghano 'ntyasya tato 'ntyavargaḥ/
  ⟨āditrinighnas tata ādivargas
  tryantyāhato 'thādighanaś ca sarve⟩//24//
  KBG 5ab intro; 24b (without tato 'ntyavargaḥ) in KBG 90.

- anyonyahārābhihatau harāṃśau
  ⟨rāśyoḥ samacchedavidhānam evam⟩//30ab//
  KBG 6, 68.

- mitho harābhyām apavartitābhyāṃ
  yadvā harāṃśau sudhiyātra guṇyau//30cd//
  KBG 68.

- yogo 'ntaraṃ tulyaharāṃśakānāṃ
  ⟨kalpyo haro rūpam ahararāśeḥ⟩//37//
  KBG E1.

- varge kṛtī ghanavidhau tu ghanau vidheyau
  hārāṃśayor api pade ca padaprasiddhyai//43//
  KBG E11.

- yogo 'ntareṇonayuto 'rdhitas ⟨tau
  rāśī smṛtau saṃkramaṇākhyam etat⟩//56//
  KBG 20, E74, and 80.

- vargāntaraṃ rāśiviyogabhaktaṃ yogas tataḥ proktavad eva rāśī//58//
KBG 54; 58ab (without tataḥ ... rāśī) in KBG E74; 58a in KBG 80 and E102.

- guṇaghnamūlonayutasya rāśer
dṛṣṭasya yuktasya guṇārdhakṛtyā/
mūlaṃ guṇārdhena yutaṃ vihīnaṃ
vargīkṛtaṃ praṣṭur abhīṣṭarāśiḥ//65//
KBG 1; 65a (without rāśer) in KBG 26 intro.

- bāle marālakulamūladalāni sapta
⟨tīre vilāsabharamantharagāṇy apaśyam/
kurvac ca kelikalahaṃ kalahaṃsayugmaṃ
śeṣaṃ jale vada marālakulapramāṇam⟩//67//
KBG 26 intro.

- saikapadaghnapadārdham athaikādy-
aṅkayutiḥ kila saṃkalitākhyā/
⟨sā dviyutena padena vinighnī
syāt trihṛtā khalu saṃkalitaikyam⟩//117//
KBG 25.

- vyekapadaghnacayo mukhayuk syād
antyadhanaṃ mukhayug dalitaṃ tat/
madhyadhanaṃ padasaṃguṇitaṃ tat
sarvadhanaṃ gaṇitaṃ ca tad uktam//121//
KBG E63.

- tatkṛtyor yogapadaṃ karṇo ⟨doḥkarṇavargayor vivarāt/
mūlaṃ koṭiḥ koṭiśrutikṛtyor antarāt padaṃ bāhuḥ⟩//136//
KBG E73.

- rāśyor antaravargeṇa dvighne ghāte yute tayoḥ/
vargayogo bhaved ⟨evaṃ tayor yogāntarāhatiḥ/
vargāntaraṃ bhaved evaṃ jñeyaṃ sarvatra dhīmatā⟩//138//
KBG E72 and 83; 138a in KBG 62.

- asti stambhatale bilaṃ tadupari krīḍāśikhaṇḍī sthitaḥ
stambhe hastanavocchrite triguṇitastambhapramāṇāntare/
dṛṣṭvāhiṃ bilam āvrajantam apatat tiryak sa tasyopari
kṣipraṃ brūhi tayor bilāt katimitaiḥ sāmyena gatyor yutiḥ//152//
KBG E57.

- sakhe padmatanmajjanasthānamadhyaṃ
  bhujaḥ koṭikarṇāntaraṃ padmadṛśyam/
  nalaḥ koṭir etanmitaṃ syād yad ambho
  vadaivaṃ samānīya pānīyamānam//154//
  KBG E58.

- dhṛṣṭoddhiṣṭam ṛjubhujaṃ kṣetraṃ yatraikabāhutaḥ svalpā/
  taditarabhujayutir athavā tulyā jñeyaṃ tad akṣetram//163//
  KBG E75.

- daśasaptadaśapramau bhujau ⟨tribhuje yatra navapramā mahī/
  abadhe vada lambakaṃ tathā gaṇitaṃ gāṇitikāśu tatra me⟩//168//
  KBG 3cd.

- ⟨nyāsaḥ/ bhujau 10/ 17/ bhūmiḥ 9/ atra tribhuje bhujayor yoga (L 165) ityādinā labdhaṃ 21/ anena bhūr ūnā na syāt/ asmād eva bhūr apanītā śeṣārdham⟩ ṛṇagatābādhā digvaiparītyenety arthaḥ/ ⟨tathā jāte ābādhe 6/ 15/ atra ubhayatrāpi jāto lambaḥ 8/ phalaṃ 36⟩//168p//
  KBG 3cd.

- ⟨atulyakarṇābhihatir dvibhaktā
  phalaṃ sphuṭaṃ tulyacaturbhuje syāt⟩/
  samaśrutau tulyacaturbhuje ca
  tathāyate tadbhujakoṭighātaḥ/
  ⟨caturbhuje 'nyatra samānalambe lambena
  nighnaṃ kumukhaikyakhaṇḍam⟩//173//
  KBG E73 and 93.

Vārttika on *Aṣṭādhyāyī* 4.3.166:

- puṣpamūleṣu ca bahulam//2//
  KBG E41. Cf. *Aṣṭādhyāyī* above.

Viṣṇu's unknown work:

- svasvaikayuktaguṇadānajaghātayor yo
  'nalpaḥ paraḥ paraguṇābhihatas tadaikyam/
  tat syān nirekaguṇaghātahṛtaṃ hi rāśis
  tatsaṃguṇādhikaguṇaḥ paravarjitaḥ san//1//
  dvitīyarāśimānaṃ syād avyaktakriyayā vinā/
  vyaktam avyaktayuktaṃ yad ye na budhyanti te jaḍāḥ//2//
  KBG 68.

- śeṣavikrayahateṣṭavikrayaḥ
  śītaraśmirahito bhavet krayaḥ/
  puṃdhanād adhika iṣṭavikrayaḥ
  kalpya ittham avagamya dhīmatā//⟨3//⟩
  KBG E88.

Sāṃkhyakārikā of Īśvarakṛṣṇa:

- vatsavivṛddhinimittaṃ kṣīrasya yathā pravṛttir ajñasya/
  puruṣavimokṣanimittaṃ tathā pravṛttiḥ pradhānasya//57//
  KBG 1.

付録D:『ビージャパッラヴァ』公刊本の図

番号のあとの t, p はそれぞれ Trivandrum edition, Pune edition を指す. BG 自体の図に関しては，Hayashi 2009 の脚注参照.

第 7 章：一色等式

図 7.2

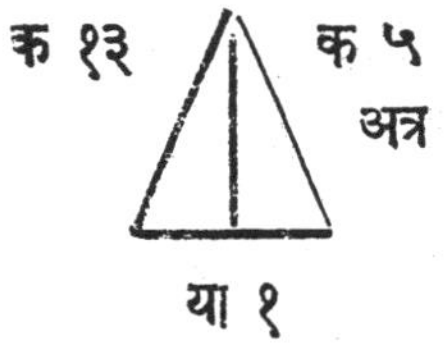

Fig. KBGE50-1t:

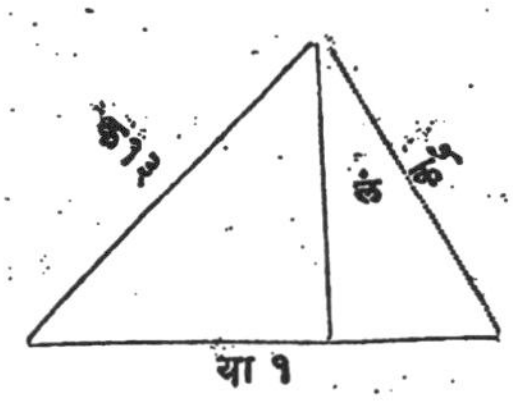

Fig. KBGE50-1p:

図 7.3

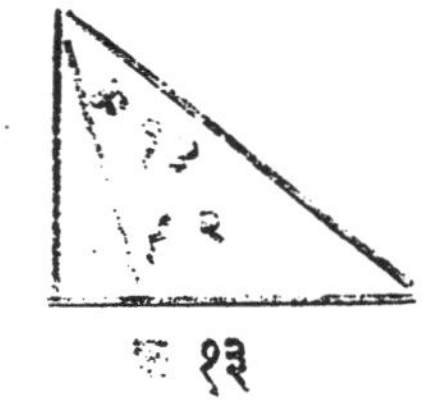

Fig. KBGE50-2t:

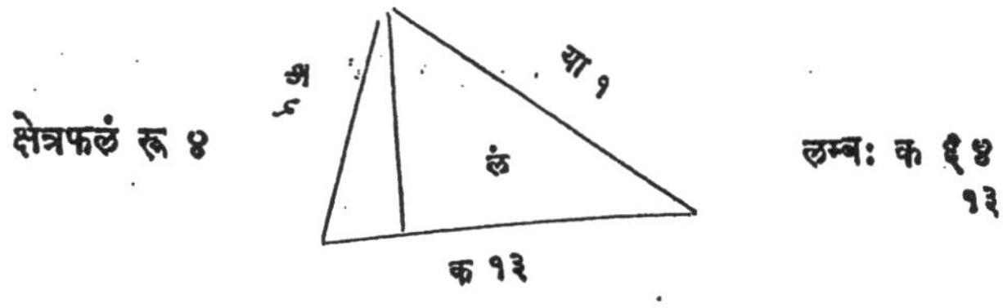

Fig. KBGE50-2p:

図 7.4

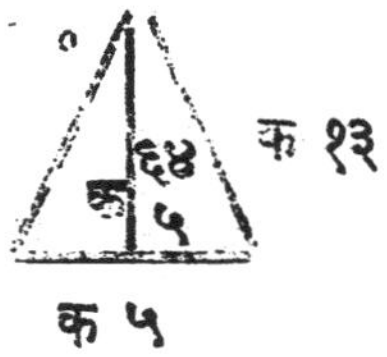

Fig. KBGE50-3t:

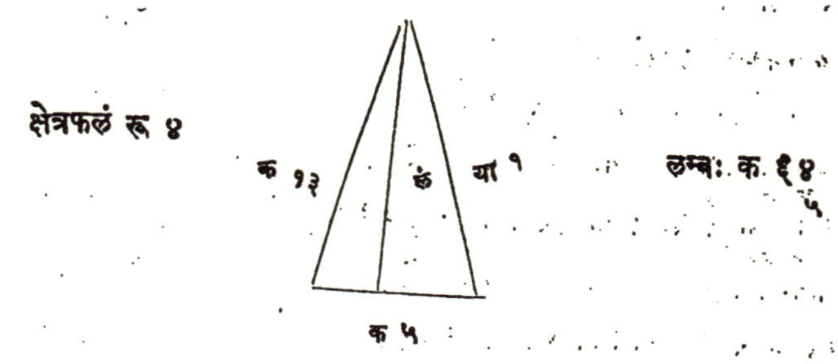

Fig. KBGE50-3p:

図 7.6

Fig. KBGE51-1t:

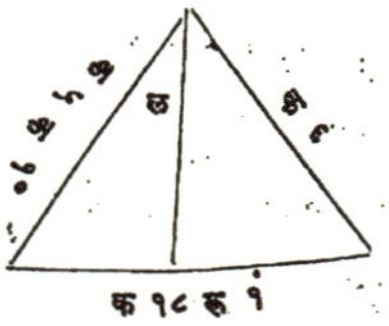

Fig. KBGE51-1p:

図 7.7

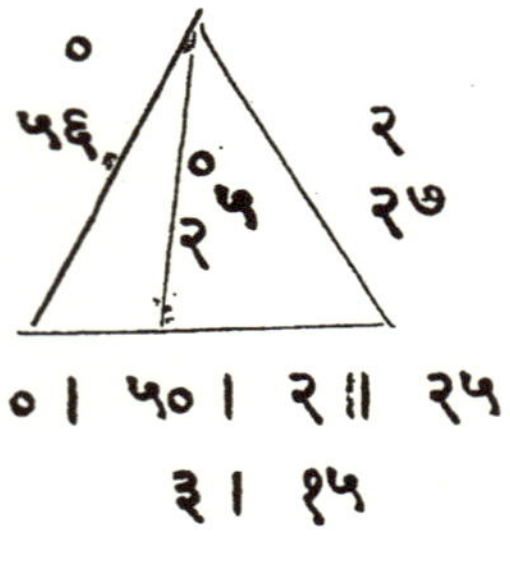

Fig. KBGE51-2t:

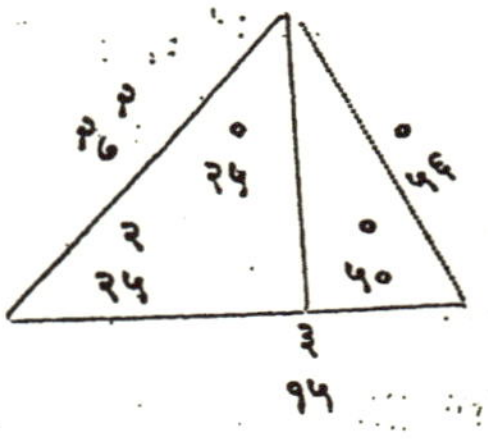

Fig. KBGE51-2p:

図 7.14

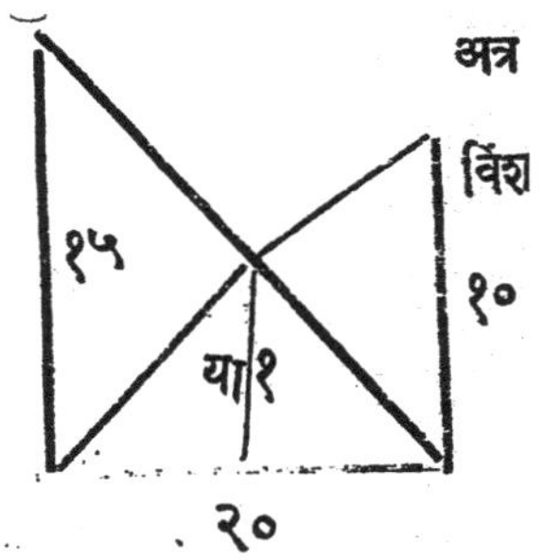

Fig. KBGE60-1t:

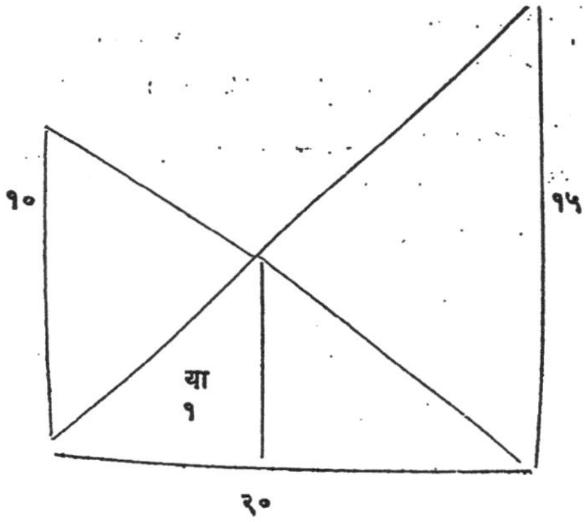

Fig. KBGE60-1p:

第 8 章：一色等式における中項除去

図 8.3

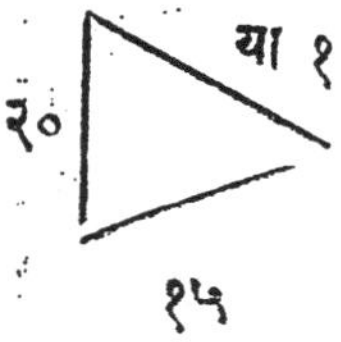

KBGE73-1t:

KBGE73-1p:

図 8.4

KBGE73-2t:

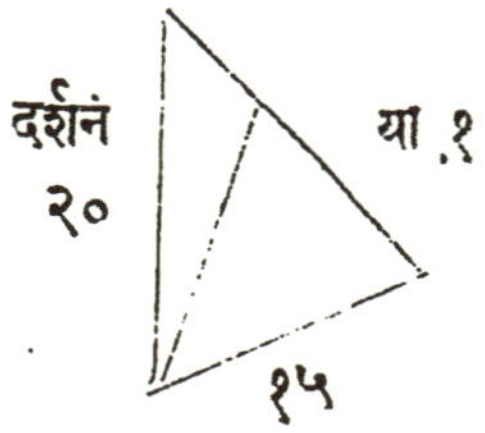

KBGE73-2p:

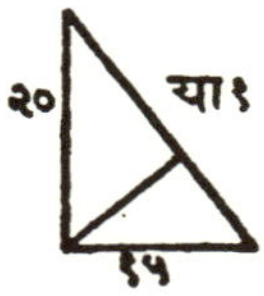

図 8.5

KBGE73-3t:

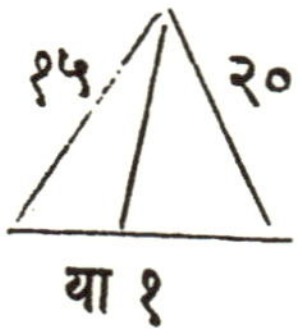

KBGE73-3p:

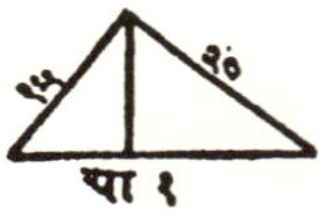

図 8.6

KBGE73-4t:

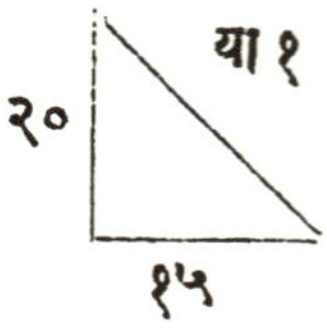

KBGE73-4p:

図 8.7

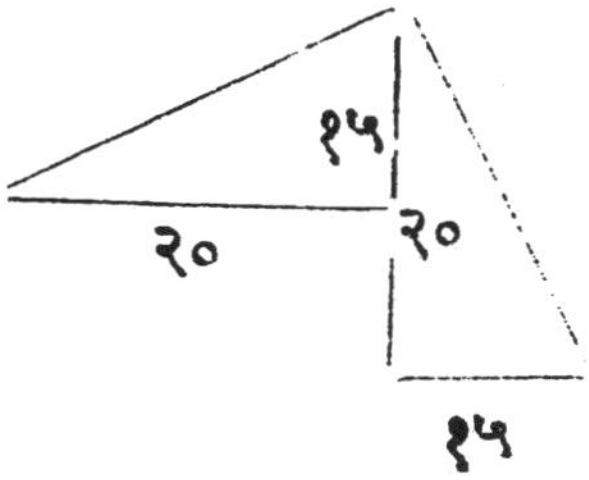

KBGE73-5t:

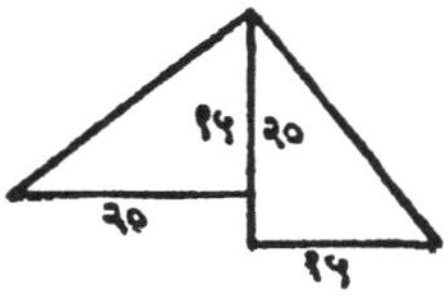

KBGE73-5p:

図 8.8

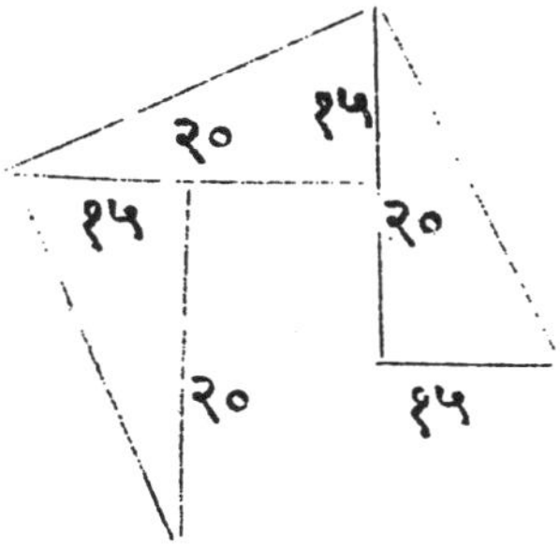

KBGE73-6t:

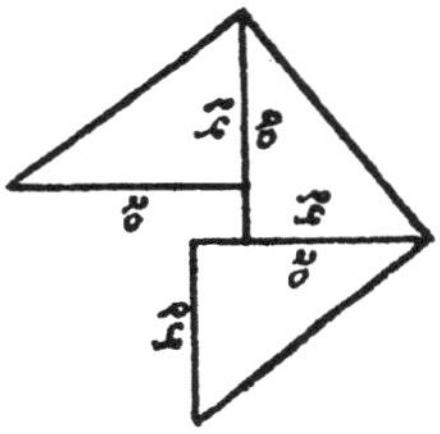

KBGE73-6p:

図 8.9

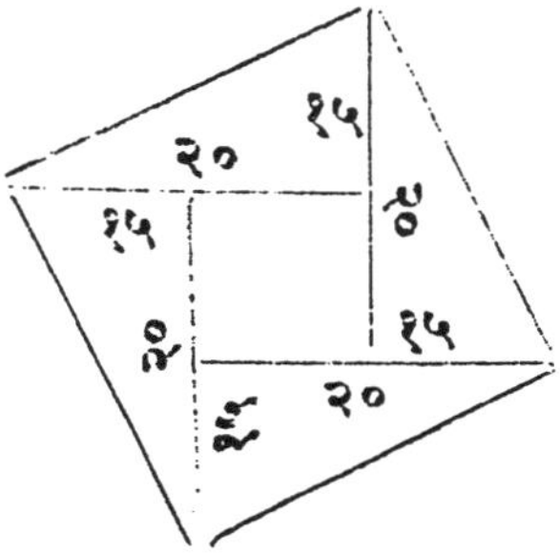

KBGE73-7t:

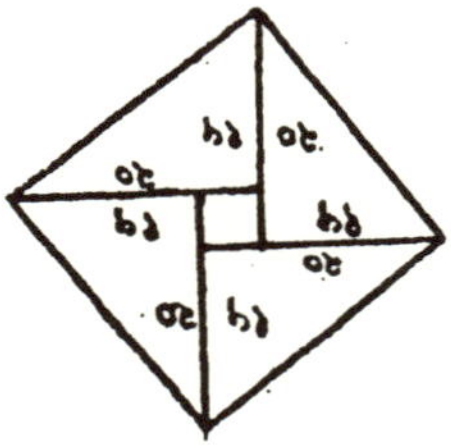

KBGE73-7p:

図 8.10

∅ T.

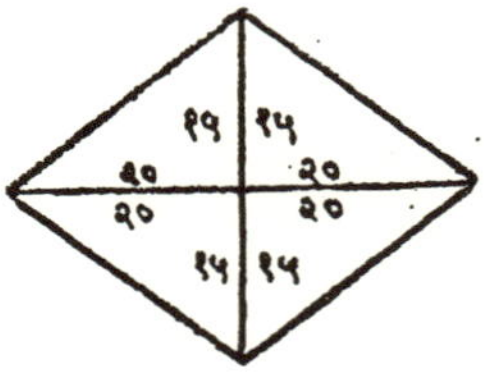

KBGE73-8p:

図 8.12

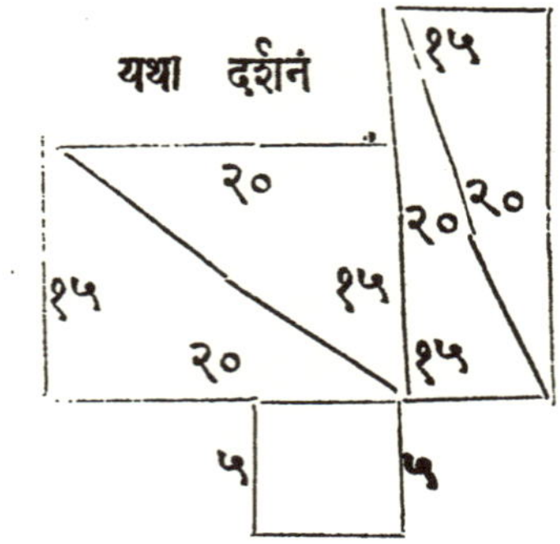

Fig. KBG62-1t:

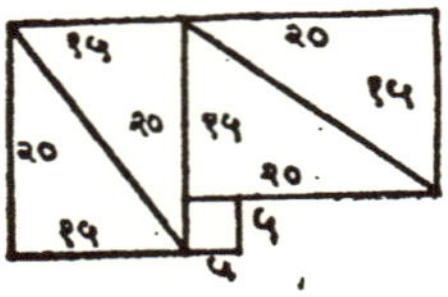

Fig. KBG62-1p:

図 8.13

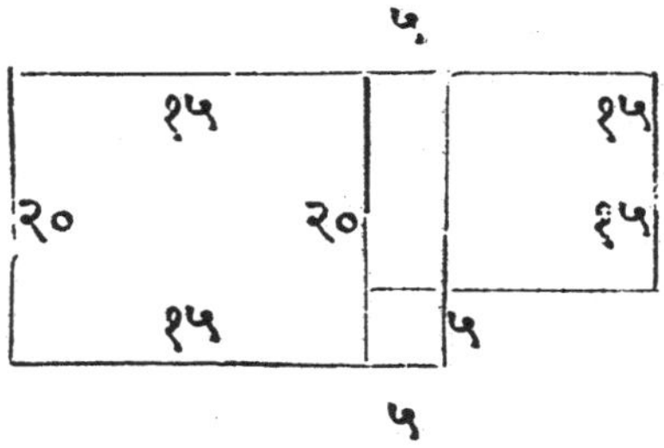

Fig. KBG62-2t:

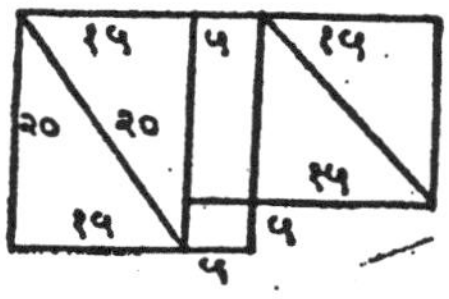

Fig. KBG62-2p:

図 8.14

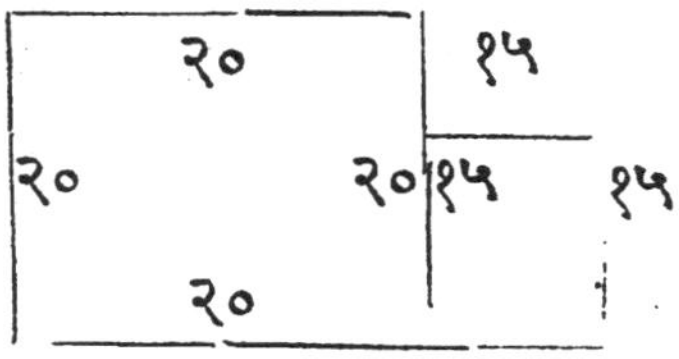

Fig. KBG62-3t:

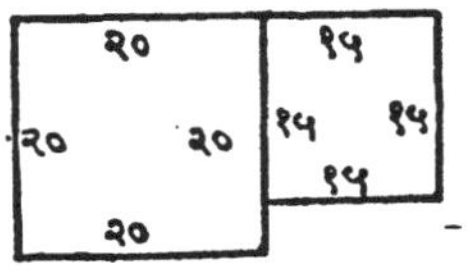

Fig. KBG62-3p:

図 8.18

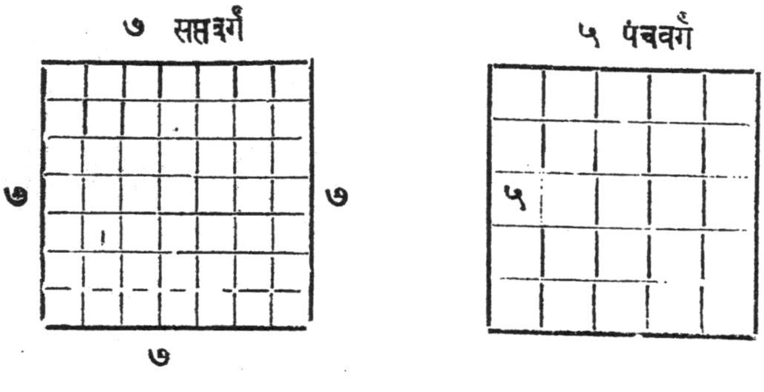

Fig. KBGE74-1t:

Fig. KBGE74-1p:

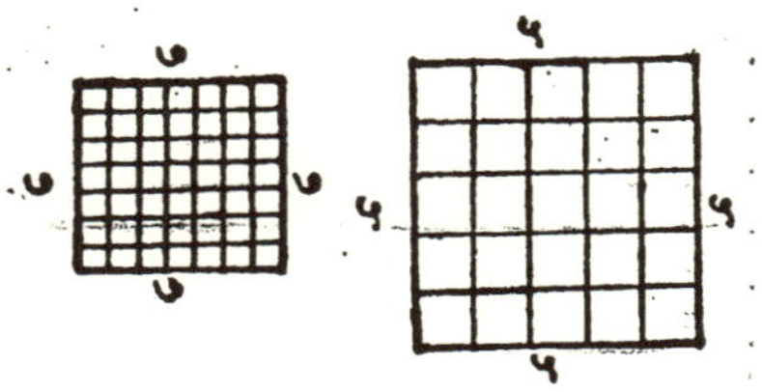

図 8.19

Fig. KBGE74-2t:

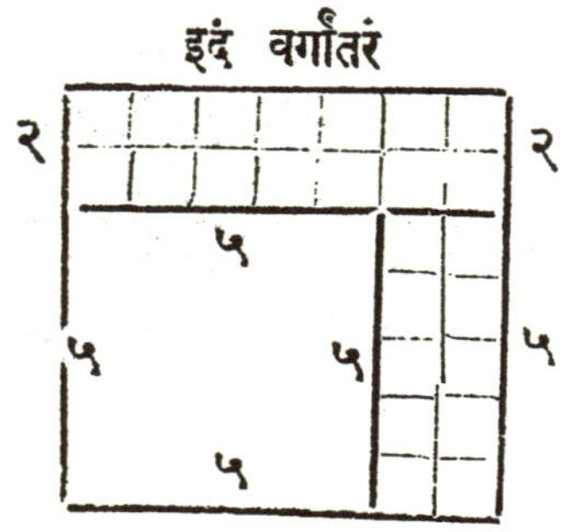

Fig. KBGE74-2p:

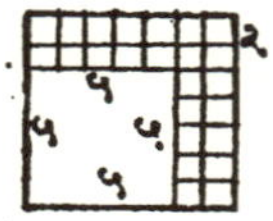

図 8.20

Fig. KBGE74-3t:

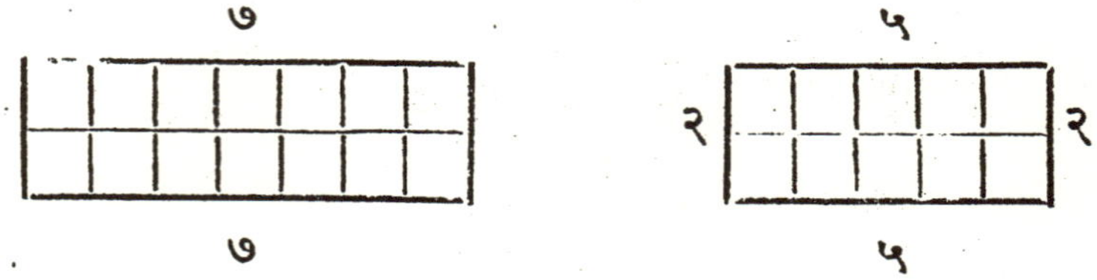

Fig. KBGE74-3p:

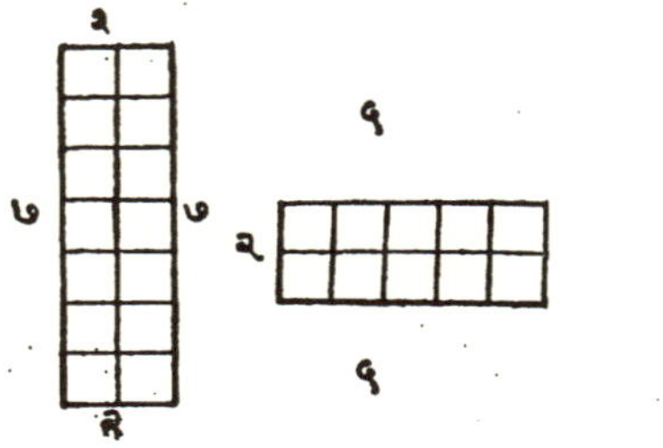

図 8.21

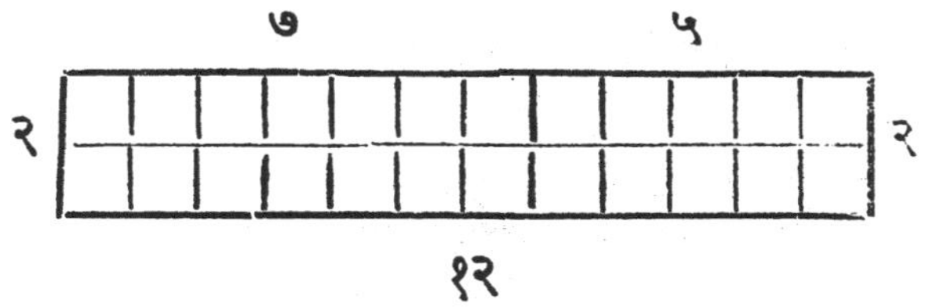

Fig. KBGE74-4t:

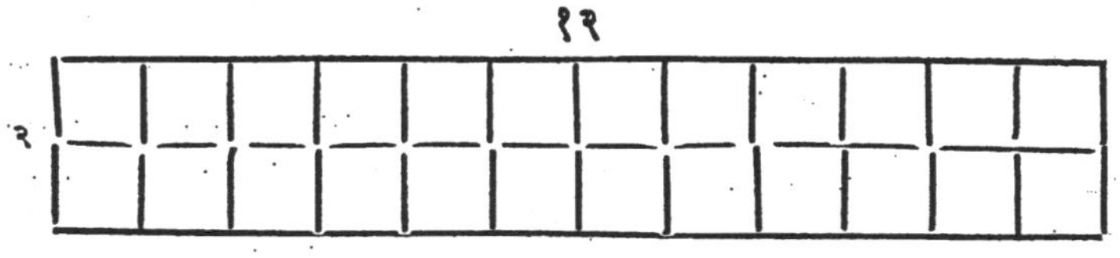

Fig. KBGE74-4p:

図 8.24

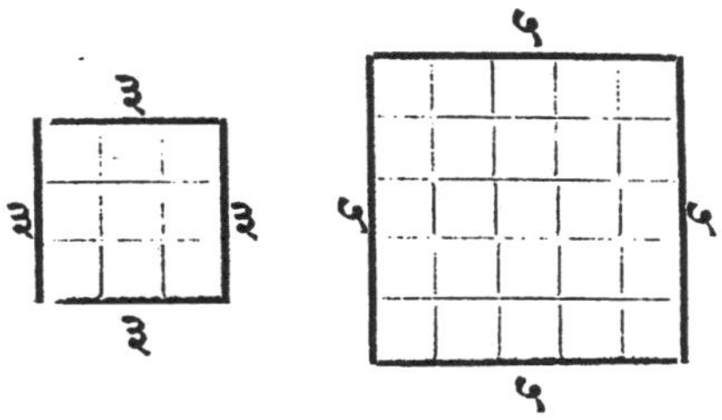

Fig. KBG64-1t:
∅ P.

図 8.25

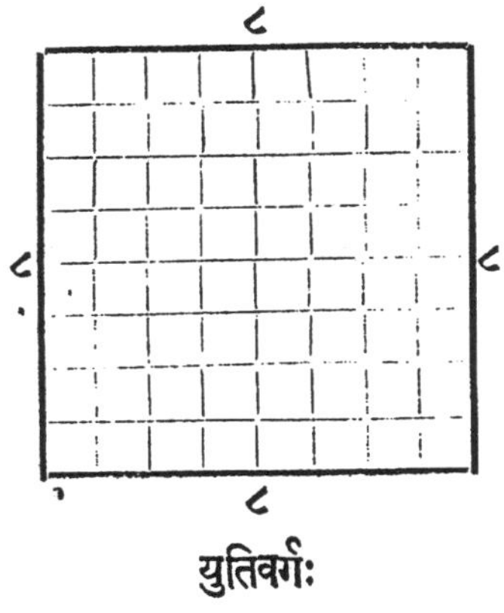

Fig. KBG64-2t:

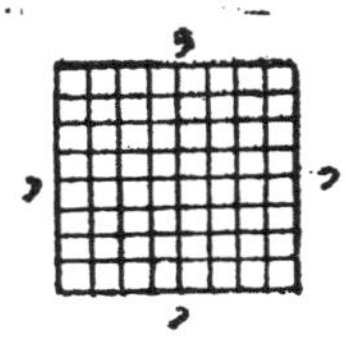

Fig. KBG64-2p:

図 8.26

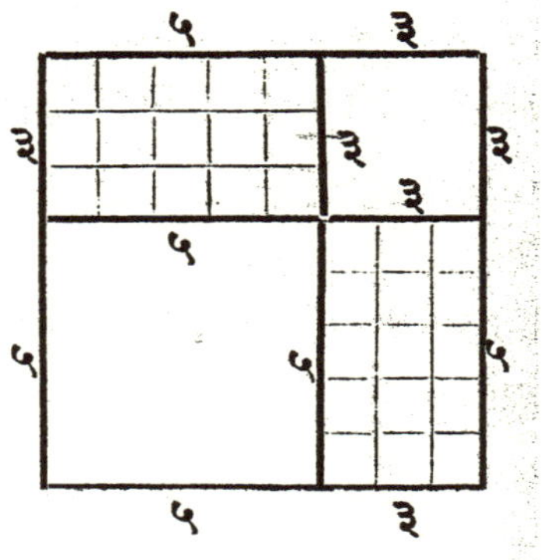

Fig. KBG64-3t:

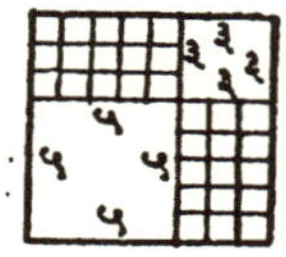

Fig. KBG64-3p:

第11章：バーヴィタ

図 11.4

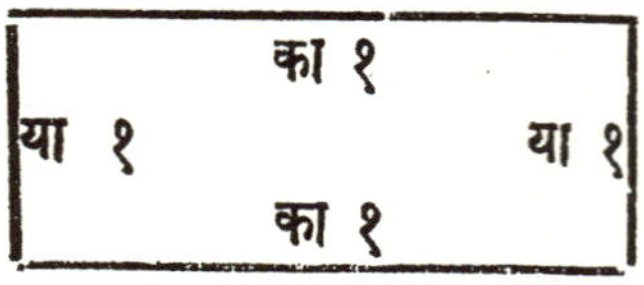

Fig. KBG93-1t:

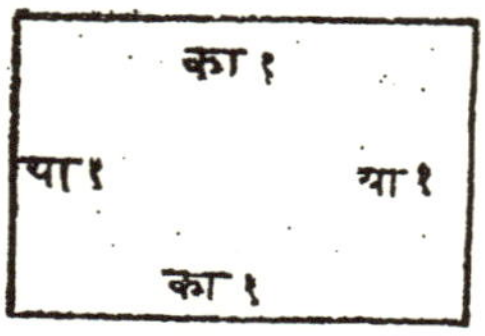

Fig. KBG93-1p:

図 11.5

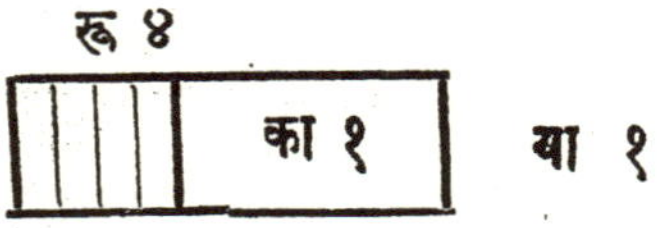

Fig. KBG93-2t:

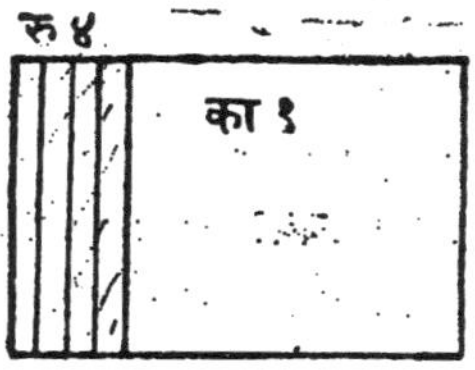

Fig. KBG93-2p:

図 11.6

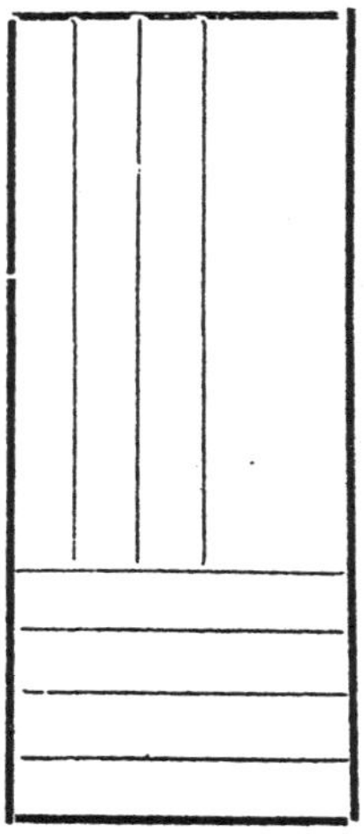

Fig. KBG93-3t:

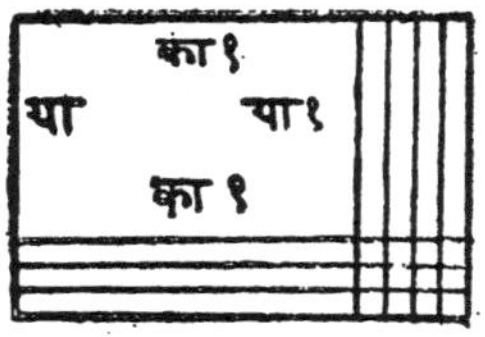

Fig. KBG93-3p:

図 11.7

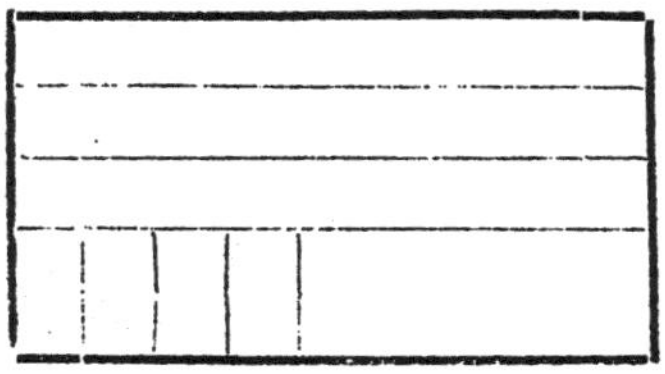

Fig. KBG93-4t:

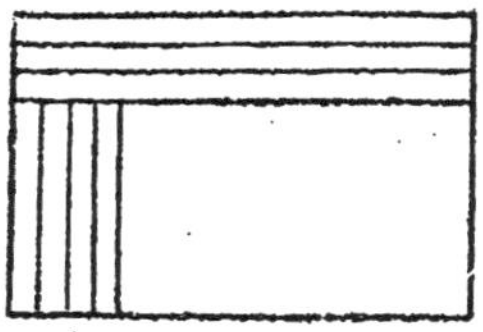

Fig. KBG93-4p:

図 11.8

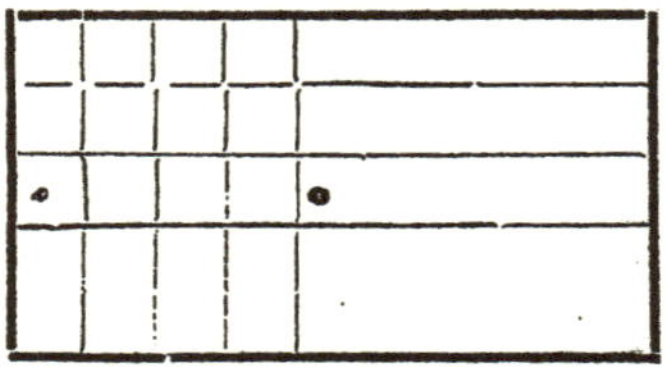

Fig. KBG93-5t:

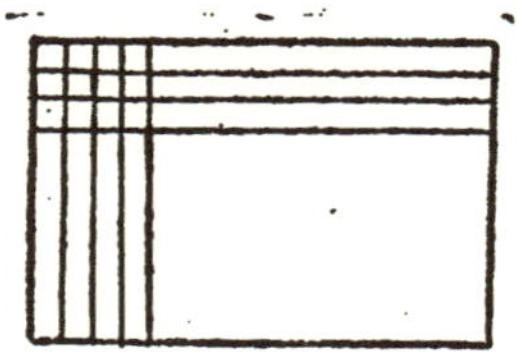

Fig. KBG93-5p:

図 11.9

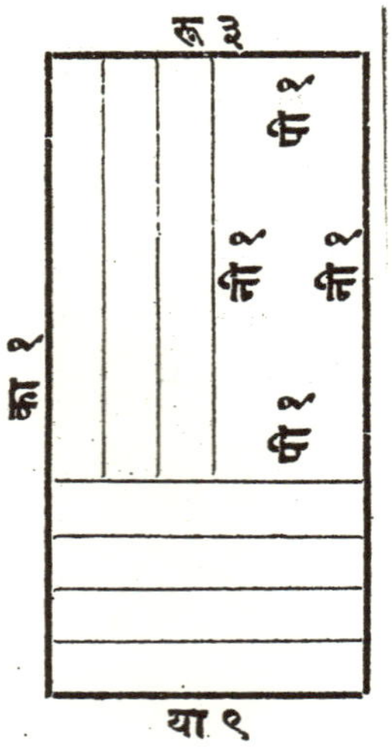

Fig. KBG93-6t:

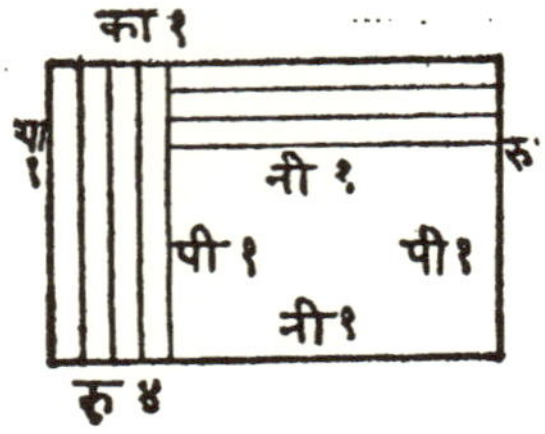

Fig. KBG93-6p:

図 11.10’（T261, 12 の脚注参照）

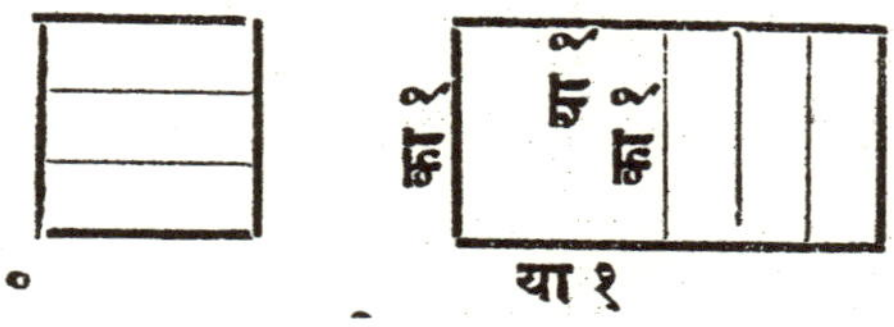

Fig. KBG93-7t’:

図 11.10

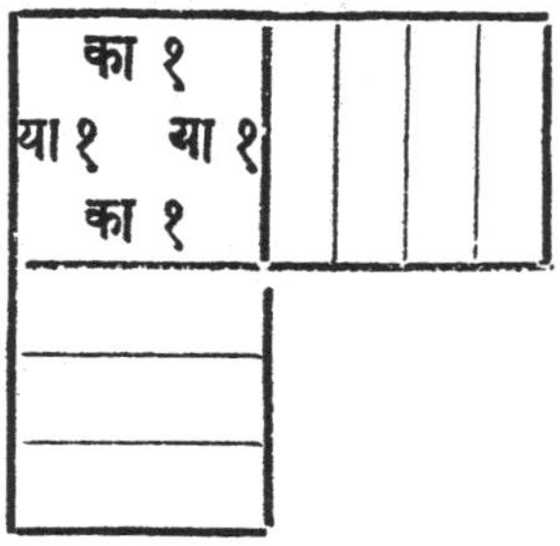

Fig. KBG93-7t:

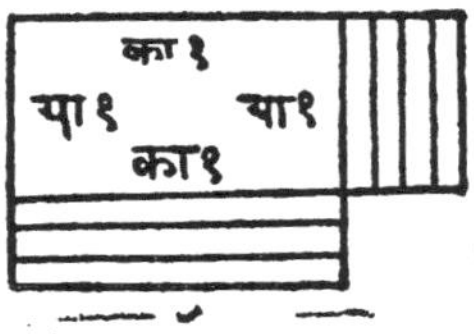

Fig. KBG93-7p:

図 11.11

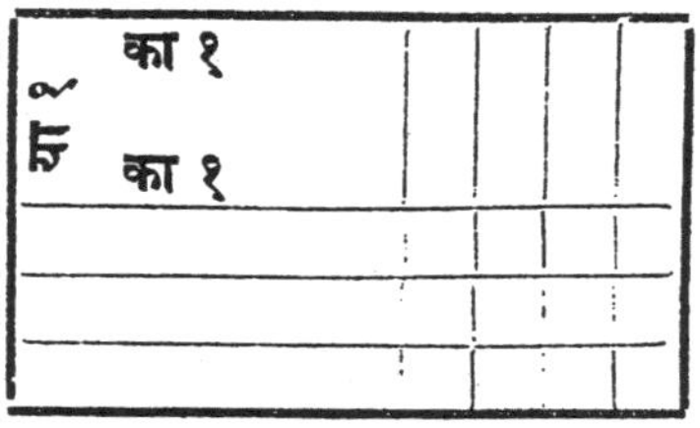

Fig. KBG93-8t:

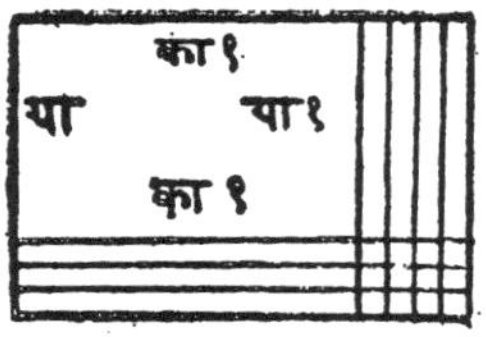

Fig. KBG93-8p:

図 11.12

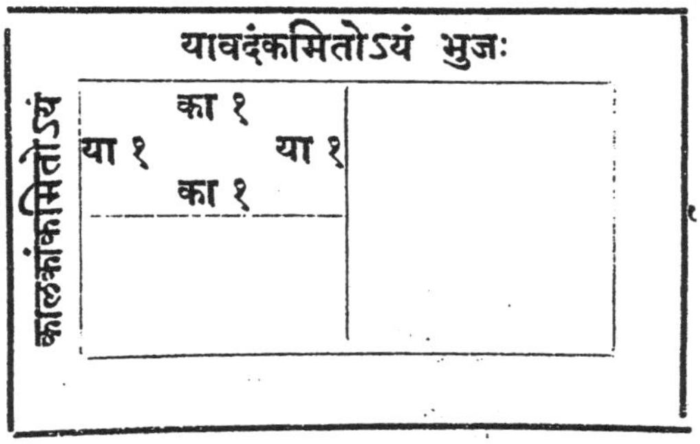

Fig. KBG93-9t:

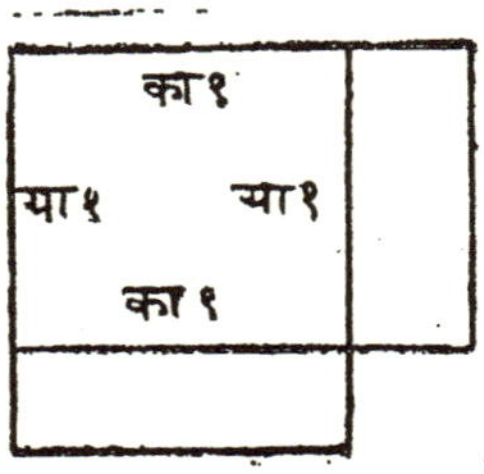

Fig. KBG93-9p:

図 11.13

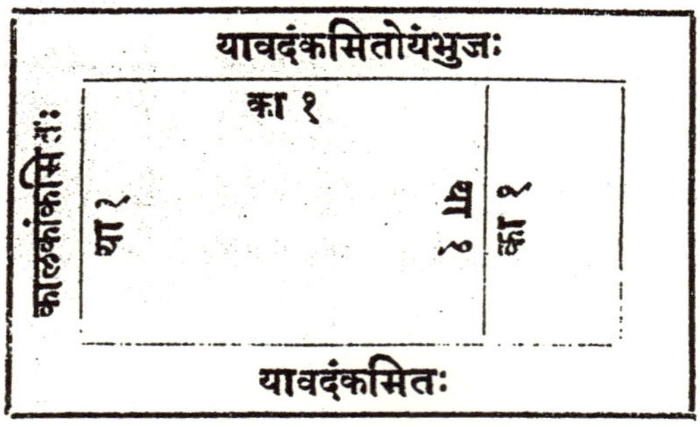

Fig. KBG93-10t:

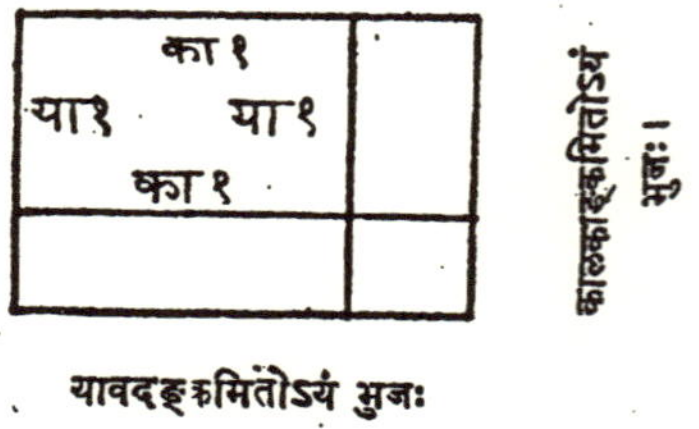

Fig. KBG93-10p:

付録E: 詩節番号対照表

これは，Hayashi 2009, Appendix 7 を日本語に変えたものである．

使用テキストの略号 A, M, G, T, P, J, F, C については序説 (I.5.1) 参照．

凡例追加:

序説の凡例 (I.5.3) に加えて次の略号を使用する．

n.n. = 詩節は存在するが番号が与えられていない．

韻律名の略称．

Anu = Anuṣṭubh
Āry = Āryā
Indr = Indravajrā
Udg = Udgīti
Upag = Upagīti
Upaj = Upajātikā
Gīt = Gīti
Drut = Drutavilambita
Bhuj = Bhujaṅgaprayāta
Mand = Mandākrāntā
Māl = Mālinī
Rath = Rathoddhatā
Vaṃś = Vaṃśastha(-vila)
Vas = Vasantatilakā
Śār = Śārdūlavikrīḍita (also called Siṃhoddhatā or Siṃhonnatā)
Śāl = Śālinī
Siṃh = Siṃhoddhatā/Siṃhonnatā

BG	韻律	A	M	G	T	P	J	F	C	備考
1. dhanarṇa-ṣaḍvidha										
1	Upaj	1	1	1	1	1	1	1	1	
2	Śāl	2	2	2	2	2	2	2	2	
3ab	Upaj 1/2	⟨1⟩	⟨1⟩	⟨3⟩	⟨3⟩	3	3ab	3	3	
E1	Upaj	1	1	1	1	4	3cd-4ab	4	4	
E1p′	散文				n.n.	5	(n.n.)	(n.n.)		クリシュナ (TP で) とスールヤダーサ (JF で断片的に) が引用する E1p の冒頭部分.
E1p″	散文				n.n.	6	∅	∅		クリシュナ (TP で) が引用する E1p の最後の文章.
3cd	Upaj 1/2	1	1	3	3	7	4cd	5	5	
E2ab	Upaj 1/2	⟨2⟩	⟨1⟩	⟨2⟩	⟨2⟩	8	5ab	6	6	
4a	Bhuj 1/4	⟨2⟩	⟨2⟩	⟨4⟩	⟨4⟩	9	5c	7	7	
E2cd	Upaj 1/2	2	1	2	2	10	6ab	8	8	
4b	Bhuj 1/4	⟨2⟩	⟨2⟩	⟨4⟩	⟨4⟩	11	5d	7	7	AMJF は 4a と一緒に表示.
E3	Upaj	3	1	3	3	12	6cd-7ab	9	9	
4cd	Bhuj 1/2	2	2	4	4	13	7cd	10	10	
E4ab	Upaj 1/2	⟨4⟩	⟨1⟩	4	4	14	8ab	11ab	11	
E4cd	Upaj 1/2	4	⟨1⟩	4	4	15	8cd	11cd	11	
2. kha-ṣaḍvidha										
5ab	Bhuj 1/2	⟨3⟩	⟨3⟩	⟨5⟩	⟨5⟩	16	9ab	12	12	
E5ab	Indr 1/2	⟨5⟩	⟨1⟩	⟨5⟩	⟨5⟩	17	9cd	13	13	
5cd	Bhuj 1/2	3	3	5	5	18	10ab	14	14	
E5cd	Indr 1/2	5	⟨1⟩	5	5	19	10cd	15	15	
6	Upaj	4	4	6	6	20	11	16	16	T は例題として，AMG は規則として番号づける.
3. avyakta-ṣaḍvidha										

BG	韻律	A	M	G	T	P	J	F	C	備考
3.1. avyakta-ṣaḍvidha										
7	Śāl	5	5	7	6	21	12	17	17	
8ab	Upaj 1/2	⟨6⟩	⟨6⟩	⟨8⟩	⟨7⟩	22	13ab	18	18	
E6	Bhuj	6	1	7	7	23	13cd-14ab	19	19	
E7ab	Bhuj 1/2	⟨7⟩	⟨2⟩	⟨8⟩	8	24	14cd	20	20	
E7cd	Bhuj 1/2	7	2	8	8	25	15ab	20	20	
8cd	Upaj 1/2	6	6	8	7	26	15cd	21	21	
9	Upaj	7	7	9	8	26	16	21	21	
10	Vas	8	8	10	9	27	17	22-23	22	
E8	Śāl	8	1	9	9	28	18	24	23	
11	Śāl	9	9	11	10	29	19	25	24	
E8ef	Śāl 1/2	⟨9⟩	⟨1⟩	9	n.n.	30	20ab	26	25	
12	Upaj	10	10	12	11	31	20cd-21ab	27	26	
3.2. anekavarṇa-ṣaḍvidha										
E9	Āry	$10\frac{1}{2}$	1	10	10	32	21cd-22ab	28	27	
E10	Mand	11	1	11	11	33	22cd-23ab	29	28	
4. karaṇī-ṣaḍvidha										
13	Indr	11	11	13	12	34	23cd-24ab	30	29	
14	Upaj	12	⟨12⟩	14	13	34	24cd-25ab	31	30	
E11	Upaj	12	⟨1⟩	12	12	35	25cd-26ab	32	31	
E12	Upaj	13	⟨2⟩	13	13	36	26cd-27ab	33	32	
15	Upaj	13	13	15	14	37	27cd-28ab	34	33	
16	Upaj	14	14	16	15	38	28cd-29ab	35	34	
17	Upaj	15	15	17	16	38	29cd-30ab	36	35	
18	Vas	16	16	18	17	39	30cd-31ab	37	36	
E13	Upaj	14	⟨1⟩	14	18	40	31cd-32ab	38	37	

BG	韻律	A	M	G	T	P	J	F	C	備考
E14ab	Upaj 1/2	$14\frac{1}{2}$	⟨2⟩	⟨15⟩	n.n.	40	32cd	38	38	
19	Upaj	17	17	19	19	41	33	39	39	
20	Upaj	18	18	20	20	41	34	40	40	
21	Upaj	19	19	21	21	42	35	41	41	
E14cd	Upaj 1/2	15	⟨1⟩	15	22	43	36ab	42	42	
E15	Upaj	16	⟨2⟩	16	23	43	36cd-37ab	43	43	
22	Gīt	20	20	22	21	44	37cd-38ab	44	44	
23	Gīt	21	21	23	22	44	38cd-39ab	45	45	
24	Āry	22	22	24	23	44	39cd-40ab	46	46	
25	Āry	23	23	25	24	44	40cd-41ab	47	47	
E16	Āry	17	1	17	18	45	41cd-42ab	48	48	
E17	Āry	18	2	18	29	46	42cd-43ab	49	49	
E18	Āry	19	3	19	19	47	43cd-44ab	50	50	
E19	Upaj	20	4	20	20	48	44cd-45ab	51	51	
E20	Upag	21	5	21	21	49	45cd-46ab	52	52	
5. kuṭṭaka										
26	Śāl	1	1	26	25	50	46cd-47ab	53	53	= L 242
27	Upaj	2	2	27	26	51	47cd-48b	54	54	= L 243
28	Upaj	3	3	28	27	51	48cd-49ab	55	55	= L 244
29	Upaj	4	4	29	28	51	49cd-50ab	56	56	= L 245
30	Upaj	5	5	30	29	52	50cd-51ab	57	57	= L 246
31	Drut	6	6	31	30	53	51cd-52ab	58	58	= L 248
32ab	Anu 1/2	7	7	32	31	54	53cd	60	59	= L 250
32cd	Anu 1/2	7	7	32	31	54	54ab	60	59	
32ef	Anu 1/2	8	8	32	31	55	52cd	59	60	= L 252
33ab	Anu 1/2	8	8	33	32	56	53ab	61	61	= L 252
33cd	Anu 1/2	9	9	33	32	56	54cd	61	61	= L 252

BG	韻律	A	M	G	T	P	J	F	C	備考
34ab	Anu 1/2	9	9	⟨34⟩	33	57	55ab	62	62	
34cd	Anu 1/2	10	10	⟨34⟩	33	57	55cd	62	62	
35ab	Anu 1/2	10	10	35	34	58	56ab	63	63	= L 254
35cd	Anu 1/2	11	11	35	34	58	56cd	63	63	= L 254
36ab	Upaj 1/2	11	11	36	35	59	57ab	64	64	= L 256
E21	Rath	1	1	22	22	60	57cd-58ab	65	65	= L 247
E22	Upaj	2	2	23	23	61	58cd-59ab	66	66	= L 249
E23	Rath	3	3	2⟨4⟩	24	62	59cd-60ab	67	67	≈ L 251
Q0	Anu	n.n.	n.n.	n.n.	∅	∅	∅	∅	∅	
Q1	Anu 1/2	n.n.	n.n.	n.n.	n.n.	n.n.	n.n.	n.n.	n.n.	= BG 32cd. ‘mandāvabodhārthaṃ mayoktam.’
E24	Anu	10	10	25	25	63	60cd-61ab	68	68	
E25	Anu	11	11	26	26	64	61cd-62ab	69	69	= L 253
E26	Rath	12	12”	$\dot{26}$	27	65	62cd-63ab	70	70	= L 255
36cd	Upaj 1/2	13	10	36	35	66	63cd	71	71	= L 257
37ab	Upaj 1/2	14	11	37	35	66	64ab	71	71	= L 257
37cd	Upaj 1/2	14	11	37	36	67	64cd	72	72	= L 258
38	Upaj	15	12	38	37	67	65	72	72	= L 258
39	Upaj	16	13	39	38	68	66	73	73	= L 259
E27	Upaj	13	1	27	28	69	67	74	74	= L 260. JF はここまで.

6. varga-prakṛti

6.1. varga-prakṛti

BG	韻律	A	M	G	T	P	J	F	C	備考
40	Śāl	1	1	40	39	70			75	
41	Śāl	2	2	41	40	71			76	
42	Śāl	3	3	42	41	71			77	
43	Śāl	4	4	43	42	71			78	
44	Anu	5	5	44	43	72			79	
45	Anu	6	6	45	44	73			80	

BG	韻律	A	M	G	T	P	J	F	C	備考
46ab	Anu 1/2	6	6	46	45	73			81	
E28	Anu	1	1	28	26	74			82	
6.2. cakravāla										
46cd	Anu 1/2	1	1	46	45	75			83	
47ab	Anu 1/2	1	1	47	46	75			83	
47cd	Anu 1/2	2	2	47	46	75			84	
48ab	Anu 1/2	2	2	48	47	75			84	
48cd	Anu 1/2	3	3	48	47	75			85	
49ab	Anu 1/2	3	3	49	48	75			85	
49cd	Anu 1/2	4	4	49	48	75			86	
50ab	Anu 1/2	4	4	50	49	75			86	
E29	Vas	1	1	29	30	76			87	
50cd	Anu 1/2	5	5	50	49	77			88	
51ab	Anu 1/2	5	5	51	50	78			88	
51cd	Anu 1/2	6	6	51	50	78			89	
52ab	Anu 1/2	6	6	52	51	78			89	
E30	Anu	2	2	30	31	79			90	
E31	Anu	3	3	⟨31⟩	32	80			91	
52cd	Anu 1/2	7	7	52	51	81			92	
53ab	Anu 1/2	7	7	⟨53⟩	51	81			92	
53cd	Anu 1/2	8	7	⟨53⟩	52	82			93	
E32	Anu 1/2	4	4	n.n.	⟨33⟩	83			94	
54ab	Anu 1/2	8	8	54	53	84			95	
54cd	Anu 1/2	⟨9⟩	8	54	53	84			95	
E33ab	Anu 1/2	4	4	32	34	85			96	
E33cd	Anu 1/2	5	4	32	34	85			96	
E34ab	Anu 1/2	5	5	33	35	86			97	
E34cd	Anu 1/2	6	5	33	35	86			97	

BG	韻律	A	M	G	T	P	J	F	C	備考
E35ab	Anu 1/2	6	⟨6⟩	34	36	87			98	
E35cd	Anu 1/2	⟨7⟩	⟨6⟩	34	36	87			98	
55	Anu	⟨10⟩	⟨9⟩	55	54	88			99	
7. ekavarṇa-samīkaraṇa										
56	Śāl	1	⟨1⟩	56	55	89			100	
57	Śāl	2	2	57	56	89			101	
58	Śāl	3	3	58	57	89			102	
E36	Upaj	1	1	35	37	90			103	
E37	Upaj	2	2	36	38	91			104	
E38	Śār	3	3	37	39	92			105	
E39	Śār	4	4	38	40	93			106	
E40	Śār	5	5	39	41	94			107	
E41	Śār	6	6	40	42	95			108	= L 55
E42	Āry	7	7	n.n.	43	96			109	‘anyoktam udāharaṇam.’
E43	Āry	8	8	41	44	97			110	
Q2	Anu	n.n.	n.n.	n.n.	∅	∅			n.n.	= GA, pra 5
E44	Śār	9	9	42	45	98			111	= L 102
E45	Āry	10	10	43	46	99			112	
E46	Vas	11	11	44	47	100			113	
E47	Vaṃś	12	12	45	48	101			114	
E48	Śār	13	13	46	49	102			115	= L 99
E49	Anu	14	14	⟨47⟩	50	103			116	
E50	Anu	15	15	48	59	104			117	L 166 が E50p で引用されている.
E51	Āry	16	16	49	52	105			118	
E52	Anu	17	17	50	53	106			119	
E53	Anu	18	18	51	54	107			120	
E54	Anu	19	19	⟨52⟩	55	108			121	

BG	韻律	A	M	G	T	P	J	F	C	備考
E55	Anu	20	20	53	56	109			122	
E56	Gīt	21	21	54	57	110			123	
E57	Māl	22	22	55	58	111			124	= L 150
E58	Mand	23	23	⟨56⟩	59	112			125	= L 155
E59	Śār	24	24	57	60	113			126	= L 157
E60	Gīt	25	25	58	61	114			127	= L 162
8. ekavarṇa-madhyamāharaṇa										
59	Indr	1	1	59	58	115			128	
60	Upaj	2	2	60	59	115			129	
61	Upaj	3	3	61	60	115			130	
Q3	Upag/Udg	n.n.	n.n.	n.n.	n.n.	116			131	‘śrīdharācāryasūtram.’
E61	Māl	1	1	62	62	117			132	= L 71
E62	Śār	2	2	⟨63⟩	63	118			133	= L 70
E63	Upaj	3	3	64	64	119			134	L121 が E63p で引用されている.
E64	Anu	4	4	65	65	120			135	L 46ab が E64p1 で引用されている.
E65	Anu	5	5	66	66	121			136	
Q4	Āry 1/2	n.n.	n.n.	n.n.	∅	∅			∅	= L 45cd
Q5	Āry	n.n.	n.n.	n.n.	∅	∅			∅	= L 46
E66	Āry	6	6	67	67	122			137	
E67ab	Anu 1/2	7	7	68	68	123			138	
E67cdef	Anu	7	7	69	68	123			138	
E68	Upaj	8	8	70	69	124			139	
E69	Anu	9	9	71	70	125			140	
E70	Anu	10	10	72	71	125			141	
Q6	Anu	n.n.	n.n.	n.n.	∅	∅			**142**	‘padmanābhabīje.’
E71	Anu	11	11	73	72	126			143	
E72	Anu	12	12	74	73	126			144	

BG	韻律	A	M	G	T	P	J	F	C	備考
Q7	Anu	n.n.	n.n.	n.n.	n.n.	127			145	‘ādyaparibhāṣā.’
E73	Anu	13	13	75	74	128			146	
62	Anu	14	14	64	61	129			147	
E74	Anu	15	15	76	75	130			148	L 56a が E74p で引用されている.
63	Anu	16	16	65	62	131			149	
64	Anu	17	17	66	63	131			150	
E75	Anu	18	18	77	76	132			151	L 56a が E75p で引用されている.
E76	Anu	19	19	78	77	133			152	L 56a が E76p1 で引用されている.
9. anekavarṇa-samīkaraṇa										
65	Śāl	1	1	68	64	134			153	
66	Upaj	2	2	69	65	134			154	
67	Upaj	3	3	70	66	134			155	
68	Śāl 1/2	n.n.	n.n.	n.n.	n.n.	134			156	
Q8	Śār	1	1	n.n.	n.n.	135			n.n.	= BG E38 (第 1 パーダの一部のみ引用)
Q9	Śār	2	2	n.n.	n.n.	136			n.n.	= BG E39 (第 1 パーダの一部のみ引用)
E77	Śār	3	3	76	78	137			157	
E78	Anu	4	4	n.n.	79	138			158	
E79	Anu	5	5	n.n.	80	138			159	
E80	Āry	6	6	80	81	139			160	
E81	Āry	7	7	81	82	140			161	
E82	Anu	8	8	82	83	141			162	
E83	Śār	9	9	⟨83⟩	84	142			163	
E84	Anu	10	10	⟨84⟩	85	143			164	
E85	Anu	11	11	85	86	144			165	
E86	Anu	12	12	86	87	145			166	
69	Anu	n.n.	n.n.	n.n.	1	146			167	
E87	Anu	13	13	n.n.	88	147			168	

BG	韻律	A	M	G	T	P	J	F	C	備考
Q10	Anu	n.n.	n.n.	n.n.	∅	∅			169	‘tathā coktam.’
E88	Anu 3/2	14	14	n.n.	89	148			170	‘ādyodāharaṇam.’
Q11	Āry	∅	n.n.	n.n.	∅	∅			n.n.	‘tathā coktam.’
10. anekavarṇa-madhyamāharaṇa										
70	Śāl 1/2	1	1	68	67	149			171	
71ab	Upaj 1/2	1	1	69	68	149			172	
71cd	Upaj 1/2	2	2	69	68	149			172	
72ab	Upaj 1/2	2	2	70	69	149			173	
72cd	Upaj 1/2	3	3	70	69	149			173	
73	Vas	3	3	71	70	150			174	
74	Upaj	4	4	72	71	151			175	
75	Siṃh	5	5	73	72	151			176	
E89	Anu	1	1	88	70	152			177	
E90	Anu	2	2	n.n.	71	153			178	‘ādyodāharaṇam.’
76	Upaj	6	6	74	73	154			179	
77ab	Upaj 1/2	⟨7⟩	⟨7⟩	⟨75⟩	⟨74⟩	154			180	
E91	Anu	1	1	89	72	155			181	
E92	Anu	2	2	90	73	156			182	
77cd	Upaj 1/2	7	⟨7⟩	75	74	157			183	
78	Upaj	8	8	76	75	157			183	
E93	Anu	1	1	91	74	158			184	
79	Upaj	9	9	77	75	159			185	
80	Upaj	10	10	78	77	162			186	
E94	Anu	1	1	92	75	160			187	
E95	Anu	2	2	90	76	161			188	
E96	Anu	3	3	91	97	163			189	
E97	Śār	5	5	n.n.	98	164			190	‘kasyāpy udāharaṇam.’

BG	韻律	A	M	G	T	P	J	F	C	備考
81	Anu	n.n.	n.n.	70	78	165			n.n.	
82	Upaj	11	11	83	79	166			191	
83	Indr	12	12	84	80	166			192	
E98	Śār	6	6	95	99	167			193	
E99	Āry	4	4*	n.n.	100	168			194	‘ādyodāharaṇam.’ L 58a が E99p3 で引用されている.
84	Anu	13	13	n.n.	81	169			195	
85	Anu	14	14	83	82	169			196	
E100	Anu	1	1	96	101	170			197	
E101	Anu	2	2	n.n.	102	171			198	‘ādyodāharaṇam.’
E102	Anu	3	3	97	103	172			199	
86	Anu	n.n.	n.n.	84	83	173			200	
87	Anu	15	15	85	84	174			201	
87ef	Anu 1/2	n.n.	n.n.	n.n.	n.n.	174			201	
E103	Anu	1	1	⟨98⟩	104	175			202	
88	Āry	16	16	n.n.	85	176			203	‘pūrvair upāyaḥ paṭhitaḥ.’
89	Gīt	17	17	n.n.	86	177			204	続
90	Gīt	18	18	n.n.	87	178			205	続
E104	Anu	2	2	99	105	179			206	
E105	Anu	3	3	100	106	180			207	
11. bhāvita										
91	Upaj	1	1	86	88	181			208	
E106	Anu	1	1	⟨101⟩	107	182			209	
E107	Anu	2	2	⟨102⟩	108	183			210	
E108	Śār	4	4	103	109	184			211	
92ab	Anu 1/2	2	2	88	89	185			212	
92cd	Anu 1/2	2	2	88	89	185			213	
92ef	Anu 1/2	3	3	88	90	185			213	

BG	韻律	A	M	G	T	P	J	F	C	備考
93ab	Anu 1/2	3	3	89	90	185			214	
93cd	Anu 1/2	n.n.	n.n.	89	91	185			214	
Q12	Anu	n.n.	n.n.	n.n.	n.n.	n.n.			n.n.	= BG E106.
94	Anu	n.n.	n.n.	90	∅	∅			n.n.	
E109	Anu	1	1	n.n.	110	186			215	
E110	Anu	2	2	n.n.	111	187			216	
Q13	Śār 1/2	n.n.	n.n.	n.n.	n.n.	n.n.			n.n.	= BG E108ab.
Q14	Śār 1/4	n.n.	n.n.	n.n.	∅	∅			n.n.	= BG E108c
12. grantha-samāpti										
95	Vas	n.n.	n.n.	91	92	1			217	
96	Indr	n.n.	n.n.	92	93	2			218	
97ab	Anu 1/2	n.n.	n.n.	93	94	3			219	
97cd	Anu 1/2	n.n.	n.n.	93	94	4			219	
98ab	Anu 1/2	n.n.	n.n.	⟨94⟩	95	4			220	
98cd	Anu 1/2	n.n.	n.n.	⟨94⟩	95	5			220	
99	Anu	n.n.	n.n.	⟨95⟩	96	6			221	
100	Anu	n.n.	n.n.	96	97	7			222	
101	Anu	n.n.	n.n.	⟨97⟩	98	8			223	= CV 14.5
Q15	Anu	n.n.	n.n.	∅	∅	∅			224	= GA, pr 3
102	Māl	n.n.	n.n.	98	99	9			225	

付録F: 文献

この文献リストは網羅的ではない．星学 (jyotiḥśāstra) に関する網羅的 bibliography として二次資料に掲載した Pingree 1970-94 があるが，未完．

一次資料

Amarakośa.
See Nāmaliṅgānuśāsana.

Aṣṭādhyāyī of Pāṇini.
1. *Pâṇini's Grammatik*, herausgegeben, übersetzt, erläutert, und mit verschiedenen Indices vergeeben, von Otto Böhtlingk. 2 Abteilungen. Zweite Auflage. Leipzig, 1887.
2. *The Aṣṭādhyāyī of Pāṇini*, English translation with Sanskrit text, vivṛti, notes, etc., by Rama Nath Sharma. New Delhi: Munshiram Manoharlal, 1987-2003.
3. *Vyākaraṇamahābhāṣya of Patañjali*, edited, with *Bhāṣyapradīpa* of Kaiyaṭa Upādhyāya and *Bhāṣyapradīpoddyota* of Nāgeśa Bhaṭṭa, by Bhargava Sastri Bhikaji Josi et al. 6 vols. Bombay: Nirnaya Sagar Press, 1857-72. Reprinted, Delhi: Chaukhambha Sanskrit Pratishthan, 1987-88. Also reprinted, 1991-92.

Utpala's commentary on the Bṛhatsaṃhitā.
See Bṛhatsaṃhitā of Varāhamihira.

Kalpalatā(-avatāra) of Kṛṣṇa.
See items 2 and 5 under Bījagaṇita.

Kuṭṭākāraśiromaṇi of Devarāja.
Kuṭṭākāraśiromaṇi of Devarāja, edited with English translation and notes by Takao Hayashi. New Delhi: Indian National Science Academy, 2012.

Gaṇitapañcaviṃśī of Śrīdhara.
'The Gaṇitapañcaviṃśī of Śrīdhara,' edited by David Pingree. *Ṛtam: Ludwik Sternbach Felicitation Volume*, Lucknow: Akhila Bharatiya Sanskrit Parishad, 1979, pp. 887-909. Cf. Hayashi 2013 below.

Gaṇitamañjarī of Gaṇeśa.
Gaṇitamañjarī of Gaṇeśa, critically edited by Takao Hayashi. New Delhi: Indian National Science Academy, 2013.

Gaṇitasārasaṃgraha of Mahāvīra.
The Gaṇitasārasangraha of Mahāvīrācārya, edited with English translation and notes by M. Raṅgācārya. Madras: Government Press, 1912.

Golādhyāya of Bhāskara II.
See item 1 under Siddhāntaśiromaṇi.

Grahagaṇitādhyāya of Bhāskara II.
See item 1 under Siddhāntaśiromaṇi.

Cāṇakyanīti.
Cāṇakya-Nīti-Text-Tradition, edited by Ludwik Sternbach. 2 vols. in 5 pts. Vishveshvaranand Indological Series 2 and 29. Hoshiarpur: Vishveshvaranand Vedic Reasearch Institute, 1963-70.

Chādika- (or Chādaka-) nirṇaya of Kṛṣṇa.
Chādakanirṇaya, edited by Sudhākara Dvivedī, Kāśī (according to Dvivedī 1986, 65).

Jātakapaddhatyudāharaṇa of Kṛṣṇa.
Jātakapaddhatyudāharaṇa of Kṛṣṇadaivajña, edited by J. B. Chaudhuri. Pracyavani Sanskrit Texts 19. Calcutta: Pracyavani Institute of Oriental

Learning, 1955.
Tarkasaṃgraha of Annambhaṭṭa.
Tarkasaṃgraha: with the author's own Dīpikā and Govardhana's Nyāyabodhinī, edited with critical and explanatory notes by Yashwant Athalye. Bombay Sanskrit and Prakrit Series 55. Poona: Bhandarkar Oriental Institute, 1930.
Taittirīyopaniṣad.
Taittirīya-upaniṣad: avec le commentaire de Śaṅkara (Śaṅkarabhāṣyasahitā Taittarīyopaniṣat), edited with French translation by Michel Angot. 2 tomes. Publications de l'Institut de civilisation indienne. Série in-8o; fasc. 75, 1-2. Paris: Édition-Diffusion de Boccard, 2007.
Triśatikā of Śrīdhara.
Triśatiká by Śrídharácárya. edited by Sudhákara Dvivedí. Káśí: Pandit Jagannátha Śarmá Mehtá, 1899.
Navāṅkura of Kṛṣṇa.
See items 2 and 5 under Bījagaṇta.
Nāmaliṅgānuśāsana of Amarasiṃha.
The Nāmaliṅgānuśāsana: Amarakośa of Amarasiṃha with the Commentary, Amarokośodghāṭana of Kṣīrasvāmin, edited by Krishnaji Govinda Oka. Delhi/Varanasi: Upāsanā Prakāshan, 1981.
Nāradasaṃhitā.
Nāradasaṃhitā of Mahāmuni Nārada, editd with a Hindi commentary by Rāmajanma Miśra. Kashi Sanskrit Series 40. Second edition. Varanasi: Chaukhambha Visvabharati, 1984.
Nirṇayasindhu of Kamalākarabhaṭṭa.
Nirṇayasindhu of Kamalākara Bhaṭṭa, edited with Hindi translation by Vajraratna Bhattacharya. Vidyābhawan Prachyavidya Granthamala 26. Varaṇasi: Chowkhamba Vidyabhawan, 2003.
Nyāyasūtra of Gautama.
Nyāya-Darśana: the Sūtras of Gautama and Bhāṣya of Vātsyāyana, edited with two commentaries and notes by Gaṅgānātha Jhā and Dhundhirāja Shastri. Benares: Chowkhambā Sanskrit Series Office, 1925.
Pañcasiddhāntikā of Varāhamihira.
1. *The Panchasiddhāntikā, the astronomical work of Varāha Mihira*, edited with an original commentary in Sanskrit and an English translation and introduction by G. Thibaut and Sudhākara Dvivedī. Lahore: Panjab Sanskrit Book Depot, 1930.
2. *The Pañcasiddhāntikā of Varāhamihira*, edited with an English translation and a commentary by O. Neugebauer and D. Pingree. Köbenhavn: Munksgaard, 1970/71.
3. See Sastry 1993 below.
Pāṭīgaṇita of Śrīdhara.
The Patiganita of Sridharacarya with an Ancient Sanskrit Commentary, edited with English translation and notes by Kripa Shankar Shukla. Lucknow: Lucknow University, 1959.
Pāṭīsāra of Munīśvara.
1. Manuscript: Oriental Institute, Baroda, Central Library, No. 11856.
2. English trnaslation: See P. Singh and B. Singh 2004-05 below.
Bakhshālī Manuscript.
See Hayashi 1995 below.
Bījagaṇita of Bhāskara.
1. *Bījagaṇita: Elements of Algebra of Śrī Bhāskarācārya, with Expository Notes and Illustrative Examples by M. M. Pandit Śrī Sudhākara Dvivedī*, edited with further notes by Mahāmahopadhyāya Pandit Śrī Muralīdhara

Jhā. Benares Sanskrit Series 159. Benares: Krishna Das Gupta, 1927.
2. *Bhāskrarīya-bījagaṇitam*, edited with Kṛṣṇa's *Navāṅkura* by Dattātreya Āpaṭe et al. Ānandāśrama Sanskrit Series 99. Poona: Ānandāśrama Press, 1930.
3. *Bījagaṇitam*, edited with Durgāprasāda Dvivedī's Sanskrit and Hindi commentaries by Girijāprasāda Dvivedī. 3rd ed. Lakṣmaṇapura: Kesarīdās Seṭh, 1941.
4. *The Bījagaṇita: Elements of Algebra of Śrī Bhāskarācārya*, edited and compiled with the *Subodhinī* Sanskrit Commentary of Jīvanātha Jhā and the *Vimalā* Exhaustive Sanskrit & Hindi commentaries, Notes, Exercies, Proofs, etc. by Acyuthānanda Jhā. Kashi Sanskrit Series 148. Benares: Chowkhamba Sanskrit Office, 1949.
5. *Bījapallavam: A Commentary on Bījagaṇita, the Algebra in Sanskrit*, edited with Preface by T. V. Radhakrishna Sastri. Madras Government Oriental Series 67 (Tanjore Saraswathi Mahal Series 78). Tanjore: TMSSM Library, 1958.
6. *Bījagaṇitam*, edited with the Sanskrit commentary *Bījāṅkura* of Kṛṣṇadaivajña by Vihārīlāl Vāsiṣṭha. Jammu: Śrī Raṇavīra Kendrīya Saṃskṛta Vidyāpīṭha, 1982.
7. See item 2 under Siddhāntaśiromaṇi.
8. See Sūryaprakāśa.
9. See Hayashi 2009.

Bījapallava of Kṛṣṇa.
See items 2 and 5 under Bījagaṇita.

Buddhivilāsinī of Gaṇeśa.
See item 1 under Līlāvatī.

Bṛhatsaṃhitā of Varāhamihira.
Bṛihat Saṁhitā by Varāhamihirācārya, edited with the commentary of Bhaṭṭotpala by Sudhākara Dvivedī. 2 vols. Vizianagaram Sanskrit Series 10. Benares, 1895/97. Reprinted by A. V. Tripāṭhī. 2 vols. Sarasvatī Bhavana Series 97. Varanasi: Benares Sanskrit College, 1968.

Brāhmasphuṭasiddhānta of Brahmagupta.
Brāhmasphuṭasiddhānta of Brahmagupta, edited with the editor's own commentary in Sanskrit by Sudhākara Dvivedī. Benares: Medical Hall Press, 1902.

Mahābhārata.
Mahābhārata, edited by Vishnu S. Sukthankar *et al.* 19 vols. Poona: Bhandarkar Oriental Research Institute, 1933-66.

Mitākṣarā of Vijñāneśvara.
Yājñavalkyasmṛti, edited with the commentary *Mitākṣarā* of Vijñāneśvara by Nārāyaṇa Rāma Ācārya. Reprint of Nirnaya Sāgara edition. Delhi: Nag Publishers, 1985.

Yuktidīpikā.
Yuktidīpikā: the most significant commentary on the Sāṃkhyakārikā, vol. 1, edited by Albrecht Wezler and Shujun Motegi. Stuttgart: F. Steiner, 1998.

Līlāvatī of Bhāskara.
1. *Līlāvatī* of Bhāskara, edited with Gaṇeśa's *Buddhivilāsinī* and Mahīdhara's *Līlāvatīvivaraṇa* by Dattātreya Āpaṭe et al. 2 vols. Ānandāśrama Sanskrit Series 107. Poona: Ānandāśrama Press, 1937.
2. *Līlāvatī* of Bhāskara, edited with Śaṅkara and Nārāyaṇa's *Kriyākramakarī* by K. V. Sarma. Vishveshvaranand Indological Series 66, Hoshiarpur: Vishveshvaranand Vedic Reasearch Institute, 1975.
3. See item 2 under Siddhāntaśiromaṇi.

Vārttikas of Kātyāyana.
See item 3 under Aṣṭādhyāyī.
Sāṃkhyakārikā of Īśvarakṛṣṇa.
See Yuktidīpikā above.
Siddhāntaśiromaṇi of Bhāskara.
1. *Siddhāntaśiromaṇi of Bhāskarācārya*, edited with the auto-commentary *Vāsanābhāṣya* and *Vārttika* of Nṛsiṃha Daivajña by Murali Dhara Chaturvedi. Library Rare Text Publication Series 5. Varanasi: Sampurnanand Sanskrit University, 1981.
2. *Le Siddhāntaśiromaṇi I-II: Édition, traduction et commentaire*, par François Patte avec une préface de Pierre-Sylvain Filliozat. Hautes Études Orientales 38. Volume I: Text et Volume II: Traduction. Genève: Librairie Droz, 2004.
Siddhāntaśekhara of Śrīpati.
Siddhāntaśekhara of Śrīpati, edited with Makkibhaṭṭa's *Gaṇitabhūṣana* and the editor's *vivaraṇa* by Babuāji Miśra. 2 parts. Calcutta: University of Calcutta, 1932/47.
Sūryaprakāśa of Sūryadāsa.
1. *The Sūryaprakāśa of Sūryadāsa: A Commentary on Bhāskarācārya's Bījagaṇita, Volume 1: A Critical Edition, English Translation and Commentary for the Chapters, Upodghāta, Ṣaḍvidhaprakaraṇa and Kuṭṭakādhikāra*, by Pushpa Kumari Jain. Gaekwad's Oriental Series 182. Vadodara: Oriental Institute, 2001.
2. See item 2 under Siddhāntaśiromaṇi.

二次資料

Bag, A. K. 1979.
Mathematics in Ancient and Medieval India. Varanasi/Delhi: Chaukhambha Orientalia, 1979.
Chauhan, Devisingh V. 1974.
'Bhaskaracarya's Bijjalavid is Bid Town,' *Studies in Indology and Medieval History: Prof. G. H. Khare Felicitation Volume*, ed. by M. S. Mate & G. T. Kulkarni, Poona 1974, pp. 42-48.
Colebreooke, Henry Thomas 2005.
Algebra with Arithmetic and Mensuration from the Sanscrit of Brahmegupta and Bha'scara. London: John Murray, 1817. Reprinted under the title, *Classics of Indian Mathematics*, with a foreword by S. R. Sarma. Delhi: Sharada Publishing House, 2005.
Datta, Bibhutibhusan and Avadesh Narayan Singh 1935/38.
History of Hindu Mathematics: A source book. Part 1: Numeral Notation and Arithmetic, Lahore, 1935. Part 2: Algebra, Lahore 1938. Reprinted in one volume, Bombay: Asia Publishing House, 1962. Reprinted in two volumes, Delhi: Bharatiya Kala Prakashan, 2001.
Dikshit, S. B. 1969.
English Translation of Bharatiya Jyotish Sastra (History of Indian Astronomy), Part I: History of Astronomy during the Vedic and Vedanga periods, translated from the Marathi by R. V. Vaidya. Delhi: The Manager of Publications, 1969. Original Marathi version 1896.
Dikshit, S. B. 1981.
English Translation of Bharatiya Jyotish Sastra (History of Indian Astronomy), Part II: History of Astronomy during the Siddhantic and Modern periods, translated from the Marathi by R. V. Vaidya. Delhi: The Controller of Publications, 1981. Original Marathi version 1896.

Dvivedī, Sudhākara 1986.
Gaṇakataraṅgiṇī. Originally published in *The Pandit*, NS 14, 1892. Edited by Sadanand Shukla. Varanasi 1986.
Gopal, B. R. 1998.
'Karṇātaka ke Kalacuri,' *Kalacuri Rājavaṃśa aura unakā Yuga*, ed. by R. K. Śarmā et al., New Delhi: Aryan Books Internatonal, 1998, pp. 156-91.
Gupta, Radha Charan 1978.
'Indian Values of the Sinus Totus,' *Indian Journal of History of Science* 13, 1978, 125-43.
服部正明（訳）1969.
「論証学入門（ニヤーヤ・バーシュヤ第一篇）」『バラモン教典・原始仏典』世界の名著 1. 東京：中央公論社 1969, pp. 331-97.
林 隆夫・矢野道雄（訳）1980.
「リーラーヴァティー」矢野道雄編『インド天文学・数学集』科学の名著 1. 東京：朝日出版社 1980, pp. 197-372. 第 3 刷 1988.
林 隆夫 1980.
「バースカラ二世の数学」矢野道雄編『インド天文学・数学集』科学の名著 1. 東京：朝日出版社 1980, pp. 141-96. 第 3 刷 1988.
林 隆夫 1987.
「バースカラ II のビージャガニタ」伊東俊太郎編『中世の数学』数学の歴史 2. 東京：共立出版 1987, pp. 429-65.
林　隆夫 1993.
『インドの数学—ゼロの発明—』東京：中央公論社 1993.
Hayashi, Takao 1995.
Bakhshālī Manuscript: An Ancient Indian Mathematical Treatise. Groningen Oriental Studies 11. Groningen: Egbert Forsten, 1995.
Hayashi, Takao 2004.
'Two Benares Manuscripts of Nārāyaṇa Paṇḍita's *Bījagaṇitāvataṃsa*,' *Studies of the Exact Sciences in Honour of David Pingree*, ed. by Charles Burnett et al., Leiden: Brill, 2004, pp. 386-496.
Hayashi, Takao 2006.
'A Sanskrit Mathematical Anthology,' *SCIAMVS* 7, 2006, 175-211.
Hayashi, Takao 2009.
'Bījagaṇita of Bhāskara,' *SCIAMVS* 10, 2009, 3-301.
Hayashi, Takao 2012.
'A Hitherto Unknown Commentary on the *Bījagaṇitādhyāya* of Jñānarāja,' *Souvenir of the International Seminar on History of Mathematics, November 19-20, 2012, Ramjas College*, University of Delhi and Indian Society for History of Mathematics, 2012, pp. 51-53.
Hayashi, Takao 2013.
'The Gaṇitapañcaviṃśī attributed to Śrīdhara,' *Revue d'histoire des mathématiques* 19 (2), 2013, 245-332.
Keller, Agathe 2006.
Expounding the Mathematical Seed: A Translation of Bhāskara I on the Mathematical Chapter of the Āryabhaṭīya. 2 vols. Basel: Birkhäuser, 2006.
Kielhorn, F. 1892.
'Patna inscription of the time of the Yadava Singhana and his feudatories Soïdeva and Hemadideva,' *Epigraphia Indica* 1, 1892, 338-46.
Kielhorn, F. 1894.
'Bahal inscription of the Yadava king Singhana,' *Epigraphia Indica* 3, 1894, 110-13.
楠葉隆徳・林隆夫・矢野道雄 1997.
『インド数学研究—数列・円周率・三角法—』東京：恒星社厚生閣 1997.
三浦宏文 2008.

『インド実在論思想の研究—プラシャスタパーダの体系—』東京：ノンブル 2008.

宮元啓一 1982.
「Maṇikaṇa の abhāvavāda」『仏教学』13, 1982, 55-72.

宮元啓一・石飛道子 1998.
『インド新論理学派の知識論：'マニカナ' の和訳と註解』東京：山喜房佛書林 1998.

Patwardhan, K. S., S. A. Naimpally, and S. L. Singh 2001.
Līlāvatī of Bhāskarācārya: A Treatise of Mathematics of Vedic Tradition. Delhi: Motilal, 2001.

Pingree, David 1970-94.
Census of the Exact Sciences in Sanskrit. Ser. A, 5 vols. Memoire of the American Philosophical Society 81, 86, 111, 146, and 213. Philadelphia: American Philosophical Society, 1970, 71, 76, 81, and 94.

Pingree, David 1981.
Jyotiḥśāstra: Astral and Mathematical Literature. Jan Gonda (ed.), A History of Indian Literature, Vol. VI, Fasc. 4. Wiesbaden: Harrassowitz, 1981.

Plofker, Kim 2009.
Mathematics in India. Princeton: Princeton University Press, 2009.

Sarma, Sreeramula Rajeswara 2008.
The Archaic and the Exotic: Studies in the History of Indian Astronomical Instruments. Delhi: Manohar, 2008.

Sastry, T. S. Kuppanna 1993.
Pañcasiddhāntikā of Varāhamihira with translation and notes, critically edited with introduction and appendices by K. V. Sarma. Madras: P.P.S.T. Foundation, 1993.

Singh, Paramanand, and Balesvara Singh 2004-05.
'Pā-īsāra of Munīśvara, Chapters I & II, English Translation with Rationales and Mathematical and Historical Notes,' *Gaṇita Bhāratī* 26, 2004, 56-104; 'Pā-īsāra of Munīśvara, Chapter III: Kṣetra-vyavahāra, English Translation with Rationales and Mathematical and Historical Notes,' *Gaṇita Bhāratī* 27, 2005, 64-103.

Sircar, D. C. 1971.
Studies in the Geography of Ancient and Medieval India. Delhi: Motilal Banarsidass, 1971.

Sita Sundar Ram 2012.
Bījapallava of Kṛṣṇa Daivajña: Algebra in Sixteenth Century India—A Critical Study. Chennai: The Kuppuswami Sastri Research Institute, 2012.

Srinivasan, Saradha 1979.
Mensuration in Ancient India. Delhi: Ajanta Publications, 1979.

Srinivasiengar, C. N. 1967.
The History of Ancient Indian Mathematics. Calcutta: The World Press Private Ltd., 1967.

Thosar, H. S. 1984.
'New Light on the History of the Early Rāṣṭrakūṭas,' *Svasti Śrī: Dr. B. Ch. Chhabra Felicitation Volume*, ed. by K. V. Ramesh et al., Delhi: Agam Kala Prakashan, 1984, pp. 191-200.

宇野 惇 1996.
『インド論理学』京都：法蔵館 1996.

Wilkinson, Lancelot 1861.
'Translation of the Siddhánta Śiromani,' *Translation of the Súrya Siddhánta by Bápú Deva Sastri, and of the Siddhánta Śiromani by the late Lancelot Wilkinson, Esq., C. S., revised by Pundit Bápú Deva Sastri, from the San-*

skrit, Bibliotheca Indica 32, Clacutta 1861, pp. 101-269.
徐澤林 (Xu Zelin) 2008.
『莉拉沃帶』北京：科学出版社 2008.
矢野道雄・杉田瑞枝 1995.
『占術大集成：古代インドの前兆占い』2 巻. 東洋文庫 589-90. 東京：平凡社 1995.

付録G: 索引

この索引は，1. 事項索引，2. 固有名詞索引 (人名・神名・地名・書名)，3. サンスクリット語彙索引から成り，第I部と第II部を対象とする．セミコロン (;) の前のページ番号が第I部である (例：アルゴリズム)．第I部では本文と脚注，第II部ではBG (韻文＋散文) とBPの和訳，Note，脚注を区別なく対象とする．事項索引の頻出項目は，該当ページの一部に言及するにとどめる．主な訳語には原語を添え (例：余り (agra/śeṣa))，連想式数表現 (物数) に用いられた語には数的意味を添える (例：味 (6))．サンスクリット語彙索引は，わずかながらサンスクリット以外の地名・人名も含む．BG (韻文＋散文) の網羅的サンスクリット語彙索引は Hayashi 2009, Appendix 6 に，また術語集は同 Appendix 3 にある．

1. 事項索引

アーダカ, 91–95
アートマン, 33–35, 71
愛人, 291, 292, 432
味, 145, 149
味 (6), 3;
アヌシュトゥブ, 60, 195, 197–199, 259–261, 264–267, 381, 510
余り (agra/śeṣa), 109, 127, 165–179, 183–186, 188–190, 250, 280, 343, 384, 385, 390, 404–418, 470, 477–479
アルゴリズム, 11, 17, 19–21; 36, 40, 112, 130, 131, 135, 139, 142, 165, 175, 176, 178, 184, 185, 191, 202, 294, 300, 303, 329, 331, 340, 347, 361, 398, 399, 431–433, 510, 511
アングラ, 39, 77, 78, 354, 355

イーシュヴァラ, 20;
医学, 145, 149
息 (5), 225
池, 326, 327
意識 (cetana), 33, 34
異種, 49, 54, 80–86, 90, 94, 95, 103, 210, 212, 312, 390
　–性, 147, 283
位置 (sthāna), 62–64, 87, 89, 96, 97, 105, 116, 135, 169, 186, 224, 261
一色 (eka-varṇa), 20; 103, 278, 279, 331, 379, 381, 382, 397
　–中項除去 (madhyama-āharaṇa), 115, 136, 333
　–等式 (samīkaraṇa), 17, 18, 21; 39, 40, 275–281, 329, 331, 379, 381, 391, 396, 397, 438, 489, 511
　　–中項除去, 164
逸脱 (vyabhicāra), 76, 77, 115, 211, 213–216, 237, 391, 411, 412, 416, 417, 420, 422, 423, 425, 427, 428, 438
緯度, 37, 39, 70
異読, 19, 24, 25, 28; 42, 67, 80, 195, 196, 218, 219, 349, 383, 384, 430
稲妻積 (vajra-abhyāsa), 236, 237, 239, 240, 244–247
一般性 (vyāpti), 298, 462, 510, 511
色 (varṇa), 79, 81, 91, 275, 381
　–性, 81, 92, 93
いわんやおやの理, 38
インゲン豆, 302, 303
インドラ (14), 161, 504
韻律学 (chandas), 149
韻律集積図表 (chandaś-city-uttara), 9; 149

ヴァルガ・プラクリティ(varga-prakṛti),

40
ヴィタスティ, 326
ヴェーダ, 3; 35, 38, 41, 42
ヴェーダ・アンガ, 41
ヴェーダーンタ, 20; 33–35, 38
ヴェーダ補助学 (6), 36, 388, 399
牛飼い (go-pāla), 46
腕 (bhuja), 115, 324–327, 360, 361, 363, 364, 366
腕弦 (bhuja-jyā), 36, 338, 339
馬, 283–286, 346, 388, 391, 395, 399, 400
海 (4), 36
売り率 (vikraya), 419–422, 426–429
閏月 (adhimāsa), 225–228, 230, 231, 234

エーカーダシー, 278
円環法 (cakravāla), 41, 247–250, 262–265, 273, 274
演算 (kriyā/vidhāna/vidhi), 17, 18, 28; 43, 54, 64–66, 68, 70, 85, 103, 109, 111, 132, 142, 145, 148, 151

雄牛, 395, 399, 400
大杭 (mahā-śaṅku), 70
親子, 15;

カーキニー, 147, 303
カーラカ, 79–81, 84, 86, 88, 107, 381
解 (siddhi), 10, 11, 17–21; 37, 80, 130, 131, 195, 212, 281, 289, 297, 412, 462, 474
　整数–, 168, 172, 248, 249, 251, 264, 415, 475, 480, 491
貝殻, 35
回転 (図形の, parivartana), 360, 361, 369, 372, 497, 499
回転/回転数 (惑星の, cakra/bhagaṇa/bhrama), 49, 225–231, 234
買い率 (kraya), 419–421, 426–429
確定した (dṛḍha, 互いに素), 166–174, 176, 178, 179, 182, 184, 186–188, 191, 192, 195, 198, 199, 202–204, 209, 224, 382, 480
学問 (śāstra), 3, 6, 9; 32, 38, 41, 42, 62, 511, 512
学問的系譜, 14, 15; 163
影, 36, 37, 39, 76–78, 163, 354, 355
仮現 (vivarta), 35
果実 (phala), 38, 293–298, 301, 419–421, 429
頭文字 (ādya/prathama-akṣara), 40, 80, 89, 93–95, 109, 237, 241, 299, 363, 383, 461
加数 (yojaka), 68, 69, 81
　–性 (-tva), 68
風, 324, 326
カダンバ, 291, 292
鷺鳥, 164, 326
カチョーラ, 292
学校 (maṭha), 5, 6, 8;
合併算 (saṃkramaṇa), 136, 140, 269, 369, 371, 376, 377, 379, 453, 454, 458, 461, 464, 467, 473
カピラカ, 381
過遍充 (ativyāpti), 275
神々(33), 36
瓶, 34, 35
カラ, 324, 325
カラナ (karaṇa), 9, 10, 15;
カラニー (karaṇī), 17, 18, 20, 21, 27; 41, 44, 45, 47, 66, 79, 87, 99, 109–124, 126–161, 279–281, 304–306, 308–318, 344
　–位数, 360
　–計算, 109, 110, 316
　–種, 147
　–数字, 116
　–性, 109, 119, 120
　–部分, 123, 127, 130, 136–139, 141, 148–152, 155, 157, 161, 314, 316
　正数–, 122, 139, 140, 315
　負数–, 122, 139–144, 147, 315
カルパ (kalpa), 76, 96, 97, 225–230, 234, 389
カルマダーラヤ, 127, 438
簡易算法 (kriyā-lāghava), 293, 294, 297, 298, 455, 510
元金 (mūla-dhana), 293–298, 300, 301
完結 (nir-√vah), 279, 291, 293, 295, 306, 309, 334, 342, 352, 357, 453, 455, 457, 472
完結 (paryava-√so), 180, 476
慣行 (vyavahāra), 38, 46, 49
完成 (√sidh), 229
完全平方化, 279, 340, 342, 436, 445, 446, 448, 449, 485

基準値 (pramāṇa), 282, 283, 295, 315
基準値 (māna), 91, 92, 281
基準値果 (pramāṇa-phala), 294, 296, 298, 313
季節 (6), 157, 158, 225

既知数 (vyakta), 17; 36, 43–46, 279, 333–336, 382, 442, 449, 450, 491
–翼 (-pakṣa), 307, 333, 334, 336, 341, 344, 352, 353, 355
既知数学 (vyakta-gaṇita), 17, 20, 21; 32, 33, 35–40, 42–44, 46, 53, 57, 58, 61, 76, 82, 85–87, 111, 163, 164, 305, 316, 317, 398, 429, 430
基本演算 (parikarman), 18; 40, 43, 61, 159, 160, 163
決まり (niyama), 102, 138, 157
決まり (sthiti), 98, 424
逆算法 (viloma/vyasta-vidhi), 59, 178, 180–182, 184, 187, 229, 230, 268, 286, 297, 304, 306, 358, 371, 460, 461
逆三量法 (vyasta-trairāśika), 416
逆性 (vaiparītya), 48, 49, 54, 495
境界 (avadhi), 52
共約数 (apavarta/apavartana), 116, 117, 128, 166–169, 174–176, 178, 185, 186, 191–194, 203–209, 233, 426, 442
共約数字 (apavarta-aṅka), 169, 172, 174, 175, 178, 186, 189, 190, 192–194, 203, 204, 208, 209
切りつめ数 (takṣaṇa), 170, 171, 183, 184, 187, 189, 190, 195–200, 203–208, 210–222, 227, 233, 254–258, 263
際 (koṭi), 308, 324–327, 360, 361, 363, 364, 366
銀, 35
近似根 (āsanna-mūla), 20; 109, 110, 145, 146, 157–159, 317, 318
金銭授受, 288, 398

杭 (śaṅku), 70, 325
空位 (śūnya-sthāna), 64
孔雀, 325, 400, 402, 403
クシャ草, 62
クタジャ, 291
クッタカ (kuṭṭaka), 17, 18, 20, 21, 25, 27; 40, 41, 163–168, 170, 186–191, 193–195, 197–199, 201, 202, 204, 205, 207, 212, 213, 215, 223–235, 248, 251, 381–386, 425–428, 432, 435, 474, 476, 479, 480, 487, 509
修正– (sphuṭa-), 231, 232
接合– (saṃśliṣṭa-), 231, 232
平方– (varga-), 474, 476, 478, 485, 487
立方– (ghana-), 474, 476, 485, 486
組み合わせの数, 149
雲 (0), 225
位 (sthāna), 57, 61, 63, 64, 168
位取り, 64, 129, 130
グランタ数, 11, 22; 60, 78, 108, 161, 234, 274, 379, 433, 488, 507, 510, 514
繰り返し計算 (asakṛt-kriyā), 455, 457

計算士 (gaṇaka), 3, 18; 37, 42, 60, 77, 78, 107, 161, 163, 203, 210, 223, 234, 244, 273–275, 324, 326, 331, 354, 379, 433, 435, 436, 440, 443, 462, 487, 491, 494, 507, 513
ケータカ, 291, 292
ケータキー, 292
解脱 (mokṣa), 34, 38, 42
欠日 (avama), 225–228, 230, 231, 234
月率, 294, 296, 300, 301
幻影 (māyā), 34, 35
玄関ランプの理, 80
原規則 (mūla-sūtra), 197, 198, 436, 437
顕現 (abhivyakti), 33
顕現 (vyakta), 17; 32–36, 38–40, 42, 43, 75, 78, 161, 291, 292, 346, 424
顕現数 (vyakta), 36, 279, 490
原質 (3), 3; 36, 399
原性 (prakṛti), 20; 33
原典 (ākara), 115, 136, 291, 300, 302, 303, 319, 320, 322, 324–326, 504–506, 512
原理 (tattva), 33
原理 (25), 37

黄緯 (śara, 矢), 65, 66
工学, 149
黄経, 36, 37, 66, 225, 338–340
公差 (uttara), 152, 347
子牛, 34
項数, 150, 152, 153, 346, 347, 446, 447
行程 (gati), 325, 327
黄道, 49, 66
黄道極, 66
恒等式, 115, 244, 361, 367–369, 373, 374, 376
黄道十二宮, 31

ゴーラ, 40
誤差 (antara), 110
誤謬 (bhrāntatva/bhrānti), 46, 59, 94, 98, 99, 145
小窓の通風, 149
米, 302, 303
五量法 (pañcarāśika), 278
根カラニー, 133, 134, 142–145, 147, 148, 153, 154, 160
根法 (pada/mūla-upāya), 340, 341
根量 (mūla-rāśi), 109

サーマ (ヴェーダ), 3;
サーンキヤ, 20; 33–35, 38
債権者, 46
財産 (dhana/vitta/sva), 46, 49, 283–289, 299, 388, 419
鷺, 326
サファイア, 287, 288, 290, 299, 396, 398, 432
サル, 327, 335, 337, 338, 353–355
三角形, 48, 70
サンカリタ (saṃkalita), 139, 148–150, 152, 153
三宮正弦 (tri-bha-jyā), 70, 77
三種の問題 (tri-praśna), 39, 338
三平方の定理, 305, 317, 324–327, 355, 361
三辺形 (tri-asra/bhuja), 304–306, 309–311, 316, 324, 360, 361, 363, 364, 366, 368, 369
　高貴– (jātya-), 319, 320, 330, 360, 361, 363, 364, 371, 377, 379
三辺図形 (tryasra-kṣetra), 319, 323, 496
三量法 (trairāśika), 37, 40, 77, 163, 190, 225, 227, 230, 278, 280–284, 290, 314

資格所有者, 38
時間 (kāla), 42, 49, 76, 164, 293–298, 389
始原数 (prakṛti), 235–248, 251–255, 257–264, 266–273, 436, 438, 439, 442, 443, 447–451, 471
自在神 (īśa/īśvara), 20; 33–35, 37, 38
獅子, 32, 409
使者, 291, 292
視正弦 (dṛg-jyā), 77
自然数列, 148
実現 ($\sqrt{}$ghaṭ), 288, 406, 455
シッダーンタ (siddhānta), 3, 9, 10; 32, 164, 197, 198, 436
質問者 (praṣṭṛ), 36, 39, 123, 127, 167, 265, 278, 280, 309
質料因 (upādāna), 33–35
師弟, 15;
指標 (upalakṣaṇa), 20, 22; 45, 46, 80, 86, 89, 117, 120, 132, 138, 150, 151, 155, 159, 214, 237, 241, 249, 265, 299, 335, 367, 481
四辺形 (catur-asra/bhuja), 366, 368
四辺図形 (caturasra-kṣetra), 366
シャヴァラカ, 382
射影線 (ābādhā), 48, 305, 306, 308–312, 314, 315, 317, 323, 324, 328–330, 360, 361, 363, 495, 496
シャカ (暦), 3, 6, 7, 11, 16; 514
写字生 (lekhaka), 199, 227, 495
斜積 (tiryag-guṇana), 237
写本, 10, 14–16, 24, 25, 27, 28; 31, 60, 67, 118, 152, 160, 178, 199, 250, 277, 360, 372, 393, 417, 430, 431, 433, 512
シャンク (śaṅku), 76–78, 354, 355
シュヴェータカ, 80, 381, 387
十一日 (ekādaśī), 277, 278
集合 (samūha, cf. gaṇa), 91–95, 281, 285–287
集合名詞, 265
獣帯, 31
周転円, 9;
充満 (0), 3;
種子 (bīja), 17, 18, 21; 32–36, 38–43, 273, 275–280, 287, 305, 321, 334, 381, 396, 397, 428, 429, 435–437, 489, 490, 512, 513
　–計算 (-kriyā), 16–18, 26; 38, 60, 78, 107, 161, 234, 237, 273, 274, 331, 352, 379, 433, 487, 488, 506, 507, 513
　–数学 (-gaṇita), 10, 15, 17, 26; 32, 39, 41, 157, 355, 356, 420, 435, 436, 439, 444, 470, 494, 509
シュヤーマラカ, 382
シュルティ, 35
順序, 62, 64, 84, 141, 383
純粋精神 (puruṣa), 33
商 (phala/labdhi), 96, 166, 169, 170, 178, 179, 192, 199, 257, 392
成就者 (siddha), 31
成就者 (24), 37, 154
乗数 (guṇa/guṇaka), 47, 52, 54, 68,

165, 166, 179, 192, 257, 392, 467
–算法, 345, 346
商人, 299, 302, 303
証明, 19; 41, 68, 163
正理学説 (nyāya-naya), 277
初項 (ādi/ādya), 148–150, 152, 346, 347, 446, 447
所持金, 288, 302, 398, 420
除数 (cheda/bhājaka/hara/hāra), 96, 166, 178, 392
所有権, 49
所有者, 49
所有物, 43, 49
シリーンドラ, 291, 292
真珠, 32, 287, 288, 290, 299, 396, 398
真惑星 (sphuṭa-graha), 41, 42

垂線 (avalamba), 304–312, 314–317, 323, 324, 328–330, 360, 361, 363, 496
推論 (anumāna), 34
数学者, 33, 35
数字 (aṅka), 59, 62, 64, 76, 81, 116, 166, 392, 475
–的 (-tas), 53, 57, 58, 85, 89, 91–95, 97, 98, 104, 112, 140, 196, 197
数字 (9), 36
スールヤ派, 15;
数列 (śreḍhī), 150, 280, 346, 446, 447
–果 (和), 278
等差–, 347, 447
図形果 (kṣetra-phala, 面積), 305–308, 366, 368, 371, 496, 498, 501–503
図形の手順 (kṣetra-vyavahāra), 48, 278

星学 (jyotiṣa), 14; 32, 38, 41, 42, 164
星学者 (jyotirvid/jyotiṣī), 13, 16; 514
正起 (upa-$\sqrt{}$pad), 19; 35, 49, 51, 54–56, 69, 73, 74, 82, 91–95, 116–118, 128, 145, 153, 175, 184, 191, 192, 201, 229, 233, 240–243, 253, 260, 261, 268, 269, 283, 307, 310, 330, 336, 337, 339, 344, 354, 355, 359, 360, 364, 367–369, 372–374, 378, 379, 394, 429, 439, 442, 443, 446, 454, 498–500, 502–505
正起次第 (upapatti), 11, 19–22; 43, 46, 48, 49, 54–57, 59, 68, 69, 71–74, 82, 90, 91, 94, 95, 98, 101, 102, 113–118, 120, 128, 129, 135, 136, 139, 140, 151, 153, 163, 172, 173, 175–177, 192, 194, 198, 200–202, 225, 229, 231, 232, 237, 240–243, 250, 253, 260, 261, 266, 268, 269, 281, 283, 297, 334, 335, 341, 358–361, 388, 391, 395, 438,439, 442, 443, 445, 446, 448, 450, 453, 454, 458, 489, 493–496, 499–501, 503, 504, 513
図形に依存する– (kṣetra-gata-), 493, 494, 499
量に依存する– (rāśi-gata-), 493, 494, 500
正弦 (jyā), 36, 37, 39, 70, 77, 338–340
–表, 78, 340
清算 (śodhana), 57, 58, 86, 95–99
星宿 (nakṣatra), 28; 38
星宿 (27), 112
整除, 167, 171–175, 469
青色像, 5;
整数 (abhinna/rūpa), 45, 75, 77, 87, 91, 92, 96, 146, 163, 167, 168, 173, 174, 177, 203, 207, 220, 223, 226, 228, 247–251, 253, 262–264, 300, 344, 390, 392–395, 401–409, 415–419, 433, 444, 448, 466, 467, 469, 470, 474–483, 486, 487, 491, 504
–性, 249, 253, 344
正数性 (dhana-tva), 44, 49, 54, 56, 57, 60, 101, 103, 119, 120, 126, 143, 257, 311, 314, 316
正数負数性, 46, 47, 53, 61, 67, 68, 83, 87, 88, 99, 107, 123, 127, 128, 140, 148, 311, 313, 316
生成 (bhāvanā), 236, 237, 241–249, 255, 256, 258, 259, 262, 264–267, 271–273
差– (antara/viśeṣa-), 237, 240, 241, 245–247, 272, 273
等– (tulya/sama-), 237, 245–247, 249, 255–259, 263, 439, 440, 451, 452, 455, 456, 467, 472
和– (samāsa-), 237, 240, 241, 245–247, 272, 452, 456, 462, 467, 471, 472
聖仙 (7), 399
星輪, 31
積 (āhati/vadha/hati), 52, 53
赤緯 (krānti, 歩み), 36, 37, 65, 66,

338, 339
積加数 (vadha-kṣepa), 356–359
積日 (ahar-gaṇa, 日の集まり), 225–231, 234
赤道, 70
赤道極, 66
世間 (loka), 32, 46, 109, 190, 225, 271, 272, 336, 354, 355, 504, 513
ゼロ (kha/śūnya), 41, 61–78, 160, 167–170, 173–177, 182, 184–186, 189, 200, 202, 203, 222–224, 271, 272, 347–351, 387, 392, 397, 405, 407, 408, 420, 425, 470,
–性, 71, 72, 78
ゼロ分母 (kha-hara/hāra), 20; 69, 71, 73–77, 348–350
–性, 347
–量, 65, 74, 76
千, 63, 72, 75, 96, 97, 389, 457, 510
線 (rekhā), 48, 93, 94, 368, 369
潜在力 (śakti), 512
占術師 (daiva-jña/vid), 60, 78, 107, 161, 167, 234, 273, 274, 331, 379, 398, 433, 487, 507, 513
先人, 95, 148, 152, 165, 215, 356, 357, 400, 419, 420, 440, 465, 466, 471, 476, 484, 485
全神 (13), 155, 157, 161
占星, 13;
–術師, 8, 13;
–術書, 15;

粗 (sthūla), 110
象, 31, 409
象 (8), 36, 154
相似 (anurūpa), 70, 329, 360, 361, 363, 364
想定問答, 19;
増分 (caya, 公差), 149, 251–253, 268, 295, 346, 347, 356, 358, 359, 406, 407, 446, 447
空 (0), 225
存在・意識・歓喜, 33

ターヴァット (=ヤーヴァッターヴァット), 466
大 (mahat), 33
第一原因 (pradhāna), 33, 34, 38, 275
第一種子, 489, 490
太陰日, 225, 226, 228, 230, 231, 278
第五格, 67, 328
第三格, 67, 328
対象領域 (viṣaya), 392, 510, 511
大地 (1), 3; 37, 225, 399
太陽, 31, 32, 36–39, 49, 70, 77, 234, 338–340, 435, 436, 513
–日, 225, 226, 228, 230, 231
太陽 (12), 118, 119, 157, 463, 464
竹, 324, 325, 328–331
多項式, 20; 85, 87, 96, 100, 105, 106, 121, 131, 314
多色 (aneka-varṇa), 17; 79, 103, 104, 163, 164, 235, 278, 279, 381, 435, 487, 489, 507
–中項除去 (madhyama-āharaṇa), 235, 236, 435
–等式 (samīkaraṇa), 18, 21; 40, 80, 163, 165, 275–279, 281, 283, 381, 382, 397, 420, 430, 433, 443, 444, 451, 452, 455, 456, 464, 467, 471–473, 476, 486–488, 507
–中項除去, 436, 437, 441, 445, 448, 458, 468, 474, 477
奪格, 171, 201, 328
タットプルシャ, 40, 42, 67
旅商い, 302
単位, 49, 60, 64, 65, 77, 82, 91, 147, 156, 164, 190, 225, 226, 230, 303, 325, 383, 420
–正方形, 493, 494, 496, 499
単位 (rūpa), 45, 91–93, 177
タントラ, 9, 10;

知 (vidyā), 32
地 (bhū/bhūmi, 底辺), 304–312, 314, 316, 317, 323, 324, 328–331, 360, 361, 363, 496
地球 (bhū), 164
–日, 190, 225, 227–231
地性 (pṛthivī-tva), 276
チトラカ, 80, 381
地の身体 (pārthiva-śarīra), 276
チャイトラ, 514
中項除去 (madhyama-āharaṇa), 18, 21; 441, 164, 275–279, 306, 307, 309, 310, 318, 333, 334, 338, 355, 379, 435, 436, 470, 487, 488
直接知覚 (pratyakṣa), 149
貯水池, 327
直角三辺 (角) 形, 37, 305, 320, 324–327, 329, 330, 361, 371, 377, 379
直交 (spardhin, 競合), 363

知力 (buddhi/mati), 278, 280, 281, 288, 298, 299
陳述 (ālāpa), 21; 46, 278–281, 283, 284, 286–291, 322, 410, 455

通行税 (śulka), 302
月 (天体), 49, 225, 234, 430, 433
月 (1), 399
爪 (20), 360, 490
蔓 (vallī), 167, 168, 170, 178, 180–182, 184–186, 188, 189. 198, 203, 205–209, 211, 213, 215, 217, 219, 221, 222, 227, 228, 234, 254, 256–258, 262, 273, 274
鶴, 400, 402, 403

提示者 (uddeśaka), 278, 280, 281, 283, 419
ティティ(15), 36, 148, 149, 152, 155, 157, 161, 360
手順 (anugama), 144, 182, 186, 342
手順 (vyavahāra), 109, 147
点 (bindu), 44–46, 146
天球 (gola), 10; 40–42, 70, 77, 82, 225, 226
天啓聖典 (4), 399
転変 (pariṇāma), 34, 35
天命知者 (daiva-jña/vid), 3; 32, 513
天文, 8, 9, 13; 512
　–学, 4, 9, 11, 14, 15, 21; 32, 78, 226, 425
　–書, 9, 10, 14; 509

ドゥームラカ, 382
統覚 (buddhi), 33
等元利合計, 301
等計算, 286
洞穴, 337, 353
統語 (yojanā), 192, 384
陶工, 34
等行程 (sama-gati), 327
等財産 (sama-dhana), 299, 395, 397, 400
等耳 (sama-karṇa), 364, 366, 368, 496
　–四辺形, 366
　–長四辺形, 496
　–等四辺形, 364, 366, 496
等時間等利息, 294, 298
等式 (samī-karaṇa), 164, 235, 277–280, 282, 287, 288, 290, 293, 299, 303, 309, 311, 312, 320, 331, 333, 334, 336, 338, 382, 385, 435–437, 439, 447–449, 453, 489, 492, 494, 506, 515
等四辺形 (sama-catur-bhuja), 364, 366, 368, 369
等四辺図形, 366
等清算 (sama-śodhana), 164, 275, 279, 282, 284, 285, 287, 290, 294, 301, 307, 309–312, 318, 323–327, 333–335, 338, 341, 390, 396, 426, 428, 435, 436, 438–440, 444, 446, 447, 490–492, 494, 496, 499, 500, 506
等置 (samī-√kṛ), 334, 360, 435–439
同等性 (sama-tva), 275, 276, 280–285, 287, 335, 336, 388, 438, 450, 468, 483, 506
導入 (avatāra), 186, 382, 469, 470
等分母 (sama-ccheda), 318
等分母化 (sama-cchedī-√kṛ, 通分), 82, 290, 291, 294, 296, 306–310, 334, 345–348, 350, 351, 353, 354, 361, 364, 378, 379, 382, 392, 399, 404, 419, 421, 454, 455, 484
糖蜜, 145
道理 (yukti, 仕組み), 3; 17, 21; 38–40, 59, 69, 71, 73, 82, 91, 92, 94, 98, 111, 115, 116, 127, 128, 139, 335, 337, 339, 376, 378, 386, 388, 394, 442, 446, 501, 509–511
土器, 34
特別則 (viśeṣa, 違い), 70, 110, 111, 119, 139, 142, 144, 159
友, 39, 59, 82, 99, 112, 129, 141, 156, 244, 254, 287, 288, 299, 323, 326, 356, 369, 396, 398
ドランマ, 147, 302, 303, 400–403
鳥, 401

納得/理解 (pratīti), 52, 135, 137, 146, 227, 228, 271, 272, 277, 317, 336, 337, 354, 355, 412, 424, 504
名前 (nāman), 62, 63, 80, 85, 164, 299

ニーラカ, 79–81, 107, 381, 385–387, 389
二者択一, 53, 55, 91
二色
　–平方等式, 439
　–立方等式, 440
日月五惑星, 234

任意数 (iṣṭa), 47, 54, 176, 235, 268, 393
–算法 (-karman), 291, 419

音色 (varṇa), 62
値段 (mūlya/maulya), 283–288, 290, 291, 299, 300, 303, 388, 391, 395–397, 399–403, 419, 421

歯 (32), 154
バーヴィタ (bhāvita), 18, 20–22; 41, 81, 85, 86, 95, 105, 107, 275–279, 357, 390, 392, 447, 448, 453, 454, 489–494, 496, 498, 500, 502–507, 510, 511
–図形, 493–495, 497–499, 501–503
連立–, 357
パーセント, 293, 295, 296, 298, 300, 301, 510
パータラカ, 382
パーティー (pāṭī), 40, 70, 118, 150, 163–165, 291, 325, 326, 347, 367, 368, 372, 399, 494, 512
–ガニタ (-gaṇita), 11, 17; 163, 165, 340, 350
パーニ, 324, 325
売買, 420
白鳥, 400, 403
場所性, 51
蓮, 3; 31, 326, 345, 436, 514
青–, 5; 49
赤–, 435
ハスタ, 324–327, 329
旗印, 346
蜂, 291, 292
雀–, 345
鳩, 400–403
パナ, 147, 419–421, 423, 424, 426–429
パラバー (pala-bhā), 36, 39
ハリタ (カ), 80, 381, 385, 386
針と鍋の理, 79

火 (3), 36, 155, 161, 399
ビージャ(bīja), 32, 40, 163–165, 197, 198, 298, 299, 420, 511–513
–ガニタ (-gaṇita), 11, 17; 63–165, 197, 218, 340, 494, 509–511
ピータ (カ), 79, 80, 381, 385-387, 392–394, 397
日傘, 346
被加数 (yojya), 68, 69, 81
–性 (-tva), 68
被乗数 (guṇya), 47, 52, 54, 68, 86
被除数 (bhājya), 166, 178, 392
非図形 (akṣetra), 377
火性 (tejas-tva), 276
非存在 (abhāva), 61–67, 72, 73, 277
羊飼い (avi-pāla), 46
ピッタ (pitta), 145
火の身体 (taijasa-śarīra), 276
非分数 (abhinna), 45, 46
非平方数 (avarga), 109, 482, 486
–性 (-tva), 58, 60, 146
百, 43, 60–63, 78, 108, 138, 158, 159
比例 (anupāta), 77, 230, 282, 387
比例売買, 303
ピンガラカ, 381

付加数 (kṣepa), 187, 190, 202–204, 206, 208, 257
負債 (ṛṇa), 44, 46, 49, 283, 286
付数 (kṣepa), 165, 166, 202
負数性 (ṛṇa-tva), 44, 46, 48, 49, 54, 56, 57, 60, 101, 107, 120, 123–126, 139, 142–144, 147, 148, 212, 219, 258, 269, 336–338
時間的 (kālatas), 48
場所的 (deśatas), 48
物質的 (vastutas), 48
不正起 (anupapatti), 19; 35, 43, 197, 307, 336
双子 (2), 36
布置 (図形の, saṃsthāna), 326, 500
物数 (bhūta-saṃkhyā), 28;
ブッディ(buddhi), 33, 35, 36
不定方程式, 18; 172, 226, 235
一次, 165
三元三次連立, 472
三元二次連立, 471
三次, 318, 320, 321
二元三次, 486
二元二次, 447, 476, 487, 490, 491, 504, 505
二次, 318
八元三次連立, 456, 464
四次, 352
四元三次連立, 444, 452
四元二次連立, 451, 455, 467, 473
不等三辺形, 360
不等耳 (viṣama-karṇa), 364, 366
部分根 (khaṇḍa-mūla), 448, 453, 454
部分乗法 (khaṇḍa-guṇana), 47, 86,

87, 95, 99, 111, 119, 129–131, 366
整数分割– (rūpa-vibhāga-), 105
積分割, 56
和分割, 47
部分つぶし (khaṇḍa-kṣoda), 240, 241
部分メール (khaṇḍa-meru), 149
不毛 (khila), 152, 341, 462, 477, 483
–性 (-tva), 153, 166, 172, 186, 259, 425
プラクリティ (prakṛti), 20; 40, 75
プラスタ, 92
ブラフマン (brahman), 33, 34, 513
プルシャ (puruṣa), 33, 34
分割貸与, 301
分数 (bhinna), 46, 76, 474
文法的性, 33, 47, 96, 97, 192
分母払い (cheda-gama), 290, 294, 334, 345, 354, 361, 364, 378, 379, 392, 484
分離規則 (viśleṣa-sūtra), 123–126, 128, 129, 134, 135, 158
分離術 (pṛthak-karaṇa), 125

平均惑星 (madhya-graha), 9;
平方根 (varga-mūla), 35, 36, 43–45, 64, 72, 73, 109, 122, 126, 127, 129, 132–135, 142, 143, 148, 149, 153-158, 160, 164, 435, 468
平方算法 (varga-karman), 366
平方始原 (varga-prakṛti), 17, 18, 20, 27; 40, 41, 163–165, 235, 236, 242–245, 247, 248, 254, 259, 260, 262, 263, 265, 266, 268, 274, 435–448, 450–452, 455, 456, 462–468, 470–473, 485–487
平方数 (varga), 58-60, 73, 86, 99–102, 106, 107, 109, 110
–性 (-tva), 59, 344
並列複合語, 169
別置 (pṛthak-sthiti), 80–84, 312
別法 (prakāra-antara), 191, 199–201, 266, 267
別様に不正起 (anyathā-anupapatti), 55
蛇, 325
蛇 (8), 157, 158
ヘロンの三角形, 324
遍充 (vyāpti), 72, 75, 157, 276, 298, 462
弁別知 (viveka), 33, 35

方角 (10), 36
宝石, 287, 290, 291, 299, 300, 396, 397, 430, 431
–授受, 299
–商, 299, 430, 431
方程式, 165, 336, 337, 339, 378, 429
三次, 351
多元, 80
四次, 352
補間法, 340
星 (jyotis/dhiṣṇya), 32, 38, 65, 66, 164
補正 (saṃ-s-$\sqrt{}$kṛ), 222

マートラー, 156
マーナ (カ), 302, 303
マーラティー, 291, 292, 345
升目 (koṣṭhaka), 369, 371, 373, 374, 496–500
マッリカー, 292
マヌ (14), 323
マラーティー, 6;
万 (ayuta), 63, 352
マンガラ (8), 388, 399, 400

未顕現 (avyakta), 17; 32–34, 36, 38–40, 42, 76, 275, 388
水, 278, 326, 512, 513
水瓶, 31, 32
未知数 (avyakta), 17, 18, 20; 36, 39, 43–46, 79–85, 87, 89, 91–93, 96, 99–101, 105, 106, 163–165, 235, 236, 280, 307, 311-315, 333–338, 382, 383, 387–389, 435–438, 489
–翼 (-pakṣa), 307, 333–336, 338, 341–343, 353
未知数学 (avyakta-gaṇita), 17, 20; 32, 33, 37–43, 76, 87, 163, 164, 305, 371, 398
未知量 (ajñāta-rāśi), 91–93, 275, 277, 278
密 (sūkṣama), 110
耳 (karṇa, 斜辺, 対角線), 39, 308, 312, 319, 320, 324–328, 330, 354, 355, 360, 361, 363, 364, 366, 367, 376–379
耳飾り, 290, 291, 364, 366, 371
ミルク, 34

無限 (ananta), 62, 63, 65, 71, 73, 74, 76, 78
–性 (-tva), 74, 76, 77
無神論者 (nirīśvara), 34

目 (2), 399
名称 (saṃjñā), 64, 79, 80, 86, 87, 89, 95, 109, 166, 232, 236, 299, 382, 383
メーチャカ, 382
メタ規則 (paribhāṣā), 65, 66, 109, 355–357, 472

文字 (akṣara), 45, 382, 391
–的 (-tas), 89, 91–95, 104
文字 (lipi), 62–64
籾, 91, 92

矢 (5), 37, 157
ヤーヴァッターヴァット (yāvattāvat), 36, 38, 39, 66, 79–81, 85, 286, 287, 294, 296–299, 378, 381
ヤーヴァット (=ヤーヴァッターヴァット), 88
ヤシュティ (yaṣṭi), 70
ヤジュル (ヴェーダ), 3;
山 (7), 36
ヤントラ (yantra, 天文儀器), 40

有果論者 (sat-kārya-vādin), 33
ユガ (yuga), 75, 96, 97, 226, 227
弓, 346
喩例 (dṛṣṭa-anta), 74, 512

要求値 (icchā), 283, 313, 315, 389, 390
揚値 (unmāna/unmiti), 163, 381–385
揚立 (utthāpana, 代入), 82, 255, 279, 281–284, 381, 383
翼 (pakṣa, 方程式の辺), 82, 275, 279, 284, 333, 378
予言 (ādeśa), 41, 42
四種子 (bīja-catuṣṭaya), 18; 279, 371, 377

ラーマ (3), 37
ラクシャ(10^5), 62–64
ラクダ, 395, 399, 400
ラバ, 395, 399, 400

リグ (ヴェーダ), 3;
利息 (kalāntara/phala), 293–298, 300, 301
理知 (buddhi/mati), 78, 139, 141–144, 148, 161, 231, 249, 265, 266, 279, 281, 290, 299, 316, 329, 333, 334, 341, 344, 352, 378, 396, 420, 429, 435–437, 440, 455, 457, 463, 465, 486, 487, 489, 490, 511–513
立方根 (ghana-mūla), 60, 72, 86, 321, 322, 351, 455, 461–463, 468, 471, 472, 477, 485, 486
立方数 (ghana), 60, 321, 322, 463, 469, 471, 476–478
略号, viii, 20, 21, 23, 25, 26, 28; 45, 241, 255, 299, 331, 359, 364, 458, 461
量 (rāśi), 44, 54, 109, 166, 232, 384, 387, 479, 489–494
量加数 (rāśi-kṣepa), 356–359

ルーパ (rūpa), 44, 45, 84, 90, 91, 94
–種, 147
ルドラ神群 (11), 157
ルビー, 287, 288, 290, 291, 299, 300, 396–398

例外則 (apavāda), 120
暦元, 8–10, 15;
暦法, 8, 9;
列 (paṅkti), 82–84, 89, 237
連想式数表現, 3, 28;

ローヒタ (カ), 79, 80, 381, 385, 386, 395, 399, 401
六時圏ノーモン, 70
論難 (dūṣaṇa), 157, 159, 165
論理的 (tarkasaha), 423
論理的除外 (bādhita), 174

惑星 (graha), 9, 10; 38, 42, 49, 65, 66, 82, 164, 190, 225–229, 231
–計算 (-gaṇita), 10; 32, 40, 190, 223, 225, 226, 228

2. 固有名詞索引

アーナンダ・カーナナ, 49, 50
アーメダバード, 11;
アールヤバタ, 78
アガスティ, 31, 32
アクバル, 13;
アチュユタ (ヴィシュヌ), 74, 75
アナンタ (ヴィシュヌ), 74, 75
アナンタ, 14;
アナンタデーヴァ, 8, 9;
アマラーヴァティー, 5, 11;
アルジュナ, 345, 346

イーシュヴァラ・クリシュナ, 34

インドラ, 49, 67, 161, 504

ヴァーサナーヴァールッティカ, 4, 14;
ヴァーチャスパティ(神), 32
ヴァーラーナシー, 13;
ヴァシシュタ, 41
ヴァラーハミヒラ, 31, 38, 64, 78
ヴィヴァラナ, 9;
ヴィジュニャーネーシュヴァラ, 295
ヴィシュヌ (神), 33, 49, 74
ヴィシュヌ, 14–16, 21; 32, 398, 399, 429, 430
ヴィダルバ, 4, 5, 7; 513
ヴィッジャダヴィダ, 3, 4;
ウマー, 31
ヴリッタシャタカ, 9;
ウルグ・ベク, 13;

カーシー, 13, 20; 49, 50, 514
カーシュミーラ, 276
カーンデーシュ, 5, 8;
ガウリー, 513
ガダーダラ, 13, 14;
ガニタアディヤーヤ, 6, 10, 11;
ガネーシャ(神), 5; 31, 514
ガネーシャ(ケーシャヴァの息子), 4, 14–16; 32, 163–165, 167, 227, 228
ガネーシャ(ドゥンディラージャの息子), 77
カピラ, 34
カラナクトゥーハラ, 8–10;
カラナシェーカラ, 9;
カルナ, 345, 346
カルナータカ, 7, 8;
カルパラター, 16;
ガンガー, 43, 49

グーダアルタプラカーシャ, 13, 14, 16;
クシャ, 513
グラハガニタアディヤーヤ, 10, 16;
グラハラーガヴァ, 14;
クリシュナ (神), 432
クリシュナ, 4, 5, 10, 11, 13–16, 18–22, 24, 28; 32–34, 60, 78, 107, 161, 163, 234, 273, 331, 364, 367, 368, 379, 433, 447, 488, 507, 513
クリパーラーマ, 11;

ケーシャヴァ, 14; 31

ゴーヴィンダ, 13;
ゴージ, 13;
ゴーダーヴァリー, 4, 5, 7;
ゴーピラージャ, 13; 513
ゴーラアディヤーヤ, 3, 4, 6, 10, 11, 16;

サティー, 432
サヒヤ (山, 山脈), 3–8;
サリーム, 13;

ジーヴァナータ・ジャー, 11;
シーター, 513
シヴァ, 31, 49, 513
シシュヤディーヴリッディダタントラ, 9, 10;
シッダーンタシローマニ, 3, 7, 9–11, 13, 14, 16; 32, 35, 39, 42, 197, 198, 437, 513
ジャータカパッダティ, 13, 15, 16;
ジャータカパッダティウダーハラナ, 15;
シャーラグラーマ, 33
シャーンディルヤ, 3; 32
ジャイトラパーラ, 6;
シャカ, 3, 11; 514
ジャダヴィダ, 32
ジャニパッダティ, 16;
ジャハーンギール, 13;
シャルヤ, 346
シャンブ, 49
ジュニャーナラージャ, 11; 76
シュリーダラ, 21; 146, 334, 340–344, 355, 436, 446, 509
シュリーパティ, 15, 16;
シュリーパティ(バースカラの兄弟), 8;
シュリーパティパッダティ, 16;
シンガナ, 8;
シンドゥ, 276
新芽, 15, 16, 26; 32, 513, 514

スヴァヤンブー, 62
スールヤシッダーンタ, 13, 14, 16;
スールヤダーサ, 11, 25;
スールヤパクシャシャラナ, 15;
スールヤプラカーシャ, 11;

ソイデーヴァ, 8;

ダディグラーマ, 13;
ダルメーシュヴァラ, 11;

チャーダカニルナヤ, 15;
チャールキヤ, 6, 7;
チャンガデーヴァ, 5, 6, 8;
チューダーマニ, 37
チンターマニ, 13; 513

ディヴァーカラ, 15;
デーヴァダッタ, 46, 49, 145
デカン (地方), 6;
天球の章/天球, 298, 425, 512

トリアンバカ, 514
トリヴィクラマ, 9;
トリマッラ, 13; 513

ナーガプラ, 5;
ナーラーヤナ, 13, 14;
ナーラダ, 41, 42
ナーラダサンヒター, 42
ナヴァアンクラ, 16;
ナンディグラーマ, 14, 16;

西ガーツ (山脈), 5, 6, 8;
ニジャーナンダ, 11;
ニスリシュタアルタドゥーティー, 7, 14;
ニヤーヤスートラ, 165
如意蔓, 513
如意蔓の化身, 26; 60, 78, 107, 161, 234, 273, 331, 379, 433, 487, 488, 507

ヌリシンハ (1548 生), 14, 16; 32
ヌリシンハ (1586 生), 4–7, 15;

バースカラ, 3–10, 15–19, 22; 31, 32, 37, 39–41, 48, 66, 67, 71, 74, 76, 78, 80, 82, 100, 111, 116, 118, 129, 130, 132, 137, 139, 145, 146, 148–151, 160, 163, 165, 169, 188, 189, 191, 197, 201, 218, 224, 225, 227, 233, 235, 246, 247, 255, 259, 265, 266, 272, 277, 279, 280, 289–291, 296, 297, 302, 304, 309–311, 314, 316, 319, 321, 322, 329, 338–340, 349, 351, 355, 359, 360, 364, 366, 367, 371, 373, 374, 376, 377, 379, 384, 396, 397, 402, 416, 419, 420, 422–426, 435, 437, 439, 442, 447, 448, 453, 456, 457, 487, 493, 495, 496, 499, 500, 507, 509, 511, 513
バースカラ (ラージャギリの), 11;
バースカラバッタ, 9;
パーティーサーラ, 14;
パーニニ, 292
バガヴァット, 74, 75
バガヴァッド・ギーター, 74

パタンジャリ, 34
パッタナ, 20; 49, 50
バッラーラ, 13; 60, 78, 107, 161, 234, 273, 331, 379, 433, 487, 507, 513
パドマナーバ, 355, 509
パヨーシュニー (川), 13;
パラメーシュヴァラ (神), 513
ハリダーサ, 11;
ハリハラ, 49
パンチャシッダーンティカー, 78

ビージャアディヤーヤ, 76
ビージャアンクラ, 15;
ビージャガニタ, 4, 10, 11, 15–19, 22, 23, 28; 31, 40, 197, 198, 233, 247, 265, 329, 379, 420, 437, 487, 507, 510, 513
ビージャクリヤー, 16;
ビージャパッラヴァ, 4, 11, 13–16, 19, 23; 31, 32, 60
ビーシュマ, 432

ファインアーツミュージアム, 13;
ブッディヴィラーシニー, 4, 14; 163
ブラーフマスプタシッダーンタ, 9; 509
プラティシュターヴィディディーパカ, 9;
ブラフマー, 32, 38, 41, 62, 64, 96
ブラフマグプタ, 64, 163, 164, 322, 355, 442, 509
プラヤーガ, 20; 49, 50
プランダラ, 49
プリター, 345
ブリハッジャータカ, 9;
ブリハットサンヒター, 38
プンダリーカ, 514

ボージャ, 9;
ボストン, 13;

マハーヴィーラ, 64
マハーラーシュトラ, 4, 5, 7; 400
マヘーシュヴァラ, 3, 4, 7–9; 32, 509
マリーチ, 4, 6, 7, 13, 14, 16;

ミタークシャラ, 9, 10;

ムガール, 13;
ムニーシュヴァラ, 4–7, 13, 14, 16;
ムンバイ, 6, 7;

ヤーダヴァ, 6, 8;
ヤジュニャダッタ, 49

ラージャギリ, 11;
ラーシュトラ朝, 8;
ラーマ (チンターマニの息子), 13; 513
ラーマ (バッラーラの息子), 13; 513
ラーマクリシュナ, 11;
ラヴァ, 513
ラグジャータカ, 14;
　–注, 9;
ラクシュミーダラ, 6;
ラヒーム, 13;
ランガナータ, 13, 14, 16;

リーラーヴァティー, 4, 6, 10, 11, 14–17; 32, 38, 40, 48, 163, 165, 166, 198, 199, 291, 303, 326, 329, 366, 377

ルクミニー, 432
ルドラ, 157, 158, 513

惑星計算, 39, 40, 338

3. サンスクリット語彙索引

akṣaja-kṣetra, 37
akṣara, 89, 382, 391
　-tas, 89, 91, 104
akṣetra, 377
akhaṇḍa, 402
akhila, 43, 153
　-tva, 260
agra(-ka), 190, 225, 234, 329, 408
agrā, 39
aṅka, 59, 62–64, 76, 81, 100, 166, 169, 174, 300, 392, 475, 481, 497, 499, 500, 502, 504
　-tas, 53, 57, 85, 89, 91, 104, 424
aṅkana, 269
aṅkita, 299
aṅkura, 513
aṅga, 47
ac, 420
ajña, 34, 313
ajñāta-rāśi, 80, 91, 93
aṇ, 291
ativyāpti, 275
atyanta-abhāva, 277
adhikārin, 38
adhyāhāra, 192
ananugama, 182, 342
Ananta, 15;
ananta, 71, 73, 74, 76
　-tva, 76
Anantadeva, 8, 9;
aniyata, 390, 393, 395, 396, 418
aniyama, 148, 337, 449
anu-√vad, 277
anugama, 144, 182, 186, 342
anupapatti, 19; 35, 197, 336
anupapanna, 307, 310, 336
anupāta, 77, 230, 282, 387, 416
anumāna, 34
anurūpa, 361
anurodha, 95, 281, 419, 461
anuvṛtti, 170, 295
anūdyamāna, 96
aneka
　-tva, 391
　-dhā, 287, 366, 369
　-varṇa, 435
　-varṇa-samīkaraṇa, 18; 41, 80, 275
antar
　-aṅga, 56
　-bhūta, 45
antara-bhāvanā, 237, 272
anyathā-anupapatti, 19; 55
anyāya/anyāyya, 197, 342
anyonya-abhāva, 277
anvaya, 150, 384
anvartha-saṃjñā, 166, 167
apacaya, 68, 69, 74
apanayana, 275
apavarta, 116, 117, 160, 171, 173–176, 178, 191, 193, 208, 343, 469
　-aṅka, 116, 117, 175, 190, 208
apavartana, 111, 116, 167, 169, 173, 175, 186, 191, 333
apasavya-krama, 63
apṛthak-stha, 312, 335
aprayojaka, 115
　-tva, 72
aprasakti, 59
abhāva, 61–63, 65, 70, 81, 93, 154, 173, 197, 277, 481
abhidheya, 42
abhinna, 45, 46, 77, 475
　-tva, 249, 344
　-rāśi, 75
abhivyakti, 33
abhihati, 85, 101, 102, 106, 131, 268, 275, 343
abhyasta, 35
abhyāsa, 512
amahatī, 112
amūlada, 109
ayuta, 352

artha, 38
-viṣaya, 511
ava-$\sqrt{}$gam, 55, 275
avagama, 93, 178
avatāra, 331, 382, 469, 470
avadāta, 413
avadhāraṇa, 81, 484
avayava, 91
avarga
-gata, 486
-tva, 58
avaśeṣita, 170
avi-pāla, 46
avyakta, 17; 33, 40, 42, 43, 45, 79, 80, 83, 84, 87, 89, 280–283, 312, 333, 335, 336, 338, 340–344, 367, 376, 394, 398, 441, 442, 445, 446, 460, 475, 478
-aṅka, 341, 469
-kalpanā, 379
-kriyā, 43
-gaṇita, 17; 32, 87, 371
-māna, 469
-mārga, 164
-yukti, 39
-rāśi, 275, 279–282
-ṣaḍvidha, 79
-saṃkhyā, 17, 18;
aślīla-tā, 95
aśvatara, 400
Aṣṭādhyāyī, 19; 291, 292, 328, 420
asakṛt-kriyā, 455, 457
ahāra-rāśi, 45
ahetuka, 41
Ahmadanagar, 6;

ākara, 115, 291, 440
āgama, 32
āḍhaka, 91, 92, 94
ātma-āśraya, 389
ādeśa, 41
ādya-akṣara, 45, 89
ādhāra, 418
ānantya, 62, 63, 243, 265
ānayana-sūtra, 338
ābādhā, 49, 324, 330, 363, 495
āmnāya, 32
ālāpa, 46, 279, 280, 288, 300, 338, 410, 453, 455
āvartaka, 72
āvartana, 72
āsanna-mūla, 109, 145
āhati, 246, 500, 502
āharaṇa, 275

icchā, 393
indranīla, 299
iyattā, 62, 74
iṣṭa, 54, 235, 237, 261, 268, 390, 393
-karman, 419

īśa, 33, 34, 514
-nideśa, 75
Īśvara Kṛṣṇa, 34
īśvara, 34

uttama-ṛṇa, 46
utthāpana, 82, 282, 283, 383, 396
utpatti, 33
Utpala, 38
utpādaka, 33
utsarga, 138
ud-$\sqrt{}$sthāpaya, 255, 289, 384, 386
udāharaṇa, 73, 97, 215, 234, 258, 270, 288, 396, 412, 461, 462, 486
-siddhi, 281, 289
uddiṣṭa, 170, 193, 232, 241, 242, 260, 279, 419, 484
-siddhi, 212, 297, 462, 474
uddeśa(-ka), 166, 167, 510
unmaṇḍala-śaṅku, 70
unmiti, 381, 382, 415
upa-$\sqrt{}$pad, 19; 35, 49, 145, 360
upacaya, 68, 69, 74
upacāra, 68
upajīvya-upajīvaka-bhāva, 47
upadeśa-vicchitti, 496
upapatti, 19; 49, 225, 358, 360, 395, 494
upapanna, 19; 51, 192, 255, 372, 429, 446, 505
upapādita, 118
upalakṣaṇa, 45, 46, 80, 81, 86, 89, 117, 150, 237, 241, 249
upasarjana, 292
upasthiti, 46, 93, 99, 389, 396, 410
upādāna, 34, 35
upāya, 38, 100, 123, 131, 267
upeya, 38

ṛṇa, 43–47, 46, 49, 51, 53, 58, 60, 61, 88, 90, 97, 101, 139, 140, 197, 213, 214, 218, 228, 261, 272, 283, 424
-aṅka, 58
-ātmaka/ātmika, 44, 316, 485
-gata, 44–46, 48, 83, 495
-tā, 44

-tva, 44, 46, 54, 97, 143, 146, 212, 258, 269, 315, 336
ṛtu, 158

eka
-varṇa-madhyama-āharaṇa, 136
-varṇa-samīkaraṇa, 18; 41, 275, 379
ekādaśī, 278

kacora, 292
kadamba, 291
kan, 295, 420
kaniṣṭha, 241, 256
-mūla, 235
kapāla, 34
Kapila, 34
kapilaka, 381
kappa, 389
kapha, 145
karaṇa, 9; 203, 410, 475
karaṇi, 121
karaṇī, 18; 44, 47, 109, 116, 119–122, 125, 128, 133, 135, 139, 142, 143, 145, 147, 148, 150–153, 156, 157, 315–317
-gata, 154
-jāti, 147
Kalacuri, 7, 8;
kalā, 31, 49, 82, 190, 229
-antara, 295, 296
kalpa, 96, 97, 227, 389
kalpa-latā, 26; 513
-avatāra, 234
kalpaka, 512
kalpana, 69, 308, 484
kalpanā, 36, 287, 410
-upāya, 457
-bheda, 511
-samartha, 512
Kalyāṇī, 6, 7;
kāra, 89, 188, 389, 396
kāraṇa, 33
kārya, 34, 37, 404
kāla, 42, 292, 295
-tas, 48
kālaka, 79, 80, 105, 381, 406, 424, 432, 497, 502
kālpanika, 138
kuṭaja, 292
kuṭṭa, 390
kuṭṭaka, 18, 26; 165, 232, 234
kuḍava, 91
kṛt, 292
kṛti, 41, 59, 101, 106, 127, 137, 449
-prakṛti, 273
Kṛpārāma, 11;
kṛśīkṛta, 170
Kṛṣṇa, 4, 14, 15; 32, 118, 234, 430, 432, 513
-daivajña, 13;
kṛṣṇa, 513
ketaka, 292
ketakī, 292
Keśava, 15; 31
kaimutika-nyāya, 38
koṇa, 366, 498, 500–502
koṣṭha(-ka), 369, 374, 496
krama, 62, 84
kraya, 421, 426, 429
krānti, 66, 338
kriyā, 43, 291, 304, 379, 440
-avatāra, 186
-upasaṃhāra, 378
-lāghava, 293, 455
kroḍī-karaṇa, 276
kvacid-darśana, 115
kṣaya, 44, 52, 56, 59, 84, 97, 142
-ātmika, 316
-tva, 143
kṣiti-jyā, 37, 70
√kṣud, 165
kṣetra, 280, 364, 366, 497, 503
-gata, 493
-darśana, 308, 360
-phala, 306, 308, 309, 366
-mūla, 494
kṣepa(-ka), 166, 167, 177–180, 187, 189, 190, 191, 195, 199, 202, 203, 224, 228, 234, 235, 241–243, 246, 249–251, 257, 259, 261, 263, 265, 268, 269, 272, 392, 433, 446, 449, 458, 461, 484

kha, 61, 67, 70
-ga, 32
-ṣaḍvidha, 41, 65
-hāra, 71
khaṇḍa, 54, 55, 87, 102, 138, 152, 171, 174, 175, 179–183, 194, 238, 275, 282, 314, 315, 366, 453, 454
-kṣoda, 240, 241
-guṇana, 47, 131
khala, 259
khārī, 91
khila, 152, 341, 462, 477, 482, 483

-tva, 166, 167
√khyā, 34

gaṇa, 135
gaṇaka, 35, 37, 77, 78, 161, 163, 234, 462, 513
Gaṇapati, 8, 9;
gaṇita, 31, 32, 35, 54, 61, 249, 273, 361, 403, 440, 484
-pariccheda, 66
-siddhi, 313
Gaṇitapañcaviṃśī, 340
Gaṇitamañjarī, 31
Gaṇeśa (son of Keśava), 4, 15; 32, 328, 366
Gaṇeśa (son of Ḍhuṇḍhirāja), 31
gata, 322, 442
gati, 49, 107
Gadādhara, 14;
giri-mallikā, 292
guṇa, 53, 54, 57, 88, 113, 117, 164, 166, 171, 176, 178–180, 183, 187, 188, 192, 193, 197, 200, 221, 224, 234, 242, 243, 257, 258, 268, 289, 343, 392, 393, 427, 430, 438, 446, 467, 483, 513
guṇaka, 55, 89, 98, 165, 166, 172, 177, 178, 180, 230, 232, 234, 254, 422
guṇana, 52, 55, 56, 72, 86, 91, 95, 97, 105, 119, 125, 165, 195, 280, 297, 314, 343
guṇanā, 87
guṇya, 71, 88, 89, 98, 106, 119, 343, 344
go-pāla, 46
Goji, 14;
Gopirāja, 14; 513
Govinda, 8, 9, 14;
grantha, 62, 150, 175, 511
-saṃkhyā, 60, 78, 108
graha, 42, 49
-gaṇita, 190

√ghaṭ, 288, 406, 455, 457
ghaṭa, 34, 35
ghana, 513
-kuṭṭaka, 476
-mūla, 351
ghāta, 59, 84, 95, 101, 115, 116, 243, 322, 372, 398, 410, 458

cakravāla, 247, 248, 274
Caṅgadeva, 8, 9;
catur-yuga, 389
Candwand, 6;
cara-jyā, 70
citraka, 80, 381
Cintāmaṇi, 14; 513
cūrṇikā, 53, 150

Chalisgaon, 6, 8;
cheda, 47, 96, 122
-gama, 290, 334, 378

jagat, 33, 42, 514
Jagadekamalla, 7;
Jaḍaviḍa, 4, 6; 32
janaka, 35
Jalgaon, 6;
Jahāngīr, 13;
jāti, 292
Jīvanātha Jhā, 11;
jñāna, 38
jyeṣṭha-mūla, 235
jyotir-vid, 32, 514
jyotiṣa, 32, 41, 42
jyotiṣī, 13;

Ḍhuṇḍhirāja, 31

√takṣ, 170, 171
takṣaṇa, 170, 171, 182, 197, 199, 200, 212, 214, 221, 258
taddhita, 292, 295, 420
tanū-√kṛ, 170, 171
tantra, 9;
tarka-saha, 423
taṣṭa, 170, 182, 412
tiryag-guṇana, 237
tulya
-bhāvanā, 237, 247, 249
-hara-tva, 76
tejas-tva, 276
taijasa-śarīra, 276
Taila III, 7;
Tailapa II, 7;
tri
-jyā, 40
-doṣa, 145
-bha-jyā, 70
Trimalla, 14; 513
Triśatikā, 340
trairāśika, 77, 190, 280, 383, 416
Tryambaka, 514
√tvakṣ, 170

dakṣiṇa, 63

daṇḍa-nāyaka, 7;
darśana, 308, 360, 361, 364, 368, 496, 497
dig-vaiparītya, 48, 495
Divākara, 15;
dūṣaṇa, 157
dṛḍha, 167, 382, 480
dṛṣṭānta, 512
Devagiri, 6;
deśa, 49, 276
-tas, 48
dehalī-dīpa-nyāya, 80
daiva
-jña, 78, 161, 167, 234, 398
-vid, 32, 513
doṣa, 495
Daulatabad, 6;
dramma, 400, 402
droṇa, 91
dvandva-ekaśeṣa, 169
dvi
-ja, 42
-vacana, 81
Dvivedī (Sudhākara), 3, 4, 16, 25;

dhana, 43–47, 49, 53, 54, 58, 60, 61, 90, 101, 128, 140, 143, 213, 285, 289, 295, 421, 424, 429, 503
-ātmaka, 44
-gata, 44
-tā, 44
-tva, 44, 314, 336
dharma, 61, 276
Dharmeśvara, 11;
dhānya, 91, 92
dhīmat, 198
dhūmraka, 382

nagara, 276
nava-aṅkura, 26;
Navāṅkura, 26; 31, 513, 514
nāga, 158
nāman, 85, 299
Nārāyaṇa, 14;
ni-$\sqrt{}$viś, 63, 86, 186, 203, 237
niḥśeṣa, 177, 477
-tā, 214
-bhajana, 167
Nijānanda, 11;
nipuṇa-tā, 31
nibaddha, 225, 462, 465
niyata, 231, 390, 395, 396
niyama, 102, 138, 157
nir-$\sqrt{}$vah, 291, 455, 457
niragra, 109
-tā, 215
nirīśvara, 34
nirdeśa, 83
niṣedha, 88
nīlaka, 79, 80, 105, 381, 386
Nṛsiṃha, 4, 6, 7, 15; 32
nyāya-naya, 277
nyāsa, 100, 360

pakṣa, 45, 54, 82, 83, 235, 275, 279, 280, 282, 284, 307, 333, 335, 378, 388, 438, 439, 441, 445, 453, 454, 499
-guṇaka, 343
paṅkti, 82, 89, 237, 372
pañcarāśika, 295
Patañjali, 34
pathin, 328
pada-upāya, 340, 341
parama, 71, 74
-aṇu, 71
-apacaya, 71, 74
-ātman, 71, 514
-upacaya, 74
-tva, 74
paraspara
-āśraya, 43
-bhajana, 168, 169, 187
pari-$\sqrt{}$nam, 35
pari-$\sqrt{}$mṛj, 281
pariṇāma, 34
paribhāṣā, 65, 66, 109, 161, 356
paribhāṣita, 355
pallava, 26;
pāṭalaka, 382
Pāṭīgaṇita, 340
Pāṭnā, 6, 8, 9;
Pāṇini, 19;
pāramparya, 41
pāribhāṣika, 151, 160
pārthiva-śarīra, 276
piṅgalaka, 381
pitta, 145
pīta(-ka), 79, 80, 381, 386, 393, 432, 499
pura, 4;
puruṣa, 33
pustaka, 199, 514
pṛthak, 136, 224, 428, 474
-karaṇa, 125
-kṛta, 454
-sthiti, 80, 81, 335

pṛthivī-tva, 276
pra-$\sqrt{}$sṛ, 304, 366
prakāra, 70, 188, 266, 364, 501
prakṛti, 33, 96, 235, 236, 241, 242, 251, 252, 260, 263, 268, 451
prati-$\sqrt{}$i, 277
pratipādaka, 41
pratipādya, 41
pratīti, 46, 135, 271, 277, 336, 412, 504
pratyakṣa, 149
prathama-akṣara, 237, 241
pradakṣiṇa-krama, 64
pradhāna, 33, 34
pradhvaṃsa-abhāva, 277
prapañca, 487
Prabhākara, 8, 9;
pramāṇa, 165, 282, 291, 295, 301, 354, 363, 384
prayojana, 38, 42, 66, 324
praśna, 17, 18; 38, 45, 190, 462
  -jñāna, 41
  -bhaṅga, 333, 410
praṣṭṛ, 123
prastha, 91, 92
prāg-abhāva, 277
prātipadika, 292
plavaga, 353

phala, 38, 42, 47, 53, 57, 61, 68, 72, 86, 91, 98, 105, 169, 170, 179, 199, 280, 295, 298, 301, 412, 498
  -tas, 76, 147

barhin, 402
bala, 42
Ballāla, 14, 15; 234, 513
Bahal, 8, 9;
bahir-aṅga, 56
bahu
  -tva, 43, 391
  -vrīhi, 71, 420
bādhaka, 88, 186, 277
Bijapur, 7, 8;
Bijjala, 7;
Bijjala-Biḍa, 7;
Biḍa, 7;
biḍa, 6, 8;
Bid, 8;
Bidar, 6;
bindu, 45, 46, 146
Bir, 6, 8;
bīja, 17, 21; 33, 39, 40, 42, 334
  -kriyā, 17; 38, 40, 107, 238, 273, 507
  -gaṇita, 31, 39, 436
  -catuṣṭaya, 18; 279, 371
  -vivṛti, 234
Bījakriyāvivṛtikalpalatāvatāra, 26;
Bījapallava, 26;
Bījāṅkura, 118
Bīḍ, 6, 8;
buddhi, 33, 344, 352, 440
  -mat, 198
brahman, 34

bhajana, 166, 177, 280
Bhavānī, 8;
bhājaka, 74, 98, 123, 125, 166, 167, 208, 313, 317, 422
bhājya, 57, 58, 97, 122, 123, 166, 167, 171, 172, 176–178, 182, 183, 187, 193, 194, 197, 222, 231, 234, 250, 314, 390, 392, 393, 417, 422, 423
  -sthāna, 261
bhāvanā, 236, 237, 249, 271
bhāvita, 18; 81, 95, 275
  -tva, 277
Bhāskara, 8, 9, 11; 31, 118
Bhāskarabhaṭṭa, 8, 9;
bhinna, 45, 46, 76, 474
  -jāti-tva, 147
bhūta, 35
  -saṃkhyā, 28; 340, 400
bhūmi, 306, 308, 309, 330, 331
Bhojarāja, 9;
bhrama, 98, 227
bhrānta-tva, 145
bhrānti, 59

Maṅgala-veḍhā, 7, 8;
maṅgala, 32, 400
maṭha, 6, 8;
maṇḍala, 78
mati, 334, 378
matup, 420
madhya-āharaṇa, 275
madhyama, 275, 306
  -āharaṇa, 18; 164, 235, 275, 333, 334
Manoratha, 8, 9;
Marīci, 6;
Marīcikā, 6;
mallikā, 292
mahat, 33, 44, 66, 138, 175
mahatī, 112, 116, 117, 124, 151, 379

mahas, 31
Mahādeva, 14;
Mahābhārata, 74, 346
Maheśvara, 8, 9;
māṇikya, 299
māna, 79, 80, 82, 91, 236, 275, 279, 281, 283, 285, 303, 334–338, 355, 378, 381, 386, 387, 389, 391, 393, 406, 496, 497, 503
māyā, 34, 35
mārga, 147
mālatī, 292
Mitākṣarā, 19; 295
miti, 92, 438, 496, 510
mihira, 31
muktā-phala, 299
mudrā, 46
mudrita-pustaka, 349
muni, 34
Munīśvara, 5, 7, 14, 15; 430
mūla, 36, 39, 58, 60, 86, 100, 109, 128, 136, 139, 143, 147, 151, 154, 159, 235, 236, 241, 263, 274, 298, 307, 330, 335, 340, 357, 359, 378, 453, 461, 506
  -upāya, 340, 341
  -da, 109, 357
  -dhana, 293, 295
  -rāśi, 109
  -śloka, 60, 161, 234
  -sūtra, 197, 198, 436, 437
mūlya, 290, 388, 391
mṛd, 35
mecaka, 382
maulya, 283, 286

yaṣṭi, 70
Yājñavalkyasmṛti, 19; 295
yāvattāvat, 36, 80, 81, 89, 103, 107, 279, 285, 287, 299, 306, 308, 322, 338, 339, 381, 391, 415, 497
yukti, 17; 38, 39, 59, 69, 71, 73, 91, 98, 115, 139, 378, 395, 511
yuga, 96, 227
yoga-rūḍhi, 165
yojaka, 81
  -tva, 68
yojana, 43, 50
yojanā, 83, 192
yojya, 68, 81
  -tva, 68

Raṅganātha, 14, 15;
rajata, 35
rāja-nideśa, 59
Rāma, 14, 15; 32, 513
Rāmakṛṣṇa, 11; 410
rāśi, 44, 49, 54, 73, 76, 82, 109, 117, 166, 229, 232, 263, 282, 304, 346, 347, 357, 359, 384, 387, 408, 410, 432, 479
  -kṣepa, 356, 357
  -gata, 493, 494
  -māna, 475
rikta(-koṇa), 500–502
rudra, 158
rūpa, 44, 45, 47, 61, 83, 90, 91, 93, 94, 97, 133, 144, 150, 177, 178, 188, 190, 194, 228, 242, 249, 259, 261, 268, 269, 293, 308, 340, 360, 423, 424, 429, 449, 497, 498, 503
  -gaṇa, 135
  -jāti, 147
  -samūha, 91
    -tva, 94
rūpaka, 45
rekhā, 93, 94

lakṣaṇa, 94, 275
Lakṣmīdhara, 8, 9;
lakṣya, 275
lagna-bala, 42
laghu, 241
  -mūla, 235
laghvī, 112
labdhi, 56, 58, 74, 96–98, 122, 166, 170, 172, 178–180, 182, 186–188, 192, 200, 212, 214, 218, 221, 222, 230, 231, 257, 258, 281, 392, 408, 417, 421–424, 486
  -tva, 98
√likh, 238
lipi, 62–64
Līlāvatīvivṛti, 303
luk, 292
lekhaka, 199, 227, 495
loka, 46, 109, 271, 336, 354, 504
lohita(-ka), 79, 381, 386
laukika, 225
  -gaṇita, 190
lyap, 327

vaṃśa, 331
vacana, 65

Vajjaḍa, 8;
vajra, 237, 299
-abhyāsa, 237, 239
Vajraṭa, 8;
vadha, 52, 95, 330, 359
-kṣepa, 356–358
Varāḍa, 4, 5;
Varāhamihira, 31
varga, 513
-kuṭṭaka, 476
-gata, 451
-ghana, 442
-tva, 59, 152
-prakṛti, 18; 235, 247
-rāśi, 101, 438
-rūpa, 111, 114
-varga-varga, 442
-vidhāna, 147
varṇa, 47, 62, 79, 81, 85, 92, 103, 164, 275, 277, 381, 384, 386, 393, 438, 449, 453, 496, 500, 503
-aṅka, 501
-tā, 92
-varṇa-tā, 92
-ṣaḍ-vidha, 41, 79
-samīkaraṇa, 275
vallī, 167, 168, 170, 178, 184
vastu-tas, 48
vākya, 36, 150, 484
vācaka, 38
vācya, 38, 400
vāta, 145
vāma, 63
-krama, 62
vāmī, 400
vāsanā, 41
Vāsanāvārttika, 6;
vi-$\sqrt{}$vṛt, 35
vikalpa, 378
vikraya, 421, 429
vikriyā, 35
vikṣepa, 66
vicāra, 50, 127, 179, 413, 485
Vijayapura, 7;
vijātīya, 49
Vijjaḍa, 8;
Vijjaḍaviḍa, 4, 7, 8;
Vijjala, 8;
Vijjala (Vijjaḷa) II, 7, 8;
vijjala-viḍa, 6, 7;
Vijñāneśvara, 19;
viḍa, 6, 8;
viddhā, 277, 278
vidyā, 32
vidhāna, 188, 277
vidhi, 88, 132, 140, 229, 337, 403, 453, 462
vidhīyamāna, 96
vinigamanā, 54
viparyasta, 67
viparyāsa, 67
vibhājaka-upādhi, 276, 277
viyojaka-saṃkhyā, 68
viyojya-saṃkhyā, 68
Virāṭa, 7;
vila, 8;
viloma-vidhi, 371
vivaraṇa, 31, 197, 198, 234, 275, 333, 384
vivṛti, 16;
viveka, 35
viśeṣa, 58, 110, 271, 276, 277, 472
-tas, 281
-bhāvanā, 272
viśodhana, 265
viṣaya, 38, 41, 164, 438, 510
viṣkambha, 78
Viṣṇu, 15; 32, 398, 429
vṛtta, 78, 437
vṛtti, 16;
veda
-aṅga, 41
-bāhya, 41
vesara, 400
vaiparītya, 48, 49, 67
vailakṣaṇya, 283
vyakta, 17; 33, 34, 39, 40, 42, 43, 45, 79, 87, 275, 279, 312, 315, 333, 336, 444, 466, 467
-aṅka, 475
-gaṇita, 17; 32, 44
-māna, 313
-mārga, 316
-rīti, 44
-saṃkhyā, 17; 93
vyatyāsa, 47, 180
vyavakalana, 47, 68
vyavahāra, 46, 109, 147, 295
vyasta, 39, 88
-trairāśika, 416
-vidhi, 59, 178
vyabhi-$\sqrt{}$car, 76
vyabhicāra, 214, 355, 390
vyākhyā, 16; 31, 118
vyāpti, 72, 75, 157, 511
vyāsa, 78

śakti, 512
śabda, 38, 276, 277, 513
śavalaka, 382
śāstra, 32, 38, 41, 62
śilīndhra, 292
śilīndhrī, 292
śiṣṭa, 41, 64
śukti, 35
śuddhā, 277, 278
śulka, 302
śūnya, 35, 61–63, 65, 68, 70, 72, 186
 -gaṇita, 61
 -tā, 71, 72, 78
śodhana, 98, 99, 160, 378
śyāmalaka, 382
Śrīdhara, 340
Śrīpati (brother of Bhāskara), 8, 9;
śruti, 35, 327
śreḍhī, 280
śloka, 150, 199, 274, 435
śvetaka, 80, 381

ṣaḍ-vidha, 31

saṃkalita, 149, 152
saṃkoca, 43, 366
saṃkramaṇa, 136, 458
 -sūtra, 136
saṃkhyā, 34, 37, 60–65, 69, 76, 93, 125, 147, 166, 234, 285, 295
 -abhāva, 68
 -vid, 35
saṃgati, 38, 40
saṃjñā, 79, 80, 86, 87, 89, 120, 295
saṃpradāya, 32
saṃbandha, 38, 49, 62
saṃśliṣṭa, 232
saṃsarga-abhāva, 277
saṃskṛta, 222
saṃsthāna, 326, 500
saṃhitā, 32
sajātīya, 44, 449, 453
sat-kārya-vādin, 33
sama
 -koṣṭha, 496
 -kriyā, 286, 468
 -ccheda, 318
  -vidhāna, 82
 -cchedī-√kṛ, 290, 334
 -tva, 335
 -bhāvanā, 272
 -śodhana, 275, 279, 284, 333, 334, 463, 499
samāsa-bhāvanā, 237, 272
samāhāra, 265
samī-√kṛ, 334
samīkaraṇa, 18; 275, 277, 279, 287, 336, 345, 445, 454, 463, 475
samyak, 34
savya-krama, 63, 64
Sahyādri-parvata, 5;
sādhaka-saṃkhyā, 65
sādhana, 40, 41, 184
sādhya-saṃkhyā, 65
sāmya, 275
siddhānta, 9;
siddhi, 18; 195, 412
sumanas, 292
sūkṣma, 110
sūcī-kaṭāha-nyāya, 79
sūtra, 150, 211, 218, 246, 329, 437, 474, 510
Sūryaprakāśa, 11;
seśvara, 34
Solapur, 7;
sthāna, 61–63
√sthāpaya, 281
sthiti, 97, 98, 424
sthira-kuṭṭaka, 223, 225
sthūla, 110
spardhin, 363
sphuṭa, 65, 232, 440
 -kuṭṭaka, 232
 -śara, 66
sva, 43, 44, 49, 51, 53, 58, 88, 140
sva-rūpa, 35, 43, 160, 277, 363, 373, 393
svāmin, 49

hati, 95, 457, 502
√han, 165
hara, 57, 96, 122, 166, 173, 176–179, 218, 232, 412, 423, 426, 433, 477, 485
harita(-ka), 80, 95, 381, 404
Haridāsa, 11;
Harihara, 49
hāra, 172, 180, 250, 392, 433
hiṃsā, 165
hetu, 58, 165, 420
horā, 32
hrasva, 241, 256
 -mūla, 235

Abū al-Fayḍ Fayḍī, 6;
'Abd al-Raḥīm, 13;

付録 H: Contents（英文目次）

Preface v

Abbreviations viii

Part I: Introduction
1 Bhāskara II and his works 3
2 Kṛṣṇa and his works 13
3 *Bījagaṇita* 17
4 *Bījapallava* 19
5 Principles for the Japanese translations 23

Part II: Japanese translations of the *Bījagaṇita* and *Bījapallava*
1 Six kinds of operations on positive and negative numbers (BG 1-4, E1-4) 31
2 Six kinds of operations on zero (BG 5-6, E5) 61
3 Six kinds of operations on unknown numbers
  1 Six kinds of operations on one unknown (BG 7-12, E6-8) 79
  2 Six kinds of operations on more than one unknown (BG E9-10) 103
4 Six kinds of operations on *karaṇīs* (BG 13-25, E11-20) 109
5 Kuṭṭaka (BG 26-39, E21-27) 163
6 Vargaprakṛti
  1 Vargaprakṛti (BG 40-46ab, E28) 235
  2 Cakravāla (BG 46cd-55, E29-35) 247
7 Equations in one color (BG 56-58, E36-60) 275
8 Elimination of the middle term of equations in one color (BG 59-64, E61-76) 333
9 Equations in more than one color (BG 65-69, E77-88) 381
10 Elimination of the middle term of equations in more than one color (BG 70-90, E89-105) 435
11 Bhāvita (BG 91-94, E106-110) 489
12 Conclusion (BG 95-102) 509

Part III: Appendices
A: Verses of the *Bījagaṇita* 517
B: Problems treated in the *Bījagaṇita* 534
C: Citations in the *Bījapallava* 543
D: Figures in the published editions of the *Bījapallava* 553
E: Concordance of verse numbers 567
F: Bibliography 579
G: Indices
  1. General index 586
  2. Index of proper nouns 595
  3. Index of Sanskrit terms 598
H: Contents 607

Acknowledgments (in place of Postscript) 608

謝辞（後書きに代えて）

18年前に恒星社厚生閣から出版していただいた『インド数学研究—数列・円周率・三角法—』（矢野道雄・楠葉隆徳と共著）が日本数学会の第1回出版賞をいただくことになったのはまったく望外の喜びでした．このたびその恒星社厚生閣からこの『インド代数学研究：ビージャガニタ＋ビージャパッラヴァ，全訳と注』を上梓することになりました．お世話いただいた編集部の小浴正博氏に心から御礼を申し上げます．

学生時代，多様体論の丹野修吉先生，インド・チベット仏教史の羽田野伯猷先生，サンスクリット（パーニニ）文法学の大地原豊先生からご指導いただき学んだことが私の貴重な財産となり，直接・間接にその後の研究活動の支えになっています．懐かしい想い出の中の先生方に心からの謝意を表します．また，豊かな実りが期待される分野に導いてくださった矢野道雄先生，ほんものの学問の面白さを日々の生活の中で身をもって教えてくださった David Pingree 先生に心から感謝します．最後に，私の駄弁に常に飽くなき好奇心をもってつきあってくれる真理探究の同志絹江に感謝し，後書きとします．

2015年10月

嵯峨　　　　林　隆夫

著者紹介

林（はやし）　隆夫（たかお）

1949年新潟県生まれ，74年東北大学理学部卒，76年東北大学大学院文学研究科修士課程了，77年から京都大学大学院文学研究科に在籍，79年ブラウン大学大学院に留学，82-83年アラーハーバード大学メータ数理物理学研究所研修員，85年ブラウン大学大学院数学史科 Ph.D.

1986年同志社大学工学部講師，89年同助教授，93年理工学研究所に移籍，95年同教授，2015年3月同志社大学退職，同年4月同志社大学名誉教授

専門：数学史，科学史，インド学

主な著書・論文：

『インドの数学』	中央公論社
『インド天文学・数学集』（共著）	朝日出版社
『インド数学研究』（共著）	恒星社厚生閣
The Bakhshālī Manuscript	Egbert Forsten (Groningen)
Kuṭṭākāraśiromaṇi of Devarāja	Indian National Science Academy
Gaṇitamañjarī of Gaṇeśa	Indian National Science Academy
Gaṇitasārakaumudī（共著）	Manohar (New Delhi)
Āryabhaṭa's Rule and Table for Sine-Differences	*Historia Mathematica* 24(4), 1997
The *Gaṇitapañcaviṃśī* attributed to Śrīdhara	*Revue d'histoire des mathématiques* 19(2), 2013
立世阿毘曇論日月行品の研究	『南アジア古典学』8, 2013　など

インド代数学研究（だいすうがくけんきゅう）

『ビージャガニタ』+『ビージャパッラヴァ』全訳と注

2016年10月20日　初版第1刷発行

林（はやし）　隆（たか）　夫（お）　著 ©

発行者　片　岡　一　成

印刷・製本　株式会社　シ　ナ　ノ

発行所　株式会社　恒　星　社　厚　生　閣

〒160-0008　東京都新宿区三栄町8

TEL:03(3359)7371 / FAX:03(3359)7375

http://www.kouseisha.com/

（定価はカバーに表示）

ISBN978-4-7699-1576-8 C3041

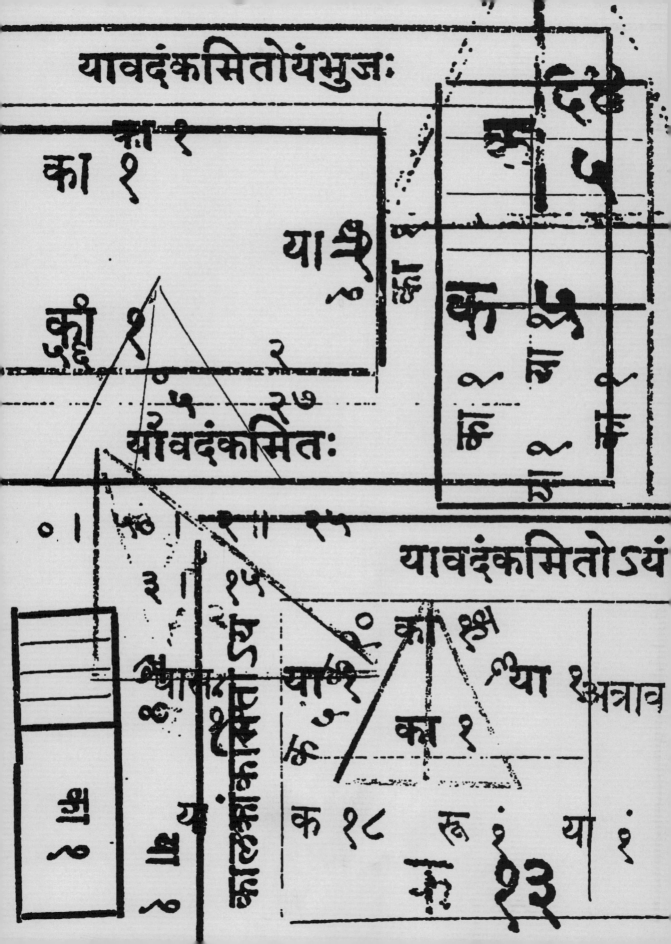

यावदंकमितोयंभुजः

का १ या १

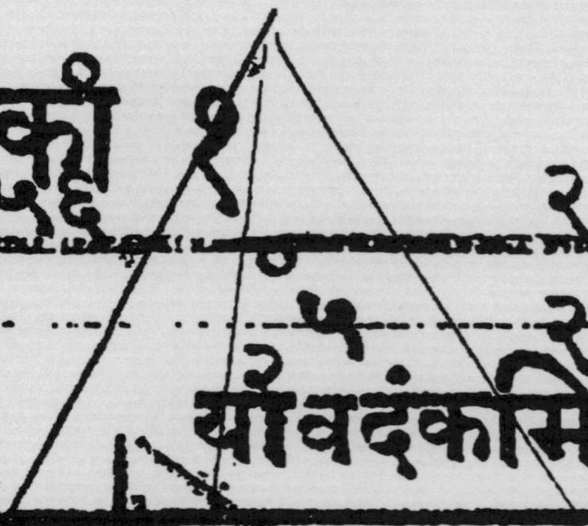

यावदंकमितः

यावदंकमितोऽयं

या १ अत्राव

क १

क १८ रू १ या १

१३